EINFÜHRUNG IN DIE ELEKTRONIK

VON

DR. WOLFRAM BITTERLICH
PHYSIKALISCHES INSTITUT DER UNIVERSITÄT INNSBRUCK

UNTER MITARBEIT VON

DR. RAIMUND HOMME
INNSBRUCK

MIT 949 TEXTABBILDUNGEN

1967
SPRINGER-VERLAG
WIEN · NEW YORK

ISBN-13:978-3-7091-7947-5 e-ISBN-13:978-3-7091-7946-8
DOI: 10.1007/978-3-7091-7946-8

LIBRARY OF CONGRESS CATALOG CARD NUMBER 66-22693

SOFTCOVER REPRINT OF THE HARDCOVER 1ST EDITION 1967

Titel Nr. 8085

ARTHUR MARCH

GEWIDMET

Geleitwort

Das vorliegende Buch soll vornehmlich jenen als Ratgeber dienen, die im Rahmen ihrer Forschungs- und Entwicklungsarbeiten elektronische Probleme zu lösen haben.

Es ist sehr erfreulich, daß ein Fachmann sich der mühevollen Arbeit unterzogen hat, ein Buch zu schreiben, das ausgezeichnet geeignet ist, einen klaren Überblick über die zur Verfügung stehenden elektronischen Möglichkeiten zu bieten.

Durch seine umfangreichen Entwicklungsarbeiten auf dem elektronischen Sektor, durch die Tätigkeit als Lehrbeauftragter für Elektronik und durch seine beratende Tätigkeit bei Forschungsprojekten verschiedenster Art ist der Verfasser wohlvertraut mit den in den Naturwissenschaften oder in der medizinischen Forschung und nicht zuletzt in den mannigfaltigen technischen Entwicklungen auftretenden elektronischen Problemen. Er kennt die Sorgen und Wünsche, die der Nichtspezialist gegenüber der Elektronik besitzt; er weiß, welche Unterlagen, Hinweise und Angaben für die zuverlässige Lösung eines elektronischen Problems unerläßlich sind.

Obgleich es Bücher — besonders in der englischen Literatur — mit ähnlicher Zielsetzung — zumindest für einen engeren Interessenkreis abgestimmt — mehrfach gibt, stellt das Erscheinen dieses Buches eine wertvolle Bereicherung dar. Die mit ungeahnter Geschwindigkeit voranschreitende Entwicklung der Elektronik in ihren Arbeitsmethoden, ihren neuen Bauelementen (z. B. Halbleitern), ihrer umgestaltenden Konstruktionstechnik (z. B. Micromodul) und die damit verbundene — noch gar nicht abzusehende — Ausweitung ihrer Anwendungen im Bereiche der Wissenschaft sowie im Alltag lassen die bestehende Fachliteratur rasch veralten und rufen dringend nach Unterlagen, die ohne übermäßig zeitraubendes Studium eine zuverlässige und auf den neuesten Stand der Erkenntnis gebrachte Lösung eines elektronischen Problems gestatten.

Nur durch die vom Fachmann zu bewältigende, sichtende Vorarbeit ist es dem auf einem anderen Gebiete Arbeitenden möglich, das riesige Ausmaß der stets wachsenden modernen elektronischen Möglichkeiten überhaupt zu überblicken und aus der überreichen Fülle von Theorien und praktischen Erfahrungen die optimale Lösung sicher und rasch herauszufinden.

Von dem Gedanken getragen, vor allem dem Nichtspezialisten auf dem Gebiete der Elektronik ratgebender Helfer zu sein, stellt der Verfasser zunächst die zur Verfügung stehenden Bauelemente mit ihren Eigenschaften und besonderen Anwendungen vor.

Die sorgfältige Behandlung und klare Erläuterung der wichtigsten Grundschaltungen stellt eine willkommene Stütze für die Lösung einer Aufgabe dar, zumal diese Schaltungen nicht bloß in ihrer prinzipiellen Wirkungsweise angedeutet, sondern auch qualitativ behandelt werden.

Durch eine kurze Einführung in die wichtigsten elektronischen Meßgeräte und ihre Anwendungen erhält auch der Nichtfachmann rasch eine gewisse Vertrautheit mit der elektronischen Meßtechnik.

So wird dieses Buch sicher von allen freudig begrüßt werden, die im Rahmen ihrer Forschungs- und Entwicklungsarbeiten sich mit elektronischen Problemen auseinanderzusetzen haben.

Innsbruck, im Juni 1966

Univ.-Prof. Dr. J. Kolb
Vorstand der Zweiten Lehrkanzel
für Experimentalphysik
der Universität Innsbruck

Vorwort

Es gibt einige wenige Grundlagen, die den Aufbau aller elektronischen Geräte bestimmen, Grundbausteine, die sich auf verhältnismäßig kleinem Raum beschreiben lassen. Mit ihrer Kenntnis kann man vorhandene Geräte in ihrer Wirkungsweise verstehen, man wird ihre Möglichkeiten erkennen, sie besser ausnützen und verwerten. Man wird aber auch ihre Grenzen begreifen und nicht Unmögliches von ihnen verlangen.

Mit der Kenntnis dieser Grundlagen wird man auch imstande sein, sich selbst ein Gerät zu entwerfen, sei es, daß ein käufliches Gerät nicht entspricht, oder daß seine Anschaffung für den augenblicklichen Zweck nicht lohnend ist. Man wird neue Anwendungsmöglichkeiten für die Elektronik finden, sei es in der Forschung, der industriellen Fertigung, sei es im täglichen Leben.

All dies setzt ein mehr oder weniger gründliches, umfassendes Studium voraus. Viele Interessenten verfügen aber nicht über die Zeit, den Mut, oft auch nicht über die Mittel, wirklich ausführliche Fachliteratur zu studieren. Um hier zu helfen, wurde die „Einführung in die Elektronik“ geschrieben. Es werden die Grundbausteine in ihrer Funktion dargestellt und die Schaltungen mit den Regeln für die Dimensionierung ihrer Elemente angegeben. Trotz der Gefahr, rasch veraltet zu sein, wurde auf Berechnungsbeispiele unter Verwendung derzeit üblicher Schaltelemente und Dimensionierungsangaben bei möglichst vielen Schaltbildern nicht verzichtet. Sie helfen dem Ungeschulten, die Brücke zu schlagen von der Theorie zur funktionsfähigen Schaltung, nehmen die Scheu vor der Berechnung, vermeiden bastlerisches Probieren und geben die Gewähr eines Erfolges, wenigstens beim Aufbau einfacherer Schaltungen.

In einigen Kapiteln ist der Theorie mehr Raum gegeben, besonders in den Fällen, wo sie in der Literatur nicht leicht greifbar ist. Dafür sind leichter verständliche Abschnitte kürzer gehalten. Die Transistortechnik wurde bewußt nicht in einem Kapitel zusammengefaßt, sondern der Transistor, im weiteren Sinne der Halbleiter, möglichst in jedem Kapitel neben die Röhre gestellt, jedes Problem also mit Röhren und Halbleitern behandelt.

Im ersten Kapitel werden die Bauelemente der Elektronik besprochen, und zwar nicht nur Röhren, Transistoren und Wandler, sondern gerade auch Widerstände, Kondensatoren und Induktivitäten. Die Erfahrung hat nämlich gezeigt, daß ein „Elektronik-Anfänger“ bald eine einfache Schaltung versteht, die Auswahl geeigeneter Bauelemente ihm aber einige Schwierigkeiten bereitet.

Die Grundlage dieses Buches bildet eine Vorlesung über Elektronik für Naturwissenschaftler. Herr Dr. R. Hommel, der als Mitarbeiter genannt ist, hat die Transistor- und Halbleiterkapitel sowie die Abschnitte spezielle Verstärker, operative Verstärker und zusammengesetzte logische Schaltungen beigesteuert. Herrn W. Gradl danke ich herzlich für seine wertvollen Beiträge und Hinweise. Auch Herrn T. ELSTER und Herrn P. ZINGSHEIM sei für ihre Mitarbeit gedankt.

Für das Interesse und die verständnisvolle Förderung meiner Arbeit sowie die Bereitstellung von Institutsmitteln danke ich dem Vorstand des Physikalischen Institutes, Herrn Univ.-Prof. Dr. R. STEINMAURER.

Eine große Hilfe waren mir die von Herrn Direktor D. A. JIPPES, Philips-Eindhoven, zur Verfügung gestellten Meßgeräte. Auch Herrn Prokurist Ing. H. MARTH (WIVEG-Wien) und Herrn Ing. A. ROCKENSCHAUB (Philips-Wien) sei für ihre Unterstützung gedankt.

Besonders aber möchte ich P. Dr. ERNST SALPETER (Specola Vaticana) für die mühevolle Arbeit der Fahnenkorrektur und dem Springer-Verlag für seine Geduld und sein Entgegenkommen meinen Dank aussprechen.

Innsbruck, im Sommer 1966

W. Bitterlich

Inhaltsverzeichnis

1. Bauelemente der Elektronik

3. Die Rückkopplung

4. Der Oszillator

5. Signalgleichrichtung

6. Die phasenschiebende *RC*-Kombination

7. Impulsschaltungen

8. Kippschaltungen

1. Bauelemente der Elektronik

1.1 Die Elektronenröhre[1]

Zu den großen Fortschritten der Wissenschaft und Technik in den letzten Jahrzehnten hat die Erfindung und laufende Verbesserung der Elektronenröhre wesentlich beigetragen. Ihr großer Vorteil liegt darin, daß sie ein nahezu trägheitsloses und leistungslos steuerbares Ventil ist. Diese Eigenschaft sichert ihr ein überaus reiches Anwendungsgebiet: Die Entwicklung der Rundfunktechnik wäre z. B. ohne Elektronenröhren ebensowenig denkbar wie die sich immer mehr durchsetzende Automation in der Industrie oder viele Meßverfahren in den physikalischen Laboratorien.

Ein selbständiges elektronisches Arbeiten ist ohne Kenntnis ihrer Wirkungsweise und ihrer Eigenschaften unmöglich. Daher soll der nächste Abschnitt zu einem besseren Verständnis der Röhre beitragen.

1.1.1 Die Diode oder Zweipolröhre

Der Ladungstransport in Elektronenröhren — wir besprechen hier vorerst nur Hochvakuumröhren — erfolgt unipolar durch Elektronen. Diese sind die kleinsten Teile der Elektrizität mit einer negativen Ladung $e = 1{,}6 \cdot 10^{-19}$ Coulomb und einer Masse $m = 9{,}1 \cdot 10^{-28}$ g.

Elektrische und magnetische Felder bewirken eine Beschleunigung des Elektrons, und zwar elektrische im Sinne einer Geschwindigkeitsänderung und magnetische im Sinne einer Richtungsablenkung.

Wenn das Elektron eine bestimmte Spannung U im Vakuum durchläuft, so erhält es eine kinetische Energie $\frac{m v^2}{2}$, die gleich sein muß der vom elektrischen Feld geleisteten Arbeit eV. Die Arbeitseinheit, ein Elektronenvolt (eV) ist jene Energie, die ein Elektron erhält, wenn es die Spannung 1 V durchläuft, also $1{,}6 \cdot 10^{-12}$ erg. Aus der Formel für die kinetische Energie kann die Geschwindigkeit v errechnet werden:

$$v = \sqrt{\frac{2eU}{m}} = 594\sqrt{U} \quad [\text{km/s, V}] \tag{1.1}$$

So hat z. B. ein Elektron, wenn es im Vakuum die Spannung 250 V durchläuft, eine Endgeschwindigkeit von 9400 km/s.

Die Herstellung des Vakuums in der Elektronenröhre erfolgt durch Auspumpen des Glaskolbens und anschließendes „Gettern". Dabei wird in der evakuierten Röhre durch Hochfrequenzheizung eine kleine Menge Gettermetall — meist Barium mit Thoriumzusatz — verdampft, dadurch werden die noch vorhandenen

---

[1] Literatur: [B 1, B 2, K 2, V 1, R 19, R 20].

Gasreste absorbiert. Mit diesem Verfahren kann ein Vakuum von 10^{-6} torr erzielt werden.

Die Erzeugung der Elektronen, die für die Leitung im Vakuum notwendig sind, erfolgt durch den glühelektrischen oder Richardson-Effekt, da aus kalten Metallen nur bei höchsten elektrischen Feldstärken (ab 10^7 V/cm) genügend Elektronen austreten können. Zum anschaulichen Verständnis des Richardson-Effektes sei an den Mechanismus des Verdunstens von Molekülen aus einer Flüssigkeit erinnert. Solange die Temperatur unterhalb des Siedepunktes liegt, haben nur wenige Moleküle genügend kinetische Energie, um die Oberflächenspannung zu überwinden und in den Gasraum vorzustoßen. Diese Zahl erhöht sich mit steigender Temperatur bis zum Siedepunkt. Analoge Verhältnisse liegen bei einem glühenden Leiter vor.

In metallischen Leitern bewegt sich eine große Anzahl von Elektronen frei durch das Metallgitter. Man kann annehmen, daß im Durchschnitt jedes Metallatom ein Elektron zu diesem „Elektronengas" freigibt. Für die Geschwindigkeitsverteilung der Elektronen gilt das Maxwellsche Verteilungsgesetz. Die mittlere Geschwindigkeit v_m folgt aus

$$^1/_2\, m\, v_m^2 = k \cdot T$$

k = Boltzmann-Konstante
T = Absolute Temperatur in °Kelvin.
Ist z. B. für $T = 1500\,°\text{K}$ $v_m = 210$ km/s, so beträgt die mittlere kinetische Energie bei dieser Temperatur 0,13 eV.

An der Metalloberfläche wirken starke molekulare Anziehungskräfte, zu deren Überwindung die Elektronen eine bestimmte Energie brauchen, die als Austrittsarbeit E_a bezeichnet wird und vom Material abhängt. Sie beträgt mindestens 1 eV, das entspricht einer Temperatur von 11700 °K. Eine solche Temperatur kann man Metalldrähten natürlich nicht zumuten, weil sie sonst schmelzen oder ins Vakuum verdampfen. Im Durchschnitt kann infolge der Maxwell-Verteilung von 10^9 Elektronen nur eines austreten; trotzdem erhält man wegen der großen Zahl der vorhandenen Elektronen doch recht beachtliche Stromstärken. Für die Sättigungsstromdichte erhält man nach Richardson bzw. Dushman

$$Ia_s = A \cdot T^2 \cdot e^{-b/T} \tag{1.2}$$

Ia_s = emittierter Strom in A/cm²
A = Konstante (60,2 A/cm² grad²)
b = die der Austrittsarbeit entsprechende Temperatur.

Die Sättigungsstromdichte Ia_s ist also der Strom, der pro cm² der Katodenoberfläche emittiert wird, wenn alle austretenden Elektronen an der Leitung beteiligt sind; eine höhere Stromstärke kann nur durch eine verstärkte Heizung erzielt werden. Eine kleine Temperaturschwankung bewirkt eine starke Änderung von Ia_s, z. B. gibt eine Steigerung von T um 1% eine Erhöhung der Emission um ungefähr 25%. Im Sättigungsstrombereich ist der Anodenstrom also nur von der Heizleistung (Heizspannung Uh) abhängig. Die Katode liefert also erst ab einer bestimmten Mindesttemperatur eine merkliche Emission, die dann rasch höhere Werte annimmt.

Von den reinen Metallen ist besonders Wolfram als Katodenmaterial geeignet, weil es einen hohen Schmelzpunkt hat; die Austrittsarbeit liegt allerdings bei 4,5 eV. Thorierte Wolframkatoden werden heute noch bei Hochleistungsröhren (Senderöhren) verwendet. Am gebräuchlichsten ist die Oxydkatode mit einer

Austrittsarbeit von 1 eV. Sie besteht aus einer Nickellegierung, die mit einer dünnen Schicht von Bariumoxyd bedeckt ist, das durch einen Aktivierungsprozeß in metallisches Barium übergeführt wird. Wegen der außerordentlich hohen Emissionsfähigkeit braucht die Katodentemperatur 1000 °K nicht zu übersteigen. Der Sättigungsstrom wird praktisch nicht erreicht, weil er zum Teil weit über den im normalen Betrieb auftretenden Werten liegt. Daher machen auch Schwankungen des Heizstromes bis zu 10% vom Sollwert wenig aus. Im allgemeinen schadet Unterheizung mehr als Überheizung.

Die Aufheizung der Katode (Abb. 1.3 und 1.5) auf die notwendige Temperatur erfolgt elektrisch, und zwar entweder direkt oder indirekt. Der Vorteil der direkten Heizung, bei der die Katode als Heizfaden ausgebildet ist, liegt darin, daß sie weniger Heizleistung verbraucht. Dagegen hat sie den großen Nachteil, daß längs der Katode ein Spannungsabfall entsteht. Das macht bei Gleichstromheizung nicht viel aus, aber bei Wechselstromheizung verschiebt sich die Kennlinie dauernd im Takt des Wechselstromes und erzeugt damit das sogenannte Netzbrummen. Daher werden direkt geheizte Röhren heute nur mehr dort verwendet, wo es darauf ankommt, einer Gleichstromquelle möglichst kleine Ströme zu entnehmen, z. B. bei Batterieempfängern, oder wo die Verwendung von Oxydkatoden nicht möglich ist (Senderöhren). In den meisten Fällen soll der Heizstrom jedoch dem Kraftstromnetz entnommen werden. Die Heizung wird dann elektrisch von der Katode getrennt, was den weiteren Vorteil bietet, daß nicht beide auf demselben Potential liegen müssen. Die höchstzulässige Spannung U_{fk} zwischen Heizfaden und Katode ist jeweils den Röhrentabellen zu entnehmen. Die Katode ist als ein mit Barium belegtes Nickelröhrchen ausgebildet, in dem der Heizfaden isoliert untergebracht ist.

Bringen wir um die Katode eine positiv geladene Anode an, so durchfliegen die emittierten Elektronen den Zwischenraum, treffen auf die Anode auf und erzeugen einen Anodenstrom Ia. Unerwünscht ist die gleichzeitig durch den Aufprall auf die Anode erzeugte Wärme und das Auftreten von Sekundärelektronen. Die Anzahl der entstehenden Sekundärelektronen ist von der Art des Anodenmaterials und dessen Oberflächenbeschaffenheit abhängig. Bei Dioden spielen diese Sekundärelektronen keine Rolle, weil sie alle wieder auf die Anode zurückfliegen. Bei Röhren mit Gitter jedoch können sie sehr störend in Erscheinung treten. Bei kleinen und mittleren Verstärkerröhren genügt die Wärmeableitung von der Anode durch Strahlung, während Hochleistungsröhren zumeist eine wassergekühlte Anode benötigen.

Erteilt man der Anode eine geringe negative Spannung gegenüber der Katode, so können Elektronen mit besonders hoher Austrittsenergie trotz ihrer negativen Ladung auf die Anode gelangen und einen Strom bilden. Das Gesetz für diesen „Anlaufstrom" ergibt sich aus der Maxwellschen Geschwindigkeitsverteilung:

$$Ia_a = Ia_s \cdot e^{Ua/U_T} \tag{1.3}$$

Ia_s = Sättigungsstrom
Ua = Anodenspannung ($Ua \lesssim 0$)
U_T = Temperaturspannung = kT/e.

Aus dieser Gleichung kann man U_T und damit die Temperatur T der Katode bestimmen.

Das Anlaufstromgebiet begrenzt nach unten das Raumladungsgebiet, in dem normalerweise gearbeitet wird. Im Raumladungsgebiet wird der Anodenstrom durch die „Raumladung" begrenzt, denn die austretenden Elektronen erniedrigen das Potential zwischen Anode und Katode durch die Bildung einer negativen Raumladungswolke und schirmen die positive Anodenspannung teilweise ab.

Das Raumladungsgebiet wird nach oben durch das Sättigungsgebiet begrenzt, was sich im Kennlinienfeld dadurch bemerkbar macht, daß die Kennlinie in die Waagerechte umbiegt und der Strom den Sättigungsstromwert erreicht. Das Sättigungsgebiet kann nur von speziellen Dioden erreicht werden (Rauschdioden). Bei anderen Dioden kann man nur bei starker Unterheizung der Katode im Sättigungsstromgebiet arbeiten (Abb. 1.2).

In dem für die Praxis wichtigen Raumladungsgebiet gilt folgender Zusammenhang zwischen Anodenspannung und Anodenstrom:

$$\text{Raumladungsgesetz}: \; Ia_r = K\, Ua^{3/2} \tag{1.4}$$

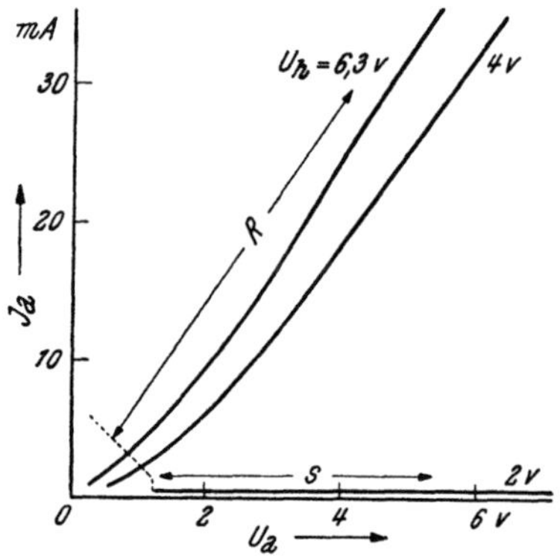

Abb. 1.1. Kennlinie $Ia = f(Ua)$ für Uh = konst. (Röhre EAA 91)

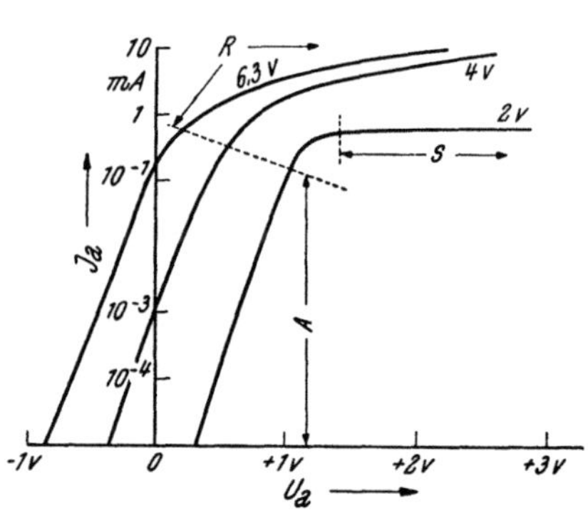

Abb. 1.2. $Ia = f(Ua)$ Anodenstrom in logarithmischem Maßstab

Dabei ist K die Raumladungskonstante, eine von den Elektrodenabmessungen und vom Aufbau der Röhre abhängige Größe. Für zylindrische Anoden (Abb. 1.5) nimmt K den Wert an:

$$K = 1{,}45 \cdot 10^{-5} \cdot L/a \quad [\mathrm{A/V^{3/2}}]$$

L = Länge der wirksamen Katode

a = Abstand Katode—Anode, cm.

Bei modernen Röhren liegt K in der Größenordnung von $10^{-3}\,\mathrm{A/V^{3/2}}$. (Das ergibt einen Gleichstromwiderstand Ua/Ia von etwa 100 bis 1000 Ω.)

Den graphischen Zusammenhang zwischen Ua (Anodenspannung) und Ia (Anodenstrom) bei einer bestimmten Heizspannung nennt man die „Kennlinie" der Diode. Die Abb. 1.1 und 1.2 zeigen diese Kennlinien für ein System der Doppeldiode EAA 91 bei drei verschiedenen Heizspannungen, wobei 6,3 V die Soll-Betriebsspannung ist. Der Anodenstrom ist einmal in linearem (1.1) und einmal in logarithmischem (1.2) Maßstab angegeben. In Abb. 1.2 ist das Anlaufstromgebiet A gut zu erkennen, das bei der Heizspannung $Uh = 2$ V direkt in das Sättigungsgebiet S übergeht. Bei höheren Heizspannungen läßt sich eine Sättigung nicht mehr erreichen, denn die Katode würde vorher zerstört werden. Im Raumladungsgebiet R, Abb. 1.1 und 1.2, ändert ein Absinken der Heizspannung Uh um etwa 35% (von 6.3 auf 4 V) den Anodenstrom nicht wesentlich. In diesem Gebiet ist Ia fast nur von Ua abhängig. Die Röhre wird bei unterheiztem

Betrieb und gleicher Anodenstromentnahme allerdings bald zerstört werden. Die Abb. 1.3 zeigt die Meßanordnung zur Kennlinienaufnahme.

Eine charakteristische Größe bei Dioden ist die Steuerwirkung der Anodenspannung auf den Anodenstrom: $\frac{\Delta Ia}{\Delta Ua}$, die aus der Neigung der Kennlinie entnommen werden kann. Ihr reziproker Wert $\frac{\Delta Ua}{\Delta Ia} = Ri$ ist der Diodeninnenwiderstand. Er ist ein differentieller Widerstand. Da die Röhrenkennlinie nichtlinear ist, unterscheidet er sich vom Gleichstromwiderstand Ua/Ia.

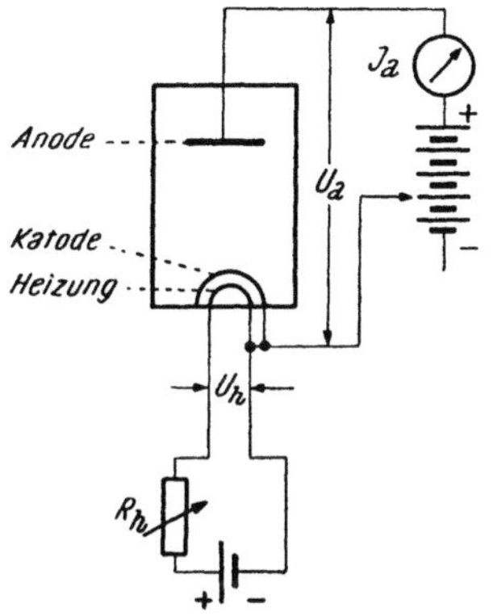

Abb. 1.3. Kennlinienaufnahme einer Diode

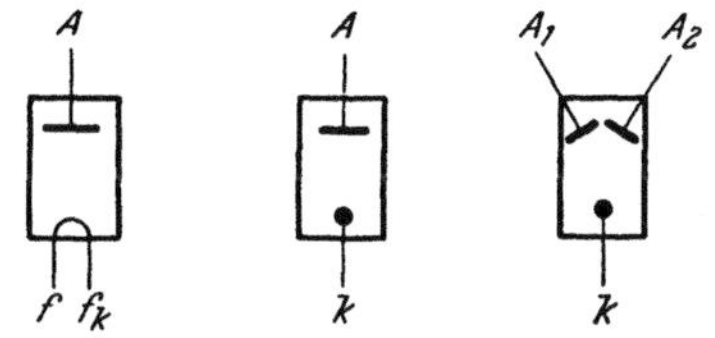

Abb. 1.4. Schaltsymbole für Dioden.
Links: direkt geheizte Diode, Mitte: indirekt geheizte Diode (Heizung nicht eingezeichnet), rechts: indirekt geheizte Duodiode

In Abb. 1.4 ist links das Symbol für eine direkt geheizte, in der Mitte für eine indirekt geheizte Diode und rechts für eine Doppel- oder Duodiode gezeigt.

Das wichtigste Anwendungsgebiet der Dioden ist die Gleichrichtung nieder- und hochfrequenter Wechselströme, also z. B. in Netzgleichrichtern, Demodulatoren, Röhrenvoltmetern usw., auf die wir später ausführlicher eingehen werden.

1.1.2 Die Triode und ihre Kennlinien

Befindet sich zwischen Katode und Anode zusätzlich eine Elektrode, so haben wir die Dreipolröhre oder *Triode*. Diese Elektrode wird als Gitter bezeichnet und ist eine auf Stegen befestigte Drahtspirale, deren Windungsabstände je nach Verwendungszweck der Röhre verschieden sind und die die Katode in geringem Abstand mantelförmig umschließt. Das Potential des Gitters gegen die Katode bestimmt wesentlich die Größe des Katodenstromes. Die Abb. 1.5 zeigt den Aufbau (Schnittmodell) und das Schaltungssymbol.

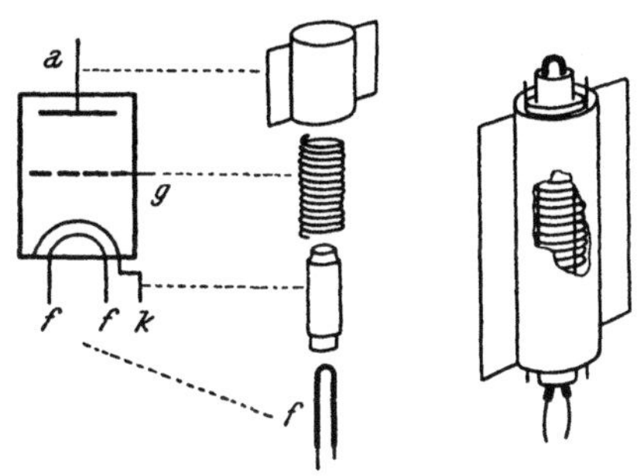

Abb. 1.5. Triode

Ist das Gitter gegenüber der Katode negativ, so gelangt nur ein Teil der emittierten Elektronen zur Anode, der Anodenstrom ist gering. Ein positives Gitter zieht die Elektronen an und beschleunigt sie, so daß der größte Teil von ihnen durch die Zwischenräume der Gitterwendel hindurch zur Anode fliegt und dort den Anodenstrom vergrößert. Ein kleiner Teil der Elektronen landet auf dem positiven Gitter und verursacht einen Gitterstrom. In den meisten Fällen jedoch arbeiten die Röhren mit negativ vorgespanntem Gitter.

A. Die Raumladungskennlinien oder statischen Kennlinien

Der Anodenstrom Ia ist sowohl von der Anodenspannung Ua als auch von der Gitterspannung Ug abhängig. Den funktionellen Zusammenhang zwischen Ia, Ua und Ug kann man in Kennlinienfeldern darstellen; die gebräuchlichsten sind:

$Ia = f(Ug)$ mit $Ua =$ konst. (Parameter): das Ia-Ug-Diagramm Abb. 1.6, und

$Ia = f(Ua)$ mit $Ug =$ konst. (Parameter): das Ia-Ua-Diagramm Abb. 1.7.

Selten verwendet ist das Kennlinienfeld $Ug = f(Ua)$ bei $Ia =$ konst. Es wird vor allem bei der Arbeitspunktbestimmung von Senderöhren benutzt.

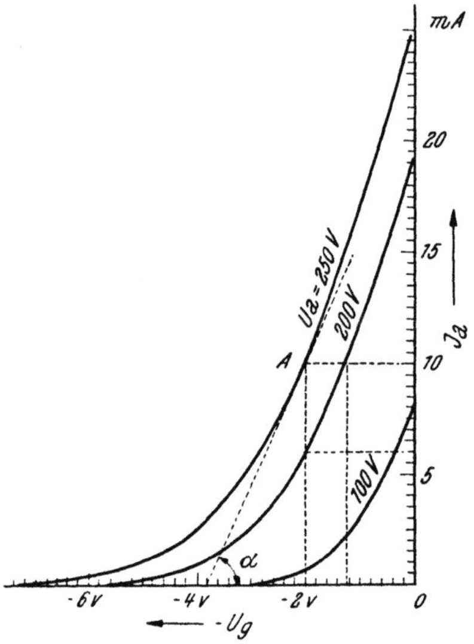

Abb. 1.6. Kennlinie $Ia = f(Ug)$, $Ua =$ konst.

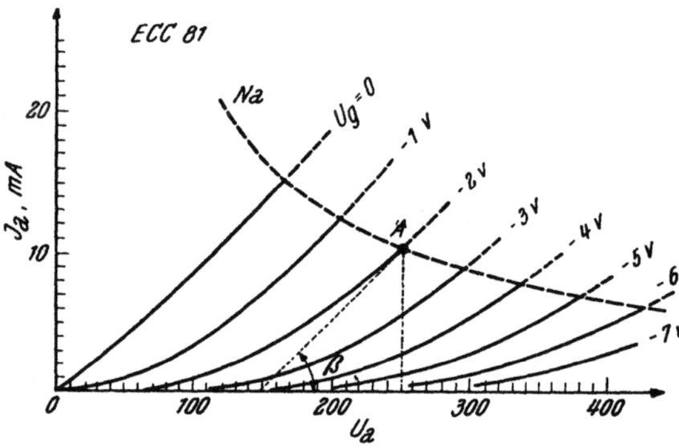

Abb. 1.7. Kennlinie $Ia = f(Ua)$, $Ug =$ konst.

Die Kennlinien folgen im wesentlichen aus dem Raumladungsgesetz für Trioden

$$Ia_T = K_T \cdot Ust^{3/2} \tag{1.5}$$

K_T = Raumladungskonstante für Trioden $= K \cdot \sigma^{3/2}$
K = Raumladungskonstante für Dioden
σ = die Steuerschärfe (= 0,5 bis 1) [M 1, S. 608]
Ust = die Steuerspannung, siehe Gl. (1.7).

Die Abb. 1.8 zeigt die Schaltung zur Aufnahme der Röhrenkennlinien. Der Heizfaden der Röhre wurde — und wird auch in den folgenden Kapiteln, abgesehen von besonderen Fällen — nicht eingezeichnet.

B. Die Röhren-Kenndaten

Die Eigenschaften der Triode werden durch die Kenndaten

Durchgriff D
Steilheit S und
Innenwiderstand Ri

beschrieben.

Diese drei charakteristischen Größen sollen ausführlich besprochen werden, denn ihr Verständnis ist von fundamentaler Bedeutung.

a) Der Durchgriff D

Durch die Elektronenemission bildet sich um die Katode eine Raumladung, die das elektrische Feld zwischen Katode und Anode beeinflußt. Die Potentialkurve zwischen Katode und Anode ist jedoch stets monoton steigend, so daß ein Elektron auch in unmittelbarer Nähe der Katode von der Anode angezogen wird.

Bei einer Triode hingegen sind bei negativem Gitter die Potentialkurven im Katodenraum (Katode — Gitter) zum großen Teil negativ (fallend): Abb. 1.9. Es wird nur den energiereichen Elektronen gelingen, auf einer Potentialkurve ge-

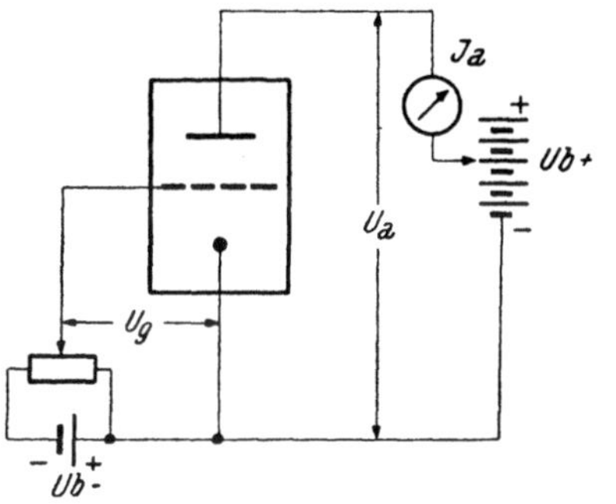

Abb. 1.8. Kennlinienaufnahme einer Triode

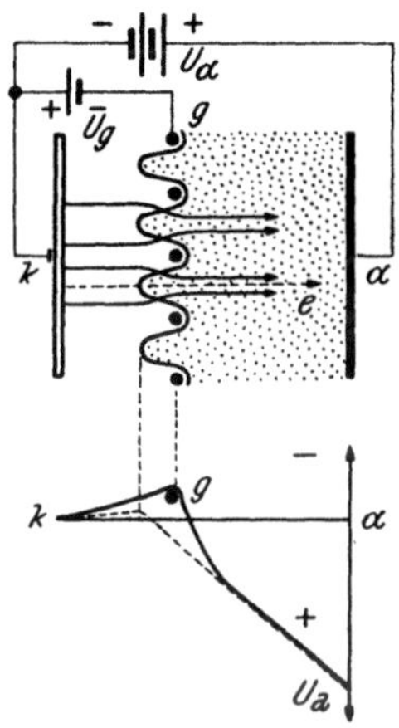

Abb. 1.9. Potentialverlauf in der Triode P 12

ringer negativer Neigung (punktierte Bahn) in den Anodenraum mit positiver Feldstärke zu kommen (positive Feldstärke = zur Anode gerichtete Feldstärke; sie beschleunigt die Elektronen).

Bei gegebener Anodenspannung ist also die Ladung des Gitters allein für das Feld im Katodenraum und damit für die Größe des Anodenstromes bestimmend.

Wie einleitend erwähnt, kann der Windungsabstand der Gitterdrähte verschieden groß gemacht werden. Bei einem weiten Gitter kann der positive Feldstärkebereich des Anodenraumes selbst bei stark negativem Gitter weit in den Katodenraum „durchgreifen" (Abb. 1.9). Es werden relativ mehr emittierte Elektronen die Anode erreichen, da die Anzahl der positiven Potentialkurven viel größer ist. Das Gegenteil ist bei engmaschigen Gittern der Fall.

Die Größe des *Durchgriffes* bestimmt also neben der Gittervorspannung die Größe des Anodenstromes. Das drückt sich im Verlauf der Ia-Ug-Kennlinien derart aus, daß Röhren mit großem Durchgriff bei gleicher Anodenspannung eine höhere Sperrspannung Us und einen flacheren Kennlinienverlauf haben als Röhren mit kleinem Durchgriff D (Abb. 1.10).

Der Durchgriff D einer Röhre wird als das Verhältnis einer Gitterspannungsänderung zur Anodenspannungsänderung bei konstantem Anodenstrom definiert:

$$D = -\Delta\, Ug/\Delta\, Ua \text{ bei } Ia = \text{konst. (angegeben in \%)} \qquad (1.6)$$

Die Änderungen von Ug und Ua dürfen zur Messung von D nur klein sein, da die Röhrenkennlinie keine Gerade ist, alle Kenngrößen also strenggenommen nur für einen Kennlinienpunkt angegeben werden können. Da der Durchgriff hauptsächlich von der Geometrie des Steuergitters abhängt, ist sein Wert (im Kennlinienfeld) besser konstant als der von S und Ri.

Im Raumladungsgesetz für Trioden steht an Stelle der Anodenspannung Ua die Steuerspannung Ust. Die Ableitung dieser wichtigen Größe führt ebenso zur Definition des Durchgriffes.

Die Abb. 1.11 zeigt die statischen Kapazitäten einer Triode (Serienparallelschaltung von drei Kapazitäten):

die Anoden-Katoden-Kapazität Cak
die Anoden-Gitter- „ Cag
die Gitter-Katoden- „ Cgk.

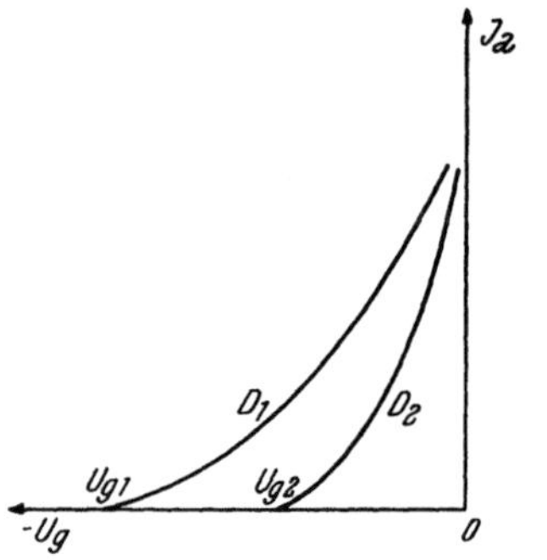

Abb. 1.10. Durchgriff im Kennlinienfeld $D_1 > D_2$

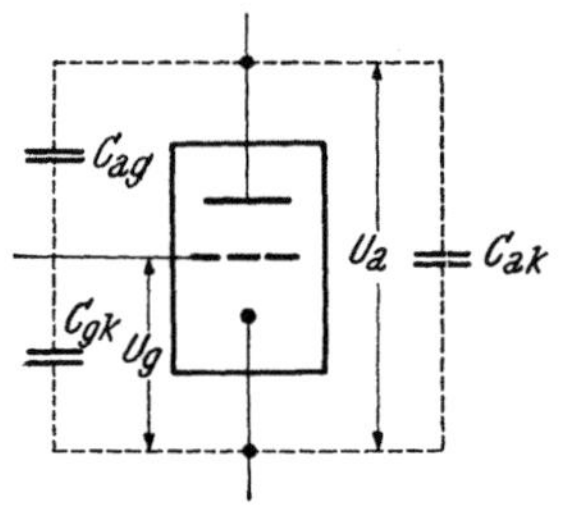

Abb. 1.11. Röhrenkapazitäten

Die Ladung auf der Katode setzt sich aus den Einzelladungen von Anode und Gitter zusammen:

$$Qk = Cgk \cdot Ug + Cak \cdot Ua$$

Mit $Cak/Cgk = D$ wird:

$$Qk = Cgk(Ug + DUa)$$

Die Summe in der Klammer bezeichnet man als die Steuerspannung

$$Ust = Ug + DUa \tag{1.7}$$

Für Dioden war $Qk = Cak \cdot Ua$
für Trioden ist $Qk = Cgk \cdot Ust$.

Aus diesen beiden Gleichungen erkennt man, daß der Einfluß einer Elektrode auf die Katodenladung und damit auf den Katodenstrom proportional ihrer Katodenkapazität ist und daß die Steuerspannung Ust bei Trioden auf die Katodenladung Qk und damit auf den Katodenstrom Ik gleich wirkt wie bei Dioden die Anodenspannung.

Der Katodenstrom bleibt also gleich, wenn anstelle des Triodengitters die Diodenanode mit einer Anodenspannung $Ua = Ust$ tritt.

In den Röhrentabellen wird der Durchgriff in Prozent angegeben. Das negative Vorzeichen (Gl. (1.6)) sagt, daß z. B. eine positive Anodenspannungsänderung durch eine negative Gitterspannungsänderung kompensiert werden muß, damit der Anodenstrom Ia konstant bleibt.

Ändert sich im Kennlinienfeld Abb. 1.6 die Gittervorspannung von $-1{,}2$ V auf -2 V, so muß die Anodenspannung um $\Delta Ua = 50$ V geändert werden, damit $Ia = 10$ mA konstant bleibt. Der Durchgriff ist $D = 0{,}8/50 = 0{,}016$ oder 1,6%.

Das Produkt $D \cdot Ua$ in der Gleichung für die Steuerspannung Ust (Gl. (1.7)) wird als *Verschiebungsspannung* bezeichnet. Sie gibt an, um welchen Betrag die Kennlinie $Ia = f(Ug)$ bei $Ua =$ konst. > 0 von derjenigen für $Ua = 0$ parallel verschoben ist.

Der negative Wert der Verschiebungsspannung

$$-D \cdot Ua = Us \tag{1.8}$$

ist die *Sperrspannung* der Röhre. Bei dieser Gittervorspannung beginnt gerade Anodenstrom zu fließen, die Kennlinie hat ihren Anfang.

Eine vielbenützte Röhrenkenngröße ist die Leerlaufverstärkung, oder auch der Verstärkungsfaktor μ. Er gibt das Verhältnis einer Anodenspannungsänderung ΔUa zu der für einen konstanten Anodenstrom notwendigen Gitterspannungsänderung ΔUg an:

$$\mu = -\Delta Ua/\Delta Ug \quad \text{bei} \quad Ia = \text{konst.} \tag{1.9}$$

Die Definition von μ ist die einer Verstärkung; Leerlaufverstärkung deswegen, weil μ für $Ra \to \infty$ (siehe Kap. 2.1.2) die theoretisch höchstmögliche Spannungsverstärkung angibt. Wie die Abb. 1.15 zeigt, ist μ diejenige Röhrenkenngröße, die sich innerhalb des Kennlinienfeldes am wenigsten ändert. Für Trioden ist der Verstärkungsfaktor der reziproke Wert des Durchgriffes:

$$\mu = 1/D \tag{1.10}$$

b) Die Steilheit S

Wie das Kennlinienfeld Abb. 1.6 zeigt, verursacht eine Änderung der Gittervorspannung ΔUg eine Änderung des Anodenstromes um ΔIa. Bei gleichem ΔUg wird ΔIa um so größer sein, je steiler die Röhrenkennlinie ist.

Die Steilheit S drückt also die Steuerwirkung des Gitters auf den Anodenstrom aus. Es ist:

$$S = \Delta Ia/\Delta Ug \quad \text{bei} \quad Ua = \text{konst.} \quad [\text{mA/V}] \tag{1.11}$$

Wie D ist auch S infolge der nichtlinearen Kennlinie ein differentieller Wert und daher nur für einen Kennlinienpunkt streng gültig. Im weiteren Sinne kann S für das Kennlinienstück, das sich mit der Tangente angenähert deckt, als konstant angenommen werden. Die Steilheit nimmt mit zunehmender negativer Gittervorspannung, d. h. kleinerem Anodenstrom, ab (Abb. 1.15).

Im Kennlinienfeld Abb. 1.6 können wir die Steilheit S im Punkt A auf zwei Arten bestimmen:

1. Wir wählen eine kleine Gitterspannungsänderung ΔUg von z. B. 1 V, also von $-1{,}6$ auf $-2{,}6$ V, um den Punkt A und messen oder bestimmen die Änderung des Anodenstromes zu $\Delta Ia = 5{,}5$ mA. Daraus $S = 5{,}5/1 = 5{,}5$ mA/V.

2. Wir bestimmen S aus der Tangente an den Punkt A:

$$S = \operatorname{tg} \alpha \qquad (1.12)$$

$\alpha = 65°20'$, $\operatorname{tg} \alpha = 2{,}2$. Dieser Wert gibt nur dann unmittelbar die Steilheit an, wenn Ia und Ug im gleichen Maßstab mA/V aufgetragen sind. In unserem Kennlinienfeld entsprechen 5 mA nicht 5 V Ug, sondern 2 V. Die Verhältniszahl des Feldes ist $v = 5/2 = 2{,}5$ und es wird: $S = \operatorname{tg} \alpha \cdot v = 5{,}5$ mA/V.

Wie die Definition der Steilheit zeigt, ist der Anodenstrom Ia eine Funktion von S und Ug. Innerhalb eines linearen Kennlinienbereiches können wir also schreiben:

$$Ia = S \cdot Ug \quad \text{(bei } Ua = \text{konst.)} \qquad (1.13)$$

Ändert sich nun Ua, z. B. bedingt durch einen Widerstand in der Anodenleitung, so wird diese Anodenspannungsänderung mit dem Betrag $D\,Ua$ ebenfalls zu einer Anodenstromänderung beitragen. Der Zusammenhang zwischen Ia, Ug und Ua ist durch die zweite Barkhausen-Gleichung:

$$Ia = S(Ug + D\,Ua) = S \cdot Ust \qquad (1.14)$$

für $Ua \neq$ konst. gegeben. Das Pluszeichen in der Gleichung zeigt die Gleichphasigkeit von Anodenstrom- und Gitterspannungsänderung an.

c) Der Innenwiderstand Ri

Als Innenwiderstand der Röhre bezeichnet man nicht ihren Gleichspannungswiderstand, sondern den differentiellen Wert

$$Ri = \Delta Ua/\Delta Ia \quad \text{bei} \quad Ug = \text{konst.} \quad [\text{V, mA, k}\Omega] \qquad (1.15)$$

Für ΔUa kann auch eine kleine Wechselspannung angenommen werden, so daß $Ri = U\tilde{a}/I\tilde{a}$ ist. Die Katoden-Anodenstrecke einer Röhre verhält sich also gegenüber einer Anodenwechselspannung wie ein Widerstand Ri, der vom Gleichstromwiderstand dieser Strecke verschieden ist. Ri läßt sich aus dem Kennlinienfeld Abb. 1.6 oder durch Messung von $I\tilde{a}$ und $U\tilde{a}$ bestimmen. Im Kennlinienfeld Abb. 1.7 ist

$$Ri = \operatorname{ctg} \beta \qquad (1.16)$$

z. B. für A in Abb. 1.7: $Ri = 11$ kΩ.

Der Zusammenhang der Röhrenkenngrößen ist durch die einzelnen Definitionen gegeben (1. Barkhausen-Gleichung):

$$S \cdot Ri \cdot D = 1 \qquad (1.17)$$

Diese Gleichung ist nur für Eingitterröhren (Trioden) streng gültig. S, D und Ri müssen für den gleichen Punkt auf der Röhrenkennlinie, z. B. dem Arbeitspunkt der Röhre, bestimmt sein und werden in Tabellen für normale Betriebsbedingungen angegeben.

C. Der Gitterstrom

In den meisten Fällen wird die Röhre mit einem gegenüber der Katode negativen Gitter betrieben. Für diesen Zustand haben wir angenommen, daß kein Gitterstrom fließt. Diese Annahme ist jedoch nicht ganz zutreffend. Es ist immer ein wenn auch sehr geringer Gitterstrom Ig vorhanden. Sein Zustandekommen wollen wir kurz erklären:

1. Der Draht der Gitterspirale kann nicht unendlich dünn gemacht werden. Folglich werden immer einige Elektronen, die zur Anode fliegen, auf den Gitterdrähten aufprallen. Elektronen mit großer kinetischer Energie können gegen das negative Potential des Gitters anlaufen. Diese auf dem Gitter gelandeten Elektronen fließen über den Gitterkreis, z. B. den Gitterableitwiderstand, ab und verursachen dort einen positiven Gitterstrom.

2. In Elektronenröhren herrscht kein ideales Vakuum. Treffen Elektronen auf Gasmoleküle, so werden diese ionisiert. Positiv gelandene Gasionen fliegen auf das negative Gitter und entladen sich dort — der im Gitterkreis auftretende Gitterstrom ist negativ. Die Größe des Gitterstromes kann als Maß für das Vakuum der Röhre herangezogen werden. Ein weiterer negativer Gitterstrom wird durch die endlichen Isolationswiderstände zwischen den Röhrenelektroden, Gitter-Katode bzw. Gitter-Anode, verursacht. Ebenso negativ ist der Gitterstrom, wenn durch Überschreitung der Leistungsgrenzen der Röhre (siehe Kap. 2.1) thermische Gitteremission auftritt.

Der meßbare Gitterstrom ist also ein Summenstrom. In der Verstärkertechnik liegt das Gitter meistens über einem hochohmigen Widerstand, dem Gitterableitwiderstand Rg, auf Katoden- bzw. Null- oder Massepotential. Ist Rg groß, z. B. 10^6 bis $10^7\,\Omega$, so erzeugt der Gitterstrom an ihm einen Spannungsabfall, der eine merkliche Arbeitspunktverschiebung auf der Röhrenkennlinie verursachen kann. Für normale Verstärkerröhren ist das Ende der Lebensdauer erreicht, wenn $Ig > 1\,\mu$A.

In Röhrenschaltungen mit sehr hohen Gitterableitwiderständen, z. B. Röhrenvoltmetern usw., wird zur Verkleinerung des Gitterstromes die Röhre unterheizt, wobei aber der Anodenstrom herabgesetzt werden muß, um die Lebensdauer der Katode nicht zu verringern.

Für äußerst hochohmige Gitterkreise ($> 10^8\,\Omega$) werden sogenannte Elektrometerröhren erzeugt. Ihre Aufgabe ist hauptsächlich eine Impedanzwandlung, weniger die einer Verstärkung. Entsprechend sind die Daten, z. B. einer 4065:

$$Ig = 8{,}5 \cdot 10^{-14}\ \text{A}$$
$$S = 80\ \mu\text{A/V}$$
$$\mu = 2$$

1.1.3 Mehrgitterröhren

Wir haben die Steuerwirkung der Gitterspannung auf den Anodenstrom und damit das Grundprinzip der Röhre als Verstärker besprochen.

Die Triode hat folgende Nachteile:

Der Durchgriff ist groß, daher ihre Verstärkung verhältnismäßig klein. Die große Gitter-Anodenkapazität Cag (1 bis 5 pf) bringt eine kapazitive Kopplung des Röhrenausganges mit dem Eingang, die sich besonders bei hohen Frequenzen störend bemerkbar macht. Auch der Innenwiderstand Ri ist bei Trioden klein

(10 bis etwa 80 kΩ). Er reduziert den wirksamen Außenwiderstand der Röhre, da er ihm elektrisch parallel liegt. Besonders *L*-*C*-Schwingkreise mit hohem Resonanzwiderstand im Anodenkreis werden stark gedämpft.

Diese Nachteile konnten durch die Konstruktion von Mehrgitterröhren nahezu beseitigt werden.

A. Die Tetrode

Zwischen dem Steuergitter G_1 und der Anode A ist ein konstant positiv vorgespanntes Gitter, das *Schirmgitter* G_2 (auch Sg) eingeschaltet; Schaltsymbol Abb. 1.12 links. Es erzeugt eine positive Potentialfläche, die auf das Steuergitter und die Katode wie die Anode einer Triode wirkt. Dadurch verliert die Anodenspannung fast jeden Einfluß auf die Größe des Anodenstromes (μ wird sehr groß). Ia ist bei konstanter Gittervorspannung vorwiegend von der Schirmgitterspannung bestimmt. Der Katodenstrom setzt sich zusammen aus

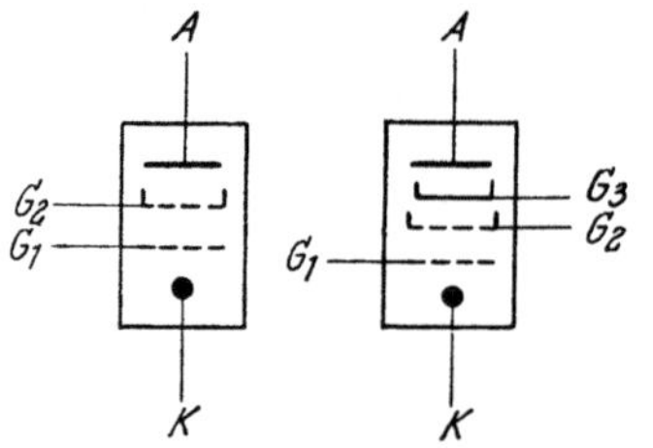

Abb. 1.12. Symbole für Tetrode und Pentode

$$Ik = Ia + Ig_2 \tag{1.18}$$

Die Kennlinien $Ia = f(Ug_1)$ werden durch die Schirmgitterspannung Ug_2 (Usg) um den Betrag $Dg_2 \cdot Ug_2$ parallel verschoben. Für die Verteilung des Katodenstromes gilt das Tanksche Stromverteilungsgesetz: $Ig_2/Ia = k\sqrt{Ug_2/Ua}$. Der Anodendurchgriff ist als das Produkt der Durchgriffe von Anode durch Schirmgitter und Schirmgitter durch Steuergitter sehr klein und fast ohne Einfluß auf den Anodenstrom. Ia wird hingegen stark durch die Schirmgitterspannung beeinflußt, die Stromverteilung Schirmgitter-Anode spielt eine wesentliche Rolle für die Größe des Anodenstromes. Die Beziehung $D = 1/\mu$ ist daher für Mehrgitterröhren ungültig. Hingegen besteht die Definition von $\mu = -\Delta Ua/\Delta Ug$ zu Recht. Der Anodendurchgriff D von Mehrgitterröhren wird immer kleiner als $1/\mu$ sein. Seine Verwendung ist bei Mehrgitterröhren nicht sinnvoll. Gerechnet wird bei diesen Röhrentypen nur mit S und Ri (bzw. μ). Von Interesse ist der Schirmgitterdurchgriff:

$$Dg_2 = \Delta Ug_1/\Delta Ug_2 \quad \text{bei} \quad Ua \text{ und } Ia = \text{konst.} \tag{1.19}$$

Er ist für die Verstärkung der Tetrode sowie überhaupt der Mehrgitterröhren bestimmend.

Da für Mehrgitterröhren $D \neq 1/\mu$ geworden ist, wird die 1. Barkhausen-Gleichung für alle Mehrgitterröhren in der Form

$$S \cdot Ri = \mu \tag{1.20}$$

verwendet.

Der große Nachteil der Tetroden liegt in ihrer stark nichtlinearen Kennlinie und dem somit kleinen Aussteuerbereich. Die Abb. 1.13 zeigt das Ia-Ua-Diagramm für eine als Tetrode geschaltete Röhre EF 80; gestrichelt der Verlauf des Anodenstromes Ia, punktiert der des Schirmgitterstromes Ig_2.

Steigert man bei konstanter Gittervorspannung Ug_1 die Anodenspannung Ua von Null an, so folgt die Anodenstromzunahme dem Tankschen Stromverteilungsgesetz nur bis zu dem Wert Ua_{min}. Bei weiterem Ansteigen der Anodenspannung treten aus der Anode Sekundärelektronen aus, die vom positiveren Schirmgitter angezogen werden. Die Folge davon ist, daß der Schirmgitterstrom zu steigen beginnt, während gleichzeitig der Anodenstrom fällt, siehe Gl. (1.18), — fallende Ia-Kennlinie.

Bei der dargestellten Kennlinie hat die Sekundäremission bei etwa 80 V Ua ihr Maximum, der Anodenstrom seinen zweiten Wendepunkt. Der Potentialunterschied zwischen Schirmgitter und Anode wird immer kleiner. Bei $Ua = Ug_2$ ist der Sekundäremissionseffekt praktisch verschwunden und die Kennlinie nimmt ihren ursprünglichen Verlauf.

Die Tetrode darf also nur in dem Bereich $Ia \geqq Ig_2$ ausgesteuert werden, wenn eine formgetreue Wechselspannungsverstärkung verlangt wird.

Zusammenfassung. Vorteile der Tetrode gegenüber der Triode: großer Innenwiderstand Ri, kleiner Anodendurchgriff D und großer Verstärkungsfaktor μ, kleine Gitter-Anodenkapazität Cag.

Nachteil: geringer Aussteuerbereich infolge nichtlinearer Kennlinie.

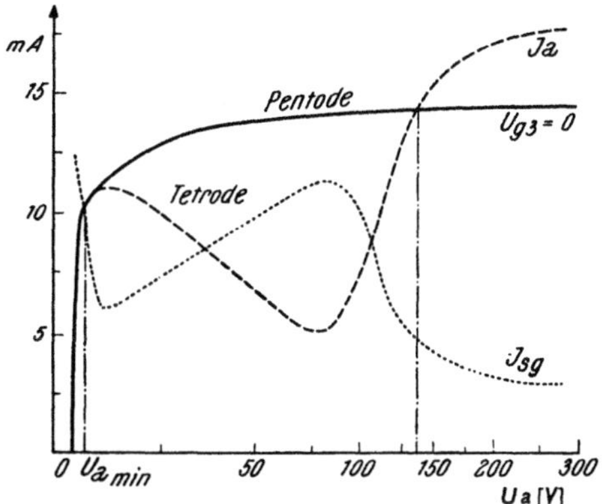

Abb. 1.13. Tetrodenkennlinie

Sonderformen

Die Tetrode mit Raumladegitter: Ein gegenüber der Katode positives Gitter, das Raumladegitter, wird zwischen Steuergitter und Katode eingeschaltet. Es schirmt das negative Steuergitter gegen die Katode ab und beseitigt daher dessen Einfluß auf die Raumladung. Die Anodenspannung kann aus diesem Grunde sehr klein gemacht werden, z. B. + 6 V. Die übrigen Funktionen dieser Röhre entsprechen denen einer Triode.

Die Beam-Power-Tetrode: Sie ist eine Tetrode, deren Kennliniencharakteristik angenähert der einer Pentode entspricht. Der Sekundärelektroneneffekt wird durch eine besondere Formgebung des Schirmgitters und der Anode sowie durch seitlich angebrachte Abschirmbleche auf ein Minimum reduziert. Die starke Einsattelung der Kennlinie ist fast ganz verschwunden, der Aussteuerbereich dadurch entsprechend vergrößert (Röhrenbeispiel: PL500).

B. Die Pentode

Die Pentode oder Fünfpolröhre hat alle Vorteile der Tetrode, ohne aber deren Nachteile zu besitzen (Symbol Abb. 1.12 rechts). Durch das Einfügen eines weiteren Gitters, des sogenannten Bremsgitters oder Gitters 3 (G_3), zwischen Schirmgitter und Anode wird es den Sekundärelektronen aus der Anode unmöglich gemacht, das Schirmgitter zu erreichen, wenn G_3 auf Katodenpotential liegt. Die fallende Anodenstromkennlinie der Tetroden verschwindet (Abb. 1.13 — ausgezogene Linie), der Anodenstrom folgt dem Tankschen Gesetz. Seine Größe wird wie bei den Tetroden durch die Höhe der positiven Schirmgitterspannung und die negative Gittervorspannung bestimmt. Nehmen wir den Anodenstrom als Funktion der Anodenspannung für verschiedene Steuergitterspannungen auf, so erhalten wir das typische Pentodenkennlinienfeld (Abb. 1.14). Die Schirmgitterspannung ist dabei konstant gehalten, das Bremsgitter liegt in der Regel auf Katodenpotential. Es zeigt sich die schon bei den Tetroden besprochene Unabhängigkeit des Anodenstromes von der Höhe der Anodenspannung, wenn eine gewisse Minimalspannung $Ua_{\min}$ überschritten ist. In dem angenähert horizontal verlaufenden Kennlinienbereich hat der Innenwiderstand Ri einen sehr hohen Wert (0,5 bis 2 MΩ). Er sinkt jedoch bei kleinen Anodenspannungen stark ab. Diese Eigenschaft ist dann zu beachten, wenn die Röhre bis $Ug_1 = 0$ oder positiv durchgesteuert wird, was besonders in der Impuls- und Sendertechnik vorkommt. In diesem Bereich kleiner Anodenspannung ($Ua = 0$ bis $Ua_{\min}$) verliert das Gitter sehr an Steuerwirkung. Die Ursache dieses „überspannten Zustandes" ist eine Raumladung zwischen Schirmgitter und Anode.

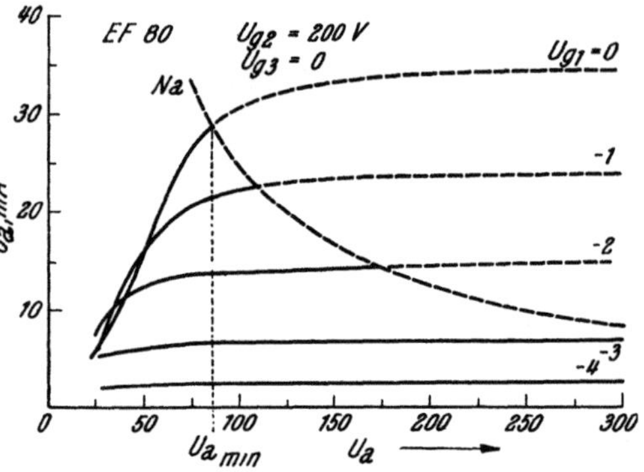

Abb. 1.14. Pentodenkennlinie $Ia = f(Ua)$

Wie die Röhrenkennlinien zeigen, steigt der Innenwiderstand mit wachsender Gittervorspannung und Anodenspannung an. Die Leerlaufverstärkung μ erreicht große Werte. Am wenigsten hat sich gegenüber den Trioden die Steilheit S verändert. Durch das Zwischenschalten von zwei Gittern (G_2 und G_3) wird die Gitter-Anodenkapazität minimal, einige mpF.

Der Anodenstrom läßt sich bei Pentoden auch mit Hilfe des Bremsgitters steuern. Ein gegenüber der Katode negatives G_3 verkleinert den Ia und vergrößert den Ig_2 (Anwendung z. B. bei Amplitudenmodulation, Torschaltungen, Transitrons usw.).

Die Ia-Ug-Kennlinie der Mehrgitterröhren geht bei steigender Gittervorspannung steiler gegen Null,

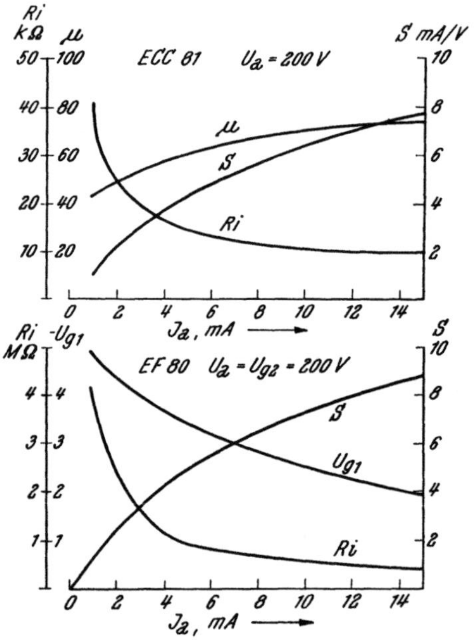

Abb. 1.15. Röhrenkenndaten als Funktion des Anodenstromes

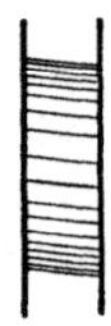

Abb. 1.16. Steuergitter einer Regelröhre

d. h. das sogenannte „Schwanzstromgebiet" des Ia ist gegenüber Trioden kleiner.

Sollen die Eigenschaften der Pentode als Verstärker ausgenützt werden, so ist es notwendig, den steuernden Einfluß der Schirmgitterspannung auf den Anodenstrom klein, d. h. die Schirmgitterspannung konstant zu halten.

Je nach Verwendungszweck unterscheidet man regelbare und nichtregelbare Pentoden, Pentoden für niederfrequente und hochfrequente Spannungsverstärkung und Leistungsverstärkerröhren (Endpentoden und Sendepentoden).

Niederfrequenzpentoden haben kleine Anodenströme (etwa 1 bis 3 mA), kleine Steilheiten (etwa 2 mA/V) und große Innenwiderstände (1,5 bis 3 MΩ), geringe Mikrophonie (klingarm) und gute Abschirmung der Heizung (geringes Brummen).

Hochfrequenzpentoden haben Ia etwa 10 mA, S etwa 5 bis 15 mA/V, Ri etwa 0,3 bis 0,7 MΩ und ein hohes S/Cag-Verhältnis. Regelröhren werden wir noch getrennt besprechen.

Die Abb. 1.15 zeigt die Abhängigkeit der Röhrenkenndaten vom Anodenstrom. Zum Vergleich eine Triode und eine Pentode.

C. Die Regelröhre

Eine wichtige Aufgabe der Elektronenröhren ist es, Spannungen zu verstärken. Oft ist es notwendig, den Verstärkungsgrad mit Hilfe einer Gleichspannung in weiten Grenzen zu ändern.

Diese Aufgabe wird durch Regelröhren, deren Steilheit S stark von der negativen Gittervorspannung Ug_1 abhängig ist, gelöst. Die Verstärkung V einer Mehrgitterröhre ist gegeben durch $V = S \cdot Ra$ (siehe Kap. 2.1). Hat die Gitterspirale des Steuergitters eine veränderliche Steigung (Abb. 1.16), so ändert sich auch der Durchgriff Dg_2 längs dieser Spirale. Die Regelröhre verhält sich so wie eine Reihe von parallelgeschalteten Röhren mit verschiedenen Durchgriffen. Wird die negative Steuergittervorspannung größer, so ist die Wirkung ähnlich, als würde die Katodenoberfläche und damit die Steilheit zunehmend kleiner werden, die Verstärkung V nimmt ab. Die Ia-Ug_1-Kennlinie und die Steilheit S erhalten einen exponentiellen Anstieg:

$$Ia = Ia_{\max} \cdot e^{Ug/k} \quad \text{und} \quad S = \frac{Ia_{\max}}{k} \cdot e^{Ug/k} \tag{1.21}$$

k = Röhrenkonstante
$Ia_{\max}$ = Anodenstrom bei $Ug_1 = 0$.

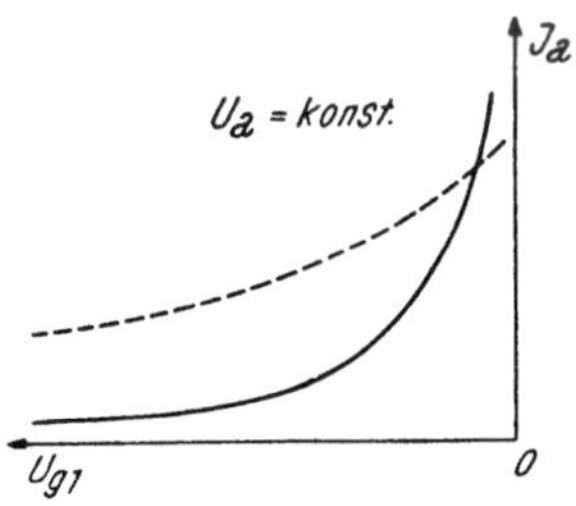

Abb. 1.17.
$Ia = f(Ug_1)$ einer Regelröhre

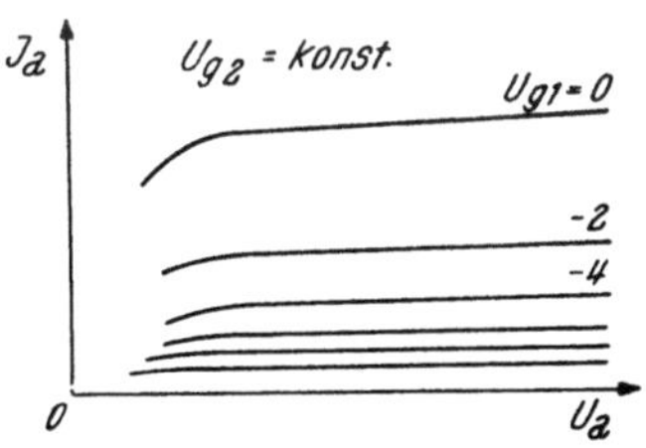

Abb. 1.18.
$Ia = f(Ua)$ einer Regelröhre

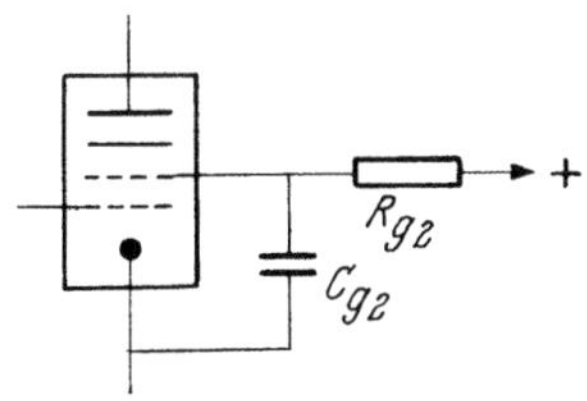

Abb. 1.19.
Gleitende Schirmgitterspannung

Die Abb. 1.17 zeigt die Ia-Ug-Kennlinie einer Regelpentode für gleitende (gestrichelt) und konstante (ausgezogen) Schirmgitterspannung. Die ideale Regelkennlinie hat logarithmischen Verlauf. Die Abb. 1.18 zeigt das Ia-Ua-Kennlinienfeld. Typisch für die Regelröhre sind die stark ungleichen Kennlinienabstände.

Eine Regelung mit Hilfe einer veränderlichen Bremsgitterspannung ist ebenfalls möglich, doch sind dazu besondere Schaltmaßnahmen erforderlich. Um den Klirrfaktor (Maß für die nichtlinearen Verzerrungen) bei Verstärkung größerer Signalspannungen klein zu halten, wird die Schirmgitterspannung vorzugsweise gleitend gemacht, d. h. mit negativerem Steuergitter wird Ug_2 größer. Das Gleiten der Ug_2 wird dadurch erreicht, daß zwischen Schirmgitter und Spannungsquelle ein hochohmiger Widerstand Rg_2 eingeschaltet wird (Abb. 1.19). (Bei niederfrequenter Regelung ist Rg_2 etwa 300 bis 500 kΩ.)

Das Schirmgitter wird durch einen Kondensator Cg_2 wechselspannungsmäßig kurzgeschlossen (= abgeblockt, an Katode gelegt). Die Zeitkonstante des Schirm-Gitter-R-C-Gliedes ist so zu wählen, daß die tiefsten noch zu übertragenden Frequenzen keine Verstärkungseinbuße erleiden, andererseits aber die Regelzeitkonstante dadurch nicht zu sehr vergrößert wird.

Die Regelröhre findet bei der Schwund- oder Fadingautomatik, d. h. bei der automatischen Lautstärkeregelung im Rundfunkempfänger, in Kompressor- und Expanderschaltungen, in Regelgliedern usw. Verwendung.

Beispiel für eine Niederfrequenz-Regelpentode: EF83
„ „ „ Hochfrequenz- „ : EF85, EF89
„ „ „ Regeltriode: PCC189.

D. Hexoden, Heptoden und Verbundröhren

Wie schon bei der Tetrode und der Pentode bemerkt wurde, läßt sich der Anodenstrom auch noch durch ein veränderliches Bremsgitter steuern, wobei der Katodenstrom durch die Stromübernahme des Schirmgitters annähernd konstant bleibt.

Um eine wirkungsvolle Steuerung über das Gitter 3, also mit einer kleinen negativen Steuerspannung, zu erhalten, muß der Durchgriff dieses Gitters klein sein. Diese Forderung steht aber im Widerspruch zu dem bei Pentoden notwendigen großen Bremsgitterdurchgriff, denn die Primärelektronen sollten ja möglichst wenig gehemmt werden. Außerdem sollte eine Änderung der Anodenspannung nicht auf das zweite Steuergitter (z. B. G_3) einwirken.

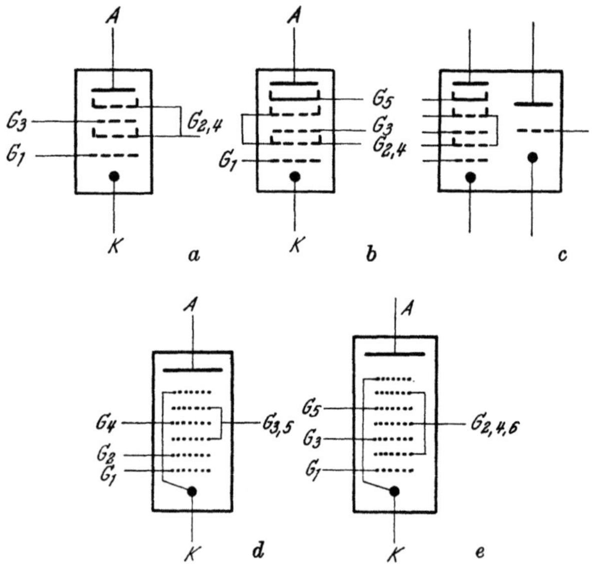

Abb. 1.20. Symbole für a) Hexode, b) Heptode, c) Verbundröhre Triode-Heptode, d) Oktode, e) Enode

Diese Probleme wurden durch die Konstruktion der Hexode gelöst. Wird zwischen Bremsgitter, hier besser Gitter G_3, und Anode ein zweites Schirmgitter G_4 angebracht, das gleich G_2 auf einer konstanten positiven Spannung liegt, so ist der Anodendurchgriff auf das Gitter 3 stark reduziert. Das zweite Steuergitter (G_3) kann engmaschig ausgeführt werden, sein Durchgriff wird klein, folglich seine Steuerwirkung auf den Anodenstrom groß.

Ein weiteres Gitter, G_5, zwischen Schirmgitter G_4 und Anode gelegt, hält die Sekundärelektronen der Anode vom Gitter fern. Diesen Röhrentyp mit seinen fünf Gittern (sieben Elektroden) nennt man Heptode.

Die Abb. 1.20a zeigt das Symbol für eine Hexode, 1.20b das einer Heptode. Das Gitter 2 ist in den meisten Fällen innerhalb des Röhrenkolbens mit dem Gitter 4 verbunden. Ebenso ist bei den Heptoden das Gitter 5 innerhalb des Kolbens mit der Katode verbunden (Beispiel EH90).

Die gemeinsame Steuerwirkung der Gitterspannung Ug_1 und der Anodenspannung Ua auf den Anodenstrom setzen sich *additiv* zu einer Steuerspannung Ust zusammen, Gl. (1.7). Werden beide Steuerwirkungen getrennt herangezogen, so spricht man von einer Überlagerung der Steuersignale. Hingegen liegt bei der Steuerung durch Ug_1 und Ug_3 eine multiplikative Wirkung vor. Bei einer derartigen Steuerung sprechen wir von einer *multiplikativen Mischung* der Signale. Die Hexoden, Heptoden und Oktoden tragen, da sie hauptsächlich in Mischstufen verwendet werden, auch den Namen Mischröhren.

Sehr gebräuchlich sind *Verbundröhren:* In einem Glaskolben sind mehrere Röhrensysteme untergebracht: z. B. eine Triode mit einer Heptode (Abb. 1.20c). Beispiel ECH81 oder eine Diode-Duodiode-Triode, EABC81.

Sind zwei gleiche Röhrensysteme in einem gemeinsamen Kolben vereinigt, so spricht man von einer *Doppelröhre*, z. B. ECC81, EAA91 usw.

E. Röhren mit mehr als sieben Elektroden

Die durch die Verbundröhren „Triode-Heptode" fast völlig verdrängte Oktode besteht aus Katode, sechs Gittern und Anode (Abb. 1.20d). Gitter 1 ist ein Steuergitter, Gitter 2 trägt seinen Namen zu unrecht, denn es ist kein Gitter, das den Anodenstrom beeinflussen kann, sondern eine Hilfsanode in Form von zwei seitlich angebrachten Stäben. Die Elektroden G_1 und G_2 bilden bei Verwendung der Oktode in Überlagerungsschaltungen eine Oszillatortriode. Die Gitter G_3, G_5 sind Schirmgitter, G_4 das zweite Steuergitter (Stromverteilungssteuerung) und G_6 ein Bremsgitter.

Für Frequenzdemodulation und Begrenzerschaltungen wurde eine 9-Elektroden-Röhre, die Enode oder Enneode, entwickelt. Sie besitzt drei Steuergitter, G_1, G_3, G_5, drei Schirmgitter G_2, G_4, G_6 und ein Bremsgitter G_7. Die Abb. 1.20e zeigt das Röhrensymbol.

Abb. 1.21. Moderne Verstärkerröhren (Philips)

Die Abb. 1.21 zeigt moderne Verstärkerröhren. Von links nach rechts: Breitbandverstärkerpentode in Miniaturausführung, Breitbandverstärkerpentode in Novalausführung (sehr hohe Steilheit: 50 mA/V), Endpentode, 11 Watt Doppeltetrode.

1.1.4 Röhren für sehr hohe Frequenzen[1]

A. Scheibentrioden

Bei der Verstärkung oder Erzeugung ultra-hochfrequenter Spannungen spielen die Laufzeit der Elektronen im Katoden-Anodenraum der Röhre sowie die Induktivitäten der Zuleitungen zu den Elektroden und die Röhrenkapazitäten eine entscheidende Rolle.

[1] Literatur: [M 11, V 1, B 1].

Mit Röhren von üblichem zylindrischem Systemaufbau können daher sehr hohe Frequenzen nicht mehr verstärkt werden. Eine völlige Abkehr von diesem konservativen Aufbau brachte die Konstruktion der Scheibentrioden, mit denen Frequenzen bis in das Gigahertz-Gebiet verstärkt werden können.

Wie angedeutet, ist der Aufbau scheibenförmig, das Prinzip zeigt Abb. 1.22. In kleinstem Abstand (10 μ) von der indirekt geheizten Katode besonderer Konstruktion mit scheibenförmiger Emissionsfläche (L-Katode) befindet sich der Gitterrahmen und unmittelbar darüber (Abstand 100 μ) die säulenförmige Anode. Die Elektroden werden jeweils durch einen Metallring getragen, der gleichzeitig eine breite Außen-Kontaktfläche darstellt. Mit ihren Kontaktringen wird die Röhre direkt in den Hohlraumresonator eingeschoben.

Bei einer Frequenz bis zu 4 Gigahertz lassen sich Verstärker mit einer Bandbreite von 100 Megahertz aufbauen. Der Betrieb erfolgt zumeist in Gitterbasisschaltung. Eine ähnliche Konstruktion hat die „pencil"-Röhre. Auch Scheibentetroden wurden konstruiert.

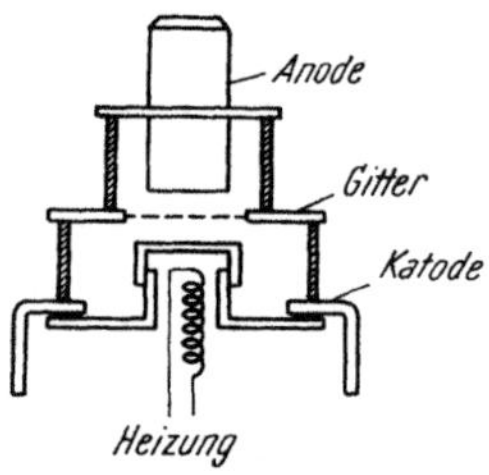

Abb. 1.22. Scheibentriode

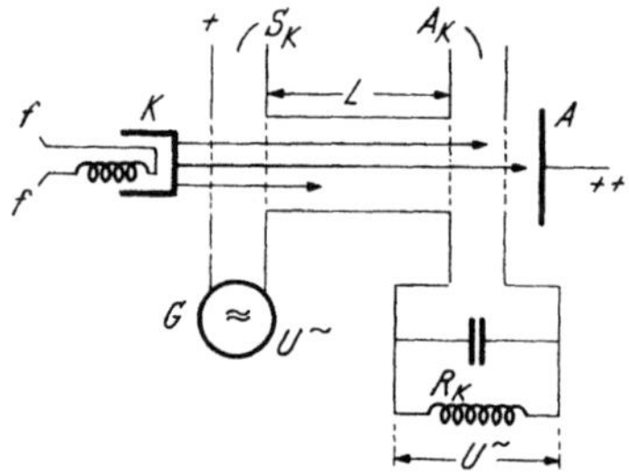

Abb. 1.23. Prinzip eines Klystrons

B. Laufzeitröhren

Bei den Elektronenröhren herkömmlicher Aufbauweise bildet die endliche Laufzeit der Elektronen (siehe Kap. 7.1.3) eine der Grenzen für die Erzeugung und Verstärkung hoher und höchster Frequenzen. Selbst der spezielle Systemaufbau der Scheibentrioden ist für eine wirkungsvolle Verstärkung von cm- oder gar mm-Wellen unbrauchbar. Bei den Laufzeitröhren wird jedoch gerade die Geschwindigkeit der Elektronen in einem Katoden-Anodensystem gesteuert und so eine Verstärkerwirkung erreicht.

Die ersten Konstruktionen dieser Art waren die Bremsfeldröhre von Barkhausen-Kurz (1920), die Habann-Röhre (1924), die Heilsche Röhre (1935) u. a. Es waren vor allem Generatorröhren. Erst die Entwicklung der Radartechnik im vergangenen Weltkrieg und nachfolgend der Ausbau der Funkmeßtechnik (Navigation) und Mikrowellentechnik beschleunigte die konstruktive Verbesserung der geeignetsten Typen, so daß heute ein umfangreiches Angebot von Laufzeitröhren für die Erzeugung und Verstärkung von cm- und mm-Wellen zur Verfügung steht.

Die wichtigsten Vertreter dieser Mikrowellenröhren sind:

a) Die Triftröhre oder das Klystron

Diese Konstruktion beruht auf dem Heilschen Generator. Ihre Wirkungsweise wollen wir an Hand eines einfachen Schemas (Abb. 1.23) kennenlernen. In einem evakuierten Gefäß befindet sich eine flächenförmige Katode *K*. Ihr gegenüber sind auf positivem Potential zwei Gitter *Sk* angeordnet, an die der Laufraum *L* anschließt. An seinem Ende befinden sich wieder zwei Gitter *Ak* und schließlich die Anode *A*.

Die von der Katode emittierten Elektronen werden durch das positive Gitter beschleunigt und treten mit konstanter Geschwindigkeit in den Raum zwischen den beiden Gittern, den Steuerraum oder die Steuerkammer *Sk*, ein. Liegt an *Sk* eine Wechselspannung *u*, so befindet sich im Steuerraum ein axiales Wechselfeld, das die Geschwindigkeit der Elektronen je nach Amplitude von *u* vergrößert oder verkleinert. Abhängig von der Eintrittszeit der Elektronen in diesen Raum werden diese gebremst oder beschleunigt werden und mit verschiedener Geschwindigkeit in den feldfreien Laufraum *L* fliegen. In diesem relativ langen Raum holen die schnelleren Elektronen die langsameren ein, selbst wenn sie später in *Sk* eingetreten sind. Die Folge davon ist, daß in *L* Stellen zeitlich verschiedener Elektronendichte entstehen — Dichtemodulation oder Steuerung. Befindet sich an der Stelle maximaler Dichteschwankung eine Elektrode (*Ak* = Auskoppelraum oder Kammer), so wird in ihr ein der Dichteschwankung proportionaler Strom indu-

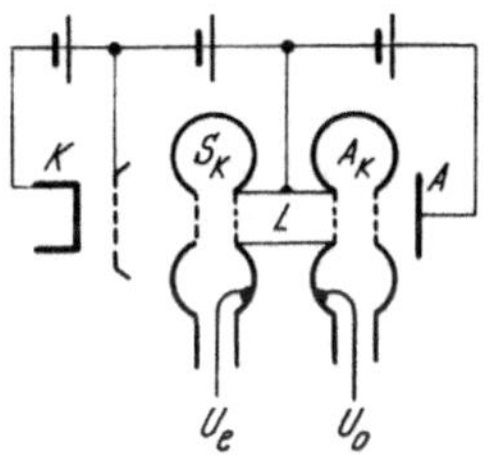

Abb. 1.24. Zweikammerklystron

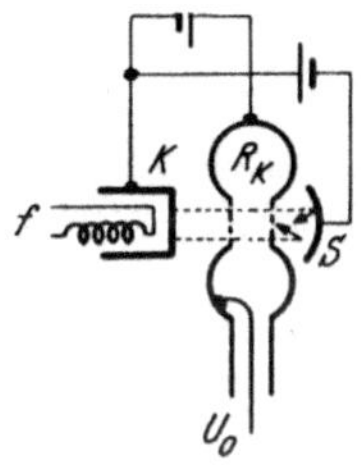

Abb. 1.25. Reflexklystron

ziert. An einem Resonanzkreis *Rk* entsteht eine Spannung $U^{\sim} \gg u^{\sim}$; die Anode *A* „saugt“ die Elektronen ab.

An Stelle von *G* und *Rk* werden Hohlraumresonatoren verwendet, die bei den verwendeten ultrahohen Frequenzen eine wesentlich höhere Güte als *LC*-Schwingkreise besitzen. Ihre ursprüngliche Kugelform brachte den Triftröhren auch den Namen „Rhumbatron“ ein. Die Ein- und Auskoppelung der Signalspannung erfolgt mittels Koppelschleifen oder Wellenleiter.

Die Steuerung ist im Mittel leistungslos, die Ausgangsspannung *Uo* gegen die Eingangsspannung *Ue* um 180° phasenverschoben.

Die Abb. 1.24 zeigt den prinzipiellen Aufbau eines Zweikammerklystrons.

Selbsterregung tritt ein, d. h. der Verstärker wird zum Oszillator, wenn die beiden Resonatoren *Sk* und *Ak* mit einer Koaxialleitung gekoppelt werden.

Die Frequenz der erzeugten oder verstärkten Schwingung ist durch die Resonanzfrequenz der Hohlraumresonatoren bestimmt. Sie läßt sich in kleinen Grenzen durch mechanische Deformation ändern.

Mit Mehrkammerklystrons (kaskadenförmiger Aufbau) können hohe Verstärkungsfaktoren erzielt werden. Besonders für Empfängerzwecke bestimmte Klystrons besitzen zwischen der Auskoppelkammer und der Anode ein auf Katodenpotential liegendes Gitter, an dem durch Geschwindigkeitsaussortierung eine Gleichrichterwirkung eintritt.

Zur Schwingungserzeugung mit hohem Wirkungsgrad eignet sich das *Reflexklystron oder Einkammerklystron* wesentlich besser. Wie der Name sagt, befindet sich nur ein Resonator zwischen Katode und Anode, wobei letztere nicht mehr als Auffangelektrode mit positivem Potential, sondern als Reflektor mit gegen Katode negativem Potential wirkt. Die Abb. 1.25 zeigt ein Beispiel. Die von der Katode emittierten und vom positiven Resonator beschleunigten Elektronen werden vom negativ geladenen, konvex geformten Reflektor (Spiegel) reflektiert. Die Elektronen mit höherer Geschwindigkeit werden näher an S herankommen, bevor sie reflektiert werden, also einen längeren Weg zurücklegen als die langsameren. Bei bestimmter Reflektorspannung können nun Elektronen veschiedener Geschwindigkeit gleichzeitig aus dem Reflexionsraum zwischen S und Rk in den Resonanzraum zurückkehren — Elektronenverdichtung. In Rk erfolgt eine maximale Energieabgabe, wenn das gerade bestehende Feld bremsend auf die reflektierten Elektronen wirkt. Dieses Feld ist zugleich beschleunigend für die von der Katode kommenden Elektronen, wobei ein Teil der durch den Bremsvorgang anfallenden Energie wiederum zur Beschleunigung verwendet wird (Mitkopplungsbedingung). Die Abb. 1.32a zeigt ein Reflexklystron.

Die Frequenz der erzeugten Schwingung ist einerseits von den mechanischen Abmessungen, andererseits stark von den Potentialen der Elektroden abhängig. Das Reflexklystron ist daher leicht modulierbar. Der mechanische Aufbau ist zumeist so gehalten, daß mit Hilfe einer Schraube die Form des Hohlraumes und damit die Frequenz in engen Grenzen verändert werden kann. Hochleistungsklystrons können Energien von einigen kW erzeugen. Die nur in kleinen Grenzen mögliche Verstimmung der Triftröhren bringt den Nachteil, daß sie nur für jeweils eine Frequenz oder ein schmales Frequenzband geeignet sind. Für die Verstärkung eines größeren Frequenzbandes ist eine andere Laufzeitröhre besser geeignet:

b) Die Wanderwellenröhre (Traveling-Wave-Röhre)

Den prinzipiellen Aufbau zeigt die Abb. 1.26. Der von der Katode emittierte und von der Anode beschleunigte Elektronenstrahl tritt in Wechselwirkung mit dem Feld einer elektromagnetischen Welle, das sich mit verringerter Geschwindigkeit mit dem Strahl fortbewegt. Das Wechselfeld wird primär erzeugt durch die zu verstärkende Signalspannung Ue. Die relativ langsame Fortpflanzungsgeschwindigkeit der Welle wird mit einer Verzögerungsleitung W (Wendel, siehe Abb. 1.26, oder Hohlleiter) erreicht. Der Elektronenstrahl wird auf seinem ganzen Weg durch ein Magnetfeld (Spule M) fokussiert. Die Elektronengeschwindigkeit soll etwas größer als die Wellengeschwindigkeit sein.

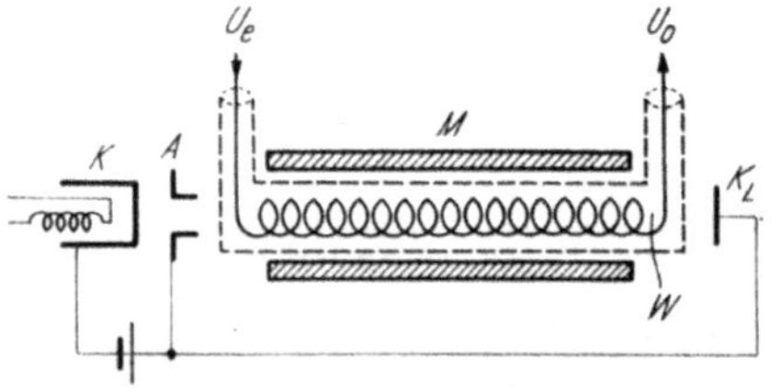

Abb. 1.26. Wanderwellenröhre

Da die Elektronen entweder auf ein beschleunigendes oder bremsendes Feld treffen, werden sie wie beim Klystron dichtemoduliert. Die durch Bremsung gewonnene Feldenergie wird wiederum zur Beschleunigung anderer Elektronen verwendet. Die Welle erscheint am Ausgang (Uo) um etwa 20 bis 30 dB verstärkt; die Elektronen werden durch den Kollektor gesammelt. Die Verstärkung ist um so größer, je länger die Verzögerungsleitung ist. Bandbreiten von 600 bis 800 MHz, bezogen auf eine Trägerfrequenz von 3 GHz, sind erreichbar.

Zur Erzeugung sehr hoher Frequenzen bei mittlerer bis großer Leistung wird eine Laufzeitröhre anderer Bauart verwendet:

c) Das Magnetron

Grundlegende Versuche wurden von Habann (1924) und Zacek (1928) ausgeführt. Der prinzipielle Aufbau gleicht einer magnetisch gesteuerten Diode: Eine zylindrische Anode umschließt eine axial angeordnete, indirekt geheizte Katode.

Dieses System liegt so zwischen den Polschuhen eines Magneten, daß dessen Kraftlinien parallel zur Systemachse verlaufen (Abb. 1.27).

Ist die Feldstärke H gleich Null, so ist der Anodenstrom Ia nur durch die Höhe der Anodenspannung Ua bestimmt (Diode). Wird nun H langsam vergrößert, so werden die Elektronenbahnen unter dem Einfluß des Magnetfeldes gekrümmt und schließlich bei einer bestimmten kritischen Feldstärke Hk kreisförmig, d. h., entsprechend der Geschwindigkeitsverteilung erreichen nur mehr wenige Elektronen die Anode. Der Anodenstrom Ia fällt stark, die Kennlinie wird fallend (negativ) (Abb. 1.28 und Kennlinienfeld Abb. 1.29).

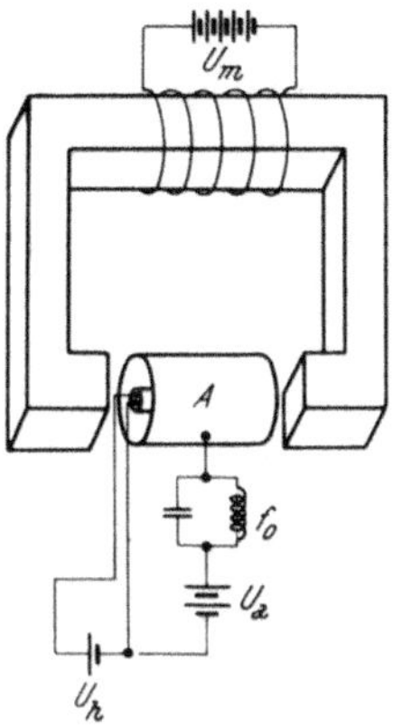

Abb. 1.27.
Prinzip des Magnetrons

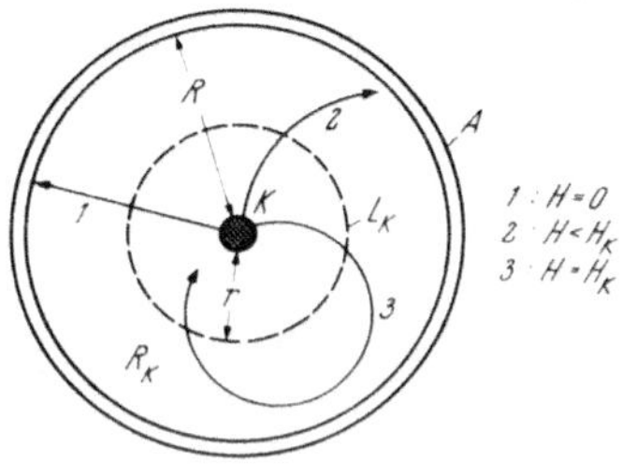

Abb. 1.28.
Elektronenbahnen im einfachen Magnetron

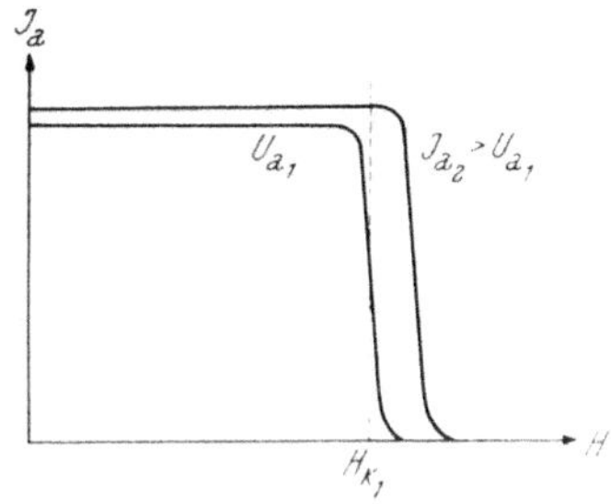

Abb. 1.29.
Kennlinie $Ia = f(H)$

Bei diesem Feldstärkewert bewegen sich die Elektronen angenähert auf einem Rollkreis Rk, dessen Mittelpunkt sich auf einem Leitkreis Lk um die Katode bewegt. Die Wellenlänge der erzeugten Schwingung, gerechnet aus der Umlaufzeit im Rollkreis, ist:

$$\lambda = 2\pi c \cdot m/e \cdot H \qquad (1.22)$$

Mit $H = 6{,}72 \sqrt{Ua}/R$ [Gauss, V, cm] wird

$$\lambda = 1600 \cdot R \sqrt{Ua} \quad [\text{cm, V}] \qquad (1.23)$$

Da beim Magnetron mit zylindrischer Anode (Nullschlitzmagnetron) ein äußerer Schwingkreis notwendig ist, stößt die Erzeugung sehr hoher Frequenzen auf Schwierigkeiten. Dazukommende andere Mängel machen diesen Typ nur historisch interessant. Das Verständnis seiner Funktion ist jedoch für alle anderen Magnetrontypen wichtig.

Die Habann-Röhre oder das Zweischlitzmagnetron (Abb. 1.30)

Das magnetische Feld H ist überkritisch eingestellt. An den beiden Anoden A_1 und A_2 liegt ein Schwingkreis, der für hohe Frequenzen vorzugsweise ein Wellenleiter (L) ist. Die Anodenspannung Ua wird symmetrisch zugeführt. Wird der Schwingkreis aus irgend einem Grund angeregt, so werden die Potentiale der Anoden verschieden, und zwar $Ua \begin{smallmatrix} +u_a/2 \\ -u_a/2 \end{smallmatrix}$. Das hat zur Folge, daß die eine Anode beschleunigend auf die Elektronen wirkt (Energieabgabe), während die andere Anode mit niedrigerem Potential als Kollektor (Elektronensammler) wirkt und somit Energie zugeführt erhält. Ist ihr Potential höher als das der anderen Anode geworden, so vertauschen sich die Aufgaben. Dem System, bestehend aus den beiden Anoden und dem Schwingkreis, kann die Eigenschaft eines negativen Widerstandes zugeschrieben werden: Steigt Ua_1, so steigt Ia_2 und umgekehrt (Induktionswirkung über L). Die Elektronen beschreiben im Schwingzustand eine schraubenförmige Bahn gegen die jeweilige Anode mit niedrigerem Potential.

Das Vielschlitzmagnetron (Multi-Cavity-Magnetron)

Das Streben nach immer größerer Leistung und höherer Frequenz führte zur Konstruktion der Vielschlitzmagnetrons, des heute am meisten verwendeten Magnetrontyps. Die Anzahl der Anoden(-schlitze) beträgt 4 bis 38. Einen Querschnitt durch ein Achtschlitzmagnetron zeigt die Abb. 1.31.

Die Anode A besteht aus einem Kupferblock, der mit Bohrungen B versehen ist, die wiederum durch Längsschlitze mit dem Katodenraum k in Verbindung stehen. Die Bohrungen und Schlitze bilden Hohlraumresonatoren. Die erzeugte Energie wird mit einer Schleife L ausgekoppelt. Der Anodenblock befindet sich zwischen den Polschuhen eines Magneten M.

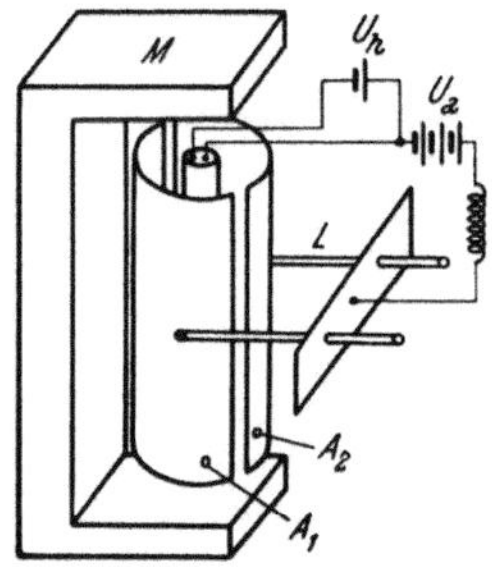

Abb. 1.30. Die Habann-Röhre

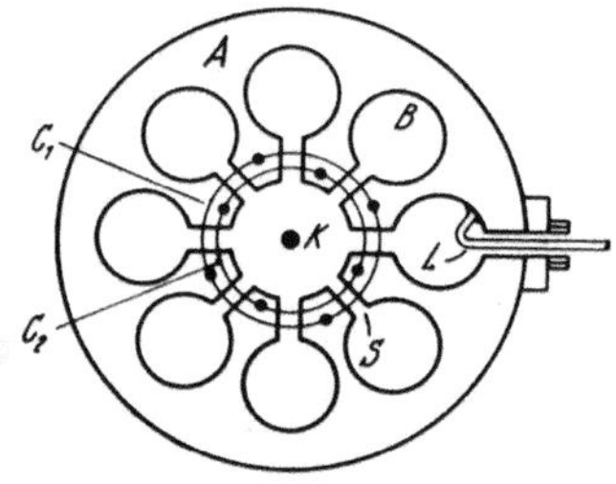

Abb. 1.31. Schnitt durch ein Achtschlitzmagnetron

Die kreisförmig angeordneten Hohlraumresonatoren bilden wie bei der Wanderwellenröhre eine Verzögerungsleitung. Mittels Kupferbändern C sind beim Vierschlitzmagnetron die jeweils gegenüberliegenden Pole, beim Vielschlitzmagnetron jeder zweite Pol miteinander derart verbunden, daß im Schwingzustand zwischen den Streufeldern der benachbarten Schlitze Gegenphasigkeit herrscht.

Die Elektronen führen eine dichtemodulierte Rotationsbewegung aus, wobei die richtigphasigen auf der Anode landen, während die falschphasigen auf die Katode treffen und zu einer Rückheizung Anlaß geben. Dieser für die Röhre gefährliche Effekt kann durch Fehlanpassung verstärkt werden und zur Zerstörung der Katode führen. Eine Reduktion der Heizspannung Uh nach Inbetriebnahme ist bei manchen Typen notwendig.

Die erzeugte Wellenlänge errechnet sich aus der Leitkreisschwingung zu

$$\lambda = 1190 \cdot r^2 \cdot H/Ua \cdot n \quad [\text{cm, A/cm, V}] \qquad (1.24)$$

r = Leitkreisradius
n = Anzahl der Polpaare.

Eine Abstimmung ist nur in engen Grenzen möglich, und zwar durch Näherbringen von kapazitiv wirkenden Ringen an die Polfläche, durch Einschieben von Stäben in die Bohrungen oder durch Stellringe.

Vielschlitzmagnetrons werden im Frequenzbereich von 3 bis 300 GHz (λ = 10 cm bis 1 mm) verwendet. Die maximale Leistungsabgabe erfolgt bei niedrigen

Frequenzen im dm-Gebiet. Bisher werden Dauerleistungen von maximal 500 W und Impulsleistungen von etwa 5 MW (= 5000 kW) erreicht. Bei einer Impulsdauer von 1 μs beträgt die Folgefrequenz 1000 Hz; erreichbarer Wirkungsgrad 50%.

Die Hauptanwendung der Magnetrons geschieht in der Impulstechnik zur Erzeugung sehr starker Impulse (Radar usw.), in der industriellen Elektronik sowie in der Medizin als Wärmegeneratoren (Hochfrequenz-Erhitzung).

Unter den Laufzeitröhren wäre weiter zu erwähnen: die Turbatorröhre von Lüdi (BBC), das Carcinotron, die Haeff-Röhre, die Elektronenwellenröhre, die Hahn-Metcalf-Röhre u. a. Eine Besprechung würde in diesem Rahmen zu weit führen.

Die Abb. 1.32b zeigt ein Magnetron.

Abb. 1.32a. Klystron (Philips)

Abb. 1.32b. Magnetron (Philips)

1.1.5 SQ-Röhren[1]

Röhren in sogenannter „Normalausführung“ für die Unterhaltungselektronik (Rundfunk, Fernsehen) haben als billige Massenartikel hohe Toleranzen in den Kenndaten und eine mittlere Lebensdauer von etwa 2000 Stunden.

Die industrielle Elektronik, die Meßtechnik, elektronische Rechenanlagen und die kommerzielle Nachrichtentechnik stellen erhöhte Anforderungen an die Röhren. Die erste, für die Telephon-Weitverkehrsanwendung gestellte Forderung war die nach längerer Lebensdauer (Extremes Beispiel: Verstärker in Transozeankabeln). Daher hat sich bis jetzt noch der Name „Langlebensdauer“ als Bezeichnung für diesen ganzen Typenkomplex erhalten. Besser und sich immer mehr durchsetzend ist die Bezeichnung „SQ-Röhren“ (spezielle Qualität), denn nicht nur die lange Lebensdauer, sondern auch andere Eigenschaften zeichnen diese Röhren aus:

A. Hohe Zuverlässigkeit: Der Ausfall bei SQ-Röhren beträgt im Durchschnitt 1,5‰ pro 1000 Betriebsstunden, bei Rundfunkröhren 30‰.

B. Spezielle Katoden: Keine Bildung einer schlecht leitenden Zwischenschicht zwischen Nickelröhrchen und Bariumoxyd auch bei langdauerndem geheizten, aber anodenstromlosen Zustand. Die Zwischenschicht wirkt wie ein kapazitiv überbrückter Gegenkopplungswiderstand in der Katodenleitung und ergibt eine

[1] Literatur: [S 20].

frequenzabhängige Steilheitsverminderung (Steilheit normal etwa ab MHz-Bereich, darunter kleiner).

C. Lange Lebensdauer: Es wird eine durchschnittliche Lebensdauer von 10000 Betriebsstunden garantiert. Das Ende der Lebensdauer wird durch das Unterschreiten gewisser Werte der Röhrendaten bestimmt, die vom Hersteller angegeben werden und meist bei etwa 70% der Normaldaten liegen.

D. Enge Toleranzen: Streuung der Daten um nicht mehr als 10 bis 20% der Nennwerte für bestimmte Kennlinienpunkte. Bei Röhren für lineare Anwendungen (Verstärker) werden meist Nennwerte für einen normalen Arbeitspunkt, bei Röhren für nicht lineare Anwendungen (Schalter) Nennwerte für den Anodenstrom bei Gitterspannung Null und die Gitterspannung für gerade gesperrte Röhre toleriert angegeben.

E. Stoß- und Vibrationsfestigkeit: Es werden Beschleunigungswerte genannt, die die Röhre langdauernd bzw. kurzzeitig betriebssicher aufnehmen kann. Sehr häufig findet man folgende Angabe: 2,5 g bei 50 Hz langdauernd und Stöße mit 500 g kurzzeitig, in beliebiger Richtung (g = Erdbeschleunigung).
Außerdem weisen SQ-Röhren meist günstigere Werte für Mikrophonie, Brumm, Rauschen und Heizfadenschaltfestigkeit auf.

Die genannten Qualitätsmerkmale werden durch besondere Maßnahmen bei der Konstruktion, Materialauswahl, Fertigung und Prüfung erreicht. Hierzu gehört zum Beispiel die Entwicklung der Spanngittertechnik: der äußerst dünne Gitterdraht wird unter mechanischer Vorspannung auf einen starren Rahmen gewickelt, wodurch höchste Stabilität und Maßhaltigkeit erreicht wird. Abgesehen von der Verbesserung nach Punkt A, D und E wurde damit eine wesentlich größere Steilheit bzw. ein höheres S/C-Verhältnis erreicht (E 810 F : 50 mA/V), so daß jetzt auch Rundfunkröhren nach dieser Konstruktion gebaut werden (PCC88, PCC189, EF183, EF184). Eine Verbesserung nach E erzielt man durch Systemaufbau auf Glimmer ohne Zähnung, die in genau kalibrierte Kolben eingeschoben werden. Wegen C wird die Belastung der Katode und der übrigen Elektroden durch reichliche Dimensionierung herabgesetzt. Das für die Katodenröhrchen verwendete Nickel muß wegen B speziellen Reinheitsanforderungen entsprechen. Zur Sicherung des Vakuums werden die SQ-Röhren gründlicher als normale Röhren ausgepumpt und mit besonders hochwertigem Gettermaterial versehen. Bereits bei der Herstellung der Einzelteile wird auf peinliche Sauberkeit geachtet, die Montage erfolgt in staubfreien Überdruckkammern. Neben der laufenden Kontrolle des verwendeten Materials und aller Fertigungsprozesse wird jede einzelne Röhre einer Schlußprüfung unterzogen, nachdem sie vorher „eingebrannt", „formiert", d. h. etwa 50 Stunden mit normaler Belastung betrieben worden ist. An Stichproben aus jeder Fertigungspartie werden sehr vielfältige Messungen vorgenommen, ehe die ganze Partie freigegeben wird.

Die aufgezählten Eigenschaften werden bei den SQ-Röhren je nach dem vorgesehenen Verwendungszweck kombiniert:

Industrielle Elektronik	A		C	D	E
Luft- und Seefahrt	A				E
Nachrichtenweitverkehr	A		C	D	
Rechenmaschinen	A	B	C	D	
Meßtechnik	A		C	D, eventuell auch B und E.	

SQ-Röhren werden nach einem gegenüber den Rundfunk- und Fernsehröhren etwas geänderten Typenschlüssel bezeichnet (siehe Anhang). Bei vielen Röhren werden daneben auch noch die internationalen Typenbezeichnungen der EIA (Electronic Industries Association) angegeben, die einen Austausch aller Fabrikate erleichtern sollen.

1.1.6 Spezielle Röhren

Die sehr verschiedenartigen Aufgabengebiete der Elektronik führten zur Entwicklung einer Vielzahl von speziellen Röhren mit jeweils optimalen Eigenschaften für eine bestimmte Aufgabe. Allein ein Verzeichnis aller Elektronenröhren mit ihren Kenndaten würde umfangreicher als das vorliegende Buch sein. Zusätzlich zu den bisher besprochenen Hochvakuumröhren, den gasgefüllten Röhren (Kap. 1.2) und den photoelektrischen Wandlern (Kap. 1.4.6) sollen an dieser Stelle nur noch einige spezielle Röhren erwähnt werden, die für den Naturwissenschaftler interessant sind.

A. Der Nuvistor

Dieser neue Röhrentyp, dessen Name von nueva vista abgeleitet sein dürfte, ist eine Entwicklung von RCA. Ausgehend von dem Gedanken, daß die Dimensionen von Kleinsignalverstärkerröhren noch immer ungerechtfertigt groß sind und die übliche Konstruktion sich außerdem für die vollautomatische Massenanfertigung wenig eignet, wurden ganz neue Wege im Systemaufbau einer Röhre beschritten. Die während des Krieges von Telefunken entwickelten Metall-Keramik-Röhren standen Pate zu diesem neuen Miniaturröhrentyp.

Der Metall-Keramik-Aufbau ohne Verwendung von Glimmer und Glas erlaubt eine wesentlich bessere Entgasung (Auspumpen bei 900 °C) der Röhre und höhere Betriebstemperaturen. So kann die Umgebungstemperatur bis zu 350 °C ansteigen, ohne daß sich die Kenndaten der Röhre merklich ändern.

Die kleinen Abmessungen, Durchmesser 10 mm, größte Länge 20 mm, verlangen besondere Maßnahmen zur Wärmeabfuhr. Dafür konnte die Heizleistung und die Anodenspannung bei gleicher Steilheit und sogar größerer Lebensdauer stark erniedrigt werden. Das Schrot- und Funkelrauschen ist wesentlich geringer als bei herkömmlichen Röhren, und zwar etwa 0,2 μV/Oktave.

Die kleinen Röhrendimensionen bringen noch weitere Vorteile mit sich. Die mechanische Stabilität ist sehr groß, Stöße von 1000 g sind verträglich. Die Exemplarstreuungen sind infolge des vollautomatischen Aufbaues und der fehlenden Glimmerträger viel geringer. Die Hochfrequenzeigenschaften sind wesentlich besser als bei gleichartigen Röhren in Novaltechnik. So sind sie als Oszillator bis zu 1 GHz brauchbar, wobei die Schwingfähigkeit schon bei einer Anodenspannung von wenigen Volt beginnt. Die hohe thermische, elektrische und mechanische Stabilität ermöglicht die Konstruktion hochwertiger Oszillatoren.

Der Aufbau des zylinderförmigen Elektrodensystems erfolgt auf einer Keramikplatte, die zugleich die Sockelstifte trägt. Die Elektrodenabstände sind sehr klein. Als Beispiel für die bemerkenswerten Eigenschaften dieses neuen Röhrentyps sind nachstehend die Kenndaten der 7586 angeführt:

Heizung 6,3 V/0,14 A

U_a[V]	I_a[mA]	S[mA/V]	μ	R_i[kΩ]
26	2,8	7	31	4,4
75	10,5	11,5	33	2,9

Röhren mit höherem μ, Breitbandtetroden und Gitterbasistrioden sind in das Produktionsprogramm aufgenommen worden. Die Abb. 1.33 zeigt einen Nuvistor und zum Größenvergleich einen Hochfrequenz-Transistor.

Abb. 1.33. Nuvistor und Transistor

B. Sekundäremissionsröhren

Der bei der Tetrode störende Effekt des Sekundärelektronenaustritts aus der Anode kann auch zur Verstärkung des Katodenstromes herangezogen werden (siehe photoelektrische Wandler, Kapitel 1.4.6).

Der Aufbau einer Sekundäremissionsröhre ist dem eines Multipliers ähnlich, nur daß als Elektronenquelle eine Glühkatode an die Stelle der Photokatode tritt. Der von dieser Katode ausgehende Elektronenstrom wird durch ein Gitter gesteuert, ein Schirmgitter übernimmt die Aufgabe der Durchgriffsverkleinerung und vor die Anode tritt eine Dynode, auf die der Katodenstrom aufprallt. Das Potential der Dynode ist kleiner als das des Schirmgitters und der Anode, liegt jedoch weit über dem Katodenpotential; die Dynode übernimmt die Aufgabe einer sekundären Katode, die einen vielfach größeren Sekundärelektronenstrom emittiert (jedes Primärelektron löst bei gegebenem Dynodenmaterial etwa vier Sekundärelektronen aus). Dieser Sekundärelektronenstrom fließt zur noch positiveren Anode. Die Steilheit einer derartigen Röhre kann zwei- bis dreimal so groß werden wie die einer vergleichbaren Pentode, der Innenwiderstand der Anode ist klein. Die Dynode kann ohne Schaden sehr hohe Anodenstromspitzen liefern, so daß auch an kleinen Anodenwiderständen noch relativ hohe Impulsamplituden erzielt werden. Anwendung findet diese Röhre deshalb in elektronischen Schaltern, Impulsverstärkern usw., wegen der hohen Steilheit auch in Breitbandverstärkerschaltungen (Röhrenbeispiel EFP60).

C. Elektrometerröhren

Wie im Kap. 2.1 näher ausgeführt wird, ist der Eingangswiderstand einer Hochvakuumröhre (Ein- oder Mehrgitterröhre) für niederfrequente Eingangssignale oder Gleichspannungen vorwiegend durch die Größe des Gitterableitwiderstandes Rg (Abb. 1.34) bestimmt. Rg hält das Steuergitter auf einem definierten Potential und stellt den Belastungswiderstand für die Signalquelle dar. Er kann bei normalen Verstärkerröhren nicht beliebig groß gemacht werden, da der stets vorhandene Gitterstrom Ig, dessen Ursachen in Kap. 1.1.2 erklärt wurden, Anlaß zu einer Arbeitspunktverschiebung geben würde. Um kleinste Ströme (10^{-12} A) oder Spannungen aus sehr hochohmigen Signalquellen (10^8 bis $10^{15}\,\Omega$) verstärken zu können, muß auch der Eingangswiderstand der Röhre sehr hochohmig und ihr Gitterstrom sehr klein sein.

Dafür gibt es Elektrometerröhren, deren charakteristische Eigenschaften gekennzeichnet sind durch

a) Beste Isolation durch lange Glaswege zwischen der Gitterelektrode und den übrigen Elektroden, besondere Form und Oberflächenbehandlung des Kolbens, spezielle Sockelung oder direkter Einbau ohne Sockel und Fassung.

b) Kleinste Eingangskapazität *Ce* (= Kapazität des Gitters gegen alle anderen Elektroden). Wird nämlich *Rg* unendlich groß gemacht, so ist die sich einstellende Spannung des Gitters für eine bestimmte zugeführte Elektrizitätsmenge einerseits durch den inneren Gitterwidertand *Rig* (Isolation usw.), über den auf das Gitter treffende Elektronen abfließen, andererseits durch die Größe von *Ce* bestimmt. In diesem Zustand ist die Röhre sehr empfindlich gegen kleinste äußere Potentialänderungen in der Umgebung des Gitters samt Zuleitungen.

Bedingt durch die kleine Kapazität *Ce* ergibt sich großer Durchgriff und damit kleine Spannungsverstärkung.

c) Minimalster Gitterstrom *Ig*. Den Entstehungsursachen des *Ig* entsprechend soll eine Aufheizung des Gitters durch die Katode vermieden werden, d. h., die Heizleistung klein gehalten werden. Elektrometerröhren sind daher meist direkt mit Gleichstrom geheizt oder in Sonderfällen unterheizt (E 80 F statt $U = 6{,}3$ V nur 4,5 V). Die Anodenspannung soll zur Vermeidung der Ionisation von Gasresten klein gehalten werden (3 bis 10 V). Um dennoch einen ausreichenden Anodenstrom zu erreichen, ist bei manchen Röhrentypen ein auf positivem Potential liegendes Raumladungsgitter zwischen Katode und Steuergitter angeordnet. Auch Tetroden und Pentoden sind gebräuchlich. Selbstverständlich werden Elektrometerröhren besonders sorgfältig ausgepumpt und sollen zur Vermeidung von Photoemission lichtdicht eingebaut werden. Die *Ia-Ug-Ig*-Kennlinien einer Subminiatur-Elektrometertetrode (Philips 4066) zeigt die Abb. 1.35. Bemerkenswert ist der Verlauf der *Ig*-Kennlinie, die für eine bestimmte $-Ug$ die Abszisse schneidet ($Ig = 0$). Da dieser Punkt schwer konstant zu halten ist,wird der Arbeitspunkt der Röhre in den Kennlinienbereich mit konstantem Gitterstrom gelegt.

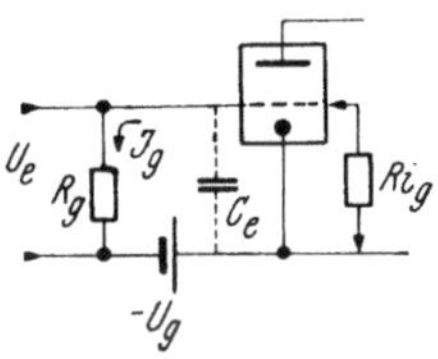

Abb. 1.34. Gitterableitwiderstand *Rg* und innerer Gitterwiderstand *Rig*

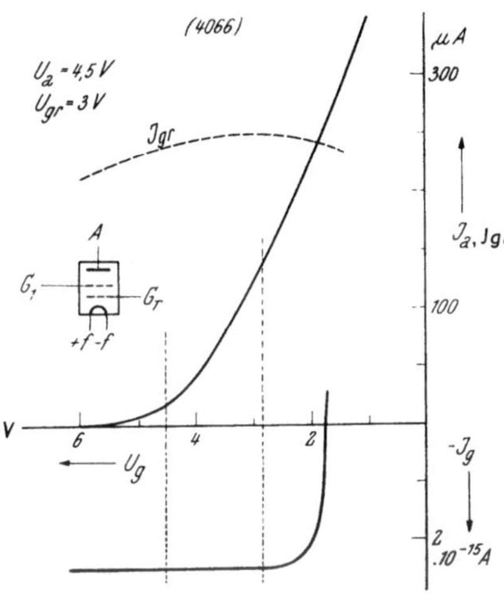

Abb. 1.35. *Ia* — *Ug* — *Ig*-Kennlinie einer Subminiatur-Elektrometertetrode

Verwendung der Elektrometerröhre: Verstärkung kleinster Ströme und Spannungen hochohmiger Signalquellen, z. B. Ionisationskammern, piezoelektrischer Geber usw; als Impedanzwandler für extrem hochohmige Signalquellen.

1.1.7 Katodenstrahlröhren[1]

Bei den bisher besprochenen Elektronenröhren wird (abgesehen von den Laufzeitröhren) die Intensität des von einer Glühkatode erzeugten Elektronenstrahls auf seinem Weg zur Anode vom Eingangssignal mehr oder weniger geändert: der Anodenstrom läßt sich mit Hilfe einer Potentialänderung am Gitter leistungslos steuern (siehe Kap. 2, Verstärker).

[1] Literatur: [C 1, H 8, R 9, W 7, H 9].

Bei den Katodenstrahlröhren ist die Intensität des Elektronenstrahls von sekundärer Bedeutung, sie wird auch vom Steuersignal nicht beeinflußt (Ausnahmen sind die sogeannten Hell-Dunkel-Steuerungen) und ist nur für die Bildhelligkeit verantwortlich. Wesentlich hingegen ist, daß:

1. Der Elektronenstrahl durch eine geeignete Vorrichtung fokussierbar sein muß,
2. Der Elektronenstrahl unter dem Einfluß des Steuersignals seine Richtung ändern kann,
3. Der Elektronenstrahl nicht auf eine Fangelektrode (Anode), sondern auf einen Leuchtschirm aufprallt und diesen zur Fluoreszenz anregt: eine Richtungsänderung unter dem Einfluß eines Steuersignals drückt sich also in einer Wanderung des Leuchtpunktes oder -fleckes, im Vorhandensein oder Nichtvorhandensein des Leuchtpunktes oder in der Größe der leuchtenden Fläche aus. (Die Katodenstrahl-Schaltröhren bilden eine Ausnahme.)

Bis zu der Grenze, an der die Trägheit der Elektronen nicht mehr vernachlässigbar ist, lassen sie sich sehr schnell in bestimmte Richtungen ablenken. Man kann so den Elektronenstrahl zur Aufzeichnung schneller Vorgänge heranziehen, wo mechanische Einrichtungen längst versagen. Weiters kann er zur raschen Anzeige eines Zustandes (Dekadische Zählröhren), einer bestimmten Spannungsgröße (Indikatorröhre, Abstimmungsanzeigeröhre) oder als schneller Schalter verwendet werden.

Der Aufbau aller Katodenstrahlröhren ist im Prinzip gleich:

a) Die Elektronenquelle
b) Einrichtung zur Bündelung und Fokussierung des Elektronenstrahles
c) Ablenkelemente
d) Leuchtschirm (bei Schaltern tritt an seine Stelle eine Fangelektrode).

Die Bündelung, Fokussierung und Ablenkung kann entweder elektrostatisch oder elektromagnetisch erfolgen.

A. Abstimmanzeigeröhren

Wie der Name sagt, werden sie vorwiegend zur visuellen Kontrolle der richtigen Abstimmung eines Empfängers auf den gewählten Sender verwendet. Die Richtspannung des Demodulatorgleichrichters steuert im Resonanzfall die Abstimmanzeigeröhre auf „hell“. Aber nicht nur in der Empfängertechnik, sondern auch in der Meßtechnik wird sie zur Anzeige einer Brückenspannung, als Nullindikator oder als Aussteuerungsanzeiger verwendet, um nur einige der vielen Einsatzmöglichkeiten aufzuzählen. Den Namen „magisches Auge“ hat die Abstimmanzeigeröhre wegen der grünen Farbe des Leuchtschirmes erhalten.

Konstruktion der Röhre (Abb. 1.36 und 1.37): sie besteht aus zwei Systemen mit gemeinsamer Katode. Im Anzeigesystem gelangen die von der Katode emittierten und durch ein Gitter fokussierten Elektronen an den Steuerstegen (*st*) vorbei auf einen an positiver Spannung liegenden Leucht- oder Fluoreszenzschirm. Bei modernen Röhren sind oftmals Anzeigeanode (l) und fluoreszierender Belag getrennt. Je nach der Höhe des Potentials der Stege wird der Elektronenstrahl mehr oder weniger abgelenkt, d. h. der Schattenwinkel α auf dem Leuchtschirm vergrößert oder verkleinert. Die Anzahl der Steuerstege bestimmt die Anzahl der Schattenwinkel. Um mit einer kleinen Steuerspannung eine große Leuchtwinkeländerung zu erhalten, sind die Steuerstege direkt mit der Anode (A) einer Verstärkerröhre, dem Steuersystem, verbunden. Einen Schnitt durch eine Röhre zeigt Abb. 1.36a.

Eine Änderung der Spannung des Steuergitters bewirkt eine um die Verstärkung V vergrößerte Änderung des Anoden- und damit Stegpotentials.

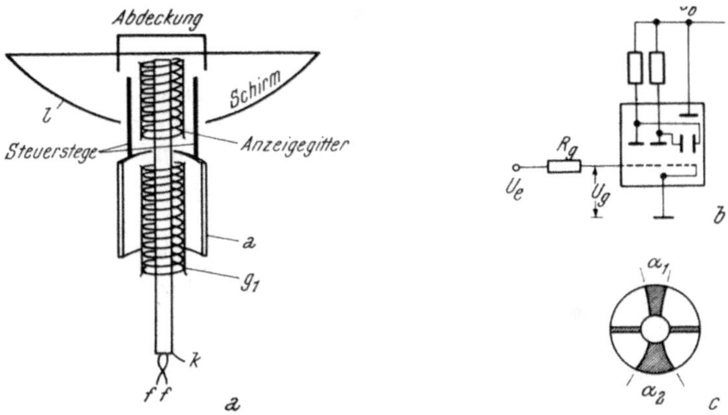

Abb. 1.36. a) Systemaufbau (Schnitt), b) Schaltbild, c) Leuchtschirm der EM 34

Zum Beispiel gilt für die Röhre EM 81 bei $Ub = 250$ V:

$$Ra = 500\ \text{k}\Omega,\quad Rg = 3\ \text{M}\Omega$$

α maximal bei $Ug = -1$ V, minimal bei $Ug = -10{,}5$ V.

Eine Anzeigeröhre mit zwei verschieden empfindlichen Schattenwinkeln ist die EM 34 (Abb. 1.36b, c).

Jeder Steuersteg ist mit einer eigenen Anode verbunden. Die beiden Steuertrioden haben verschiedene Durchgriffe und somit verschiedene Verstärkungsfaktoren.

Bei $Ra_1 = Ra_2 = 2$ MΩ und $Ub = 200$ V wird:

α_1 minimal bei $Ug = -\ 4{,}2$ V

α_2 minimal bei $Ug = -12{,}5$ V.

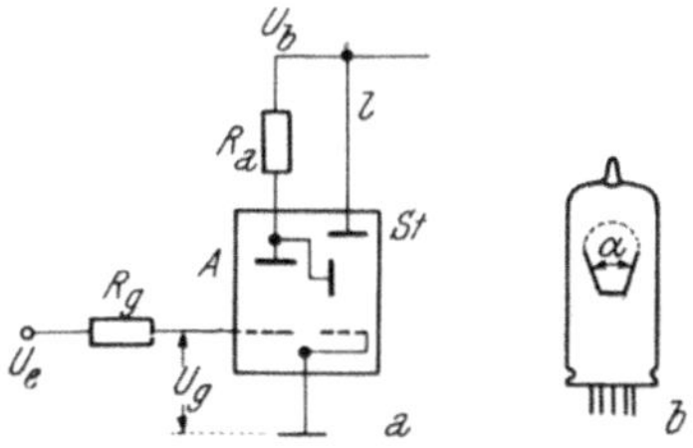

Abb. 1.37. Schaltbild (*a*) und äußere Form (*b*) der Röhre EM 81

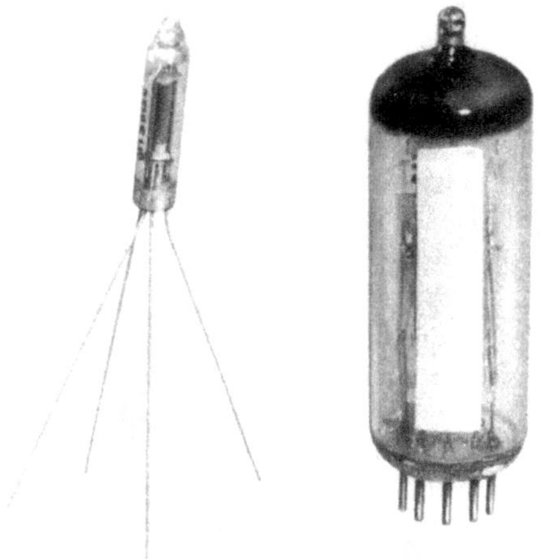

Abb. 1.38. Subminiaturindikatorröhre DM 160 und Magisches Auge EM 84 (Philips)

Viel verwendet werden Röhren mit rechteckigem Leuchtschirm (Abb. 1.38), besser Leuchtbelag, der unmittelbar auf die Innenseite des Glaskolbens aufgespritzt wird. Der Schatten breitet sich, von der Mitte ausgehend, gegen den Rand des Leuchtschirmes aus. Eine Röhre mit zwei voneinander unabhängigen Steuer-

und Anzeigesystemen ist die EMM 801. Eine herausgeführte Steuerstegelelektrode bei der EM 84 bietet die Möglichkeit einer Doppelsteuerung.

Die Abb. 1.38 zeigt zwei Ausführungsformen.

B. Die Braunsche Röhre

Bei dieser Katodenstrahlröhre wird ein gebündelter Elektronenstrahl als „Schreiber" auf einem Fluoreszenzschirm verwendet, der zum Unterschied von den Schirmen der Abstimmanzeigeröhren viel größer und möglichst plan ausgeführt ist. Je nach Anwendungsgebiet unterscheidet man:

I. Oszillographenröhren mit kleinem bis mittelgroßem Leuchtschirm und vorwiegend elektrostatischer Strahlkonzentration und Ablenkung.

II. Fernseh-Bildröhren mit großem, meist rechteckigem Leuchtschirm und elektromagnetischer Strahlkonzentration und Ablenkung. Da diese Röhren vorwiegend in Geräten der Unterhaltungs- oder Nachrichtenelektronik Verwendung finden, werden sie hier nicht näher besprochen.

Die Oszillographenröhre

An Hand der vereinfachten Darstellung Abb. 1.39 sollen Aufbau und Funktion einer Oszillographenröhre erklärt werden.

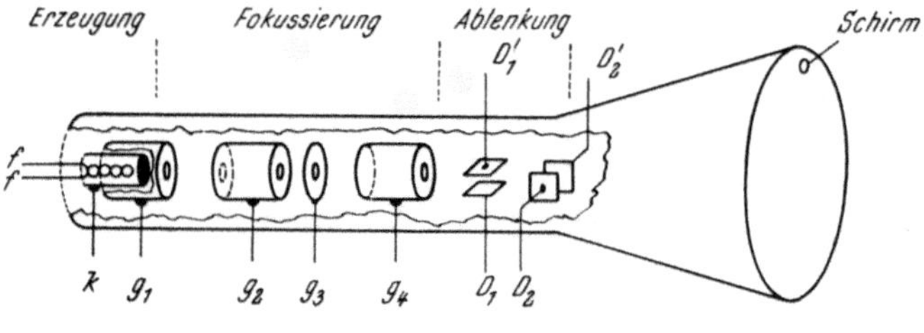

Abb. 1.39. Systemaufbau einer Braunschen Röhre

1. Die Elektronenquelle. Die Katode ist bei allen Röhren indirekt geheizt. Die Heizung besteht aus einem bifilar gewickelten oder gefalteten Heizdraht, der isoliert in einem einseitig geschlossenen Nickelröhrchen, der Katode k, eingebettet ist. Die emittierende Schicht ist auf der Stirnseite, dem Deckel des Röhrchens, aufgebracht.

2. Die Fokussierung. In der Elektronenstrahlröhre findet eine zweimalige Fokussierung statt. Der von der Katode ausgehende Elektronenstrahl wird zunächst von einer die Katode zylinderförmig umgebenden Elektrode, dem Wehnelt-Zylinder oder Gitter g_1, in seiner Dichte gesteuert. Je negativer das Potential dieser Elektrode gegenüber der Katode ist, um so weniger Elektronen werden durch die kleine axial angeordnete Öffnung den Wehnelt-Zylinder verlassen. Die Spannung Ug_1 steuert also die „Intensität" des Elektronenstrahles. Die den Wehnelt-Zylinder verlassenden Elektronen werden durch die folgende auf hohem positiven Potential liegende Elektrode beschleunigt. Sind außer ihr keine weiteren Elektroden mehr vorhanden (z. B. bei magnetisch gesteuerten Bildröhren), so trägt sie die Bezeichnung Anode a, andernfalls Gitter g_2. Die auftretenden Feldverhältnisse im g_1-g_2-Raum zeigt die Abb. 1.40. Da die Elektronen noch keine sehr hohe Geschwindigkeit besitzen, folgen sie sehr genau dem Verlauf der Feldlinien und es entsteht eine Stelle mit geringstem Strahlquerschnitt. Diese erste Fokussierung wird in allen Röhren auf die gleiche Weise vorgenommen. Wird von

statischer oder magnetischer Fokussierung gesprochen, so ist damit stets die Abbildung dieses Punktes mit geringstem Strahlquerschnitt auf dem Bildschirm, also die zweite Vereinigung der Elektronen gemeint.

a) Elektrostatische Fokussierung. Sie wird durch eine oder auch zwei weitere Elektroden vorgenommen. Die Abb. 1.41 zeigt den Feldlinienverlauf im betreffenden Teil der Röhre. Das Gitter g_4 verhindert, daß die Elektronen bereits weit vor dem Schirm vereinigt werden, um dann in Richtung des Schirmes zu divergieren. Durch Veränderung der Spannung an g_3 kann der Fokus. d. h. die Bildschärfe geregelt werden. Der Durchmesser des Bildpunktes auf dem Schirm hängt von der Größe des ersten Brennpunktes und der „Vergrößerung“ des Systems ab. Man spricht hier in Anlehnung an die Lichtoptik von Elektronenoptik, da sich Elektronenstrahlen genau so bündeln lassen wie Lichtstrahlen. Elektronenlinsen weisen auch ähnliche Fehler wie optische Linsen auf, die sich aber durch genügend kleine Öffnung des Elektronenstrahles klein halten lassen.

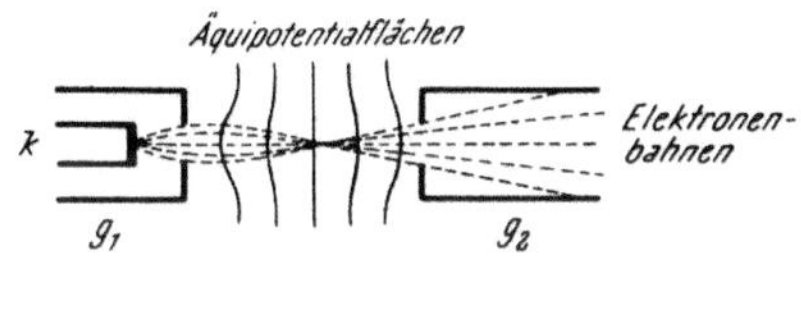

Abb. 1.40. Feldverhältnisse im g_1-g_2-Raum

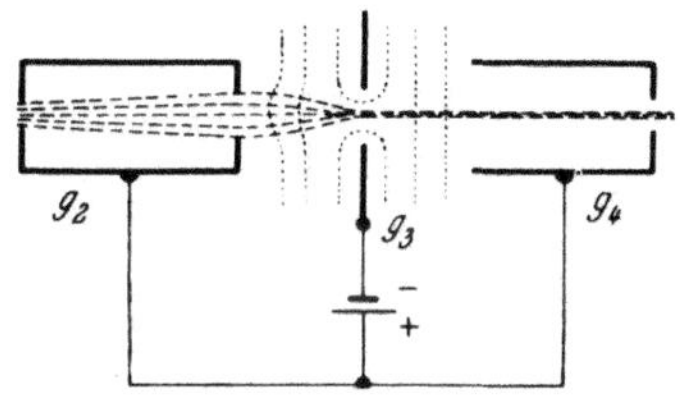

Abb. 1.41. Elektrostatische Fokussierung

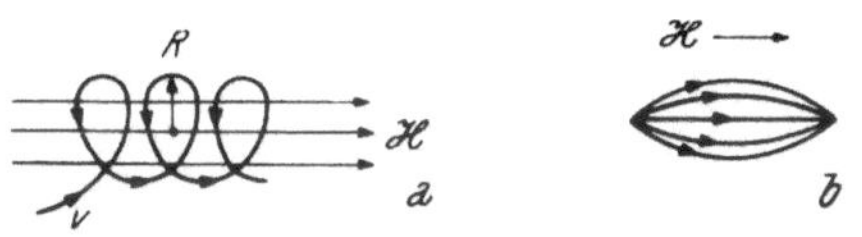

Abb. 1.42. Elektromagnetische Fokussierung

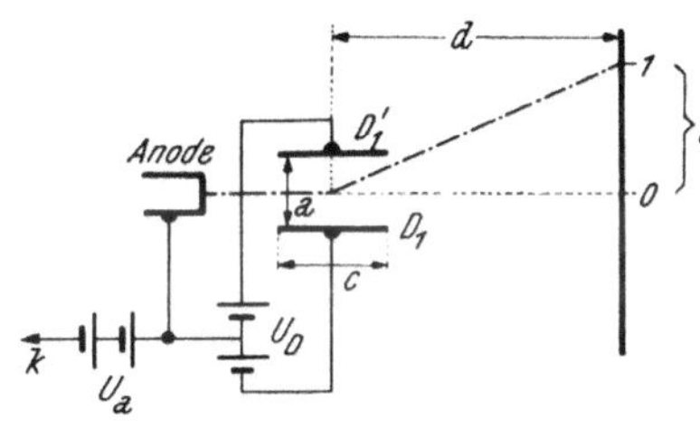

Abb. 1.43. Elektrostatische Ablenkung

Wird die Helligkeit des Bildpunktes mittels der Gittervorspannung geregelt, so tritt immer eine Änderung der Schärfe ein, da hierdurch der erste Brennpunkt des Systems an eine andere Stelle gerückt wird. Umgekehrt tritt durch eine Änderung der Bildschärfe keine Änderung der Stärke des Elektronenstrahles auf.

b) Elektromagnetische Fokussierung. Durchläuft ein Elektron ein Magnetfeld in axialer Richtung, so erfährt es keine Ablenkung. Sobald es jedoch neben der axialen auch noch eine radiale Geschwindigkeitskomponente aufweist, wird es gezwungen, eine Spirale zu beschreiben (Abb. 1.42a).

Die Zeit, welche ein Elektron benötigt, um eine volle Spirale auszuführen, ist vom Radius der Spirale und damit von der Radialkomponente der Elektronengeschwindigkeit unabhängig. Das bedeutet, daß alle Elektronen, die von einem Punkt kommen, nach Durchlaufen einer oder mehrerer Spiralen wieder auf einen Punkt konzentriert werden (Abb. 1.42b). Man kann also über den Hals einer Katodenstrahlröhre eine Magnetspule schieben und durch Veränderung des Erregerstromes den Elektronenstrahl auf den Schirm fokussieren. Bezüglich der Beeinflussung von Helligkeits- und Schärfeeinstellung gilt genau dasselbe wie bei den Röhren mit statischer Fokussierung.

3. Die Ablenkung des Elektronenstrahles. Im allgemeinen erfolgt die Ablenkung des Strahles in einem rechtwinkligen, kartesischen Koordinatensystem. Es gibt auch Spezialröhren, die eine Strahlablenkung im Polarkoordinatensystem vornehmen, hier aber nicht besprochen werden sollen.

a) Elektrostatische Ablenkung. Aus der „Elektronenkanone", dem Erzeugungs- und Fokussierungssystem, gelangt der gebündelte Elektronenstrahl in den Ablenkraum. In diesem sind ein Paar horizontale parallele Platten D_1, D_1' und ein Paar vertikale parallele Platten D_2, D_2' um die Röhrenachse symmetrisch angeordnet (Abb. 1.39). Ist der Ablenkraum feldfrei, so trifft der Elektronenstrahl den Leuchtschirm zentral im Punkt o (Abb. 1.43). Ist aber z. B. die horizontale Platte D_1' positiv gegenüber D_1, so befindet sich zwischen den Platten ein zur Elektronenstrahlrichtung senkrechtes Feld der Stärke $\mathfrak{E} = U_D/a$, das jedem Elektron eine Beschleunigung b nach oben erteilt, den Strahl also vertikal nach oben auslenkt. Es ist

$$b = e \cdot \mathfrak{E}/m = e \cdot U_D/m \cdot a \qquad [\mathrm{m, s^{-2}}] \tag{1.25}$$

e = Elementarladung
m = Masse des Elektrons
a = Abstand der Platten
U_D = Potentialdifferenz zwischen D_1 und D_1'.

Neben der ursprünglichen Geschwindigkeit des Elektrons bei seinem Eintritt in den Ablenkraum

$$v_1 = \sqrt{\frac{2e \cdot Ua}{m}} \qquad \text{aus } mv^2/2 = e \cdot U \tag{1.26}$$

Ua = Anodenspannung

erhält es auf Grund der Gl. (1.25) eine zu v_1 senkrechte Geschwindigkeit v_2, die von der Zeit abhängt, während das Elektron unter dem Einfluß des Feldes $\mathfrak{E}$ steht:

$$v_2 = \frac{\mathfrak{E} \cdot e}{m} \cdot \frac{c}{v_1} \tag{1.27}$$

Der neue Auftreffpunkt (*1*) des Elektronenstrahles auf dem Leuchtschirm unter dem Einfluß der Spannung an den Ablenkplatten D_1, D_1', bzw. die Strecke y am Schirm ist

$$y = \frac{c \cdot d}{2 \cdot a} \cdot \frac{U_D}{Ua} \tag{1.28}$$

c = Länge der Ablenkplatten.

Die Berechnung der Ablenkung in der Horizontalen (x-Achse) erfolgt in gleicher Weise, wobei zu beachten ist, daß der Abstand der Platten D_2, D_2' zum Schirm geringer ist. Die Ablenkung ist der Ablenkspannung am Plattenpaar proportional und wird mit zunehmender Anodenspannung geringer.

Als Ablenkempfindlichkeit bezeichnet man jene Auslenkung auf dem Schirm, die durch Anlegen einer Ablenkspannung von 1 V an das betreffende Plattenpaar entsteht. Sie wird in cm/V angegeben. Ihr Kehrwert ist der Ablenkfaktor, der die nötige Spannung angibt, um eine Auslenkung von 1 cm am Schirm zu erhalten. Da der Ablenkfaktor mit der Beschleunigungsspannung steigt, werden die Elektronen in vielen Röhren vor den Ablenkplatten nur auf eine mäßige Geschwindigkeit gebracht. Man erreicht so sehr günstige Werte für die Ablenkempfindlichkeit.

Nach erfolgter Ablenkung werden die Elektronen durch eine auf hohem Potential liegende Nachbeschleunigungselektrode (g_6) auf eine große Geschwindigkeit gebracht, so daß auch bei sehr schneller Strahlauslenkung noch ein genügend helles Bild entsteht. Nachstehend die charakteristischen Daten einer modernen Oszillographenröhre DH 7-78 und ihr Symbol. Die Elektrode g_5 dient zur Abschirmung.

$U g_6 = 1200$ V	Nachbeschleunigung
$U g_5 = 300$ V	Abschirmung
$U g_4 = 300$ V	Anodenspannung
$U g_3 = 20$ bis 150 V	Fokussierung
$U g_2 = 1200$ V	1. Beschleunigung
$U g_1 = -36$ bis -72 V	Helligkeit
$d_1 = 3{,}2$ bis 4,1 V/cm	Ablenkfaktor vertikal (y)
$d_2 = 9{,}4$ bis 12 V/cm	,, horizontal (x).

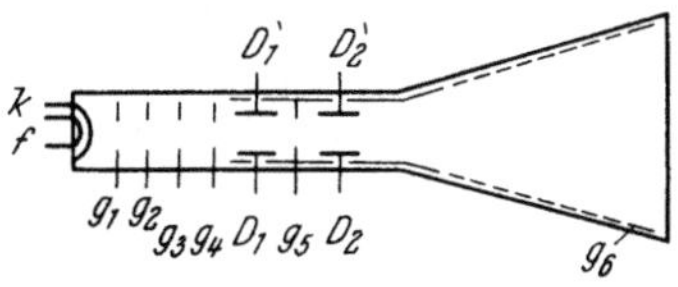

Durch das niedrige Potential der Elektrode g_4 (von g_2 getrennt) werden die Elektronen vor dem Plattendurchgang noch abgebremst, daher die hohe Ablenkempfindlichkeit.

Die zwischen den Platten und dem Leuchtschirm angebrachte Nachbeschleunigungselektrode besteht aus einem an der Innenseite des Glaskolbens angebrachten Graphitbelag, der bei modernen Röhren die Form einer Spirale hat (Abb. 1.44)

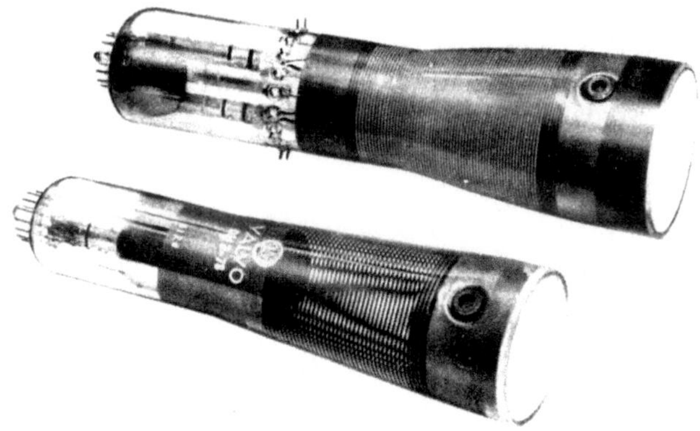

Abb. 1.44. Oszillographenröhre DH 7-78 und Zweistrahlröhre 924 F

und aus Widerstandmaterial besteht. Der plattennahe Anfang der Spirale ist mit g_5 verbunden. Man erhält so einen allmählichen Potentialanstieg des Nachbeschleunigungsfeldes und damit kleine Bildverzerrungen auch bei hohen Endspannungen an g_6. Bei Röhren mit sehr hoher Schreibgeschwindigkeit kann die Nachbeschleunigungsspannung viele Kilovolt betragen.

Das Grundpotential der Ablenkplatten soll etwa dasselbe wie das der letzten Beschleunigungselektrode sein. Es kann sich so kein zusätzliches axiales Feld an dieser Stelle der Röhre ausbilden, so daß die Schärfe erhalten bleibt. Verzerrungen, die durch derartige Potentialdifferenzen entstehen, z. B. bei Nullageverschiebungen, nennt man Astigmatismus. Sie müssen durch besondere Schaltmaßnahmen kompensiert werden.

Die meisten Röhren sind so gebaut, daß die Ablenkspannung symmetrisch an die Platten angelegt werden muß. Bei unsymmetrischer Ablenkung — eine Platte an Anodenpotential — entstehen zusätzliche Felder zwischen den Plattenpaaren und die Ablenkempfindlichkeit über den ganzen Schirmbereich ist nicht mehr konstant.

Im allgemeinen wird das Plattenpaar (y-Platten), das die höhere Ablenkempfindlichkeit aufweist, zur Vertikalablenkung, d. h. zur Ablenkung durch das aufzuzeichnende Signal herangezogen, während die Zeitachse von dem schirmnahen Paar (x-Platten) geschrieben wird.

Zur Verringerung der Kapazitäten werden die Anschlüsse der Plattenpaare bei hochwertigen Röhren direkt aus dem Glashals herausgeführt.

Der Vorteil der elektrostatischen Ablenkung besteht vor allem in der Linearität, mit der die Auslenkung der angelegten Spannung folgt, der erreichbaren hohen Grenzfrequenz und der Hochohmigkeit der Ablenkelemente.

b) Magnetische Ablenkung. Ein homogenes Magnetfeld, das zur Bahn eines Elektrons senkrecht gerichtet ist, übt auf dieses eine Kraft aus, die das Elektron in eine Kreisbahn zwingt. Der Radius dieses Kreises ist von der spezifischen Ladung, der Geschwindigkeit und dem Kraftfluß abhängig:

$$r = m \cdot v/e \cdot B$$

Nach Verlassen des Feldes fliegt das Elektron in tangentialer Richtung weiter (Abb. 1.45).

Abb. 1.46 zeigt eine Ausführungsform der Ablenkspule. Sie wird von außen über den Röhrenhals geschoben.

Magnetische Ablenkung wird vor allem bei Röhren mit sehr großen Bildschirmen verwendet. Diese Röhren müßten bei Verwendung von statischen Systemen sehr lang gebaut werden, da bei größeren Ablenkwinkeln die Platten dem Elek-

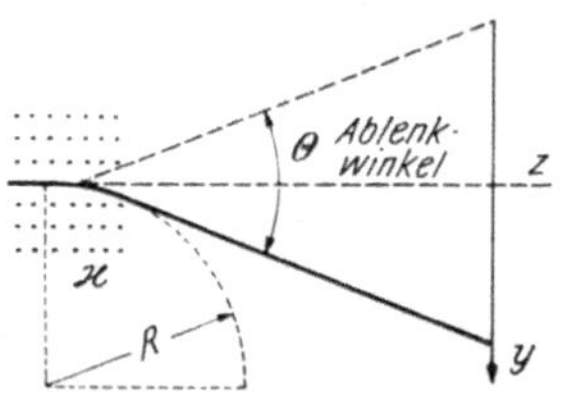

Abb. 1.45. Elektromagnetische Ablenkung

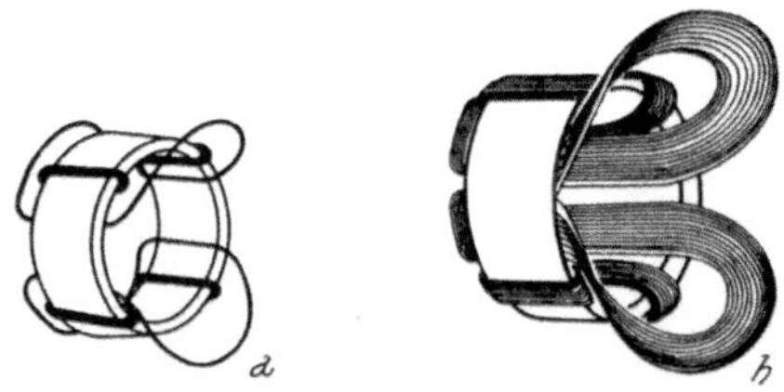

Abb. 1.46. Ablenkungsspulen. Prinzip (*a*) und Ablenkspulen (*b*)

tronenstrahl im Wege stehen. Man erreicht mittels magnetischer Ablenksysteme Ablenkwinkel (Abb. 1.45) von über 90° und damit sehr kurze Baulängen.

4. Ionenfallen. In jeder Röhre befinden sich noch restliche Gasmoleküle. Diese fangen sich ein Elektron ein und werden damit zu negativen Ionen. Deren Masse ist um etwa drei Zehnerpotenzen größer als die Masse eines Elektrons. Bei Röhren mit magnetischer Ablenkung spielt aber die Masse des Teilchens eine Rolle. Die Ionen werden wegen ihrer großen Masse praktisch überhaupt nicht abgelenkt und treffen immer auf die gleiche Stelle des Schirmes, wo sie eine Zerstörung der Fluoreszenzschicht bewirken können. Daher müssen Einrichtungen angebracht werden, um die Ionen vorher einzufangen. Abb. 1.47 a zeigt ein Beispiel einer solchen Ionenfalle. Die Elektronenquelle ist geneigt gegen die Röhrenachse

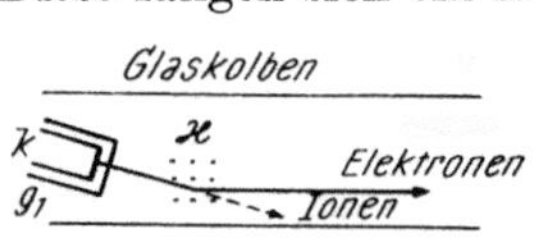

eingebaut, so daß die schwer ablenkbaren Ionen den Röhrenhals treffen, während der Elektronenstrahl mit Hilfe von kleinen Magneten, die auf dem Röhrenhals verschoben werden, wieder in die richtige Lage gebogen wird.

5. Der Leuchtschirm. Auf dem Leuchtschirm einer Katodenstrahlröhre wird die Bewegungsenergie der Elektronen in Lichtenergie umgewandelt (Fluoreszenz). Durch geeignete Auswahl des Schirmmaterials kann die Leuchtfarbe und die Nachleuchtdauer beeinflußt werden.

Der Schirm lädt sich durch die eintreffenden Elektronen negativ auf. Um zu vermeiden, daß die negative Ladung auf einen Wert ansteigt, der ein weiteres Auftreffen von Elektronen unmöglich macht, muß das Schirmmaterial so beschaffen sein, daß jedes Primärelektron mindestens ein Sekundärelektron befreit. Die Sekundärelektronen werden in Richtung auf die Anode beschleunigt und von ihr aufgenommen. Es gibt auch Röhren, bei denen hinter dem Schirm eine Metallschicht aufgedampft ist, die aber von den Elektronen durchdrungen werden kann. Sie erhält das gleiche Potential wie die Anode. Der Aufbau des Schirmpotentials wird so verhindert. Außerdem gelangt auch vom Leuchtfleck kein Streulicht ins Röhreninnere. Man erhält ein wesentlich kontrastreicheres Bild.

Eine weitere, rein optische Verbesserung läßt sich erzielen, wenn man vor dem Schirm ein sogenanntes Kontrastfilter anbringt. Diese Filter sind nur für die jeweilige Farbe des Leuchtschirmes durchlässig.

Selbstverständlich gibt es unter den Oszillographenröhren die verschiedensten Spezialausführungen. So können z. B. mehrere Systeme in einem Glaskolben vereinigt werden, so daß auf einem Bildschirm gleichzeitig mehrere Vorgänge sichtbar werden (Zweistrahlröhre).

Es gibt auch besondere Schirmtypen, bei denen die Schreibspur bis zu einigen Tagen sichtbar erhalten bleibt (Blauschriftröhre).

6. Spannungsversorgung. Die Betriebsspannung für die Oszillographenröhre wird meist aus einer eigenen Hochspannungswicklung am Netztransformator des Gerätes gewonnen. Sehr gebräuchlich besonders für die Gewinnung der hohen Nachbeschleunigungsspannung sind auch auf höheren Frequenzen arbeitende Sperrschwingerschaltungen. Die umfangreiche Hochspannungswicklung wird durch eine Ferritkernspule ersetzt. Die notwendigen Siebmittel können auf Grund der höheren Frequenz wesentlich kleiner sein.

Zur Gleichrichtung eignen sich Einweggleichrichtung oder Schaltungen zur Spannungsvervielfachung (siehe Kap. 10). Bei den meisten Oszillographen liegt der positive Pol der Hochspannung an Masse. Die Spannungen für die einzelnen Elektroden werden aus einem Spannungsteiler bezogen, der hochohmig sein kann. Der Querstrom beträgt nur einige wenige mA (Abb. 1.47 b).

Es ist darauf zu achten, daß die Welligkeit der Hochspannung klein bleibt, da die Ablenkempfindlichkeit von der Anodenspannung abhängt. Bei zu großer Welligkeit ändert sich die Ablenkempfindlichkeit dann mit der gleichen Periode wie die der Brummspannung. Wegen der geringen Strombelastung sind aber für Siebkondensatoren bereits kleine Werte ausreichend.

Wesentlich kritischer ist die Gefahr der Brummeinstreuung durch wechselnde Magnetfelder, die z. B. von den Netztransformatoren herrühren können. Eine räumliche Trennung von Röhre und Transformator innerhalb des Gerätes ist daher sehr wichtig. Man umgibt auch die Röhren mit einem Abschirmzylinder aus Materialien mit sehr großer Permeabilität (MU-Metall) oder verwendet besonders streuarme Transformatortypen (siehe Kap. 1.5).

7. Strahlverschiebung. Die Nullage des Leuchtflecks und die Lage des Oszillogrammes selbst können sowohl in horizontaler wie auch in vertikaler Richtung mit Hilfe einstellbarer Gleichspannungen an den Plattenpaaren verändert werden. Bei Röhren mit unsymmetrischer Ablenkung wird diese Vorspannung

nur einer Platte zugeführt (Abb. 1.48). Bei symmetrischer Ablenkung wird die Schaltung nach Abb. 1.49 verwendet. Wird eine Platte z. B. negativ, so muß die zweite um den gleichen Betrag positiv gemacht werden, damit das mittlere Potential von g_4, d. h. in den meisten Fällen 0 V, erhalten bleibt. Der Astigmatismus kann entweder direkt über das mittlere Potential der Plattenpaare oder aber durch eine kleine Verschiebung der Spannung an g_4 korrigiert werden.

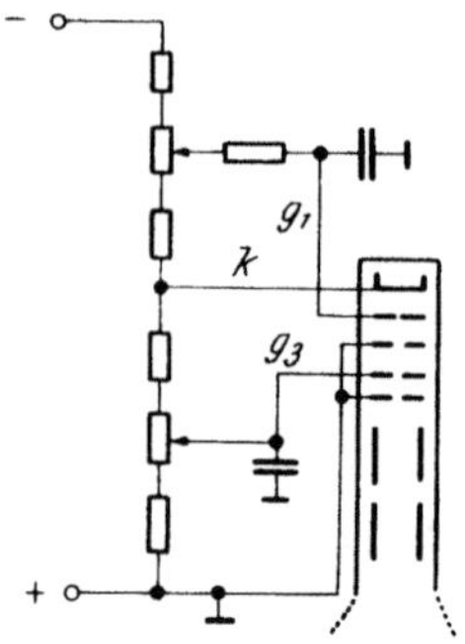

Abb. 1.47b. Stromversorgung der Braunschen Röhre

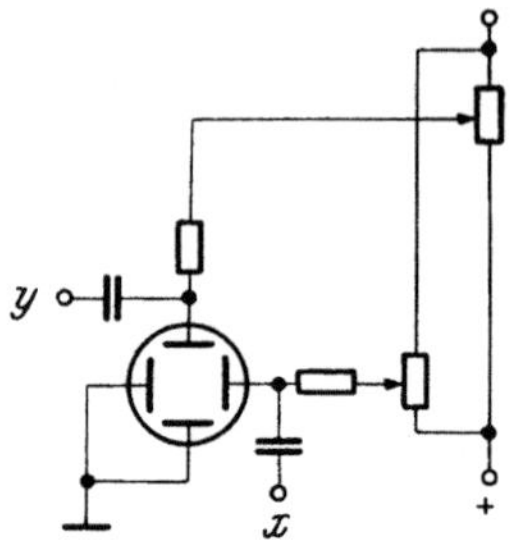

Abb. 1.48. Unsymmetrische Strahlverschiebung

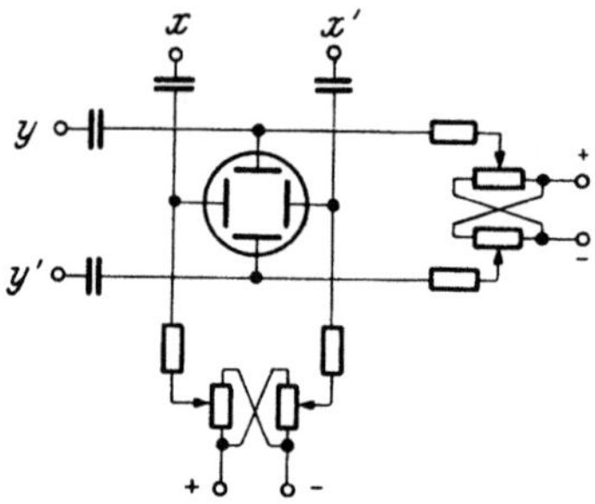

Abb. 1.49. Symmetrische Strahlverschiebung

C. Die Katodenstrahlschaltröhre[1]

Der lenkbare Elektronenstrahl läßt den Bau spezieller Schaltröhren zu, die wegen ihrer großen Schnelligkeit in der Impulstechnik bereits vielseitige Verwendung gefunden haben. Abb. 1.50 zeigt den Aufbau der Schaltröhre E 80 T. Die Elektroden g_1, g_2, g_3 erzeugen einen bandförmigen Elektronenstrahl. Dieser durchläuft ein Ablenkplattenpaar, zwei weitere Gitter und wird von der Anode aufgefangen. Wird an eine der beiden Ablenkplatten (an D oder D') eine Spannung gelegt, so trifft der Strahl nicht mehr die Anode, sondern g_4. Der Anodenstrom nimmt stark ab, der Strom durch g_4 steigt an. Man kann an eine der beiden Platten z. B. eine Sägezahnspannung legen. In dem Augenblick, da die Spannung an beiden Platten gleich ist, entsteht am Ra ein scharfer negativer Impuls. Durch Regelung der Gleichspannung an D' läßt sich der Einsatzpunkt verschieben. Die Verwendung dieser Röhre beschränkt sich nicht nur auf die Impulserzeugung, sie findet auch Anwendung in Verzögerungsschaltungen und Amplitudendiskriminatoren.

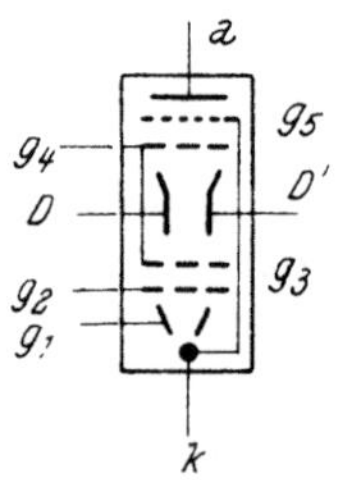

Abb. 1.50. Katodenstrahl-Schaltröhre E 80 T

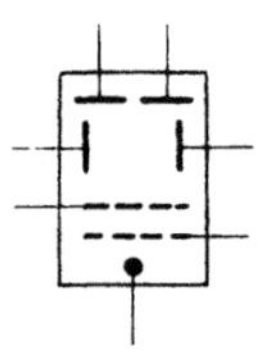

Abb. 1.51. Strahlablenkröhre 7360

Eine weitere Röhre dieser Gruppe ist die Strahlablenkungsröhre 7360 (Abb. 1.51). Hier wird der bandförmige Strahl jeweils auf eine von zwei Anoden gerichtet, bei gleicher Spannung an beiden Ablenkplatten führt keine der beiden Anoden Strom. Erst bei Störung der Symmetrie fließt ein Anodenstrom, der in der üblichen Weise von g_1 gesteuert werden kann. Diese Röhre wurde ursprünglich zur Verwendung in Balancemodulatoren und -mischern entwickelt. Es besteht hier die Möglichkeit, das System k, g_1, g_2 gleichzeitig zur Erzeugung des Trägersignals zu verwenden. Die erreichbare Trägerunterdrückung beträgt mindestens 60 db. Aber auch in

[1] Literatur: [B 6].

der Impulstechnik erweist sich die 7360 als wertvolles Bauelement. Ein Anwendungsbeispiel bringt Kap. 9.5.

D. Die dekadische Zählröhre

Ihre Besprechung erfolgt im Zusammenhang mit Impulszählschaltungen in Kap. 9.3.

1.2 Ionenröhren[1]

Ionenröhren enthalten eine Gasfüllung niedrigen Drucks (z. B. 10^{-3} atm), vielfach ein Edelgas, Quecksilberdampf oder auch Wasserstoff. Im Gegensatz zu Hochvakuumröhren erfolgt die Stromleitung nicht durch einen steuerbaren Elektronenstrom, sondern durch Ionen in einer Gasentladung. Diese Gasentladung wird durch Anlegen einer genügend hohen Spannung oder durch Vorionisieren des Füllgases eingeleitet und kann nur durch äußere Maßnahmen (Abschalten) wieder unterbrochen werden.

Wegen der teilweise negativen Strom-Spannungscharakteristik der Gasentladung muß der Strom immer durch Widerstände im äußeren Stromkreis begrenzt werden.

Da gasgefüllte Röhren in ihren Daten streuen, dürfen sie nicht unmittelbar parallel geschaltet werden, weil nach dem Zünden einer Röhre nur noch die Brennspannung dieser Röhre an den anderen Röhren liegt, die nicht zum Zünden ausreicht.

Ionenröhren lassen sich zweckmäßig in folgende Gruppen einteilen:

1. Gesteuerte Gasentladungsröhren (Relaisröhren, Stromtore)
2. Ungesteuerte Gasentladungsröhren (Glimmstabilisatoren)
3. Indikatorröhren (Signalglimmlampen, Ziffernröhren).

Manche Röhren passen in mehrere Gruppen, wie etwa gleichzeitig auch anzeigende Zählröhren. Darüber hinaus gibt es eine Reihe von Ionenröhren, die man als Spezialröhren besser getrennt betrachtet, etwa Geiger-Müller-Zählrohre, Blitzröhren usw.

1.2.1 Gesteuerte Gasentladungsröhren

Auch bei gesteuerten Gasentladungsröhren läßt sich die einmal eingeleitete Hauptentladung weder durch eine Spannungsänderung an einer Steuerelektrode in ihrer Stromstärke ändern, noch mit Hilfe der Steuerelektrode unterbrechen, das heißt löschen. Lediglich durch Absenken der Anodenspannung unter die Löschspannnung (= kleinste Brennspannung) oder völlige Stromunterbrechung, wenigstens für die Dauer der Entionisierungszeit (je nach Art der Röhre 10 μs bis 10 ms), kann die Entladung wieder gelöscht werden. Die Steuerelektrode ist nach Zündung der Hauptstrecke wirkungslos, weil sie förmlich in eine Ionenwolke eingehüllt und damit abgeschirmt ist.

---

[1] Literatur: [K 3, K 16].

A. Die Relaisröhre (Kaltkatodenröhre, Glimmtriode, Glimmrelais)[1]

Aufbau: In einem gasgefüllten Kolben befinden sich drei Hauptelektroden: eine Katode *k*, eine Steuerelektrode *st* (Starter) und die Hauptanode *a*. Abb. 1.52 zeigt das Symbol; der Punkt deutet die Gasfüllung an (in älterer Literatur schraffierte Fläche).

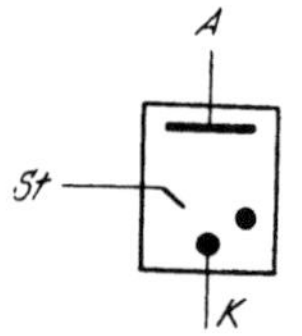

Abb. 1.52. Schaltzeichen einer Kaltkatodenröhre

Ist die Spannung an der Steuerelektrode größer als die notwendige Zündspannung, so tritt eine Entladung zwischen *k* und *st* ein. Die Hauptentladungsstrecke wird dadurch vorionisiert und, falls an der Anode eine genügend hohe Spannung liegt, ebenfalls gezündet. Die Anodenspannung bricht auf die Brennspannung oder Bogenspannung zusammen, die durch das Füllgas bestimmt wird und von der Größe des fließenden Anodenstromes und damit von der Größe des Außenwiderstandes nahezu unabhängig ist.

Zünd- und Brennspannungen liegen wie bei gewöhnlichen Glimmlampen in der Größenordnung von 80 bis 300 V.

Abb. 1.53 zeigt das Zündkennlinienfeld einer Relaisröhre. Gestrichelt sind die Grenzen eingetragen, innerhalb derer einzelne Exemplare streuen können. Außer-

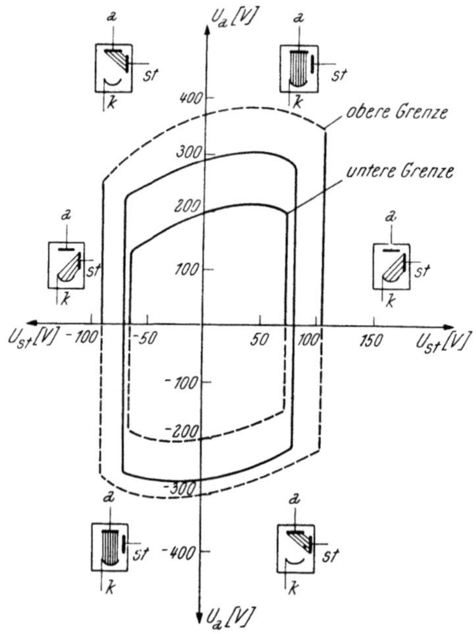

Abb. 1.53. Zündkennlinienfeld einer Relaisröhre

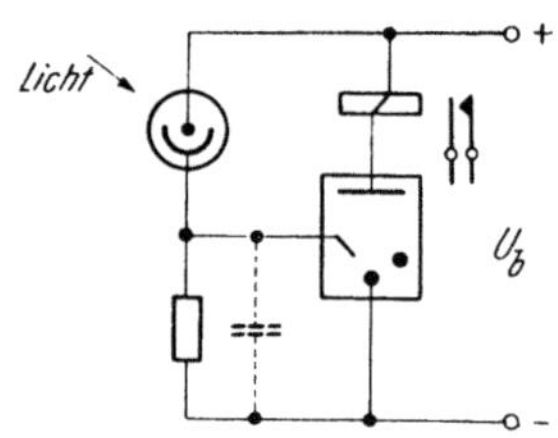

Abb. 1.54. Lichtgesteuerte Schaltung mit Relaisröhre

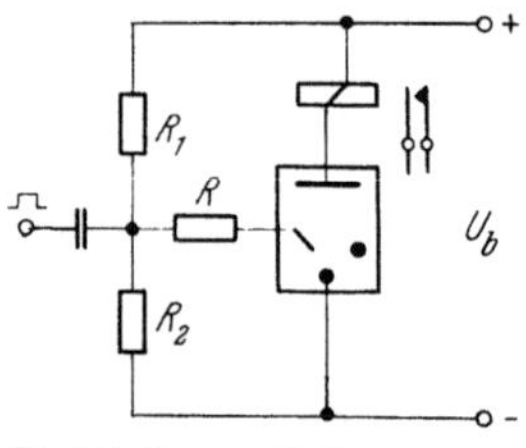

Abb. 1.55. Schaltung mit Vorspannung für die Steuerelektrode

dem ist durch die eingezeichneten Symbole gezeigt, zwischen welchen Elektroden im jeweiligen Bereich eine Gasentladung brennt.

Für den möglichen Maximalstrom der Hauptentladungsstrecke ist die Leistungsfähigkeit der Katode maßgebend. Diese ist durch die geometrischen Abmessungen oder eine besondere Aktivierung der Oberfläche gegenüber der Anode aus-

[1] Literatur: [S 17, S 18].

gezeichnet. Die Hauptstrecke soll deshalb nur bei positiver Anode gezündet werden. Je nach Konstruktion der Röhre kann das durch eine positive oder eine negative Spannung an der Steuerelektrode erfolgen; das entspricht einem Betrieb im ersten oder zweiten Quadranten des Kennlinienfeldes.

Die Zündentladung muß wenigstens so lange brennen, bis das Gas der Hauptstrecke ausreichend ionisiert ist (Ionisierungszeit; bei Edelgasen etwa 10^{-4} bis 10^{-5} s). Unvermeidbar ist dabei ein kleiner Zündstrom, die Steuerung erfolgt also nicht ganz leistungslos. Ist der Steuerkreis sehr hochohmig, dann kann unter Umständen die für das Zünden der Hauptstrecke notwendige Leistung der Steuerentladung nicht aufgebracht werden. Ein in Abb. 1.54 gestrichelt eingezeichneter Kondensator als Energiespeicher überbrückt dieses Defizit wenigstens für die Ionisierungszeit und sorgt für eine sichere Zündung auch bei langsam ansteigender Steuerspannung. Die notwendige Zündspannung ist etwas von der Bestrahlung (Licht, Höhenstrahlung, Radioaktivität) abhängig. Durch die Verwendung von Reinmetallkatoden (Molybdän) und eine weitere vorionisierende Hilfsanode *h* (Beispiel Z 70U) kann diese Abhängigkeit wesentlich verkleinert werden.

Abb. 1.54 zeigt das Prinzip eines einfachen lichtempfindlichen Schalters. Mit wachsender Beleuchtung der Photozelle steigt die Steuerspannung, bis die Röhre zündet und das Relais anzieht.

In Abb. 1.55 ist zur Zündung der Röhre nur ein Impuls mit einer Amplitude von wenigen Volt erforderlich, weil die Steuerelektrode durch den Spannungsteiler R_1—R_2 bereits bis knapp unter die Zündspannung vorgespannt ist.

In den beiden Schaltbeispielen muß die Relaisröhre vor jedem neuen Schaltspiel von Hand, z. B. durch Unterbrechen der Stromzuführung, gelöscht werden. Das Relais begrenzt gleichzeitig den Strom zur Anode. Die Steuerelektrode wird in Abb. 1.54 durch den hohen Innenwiderstand der Photozelle ausreichend geschützt; Abb. 1.55 enthält dafür den Widerstand *R*.

Anwendung der Relaisröhren: elektronische Relais, Lichtschalter, Zählketten, Steuer- und Regelgeräte für kleine Leistungen usw. Vorteile: ständige Betriebsbereitschaft und kein Stromverbrauch im Ruhezustand (da ohne Heizung), lange Lebensdauer. Nachteile: höhere Brennspannung der Hauptstrecke als bei geheizten Gasentladungsröhren, höhere Steuerspannung.

B. Gesteuerte Gasentladungsröhren mit geheizter Katode (Gastriode, Stromtor, Thyratron)

Die Funktion dieser Röhren ist gleich wie bei den Relaisröhren und von den Hochvakuumröhren völlig verschieden. Bei den kleineren Typen umschließt die Anode sowohl die Zündelektrode wie die Katode, während bei den größeren Ausführungen die einzelnen Elektroden meist übereinander angeordnet und sehr massiv ausgeführt sind, um gute Wärmeabfuhr und hohe mechanische Festigkeit für den rauhen Betrieb in industriellen Anlagen zu erreichen. Die Steuerelektrode ist für negative Steuerspannungen ringförmig, für positive siebförmig. Die Katode muß hohe Emissionsdichte liefern und wird gegen die Gasionen möglichst abgeschirmt.

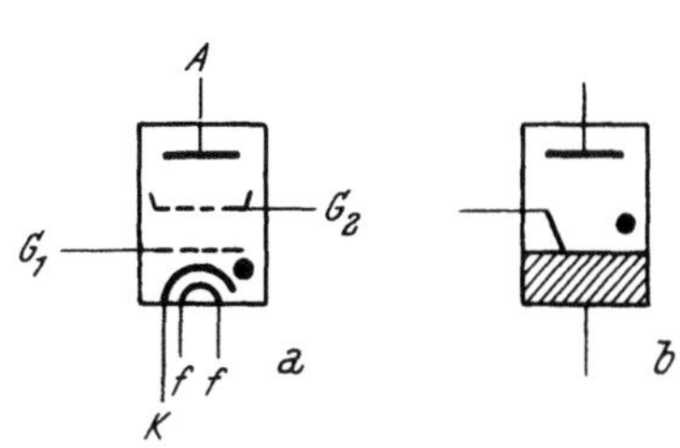

Abb. 1.56. Schaltzeichen: a) Gastetrode, b) Ignitron

Wie bei der Relaisröhre gibt es beim Stromtor nur zwei Zustände: stromlos oder stromführend. Der Mechanismus der Zündung ist prinzipiell gleich wie bei der Relaisröhre. Bei Gleichstrombetrieb muß das Thyratron durch Unterbrechen des Anodenstromes gelöscht werden. Bei Wechselstrombetrieb löscht das Thyratron von selbst bei jedem Nulldurchgang.

Die Vorteile des Stromtores gegenüber der Relaisröhre sind wesentlich kleinere Zündspannung, Zündleistung, Bogenspannung und Entionisierungszeit, jedoch weit größere steuerbare Ströme (bis etwa 100 A). Dagegen steht der Nachteil der erforderlichen Heizleistung und der notwendigen Vorheizung. Die Vorteile können noch gesteigert werden, wenn ein zweites Gitter, ähnlich einem Schirmgitter, eingefügt wird. Die Gitter-Anodenkapazität wird dadurch reduziert, die Steuerleistung verkleinert und die Zahl der Fehlzündungen vermindert.

Eine der kleinsten Typen dieser ,,Gastetroden" ist die edelgasgefüllte PL 21. Ihr Symbol zeigt Abb. 1.56a, die Zündkennlinien für verschiedene Schirmgitterspannungen Abb. 1.57. Die meistbenützte Betriebseinstellung ist die mit $Ug_2 = 0$ V. Ein großer Gitterwiderstand verflacht die Zündkennlinie. Durch die Heizung der Katode ist die Brennspannung (Bogenspannung) etwa um den Faktor 10 kleiner als bei Kaltkatodenröhren (bei der PL 21 nur 8 V), so daß in der Röhre nur eine geringe Verlustleistung entsteht (PL 21: 0,8 W bei 100 mA).

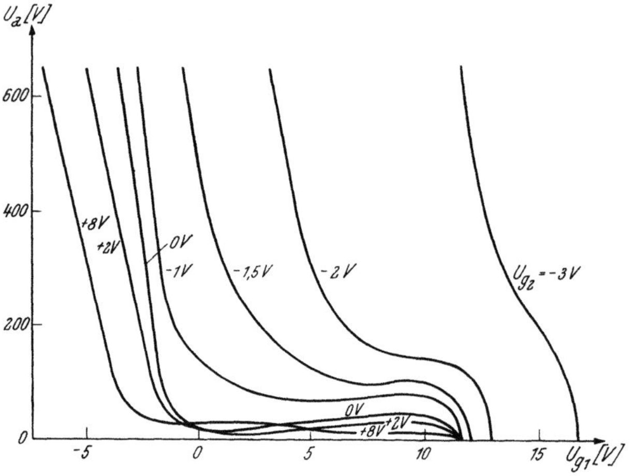

Abb. 1.57. Zündkennlinien einer PL 21 mit Ug_2 als Parameter

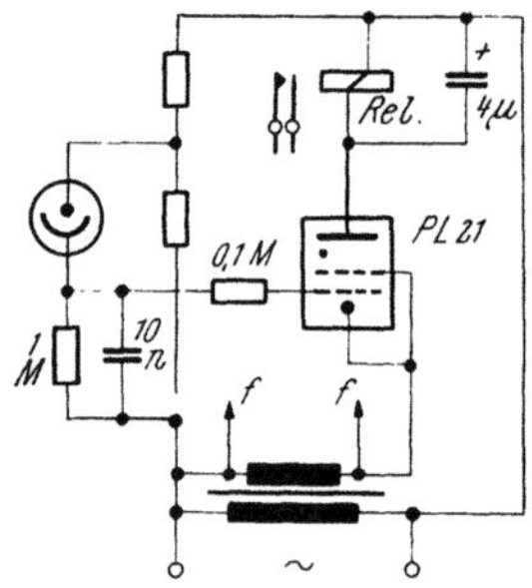

Abb. 1.58. Lichtgesteuerte Schaltung für höhere Schaltleistung mit Thyratron

Die Abb. 1.58 zeigt ein zu Abb. 1.54 (S. 38) analoges Beispiel. Trotz höherer Eingangsempfindlichkeit steht bei Verwendung selbst eines kleinen Stromtores (PL 21) statt der Relaisröhre schon eine Leistung von etwa 20 VA am Ausgang zur Verfügung. Das reicht bereits für ein Drehstromschütz mit 10 kW Schaltleistung.

Am häufigsten werden Stromtore als steuerbare Ventile in ,,Anschnittsteuerungen" benützt. Dabei werden sie so gesteuert, daß sie nicht schon am Anfang der Durchlaßhalbwelle zünden und während der ganzen Halbwelle Strom führen, sondern durch verzögerte Zündung nur für einen Teil der Halbwelle leiten. Damit wird eine verminderte, dem schraffierten Anteil in Abb. 1.60, 1.61 und 1.62 entsprechende Leistung abgegeben. Ist die Gleichrichtung, die beim Thyratronbetrieb auftritt, unerwünscht, so werden jeweils zwei Stromtore gegeneinander (antiparallel) wie in Abb. 1.63 geschaltet. Die positiven und negativen Halbwellen werden dann durch die beiden Röhren abwechselnd geleitet, die aber beide gleichartig gesteuert werden.

In Abb. 1.59 ist eine Zündkennlinie auf eine Anodenwechselspannung umgezeichnet. Diese Zündkennlinie wird konstruiert, indem die Ug_1-Abszisse um 90°

nach unten gedreht wird und die Schnittpunkte mit *Ua* übertragen werden. Der Schnittpunkt einer Gleich- oder Wechselspannung am Gitter mit dieser Zündkennlinie gibt den „Zündzeitpunkt" bzw. „Zündwinkel".

Erhält das Gitter eine einstellbare Gleichspannung, so ist eine einfache „Vertikalsteuerung", aber nur über eine Viertelperiode, möglich (Abb. 1.60).

Liegt am Gitter eine Wechselspannung, deren Phasenlage gegenüber der Anodenspannung verstellbar ist, so hat man eine „Horizontalsteuerung", die die ganze Halbperiode überstreicht (Abb. 1.61).

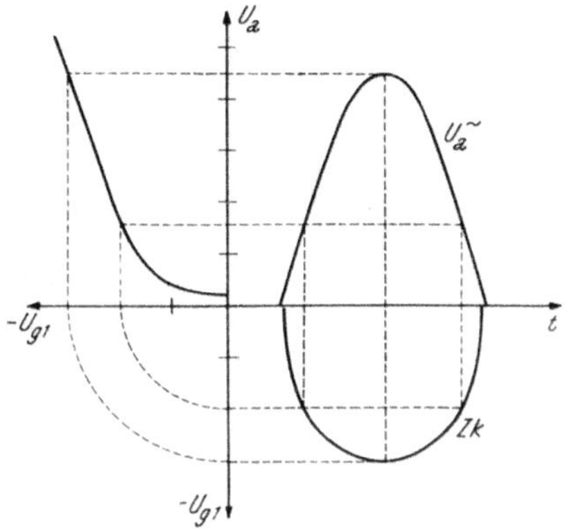

Abb. 1.59. Zündkennlinie für Wechselspannung

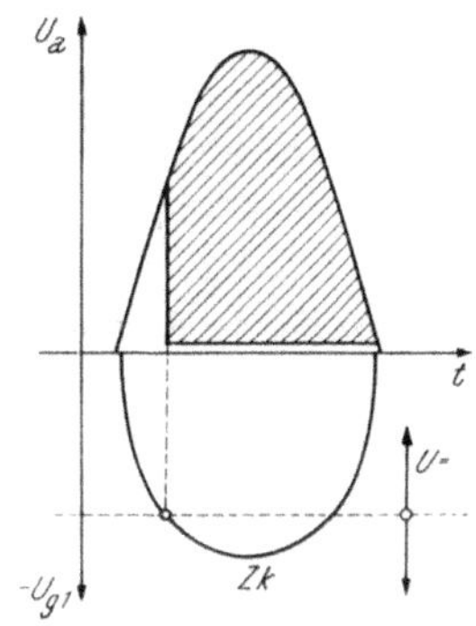

Abb. 1.60. Wirkungsweise der Vertikalsteuerung

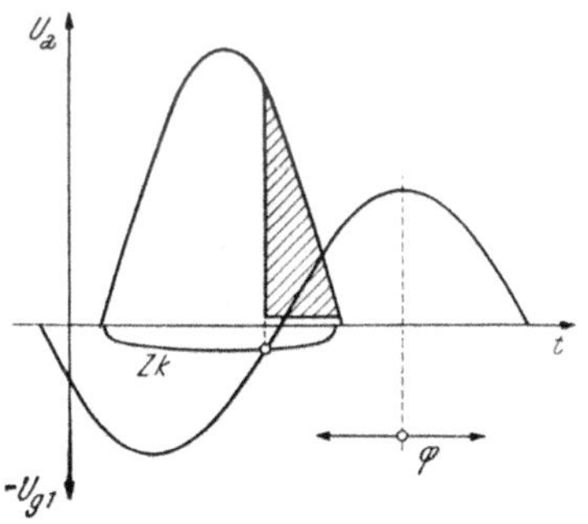

Abb. 1.61. Wirkungsweise der Horizontalsteuerung

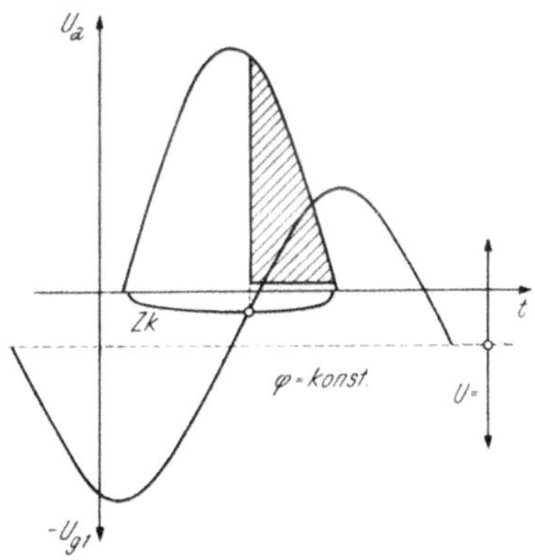

Abb. 1.62. Verbesserte Vertikalsteuerung

Wird eine fest um 90° verschobene Wechselspannung (einfacher realisierbar) und eine einstellbare Gleichspannung überlagert, so wird mit Vertikalsteuerung ebenfalls ein Einstellbereich von 180° erreicht (Abb. 1.62).

Allgemeine Hinweise für den Betrieb von Stromtoren: Der Einbau muß so erfolgen, daß eine genügende Kühlung gewährleistet ist. Hg-gefüllte Röhren müssen senkrecht (Anode oben) stehen. Weil für einwandfreien Betrieb ein bestimmter Gasdruck notwendig ist, muß der vorgeschriebene Betriebstemperaturbereich eingehalten werden. Vor der ersten Zündung ist unbedingt die vorgeschriebene Anheizzeit einzuhalten, damit die Katode die notwendige Betriebstemperatur bzw. der Dampfdruck die nötige Höhe erreichen kann. Der positive Ionenstrom kann die Steuerelektrode beschädigen, wenn diese während der Zündphase des

Stromtores negativer als -10 V ist. Ein Widerstand vor der Steuerelektrode begrenzt diesen Strom. Die Parallelschaltung von Stromtoren ist nur mit Hilfe von Ausgleichsdrosseln möglich. Da an die Emissionsfähigkeit der Katode hohe Forderungen gestellt werden, ist die vorgeschriebene Heizspannung auf $\pm$ 2,5% genau einzuhalten. Die Lebensdauer direkt geheizter Röhren wird vergrößert, wenn durch einen geeigneten Phasenschieber die Heizspannung gegen die Anodenspannung um etwa 90° verschoben ist. Bei allen diesen Röhren ist es empfehlenswert, die Angaben der Herstellerfirma genau zu beachten.

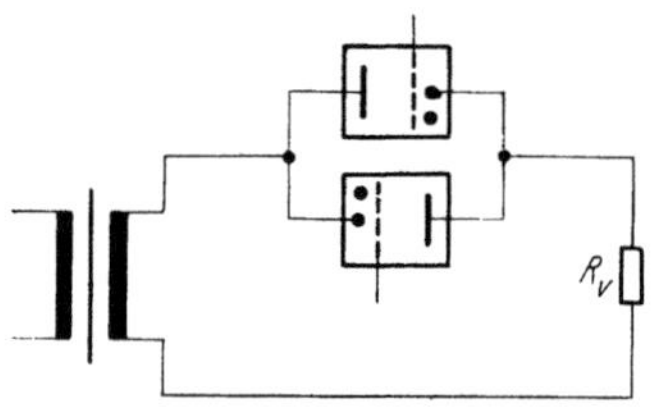

Abb. 1.63. Antiparallelschaltung

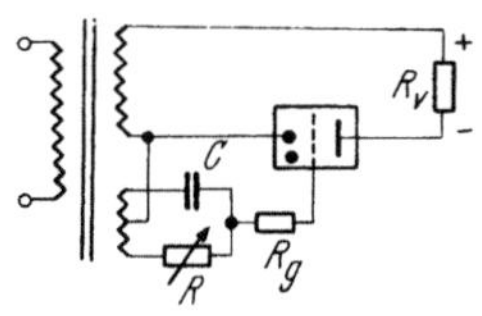

Abb. 1.64. Prinzip eines regelbaren Gleichrichters

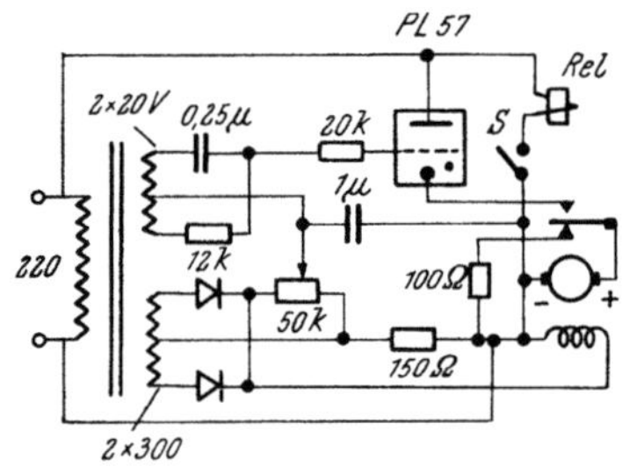

Abb. 1.65. Motorsteuerung

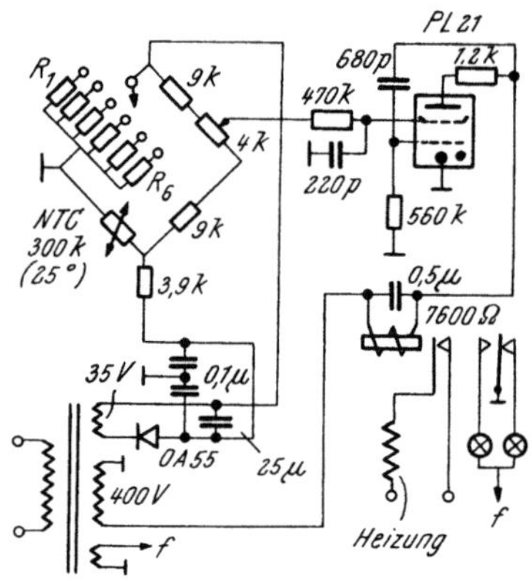

Abb. 1.66. Thermostat

Einfluß des Füllgases auf die Röhreneigenschaften:

Wasserstoff: sehr kurze Ionisierungs- und Entionisierungszeiten (μs), daher besonders für Impulsbetrieb, impulsförmige Belastung und als rascher Schalter geeignet; geringe Temperaturabhängigkeit.

Edelgase (Xenon): geringe Temperaturabhängigkeit, kleine bis mittlere Ströme, mittlere Entionisierungszeiten (etwa 50 μs), mittlere Lebensdauer.

Quecksilberdampf: große Temperaturabhängigkeit, sehr große Ströme, lange Entionisierungszeit (1 ms), lageabhängig, große Lebensdauer. Auch Mischgasfüllungen, besonders Xenon-Quecksilberdampf, werden benützt.

Die Verwendung der Stromtore erstreckt sich über das Anwendungsgebiet der Kaltkatodenröhren hinaus vor allem auf die Impulstechnik wegen der kürzeren Ionisierungs- und Entionisierungszeiten und auf das große Gebiet der industriellen Elektronik wegen der höheren steuerbaren Leistungen. Für das von diesen Röhren beherrschte Gebiet der Steuer- und Regeltechnik und der übrigen industriellen Anwendungen gibt es umfangreiche Fachliteratur. Die nachstehenden Beispiele sollen nur ein ganz kleiner Hinweis auf die Verwendungsmöglichkeiten gesteuerter Ionenröhren sein.

Die Abb. 1.64 zeigt einen mit Horizontalsteuerung arbeitenden regelbaren Gleichrichter, die Abb. 1.65 eine einfache elektronische Motorsteuerung für lastunabhängige Drehzahl (Vertikalsteuerung) und Schnellbremsung (Öffnen von S). Die Abb. 1.66 zeigt einen Thermostaten[1]. Temperaturfühler ist ein NTC-Widerstand (siehe Kap. 1.3.4). Ein weiteres Beispiel Abb. 8.63 (siehe S. 470). Die Abb. 1.67a zeigt zwei edelgasgefüllte Thyratrons.

C. Ignitron, Senditron und Excitron

Ignitrons, Senditrons und Excitron sind Gasentladungsröhren mit ungeheizter Quecksilberkatode, die jedoch nicht mit einer Glimmentladung wie die Relaisröhren arbeiten sondern mit einer Bogenentladung. Wie bei quecksilberdampfgefüllten Stromtoren ist auch hier die Bogenspannung nur etwa 16 V. Die Zündung erfolgt beim Ignitron durch einen Hilfslichtbogen von einem Zündstift zur Quecksilberkatode, beim Senditron durch einen Hochspannungsimpuls und beim

Abb. 1.67a. Links: Xenongefülltes Thyratron, rechts: gasgefüllte Tetrode (Philips)

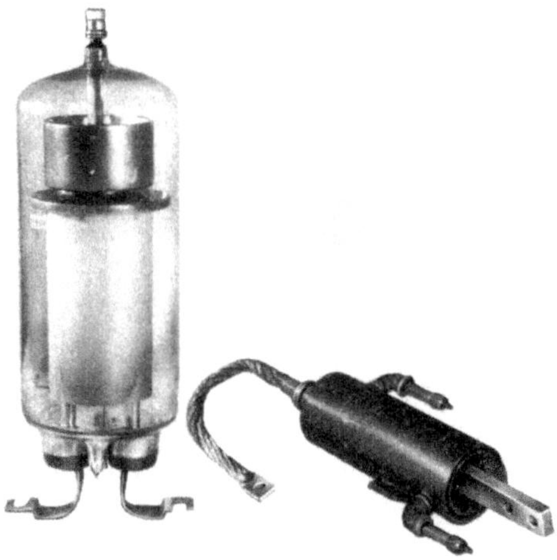

Abb. 1.67b. Links: Quecksilberdampfgefülltes Thyratron, rechts: Ignitron (Philips)

Excitron durch eine Steuerelektrode wie beim Thryatron mit Hilfe einer dauernd brennenden Hilfsbogenentladung. Bei diesen Röhren ist zwar ein höherer Aufwand für die Steuerung notwendig, dafür lassen sich aber Ströme von mehreren hundert Ampere und Spannungen von einigen tausend Volt schalten. Damit ergänzen sie den Anwendungsbereich der Gasentladungsröhren auf Leistungen bis zu Megavoltampere (Schweißmaschinen, Großgleichrichter). Ihr Schaltsymbol zeigt Abb. 1.56b. Die Abb. 1.67b zeigt zwei quecksilberdampfgefüllte Stromtore (rechts ein wassergekühltes Ignitron).

---

[1] Literatur: [K 3].

1.2.2 Der Glimmstabilisator

Wird an eine edelgasgefüllte Zweipolröhre eine Gleichspannung bestimmter Höhe (= Zündspannung) gelegt, so erfolgt durch Stoßionisation Stromdurchgang. Der Zündmechanismus ist in Kap. 1.2.1 und 1.2.3 beschrieben. Die an den Elektroden liegende Spannung bricht nach eingeleiteter Glimmentladung auf die viel niedrigere Brennspannung zusammen. Die Abb. 1.68 zeigt die Kennlinie $Ia = f(Ua)$ eines Glimmstabilisators. Es ist:

U_Z = Zündspannung

$U_{Lö}$ = Löschspannung

U_{st} = Stabilisatorspannung im Glimmbereich (Brennspannung)

I_{st} = Strom durch den Stabilisator.

Die Anwendung des Glimmstabilisators stützt sich auf die Tatsache, daß innerhalb des Regelbereiches der Strom in weiten Grenzen (von $I_{st\,\min}$ bis $I_{st\,\max}$) geändert werden kann, ohne daß sich die Spannung am Stabilisator wesentlich ändert. Die stabilisierende Wirkung beruht darauf, daß eine große Änderung des Stabilisatorstromes infolge des kleinen dynamischen Innenwiderstandes nur eine kleine Änderung der Brennspannung hervorruft:

$$\Delta U_{st} = Ri \cdot \Delta I_{st} \tag{1.29}$$

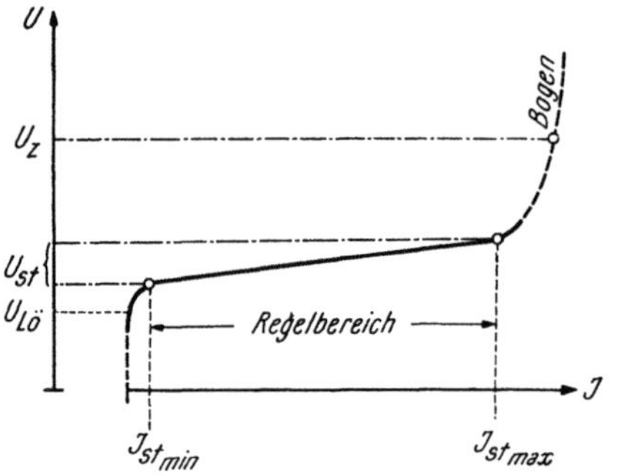

Abb. 1.68. Kennlinie des Glimmstabilisators

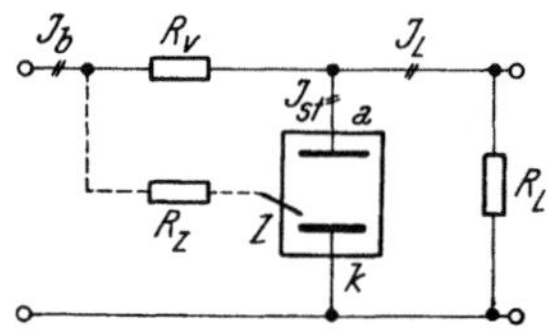

Abb. 1.69. Stabilisatorschaltung

Die Abb. 1.69 zeigt eine Stabilisatorschaltung. Es ist:

Rv = Vorwiderstand

Rz = Vorwiderstand für eine Zündelektrode

I_L und R_L = Verbraucherstrom und -widerstand

Ri ist der Mittelwert des Stabilisatorinnenwiderstandes. Er liegt in der Größenordnung von 100 bis 400 Ω; je kleiner Ri ist, um so besser ist die Stabilisation.

Der Wechselstrominnenwiderstand ist der tangentielle Wert der Kennlinienneigung, $Rw = \frac{du}{di}$. Für höhere Frequenzen kann Rw durch Parallelschalten eines Kondensators zur Glimmstrecke verkleinert werden, wobei dessen Kapazität zur Vermeidung von Kippschwingungen (siehe Kap. 8.2.1) nicht zu groß gemacht werden darf.

Für jede stabilisierende Schaltung kann ein Stabilisierungsfaktor S definiert werden. Es ist

$$S = \frac{\Delta Ub/Ub}{\Delta Ust/Ust} = \frac{\Delta Ub}{\Delta Ust} \cdot \frac{Ust}{Ub} \tag{1.30}$$

Der 1. Quotient wird als Regelgüte G bezeichnet:

$$G = \frac{\Delta Ub}{\Delta Ust}$$

$Rv = (Ub - Ust)/(Ist + I_L)$, daraus: $Ist = (Ub/Rv) - (Ust/Rv) - I_L$ und $\Delta Ist = (\Delta Ub/Rv) - (\Delta Ust/Rv) - \Delta I_L$ und mit Gl. (1.29) wird $\Delta Ust = Ri[(\Delta Ub/Rv) - (\Delta Ust/Rv) - \Delta I_L)]$

$I_L = Ust/R_L$, daher $\Delta I_L = \Delta Ust/R_L = \Delta Ust \cdot I_L/Ust$, daher $\Delta Ub/Ust = (Rv/Ri)$ $[1 + (Ri/Rv) + (I_L/Ust)Ri]$ und der Stabilisierungsfaktor

$$S = \frac{Ub - Ust}{Ist + I_L} \cdot \frac{1}{Ub}\left(\frac{Ust}{Ri} + I_L + \frac{Ust}{Rv}\right)$$

und mit Berücksichtigung der Grenzwerte:

$$S = \frac{Ub_{\min} - Ust_{\max}}{Ist_{\min} + I_{L\max}} \cdot (1/Ub_{\min})\left(\frac{Ust}{Ri} + I_{L\max} + \frac{Ust}{Rv}\right) \tag{1.31}$$

Damit S groß wird, muß die minimale Betriebsspannung $Ub_{\min}$ größer als die Stabilisatorspannung sein:

$$Ub_{\min} = 1{,}5 \text{ bis } 3 \cdot Ust \tag{1.32}$$

Der Lastwiderstand R_L kann im Ust-I-Kennlinienfeld als eine Widerstandsgerade ($R = U/I$) eingezeichnet werden (Abb. 1.70). Der Gesamtstrom $Ib = I_L + Ist$. Eine Änderung des Lastwiderstandes (Laststromes I_L) drückt sich in einer Winkeländerung der Geraden aus. Steigt der Laststrom so weit, daß $Ib = I_L$ geworden ist, so erlischt der Stabilisator; die Stabilisatorspannung Ust ist kleiner als die Löschspannung $U_{Lö}$ geworden. In der Praxis soll Ist etwa 30% des Gesamtstromes Ib ausmachen.

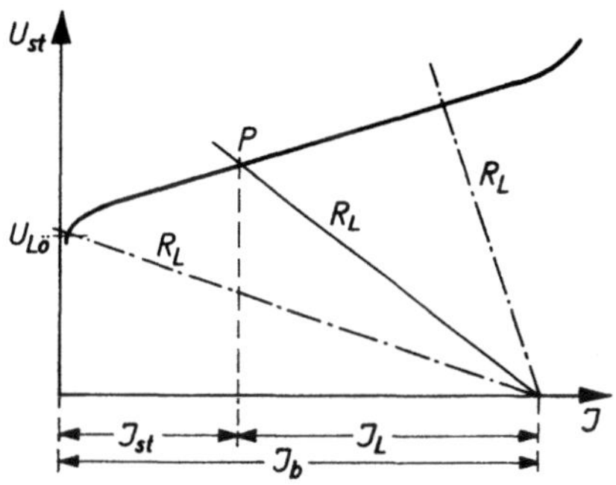

Abb. 1.70. Arbeitsbereich des Stabilisators

Die Grenzen des Vorwiderstandes sind:

$$Rv_{\max} = (Ub_{\min} - Ust)/(Ist_{\min} + I_{L\max}) \tag{1.33}$$

(der 1. Quotient der Gleichung für (1.31))

$$Rv_{\min} = (Ub_{\max} - Ust)/(Ist_{\max} + I_{L\min}) \tag{1.34}$$

Zur sicheren Zündung des Glimmstabilisators soll Rv einen bestimmten Wert Rv' nicht überschreiten:

$$Rv' = Rv_{\min}(Ub_{\min} - U_Z)/U_Z \tag{1.35}$$

Wird bei angeschaltetem Verbraucher (Last R_L) der Stabilisator an die Betriebsspannung Ub angeschaltet, so kann einerseits, bedingt durch den Spannungsabfall $Rv \cdot I_L$, die Spannung am Stabilisator unter der Zündspannung liegen, der Stabilisator also nicht zünden, oder es liegt die hohe Spannung $Ub \geqq U_Z$ für die Dauer der Ionisierungszeit am Verbraucher, der dadurch Schaden nehmen kann. Beide Fälle können durch das Anbringen einer Zündelektrode (Hilfsanode, siehe Relaisröhren [S. 38]) vermieden werden. Die Zündelektrode wird über einen hochohmigen Widerstand Rz (Größenordnung 100 bis 500 kΩ) direkt an Ub angeschlossen (Abb. 1.69). Zum Schutze eines Gerätes gegen kurzzeitige Überspannung kann Rv so dimensioniert werden, daß die Spannung vor dem Zünden nur wenig über der Brennspannung liegt. Die Zündung wird dann durch Vorionisierung über die Zündelektrode eingeleitet.

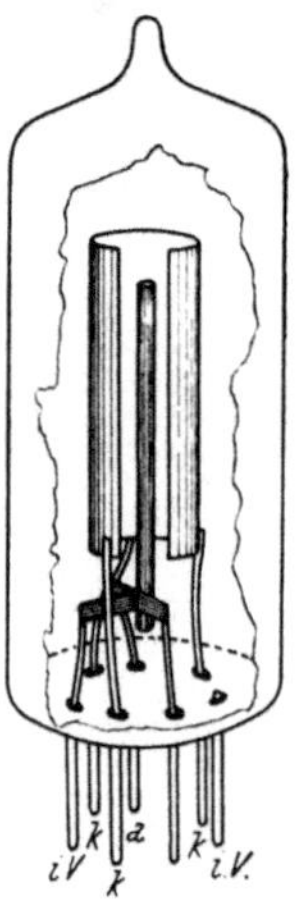

Abb. 1.71. Aufbau des Referenzstabilisators 85A2

Mit einer Serienschaltung mehrerer Stabilisatoren gleicher Type lassen sich höhere Spannungen stabilisieren. Die Parallelschaltung von Stabilisatoren zur Stabilisierung größerer Lastströme soll (wie bei allen Ionenröhren) vermieden werden. Für große Ströme werden Stabilisatoren mit großer Elektrodenoberfläche oder besser elektronische Stabilisierschaltungen verwendet (siehe Kap. 10).

Stabilisatoren mit aktivierten Katoden haben einen oft sehr störenden Nachteil: Äußere Einflüsse wie z. B. Ionisierung durch Streustrahlung (Licht, Radioaktivität, Magnetfelder usw.), mechanische Erschütterungen und kleine Belastungsschwankungen können zu einem Umspringen des Glimmlichtes auf der Elektrode führen. Die Folge davon sind kleine Änderungen der Stabilisatorspannung. Zur Erzeugung einer sehr genauen und konstanten Bezugsspannung, wie sie z. B. für Kompensatoren oder elektronisch stabilisierte Netzgeräte erforderlich ist, sind diese Stabilisatoren nicht geeignet.

Zur Gewinnung hochkonstanter Spannungen werden Referenzstabilisatoren mit Reinmetallkatoden aus Molybdän hergestellt. Den Aufbau eines derartigen Stabilisators der Type 85A2 zeigt Abb. 1.71. Eine Glimmlichtwanderung ist kaum mehr vorhanden. Der Belastungsstrom soll konstant und sehr klein sein. Ebenso sollen Betriebsspannungsschwankungen durch eine Vorstabilisierung (z. B. mit 150A2) klein gehalten werden. Erreichbare Genauigkeit ($\Delta\, Ust$): 10^{-3} bis 10^{-4}.

Berechnungsbeispiele

1. Konstante Last, schwankende Betriebsspannung.

Gegeben: $U_L = 150$ V, $I_L = 10$ mA konst. $Ub = 250$ V $\pm$ 25 V ($\pm$ 10%)
Gewählt: Type 150C2. Aus Datenblatt: $Ust = 144 - 164$ V, $Ist = 5 - 30$ mA, $U_Z = 180$V
Gerechnet aus Gl. (1. 33, 34) und (1.35): $Rv_{\max} = 4$ kΩ, $Rv_{\min} = 3{,}3$ kΩ, $Rv' = 3{,}75$ kΩ.
Gewählt: $Rv = 3{,}6$ kΩ. Es wird: $Ist_{\max} = 25$ mA, $Ist = 11$ mA.
Bei voller Ausnützung des Regelbereiches wäre $Ri = 240\,\Omega$, in diesem Beispiel ist $Ri = 180\,\Omega$.
Die Schwankung der Stabilisator- bzw. Ausgangsspannung ist: $\Delta\, Ust = Ust_{\max} - Ust_{\min} = (Ub_{\max} - Ub_{\min})\, Ri/Rv = \pm 1{,}25$ V (0,8%).

2. Schwankende Last und schwankende Betriebsspannung:

Für $Ust = 150$ V und $I_L = 7 - 13$ mA wird bei gleichen Angaben der Betriebsspannungen wie unter (1.): $R_{\min} = 11{,}5$ kΩ, $Rv_{\max} = 3{,}4$ kΩ, $Rv_{\min} = 3{,}6$ kΩ, $Rv' = 2{,}9$ kΩ. Da Rv' kleiner als $Rv_{\min}$ ist, muß die Betriebsspannung höher gewählt werden. Für eine Ub von 300 V $\pm$ 10% wird $Rv = 5{,}5$ kΩ und $Ist = 9 - 26$ mA. Diese Werte liegen innerhalb des Regelbereiches des Stabilisators. Für einen geschätzten $Ri = 200\,\Omega$ verursacht die $\Delta\, Ub$ von 60 V ein $\Delta\, Ust$ von 2,2 V und die Laständerung ein $\Delta\, Ust$ von 1,2 V.

1.2.3 Indikatorröhren

A. Die Glimmlampe

In einem mit verdünntem Gas unter niedrigem Druck gefüllten Glaskolben sind zwei Elektroden eingeschmolzen, die je nach Polarität der angelegten Spannung die Funktion einer Katode und einer Anode übernehmen. Die Form des

Glaskolbens wie der Elektroden hängt weitgehend vom Verwendungszweck ab (Symbol Abb. 1.72). Zum Unterschied von Relaisröhren oder Stabilisatoren ist es die wichtigste Aufgabe der Glimmlampe, den gezündeten Zustand durch ihr Glimmlicht optisch anzuzeigen; daher die Bezeichnung Signalglimmlampe. Nur selten wird ihr Zünd- oder Brennstrom für Schaltzwecke ausgenützt.

Die Einleitung der Entladung ist fast gleich wie bei Relaisröhren. Notwendig ist eine genügend hohe Spannung (Zünd- oder Ionisierungsspannung) zwischen Katode und Anode, die den durch Ionenbildung frei gewordenen Elektronen auf ihrem Wege zur Anode eine so hohe Geschwindigkeit erteilen, daß sie durch Stoß weitere Gasatome ionisieren. Die Ionen wandern zur Katode und lösen dort weitere Elektronen aus, die wiederum zur Anode fliegen. Der lawinenartig anwachsende Elektronenstrom führt zur Glimmentladung, zum Aufleuchten oder Brennen der Glimmlampe. Die Spannungsdifferenz zwischen Katode und Anode sinkt auf die viel kleinere Brennspannung ab. Eine Begrenzung des Stromes durch einen Widerstand ist wie bei allen Ionenröhren notwendig. Wird die Spannung unter die minimale Brennspannung (Löschspannung) abgesenkt, so erlischt die Glimmlampe. Eine weitere Vergrößerung der angelegten Spannung führt schließlich zur Bogenentladung und damit meist zur Zerstörung der Glimmlampe (siehe auch Abb. 1.68).

Abb. 1.72. Schaltzeichen der Glimmlampe

Ist der Elektrodenabstand im Entladungsgefäß genügend weit, so lassen sich bei der gezündeten Glimmlampe Zonen verschiedener Helligkeit unterscheiden (siehe Abb. 1.73):

Dunkelräume: *1* Aston
3 Hittorf
5 Faraday.

Leuchtende Zonen: *2* Katodenglimmhaut
4 Katodenglimmlicht
6 Anodenglimmlicht.

Von Bedeutung sind die Zonen *4* und *6*:

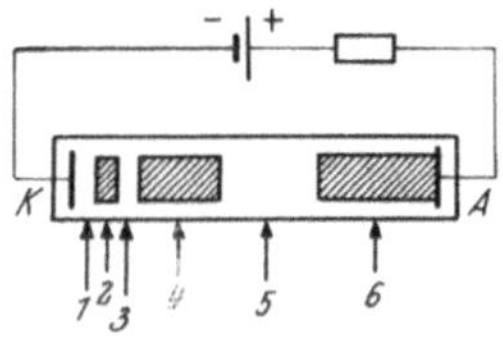

Abb. 1.73. Geschichtete Glimmentladung

Zone 4: Das Katodenglimmlicht oder auch negatives Glimmlicht. Durch Verkleinerung des Elektrodenabstandes kann die Anode in den Faraday-Raum vorgelegt werden, so daß die Röhre nur mit dem negativen Glimmlicht brennt. Diese Betriebsart wird vorwiegend für Signalzwecke und für spezielle Aufgaben der Elektronik verwendet. Wird die Strom-Spannungskennlinie aufgenommen, so fällt von einer gewissen Anodenspannung an der Anodenstrom, die Kennlinie wird negativ, kehrt sich aber bei weiterer Vergrößerung von Ua wieder um. Diese Nichtlinearität der Kennlinie (negativer Innenwiderstand), die geringe Differenz zwischen Zünd- und Löschspannung und die geringe Trägheit ermöglichen spezielle Schaltungskonstruktionen. Die gleichmäßige Helligkeit der Katodenglimmhaut wird vorwiegend für Signalzwecke herangezogen. Die verschiedenartigsten Formen von Signalglimmlampen sind erhältlich. Da keine Elektrode präpariert ist, kann die Signalglimmlampe mit Wechselstrom betrieben werden. Der notwendige Strombegrenzungswiderstand (Größenordnung 50 bis 500 kΩ) ist oft direkt in den Sockel eingebaut. Die Zündspannung liegt bei den meisten Typen zwischen 70 und 110 V.

Zone 6: Das Anodenglimmlicht oder positives Glimmlicht. Die große Zone gleichmäßiger Helligkeit und großer Leuchtstärke wird vorwiegend für Beleuchtungszwecke herangezogen. Durch den größeren Elektrodenabstand ist auch die Differenz zwischen Zünd- und Löschspannung viel größer. Glimmlampen mit speziell präparierten Katoden ermöglichen den Aufbau einfachster Kipposzillatoren mit großer Amplitude (siehe Kap. 8.2.1).

B. Ziffernröhren

Eine Sonderentwicklung der Glimmröhre ist die Ziffernröhre. Sie besitzt eine gemeinsame Anode und zehn Katoden, die die Gestalt von Ziffern besitzen (Abb. 1.74a). Wird z. B. die wie eine „3" geformte Katode mit dem negativen Pol der Betriebsspannung verbunden, so überzieht sie sich mit einem negativen Glimmlicht und am Kopf der Röhre erscheint die Ziffer 3 in roter Neon-Farbe. Für eine Ziffernhöhe von 15 mm (Typ Z510M) beträgt der erforderliche Katodenstrom 2 mA.

Abb. 1.74b zeigt eine andere Ausführungsform (Typ Z550M), bei der die Katode in zehn Sektoren von 0 bis 9 unterteilt ist. Jeder Sektor ist mit einer Startelektrode versehen, die über einen Widerstand auf Anodenpotential liegt. Um eine bestimmte Ziffer zur Anzeige zu bringen, wird die betreffende Startelektrode mit einem kurzen positiven Impuls versehen, der die Glimmentladung in einem anderen Sektor löscht und sie in den gewünschten Sektor hereinzieht.

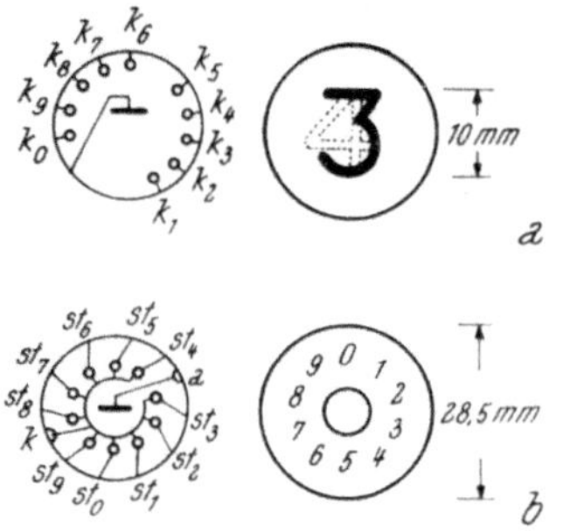

Abb. 1.74. Kaltkatoden-Ziffernröhre

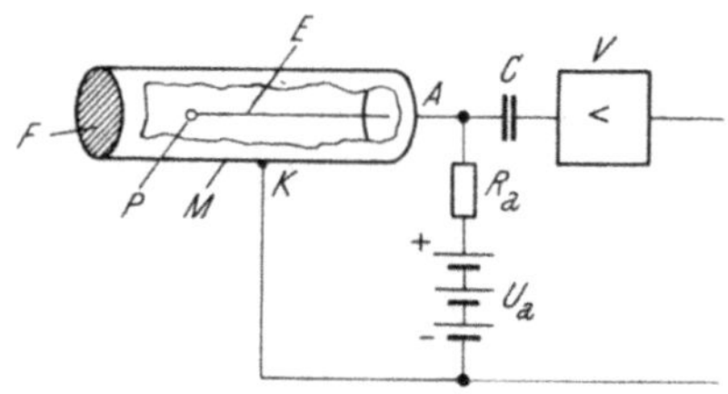

Abb. 1.75. Geiger-Müller-Zählrohr

Während diese Röhren lediglich die optische Anzeige bestimmter Zustände durch Ziffern gestatten, erlauben spezielle Röhrenkonstruktionen eine Zählung von Impulsen. Durch geschickte Anordnung von Starter- und Führungselektroden wird das Überwechseln der Glimmentladung von einem Teil der Katodenfläche zum anderen so gelenkt, daß bei Eintreffen eines Impulses die Glimmhaut im Uhrzeigersinn von einer Ziffer zur nächst höheren überspringt. Diese Röhren ersetzen somit ganze elektronische Zählketten, doch ist die Zählgeschwindigkeit auf niedere Werte beschränkt.

1.2.4 Spezielle Ionenröhren

A. Das Geiger-Müller-Zählrohr[1]

In seiner Funktion der Glimmlampe sehr ähnlich, ist sein Anwendungsgebiet jedoch ein ganz anderes. Es dient zum Nachweis von Elementarteilchen (α, β, Mesonen usw.) und γ-Quanten. Seine Konstruktion hat Ähnlichkeit mit dem α-Zähler von Rutherford-Geiger und wurde erstmals 1928 als Auslösezähler von Geiger-Müller beschrieben. Eine prinzipielle Aufbauform zeigt Abb. 1.75.

[1] Literatur: [F 2, K 11, M 10, P 1].

In einem metallischen, die Katode bildenden Rohr, allgemein einem Gefäß, ist koaxial eine draht- oder nadelförmige Elektrode, die Anode, angeordnet. Das Gefäß ist mit Gas unter geringem Druck oder einem Gas-Dampf-Gemisch (z. B. Alkohol oder Halogene) gefüllt. An seiner Stirnseite ist bei manchen Konstruktionen ein Glimmerfenster *F* angebracht. Bei nadelförmigen Elektroden ist die Spitze in eine Glasperle *P* eingebettet, um ein Sprühen bei hohen Spannungen zu vermeiden. Die Anode *A* liegt über einem hochohmigen Widerstand an einer Spannungsquelle *Ua*.

Die Funktion des Zählrohres gleicht der der Glimmlampe. Elementarteilchen oder Quanten ionisieren einige Füllgasatome. Die Elektronen, durch das hohe Elektrodenpotential beschleunigt, fliegen zur Anode und ionisieren auf ihrem Wege weitere Gasatome (Gasverstärkung). Ist die Anodenspannung genügend hoch (= Geiger-Müller-Schwelle oder Einsatzspannung), so setzt eine die Anode schlauchartig umhüllende Glimmentladung ein.

Der über den Außenwiderstand *Ra* abfließende Anodenstrom erzeugt einen Spannungsimpuls, der über den Kondensator *C* einem Verstärker zugeführt wird.

Das durch die Glimmentladung verursachte Zusammenbrechen der Anodenspannung und die Feldschwächung durch die zur Katode wandernden Gasionen reduziert die Energiezufuhr für weitere, durch äußere Einwirkung freigemachte Elektronen so stark, daß sie nur mehr elastische Stöße mit den Gasatomen ausführen, diese aber nicht mehr ionisieren können. Das Zählrohr ist so lange nicht mehr fähig, Elementarpartikel oder Quanten anzuzeigen, bis bei den „nicht selbstlöschenden Röhren" die Glimmentladung durch eine elektrische Maßnahme unterbrochen wird und der größte Teil der langsameren Gasionen an der Katode rekombiniert ist. Diese Wartezeit bezeichnet man als die Totzeit des Zählrohres.

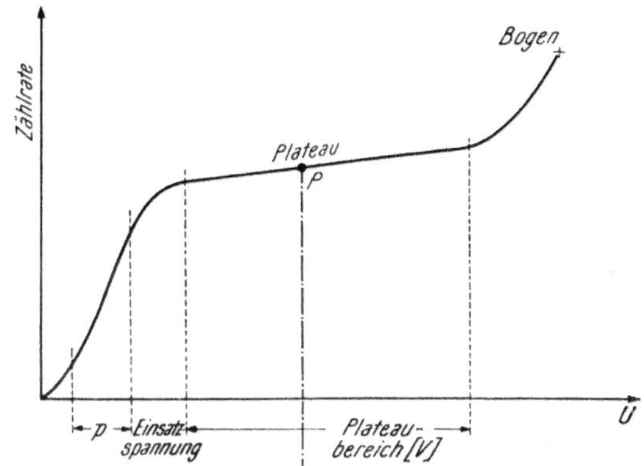

Abb. 1.76a. Kennlinie des Zählrohres

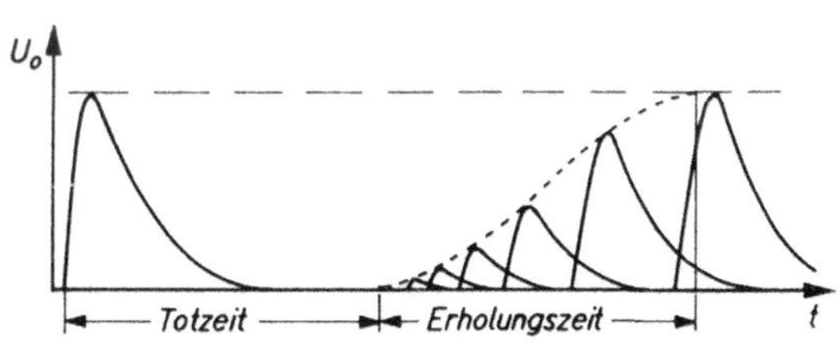

Abb. 1.76b. Zählrohrimpuls

Zählrohre mit einer Gasfüllung sind nicht selbstlöschend und benötigen einen sehr hohen Außenwiderstand. Ihre Totzeit ist groß (1 bis 10 ms). Gelöscht werden sie meistens mit dem negativen Rückimpuls eines Univibrators (siehe Kap. 8.1.2).

Durch Zusatz von Alkohol oder Halogenen kann eine Selbstlöschung und damit eine wesentlich kleinere Totzeit bewirkt werden.

Die Abb. 1.76b zeigt die Form eines Zählrohrimpulses. Die Erholungszeit ist derjenige Zeitabschnitt, in dem ein ausgelöster Zählrohrimpuls noch nicht seine volle Höhe erreichen kann.

Mißt man die Anzahl der Zählimpulse pro Zeiteinheit (die Zählrate) in Abhängigkeit von der Höhe der Anodenspannung, so erhält man die Kennlinie des Zählrohres (Abb. 1.76a).

Den linearen Anstieg der Kennlinie bezeichnet man als den Proportionalitätsbereich (p). Oberhalb der Einsatzspannung beginnt das Plateau oder der Arbeitsbereich des Zählrohres. Der Arbeitspunkt P liegt meist um etwa 50 bis 80 V höher als die Einsatzspannung. Er ist durch die Zählspannung festgelegt. Zum Unterschied vom Proportionalitätsbereich ist innerhalb des Plateaus kein Rückschluß auf die Art oder die Energie des Elementarteilchens möglich.

Charakteristische Zählrohrangaben sind:

Einsatzspannung, Plateaulänge, Plateauanstieg (in %/V), Totzeit, Hintergrund oder Nulleffekt (bei definierter Abschirmung gemessene natürliche Radioaktivität), das Flächengewicht des Fensters (mg/cm^2) und nicht zuletzt der Verwendungszweck, der den Aufbau, die Art des Elektrodenmaterials, des Fensters und des Füllgases bestimmt.

Abb. 1.77. Geiger-Müller-Zählrohre (Philips)

Da das Anwendungsgebiet des Zählrohres sehr groß ist, gibt es auch eine Vielzahl von verschiedenen Formen: röhren- und flächenförmig, glockenförmig, Eintauch- und Durchlaufzählrohre, Koinzidenzzähler usw. Die Abb. 1.77 zeigt verschiedene Ausführungsformen. Das Anwendungsgebiet, das sich im Rahmen der Atomphysik ständig erweitert, soll nur angedeutet werden: die gesamte Atomphysik und kosmische Physik, die Biologie und Medizin, die Geologie und Geophysik, die industrielle Elektronik, die Kriminalistik usw.

B. Entladungsblitzlampen[1]

Eine besondere Form der Ionenröhren ist die Entladungsblitzröhre. Zum Unterschied von den bisher besprochenen Röhren arbeitet die Blitzröhre nicht im Bereich der Glimmentladung, sondern bei entsprechend höherer Anodenspannung im Bereich der Bogenentladung. Ihr Arbeitspunkt liegt auf dem stark ansteigenden Ast der Ionenröhrenkennlinie (siehe Abb. 1.68), einem Arbeitsgebiet, das für alle übrigen Ionenröhren verboten ist, da es zu ihrer Zerstörung führen würde.

Die Zündung der Blitzröhre, durch eine Zündelektrode eingeleitet, führt unmittelbar zur Bogenentladung, wobei ein kräftiger Lichtstrom ausgesendet wird. Da die Dauer des gezündeten Zustandes sehr kurz ist, wird die Röhre nicht beschädigt.

Vorwiegend verwendet wird die Blitzröhre in der Lichttechnik, Meßtechnik (Stroboskop) und neuerdings in der Laser-Technik. Die Konstruktion von Blitzröhren mit niedriger Anodenspannung hat zu ihrer starken Verbreitung in der Photographie (Blitzgeräte) Anlaß gegeben.

---

[1] Literatur: [M 4].

Man kann vier Gruppen von Blitzlampen unterscheiden, die den jeweiligen unterschiedlichen Aufgaben angepaßt sind:

1. Blitzlampen für Anodenspannungen von 400 bis 500 V; ihr Energiespeicher ist ein Elektrolytkondensator. Verwendung in kleinen bis mittleren Blitzgeräten.

2. Blitzlampen für hohe Anodenspannungen von 2000 bis 3000 V. Energiespeicher sind Metallpapierkondensatoren. Verwendung in Hochenergiegeräten.

3. Blitzlampen für wissenschaftliche und industrielle Zwecke, zumeist mit besonderen äußeren Formen.

4. Blitzlampen für Stroboskope.

Die Abb. 1.78 zeigt das Prinzipschaltbild eines Blitzgerätes. Eine Gleichspannungsquelle geringer Leistung, aber mit entsprechend hoher Spannung lädt den Speicherkondensator *C* über den Widerstand *R* auf. Ihm parallel liegt die Katoden-Anoden-Strecke der Blitzröhre *BL* und der Spannungsteiler R_1—R_2. Wird der Schalter *S* geschlossen, so entlädt sich der Kondensator *Cz* über die Primärwicklung des Zündtransformators *Tr* und induziert in dessen Sekundärwicklung eine Spannung von etwa 8 kV. Diese hohe Spannung an der Zündelektrode *Z* leitet die Bogenentladung der in *C* gespeicherten Energie über die Katoden-Anoden-Strecke der Blitzlampe ein. Die Zündelektrode ist an der Außenseite des Glaskolbens der Blitzlampe in Nähe der Katode angebracht. Die Spannung am Kondensator *Cz* ist in der Regel 200 bis 300 V, die notwendige Zündleistung und damit die Belastung der Kontakte des Schalters *S* ist sehr gering (etwa 5 mWs). Je höher die Spannung an der Blitzröhre ist, um so kleiner kann die Zündspannung gemacht werden.

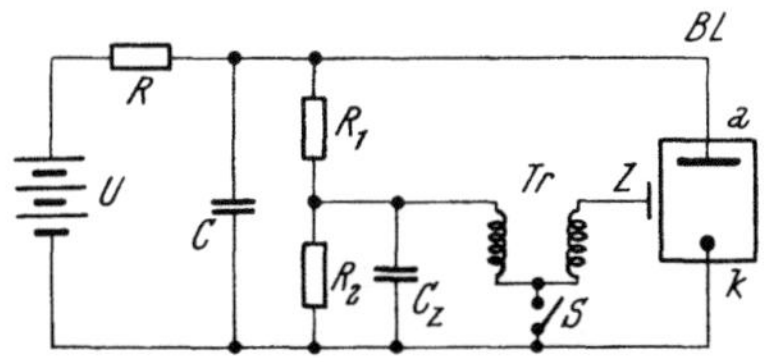

Abb. 1.78. Prinzipschaltbild eines Blitzgerätes

Die Dauer der Bogenentladung ist von der Art der Blitzröhre und der Größe der Speicherkapazität abhängig. Sie beträgt im Durchschnitt 1 ms. Die Kapazität des Blitzkondensators darf nicht beliebig vergrößert werden, da eine zu energiereiche Bogenentladung zur Zerstörung der Blitzlampe führen kann. Bei der Röhrengruppe 1 sind Kapazitäten von 200 bis 500 μF gebräuchlich. Auch die Entladungsfolge soll nicht zu hoch sein. Bei den Blitzröhren der Gruppen 1, 2, 3 ist bei einer Blitzfolge von 5 pro Minute nach etwa 20 Blitzen eine Kühlpause einzuschalten. Die Stroboskopblitzröhren vertragen eine wesentlich stärkere Wandbelastung, eine Folge von 300 Blitzen pro Sekunde ist möglich.

Als Füllgas für die Blitzröhre wird Xenon verwendet. Die spektrale Verteilung des Lichtes der Bogenentladung ist dem Tageslicht sehr ähnlich.

Um eine Vorstellung von der Leistungsfähigkeit der Blitzröhre zu geben, sind nachstehend die Daten einiger Blitzgeräte angeführt:

	Blitzenergie Ws	Lichtmenge lm s
Normalgerät	45	1900
anspruchsvolles Gerät	150	6500
Reportergerät	250	10000
Hochenergiegeräte	1500	50000

C. Edelgassicherungen

Edelgassicherungen sind Ionenröhren, die fallweise im Glimmentladungsbereich, fallweise im Bogenentladungsbereich arbeiten. Sie dienen zum Schutz elektrischer Anlagen und Apparate gegen Überspannung. Sie sind in der Lage, große Mengen elektrischer Energie in kurzer Zeit abzuleiten. Bei der Gefahr einer kontinuierlichen starken Entladung ist es günstig, einen spannungsabhängigen Widerstand (VDR, siehe Kap. 1.3.4) in Serie mit der Edelgassicherung zu schalten. Ströme von einigen Ampere während mehrerer Sekunden sind verträglich. Das Typenprogramm umfaßt einen zu schützenden Leitungsspannungsbereich von 70 bis 200 V= bzw. 75 bis 300 V~.

1.3 Halbleiter

1.3.1 Grundlagen

Festkörper teilt man nach ihren elektrischen Eigenschaften in drei Gruppen ein: Metalle, Halbleiter und Isolatoren.

In Metallen stellt jedes Atom durchschnittlich ein Elektron für den Transport von elektrischem Strom zur Verfügung, welches sich bei Gegenwart eines elektrischen Feldes durch das Kristallgitter des Metalls hindurchbewegt. In Halbleitern wird der Strom zum Teil ebenfalls auf diese Weise transportiert, wenngleich nur sehr wenige Atome ein Elektron abgeben und die Leitfähigkeit entsprechend klein ist. Daneben gibt es in Halbleitern jedoch noch eine zweite Art von Leitungsmechanismus, die als Defektelektronen- oder Löcherleitung bezeichnet wird und die im folgenden an Hand der Halbleitermaterialien Germanium und Silizium besprochen werden soll (Germanium und Silizium sind die Grundstoffe für Dioden und Transistoren; Oxyd-Keramiken, die in Heißleitern verwendet werden, verhalten sich in ihren Leitungseigenschaften vollkommen analog). Auf diesem Effekt der zweifachen Stromleitung beruht die Wirkungsweise der Dioden und Transistoren. In Isolatoren schließlich behalten die Atome alle Elektronen für sich, und für den Stromtransport stehen keine beweglichen Ladungsträger zur Verfügung.

A. Kristallbau von Germanium und Silizium

Entsprechend seinem Platz in der vierten Gruppe des periodischen Systems besitzt ein Ge- bzw. Si-Atom in der äußersten Elektronenschale vier Elektronen, sogenannte Valenzelektronen, die für das chemische Verhalten dieses Elementes verantwortlich sind und äußeren Störungen, z. B. durch mechanische Einwirkungen oder elektrische Felder, am ehesten zugänglich sind. Wie Abb. 1.79 zeigt, ist in einem fehlerlosen Kristall jedes Atom in Tetraederanordnung von vier anderen Atomen umgeben, so daß alle vier Valenzelektronen gegenseitig abgesättigt und an ihren Platz im Atomverband gebunden sind. Man sollte deshalb überhaupt keine Leitfähigkeit im Kristall erwarten, da diese frei bewegliche Ladungsträger voraussetzt. Tatsächlich ist reines Ge bzw. Si ein Isolator, wenn es auf der Temperatur des absoluten Nullpunktes $T = 0\,°K$ gehalten wird, d. h., wenn die Atome im Gitterverband starr fixiert sind und keine Wärmebewegung die Regelmäßigkeit des Kristallgefüges verletzt.

B. Eigenleitung

Bei gewöhnlicher Temperatur ist die Leitfähigkeit von Si bzw. Ge merklich von Null verschieden, da sich durch die thermische Bewegung der Atome einige wenige Valenzelektronen von ihrem Atom losreißen und durch ein äußeres elektrisches

Feld in gerichtete Bewegung gesetzt werden können (Abb. 1.80). Bei Zimmertemperatur z. B. wird auf diese Weise in reinem Si von je 10^{12} Atomen ein Leitungselektron freigegeben. Das Loch, das durch das Ausbrechen eines Elektrons aus dem Atom zurückbleibt, kann durch Überwechseln eines Valenzelektrons aus einem benachbarten Atom ausgefüllt werden, wodurch das Loch auf dieses Nachbaratom „überspringt" und von dort anschließend an andere Atome weitergegeben werden kann. (Die Verhältnisse sind etwa vergleichbar mit einer wartenden Auto-

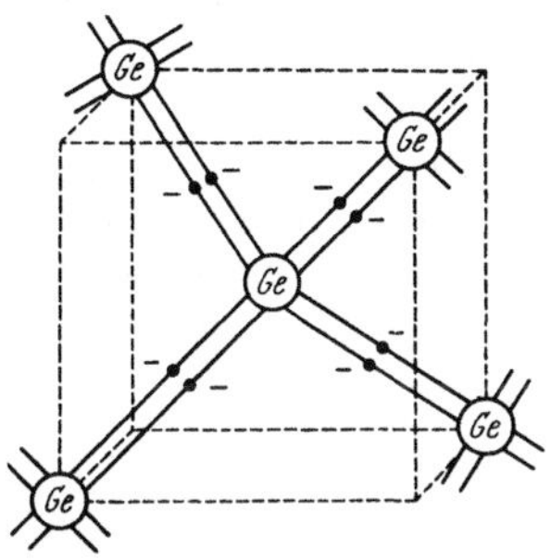

Abb. 1.79. Atomgittermodell, schematisch

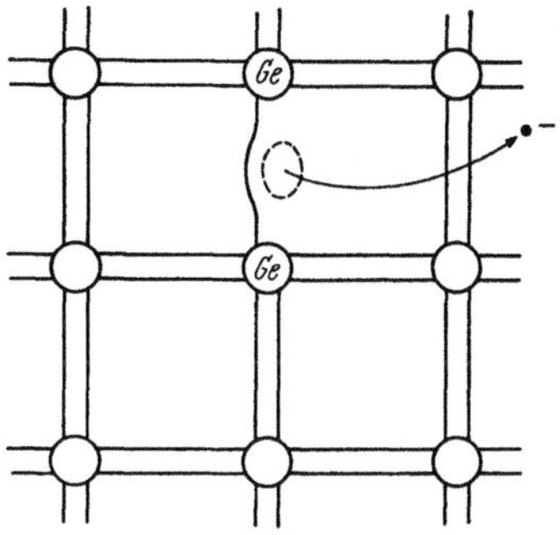

Abb. 1.80. Elektron-Loch-Paar

kolonne. Biegt ein Fahrzeug aus der Kolonne aus, wandert der entstehende Leerplatz durch sukzessives Aufrücken der nachfolgenden Fahrzeuge nach hinten.)

Da das Loch oder „Defektelektron" im Kristallgefüge eine positive Ladung darstellt, trägt seine Bewegung ebenfalls zum Stromtransport bei. Der Beitrag der Elektronen und Defektelektronen zum Gesamtstrom I erfolgt jedoch nicht zu gleichen Teilen. Die Defektelektronen sind etwas schwerer beweglich als die Elektronen:

$$I = q(n v_n + p v_p) \qquad [\mathrm{A/cm^2}] \tag{1.36}$$

I = Gesamtstromdichte in einem Halbleiter A/cm²
q = Elementarladung $1{,}6 \cdot 10^{-19}$ Coulomb
n = Elektronenzahl/cm³
p = Defektelektronenzahl/cm³
v = Geschwindigkeit des Ladungsträgers cm/s.

Die Geschwindigkeit der Ladungsträger ist proportional zur Feldstärke E [V/cm]:

$$v_n = \mu_n \cdot E, \quad v_p = \mu_p \cdot E \tag{1.37}$$

Den Proportionalitätsfaktor μ_n bzw. μ_p nennt man „Beweglichkeit" (vgl. Tab. 1.1). Die zur Eigenleitung Anlaß gebenden thermisch erzeugten Leitungs- und Defektelektronen treten immer paarweise auf, so daß $n = p = n_i$ ist.

Tabelle 1.1

Werte für 300 °K		Germanium	Silizium
Elektronenbeweglichkeit	μ_n	3900 cm²/Vs	1900 cm²/Vs
Defektelektronenbeweglichkeit	μ_p	1900 cm²/Vs	425 cm²/Vs
Elektronendichte	n	$2{,}5 \cdot 10^{13}$/cm³	$6{,}8 \cdot 10^{10}$/cm³
Defektelektronendichte	p	$2{,}5 \cdot 10^{13}$/cm³	$6{,}8 \cdot 10^{10}$/cm³
Spezifischer Widerstand	$\varrho = E/I$	50 Ω · cm	63000 Ω · cm
Energiedifferenz E_2—E_1 (Abb. 1.81)		0,75 eV	1,1 eV
Elektronen-Diffusionskonstante	Dn	100 cm²/s	35 cm²/s
Defektelektronen- „	Dp	50 cm²/s	12,5 cm²/s

Der umgekehrte Prozeß („Rekombination") besteht darin, daß nicht ein Valenzelektron, sondern ein Leitungselektron das Loch auffüllt. Dadurch geht dem Stromtransport ein Ladungsträgerpaar verloren.

C. Energiebändermodell eines reinen Halbleiters

Die wichtigste Kenngröße eines Elektrons ist seine Energie. Sie gibt Aufschluß darüber, ob ein Elektron für Stromtransport in Frage kommt oder nicht. Ein Leitungselektron ist stets energiereicher als ein Valenzelektron, da man dem Valenzelektron Energie zuführen muß, um es aus dem Anziehungsbereich seines Atoms herauszuziehen. Bezeichnet man die Energie, die ein Valenzelektron in seinem Atomverband maximal besitzen kann, ohne abgetrennt zu werden, mit E_1 und die Mindestenergie eines Leitungselektrons mit E_2, dann befinden sich

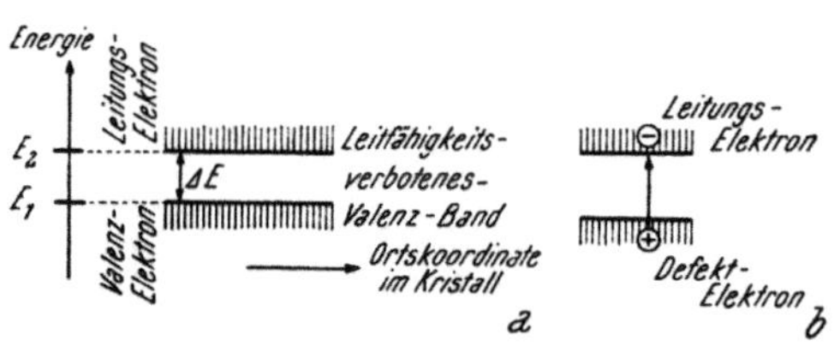

Abb. 1.81. a) Energiebändermodell eines Halbleiters, b) Ladungsträgerpaarerzeugung

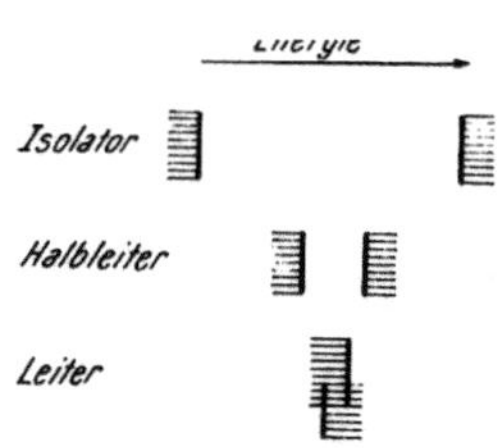

Abb. 1.82. Energiebändermodell von Isolator, Halbleiter, Metall

im Energieschema Abb. 1.81a eines typischen Halbleiters alle Valenzelektronen im unteren schraffierten Bereich („Valenzband"), während alle Leitungselektronen im oberen schraffierten Energiebereich („Leitfähigkeitsband") liegen. Der Zwischenbereich („verbotenes Band") ist stets unbesetzt, so daß die Elektronen diese Energiedifferenz in einem Sprung überwinden müssen, ähnlich wie sie im Atom von einer Elektronenschale zur nächsten hinauf- oder hinunterspringen, ohne sich im Zwischenbereich aufzuhalten.

Bei der Temperatur von 0 °K ist das Valenzband voll besetzt und das Leitfähigkeitsband vollkommen leer. Bei höheren Temperaturen nimmt ab und zu ein Elektron genug thermische Energie auf, um in das Leitfähigkeitsband zu springen. Dabei hinterläßt es im Valenzband ein Loch, das sich dort unter der Einwirkung eines elektrischen Feldes ebenso durch das Kristallgitter bewegen kann wie das Elektron in einem Leitfähigkeitsband (Abb. 1.81b). Wie die Tab. 1.1 zeigt, ist bei 300 °K (Zimmertemperatur) die zu überwindende Energieschwelle $E_2 - E_1$ in Si größer als in Ge und folglich die thermisch bedingte Eigenleitfähigkeit von Si kleiner als die von Ge.

Aus Si hergestellte Bauelemente lassen sich daher bei hohen Temperaturen leichter in ihrem Verhalten kontrollieren als solche aus Germanium.

Ein Vergleich zwischen den Energiebändermodellen von Metallen, Halbleitern und Isolatoren (Abb. 1.82) zeigt, daß die isolierenden Eigenschaften eines Festkörpers ihren Grund im großen Energieabstand zwischen Leitfähigkeits- und Valenz-Band haben (z. B. Diamant 6 eV), welcher nur unter extremsten Bedingungen von einem Valenzelektron übersprungen werden kann. Bei einem Metall hingegen überlappen sich Valenz- und Leitfähigkeitsband und viele Valenzelektronen sind zugleich Leitungselektronen.

D. Temperaturabhängigkeit der Inversionsdichte n_i

Die Temperaturabhängigkeit der Inversionsdichte und damit der vorhandenen Ladungsträgerpaare pro cm³ eines reinen Halbleiters ($n = p = n_i$) ist gegeben durch

$$n_i^2 = n_i^2\Big|_{T_0} \cdot \left(\frac{T}{T_0}\right)^3 \exp\left[-\frac{q\Delta E}{k}\left(\frac{1}{T} - \frac{1}{T_0}\right)\right] \approx n_i^2\Big|_{T_0} \cdot \exp\frac{q\Delta E(T - T_0)}{kT_0^2} \qquad (1.38)$$

$q = 1{,}6 \cdot 10^{-19}$ Coulomb
$k =$ Boltzmann-Konstante $1{,}38 \cdot 10^{-23}$ Ws/°K
T in °K
$n_i|_{T_0=300°\mathrm{K}} = 2{,}5 \cdot 10^{13}/\mathrm{cm}^3$ für Ge
$= 6{,}8 \cdot 10^{10}/\mathrm{cm}^3$ für Si.

Diese Temperaturabhängigkeit — bei Dioden und Transistoren eine unerwünschte Nebenerscheinung — erlaubt den Bau temperaturabhängiger Widerstände („Heißleiter"), die im Gegensatz zu metallischen Widerständen einen negativen Temperaturkoeffizienten aufweisen und in Kap. 1.3.4 besprochen werden.

Außer durch Wärmeenergie kann ein Valenzelektron auch durch Zufuhr von Strahlungsenergie in das Leitfähigkeitsband gehoben werden. Diese Erscheinung heißt innerer photoelektrischer Effekt und findet in Photowiderständen, Photodioden und Phototransistoren vielfältige technische Anwendung. Es wird in Kap. 1.4.6 darauf eingegangen.

E. *P*- und *N*-Halbleiter

Ersetzt man einige Atome in einem reinen Ge- bzw. Si-Kristall durch Atome mit fünf Valenzelektronen (z. B. Arsen, Antimon), dann gehen vier Elektronen Valenzbindungen mit den benachbarten Halbleiteratomen ein, während das fünfte ungebunden und sehr leicht von seinem Atom abzutrennen ist. Dabei läßt es nicht ein bewegliches positives Defektelektron, sondern ein unbewegliches positiv geladenes (ionisiertes) Atom zurück. Es wird im Gegensatz zur thermischen Ladungsträgerpaarerzeugung nur ein Leitungselektron erzeugt. In einem mit fünfwertigen Atomen oder „Donatoren" versetzten Germanium bzw. Silizium existieren daher neben den Leitungs- und Defektelektronen thermischen Ursprungs zusätzlich Leitungselektronen von Donatoren. Man spricht von einem „*N*-Halbleiter", weil die negativen beweglichen Ladungsträger n die positiven beweglichen Ladungsträger p überwiegen. Einige der von Donatoren stammenden Leitungselektronen rekombinieren mit den thermisch erzeugten Löchern, d. h., wenn n steigt, sinkt p, und zwar in solcher Weise, daß das Produkt $p \cdot n$ konstant bleibt: $p \cdot n = n_i^2$ ($n_i =$ Inversionsdichte), vgl. Gl. (1.38).

Baut man umgekehrt dreiwertige Atome oder „Akzeptoren" (z. B. Gallium, Indium) in den Halbleiterkristall ein, steigt die Zahl der Defektelektronen, denn Atome dreiwertiger Elemente bringen ein Valenzelektron zu wenig mit, um die vier Valenzen der Nachbaratome abzusättigen, und ziehen Valenzelektronen aus ihrer Nachbarschaft an, die dann ein Loch in einem Ge- bzw. Si-Atom hinterlassen. Einen Halbleiter, in dem die positiven beweglichen Ladungsträger dominieren, nennt man *P*-Halbleiter (vgl. Tab. 1.2).

Tabelle 1.2

	Majoritätsträger	Minoritätsträger
N-Halbleiter	Leitungselektron a) vom Donator b) thermischen Ursprungs	Defektelektron thermischen Ursprungs*
P-Halbleiter	Defektelektron a) vom Akzeptor b) thermischen Ursprungs	Leitungselektron thermischen Ursprungs*

* Sind in einem N-(P-)Halbleiter auch einige wenige Akzeptoren (Donatoren) vorhanden, stellen diese die Minoritätsladungsträger zur Verfügung.

Die in der Praxis brauchbaren Fremdzusätze sind sehr gering: auf 10^4 bis 10^8 Ge- bzw. Si-Atome kommt nur ein Fremdatom. Die Anforderungen an die Reinheit des Ausgangsmaterials sind dementsprechend hoch.

Das Energieniveau E_D, welches dem überzähligen Valenzelektron eines Donatoratoms im Kristallverband zukommt, liegt knapp unterhalb des Leitfähigkeitsbandes (Abb. 1.83), da dieses Elektron mit geringstem Energieaufwand vom

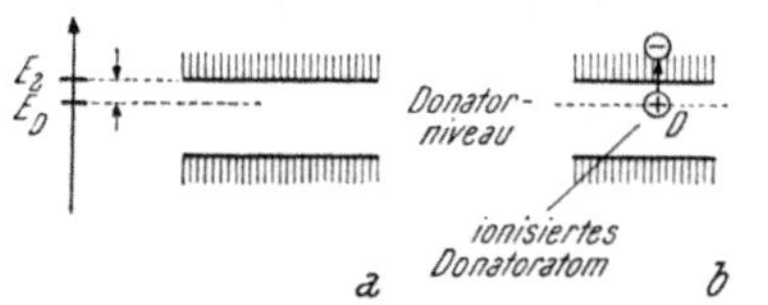

Abb. 1.83. a) Energiebändermodell eines N-Halbleiters, b) Ladungsträgererzeugung

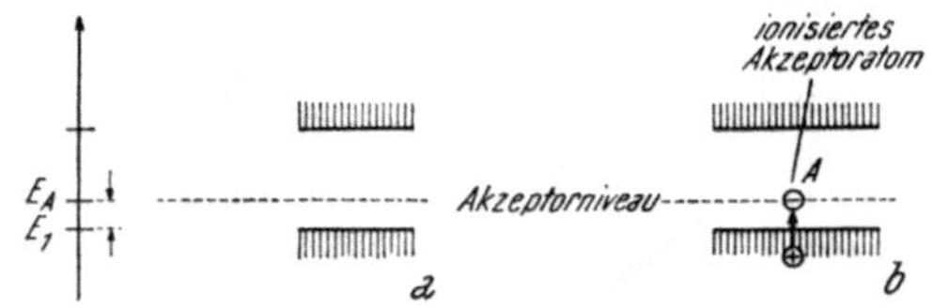

Abb. 1.84. a) Energiebändermodell eines P-Halbleiters, b) Ladungsträgererzeugung

Donator abgetrennt und in das Leitfähigkeitsband gehoben werden kann ($E_2 - E_D = 0{,}0127$ eV für As, bzw. 0,0096 eV für Sb in Germanium). Bei 300 °K sind daher praktisch alle Donatoren ionisiert. In analoger Weise läßt sich auch einem Elektron, welches als viertes Valenzelektron eines Akzeptoratoms im Gitterverband fungiert, ein Energieniveau E_A zuordnen (Abb. 1.84). Ein Ge- bzw. Si-Valenzelektron kann mit geringem Energieaufwand das fehlende Valenzelektron im Akzeptoratom ersetzen und dabei ein Loch im Valenzband hinterlassen. E_A liegt deshalb knapp über dem Valenzband ($E_A - E_1 = 0{,}00108$ eV für Ga bzw. 0,0112 eV für In in Germanium).

Bei Zimmertemperatur sind praktisch alle Akzeptoren ionisiert. Die „Störstellenleitfähigkeit" mit Fremdatomen durchsetzter Halbleiter liegt um Größenordnungen über der Eigenleitfähigkeit und erreicht Werte, die mit denen von Metallen vergleichbar sind.

1.3.2 Halbleiterdioden[1]

A. PN-Verbindung

Schließt sich unmittelbar an eine N-Zone eine P-Zone an, zeigt die entstehende PN-Verbindung typische Gleichrichtereigenschaften, was sich an Hand von Abb. 1.85 folgendermaßen erklären läßt: Wird das P-Material mit dem positiven,

[1] Literatur: [H 14, H 15, R 2, W 12].

das N-Material mit dem negativen Pol einer Stromquelle verbunden, dann bewegen sich die Elektronen des N-Materials in Richtung zum Pluspol, wandern in die P-Zone ein und rekombinieren dort mit einem Defektelektron. Das Analoge gilt für die positiven Defektelektronen, die sich zum Minuspol bewegen und in die N-Zone hineinwandern (Abb. 1.85b). Da die Majoritätsladungsträger sehr zahlreich sind, ist der Stromfluß hoch und die PN-Verbindung in Durchlaßrichtung gepolt. Vertauscht man hingegen die Anschlüsse der Spannungsquelle (Abb. 1.85c), werden die Majoritätsladungsträger von der Grenzfläche weggedrängt. Nur die wenigen vorhandenen Minoritätsladungsträger tragen zur Stromleitung bei. Der Stromfluß ist daher stark reduziert und die PN-Verbindung in

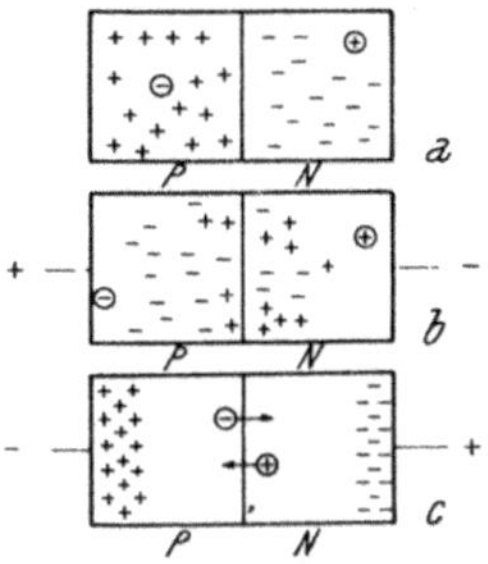

Abb. 1.85. Stark vereinfachte Darstellung der Gleichrichterwirkung

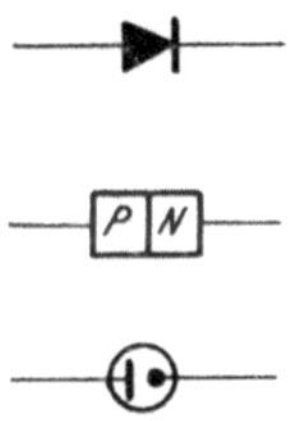

Abb. 1.86. Schaltsymbol einer Halbleiterdiode

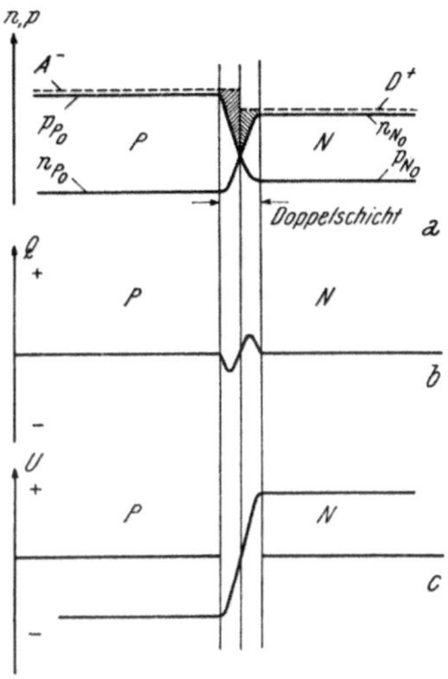

Abb. 1.87. a) Ladungsträgerdichte n, p Dichte der Leitungs- bzw. Defektelektronen, A^- Dichte der ionisierten Akzeptoratome, D^+ Dichte der ionisierten Donatoratome; b) Verteilung der unkompensierten Ladung Q; c) Potentialverlauf

Sperrichtung gepolt. Der Sperrstrom ist von der Zahl der Minoritätsladungsträger und damit von der Temperatur abhängig. Gelingt es, auf irgendeine Weise von außen Minoritätsladungsträger zuzuführen oder abzuziehen und damit die Zahl der Minoritätsladungsträger in der Übergangszone beliebig zu verändern, könnte man dadurch die Stärke des Sperrstromes variieren. Auf dieser Stromsteuerung beruht der Transistoreffekt.

Vergleicht man die PN-Verbindung mit einer Vakuumdiode, dann entspricht der P-Zone die Anode und der N-Zone die Katode. Der Pfeil im Schaltsymbol der Halbleiterdiode (Abb. 1.86) gibt die technische Stromrichtung an.

a) Quantitative Beschreibung einer PN-Verbindung

PN-Verbindung ohne äußere Spannung. Beim Zusammenfügen der beiden Halbleiterteile spielen sich folgende Vorgänge ab:

a) Durch den Konzentrationsunterschied zwischen P- und N-Zone diffundieren bewegliche Elektronen des N-Halbleiters in den P-Halbleiter und Defektelektronen vom P- in den N-Halbleiter, ähnlich wie sich zwei Gassorten durchmischen, die vorher durch eine Wand voneinander getrennt waren. Diese Ladungsträgerbewegung wird als Diffusionsstrom I_{diff} bezeichnet und ist proportinal dem Konzentrationsgefälle

$$I_{\text{diff}} = D \cdot q(dn/dx) \tag{1.39}$$

q = Elementarladung
dn = Abnahme der Ladungsträgerzahl n pro Weglänge dx
D = Proportionalitätsfaktor („Diffusionskonstante").

b) Der Diffusionsprozeß senkt die Zahl der Majoritätsladungsträger in der unmittelbaren Nachbarschaft der Trennfläche und stört das ursprüngliche Ladungsgleichgewicht zwischen Majoritätsladungsträgern und ionisierten Akzeptoren A^- bzw. Donatoren D^+, die räumlich fixiert sind. Aus der Trennfläche wird eine sehr dünne elektrische Doppelschicht (etwa 10^{-4} cm dick) mit positiver Ladungsbelegung auf der N-Seite und negativer Ladungsbelegung auf der P-Seite (schraffierter Teil in Abb. 1.87). Das zwischen den beiden Ladungsbelegungen herrschende elektrische Feld E_D zieht alle beweglichen Ladungsträger aus der Trennfläche heraus und schafft hiermit eine Übergangsschicht stark reduzierter Leitfähigkeit. Diese Ladungsträgerbewegung wird als Feldstrom bezeichnet und ist proportional zur Feldstärke E_D:

$$I_{\text{Feld}} = \mu \cdot q n E_D \tag{1.40}$$

q = Elementarladung
n = Anzahl der Ladungsträger
μ = Beweglichkeit.

Die Feldstärke E_D bzw. die Spannung U_D zwischen P- und N-Halbleiter ist so gerichtet, daß sie den Übergang von weiteren Majoritätsladungsträgern erschwert. Sobald aber ein Minoritätsladungsträger in den Wirkungsbereich der Doppelschicht gerät, wird er vom elektrischen Feld erfaßt und auf die andere Seite gezogen. Im Gleichgewichtszustand wird der Diffusionsstrom, bestehend aus Majoritätsladungsträgern, welche genügend thermische Energie zur Überwindung der Potentialschwelle aufweisen, kompensiert durch einen in entgegengesetzter Richtung fließenden Feldstrom, welcher aus Minoritätsladungsträgern besteht:

$$Ip_{\text{diff}} = Ip_{\text{Feld}} \text{ bzw. mit Gl. (1.39) und (1.40): } \mu_n q n E_D = -Dnq\frac{dn}{dx} \tag{1.41}$$

$$In_{\text{diff}} = In_{\text{Feld}} \text{ bzw. mit Gl. (1.39) und (1.40): } \mu_p q p E_D = -Dpq\frac{dp}{dx} \tag{1.42}$$

Integriert man Gl. (1.41) oder Gl. (1.42), dann erhält man unter Berücksichtigung einer bekannten Beziehung $Dn/\mu_n = Dp/\mu_p = kT/q$ und $E_D = -d(-U_D)/dx$ für die sich einstellende Spannung U_D zwischen P- und N-Zone („Diffusionspotential"):

$$U_D = (kT/q)\ln(p_{P_0}/p_{N_0}) = (kT/q)\ln(n_{N_0}/n_{P_0}) \tag{1.43}$$

k = Boltzmann-Konstante
p, n = Ladungsträgerdichten (siehe Abb. 1.88a)
U_D liegt üblicherweise in der Größenordnung von 200 mV.

Berechnet man die Stärke der beiden Stromkomponenten I_{diff} und I_{Feld}, kommt man zu sehr hohen Werten. Fällt z. B. die Elektronenkonzentration in der Übergangsschicht (10^{-4} cm) von $n_{N_0} = 10^{17}/\text{cm}^3$ auf der N-Seite auf $n_{P_0} = 10^9/\text{cm}^3$ auf der P-Seite, ist allein der Elektronendiffussionsstrom schon etwa 1600 A/cm².

PN-Verbindung mit äußerer Spannung. Eine äußere Spannung U erscheint wegen der hohen Leitfähigkeit der N- bzw. P-Zone in ihrer vollen Höhe an der an Ladungsträgern armen Doppelschicht und addiert bzw. subtrahiert sich vom Diffusionspotential U_D. Wird die Potentialschwelle verstärkt, ist das Übertreten von Majoritätsladungsträgern noch mehr erschwert als im Gleichgewichtszustand (Sperrichtung). Wird hingegen die Potentialschwelle abgebaut, diffundieren mehr Majoritätsträger über die Trennfläche und bilden auf diese Weise den Durchlaßstrom. Der Durchlaßstrom einer Halbleiterdiode ist immer um viele Größenordnungen kleiner als die internen Ströme innerhalb der Doppelschicht, deren Stärke im obigen Beispiel auf über 1000 A/cm² abgeschätzt wurde. Dies gilt in noch größerem Maße für den Sperrstrom. Innerhalb der Doppelschicht kann man daher den Diodenstrom vernachlässigen und den Diffusionsstrom gleichsetzen mit dem Feldstrom, so daß analog zu Gl. (1.41) und (1.42) gilt:

$$\left.\begin{aligned} \mu_n\, q\, n\, E &= -\, D n\, q\, (dn/dx) \\ \mu_p\, q\, p\, E &= D p\, q\, (dp/dx) \end{aligned}\right\} \tag{1.44}$$

wo E die von der Diffusionsspannung U_D und der äußeren Spannung U herrührende Feldstärke ist. Während aber in Gl. (1.41) und (1.42) die Ladungsträgerdichten bekannt waren und das Potential zwischen P- und N-Zone gesucht wurde, ist jetzt das Potential bereits bekannt

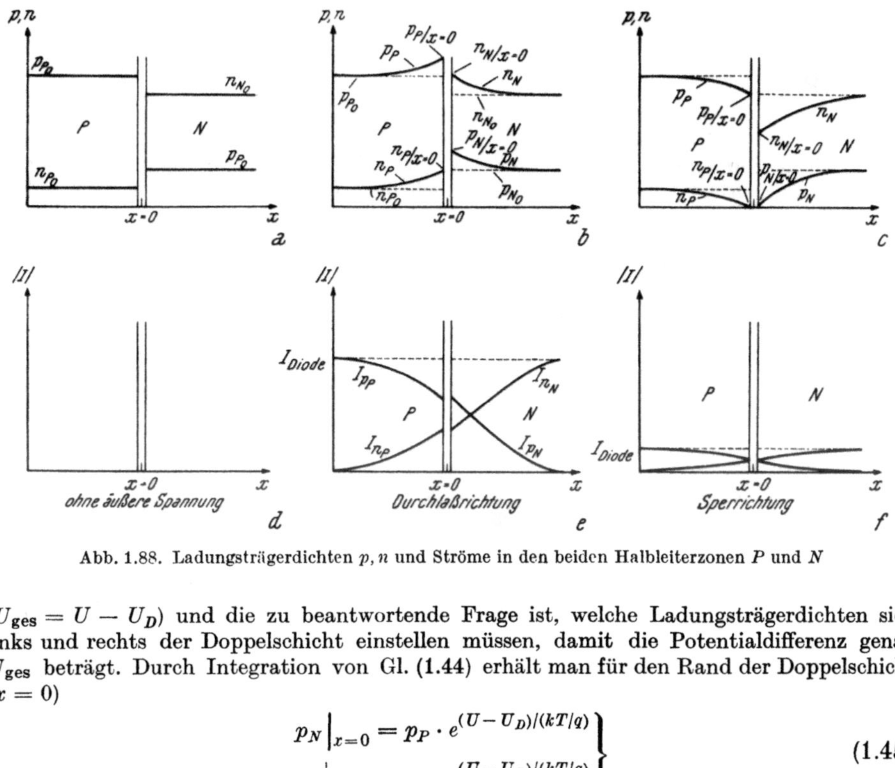

Abb. 1.88. Ladungsträgerdichten p, n und Ströme in den beiden Halbleiterzonen P und N

($U_{\text{ges}} = U - U_D$) und die zu beantwortende Frage ist, welche Ladungsträgerdichten sich links und rechts der Doppelschicht einstellen müssen, damit die Potentialdifferenz genau U_{ges} beträgt. Durch Integration von Gl. (1.44) erhält man für den Rand der Doppelschicht ($x = 0$)

$$\left.\begin{aligned} p_N\Big|_{x=0} &= p_P \cdot e^{(U - U_D)/(kT/q)} \\ n_P\Big|_{x=0} &= n_N \cdot e^{(U - U_D)/(kT/q)} \end{aligned}\right\} \tag{1.45}$$

Da außerhalb der Sperrschicht keine unkompensierten Ladungen vorhanden sind, verlaufen die Ladungsträgerdichten in Abb. 1.88 b, c parallel:

$$n_N - p_N = n_{N_0} - p_{N_0}, \qquad p_P - n_P = p_{P_0} - n_{P_0} \tag{1.46}$$

Berücksichtigt man, daß $p_{N_0} \ll n_{N_0}$ und $p_{P_0} \ll n_{P_0}$, und ersetzt man U_D durch Gl. (1.45), dann erhält man für die Minoritätsladungsträgerdichte unmittelbar am Rand der Doppelschicht

$$p_N|_{x=0} = p_{N_0} \cdot e^{U/(kT/q)} \qquad n_P|_{x=0} = n_{P_0} \cdot e^{U/(kT/q)} \tag{1.47}$$

Dies sind die beiden grundlegenden Gleichungen in der Theorie der Halbleitergleichrichtung. Wenn $U > 0$ (Durchlaßrichtung), ist $e^{U/(kT/q)} > 1$: Die Minoritätsladungsträgerdichte und wegen Gl. (1.46) auch die Majoritätsladungsträgerdichte ist am Rand der Doppelschicht gegenüber dem Gleichgewichtszustand $U = 0$ angehoben (Abb. 1.88b). Wenn $U < 0$ (Sperrichtung), ist $e^{U/(kT/q)} < 1$ und die Zahl der Ladungsträger ist am Rand der Doppelschicht gesenkt (Abb. 1.88c). Entfernt man sich von der Doppelschicht, geht die „gestörte" Ladungsträgerdichte p_N bzw. n_P langsam in den Gleichgewichtszustand p_{N_0} bzw. n_{N_0} über. Der Übergang gehorcht wie jeder Konzentrationsausgleich in der Natur einem Exponentialgesetz. Die Differenz $p_N|_{x=0} - p_{N_0}$ geht exponentiell auf Null zurück, je weiter man sich von der Doppelschicht entfernt: $(p_N|_{x=0} - p_{N_0}) \cdot e^{-x/L}$, wo L die Stärke des Abfalles charakterisiert und als Diffusionslänge bezeichnet wird. Die Defektelektronenkonzentration längs der N-Zone ist mit Gl. (1.47)

$$p_N = (p_{N_0} \cdot e^{U/(kT/q)} - p_{N_0})\, e^{-x/Lp} + p_{N_0} \tag{1.48}$$

und die Elektronenkonzentration längs der P-Zone

$$n_P = (n_{P_0} \cdot e^{U/(kT/q)} - n_{P_0})\, e^{x/Ln} + n_{P_0} \tag{1.49}$$

b) Strom-Spannungskurve einer Halbleiterdiode

Die kleine Differenz zwischen Diffusionsstrom und Feldstrom im Inneren der Doppelschicht bei Anlegen einer äußeren Spannung durchfließt als Diodenstrom I_{Diode} die beiden Halbleiterzonen und wird von Elektronen und Defektelektronen transportiert.

$$I_{\text{Diode}} = \underbrace{Ip_P + In_P}_{P\text{-Zone}} = \underbrace{Ip_N + In_N}_{N\text{-Zone}} \tag{1.50}$$

Da jeder Ladungsträger, der die P-Zone verläßt, in die N-Zone einwandert und umgekehrt, sind die einzelnen Stromkomponenten in unmittelbarer Nachbarschaft der Doppelschicht stetig:

$$Ip_P = Ip_N, \quad In_P = In_N$$

(vgl. Abb. 1.88e, f). Deshalb gilt dort und nur dort:

$$I_{\text{Diode}} = Ip_N + In_P\big|_{x=0}$$

Die Wahl der speziellen Stelle $x = 0$ zur Berechnung eines Diodenstromes hat gegenüber anderen Querschnitten längs der PN-Verbindung den Vorteil, daß man nur die Minoritätsladungsträgerströme zu kennen braucht. Je weiter man sich von der Doppelschicht entfernt, um so mehr wird der Strom von den Minoritätsladungsträgern an die Majoritätsladungsträger übergehen. In den beiden sehr gut leitenden Halbleiterzonen fällt fast keine Spannung ab und die Feldstärke ist verschwindend klein, und der Minoritätsladungsträgerstrom an der Stelle $x = 0$ ist ein reiner Diffusionsstrom, welcher auf dem Ausgleich von Konzentrationsunterschieden beruht. Mit Gl. (1.50) und Gl. (1.39) erhält man

$$I_{\text{Diode}} = I_{\text{diff}} = -Dn\, q\, (dn_P/dx)\big|_{x=0} + Dp\, q\, (dp_N/dx)\big|_{x=0}$$

Setzt man Gl. (1.48) (1.49) ein und führt die Differentiation aus, erhält man die Diodenkennlinie

$$I_{\text{Diode}} = -I_{\text{Sperr}}\,(e^{U/(kT/q)} - 1) \qquad [\text{A/cm}^2] \tag{1.51}$$

mit $$I_{\text{Sperr}} = q\,[p_{N_0}(Dp/Lp) + n_{P_0}(Dn/Ln)] \tag{1.52}$$

U = Diodenspannung in V
kT/q = 0,026 V bei 300 °K.

B. Diodenkennlinie

Folgende Begriffe charakterisieren die Diodenkennlinie (Abb. 1.89):

a) *Schwellenspannung*

Bei geringen Durchlaßspannungen unterhalb oder in der Nähe der Diffusionsspannung findet fast kein Stromfluß statt. Erst ab etwa 0,2 V bei Germanium- und 0,7 V bei Siliziumdioden tritt ein merklicher Stromfluß auf. Dieser Umstand ist bei der Gleichrichtung kleiner Wechselspannungen zu berücksichtigen (z. B. in Wechselstrommeßgeräten).

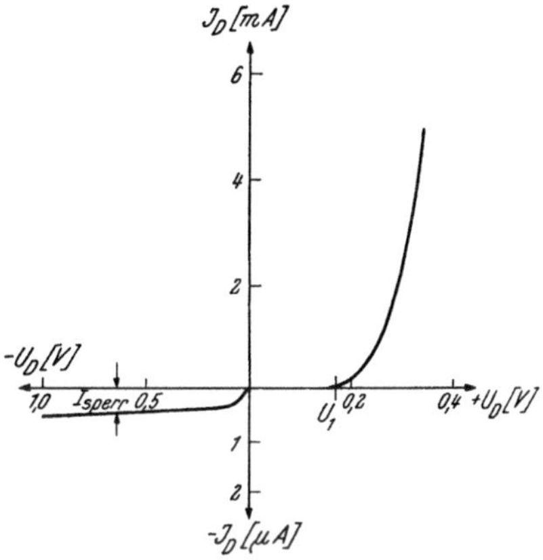

Abb. 1.89. Kennlinie einer Halbleiterdiode, U_1 Schwellenspannung

b) *Sperrstrom*

Der Sperrstrom, und wegen Gl. (1.51) auch der Durchlaßstrom, ist temperaturabhängig, da die Zahl der Minoritätsladungsträger p_{N_0} und n_{P_0} sowie die Diffusionskonstanten D und Diffusionslängen L der Gl. (1.52) Funktionen der Temperatur sind. Der Sperrstrom liegt bei Germaniumdioden in der Größenordnung von 10 μA, bei Siliziumdioden in der Größenordnung von 10^{-3} μA ($T = 25\,°C$).

c) *Durchbruchspannung*

Bei zu hohen Spannungen in Sperrichtung nimmt die Feldstärke in der Doppelschicht so hohe Werte an, daß ein dort befindlicher Ladungsträger genügend Energie aufnimmt, um auf seinem Weg durch das Kristallgitter Valenzbindungen aufzubrechen. Ein Ladungsträger kann auf diese Weise zwei oder mehrere Ladungsträger erzeugen, die ihrerseits wieder Valenzbindungen aufbrechen. Der Strom wächst durch diesen Lawineneffekt bei einer nur kleinen Erhöhung der Sperrspannung sehr stark an und die Diodenkennlinie biegt fast senkrecht nach unten ab. Bei Germaniumdioden ist die Durchbruchspannung weniger scharf definiert als bei Siliziumdioden. Die Durchbruchspannung wird meist als Zener-Spannung bezeichnet und ist bei Siliziumdioden wegen ihrer ausgezeichneten Konstanz und Reproduzierbarkeit als Referenzwert in Stabilisierungsgeräten verwendbar (Zener-Diode).

d) *Geradliniger Teil der Diodenkennlinie*

Bei hohen Diodenströmen kommt der innere Widerstand der Halbleiterzonen (Bahnwiderstand) zusätzlich zum Widerstand der Übergangsschicht ins Spiel und die Diodenkennlinie geht allmählich in eine Gerade (ohmscher Widerstand) über.

In einer Reihe von Diodenschaltungen sind außer den statischen Strom-Spannungswerten einer Diode auch deren kapazitive Eigenschaften von Interesse, welche in Hochfrequenz- und Schalteranwendungen eine große Rolle spielen. Man unterscheidet hierbei zwei Kapazitäten: Sperrschichtkapazität und Diffusionskapazität.

Als Sperrschichtkapazität bezeichnet man die Kapazität zwischen Anode und Katode einer Halbleiterdiode, wenn die Diode in Sperrichtung gepolt ist. In diesem Falle bildet die stark ladungsträgerverarmte Übergangszone eine isolierende Schicht zwischen der gut leitenden *P*- und *N*-Zone, deren Breite von der Steilheit des Ladungsträgerabfalles und damit von der angelegten Sperrspannung abhängt. Die in Sperrichtung gepolte Halbleiterdiode ist mit einem Plattenkondensator vergleichbar, dessen Plattenabstand bzw. Kapazität durch die Sperrspannung beeinflußt werden kann (technische Anwendung bei den Varicaps). Die Sperrschichtkapazität ist proportional der Fläche der *PN*-Verbindung; leistungsstarke großflächige Gleichrichterdioden besitzen Sperrschichtkapazitäten in der Größenordnung von einigen 1000 pF, kleinflächige Spitzendioden Kapazitäten von etwa 1 bis 10 pF (spezielle Dioden unter 1 pF).

Als Diffusionskapazität bezeichnet man die Kapazität zwischen *P*- und *N*-Zone einer Halbleiterdiode, wenn die Diode in Durchlaßrichtung gepolt ist. Sie ist dadurch bedingt, daß in Durchlaßrichtung die Ladungsträgerdichte an der Doppelschicht angehoben wird, was mit einer Speicherung vieler Ladungsträger verbunden ist. Berechnet man die gespeicherte Ladung in Abhängigkeit von der jeweiligen Spannung an der Doppelschicht, so erhält man Kapazitäten von vielen Mikrofarad. Trotz dieses hohen Wertes tritt die Diffusionskapazität nicht so sehr in Erscheinung, da der Durchlaßwiderstand der Diode sehr niedrig ist und die erforderlichen Ladungsträgerverschiebungen zum Auf- und Entladen der Diffusionskapazität mit nur geringen Verzögerungen möglich sind.

C. Übergangsverhalten einer Halbleiterdiode

In Schalteranwendungen interessiert das Verhalten einer Diode, die vom gesperrten Zustand plötzlich in den leitenden Zustand übergeführt wird und umgekehrt.

a) Ein-Ausschalten

Wird eine Halbleiterdiode, die in Durchlaßrichtung arbeitet, plötzlich in Sperrichtung gepolt, so bildet die Diode während des ersten Momentes praktisch einen Kurzschluß, da die Doppelschicht noch mit Ladungsträgern überschwemmt ist und diese erst abgezogen werden müssen. Der Diodenstrom wird durch den im Diodenkreis liegenden Widerstand *R* begrenzt und nimmt, wenn die Sperr-

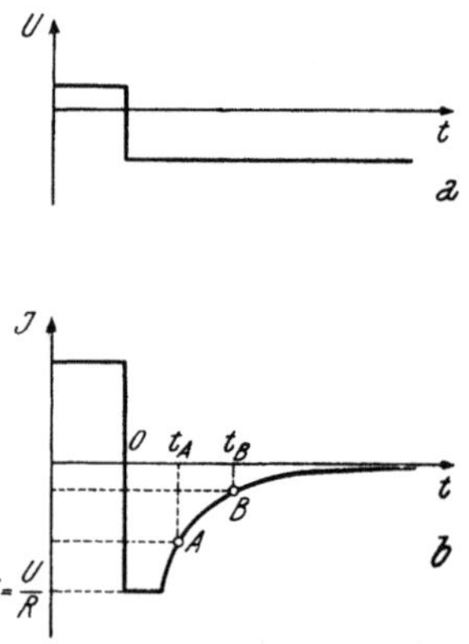

Abb. 1.90. Verlauf des Sperrstromes (Maßstabsänderung bei negativem Diodenstrom) bei Umpolung der Anodenspannung (*a*)

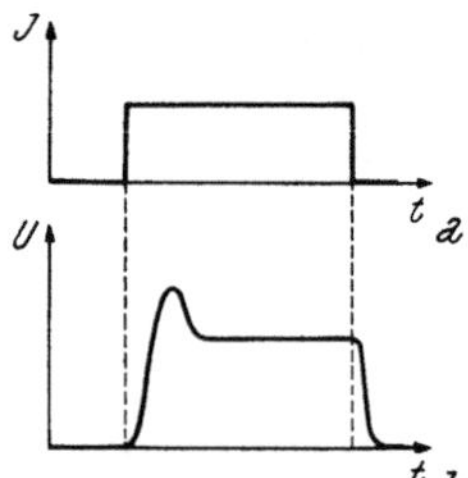

Abb. 1.91. Verlauf der Anodenspannung bei Anlegen eines positiven Stromimpulses

spannung mit *Us* bezeichnet wird, den Wert $I = Us/R$ an. Allmählich wird die Doppelschicht ladungsträgerfrei und der Diodenstrom geht auf den statischen Wert des Sperrstromes zurück (Abb. 1.90). Das Maß, wie rasch die Diode sperrt, ist durch die sogenannte Übergangszeit oder Erholungszeit gegeben, die Datenblättern entnehmbar ist. Meist werden auf dem exponentiellen Ast zwei Stromwerte und die dazugehörigen Zeitpunkte angegeben (Abb. 1.90; z. B. 250 bzw. 25 μA und 0,5 bzw. 3,5 μs). Die Erholungszeit ist um so größer, je höher der Durchlaßstrom war, da dann mehr Ladungsträger abgebaut werden müssen. Auch die äußeren Widerstände im Diodenkreis beeinflussen die Erholungszeit, indem sie den Ladungsträgertransport nach oben begrenzen.

b) Aus-Einschalten

Weniger ausgeprägt und von geringerer Bedeutung ist das Verhalten der Halbleiterdiode beim Übergang vom gesperrten in den leitenden Zustand. Befindet sich die Diode in einer hochohmigen Schaltung, in der der Strom von der Sperrichtung sprungartig in die Durchlaßrichtung umgepolt wird, so nimmt die Spannung an der Diode den in Abb. 1.91 gezeigten Verlauf an (Übergangsspannung). Der anfängliche starke Spannungsanstieg ist darauf zurückzuführen, daß während der Sperrphase die Übergangszone fast ladungsträgerfrei war und beim plötzlichen Übergang in den Durchlaßzustand noch nicht genügend Ladungsträger für den Stromtransport zur Verfügung stehen. Dies bedingt einen Widerstands- und damit Spannungsanstieg bis die Übergangszone mit den nötigen Ladungsträgern versorgt wird.

D. Ausführungsformen von Halbleiterdioden

a) Flächendioden

In Abhängigkeit von der Querschnittsfläche der *PN*-Verbindung unterscheidet man Dioden für kleine, mittlere und große Ströme. Dioden für kleine Ströme, in einem Glasgehäuse eingeschlossen, besitzen Durchlaßströme bis zu einigen 100 mA und einigen 10 bis 100 V Sperrspannung (die Sperrspannung hängt von der Dotierung der Halbleiterzonen ab, die auch die Schwellenspannung, die Durchbruchspannung und den Verlauf der Diodenkennlinie beeinflußt; zur Erzielung besonders hoher Sperrspannungen wird zwischen der *N*- und der *P*-Zone ein nichtdotiertes Halbleitermaterial eingefügt).

Dioden für mittlere Ströme besitzen typische Durchlaßströme in der Größenordnung von 1 A und Sperrspannungen von einigen 100 V. Sie finden als Netzgleichrichter Verwendung.

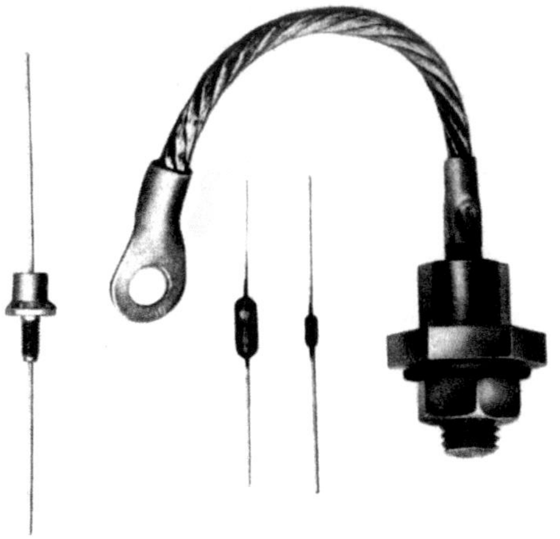

Abb. 1.92. Ausführungsformen von Halbleiterdioden. Von links nach rechts: Si-Netzgleichrichter, Ge-Spitzendiode, Si-Miniaturdiode, Si-Leistungsgleichrichter (Philips)

Dioden für hohe Ströme bis zu einigen 100 A werden zur Gleichrichtung von großen Wechselstromleistungen verwendet. Die Gleichrichterverluste sind gegenüber Röhrengleichrichtern wegen des Wegfalls der Heizleistung sowie des geringen Spannungsabfalles in der Diode (etwa 1 V) sehr gering; ein Wirkungsgrad von fast 100% ist erreichbar.

Als Halbleitermaterial hat sich für Mittel- und Hochstromgleichrichter Silizium gegenüber Germanium durchgesetzt, da es wesentlich höhere thermische Belastungen (maximale Kristalltemperatur 150 bis 200 °C) und höhere Sperrspannungen zuläßt. Der Sperrstrom liegt bei einer Sperrspannung von einigen 100 V in der Größenordnung von 1 μA. Die äußerst geringen Eigenverluste und die hohe Temperaturfestigkeit gestatten die Konstruktion sehr kleiner Gleichrichterbauteile (Abb. 1.92), so daß sie die herkömmlichen Halbleitergleichrichter aus Selen und Kupferoxydul in zunehmendem Maße verdrängen.

b) Spitzendioden

Wegen der großflächigen Übergangsschicht und der damit verbundenen hohen Kapazitäten ist die Anwendung der *PN*-Flächendiode auf das Niederfrequenzgebiet und auf Gleichrichteranwendungen beschränkt. Eine rigorose Verkleinerung der Sperrschichtfläche in der Spitzendiode durch besondere konstruktive Maßnahmen sichert dieser Diodenart Anwendungsmöglichkeiten als Schalter und im Hochfrequenzgebiet. Ein dünner, S-förmig gebogener Draht aus Molybdän oder Wolfram wird auf ein *N*-leitendes *Germanium* aufgesetzt (Abb. 1.93) und durch einen kurzzeitigen Stromstoß an den Kristall angeschweißt. Dabei bildet sich durch eine Umwandlung im Kristallgefüge eine *PN*-Schicht, die gegenüber gewöhnlichen Flächendioden sehr kleine räumliche Abmessungen und kleine Sperrschichtkapazitäten besitzt. Anwendung findet die Spitzendiode als Detektor, als Mischdiode, in der Meßtechnik und als Schalterdiode. Für hohe Ströme ist die Spitzendiode ungeeignet, da die kleine Übergangsschicht thermisch leicht überlastet wird. In sogenannten Golddrahtdioden, in denen an den Germaniumkristall ein Gold-Gallium-Draht angeschweißt ist, sind höhere Ströme zulässig, die einige 100 mA betragen dürfen.

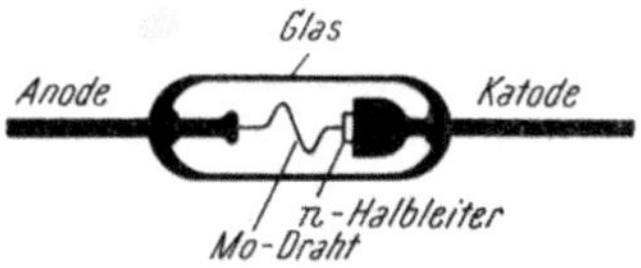

Abb. 1.93. Aufbau der Spitzendiode

Siliziumspitzendioden, bei denen die Drahtspitze im Gegensatz zum Germanium ohne Formierungsprozeß aufgesetzt werden kann, zeichnen sich durch einen sehr geringen Rauschpegel aus und finden als Mischdioden im Höchstfrequenzbereich ausgedehnte Verwendung.

Tabelle 1.3

		maximaler Durchlaßstrom	maximale Sperrspannung	Sperrstrom bei Sperrspannung	
		A	V	μA	V
OA 81	(Ge-Spitzendiode)	0,05	90	60	(−90)
AAZ 12	(Ge-Flächendiode	0,1	30	6	(−30)
OA 200	(Si-Flächendiode)	0,16	50	0,02	(−50)
OA 9	(Ge-Golddrahtdiode)	0,5	25	3	(−25)
OA 214	(Si-Netzgleichrichter)	0,5	700	65	(−700)
S 5160	(Si-Leistungsgleichrichter)	150	600	5000	(−600)

c) Selen- und Kupferoxydulgleichrichter

Vor der Entwicklung der Ge- und Si-Dioden wurden für Gleichrichterzwecke Selen- und Kupferoxydulzellen verwendet. Den Aufbau einer Selengleichrichterzelle zeigt Abb. 1.94a. Während das Selen an die Eisen- oder Aluminiumträgerplatte über eine Nickelschicht sperrschichtfrei angeschlossen ist, bildet sich zwischen der Kadmium-Deckelektrode und der Selenschicht eine Sperrschicht aus, wobei das Selen einem *P*-leitenden Halbleitermaterial entspricht und das zwischen Selen und Kadmium gebildete Kadmiumselenid vermutlich die Rolle eines *N*-Halbleiters übernimmt. Die technische Stromrichtung geht vom Kadmium zum Selen. Die Selensperrschicht verträgt maximal Sperrspannungen von 30 V und Strombelastungen von 50 mA/cm². Die Schwellenspannung ist 0,4 V. Für Netzgleichrichter werden mehrere Zellen in Parallel- und Serienschaltung in Form von Gleichrichtersäulen, Flachgleichrichtern usw. zusammengefaßt. Selengleichrichter werden in zunehmendem Maße durch die bedeutend kleineren und verlustärmeren Siliziumzellen verdrängt. Der Aufbau einer Kupferoxydulzelle ähnelt der einer Selenzelle. Zwischen Kupferträgerplatte und Kupferoxydulschicht befindet sich

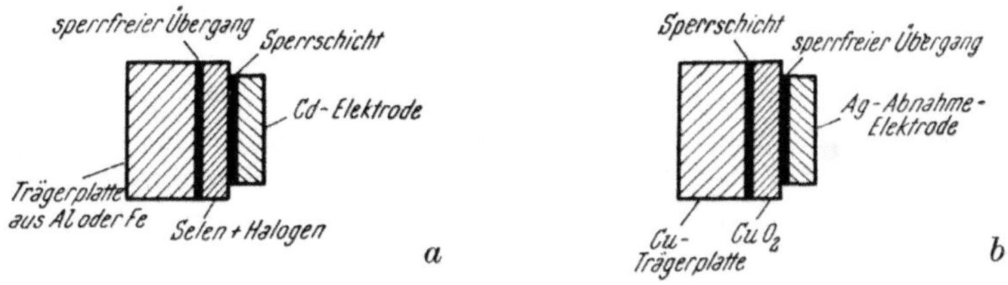

Abb. 1.94. a) Aufbau einer Selengleichrichterzelle, b) Aufbau einer Kupferoxydulgleichrichterzelle

die Sperrschicht (Abb. 1.94b). Die technische Stromrichtung geht vom Kupferoxydul zum Kupfer. Die Sperrspannung einer Kupferoxydulzelle beträgt 5 V, die zulässige Strombelastung etwa 50 mA/cm². Kupferoxydulzellen werden nur mehr als Meßgleichrichter verwendet, wo sich die geringe Schleusenspannung von 0,1 V vorteilhaft auswirkt, die auch die Gleichrichtung von sehr kleinen Wechselspannungen gestattet. Typische Maximalwerte für die Eigenschaften von Silizium-, Germanium-, Selen- und Kupferoxydulzellen bringt Tab. 1.4.

Tabelle 1.4

		Si	Ge	Se	CuO_2
Sperrschichttemperatur	°C	150	75	100	50
Sperrspannung	V	500	200	30	5
Strombelastung	A/cm²	170	50	0,05	0,05
Verhältnis Sperr-Durchlaßwiderstand		10^6	5 10^5	10^3	10^3

d) *Varicaps*

Wie bereits im Zusammenhang mit der Sperrschichtkapazität erwähnt, stellt ein in Sperrichtung gepolter *PN*-Übergang eine Kapazität dar, deren Wert durch die Sperrspannung verändert werden kann.

Tabelle 1.5

	C bei − 2 V pF	Empfindlichkeit pF/V	Dämpfungswiderstand Ω	maximale Sperrspannung V
BA 110	10	1,2	1,8	50
BA 111	55	6,5	1	20

Als Varicap (oder Varactor) finden Siliziumdioden Verwendung, da sie gegenüber Germaniumdioden einen kleineren Sperrstrom, eine kleinere Temperaturabhängigkeit und eine kleinere Fläche bei gleicher Kapazität und Durchbruchsspannung aufweisen. Germanium wäre allerdings etwas spannungsempfindlicher. Die Kapazität der Varicaps ist ungefähr im Verhältnis 1:10 variierbar, wobei die mittlere Kapazität zwischen 20 und 50 pF liegt. Der Zusammenhang zwischen Kapazität C und angelegter Spannung U_{sp} ist nicht linear, sondern gehorcht dem Gesetz $C \sim 1/\sqrt[n]{U_{sp}}$, wo n Werte zwischen 2 und 3 annehmen kann. Die Güte ist frequenzabhängig und beträgt bei 5 MHz etwa 300. Mit steigender Frequenz sinkt die Güte. Ein typischer Wert für 50 MHz ist $Q = 30$.

Anwendung finden die Varicaps vor allem in automatischen Nachstimmschaltungen für UKW-Oszillatoren, in Frequenzmodulatoren und in parametrischen Verstärkern sowie als Ersatz für Drehkondensatoren.

e) Zener-Dioden[1]

Bei Zener-Dioden wird der Effekt ausgenützt, daß der Sperrstrom einer Si-Diode lawinenartig ansteigt, wenn die Sperrspannung die Durchbruchs-(Zener-) Spannung Uz überschreitet (vgl. S. 61). Wird der Strom durch einen äußeren Widerstand begrenzt, dann übersteht die Diode die Überschreitung der Sperrspannung ohne Schaden, und der Verlauf der Diodenkennlinie und die Zener-Spannung Uz bleiben reproduzierbar. Uz hängt von der Dotierung des Siliziums ab und umfaßt einen Bereich von 2 V bis etwa 600 V.

Die Zener-Diode ist das Halbleiteranalogon zur Glimmröhre und weist ihr gegenüber den Vorteil auf, daß sie für kleine Spannungen geeignet ist und keine Zündspannung zur Einleitung des betriebsfähigen Zustandes benötigt.

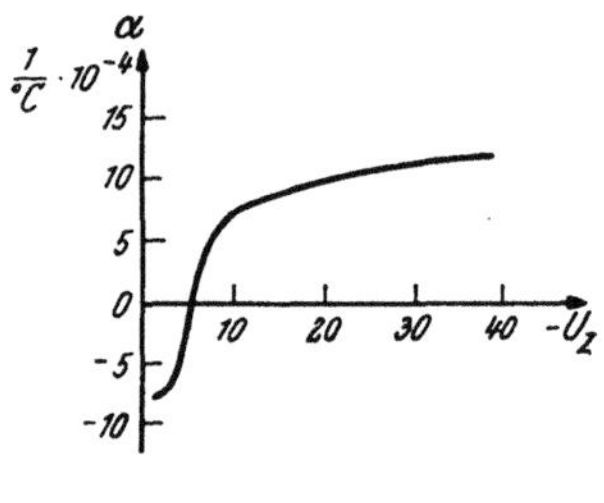

Abb. 1.95. Abhängigkeit des Temperaturkoeffizienten von der Zener-Spannung

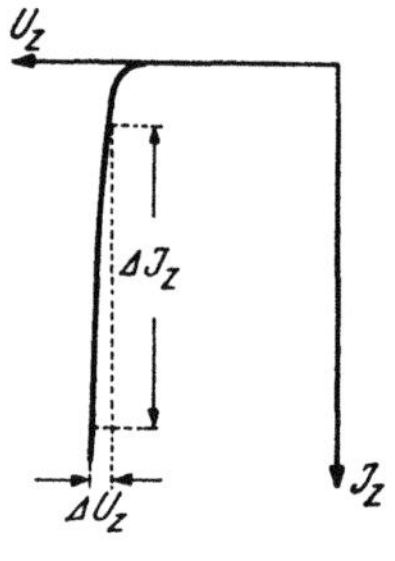

Abb. 1.96. Darstellung des Zener-Widerstandes r_z im Kennlinienfeld

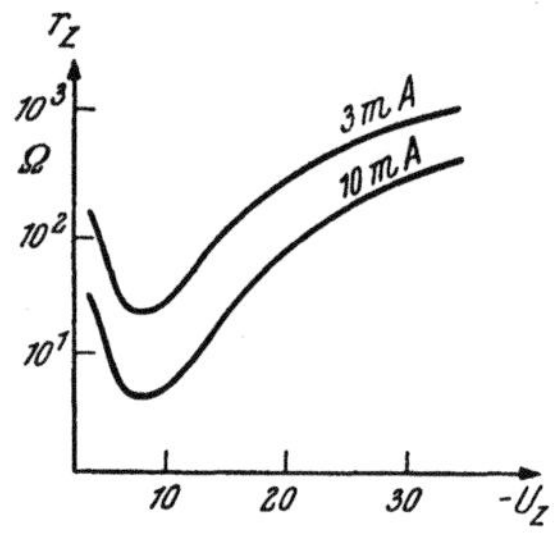

Abb. 1.97. Zener-Widerstand in Abhängigkeit von der Zener-Spannung

Abb. 1.95 zeigt, daß die Temperaturabhängigkeit von Uz, welche durch den Temperaturkoeffizienten $\alpha = (1/Uz)(\Delta Uz/\Delta T)$ charakterisiert wird, bei einer Zener-Spannung von $-Uz \sim 6$ V am kleinsten ist. α besitzt positive und negative Werte; durch Serienschaltung von Zener-Dioden mit positiven und negativen Temperaturkoeffizienten kann der Temperaturgang fast vollkommen kompensiert werden.

Eine wichtige Kenngröße jeder Zener-Diode ist ihr differentieller Innenwiderstand im Durchbruchsgebiet, der als Zener-Widerstand bezeichnet wird und gegeben ist durch

$$r_z = \Delta Uz/\Delta Iz \tag{1.53}$$

(Abb. 1.96). Abb. 1.97 zeigt den Verlauf des Zener-Widerstandes in Abhängigkeit von Uz. In der Gegend von $-Uz \sim 7$ V erreicht r_z seinen kleinsten Wert (5 bis 10 Ω). Wegen $\Delta Uz = r_z \cdot \Delta Iz$ und sehr kleinem r_z bleibt die Zener-Spannung

[1] Literatur: [B 19].

bei Schwankungen des Zener-Stromes fast konstant, was die Diode als Stabilisierungselement geeignet macht.

Tabelle 1.6

	Iz mA	Uz V	$\Delta Uz/\Delta T$ mV/°C	r_z Ω	$Pz_{\max}$ mW
	1	6,8	2,5	40	
OAZ 204	5	6,9	3	4	250
	20	7	3,6	1,6	

Spannungsstabilisierung mit Zener-Dioden. Abb. 1.98 zeigt das Schaltbild einer typischen Stabilisierungsanordnung, die der mit Glimmstabilisatoren (Abb. 1.69) äquivalent ist. Schwankungen des Zener-Stromes Iz, welche Uz etwas beeinflussen, können zwei Ursachen haben:

a) Schwankungen der Eingangsspannung ΔUb: Aus $Iz + I_L = \frac{Ub - Uz}{Rv}$ folgt wegen $\Delta Uz \ll \Delta Ub$ und $I_L \approx$ konst.: $\Delta Iz = \frac{\Delta Ub}{Rv}$. Die Spannungsschwankung an der Zener-Diode beträgt daher

$$\Delta Uz = \frac{r_z}{Rv} \cdot \Delta Ub \tag{1.54}$$

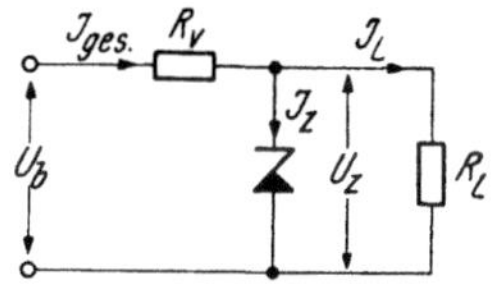

Abb. 1.98. Stabilisierung mit Hilfe der Zener-Diode

b) Schwankungen des Lastwiderstandes ΔR_L: Aus $I_L = Uz/R_L$ folgt wegen $Uz \approx$ konst. die Beziehung $\Delta I_L = (Uz/R_L)\,(\Delta R_L/R_L)$. Nachdem Uz fast konstant bleibt, ist der Strom durch Rv praktisch konstant, und Schwankungen im Laststrom I_L verursachen entgegengesetzte Schwankungen des Zener-Stromes: $\Delta I_L = -\Delta Iz$. Die Spannungsänderung am Verbraucher R_L beträgt daher

$$\Delta Uz = -r_z \cdot \Delta I_L \tag{1.55}$$

Wichtig zur Erzielung einer guten Stabilisierung ist in beiden Fällen ein kleiner dynamischer Innenwiderstand r_z. Da r_z etwa quadratisch mit der Zener-Spannung ansteigt, ist es bei hohen Spannungen günstiger, mehrere Zener-Dioden mit kleiner Zener-Spannung und daher kleinem r_z in Serie zu schalten als eine einzige Zener-Diode mit hoher Zener-Spannung zu verwenden.

Wahl der Betriebsspannung Ub und des Vorwiderstandes Rv: Der Zener-Strom ist nach oben durch $Iz_{\max} = Pz_{\max}/Uz$ und nach unten durch den Beginn des Kennlinienknickes $Iz \approx 0{,}1 \cdot Iz_{\max}$ begrenzt; die Laststromschwankungen werden in ihrer ganzen Höhe von der Zener-Diode übernommen und müssen daher kleiner sein als $0{,}9\, Iz_{\max}$, damit nicht nur Lastschwankungen, sondern auch Spannungsschwankungen zwischen $Ub_{\max}$ und $Ub_{\min}$ ausgeglichen werden können.

Es ist $(Ub_{\max} - Uz)/(Ub_{\min} - Uz) = I_{\text{ges}\max}/I_{\text{ges}\min}$ und $I_{\text{ges}\max}/I_{\text{ges}\min} = (I_{L\min} + Iz_{\max})/(I_{L\max} + 0{,}1 \cdot Iz_{\max})$. Aus diesen Beziehungen folgt

$$Ub_{\max} = Uz\,\frac{a - 1}{ab - 1} \tag{1.56}$$

mit $a = I_{\text{ges}\max}/I_{\text{ges}\min}$ und $b = Ub_{\min}/Ub_{\max}$.

Ist die maximale Betriebsspannung kleiner als dieser Wert, können die Schwankungen von Ub und I_L nicht ausgeglichen werden. Für den Vorwiderstand gilt:

$$Rv = (Ub_{\max} - Uz)/(I_{L\min} + Iz_{\max}) \tag{1.57}$$

Ergibt dieser Ausdruck keinen handelsüblichen Wert für Rv, dann muß Rv aufgerundet und die maximale Betriebsspannung entsprechend erhöht werden ($Ub_{\max} = Uz + (I_{L\min} + Iz_{\max})\, R_L$).

Numerisches Beispiel: Als stabilisierte Spannung werde 12 V gefordert. Die Eingangsspannungsschwankung betrage $\pm 15\%$ und der Laststrom I_L variiere zwischen 0 und 20 mA. Wie groß ist der Vorwiderstand und wie hoch muß die Betriebsspannung mindestens gewählt werden?

Zur Erzielung eines kleinen Zener-Widerstandes werden zwei Zener-Dioden mit je 6 V in Serie geschaltet. $Pz_{\max}$ pro Diode betrage 250 mW, d. h. $Iz_{\max} \approx 40$ mA. Dann ist

$$a = (0 + 40)/(20 + 4) = 1{,}66 \quad \text{und} \quad b = (100 - 15)/(100 + 15) = 0{,}74.$$

Daher wird

$$Ub_{\max} = 12(1{,}66 - 1)/(1{,}66 \cdot 0{,}74 - 1) = 34\ \text{V} \quad \text{und} \quad Rv = (34 - 12)/(0 + 40) = 550\,\Omega.$$

Die notwendige nominelle Betriebsspannung Ub beträgt $34 \cdot 100/115 = 30$ V. Bei einem mittleren Zener-Widerstand von $2 \times 8\,\Omega = 16\,\Omega$ ist die Abweichung der stabilisierten Spannung vom Sollwert bei Betriebsspannungsschwankungen von 15% reduziert auf $\pm 0{,}7\%$; durch Änderungen des Laststromes von 0 auf 20 mA tritt eine Spannungsvariation von 2% auf.

Wie bei der Glimmröhre läßt sich ein Stabilisierungsfaktor für die Zener-Diode angeben, der die Güte der Regelung beschreibt und möglichst groß sein soll:

$$S = \frac{\Delta Ub/Ub}{\Delta Uz/Uz} = \frac{U_{b\min} - U_z}{I_{z\min} + I_{L\max}} \cdot \frac{1}{U_{b\min}} \left(\frac{U_z}{r_z} + I_{L\max} + \frac{U_z}{R_v} \right) \tag{1.58}$$

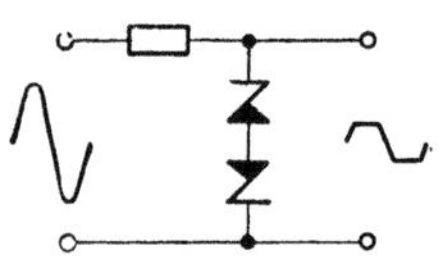

Abb. 1.99. Amplitudenbegrenzung

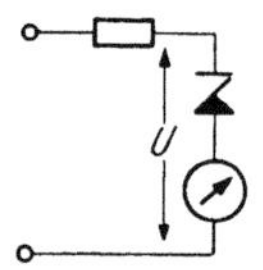

Abb. 1.100. Nullpunktsunterdrückung

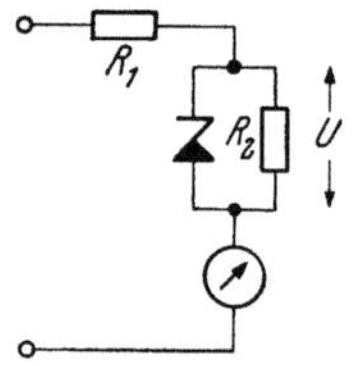

Abb. 1.101. Meßbereichserweiterung

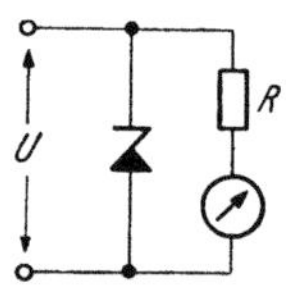

Abb. 1.102. Überspannungsschutz

Weitere Anwendungen der Zener-Diode. Amplitudenbegrenzung (Abb. 1.99): Mit Hilfe zweier gegeneinandergeschalteter Zener-Dioden läßt sich die Amplitude einer Spannung oben und unten begrenzen (Erzeugung von Rechteckspannungen definierter Amplitude, Stabilisierung der Heizspannung von Röhren usw.).

Nullpunktsunterdrückung bei einem Meßinstrument (Abb. 1.100): Durch das Meßinstrument fließt erst dann Strom, wenn die Spannung U die Zener-Spannung überschritten hat.

Meßbereicherweiterung (Abb. 1.101): Wächst die Spannung U über die Zener-Spannung, so wird R_2 kurzgeschlossen und als Vorwiderstand für das Meßinstrument fungiert nur mehr R_1.

Überlastungsschutz (Abb. 1.102): Der Widerstand R ist so bemessen, daß der Spannungsabfall U die Zener-Spannung erreicht, wenn der Strom durch den Widerstand und das Meßinstrument gefährlich hohe Werte annimmt.

Katodenwiderstand: Soll die Katode einer Röhre auf einem gegenüber der Masse positiven Potential liegen, so wird an Stelle eines ohmschen Katodenwiderstandes mit parallelgeschaltetem Kondensator mit Vorteil eine Zener-Diode verwendet, da diese bis zu tiefsten Frequenzen herunter einen vernachlässigbaren Wechselstromwiderstand aufweist und eine Verstärkungsverminderung durch Gegenkopplung vermeidet (Abb. 1.103a).

Für sehr kleine Katodenspannungen läßt sich eine ähnliche Wirkung durch eine in Durchlaßrichtung gepolte Diode erzielen; im steilen exponentiellen Ast der Durchlaßkennlinie besitzt sie einen bedeutend niedrigeren Wechselstromwiderstand als ein ohmscher Widerstand mit demselben Gleichspannungsabfall (Abb. 1.103b). Dioden mit einer ausgeprägt steilen Durchlaßkennlinie und scharfem Knick im Bereich der Schwellenspannung heißen Stabistoren.

f) Die Tunneldiode (Esaki-Diode)

Bei sehr hoher Dotierung der *P*- und *N*-Zone einer Halbleiterdiode mit Akzeptor- bzw. Donatoratomen verändert sich die Diodencharakteristik und geht in die Kennlinie Abb. 1.104 über. Der Diodenstrom steigt zunächst sehr steil an und erreicht schon bei einer kleinen Durchlaßspannung von etwa 50 mV sein Maximum (Höckerstrom I_h). Mit zunehmender Spannung fällt die Kennlinie wieder, bis der

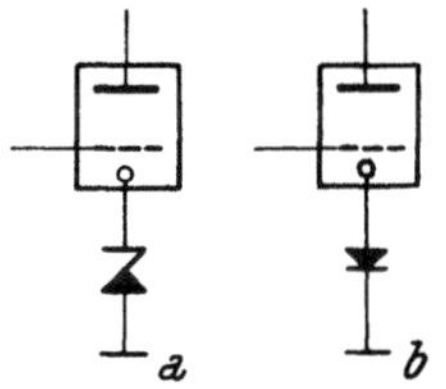

Abb. 1.103. a) Ersatz des Katodenwiderstandes durch eine Zener-Diode, b) Halbleiterdiode als R_k

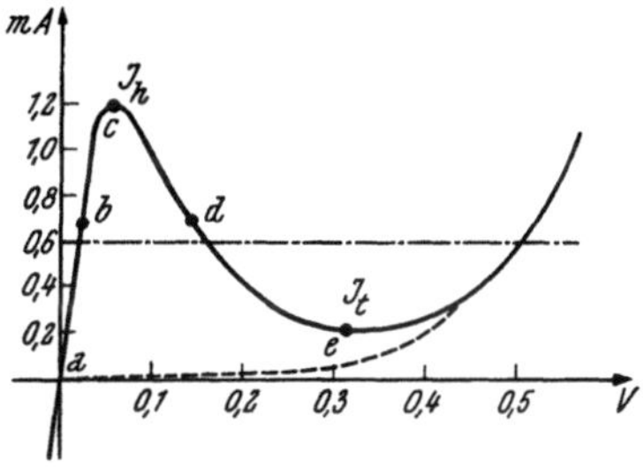

Abb. 1.104. Charakteristik einer Tunneldiode. Gestrichelte Linie: Kennlinie einer gewöhnlichen Halbleiterdiode. I_h Höckerstrom, I_t Talstrom

Strom bei etwa 300 bis 500 mV ein Minimum erreicht (Talstrom I_t). Anschließend geht die Kennlinie in den exponentiellen Strom-Spannungsverlauf der gewöhnlichen Halbleiterdiode über. Das Verhältnis von Höcker- zu Talstrom (Sprungverhältnis) ist ein Maß für die Güte der Tunneldiode und beträgt bei Silizium etwa 6:1, bei Germanium 10:1 und bei Galliumarsenid 60:1.

Die Abweichung von der gewöhnlichen Diodenkennlinie wird durch den sogenannten Tunneleffekt hervorgerufen, weshalb die Diode als Tunneldiode bezeichnet wird. Sie ist für folgende zwei Hauptanwendungsgebiete geeignet:

A. Als extrem schneller Schalter in Impulsgeneratoren und Impulsformern.

B. Als verstärkendes Element in selektiven Verstärkern und Oszillatoren bis zu höchsten Frequenzen.

Von entscheidender Bedeutung ist in allen Anwendungen der fallende Kennlinienast. Wird in diesem Bereich die Spannung an der Diode erhöht, so sinkt der Strom. Umgekehrt steigt der Diodenstrom, wenn die Diodenspannung verkleinert wird. Die Diode verhält sich also gerade umgekehrt wie ein Widerstand; sie besitzt einen sogenannten negativen Innenwiderstand, der im Gegensatz zum normalen positiven Widerstand nicht leistungsverbrauchend, sondern entdämpfend wirkt, und deshalb verstärkende Eigenschaften besitzt.

Erklärung des Kennlinienverlaufes an Hand des Energiebändermodells [K 18, S 26]. Im Abschnitt 1.3.1 wurde gezeigt, daß sich jedes Elektron in einem Festkörper auf einem bestimmten Energieniveau befindet. Im besonderen existieren im Energieschema eines Halbleiters zwei wichtige Elektronenenergiebereiche, die als Leitfähigkeitsband und als Valenzband bezeichnet werden und durch die verbotene Zone voneinander getrennt sind. Das äußere Aussehen des Energiebänderschemas eines *P*-Halbleiters unterscheidet sich nicht von dem eines *N*-Halbleiters, wenn man zwecks besserer Übersicht auf die Einzeichnung der Akzeptor- und Donatorniveaus verzichtet (Abb. 1.105a). Es ist jedoch der Besetzungszustand der einzelnen Bänder im Auge zu behalten: Im *N*-Halbleiter befinden sich die Majoritätsladungsträger im Leitfähigkeitsband, im *P*-Halbleiter hingegen im Valenzband.

Bringt man die beiden Halbleiterzonen miteinander in Kontakt, so entsteht durch die Diffusion der Majoritätsladungsträger in die angrenzende Zone eine Diffusionsspannung, Gl. (1.43). Alle Elektronen der *P*-Zone sind auf einem negativen Potential und daher energiereicher als die Elektronen der *N*-Zone, die Lage der Energiebänder wird durch die Diffusionsspannung gegeneinander verschoben (Abb. 1.105b), und zwar um so mehr, je höher die Diffusionsspannung und, wegen Gl. (1.43), je höher die Ladungsträgerkonzentration in beiden Zonen ist. Nur besonders energiereiche Majoritätsladungsträger können die Potentialschwelle ΔE überwinden. Wird ΔE durch eine äußere Spannung abgebaut, dann arbeitet der *PN*-Übergang in Durchlaßrichtung. Wird die äußere Spannung jedoch in Sperrichtung gepolt und damit ΔE vergrößert, so wird der Übergang der Majoritätsladungsträger noch mehr erschwert.

In der Tunneldiode ist durch extrem starke Dotierung mit Donator- bzw. Akzeptoratomen die Ladungsträgerkonzentration in beiden Zonen so hoch, daß die Valenzbandkante der *P*-Zone über das Niveau der Leitfähigkeitskante zu liegen kommt. Dieser Zustand ist in Abb. 1.106a festgehalten, wo auch die energetische Verteilung der Majoritätsladungsträger eingezeichnet ist (untere Energieniveaus sind stets dichter besetzt als höhere Niveaus). Für eine Anzahl von Elektronen der *N*-Zone stehen energetisch gleichwertige Plätze jenseits der Energiebarriere auf der *P*-Seite zur Verfügung und umgekehrt, so daß abgesehen vom Vorhandensein der Energiebarriere die Voraussetzungen für einen Ladungsträgertransport bzw. Stromfluß von der *P*- in die *N*-Zone und umgekehrt gegeben sind. Die Energiebarriere, die nach klassischen physikalischen Gesetzen ein Elektron nur durch Energiezufuhr überspringen kann, kann nach quantentheoretischen Prinzipien von einem Elektron unter kurzzeitiger Verletzung des Energiesatzes durchstoßen (durchtunnelt) werden. Die Wahrscheinlichkeit der Durchtunnelung ist um so größer, je schmaler die Sperrschicht ist (in der Tunneldiode ist sie wegen der hohen Dotierung extrem dünn, etwa 10^{-6} cm).

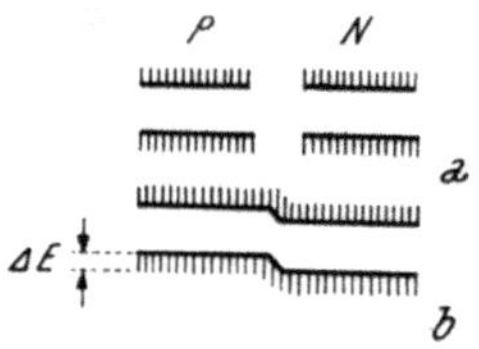

Abb. 1.105. a) Energiebändermodell eines *P*- und eines *N*-Halbleiters, b) Energieschema einer *PN*-Verbindung

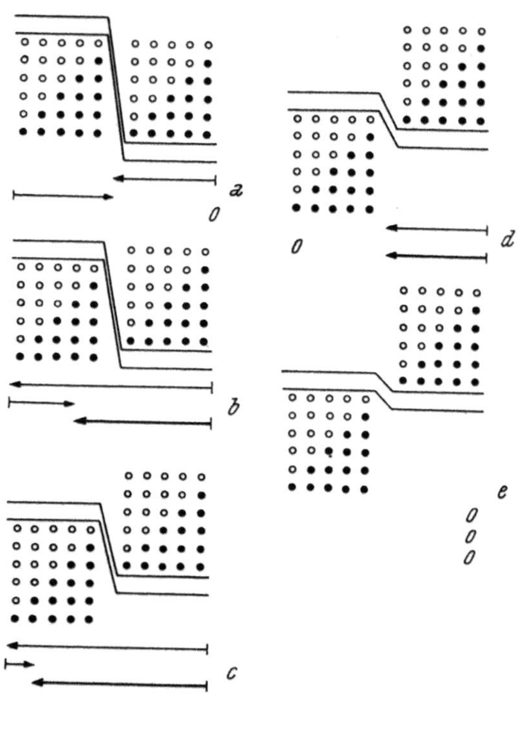

Abb. 1.106. Erklärung des Tunnelmechanismus im Energiebändermodell. Die Länge der oberen zwei Pfeile ist ein Maß für die Stärke der zwei Tunnelstromkomponenten, die Länge des dritten, verstärkten Pfeiles für die Größe des Diodenstroms. Leere Kreise bedeuten unbesetzte, volle Kreise besetzte Stellen

Der Austausch beweglicher Ladungsträger durch die Energiebarriere hindurch mit Hilfe des Tunneleffektes wird als Tunnelstrom bezeichnet. Seine Stärke hängt von der Zahl der Elektronen auf der Ausgangsseite und der Zahl der leeren und energetisch gleichen Plätze auf der Empfangsseite ab. Auf Grund dieser Tatsache läßt sich die Kennlinie der Tunneldiode leicht interpretieren. In Abhängigkeit von der äußeren Spannung U ergeben sich nämlich folgende Situationen:

a) $U = 0$ (Abb. 1.106a): In den Modelldarstellungen der Abb. 1.106 entspricht die relative Höhe des Tunnelstromes in einer Richtung der Summe der Produkte von Elektronenzahl mal freie Plätze ein und desselben Energieniveaus. So ist der Tunnelstrom in Richtung zur N-Zone proportional zu $1 \cdot 4 + 2 \cdot 3 + 3 \cdot 2 + 4 \cdot 1 = 20$, in Richtung zur P-Zone $1 \cdot 4 + 2 \cdot 3 + 3 \cdot 2 + 4 \cdot 1 = 20$. Die beiden Tunnelströme kompensieren sich also im spannungslosen Fall. Nach außen tritt kein Diodenstrom in Erscheinung.

b) Kennlinienpunkt auf dem ansteigenden Ast (Abb. 1.106b): Durch die äußere Spannung wird der Potentialwall verkleinert. Von der N-Seite tunneln mehr Elektronen in die P-Zone als umgekehrt. Der Differenzstrom durchfließt als Diodenstrom den äußeren Stromkreis. Mit zunehmender Spannung U stehen den Elektronen im N-Gebiet immer mehr freie Plätze zur Verfügung, bis

c) das Maximum des Diodenstromes im Punkt c der Abb. 1.104 erreicht ist (Abb. 1.106c).

d) Kennlinienpunkt auf dem fallenden Ast (Abb. 1.106d): Wird die Durchlaßspannung U weiter gesteigert, so tritt einem immer größeren Anteil der tunnelfähigen N-Elektronen auf der Gegenseite der Bereich der verbotenen Zone gegenüber. Der Tunnelstrom sinkt, bis er

e) das Minimum im Punkt *e* (Abb. 1.104) erreicht (Abb. 1.106e). Dies ist dann der Fall, wenn die obere Kante des Valenzbandes die untere Kante des Leitfähigkeitsbandes erreicht hat. Den Elektronen stehen keine freien besetzbaren Plätze mehr gegenüber. Bei weiterer Erhöhung von U tritt schließlich der gewöhnliche Diodendurchlaßstrom in Erscheinung (Fortsetzung des strichlierten Teiles in Abb. 1.104).

Bei Polung der Tunneldiode in Sperrichtung fließt ein mit steigender Spannung anwachsender Tunnelstrom.

Die Durchtunnelung der Sperrschicht findet fast mit Lichtgeschwindigkeit statt, so daß die Diode eine äußerst geringe Trägheit aufweist und als schneller Schalter, als Verstärker und als Oszillator bis weit ins GHz-Gebiet geeignet ist.

Arbeitspunkt der Tunneldiode: Die Lage des Arbeitspunktes auf der Kennlinie wird durch die Diodenspannung eindeutig festgelegt, nicht jedoch durch den Diodenstrom. Fließt z. B. durch die Diode mit der Charakteristik Abb. 1.104 ein Strom von 0,6 mA, so kann sich an der Diode sowohl die Spannung 10 mV oder 170 mV oder 500 mV einstellen, wobei im allgemeinen der Arbeitspunkt auf dem negativen Kennlinienteil instabil, die Kennlinienpunkte auf den positiven Kennlinienästen stabil sind. Um den gewünschten Arbeitspunkt eindeutig zu fixieren (z. B. auf dem fallenden Kennlinienteil), muß der Tunneldiode die entsprechende Spannung aufgezwungen werden und die Gleichspannungsversorgung aus niederohmigen Betriebsspannungsquellen erfolgen.

Der allgemeine Fall der Spannungsquelle mit Innenwiderstand sei an Hand der Abb. 1.107a besprochen, in der die Tunneldiode mit einer Spannungsquelle U_b und einem Widerstand R in Serie liegt. R erscheint im Kennlinienfeld als Gerade mit der Neigung $-R$, die bei U_b die Spannungsachse schneidet (vgl. Einzeichnung der Arbeitsgeraden im $U_a - I_a$-Kennlinienfeld einer Röhre). In Abhängigkeit von Ub und R ergeben sich folgende Arbeitspunktslagen (vgl. Abb. 1.107b):

I. $U_b > U_t$

a) $R < \dfrac{Ub - Uh}{Ih}$ stabiler Arbeitspunkt auf dem zweiten ansteigenden Kennlinienteil

b) $R > \frac{Ub - Ut}{It}$ stabiler Arbeitspunkt auf dem ersten ansteigenden Kennlinienteil

c) $\frac{Ub - Uh}{Ih} < R < \frac{Ub - Ut}{It}$. Die Widerstandsgerade schneidet die Diodenkennlinie in drei Punkten, d. h. es können sich drei verschiedene Strom-Spannungs-Paare an der Tunneldiode einstellen. Überlagert man in diesem Fall der Betriebsspannung Ub eine Steuerspannung U_1 (Abb. 1.108a), dann verschiebt eine positive Steuerspannung die Widerstandsgerade soweit parallel, bis diese die Tunneldiodenkennlinie im Höcker schneidet. Der Arbeitspunkt kommt in das instabile Gebiet der fallenden Kennlinie und springt sofort auf den stabilen Punkt auf dem zweiten ansteigenden Ast der Kennlinie (Abb. 1.108b). Die Spannung an der Diode erhöht sich dabei ruckartig. Wird U_1 wieder negativer, rutscht der

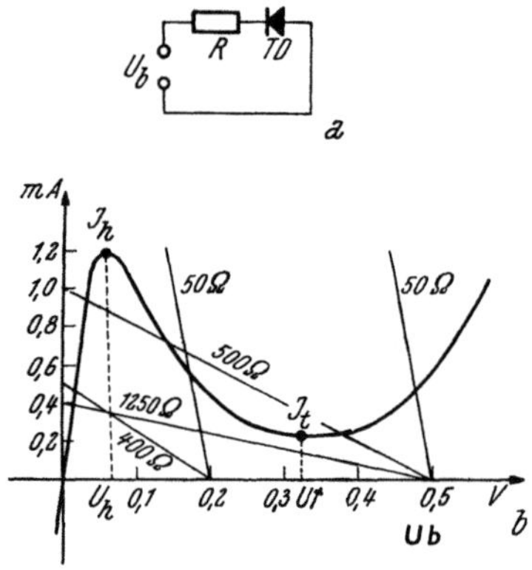

Abb. 1.107. Darstellung ohmscher Widerstände R im $U - I$-Diagramm der Tunneldiode; für den Schalterbetrieb eignet sich z. B. die Einstellung $Ub = 0,5$ V, $R = 500\ \Omega$, für Verstärkerbetrieb $Ub = 0,2$ V, $R = 50\ \Omega$

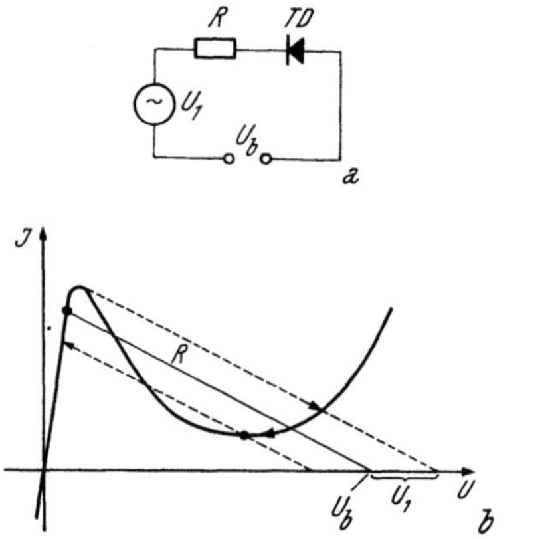

Abb. 1.108. Grundprinzip des Schalterbetriebes einer Tunneldiode. Umspringen des Arbeitspunktes bei Ansteuerung mit einer kleinen Wechselspannung U_1

Arbeitspunkt bis zum Talpunkt und springt von dort auf den ersten ansteigenden Kennlinienteil zurück. Die Spannung an der Diode bricht plötzlich zusammen. Die Tunneldiode arbeitet in dieser einfachen Anordnung als Schalter, der bei Spannungserhöhung geöffnet, bei Spannungserniedrigung geschlossen wird. Diese Eigenschaft eröffnet der Tunneldiode ein weiteres Anwendungsfeld in der Impulstechnik. An Schaltgeschwindigkeit übertrifft die Tunneldiode sogar die Elektronenröhre.

II. $Uh < Ub < Ut$

a) $R > \frac{Ub - Uh}{Ih}$ Der Arbeitspunkt befindet sich auf dem ersten ansteigenden Kennlinienteil.

b) $R < \left| -\frac{\mathrm{d}U}{\mathrm{d}I} \right| = |R_{TD}|$, wo R_{TD} der differentielle Innenwiderstand der Tunneldiode im fallenden Kennlinienteil ist. Diese Einstellung ist die Standardeinstellung für Verstärkerbetrieb, da die Tunneldiode in diesem Arbeitspunkt einen negativen Innenwiderstand R_{TD} besitzt. Die Werte von R_{TD} liegen bei den meisten Tunneldioden im Bereich zwischen 10 Ω und einigen 100 Ω. Die Bedingung $R < |R_{TD}|$ bedeutet daher für die Praxis, daß die Gleichstromquellen einen sehr geringen Innenwiderstand aufweisen müssen. Andernfalls treten Instabilitäten und Kippschwingungen auf. Dieser Umstand verhindert z. B. den ökonomischen Einsatz von Tunneldioden in Niederfrequenzverstärkern, da die

Gleichspannung über eine sehr niederohmige hochinduktive Drossel zugeführt werden müßte (Abb. 1.109a). Bei selektiven Hochfrequenzverstärkern fällt diese Schwierigkeit fort; der Gleichstrom wird einfach über die niederohmige Schwingkreisspule an die Tunneldiode herangeführt (Abb. 1.109b).

Die Funktionsweise des Verstärkers sei schematisch in Abb. 1.110 erläutert: Der ohmsche Widerstand R_1 belastet den Schwingkreis und verbraucht Schwingungsenergie. Die Schwingungsamplitude nimmt exponentiell ab. Schaltet man diesem Widerstand einen negativen Widerstand fast gleichen Betrages parallel, so ist der Gesamtwiderstand bedeutend größer und der Schwingkreis wird kaum bedämpft. Überwiegt der Einfluß des negativen Widerstandes, so wächst die Schwingungsamplitude an; dies ist z. B. im Oszillatorbetrieb der Fall. Auf die quantitativen Zusammenhänge wird später an gegebener Stelle hingewiesen.

Wechselstromersatzschaltbild der Tunneldiode: Für Verstärkungsberechnungen ist es wünschenswert, die Tunneldiode durch einfache elektronische Ele-

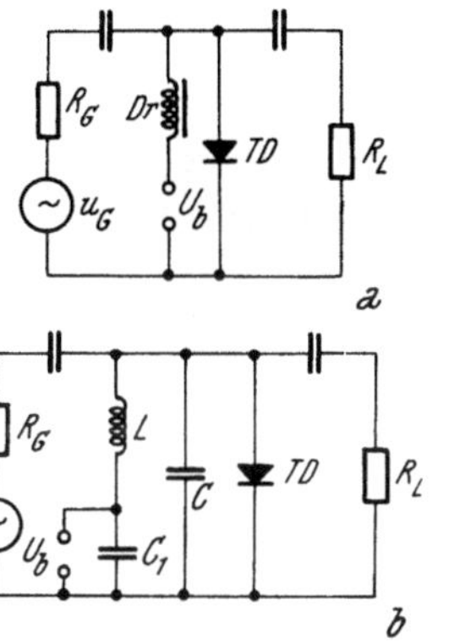

Abb. 1.109. Prinzipschaltbild eines Tunneldiodenverstärkers. a) Niederfrequenz-Verstärker, b) Hochfrequenz-Verstärker

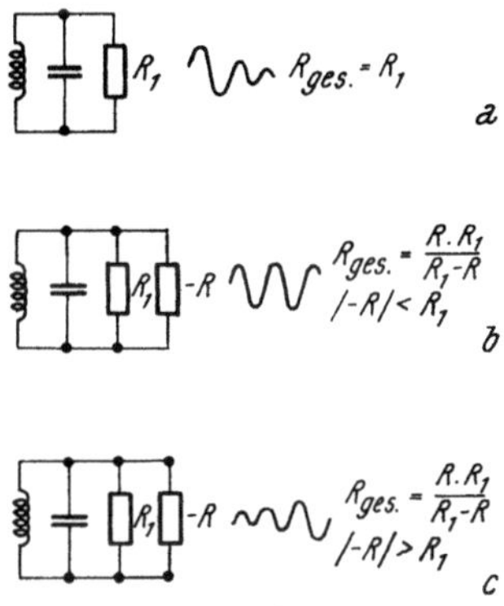

Abb. 1.110

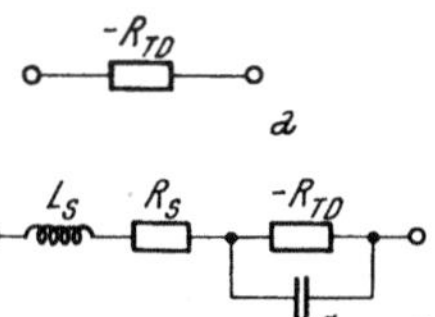

Abb. 1.111. Ersatzschaltbild der Tunneldiode

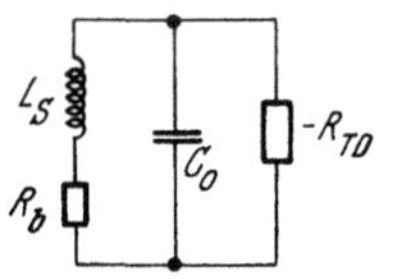

Abb. 1.112. Erklärung der Schwingneigung einer Tunneldiode. Bei zu kleinen Schwingkreisverlusten (zu kleines R, zu große Induktivität) überwiegt der entdämpfende Einfluß der Tunneldiode. Bei der Kurvenaufnahme empfiehlt es sich, den Innenwiderstand R_b der Spannungsquelle nur wenig unterhalb von $-R_{TD}$ zu wählen

mente darzustellen. Bei niederen Frequenzen ist die Beschreibung der Tunneldiode als negativer ohmscher Widerstand ausreichend (Abb. 1.111a). Bei hohen Frequenzen ist jedoch das verfeinerte Ersatzschaltbild Abb. 1.111b in Anwendung zu bringen. Die Anoden-Katoden-Kapazität ist als Parallelkapazität Co dargestellt. Der Serienwiderstand Rs umfaßt den Bahnwiderstand der Halbleiterzonen und den Kontaktierungswiderstand. Ls ist die Induktivität der Zuleitungen, die bei hohen Frequenzen möglichst klein zu halten ist, da sonst Instabilitäten auftreten. Bei der Aufnahme von Kennlinien ist besonderes Augenmerk auf die Unterdrückung wilder Schwingungen zu richten, die sich bei zu hoher Induktivität Ls (Zuführungsleitungen) und sehr kleinem Innenwiderstand der Spannungsquelle ausbilden können (Abb. 1.112). Typische Werte für Ls, Co und andere Kenngrößen einer Tunneldiode sind nachstehend angeführt.

Ih	It	Uh	Ut	Ih/It	Ls	Co	R_{TD}	Rs	Q
1,2 mA	0,2 mA	50 mV	350 mV	6	10^{-9} H	30 pF	−150 Ω	3 Ω	20 mW

1.3.3 Der Transistor[1]

Weitaus der wichtigste Halbleiter-Bauteil ist der wegen seiner Verstärkungswirkung universell verwendbare Transistor (Ausführungsformen von Transistoren Abb. 1.113). Was seine Wirkungsweise und sein Anwendungsgebiet betrifft, besitzt er viele Parallelen zur Elektronenröhre. Bei letzterer beruht die Verstärkungs-

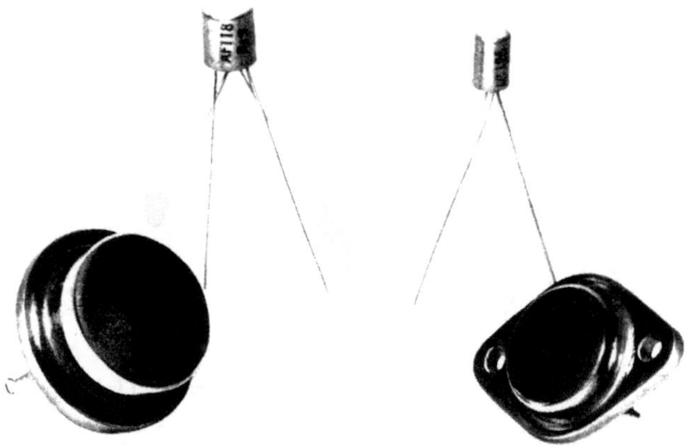

Abb. 1.113. Vor- und Endstufentransistoren (Philips)

wirkung darauf, daß der Elektronenstrom, der im Vakuum von der Katode zur Anode fließt, durch das dazwischen liegende Gitter in seiner Stärke beeinflußt wird. Beim Transistor bewegt sich der Strom von Ladungsträgern durch den Germanium- oder Siliziumkristall von einer Elektrode zur anderen; die Stromstärke kann dabei durch eine dem Gitter analoge Zwischenelektrode variiert werden.

A. Wirkungsweise

Abb. 1.114a zeigt eine Halbleiterdiode, die durch die Gleichspannung $-Ub$ in Sperrichtung gepolt ist. Bei der Besprechung des *PN*-Überganges wurde darauf hingewiesen, daß der Sperrstrom vom Minoritätsladungsträgeraustausch zwischen den beiden Zonen herrührt, da die von der Sperrspannung errichtete Potentialschwelle in der Trennschicht das Übertreten von Majoritätsladungsträgern hemmt, das Übertreten von Minoritätsladungsträgern jedoch begünstigt. Der Sperrstrom der Diode Abb. 1.114a ist also proportional der Zahl der Defektelektronen in der *N*-Zone oder der Zahl der Elektronen in der *P*-Zone, welche sich in der Nähe der Sperrschicht befinden.

Es läßt sich nun in einfacher Weise durch Anfügen einer zweiten *P*-leitenden Halbleiterzone (Emitter) an die *N*-Zone die Zahl der Defektelektronen in der *N*-Zone variieren und dadurch eine Steuerung des Sperrstromes realisieren (Abb. 1.114b). Polt man nämlich den *PN*-Übergang, der sich zwischen *N*-Zone und Emitterzone ausbildet, durch Anlegen einer positiven Steuerspannung U_{EB} in Durchlaßrichtung, dann strömen von der *P*-leitenden Emitterzone Majoritätsladungsträger, d. h. Defektelektronen in die *N*-Zone ein und verursachen ein Ansteigen des Sperrstromes zwischen *N*-Zone und erster *P*-Zone, das um so größer ist,

[1] Literatur: [G 9, L 1, K 2, R 2, T 2].

je höher der Durchlaßstrom bzw. die Durchlaßspannung der Emitterdiode ist (Abb. 1.114c). Wesentlich für die Funktion des Transistors ist es, daß der Durchlaßstrom der Emitterdiode fast ausschließlich aus Defektelektronen besteht; der Elektronenstrom von der N-Zone zum Emitter muß möglichst klein gehalten werden, da er nicht zur Steuerwirkung des Sperrstromes beiträgt und daher nutzlos verbraucht wird. Durch verschieden starke Dotierung der *P*- und *N*-Zone sowie durch geeignete Formgebung läßt sich ein Emitterwirkungsgrad von nahezu 1 erreichen (Emitterwirkungsgrad = Verhältnis von Defektelektronenstrom zu Gesamtdurchlaßstrom in der Emitterdiode).

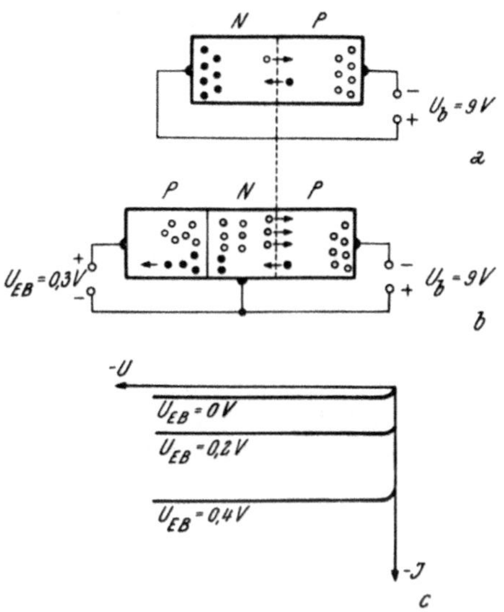

Abb. 1.114. a), b) Beeinflussung des Sperrstromes durch Injizieren von Minoritätsladungsträgern, c) Abhängigkeit des Sperrstromes der Kollektordiode von der Durchlaßspannung der Emitterdiode

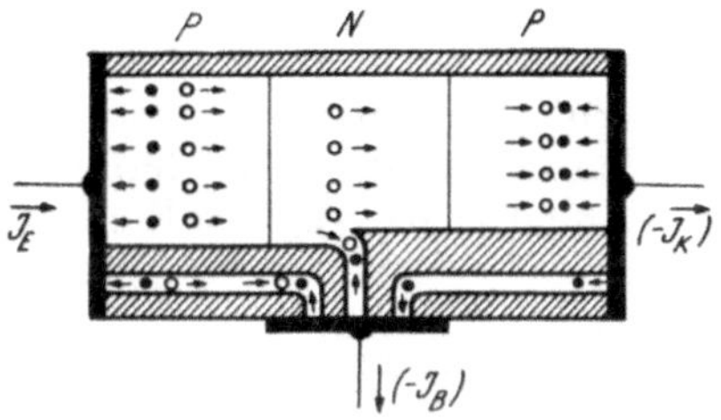

Abb. 1.115. Stromaufteilung im Transistor.
← ● ○ → Ladungsträgererzeugung.
→ ● ○ ← Rekombination

Der Transistor, dessen drei Halbleiterzonen *P–N–P* als Emitter, Basis und Kollektor bezeichnet werden, besteht also im wesentlichen aus zwei Dioden, von denen die Emitterdiode in Durchlaßrichtung, die Kollektordiode in Sperrichtung arbeitet[1]. Macht man die Basiszone sehr dünn, so geht nur ein kleiner Teil der vom Emitter injizierten Defektelektronen im Basisraum durch Rekombination mit Elektronen verloren. Der weitaus größte Teil diffundiert zur Kollektorsperrschicht, wird über die Sperrschicht hinübergezogen und rekombiniert im Kollektor oder an der Grenzschicht Kollektor-Kontaktierungselektrode mit Elektronen (Abb. 1.115). Bei guten Transistoren beträgt dementsprechend der Kollektorstrom 95 bis 99% des Emitterstromes (vgl. Kurzschlußstromverstärkung in Basisschaltung, S. 80).

B. Verstärkungsprinzip

Befindet sich in der Emitterzuleitung eine Signalquelle, die am Transistoreingang die Wechselspannung u_{EB} hervorruft, so fließt im Emitterkreis der Strom $i_E = u_{EB}/R_{\text{ein}}$ (R_{ein} Eingangswiderstand des Transistors zwischen Emitter und Basis). Am Arbeitswiderstand R_L entsteht die Spannung (Abb. 1.116c)

$$u_{KB} = i_K \cdot R_L = 0{,}95 \text{ bis } 0{,}99\, i_E \cdot R_L = 0{,}95 \text{ bis } 0{,}99\, \frac{R_L}{R_{\text{ein}}} \cdot u_{EB}$$

[1] Um Verwechslungen mit anderen Abkürzungen zu vermeiden, wurden für den *K*ollektor, den *E*mitter und die *B*asis die Buchstaben *K*, *E* und *B* gewählt. Gebräuchlich sind *C*, *E*, *B* oder *c*, *e*, *b*.

Die Spannungsverstärkung des Transistors beträgt daher

$$\frac{u_K}{u_{EB}} = 0{,}95 \text{ bis } 0{,}99 \, \frac{R_L}{R_{\text{ein}}} \tag{1.59}$$

Ist z. B. $R_{\text{ein}} = 100\,\Omega$, $R_L = 5\,\text{k}\Omega$, so wird die Eingangsspannung fast 50fach verstärkt.

C. Die Emitterschaltung

In Abb. 1.116c durchfließt der gesamte Emitterstrom die Signalquelle und alle Spannungswerte werden auf die Basis bezogen; der Transistor arbeitet in der sogenannten Basisschaltung.

Die weitaus am häufigsten verwendete Schaltungsart ist jedoch die Emitterschaltung (Abb. 1.117), in der sich die Signalquelle in dem getrennten Stromkreis durch Basis und Emitter befindet und in der alle Spannungswerte von der Emitterelektrode an gerechnet sind. Im Gegensatz zur Basisschaltung läßt sich in der Emitterschaltung nicht nur eine Spannungsverstärkung, sondern auch eine Stromverstärkung verwirklichen. Die Signalquelle muß nämlich in dieser Schaltungsart nicht den Emitterstrom, sondern lediglich den Basisstrom aufbringen, der nur wenige Prozent (1 bis 5%) des Emitterstromes beträgt.

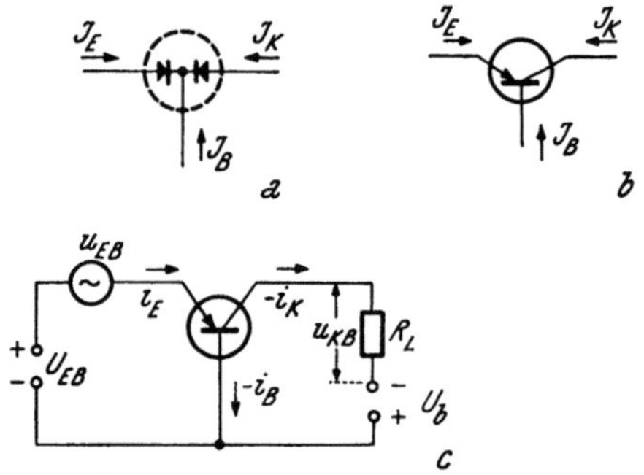

Abb. 1.116. a) Darstellung des Transistors als zwei gegeneinandergeschaltete Dioden, b) Zählrichtung der Elektrodenströme, c) einfacher Transistorverstärker

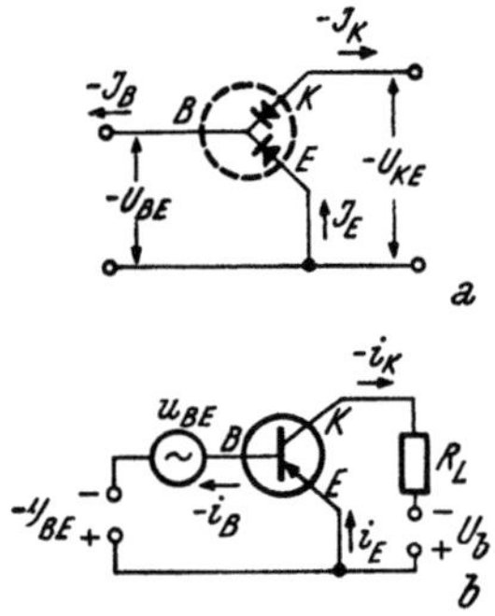

Abb. 1.117. Transistor in Emitterschaltung

In der Emitterschaltung besitzt die Basis im Transistor eine ähnliche Funktion wie das Gitter in der Elektronenröhre. Bei Basisspannungsschwankungen treten Schwankungen des Kollektorstromes auf, Gitterspannungsänderungen rufen Anodenstromänderungen hervor. Der Emitter ist der gemeinsame Bezugspunkt und entspricht daher der Katode; der Kollektor, an dem das verstärkte Signal abgenommen wird, entspricht der Anode.

Trotz dieser Analogie sei jedoch bereits jetzt auf einen wesentlichen Unterschied zwischen Röhre und Transistor hingewiesen, der die Ansteuerung der beiden Verstärkerelemente betrifft. Die Steuerwirkung des Gitters beruht auf der elektrostatischen Beeinflussung des Anodenstromes durch das Gitterpotential und erfolgt daher strom- und leistungslos. Beim Transistor hingegen hat der Steuergenerator neben der Steuerspannung auch noch einen Steuerstrom aufzubringen, da, bedingt durch die Wirkungsweise des Transistors, im Basis-Emitterkreis ein Strom fließen muß. Aus dem Produkt von Steuerspannung und Steuerstrom ergibt sich die Steuerleistung, die zum Betrieb des Transistors notwendig ist. Um dem Leistungsverbrauch im Eingangskreis des Transistors sowie der Belastung und

Bedämpfung der Signalquelle Rechnung zu tragen, ergeben sich daher hinsichtlich der Dimensionierung einer Transistorschaltung trotz äußerlicher Ähnlichkeit mit der Röhrenschaltungstechnik ganz neue Gesichtspunkte.

Ein weiterer zu berücksichtigender Punkt beim Vergleich von Röhre und Transistor ist die Rückwirkung des Kollektors auf die Basis. Bei der Röhre wird, zumindest bei niederen Frequenzen, der Eingang vollkommen vom Ausgang getrennt, so daß die Gitterspannung weder durch den Anodenstrom noch durch die Anodenspannung beeinflußt wird. Beim Transistor hingegen sind Eingang und Ausgang durch den Leitungsmechanismus im Transistor miteinander verknüpft, so daß z. B. die Basisspannung nicht nur von der Signalspannung, sondern auch von der Kollektorspannung und damit von der Verstärkung, vom Arbeitswiderstand im Kollektorkreis usw. abhängig ist.

Um die Übersicht über das relativ komplizierte Verhalten des Transistors in einer Schaltung zu erleichtern, haben sich daher mehrere Darstellungsarten für die Transistoreigenschaften eingebürgert:

a) Kennlinienfelder, die den genauen Zusammenhang aller vier Größen (Kollektorstrom I_K, Kollektorspannung U_K, Basisstrom I_B, Basisspannung U_B) angeben.

b) Ersatzschaltbilder, die den Transistor durch eine Kombination bekannter elektronischer Bauelemente ersetzen.

c) Vierpolmatrix, eine Darstellungsart, die besonders bei der Berechnung von Kleinsignalverstärkern gute Dienste leistet.

Im folgenden sollen die Kennlinien des Transistors und daran anschließend die wichtigsten Ersatzschaltbilder besprochen werden. Auf die Vierpoltheorie wird in Kap. 2.3 eingegangen.

D. Kennlinienfelder und Kenngrößen des Transistors

Da Strom- und Spannungswerte am Kollektor sowohl von der Basisspannung als auch vom Basisstrom abhängen, sind zur übersichtlichen Darstellung mehr Kennlinienfelder erforderlich als bei der Elektronenröhre. Gewöhnlich werden folgende vier Felder angegeben (Abb. 1.118):

I_K–U_K-Kennlinienfeld (I)
I_K–I_B -Kennlinienfeld (II)
I_B–U_B-Kennlinienfeld (III)
U_K–U_B-Kennlinienfeld (IV).

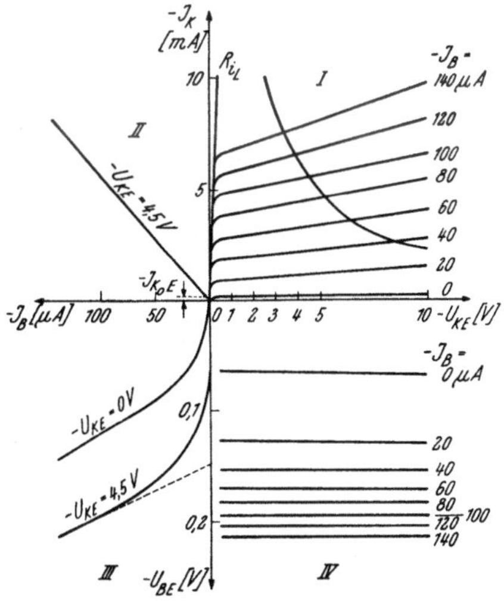

Abb. 1.118. Kennlinienfeld für die Emitterschaltung

a) Das I_K–U_K-Kennlinienfeld

Dieses Kennlinienfeld enspricht dem Ia–Ua-Kennlinienfeld der Röhre und wird für das praktische Arbeiten hauptsächlich herangezogen. Als Parameter dient nicht die Basisspannung, sondern der Basisstrom, da der Zusammenhang zwischen Kollektorstrom und Basisstrom weitgehend linear, zwischen Kollektorstrom und Basisspannung jedoch stark nichtlinear ist (vgl. I_K–I_B- und I_B–U_B-Kennlinienfeld).

Die steil ansteigende Grenzgerade fächert sich in eine pentodenähnliche Kurvenschar auf, die eine gewisse Neigung zur Abszisse besitzt. Dies deutet darauf hin, daß mit zunehmender Kollektorspannung der Kollektorstrom, wenn auch in geringem Maße, ansteigt. Diese Erscheinung, die auf eine Kollektorsperrschichtverschiebung in Richtung Basiszone zurückzuführen ist (vgl. Sperrschichtverschiebung bei den Varicaps), läßt sich durch Abb. 1.119 veranschaulichen: steigt U_{KE}, so wächst auch U_{BE} etwas und vergrößert dadurch den Kollektorstrom.

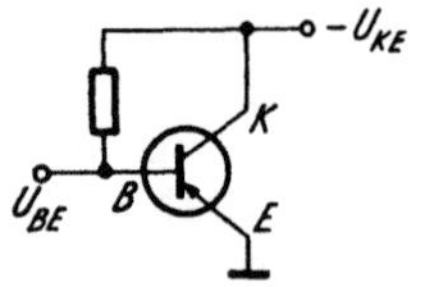

Abb. 1.119. Zur Erklärung der Spannungsrückwirkung

Die I_K–U_K-Kennlinie mit U_{BE} als Parameter (Innenwiderstand der Spannungsquelle im Basiskreis = 0) verläuft flacher als die entsprechende Kennlinie mit I_B als Parameter (Innenwiderstand der Spannungsquelle im Basiskreis = ∞), da dann das Basispotential festgehalten ist (der ohmsche Widerstand zwischen äußerem Basisanschluß und innerer aktiver Basiszone verhindert, daß der Effekt vollständig ist).

Da die Neigung der Geraden im Kennlinienfeld I ein Maß für den Innenwiderstand des Transistors darstellt,

$$\text{Innenwiderstand } Ri = \frac{\Delta(-U_{KE})}{\Delta(-I_K)} \tag{1.60}$$

(wegen der Vorzeichen siehe Abb. 1.116b) folgt dann, daß Ri vom Widerstand der Signalquelle (Generatorwiderstand R_G) abhängig ist; Ri ist um so größer, je kleiner R_G ist, eine Erscheinung die der Röhrentechnik vollkommen fremd ist.

Die Grenzgerade Ri_L steigt sehr steil an, was gegenüber der Röhre in zweifacher Hinsicht ein Vorteil ist:

a) Der Transistor ist ein Schalterelement mit sehr geringer Restspannung ($-U_{K_\text{rest}}$ etwa 0,3 V) auch bei hohen Strömen, d. h. der Gleichstromwiderstand U_{K_rest}/I_K kann sehr kleine Werte annehmen, was bei der Verwendung des Transistors als elektronisch gesteuerter Schalter wichtig ist.

b) Der Transistor ist bis herunter zur Restspannung als Verstärkerelement brauchbar und findet daher mit kleinsten Speisespannungen sein Auslangen.

Verlustleistung: Das Produkt $I_K \cdot U_{KE}$ wird als Kollektorverlustleistung N_K bezeichnet, da sie vom Transistor in Wärme umgesetzt wird. N_K erscheint im I_K–U_K-Kennlinienfeld als Hyperbel, deren Lage von der Umgebungstemperatur des Transistors abhängt. In Datenblättern wird daher die maximal zulässige Verlustleistung selten in das Kennlinienfeld eingetragen, sondern explizit als Funktion der Temperatur angeführt.

b) Das I_B–I_K-Kennlinienfeld

Der Zusammenhang zwischen Kollektor- und Basisstrom ist in einem großen Bereich linear. Als Parameter wird die Kollektorspannung U_{KE} verwendet; bei kleinen U_{KE}-Werten verschiebt sich die Gerade nach links, bei großen nach rechts.

Kurzschlußstromverstärkung in Emitterschaltung: Je steiler die I_K–I_B-Kennlinie verläuft, um so empfindlicher reagiert der Kollektorstrom auf Basisstromänderungen. Das Verhältnis zwischen Kollektorstrom- und Basisstromänderung wird als Kurzschlußstromverstärkung β bezeichnet und stellt eine der wichtigsten Kenngrößen jedes Transistors dar:

$$\beta = \left.\frac{\Delta(-I_K)}{\Delta(-I_B)}\right|_{u_{KE}=0} = \left.\frac{\mathrm{d}(-I_K)}{\mathrm{d}(-I_B)}\right|_{u_{KE}=0} \tag{1.61}$$

β ist durch den Differentialausdruck als Tangente an die I_K–I_B-Kennlinie definiert, die bei sehr kleinen und sehr hohen Kollektorströmen von der Geraden abweicht, und zwar derart, daß ihre Neigung und damit die Stromverstärkung kleiner wird. Der Name Kurzschlußstromverstärkung rührt davon her, daß β durch Gl. 1.61 für U_{KE} = konst., d. h. also für verschwindende Wechselspannung u_{KE} definiert ist. β liegt bei den meisten Transistoren zwischen 20 und 200.

Großsignalstromverstärkung: Das Verhältnis

$$B = \left.\frac{\Delta(-I_K)}{\Delta(-I_B)}\right|_{u_{KE}=0} = \left.\frac{(-I_{K_1}) - (-I_{K_2})}{(-I_{B_1}) - (-I_{B_2})}\right|_{u_{KE}=0} \tag{1.62}$$

das sich zum Unterschied zu $\beta = \frac{\mathrm{d}(-I_K)}{\mathrm{d}(-I_B)}$ auf große Strombereiche bezieht, wird als Großsignalstromverstärkung B bezeichnet und besonders im Zusammenhang mit Schalteranwendungen des Transistors verwendet.

Reststrom: Für $I_B = 0$ fließt ein Strom I_{K_0E}, der als Reststrom bezeichnet wird (siehe S. 81).

c) Das I_B–U_B-Kennlinienfeld

Das I_B–U_B-Kennlinienfeld zeigt die Abhängigkeit des Basisstromes von der angelegten Basisspannung mit U_{KE} als Parameter. Die Kurven entsprechen dem typisch exponentiellen Strom-Spannungsverlauf einer in Durchlaßrichtung arbeitenden Halbleiterdiode. Da der Zusammenhang zwischen I_K und I_B fast linear ist, steigt auch der Kollektorstrom exponentiell mit der Basisspannung an. Diese nichtlineare Abhängigkeit des Kollektorstromes von der Basisspannung U_{BE} ist einer der schwachen Punkte des Transistors, da einerseits Verzerrungen des Kollektorstromes auftreten können, andererseits aber auch Verzerrungen des Eingangssignales durch den nichtlinearen Eingangswiderstand Re des Transistors und die nichtlineare Belastung der Signalquelle. Re ändert sich von Kurvenpunkt zu Kurvenpunkt und berechnet sich aus der Tangente an die Kurve gemäß dem Zusammenhang

$$Re = \frac{\Delta(-U_{BE})}{\Delta(-I_B)} \tag{1.63}$$

Für große Basiströme geht die Diodendurchlaßkennlinie allmählich in eine Gerade über, so daß bei Schalteranwendungen näherungsweise mit einem konstanten Eingangswiderstand gerechnet werden darf (vgl. strichlierte Linie in Abb. 1.118).

d) Das U_K–U_B-Kennlinienfeld

Das U_K–U_B-Kennlineinfeld mit I_B als Parameter zeigt den Einfluß der Kollektorspannung auf die Eingangsspannung (Verkopplung des Ausgangs mit dem Eingang). Das Verhältnis $\left.\frac{\Delta(-U_{BE})}{\Delta(-U_{KE})}\right|_{i_B=0}$ wird als Spannungsrückwirkung bezeichnet und besitzt im Beispiel Abb. 1.118 den Wert $\sim 10^{-3}$.

e) Kennlinienfelder des Transistors in Basisschaltung

Abb. 1.120 zeigt das Kennlinienfeld der Basisschaltung, aus dem im Vergleich zur Emitterschaltung folgende Unterschiede ersichtlich sind:

I_K–U_K-Kennlinienfeld: Die Kennlinien für I_E = konst. verlaufen fast horizontal. Der Ausgangswiderstand der Basisschaltung bei konstantem Eingangsstrom ist daher bedeutend höher als in der Emitterschaltung ($Ri = \Delta(-U_{KB})/\Delta(-I_K)$).

Zeichnet man jedoch die Kennlinien mit U_{BE} = konst. (vgl. strichlierte Linie in Abb. 1.120), dann verläuft die Kennlinie bedeutend steiler. Dies bedeutet, daß der Ausgangswiderstand des Transistors vom Generatorwiderstand abhängt, und zwar in viel stärkerer Weise als in der Emitterschaltung.

I_E–I_K-Kennlinienfeld: Die I_E—I_K-Gerade schließt mit den Stromachsen des Kennlinienfeldes fast genau den Winkel von 45° ein, so daß Kollektor- und Emitterstrom fast gleich groß sind.

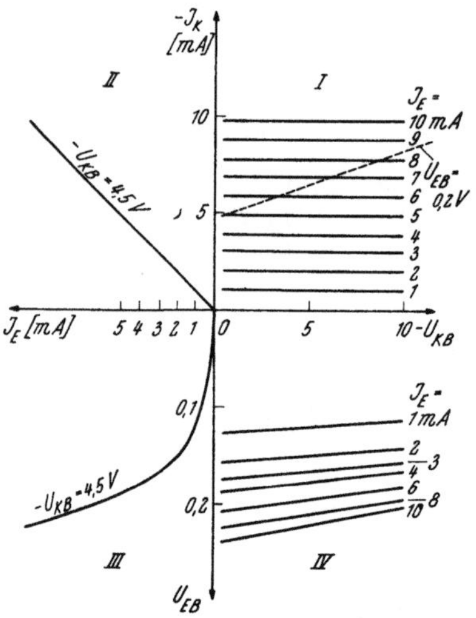

Abb. 1.120. Kennlinienfeld für die Basisschaltung

Kurzschlußstromverstärkung in Basisschaltung: Das Verhältnis von Kollektorstromänderung zur Emitterstromänderung wird als Kurzschlußstromverstärkung in Basisschaltung α bezeichnet und stellt wie β eine wichtige Kenngröße des Transistors dar:

$$\alpha = \left.\frac{\Delta(-I_K)}{\Delta(I_E)}\right|_{u_{KB=0}} = \left.\frac{d(-I_K)}{d(I_E)}\right|_{u_{KB=0}} \tag{1.64}$$

α besitzt entsprechend der auf S. 75 erklärten Stromverteilung zwischen Kollektor und Basis meist Werte zwischen 0,95 und 0,99 und hängt mit β durch folgende Beziehung zusammen:

$$\alpha = \frac{\beta}{\beta + 1}, \quad \beta = \frac{\alpha}{1 - \alpha} \tag{1.65}$$

Ableitung: Aus Abb. 1.117a folgt $\Delta I_E = \Delta(-I_K) + \Delta(-I_B)$

Wenn $u_{KE} = 0$, dann gilt $\Delta I_E = \Delta(-I_K) + \frac{1}{\beta}\Delta(-I_K)$

$$\left.\frac{\Delta(-I_K)}{\Delta I_E}\right|_{u_{KE=0}} = \frac{\beta}{\beta + 1}$$

Nun ist $u_{BE} \ll u_{KE}$ und $u_{BE} \ll u_{KB}$, so daß

$$u_{KE} \approx u_{KB} \quad \text{und} \quad \left.\frac{\Delta(-I_K)}{\Delta I_E}\right|_{u_{KE=0}} \approx \left.\frac{\Delta(-I_K)}{\Delta(I_E)}\right|_{u_{KB=0}}, \quad \text{daher} \quad \frac{\beta}{\beta + 1} \approx \alpha$$

In Analogie zur Großsignalverstärkung B in Emitterschaltung läßt sich auch eine Großsignalstromverstärkung A in Basisschaltung definieren, die auf große Strombereiche anwendbar ist:

$$A = \left.\frac{\Delta(-I_K)}{\Delta(I_E)}\right|_{u_{KB=0}} = \left.\frac{(-I_{K_1}) - (-I_{K_2})}{(-I_{E_1}) - (-I_{E_2})}\right|_{u_{KB=0}} \tag{1.66}$$

Reststrom: Bei fehlendem Eingangsstrom $I_E = 0$ fließt ein Reststrom I_{K_0B}, der wesentlich kleiner ist als I_{K_0E}.

I_E–U_B-Kennlinienfeld: Der Eingangswiderstand des Transistors in Basisschaltung liegt weit unter dem Wert der Ermitterschaltung, da auf der Ordinate nicht der Basisstrom, sondern der Emitterstrom aufgetragen ist.

U_K–U_B-Kennlinienfeld: Die Spannung zwischen Emitter und Basis sinkt mit steigender Kollektorspannung und zeigt damit den entgegengesetzten Verlauf wie in der Emitterschaltung.

E. Restströme

Wie bereits darauf hingewiesen wurde, fließt in der Emitter bzw. Basisschaltung auch bei Unterbrechung des Eingangsstromes ein Kollektorstrom, der als Reststrom bezeichnet wird. Diese Restströme sind bei Si-Transistoren um den Faktor 1000 kleiner als bei Ge-Transistoren.

I_{K_0B}: Trennt man den Emitterkreis auf ($I_E = 0$), so fließt durch die Kollektordiode der bei jeder Halbleiterdiode übliche Sperrstrom. Er besitzt z. B. beim OC 71 den Wert 4,5 μA ($-U_{KB} = 4{,}5$ V, $T = 25\,°$C).

I_{K_0E}: Trennt man den Basiskreis auf ($I_B = 0$), so fließt ein Kollektorstrom, der bedeutend höher ist als I_{K_0B} und beim OC 71 den Wert 0,15 mA besitzt.

Dieses Ansteigen läßt sich anschaulich dadurch erklären, daß der Sperrstrom der Kollektordiode bei aufgetrenntem Basiskreis zwangsläufig die Emitterdiode durchfließen muß und durch den Spannungsabfall an der Emitterdiode eine kleine negative Spannung erzeugt; diese wirkt wie eine negative Basisspannung und läßt daher den Kollektorstrom ansteigen. Der Zusammenhang zwischen I_{K_0E} und I_{K_0B} ist theoretisch gegeben durch

$$I_{K_0E} = (1 + \beta) \cdot I_{K_0B} \qquad (1.67)$$

Diese Beziehung scheint mit den obigen numerischen Angaben nur deshalb in Widerspruch zu stehen, weil der Stromverstärkungsfaktor β bei so extrem niederen Strömen unter dem Normalwert liegt.

Wird der Basisanschluß nicht offen gelassen, sondern mit dem Emitteranschluß verbunden, so wird die negative Basisspannung kurzgeschlossen. Der Reststrom fällt dann fast ganz auf den Wert I_{K_0B} zurück (ein geringer Spannungsabfall am inneren Widerstand R_{BB} zwischen äußerem Basisanschluß und innerer aktiver Basiszone bleibt bestehen).

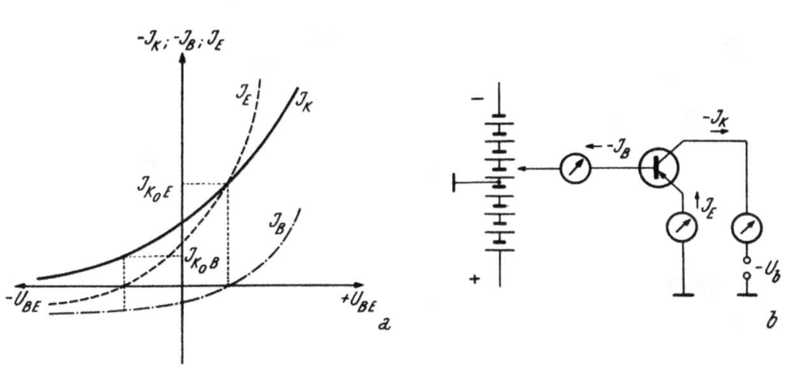

Abb. 1.121. a) Verlauf der Restströme als Funktion der Basisspannung, b) Meßschaltung

Auf diesem Effekt beruht eine äußerst einfache und schnelle Methode, die Funktionsfähigkeit eines Transistors zu überprüfen. Man verbindet den Kollektoranschluß des Transistors mit dem Pluspol, den Emitteranschluß mit dem Minuspol eines Vielfachmeßinstrumentes mit eingebauter Batterie, das auf den empfindlichsten Bereich der Ohmmessung eingestellt ist (meist × 10 kΩ). Der Basisanschluß wird offen gelassen. Es ergibt sich dann ein deutlich meßbarer Ausschlag am Instrument, der beträchtlich zurückgehen muß, wenn der Basisanschluß mit dem Emitter verbunden wird. Andererseits wird der Ausschlag sehr viel größer, wenn die Basis über einen hohen Widerstand, etwa 100 kΩ (oft genügt der Widerstand der Finger), mit dem Kollektor verbunden wird.

Polt man die Basisspannung um, so daß die Transistorbasis gegenüber dem Emitter positiv wird, so sinkt der Kollektorstrom I_{K_0} bis auf den Wert I_{K_0B} herunter (in diesem Augenblick ist auch I_B Null). Durch weitere Erhöhung der positiven Basisspannung läßt sich der Kollektorstrom noch unter den Wert I_{K_0B} herunterdrücken (Abb. 1.121).

F. Temperaturabhängigkeit des Kollektorstromes und der Basisspannung

Die Temperaturabhängigkeit des Kollektorstromes ist hauptsächlich durch den Kollektorreststrom bedingt, der exponentiell mit der Temperatur zunimmt (Abb. 1.122)

$$\left.\begin{aligned} -I_{K_0E} &\approx -I_{K_0E}\big|_{T_0} \cdot e^{Cc(T_K - T_0)} \\ -I_{K_0B} &\approx -I_{K_0B}\big|_{T_0} \cdot e^{Cc(T_K - T_0)} \end{aligned}\right\} \quad (1.68)$$

T_K = Kristalltemperatur
T_0 = Bezugstemperatur
Cc = 0,08 bis 0,1/°C für Ge
Cc = 0,04 bis 0,08/°C für Si.

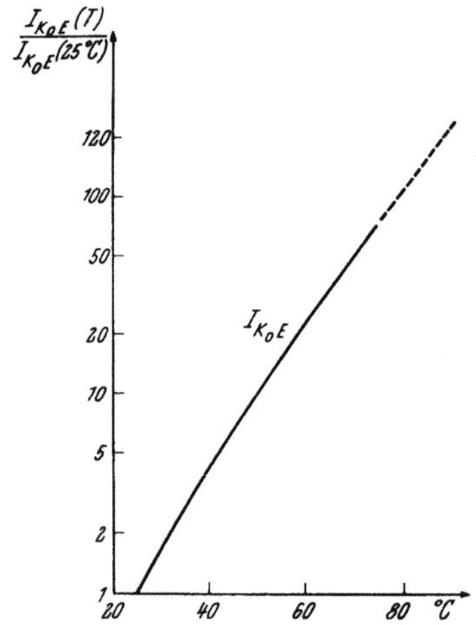

Abb. 1.122. Temperaturabhängigkeit des Kollektorreststromes

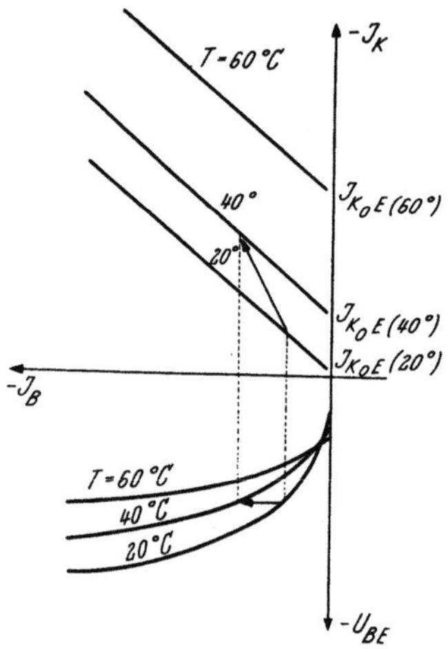

Abb. 1.123. Temperaturbedingte Verschiebungen der Kennlinien

Diese starke Temperaturabhängigkeit verursacht im Temperaturbereich zwischen 25 und 75 °C Reststromänderungen bis 1 : 100. Jede Reststromänderung wirkt sich aber auch in einer Kollektorstromänderung aus, da folgende aus dem Kennlinienfeld II, Abb. 1.118 bzw. Abb. 1.120, leicht abzulesende Zusammenhänge gelten:

Emitterschaltung: $(-I_K) = B(-I_B) + (-I_{K_0E})$
Basisschaltung: $(-I_K) = A(-I_E) + (-I_{K_0B})$
A, B = Großsignal-Kurzschluß-Stromverstärkung.

Diese Temperaturabhängigkeit wirkt sich im I_K–I_B-Kennlinienfeld eines Transistors als Parallelverschiebung der I_K–I_B-Kennlinie in Richtung zu höheren Stromwerten aus (Abb. 1.123) und erfordert in Schaltungen spezielle Stabilisierungsmaßnahmen, die später besprochen werden.

Geräte, in denen der Temperatureinfluß extrem klein gehalten werden muß (z. B. Meßverstärker), werden mit Silizium-Transistoren bestückt. Silizium-Transistoren haben einen praktisch vernachlässigbaren Kollektorreststrom, so daß dessen temperaturbedingte Erhöhung im Vergleich zum Gesamtwert des Kollektorstromes kaum ins Gewicht fällt oder viel leichter zu kompensieren ist als bei Germaniumtransistoren. Auch hinsichtlich der maximal zulässigen Kristalltemperatur unterscheidet sich Silizium vorteilhaft von Germanium; sie liegt bei Silizium bei etwa 150 °C gegenüber 75 °C bei Germanium, so daß Si-Transistoren stärker belastet werden dürfen und auch bei hohen Umgebungstemperaturen eingesetzt werden können.

Neben der Temperaturabhängigkeit des Kollektorstromes ist auch noch der Temperaturgang der Basis-Emitterspannung ($-U_{BE}$) von Bedeutung, die in Emitterschaltung bei konstantem Basisstrom um etwa 2 mV pro °C Temperaturerhöhung abnimmt. Dies kommt im I_B–U_{BE}-Kennlinienfeld durch eine Parallelverschiebung der Kennlinien zu kleineren Basisspannungen hin zum Ausdruck (Abb. 1.123). In unstabilisierten Schaltungen können bei Temperaturschwankungen und bei konstantgehaltener Basisgleichspannung dadurch beträchtliche Stromänderungen auftreten (vgl. Pfeil in Abb. 1.123).

G. Ersatzschaltbilder des Transistors

Jedes elektronische Verstärkungselement läßt sich durch eine mehr oder weniger aufwendige Anordnung von Stromquellen, Widerständen, Induktivitäten und Kondensatoren mit guter Genauigkeit ersetzen. Man spricht dann vom Ersatzschaltbild eines Bauteiles, mit dessen Hilfe sich schaltungstechnisch interessante Eigenschaften, wie z. B. Verstärkung, Impedanzen, Frequenzverhalten, bestimmen lassen.

Die folgenden Transistor-Ersatzschaltbilder geben das Verhalten des Transistors ausreichend genau wieder, wenn der Transistor als linearer Verstärker betrieben wird, d. h. wenn er in dem Kennliniengebiet arbeitet, das durch den Reststrom einerseits und durch die Grenzgerade andererseits begrenzt wird. Außerdem wird vorausgesetzt, daß der Transistor nur mit kleinen Wechselspannungen u_e und kleinen Wechselströmen i_e angesteuert wird, so daß im Aussteuerbereich gekrümmte Kennlinien, wie z. B. die Eingangskennlinie des Transistors, als Gerade angesehen werden dürfen. Andernfalls wären die Schaltelemente des Ersatzschaltbildes Funktion der jeweiligen Eingangsspannung.

Obwohl sich am Transistor physikalisch nichts ändert, wenn man ihn statt in Emitterschaltung in Basisschaltung betreibt, und daher in beiden Grundschaltungen dasselbe Ersatzschaltbild gilt, ist es für die Praxis zweckmäßig, dem Ersatzschaltbild in den beiden Grundschaltungen ein verschiedenes Aussehen zu geben.

a) Ersatzschaltbild für die Basisschaltung

Abb. 1.124a zeigt eine Darstellung des Transistors, aus dem die physikalische Arbeitsweise des Transistors noch klar erkennbar ist.

$r_{EB'}$ ≙ Durchlaßwiderstand der Emitterdiode,
r_{KK} = Sperrwiderstand der Kollektordiode,
$r_{BB'}$ = Bahnwiderstand der dünnen Basiszone zwischen innerer Basiszone und Anschlußelektrode,

αi_E ist ein Stromgenerator, d. h. eine Stromquelle unendlich hohen Innenwiderstandes, die den Strom αi_E liefert. Er deutet an, daß vom Kollektor ein Strom in die Basis fließt, der proportional zum Eingangsstrom i_E ist.

$g_{EK} u_{KB'}$ ist ebenfalls ein Stromgenerator, der einen der Kollektorspannung $u_{KB'}$ proportionalen Eingangsstrom liefert und die Rückwirkung des Ausgangs auf den Eingang nachbildet.

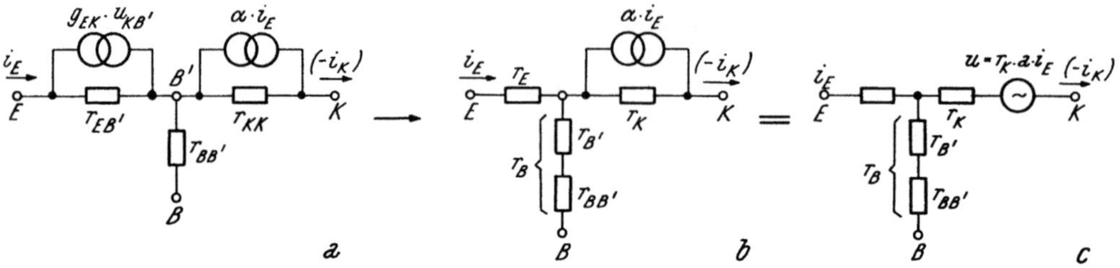

Abb. 1.124. Ersatzschaltbilder des Transistors in Basisschaltung. Typische Werte sind: $r_E = 20\,\Omega$, $r_k = 1\,\mathrm{M\Omega}$, $r_B = 400\,\Omega$, $a = 0{,}98$

Auf den Stromgenerator $g_{EK} u_{KB'}$ kann verzichtet werden, wenn man die Rückwirkungsspannung, die den Strom $g_{EK} u_{KB'}$ im Eingangskreis erzeugt, an einem Widerstand ($r_{B'}$) abfallen läßt. Dadurch entsteht das sogenannte T-Ersatzschaltbild des Transistors in Basisschaltung (Abb. 1.124b). Die zugehörige Tabelle enthält die Zusammenhänge zwischen neuen und alten Parametern.

Tabelle 1.7

$r_{B'} = g_{EK} \cdot r_{KK} \cdot r_{EB'}$	$r_{EB'} = r_E + \dfrac{(1-a)\, r_{B'} r_K}{r_{B'} + r_K}$
$r_K = r_{KK}(1 - g_{EK} r_{EB'})$	$\alpha = \dfrac{a r_K}{r_K + r_{B'}}$
$a = \dfrac{\alpha}{1 - g_{EK} r_{EB'}}$	$g_{EK} r_E = \dfrac{r_{B'}}{r_{B'} + r_K}$
$r_E = r_{EB'}(1 - g_{EK} r_{KK}(1 - \alpha - g_{EK} r_{EB'}))$	$r_{KK} = r_K + r_{B'}$

Abb. 1.124b ist gleichwertig mit Abb. 1.124c, da sich jede Spannungsquelle entweder als Stromgenerator mit Parallelwiderstand oder als Spannungsgenerator mit Serienwiderstand darstellen läßt (Abb. 1.125).

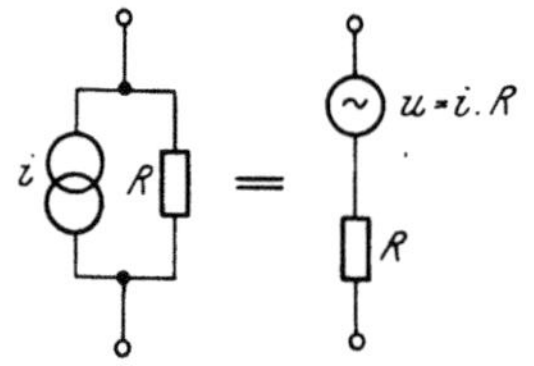

Abb. 1.125. Äquivalenz der Darstellung durch einen Strom- oder Spannungsgenerator

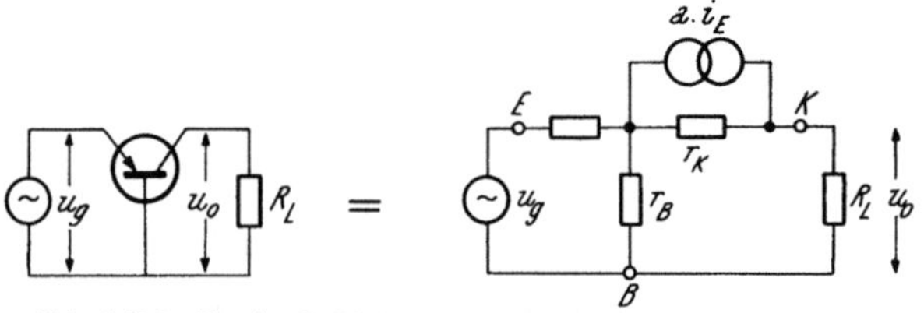

Abb. 1.126. Ersatzschaltbild eines einfachen Transistorverstärkers in Basisschaltung

Das T-Ersatzschaltbild erlaubt die Berechnung der Betriebsparameter (Verstärkung, Eingangs- und Ausgangsimpedanz) in Abhängigkeit von den äußeren Schaltelementen (vgl. Tab. 1.7). Für die Prinzipschaltung eines Transistorverstärkers Abb. 1.126 erhält man (nach einiger Rechnung) z. B. für die Spannungsverstärkung $v_u = \frac{a R_L}{r_E + r_B(1 - a)}$, was gegenüber Gl. (1.59) insofern genauer ist, als die Rückwirkung des Ausgangs auf den Eingang mitberücksichtigt ist.

b) Ersatzschaltbild für die Emitterschaltung

Wählt man in Abb. 1.125 statt der Basis den Emitter als Bezugspunkt, so erhält man das Ersatzschaltbild für die Emitterschaltung, das jedoch den Nachteil hat, daß der Kollektorstrom (Stromgenerator αi_E) eine Funktion des Emitterstromes und nicht des Eingangsstromes i_B ist. Dieser Nachteil läßt sich durch eine einfache Transformation beheben, die die Abb. 1.124a in das T-Ersatzschaltbild des Transistors in Emitterschaltung (Abb. 1.127a, b) überführt.

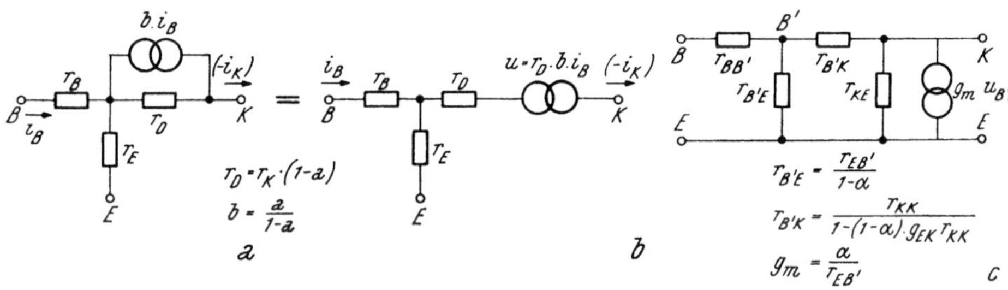

Abb. 1.127. T- und π-Ersatzschaltbild des Transistors in Emitterschaltung

Die Formeln für die Verstärkungs- und Impedanzwerte, die sich aus diesem Ersatzschaltbild ergeben, sind in Tab. 2.1, S. 196, zusammengestellt. Das Rechnen mit dem T-Ersatzschaltbild ist besonders dann vorteilhaft, wenn sich in der äußeren Basis- oder Emitterzuleitung Widerstände befinden (z. B. endlicher Generatorwiderstand, Emitterstromgegenkopplung), da diese Widerstände in den Formeln einfach zu r_B bzw. r_E dazu addiert zu werden brauchen. Neben dem T-Ersatzschaltbild ist in der Emitterschaltung auch das sogenannte π-Ersatzschaltbild gebräuchlich (Abb. 127c), das mit einigem schaltungstheoretischen Aufwand durch Transformation aus Abb. 1.124a gewonnen werden kann. Die Verknüpfung zwischen Ausgang und Eingang ist durch den Widerstand $r_{B'K}$ nachgebildet, durch den sich jede Spannungsänderung am Ausgang als Spannungs- oder Stromänderung am Eingang bemerkbar macht.

c) Hochfrequenzersatzschaltbilder und Frequenzverhalten des Transistors

Bei schnell wechselnden Eingangssignalen (höhere Signalfrequenz, Spannungssprünge) vermag das Ausgangssignal dem Eingangssignal nicht mehr streng zu folgen, da der Steuermechanismus des Transistors mit einer gewissen Trägheit behaftet ist. Hauptursache dieser Trägheit ist die lange Laufzeit der Ladungsträger in der elektrisch gut leitenden Basiszone, in der praktisch keine elektrische Feldstärke vorhanden ist, die die Ladungsträger vom Emitter zum Kollektor beschleunigt. Die Defektelektronen, die vom Emitter in die Basiszone injiziert werden, diffundieren lediglich auf Grund des Dichtegefälles vom Emitter zur Kollektorsperrschicht, wo sie schließlich von der Kollektorsperrschichtspannung erfaßt werden. Da jeder Diffusionsprozeß von Natur aus träge verläuft, machen sich Stromänderungen an der Emitterdiode (Eingang) nicht unmittelbar, sondern verzögert am Kollektor (Ausgang) bemerkbar; zwischen Eingangs- und Ausgangssignal tritt ein Phasenwinkel auf, der formal durch eine komplexe Stromverstärkung beschrieben werden kann.

Je dünner die Basiszone ist, um so kleiner ist der Weg, den die Ladungsträger vom Emitter zum Kollektor zurücklegen müssen, und um so besser ist das Frequenzverhalten des Transistors. Eine Möglichkeit, die Ladungsträger in der Basiszone zu beschleunigen, besteht in der inhomogenen Dotierung der Basisschicht mit einem Dotierungsgefälle vom Emitter zum Kollektor. Dadurch entsteht zusätzlich zum Diffusionsgefälle ein „Driftfeld", das die Hochfrequenzeigenschaften des Transistors stark verbessert (Drifttransistoren vgl. S. 88).

Die Trägheit des Transistors sowie der Einfluß der Sperrschichten läßt sich im Ersatzschaltbild Abb. 1.124 durch Einfügen zweier Kapazitäten berücksichtigen, die den Emitter bzw. Kollektor mit der inneren Basiszone verbinden. Meist ist bei hohen Frequenzen der Eingangskreisgenerator und der Kollektorwiderstand r_K vernachlässigbar, da die Kapazitäten die dominierende Rolle spielen (Abb. 1.128).

Durch das *RC*-Glied im Transistoreingang erleidet der Eingangsstrom eine frequenzabhängige Phasenverschiebung (vgl. *RC*-Glieder, S. 154), so daß der Übertragungsfaktor a bzw. wegen $a \approx \alpha$ auch die Kurzschlußstromverstärkung eine komplexe Größe wird, für die man unter Einführung der „Grenzfrequenz in Basisschaltung f_α" schreiben kann:

$$\alpha = \frac{\alpha_0}{1 + j\dfrac{f}{f_\alpha}} \tag{1.69}$$

α = Stromverstärkung bei der Frequenz f
α_0 = Stabile Stromverstärkung (gemessen meist bei 1 kHz)
f_α = Grenzfrequenz in Basisschaltung
f_α ist definiert als die Frequenz, bei der der Betrag der Kurzschlußstromverstärkung auf $1/\sqrt{2}$ abgesunken ist und hängt mit dem Eingangs-*RC*-Glied zusammen durch:

$$2\pi f_\alpha = 1/r_E C_{EB'} \tag{1.70}$$

Ableitung von Gl. (1.69):

Es ist: $\alpha = (-i_K)/i_E$ und $\alpha_0 = (-i_K)/i_{E_0}$

Da $i_E = i_{E_0} + i_{E_0} \cdot j\omega r_E C_{EB}$, folgt $\alpha/\alpha_0 = 1/(1 + j\omega r_E C_{EB'})$ bzw. $|\alpha/\alpha_0| = 1/\sqrt{1 + \omega^2 r_E^2 C_{EB'}}$

Wenn $|\alpha| = \frac{1}{\sqrt{2}}|\alpha_0|$, so folgt $\omega_\alpha = 1/r_E C_{EB'}$ und $\alpha/\alpha_0 = 1/(1 + jf/f_\alpha)$

Transformiert man die Kapazitäten von Abb. 1.128 auf die π-Schaltung der Emitterschaltung (Abb. 1.127c), so erhält man das Ersatzschaltbild von Giacoletto (Abb. 1.129), das bis etwa zur halben Grenzfrequenz f_α gültig ist. Bei hohen Frequenzen überwiegt der Einfluß der Rückwirkungskapazität bei weitem den des Widerstandes $r_{KB'}$. Wenn man zudem bei hohen Frequenzen mit kleinen Kollektorwiderständen arbeitet, um den Einfluß der Kollektorkapazität zu reduzieren, gilt mit guter Näherung das vereinfachte Schaltbild Abb. 1.129 II, das sich noch weiter vereinfachen läßt, wenn man die Rückwirkungskapazität durch die Miller-Kapazität ersetzt (Abb. 1.129 III). Wie die Kurzschluß-Stromverstärkung in Basisschaltung ist auch die Kurzschluß-Stromverstärkung in Emitterschaltung β eine frequenzabhängige komplexe Größe, für die man in Analogie zu α mit Einführung der Grenzfrequenz f_β in Emitterschaltung schreiben kann:

$$\beta = \frac{\beta_0}{1 + j\dfrac{f}{f_\beta}} \tag{1.71}$$

f_β ist bedeutend kleiner als f_α. Zum Beispiel ist für den Niederfrequenz-Transistor TF 66 $f_\alpha = 1\,\text{MHz}$ und $f_\beta = 15\,\text{kHz}$. Aus Abb. 1.128, 129 läßt sich als Beziehung zwischen f_α und f_β folgende Faustformel herleiten:

$$\frac{f_\beta}{f_\alpha} \approx \frac{\alpha_0}{\beta_0} \tag{1.72}$$

Durchschnittlich liegt also die Grenzfrequenz in Emitterschaltung um 1 bis 2 Größenordnungen unter der Grenzfrequenz in Basisschaltung.

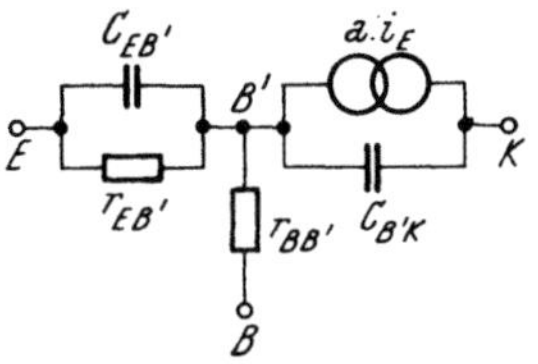

Abb. 1.128. Hochfrequenzersatzschaltbild für die Basisschaltung

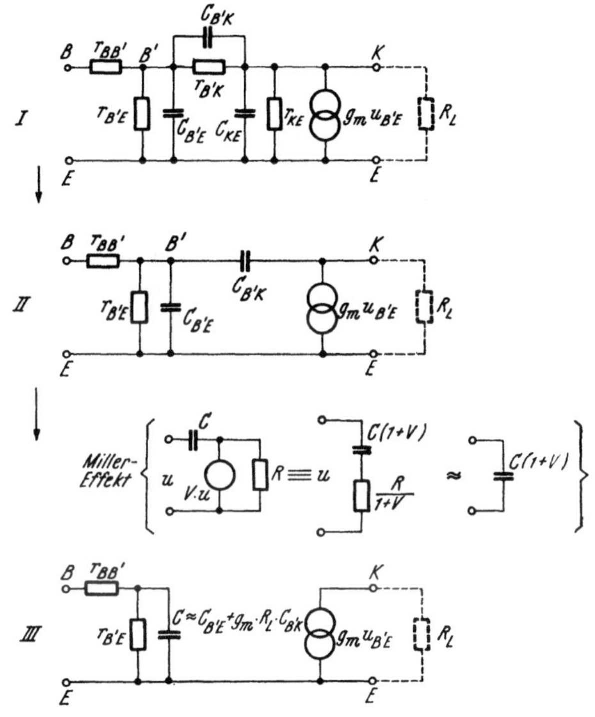

Abb. 1.129. Hochfrequenzersatzschaltbild für die π-Schaltung. *I* Ersatzschaltbild von Giacoletto, *II* und *III* Vereinfachungen für hohe Frequenzen. Typische Werte sind:

$g_{B'E} = 0{,}76\ \text{mS}$
$g_{B'K} = 0{,}5\ \mu\text{S}$
$g_{KE} = 15\ \mu\text{S}$
$g_m = 39\ \text{mS}$
$M_{BB'} = 75\ \Omega$
$C_{B'E} = 1000\ \mu\text{F}$
$C_{B'K} = 10{,}5\ \mu\text{F}$

H. *PNP*- und *NPN*-Transistoren

Wird im Gegensatz zum bisher besprochenen *PNP*-Transistor die Emitter- und Kollektorzone aus *N*-leitendem Halbleitermaterial und die Basiszone aus *P*-leitendem Halbleitermaterial hergestellt, so erhält man den sogenannten *NPN*-Transistor. Seine Funktionsweise entspricht vollkommen dem *PNP*-Transistor, wenn man die Rolle der Elektronen und Defektelektronen miteinander vertauscht. Insbesondere gelten alle oben besprochenen Kennlinien und Ersatzschaltbilder gleichermaßen für *PNP*- und *NPN*-Transistoren. Entsprechend der entgegengesetzten Polarität von Elektronen und Defektelektronen ergeben sich lediglich bei der Gleichstromversorgung Unterschiede, da die Polarität der Spannungsquellen zu vertauschen ist (Abb. 1.130).

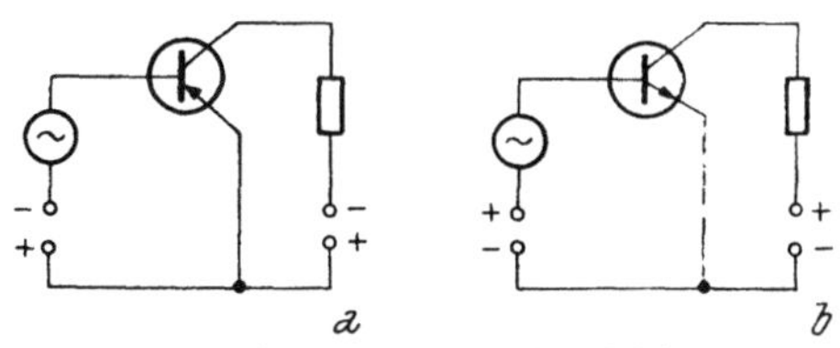

Abb. 1.130. Polarität der Basis- und Kollektorspannung für *PNP*- und *NPN*-Transistoren

Dasselbe Steuersignal ruft in den beiden Transistortypen entgegengesetzte Kollektorstromänderungen hervor. So steigt z. B. bei Anlegen einer negativen Basisspannung der Kollektorstrom im *PNP*-Transistor, während er im *NPN*-Transistor fällt. Dieses komplementäre Verhalten gestattet mitunter einen überraschend einfachen Aufbau von Gegentaktstufen, Multivibratoren und anderen Zwei-Transistor-Schaltungen. Für diese Zwecke sind sogenannte Komplementärtransistoren im Handel.

I. Transistor-Bauformen[1]

Die rasche Entwicklung der Transistortechnik führte in den letzten Jahren zu zahlreichen Herstellungsverfahren und Sonderformen von Transistoren, die alle drei Hauptziele verfolgen:

Erhöhung der Grenzfrequenz
Erhöhung der Belastbarkeit
Herabsetzung der Transistortoleranzen.

Während in den beiden ersten Punkten beste Fortschritte erzielt wurden, ist das Problem der Streuwerte noch ungelöst. Durch die hohen Fertigungstoleranzen treten innerhalb einer Transistortype beträchtliche Streuungen zwischen den einzelnen Transistorexemplaren auf, besonders was Stromverstärkung, Reststrom und Grenzfrequenz betrifft, weshalb in Datenblättern neben den Nennwerten auch die oberen und unteren Grenzen mit angegeben werden. Die Konstanz der Transistordaten eines einzelnen Exemplares über lange Zeiträume ist jedoch ausgezeichnet, so daß der Transistor der Elektronenröhre hinsichtlich Betriebssicherheit und Lebensdauer bei weitem überlegen ist.

Aus der großen Vielfalt von Herstellungsverfahren sollen nur die wichtigsten herausgegriffen werden:

Der *Legierungstransistor:* Nach dem Legierungsverfahren werden derzeit die meisten Transistoren hergestellt. Das Verfahren besteht darin, daß in ein dünnes *N*-leitendes Halbleiterplättchen, das später die Basis darstellt, von beiden Seiten eine Indiumpille eingeschmolzen wird. An der Grenzfläche legiert das Indium in das Germanium ein und bildet dort als Akzeptorelement zwei dünne *P*-leitende Zonen, die der Emitter- und der Kollektorzone entsprechen (Abb. 1.131).

Mit Hilfe des Legierungsverfahrens lassen sich in Transistoren Grenzfrequenzen bis zu 20 MHz erreichen. Um in höhere Frequenzgebiete vorzustoßen, muß der Legierungstyp in mehreren Richtungen verbessert werden:

Verkürzung der Laufzeit der Ladungsträger in der Basiszone

Kleine Kollektor- und Emitterkapazität

Kleinerer Basisanschlußwiderstand $R_{BB'}$, da dieser zusammen mit $C_{EB'}$ einen Tiefpaß bildet, der die hohen Frequenzen schwächt (vgl. Abb. 1.129).

Einen Fortschritt in dieser Hinsicht stellt der sogenannte *Drifttransistor* dar. Bei ihm wird das *N*-leitende Basisplättchen nicht mehr gleichmäßig, sondern in abgestufter Konzentration mit Donatoren versetzt, z. B. durch Eindiffundieren von Arsen auf der Emitterseite (Abb. 1.132). Durch den starken Dotierungsabfall (Dotierungsgradient) in Richtung Kollektor entsteht ein sogenanntes Driftfeld, das die Ladungsträger in der Basiszone beschleunigt und dadurch die Frequenzeigenschaften des Transistors verbessert. Die schwach dotierte, schlecht leitende Basisschicht in Kollektornähe hat eine kleine Kollektorkapazität zur

[1] Literatur: [G 9, G 11, T 9].

Folge; $R_{BB'}$ wird durch Anschluß der ringförmigen Basiselektrode an die hochdotierte Basiszone in Emitternähe klein gehalten.

Der *diffusionslegierte Transistor:* Bei diesem Verfahren werden zu Beginn des Herstellungsprozesses zwei Pillen auf ein *P*-leitendes Germaniumplättchen aufgesetzt, das später zum Kollektor wird (Abb. 1.133a). Die Emitterpille besteht aus Wismut, Aluminium und Arsen, die Basispille aus Wismut und Arsen. Bei Erhitzung diffundiert das leicht bewegliche Arsen in die Kollektorschicht ein.

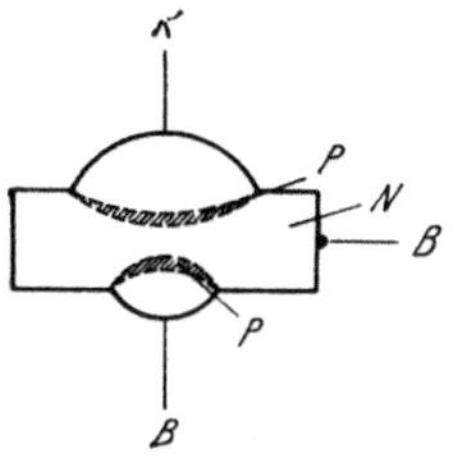

Abb. 1.131. Aufbau des Legierungstransistors

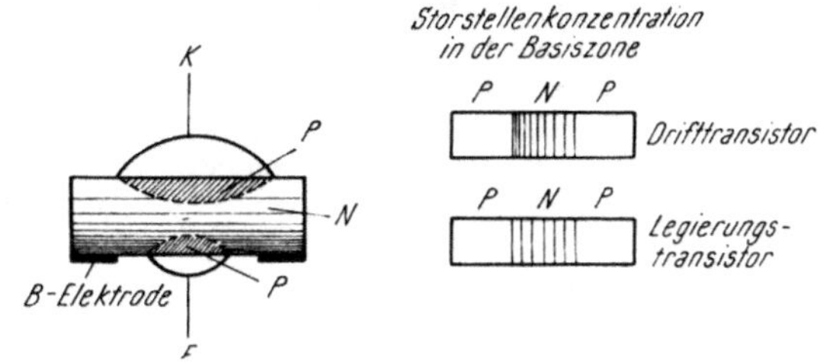

Abb. 1.132. Aufbau des Drifttransistors

Gleichzeitig verdampft etwas Arsen und diffundiert in Gasform in die gesamte übrige Oberfläche des Kollektorplättchens ein, wobei es eine inhomogen dotierte *N*-Schicht bildet. Beim Abkühlen legiert das Aluminium der Emitterpille in das Germanium ein und bildet die *P*-leitende Emitterzone, die auf der *N*-Zone der Basis aufsitzt (Abb. 1.133b). Die überflüssigen Teile werden anschließend weggeätzt. Der diffusionslegierte Transistor arbeitet bis weit in das UKW-Gebiet.

Der *Mesa-Transistor:* Eine weitere Frequenzverbesserung und Leistungssteigerung erreicht man mit Hilfe der Mesa-Technik. Ein *P*-leitendes Germanium-Plättchen (Kollektor) wird durch Eindiffundieren von Antimon mit einer *N*-leitenden inhomogen dotierten Schicht überzogen, auf die eng nebeneinander zwei Streifen aus Aluminium (Emitter) und aus Gold-Antimon (Basis) aufgedampft werden (Abb. 1.134a). Durch Einlegieren des Aluminiums entsteht die *P*-leitende Emitterzone. Nach Beendigung dieses Prozesses werden alle überflüssigen Teile weggeätzt, damit die schädlichen Kapazitäten (besonders $C_{BK'}$) verkleinert werden. Transistoren dieser Bauweise besitzen α-Grenzfrequenzen bis etwa 800 MHz.

Der *Epitaxial-Transistor:* Zum Unterschied zum Mesa-Transistor wird die Basisschicht nicht auf das hochdotierte *P*-Germanium der Kollektorgrundplatte aufgebracht, sondern erst unter Zwischenschaltung einer schwach dotierten *P*-Zone (Abb. 1.134b). Durch Zwischenschalten dieser hochohmigen Schicht werden die Kollektor-Basis-Kapazität weiter verkleinert und die Schalt- und Frequenzeigenschaften des Transistors weiter verbessert.

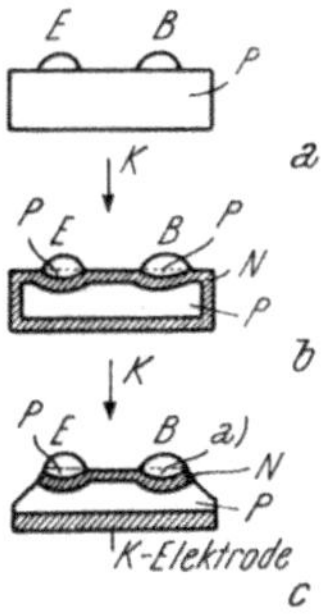

Abb. 1.133. Diffusionslegierter Transistor

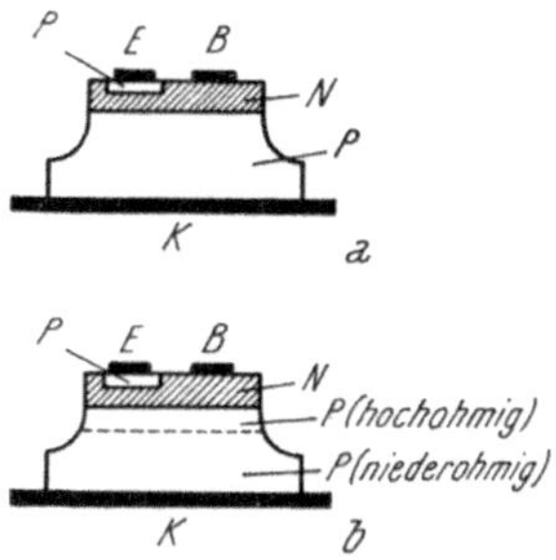

Abb. 1.134. a) Mesatransistor, b) Epitaxialtransistor (Prinzip)

Bevor auf weitere Halbleiterbauelemente und Verstärkerelemente eingegangen wird, seien in Tab. 1.8 die Vor- und Nachteile der zwei wichtigsten Verstärkerelemente in der Elektronik noch übersichtlich zusammengestellt.

Tabelle 1.8. *Vor- und Nachteile des Transistors gegenüber der Elektronenröhre*

Vorteile	Nachteile
Kleiner Leistungsverbrauch	Kleine Ausgangsleistung bei hohen Frequenzen
Kleine Betriebsspannungen	Temperaturempfindlichkeit
Geringe Wärmeentwicklung	Bedarf an Steuerleistung
Keine Heizleistung	Nichtlineare Kennlinien
Sofortige Betriebsbereitschaft	Innere Rückwirkung
Hohe Konstanz der Kenndaten	Große Fertigungstoleranzen
Hohe Lebensdauer	
Kleine Abmessungen	
Geringes Gewicht	
Stoßfestigkeit	
Mechanische Stabilität	

1.3.4 Transistorähnliche Halbleiterbauelemente

A. Das Technetron

Das Technetron ist eine Halbleitertriode, die auf Grund ihrer Eigenschaften eher mit einer Elektronenröhre als mit einem Transistor zu vergleichen ist. Sie weist folgende hervorstechende Merkmale auf:

hoher Eingangswiderstand	(0,5 bis 5 MΩ)
hoher Innenwiderstand	(1 MΩ)
hohe Grenzfrequenz	(einige 100 MHz)

Abb. 1.135 zeigt den Aufbau eines Technetrons. An den Enden eines 2 mm langen und 0,4 mm dicken, N-leitenden Germaniumstäbchens sind zwei Elektroden A und K sperrschichtfrei angebracht, die als Katode und Anode bezeichnet werden. In der Mitte, wo sich das Stäbchen verengt, wird als dritte Elektrode (Gitter) Indium eindiffundiert. Legt man an die Anode eine positive Spannung (30 bis

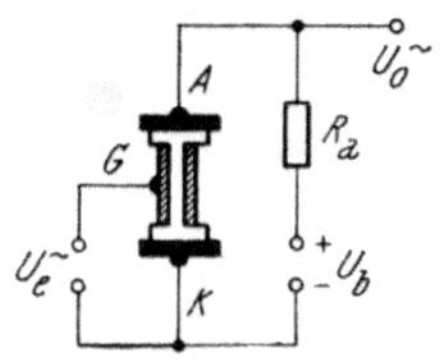

Abb. 1.135. Aufbau des Technetrons

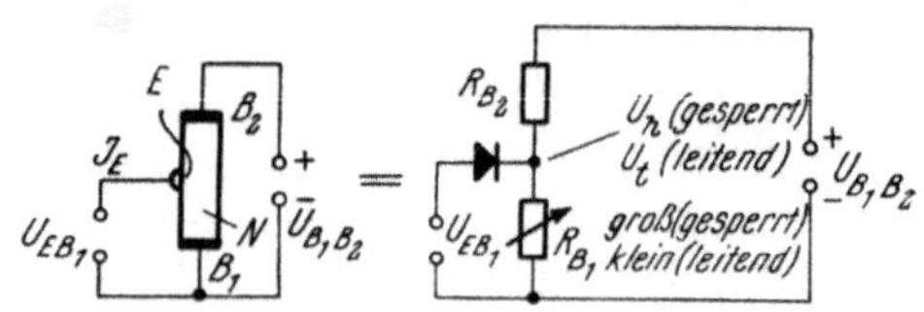

Abb. 1.136. Doppelbasisdiode und ihr Ersatzschaltbild

100 V), so fließen von der Katode zur Anode Elektronen durch den Halbleiterkristall. Liegt das Gitter an einer zweiten Spannungsquelle, so entsteht zwischen Gitter und Anode bzw. Katode ein elektrisches Feld, das die Stärke des Elektronenstromes in deutlicher Weise beeinflußt wie in der Elektronenröhre das Feld zwischen Gitter und Katode. Die Steuerung erfolgt praktisch leistungslos (I_g einige μA). Da die benötigte Steuerfeldstärke um so kleiner ist, je dünner der Durchmesser des Stäbchens ist, muß zwischen Empfindlichkeit und zulässigem Anodenstrom

(Ausgangsleistung) ein Kompromiß geschlossen werden. Die Daten zweier Technetrons zeigt Tab. 1.9.

Tabelle 1.9

	THP 170	THP 171
Eingangswiderstand	0,5 MΩ	5 MΩ
Innenwiderstand	1 MΩ	1 MΩ
Maximale Anodenverlustleistung	50 mW	80 mW
Maximaler Anodenstrom	1,25 mA	2 mA
Anodenspannung	50 V	80 V
Steilheit	0,07 mA/V	0,07 mA/V
Grenzfrequenz	—	110 MHz

B. Die Doppelbasisdiode (*S*-Transistor, Unijunction-Transistor)[1]

Die Doppelbasisdiode ist ein Halbleiterbauteil mit drei Elektroden, die wie die Tunneldiode ein negatives Kennlinienstück besitzt und infolgedessen in Oszillatoren, Impulsgeneratoren und Impulsformerschaltungen eingesetzt werden kann.

Die Doppelbasisdiode besteht aus einem *N*-leitenden hochohmigen Halbleiterplättchen, auf das zwei Kontakte B_1 und B_2 sperrschichtfrei aufgesetzt sind. In der Nähe von B_2 wird ein dritter Kontakt E (Emitter) so angebracht, daß sich an der Grenzfläche eine Sperrschicht ausbildet, die als Diode wirkt.

Wenn die Emitterleitung unterbrochen wird, so wirkt das Halbleiterplättchen zwischen B_1 und B_2 als rein ohmscher Spannungsteiler (siehe Abb. 1.136; R_{B1} etwa 5 kΩ), der vom Strom $I_{B_1B_2}$ (etwa 10 mA) durchflossen wird.

Wenn U_{EB_1} (Spannung der Signalquelle zwischen Emitter und B_1) kleiner ist als die an R_{B_1} abfallende Spannung U_h, so ist die Sperrschicht bei E in Sperrichtung gepolt und der Emitterstrom fast Null. Steigt jedoch U_{EB_1} über U_h, so wird die Diode in Durchlaßrichtung gepolt; die vom Emitter injizierten Defektelektronen überschwemmen die schwachdotierte Strecke zwischen E und B_1, so daß der Widerstand R_{B_1} mit zunehmendem Emitterstrom immer kleiner wird und die Spannung zwischen E und B_1 trotz steigenden Stromes sinkt (fallender Teil der Kennlinie Abb. 1.137a). Bei hohen Strömen geht die Kennlinie in den üblichen Strom-Spannungsverlauf einer Halbleiterdiode über, wobei R_{B_1} in diesem Bereich einen Widerstand von etwa 50 Ω besitzt.

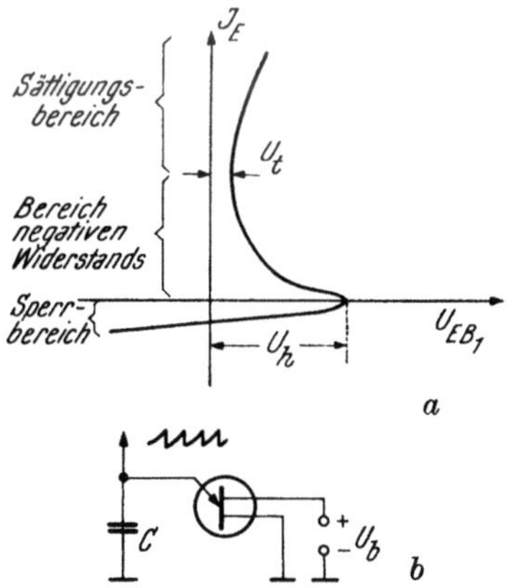

Abb. 1.137. a) Kennlinie einer Doppelbasisdiode, b) Sägezahngenerator mit einer Doppelbasisdiode

Die Strecke E–B_1 weist eine Ähnlichkeit mit der Glimmröhre auf: Bei Überschreiten einer gewissen Spannung U_h (bei Glimmröhren Zündspannung U_z) bricht der Widerstand zusammen und die Spannung sinkt auf einen kleinen Wert U_t (bei Glimmröhren Brennspannung U_B). Das Verhältnis von U_h zu U_t beträgt etwa 5:1.

Von den vielseitigen Anwendungsmöglichkeiten sei lediglich eine Schaltung zur Erzeugung von Sägezahnspannungen herausgegriffen, die ein gutes Beispiel dafür gibt, wie weit sich der Schaltungsaufwand gegenüber der Röhrentechnik

---

[1] Literatur: [C 4, R 14].

mit Hilfe der Halbleiterbauelemente verringern läßt (Abb. 1.137b). Durch den Sperrstrom zwischen E und B_2 wird der Kondensator C allmählich aufgeladen. Erreicht die Kondensatorspannung den kritischen Wert U_h, so wird die Emitterdiode leitend. Der Widerstand zwischen E und B_1 sinkt und entlädt den Kondensator. Am Ende der Entladung geht der Diodenstrom zurück und die Doppelbasisdiode kippt in ihren gesperrten Zustand zurück. Da die Übergangszeiten unterhalb 1 µs liegen, lassen sich sehr hohe Schaltgeschwindigkeiten erzielen, die der Doppelbasisdiode eine weite Verwendung in Zählketten, Multivibratoren und mono- und bistabilen Schaltungen sichern.

C. Die Vierschichtdiode[1]

Die Vierschichtdiode ist ein zweipoliges Halbleiterelement mit ausgeprägten Schaltereigenschaften. Im gesperrten Zustand besitzt sie einen Innenwiderstand von 10 MΩ bis über 100 MΩ, im leitenden Zustand einen Widerstand von einigen Ω. Die Umschaltung von einem Zustand zum andern wird durch Erhöhen oder Erniedrigen der Klemmenspannung durchgeführt; die Umschaltzeit ist kleiner als 0,1 µs.

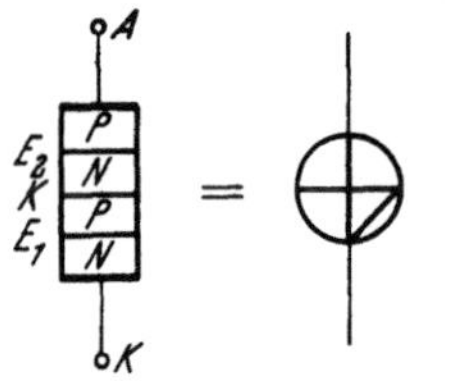

Abb. 1.138. Aufbau und Schaltsymbol der Vierschichtdiode

Die Vierschichtdiode besteht aus vier Schichten unterschiedlichen Leitungstypes des Siliziums, die in der Reihenfolge *PNPN* angeordnet sind. An den inneren Grenzflächen bilden sich drei *PN*-Übergänge aus. Die äußeren Elektroden A und K (Anode und Katode) sind sperrschichtfrei aufgebracht (Abb. 1.138).

Bei Anlegen einer kleinen positiven Spannung an die Anode sind die Übergänge E_1, E_2 (Emitter) in Durchlaßrichtung, der mittlere Übergang K (Kollektor) jedoch in Sperrichtung gepolt. Es kann daher nur ein kleiner Sperrstrom durch die Vierschichtdiode fließen. Ihr Widerstand ist sehr groß.

Beim Erhöhen der Anodenspannung steigt in gleicher Weise die Spannung an der Kollektorsperrschicht, bis die Durchschlagspannung (Zener-Spannung) erreicht ist und der Sperrstrom lawinenartig ansteigt. Im Gegensatz zur Zener-Diode ist jedoch die Sperrschichtspannung nicht konstant oder leicht ansteigend, sondern bricht auf einen viel kleineren Wert zusammen (Abb. 1.139; strichlierter Teil der Kennlinie). Diese Erscheinung ist der Wirkungsweise der beiden Emitter zuzuschreiben. In analoger Weise, wie der Emitter im Transistor Ladungsträger in den Basisraum injiziert, injizieren nämlich die beiden Emitter E_1 und E_2 bei Auftreten des Zener-Stromes Elektronen bzw. Defektelektronen in die angrenzenden Schichten und überschwemmen die Kollektorschicht mit Ladungsträgern. In der Folge wird daher der Stromfluß durch die Kollektorsperrschicht nicht mehr durch den Zener-Effekt, sondern durch die Gegenwart einer großen Anzahl von Ladungsträgern im Kollektorraum verursacht. Die Diodenspannung bricht auf Uh (Abb. 1.139) zusammen und der Diodenstrom wird nur mehr durch den äußeren Vorwiderstand bestimmt.

Anschaulich kann man sich die Wirkungsweise klarmachen, wenn man sich die Vierschichtdiode in zwei komplementäre Transistoren und eine Zener-Diode zerlegt denkt (Abb. 1.140). Die Emitterdioden von T_1 und T_2 sind stets in Durchlaßrichtung gepolt. Bei kleineren Spannungen ist die Zener-Diode gesperrt; es fließt nur ein kleiner Sperrstrom. Bricht die Zener-Diode jedoch bei höheren

[1] Literatur: [M 9, S 27, K 31].

Spannungen durch, so fließt über die Emitterstrecken der Transistoren ein hoher Basisstrom des komplementären Transistors. Dadurch steigen die Kollektorströme und wegen der gegenseitigen Verbindung von Kollektor und Basis damit auch die Basisströme. Dieser Aufschaukelungsprozeß steuert die beiden Transistoren schlagartig auf, und der Strom muß durch einen äußeren Widerstand begrenzt werden.

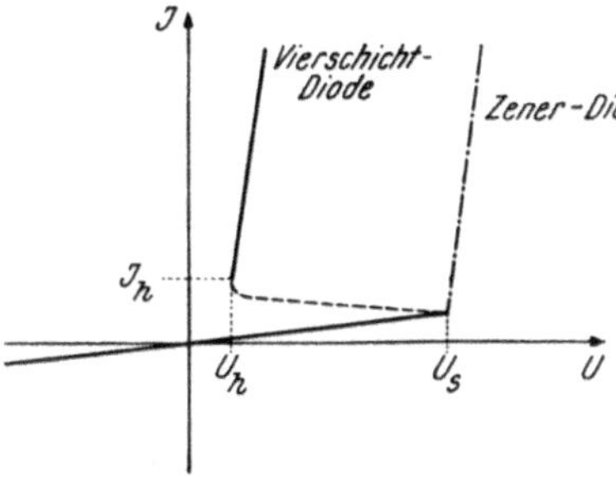

Abb. 1.139. Kennlinie der Vierschichtdiode

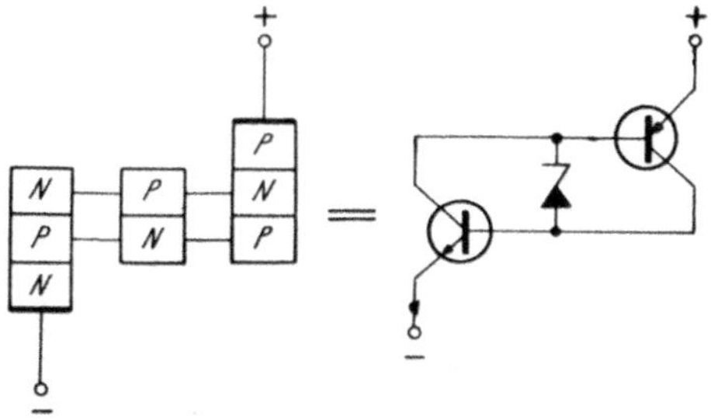

Abb. 1.140. Darstellung der Vierschichtdiode als Kombination eines *PNP*-, eines *NPN*-Transistors und einer Zener-Diode

Die Vierschichtdiode kippt erst dann wieder in den gesperrten Zustand zurück, wenn die Anodenspannung weggenommen oder der Diodenstrom unter den sogenannten Haltestrom *Ih* abgesenkt wird.

Als Anwendungsbeispiel sei die Schaltung eines Sägezahngenerators erwähnt, der sich ebenso wie die entsprechende Schaltung mit der Doppelbasisdiode durch geringen Schaltungsaufwand auszeichnet (Abb. 1.141). Über den Widerstand *R* lädt sich *C* so lange auf, bis die Kondensatorspannung den Wert der Schaltspannung *Us* erreicht hat. In diesem Moment zündet die Vierschichtdiode und der Kondensator *C* entlädt sich über die Diode, bis der Entladestrom den Haltestrom unterschreitet und die Diode in den gesperrten Zustand zurückkippt. Da die Schaltgeschwindigkeit der Vierschichtdiode sehr groß ist, lassen sich Frequenzen bis zu einigen MHz erreichen.

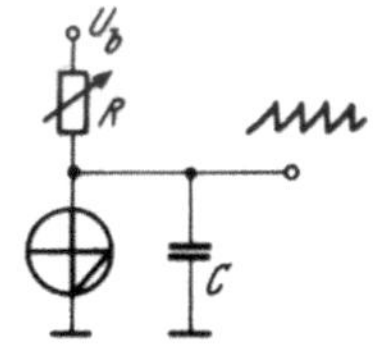

Abb. 1.141. Sägezahngenerator

Vierschichtdioden lassen sich auch leicht mit kurzen Impulsen in den leitenden Zustand überführen, wie dies z. B. bei getriggerten Sägezahngeneratoren erwünscht ist. Zu diesem Zweck setzt man die Betriebsspannung *Ub* etwas unter die Schaltspannung *Us* herunter, so daß man mit Impulsen der Höhe *Us*–*Ub* die Vierschichtdiode zünden kann. Der erforderliche Impulsstrom liegt unter 0,5 mA. Die Schaltspannung *Us* ist relativ konstant und ändert sich bis zu 60 °C mit der Temperatur. Hingegen hängt sie von der Anstiegsgeschwindigkeit der Auslöseimpulse ab. Bei Anstiegsgeschwindigkeiten von etwa 10 V/µs durchfließt ein kapazitiver Verschiebungsstrom die Kollektorsperrschicht, der den Lawineneffekt vorzeitig in Gang bringt und die Schaltspannung um einige Volt reduzieren kann.

Da die Vierschichtdiode Dauerströme bis zu 5 A verträgt, für Schaltspannungen zwischen 20 und 200 V ausgelegt ist, sehr kurze Schaltzeiten benötigt und eine hohe mechanische und elektrische Stabilität aufweist, kann sie in einigen Schaltungen der Impulselektronik mit Vorteil an Stelle von Relais, Röhren, Ionenröhren und Transistoren eingesetzt werden. Die folgende Tabelle gibt einen Überblick über die charakteristischen Kenndaten von Vierschichtdioden:

Tabelle 1.10

Type	4 D 20–3	4 D 20–30	4 D 200–3	4 J 200–5
Schaltspannung U_s	20 ± 4 V	20 ± 4 V	200 ± 20 V	200 ± 20 V
Schaltstrom I_s	< 125 µA	< 125 µA	< 125 µA	< 250 µA
Haltespannung U_h	etwa 1 V	etwa 1 V	etwa 1 V	etwa 1 V
Haltestrom I_h	1 bis 6 mA	19 bis 24 mA	1 bis 6 mA	1 bis 10 mA
Sperrstrom bei $0{,}75 \cdot U_s$	< 15 µA	< 15 µA	< 15 µA	< 35 µA
Durchlaßstrom $I_{\max}$	2 A	2 A	2 A	5 A
Differentieller Durchlaßwiderstand bei $I_{\max}$	0,3 Ω	0,3 Ω	0,3 Ω	0,3 Ω
Schaltzeit	0,1 µs	0,1 µs	0,1 µs	0,1 µs

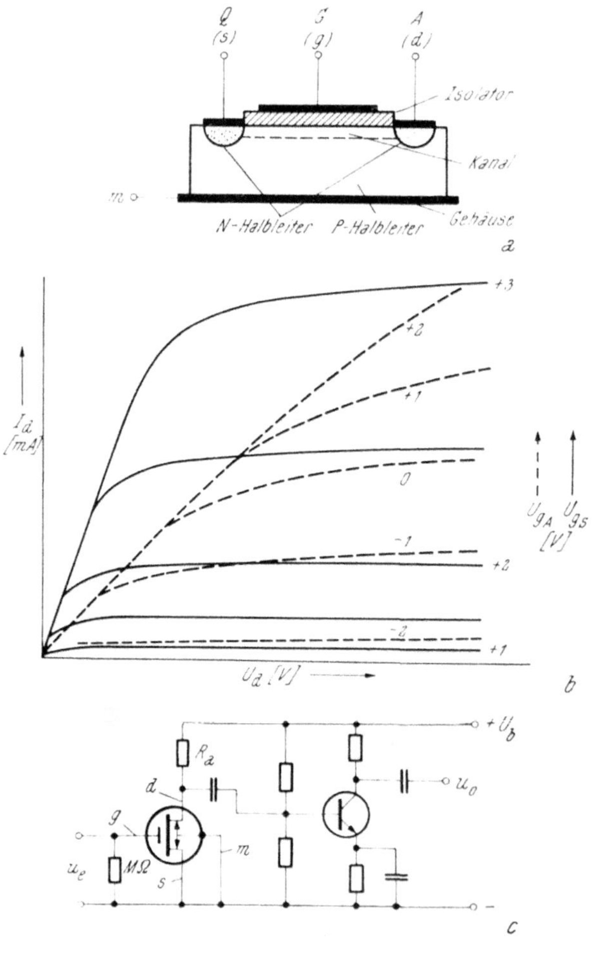

Abb. 1.142 a bis c. Aufbau, Kennlinienfeld und Schaltungsbeispiel eines MOS FET

D. Der MOS-Feldeffekt-Transistor

Das Prinzip des Feldeffekt-Transistors wurde bereits beim Technetron besprochen. Die hohe Isolation der Steuerelektrode (bis zu 10^9 Ω) wird beim normalen Feldeffekt-Transistor durch eine entsprechende Vorspannung des *p-n*-Überganges erreicht. Beim MOS FET (*M*etal *O*xide *S*emi-Conductor *F*ield *E*ffect *T*ransistor) ist die Steuerelektrode vom Siliziumhalbleiter durch eine isolierende Schicht von Siliziumdioxyd SiO_2 getrennt. Dadurch können sehr hohe Eingangswiderstände in der Größenordnung von 10^{15} Ω erzielt werden. Abb. 1.142a zeigt den prinzipiellen Aufbau. Die der Katode entsprechende Elektrode wird als Quelle (source), das Gitter als Gatter (gate) und die Anode als Abzug (drain) bezeichnet. Eine Ladung des Gatters erzeugt eine gleich große entgegengesetzt gepolte Ladung unterhalb desselben, welche die beiden hochdotierten Quell- und Abzugselektroden kanalartig verbindet. Ist dieser leitende Kanal auch bei Abwesenheit von Elektrodenspannungen vorhanden, so spricht man von einem Ausschöpfungstyp (depletion type) *A*, wird er dagegen erst durch eine entsprechende Gatterspannung erzeugt, so hat man es mit einem Steigerungstyp (enhancement type) *S* zu tun.

Die beiden Typen unterscheiden sich wesentlich in ihrer Wirkungsweise, wie die Kennlinienfelder Abb. 1.142b zeigen. Beim *A*-Typ liegt die Kennlinie für die Gatterspannung Null ungefähr in der Mitte des Feldes, während sie beim *S*-Typ beinahe mit der Abszisse zusammenfällt. Bei Abwesenheit einer Gatterspannung stellen Quell- und Abzugselektrode des *S*-Typs zwei vollkommen getrennte Dioden dar, was besonders bei Anwendungen für Schaltzwecke Bedeutung hat. Die wichtigste Anwendung des MOS FET ist jedoch die Impedanztransformation. Infolge seines hohen Eingangswiderstandes läßt er sich in vielen Schaltungen verwenden, die bisher der Elektronenröhre vorbehalten waren, so ist er u. a. durchaus in der Lage, die Elektrometerröhre zu ersetzen. Ein typisches Anwendungsbeispiel zeigt die Abb. 1.142c. Hier dient ein MOS FET vom *A*-Typ zur Anpassung eines hohen Signaleingangswiderstandes an den niedrigen Eingangswiderstand einer Transistorverstärkerstufe. Ein noch höherer Eingangswiderstand ließe sich mit einer Abzugsgrundschaltung (Quellenfolger) erreichen. Infolge seiner niedrigen Eingangskapazität von wenigen pF eignet er sich auch für Hochfrequenzschaltungen, wobei meist eine Cascode verwendet wird.

E. Der steuerbare Gleichrichter
(Vierschichttriode, Thyristor, Si-Stromtor)[1]

Versieht man die innere *P*-leitende Si-Schicht der Vierschichtdiode mit einem eigenen Anschluß, so erhält man den sogenannten steuerbaren Gleichrichter (Abb. 1.143a, b). Er verhält sich wie eine Vierschichtdiode, doch ist ein Zünden der Diode bereits unterhalb der Schaltspannung U_S möglich, indem man durch Anlegen einer positiven Spannung an die neue Anschlußelektrode („Tor") die Katoden-*P*-Schicht zum Injizieren bringt (Abb. 1.144). Da die Strom-Spannungs-Charakteristik der Katoden-Tor-Strecke der einer Halbleiterdiode in Durchlaßrichtung entspricht, reichen hierzu 2 bis 3 V und etwa 10 mA Steuersignal aus. Ist die Anoden-Ka-

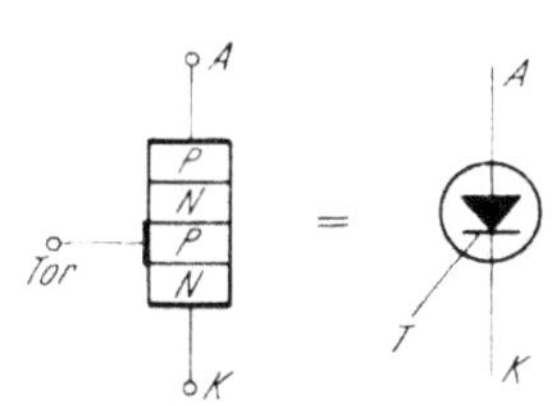

Abb. 1.143a. Aufbau und Schaltsymbol des steuerbaren Gleichrichters

Abb. 1.143b. Ausführungsformen von steuerbaren Gleichrichtern (Philips)

toden-Strecke einmal gezündet, so verliert das Tor jede Steuerfähigkeit und der Strom durch den steuerbaren Gleichrichter muß durch einen äußeren Widerstand begrenzt werden. Ein Zurückkippen des steuerbaren Gleichrichters in den gesperrten Zustand kann wie bei der Vierschichtdiode nur dadurch

[1] Literatur: [M 9, M 14].

erfolgen, daß die Anodenspannung weggenommen wird oder der Gleichrichterstrom unter den Haltestrom heruntergedrückt wird. Ersteres ist z. B. in allen Wechselstromschaltungen im Moment der Richtungsumkehr der Anodenspannung der Fall.

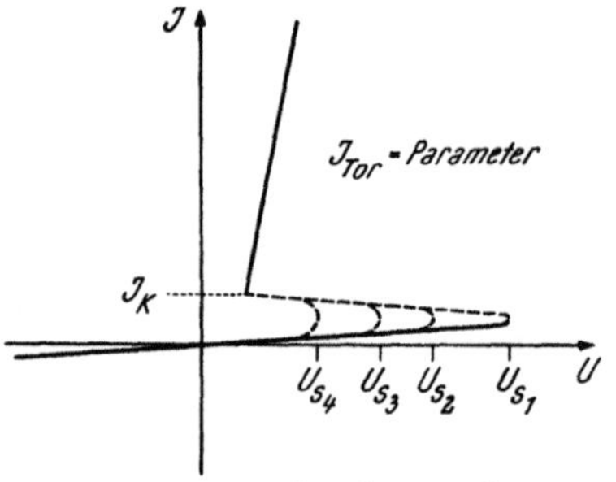

Abb. 1.144. Kennlinie des steuerbaren Gleichrichters

Der steuerbare Gleichrichter hat gegenüber dem normalen Si-Gleichrichter den Vorteil, daß der Stromfluß durch den Gleichrichter nicht automatisch durch die Polarität der Anodenspannung festgelegt ist, sondern daß Beginn und Dauer des Stromflusses und damit die Höhe der gleichgerichteten Wechselstromleistung durch entsprechende Ansteuerung des Tores in weiten Grenzen variiert werden kann (Anschnittsteuerung, vgl. S. 40).

Der steuerbare Gleichrichter ist das Halbleiteranalogon zum Thyratron, das ebenfalls durch eine Spannung am Gitter gezündet werden kann, noch ehe die Anodenspannung die Zündspannung der Hauptstrecke erreicht. Auch das Gitter verliert wie das Tor nach erfolgter Zündung seinen Einfluß auf den Anodenstrom. Gegenüber dem Thyratron weist der steuerbare Gleichrichter jedoch folgende bestechende Vorteile auf:

Kleiner Gleichstromwiderstand im leitenden Zustand, daher kleiner innerer Spannungsabfall (< 1 V)
geringe Wärmeentwicklung
keine Heizleistung, sofortige Betriebsbereitschaft
bedeutend höhere Schaltgeschwindigkeit
elektrisch und mechanisch stabil
kleine Abmessungen
hohe Lebensdauer.

Die Schaltungstechnik für Thyratron und steuerbaren Gleichrichter in Gleichrichterschaltungen, Anschnittsteuerungen usw. ist praktisch identisch, so daß hinsichtlich der Gewinnung der Steuerspannung die gleichen Gesichtspunkte gelten.

Schaltungsbeispiele: Abb. 1.145 zeigt die Verwendung des steuerbaren Gleichrichters als Gleichstromrelais. Soll die Last R_L mit der Stromquelle U_b verbunden werden, dann ist das Tor kurzzeitig auf eine gegenüber der Katode positive Spannung zu bringen (z. B. kurzer positiver Impuls, in Abb. 1.145 Druckknopfschalter). Dadurch zündet der Gleichrichter und an R_L liegt die volle Betriebsspannung. Um den Gleichrichter zu löschen, schaltet man kurzzeitig den Kondensator C, der sich während der stromleitenden Phase u über R_1 auf die Betriebsspannung aufgeladen hat, an Masse. Dadurch wird an der Anode des Gleichrichters für einige μs eine negative Spannung wirksam, die den Gleichrichter in den gesperrten Zustand überführt.

Abb. 1.146 zeigt die Verwendung zweier steuerbarer Gleichrichter als Wechselstromrelais. Während der positiven Halbwelle der Betriebsspannung ist G_1, während der negativen Halbwelle G_2 leitend, wenn zwischen den Steuerklemmen A, B eine positive Kontrollspannung liegt. Die eingezeichneten Dioden verhindern einen Kurzschluß der beiden gesteuerten Gleichrichter sowie eine direkte Verbindung der beiden Tore.

Abb. 1.147 zeigt eine Einweggleichrichterschaltung mit Anschnittsteuerung durch den Phasenschieber CR, welcher eine Verschiebung des Torstromes zwischen

0° und 180° gegenüber der Anodenspannung erlaubt. Je kleiner der Stromflußwinkel des steuerbaren Gleichrichters, um so geringer ist die an R_L abgegebene Leistung.

Nachfolgend sind einige charakteristische Daten von steuerbaren Gleichrichtern tabelliert.

Spitzenspannung	25 bis 400 V
mittlerer Durchlaßstrom	bis 16 A
maximaler Stromstoß	150 A
maximaler Sperr- oder Durchlaßreststrom	5 mA
maximaler Durchlaßspannungsabfall	<1 V
maximaler Torstrom	25 mA
maximale Torspannung	3 V
Torstrom bei Torspannung 1,5 V	10 mA.

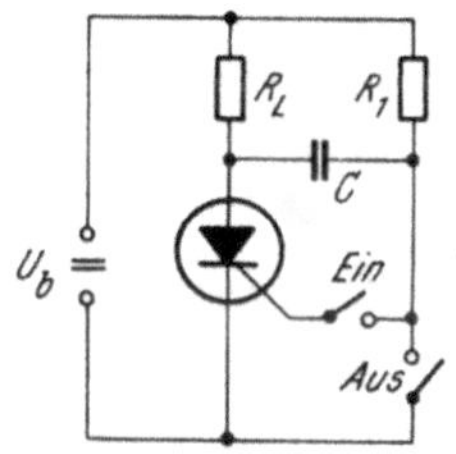

Abb. 1.145. Gleichstromrelais

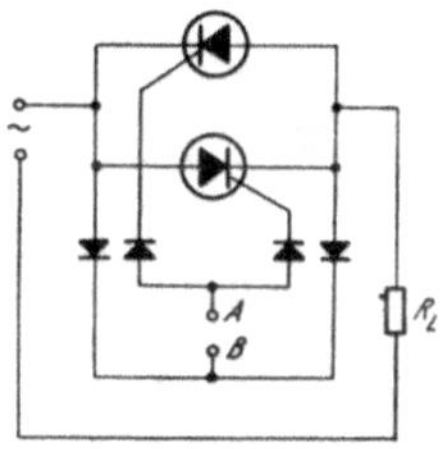

Abb. 1.146. Wechselstromrelais

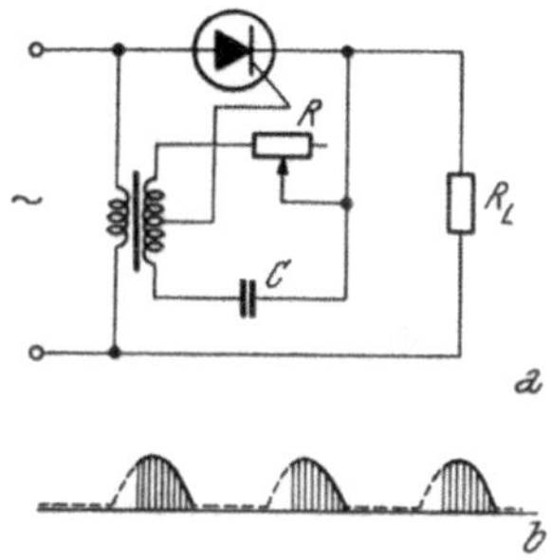

Abb. 1.147. Anschnittsteuerung

F. Der Transwitch

Diese Weiterentwicklung des steuerbaren Gleichrichters hat den Vorteil, daß durch einen Spannungsimpuls am Tor nicht nur eingeschaltet, sondern auch abgeschaltet werden kann. Durch Herabsetzung der Empfindlichkeit des Tores ist es möglich, über das Tor soviel Strom abzuziehen, daß die Vierschichtdiode gegelöscht wird. Auf Grund dieser Eigenschaft stellt der Transwitch einen bistabilen Multivibrator bzw. Schmitt-Trigger dar und kann prinzipiell die entsprechende Zwei-Röhren- oder Zwei-Transistoren-Schaltung ersetzen.

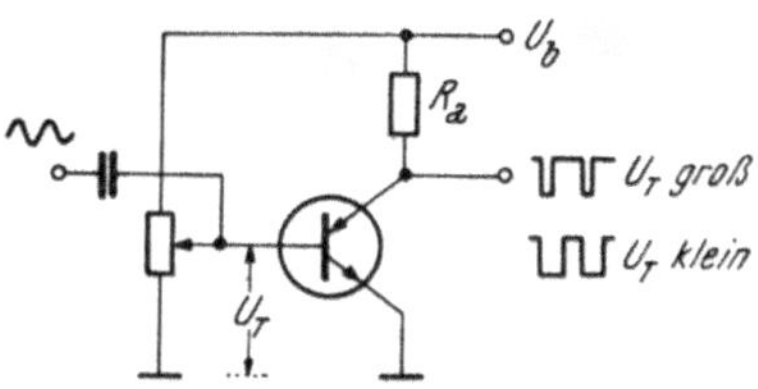

Abb. 1.148. Transwitch-Schmitt-Trigger

Abb. 1.148 zeigt eine Schaltung, in der eine Sinuswelle in eine Rechteckspannung umgeformt wird. Mit Hilfe des Potentiometers kann der Gleichstrompegel des Tores und damit der Umkipp-Punkt entlang der Sinuswelle bzw. das Tastverhältnis der Ausgangsspannung eingestellt werden.

Der Transwitch wird in Ausführungen bis zu 200 V Anodenspannung und 100 mA Durchlaßstrom geliefert. Torspannung bzw. Torstrom zum Einschalten betragen 1 V bzw. 1 mA, die entsprechenden Werte für das Ausschalten sind −5 V bzw. −10 mA. Der Haltestrom beträgt je nach Type 5 bis 10 mA, die Sättigungsanodenspannung etwa 1,5 V. Die Schaltzeiten liegen unter 0,2 µs.

G. Der Binistor

Versieht man die vierte Schicht eines steuerbaren Gleichrichters ebenfalls mit einem Anschluß, so erhält man ein Bauelement mit großer Vielseitigkeit, den sogenannten Binistor, der als binäres Element, Schalter, Speicherelement usw. geeignet ist.

Das Äquivalentschaltbild des Binistors besteht aus zwei Komplementärtransistoren mit gegenseitigen Querverbindungen zwischen Kollektor und Basis (Abb. 1.149). Der wesentliche Teil ist der *NPN*-Transistor, so daß die vierte Elektrode (Emitter des *PNP*-Transistors) im Schaltsymbol des Binistors lediglich als „Injektor" auf den *NPN*-Transistor aufgesetzt erscheint.

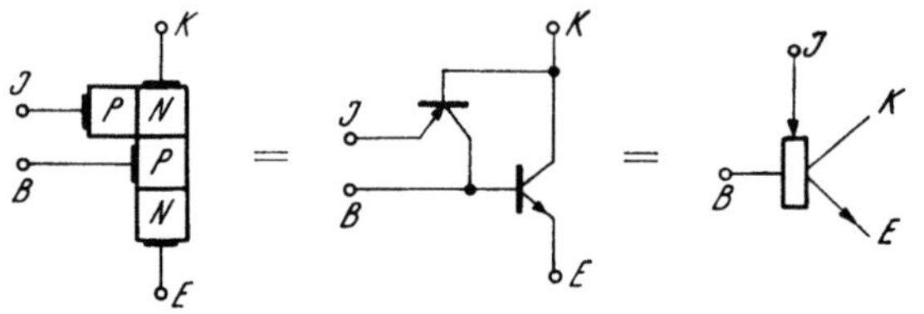

Abb. 1.149. Aufbau, Ersatzschaltbild und Schaltsymbol des Binistors

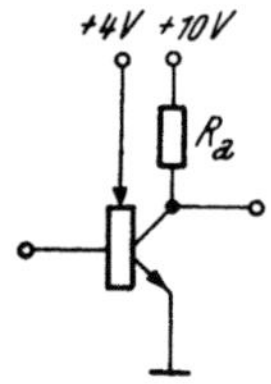

Abb. 1.150. Bistabile Schaltung mit Binistor

Die Funktionsweise ist folgende: Befindet sich der Binistor in der Aus-Stellung, so fließt lediglich ein kleiner Reststrom von K nach E. Bei Anlegen einer positiven Basisspannung steigt der Kollektorstrom und die Kollektorspannung sinkt wegen des Spannungsabfalles an Ra. Sinkt die Kollektorspannung unter die Injektorspannung U_I, so wird die *PN*-Schicht zwischen Injektor und Kollektor in Durchlaßrichtung gepolt und der Strom durch R_L fließt über den Injektor. Wird die Basisspannung weggenommen, so bleibt das Kollektorpotential auf U_I, da es durch die Diode zwischen Injektor und Kollektor festgebunden ist.

Wird an die Basis eine negative Spannung gelegt oder die Injektorspannung erhöht (z. B. durch einen Impuls), so kann der Binistor wieder in den gesperrten Zustand übergeführt werden. Schaltung Abb. 1.150 stellt daher bereits einen kompletten bistabilen Multivibrator dar.

Die zum Umschalten erforderlichen Ströme sind sehr klein und liegen bei einigen µA. Dies wirkt sich besonders bei einer großen Speichermatrix vorteilhaft aus, wo Ferritkerne bedeutend höhere Schaltleistungen erforderlich machen.

1.3.5 Halbleiter-Widerstände

A. Heißleiter (Thermistoren, *NTC*-Widerstände)[1]

Heißleiter sind stark temperaturabhängige Halbleiterwiderstände. Ihr Widerstand nimmt im Gegensatz zu Metallen mit steigender Temperatur ab, wobei die Widerstandsabhängigkeit etwa 3 bis 6% pro °C beträgt. Auf Grund dieser Eigenschaften werden Heißleiter als Temperaturfühler in elektronischen Thermometern, Bolometern, Alarmanlagen, Pegelanzeigern usw. verwendet. Eine andere Anwendung findet der Heißleiter in Schaltungen, in denen seine Widerstandsabnahme durch Eigenerwärmung ausgenützt wird.

[1] Literatur: [K 19, L 11, V 7].

Zur leichteren Formgebung für die verschiedenen Verwendungszwecke werden Heißleiter nicht aus Ge oder Si, sondern aus Mischoxyden hergestellt. Hauptsächlich werden Mischungen aus Magnesium und Titan-Oxyd verwendet. Eine Widerstandsabnahme bei Temperaturerhöhung wurde bei Urandioxyd beobachtet und in den Urdox-Widerständen zuerst technisch ausgenützt.

a) Temperaturabhängigkeit

Zwischen R und T eines Heißleiters herrscht näherungsweise folgender Zusammenhang:

$$R = R_{25}\, e^{\frac{B}{T} - \frac{B}{298}} \tag{1.73}$$

R_{25} = Widerstand bei 25 °C

B = Materialkonstante (Werte zwischen 2000 und 6000), die etwas von der Temperatur abhängig ist.

Abb. 1.151 zeigt das Verhältnis R/R_{25} als Funktion der Temperatur für $B = 3500$. Bei einer Temperatur von 100 °C ist der Widerstand des Heißleiters auf weniger als ein Zehntel des Wertes bei 25 °C gesunken.

Für den Temperaturkoeffizienten α erhält man aus Gl. (1.73)

$$\alpha = \frac{1}{R} \cdot \frac{\Delta R}{\Delta T} = -\frac{B}{T^2} \tag{1.74}$$

Für $B = 3500$ z. B. ist $\alpha = -0{,}04$ ($T = 25$ °C).

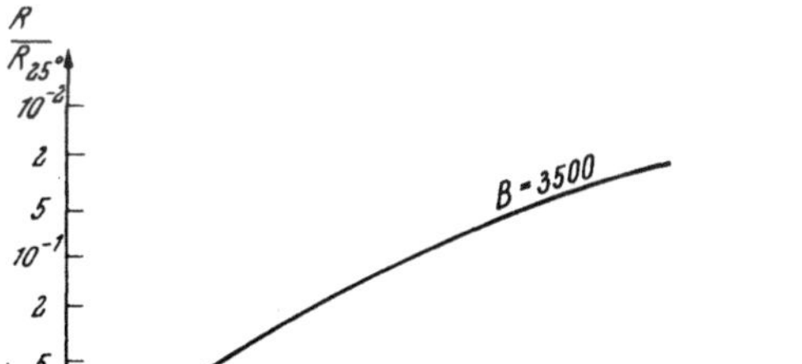

Abb. 1.151. Charakteristischer Temperaturverlauf des Widerstandes eines Heißleiters

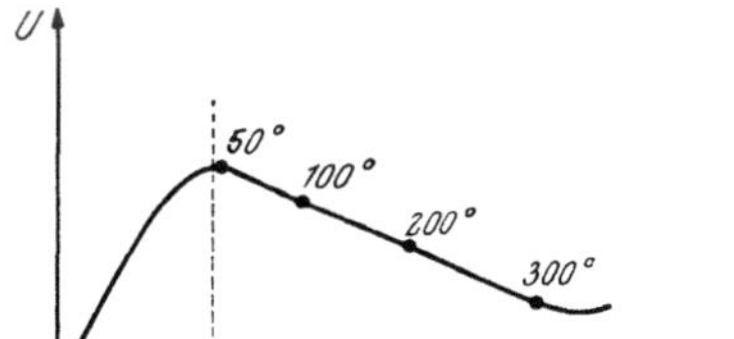

Abb. 1.152. Zusammenhang zwischen Spannung und Strom eines Heißleiters

Strom-Spannungs-Kennlinie (Abb. 1.152): Bei kleinen Strömen entspricht der Strom-Spannungs-Zusammenhang einem gewöhnlichen ohmschen Widerstand. Bei höheren Strömen kommt die Eigenerwärmung des Heißleiters ins Spiel, der durch den durchfließenden Strom aufgeheizt wird. Dadurch sinkt sein Widerstand und der Spannungsabfall wird wieder kleiner. Die Temperatur, auf die der Heißleiter gegenüber seiner Umgebung aufgeheizt wird, ist proportional zur Leistung $N = U \cdot I$, die im Heißleiter verbraucht wird:

$$T - T_0 = C \cdot U \cdot I \tag{1.75}$$

C = Heißleiterempfindlichkeit

T_0 = Umgebungstemperatur.

Aus dieser Gleichung und Gl. (1.73) folgt für den Zusammenhang zwischen Spannung und Temperatur

$$U^2 = \frac{R_{25}}{C}(T - T_0) \cdot e^{\frac{B}{T} - \frac{B}{298}} \quad (1.76)$$

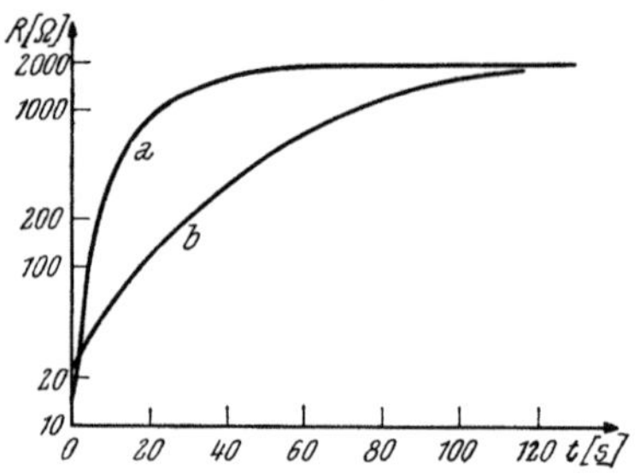

Abb. 1.153. Zeitliches Verhalten der Widerstandszunahme bei Abkühlung

und für die Temperatur im Spannungsmaximum

$$T\,|_{U\max} = \frac{B}{2} \pm \sqrt{\frac{B^2}{4} - BT_0} \quad (1.77)$$

Für $B = 3500$ ist diese Temperatur 80 °C ($T_0 = 25$ °C).

Zeitverhalten: Erwärmung und Abkühlung erfolgen mit einer gewissen Trägheit, die hauptsächlich durch die Abmessungen des Heißleiters bestimmt ist. Abb. 1.153 zeigt die Abkühlungsgeschwindigkeit zweier verschiedener Heißleiterformen. Als diesbezügliche Kenngröße wird in Tabellen häufig die Erholungszeit angegeben, das ist die Zeit, in der der Widerstand eines bei maximaler Verlustleistung (manchmal bei 100 °C) betriebenen Heißleiters auf $R_{25}/2$ angestiegen ist.

b) Anwendung von Heißleitern

1. Temperaturmessung (z. B. Thermometer, Kühlwassertemperaturmessung, Feueralarmanlagen, Fieberthermometer, usw.): Durch den Heißleiter wird die Messung der Temperatur auf eine Widerstandsmessung zurückgeführt. Neben dem Vorteil eines großen Meßbereiches (—70 bis 300 °C) und einer hohen Empfindlichkeit ist besonders die Möglichkeit der Temperaturfernmessung hervorzuheben. Zweckmäßigerweise wählt man Heißleiter kleinster Abmessungen und daher kleiner thermischer Trägheit, damit auch schnelle Temperaturschwankungen gemessen werden können. Abb. 1.154 zeigt eine Ausführungsform, bei der im Innern eines kleinen Glaskölbchens eine kleine Halbleiterperle zwischen zwei dünnen Zuleitungsdrähten befestigt ist. Zur schnellen Wärmeableitung ist der Glaskolben mit einem gut wärmeleitenden Gas gefüllt. Abb. 1.155 zeigt drei für Temperaturmessung geeignete Schaltungen. Die Brückenschaltung besitzt den Vorteil, daß der Anfangsausschlag des Anzeigeinstrumentes unterdrückt ist und die Brücke auch mit Wechselstrom in Verbindung mit einem empfindlichen Anzeigeverstärker betrieben werden kann.

2. Messung elektrischer Größen: Für diesen Zweck verwendet man fremdgeheizte Heißleiter, bei denen um den Heißleiterkörper eine Heizwicklung gebaut ist, deren Strom die Temperatur und damit den Widerstand des Heißleiters bestimmt. Auf diese Weise können auch Effektiv-Werte nicht sinusförmiger Ströme und Hochfrequenzleistungen sicher gemessen werden.

3. Ferngesteuertes Potentiometer: Durch Variation des Heizstromes eines fremdgeheizten Heißleiters läßt sich dessen Widerstand in weiten Grenzen verändern.

4. Vakuummessung, Gasanalyse, Messung von Strömungsgeschwindigkeiten: Die Messung beruht auf dem Effekt, daß die Temperatur eines eigenerwärmten Heißleiters um so niedriger ist, je besser er gekühlt wird. Andererseits hängt die Wärmeleitfähigkeit eines Gases von seinem Druck und seiner chemischen Zu-

sammensetzung ab. Bringt man nun z. B. den Heißleiter in das zu messende Vakuum, dann erreicht er eine Temperatur, die dem thermischen Gleichgewicht zwischen zugeführter Wärme und Wärmeabgabe an die umgebenden Gasmoleküle entspricht. Ein bestimmter Druck ist dadurch eindeutig mit einer bestimmten Temperatur und damit einem bestimmten Widerstand des Heißleiters verbunden. Werte bis zu 10^{-5} mm Hg können noch sicher gemessen werden. Auf dem gleichen

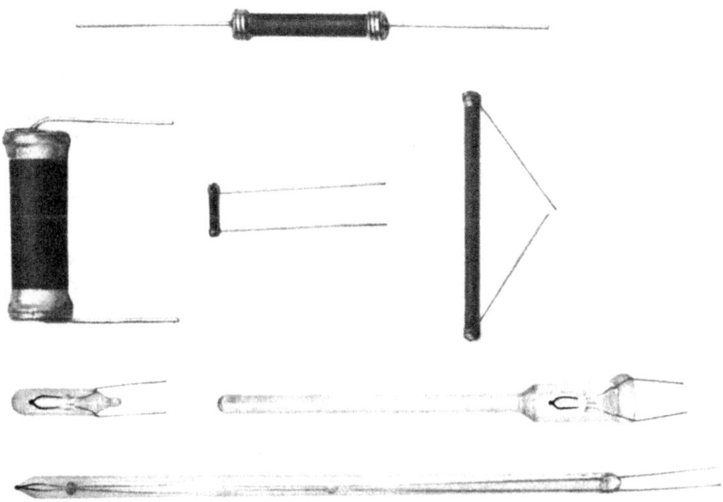

Abb. 1.154. Ausführungsformen von Thermistoren.
Ganz unten: Temperaturfühler, unten links: trägheitsarmer Thermistor, unten rechts: zum Einschmelzen in Glasapparaturen zur Vakuummessung, darüber: vier Anlaßheißleiter (Philips)

Prinzip beruht die Messung der Strömungsgeschwindigkeit von Gasen und Flüssigkeiten. Je höher die Strömungsgeschwindigkeit des Mediums ist, in der der Heißleiter sich befindet, um so besser ist die Wärmeabfuhr und um so höher der Widerstand des Heißleiters.

5. Verwendung als Anlaßwiderstand: In Anlaßheißleitern (Abb. 1.154) wird die thermische Trägheit des Heißleiters ausgenutzt, durch die die Stromstöße beim Einschalten von Glühlampen, Röhrenheizkreisen, Kondensatoren, Klein-

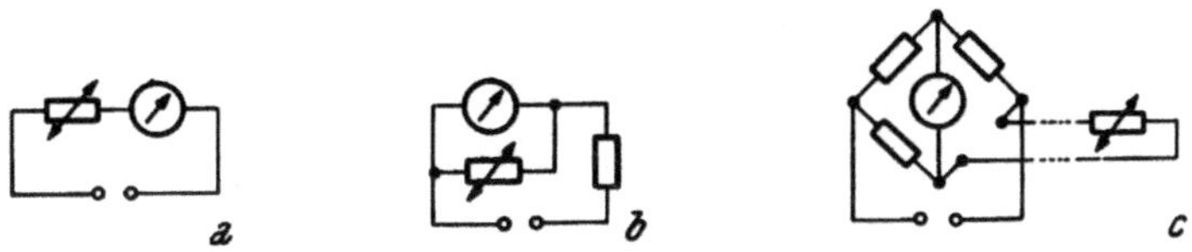

Abb. 1.155. Schaltungen zur Temperaturmessung

motoren usw. unterdrückt werden können. Abb. 1.156 zeigt eine Schaltung zum Schutz von Skalenlämpchen in Allstromgeräten. Röhrenheizfäden und Skalenlämpchen liegen in Serie, so daß beim Einschalten infolge des niedrigen Widerstandes der anfänglich noch kalten Röhrenheizfäden ein sehr hoher Stromstoß auf die Skalenlämpchen kommen würde. Dies wird jedoch durch den in Serie liegenden Heißleiter vermieden, der im Kaltzustand einen hohen Widerstand besitzt und den Strom erst im Laufe mehrerer Sekunden auf den vorgeschriebenen Wert ansteigen läßt.

Auch Relaisverzögerungsschaltungen beruhen auf der Ausnützung der thermischen Trägheit des Heißleiters. Beim Einschalten des Stromes in Schaltung Abb. 1.157a fließt anfänglich ein so geringer Strom, daß das Relais nicht anzieht. Erst nach genügender Erwärmung des Heißleiters nach einigen Sekunden oder Minuten wird der Anzugstrom erreicht. Gleichzeitig schließt Kontakt 1 den Heißleiter kurz, um den Haltestrom des Relais zu vergrößern. Der Heißleiter wird stromlos und kühlt sich wieder ab. Abb. 1.157b zeigt eine Schaltung für Abfallverzögerung eines Relais.

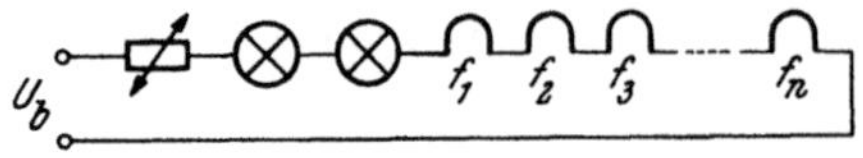

Abb. 1.156. Schutzschaltung für Skalenlämpchen

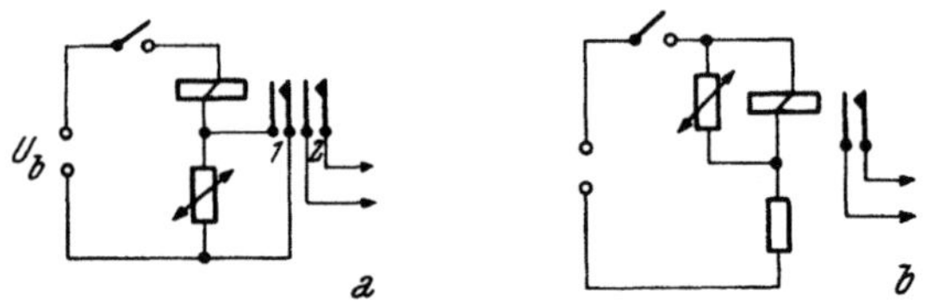

Abb. 1.157. Relaisverzögerungsschaltungen

6. Temperaturkompensation: Zur Kompensation des positiven Temperaturkoeffizienten eines metallischen Widerstandes wird in Serie zu diesem ein Heißleiter geschaltet (Abb. 1.158). Der Gesamtwiderstand und damit der Strom durch die Serienschaltung ist über einen größeren Temperaturbereich konstant.

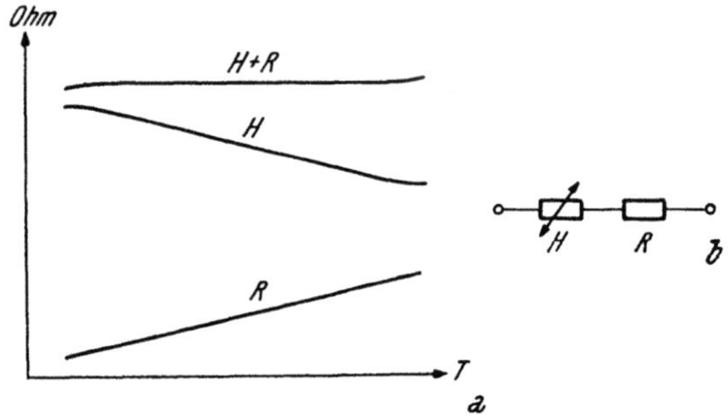

Abb. 1.158. Kompensation eines positiven Temperaturkoeffizienten

7. Spannungsstabilisierung: Auch in der Spannungsstabilisierungsschaltung (Abb. 1.159a) wird vom negativen Temperaturkoeffizienten des Heißleiters Gebrauch gemacht. Abb. 1.159b zeigt den Strom-Spannungs-Verlauf von R und H. Der Gesamtwiderstand $R + H$ zeigt einen Spannungs-Strom-Verlauf, der über weite Strombereiche waagerecht verläuft.

Da R_V groß und Ub bedeutend höher als U ist, bleibt der Strom durch R_V praktisch konstant. Bei einer Schwankung des Laststromes I_L ändert sich deshalb

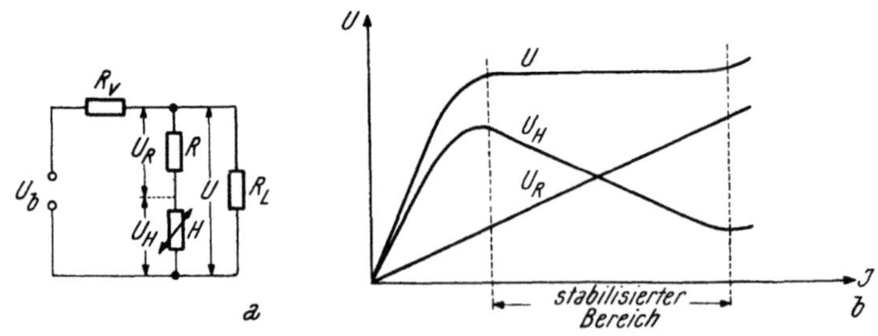

Abb. 1.159. Spannungsstabilisierung mit Hilfe von Thermistoren

der Strom durch $R + H$ in entgegengesetzter Richtung, wobei die Spannung U zwischen den in Abb. 1.159b eingezeichneten Grenzen konstant bleibt. Selbstverständlich ist die Schaltung nur zum Ausgleich langsamer Belastungsschwankungen geeignet.

B. Kaltleiter (*PTC*-Widerstände)[1]

Kaltleiter bestehen aus Ferroelektrika (z. B. Bariumtitanat), die in der Nähe der Umwandlungstemperatur, bei der innere Strukturveränderungen eintreten, einen positiven Temperaturkoeffizienten aufweisen. Im steilen Teil der Widerstand-Temperatur-Charakteristik, die sich über einen Bereich von ungefähr 100° erstreckt, treten Widerstandsänderungen bis zu 60% pro Grad auf. Kaltleiter sind damit bedeutend temperaturempfindlicher als Heißleiter, reagieren jedoch auf eine Temperaturerhöhung mit einem Ansteigen des Widerstandes. Außerhalb dieses 100° weiten Bereiches ist der Temperaturkoeffizient wie bei gewöhnlichen Halbleitern negativ.

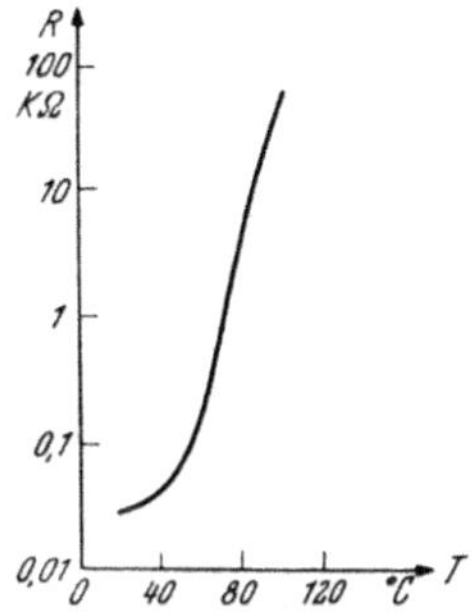

Abb. 1.160. Widerstandsverlauf eines Kaltleiters

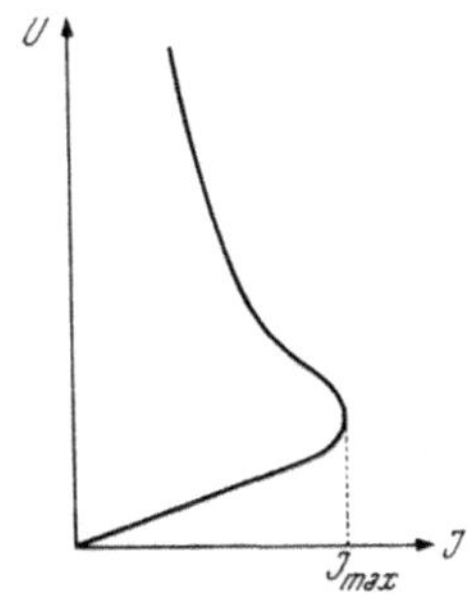

Abb. 1.161. Zusammenhang zwischen Strom und Spannung eines Kaltleiters

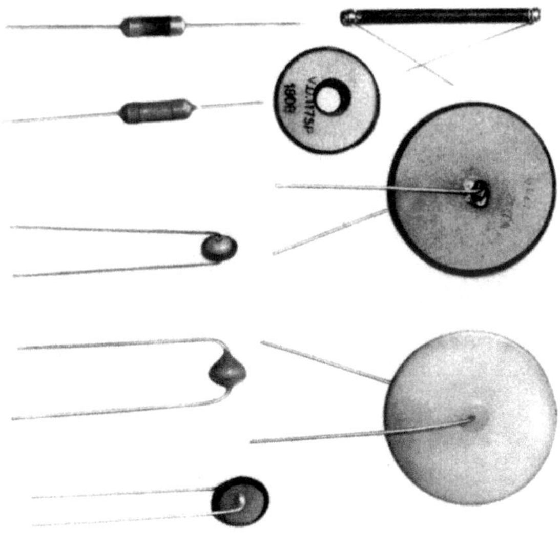
Abb. 1.162. Ausführungsformen von Varistoren (Philips)

Bei der Bezugstemperatur von 25 °C liegt der Widerstand handelsüblicher Kaltleiter zwischen 30 und 60 Ω und erreicht bei einer Temperatur von 100 °C mehr als das Tausendfache dieses Wertes. Eine typische Widerstands-Temperatur-Kurve zeigt Abb. 1.160. In Abb. 1.161 ist die Strom-Spannungs-Kennlinie dargestellt, die wie bei Heißleitern wegen der Eigenerwärmung nichtlinear ist. Bei kleinen Spannungen verhält sich der Kaltleiter rein ohmisch und die Kurve verläuft linear. Bei höheren Spannungen macht sich die Eigenerwärmung des Bauteiles bemerkbar. Der Widerstand des Kaltleiters steigt so stark an, daß der Strom bei hohen Spannungen wieder zurückgeht. Der Umstand, daß der Strom einen Maximalwert nicht überschreiten kann, macht den Kaltleiter als strombegrenzendes Element geeignet. Andere Anwendungsmöglichkeiten ergeben sich in Analogie zu den Heißleitern in stromstabilisierenden Schaltungen, in Verzögerungsschaltungen sowie in Schaltungen, die Temperaturwerte in elektrische Werte umwandeln und umgekehrt.

C. Varistoren (*VDR*-Widerstände) (Abb. 1.162)[2]

Varistoren sind spannungsabhängige Widerstände, die einen um so niedrigeren Widerstandswert aufweisen, je größer die angelegte Spannung ist. Sie sind aus

[1] Literatur: [A 6]. [2] Literatur: [L 11, P 9].

Siliziumkarbidkörnern hergestellt, die mit einem keramischen Bindemittel zusammen gesintert wurden. Das Korngemisch bildet ein Netzwerk vieler parallel- und in Serie geschalteter Halbleiterteilchen, deren Berührungspunkte als winzige Gleichrichter fungieren. Da diese jedoch völlig unregelmäßig angeordnet sind, ergibt sich im ganzen gesehen kein Gleichrichtereffekt und die Charakteristik des Varistors ist wie die der Heiß- und Kaltleiter unabhängig von der Polarität der angelegten Spannung.

Die Strom-Spannungskurve (Abb. 1.163a) wird näherungsweise beschrieben durch

$$U = C \cdot I^{\beta} \quad \text{bzw.} \quad I = \left(\frac{1}{C} \cdot U\right)^{1/\beta} \tag{1.78}$$

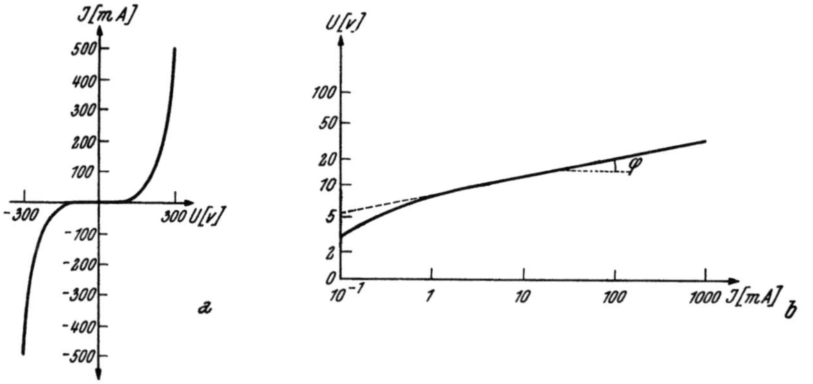

Abb. 1.163. Strom-Spannungscharakteristik des Varistors

C und β sind Kennwerte eines Varistors und können den Tabellen der Herstellerfirmen entnommen werden. C ist eine durch Herstellungsmaterial und Abmessungen eines Varistors festgelegte Konstante, die etwas temperaturabhängig ist ($\Delta C/\Delta T \approx -0{,}0017$).

β ist eine Materialkonstante, deren Wert zwischen 0,15 und 0,30 liegt. Dies bedeutet nach Gl. (1.78), daß der Strom mit der vierten bis sechsten Potenz der Spannung ansteigt. Im doppellogarithmischen Maßstab (Abb. 1.163b) bildet die Strom-Spannungs-Kurve eine Gerade:

$$\log U = \log C + \beta \cdot \log I \quad (\beta = \operatorname{tg} \varphi)$$

Abweichungen von der Linearität zeigen, daß Gl. (1.78) für sehr kleine Stromwerte nur näherungsweise gültig ist. Der Widerstand eines Varistors ist stark spannungsabhängig:

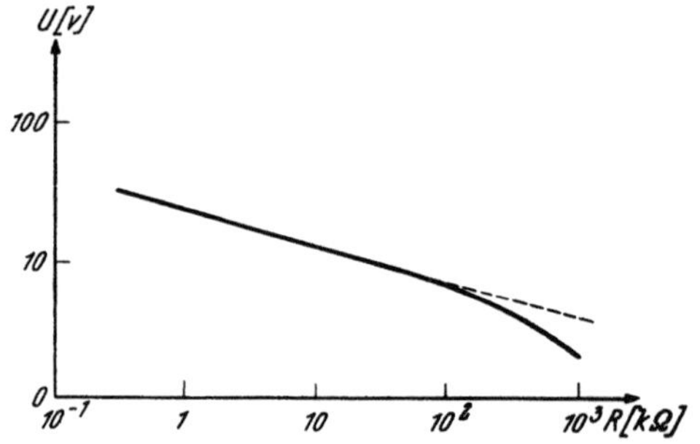

Abb. 1.164. Spannungsabhängigkeit des Varistorwiderstandes

$$R = \frac{U}{I} = C^{1/\beta} \cdot U^{\frac{\beta-1}{\beta}} \tag{1.79}$$

und fällt mit zunehmender Spannung (Abb. 1.164).

Die elektrische Leistung, die im Varistor verbraucht und in Wärme umgewandelt wird, beträgt

$$N = I \cdot U = \frac{1}{C^{1/\beta}} \cdot U^{\frac{\beta+1}{\beta}} \tag{1.80}$$

Wenn $\beta = 0{,}2$, dann nimmt die im Varistor auftretende Leistung bei einer Spannungserhöhung von nur 50% bereits um das Zehnfache zu, da die Leistung mit der sechsten Potenz der Spannung anwächst. Die Belastbarkeit wird meist als 0,1 W pro cm² Oberfläche angegeben und ist nach oben durch die maximal zulässige Betriebstemperatur von 150 °C begrenzt.

Beim Anlegen einer sinusförmigen Spannung an einen Varistor wird die Stromkurve gemäß Abb. 1.165 durch die Nichtlinearität des Widerstandes verzerrt. Umgekehrt entsteht eine fast rechteckförmige Spannungskurve, wenn ein sinusförmiger Strom durch den Varistor fließt. Die hohe Eigenkapazität der Varistoren beschränkt ihre Anwendungen auf Wechselströme unter 5 kHz.

Anwendung von Varistoren

1. **Funkenlöschung:** Beim Abschalten von Induktivitäten (z. B. Relais) entstehen Spannungsspitzen, die zur Funkenbildung und zum Abbrand am Ausschaltkontakt führen. Bedämpft man die Ausschaltspitze durch einen parallel zur Induktivität liegenden Varistor (Abb. 1.166), der bei hohen Spannungen einen kleinen Widerstand darstellt, so läßt sich eine Funkenbildung fast gänzlich unterdrücken.

Im Moment des Ausschaltens bleibt zuerst der Strom durch die Spule auf Grund der Trägheit der Induktivität konstant. Dieser Strom durchfließt den Varistor und ruft an ihm die Spannung

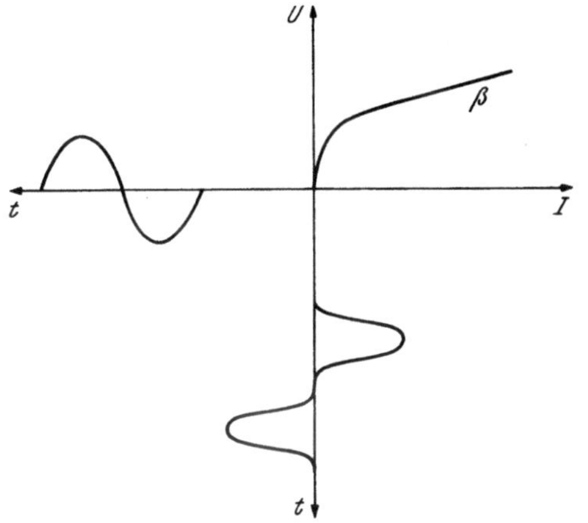

Abb. 1.165. Stromverzerrungen durch die Nichtlinearität des Varistors

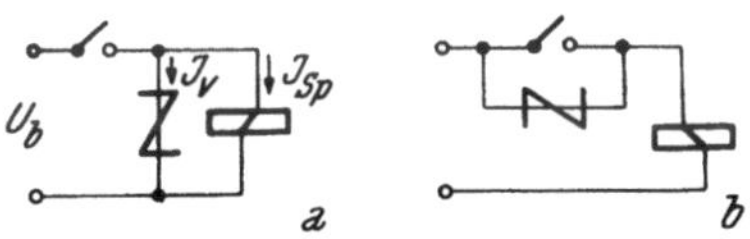

Abb. 1.166. Kontaktschutz

$$Uv = Ub \left(\frac{Isp}{Iv}\right)^{\beta}$$ (Isp Strom durch die Spule bei geschlossenem Kontakt) (Iv Strom durch den Varistor bei geschlossenem Kontakt)

hervor. War z. B. bei geschlossenem Kontakt das Stromverhältnis $Isp:Iv = 10:1$, dann erhöht sich im Moment des Ausschaltens die Spannung Uv nicht auf das 10fache, wie dies bei einem ohmschen Widerstand der Fall wäre, sondern nur auf das $10^{\beta} = \sqrt[5]{10} = 1{,}58$fache, wenn $\beta = 0{,}2$.

Die Wahl des Varistors hängt von den Daten der Induktivität ab. Der Hauptpunkt ist die Forderung, daß am Kontakt die Spannung im Moment des Ausschaltens unter 300 V liegen muß, um Funkenbildung zu vermeiden:

$$Ub + Uv \leq 300\ \mathrm{V} \tag{1.81}$$

Es ist deshalb ein Varistor zu wählen, der bei einem Strom von Isp einen Spannungswert von $Uv \leq 300 - Ub$ aufweist. Der Strom Isp berechnet sich aus Betriebsspannung Ub und Widerstand R der Spulenwicklung. Die Höhe der Induktivität L und die Schaltfrequenz f sind für die Belastbarkeit des Varistors von Bedeutung:

Der Energieinhalt der Spule ist

$$\frac{1}{2}\, LI^2 sp \quad [L \text{ in Henry, } I \text{ in Ampere}];$$

die im Varistor umzusetzende Leistung beträgt dann

$N = \frac{1}{2} LI^2 sp \cdot f$ [W] (die Verlustleistung $Ub \cdot Iv$ bei geschlossenem Schalter kann meist vernachlässigt werden). Wegen der Bedingung Gl. (1.81) ist die Schaltung Abb. 1.166a nur für Betriebsspannungen unter 100 V anwendbar. Für Betriebsspannungen zwischen 100 und 200 V empfiehlt es sich, den Varistor parallel zum Kontakt zu schalten. Dies hat zwar den Nachteil, daß dauernd ein Strom fließt, auch wenn der Kontakt geöffnet ist, und die Abfallsicherheit des Relais verschlechtert wird, doch liegt am Kontakt nicht mehr die Spannung $Ub + Uv$, sondern nur mehr Uv (Abb. 1.166b).

2. Überspannungsschutz: Elektrolytkondensatoren in Netzgeräten, Gleichrichter und Transistoren in Gleichstromwandlern und ähnliche empfindliche Bauelemente können durch Parallelschalten von Varistoren vor Überspannungen geschützt werden, die im Zusammenhang mit Belastungsausfällen auftreten können.

3. Spannungsstabilisierung: Eine einfache Stabilisierung der Spannung U wird in Abb. 1.167b durch Serienschaltung eines Vorschaltwiderstandes und eines Varistors erzielt. Sinkt z. B. die Eingangsspannung, so sinkt der Strom I. Der

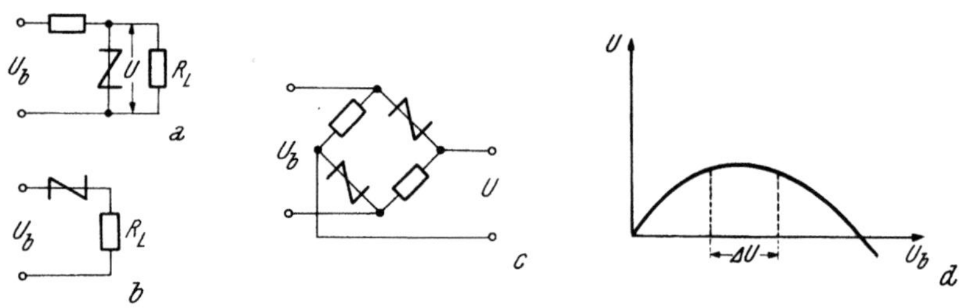

Abb. 1.167. Stabilisierungsschaltungen. a) Parallelschaltung, b) Serienschaltung, c) Brückenschaltung, d) Abhängigkeit der Brückenschaltung von der Betriebsspannung

Widerstand des Varistors steigt und wirkt dadurch dem Spannungsabfall entgegen. In ähnlicher Weise werden Belastungsschwankungen ausgeglichen. Der Stabilisierungsfaktor berechnet sich ähnlich wie in Kap. 1.1.2 zu

$$S = \frac{1}{\beta} - \frac{1-\beta}{\beta} \cdot \frac{U/Ub + Rvar/R_L}{1 + Rvar/R_L} \tag{1.82}$$

($Rvar$ = Gleichstromwiderstand des Varistors).

Die erzielbare Stabilisierung ist entsprechend der einfachen Schaltung relativ gering ($S_{\max} \approx 5$).

Eine Stabilisierung gegen Belastungsschwankungen zeigt Abb. 1.167a. Steigt z. B. die Belastung, so fällt am Varistor eine höhere Spannung ab. Sein Widerstand sinkt und versorgt den Lastwiderstand mit einem höheren Strom.

Eine bessere Stabilisierung läßt sich in einer Brückenschaltung (Abb. 1.167c) erzielen. Die Widerstandswerte der Varistoren sind bei kleinen Spannungen so groß, daß die Brücke sich nicht im Gleichgewichtszustand befindet. Mit zunehmender Eingangsspannung steigt daher die Brückenspannung. Bei höheren

Spannungen nimmt jedoch der Widerstand der Varistoren ab. Die Brückenspannung wird wieder kleiner, geht schließlich durch Null und wechselt die Polarität. Im Bereich ΔU (Abb. 1.167d) ist die Brückenspannung von kleinen Betriebsspannungsschwankungen fast unabhängig.

4. Skalendehnung von Voltmetern: Schaltet man einen Varistor in Serie mit einem Voltmeter (Abb. 1.168), dann wirkt der Varistor bei kleinen Spannungen als ein großer Vorwiderstand, bei hohen Spannungen als ein kleiner. Der obere Teil der Skala ist daher stark gedehnt, und zwar um so mehr, je kleiner β ist. Einen ähnlichen Effekt bewirkt die Serienschaltung eines Varistors mit einem Relais. Im Ansprech- und Abfallbereich des Relais ergeben sich durch die Nichtlinearität des Varistors bedeutend steilere Stromänderungen. Die Ansprech- und Abfallempfindlichkeit wird auf diese Weise genauer festgelegt.

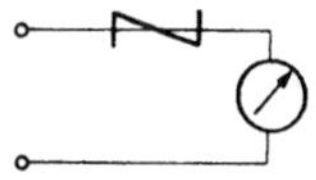
Abb. 1.168. Skalendehnung von Meßinstrumenten

1.4 Wandler[1]

Ist die zu messende physikalische Größe nicht elektrischer Natur, so muß sie, um mit elektronischen Mitteln erfaßbar zu sein, in eine elektrische Größe, z. B. einen Strom, eine Spannung oder eine Widerstandsänderung, ,,umgewandelt" werden. Die Aufgabe der Wandler oder Geber ist es also, nichtelektrische oder elektrisch schwer meßbare Größen in elektrisch meßbare umzuwandeln. Der umgekehrte Weg, die Umwandlung elektrischer in nichtelektrische Größen, soll hier nur fallweise besprochen werden, da diese Probleme ein zu großes Gebiet eröffnen würden.

1.4.1 Grundlagen

Grundsätzlich wäre eine Besprechung der Wandler zugleich eine Besprechung der elektronischen Meßtechnik überhaupt. Da dieses Gebiet allein den ganzen Rahmen des vorliegenden Buches beanspruchen würde, soll in diesem Kapitel nur versucht werden, einige Methoden der elektronischen Meßtechnik und ihre zugehörigen Wandler zu erklären.

Jedem elektronischen Meßgerät ist ein Wandler vorgeschaltet, oft nur in der einfachen Form eines Widerstandes, oft jedoch mit sehr kompliziertem Aufbau, wie z. B. hochempfindliche optische Wandler. Der Wandler muß sich vor allem an die zu messende Größe anpassen; die nachfolgende elektronische Schaltung hingegen stellt das Bindeglied zwischen Wandler und Indikator dar (Abb. 1.169). Sie wird einerseits an den Wandler, z. B. seinem hohen oder niedrigen Quellwiderstand, andererseits an den Indikator, z. B. seinen Leistungsbedarf, angepaßt und muß dafür sorgen, daß das vom Wandler gelieferte Signal in eine Form gebracht wird, die für den Betrieb des Indikators, z. B. Schreiber, Drehspulinstrument, Drucker oder Lautsprecher, geeignet ist.

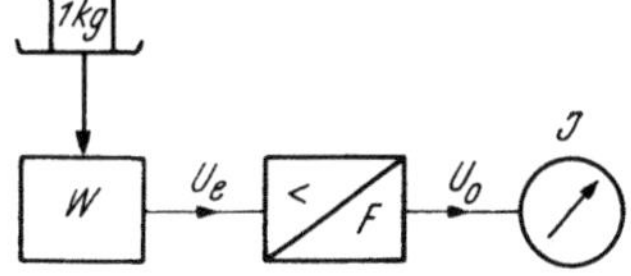

Abb. 1.169. Der elektrische Wandler

Die Industrie, die Wissenschaft, die Verkehrstechnik usw. verlangt von der elektronischen Meßanlage geringe Störanfälligkeit, hohe Betriebssicherheit, hohe

[1] Literatur: [E 1].

Lebensdauer, geringen Energieverbrauch, genügende Genauigkeit und Empfindlichkeit. Moderne Wandler bieten:

hohe Empfindlichkeit, die meist durch das thermische Rauschen der Schaltelemente begrenzt ist,

geringe Belastung des Meßobjektes; oft ist eine Werterfassung sogar ohne Belastung möglich,

hohe Genauigkeit, deren Grenze nur durch das vertretbare Maß an elektronischem Aufwand festgelegt ist.

So hat die elektronische Meßtechnik Gebiete eröffnet, die früher einer Messung mit klassischen physikalischen Mitteln verschlossen waren. Sie hat die wissenschaftliche und industrielle Meßtechnik grundlegend umgeformt.

Zum Wandler selbst: man unterscheidet aktive Wandler, die mit einem Generator vergleichbar sind und selbst eine Spannung erzeugen (z. B. Piezogeber, elektrodynamische Geber, Photoelemente usw.), und passive Wandler, bei denen durch eine äußere Einwirkung nur eine ihrer Kenngrößen, z. B. ihr Widerstand, geändert wird und die zum Betrieb eine äußere Hilfsspannung brauchen.

Die Kenngrößen, nach denen sich Auswahl und Betrieb eines Wandlers richten müssen, sind: Empfindlichkeit, innerer Widerstand (Quellwiderstand), Linearität, Eigenresonanz, untere und obere Grenzfrequenz, Polarität und Phase des Ausgangssignales.

Die elektronische Messung kann auf zwei Arten erfolgen:

1. direkter Weg: Wandler — Verstärker / Former — Anzeige (Abb. 1.169)

2. indirekter Weg: Wandler — Brücke — Kompensator — Anzeige, oder Substitution.

Die folgende Einteilung der Wandler und die Reihenfolge ihrer Besprechung ist den Hauptgebieten der Physik entsprechend vorgenommen.

1.4.2 Mechanisch-elektrische Wandler[1]

Praktisch alle physikalischen Größen dieses Gebietes können mit Hilfe geeigneter Geber in elektrische Signale verwandelt werden, so z. B.: Zug, Druck, Dehnung, Torsion — allgemein Längenänderungen, Geschwindigkeit, Umdrehungszahl, Drehmoment, Beschleunigung, Vibration, Stöße, Impulse, Durchflußmengen, Oberflächenbeschaffenheit (Rauheit) usw.

Das Arbeitsprinzip der Wandler beruht auf: Induktionsänderung, Kapazitätsänderung, Piezoeffekt, Widerstandsänderung (elektrodynamisch oder elektromagnetisch), auf der Erzeugung von Impulsen, die wiederum gezählt werden, usw.

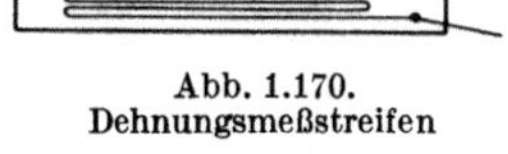

Abb. 1.170. Dehnungsmeßstreifen

Aus diesem Progamm sollen einige instruktive Beispiele herausgegriffen werden.

A. Der Dehnungsmeßstreifen

Auf einem Papierstreifen geeigneter Qualität ist ein Widerstandsdraht schleifenförmig aufgeklebt (Abb. 1.170). Dieses Dehnungselement von der Größe einer Briefmarke wird auf das Werkstück, das eine Verformung erfährt, aufgekittet

[1] Literatur: [K 14].

und mit einer Kappe gegen Beschädigung abgedeckt. Nach der Beziehung $dR/R = (1 + 2\bar{\mu})\, dL/L$ mit dR = Widerstandsänderung, L = Meßlänge des Drahtes, $\bar{\mu}$ = Poissonsche Konstante, wird eine Verformung infolge Längenänderung direkt in eine Widerstandsänderung transformiert, die elektronisch mit Brückenschaltungen genau gemessen werden kann. Derartige Dehnungsmeßbrücken haben eine Empfindlichkeit von $^1/_4\,\mu$ Dehnung für Meßfrequenzen zwischen 0 und 1000 Hz. Dem großen Aufgabenkreis entsprechend werden Dehnungsmeßstreifen in die verschiedenartigsten Wandler eingebaut, so z. B. in Zug- und Druckkraftgeber, den „Druckdosen", die es gestatten, bei einer Verformung von $< 100\,\mu$ Lasten bis zu 50 t auf $^0/_{00}$ genau zu wiegen, oder in Flüssigkeitsdruckgebern, Dynamometer, Differenzdruckgeber, Dehnungsgeber, Drehmomentgeber usw. Für Druckkraftmessungen werden auch piezoelektrische Geber (Quarze, Bariumtitanate oder Ge–Si-Halbleiter) verwendet.

B. Schwingungsgeber

Sie beruhen auf dem Prinzip der elektromagnetischen Induktion, d. h. die Bewegung des schwingenden Objektes wird in einen elektrischen Wechselstrom umgewandelt. Bei einer Ausführungsform ist ein permanenter Magnet beweglich in einer feststehenden Spule, die wiederum über das Gehäuse starr mit dem schwingenden Objekt verbunden ist, angeordnet. Durch die Trägheit der Masse des Magneten schwingt das Gehäuse mit der Spule um den Magneten. Die Empfindlichkeit der Anordnung ist nur durch die des Anzeigeinstrumentes begrenzt. Schwingungsamplituden von $1\,\mu$, Geschwindigkeiten von 0,005 cm/s und Beschleunigungen von 100 cm/s² können gemessen werden.

Bei den elektrodynamischen Schwingungsgebern ist der Permanentmagnet fest mit dem Gehäuse verbunden und die zu untersuchende Bewegung wird über einen Geberstift einem kleinen Tauchspulsystem zugeführt. Die Eigenfrequenz derartiger Systeme ist kleiner als 2 Hz. Die Empfindlichkeit (Signalspannung) beträgt bei:

Geschwindigkeit dx/dt: 200 mV pro cm/s

Beschleunigung d^2x/dt^2: 1 mV pro 100 cm/s²

Weglänge x für Frequenzen > 10 Hz: 1 mV pro $1\,\mu$, oder für $f > 1$ Hz: 1 mV pro $10\,\mu$.

C. Drehzahlmessungen

Drehzahlen werden entweder mit Tachodynamos gemessen oder durch elektromagnetische oder optische Wandler in Spannungsimpulse transformiert, die wiederum elektronisch gezählt oder integriert werden können. Auch stroboskopische Drehzahlmessungen oder Schwingungsuntersuchungen werden vielfach durchgeführt.

D. Mengenzählungen

Mengenzählungen von Füllgut, Flüssigkeiten oder Gasen werden z. B. über Ovalrad-Impulsgeber oder durch Druckdifferenzmessungen an Querschnittverkleinerungen vorgenommen. Rauhigkeitsmessungen der Oberfläche verschiedener Körper oder Folien werden mit piezoelektrischen Wandlern vorgenommen.

1.4.3 Akustisch-elektrische Wandler

Akustisch-elektrische Wandler sind Geschwindigkeits- und Beschleunigungsgeber. Es sollen hier sowohl Schallempfänger wie Schallsender kurz besprochen werden, da beide Arten vorwiegend gleiche Wandlerprinzipien verwenden:

1. Elektromagnetische Wandler beruhen auf der Wechselwirkung zwischen einem statischen Magnetfeld und dem elektrischen Strom (bewegte Ladung). Um eine Proportionalität zwischen zugeführtem Strom und erzeugter Bewegung im Sender bzw. zwischen angebotener Bewegung und erzeugter Signalspannung im Empfänger zu erhalten, ist ein konstanter magnetischer Ruhefluß notwendig, der groß ist gegenüber dem erzeugten Wechselfluß.

2. Elektrostatische Wandler: Ausgenützt wird der Effekt, daß die Anziehungskraft zweier Kondensatorplatten proportional dem Quadrat der Ladung ist. Analog zum elektromagnetischen Wandler ist auch hier eine Vorspannung oder Polarisationsspannung notwendig.

3. Wandler, die auf dem piezoelektrischen Effekt oder seiner Umkehrung, der Elektrostriktion, beruhen. Durch mechanische Beanspruchung eines Kristalls entsteht an seinen Endflächen eine elektrische Spannung. Wird umgekehrt an einen Kristall eine Spannung gelegt, so treten in ihm mechanische Spannungen auf.

A. Schallsender

Ein elektroakustischer Wandler, der elektrische Energie in Schallenergie umsetzt, ist zum Beispiel der Lautsprecher. Als linearer Wandler hat er amplituden-, phasen- und frequenzgetreu zu sein. Den drei Wandlerprinzipien entsprechend unterscheidet man:

1. Elektromagnetische Lautsprecher: Zwischen den Polschuhen eines Permanentmagneten, der eine (zumeist hochohmige) elektrische Wicklung trägt, schwingt eine Stahlzunge im Takt der von der Wicklung erzeugten Wechselmagnetisierung. Die Schalldrucke der Zunge werden mit Hilfe einer trichterförmigen Membran einem größeren Luftvolumen mitgeteilt. Störend ist die ausgeprägte Eigenresonanz der Zunge und die mit wachsender Amplitude steigenden Verzerrungen. Der am meisten verwendete akustische Wandler als Sender ist der

2. Elektrodynamische Lautsprecher: Der Wechselstrom wird einer kleinen zylindrischen Spule zugeführt, die in einen ringförmigen Luftspalt eines Permanentmagneten (seltener Elektromagneten) je nach Stromstärke mehr oder weniger eintaucht und ihre Bewegung auf die Lautsprechermembran überträgt. Je kleiner der Widerstand der Schwingspule und je größer die Feldstärke im Luftspalt und die Fläche der Membran ist, um so größer ist der Wirkungsgrad des Lautsprechers. Sehr wichtig ist der Einbau des Lautsprechers in ein geeignetes Gehäuse oder auf einer Schallwand, um den direkten Druckausgleich vor und hinter der Membran auszuschalten. Entsprechende Resonanzräume oder Luft polster als Dämpfung verbessern den Frequenzgang der gesamten Lautsprecheranlage. Innerhalb des Hörbereiches kann mit guten elektrodynamischen Lautsprechern ein angenähert linearer Frequenzgang erreicht werden.

3. Spezielle Lautsprecherformen: Kristallautsprecher, die auf dem Piezoeffekt beruhen, sowie elektrostatische Lautsprecher werden vorwiegend zur Abstrahlung hoher Frequenzen (auch Ultraschall) benützt. Eine interessante Form ist das Ionophon: In einer mit einem Horntrichter zur Schallabstrahlung verbundenen Entladungsröhre wird eine hochfrequente Ionenentladung aufrecht erhalten. Die Hochfrequenz (> 200 kHz) wird mit der abzustrahlenden Niederfrequenz moduliert. Sein Vorteil besteht darin, daß es bis zu höchsten Frequenzen frei von

Eigenresonanzen ist, daher alle instationären Vorgänge verzerrungsfrei wiedergibt.

Kopfhörer sind entweder mit elektromagnetischen (Telephon), elektrodynamischen (breitbandige) oder piezoelektrischen Systemen ausgerüstet. Sie sind der empfindlichste Schallsender; elektrische Leistungen von 10^{-15} W können noch wahrgenommen werden.

B. Schallempfänger

Für sie gelten die gleichen Bedingungen wie für den Schallsender:

Amplituden-, frequenz- und phasengetreue Umwandlung von Schallwellen in elektrischen Wechselstrom, hoher Wirkungsgrad und wählbare Richtwirkung.

Die Art der Wandler und ihr Systemaufbau ist denen der Lautsprecher ähnlich. Man unterscheidet Kondensatormikrophone, dynamische, Kristall- und Bändchenmikrophone. Die hochwertigsten Mikrophone sind Kondensatortypen. Die Richtcharakteristik (achter-, nieren-, kugelförmig), kann durch verschieden gepolte Vorspannung der zur Verwendung kommenden Haupt- und Hilfsmembranen gewählt werden. Leichte Eichbarkeit und sehr linearer Frequenzgang sind bei ihnen typisch, Ausgangsspannungen 0,1 bis 1 mV/mb.

Bei dynamischen Mikrophonen läßt sich ebenfalls die Richtcharakteristik wählen, z. B. durch Kombination von Druck- oder Druckgradientempfänger (einseitig oder beidseitig schallempfängliche Membranen), sowie durch geeignete Gehäuseformen, Membranaufhängungen usw. Die Ausgangsspannung beträgt etwa 50 mV/mb. Dynamische Mikrophone sind auch als Kleinstlautsprecher verwendbar.

Das älteste, aber immer noch am meisten verwendete Mikrophon ist das Kohlemikrophon (Reis 1861, Edison und Berliner). Prinzip: Zwischen einer Elektrode und einer Membran aus Kohle befindet sich Kohlegrieß. Die Membranschwingung bewirkt eine Widerstandsänderung des Systems (Kontaktmikrophon). Trotz seines hohen Klirrfaktors (etwa 20%) wird es wegen seines sehr guten Wirkungsgrades (Ausgangsspannungen von Volt) in der Fernsprechtechnik vorwiegend verwendet.

1.4.4 Thermo-elektrische Wandler

A. Das Thermoelement

Es besteht aus zwei an ihren Enden verlöteten oder verschweißten Drähten aus verschiedenen Metallen oder Metallegierungen (Abb. 1.171).

Der Effekt des Auftretens einer Spannung an den freien Drahtenden E, wenn zwischen diesen und dem Berührungs- oder Schweißpunkt P (= Meßpunkt) eine Temperaturdifferenz besteht, beruht auf der Berührungsspannung der Metalle (Volta-Effekt). Je nach dem Einsatzgebiet und des zu messenden Temperaturbereiches werden verschiedene Metallkombinationen gewählt. So z. B.:

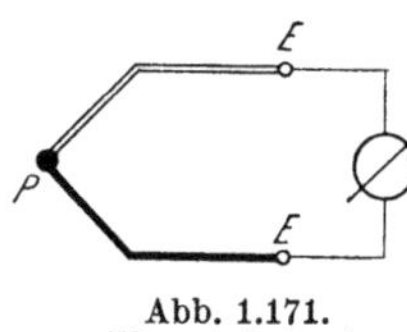

Abb. 1.171. Thermoelement

+ Pol	− Pol	Thermokraft	Meßbereich
Kupfer	Konstantan	~ 65 μV/°	−100 bis +500 °C
Nickelchrom	Nickel	~ 40 μV/°	0 bis +1000 °C
Platinrhodium	Platin	~ 10 μV/°	bis +1600 °C

Der Spannungsanstieg ist nicht streng proportional mit dem Temperaturanstieg, daher rührt das Ungefährzeichen bei der Thermokraft.

Eine besonders hohe Thermokraft ($> 100\ \mu V/°$) besitzt die Kombination Wismut-Antimon.

Werden die beiden unterschiedlichen Metalldrähte nicht an ihren Enden, sondern an einer Kreuzungsstelle zusammengeschweißt oder durch Umschlingung fest miteinander verbunden, so entsteht

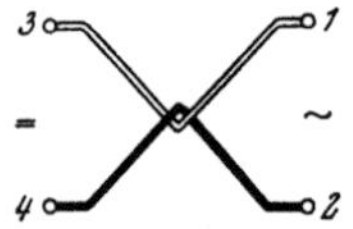

Abb. 1.172. Thermokreuz

B. Das Thermokreuz (Abb. 1.172)

Wird durch das eine Leitungspaar (1—2) ein Strom geschickt, so erwärmt sich die Berührungsstelle und am zweiten Leitungspaar, das ein Thermoelement darstellt, entsteht eine Thermospannung, die folglich ein unmittelbares Maß für den Strom ist. Der Vorteil des Thermokreuzes besteht in seiner Frequenzunabhängigkeit, Ströme können von Gleichstrom bis zu ultrahohen Frequenzen gemessen werden.

C. Temperaturmessung mit Widerstandsthermometern

Diese bestehen aus Reinmetalldrähten (zumeist Platin) und erlauben die Ablesung von Änderungen in der Größenordnung von 10^{-3} °C. Als weiterer Temperaturwandler wäre das Strahlungspyrometer zu nennen. Es dient vor allem zur Temperaturbestimmung eines Objektes aus größerer Entfernung und bei hohen Temperaturen.

Eine interessante Anwendung der elektronischen Temperaturmessung zeigt

D. Das Luftfeuchtigkeitsmeßgerät (Philips)

Der Wandler besteht aus einem Rohr, das mit in Lithiumchlorid (LiCl) getränkter Glaswolle gefüllt ist. Die Wasseraufnahmefähigkeit des stark hygroskopischen LiCl ist von der Temperatur abhängig. Gemessen wird folgender Gleichgewichtszustand: mit Hilfe zweier Elektroden wird durch direkte Stromleitung das LiCl erwärmt, es gibt folglich durch Verdunstung Wasser ab, wird trockener und somit weniger leitend. Die Widerstandszunahme führt zu Stromverringerung, geringerer Erwärmung und größerer Wasseraufnahmefähigkeit. Das sich einstellende Temperaturgleichgewicht wird mit Hilfe eines Widerstandsthermometers gemessen und ist ein unmittelbares Maß für die Feuchtigkeit der umgebenden Luft.

E. Temperaturmessungen mit Halbleitern

siehe Kap. 1.3.4

F. Das thermoelektrische Kühlelement (Wärmepumpe)[1]

Der Peltiereffekt als umgekehrter Thermoeffekt sagt aus, daß sich die Verbindungsstelle zweier Metalle bei entsprechender Stromrichtung abkühlt. Bis vor kurzer Zeit war dieser Effekt lediglich wissenschaftlich interessant, technisch jedoch ohne Bedeutung, da keine geeigneten Metallegierungen mit hoher Thermokraft, kleinstem elektrischen Widerstand und kleiner spezifischer Wärmeleitung zur Verfügung standen. Umwälzend auf diesem Gebiet war jedoch die von einer

[1] Literatur: [D 1].

amerikanischen Firma erstmalig hergestellte „Neelium"-Halbleiterverbindung, bestehend aus Wismut, Tellur, Antimon und Schwefel. Entsprechend *N*- und *P*-dotierte Stücke von einigen mm Größe werden gut leitend zu einem Thermopaar vereinigt. Mehrere Thermopaare können elektrisch in Serie, wärmemäßig parallel geschaltet werden. Bei Stromdurchgang kühlt sich die eine Lötstelle des Thermopaares ab, die andere erwärmt sich. Temperaturen von $-50°$ C, bei Kaskadenschaltungen (heiße Lötstelle des einen an der kalten des folgenden Paares) von -100 °C und darunter sind erreichbar. Die Spannung pro Thermopaar ist gering, wenige Zehntel bis zu einigen Volt, die Ströme sind jedoch größer, 1 bis 10 A (Gleichstrom).

Der Wirkungsgrad dieser thermoelektrischen Kühlelemente ist unabhängig von der geforderten Kühlkapazität. Daher lassen sich mit Vorteil kleine Flächen wie z. B. Transistoren, Photomultiplier usw. kühlen. Aber auch seine übrigen Vorteile wie der Wegfall bewegter Teile, wahrscheinlich unbegrenzte Lebensdauer, geringes Gewicht und geringer Platzbedarf, hoher Wirkungsgrad und als Wärmepumpe wesentlich geringerer Energieverbrauch als bei Widerstandsheizung, werden dem „Frigistor" in Zukunft ein großes Anwendungsgebiet sichern.

1.4.5 Elektrische und magnetische Wandler

Diesem Problem ist eigentlich der größte Teil des vorliegenden Buches gewidmet. Jede Röhre, jeder Transistor ist ein elektrischer Wandler. Es sollen daher an dieser Stelle nur einige spezielle Wandler, die an anderer Stelle des Buches nicht vorkommen, besprochen werden.

A. Der Stromwandler

Er ist ein wichtiges Bauelement zur Wechselstrommessung in der Schwachstrom-, Starkstrom- und Hochfrequenztechnik. Im Prinzip ist er ein Transformator, dessen Primärwicklung oft nur aus einer Drahtschleife oder einem geraden Leiter besteht und in Serie mit dem Verbraucher liegt (Abb. 1.173). Die Sekundärwicklung, aus vielen Windungen bestehend, ist zumeist hochohmig und über einen Gleichrichter an ein Drehspulinstrument angeschlossen. Durch seine sehr kleine Eingangsimpedanz ist der Spannungsabfall im Primärkreis auch bei hohen Strömen vernachlässigbar klein. Bei Verwendung geeigneter Kernmaterialien, z. B. Ferritkerne, ist er bis zu sehr hohen Frequenzen (100 MHz) zur Stromwandlung geeignet. Im Niederfrequenzbereich werden Ring- oder Mantelkerne aus Transformatorblech benützt. Die Ausführungsformen sind sehr verschieden und reichen von Miniaturwandlern in Vielfachmeßinstrumenten bis zu Hochstromwandlern der Stark-

Abb. 1.173. Hochfrequenz-Stromwandler

strom- und Sendertechnik. Eine vielbenützte Bauform ist auch die Stromwandlerzange, die eine Strommessung ohne Auftrennung des Leiterkreises ermöglicht. Ein Wechselstrom-Gleichspannungswandler ist das in Kap. 1.4.4 besprochene Thermokreuz.

B. pH-Meßgeräte und Leitfähigkeitsmesser

Nur erwähnt werden sollen die pH-Meßgeräte (Spannungsmessung an elektrochemischen Systemen, Wasserstoffionenkonzentration) und die Leitfähigkeitsmesser.

C. Magnetisch-elektrische Wandler

Der Hall-Generator[1]

Unter dem Hall-Effekt versteht man die von dem amerikanischen Physiker E. H. Hall 1879 entdeckte Erscheinung, daß sich in einem stromdurchflossenen Leiter eine Spannung (Hall-Spannung) zwischen den Punkten A und B (Abb. 1.174) ausbildet, wenn der Leiter von einem Magnetfeld der Induktion B senkrecht durchsetzt wird. Der Effekt läßt sich dadurch erklären, daß die im Leiter fließenden Ladungsträger durch das Magnetfeld in senkrechter Richtung abgelenkt werden, wie z. B. die Elektronen in den magnetisch gesteuerten Bildröhren; sie werden auf eine Seite gedrängt und rufen so die Hall-Spannung hervor.

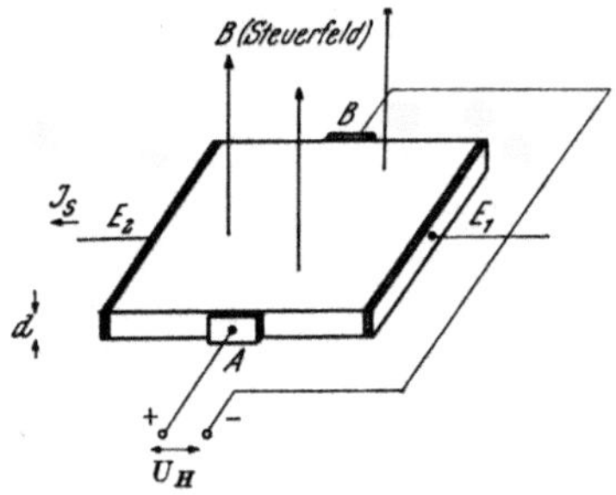

Abb. 1.174. Hall-Generator (Prinzip)

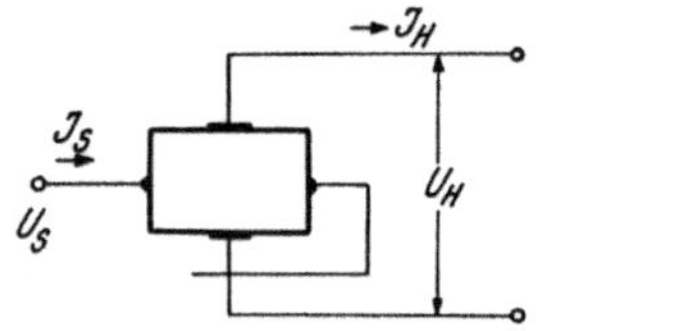

Abb. 1.175. Schaltzeichen für den Hall-Generator

Die Hall-Spannung U ist proportional dem Steuerstrom $I s$ und dem Magnetfluß B. Für den plättchenförmigen Aufbau (Abb. 1.174) gilt die Beziehung

$$U_H = \frac{R_H}{d} \cdot Is \cdot B \qquad (1.83)$$

R_H = Hall-Konstante $\qquad d$ = Dicke des Plättchens.

Erst in jüngster Zeit sind mit den intermetallischen Verbindungen Indiumantimonid und Indiumarsenid Materialien mit einer hohen Hall-Konstante und einem geringen spezifischen Widerstand entwickelt worden, so daß einerseits eine große Hall-Spannung, andererseits ein niedriger Innenwiderstand und eine hohe Belastbarkeit der fiktiven Hall-Spannungsquelle erreicht und die Verwendung des Hall-Effektes auch für die Technik interessant wird. Manche Typen liefern Spannungen, die direkt zum Betrieb eines Relais, eines Magnetverstärkers usw. verwendet werden können.

[1] Literatur: [H 19, K 15, V 7].

Der Aufbau des Hall-Generators: Ein Plättchen, das aus einer der erwähnten Substanzen besteht und mit zwei Zuführungselektroden und zwei Abnahmeelektroden versehen ist, wird als Hall-Generator bezeichnet. Das Schaltungszeichen ist in Abb. 1.175 dargestellt. Wie bei jedem Generator läßt sich auch beim Hall-Generator ein Wirkungsgrad definieren: $\eta = \frac{\text{abgegebene Leistung}}{\text{zugeführte Leistung}} = \frac{I_H U_H}{I_S U_S}$. Er ist bei optimaler Anpassung des Verbrauchers eine Funktion des Magnetflusses und beträgt bei $B = 10$ Kilogauß etwa 6%. Abb. 1.176 zeigt zwei Ausführungsformen des Hall-Generators aus dem vielfältigen Halbleitererzeugungsprogramm. Das Plättchen aus hallempfindlichem Material ist in einen Kunstharzmantel oder (zur Verstärkung des magnetischen Flusses) in einen Mantel aus ferromagnetischem Material eingebettet.

Abb. 1.176. Technische Ausführung von Hall-Generatoren (Siemens)

Aus dem großen Anwendungsgebiet der Hall-Generatoren seien nur einige wenige Beispiele erwähnt:

Magnetfeldmessung: Der von einem konstanten Steuerstrom erregte Hall-Generator wird in das unbekannte Magnetfeld gebracht. Die auftretende Hall-Spannung ist dann proportional dem Magnetfluß. Gegenüber den üblichen Messungen mit Hilfe einer bewegten Induktionsschleife hat dieses Verfahren den Vorteil, daß es statisch wirkt und das Meßinstrument daher einen konstanten Ausschlag zeigt.

Hochstrommessung: Die Messung sehr hoher Gleichströme erfolgt auf dem Umweg über das Magnetfeld des zu messenden Stromes. Die Meßeinrichtung besteht aus einem zweiteiligen Eisenjoch, das den zu messenden Strom umschließt und in dessen Luftspalt sich der Hall-Generator befindet.

Magnetbandabtastung: Bei einem Wiedergabekopf mit einem Hall-Generator ist die Halbleiterschicht zwischen zwei Ferritplatten ähnlich angeordnet wie der Luftspalt in einem induktiven Wiedergabekopf und wird vom Magnetisierungsfluß des vorbeibewegten Bandes durchströmt. Im Gegensatz zum induktiven Wiedergabekopf ist die erzeugte Ausgangsspannung von den höchsten bis zu den tiefsten Frequenzen proportional zum Magnetfluß des Bandes.

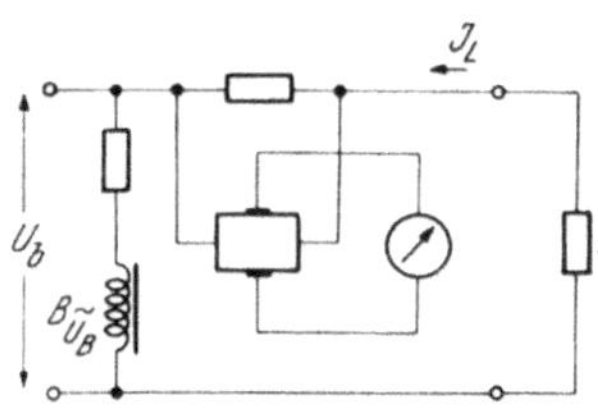

Abb. 1.177. Leistungsmessung mit Hall-Generator

Ausführung von Multiplikationen: Sollen zwei Größen multipliziert werden, so wird die eine Größe als Steuerstrom, die andere Größe als Magnetfluß dem Hall-Generator zugeführt; das Produkt ist gemäß Gl. (1.83) proportional der Hall-Spannung. Ein derartiger Multiplikator eignet sich z. B. als Leistungsmesser (Abb. 1.177), wenn das Steuerfeld durch die Verbraucherspannung erzeugt wird und der Steuerstrom proportional dem Verbraucherstrom ist.

Verwendung als Schalter: Bei abgeschaltetem Magnetfeld ist die Hall-Spannung unabhängig vom Steuerstrom stets Null. In dem Moment, wo das Magnetfeld eingeschaltet wird, tritt an den Abnahmeklemmen eine Hall-Spannung auf. Auf diese Weise kann der Hall-Generator als kontaktloser Schalter arbeiten, wobei nicht nur der elektrische Schaltstrom durch die Spule vom Schaltkreis völlig getrennt ist, sondern auch eine unmittelbare Schaltwirkung durch Steuermagnete in Stellvorrichtungen, Transportbändern usw. möglich ist.

1.4.6 Photoelektrische Wandler

Photoelektrische Wandler finden in Lichtstärkemessern, Tonfilmprojektoren, Lichtschranken, Alarmanlagen und in vielen anderen elektronischen Geräten vielfältige Anwendung. Das physikalische Prinzip, das allen photoelektrischen Wandlern zugrunde liegt, sind die drei photoelektrischen Effekte (Tab. 1.11).

Tabelle 1.11

	Äußerer photoelektrischer Effekt		Innerer photoelektrischer Effekt	Sperrschicht-photoelektrischer Effekt
	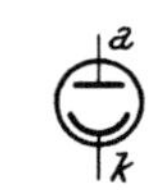		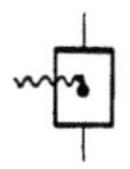	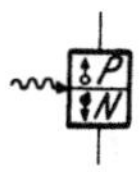
Bauteil	Vakuum-Photozelle	Gasgefüllte Photozelle	Photowiderstand	Photodiode Photoelement
Empfindlichkeit	50 μA/lm	150 μA/lm	0,1—1 A/lm	50 mA/lm
Grenzfrequenz	> 100 MHz	< 15 kHz	< 200 Hz	50 kHz

Äußerer photoelektrischer Effekt: Durch Einwirkung von Licht werden aus einer Metallschicht (meist Cäsium oder Kalium) Elektronen freigemacht (Hochvakuum-Zellen, gasgefüllte Zellen, Photo-Elektronenvervielfacher).

Innerer photoelektrischer Effekt: Unter der Einwirkung von Licht werden im Innern eines Halbleiterkristalles Elektronen von ihren Atomen losgerissen und in das Leitfähigkeitsband gehoben. Dadurch steigt die Leitfähigkeit des Halbleiters (Photowiderstand).

Sperrschichtphotoeffekt: Fällt Licht auf eine PN-Übergangszone, so werden dort auf Grund des inneren photoelektrischen Effektes Ladungsträgerpaare (Elektronen-Defektelektronen) erzeugt, die die Zahl der Minoritätsladungsträger verstärken und den Sperrstrom der Halbleiterdiode erhöhen (Photodiode).

Auf demselben Effekt beruht die Wirkungsweise der Photoelemente. Die vom Licht erzeugten Ladungsträgerpaare werden durch die Diffusionsspannung U_D getrennt. Elektronen wandern in die N-Zone, Defektelektronen in die P-Zone. Diese Ladungsträgertrennung erzeugt eine Spannung, die die Diffusionsspannung verkleinert und als Photospannung an den Diodenzuleitungen abgenommen werden kann.

Alle photoelektrischen Wandler sind nur in einem beschränkten Bereich des elektromagnetischen Spektrums lichtempfindlich; eine grobe Einteilung unterscheidet zwischen blau- und rotempfindlichen Wandlern. Der genaue Verlauf der spektralen Empfindlichkeit ist den Kennlinienblättern der einzelnen Bauteile zu entnehmen.

A. Die Hochvakuum-Photozelle (Alkalizelle)

Die Hochvakuum-Photozelle besteht aus einer Anode und einer Katode, die in einen evakuierten Glaskolben eingeschmolzen sind. Die Katode besitzt einen lichtempfindlichen Belag (meist Cäsium oder Kalium), der proportional zur einfallenden Lichtintensität Elektronen emittiert. Dem lichtempfindlichen Belag gegenüber befindet sich die Anode, die als Draht oder dünner Stab ausgeführt ist, um den Lichtstrom möglichst wenig abzuschirmen.

Schon bei relativ kleinen positiven Anodenspannungen werden alle Photoelektronen von der Anode angezogen. Bei einer weiteren Erhöhung der Anodenspannung bleibt der Anodenstrom praktisch unverändert. Die *Ua–Ia*-Kennlinien der Photozelle verlaufen daher oberhalb der Sättigungsspannung fast waagerecht, was einen extrem hohen dynamischen Innenwiderstand zur Folge hat (einige 100 MΩ).

Der Anodenstrom liegt im praktischen Betriebsfall im μA-Bereich, so daß zur Erzielung einer hohen Ausgangsspannung der Arbeitswiderstand einige MΩ groß gemacht werden muß.

Abb. 1.178 zeigt das Kennlinienfeld einer Hochvakuum-Photozelle. Charakteristische Daten sind in Tab. 1.12 zusammengestellt.

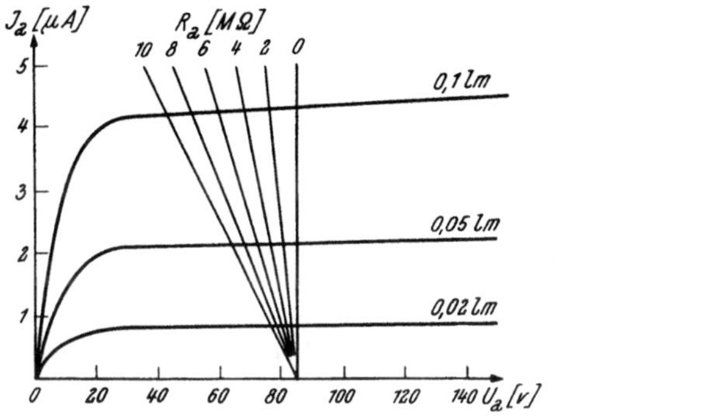

Abb. 1.178. Kennlinienfeld einer Hochvakuumphotozelle

Tabelle 1.12

	Hochvakuum-Photozellen 92 AV	Gasgefüllte Photozellen 92 AG
Anodenspannung	85 V	85 V
empfindliche Katodenoberfläche	2,1 cm²	2,1 cm²
Katodenmaterial	Cäsium-Antimon	Cäsium-Antimon
maximale Katodenstromdichte	0,025 μA/mm²	0,0125 μA/mm²
Dunkelstrom	< 0,05 μA	< 0,1 μA
Empfindlichkeit	45 μA/Lumen	130 μA/Lumen
spektrale Empfindlichkeit	blauempfindlich	blauempfindlich
Trägheit	trägheitslos	— 3 dB bei f = 15 kHz

B. Die gasgefüllte Photozelle

Durch eine Edelgasfüllung läßt sich die Lichtempfindlichkeit der Photozelle beträchtlich steigern; durch die Ionisierung des Gases tritt eine Stromverstärkung auf, die bei $Ua = 85$ V Werte zwischen 3 und 4 aufweist.

Charakteristisch für die gasgefüllte Photozelle ist das Ansteigen der *Ua–Ia*-Kennlinien bei höheren Anodenspannungen (Abb. 1.179). Bei Vorhandensein eines Außenwiderstandes *Ra* sind dadurch die Stromwerte nicht mehr exakt proportional dem einfallenden Lichtstrom, denn der Spannungsabfall an *Ra* setzt die Anodenspannung herab und reduziert damit den Stromverstärkungsfaktor.

Auch bezüglich des Frequenzverhaltens der Röhre hat die Gasfüllung unerwünschte Konsequenzen. Die Trägheit des Gases verursacht eine Abnahme der Lichtempfindlichkeit mit steigender Frequenz und reduziert die obere Grenzfrequenz auf 15 kHz.

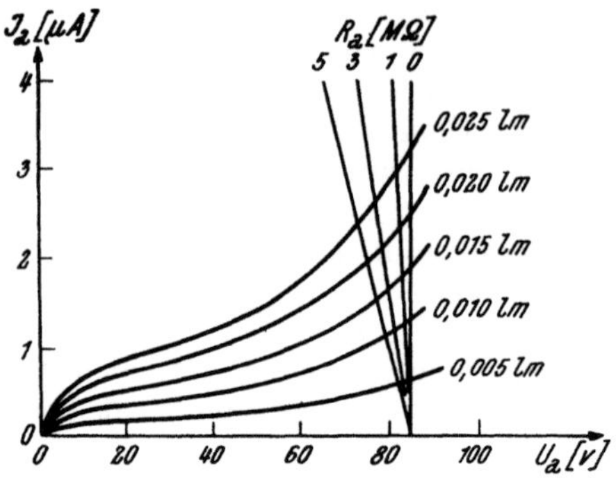

Abb. 1.179. Kennlinienfeld einer gasgefüllten Photozelle

Abb. 1.54, S. 38 zeigt eine Schaltung, die in Abhängigkeit von der Beleuchtungsstärke der Photozelle ein Relais ein- oder ausschaltet, Abb. 1.180 einen Photozellenverstärker.

Zum Vergleich mit einer Hochvakuum-Photozelle sind in Tab. 1.12 die Werte der gasgefüllten Zelle angeführt.

C. Sekundärelektronenvervielfacher (*SEV*, Multiplier)[1]

Bei Lichteinwirkung oder Wärmestrahlung, allgemein bei Einwirkung elektromagnetischer Energie, auf die Photokatode treten aus ihr Elektronen aus, die auf eine Elektrode mit positivem Potential gegen K, die Dynode D_1, treffen und aus ihr Sekundärelektronen herausschlagen, die wiederum auf eine zweite Elektrode (D_2) mit positivem Potential gegen D_1 prallen usw. Es ergibt sich bei Anwendung mehrerer Dynoden eine sehr hohe Stromverstärkung und es ist daher der Nachweis geringster Lichtmengen, einzelner Quanten, möglich.

Da die *SEV*-Röhre hochevakuiert ist, läßt sich eine frequenzunabhängige Verstärkung bis zu 10^9 Hz erreichen, wobei ein sehr stabiles Arbeiten gewährleistet ist. Abb. 1.181 zeigt ein Schaltbeispiel für Multiplier.

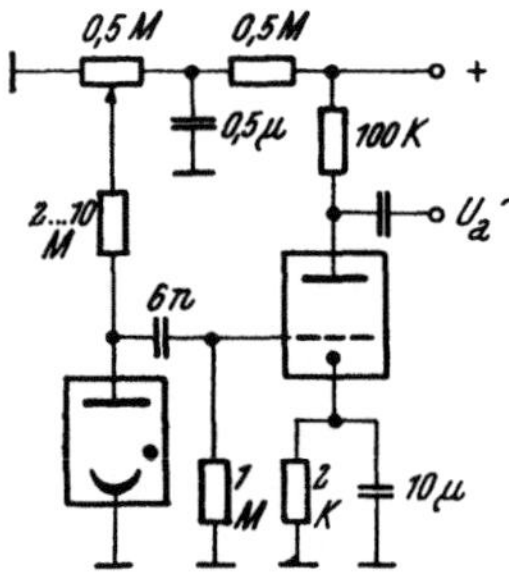

Abb. 1.180. Photozellenverstärker

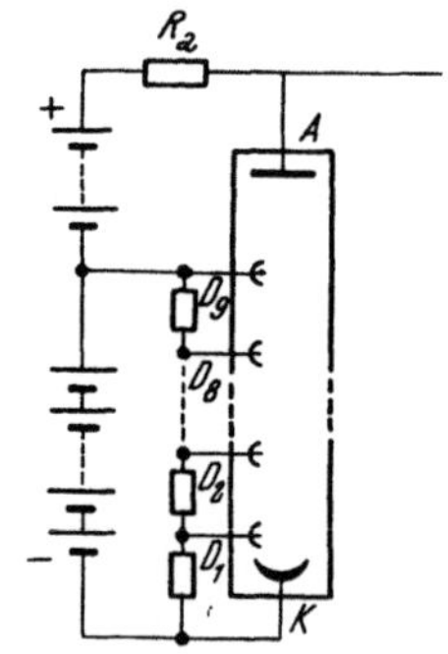

Abb. 1.181. Multiplier-Schaltung

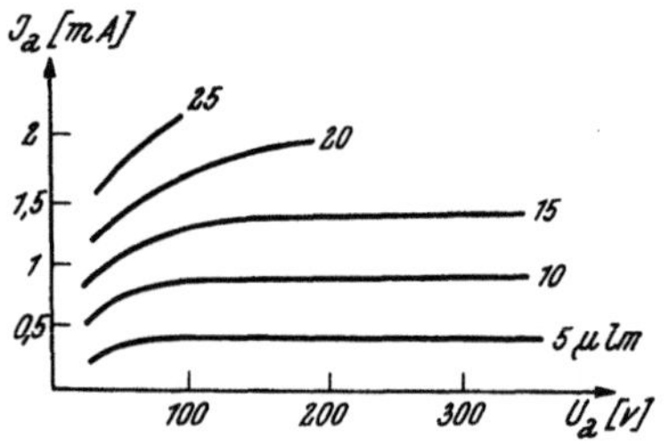

Abb. 1.182. Kennlinienfeld eines Multipliers

Die Dynoden bestehen aus einer Kupfer–Beryllium–Cäsium-Legierung, die eine besonders geringe Austrittsarbeit von Elektronen verlangt. Die Auslösungszeit für Sekundärelektronen liegt bei 10^{-10} s (obere Grenzfrequenz). Die spektrale Empfindlichkeit hängt von dem Katodenmaterial ab und geht vom *UV* bis weit in das *IR* hinein. Bei Infrarotzellen spielt die thermische Emission (Dunkelstrom) schon eine wesentliche Rolle. Bei empfindlichen Messungen in diesem Gebiet müssen die *SEV*-Zellen tiefgekühlt werden.

[1] Literatur: [H 4].

Eine gute statische und magnetische Abschirmung ist wegen der Elektronenfokussierung nötig, denn bei einem äußeren Magnetfeld von z. B. einem Gauß sinkt der relative Anodenstrom bereits auf 80%. Als Richtlinie für die Spannungen der Multiplier gilt:

Die Stufenspannung (Potentialdifferenz) zwischen zwei aufeinanderfolgenden Dynoden beträgt je nach Type 50 bis 200 V und wird aus einem Spannungsteiler gewonnen, dessen Querstrom größer als der Strom der letzten Dynode sein soll. Die Spannung Katode-Dynode 1 ist meist höher als die Stufenspannung. Der Anodenstrom beträgt 0,1 bis 2 mA. Die Gesamtspannung kann bis zu 2500 V werden.

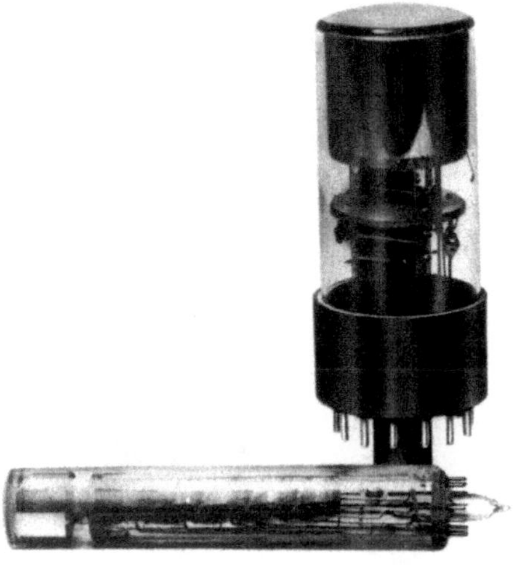

Abb. 1.183. Sekundärelektronenvervielfacher

Abb. 1.182 zeigt das Kennlinienfeld eines Multipliers. Wie daraus ersichtlich, ist die Höhe der Anodenspannung (Spannung zwischen letzter Dynode und Anode) ab einem Mindestwert ohne Einfluß auf den Anodenstrom (Pentodencharakteristik). Die Belichtung (Photostrom) soll nicht zu groß gemacht werden. Die Gesamtverstärkung ändert sich fast quadratisch mit der Gesamtspannung. Die Empfindlichkeit einer einfachen *SEV*-Zelle ist etwa 20 A/lm. Die Daten eines sehr guten Multipliers (EMI 6262) sind:

Anodenempfindlichkeit bei 4150 AE: 30000 A/lm
Stromverstärkung: $1{,}5 \cdot 10^9$
Stufenzahl: 14, Gesamtspannung 2200 V

Die Abb. 1.183 zeigt zwei Sekundärelektronenvervielfacher (Philips 52 AVP, 56 AVP).

D. Fernsehaufnahmeröhren

Die hierzu benutzten Elektronenstrahlwandler formen optische Abbildungen in eine elektrische Signalfolge um. Dieser Vorgang geschieht meist in der Weise, daß das optische Bild auf einer Photokatode abgebildet wird. Die aus der Katode emittierten Elektronen prallen auf eine Speicherfläche, die man sich als eine Parallelschaltung einer sehr großen Anzahl von Kondensatoren denken kann. Der eine Kondensatorbelag ist allen gemeinsam, der andere, auf den die Elektronen aufprallen, besteht aus winzigen voneinander isolierten Cäsiumplättchen. Die Ladungsverteilung auf dieser Kondensatorschicht entspricht der Helligkeitsverteilung des optischen Bildes. Ein elektrostatisch oder elektromagnetisch gesteuerter Elektronenstrahl tastet die Kondensatorfläche ab und entlädt die einzelnen Plättchen. Die Intensität der entstehenden Impulse ist von der jeweiligen Ladungsmenge abhängig. Auf diesem Prinzip beruht das Superikonoskop. Bei der Superortikon-Röhre entsteht zum Unterschied vom Ikonoskop dann ein starker Signalimpuls, wenn der Elektronenstrahl auf eine ladungsfreie Stelle der Speicherelektrode trifft. Die dort umkehrenden, sozusagen überflüssigen Elektronen werden in einem Sekundärelektronenvervielfacher vermehrt und bilden das Ausgangssignal. Notwendige Beleuchtungsstärke 0,002 bis 0,1 Lux.

Bei den viel einfacher aufgebauten Vidikons wird das Bild auf einer halbleitenden Schicht abgebildet, deren örtlicher Widerstand von der jeweiligen Beleuchtung abhängt. Der bei der Abtastung mit einem Elektronenstrahl durch die Halbleiterschicht fließende Strom stellt das Ausgangssignal dar.

E. Der Photowiderstand (*LDR*-Widerstand)[1]

Photowiderstände bestehen aus Kadmiumsulfid, das seinen Widerstand in Abhängigkeit von der Beleuchtungsstärke ändert. Das Maximum der spektralen Empfindlichkeit von CdS liegt im sichtbaren Bereich bei etwa 0,6 μ. Bleisulfid, das ebenfalls für die Herstellung von Photowiderständen Verwendung findet, besitzt sein Maximum im infraroten Gebiet (≈ 2,5 μ). Abb. 1.184 zeigt die typische, kammförmige Elektrodenanordnung; durch engen Elektrodenabstand und große lichtempfindliche Fläche wird eine maximale Lichtempfindlichkeit gewährleistet.

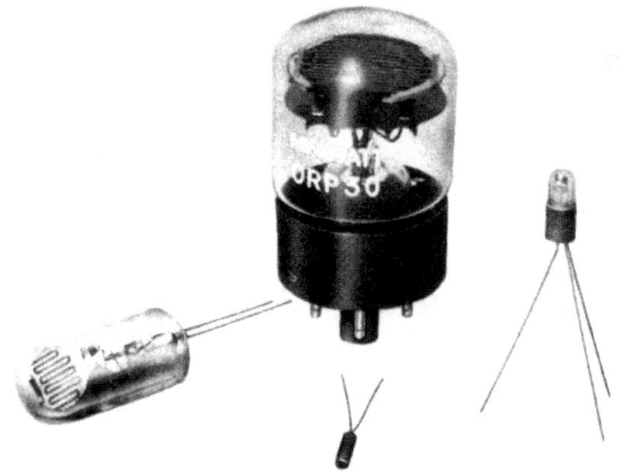

Abb. 1.184. Links und Mitte: Photowiderstand, Mitte unten: Photodiode, rechts: Phototransistor (Philips)

Bei Lichtschwankungen von 1 bis 10000 Lux ändert sich der Widerstand ungefähr im Verhältnis 1000:1. Der Dunkelwiderstand, der von der Temperatur und vom zeitlichen Abstand von der Belichtung abhängig ist, beträgt je nach Typ 100 kΩ bis 100 MΩ, der Hellwiderstand (bei 10000 Lux) entsprechend 100 Ω bis 100 kΩ. Abb. 1.185 zeigt die Kennlinie für drei verschiedene Photowiderstände.

Die Empfindlichkeit des Photowiderstandes ist bedeutend höher als bei den Photozellen und liegt zwischen 0,1 und 1 A/Lumen. Durch Multiplikation mit der lichtempfindlichen Fläche (m^2) des Photowiderstandes erhält man daraus die Empfindlichkeit in A/Lux.

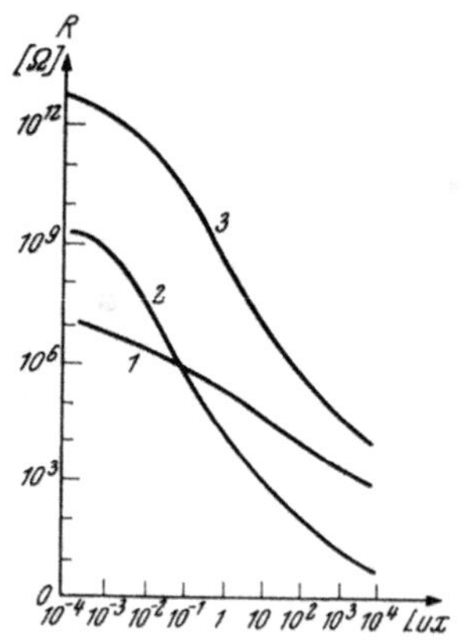

Abb. 1.185. Kennlinien von Photowiderständen

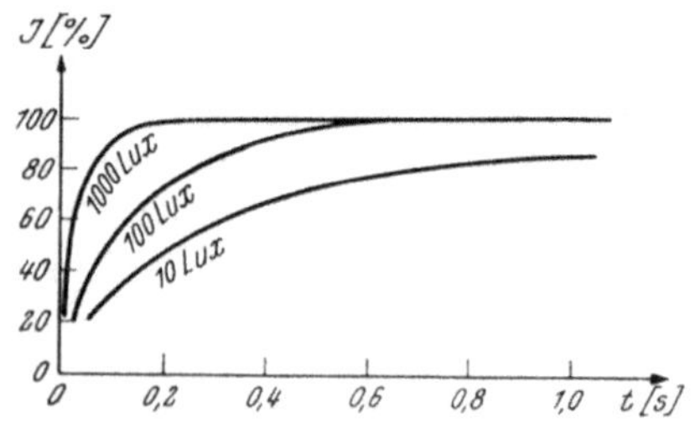

Abb. 1.186. Anstiegszeiten bei verschiedenen Beleuchtungsstärken

Frequenzverhalten: Wird der Photowiderstand einem Lichtstrom ausgesetzt, so geht der Widerstandswert nicht sofort auf den statischen Wert herunter, son-

[1] Literatur: [R 15, V 7].

dern erreicht erst nach einer gewissen Zeit den Endwert, und zwar um so schneller, je stärker der Lichtstrom ist. Dieselbe Verzögerung tritt auch beim Abschalten des Lichtstromes ein (Abb. 1.186). Der Photowiderstand besitzt eine gewisse Trägheit, die seine Anwendung auf Frequenzen unterhalb 100 Hz beschränkt. Anwendungen: Abb. 1.187 zeigt eine Hell-Dunkel-Relaissteuerung. Wenn der Photowiderstand lediglich mit Lichtstärkesprüngen beaufschlagt wird, kann die

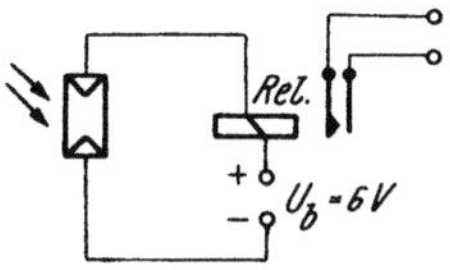

Abb. 1.187. Hell-Dunkel-Relaissteuerung

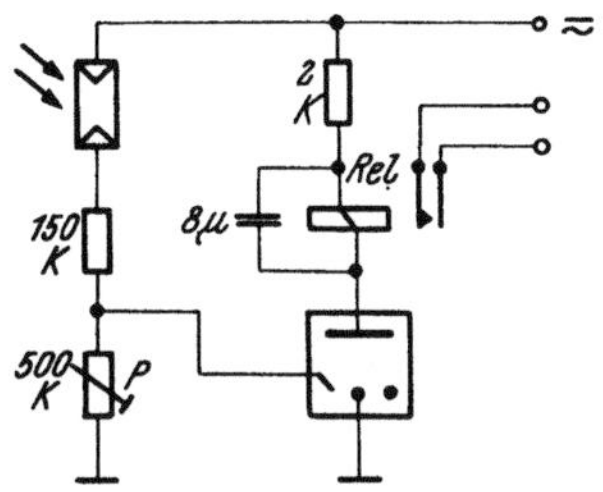

Abb. 1.188. Photoelektrischer Schalter

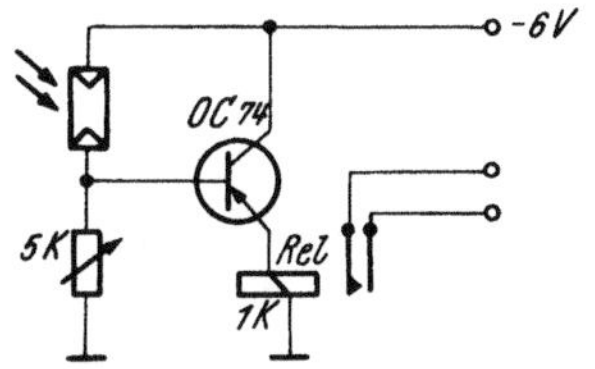

Abb. 1.189. Relaissteuerung mit Transistorverstärker

Schaltung auch mit Wechselstrom betrieben werden. Andernfalls tritt Relaisflattern auf. Ein flatterfreies Ansprechen gewährleistet eine Schaltung mit Kaltkatodenröhren (Abb. 1.188). Bei Lichtbestrahlung wird das Potential der Zündelektrode durch den Photowiderstand soweit gehoben, daß die Glimmstrecke zündet. Die Ansprechschwelle wird mit dem Trimmer *P* eingestellt.

Eine sehr empfindliche Schaltung besteht aus einem Photowiderstand mit nachfolgendem Transistorverstärker (Abb. 1.189).

F. Die Photodiode

Photodioden bestehen aus einer Germanium-PN-Verbindung, die so montiert ist, daß das Licht senkrecht auf die Sperrschicht auffällt. Eine kleine Linse am Kopf der Diode konzentriert das Licht auf die lichtempfindliche Fläche (etwa 1 mm²). Die Abmessungen des Bauteiles gehen aus Abb. 1.184 hervor.

Da die Wirkungsweise auf der Lichtempfindlichkeit des Sperrstromes einer Halbleiterdiode beruht, werden Photodioden stets in Sperrichtung gepolt. Abb. 1.190 zeigt das *I*-*U*-Kennlinienfeld der APY 10. Die maximal zulässige Belastung liegt je nach Diodentyp bei etwa 30 mW ($T = 25\,°C$). Außer der Belastbarkeit ist auch die Empfindlichkeit kleiner als beim Photowiderstand und beträgt im Mittel 0,1 A/lm bzw. 0,1 μA Lux (bei F = 1 mm²). Es wird deshalb meist ein Verstärker nachgeschaltet. Die spektrale Empfindlichkeit erstreckt sich über einen größeren Bereich als die des Photowiderstandes und besitzt ihr Maximum im Infrarot bei 1,5 μ.

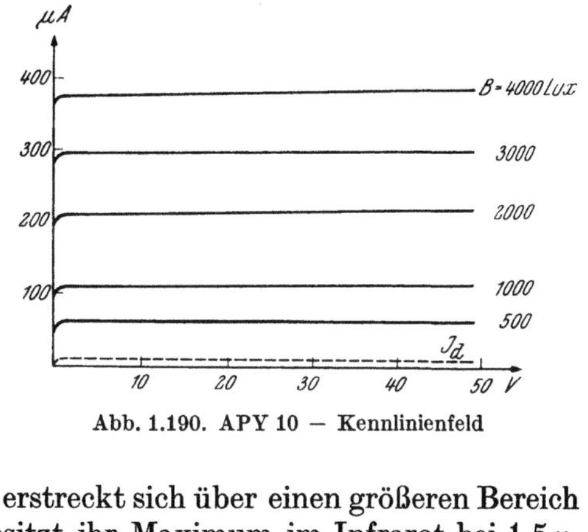

Abb. 1.190. APY 10 — Kennlinienfeld

Photodioden sind weit weniger träge als Photowiderstände. Bei intermittierender Beleuchtung erreicht der Photostrom bereits innerhalb kurzer Zeit seinen

Endwert. Die hohe obere Grenzfrequenz macht die Diode zum Abtasten der Tonspur in Kinoprojektoren, zum schnellen Ablesen von Lochstreifen u. a. geeignet.

Eine Weiterentwicklung der Photodiode ist der Phototransistor. Defektelektronen, die in seiner Basiszone durch Lichteinwirkung erzeugt werden, werden vom Kollektor angezogen, wodurch sich die Basis negativ auflädt und einen Strom durch die Emitter-Basis-Diode stimuliert. Durch diesen Verstärkungsprozeß steigt die Empfindlichkeit (0,13 A/lm bei OCP 70), die obere Frequenzgrenze liegt jedoch bereits bei 3 kHz.

G. Das Photoelement (Sonnenzelle)[1]

Photoelemente dienen zur Umwandlung von Strahlungsenergie in elektrische Energie. Sie sind im Gegensatz zu den Photowiderständen aktive Wandler.

Die Wirkungsweise beruht, wie am Eingang dieses Abschnittes erwähnt, auf der Ladungsträgertrennung durch die Diffusionsspannung einer *PN*-Schicht. Von den bekannten Sperrschicht-Elementen (Selenzelle, Kupferoxydzelle, Ge- und Si-Zelle) weisen die Siliziumzellen den besten Wirkungsgrad auf (Wirkungsgrad = Verhältnis von abgegebener elektrischer Energie zu eingestrahlter Lichtenergie).

Abb. 1.191 zeigt den Aufbau einer Siliziumzelle; die dünne lichtdurchlässige *P*-Zone bildet mit der *N*-Schicht den *PN*-Übergang. Die Ausgangsleistung beträgt 10 mW pro cm² bei einer eingestrahlten Leistung von 100 mW, woraus sich ein Wirkungsgrad von 10% ergibt. Das Maximum der spektralen Empfindlichkeit liegt bei 0,9 μ.

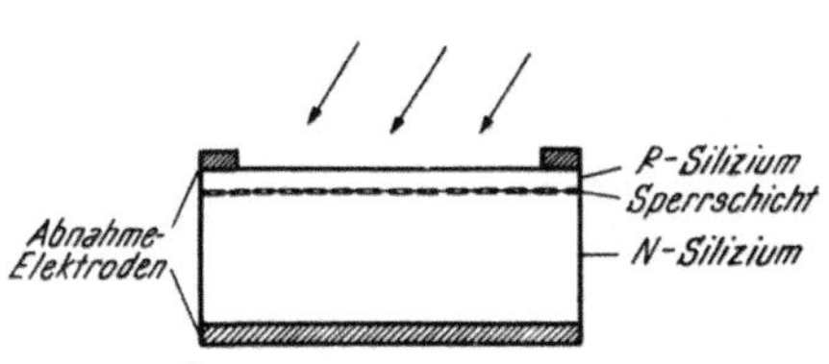

Abb. 1.191. Aufbau einer Siliziumdiode

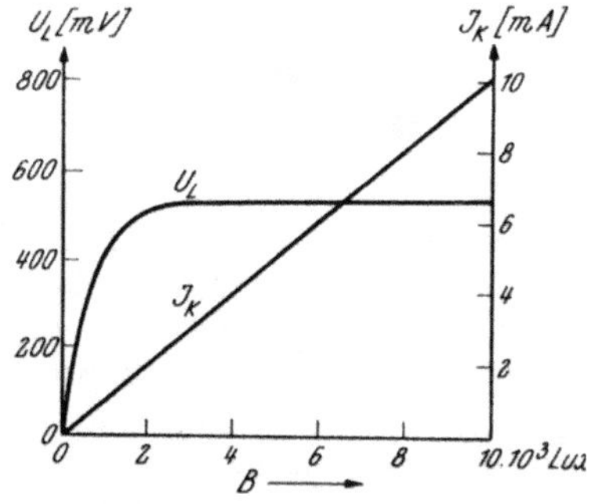

Abb. 1.192. TP 60 — Kennlinienfeld

Die Leerlaufspannung ($R_L = \infty$) eines Si-Elementes wird bereits bei 1000 Lux erreicht und bleibt dann praktisch konstant auf etwa 0,5 V. Die Abhängigkeit der Leerlaufspannung ($R_L = \infty$) und des Kurzschlußstromes ($R_L = 0$) für das Si-Photoelement TP 60 zeigt Abb. 1.192.

Anwendung finden die Photoelemente in Belichtungsmessern, in Energieversorgungsgeräten, Regel- und Steueranlagen und vielen anderen Gebieten der Elektronik.

---

[1] Literatur: [W 13].

1.5 Allgemeine Bauelemente

1.5.1 Widerstände[1]

A. Festwiderstände

a) Aufbau

An dieser Stelle werden nur die sogenannten linearen ohmschen Widerstände behandelt, daß heißt solche, deren Widerstand möglichst unabhängig von der angelegten Spannung und Frequenz, von der Temperatur und sonstigen äußeren Einflüssen ist.

Es gibt eine Vielfalt von Arten und Bauformen von Widerständen. *Schichtwiderstände* werden in der Elektronik am meisten verwendet. Sie haben einen keramischen Tragkörper, auf dem eine kristalline Glanzkohleschicht (Stärke etwa 10^{-2} bis 10^{-6} mm) oder eine Metallschicht (Stärke etwa 10^{-5} bis 10^{-6} mm) niedergeschlagen ist. Für höchstohmige Widerstände wird auch eine Kolloidschicht verwendet. Diese zylindrische Schicht wird durch Einschleifen einer Wendel in ein schraubenförmiges Band zerlegt. Dadurch wird der verlangte Wert des Widerstandes erzielt.

Massewiderstände enthalten einen allseitig dicht umpreßten Körper aus Widerstandsmaterial mit gleichzeitig eingepreßten Anschlußdrähten.

Drahtwiderstände haben eine Wicklung aus Widerstandsdraht auf einem (meist keramischen) Isolierkörper und können mit festen und verstellbaren Abgriffen (Schellen) versehen werden. Sie sind wegen ihrer Induktivität für Niederfrequenz und Hochfrequenz nur beschränkt anwendbar.

Eingepreßte Drahtenden, aufgesetzte Kappen mit Drahtenden oder Schellen dienen zum Anschluß und gleichzeitig zur Befestigung. Zum Schutz gegen äußere Einflüsse werden die Widerstände mit Lacken, Tauchmassen und gegebenenfalls eingebrannten keramischen Massen (Drahtwiderstände) überzogen.

Normalerweise trägt jeder Widerstand eine Bezeichnung, die zumindest den Widerstandswert, je nach Fabrikat und Größe aber auch den Hersteller, die Güteklasse, die Toleranz und die Nennlast angibt. Widerstandswert und Toleranz können auch nach einem internationalen Code durch Farbringe oder -punkte angegeben werden (Tabelle im Anhang, S. 606).

b) Eigenschaften

Schichtwiderstände können in einem außerordentlich großen *Wertbereich* hergestellt werden (siehe Tab. 1.13, Fertigungsbereiche). Die Staffelung der Widerstandswerte erfolgt üblicherweise nach international gebräuchlichen dezimalgeometrischen Reihen mit Stufensprüngen von $\sqrt[6]{10}$, $\sqrt[12]{10}$ bzw. $\sqrt[24]{10}$. Diesen E-Reihen sind die Toleranzen $\pm 20\%$ (E 6), $\pm 10\%$ (E 12) bzw. $\pm 5\%$ (E 24) zugeordnet, so daß sich die Toleranzbereiche benachbarter Widerstandswerte gerade nicht mehr überschneiden. Die Zahlenwerte dieser Reihen sind in einer Tabelle im Anhang (S. 606) aufgeführt und können mit beliebigen Zehnerpotenzen multipliziert werden. Bei Drahtwiderständen ist der Fertigungsbereich nach oben durch eine gewisse Mindestdrahtstärke eingeschränkt. Bei Schichtwiderständen

[1] Literatur: [H 10, Z 4].

Tabelle 1.13. *Fertigungsbereiche verschiedener Widerstandsarten*

Widerstandsart		Klasse DIN	Nennlast W	Toleranz ± %	Wertbereich	in Abb. 1.199 als Nr.	ungefähre Maße in mm Bemerkungen
Kohleschicht	Grenzen:	5 bis 0,5	1/100 bis 300	20 bis 0,1	5 Ω bis 50 MΩ		1,5 ⌀ × 5 bis 80 ⌀ × 500
	typisch:	0,5	1	1	10 Ω bis 10 MΩ	1	7,5 ⌀ × 30
		0,5	1	0,5 2 20	20 Ω bis 30 MΩ bis 300 MΩ bis 100 GΩ	2	9 ⌀ × 57 hohe Konstanz höchste Ohmwerte
		0,5	6	1 10	300 Ω bis 100 MΩ 200 Ω bis 1 GΩ	3	8,5 ⌀ × 159 hohe Spannungen
		5 5 5 5	2 1/2 1/8 1/25	10 10 10 10	10 Ω bis 2,7 MΩ 4,7 Ω bis 22 MΩ 10 Ω bis 10 MΩ 100 Ω bis 200 kΩ	4, 5 9 10 12	8,2 ⌀ × 30, 8,5 ⌀ × 20 4,1 ⌀ × 10 2,7 ⌀ × 8 2,9 ⌀ × 6
		5 5	1/2 1	10 10	100 Ω bis 5 kΩ 1 kΩ bis 50 kΩ	wie 9 wie 8	ungewendelt Mäanderschliff
Metall-schicht	Grenzen:	0,5	1/20 bis 2	5 bis 0,1	1 Ω bis 10 MΩ		2,5 ⌀ × 8 bis 15 ⌀ × 50
	typisch:	0,5	1	0,5	10 Ω bis 1 MΩ	wie 8	7,0 ⌀ × 20
Draht-wider-stand	Grenzen:	2 bis 0,5	1/2 bis 600	10 bis 0,1	0,2 Ω bis 200 kΩ		5,5 ⌀ × 12 bis 35 ⌀ × 330
	typisch:	0,5 2 2	5 15 4	10 bis 1 10 10	0,3 Ω bis 5 kΩ 5 Ω bis 15 kΩ 2 Ω bis 10 kΩ	13 15 16	20 ⌀ × 46, offen 7,5 ⌀ × 46, glasiert 8,5 ⌀ × 23, zementiert

gibt es Spezialtypen für höchste Widerstandswerte (100 GΩ) und hohe Spannungen (30 kV).

Die Angabe der *Toleranz* besagt lediglich, um wieviel der Istwert (tatsächlich gemessene Wert) eines Widerstandes bei der Lieferung und normalen Umgebungsbedingungen (etwa 20 °C und höchstens 60% relative Feuchte) vom Sollwert (aufgedruckten bzw. bestellten Wert) abweichen darf. Es wird damit nicht gesagt, inwieweit ein Widerstand seinen Istwert im Betrieb beibehält, d. h. wie gut seine Konstanz ist. Außer mit den oben erwähnten Normaltoleranzen werden Drahtwiderstände und vor allem hochwertige Schichtwiderstände (Klasse 0,5), teilweise von Spezialherstellern, auch mit engeren Toleranzen (± 2 bis 0,1%) geliefert.

Die *Konstanz* eines Widerstandes wird durch die Summe aller irreversiblen Änderungen bestimmt, die er im Verlauf der Zeit etwa durch Alterung, klimatische Einflüsse oder elektrische Belastung erfährt. Über die zulässigen Grenzen dieser Änderungen existieren verschiedene, teilweise internationale Normen. Gemäß DIN werden die Widerstände beispielsweise nach Güteklassen, Klasse 5, Klasse 2 und Klasse 0,5 eingeteilt. Die Nummer gibt die höchstzulässige Widerstandsänderung in % nach Lagerung und anschließender Belastung mit Nennlast (bei Klasse 0,5 mit halber Nennlast) über je 5000 h an. Die überall im Handel erhältlichen Rundfunk- und Fernsehwiderstände entsprechen der Klasse 5. Drahtwiderstände entsprechen der Klasse 2 bzw. 0,5 je nach dem verwendeten Widerstandsmaterial. Gute Erzeugnisse nützen jedoch die durch die Normung gesetzten Grenzen bei weitem nicht aus. Wenn keine extremen klimatischen Belastungen auftreten (etwa häufige Temperaturwechsel von −20 bis +50 °C bei hoher Luftfeuchte), halten Kohleschichtwiderstände der Klasse 5 über Jahre ihren Wert innerhalb etwa 0,5 bis 1%, Spezialschichtwiderstände erreichen eine Konstanz bis 0,1%, Drahtwiderstände und Metallschichtwiderstände noch höhere Konstanz.

Neben den irreversiblen Änderungen unterliegt der Wert eines Widerstandes reversiblen Schwankungen in Abhängigkeit von Temperatur, Spannung, Frequenz u. a. Der *Temperaturkoeffizient* (*TK*) gibt die relative Änderung eines Widerstandes mit der Temperatur an:

$$TK = \frac{\Delta R}{R \cdot \Delta T}$$

Da der Temperaturkoeffizient selbst von der Temperatur abhängig ist, muß eine zahlenmäßige Angabe des Temperaturkoeffizienten stets das bezogene Temperaturintervall $\Delta T = T_2 - T_1$ enthalten. Die Abhängigkeit des Temperaturkoeffizienten von der Temperatur zeigt Abb. 1.193 und vom Widerstandswert Abb. 1.194.

Eine *Spannungsabhängigkeit* ist bei Drahtwiderständen praktisch nicht vorhanden, für Präzisionskohleschichtwiderstände Klasse 0,5 werden von einem Hersteller folgende Maximalwerte genannt:

bis	1 MΩ	0,002‰/V	maximal
bis	10 MΩ	0,01 ‰/V	maximal
bis	1 GΩ	0,05 ‰/V	maximal
bis	10 GΩ	0,4 ‰/V	maximal.

Abb. 1.195 zeigt ein für die *Frequenzabhängigkeit* maßgebendes vereinfachtes Ersatzschaltbild eines Widerstandes. Die Induktivität wird durch die Drahtwicklung oder Schichtwendel und die Anschlußleitungen gebildet, die Kapazität

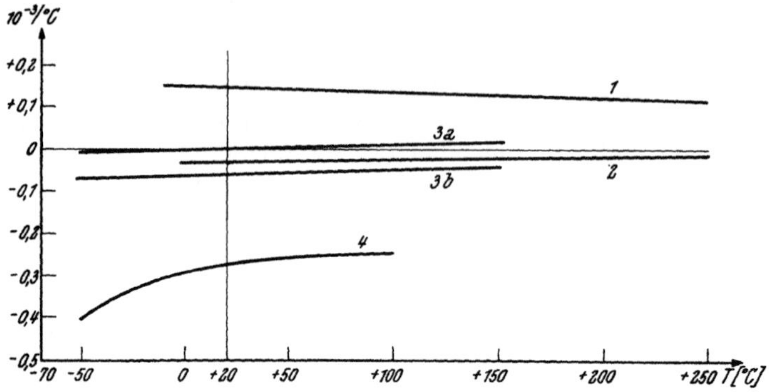

Abb. 1.193. Temperaturkoeffizient in Abhängigkeit von der Temperatur. *1* Chromnickeldraht, *2* Konstantandraht, *3a* Metallschichtwiderstand, *TK* $\pm 15 \cdot 10^{-6}$, *3b* Metallschichtwiderstand, *TK* $\pm 10^{-4}$, *4* Kohleschichtwiderstand

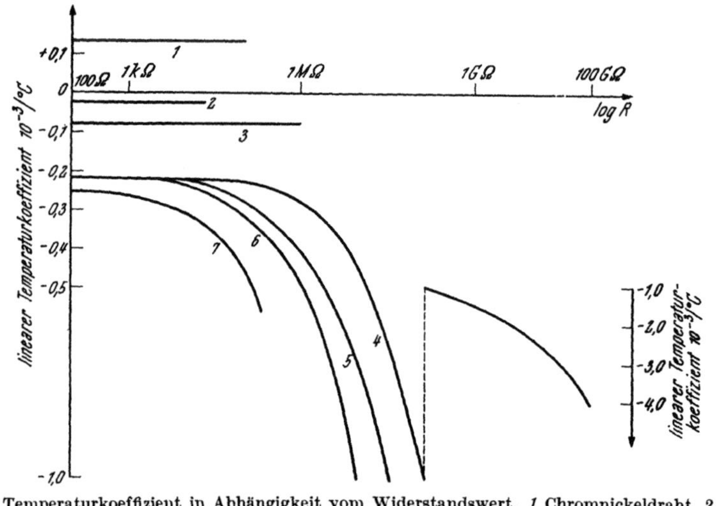

Abb. 1.194. Temperaturkoeffizient in Abhängigkeit vom Widerstandswert. *1* Chromnickeldraht, *2* Konstantandraht, *3* Metallschichtwiderstand, *4* Kohleschichtwiderstand, wie Nr. 1 und 2, *5* Kohleschichtwiderstand, wie Nr. 3, 6 und 7, *6* Kohleschichtwiderstand, wie Nr. 9 und 10, *7* Kohleschichtwiderstand, wie Nr. 12 (Die Nummern entsprechen Abb. 1.199, S. 128, und Tab. 1.13, S. 124, vorletzte Spalte)

setzt sich aus der Kapazität der Anschlußelemente, der verteilten Kapazität zwischen den Windungen und der Kapazität gegen die Umgebung zusammen. Bei niederohmigen Widerständen ist die Kapazität, bei hochohmigen die Induktivität zu vernachlässigen, so daß je nach dem Widerstandswert eine induktive bzw. kapazitive Grenzfrequenz mit steigendem bzw. fallendem Scheinwiderstandsverlauf resultiert. Der Übergang liegt bei etwa 100 bis 1000 Ω. Läßt man eine bestimmte Scheinwiderstandsabweichung (z. B. 10%) zu, dann kann man eine Grenzfrequenz in Abhängigkeit vom Widerstandswert angeben, die in Abb. 1.196 aufgetragen ist. Diese Kurve gilt in guter Näherung für fast alle Typen von Schichtwiderständen. Der Skineffekt macht sich meist erst bei Frequenzen bemerkbar, bei denen der Einfluß von Kapazität und Induktivität bereits weit überwiegt, da

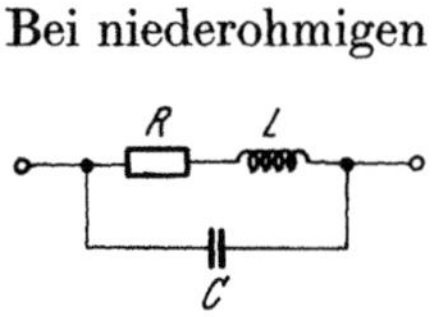

Abb. 1.195. Ersatzschaltung eines Widerstandes

die Schichtstärke fast immer klein gegen die Eindringtiefe ist. Um die Eigeninduktivität zu verkleinern, werden niederohmige Schichtwiderstände auch ungewendelt oder mit Mäanderschliff geliefert. Ein zweckmäßiger Einbau trägt sehr zur Verminderung der Blindkomponenten bei. Abb. 1.197 gibt ein Beispiel für die Frequenzabhängigkeit von Drahtwiderständen. Auch hier tritt mit steigender Frequenz eine kapazitiv bedingte Verminderung bei hohen Widerstandswerten und eine induktive Erhöhung bei kleinen Werten auf.

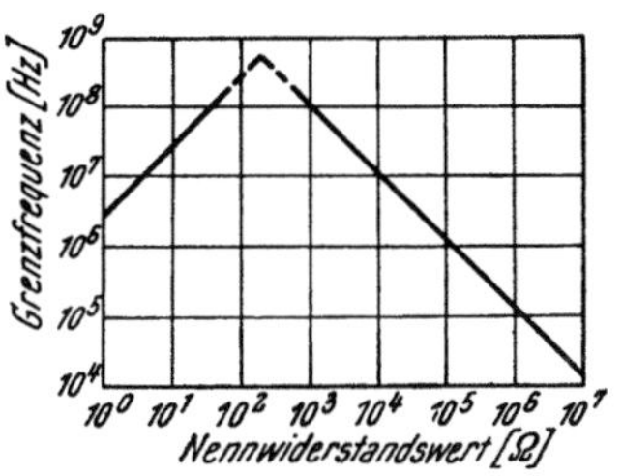

Abb. 1.196. Grenzfrequenz eines Schichtwiderstandes für 10% Scheinwiderstandsabweichung

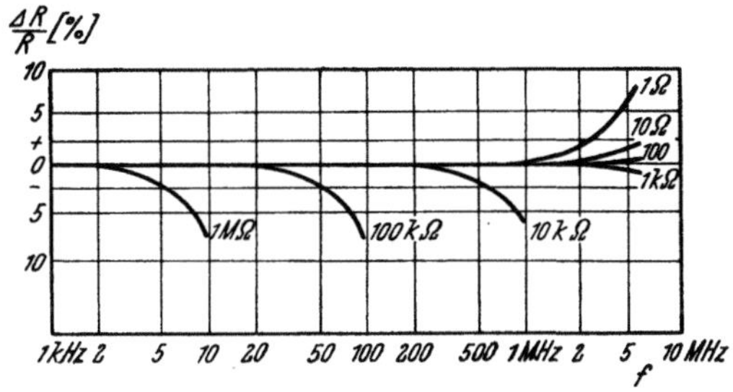

Abb. 1.197. Scheinwiderstandsänderung von Präzisionsdrahtwiderständen mit der Frequenz

Jeder Widerstand gibt eine *Rauschspannung* ab, die sich aus dem thermischen Rauschen und dem Stromrauschen zusammensetzt. Das thermische Rauschen ist weißes Rauschen und tritt bei allen Widerständen auf (siehe Kap. 1.7). Das Stromrauschen ist farbiges Rauschen, es tritt vor allem bei Kohle- und sonstigen Halbleiterwiderständen auf, wenn an den Widerstand eine Gleichspannung gelegt wird, und nimmt etwa mit $1/\sqrt{f}$ ab. Die folgende Tabelle gibt für das Stromrauschen nach statistisch ausgewerteten Serienmessungen Höchstwerte an, die von guten Widerständen im allgemeinen nicht erreicht werden (Bandbreite 30 = 10000 Hz).

0,1 W-Type:	maximal	0,4 $\mu V_{eff}/V^{=}$	bis 100 kΩ,	maximal	2 $\mu V_{eff}/V^{=}$	bei 10 MΩ
0,5 W-Type:	,,	0,15 $\mu V_{eff}/V^{=}$	,, 500 kΩ,	,,	0,4 $\mu V_{eff}/V^{=}$	,, 10 MΩ
2 W-Type:	,,	0,08 $\mu V_{eff}/V^{=}$	,, 1,5 MΩ,	,,	0,1 $\mu V_{eff}/V^{=}$	,, 10 MΩ.

Jeder Widerstand muß so hoch belastbar gewählt werden, daß er die in Wärme umgesetzte Energie an die Umgebung abgeben kann, ohne Schaden zu nehmen. Die angegebene *Nennlast* bezieht sich auf eine bestimmte Umgebungstemperatur und ungehinderte Wärmeabfuhr und ist so bemessen, daß die Widerstände je nach Bauart etwa folgende Oberflächentemperaturen erreichen:

Kohleschichtwiderstände	110 °C
Metallschichtwiderstände	150 °C
offene Drahtwiderstände	170 °C
zementierte Drahtwiderstände	350 °C
glasierte Drahtwiderstände bis	550 °C.

Bei schlechter Wärmeabfuhr oder erhöhter Umgebungstemperatur muß die Betriebslast entsprechend herabgesetzt werden. Als Anhalt können die sogenannten Derating-Kurven in Abb. 1.198 dienen. Selbstverständlich ist beim Einbau von Widerständen, besonders von hochbelasteten Drahtwiderständen, zu bedenken, daß durch die teilweise beachtlich hohen Temperaturen auch die Umgebung des Widerstandes gefährdet wird. Bei gedrängtem Aufbau oder zum Schutz empfindlicher Teile muß deshalb unter Umständen eine größere Type gewählt werden, damit durch die größere Oberfläche eine bessere Wärmeabfuhr erzielt und eine geringere Temperatur eingehalten wird.

Durch seine Wärmeträgheit ist ein Widerstand in der Lage, wiederholt eine *Stoßlast* (etwa 1 s lang die 25fache Nennlast) aufzunehmen, sofern ausreichende Abkühlungspausen dazwischen liegen und die zulässige Spannung nicht überschritten wird. Die maximale Betriebsspannung ist durch das Spannungsgefälle zwischen den einzelnen Wendeln bzw. Windungen begrenzt. Abb. 1.199 zeigt verschiedene Festwiderstände.

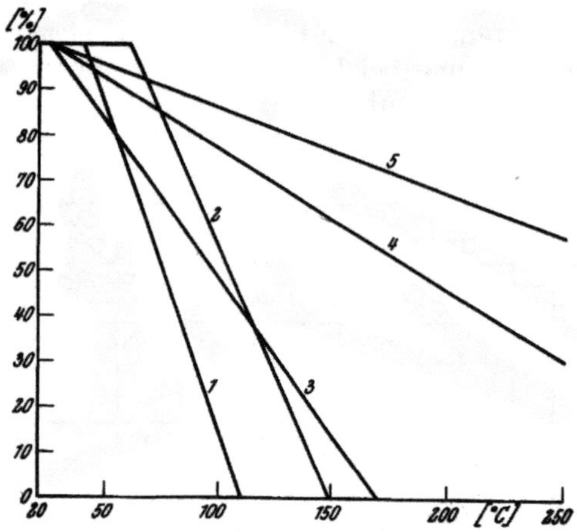

Abb. 1.198. Richtwerte für die zulässige Belastung in % der Nennlast als Funktion der Umgebungstemperatur. *1* Kohleschichtwiderstand, *2* Metallschichtwiderstand, *3* offener Drahtwiderstand, *4* zementierter Drahtwiderstand, *5* glasierter Drahtwiderstand

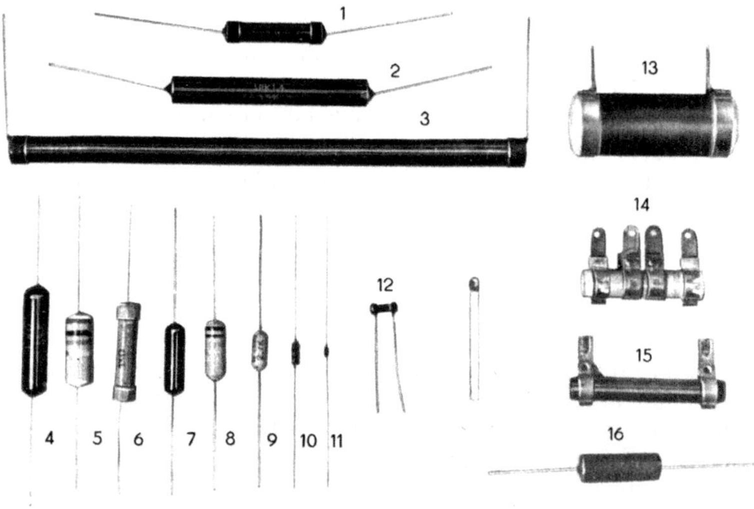

Abb. 1.199. Verschiedene Festwiderstände. *1* Kohleschichtwiderstand Kl. 0,5, 1 W, $U_{max} = 750$ V, *2* Kohleschichtwiderstand für hohe Konstanz Kl. 0,5, 1 W, $U_{max} = 4$ kV, *3* Kohleschichtwiderstand für hohe Spannung Kl. 0,5, 6 W, $U_{max} = 30$ kV, *4*, *5* Kohleschichtwiderstand Kl. 5, 2 W, kappenlos, 2 Fabrikate, *6* Kohleschichtwiderstand Kl. 5, 1 W, mit Kappen, *7*, *8* Kohleschichtwiderstand Kl. 5, 1 W, kappenlos, 2 Fabrikate, *9* Kohleschichtwiderstand Kl. 5, $^1/_2$ W, kappenlos, *10* Kohleschichtwiderstand Kl. 5, $^1/_8$ W, mit Kappen, *11* Kohleschichtwiderstand Kl. 5, $^1/_{100}$ W, mit Kappen, isoliert, *12* Kohleschichtwiderstand Kl. 5, $^1/_{25}$ W, mit radialen Anschlüssen, *13* offener Drahtwiderstand 10 W, 100 Ω, Kl. 0,5, 5%, *14* offener Drahtwiderstand 2 W mit zwei verstellbaren Schellen, *15* glasierter Drahtwiderstand 15 W mit Lötschellen, *16* zementierter Drahtwiderstand 4 W mit Drahtenden
(Die Nummern entsprechen der vorletzten Spalte von Tab. 1.13, S. 124)

B. Stellbare Widerstände

a) Aufbau

In der Elektronik werden als stellbare Widerstände meist Drehwiderstände verwendet und allgemein als Potentiometer bezeichnet.

Potentiometer für betriebsmäßige, häufige Verstellung werden mit Drehachsen zur Befestigung von Drehknöpfen, solche für einmalige oder gelegentliche Betätigung zum Abgleich meist mit Schlitzen für Schraubenziehereinstellung versehen. Alle übrigen Konstruktionsmerkmale sind weitgehend gleich.

Schichtpotentiometer haben eine Kohlewiderstandsbahn in Form eines flachen Ringes auf einem Hartpapier- oder Keramikträger. Ein Kohlekontakt auf einer isolierten Schleiffeder wird durch die Drehachse auf der Widerstandsbahn verschoben. Neben dem Schleifer sind Anfang und Ende der Bahn an Lötösen geführt, damit das Potentiometer als einstellbarer Widerstand und als Spannungsteiler verwendet werden kann. Ein Metallgehäuse ist gleichzeitig mechanischer Schutz und Abschirmung. Drahtpotentiometer haben eine Wicklung aus Widerstandsdraht auf einem ringförmigen Isolierkörper, vielfach aus Keramik mit zementierter oder glasierter Wicklung, und einen Schleifkontakt aus Federbronze oder Neusilber.

Besonders bei Schichtpotentiometern gibt es, gefördert durch die Wünsche der Rundfunk- und Fernsehempfängertechnik, zahlreiche Kombinationen von Potentiometern untereinander und mit Dreh- und Schiebeschaltern auf gemeinsamen (Tandempotentiometer) oder getrennten, konzentrischen Achsen (Doppelpotentiometer).

b) Eigenschaften

Schichtpotentiometer sind lieferbar mit Widerstandswerten von 100 Ω bis über 10 MΩ, Drahtpotentiometer von etwa 5 Ω bis 50 kΩ. Normwerte sind 1—2,5—5 und deren Zehnerpotenzen. Die normale Toleranz des Widerstandswertes ist ± 20% bei Schicht- und ± 10% bei Drahtwiderständen.

Schichtpotentiometer können mit verschiedenem Widerstandsverlauf hergestellt werden. Üblich sind lineare, positiv und negativ logarithmische und S-förmige Regelkurven. Die zulässigen Abweichungen von der Regelkurve sind allerdings hoch, in der Praxis treten Abweichungen bis etwa 25% auf. Bei guten Drahtpotentiometern beträgt die Linearitätstoleranz ± 2%.

Je nach Größe beträgt die Nennlast von Schichtpotentiometern 0,05 bis 2 W, mit keramischem Träger bis 4 W. Die tatsächlich zulässige Belastung für die verschiedenen Typen hängt vom Widerstandswert und von der Regelkurve ab (Abb. 1.200). Drahtpotentiometer gibt es für Nennlasten von 0,5 bis über 100 W. Es ist zu beachten, daß die Nennlast für den Gesamtwiderstand gilt; für einen eingestellten Teilwiderstand ist nur eine proportional verminderte Belastung zulässig.

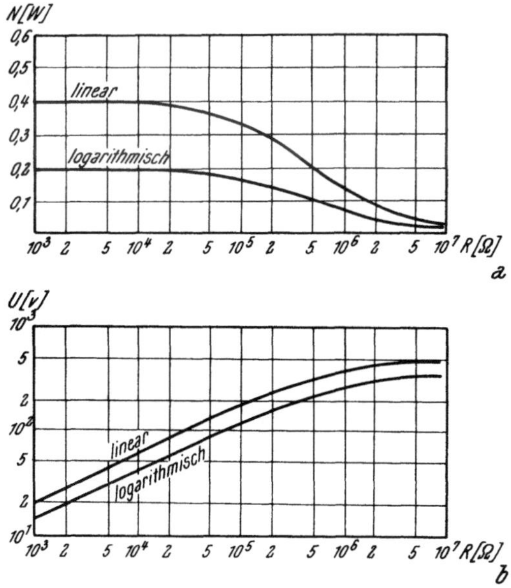

Abb. 1.200. Zulässige Betriebslast und Betriebsspannung in Abhängigkeit von Regelkurve und Widerstandswert für ein Potentiometer mit 0,3 W Nennlast

Eine Sonderstellung unter den Drahtpotentiometern nehmen die *Ring- und Wendelpotentiometer* ein. Als hochpräzise und sehr zuverlässige Einstellorgane haben sie in der Elektronik große Bedeutung gewonnen (Analogrechner, Kompensationsmeßeinrichtungen usw.). Sie haben einen äußerst gleichmäßig bewickelten runden Widerstandsträger, der bei Wendelpotentiometern schraubenförmig

Abb. 1.201 a. Verschiedene Potentiometer. *1* Schichtpotentiometer, Nennlast 0,25 W mit zusätzlichem festem Abgriff, *2* Schichtpotentiometer, kombiniert mit Kurzhubumschalter, *3* Drahtpotentiometer 2 × 3 W Tandem, *4* Drahtpotentiometer 0,5 W, *5* Drahtpotentiometer 100 W zementiert, *6* Schichtpotentiometer 2 × 0,2 W Nennlast, Tandem, *7* Miniaturschichtpotentiometer 0,1 W Nennlast, *8* Einstellpotentiometer 0,2 W Nennlast mit Schraubbefestigung, *9* Einstellpotentiometer 0,1 W Nennlast zum Einlöten, *10* Einstellpotentiometer auf keramischem Träger, 1 W, zum Einlöten in gedruckte Schaltungen

mit 3 bis 40 (meist 10) Gängen in ein Gehäuse eingebaut ist. Der Schleifer gleitet bei entsprechend vielen Umdrehungen an der ganzen Spirale entlang. Bei Ringpotentiometern ist der Träger ein geschlossener Ring und fast um die ganzen 360° bewickelt. Sie haben keinen Anschlag, die Achse kann beliebig durchgedreht werden; es sind Drehzahlen bis über 100 U/min möglich. Ringpotentiometer erreichen eine Linearitätstoleranz bis etwa 0,2%, Wendelpotentiometer bis unter 0,02%.

Verschiedene Arten von Potentiometern zeigt Abb. 1.201 a, Abb. 1.201 b zeigt ein Wendelpotentiometer im Schnitt.

Abb. 1.201 b. Schnittbild eines zehngängigen „Helipot“-Wendelpotentiometers (Beckman Instruments)

1.5.2 Kondensatoren[1]

Wird ein Kondensator C an eine Gleichspannung $U^{=}$ gelegt, dann fließt zunächst ein Ladestrom, der die Ladung Q zuführt:

$$Q = C \cdot U^{=}$$

Wenn der Kondensator vollständig geladen ist, fließt kein Strom mehr. Ein idealer Kondensator ist für Gleichspannung ein unendlich großer Widerstand.

Wird eine Wechselspannung $U^{\sim}$ angelegt, so fließt ein Strom $I^{\sim}$, der durch den Blindwiderstand X bestimmt wird und der Spannung in der Phase um 90° vorauseilt:

$$X = \frac{1}{j\omega C}; \quad I^{\sim} = \frac{U^{\sim}}{X} = U^{\sim} j\omega C \qquad (1.84)$$

$I^{\sim}$ ist ein sogenannter wattloser Strom (in einem Blindwiderstand wird, zum Unterschied von einem ohmschen Widerstand, keine elektrische Energie verbraucht, d. h. in Wärme umgesetzt).

Die (sehr große) Einheit der Kapazität ist das Farad: F = A · s/V. In der Elektronik wird mit mF, μF, nF, pF (früher auch μμF) und mpF gerechnet (siehe Kap. 11.5, S. 608).

A. Allgemeine Eigenschaften von Kondensatoren

a) Kapazität, Eigenresonanz

Eine ideale Kapazität ist praktisch nicht realisierbar. Für jeden technischen Kondensator gilt das Ersatzschaltbild Abb. 1.202, dessen einzelne Komponenten von der Konstruktion und den Betriebsbedingungen abhängen.

In festen Dielektrika entsteht durch dielektrische Absorption eine Frequenzabhängigkeit der Kapazität, deren Größe von der Art des Dielektrikums abhängt und die in Abb. 1.203 durch die fallende gestrichelte Linie angedeutet ist. Die dielektrische Absorption zeigt sich bei Gleichspannung als „Nachwirkung“. Ein Kondensator, der längere Zeit an Gleichspannung lag, zeigt nach scheinbar völliger Entladung immer noch eine gewisse Restladung. Die Induktivität der Zuleitungen und Beläge ist in Abb. 1.202 in L zusammengefaßt. Sie macht sich mit steigender Frequenz als scheinbare Erhöhung der Kapazität bemerkbar, die in Abb. 1.203 als steigende gestrichelte Linie eingezeichnet ist. Dies gilt nur, solange die Frequenz weit genug unterhalb der Eigenresonanz des Kondensators liegt. Das Verhalten in der Nähe der Resonanz ist von Art und Einbau des Konden-

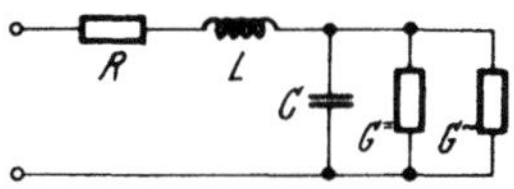

Abb. 1.202. Ersatzschaltbild eines Kondensators

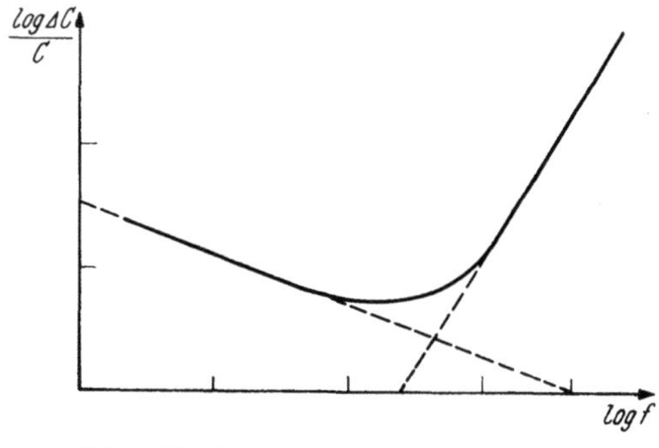

Abb. 1.203. Frequenzabhängigkeit der Kapazität

[1] Literatur: [Z 4].

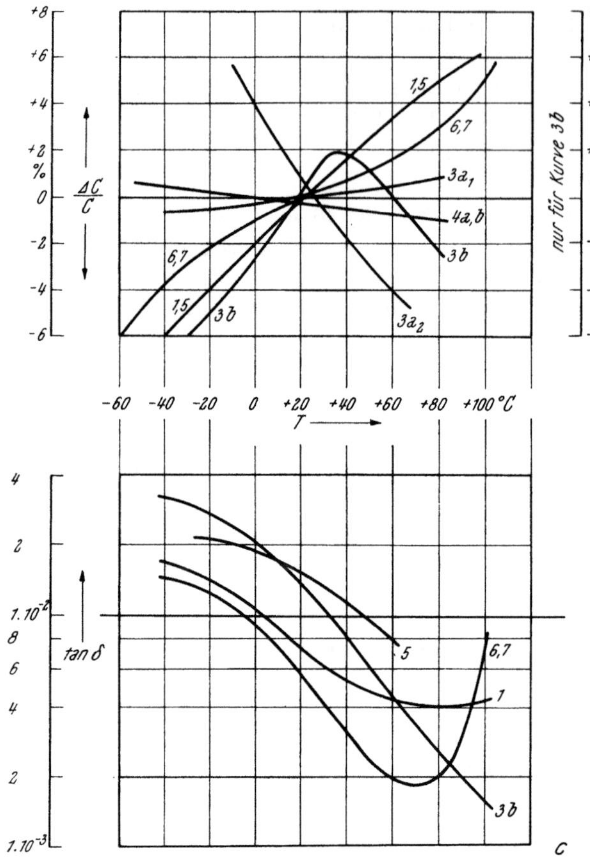

Abb. 1.204. Temperatur- und Frequenzabhängigkeit typischer Kondensatoren:

1 Papier/Folie 1 μF,
2 Glimmer/Folie 1 nF,
3 a, b, c Keramik,
4 a Polystyrol/Folie 1 μF,
4 b Polystyrol/Folie 1 nF,
5 Lack/Metallisierung,
6 Polyester-Folie,
7 Polyester/Metallisierung,
8 Aluminiumelko 10 μF, 70 V

a) Temperaturabhängigkeit der Kapazität. $3a_1$: NDK, P 100, $3a_2$: NDK, N 1500, *3b*: HDK, $\varepsilon_r \approx 4000$,
c) Temperaturabhängigkeit des Verlustfaktors. *3b*: HDK, $\varepsilon_r \approx 4000$, *3a*, *4a*, *4b*: wenig abhängig

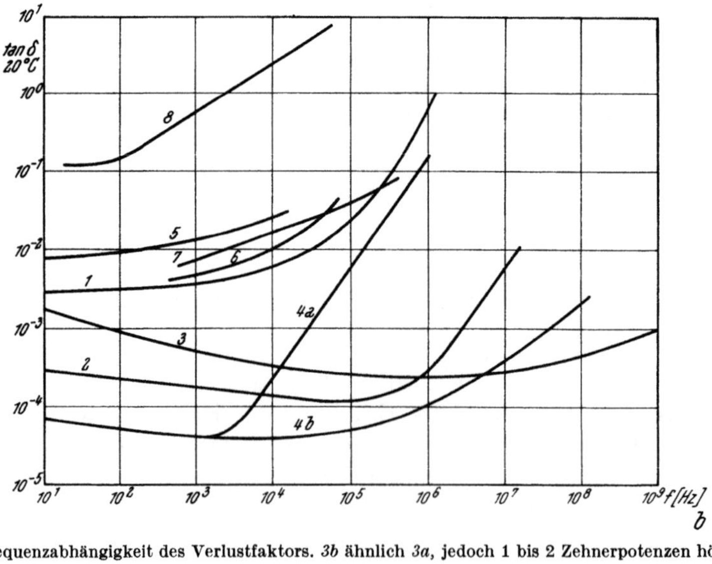

b) Frequenzabhängigkeit des Verlustfaktors. *3b* ähnlich *3a*, jedoch 1 bis 2 Zehnerpotenzen höher

sators abhängig und läßt sich meist nicht durch ein Ersatzschaltbild mit konzentrierten Elementen beschreiben, weil C, L, R und G über die gesamten Belagabmessungen verteilt sind. Deshalb können auch Mehrfachresonanzen auftreten.

Die Temperaturabhängigkeit der Polarisierbarkeit der Dielektrika verursacht einen Temperaturkoeffizienten der Kapazität, der wegen der Mischungseigenschaft vieler fester Dielektrika nur in einem begrenzten Temperaturbereich annähernd konstant ist (Abb. 1.204a).

b) Isolationswiderstand, Verluste

Bei Gleichspannung macht sich der stets endliche Isolationswiderstand durch Ladungsverlust bemerkbar. Der Isolationswiderstand wird um so höher, je kleiner die Kapazität bei gleichem Abstand wird, weil die Fläche kleiner wird. Ab einer gewissen Grenze kann jedoch der Isolationswiderstand der Umhüllung oder der Oberflächenwiderstand kleiner als der der eigentlichen Kapazität sein und überwiegen. Deshalb wird für kleine Kapazitätswerte der Isolationswiderstand selbst, für größere die Zeitkonstante Kapazität mal Isolationswiderstand angegeben.

Bei Wechselspannung tritt außer dem reinen Blindstrom ein Wirkstrom auf, der weit höher als der Isolationsstrom und durch dielektrische Verluste bedingt ist. Der Isolationsfehler und die dielektrischen Verluste sind in Abb. 1.202 durch $G^{=}$ und $G^{\sim}$ berücksichtigt. Der Widerstand R enthält die Widerstände der Zuleitungen und der Beläge. Er macht sich (außer bei Elektrolytkondensatoren) erst bei höheren Frequenzen hauptsächlich durch den Einfluß der Stromverdrängung bemerkbar. Frequenz- und Temperaturabhängigkeit der Verluste sind in Abb. 1.204b und 1.204c dargestellt.

Die Verluste werden durch den Verlustfaktor als Quotient von Verlustleistung und Blindleistung angegeben:

$$\frac{N_{\text{wirk}}}{N_{\text{blind}}} = \frac{U^2 \omega C \cdot \tan\delta}{U^2 \omega C} = \tan\delta \qquad (1.85)$$

Der Winkel δ entspricht der Phasenverschiebung zwischen Blindstrom I_C und dem Gesamtstrom I in Abb. 1.205a bzw. zwischen Kondensatorspannung U_C und Gesamtspannung U in Abb. 1.205b. Treten mehrere Verluste gleichzeitig auf, so addieren sie sich:

$$\tan\delta = \tan\delta_a + \tan\delta_b + \cdots$$

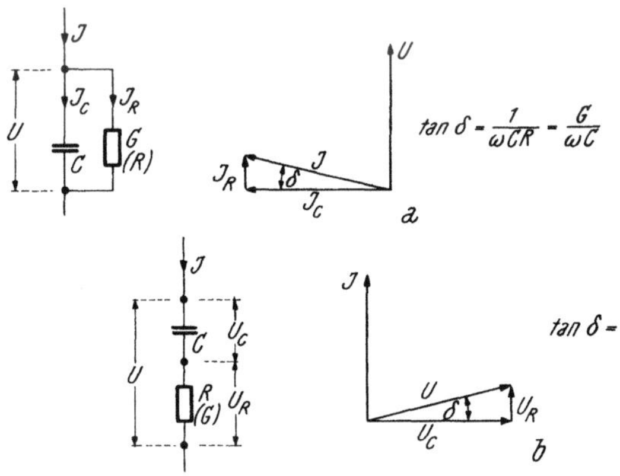

Abb. 1.205. Verlustwinkel eines Kondensators

c) Elektrische Belastung

Die Isolation jedes Kondensators ist für eine bestimmte Betriebsspannung dimensioniert, seine Nennspannung, bei der er eine für den vorgesehenen Verwendungszweck ausreichende Betriebszuverlässigkeit erreicht. Da das Dielektrikum eines Kondensators bereits bei Nennspannung mit sehr hohen Feldstärken belastet ist, bringt jede Erhöhung der Betriebsspannung eine Verminderung der

Betriebszuverlässigkeit mit sich. Andererseits kann durch Herabsetzen der Betriebsspannung die Zuverlässigkeit erheblich gesteigert werden.

Die Prüfspannung ist eine Angabe von sehr beschränktem Wert, denn sie sagt kaum etwas über die zu erwartende Betriebszuverlässigkeit der geprüften Kondensatoren aus. Die Kondensatoren nach der Herstellung Stück für Stück an eine gegenüber der Nennspannung um den Faktor 1,5 bis 3 erhöhte Prüfspannung zu legen, ist lediglich eine einfache Methode, von vornherein fehlerhafte Exemplare sofort auszuscheiden.

Die zulässige Wechselstrombelastung wird im wesentlichen durch die verlustbedingte Erwärmung begrenzt; dabei sind die Widerstände der Zuleitungen und Beläge für den Maximalstrom, die Verluste im Dielektrikum für die Maximalspannung maßgebend.

d) Thermische und klimatische Beanspruchung

Drei wesentliche Faktoren begrenzen den möglichen Arbeitstemperaturbereich: In erster Linie die bei steigender Temperatur verminderte Dauerspannungsfestigkeit des Dielektrikums, dann die Änderungen der temperaturabhängigen Daten und die Eigenschaften der Umhüllung oder des Gehäuses der Kondensatoren. Die Erwärmung eines Kondensators setzt sich aus der Erwärmung durch die Umgebung und der Eigenerwärmung durch die Verluste zusammen. Im allgemeinen kann man unbedenklich Betriebstemperaturen bis $+70\,°C$ zulassen (außer bei Elkos, siehe dort). Darüber ist meist eine Verringerung der Spannungsbelastung erforderlich. Bei zu tiefen oder zu hohen Temperaturen (unvorsichtiges Löten!) können Dichtungsmittel oder Kunststoffhüllen verhärten oder erweichen. Selbstverständlich ist zu überlegen, ob die durch eine Temperaturerhöhung verursachte Kapazitätsänderung tragbar ist, besonders bei frequenz- oder zeitbestimmenden Kondensatoren.

Die angegebenen elektrischen Daten beziehen sich immer auf eine mittlere relative Luftfeuchte bis zu etwa 60%. Höhere Feuchtigkeit führt unter Umständen zu empfindlichen Änderungen der Kapazität, des Verlustfaktors und des Isolationswiderstandes. Bei höherer Feuchtebeanspruchung, etwa in den Tropen, oder häufigem Betrieb im Freien sind deshalb besonders dafür geeignete, gegebenenfalls dicht verlötete Kondensatorbauarten zu verwenden.

e) Konstanz und Toleranz

Wie bei den Widerständen unterscheidet man auch beim Kondensator zwischen der Änderung, die seine tatsächliche Kapazität im Lauf der Zeit erfährt (Konstanz), und der Genauigkeit, mit der der Istwert mit dem Nennwert bei der Lieferung übereinstimmt (Toleranz).

f) Kennzeichnung

Auf jedem Kondensator ist, soweit es Bauart und Abmessungen überhaupt zulassen, wenigstens Kapazität, Nennspannung und Toleranz angegeben. Aus Platzgründen werden die Angaben teilweise nach Farb- oder Buchstabencodes gemacht (siehe Anhang). Zusätzlich ist fast immer ein Herstellerzeichen und eine Markierung für den Außenbelag zu finden, der als Abschirmung dienen kann und dann masseseitig anzuschließen ist. Je nach Art des Kondensators werden auch noch andere Daten angegeben, so bei keramischen Kondensatoren der Temperaturkoeffizient oder bei Elektrolytkondensatoren der maximale Temperaturbereich.

B. Technische Ausführungen von Kondensatoren

a) Vakuum-, Luft-, Preßgas- und Ölkondensatoren

Gase unter der Ionisationsgrenze, und damit auch Luft, sind praktisch verlustfrei, deshalb werden für Schwingkreise usw. Luftkondensatoren bis etwa 1000 pF gebaut. Bei ihnen werden feste Isolierstoffe nur zur isolierten Montage der möglichst stabilen Platten aus Alu oder Messing verwendet und so weit wie möglich aus dem aktiven Feldraum herausverlegt. Der Verlustfaktor läßt sich bis auf 10^{-5} verringern. Für Sender und Hochfrequenz-Generatoren werden Luftkondensatoren als Leistungskondensatoren verwendet, weil sie für hohe Hochfrequenz-Spannungen, hohe Blindströme und erhöhte Betriebstemperaturen geeignet sind. Zur Steigerung der Durchschlagfestigkeit werden Kondensatoren auch in Behälter eingebaut und unter Vakuum, mit Preßgasfüllung (etwa 10 atü) oder mit Ölfüllung (weniger verlustfrei) betrieben; sie halten dann Spitzenspannungen bis über 20 kV und Blindströme bis etwa 100 A_{eff} aus.

b) Glimmerkondensatoren

Glimmer ist ein Dielektrikum hoher Durchschlagfestigkeit mit relativ hoher Dielektrizitätskonstante, niedrigem Temperaturkoeffizienten, geringen Verlusten und guter Temperaturbeständigkeit. Nachteilig ist die hohe dielektrische Absorption, die eine Kapazitätserhöhung bei niedrigen Frequenzen verursacht (bis 3% bei 10 Hz gegenüber 10 kHz).

Glimmerkondensatoren werden in Form von Paketen aus Glimmerplättchen gebaut, als Beläge dienen bei kleinen Einheiten aufgedampfte oder eingebrannte Metallschichten, bei größeren Typen eingelegte Streifen aus Alu- oder Kupferfolie. Zur Kontaktierung werden die an den Stirnseiten des Paketes herausgeführten Beläge zusammengepreßt oder verlötet. Glimmerkondensatoren werden bevorzugt als verlustarme Kondensatoren für mittlere und hohe Frequenzen bei Kapazitäten über etwa 1000 pF verwendet, unter 1000 pF wurden sie fast völlig durch die keramischen Kondensatoren verdrängt. Der Aufbau mit Folienbelägen ergibt große Zuleitungsquerschnitte und dadurch hervorragende Eignung für hohe Blindströme. Solche Leistungskondensatoren werden meist als offene Pakete gebaut, die über keramische Druckstücke zusammengepreßt werden. Kleine Kondensatoren werden mit Drahtenden versehen und mit Tauchmasse umhüllt oder für höchste Klimafestigkeit vollständig mit Kunstharz umpreßt.

c) Keramische Kondensatoren

Titandioxyd-Keramik hat seit etwa 30 Jahren wegen ihrer technologischen und elektrischen Vorteile eine führende Stellung als Kondensatordielektrikum errungen. Der technische Vorzug ist die hohe Brenntemperatur der keramischen Isolierkörper (weit über 1000 °C), die es ermöglicht, Metallbeläge bei etwa 800 °C aufzubrennen. Dadurch ist die Grenztemperatur des fertigen Kondensators praktisch nur durch den angewandten Oberflächenschutz (Lack oder Tauchmasse) bzw. die Temperaturempfindlichkeit der Umgebung des eingebauten Kondensators begrenzt. Durch das Einbrennen der Beläge werden außerdem die elektrischen Werte stabilisiert.

Die elektrischen Eigenschaften wurden in zwei Richtungen bevorzugt entwickelt. Die *NDK*-Massen haben eine relativ *n*iedrige *D*ielektrizitäts*k*onstante

($\varepsilon_r = 15$ bis 150), die praktisch feldstärke- und frequenzunabhängig bis 1 GHz ist, sowie sehr geringe Verluste. NDK-Keramik kann mit verschiedenen Temperaturkoeffizienten der DK etwa im Bereich von $+100$ bis etwa $-1500 \cdot 10^{-6}$/°C hergestellt werden (Tab. 1.14); dabei ist der Temperaturkoeffizient (TK) etwa

Tabelle 1.14. *Elektrische Eigenschaften einiger NDK-Keramiken*

Handelsname	P 100	NP 0	N 075	N 220	N 470	N 1500
Temperaturkoeffizient von $+10$ bis $+85$ °C (10^{-6}/°C)	$+100$	± 0	-75	-220	-470	-1500
Dielektrizitätskonstante ε_r bei $+20$ °C etwa	15	25	40	48	60	150
Richtwerte für tan δ bei 1 MHz und $+20$ °C (10^{-3})	0,3	0,4	0,4	0,5	0,5	0,6
IEC-Farbkennzeichnung des TK	rot/ violett	schwarz	rot	gelb	blau	orange/ orange

Die TK-Farbkennzeichnung erfolgt durch Farbpunkte auf grauer Körperfarbe.

im Bereich von -20 bis $+80$ °C annähernd linear und reproduzierbar. Damit kann man den Temperaturgang anderer elektronischer Schaltelemente kompensieren, etwa den (meist positiven) Temperaturkoeffizienten der Induktivität von Spulen für frequenzstabile Schwingungskreise. Auch Kondensatoren untereinander können kompensiert werden; für parallelgeschaltete Kondensatoren gilt:

$$TK_{\text{ges.}} = \frac{C_1 \cdot TK_1 + C_2 \cdot TK_2}{C_1 + C_2} \tag{1.86}$$

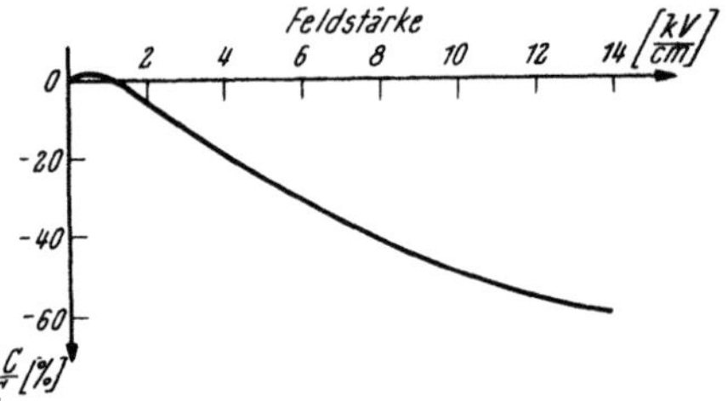

Abb. 1.206. Spannungsabhängigkeit der Kapazität eines HDK-Kondensators mit $\varepsilon_r \approx 4000$

HDK-Massen haben eine möglichst hohe Dielektrizitätskonstante ($\varepsilon_r > 1000$). Allerdings ist die Kapazität von HDK-Kondensatoren ziemlich spannungs- und temperaturabhängig (Abb. 1.206 und 1.204a) und sie haben etwa um den Faktor 10 bis 100 höhere Verluste als NDK-Massen. Sie haben aber einen guten Isolationswiderstand und im Verhältnis zur Kapazität kleine Abmessungen. Ihre bevorzugte Anwendung ist bei Kopplungs- und Entkopplungskondensatoren, wo sie einen Kurzschluß für Wechselspannung bilden sollen, ihr wirklicher Kapazitätswert also geringe Bedeutung hat, solange er nur groß genug ist.

Der Aufbau von HDK- und NDK-Kondensatoren ist gleich: Silberbeläge auf einem rohr-, topf- oder scheibenförmigen Keramikkörper, Kontaktierung durch angelötete Drähte, Lötfahnen oder massive Kontaktteile. Eine wichtige Sonderbauform der keramischen Kondensatoren sind die Durchführungskondensatoren für die Entkopplung von Leitungen, die durch Schirmwände geführt werden sollen. Das sind Rohrkondensatoren, deren Außenbelag großflächig durch Verschraubung oder Lötung mit der Schirmwand auf seinem ganzen Umfang verbunden wird und deren Innenbelag als Durchgangsleiter ausgebildet ist. Keramische Kondensatoren werden auch als Leistungskondensatoren für Hochfrequenz-Spannungen bis 10 kV_{eff}, Blindströme bis etwa 50 A_{eff} und Blindleistungen von

50 kVA mit Kapazitäten bis etwa 5000 pF ausgeführt. Im Rahmen der zulässigen Spannungs-, Verlustleistungs- und Strombelastbarkeit sind keramische Kondensatoren auch für Impulsbetrieb geeignet.

d) Wickelkondensatoren

Ein Großteil der in der Elektronik verwendeten Kondensatoren größerer Kapazität ist als „Wickel" aus mehreren Lagen Isolier- und Belagmaterial hergestellt.

Als Belag wird entweder eine einige μm starke Aluminiumfolie verwendet oder eine im Vakuum auf das Dielektrikum aufgedampfte, sehr dünne (unter 0,1 μm) Metallschicht. Tritt bei Folienbelägen ein Durchschlag auf, dann werden dabei meistens die Folien an der Durchschlagstelle verschweißt und der Kondensator ist damit unbrauchbar. Die Metallisierung ist dagegen so dünn, daß sie bei einem Durchschlag in der Umgebung der Fehlerstelle wegdampft. Damit wird die Fehlerstelle isoliert und der Kondensator heilt selbst. Auf Grund dieser Eigenschaft kann auch das Dielektrikum wesentlich dünner gehalten werden. Die Kontaktierung, d. h. die Verbindung des eigentlichen Kondensatorwickels mit den Anschlüssen, erfolgt heute praktisch ausschließlich durch Schweiß- oder Lötverbindungen, so daß auch bei Spannungen unter 1 mV sichere Kontaktgabe gewährleistet ist. Weil der Stromverlauf innerhalb des Wickels bifilar ist, ist die Eigeninduktivität erstaunlich gering. Sie kann noch weiter verringert werden durch Mehrfachkontaktierung, d. h. mehrere angeschweißte und mit eingewickelte Anschlußstreifen, oder durch Stirnkontaktierung. Dafür läßt man die Beläge auf den gegenüberliegenden Seiten des Wickels überstehen und kann sie dann in ihrer ganzen Länge durch Lötung oder durch aufgespritztes Metall erfassen. Dadurch erreicht man Induktivitäten derselben Größenordnung wie bei einem geraden Leiter gleicher Abmessungen ($\sim$1 nH/mm).

Das klassische Dielektrikum für Wickelkondensatoren ist mit Natur- oder Kunstwachsen imprägniertes Papier. Wegen der unvermeidlichen Fehlerstellen müssen bei Aluminiumfolien als Belägen immer wenigstens zwei Lagen Papier verwendet werden, auch wenn für die verlangte Betriebsspannung eine Lage ausreichend wäre. Dagegen können bei aufmetallisierten Belägen auch bei einlagigen Wickeln Fehlstellen bereits bei der Herstellung durch Ausbrennen ausgeheilt werden. Statt Papier wird heute bereits weitgehend Polyesterfolie (Hostaphan, Mylar) wegen ihrer gleichmäßigen und guten Eigenschaften eingesetzt. Die Kunstfolienkondensatoren haben etwas bessere Werte für Verlustfaktor, Isolation, Klimafestigkeit und Volumenkapazität als Papierkondensatoren, aber eine etwas geringere Eignung für Wechselspannungsbelastung.

Eine hervorragende Stellung nimmt Polystyrol als Dielektrikum durch seinen äußerst geringen Verlustfaktor ein. Bei den Styroflex-Kondensatoren wird die vorgereckte Polystyrolfolie nach dem Wickeln durch eine thermische Behandlung geschrumpft. Der dadurch gefestigte Wickel hält seine elektrischen Werte sehr konstant. Gleichzeitig bildet das geschrumpfte Polystyrol am Umfang und an den Stirnseiten auch ohne zusätzliche Mittel eine ausreichend feste und dichte Hülle und fixiert die angeschweißten und eingewickelten Anschlußdrähte.

Für Transistoranwendungen ist selbst die dünnste einlagige Wickelausführung mit mehr als 100 V Betriebsspannung noch überdimensioniert. Dafür gibt es Kondensatoren, bei denen als Dielektrikum eine Lackschicht und als Belag eine ausheilfähige Metallisierung dient; sie haben bei einer Betriebsspannung um 60 V eine sehr hohe Kapazität je Volumen.

Zum Schutz gegen äußere Einflüsse werden die mit Drahtenden versehenen Wickel mit Tauchmasse umhüllt oder mit Kunstharz umpreßt. Für höchste klimatische Anforderungen werden sie auch in dicht verlötete Metallbecher mit Glasdurchführungen oder in Keramikrohre mit dicht aufgelöteten Metallkappen eingebaut.

e) Elektrolytkondensatoren

Elektrolytkondensatoren, kurz Elkos, sind Wickelkondensatoren, bei denen der eine Belag, die Anode, eine Aluminiumfolie ist, auf der als Dielektrikum eine dünne Schicht Aluminiumoxyd sitzt. Der zweite Belag ist eine Elektrolytflüssigkeit, die in Papier aufgesaugt ist. Eine zweite Aluminiumfolie, die Katode, dient lediglich als Stromzuführung. Die Oxydschicht wird bei der Fertigung in einem elektrochemischen Formierprozeß durch Sauerstoffaufnahme aus dem Elektrolyten gerade so weit ausgebildet, daß die gewünschte Spannungsfestigkeit entsteht. Weil das Aluminiumoxyd sehr spannungsfest ist, genügt bereits eine wesentlich geringere Schichtdicke als bei anderen Dielektrika. Durch die hohe Spannungsfestigkeit, die verhältnismäßig hohe DK (7 bis 8) sowie durch die mögliche Abstimmung der Schichtdicke auf die verlangte Betriebsspannung (bei 3 V nur etwa 0,004 μm, dünnste Isolierfolie etwa 5 μm) ergibt sich eine gegenüber anderen Kondensatoren außerordentlich hohe spezifische Volumenskapazität. Diese kann durch Aufrauhen der Anode vor dem Formierprozeß noch weiter um etwa den Faktor 5 bis 10 gesteigert werden.

Zur Aufrechterhaltung des Dielektrikums ist ein gewisser Reststrom notwendig, ein ständiger geringer Gleichstrom, der bei guten Elkos und bei Nennspannung unter etwa $0{,}1 \frac{\mu A}{\mu F \cdot V} + (10 \text{ bis } 100)\,\mu A$ bei 20 °C liegt. Nach einer längeren Betriebspause oder Lagerung ist der Reststrom erheblich höher, geht aber innerhalb von Minuten rasch zurück und erreicht nach einigen Stunden normale Werte. Nur in extremen Fällen (jahrelang gelagerte Elkos) ist eine Nachformierung (langsames Steigern der angelegten Spannung mit Vorwiderstand) zweckmäßig. Ein Elko funktioniert nur richtig, wenn Plus an der Anode (der formierten Folie) und Minus an der Katode liegt. Bei umgekehrter Polung würde sich auf der Katode ebenfalls eine Oxydschicht formieren und durch die dabei auftretende Erwärmung der Elko möglicherweise zerstört werden. Durch die Formierung der Katode entstünde eine zweite Kapazität in Serie mit der Anodenschicht und die Gesamtkapazität des Elkos würde sinken. Ein normaler Elko ist also nur für eine Betriebsspannung mit nicht wechselnder Polarität geeignet. Für bestimmte Anwendungen gibt es auch unpolarisierte Elkos, bei denen Anode und Katode formiert sind. Wegen der hintereinandergeschalteten Kapazität an Anode und Katode ist ihre Gesamtkapazität jedoch nur halb so groß wie bei einem gepolten Elko derselben Abmessung. In vielen Schaltungen wird der Elko häufig auf- und entladen oder mit Wechselstrom belastet. Durch die damit verbundene zeitweilige Umkehr der Stromrichtung wird die Katode ein wenig formiert. Daher gibt es schaltfeste Elkos, bei denen die Kapazitätsverminderung unter etwa 3 bis 10% bleibt.

Auch für Elkos paßt das Ersatzschaltbild Abb. 1.202. Die Inkonstanz der Kapazität ist 20% und mehr (Einfluß der Katodenformierung und Dickenänderung der Anoden-Oxydschicht). Verlustleitwert $G^{\sim}$, Gleichstromleitwert $G^{=}$ (Reststrom) und Serienwiderstand R (Elektrolytwiderstand) sind hoch. Wegen ihrer hohen spezifischen Raumkapazität werden Elkos jedoch trotzdem überall dort eingesetzt, wo die aufgezählten erheblichen Nachteile in Kauf zu nehmen sind (Lade- und Siebkondensatoren, Kopplungskondensatoren in niederohmigen Schaltungen). Dementsprechend interessiert vor allem ihr Scheinwiderstand, dessen Verlauf näherungsweise einer Serienschaltung der Blindwiderstände $\frac{1}{\omega C}$ und ωL (vorwiegend frequenzabhängig) und des Elektrolytwiderstands R (hauptsächlich temperaturabhängig) entspricht und in Abb. 1.207a gezeigt wird. Der Verlustfaktor, Abb. 1.207b, hängt ebenfalls stark von Frequenz und Temperatur ab. Elkos mit nicht aufgerauhter Anode haben einen wesentlich kleineren und weniger temperaturabhängigen Verlustfaktor und werden deshalb trotz ihrer größeren Abmessungen gelegentlich verwendet.

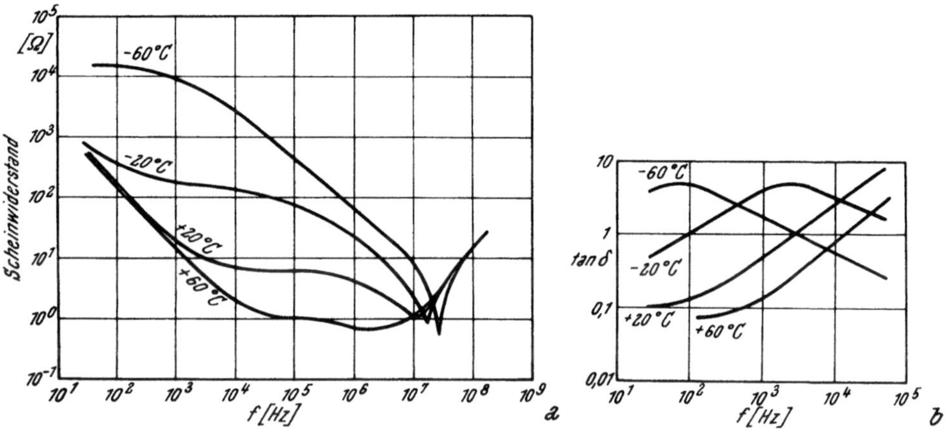

Abb. 1.207a und b. Scheinwiderstand und Verlustfaktor eines Elkos mit rauher Anode (10 µF, 70 V) als Funktion der Frequenz

Die Nennspannung eines Elkos soll im Betrieb keinesfalls für längere Zeit überschritten werden; dabei gilt als Betriebsspannung die Summe aus Gleichspannung und Scheitelwert der überlagerten Wechselspannung. Die Spitzenspannung darf nur kurzzeitig, etwa beim Anheizen, erreicht werden. Die Eigenerwärmung durch die Verluste begrenzt die zulässigen überlagerten Wechselströme und -spannungen, für die in Tab. 1.15 Richtwerte zusammengestellt sind.

Tabelle 1.15. *Richtwerte für zulässige überlagerte Wechselspannungen und -ströme (Effektivwerte) bei 100* Hz *für eine Eigenerwärmung von 10* °C

Nennspannung V=	Kapazität					
	10 µF		100 µF		1000 µF	
12	2 V	12,5 mA	2 V	125 mA	1,6 V	1000 mA
70	4 V	25 mA	3,3 V	210 mA		
350	9,5 V	50 mA	5 V	310 mA		

Über die zu erwartende mittlere Lebensdauer von handelsüblichen Elkos für die Unterhaltungselektronik (Rundfunkempfänger usw.) sind zahlenmäßige Angaben kaum vorhanden. Sie dürfte bei etwa 10000 bis 20000 Betriebsstunden liegen. Für Geräte hoher Betriebswichtigkeit und Dauerbetrieb gibt es besondere Elkos, die eine Lebensdauer von über 100000 Stunden bei einer Ausfallrate von unter 5% erreichen. Diese Angaben gelten für Betrieb mit Nennspannung und eine Oberflächentemperatur von 40 °C. Die Lebensdauer hängt bei Elkos sehr stark von der Temperatur ab. Oberhalb 40 °C muß man für je 7 °C Temperaturerhöhung mit einer Halbierung der Lebensdauer rechnen, daher sollen Elkos immer an der kühlsten Stelle im Gerät montiert werden.

Wegen des Elektrolyten werden Elkos in Aluminiumbecher eingebaut, die einseitig durch ein Isolierstück mit Gummidichtung abgeschlossen sind (für erhöhte Anforderungen gibt es auch Elkos in dicht verlöteten Metallbechern mit Glasdurchführungen). Kleine Becher werden mit Drahtenden oder Lötfahnen versehen und freitragend in die Schaltung eingelötet. Bei größeren Bechern wird zur Befestigung das Isolierstück als Preßstoffschraube ausgebildet oder es werden am Rand des Bechers Schränklappen vorgesehen. Auch für die Montage auf gedruckten Leiterplatten gibt es geeignete Bauformen.

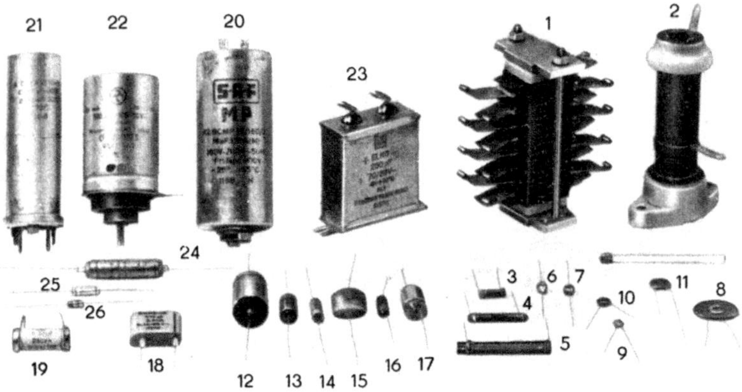

Abb. 1.208. Verschiedene Festkondensatoren. *1* Glimmer-Leistungskondensator 1000 pF, 3 kVA, 15 A_{eff}; *2* bis *11* keramische Kondensatoren; *2* Leistungskondensator 120 pF, 6 kVA, 6 A_{eff}, 3,5 kV_{eff}, *3* Rohrkondensator 12 pF, 500 V=, ± 10%, P 100, *4* Rohrkondensator 300 pF, 500 V=, ± 10%, N 750, umhüllt, *5* Rohrkondensator 50 nF, 500 V=, + 50 − 20%, $\varepsilon_r \approx 6000$, *6* Perlkondensator 1 ± 0,25 pF, 500 V=, P 033, *7* Würfelkondensator 8 pF, ± 5%, *8* Scheibenkondensator 10 nF, 500 V=, + 50 − 20%, $\varepsilon_r \approx 3000$, *9* Scheibenkondensator 4 ± 0,5 pF, 500 V=, N 033, *10* Scheibenkondensator 800 pF, 500 V=, umhüllt, *11* Scheibenkondensator 10 nF, 30 V=, $\varepsilon_r \approx 4000$, umhüllt; *12* bis *20*: Wickelkondensatoren; *12* Papier/Folie 0,1 µF, 630 V=, *13* Polyester/Metallisierung 0,22 µF, 125 V=, *14* Lack/Folie-Metallisierung 0,1 µF, 60 V, *15* Polyester/Metallisierung 0,22 µF, 600 V=, umhüllt, *16* Polyester/Folie, 12 nF, 125 V=, *17* Polystyrol/Folie 4,7 nF, 500 V=, ± 10%, *18* Papier/Folie, 0,12 µF, 125 V=, für gedruckte Schaltungen, *19* Papier/Folie 50 nF, 250 V=, dicht verlötet in Keramikrohr, *20* Papier/Metallisierung, Rundbecher 16 µF, 160 V=; *21* bis *26*: Elektrolytkondensatoren; *21* Becher mit Lötstiften für gedruckte Schaltungen, 50 + 50 µF, 300 V=, *22* Becher mit Preßstoffmutter für Schraubbefestigung 500 µF, 100 V=, schaltfest, *23* Rechteckbecher dicht verlötet mit Glasdurchführungen 250 µF, 70 V=, *24* Elko mit Drahtenden zum Einlöten 4 µF, 350 V=, *25* Miniaturelko 3 µF, 12 V=, *26* Tantalelko 0,5 µF, 3 V=

Elektrolytkondensatoren mit Tantalanode haben gegenüber Elkos mit Aluminiumanoden kleinere Abmessungen, niedrigere Verluste, geringere Restströme, günstigere Temperatur- und Frequenzabhängigkeit der Kapazität und des Verlustfaktors und einen nach unten wesentlich erweiterten Betriebstemperaturbereich. Sie haben das gleiche Prinzip wie Aluminiumelkos. Als Anode dienen Wendel, Sinterkörper oder Folien aus Tantal, als Katodenzuführung und gleichzeitig als Gehäuse ein Silberbecher. Abb. 1.208 zeigt verschiedene Festkondensatoren, die Tab. 1.16 gibt eine Übersicht über die Fertigungsbereiche.

f) Veränderliche Kondensatoren

Hauptsächlich für die Abstimmung von Schwingkreisen, allgemein für betriebsmäßig häufig erforderliche Verstellung von Kapazitäten, werden Drehkondensatoren gebaut. In ein isoliert montiertes, feststehendes Plattenpaket (Stator) taucht ein auf einer Drehachse montiertes Plattenpaket (Rotor) je nach dem

Tabelle 1.16. *Fertigungsbereiche verschiedener Kondensatorarten*

Kondensatorart			Nennspannung	Toleranz	Kapazität	Maße und Volumen für typische Exemplare						
						0,47 bzw. 0,5 µF			10 nF 400/500 V		100 pF 400/500 V	
	Dielektrikum	Belag	V=	± %		V=	mm	cm³	mm	cm³	mm	cm³
Wickelkondensatoren	Papier	Folie	125 bis 1000[1]	20 bis 1	100 pF bis 0,5 µF bis 10 µF[2]	250	19 ⌀ × 37	10,5	8 ⌀ × 18	0,9		
	Papier	Metallisierung	160 bis 1000[1]	20 bis 5	10 nF bis 5 µF bis 50 µF[2]							
	Polyester	Folie	125 bis 1000	20 bis 5	47 pF bis 0,5 µF	125	15 ⌀ × 32	5,5	7 ⌀ × 18	0,7	5 ⌀ × 14	0,28
	Polyester	Metallisierung	125 bis 1000[1]	20 bis 10	5 nF bis 1 µF	125	11 ⌀ × 21	2,0	6 ⌀ × 14	0,4		
	Polystyrol	Folie	30 bis 500	20 bis 0,3	1 pF bis 25 nF bis 2 µF[3]	125	42 ⌀ × 63	87	12 ⌀ × 30	3,7	4,8 ⌀ × 10	0,18
	Lack	Folie/ Metallisierung	30 bis 120	20	0,1 µF bis 10 µF bis 200 µF[2]	60	7 ⌀ × 21	0,8				
Aluminiumfolienelko			3 bis 500	$^{+100}_{-20}$ bis ± 10	0,5 µF bis 50 mF	70	3,2 ⌀ × 11	0,1				[6]
Tantalelko			1 bis 100	$^{+100}_{-20}$ bis ± 10	15 nF bis 330 µF							
Glimmerkondensator			50 bis 500	20 bis 1	5 pF bis 25 nF[4] bis 10 µF[5]				20 × 20 × 8	3,2	8 × 3 × 11	0,26
NDK-Keramikkondensator			250 bis 500[4]	10 bis 1	0,5 pF bis 1 nF bis 5 nF[5]						3 ⌀ × 20	0,14
HDK-Keramikkondensator			10 bis 500	$^{+100}_{-20}$ bis ± 10	100 pF bis 0,1 µF				3 ⌀ × 25	0,25		

[1] Auch für noch höhere Spannungen
[2] Rechteck- oder Rundbecherkondensatoren
[3] Werte über 25 n bevorzugt für engtolerierte Kondensatoren
[4] Kleinkondensatoren < 0,1 bis 0,5 kVA Blindleistung
[5] Leistungskondensatoren
[6] Zum Vergleich: Luftkondensatoren 100 pF, 0,75 mm Plattenabstand: etwa 80 cm³

Drehwinkel verschieden tief ein. Es wird eine Kapazitätsvariation von 1:10 bis 1:25 erreicht. Das Dielektrikum ist meistens Luft (Kapazitäten bis etwa 1000 pF), seltener Glimmer oder Trolitul (kleineres Volumen, Miniaturausführungen) oder dünnes Hartpapier (Kapazitäten bis 10000 pF). Die Verluste entstehen bei Luftdrehkos praktisch nur in der Isolation der Statormontage. Deshalb ist bei kleinster Kapazität (ausgedrehtem Rotor) der Verlustfaktor (kapazitätsabhängig!) am un-

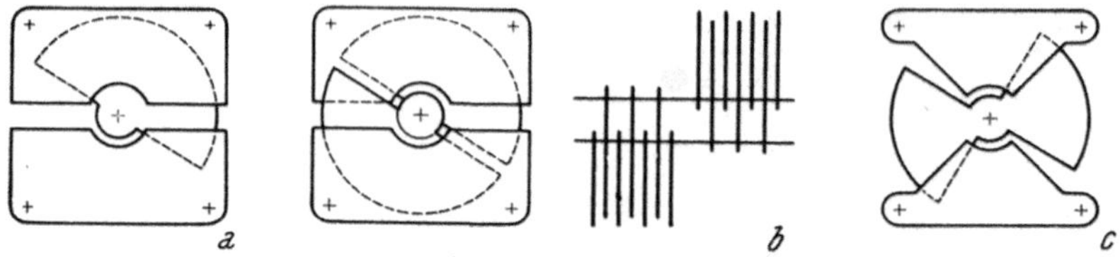

Abb. 1.209 a, b und c. Differential-, Split-Stator- und Schmetterlings-Drehkondensator

günstigsten (um 10^{-4} bei keramischer Isolation). Der Temperaturkoeffizient liegt etwa um $5 \cdot 10^{-5}$/°C. Bei guter Konstruktion und solider Ausführung ist die Reproduzierbarkeit bei wiederholter Einstellung besser als 10^{-3}, das erforderliche Drehmoment unter etwa 200 cmp (Rahmen oder Gehäuse aus Messing oder Stahl, keramische, sparsam verwendete Isolation, stabile Platten aus versilbertem Messing, doppelseitige Kugellagerung). Die Randform der Rotorplatten, der Platten-

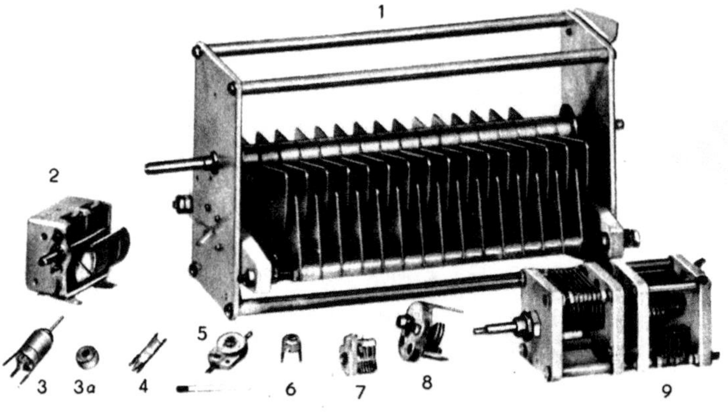

Abb. 1.210. Verschiedene Drehkondensatoren. *1* Senderdrehko 300 pF, 4 mm Plattenabstand, *2* Tandemdrehko 2 × 540 pF für Rundfunkempfänger, *3* Tauchtrimmer 3 bis 30 pF, *3a* Oberteil von *3*, abgeschraubt, *4* Rohrtrimmer 2,5 bis 5 pF, *5* Scheibentrimmer 3 bis 17 pF, *6* Miniatur-Scheibentrimmer 2 bis 8 pF, *7* Split-Stator-Lufttrimmer bis 10 pF, *8* Lufttrimmer 4 bis 20 pF, *9* Kurzwellendoppeldrehko 2 × 100 pF mit getrennten, konzentrischen Achsen

schnitt, bestimmt den Kapazitätsverlauf in Abhängigkeit vom Drehwinkel. Gebräuchlich sind lineare (Kreisplatten) und logarithmische Kapazitätskurven. Für gleichlaufende Kapazitätsvariation in mehreren Kreisen werden Mehrfachkondensatoren hergestellt, bei denen zwei bis vier Rotorpakete auf gemeinsamer Achse sowie die zugehörigen Statorpakete zusammenmontiert sind. Die äußeren Rotorplatten von Mehrfachdrehkos sind geschlitzt, um Sollkurven und Gleichlauf justieren zu können (Kurventoleranz $<1\%$, Gleichlauf $<0,5\%$). Differentialdrehkondensatoren haben zwei gegenüberstehende Statoren, in die der Rotor abwechselnd eintaucht. Die Kapazität zwischen den Statoren bleibt konstant, zwischen dem Rotor und den Statoren ändert sie sich umgekehrt proportional (Abb. 1.209a). Bei der Split-Stator-Ausführung ist der Stator in zwei Hälften aufgeteilt, in die gleichzeitig je ein Rotor eintaucht; die beiden Rotoren sind von der Achse isoliert und miteinander verbunden (Abb. 1.209b). Wirksame Kapazität ist die Serienschaltung Stator 1 — Rotor — Stator 2, es ist keine Kontaktierung des Rotors notwendig, die besonders bei hohen und höchsten Frequenzen Störungen verursacht. Schmetterlingskondensatoren haben dasselbe Prinzip, nur stehen sich bei ihnen die beiden Statoren in der gleichen Ebene gegenüber statt wie beim Split-Stator in Achsrichtung hintereinander (Abb. 1.209c).

Trimmerkondensatoren sind ebenfalls veränderliche Kondensatoren, jedoch für einmaligen Abgleich oder gelegentliches Nachstimmen. Der geringeren mechanischen Beanspruchung, nicht notwendigen Eichbarkeit und dem kleineren erforderlichen Variationsbereich entsprechend sind sie einfacher ausgeführt. Sie haben ein höheres Drehmoment und gegebenenfalls eine Sperrvorrichtung gegen ungewolltes Verstellen. Gebräuchliche Bauarten sind:

Lufttrimmer	Luftdielektrikum	bis etwa 100 pF
Tauchtrimmer	Luftdielektrikum	,, ,, 50 pF
Rohrtrimmer	Keramik	,, ,, 30 pF
Scheibentrimmer	Keramik	,, ,, 150 pF

Abb. 1.210 zeigt verschiedene Stellkondensatoren.

C. Berechnung von Kapazitäten

Im folgenden werden die Näherungsformeln für die Berechnung der Kapazität einiger einfacher Leitungsgebilde angegeben:

Parallele Ebenen (Abb. 1.211):

$$C \approx 0{,}0885 \cdot \varepsilon_r \cdot \frac{F}{a} \qquad (1.87)$$

Gültig, wenn Abstand a relativ sehr klein gegen Fläche F ist.

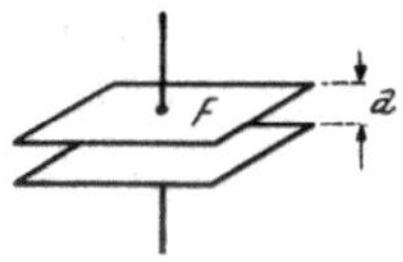

Abb. 1.211. Kapazität paralleler Ebenen

Leiter parallel zu Ebene (Abb. 1.212):

$$C \approx \frac{\varepsilon_r \cdot l}{4{,}15 \cdot \log \frac{4a}{d}} \qquad (1.88)$$

Gültig, wenn a viel größer als d ist.

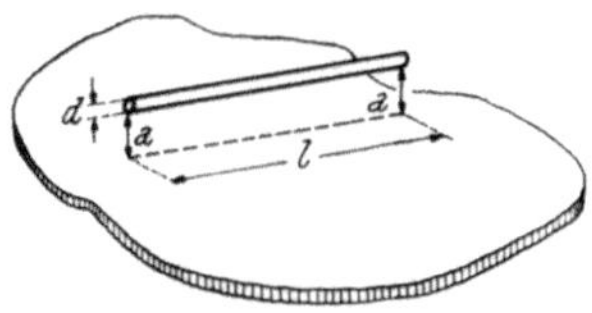

Abb. 1.212. Kapazität Leiter gegen Erde

Parallele Leiter (Doppelleitung, Abb. 1.213):

$$C \approx \frac{\varepsilon_r \cdot l}{8{,}3 \cdot \log\left(\frac{a}{d} + \sqrt{\left(\frac{a}{d}\right)^2 - 1}\right)} \qquad (1.89)$$

Gültig, wenn l viel größer als a und d ist.

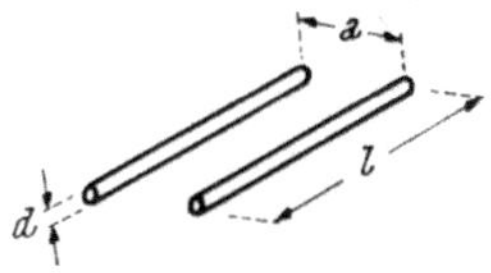

Abb. 1.213. Kapazität paralleler Leiter

Koaxiale Zylinder (Abb. 1.214):

$$C \approx \frac{\varepsilon_r \cdot l}{4{,}15 \cdot \log \frac{D}{d}} \qquad (1.90)$$

Gültig, wenn l viel größer als D ist.

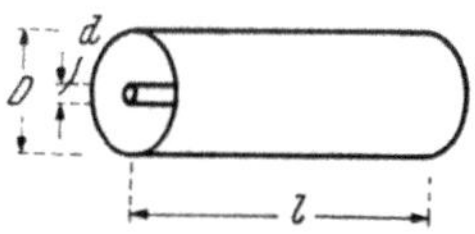

Abb. 1.214. Kapazität koaxialer Zylinder

Die Kapazitäten ergeben sich in pF, wenn die Längen in cm und die Flächen in cm^2 eingesetzt werden. ε_r ist die relative Dielektrizitätskonstante des den Feldraum ausfüllenden Mediums (für Vakuum und Luft = 1).

Für die Parallelschaltung von Kondensatoren gilt:

$$C = C_1 + C_2 + \cdots$$

Für Serienschaltung gilt

$$\frac{1}{C} = \frac{1}{C_1} + \frac{1}{C_2} + \cdots$$

1.5.3 Induktivitäten[1]

In diesem Abschnitt werden Induktivitäten im Hinblick auf ihre Selbstinduktion bearbeitet. Bauelemente, bei denen die gegenseitige Induktion ausgenützt wird, werden in Kap. 2.8 (Bandfilter und Resonanzübertrager), Kap. 2.2.5 (Niederfrequenz- und Breitbandübertrager), Kap. 7.7 (Impulstransformatoren) und Kap. 10.1.4 (Netztransformatoren) jeweils im Zusammenhang mit der entsprechenden Anwendung behandelt.

Die Selbstinduktion ist definiert als die Gegenspannung, die in einer Spule induziert wird als Folge einer Stromänderung in dieser Spule selbst:

$$U_{\text{ind}} = -L \cdot \frac{\mathrm{d}I}{\mathrm{d}t}$$

Der Faktor L ist eine Eigenschaft der Spule (allgemein einer Stromschleife, unter gewissen Voraussetzungen auch von Teilen einer Schleife), der die Höhe der induzierten Gegenspannung bestimmt und als Induktivität bezeichnet wird.

Da nur bei Stromänderungen eine Spannung induziert wird, tritt bei einer gleichstromdurchflossenen Spule nur beim Einschalten bzw. Ausschalten ein Induktionsstoß auf, während sich im stationären Zustand nur der Gleichstromwiderstand der Spule bemerkbar macht.

Für Wechselspannung zeigt eine ideale Spule den Blindwiderstand X, durch den ein Strom fließt, der in der Phase gegenüber der Spannung um 90° nachläuft:

$$X = j\omega L; \quad I = \frac{U}{X} = \frac{U}{j\omega L} \tag{1.91}$$

Die Einheit der Induktivität im praktischen elektrotechnischen Maßsystem ist das Henry: $1\ \mathrm{H} = 1\ \frac{\mathrm{V \cdot s}}{\mathrm{A}}$; es werden die Vielfachen mH, µH und nH benützt (siehe Kap. 11.5, S. 608). Die Einheit der Induktivität im absoluten elektromagnetischen Maßsystem ist 1 cm = 1 nH.

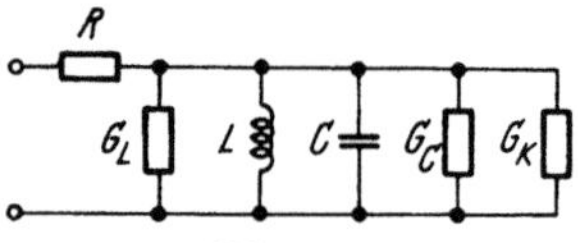

Abb. 1.215. Ersatzschaltbild einer Spule

A. Eigenschaften

Im allgemeinen paßt das Ersatzschaltbild Abb. 1.215 für alle praktisch ausgeführten Spulen.

a) Induktivität

Die Induktivität L einer Spule wird durch die Windungszahl w, die Geometrie K und die relative Permeabilität μ_r des umgebenden Mediums bestimmt:

$$L \sim w^2 \cdot K \cdot \mu_r \tag{1.92}$$

[1] Literatur: [Z 4].

Allerdings ist in der Praxis die wirksame Permeabilität μ_w stets kleiner als μ_r, da selbst bei völlig geschlossenen Kernformen immer Teile des Spulenfeldes außerhalb des Kernmaterials verlaufen (Streuung, Luftspalt). Auch alle anderen Materialeigenschaften des Kerns wirken sich nur im Verhältnis $\frac{\mu_w}{\mu_r}$ aus; so lassen sich insbesondere die Einflüsse von Temperaturkoeffizient, Kennlinienkrümmung und μ_r-Toleranz durch Scherung (mit Hilfe eines Luftspalts) um gewünschte Faktoren ändern.

Durch den Einfluß der Stromverdrängung sinkt die Induktivität L etwas mit steigender Frequenz. Die scheinbare Erhöhung der Induktivität mit steigender Frequenz durch die Eigenkapazität C überwiegt jedoch bei weitem. Sie folgt bei Frequenzen weit genug unterhalb der Eigenresonanz f_{res} ungefähr der Beziehung

$$\frac{\Delta L}{L} = \omega^2 LC \tag{1.93}$$

Bei der Frequenz $\frac{f_{res}}{2}$ ist die gemessene Induktivität etwa um 25%, bei $\frac{f_{res}}{10}$ noch etwa um 1% größer als L.

Spulen mit Eisenkern zeigen ferner eine Stromabhängigkeit der Induktivität wegen der nichtlinearen und materialabhängigen Änderung der relativen Permeabilität μ_r mit der magnetischen Induktion B.

b) *Eigenkapazität und Eigenresonanz*

Die Eigenkapazität C der Spule, die sich aus der verteilten Kapazität zwischen den einzelnen Windungen, der Kapazität zwischen den Anschlüssen und der Kapazität der Spulenwicklung gegen die Umgebung (Abschirmung) zusammensetzt, bestimmt zusammen mit der Induktivität L die Eigenresonanzfrequenz. Durch Messung der Resonanzfrequenzen mit zwei verschiedenen zusätzlich parallel geschalteten bekannten Kapazitäten erhält man durch graphische Extrapolation nach Abb. 1.216 die Eigenkapazität.

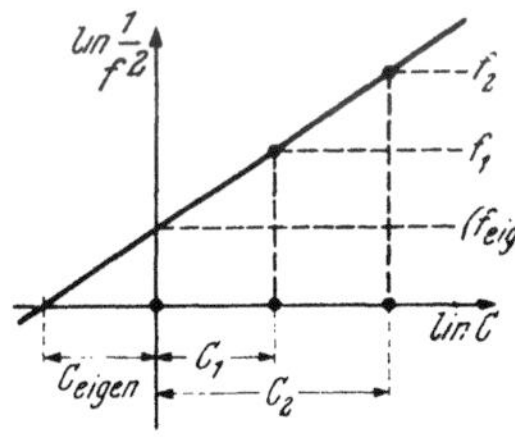

Abb. 1.216. Bestimmung der Eigenkapazität einer Spule

c) *Verluste*

Der Verlustfaktor einer Spule ist wie beim Kondensator als Quotient aus Wirkleistung und Blindleistung definiert und wird ebenfalls als Tangens des Verlustwinkels angegeben. Für Verluste durch einen Serienwiderstand R_S gilt:

$$\tan\delta = \frac{R_S}{\omega L} \tag{1.94}$$

Die Verluste durch einen Parallelleitwert G bzw. Parallelwiderstand $R_P = \frac{1}{G}$ betragen:

$$\tan\delta = \frac{\omega L}{R_P} = G\omega L \tag{1.95}$$

Aus der Praxis der Schwingkreise stammt die Angabe der Güte Q einer Spule als

$$Q = \frac{1}{\tan\delta} \tag{1.96}$$

Die Angabe der Verluste durch den Verlustfaktor hat den Vorteil, daß sich die verschiedenen Verluste einer Spule einfach addieren lassen. Allerdings ergibt sich durch das Auftreten von ω im Verlustfaktor ein anderer Verlauf der Frequenzabhängigkeit, als nach den physikalischen Ursachen der Verluste zu erwarten wäre.

Abb. 1.217 zeigt den grundsätzlichen Verlauf der einzelnen Anteile des Verlustfaktors als Funktion der Frequenz. Umgekehrt proportional zur Frequenz geht der bei niedrigen Frequenzen allein maßgebende Verlustfaktoranteil vom *Gleichstromwiderstand* R der Wicklung. Er läßt sich nur vermindern durch Verwendung einer genügend großen Kupfermenge und die Wahl einer geeigneten Spulengeometrie, bei der die Drahtlänge zur gegebenen Induktivität ein Minimum wird. Durch den *Skineffekt* und *Wirbelströme* im Leiter G_L ergibt sich ein Verlustfaktoranteil proportional zur Frequenz. Der Skineffekt (siehe Anhang), dessen Einfluß aus der Tab. 1.17 hervorgeht, läßt sich im Frequenzbereich von etwa 0,1 bis maximal 10 MHz durch Wicklung mit Hochfrequenz-Litze verkleinern. Diese Litze enthält mehrere (etwa 5 bis 150) einzelne, durch Lackisolation getrennte Adern und hat dadurch im Verhältnis zum Querschnitt eine wesentlich größere Oberfläche. Bei höheren Frequenzen wird die Aufteilung durch die Kapazität zwischen den Adern illusorisch. Wesentlich ist bei Hochfrequenz-Litze eine sorgfältige Lötung der Anschlüsse. Abgebrochene oder nicht erfaßte Adern verschlechtern die Spule unter Umständen mehr als eine Wicklung mit Volldraht. Für höhere Frequenzen verwendet man dickeren Volldraht (1 bis 3 mm), für Senderspulen Kupferrohr, beide versilbert.

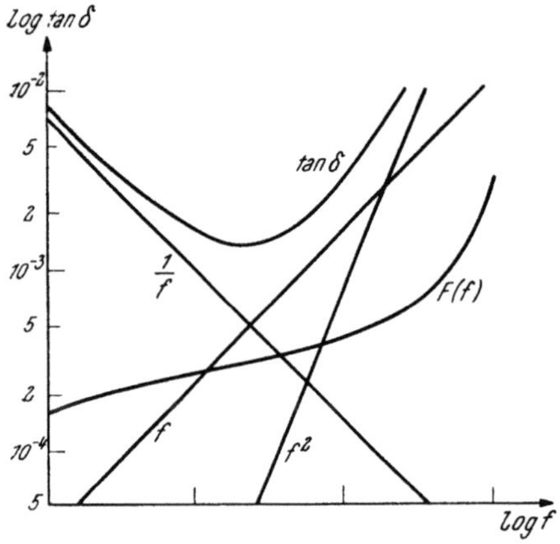

Abb. 1.217. Verlustfaktor als Funktion der Frequenz

Tabelle 1.17. *Widerstandserhöhung durch Skineffekt*

Verhältnis des Wirkwiderstandes bei der Frequenz f zum Gleichstromwiderstand

Drahtdurchmesser mm	Frequenz in kHz 1	10	100	1000
0,5.	1	1,001	1,05	2,2
1,0	1	1,008	1,50	4,2
2,0	1,001	1,12	2,76	8,1
5,0	1,05	2,24	6,49	19,7
10,0	1,50	4,19	12,7	39,1

Dielektrische Verluste G_C entstehen als Verluste der Eigenkapazität C im Isoliermaterial und liefern einen mit dem Quadrat der Frequenz steigenden Verlustfaktoranteil, wenn der Verlustwinkel des Dielektrikums frequenzunabhängig ist. Diese Verluste lassen sich durch Kleinhalten der Eigenkapazität und verlustarme Isolierstoffe und Spulenkörper verringern. Bei mehrlagigen Spulen wird eine kleine Eigenkapazität durch Stufen- oder Kreuzwicklung, bei Kernspulen durch Aufteilen der Wicklung auf einzelne Kammern des Wickelkörpers erzielt.

Strahlungsverluste erlangen nur Bedeutung bei Spulen, deren Linearabmessungen bereits nennenswerte Bruchteile der Wellenlänge betragen und können deshalb außer bei sehr großen Senderspulen immer vernachlässigt werden.

Alle vorerwähnten Verluste nehmen ab, wenn eine gegebene Induktivität durch die Verwendung von ferromagnetischen Kernen mit einer kleineren Windungszahl erreicht wird, vorausgesetzt, daß der Kern selbst keine höheren zusätzlichen Verluste verursacht.

Die *Wirbelstrom*verluste im Kern, die einen proportional zur Frequenz steigenden Verlustfaktoranteil liefern, sind um so kleiner, je geringer die Leitfähigkeit des Kernmaterials ist. Deshalb werden Kerne aus gut leitfähigem Material unterteilt (Blechkerne, Pulverkerne), um die Ausbildung von Wirbelströmen zu unterbinden. Die Leitfähigkeit von Ferriten ist so gering, daß die Wirbelstromverluste erst bei sehr hohen für das betreffende Material in Betracht kommenden Frequenzen spürbar ins Gewicht fallen. Alle anderen Kernverluste G_K liefern einen Beitrag, der weniger, aber unübersichtlich von der Frequenz abhängt. Die

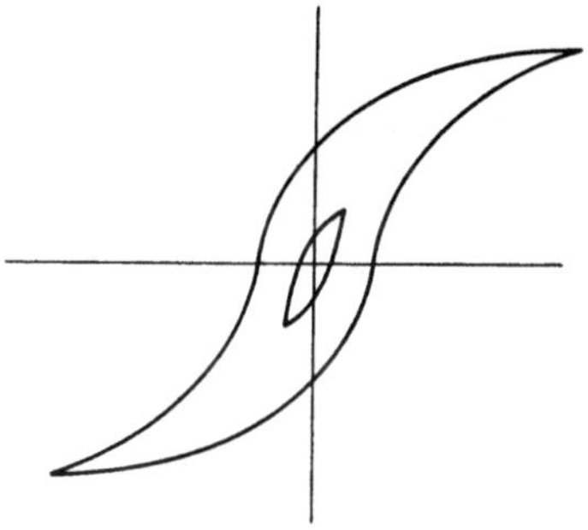

Abb. 1.218. Hystereseschleifen bei verschiedenen Maximalfeldstärken

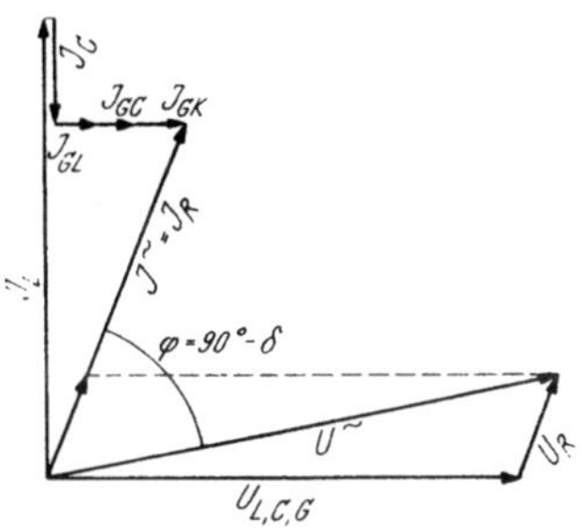

Abb. 1.219. Vektordiagramm zum Ersatzschaltbild Abb. 1.215

*Hysteresis*verluste entsprechen der von der Magnetisierungskurve eingeschlossenen Fläche (Abb. 1.218) und wachsen mit zunehmender Aussteuerung, also steigender Induktion B. Die *Nachwirkungs-* oder *Restverluste* werden durch die Trägheit der von der magnetischen Erregung hervorgerufenen Vorgänge im Kerngefüge verursacht. Der steile Anstieg des Verlustfaktors bei sehr hohen Frequenzen entsteht durch *gyromagnetische* Resonanz, vor allem bei Ferriten.

Abb. 1.219 zeigt das Vektordiagramm zum Ersatzschaltbild Abb. 1.215. Der Gesamtverlustwinkel δ ist die Differenz zwischen 90° (dem Phasenwinkel zwischen Strom und Spannung, der einer idealen Induktivität entsprechen würde) und dem tatsächlichen Phasenwinkel φ zwischen Strom und angelegter Spannung (der wegen der Verluste kleiner als 90° ist). Die Summe aller Verlustfaktoren zeigt ein ausgeprägtes Minimum meist bei einer Frequenz weit unterhalb der Eigenresonanz.

d) Elektrische, thermische und klimatische Beanspruchung

Die Erwärmung durch die Verluste und die Spannungsfestigkeit der Isolation Windung gegen Windung und Wicklung gegen Kern setzen je nach Konstruktion und Material Grenzen für Strom, Spannung und Frequenz, die durch hohe Umgebungstemperatur oder Feuchte noch eingeengt werden.

Weil μ_r über B vom Strom abhängt, ergibt sich bei Eisenkernspulen unter Umständen auch eine Belastungsgrenze aus der Forderung nach Linearität und Konstanz der Induktivität.

e) Abschirmung

Spulen haben ein von der Bauart abhängiges magnetisches und elektrisches Streufeld, das durch gegenseitige Induktion und kapazitive Einwirkung unerwünschte Kopplung verursachen kann. Dagegen werden Abschirmungen aus gut leitfähigem und/oder hoch permeablem Material vorgesehen, die aber auf die Spule zurückwirken. Je größere Teile des Spulenfeldes die Abschirmung erreichen (d. h. je enger die Abschirmung die Spule umschließt), desto mehr wird der Verlustwinkel vergrößert und meist auch die Induktivität verkleinert. Man rechnet bei Spulen, deren magnetischer Kreis außen nicht durch ferromagnetisches Material geschlossen ist (Luftspulen, kleine Spulen mit Schraubkernen usw.), mit einem Durchmesser der Abschirmung etwa gleich zweimal dem Spulendurchmesser. Dann bleiben die Änderungen von Induktivität und Verlustfaktor in der Größenordnung 10%.

B. Praktische Ausführung von Induktivitäten

a) Luftspulen

Luftspulen werden (außer bei Induktivitätsnormalen) praktisch immer als einlagige Zylinderspulen, meist freitragend, ausgeführt. Sie werden fast nur mehr für sehr kleine Induktivitäten (unter 10 μH), als Leistungsspulen für Hochfrequenz (um die bei hohen Induktionen auftretenden Hystereseverluste zu vermeiden) sowie als stromunabhängige Induktivitätsnormale verwendet. In allen anderen Fällen benützt man wenigstens einfache Stift- oder Schraubkerne, die außer der meist erforderlichen Abgleichmöglichkeit durch die heute erreichten guten Materialeigenschaften selbst bei Frequenzen über 100 MHz eine höhere Spulengüte ergeben.

b) Eisenkernspulen

Die beiden Tab. 1.18a und 1.18b und die Abb. 1.220a und 1.220b beschreiben die wichtigsten Materialeigenschaften einiger typischer Kernwerkstoffe. Sie ver-

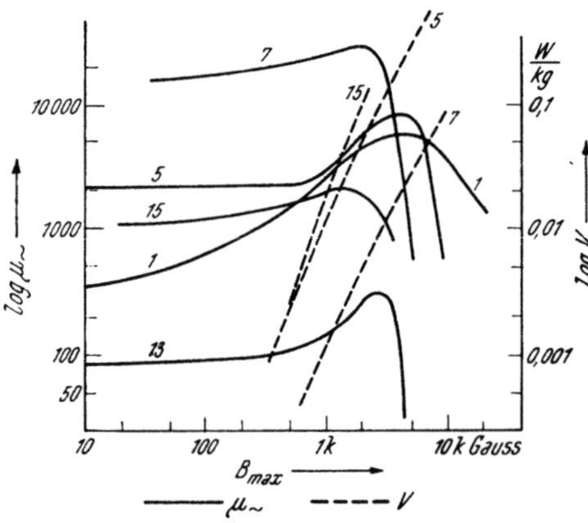

Abb. 1.220a. Abhängigkeit der Wechselfeldpermeabilität und der Verluste je kg Kerngewicht von der Scheitelinduktion für verschiedene Kernwerkstoffe nach Tab. 1.18a und b

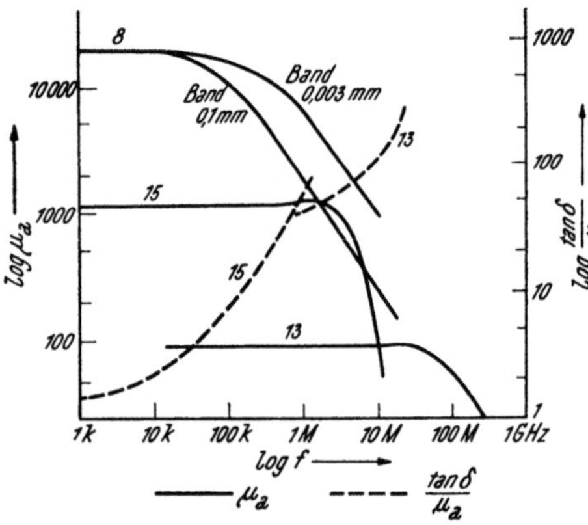

Abb. 1.220b. Abhängigkeit der Anfangspermeabilität und des relativen Verlustfaktors von der Frequenz für verschiedene Kernwerkstoffe nach Tab. 1.18a und b

mitteln einen Begriff von der Verschiedenheit der erreichbaren Qualitäten und des sich daraus ergebenden Anwendungsbereiches. Blechkerne finden wegen der höheren Permeabilität mehr für hohe Induktivitäten bei weniger hoher Frequenz

Tabelle 1.18a. *Eigenschaften von typischen Kernwerkstoffen für Blechkerne*

Nr.	μ_0	μ_{max}	$B_{Sätt.}$ kG	ϱ 10^{-6} $\Omega \cdot cm$	V_{10} W/kg	V_n W/kg	Legierungsanteile außer Fe	Beispiel für Handelsbezeichnung
1	250		etwa 20	40	2,3	V_{15}:5,6	wenig Si	Dynamoblech III/0,5
2	530		etwa 19	40	1,3	V_{15}:3,2	4% Si	Dynamoblech IV/0,35
3	1500	30000	20,3	40	0,5	V_{15}:1,2	3% Si, Textur[1]	Trafoperm N 2/OR
4	300	70000	24	30	0,8	V_{20}:2,2	50% Co	Vacoflux Z
5	2000	7000	13	75	1,1	V_5 :0,3	36% Ni	Permenorm 3601 K 1
6	5500	60000	15,5	45	0,25	V_{15}:0,7	50% Ni	Permenorm 5000 H 2
7	35000	90000	8	50		V_5:0,025	70 bis 80% Ni +	Mumetall
8	120000	300000	8	60		V_5:0,015	diverse Zusätze	Ultraperm 10

μ_0: Anfangspermeabilität (relative Permeabilität bei verschwindender Feldstärke)
μ_{max}: Maximalpermeabilität (bei einer bestimmten zugehörigen Feldstärke)
$B_{Sätt.}$: Sättigungsinduktion
ϱ: spezifischer Widerstand
V_{10}, V_n: Verluste pro Kerngewicht bei 10 kG bzw. n kG Scheitelinduktion, 50 Hz Sinus.

Tabelle 1.18b. *Eigenschaften von typischen Karbonyleisenmassen und Ferriten*

Nr.	μ_0	ϱ $\Omega \cdot cm$	f_u bis f_o MHz	$\frac{\tan \delta}{\mu_0}$ 10^{-6}	$\frac{\Delta \mu}{\mu^2 \cdot \Delta t}$ 10^{-6}	Beispiele für Handelsbezeichnungen: Siemens	Valvo	Stemag
9	4		70 bis 150	800 bis 2000	etwa +80	Si 71		
10	8		1,5 bis 80	80 bis 2500	etwa −10	Si 31 S		
11	13		0,1 bis 15	30 bis 1500	etwa − 5	Si 16		
12	10	10^7	10 bis 200	80 bis 2000	+50 bis 100	U 17	4 E 1	00098C
13	100	10^6	1 bis 10	20 bis 150	+ 5 bis 20	80 K 1	4 C 1	02097
14	500	10^2	0,2 bis 2,0	10 bis 100	+ 2 bis 5	550 M 25	3 D 3	05166
15	1300	10^2	0,001 bis 0,2	2 bis 20	+0,8 bis 2,0	1100 N 22	3 B 5	12305
16	2000	10^2	0,001 bis 0,1	1 bis 10	+0,5 bis 1,5	2000 N 28	3 H 1	20505

f_u bis f_o: für die Anwendung günstiger Frequenzbereich

$\frac{\tan \delta}{\mu_0}$: relativer Verlustfaktor in diesem Bereich

$\frac{\Delta \mu}{\mu^2 \cdot \Delta t}$: relativer Temperaturkoeffizient der Permeabilität bei +20 bis 70 °C.

(H, kHz), Ferritkerne bei mittleren Induktivitäten und höheren Frequenzen (mH, MHz) Verwendung.

Blechkerne aus Material der Tab. 1.18a sind Pakete entweder aus aufeinandergeschichteten gestanzten Blechen (Abb. 1.221a) oder aus aufgewickelten Bän-

[1] Blech mit magnetischer Vorzugsrichtung (Texturblech), magnetische Werte in Walzrichtung, quer dazu ergeben sich andere, wesentlich ungünstigere Werte.

dern (b). Luftspalte können, außer bei Ringkernen, bei Bedarf vorgesehen oder durch wechselseitige Schichtung weitgehend unwirksam gemacht werden.

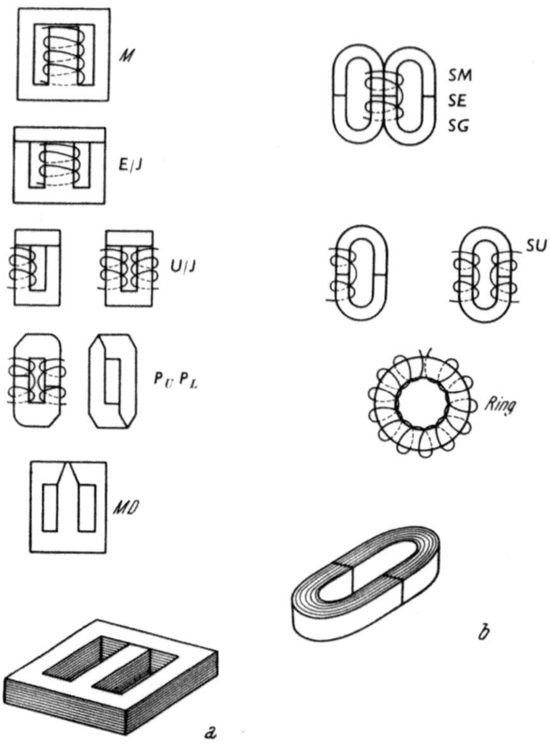

Abb. 1.221. Formen handelsüblicher Kerne aus gestanzten bzw. gewickelten Blechen

Abb. 1.221 zeigt einige handelsübliche Formen, deren wesentliche Merkmale in Stichworten folgen:

M: Normreihe M 20 bis 102 (= Kantenlänge 20 bis 102 mm), auch darüber, Blechdicke 0,05 bis 0,5 mm, Luftspalt durch Blechschnitt festgelegt, nicht texturaktiv (d. h. nützt magnetische Vorzugsrichtung nicht aus, da Flußdichte längs und quer zur Walzrichtung gleich ist).

E/J: Normreihe E/J 19 bis 106, Blechdicke 0,05 bis 0,5, Luftspalt bestimmbar durch Isolierbeilage zwischen *E*-Kern und Joch, nicht texturaktiv.

U/J: Normreihe U/J 30 bis 87, sonst ähnlich E/J, selten. Einseitig, oder auf beiden Schenkeln symmetrisch bewickelt, dann kleine Streuinduktivität für Übertrager.

P: Vorwiegend für Netz- und Niederfrequenz-Übertrager. Sinnvoll nur mit gut symmetrischer Wicklung auf beiden Schenkeln, dadurch kleine Streuinduktivität und bei P_U: extrem geringe magnetische Ausstreuung wegen besonderer Lage der Stoßfugen, P_L: geringer Magnetisierungsstrom und texturaktiv wegen geringerer Flußdichte in Querrichtung durch Jochverstärkung sowie Länge und Lage der Stoßfugen an Stellen geringer Flußdichte. Besonders günstig gemischtes Paket aus wechselweise P_U, isotropes Blech, und P_L, Texturblech, verbindet günstige Eigenschaften beider (Philberth-Schnitte).

MD: Mantelkern mit verbreiterter Basis und Diagonaltrennstellen. Texturaktiv, nur eine Spule notwendig, jedoch größere Streuung und Ausstreuung als *P*. Reihe MD 55 bis 102.

Ring: Geschlossene Ringkerne mit umlaufender, symmetrischer Bewicklung sind völlig luftspaltlos und magnetisch ideal (Strom umschließt Fluß vollständig), daher beste Materialausnützung und geringste Streuung. Kerngewichte von 1 g bis 100 kg, gemischte Kerne aus verschiedenen Werkstoffen möglich, Banddicke bei kleinen Kernen bis unter 0,005 mm! Nachteil: umständliche Bewicklung nur mit Spezialmaschinen.

S: Gewickelte und fixierte, nachträglich aufgeschnittene Bandkerne. Diese „Schnittbandkerne" ermöglichen gute Materialausnützung und zylindrische, einfach montierbare Spulen. Nachteil: Wegen unerwünschtem Luftspalt hoher Bearbeitungsaufwand der Trennflächen, Kernhälften müssen mechanisch mit relativ hoher Kraft zusammengepreßt werden. SM, SE, SU sind Typenreihen, die zu den Spulen der M-, E/J- und U/J-Reihen passen, SE ist eine Reihe, die gegenüber SM einen relativ zum Eisengewicht größeren Wickelraum bietet.

*Pulver*kerne enthalten ein Ferromagnetikum (meist Karbonyleisen) in feinster Verteilung (Teilchen unter 5 μm Durchmesser) eingebettet in ein dielektrisch hochwertiges Isoliermaterial. *Ferrit*kerne bestehen aus Mischkristallen oder Verbindungen von Eisenoxyd (Fe_2O_3) mit Oxyden anderer, meist zweiwertiger Metalle, kristallisiert als Ferrospinell. Pulver- und Ferritkerne werden durch Strang- und Formpressen, Pulverkerne mit thermoplastischem Bindemittel auch durch Spritzen hergestellt. Ferritkerne werden nach dem Pressen gesintert und sind dann hart wie Keramik.

Durch die genannten Verfahren lassen sich vielfältige Kernformen erzeugen:

Schalen- oder Topfkerne: magnetisch günstig (Flußverlauf in Kernmaterial umschließt Strom vollständig), enge Abschirmung zulässig. Luftspalt für Scherung wird im Innenkern durch Abschleifen angebracht und ergibt keine Erhöhung der Streuung nach außen. Abgleichbar durch Stift in der Mittelbohrung. Durchmesserbereich 5 bis 60 mm. Für geschlossene Spulen hoher Güte für Filter und Schwingkreise.

Ringkerne: siehe Bandringkerne, Ferritkerne ab etwa 1 mm Durchmesser. Mit rechteckiger Hystereseschleife besonders für Magnetkernspeicher.

E-, U-Kerne: erweitern Anwendungsbereich der bei Blechkernen gebräuchlichen Bauformen auf höhere Frequenzen.

Zylinder-, Rohr-, Schraubkerne: einfache Drosseln, einfache offene Schwingkreis- und Filterspulen, einfach abgleichbar.

Stabkerne: Antennenstäbe für Rundfunkempfänger, 100 bis 300 mm lang.

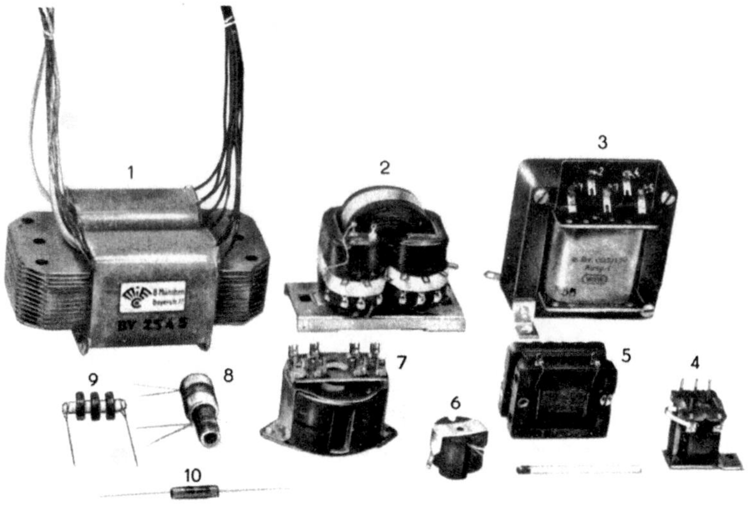

Abb. 1.222. Verschiedene Induktivitäten und Übertrager. *1* Netztransformator $P_U - P_L$ 60, Nennlast 30 VA, *2* Heiztransformator SU 39b, Nennlast 14 VA, *3* Drossel M 55, *4* Übertrager EJ 19, *5* Drossel M 30, *6* Ferrit-Schalenkern 18 ⌀ × 11 mit Halteklammer, *7* Ferrit-Schalenkern 28 ⌀ × 23 mit Halterung und Lötösenplatte, *8* Kreuzwickelspule auf Trolitulkörper mit Ferrit-Schraubkern, *9* Kreuzwickeldrossel auf keramischem Rohrkörper zum Einlöten, *10* UKW-Drossel auf Ferrit-Zylinderkern zum Einlöten

Abb. 1.222 zeigt einige ausgeführte Induktivitäten und Übertrager. Ein Ringkernübertrager ist in Abb. 2.174 zu sehen.

C. Berechnung von Induktivitäten

a) Luftspulen

Die folgenden Formeln ergeben die Induktivität in nH, wenn die Maße nach Abb. 1.223 in cm eingesetzt werden; w = Windungszahl, Formfaktor k siehe Diagramm Abb. 1.224

$\frac{D}{l} > 2$ (kurze, weite Spulen)

$$L = 2\pi w^2 D \left(\ln \frac{4D}{l} - 0{,}5\right) \tag{1.97}$$

$5 > \frac{D}{l} > 0{,}1$

$$L = D \cdot w^2 \cdot k \tag{1.98}$$

$0{,}1 > \frac{D}{l}$ (lange Spulen)

$$L = \frac{\pi^2 w^2 D^2}{l} \tag{1.99}$$

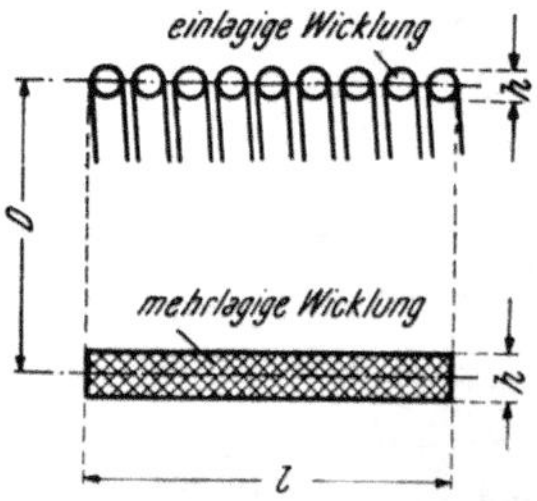

Abb. 1.223. Maße für die Berechnung ein- und mehrlagiger Zylinderspulen

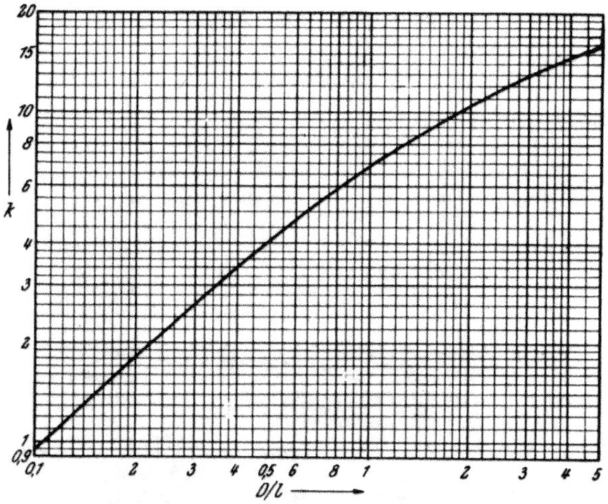

Abb. 1.224. Formfaktor k für die Berechnung von Zylinderspulen

Genauigkeit etwa $\pm 5\%$ im angegebenen Bereich von $\frac{D}{l}$, wenn $\frac{h}{D} = 0$ und ohne Berücksichtigung der Stromverdrängung; auch gültig für mehrlagige Spulen.

Korrektur der Induktivität wegen $\frac{h}{D} \neq 0$:

$$\frac{D}{l} < 1, \quad \frac{h}{D} < 0{,}2: \quad L_{\text{Korr.}} = L \cdot \left(1 - 0{,}7\frac{h}{D}\right) \tag{1.100}$$

$$\frac{D}{l} \geq 1, \quad \frac{h}{D} < 0{,}1: \quad L_{\text{Korr.}} = L \cdot \left(1 - 0{,}8\frac{h}{D}\sqrt{\frac{D}{l}}\right) \tag{1.101}$$

b) Spulen mit Eisenkern

Für die meisten handelsüblichen Kerne, besonders bei Pulver- und Ferritkernen, wird von den Herstellern der Induktivitätsfaktor A_L oder der Windungsfaktor K angegeben. Die übliche Dimension für A_L ist nH und für K meist $\frac{1}{\sqrt{mH}}$. Dann gilt für die Induktivität:

$$L = w^2 \cdot A_L \quad [nH]; \qquad L = \frac{w^2}{K^2} \quad [mH] \qquad (1.102)$$

und für die Windungszahl:

$$w = \sqrt{\frac{L}{A_L}} \quad [nH]; \qquad w = K \cdot \sqrt{L} \quad [mH] \qquad (1.103)$$

Einen Anhalt für die Induktivität geben auch folgende Formeln (Abb. 1.225):
Eisenkern ohne Luftspalt:

$$L = 4\pi w^2 \cdot \frac{q}{l} \cdot \mu_r \cdot 10^{-9} \quad [H] \qquad (1.104)$$

mit kleinem Luftspalt:

$$L = 4\pi w^2 \cdot \frac{q}{l} \cdot \frac{\mu_r}{d\mu_r + 1{,}1\, l} \cdot 10^{-9} \quad [H] \qquad (1.105)$$

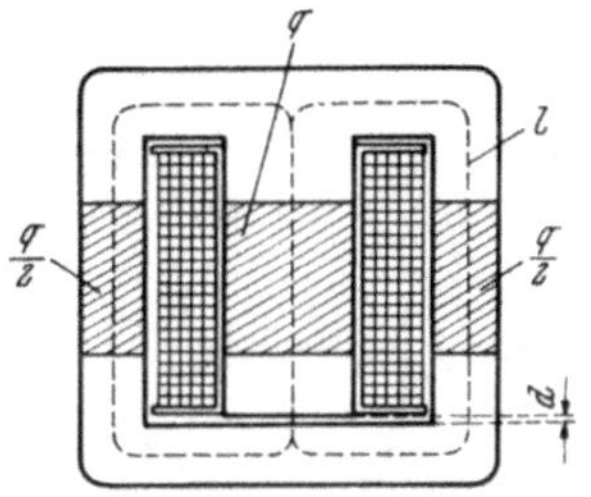

Abb. 1.225. Maße für die Berechnung von Eisenkernspulen

mit großem Luftspalt:

$$L = 4\pi w^2 \cdot \frac{q}{d} \cdot 10^{-9} \quad [H] \qquad (1.106)$$

q = effektiver Eisenquerschnitt (cm^2)
l = mittlere Eisenweglänge (cm)
d = Luftspalt (cm)
μ_r = relative Permeabilität.

1.6 Die Kombinationen von *R-C-L*

1.6.1 Die *R-C-* und *R-L*-Kombinationen

Widerstände, Induktivitäten und Kondensatoren sind neben Röhren und Transistoren die wichtigsten Schaltelemente der Elektronik. Das Verständnis der Wirkung ihrer Kombinationen ist für die nachfolgende Besprechung der verschiedenen Verstärkerschaltungen unbedingt notwendig.

A. Die Zeitkonstante

Wird ein Kondensator C über einen Widerstand R aufgeladen (Abb. 1.226), so ist der zeitliche Verlauf der Spannung am Kondensator gegeben durch:

$$u_c = U(1 - e^{-t/RC}) \qquad (1.107)$$

Wird C über R entladen, so gilt:

$$u_c = U \cdot e^{-t/RC} \tag{1.108}$$

Den zeitlichen Verlauf der Spannung am Kondensator beim Auflade- und Entladevorgang zeigt Abb. 1.226.

Wird nach derjenigen Zeit gefragt, in der die Spannung beim Entladevorgang auf den e-ten Teil abgesunken ist, so findet man:

$$U \cdot e^{-t/RC} = U \cdot e^{-1} \quad \text{und daraus} \quad t = R \cdot C$$

Diese Zeit wird als Zeitkonstante τ eines RC-Gliedes bezeichnet. Es ist

$$\tau = R \cdot C \qquad \begin{bmatrix} \text{M}\Omega, & \mu\text{F}, & \text{s} \\ \text{M}\Omega, & \text{pF}, & \mu\text{s} \end{bmatrix} \tag{1.109}$$

In der Zeit τ ist die Spannung beim Ladevorgang auf 63% angestiegen, bzw. beim Entladevorgang auf 37% abgefallen. Nach 5τ ist $u_c \approx U$ bzw. 0.

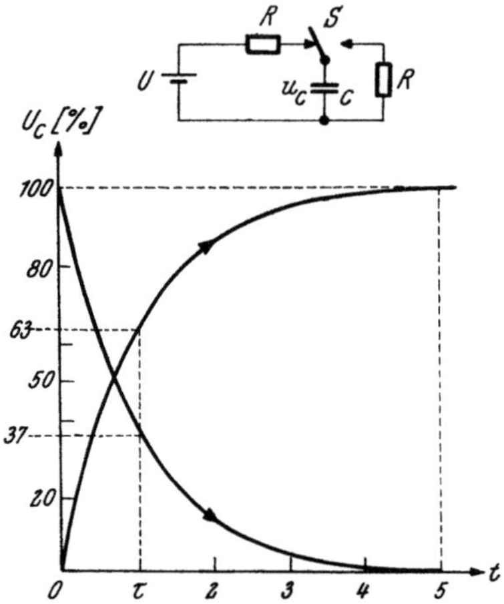

Abb. 1.226. Lade- und Entladevorgang eines RC-Gliedes

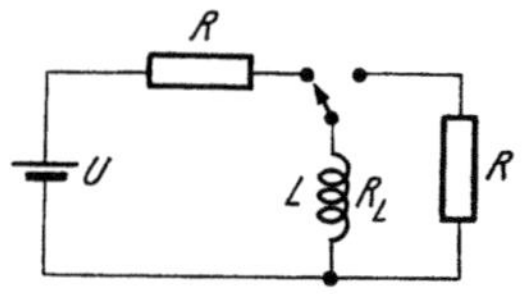

Abb. 1.227. Lade- und Entladevorgang eines RL-Gliedes

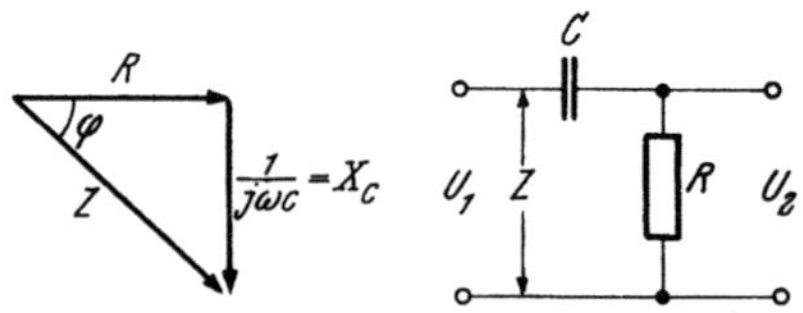

Abb. 1.228. Das CR-Glied

Für die Reihen- oder Parallelschaltung eines Widerstandes mit einer Induktivität (Abb. 1.227) gilt analog:

$$\tau = L/R \quad [\Omega, H, \text{s}] \tag{1.110}$$

(Definition Kap. 8.3.1)

Ein weiterer wichtiger Begriff ist

B. Die Abschwächung und die Grenzfrequenz f_{gr}

Wird für eine bestimmte Frequenz, die Grenzfrequenz, der Blindwiderstand X_c einer RC-Kombination gleich dem Wirkwiderstand R, so tritt eine Abschwächung der angelegten Wechselspannung auf $1/\sqrt{2} \sim 0{,}7$ (70% oder 3 dB) ein. Gleichzeitig erfolgt eine Phasendrehung — der Phasenwinkel φ wird 45°. Die Abb. 1.228 zeigt die vektorielle Darstellung der Widerstände für die Serienschaltung von R–C und den zugehörigen Phasenwinkel φ.

Die Abschwächung a (oft Abschwächungsfaktor β) ist das Verhältnis der Ausgangsspannung zur Eingangsspannung:

$$a = U_2/U_1 = Uo/Ue \tag{1.111}$$

Die Abb. 1.229 zeigt den Spannungsabfall am oberen und unteren Frequenzbandende, z. B. eines Verstärkers.

Hinfort werden folgende Bezeichnungen verwendet:

Uo = Amplitude eines Ausgangssignales
Ue = Amplitude eines Eingangssignales
R = reelle Widerstände (= Wirkwiderstände)
X = Blindwiderstände
Z = komplexe Widerstände (= Scheinwiderstände oder Impedanzen).

Die entsprechenden Leitwerte sind $G = 1/R$, $Y = 1/X$, $W = 1/Z$ (= Admittanz). In der Vierpoltheorie werden auch die Kleinbuchstaben r, x, y, z verwendet.

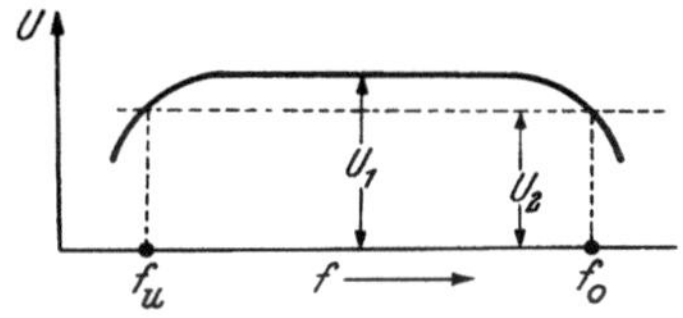

Abb. 1.229.
Die Grenzfrequenzen

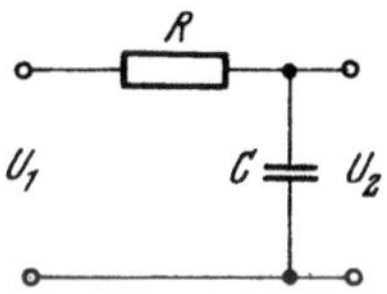

Abb. 1.230.
Das RC-Glied

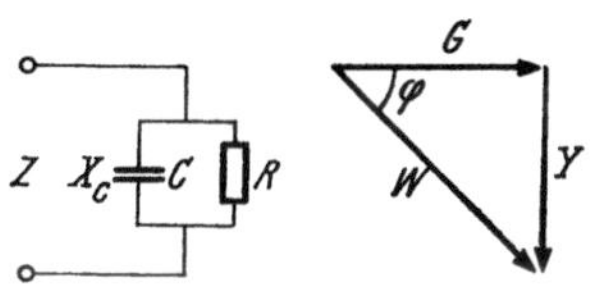

Abb. 1.231.
Parallelschaltung R und C

Die CR-Serienschaltung Abb. 1.228 stellt einen *Hochpaß* dar, d. h. höhere Frequenzen werden weniger abgeschwächt. Mit fallender Frequenz nimmt a und der Phasenwinkel φ zu. Die Grenzfrequenz f_{gr} wird folglich eine untere Grenzfrequenz f_u sein.

Die RC-Serienschaltung Abb. 1.230 stellt einen Tiefpaß dar, tiefere Frequenzen werden bevorzugt übertragen. Für den Tiefpaß gilt $f_{gr} = f_o$ = obere Grenzfrequenz.

Der Scheinwiderstand oder die Impedanz der Serienschaltung von Kondensator und Widerstand steigt bei der Grenzfrequenz auf das 1,4fache von R, bei der Parallelschaltung (Abb. 1.231) fällt er auf das 0,7fache von R.

Für einen Phasenwinkel von $\varphi = 45°$ wird $\operatorname{tg}\varphi = 1$ und $\omega RC = 1$; die Grenzfrequenz ist folglich:

$$\begin{matrix} f_u = \\ f_o = \end{matrix} f_{gr} = \frac{1}{2\pi \cdot RC} = \frac{1}{6{,}3 \cdot \tau} \quad \begin{bmatrix} \mathrm{M\Omega, \mu F, Hz} \\ \mathrm{M\Omega, pF, MHz} \end{bmatrix} \tag{1.112}$$

Wird eine andere Abschwächung als $a = 0{,}7$ für die Grenzfrequenz gesucht, so bestimmt sich die

untere Grenzfrequenz f_u aus $a = \dfrac{R\omega C}{\sqrt{1 + \omega^2 R^2 C^2}}$, daraus

$$f_u = \frac{1}{2\pi RC} \cdot \frac{1}{\sqrt{1/a^2 - 1}} = \frac{1}{2\pi \cdot RC} \cdot \frac{1}{A} \tag{1.113}$$

$$\sqrt{1/a^2 - 1} = A, \quad a = f(A) \quad \text{in Abb. 1.232}$$

obere Grenzfrequenz f_o aus $a = \frac{1}{\sqrt{1 + \omega^2 R^2 C^2}}$, daraus

$$f_o = \frac{1}{2\pi RC} \sqrt{1/a^2 - 1} = \frac{A}{2\pi RC} \qquad (1.114)$$

C. Die Größen s, $\operatorname{tg} \varphi$, $\operatorname{tg} \delta$, Q, d, b

Der *Siebfaktor* s ist der reziproke Wert der Abschwächung a:

$$1/a = Ue/Uo = U_1/U_2 = s = 2\pi f RC = \omega\tau \qquad (1.115)$$

Der *Phasenwinkel* φ von R–L–C-Kombinationen ist — wie die Abb. 1.228 zeigt — der Winkel zwischen Wirkwiderstandsvektor und Scheinwiderstandsvektor, oder

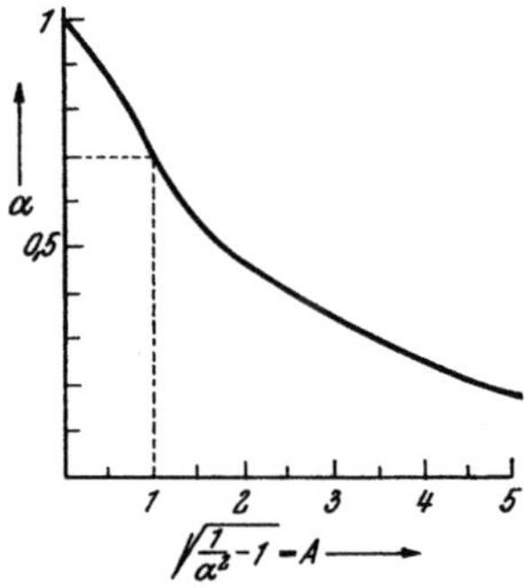

Abb. 1.232. Abschwächung $a = f(A)$

$$\operatorname{tg} \varphi = X/R = Q_{(L \text{ oder } C)} \qquad (1.116)$$

Q = Gütefaktor

Der *Verlustwinkel* δ ist gegeben durch

$$\operatorname{tg} \delta = R/X = d_{(L \text{ oder } C)} \qquad (1.117)$$

d = Dämpfung

Die *Bandbreite* b:

$$b = f_o - f_u = \Delta f \qquad (1.118)$$

D. Formeln für die wichtigsten R-, RC- und RL-Kombinationen

a) Ohmscher Spannungsteiler

Eingliedrig unbelastet (Abb. 1.233):

$$a = \frac{R_2}{R_1 + R_2} \qquad (1.119)$$

Eingliedrig belastet (Abb. 1.234):

$$U_2 = U_1 \frac{R_2}{R_1 + R_2} - J_2 \frac{R_1 \cdot R_2}{R_1 + R_2} \qquad (1.120)$$

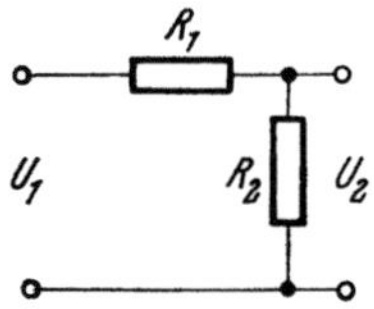

Abb. 1.233. Unbelasteter R-Teiler

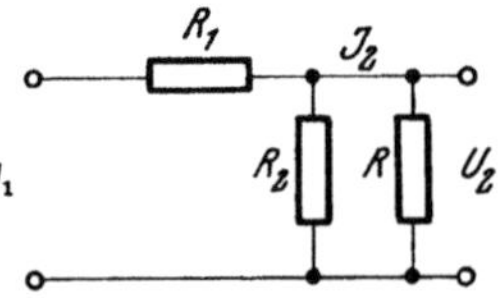

Abb. 1.234. Belasteter R-Teiler

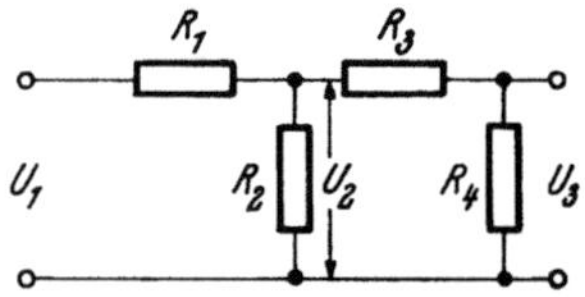

Abb. 1.235. Mehrgliedriger R-Teiler

Mehrgliedrig belastet (Abb. 1.235):

$$U_1/U_2 = 1 + R_1/R_2 + R_1/(R_3 + R_4)$$

$$U_1/U_3 = \left(1 + \frac{R_1}{R_2}\right)\left(1 + \frac{R_3}{R_4}\right) + \frac{R_1}{R_4} \qquad (1.121)$$

b) RC-Kombinationen

Der *CR*-Teiler (Abb. 1.228)

$$a = \left| \frac{R}{R + \frac{1}{j\omega C}} \right| = \frac{\omega RC}{\sqrt{1 + \omega^2 R^2 C^2}} \tag{1.122}$$

$$|Z| = \sqrt{R^2 + \left(\frac{1}{\omega C}\right)^2}, \quad \operatorname{tg} \varphi = -\frac{1}{\omega RC}$$

Der *RC*-Teiler ohne Last (Abb. 1.230)

$$a = \left| \frac{1/j\omega C}{R + 1/j\omega C} \right| = \frac{1}{\sqrt{1 + \omega^2 R^2 C^2}} \tag{1.123}$$

mit Last (Abb. 1.236)

$$a = \left| \frac{1}{1 + \frac{R_1}{R_2} + j\omega R_2 C} \right| = \frac{R_2}{\sqrt{(R_1 + R_2)^2 + \omega^2 R_1^2 R_2^2 C^2}} \tag{1.124}$$

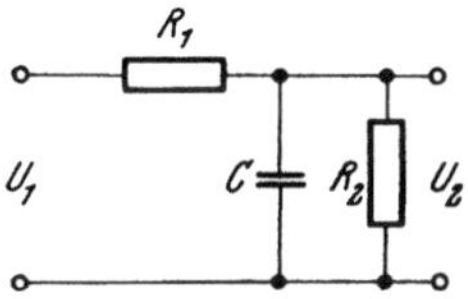

Abb. 1.236. Belasteter *RC*-Teiler

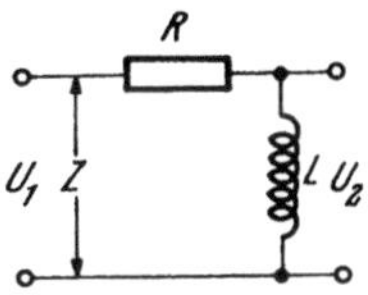

Abb. 1.237. *RL*-Teiler

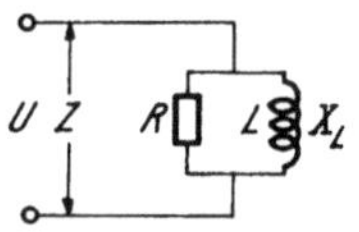

Abb. 1.238. Parallelschaltung *R* und *L*

R–C-Parallelschaltung (Abb. 1.231)

$$|Z| = \frac{R}{\sqrt{1 + \omega^2 R^2 C^2}}; \quad \operatorname{tg} \varphi = -\omega RC \tag{1.125}$$

c) RL-Kombinationen

Serienschaltung *RL* (Abb. 1.237):

$$a = \frac{\omega L}{\sqrt{R^2 + \omega^2 L^2}} \tag{1.126}$$

$$|Z| = \sqrt{R^2 + \omega^2 L^2}; \quad \operatorname{tg} \varphi = \omega L/R$$

Serienschaltung *LR* (analog Abb. 1.237):

$$a = \frac{R}{\sqrt{R^2 + \omega^2 L^2}} \tag{1.127}$$

Parallelschaltung *RL* (Abb. 1.238):

$$|Z| = \frac{\omega RL}{\sqrt{R^2 + \omega^2 L^2}}; \quad \operatorname{tg} \varphi = \frac{R}{\omega L} \tag{1.128}$$

d) *Weitere Kombinationen*

Die *LC*-Kombinationen werden in Kap. 2.8, Kap. 4, Kap. 7.6, Kap. 8.3 und weitere *RC*-Kombinationen in Kap. 6 beschrieben.

1.6.2 Der Schwingkreis[1]

Die Parallelschaltung von Induktivität L und Kapazität C bildet einen Stromresonanzkreis — Parallelresonanz —, die Serienschaltung von L und C einen Spannungsresonanzkreis — Serienresonanz.

A. Der Parallelresonanzkreis (Abb. 1.239)

Der Strom durch den Schwingkreis ist gegeben durch:

$$I^{\sim} = U^{\sim}\left(j\omega C + \frac{1}{Rs + j\omega L}\right) = U^{\sim}\left(\frac{Rs}{Rs^2 + \omega^2 L^2} + j\left(\omega C - \frac{\omega L}{Rs^2 + \omega^2 L^2}\right)\right)$$

Befindet sich der Schwingkreis in Resonanz mit der ihm zugeführten Frequenz, so wird der Imaginärteil der Gleichung Null, der Strom $I^{\sim}$ wird minimal (Resonanzindex „0“). Es wird: $\omega_0 C - \frac{\omega_0 L}{Rs^2 + \omega_0^2 L^2} = 0$ und daraus die

$$\text{Resonanzfrequenz} \quad \omega_0 = \sqrt{\frac{1}{LC} - \left(\frac{Rs}{L}\right)^2} \sim 1/\sqrt{LC} \qquad (1.129)$$

Im Resonanzfall ist der Widerstand des Parallelschwingkreises maximal ($= R_0$) und reell, also ein Wirkwiderstand. Seine Größe ist von der Dämpfung des Kreises abhängig. Der Resonanzwiderstand R_0 wird unendlich, wenn $Rs = 0$ und $Rp = \infty$. Für $Rs \neq 0$ und $Rp = \infty$ wird

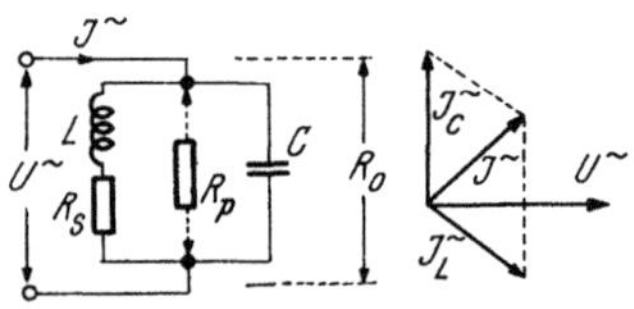

Abb. 1.239. Der Parallelresonanzkreis

$$R_0 = \frac{L}{Rs \cdot C} \qquad (1.130)$$

Rp ist der dem Kreis parallel liegende Widerstand (z. B. Ri einer Röhre, oder Re einer Folgestufe). Bei endlichem Rs und Rp wird der Resonanzwiderstand des Schwingkreises:

$$R_0' = \frac{L}{RsC + L/Rp} = \frac{\omega_0 L}{ds + dp} = \omega_0 L/d \qquad (1.131)$$

Der Dämpfungsfaktor d (die Dämpfung) ist das Verhältnis des Resonanzstromes $I_0^{\sim}$ zum Strom durch den Kondensator oder die Induktivität. Er setzt sich zusammen aus der Dämpfung d_s, hervorgerufen durch den Serienwiderstand Rs und aus der Dämpfung d_p, hervorgerufen durch den Parallelwiderstand Rp. Es ist:

$$d = I_0^{\sim}/I_L^{\sim} = I_0^{\sim}/I_C^{\sim} = d_s + d_p = \frac{Rs}{\omega_0 L} + \frac{\omega_0 L}{Rp} \qquad (1.132)$$

---

[1] Literatur: [K 2].

Der Gütefaktor Q (auch Kreisgüte oder Resonanzüberhöhung) ist der Quotient aus Blindwiderstand und Wirkwiderstand. Er ist gleich dem reziproken Wert der Dämpfung:

$$Q = 1/d = \frac{\omega_0 L}{Rs} \qquad (1.133)$$

Die Bandbreite der Resonanzkurve (Abb. 1.240) bei konstantem Generatorstrom ($Ri = \infty$) ist:

$$b = \Delta f = d \cdot f_0 \qquad (1.134)$$

Die Zeit vom Augenblick des Anlegens einer Spannung an den Schwingkreis (allgemein an einen Bandpaß) bis zur Beendigung des Einschwingvorganges bezeichnet man als Einschwingzeit t_e:

$$t_e = 1/b \qquad (1.135)$$

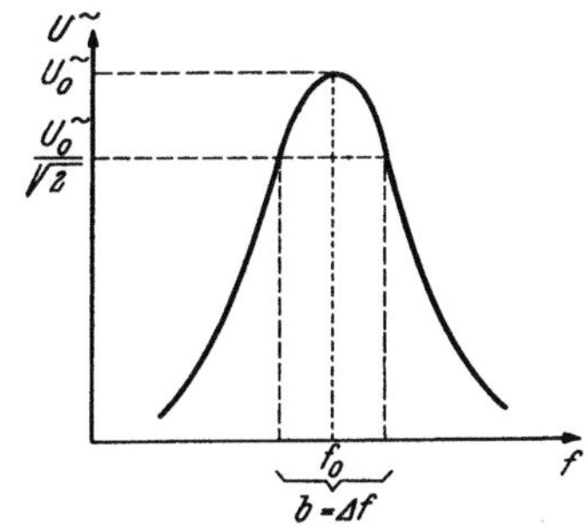

Abb. 1.240.
Resonanzkurve und Bandbreite

Die Form der Resonanzkurve wird wesentlich von Rs und Rp bestimmt. Es können zwei Resonanzkurven unterschieden werden:

1. Die Stromresonanzkurve, wenn die Generatorspannung $E^{\sim}$ konstant ist. $E^{\sim} = I^{\sim}(Rp + Rs)$ Die Dämpfung bei Stromresonanz ist:

$$d_I = \frac{1 + d \cdot Rp \cdot \omega C}{\sqrt{1 + 2d \cdot Rp \cdot \omega C - (d \cdot Rp \cdot \omega C)^2}}$$

Die Bandbreite der Stromresonanzkurve ist: $b_I = \Delta f = f_0 \cdot d_I$
Für $Rp = 0$ ($E^{\sim} = U^{\sim}$) wird $I_0^{\sim} = U^{\sim} \cdot \omega C \cdot d = U^{\sim} \cdot RC/L$

2. Die Spannungsresonanzkurve, wenn der Generatorstrom $I^{\sim}$ konstant ist. Die Dämpfung der Spannungsresonanzkurve ($Rp \to \infty$) ist:

$d_U = d(1 + R_0 - Rp)$, die Bandbreite: $b_U = f_0 \cdot d_U$
Bei $d_U = d$ wird die Resonanzspannung: $\dfrac{I^{\sim}}{\mathrm{d} \cdot \omega C} = \dfrac{I^{\sim} \cdot L}{Rs \cdot C}$

Beispiel zum Parallelresonanzkreis

Gegeben sei ein Schwingkreis mit den Daten: $L = 0{,}25$ mH, $C = 100$ pF, $Rs = 10\,\Omega$. Er bilde den Außenwiderstand einer Röhre ECC 85 mit $Ri = 10\,\mathrm{k}\Omega$ ($Ri = Rp$), $D = 0{,}016$. Die Gitterwechselspannung sei 0,83 V. Es ist:

$f_0 = 1$ MHz (Gl. (1.129) bzw. Gl. (1.139)) $E^{\sim} = U\tilde{g}/D = 52$ V

Wird der Innenwiderstand der Röhre als Rp zum Schwingkreis nicht berücksichtigt, so wird:

$R_0 = 250\,\mathrm{k}\Omega$ (1.130), $d_s = 0{,}005$ (1.132), $Qs = 200$ (1.133).
$b_s = 5$ kHz (1.134)

Wird der Innenwiderstand der Röhre (Generatorwiderstand) mit berücksichtigt, so wird:

$R_0' = 9{,}6\,\mathrm{k}\Omega$ (1.131), $d = d_s + d_p = 0{,}155$ (1.132), $Q = 6{,}5$ (1.133),
$b = 155$ kHz.

Der Schwingkreis wird durch die parallel liegende Röhre erheblich gedämpft. Der Resonanzstrom ist: $I_0^{\sim} = E^{\sim}(Ri + R_0) = 0{,}2$ mA, $I_L^{\sim} = I_0^{\sim}/d = 0{,}4$ mA. Die Resonanzspannung ist: $U_0^{\sim} = I_0^{\sim} \cdot R_0 = 50$ V.
Wird an Stelle der Triode eine Pentode, z. B. EF 80 mit $Ri = 500$ kΩ verwendet, so wird: $R_0' = 166$ kΩ, $Q = 125$ und $b = 8$ kHz.

B. Der Serienresonanzkreis (Abb. 1.241)

Der Strom ist gegeben durch: $I^{\sim} = \dfrac{U^{\sim}}{Rs + j(\omega L - 1/\omega C)}$.
Im Resonanzfall verschwindet der Imaginärteil im Nenner, d. h., es muß $\omega L = 1/\omega C$ sein. Der Strom durch den Kreis wird maximal. Für $\omega_0 = 1/\sqrt{LC}$ wird $I_0^{\sim} = U_0^{\sim}/Rs$. Der Resonanzwidersand R_0 ist reell und minimal:

$$R_0 = Rs \tag{1.136}$$

Die Dämpfung ist gegeben durch:

$$d = U_0^{\sim}/U_L = U_0^{\sim}/U_C = \frac{Rs}{\omega_0 L} \tag{1.137}$$

Die Bandbreite der Stromresonanzkurve Abb. 1.142 ist durch Formel 1.134 gegeben, wobei auch $d = \Delta C/2C_0$ sein kann.

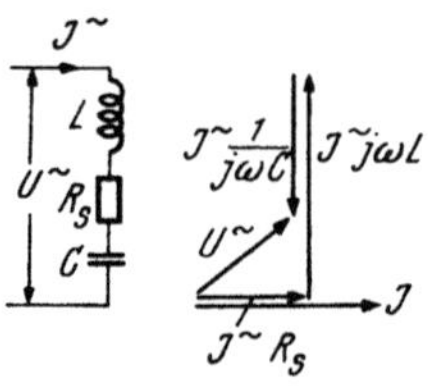

Abb. 1.241. Serienresonanzkreis

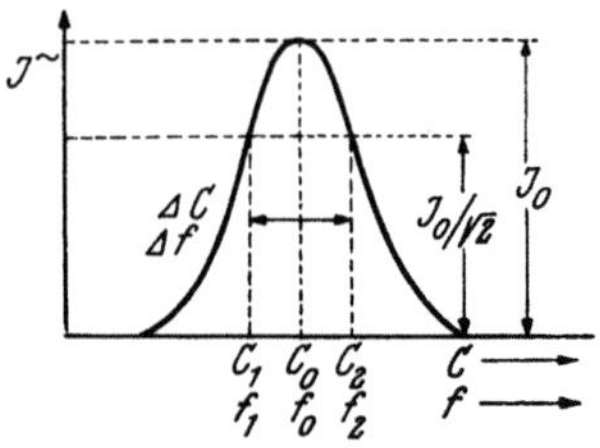

Abb. 1.242. Stromresonanzkurve des Serienkreises

Beispiel zum Serienresonanzkreis

Werden die Werte für L, C und Rs des Beispiels vom Parallelresonanzkreis benützt, so bleiben f_0, d und Q gleich. Wäre $U^{\sim}$ (Abb. 1.241) 50 V, so würde $I_0^{\sim} = U^{\sim}/Rs = 50$ A sein. $|U_C^{\sim}| = I_0^{\sim} \cdot 1/j\omega C = 8000$ V (!), $|U_L^{\sim}| = I_0^{\sim} \cdot j\omega L = 8000$ V.

C. Formelzusammenstellung

$$f = \frac{159}{\sqrt{LC}} \begin{bmatrix} \text{MHz}, \mu\text{H}, \text{pF} \\ \text{Hz}, \text{H}, \mu\text{F} \end{bmatrix} = \frac{159 \cdot 10^5}{\sqrt{10 \cdot LC}} [\text{Hz}, \text{pF}, \text{mH}] = \frac{3 \cdot 10^5}{\lambda} [\text{kHz}, \text{m}] \tag{1.138}$$

$$L = \frac{25300}{C \cdot f^2} \begin{bmatrix} \text{MHz}, \mu\text{H}, \text{pF} \\ \text{Hz}, \text{H}, \mu\text{F} \end{bmatrix} = \frac{0{,}29 \cdot \lambda^2}{C} [\mu\text{H}, \text{pF}, \text{m}] \tag{1.139}$$

$$R_0 = Q/\omega_0 C = Q\sqrt{L/C} = L/RsC = 1/(2\pi bC) [\text{H}, \text{F}, \text{Hz}] \tag{1.140}$$

$$= \frac{f \cdot L}{1600 \cdot d} = \frac{16 \cdot 10^4}{b \cdot C} = \frac{16 \cdot 10^4 \cdot Q}{f \cdot C} [\text{k}\Omega, \text{kHz}, \text{pF}, \%, \mu\text{H}] \tag{1.141}$$

$$= 6{,}3 \cdot Q \cdot f \cdot L \begin{bmatrix} \text{MHz}, \text{mH}, \text{k}\Omega \\ \text{Hz}, \text{H}, \Omega \end{bmatrix} \tag{1.142}$$

$$d = \frac{Rs}{\omega_0 L} = Rs\sqrt{C/L} = \frac{C_2 - C_1}{2 \cdot C_0} = \frac{\Delta C}{2C_0} = \frac{\Delta f}{f_0} = 1/Q \tag{1.143}$$

$$= \frac{Q}{10} \cdot \sqrt{C/L} = \frac{16 \cdot 10^3 \cdot Rs}{f \cdot L} = 100/Q \quad [\%, \text{kHz}, \Omega, \mu\text{H}, \text{pF}] \tag{1.144}$$

$$Q = \frac{f \cdot L}{160 \cdot Rs} = \frac{1{,}8 \cdot 10^8}{f \cdot Rs \cdot C} \, [\text{kHz}, \mu\text{H}, \Omega, \text{pF}] \tag{1.145}$$

$$b = \Delta f \begin{cases} \text{absolute Bandbreite } \Delta f = f_0 d = 1/(2\pi C R_0) \\ \text{relative Bandbreite für } U/U_0 = 0{,}7 \ldots \Delta f/f_0 = d \end{cases} \tag{1.146}$$

Verstimmung: einfache $x = \Delta f/f_0 = \Delta\omega/\omega_0$ (1.147)

doppelte $y = \frac{f}{f_0} - \frac{f_0}{f} = \frac{\omega}{\omega_0} - \frac{\omega_0}{\omega} \sim \frac{2\Delta f}{f_0} = \frac{2\Delta\omega}{\omega_0}$ (1.148)

normierte $\Omega = y/d$ (1.149)

Hinweise zum Umwickeln von Spulen:

$$\ddot{u} = w_1/w_2 = \sqrt{L_1/L_2} = f_2/f_1 = U_1/U_2 \tag{1.150}$$

$\ddot{u}$ = Übersetzungsverhältnis, w = Windungszahl

$$\text{Kernfaktor } K = w_1/\sqrt{L_1} = w_2/\sqrt{L_2} \tag{1.151}$$

Weitere Angaben über Schwingkreise, wie Betriebsgüte, Selektivität, Anpassung, Leistungsübertragung, siehe Kap. 2.8.

D. Zur Praxis der Schwingkreise

Wie die Gl. (1.129) zeigt, ist im Resonanzfall der Blindwiderstand $\omega_0 L$ der Induktivität gleich dem Blindwiderstand $\frac{1}{\omega_0 C}$ der Kapazität. Allgemein schreibt man für den Blindwiderstand oder *Kennwiderstand*

$$Z = \omega_0 L = \frac{1}{\omega_0 C} = \sqrt{\frac{L}{C}} \tag{1.152}$$

Die an der Induktivität oder Kapazität auftretende Spannung ist dann

$$|U_{C_0}^{\sim}| = |U_{L_0}^{\sim}| = |I_0^{\sim}| \cdot Z = |I_0^{\sim}| \cdot \sqrt{\frac{L}{C}} \tag{1.153}$$

und die Kreisgüte

$$Q = \frac{\omega_0 L}{Rs} = \frac{1}{\omega_0 C \cdot Rs} = \frac{1}{Rs}\sqrt{\frac{L}{C}} = \frac{Z}{Rs} \tag{1.154}$$

Diese Gleichung zeigt, daß Q um so größer wird, je höher das L/C-Verhältnis des Schwingkreises ist, d. h. je größer L gegenüber C bei gegebener Kreisfrequenz ω_0 gewählt wird.

Wie in Kap. 1.5.2 und in Kap. 1.5.3 erklärt ist, können hochwertige Kondensatoren eine Güte von 1000 bis 20000 erreichen, während die Güte von Induktivitäten wesentlich niedriger ist. Der Gütefaktor eines Schwingkreises wird folglich vorwiegend durch die Güte der Induktivität bestimmt. Etwa 9/10 der Schwingkreisverluste entfallen auf das L.

Die Berechnung der Kreisgüte ist meist wenig sinnvoll, weil die Verluste von Spule und Kondensator selten genau bekannt sind und erst gemessen werden müßten. Für eine überschlägige Berechnung genügt es, den Kondensator als verlustfrei anzunehmen und als Gesamtverlustwiderstand etwa 20% mehr als den Gleichstromwiderstand der Spule einzusetzen.

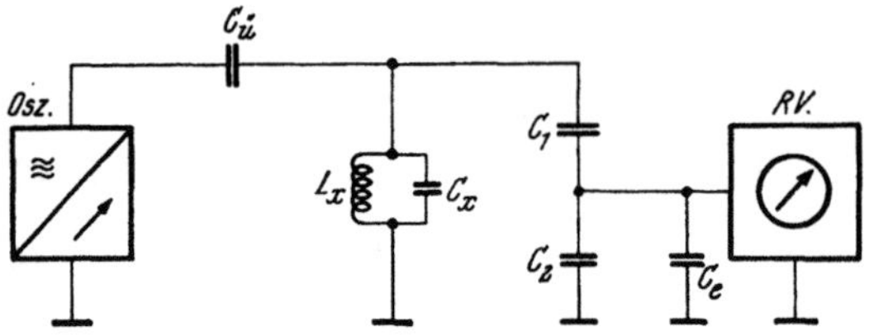

Abb. 1.243. Meßanordnung zur Bestimmung des Gütefaktors eines Schwingkreises

Eine einfache meßtechnische Methode zur Ermittlung des Gütefaktors ist das Halbwertsverfahren. Es liefert Q auf einige % genau. Die Meßanordnung zeigt das Blockschaltbild Abb. 1.243.

Der zu messende Schwingkreis $Lx - Cx$ ist einerseits über eine kleine Kapazität $C\ddot{u}$ (z. B. 5 pF) an einen abstimmbaren Oszillator mit genauer Frequenzanzeige angeschlossen, andererseits über eine ebenfalls kleine Kapazität C_1 an ein Röhrenvoltmeter mit großem Eingangswiderstand angekoppelt. C_2, der mit C_1 einen kapazitiven Teiler bildet und zehnmal so groß wie C_1 sein soll, liegt der verlustbehafteten Eingangskapazität des Röhrenvoltmeters parallel und reduziert entsprechend dem Teilerverhältnis deren schädlichen Einfluß auf den Meßkreis.

Meßvorgang

Der Oszillator wird auf die Resonanzfrequenz des Kreises eingestellt. Das Röhrenvoltmeter zeigt eine maximale Spannung U_0 (bei f_0) an. Der Oszillator wird dann um einen Betrag $\Delta f/2$ so weit verstimmt, bis die Spannung auf $U = U_0/\sqrt{2} = 0{,}7 \cdot U_0$ abgesunken ist. Die Bandbreite des Kreises und damit die Güte der Spule ist $2\Delta f/2 = b = f_0/Q$.

Das Halbwertsverfahren ist bis zu einer Kreisgüte $Q = 200$ mit gutem Erfolg anwendbar.

1.7 Störspannungen[1]

Die Gesamtverstärkung einer Röhren- oder Transistor-Schaltung läßt sich nicht beliebig groß machen. Das Eingangssignal muß eine Mindestamplitude aufweisen, damit es überhaupt verstärkt werden kann. Diese Grenze ist einerseits durch die mit der Verstärkung steigenden Inkonstanzen der Schaltung, andererseits dadurch gegeben, daß in jeder Verstärkerschaltung, ganz allgemein in jeder elektronischen Schaltung, Störspannungsquellen vorhanden sind. Ist das Eingangssignal kleiner als die Störspannung, so läßt es sich von dieser nicht mehr trennen, eine Verstärkung oder Weiterverarbeitung ist somit sinnlos.

Die Kenntnis der möglichen Störspannungsquellen und die Möglichkeiten zur Kleinhaltung ihrer Amplituden (Leistungen) ist für den Konstrukteur empfindlicher elektronischer Schaltungen unbedingt notwendig.

[1] Literatur: [M 1].

Man unterscheidet Störspannungen, deren Quelle außerhalb der eigentlichen Verstärkereinheit liegt, die sogenannten Fremdstörspannungen, von denjenigen, die in der Schaltung selbst erzeugt werden, den sogenannten Eigenstörspannungen.

1.7.1 Fremdstörspannungen

Ihre Wirkung kann durch einen gut geplanten Aufbau klein gehalten werden. Besonders empfindlich ist die erste und eventuell zweite Verstärkerstufe. Als wichtigste Störquellen wären zu nennen:

1. Brummeinstreuung (Überlagerung mit 50 Hz) durch Wechselstromheizung. Ursachen sind die Kapazitäten Heizfaden—Katode, Heizleitung zu den übrigen Leitungen und das magnetische Wechselfeld der Heizleitung, das in den nahegelegenen Leiterschleifen eine Wechselspannung induzieren kann.

Abhilfe: Heizleitungen verdrillen und möglichst abseits von empfindlichen Schaltelementen führen; Heizung symmetrieren. In hochempfindlichen Gleich- oder Niederfrequenz-Verstärkern ist es ratsam, die erste, eventuell auch zweite Verstärkerstufe mit Gleichstrom zu heizen.

2. Brummoduliertes Ausgangssignal durch ungenügend gesiebte Betriebsgleichspannungen (Anodenspannung usw.).

Abhilfe leicht erreichbar durch ausreichend dimensionierte Siebmittel. Für Punkt 1 und 2 gleich wichtig ist die richtige Wahl des Massepunktes im Gerät.

Nähere Hinweise über Aufbau und Verdrahtung werden in Kap. 2.2.4 gegeben.

3. Einstreuung magnetischer Wechselfelder, z. B. vom Netztransformator, auf Eingangsübertrager oder auf Röhren (besonders Mehrgitterröhren sind empfindlich). Abhilfe: Möglichst entkoppelte Aufstellung der Transformatoren und Übertrager, die Verwendung streuarmer Kerntypen oder Abschirmung mit Eisen- oder Mu-Metallhauben.

1.7.2 Eigenstörspannungen[1]

A. Das Klingen von Röhren und Bauelementen (Mikrofonie)

Mechanische Erschütterungen von Röhren führen zu Kapazitätsänderungen innerhalb des Elektrodensystems und so zu Potentialänderungen (Kondensatormikrophon). Auch gleichspannungsführende abgeschirmte Leitungen (Koaxialkabel) können bei mechanischer Erschütterung zu Störspannungsquellen werden, wenn ihr Innenleiter beweglich ist, ebenso Drehkondensatoren u. dgl.

Abhilfe: Federnd montierter Röhrensockel der ersten Verstärkerstufe, Benutzung von klingarmen Röhren (Spanngitterröhren, Nuvistoren usw.), entsprechend solider oder gedämpfter Aufbau.

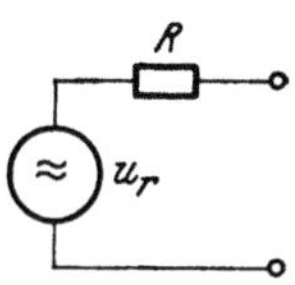

Abb. 1.244. Der Rauschgenerator

B. Das Widerstandsrauschen

Jeder Leiter, besonders jeder Widerstand, stellt einen Rauschgenerator dar (Abb. 1.244). Ursache hierfür ist die thermische Bewegung der frei beweglichen Elektronen.

---

[1] Literatur: [R 4, S 6, K 2, S 34].

Das Quadrat der mittleren Rauschspannung ist:

$$\overline{u_r^2} = (h \cdot f/kT)\ [\exp.\ (hf/kT) - 1]^{-1} \cdot 4kT\,Rb$$

und angenähert (Nyquist-Formel):

$$\overline{u_r^2} \approx 4kTRb \qquad (1.155)$$

u_r = Rauschspannung, b = Bandbreite, k = Boltzmann-Konstante $1{,}38 \cdot 10^{-23}$ W s/°K, T = absolute Temperatur, h = Plancksche Konstante $6{,}6 \cdot 10^{-34}$Ws².

Die Rauschleistung des Generators ist

$$Nr \approx 4kTb \qquad (1.156)$$

Die Rauschleistung bzw. Spannung steigt mit R und b.

Für die absolute Temperatur $T = 300°$ (= 27 °C Betriebstemperatur) wird die Rauschspannung

$$u_{r\,\text{eff}} = 0{,}13\,\sqrt{Rb} \quad [\mu\text{V, k}\Omega\text{, kHz}] \qquad (1.157)$$

Das durch die thermische Bewegung im Leiter verursachte Rauschen ist ein „weißes" Rauschen, d. h. die Rauschspannung ist über das gesamte Frequenzspektrum gleich groß. In der Praxis gibt es innerhalb einer Schaltung keinen ohmschen Widerstand, dem nicht eine wenn auch kleine Kapazität parallel geschaltet wäre, z. B. Schaltkapazität, Röhreneingangskapazität usw. Diese frequenzabhängige RC-Kombination (eventuell der gesamte Frequenzgang eines Verstärkers, siehe Abb. 1.229) bringt eine Bevorzugung der Rauschspannung innerhalb eines bestimmten Frequenzgebietes mit sich, das weiße Rauschen wird zum „farbigen". C liegt in Serie mit R und parallel zum Verstärkereingang, die Rauschspannung wird frequenzabhängig nach Gl. (1.124), S. 157, abgeschwächt.

Bei Zweipolen mit Wirk- und Blindwiderständen, z. B. R–C-, R–L-, R–L–C-Kombinationen (Schwingkreise) ist zur Bestimmung der Rauschspannung nur der reelle Teil des komplexen Widerstandes maßgebend. Beispiel:

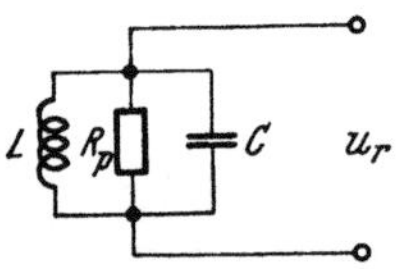

Abb. 1.245. Schwingkreis als Rauschspannungsquelle

Für den Parallelresonanzkreis gilt:

$$\overline{u_r^2} = \frac{4kT\,R_s\,b}{\omega^2 R_s^2 C^2 + (1 - \omega^2 LC)^2} \quad \text{oder}$$

$$u_r = 4 \cdot \sqrt{R_0 \cdot b} \quad [\mu\text{V, M}\Omega\text{, kHz}] \qquad (1.158)$$

wobei R_0 der Resonanzwiderstand des Schwingkreises ist. (Abb. 1.245.)
Bei Kohlewiderständen können auch schlechte Kontakte Anlaß zu rauschähnlichen Störungen geben.

C. Das Röhrenrauschen[1]

Ähnlich dem Widerstand stellt auch die Röhre einen Rauschgenerator dar. Die Ursache für das Auftreten dieser Störspannung ist jedoch eine andere. Sie setzt sich aus mehreren Effekten zusammen:

a) Der Schroteffekt beruht auf der ungleichmäßigen Elektronenemission aus der Katodenoberfläche und führt zu einem, wenn auch prozentual kleinen

[1] Literatur: [K 8, N 2, R 5, M 1].

Schwanken des Anodenstromes. Er verursacht weißes Rauschen. Arbeitet die Röhre im Raumladungsgebiet, so ist der Schroteffekt kleiner. Mit speziellen Katoden, wie sie für Röhren des dm- und cm-Wellengebietes benützt werden, läßt sich eine gleichmäßige Emission und damit kleines Rauschen erreichen.

b) Der Funkeleffekt beruht auf der verschiedenen Austrittsarbeit der Elektronen aus der unregelmäßigen Katodenoberfläche (unterschiedliche Temperaturen). Er führt ebenfalls zu einem Schwanken des Anodenstromes, erzeugt aber im Gegensatz zum Schroteffekt ein farbiges Rauschen, nämlich ein Ansteigen der Rauschspannung bei niedrigen Frequenzen. Eine Sättigung der Emission (z. B. durch Unterheizung) vergrößert den Effekt.

c) Das Stromverteilungsrauschen bei Mehrgitterröhren, hervorgerufen durch Schwankungen in der Verteilung des Katodenstromes auf Ia und Ig_2.

d) Rauschen durch schlechte Isolation oder schlechtes Vakuum (Gasionen). Um das Röhrenrauschen besser erfassen zu können, denkt man sich alle Effekte, die Ursache eines Rauschens sind, zu *einer* Rauschquelle in Form eines ohmschen Widerstandes zusammengefaßt, der am Eingang einer rauschfreien (idealen) Verstärkerröhre liegt. Die Rauschspannung dieses „äquivalenten" Rauschwiderstandes $R\ddot{a}$ soll dann am Ausgang der Röhre eine gleichartige Rauschspannung erzeugen, wie sie sonst die nichtideale Röhre liefert. $R\ddot{a}$ bezieht sich auf eine Temperatur von $T = 290\,°\mathrm{K}$. Für Trioden und Pentoden mit Oxydkatode wird

$$R\ddot{a} = \frac{Ia}{S \cdot Ik}\left(\frac{2{,}5}{\sigma} + 20\, Ig_2\right) \quad [\mathrm{mA, mA/V, k\Omega}] \tag{1.159}$$

Für Trioden ist $Ig_2 = 0$ und $R\ddot{a} \approx \frac{2{,}5}{S}$

Ia, Ig_2 und Ik sind Gleichströme, S = Steilheit und σ = Steuerschärfe der Röhre. (Die Steuerschärfe liegt für alle Röhren zwischen 0,5 und 1).

Mit speziell dafür konstruierten Dioden wird das Schrotrauschen dazu ausgenützt, für Meßzwecke Rauschgeneratoren bekannter Rauschleistung herzustellen. Das Rauschspektrum dieser Sättigungs- oder Rauschdioden (z. B. Philips K 81 A) reicht von tiefsten bis zu ultrahohen Frequenzen.

In hochempfindlichen Verstärkern werden rauscharme Röhren (vorzugsweise Trioden) bzw. rauscharme Schaltungen, wie z. B. die Cascodestufe (siehe Kap. 2.10.1) verwendet.

D. Transistorrauschen[1]

In Transistoren entsteht ein Rauschen dadurch, daß die Elektronen und Defektelektronen individuelle, vom Zufall abhängige Bewegungen ausführen, die nicht durch ein Eingangssignal veranlaßt werden. Es lassen sich vier hauptsächliche Rauschursachen angeben:

a) Beim Passieren der *PN*-Doppelschicht werden die Ladungsträger stark beschleunigt und rufen kurze, statistisch verteilte Stromimpulse hervor.

b) Im thermischen Gleichgewicht werden dauernd Ladungsträgerpaare erzeugt, während andere kombinieren. Da sich diese Prozesse nicht in jedem Augenblick genau die Waage halten, kommt es zu statistischen Schwankungen der Ladungsträgerzahl und damit des Widerstandes des Halbleiters.

[1] Literatur: [K 2, P 8, V 6, Z 2, Z 3].

c) Schwankungen der Zahl der Rekombinationen in der Basiszone, woraus das sogenannte Stromverteilungsrauschen herrührt, weiterhin Schwankungen der Rekombinationsgeschwindigkeit an der Kristalloberfläche, die die Ladungsträgerdichte in Oberflächennähe beeinflußt.

d) Modulationsrauschen, das dadurch entsteht, daß infolge der inneren Verkopplung im Transistor statistische Schwankungen an einer Stelle auch solche an anderer Stelle im Transistor stimulieren und so ein zusätzliches Rauschen hervorrufen.

Um den Signal-Rausch-Abstand zu berechnen und die kleinste verstärkbare Eingangsspannung zu finden, führt man auch beim Transistor wie für jedes andere Verstärkerelement die sogenannte Rauschzahl F ein (Kap. 1.7.3), die um so größer ist, je größer das Rauschen des Verstärkerelementes ist. Beim Transistor zeigt sich eine ausgeprägte Abhängigkeit der Rauschzahl F und damit der Rauschstärke von folgenden Faktoren:

a) Frequenz
b) Kollektorgleichspannung
c) Emittergleichstrom
d) Generatorwiderstand (Widerstand der Eingangssignalquelle).

Abb. 1.246 zeigt die Rauschzahl als Funktion der Frequenz. Die Kurve besitzt drei Bereiche: Unter etwa 1 kHz steigt das Rauschen etwa proportional zu $1/f$ an. Dieses $1/f$-Rauschen ist hauptsächlich den oben erwähnten Oberflächeneffekten

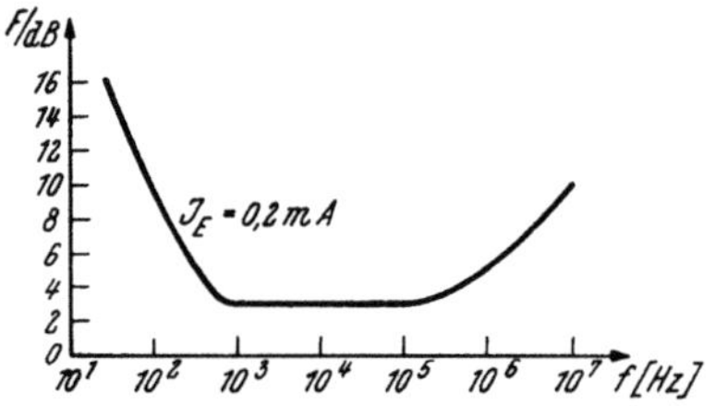

Abb. 1.246. Rauschzahl des Transistors in Abhängigkeit von der Frequenz

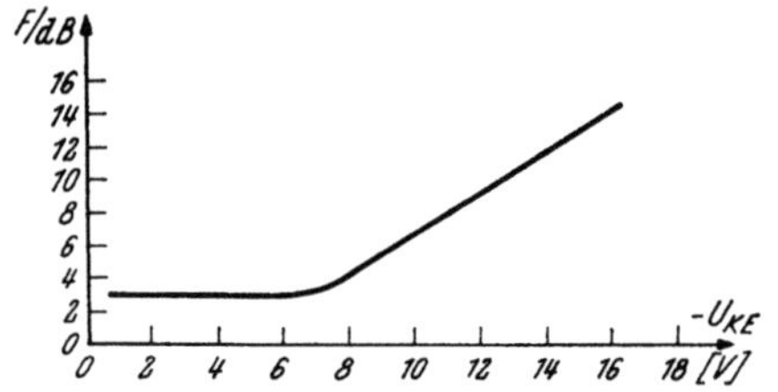

Abb. 1.247. Rauschzahl in Abhängigkeit von der Kollektorspannung

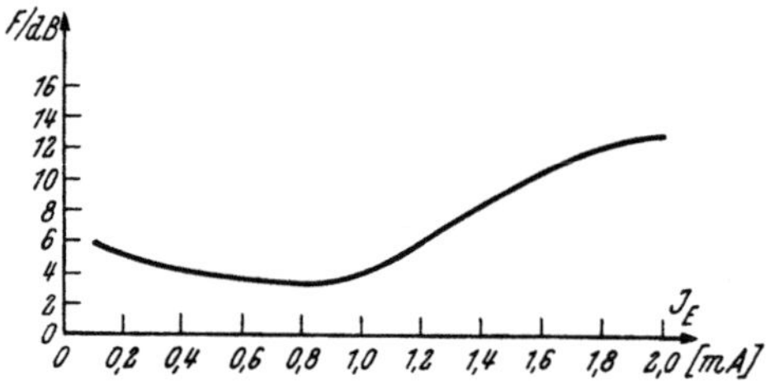

Abb. 1.248. Rauschzahl in Abhängigkeit vom Emitterstrom

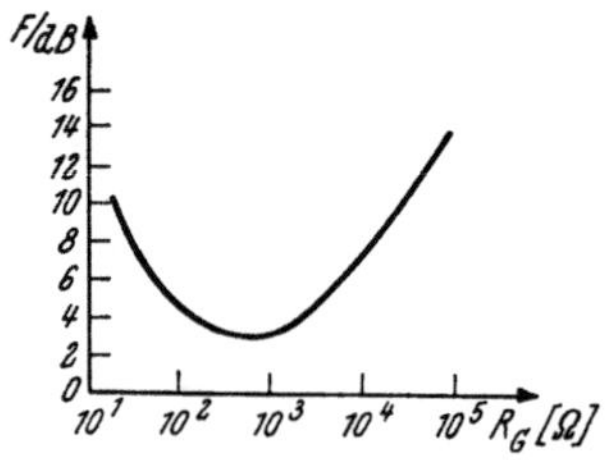

Abb. 1.249. Rauschzahl in Abhängigkeit vom Generatorwiderstand

Rauschzahl F angegeben in dB (siehe Kap. 11.2)

zuzuschreiben. Die genaue Ursache ist jedoch noch nicht bekannt. Im mittleren Bereich ist das Rauschen des Transistors am geringsten. Bei höheren Frequenzen ist wiederum ein Ansteigen des Rauschens zu beobachten, das mit der Abnahme der Leistungsverstärkung des Transistors in der Nähe der Grenzfrequenz zusammenhängt. Wie Abb. 1.247 zeigt, steigt mit wachsender Kollektorspannung das Rauschen des Transistors an. Für empfindliche Eingangsstufen soll daher stets eine niedrige Kollektorspannung gewählt werden. Abb. 1.248 bringt den Zusammenhang zwischen Rauschen und Emitterstrom, aus dem hervorgeht, daß für eine bestimmte Einstellung ein Minimum des Rauschens existiert.

Sehr stark abhängig ist das Transistorrauschen vom Generatorwiderstand (Abb. 1.249). Das Minimum liegt für Niederfrequenz-Transistoren bei etwa 1 kΩ. Da der Verstärkungsgewinn eines Transistors ebenfalls vom Generatorwiderstand abhängig ist, ist bei Eingangsstufen in der Wahl des Generatorwiderstandes ein Kompromiß zwischen Rauschanpassung und Leistungsanpassung zu schließen, wenn die beiden Generatorwiderstände voneinander verschieden sind.

Die in Abb. 1.246 bis 1.249 gezeigten Kurven können ausführlichen Datenblättern von Eingangsstufentransistoren entnommen werden.

1.7.3 Rauschzahl — Rauschfaktor

Die Angabe der Rauschzahl (oder kT_0-Zahl, auch noise figure) eines Verstärkers, allgemein eines Vierpols, dient dazu, für einen geforderten Signal-Rauschabstand am Ausgang die notwendige Eingangssignalleistung zu bestimmen.

A. Definition

Die Rauschzahl F eines linearen Vierpols gibt das Verhältnis der Rauschleistung am Ausgang zur dort herrschenden Rauschleistung bei rauschfreiem Vierpol an. Mit anderen Worten, F ist die auf den Eingang bezogene Rauschleistung, dividiert durch die Leistung kT_0. F wird meist in dB angegeben und ist dimensionslos.

$$F_{dB} = 10 \log F \tag{1.160}$$

$$F = Nr/4kTb = u_{r\,\mathrm{eff}}^2/4kT\,b\,Re \tag{1.161}$$

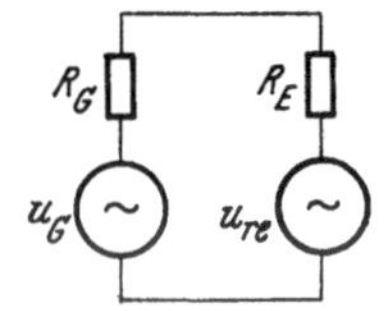

Abb. 1.250. Ersatzschaltbild der Rauschspannungsquelle am Transistoreingang

wobei das Gesamtrauschen durch die Rauschspannung u_r am Eingangswiderstand Re ausgedrückt ist. Bei rauschfreiem Vierpol wird $F = 1$. Besonders wichtig ist die Frage nach der minimalsten Eingangsspannung $Ue_{\min}$, die bei gegebener Rauschzahl und gefordertem Signal-Rauschverhältnis Q noch verstärkt werden kann.

Für den Transistor wird die Rauschzahl definiert zu

$$F = (Nr + Nv)/Nr \tag{1.162}$$

Nr = Rauschleistung der Signalquelle bei optimaler Anpassung,

Nv = die im Inneren des Vierpols (Transistors) auftretende, auf den Eingang bezogene Rauschleistung.

Wird F auf die Frequenz f_0 (meist 1 kHz) bezogen und mit $Nr = Nr_0 \cdot b$ die Bandbreite des Vierpols eingeführt, so erhält man die Rauschzahl

$$F_0 = (Nr_0 + Nv_0)/Nr_0 \tag{1.163}$$

die in den meisten Transistortabellen zu finden ist.

Aus dem Verhältnis

$$Nv/Nv_0 = (f_0/b) \int_{f_u}^{f_o} \frac{1}{f}\, df = (f_0/b) \ln (f_o/f_u)$$

(f_o obere, f_u untere Grenzfrequenz) erhält man die Rauschzahl

$$F = 1 + \left[(F_0 - 1)\,\frac{f_0}{b}\,\ln\frac{f_o}{f_u}\right] \tag{1.164}$$

B. Die Rauschspannung am Transistoreingang

Nach Gl. (1.162) setzt sich die Rauschleistung am Transistoreingang zusammen aus der Rauschleistung der Signalquelle (Generator) Nr und der auf den Eingang bezogenen Rauschleistung des Transistors Nv unter der Voraussetzung optimaler Anpassung

$$R_G = Re$$

R_G = Generatorwiderstand.

Die Rauschspannung am Transistoreingang, d. h. am Eingangswiderstand Re, ist folglich:

$$u_{\mathrm{re}}^2 = \frac{Nr + Nv}{Re} \tag{1.165}$$

Mit der Anpassungsbedingung $R_G = Re$ wird die Generatorspannung $u_G = 2u_r$ (siehe Ersatzschaltbild Abb. 1.250)
Mit Gl. (1.162) wird

$$F = \frac{u_{re}^2/Re}{u_G^2/4Re} = \frac{4u_{re}^2}{u_G^2} \tag{1.166}$$

Die Rauschspannung des Generators ist aber

$$u_G^2 = 4kTR_Gb = 4kTReb \tag{1.167}$$

Aus der Gl. (1.166) und Gl. (1.167) ergibt sich die Rauschspannung am Transistoreingang zu

$$u_{re} = \sqrt{kTRe\,b\,F} \tag{1.168}$$

Das Signal-Rauschverhältnis

$$Q = \frac{u_e}{u_{re}} = \frac{u_G}{u_{re}} \cdot \frac{Re}{Re + R_G} \tag{1.169}$$

u_e = das Eingangs-Nutzsignal am Transistor.

Beispiel: Transistor AC 107
Rauschzahl $F_0 = 3$ dB

$3 = 10 \log F_0$; $F_0 = 2$.

Für das Frequenzband $f_u = 30$ Hz bis $f_o = 15$ kHz ($b \approx 15$ kHz) bei $f_0 = 1$ kHz wird aus Gl. (1.164): $F \approx 2$.

Bei einem angenommenen Eingangswiderstand $Re = 5$ kΩ und einer Temperatur $T = 300\,°$K ($= 27\,°$C) ist die Rauschspannung am Eingang des Transistors nach Gl. (1.168)

$$u_{re} = \sqrt{4{,}14 \cdot 10^{-21} \cdot 5 \cdot 10^3 \cdot 15 \cdot 10^3 \cdot 2} \approx 0{,}8\,\mu\mathrm{V}$$

Soll der Signal-Rauschabstand mindestens 10 dB sein, so ist nach Gl. (1.169)

$$Q = 3{,}2 = \frac{u_e}{u_{re}},$$

daraus ergibt sich die kleinste Eingangsspannung: $u_e = 2{,}56\,\mu\text{V}$.

In den Generatorwiderstand R_G ist auch ein fallweise vorhandener Serienwiderstand zur Vergrößerung der Eingangsimpedanz der Schaltung mit einbezogen.

2. Der Verstärker

A. Übersicht

Wie in Kap. 1.4 bereits angedeutet, ist es die Aufgabe eines Verstärkers, das von der Signalquelle — vom Wandler — kommende Eingangssignal so weit zu verstärken, daß es den jeweils verwendeten Indikator oder ausgangsseitigen Wandler aussteuern kann. Am Ausgang des Verstärkers liegt z. B. ein Volt- oder Amperemeter, ein Schreiber, eine Steuerungsanlage oder auch eine Antenne usw.

So verschiedenartig die eingangs- und ausgangsseitigen Wandler sein können, so verschiedenartig sind auch die einzelnen Verstärkerschaltungen. Die Signalquelle kann hoch- oder niederohmig sein, eine Gleich- oder Wechselspannung niedriger oder hoher Frequenz liefern, ihre Signalamplitude kann groß oder sehr klein sein. Der ausgangsseitige Wandler kann ebenfalls nieder- oder hochohmig sein, geringe oder große Leistung verbrauchen. Man unterscheidet daher Spannungs-(Strom-)verstärker oder Vorverstärker von Leistungs- oder Endverstärkern. Die Verstärkung des Eingangssignales kann linear oder nichtlinear erfolgen. In diesem Kapitel soll die lineare Verstärkung besprochen werden, bei der das Verhältnis der Eingangs- zur Ausgangsamplitude konstant bleibt (= Proportionalverstärker) und jede Änderung der Signalform möglichst vermieden wird. Nichtlineare Amplitudenänderungen und Signalformerschaltungen werden in den Kap. 7, 8 und 9 besprochen.

B. Verstärkertypen

Die Verstärker können nach verschiedenen Gesichtspunkten eingeteilt werden:

a) In Spannungsverstärker
Stromverstärker
Leistungsverstärker
für kleine und große Signale.

b) Nach der Lage des Arbeitspunktes auf der Röhren- oder Transistorkennlinie in

A-Verstärker: Arbeitspunkt in der Mitte des geradlinigen Kennlinienteiles

AB-Verstärker: Arbeitspunkt in der unteren Kennlinienhälfte

B-Verstärker Arbeitspunkt im unteren Kennlinienknick

C-Verstärker: Arbeitspunkt ganz im Sperrbereich.

c) Nach dem Bezugspunkt der Röhren- oder Transistor-Elektroden:

Katodenbasisverstärker oder Emitterschaltung (die häufigste Art)

Gitterbasisverstärker oder Basisschaltung (hauptsächlich für Hochfrequenz- und UHF-Schaltungen)

Anodenbasisverstärker oder Kollektorschaltung (besonders in der Meß- und Impulstechnik

oder Kombinationen.

d) Nach Art der zu verstärkenden Spannungen und Ströme in:
Gleichspannungsverstärker
Niederfrequenzverstärker
Hochfrequenz- und Breitbandverstärker
Resonanz- bzw. Schmalbandverstärker.

e) Nach Art des Aufbaues in asymmetrische und symmetrische Verstärker.

Die Eigenschaften der einzelnen Schaltungen werden in den folgenden Abschnitten ausführlich besprochen.

2.1 Die Röhre als Verstärker[1]

2.1.1 Grundlagen

Wie schon in Kap. 1.1.2 gezeigt wurde, ruft eine Gitterspannungsänderung ΔUg eine Anodenstromänderung ΔIa hervor. Den Zusammenhang zwischen Ia und Ug für verschiedene Werte von Ua gibt das statische Kennlinienfeld der Röhre. Befindet sich in der Anodenzuleitung der Röhre ein ohmscher Widerstand Ra, so wird ΔIa auch die Anodenspannung um ΔUa ändern. Mit anderen Worten: Eine Gitterspannungsänderung ruft eine Spannungsänderung am Anodenwiderstand Ra hervor, die um so größer ist, je größer die Steilheit S und Ra sind.

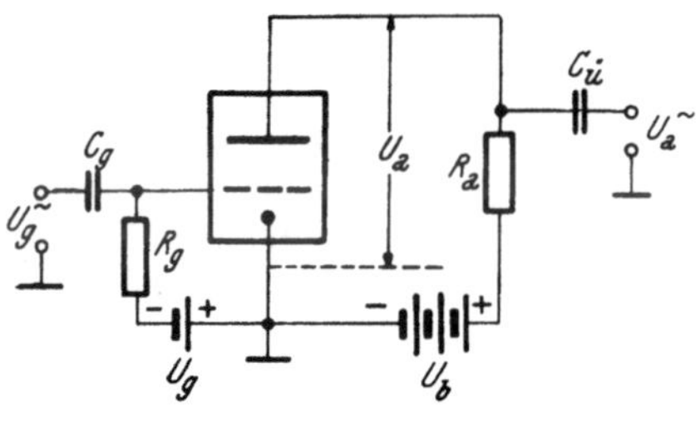

Abb. 2.1. Grundlegende Schaltung des Röhrenverstärkers

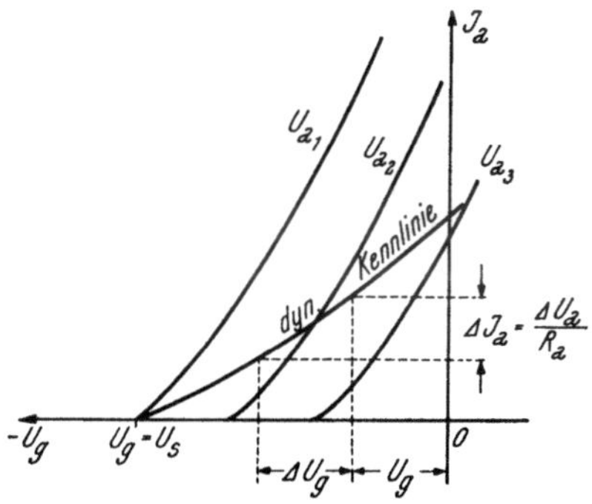

Abb. 2.2. Statische und dynamische Kennlinie

Die Abb. 2.1 zeigt ein einfaches Verstärkerschaltbild. Zur grundsätzlichen Erklärung des Verstärkungsvorganges betrachten wir noch einmal das statische Ia–Ug-Kennlinienfeld der Röhre (Abb. 2.2). Nehmen wir an, die Gittervorspannung der Röhre Ug sei gleich der Sperrspannung Us für eine Anodenspannung Ua_1. Ia wird Null und $Ua = Ub$ sein. Verkleinern wir nun die Gittervorspannung, so wird Anodenstrom zu fließen beginnen, der an Ra einen Spannungsabfall $Ia \cdot Ra$ erzeugt, um den die Anodenspannung kleiner als die Betriebsspannung Ub wird. Der Anodenstrom Ia wird nicht mehr den Werten der Kennlinie für $Ua_1 = Ub$, sondern einer neuen, der dynamischen Kennlinie folgen. Diese schneidet der Reihe nach die Kennlinien für kleinere Anodenspannungen (Ua_2, $Ua_3 \ldots$), wobei der Spannungsabfall $Ia \cdot Ra$ jeweils der Differenz zwischen Ub und Ua entspricht. Eine Gittervorspannungsänderung ΔUg ruft nunmehr eine Anodenstromänderung $\Delta Ia = \Delta Ua/Ra$ hervor.

[1] Literatur: [K 1, K 2, M 6, B 1, B 2, R 4].

Wie die Abb. 2.3 zeigt, ist der Unterschied zwischen statischer (*St*) und dynamischer (*Dy*) Kennlinie bei Trioden groß, da Ia stark von Ua abhängig ist. Die dynamische Kennlinie ist weniger steil und weniger gekrümmt. Die Verhältnisse bei Pentoden zeigt Abb. 2.4. Bei allen Mehrgitterröhren ist der Anodenstrom von der Größe der Anodenspannung Ua ($> Ua_{\min}$) weitestgehend unabhängig, solange Ug_2 konstant bleibt. Daher folgt die dynamische Kennlinie der statischen bis zum Stromübernahmegebiet ($Ia \leqq Ig_2$, Kap. 1.1.3), um dann horizontal weiterzugehen.

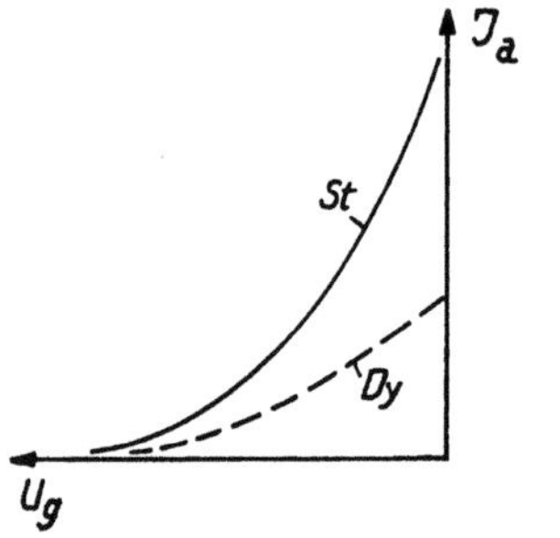

Abb. 2.3. Kennlinienunterschiede bei Trioden

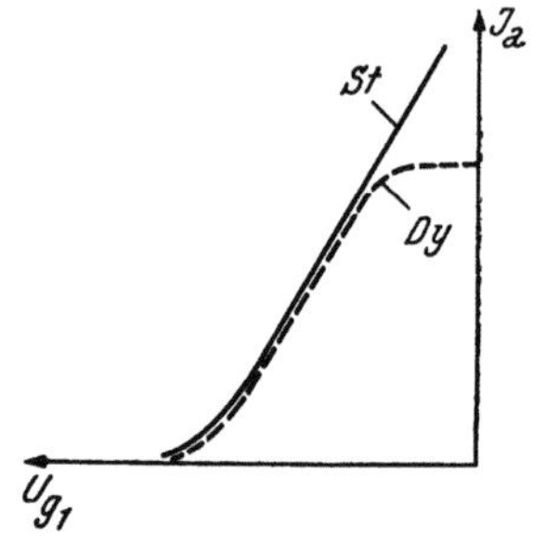

Abb. 2.4. Kennlinienunterschiede bei Pentoden

Die angenommene Gitterspannungsänderung $\varDelta Ug$ kann eine Wechselspannung $U\tilde{g}$ sein (Abb. 2.5). Der Arbeitspunkt A ist in die Mitte des geradlinigen negativen Teiles der dynamischen Kennlinie gelegt. Seine Lage ist bei gegebener Anodenspannung durch die Gittergleichspannung (auch Gittervorspannung) Ug bestimmt. Ist dieser Gleichspannung eine Wechselspannung $U\tilde{g}$ überlagert, so schwankt der Anodenstrom im Rhythmus dieser Wechselspannung; es entsteht ein $I\tilde{a}$, der soweit formgetreu der $U\tilde{g}$ ist, als diese den linearen Kennlinienteil nicht übersteigt. Die Steuerung ist so lange leistungslos, wie $U\tilde{g} < Ug$ bleibt, der Gitterstrom Ig Null ist. Die Anodenwechselspannung $U\tilde{a}$ ist gegenüber der Gitterwechselspannung $U\tilde{g}$ umgekehrt gepolt, vorausgesetzt, daß rein ohmsche Verhältnisse im Anodenkreis bestehen.

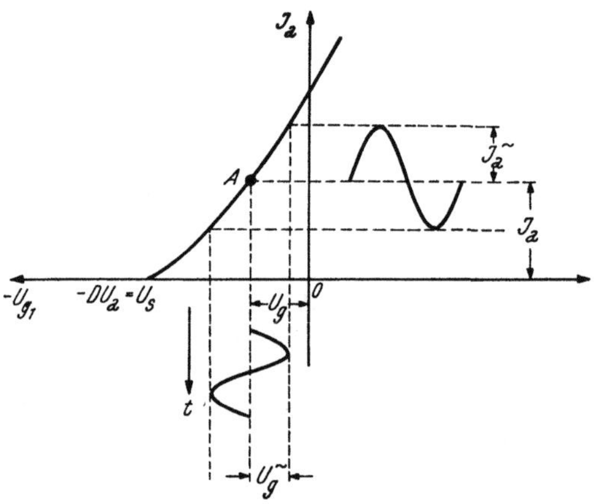

Abb. 2.5. Wechselspannung am Steuergitter

Spannungsverstärkung liegt dann vor, wenn $U\tilde{a} > U\tilde{g}$, Stromverstärkung, wenn $I\tilde{a} > I\tilde{g}$ ($= U\tilde{g}/Rg$), und Leistungsverstärkung, wenn $I\tilde{a} \cdot U\tilde{a}$ ($= N_0$) $> N\tilde{g}$ (= Steuerleistung) ist.

Allen drei Verstärkungsarten gemeinsam ist das Vorhandensein eines Arbeitswiderstandes Ra. Die verschiedenen Schaltungsmöglichkeiten für die Anordnung des Ra und die Zuführung des Steuersignales werden wir in den Kap. 2.3; 2.5 und 2.6 ausführlich besprechen. Zunächst beschränken wir uns auf ein möglichst einfaches Schaltbild (Abb. 2.1), um daran die allen Röhrenverstärkern gemeinsamen Grundlagen zu besprechen.

Das Gitter der Verstärkerröhre liegt über dem hochohmigen Widerstand Rg an der Gittervorspannungsquelle Ug. Die Wechselspannung $U\tilde{g}$ wird über einen

Kondensator Cg zugeführt. Am Anodenwiderstand Ra fällt die verstärkte Wechselspannung $U\tilde{a}$ ab und wird mit dem Kondensator $C\ddot{u}$ ausgekoppelt. Die Anodenbetriebsspannungsquelle ist Ub, die Anodenspannung der Röhre $Ua = Ub - Ia \cdot Ra$. Die Kondensatoren dienen zur Abriegelung von Gleichspannungen vom Ein- und Ausgang.

Alle Schaltungspunkte, die weder wechselspannungsführend sind, noch ein Gleichspannungspotential gegen das Gerätechassis besitzen, die sogenannten Massepunkte (Masseleitungen), werden in den meisten Schaltungszeichnungen auf Grund einer besseren Übersichtlichkeit nicht miteinander verbunden. Ihre Gleichheit bzw. elektrische Verbindung wird mit dem Zeichen $\perp$ angedeutet.

2.1.2 Die Verstärkergleichung und der Außenwiderstand

Für eine Triode mit konstanter Anodenspannung gilt laut Steilheitsdefinition

$$I\tilde{a} = S \cdot U\tilde{g} \tag{2.1}$$

Bei Mehrgitterröhren ist die Formel auch für $Ua \neq$ konst. gültig. Liegt in der Anodenzuleitung der Röhre ein ohmscher Widerstand, so ändert sich Ua mit Ia. In diesem Falle muß laut Durchgriffsdefinition (Kap. 1.1.2) an Stelle von $U\tilde{g}$ die Steuerspannung

$$Ust = U\tilde{g} + DU\tilde{a} \tag{2.2}$$

treten. Wir erhalten die „Barkhausensche Röhrengleichung für den Anodenwechselstrom“:

$$I\tilde{a} = S(U\tilde{g} + DU\tilde{a}) \tag{2.3}$$

Sie kann als die fundamentale Verstärkergleichung angesehen werden. Wird für die Anodenwechselspannung der Ausdruck

$$U\tilde{a} = -I\tilde{a} \cdot Ra \tag{2.4}$$

eingesetzt und die Gleichung mit Ri multipliziert, so entsteht die sogenannte „Generatorgleichung“ der Röhre:

$$U\tilde{g}/D = I\tilde{a} \cdot Ri + I\tilde{a} \cdot Ra \tag{2.5}$$

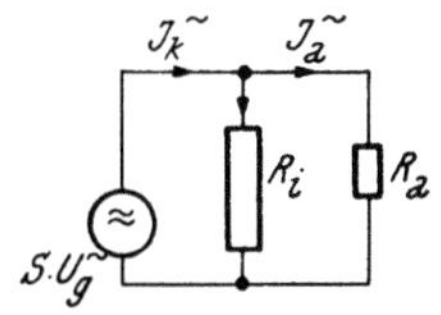

Abb. 2.6. Kurzschluß-ersatzschaltbild $Ra \ll Ri$

Die linke Seite der Gleichung stellt die EMK des Generators, die rechte den Verbraucher dar. Diesen Vergleich weiterführend, lassen sich zwei extreme Fälle beschreiben:

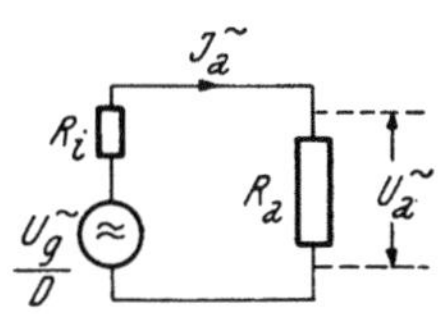

Abb. 2.7. Leerlauf-ersatzschaltbild $Ra \gg Ri$

1. Der Außenwiderstand $Ra = 0$, der Generator arbeitet im Kurzschluß. Dann ist $U\tilde{a} = 0$ und es fließt der Kurzschlußstrom $I\tilde{a} = S \cdot U\tilde{g}$. In der Praxis wird Ra nie Null, sondern höchstens $Ra \ll Ri$ sein. Für diesen Fall ist das Ersatzschaltbild Abb. 2.6 instruktiv.

2. Der Außenwiderstand $Ra = \infty$, der Generator arbeitet im Leerlauf. Dann ist $I\tilde{a} = 0$ und es entsteht eine Leerlaufspannung $U\tilde{a} = -U\tilde{g}/D = -\mu U\tilde{g}$; μ = Leerlaufverstärkung. In der Praxis ist höchstens $Ra \gg Ri$; siehe Ersatzschaltbild Abb. 2.7.

Beide Ersatzschaltbilder erklären gut das Verhalten der Verstärkerröhre. Durch die unterschiedlichen Innenwiderstände für Trioden und Pentoden wird man bei ersteren mehr im Leerlaufgebiet, bei letzteren mehr im Kurzschlußgebiet arbeiten.

Am Außenwiderstand Ra verursacht der Anodenstrom Ia einen Spannungsabfall $Ia \cdot Ra$, um den die Anodenspannung Ua kleiner wird:

$$Ua = Ub - Ia \cdot Ra \tag{2.6}$$

Ub = Betriebsspannung, Ua = Spannung zwischen Katode und Anode.

Diese Gleichung kann im Ia-Ua-Kennlinienfeld als eine Gerade, die *Widerstandsgerade* Ra, eingezeichnet werden (Abb. 2.8). Sie ist durch folgende Punkte bestimmt:

1. für $Ug = Us$ (Sperrspannung) wird $Ia = 0$ und $Ua = Ub$;
2. für $Ua = 0$ wird $Ia = Ub/Ra$;
3. Die Steilheit der Geraden ist $\operatorname{tg} \alpha = 1/Ra$ (für $Ra = 0$ ist $\alpha = 90°$).

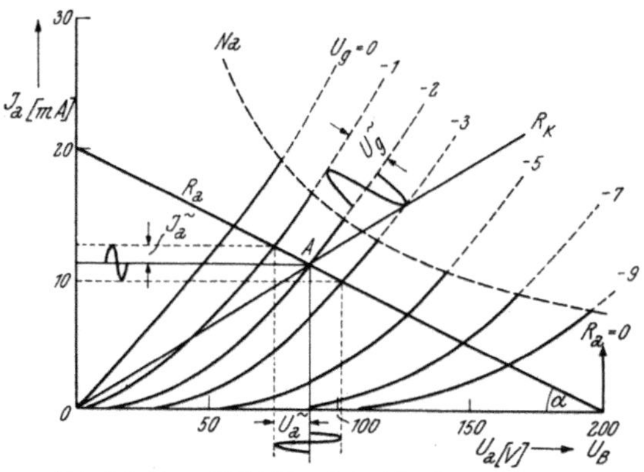

Abb. 2.8. $Ia = f(Ua)$-Kennlinienfeld einer Triode in Verstärkerschaltung

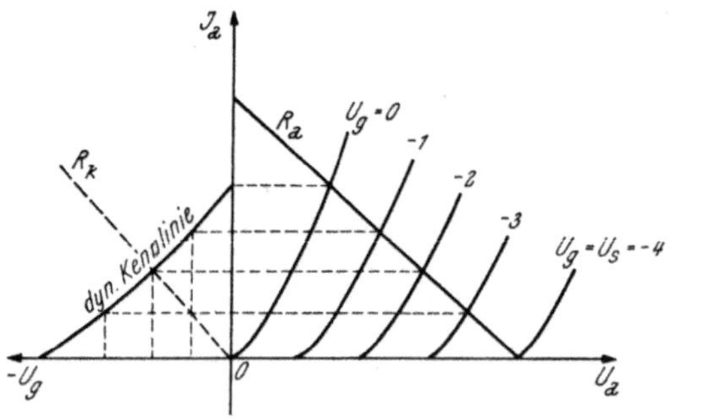

Abb. 2.9. Konstruktion der dynamischen $Ia = f(Ug)$-Kennlinie

Aus den Schnittpunkten der Widerstandsgeraden mit den Gittervorspannungskennlinien läßt sich mit Hilfe der zugehörigen Ia-Werte die dynamische Ia-Ug-Kennlinie konstruieren (Abb. 2.9).

Ist ein Katodenwiderstand Rk vorhanden, so kann dieser ebenfalls als eine angenäherte Gerade in das Ia-Ua-Feld eingezeichnet werden ($Rk = Ua/Ia$). In der Abb. 2.8 geht die Rk-Gerade durch den Arbeitspunkt A mit $Rk = 180\,\Omega$. Sind im Anodenkreis statt ohmscher auch Blindwiderstände vorhanden, z. B. Induktivitäten, so hat dieser komplexe Ra nicht mehr die Form einer Geraden, sondern die einer Ellipse, denn es tritt eine Phasenverschiebung zwischen $U\tilde{a}$ und $I\tilde{a}$ ein. Ist Ra ein reiner Blindwiderstand, z. B. eine verlustfreie Drossel, so entsteht im Ia-Ua-Feld ein Kreis.

In Abb. 2.8 ist der Gittervorspannung Ug (-2 V) eine Wechselspannung $U\tilde{g}$ überlagert. Der Arbeitspunkt der Röhre ist durch den Schnittpunkt der Widerstandsgeraden mit der Gitterspannungskennlinie gegeben. $I\tilde{a}$, $U\tilde{a}$ und die Verstärkung V können unmittelbar abgelesen werden.

Die Verstärkung einer Röhre ist gegeben durch

$$V = -\frac{U\tilde{a}}{U\tilde{g}} \tag{2.7}$$

(Das Minuszeichen drückt die Phasen„umkehr“ aus).

2.1.3 Die dynamische Steilheit und die Verstärkung

Besitzt die Röhre einen ohmschen Außenwiderstand Ra, so tritt, wie schon besprochen, an die Stelle der statischen Kennlinie die dynamische. Ihre Steilheit Sd ist besonders bei Trioden kleiner als die statische Steilheit S.

Ist $Ua \neq$ konst., so muß Ug in der Formel $S = \Delta Ia/\Delta Ug$ durch die Steuerspannung Ust ersetzt werden:

$$S = \Delta Ia/\Delta Ust = \Delta Ia/(\Delta Ug + D\,\Delta Ua) = \frac{\Delta Ia}{\frac{\Delta Ia}{S} + D\,\Delta Ia \cdot Ra} = \Big|\cdot SRi$$

$$Sd = S\,\frac{Ri}{Ri + Ra}\;(= I\tilde{a}/U\tilde{g}) \tag{2.8}$$

Für Pentoden mit $Ri \gg Ra$ wird $Sd \sim S$.

Die Ableitung der Verstärkerformel:

Gegeben ist: $U\tilde{a} = -I\tilde{a} \cdot Ra;\; I\tilde{a} = S(U\tilde{g} + DU\tilde{a})$;

gesucht ist: $V = -U\tilde{a}/U\tilde{g}$.

$$-U\tilde{a}/Ra = S \cdot U\tilde{g} + \frac{U\tilde{a}}{Ri};\quad -U\tilde{a}Ri = S \cdot U\tilde{g} \cdot Ra \cdot Ri + U\tilde{a} \cdot Ra;$$

$$-U\tilde{a}(Ri + Ra) = SU\tilde{g}RaRi$$

$$-U\tilde{a}/U\tilde{g} = V = S \cdot \frac{Ra \cdot Ri}{Ra + Ri} = \frac{\mu Ra}{Ri + Ra} \tag{2.9}$$

Für Trioden wird $V = Sd \cdot Ra$;
für Pentoden wird $V = S \cdot Ra$. (2.10)

Sind mehrere Röhren hintereinander geschaltet (mehrstufiger Verstärker), so multiplizieren sich die einzelnen Röhrenverstärkungen:

$$V_{\text{ges}} = V_1 \cdot V_2 \cdots = \Pi V_i \tag{2.11}$$

Die Abb. 2.10 zeigt die Leistungsverhältnisse einer Verstärkerröhre. Die der Röhre zugeführte *Gleichstromleistung* N setzt sich aus der in Wärme umgesetzten *Anodenverlustleistung* Na (N_v) und der *Ausgangsleistung* No (Sprechleistung) zusammen. Es ist:

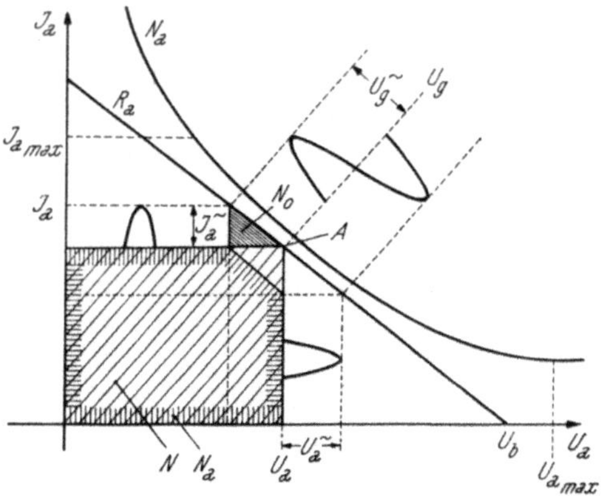

Abb. 2.10. Leistungsverhältnisse einer Verstärkerröhre

$$N = Ia \cdot Ua = Na + No \tag{2.12}$$

$No = U\tilde{a}_{\text{eff}} \cdot I\tilde{a}_{\text{eff}}$ (cos φ, wenn Ra ein Blindwiderstand ist). (2.13)

Die Widerstandsgerade bzw. der Ruhe-Arbeitspunkt kann je nach Verwendungszweck der Röhre in ihrem Arbeitsgebiet frei gewählt werden. Die Kennlinienfelder (Abb. 10.34 und 10.35, S. 582) zeigen die Grenzen dieses Gebietes:

1. den maximalen Katodenstrom der Röhre Ik_{max} (Ia_{max})
2. die maximale Anodenverlustleistung Na (Hyperbel)
3. die maximale Anodenspannung Ua_{max}
4. die minimale Gittervorspannung Ug_{min} (meist 0 V).

Bei Schirmgitterröhren sind dazu noch die Grenzdaten des Schirmgitters zu beachten. Für Linearverstärker wird der Arbeitspunkt in den geradlinigen Kennlinienbereich, für Leistungsverstärker die Widerstandsgerade tangierend an die Verlustleistungshyperbel gelegt.

Ra kann die Na-Hyperbel auch schneiden, nur muß der zeitliche Mittelwert der Leistung immer innerhalb des zulässigen Arbeitsbereiches bleiben.

2.2 Der Katodenbasisverstärker

Grundsätzliches

Wir haben in Kap. 2.1 die Grundlagen des Röhrenverstärkers kennengelernt und auch den Versuch unternommen, die große Zahl verschiedener Verstärkertypen nach bestimmten Gesichtspunkten zu ordnen. Grundsätzlich ist jede Verstärkerstufe ein Vierpol, dessen Ausgangsleistung No größer als die Eingangsleistung Ne ist. Werden Röhrenverstärker ohne Gitterstrom betrieben und liegt der Arbeitspunkt und das Aussteuergebiet im negativen Gitterspannungsbereich der Röhre, so ist die Eingangsleistung, wie die Abb. 2.1 erkennen läßt, nur von der Größe des Gitterableitwiderstandes Rg abhängig. Da Rg zumeist sehr groß ist, wird Ie vernachlässigbar klein, d. h. die Eingangsleistung Null (für hohe und höchste Frequenzen gelten andere Gesichtspunkte). In dieser Betriebsart ist die Röhre ein Verstärker ohne Steuerleistung.

Die von den verschiedenartigen Wandlern, wie z. B. Photozellen, Mikrophonen, Thermoelementen, Schwingungsaufnehmern oder auch von Antennen gelieferte Spannung ist meistens so klein, daß die Verstärkung einer Röhrenstufe nicht ausreicht, einen Indikator bzw. einen Steuer- oder Regelkreis auszusteuern. In diesem Falle ist es notwendig, mehrere Verstärkerstufen hintereinander zu schalten, um zu einer großen Gesamtverstärkung $V_{ges} = V_1 \cdot V_2 \ldots$ zu gelangen. Die Art der Kopplung der einzelnen Stufen untereinander läßt wiederum zwei Verstärkertypen unterscheiden. Ist die Signalspannung eine Gleichspannung oder Wechselspannung sehr niedriger Frequenz, so wird die Kopplung der Stufen galvanisch sein müssen — wir sprechen von einem Gleichspannungsverstärker. Ist eine Wechselspannung zu verstärken, so kann die Kopplung kapazitiv, z. B. über ein RC-Glied, oder induktiv über einen Transformator erfolgen.

Wir wollen uns zunächst dem einfachsten und verbreitetsten Verstärkertyp, dem RC-gekoppelten, gitterstromlosen Katodenbasisverstärker zuwenden. Prinzipiell kann das Steuersignal an jede Röhrenelektrode gelegt und an einer anderen wieder abgenommen werden. Am häufigsten ist jedoch die Signalrichtung: Steuergitter–Anode, wobei die Katode auf einem festen Potential liegt; daher der Name ‚Katodenbasis'.

2.2.1 Die Schaltung des RC-Verstärkers

Die Abb. 2.11 zeigt das Schaltbild eines einstufigen Verstärkers. An das Gitter der Pentode der Rö. 1, das über den Gitterableitwiderstand Rg an Masse liegt, wird eine Wechselspannung Ue gelegt, die verstärkt am Außenwiderstand Ra abgenommen und über den Koppelkondensator $C\ddot{u}$ einer weiteren Röhre oder einem Indikator zugeführt wird.

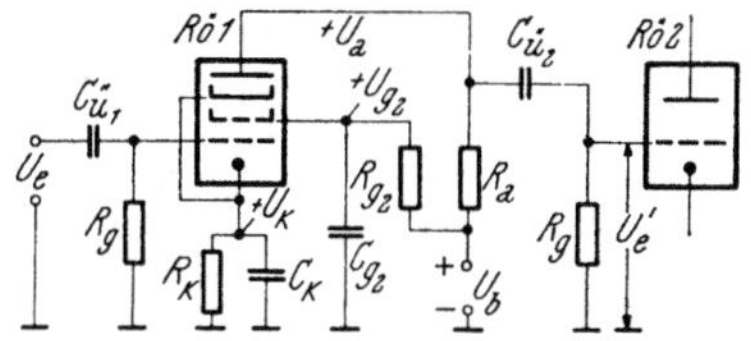

Abb. 2.11. RC-Verstärker mit Pentode

Der Gitterableitwiderstand legt das Steuergitter auf ein dem Arbeitspunkt der Röhre entsprechendes Gleichspannungspotential (Gittervorspannung). Er wird meistens hochohmig ausgeführt, ~ 1 MΩ, damit einerseits die Eingangsspannungsquelle wenig belastet, andererseits — wie wir noch besprechen werden — die Übertragung tiefer Frequenzen nicht benachteiligt wird. Eine obere Grenze für Rg wird für jeden Röhrentyp von den Herstellerfirmen angegeben. An einem zu großen Rg würde der durch das nichtideale Vakuum bedingte Restgitterstrom einen Spannungsabfall hervorrufen und den Arbeitspunkt verschieben.

Der Kondensator $C\ddot{u}_1$ hält eine eventuell vorhandene Gleichspannung, z. B. die Anodenspannung einer vorangehenden Röhre, vom Gitter der Röhre fern. Da Rg hochohmig ist, sollen für Koppelkondensatoren nur hochwertige Fabrikate mit Isolationswiderständen von > 1000 MΩ verwendet werden. Im Beispiel liegt an $C\ddot{u}_2$ die Anodenspannung der Rö. 1; ist sein Isolationswiderstand nicht vielmals größer als Rg, so erhält Rö. 2 eine positive Gittervorspannung.

Die zur Arbeitspunkteinstellung notwendige negative Gittervorspannung kann einer eigenen Stromquelle entnommen werden (notwendig bei C-Verstärkern). Dann liegt der Fußpunkt von Rg an einer negativen Spannungsquelle (Abb. 2.1). Vielfach, d. h. fast immer bei A-Verstärkern, wird die Gittervorspannung automatisch erzeugt, d. h., in die Katodenleitung wird ein Widerstand Rk gelegt. An ihm erzeugt der Katodenstrom einen Spannungsabfall Uk, der die Katode gegenüber Masse (= Minus-Betriebsspannung Ub) auf ein positives Potential hebt. Um dieses Potential ist das Gitter negativer als die Katode. Die Gittervorspannung ist

$$-Ug = Uk = Rk(Ia + Ig_2) \qquad [\text{V, mA, k}\Omega] \tag{2.14}$$

Soll der Arbeitspunkt im unteren Kennlinienknick oder im ganz negativen Bereich liegen (B- oder C-Verstärker bei Gegentaktendstufen oder Hochfrequenzresonanzverstärkern), ist diese Art der Gitterspannungserzeugung nicht möglich, da im nicht ausgesteuerten Zustand $Ik = 0$ sein soll.

Damit ein Anodenwechselstrom an Rk keinen Spannungsabfall Uk erzeugt, der für die Röhre eine Gegenkopplungsspannung wäre (siehe Kap. 3.1), ist Rk mit einem Kondensator Ck überbrückt.

Die Schirmgitter- und Anodenspannung wird aus einer gemeinsamen Spannungsquelle $+Ub$ bezogen. Für $Ug_2 < Ub$ ist die Einschaltung eines Schirmgitterwiderstandes Rg_2 notwendig:

$$Rg_2 = (Ub - Ug_2)/Ig_2 \tag{2.15}$$

Der Schirmgitterkondensator Cg_2 hat die gleiche Aufgabe wie Ck. Die erreichbare Verstärkung und die Größe des zu übertragenden Frequenzbandes hängt von der verwendeten Röhre und der Dimensionierung der Schaltelemente ab. Über die Röhrenfrage haben wir schon in Kap. 1.1 gesprochen.

Den Einfluß der Schaltelemente auf den Frequenzgang des Verstärkers wollen wir an Hand eines Ersatzschaltbildes (Abb. 2.12) besprechen (vgl. Abb. 2.6). Die RC-Komplexe in den Schirmgitter- und Katodenzuleitungen sind vorläufig nicht berücksichtigt.

Ri, Ra sind Röhren-Innen- und -Außenwiderstand
Rg der Gitterableitwiderstand, $Cü$ der Koppelkondensator
Cs_1, Cs_2 sind Schaltkapazitäten des Gitter- und Anodenkreises
Ce, Ca sind die Röhreneingangs- und -ausgangskapazitäten.

In dem von $Cü$ aus gesehen linken Teil des Ersatzschaltbildes ist die Röhre Rö. 1 mit ihrem Ausgangskreis gezeigt, Ri liegt parallel zu Ra, in der Mitte die Kopplung ($Cü$) auf den Gitterkreis einer folgenden Röhre (Rö. 2 rechts). Die dynamischen und Schaltkapazitäten, die zu Ra parallel liegen, fassen wir zusammen zu

$$Cp = Ca + Cs_1 + Cs_2 + Ce + \cdots$$

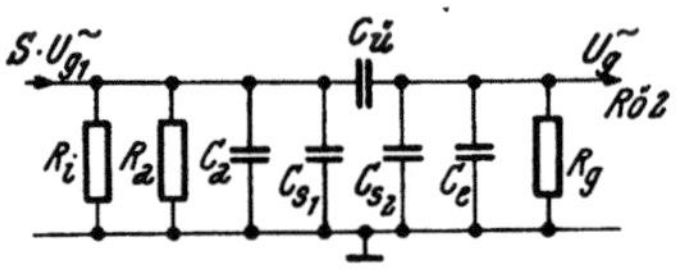

Abb. 2.12. Ersatzschaltbild des RC-Verstärkers

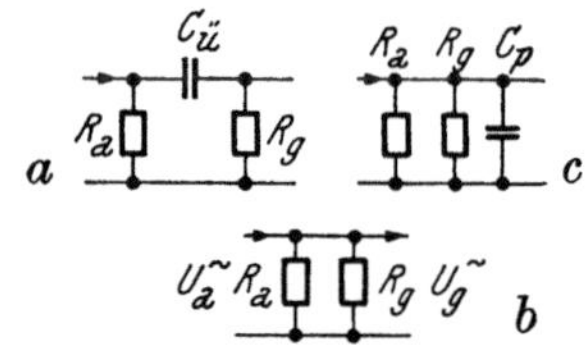

Abb. 2.13. Ersatzschaltbild für tiefe Frequenzen (links oben), für mittlere Frequenzen (unten), für hohe Frequenzen (rechts oben)

Nach Kap. 1.6.1, B wird die Parallelschaltung Ra-Cp für die Übertragung hoher Frequenzen verantwortlich sein. $Cü$ stellt mit Rg eine CR-Serienschaltung dar und bestimmt somit das Verhalten des Verstärkers bei tiefen Frequenzen. Strenggenommen müßte noch die Parallelschaltung Ce-Rg-Cs_2 berücksichtigt werden, doch ist Ce bei Pentoden und nicht zu hohen Frequenzen vernachlässigbar klein.

Wir können das Ersatzschaltbild zum besseren Verständnis entsprechend den Frequenzbereichen noch einmal auflösen (Abb. 2.13). Für tiefe Frequenzen (f_u) gilt a, für den mittleren Frequenzbereich des Verstärkers b, und für das Verhalten bei hohen Frequenzen (f_o) c. Die Schirmgitter- und Katodenkomplexe sind vor allem für die Verstärkung niedriger Frequenzen verantwortlich.

2.2.2 Die obere Grenzfrequenz f_o eines RC-Verstärkers[1]

A. Bestimmung von Ra, f_o, φ und t_a

Die Schalt- und Röhrenkapazitäten, die wir in Cp zusammengefaßt haben und die als schädliche Kapazitäten bezeichnet werden, liegen — wie das Ersatzschaltbild Abb. 2.13 zeigt — dem Außenwiderstand Ra parallel. Mit steigender Frequenz nimmt der Blindwiderstand dieser Kapazität ab. Ist $1/j\omega Cp = Ra$ geworden, d. h. im Widerstandsdreieck (Abb. 1.231, S. 155) der Phasenwinkel $\varphi = 45°$, so ist die Verstärkung bei dieser Frequenz, der oberen Grenzfrequenz f_o,

[1] Literatur: [C 1, B 21].

auf 70% von V_{max} abgefallen. Die Größe des Ra und Cp bestimmen somit die obere Grenzfrequenz. Mit Gl. (1.114) und Gl. (1.125) ist die Abschwächung:

$$a = V_{grenz}/V_{max} = \frac{S \cdot |Za|}{S \cdot Ra} = \frac{1}{\sqrt{1 + \omega^2 Ra^2 Cp^2}} = \cos\varphi \qquad (2.16)$$

$$|Za| = Ra/\sqrt{1 + \omega^2 Ra^2 Cp^2}, \quad \operatorname{tg}\varphi = -\omega Ra Cp$$

Gültig für $Ri \gg Ra \ll Rg$ der Folgestufe. Bei Trioden oder kleinem Rg muß Ra in Gl. (2.16) ersetzt werden durch $1/Rp = 1/Ra + 1/Ri + 1/Rg$.

Aus Gl. (2.16) errechnet sich Ra bei gegebener Abschwächung a, oberer Grenzfrequenz f_o und angenommenem Cp (meist zwischen 10 und 20 pF) zu:

$$Ra = \frac{1}{\omega Cp} \cdot \sqrt{(1/a^2) - 1} = \frac{160}{f_o Cp} \cdot A \qquad [\text{MHz, pF, k}\Omega] \qquad (2.17)$$

A ist aus Abb. 1.232 zu bestimmen. Die öfter vorkommende Zahl 160 ist ungefähr $10^3/2\pi$. Für $a = 0{,}7$ wird $A = 1$ und damit

$$f_o = \frac{1}{2\pi Ra Cp} \qquad (2.18)$$

Aus
$$\operatorname{tg}\varphi \; (= -\omega Ra Cp) = f_x/f_o \qquad (2.19)$$

läßt sich der Phasenwinkel φ für eine beobachtete Frequenz f_x bestimmen (f_o durch Gl. (2.18) gegeben).

Zum Beispiel für $Ra = 4\,\text{k}\Omega$, $Cp = 20$ pF ist aus Gl. (2.18) $f_o = 2$ MHz. Soll $\varphi_{max} = 15°$ sein, so wird (Gl. (2.19)) $\operatorname{tg}\varphi = 0{,}26 = f_x/2$; $f_x = 520$ kHz.

Bei mehreren hintereinandergeschalteten Verstärkerstufen multiplizieren sich die Verstärkungsabfälle. Bei n gleichen Stufen ist die Abschwächung a^n. Soll die Gesamtabschwächung des Verstärkers a_{ges} sein (z. B. 0,7 oder 3 dB), so muß die Abschwächung pro Stufe kleiner, d. h. $a_{ges}^{1/n}$ sein.

Die Verstärkungsgleichung

$$V = S \cdot Ra = (S/Cp) \cdot (1/\omega) \sim S/Cp \qquad (2.20)$$

zeigt, daß die Verstärkung einer Röhre prinzipiell nur von ihrem S/Cp-Verhältnis abhängt. Zur Verstärkung hoher Frequenzen ist eine entsprechende Röhrenauswahl zu treffen (siehe auch Gl. (7.50)).

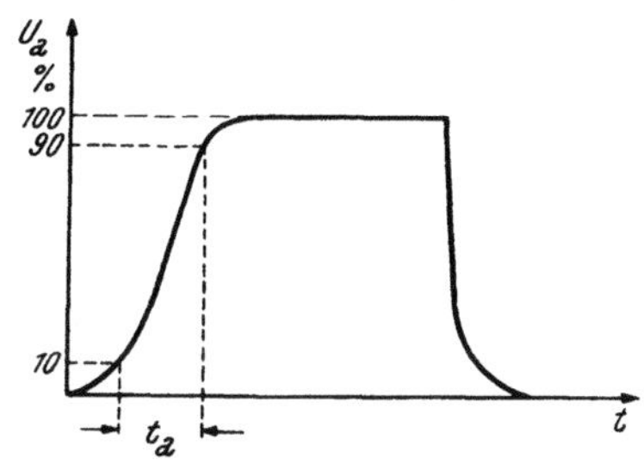

Abb. 2.14. Impulsanstiegszeit t_a

Ist das am Steuergitter liegende Signal nicht sinusförmig, sondern z. B. eine Rechteckspannung, so kann die Spannung an der Anode diesem Sprung nicht folgen, sondern wird, bedingt durch die Umladung von Cp, exponentiell ansteigen bzw. abfallen. Bei Impulsverstärkern wird das Verhalten des Anodenkreises durch die Anstiegszeit t_a eines Impulses von 10% auf 90% seiner maximalen Amplitude beschrieben (10% und 90% wurden wegen der leichteren Erkennbarkeit gewählt). Die Abb. 2.14 zeigt ein Beispiel. Es ist

$$t_a = 2{,}2\tau_a = 2{,}2 \cdot Ra Cp \qquad [\text{pF, M}\Omega, \mu\text{s}] \qquad (2.21)$$

Je kleiner die Impulsverzerrung sein soll, um so kleiner muß die Zeitkonstante τ_a des Anodenkreises sein.

Beispiel. Welche minimalste Impulsbreite kann ein Anodenkreis mit $Cp = 20$ pF und $Ra = 10$ kΩ noch übertragen? $\tau_a = 0{,}01 \cdot 20 = 0{,}2\ \mu s$; $t'_{a\,(0-90\%)} = 2{,}3 \cdot \tau_a \sim 0{,}5\ \mu s$.

τ_a bestimmt den Phasenwinkel zwischen Anodenwechselstrom $I\tilde{a}$ und Anodenwechselspannung $U\tilde{a}$. Daher läßt sich aus einem gewählten φ die Verformung eines Rechtecksignales im Anodenkreis bestimmen. Die Abb. 2.15 zeigt ein Beispiel für φ von 0° bis 45°.

Bemerkenswert ist, daß bei einer Grenzfrequenz $\omega_{gr} = 1/\tau_a$ ein Abfall von 3 dB (0,7) für ein sinusförmiges Signal durchaus noch tragbar ist, obwohl $\varphi = 45°$ geworden ist. Bei der gleichen oberen Grenzfrequenz würde jedoch ein Rechtecksignal bis zur Unkenntlichkeit, d. h. zu einem flachen Sägezahn, verformt werden.

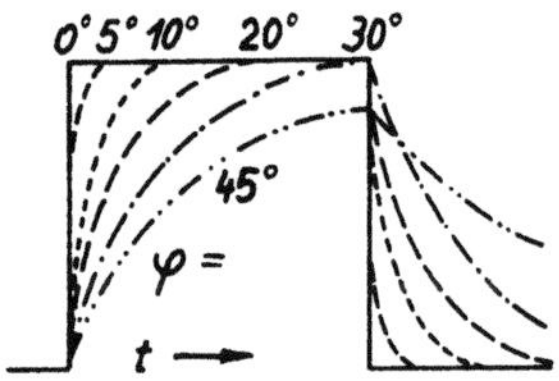

Abb. 2.15. Phasenwinkel φ zwischen $I\tilde{a}$ und $U\tilde{a}$

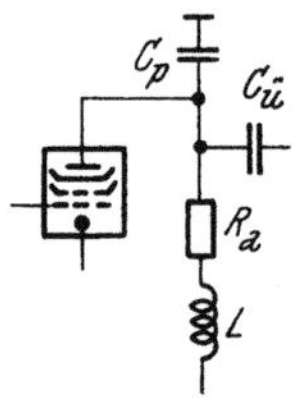

Abb. 2.16. Höhenentzerrung mit Parallel-LC

B. Anhebung der Verstärkung bei hohen Grenzfrequenzen

a) Entzerrung durch Induktivitäten

Parallelentzerrung (Abb. 2.16). In Serie mit dem Außenwiderstand Ra liegt eine Induktivität L, die mit der schädlichen Kapazität Cp einen Parallelresonanzkreis bildet. Liegt die Resonanzfrequenz des Schwingkreises oberhalb der ursprünglichen Grenzfrequenz, so kann der nachteilige Einfluß von Cp teilweise kompensiert werden, denn der Resonanzwiderstand des Kreises erhöht den wirksamen Ra. Der Absolutbetrag von $R\tilde{a}$ ist:

$$|R\tilde{a}| = \sqrt{\frac{(\omega^2 L^2 \cdot Ra^2)/(\omega^2 Cp^2)}{Ra^2 + \left(\omega L - \dfrac{1}{\omega Cp}\right)^2}}$$

Diese Gleichung zeigt, daß für die Bestimmung von L die Verhältnisse $\omega L/(1/\omega Cp) = |Z_L/Z_C|$ bzw. $Ra/(1/\omega Cp) = Ra/|Z_C|$ wichtig sind, wobei Ra als Kreisdämpfung — Serienwiderstand zu L — wirkt. Ist die Güte (siehe Kap. 1.6) des Schwingkreises hoch, so tritt ein Überschwingen auf, das bei Breitband-(Meß-)Verstärkern störend wirkt. Eine zu kleine Güte macht die Entzerrung wirkungslos. Es wird daher richtig sein, den Gütefaktor des Schwingkreises zu wählen und nach ihm L zu bestimmen. Nach Gl. (1.143) ist: $1/Q = d = Ra \cdot \sqrt{C/L}$ oder $Q = \sqrt{L/Ra^2 \cdot Cp}$. Daraus:

$$L = Q^2 Ra^2 Cp^2 \tag{2.22}$$

Die Abb. 2.17 zeigt die Verstärkung in Abhängigkeit von der Frequenz (Frequenzgang am oberen Bandende). Ohne Entzerrung ($L = 0$) ergibt sich eine Grenzfrequenz f_o, mit Entzerrung bei einer gewählten Güte von $Q^2 = 0{,}4 \cdots f'_o$

und bei $Q^2 = 0{,}6 \ldots f_0''$. Bei $Q^2 = 0{,}6$ tritt bereits ein starkes Überschwingen auf. Der Wert 0,4 ist — wie die Abb. 2.17 zeigt — der günstigste. Die Grenzfrequenz $f_0' > f_o$ und $> f_0''$ ist am weitesten hinausgerückt. Der günstigste Wert für L ist daher:

$$L = 0{,}4 \cdot Ra^2 \cdot Cp \tag{2.23}$$

Serienentzerrung (Abb. 2.18). Mit dieser Art wird vor allem die schädliche Wirkung der Eingangskapazität Ce auf den Frequenzgang verringert. L bildet mit Ce einen Serienresonanzkreis. Die Resonanzüberhöhung ist am Teilerpunkt wirksam. Die Berechnung erfolgt in gleicher Weise wie bei der Parallelschaltung. L und Ra haben etwas höhere Werte:

$$L = 0{,}65 \cdot Ra^2 \cdot Cp, \qquad Ra = \frac{1{,}5}{2\pi f_o Cp} \tag{2.24}$$

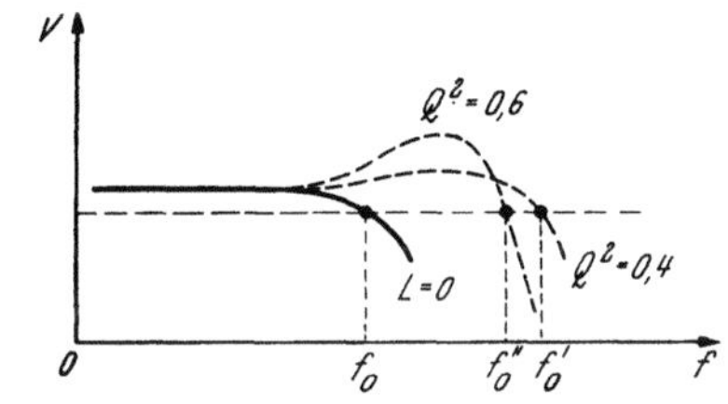

Abb. 2.17. Frequenzgang für verschieden große Höhenentzerrung

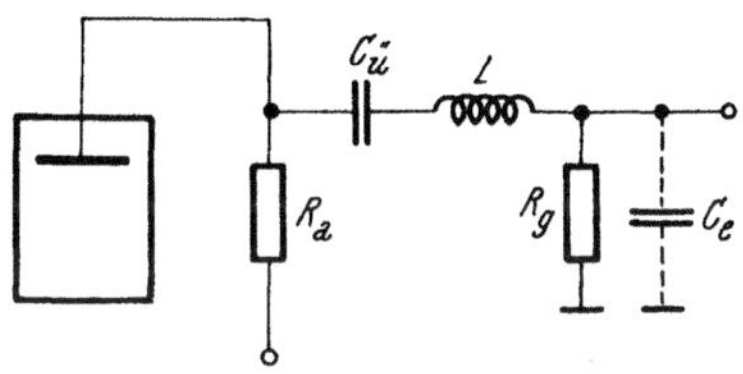

Abb. 2.18. Höhenentzerrung mit Serien-LC

Diese Entzerrung wird z. B. öfters bei Endverstärkern in Katodenstrahloszillographen zur Kompensation der Plattenkapazitäten verwendet.

Bei beiden induktiven Entzerrerarten empfiehlt es sich, die Induktivität veränderlich, z. B. durch einen verstellbaren Eisenkern, auszuführen. Der Verstärker wird dann mit einem Rechtecksignal angesteuert und oszillographisch die richtige Einstellung der Entzerrung kontrolliert.

b) Entzerrung durch Gegenkopplung[1]

Wie wir bei der Dimensionierung des Katodenkondensators Ck sehen werden, erreicht dieser bei Verwendung von Röhren mit hoher Steilheit für eine niedrige untere Grenzfrequenz f_u sehr große Werte. Es ist daher günstiger, den Katodenkondensator überhaupt wegzulassen. Die Verstärkung sinkt zwar erheblich ab, jedoch steigt durch die Stromgegenkopplung der Aussteuerbereich und der Innenwiderstand der Röhre (siehe Kap. 3.1).

Es ergibt sich nun die Möglichkeit, mittels eines geeignet gewählten kleinen Kondensators Ck' parallel zum Katodenwiderstand Rk die verstärkungsmindernde Gegenkopplung für hohe Frequenzen aufzuheben. Es erfolgt also eine Anhebung der Verstärkung bei Frequenzen $\geqq f_o$.

Die Ermittlung des geeignetsten Kondensators Ck' erfolgt am besten experimentell, wobei als Anhaltspunkt dienen kann, daß die Zeitkonstanten des Katoden- und des Anodenkreises gleich sein sollten.

$$Rk \cdot Ck' = \tau_a = Ra \cdot Cp \tag{2.25}$$

[1] Literatur: [D 7].

Die Steilheit der Röhre mit Gegenkopplung ergibt sich zu:

$$S' = \frac{S}{1 + S \cdot |Zk|} \quad \text{mit} \quad |Zk| = Rk/\sqrt{(1 + \omega^2 Rk^2 Ck'^2)} \tag{2.26}$$

2.2.3 Die untere Grenzfrequenz f_u des *RC*-Verstärkers

Das Ersatzschaltbild des *RC*-Verstärkers Abb. 2.13a hat uns gezeigt, daß der Koppelkondensator *Cü* mit *Rg* einen *CR*-Teiler bildet. Je niedriger die zu verstärkende Frequenz wird, um so größer wird der Widerstand $1/j\omega C\ddot{u}$ und um so kleiner das Teilerverhältnis. Die Größe von *Cü* wird folglich für die Übertragung tiefer Frequenzen bestimmend sein. Ähnliche Überlegungen gelten für den Katodenkondensator *Ck* und bei Pentoden für den Schirmgitterkondensator Cg_2. Die Röhreneigenschaften (*S*/*C*-Verhältnis) und die schädlichen Kapazitäten spielen bei diesen Frequenzen keine Rolle mehr.

Wir wollen hier noch eine Größe kennenlernen. Der Quotient

$$\varphi/\omega = \tau_\varphi \quad [s] \tag{2.27}$$

wird als Phasenlaufzeit bezeichnet. Er gibt an, um wieviel die Ausgangswechselspannung *Uo* der Eingangswechselspannung *Ue* nacheilt (*o* von *o*utput). Für die 3-dB-Grenze ($\varphi = 45°$ oder $\pi/4$) als Abschwächung bei einer Frequenz von z. B. 5 Hz wird $\tau_\varphi = 0{,}024$, oder *Uo* eilt *Ue* um 24 ms nach.

A. Der Koppelkondensator *Cü*

Das Verhältnis der Eingangsspannung *Ue'* der Folgestufe zur Ausgangsspannung *Uã* der Verstärkerstufe oder die Abschwächung *a* ist

$$a = Ue'/U\tilde{a} = Rg/|Zg| \quad \text{oder nach Gl. (1.122)} \quad = \omega Rg C\ddot{u}/\sqrt{(1 + \omega^2 Rg^2 C\ddot{u}^2}$$

Aus dieser Gleichung errechnet sich:

$$C\ddot{u} = \frac{1}{2\pi f_u \cdot Rg} \cdot \frac{1}{\sqrt{1/a^2 - 1}} = \frac{160 \cdot 10^3}{f_u \cdot Rg \cdot A} \quad [\text{Hz, M}\Omega\text{, pF}] \tag{2.28}$$

Die Gleichung zeigt, daß der Gitterableitwiderstand möglichst groß gewählt werden muß, damit bei niedriger unterer Grenzfrequenz f_u *Cü* nicht übermäßig groß wird, einen zu kleinen Isolationswiderstand bekommt und die Schaltkapazität erhöht. Außerdem vergrößern zu große *Cü*-Werte die Einschwingzeit des Verstärkers zu sehr. Über die maximalen Werte für *Rg* haben wir schon in Kap. 2.2.1 gesprochen.

Bei mehrstufigen Verstärkern muß *Cü* größer, als nach Gl. (2.28) berechnet, gewählt werden (siehe *Ra*, S. 179).

Der Phasenwinkel φ errechnet sich aus:

$$\operatorname{tg} \varphi = \frac{1}{2\pi f\, C\ddot{u}\, Rg} \tag{2.29}$$

Bei $f = f_u$ wird $\varphi = 45°$. Bei mehrstufigen Verstärkern addieren sich die tg φ.

B. Der Katodenkondensator Ck

Bei der Anhebung hoher Frequenzen haben wir schon erwähnt, daß ein ungenügend überbrückter Katodenwiderstand eine Stromgegenkopplung verursacht und so zu einem Absinken der Verstärkung bei tiefen Frequenzen Anlaß gibt. Lassen wir eine Abschwächung auf die untere Grenzfrequenz f_u zu, so ist:

$$a = \sqrt{(1 + \omega^2 Rk^2 Ck^2)/[(1 + S \cdot Rk)^2 + \omega^2 Rk^2 Ck^2]} \qquad (2.30)$$

Bei Pentoden mit hohem Anteil des Schirmgitterstromes am Katodenstrom muß für die Steilheit S in Gl. (2.30) die Katodensteilheit

$$Sk = S(Ia + Ig_2)/Ia \qquad (2.31)$$

eingesetzt werden. S bleibt für Pentoden in der Gl. (2.30) erhalten, wenn Cg_2 nicht an Masse, sondern an die Katode angeschlossen wird. Um bei tiefen Frequenzen eine Gegenkopplung zu verhindern, muß der Katodenkondensator für diese Frequenzen ein hinreichender Kurzschluß sein. Die Größe der an Rk abfallenden Wechselspannung ist von der Steilheit S abhängig. Solange $1/j\omega Ck \ll Rk$ ist, gilt für die Verstärkung die Steilheit S. Wird hingegen $1/j\omega Ck \geqq Rk$, so gilt die Steilheit bei Stromgegenkopplung S' (siehe Gl. (2.26)). Für die Abschwächung a soll das Verhältnis $S:S'$ nicht größer als $1/a$ werden. In Gl. (2.26) eingesetzt, wird

$$a = 1/(1 + S \cdot |Zk|) \qquad (2.32)$$

und

$$|Zk| = Rk/\sqrt{1 + \omega^2 Rk^2 Ck^2}$$

$|Zk|$ in Gl. (2.32) eingesetzt, ergibt:

$$Ck = \frac{1}{2\pi f_u Rk} \cdot \sqrt{(Rk^2 S^2)/(1/a - 1)^2}$$

oder

$$Ck = \frac{S}{f_u} \cdot \frac{160}{\frac{1}{a} - 1} = B \cdot \frac{S}{f_u} \quad [\text{Hz}, \mu\text{F}, \text{mA/V}] \qquad (2.33)$$

für $a = 0{,}85$ wird $B = 900$

$a = 0{,}7$ $\quad B = 370$

Bei mehrstufigen Verstärkern sind entsprechend größere Ck zu nehmen. Diese Kondensatoren können besonders bei sehr niedriger f_u so groß werden, daß ein gänzliches Weglassen ratsam ist, besonders, da die Gegenkopplung noch andere Vorteile für den Verstärker bringt (Kap. 3.1).

Beispiel: $f_u = 10$ Hz, $S = 10$ mA/V, $a = 0{,}85$
für einen einstufigen Verstärker wird $Ck \sim 900\ \mu$F, für einen dreistufigen: $Ck \sim 2700\ \mu$F!

Verstärkung pro Stufe mit Ck: $V = 50$, für drei Stufen: $V_{\text{ges}} = 125 \cdot 10^3$

" " " ohne Ck: $V' = 25$, für vier Stufen: $V'_{\text{ges}} = 400 \cdot 10^3$

Die Stromgegenkopplung aller Verstärkerstufen durch Wegfall der großen Katodenkondensatoren und der damit verbundene Verstärkungsverlust wird durch eine Röhrenstufe mehr als ausgeglichen.

C. Der Schirmgitterkondensator

Die Problemstellung ist grundsätzlich der des Katodenkondensators ähnlich. Bei tiefen Frequenzen ist die Abschwächung

$$a = \sqrt{(1 + \omega^2 Rg_2^2 Cg_2^2)/[(1 + Sg_2 \cdot Dg_2 \cdot Rg_2)^2 + \omega^2 Rg_2^2 Cg_2^2]}$$

Die Formel ist für die Praxis unhandlich, da die Werte für die Schirmgittersteilheit und den Schirmgitterdurchgriff selten zur Verfügung stehen werden. Es genügt in den meisten Fällen, wenn eine einfache Beziehung zwischen Cg_2 und Ra aufgestellt wird, denn die Impedanz des Schirmgitters soll ja klein gegen den Außenwiderstand Ra sein. Diese Bedingung ist angenähert erfüllt, wenn $10/\omega Cg_2 = Ra$ ist. Daraus ergibt sich

$$Cg_2 \sim \frac{10}{2\pi f_u Ra} = \frac{1600}{f_u \cdot Ra} \qquad [\mathrm{k\Omega, Hz, \mu F}] \tag{2.34}$$

Bei mehrstufigen Verstärkern ist wiederum ein größerer Wert nötig.

D. Entzerrung des Frequenzganges bei tiefen Frequenzen (Tiefenanhebung)

Belassen wir z. B. den Katodenkondensator auf einem kleineren Wert, als der unteren Grenzfrequenz entspräche, und nehmen dadurch also einen größeren Verstärkungsabfall bei f_u in Kauf, so können wir diesen Verlust durch einen frequenzabhängigen Außenwiderstand kompensieren. Obwohl der Aufwand an

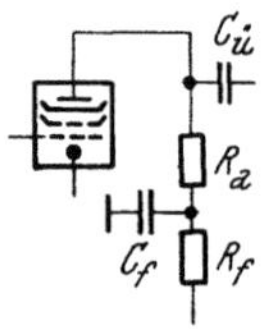

Abb. 2.19. Tiefenentzerrung

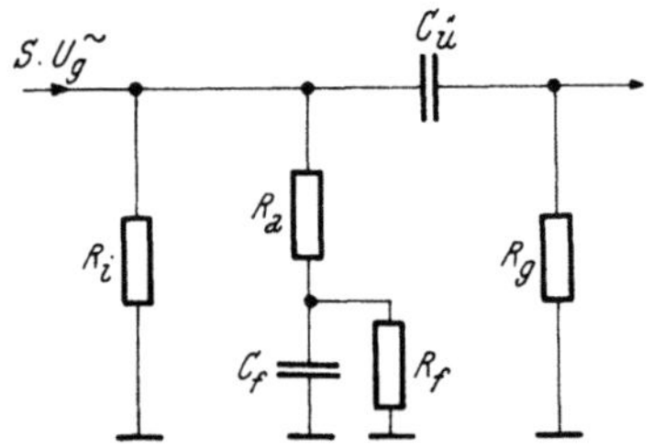

Abb. 2.20. Ersatzschaltbild zu Abb. 2.19

Schaltelementen steigt, ist er doch gerechtfertigt, denn neben den Schwierigkeiten, die die Verwendung sehr großer Kondensatoren als Ck mit sich bringt, ergibt sich noch der Vorteil einer besseren Siebung der Anodenspannung. In Reihe mit dem Anodenwiderstand Ra in Abb. 2.19 wird ein R-C-Glied, bestehend aus Rf und Cf, gelegt. Die hohen Frequenzen werden durch Cf kurzgeschlossen, für ihre Verstärkung ist nur Ra wirksam. Bei tiefen Frequenzen nimmt der Scheinwiderstand der Parallelschaltung $Rf\,Cf$ zu und addiert sich zu dem Außenwiderstand Ra. Bei absinkender Frequenz steigt also der Gesamtaußenwiderstand und mit ihm die Verstärkung.

Die Kombination Ra—Rf—Cf stellt einen R-C-Teiler mit Last dar (Gl. (1.124), S. 157). Das Ersatzschaltbild für die Schaltung nach Abb. 2.19 ist Abb. 2.20. Für Pentoden ist Ri gegen Ra vernachlässigbar. Der Absolutbetrag des Außenwiderstandes wird:

$$|R\tilde{a}| = \sqrt{((Ra + Rf)^2 + \omega^2 Ra^2 Rf^2 Cf^2)/(1 + \omega^2 Rf^2 Cf^2)} \tag{2.35}$$

Treffen wir die weitere Vereinfachung, daß $Rf \geqq 10 \cdot 1/\omega Cf$ sein soll, dann kann Rf vernachlässigt werden, und aus Gl. (2.35) wird:

$$|R\tilde{a}| = \sqrt{Ra^2 + (1/\omega Cf)^2}$$

Daraus ergibt sich die Abschwächung

$$a = 1/\sqrt{1 + \omega^2 Ra^2 Cf^2} \tag{2.36}$$

z. B. $1/2\pi f_u Cf = 2\ \text{k}\Omega$ bei $f_u = 20$ Hz, $Cf = 4\ \mu\text{F}$; $Rf = 10 \cdot Z_{Cf} = 20\ \text{k}\Omega$.

Um die durch den Koppelkondensator $C\ddot{u}$ verursachten Frequenz- und Phasenfehler bei tiefen Frequenzen zu kompensieren, müssen die Zeitkonstanten beider Glieder gleich sein, d. h.

$$Ra \cdot Cf = Rg \cdot C\ddot{u} \tag{2.37}$$

Der Kondensator Cf verursacht bei tiefen Frequenzen eine Phasendrehung, die derjenigen des Gitterkreises $C\ddot{u}$—Rg entgegengesetzt ist. Die beiden Phasenfehler kompensieren sich daher, der Gesamtphasenfehler wird kleiner und $C\ddot{u}$—Rg brauchen zur Übertragung tiefer Frequenzen nicht mehr so große Werte anzunehmen.

Um einen großen Spannungsabfall an Rf und damit Rückgang der Anodenspannung für die Röhre zu vermeiden, ist es ratsam, die Entzerrung für den ganzen mehrstufigen Verstärker nur bei der Röhrenstufe mit dem geringsten Anodenstrom vorzunehmen.

Mit dem Entzerrungsglied Rf—Cf kann auch der Verstärkungsrückgang bei tiefen Frequenzen, bedingt durch unterdimensionierte Katoden- oder Schirmgitterkondensatoren, kompensiert werden. Es wird

$$Rf \cdot Cf = Rk \cdot Ck = Rg_2 \cdot Cg_2 \tag{2.38}$$

2.2.4 Aufbau und Schaltbilder von *RC*-Verstärkern

Bei jeder Verstärkerschaltung sind die Signalwege oder Signalleitungen (= „heiße" Leitungen) von den Gleichstromwegen („kalte" Leitungen) zu unterscheiden. Die Abb. 2.21 zeigt den Signalweg (→) und die wechselstromführenden Leitungen eines zweistufigen Verstärkers. Die Gleichstromleitungen wurden fortgelassen.

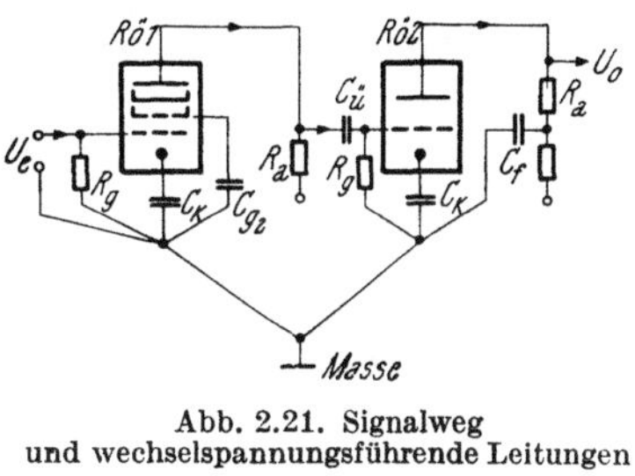

Abb. 2.21. Signalweg und wechselspannungsführende Leitungen

Die Anordnung der Einzelteile, wie Röhrenfassungen, Widerstände, Kondensatoren usw., ist so zu treffen, daß die Signalleitungen so kurz wie möglich ausfallen und die Schaltkapazitäten klein werden. Die Röhrenfassungen sind so nebeneinander anzuordnen, daß der Koppelkondensator $C\ddot{u}$ unmittelbar vom Anodenanschluß der Rö. 1 auf den Gitteranschluß der Rö. 2 gelötet werden kann.

Verstärkerausgangsleitungen sollen entfernt von den Verstärkereingangsteilen verlegt werden, um Mitkopplungen und damit Schwingungen des Verstärkers zu vermeiden. Heizleitungen sind bei Wechselstromheizung der Röhren verdrillt und entfernt von allen Signalleitungen zu verlegen, um eine Brummeinstreuung auf „heiße" Schaltungsteile zu vermeiden. Die Heizleitung wird entweder einseitig an Masse gelegt oder, was besonders bei Verstärkern mit hohem Verstärkungsgrad notwendig ist, mit Hilfe eines Potentiometers (etwa 100 Ω) gegen Masse symmetriert (siehe Abb. 2.23). Bei hochempfindlichen Verstärkern mit einer tiefen unteren Grenzfrequenz ist eine Gleichstromheizung der ersten Verstärkerstufe ratsam.

Eine Abschirmung der heißen Leitungen ist, wenn unumgänglich notwendig, mit einer kapazitätsarmen Abschirmleitung auf ein Mindestmaß zu beschränken, da die Schaltkapazitäten sonst stark vergrößert werden und die obere Grenzfrequenz erniedrigt wird. Um gemeinsame Kopplungswege und damit Instabilitäten des Verstärkers zu vermeiden, werden alle gegen Masse führenden Leitungen heißer Schaltteile einer Verstärkerstufe zusammengefaßt und mit einer verstärkten Leitung zum gemeinsamen Massepunkt des Verstärkers geführt — Einpunkterdung, siehe Abb. 2.21. Werden Entzerrerdrosseln verwendet (Abb. 2.23), so sind deren Achsen aufeinander senkrecht zu stellen, um dadurch induktive Kopplungen zu vermeiden. Das gleiche gilt für die Anordnung von Übertragern und Netztransformatoren.

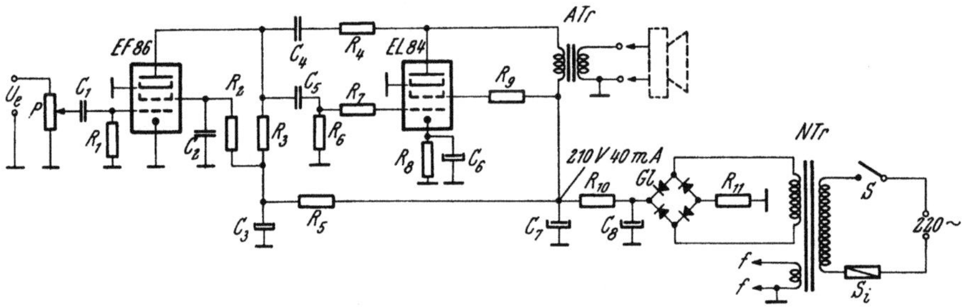

Abb. 2.22. Zweistufiger Niederfrequenzverstärker

Im folgenden sollen zwei Standard-Verstärkerschaltbilder besprochen werden. Die Abb. 2.22 zeigt das Schaltbild eines zweistufigen Niederfrequenzverstärkers mit Leistungsendstufe, z. B. zum Betrieb eines Lautsprechers. Die Werte der Schaltelemente sind:

P	0,5 MΩ	C_1	15 nF	NTr	= Netztransformator Sekundär 240 V, 50 mA, 6,3 V, 1 A
R_1	10 MΩ	C_2	0,2 μF		
R_2	1 MΩ	C_3	8 μF/350 V		
R_3	0,2 MΩ	C_4	100 pF	ATr	= Ausgangstransformator 7 kΩ/5 Ω
R_4	2 MΩ	C_5	50 nF		
R_5	30 kΩ	C_6	100 μF/8 V	G_1	= Selengraetzgleichrichter B 250 C 75
R_6	800 kΩ	$C_7 = C_8$	50 μF 350 V		
R_7	10 kΩ				
R_8	160 Ω				
R_9	100 Ω				
R_{10}	2 kΩ 6 W				
R_{11}	100 Ω				

Bei der ersten Röhre, einer klingarmen Niederfrequenz-Pentode für Vorverstärker, wurde der Katodenkomplex weggelassen. Die Brummeinstreuung von der Heizung ist dadurch geringer. Die Gittervorspannung wird durch den Anlaufstrom der Röhre (großer $Rg = 10$ MΩ) erzeugt. Das Potentiometer P dient zur Lautstärkeregelung. Im Anodenkreis der Vorröhre liegt eine Siebkette C_3—R_5. Vor dem Steuergitter der Endpentode liegt ein Widerstand zur Verhütung wilder Schwingungen auf hohen Frequenzen. Eine Spannungsgegenkopplung von der Anode EL 84 zur Anode EF 86 reduziert etwas die Ausgangsleistung, steigert aber die Stabilität des Verstärkers und bewirkt gleichzeitig eine geringe Anhebung tiefer Frequenzen. Sie kann nach Kap. 3.1 auch zur bevorzugten Verstärkung anderer Frequenzen herangezogen werden. Die Siebkette C_7—R_{10} und der Ladekondensator C_8 glätten den gleichgerichteten Wechselstrom. R_{11} ist ein Strombegrenzerwiderstand, der den hohen Einschaltstromstoß bei ungeladenem C_8 reduziert. Im Primärkreis des *NTr* liegen eine Sicherung und ein Netzschalter. Der Frequenzbereich ist 30 bis 15000 Hz, Ausgangsleistung N_0 etwa 4 W.

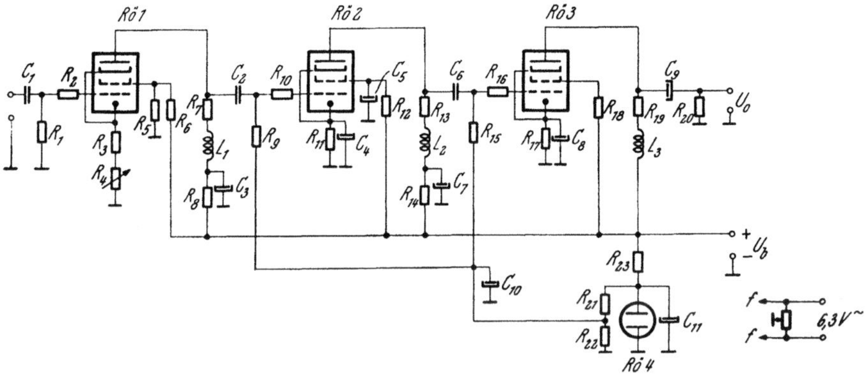

Abb. 2.23. Dreistufiger *RC*-Breitbandverstärker

Die Abb. 2.23 zeigt das Schaltbild eines dreistufigen Breitbandverstärkers für Meßaufgaben[1].

Die Werte der Schaltelemente sind:

$R_1 = R_9$ 500 kΩ
$R_2 = R_{10} = R_{16}$ 50 Ω
R_3 150 Ω
R_4 Regelwiderstand 1 kΩ
$R_5 = R_{12}$ 15 kΩ
R_6 10 kΩ
$R_7 = R_{13}$ 1 kΩ
$R_8 = R_{14} = R_{18}$ 2 kΩ

R_{11} 400 Ω	$C_1 = C_2 = C_6$ 0,5 μF	$L_1 = L_2 =$ 12 μH
R_{15} 1 MΩ	C_3 50 μF	$L_3 =$ 30 μH
R_{17} 300 Ω	$C_4 = C_8$ 1000 μF 12 V	
R_{19} 1,5 kΩ	$C_5 = C_7$ 32 μF	Rö. 1 = Rö. 2 = E 280 F
R_{20} 100 kΩ	C_9 100 μF	Rö. 3 = E 80 L
R_{21} 77 kΩ	C_{10} 1 μF	Rö. 4 = 85 A 2
R_{22} 8 kΩ	C_{11} 16 μF	
R_{23} 20 kΩ		$Ub =$ 220 V

Frequenzbereich innerhalb 3 dB: 3 Hz bis 5 MHz, Anstiegszeit $t_a =$ 80 ns, $Uo_{max} =$ 70 Vss, Verstärkung regelbar von 200- bis 1000fach.

Der dreistufige Verstärker besteht aus zwei Vorstufen mit Breitbandpentoden E 280 F (Siemens), die bei sehr kleinen Kapazitäten eine hohe Steilheit (26 mA/V)

[1] Nach Siemens-Unterlagen.

aufweisen. Die Endstufe ist mit einer Leistungspentode E 80 L bestückt. Die Regelung der Verstärkung erfolgt in der ersten Sufe durch Verändern des Katodenwiderstandes (R_4). Sie bewirkt eine Änderung der Stromgegenkopplung und eine Verschiebung des Arbeitspunktes durch Gittervorspannungsänderung. Die Schirmgitterspannung der Rö. 1 ist durch einen Spannungsteiler R_5—R_6 festgehalten. Die Anodenkreise aller Röhren sind mit einer Höhenentzerrung (L_1—L_3) ausgerüstet. Bemerkenswert ist, daß die Gitterableitwiderstände R_9 und R_{15} nicht an Masse, sondern an einer stabilisierten positiven Spannung liegen. Damit die Steuergitter der Röhren Rö. 2 und Rö. 3 trotzdem negativ gegen die Katode sind, muß der Spannungsabfall am Katodenkreis und damit die beiden *Rk* (R_{11}, R_{17}) viel größer werden. Dadurch wird der Katodenstrom stabilisiert (Abb. 2.125, S. 263). Bei gleicher Zeitkonstante τ_k können die Katodenkondensatoren kleiner werden, als durch f_u gefordert wäre.

2.2.5 Der Übertrager im Niederfrequenzverstärker[1]

Die Transformatorkopplung soll nur in ihren Umrissen behandelt werden, denn sie wird vorwiegend in der Nachrichtentechnik und Elektroakustik, weniger in der Elektronik verwendet. Es ist auch nicht sinnvoll, in diesem Rahmen genaue Berechnungsunterlagen für Übertrager zu geben, denn man wird die Herstellung besser einschlägigen Fachwerkstätten überlassen.

Ein Übertrager kann an verschiedenen Stellen im Verstärker eingesetzt werden:

1. als Eingangsübertrager zur Anpassung von Wechselspannungsquellen (z. B. dynamische Mikrophone usw.) an den hochohmigen Verstärkereingang. Es sind Spannungsübertrager mit einem zumeist großen Übersetzungsverhältnis (1:50 und mehr).

2. Zwischenübertrager: als Kopplungsglieder zwischen zwei Verstärkerstufen. Eine Aufwärtstransformation bei Röhrenschaltungen bringt einen zusätzlichen Verstärkungsgewinn. Diese Art wird, abgesehen von Großverstärkern, öfters als Impedanzwandler in der Transistortechnik angewendet.

3. als Ausgangstransformator (*ATr*) zur Anpassung des Verbrauchers an die Verstärkerendstufe — Leistungsübertrager.

Der Kern des Übertragers besteht bei Tonfrequenz aus lamelliertem, magnetisch möglichst hochwertigen Eisenblech. Die Wicklungen, primäre und sekundäre, werden bei breitbandigen Übertragern mehrfach unterteilt und gegeneinander verschachtelt. Dadurch läßt sich die Wicklungskapazität und die Streuinduktivität wesentlich verkleinern und die obere Grenzfrequenz erhöhen (Abb. 2.24). Die Wicklungen sollen über den ganzen Steg gleichmäßig verteilt werden, um den Streufaktor σ klein zu halten.

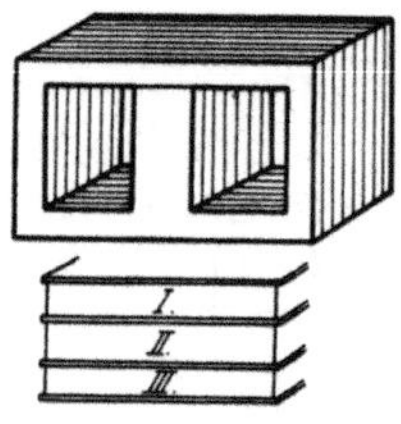

Abb. 2.24. Mantelkern und Wickelkörper eines Übertragers

Der Frequenzgang eines Übertragers ist im Vergleich zu dem eines transformatorlosen *RC*-Verstärkers nur über einen kleinen Bereich linear. Die obere und untere Grenzfrequenz liegen näher beisammen, die Bandbreite ist kleiner. f_u ist durch die Größe der Induktivität der Wicklung bestimmt, die nicht beliebig groß gemacht werden kann, da der ohmsche Widerstand der Wicklung, die Eigenkapazität, die Streuinduktivität und auch die äußeren Abmessungen zu stark ansteigen würden. Die obere Grenzfrequenz f_o

[1] Literatur: [B 1, B 2].

ist durch die Eigenkapazität der Wicklung bzw. die Streuinduktivität festgelegt. Diese Streuinduktivität kommt daher, daß ein Teil der von der einen Wicklung erzeugten Kraftlinien die andere Wicklung nicht vollständig umschließt. Eine Berechnung der Streuinduktivität ist bei Kleintransformatoren praktisch nur durch Vergleich mit Erfahrungswerten für jede einzelne Kerngröße und Bauart möglich. Man erhält sie einfacher durch Messung der Induktivität, die die Primärwicklung aufweist, wenn die Sekundärwicklung kurzgeschlossen ist.

A. Eingangsübertrager (Abb. 2.25)

Der Eingangsübertrager ist bei Röhrenschaltungen sekundärseitig nicht ohmisch abgeschlossen, sondern nur kapazitiv durch Ce belastet. Die Kapazität Ce setzt sich aus der Wicklungskapazität, der Schaltkapazität und der Röhrenkapazität zusammen. Um ein großes Übersetzungsverhältnis bei ausreichender Bandbreite zu erhalten, ist auf besondere Streuarmut und kleines Ce zu achten.

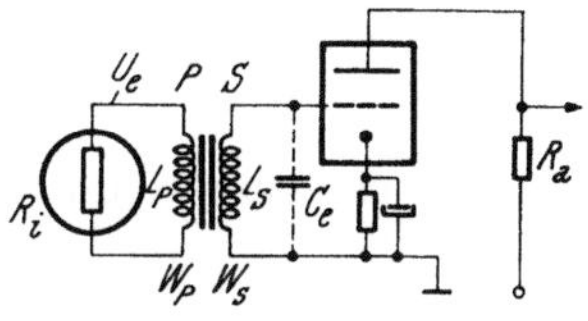

Abb. 2.25. Eingangsübertrager

Die für die untere Grenzfrequenz f_u notwendige Primärinduktivität L_p ist bestimmt durch

$$L_p = \frac{Ri}{2\pi f_u} \tag{2.39}$$

Außerdem darf die vorgegebene größte Eingangsspannung Ue im Kern keine höhere Scheitelinduktion B hervorrufen, als für das gewählte Material zulässig ist, um Verzerrungen klein zu halten:

$$B = \frac{Ue \cdot 10^{-8}}{4{,}44 \cdot q \cdot w_p \cdot f_u} \qquad [\text{V, cm}^2\text{, Hz, G}] \tag{2.40}$$

Diese Gleichung bestimmt zusammen mit der nach Gl. (2.39) geforderten und nach Gl. (1.102) ff., S. 153, zu berechnenden Primärinduktivität die Primärwindungszahl w_p und den notwendigen Kernquerschnitt q.

Als Streufaktor bezeichnet man das Verhältnis der Streuinduktivität L_{streu} zur Primärinduktivität Lp

$$\sigma = \frac{L_{\text{streu}}}{L_p} \tag{2.41}$$

Damit ergibt sich für die obere Grenzfrequenz f_o eine maximale Sekundärinduktivität Ls zu

$$Ls = \frac{1}{2{,}8 \cdot \sigma \cdot \pi^2 f_o^2 Ce} \tag{2.42}$$

Mit Lp nach (2.39) und Ls nach (2.42) ergibt sich das für die verlangte Bandbreite höchstens erreichbare Übersetzungsverhältnis $ü$ zu

$$ü = \sqrt{Ls/Lp} = w_s/w_p \tag{2.43}$$

B. Ausgangsübertrager (Abb. 2.26)

Zur Vereinfachung der Überlegungen sei der Übertrager verlustlos angenommen, was für einen mittleren Frequenzbereich keinen zu großen Fehler bedeutet. Der Übertrager soll mit dem Übersetzungsverhältnis $ü$ den Lastwiderstand R_L

an den optimalen Außenwiderstand Ra der Röhre (siehe Kap. 2.6) anpassen:

$$\ddot{u} = w_s/w_p = \sqrt{R_L/Ra} \tag{2.43a}$$

Analog zu (2.39) ergibt sich die mindestens erforderliche Primärinduktivität aus der unteren Grenzfrequenz f_u, dem Innenwiderstand der Röhre Ri und dem auf die Primärseite transformierten Lastwiderstand $\ddot{u}^2 \cdot R_L$ zu

$$Lp = \frac{1}{2\pi f_u} \cdot \frac{Ri \cdot \ddot{u}^2 \cdot R_L}{Ri + \ddot{u}^2 \cdot R_L} \tag{2.44}$$

Die Scheitelinduktion im Kern ergibt sich aus Gl. (2.40), wobei $U\tilde{a} = I\tilde{a} \cdot Ra$ an Stelle von Ue eingesetzt werden muß (siehe Kennlinienfeld und Aussteuerbereich Kap. 2.1.1 und 2.6). Für eine Scheitelinduktion von 4 kG (ein Wert, der für die meisten geeigneten Übertragerbleche zulässig ist) ergibt sich aus der Wechselstromleistung $N^{\sim}$ am Lastwiderstand der erforderliche Eisenquerschnitt q annähernd zu

$$q = 1{,}6 \cdot \sqrt{N^{\sim}} \tag{2.45}$$

Die erreichbare obere Grenzfrequenz bestimmt sich aus

$$f_o = \frac{Ri + Ra}{2\pi\sigma L_p} \tag{2.46}$$

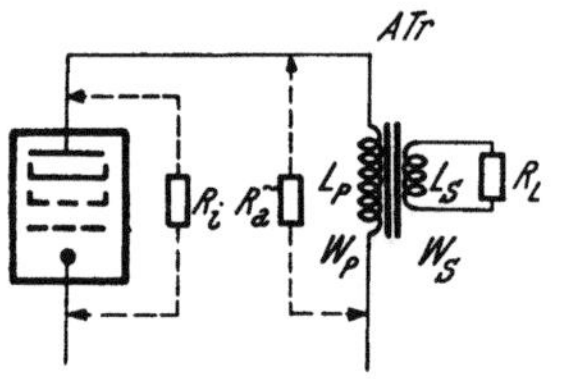

Abb. 2.26. Ausgangsübertrager

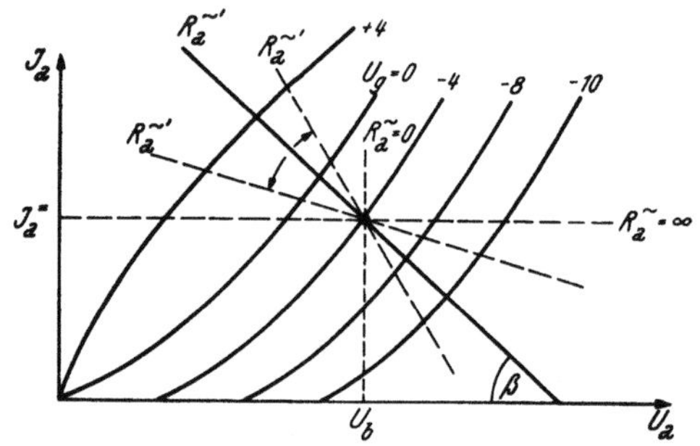

Abb. 2.27. Arbeitspunkt der Röhre mit Ausgangsübertrager

Für eine Röhre mit einem Übertrager als Außenwiderstand ist $Ua^{=} = Ub$ (siehe Kap. 2.6.1), denn der Gleichstromwiderstand der Übertragerwicklung ist meistens vernachlässigbar klein. Im Ia—Ua-Kennlinienfeld dreht sich die Widerstandsgerade für verschiedene Werte von Ra um einen Arbeitspunkt, der durch $Ug^{=}$ und Ub gegeben ist (siehe Abb. 2.27). Ist Ra kein rein ohmscher Widerstand, sondern ein komplexer, was bei Übertragern an den Frequenzgrenzen der Fall ist, so wird die Gerade Ra im Kennlinienfeld zu einer Ellipse Za. Die Folge sind Abweichungen vom linearen Frequenzgang und Verzerrungen der Kurvenform (siehe auch Kap. 7.1.2).

2.3 Der Transistor-Kleinsignalverstärker in Emitterschaltung[1]

2.3.1 Funktionsweise

Das Prinzipschaltbild des Transistorverstärkers zeigt Abb. 2.28 und Abb. 2.29. Bei fehlendem Eingangssignal u_B fließt durch den Basiswiderstand R_B ein Gleichstrom I_B, der einen Kollektorstrom I_K hervorruft. Wird an die Klemmen AB

[1] Literatur: [K 2, L 1, L 8, R 2, S 3].

eine Wechselspannung u_B angelegt, dann überlagert sich dem Gleichstrom I_B ein Eingangswechselstrom i_B, der einen Kollektorwechselstrom i_K hervorruft. Am Kollektorwiderstand R_K bzw. in der Primärwicklung von Tr entsteht dadurch die Kollektorwechselspannung u_K.

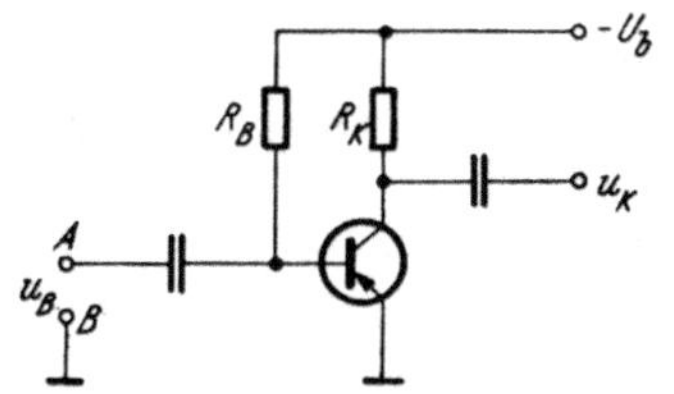

Abb. 2.28. Prinzipschaltbild einer Transistorverstärkerstufe mit ohmschem Kollektorwiderstand

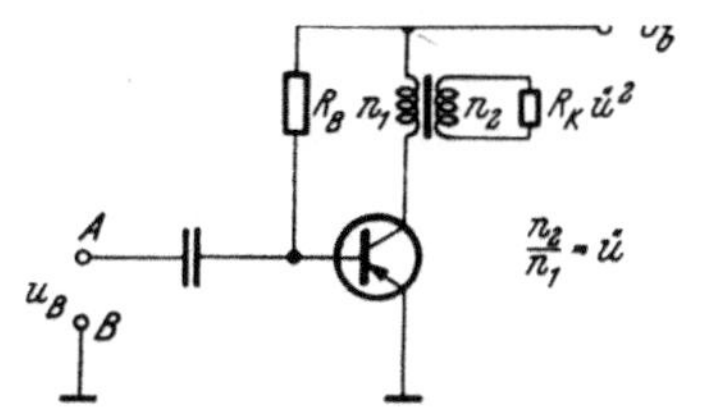

Abb. 2.29. Verstärker mit Ausgangsübertrager

2.3.2 Veranschaulichung des Verstärkungsvorganges im Kennlinienfeld

Den Verstärkungsvorgang verfolgt man am anschaulichsten im I_K-U_{KE}-Kennlinienfeld mit I_B als Parameter. Der Arbeitswiderstand wird durch eine Gerade dargestellt, die bei $U_{KE} = Ub$ und $I_K = Ub/R_K$ die Koordinatenachsen schneidet. Bei Aussteuerung gleitet der Arbeitspunkt A längs der Widerstandsgeraden, die jeden I_B-Wert mit einem I_K-Wert verbindet. Dieser Zusammenhang zwischen I_B und I_K ist links vom I_K-U_{KE}-Feld (Abb. 2.30) dargestellt und heißt I_B-I_K-Arbeitskennlinie. Strichliert ist die I_B-I_K-Linie für eine konstante Kollektorspannung dargestellt, wie sie in den Transistortabellen angegeben wird. Sie verläuft stets steiler als die Arbeitskennlinie (vgl. Kurzschluß- und Arbeitssteilheit bei Röhren).

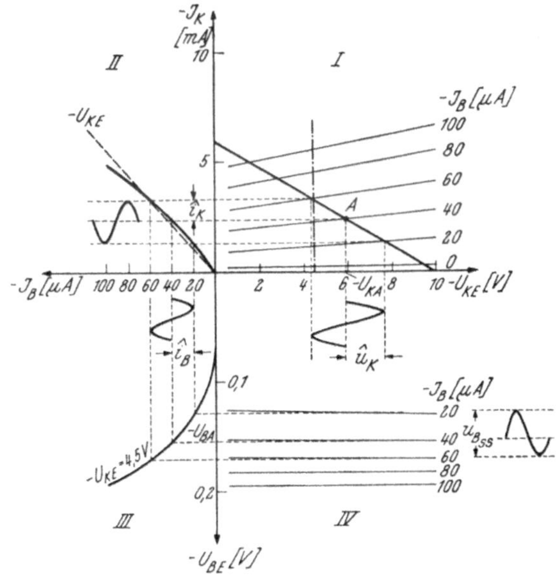

Abb. 2.30. Verstärkungsvorgang im Kennlinienfeld

Wählt man R_B in Abb. 2.28 und 2.29 so, daß im Ruhezustand ein Basisstrom von 40 μA fließt, dann stellt sich ein Arbeitspunkt A bei $U_{KE} = U_{KA}$ ein. Ein sinusförmiges Eingangssignal der Amplitude $\hat{i}_B = 20$ μA erzeugt dann einen Kollektorstrom $\hat{i}_K$ und eine Kollektorspannung $\hat{u}_K$. Die Nichtlinearität der I_B-I_K-Arbeitskennlinie verursacht Verzerrungen des Ausgangssignales, die durch später zu besprechende Maßnahmen reduziert werden müssen.

Den Zusammenhang zwischen I_B und U_B sieht man im I_B-U_B-Kennlinienfeld Abb. 2.30. Die in den Transistortabellen wiedergegebenen I_B-U_B-Kurven gelten strenggenommen nur für eine konstante Kollektorspannung. Die dynamische

Kennlinie läßt sich aus dem U_B-U_K-Kennlinienfeld auf analogem Wege konstruieren wie die I_B-I_K-Arbeitskennlinie. Schließt man das Reststromgebiet ($U_{K_{rest}} \approx -0{,}3$ V) aus, so kann mit guter Näherung die U_B-I_B-Kennlinie für U_K = konst. verwendet werden. Im Ruhezustand fällt durch $I_B = 40$ µA an der Basis-Emitter-Strecke die Basisspannung U_{BA} ab. Bei Ansteuerung mit i_B tritt an der Basis eine Spannung der Amplitude u_{Bss} auf, die infolge der exponentiellen I_B-U_B-Kennlinie stark verzerrt ist. Steuert man daher umgekehrt den Transistor mit einer Eingangs*spannung* an, ist bereits der Basisstrom verzerrt. Spannungssteuerung (Innenwiderstand der Steuerquelle sehr klein gegenüber dem dynamischen Transistor-Eingangswiderstand) ist daher bei großen Amplituden unbedingt zu vermeiden.

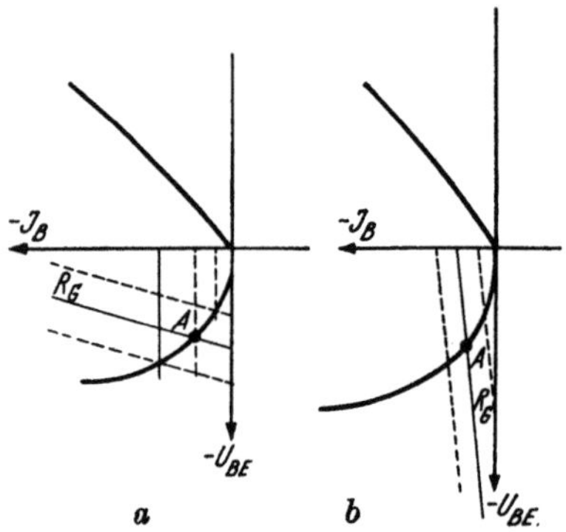

Abb. 2.31. Verzerrungen durch die nichtlineare $I_B - U_B$-Kennlinie bei kleinem (*a*) und großem (*b*) Generatorwiderstand

Eine reine Stromaussteuerung (Innenwiderstand der Signalquelle $R_G = \infty$) läßt sich in der Praxis nicht erreichen. Der endliche Innenwiderstand der Steuerquelle wird im I_B-U_B-Diagramm als Gerade abgebildet, die im Rhythmus der Ansteuerung um den Arbeitspunkt A parallel verschoben wird (siehe Abb. 2.31, a) kleiner R_G und b) großer R_G). Da die I_B-I_K-Arbeitskennlinie etwas nach unten, die I_B-U_B-Kurve nach oben gekrümmt ist, lassen sich die Verzerrungen durch geeignete Wahl des Strom/Spannungsansteuerungsverhältnisses teilweise kompensieren.

Bevor nach dieser Übersicht über den Verstärkungsvorgang auf die quantitative Behandlung eingegangen wird, sollen vorher noch einige Unterschiede zwischen dem Röhren- und Transistorverstärker vorausgeschickt werden, deren Beachtung für den folgenden Abschnitt nützlich erscheint.

Der erste auffallende Unterschied zum Röhrenverstärker ist das Fehlen der Heizleistung sowie der Betrieb mit sehr niedrigen Speisespannungen, die um ein bis zwei Größenordnungen unter den üblichen Betriebsspannungen der Elektronenröhre liegen. Aus diesem Grund sind auch die im Transistorverstärker verwendeten Widerstände bedeutend kleiner, sowohl was ihren Widerstandswert als auch ihre äußeren Dimensionen (geringe Belastbarkeit) betrifft. Koppelkondensatoren haben hingegen beträchtlich höhere Kapazitätswerte als im Röhrenverstärker, da ihre Impedanz im selben Verhältnis abnehmen muß wie die ohmschen Widerstände der übrigen Schaltung.

Ein zweiter, wesentlicher Punkt betrifft die Ansteuerung des Transistors. Der Transistoreingang ist niederohmig (vgl. I_B-U_B-Kennlinienfeld) und besitzt in Emitterschaltung einen Wert in der Größenordnung von 1 kΩ. Der Ausgangsstrom ist um so größer, je höher der Strom durch den Transistoreingang ist. Nun kann jede Signalquelle nach Belieben entweder einen hohen Strom oder aber eine hohe Spannung liefern, da man (zumindest in einem Gedankenexperiment) die Signalspannung durch einen Transformator entweder herunter- oder hinauftransformieren kann. Unveränderlich bleibt nur das Produkt $u \cdot i$, das die Signalquelle liefern kann; denn die Leistung ($= u \cdot i$), die z. B. ein Mikrophon liefern kann, ist vorgegeben durch die empfangene Schalleistung und kann durch einen Transformator weder vergrößert noch vermindert werden. Das Problem ist somit lediglich, wie man die in der Signalquelle latent zur Verfügung stehende Leistung N_G so auf die beiden Faktoren Steuerstrom i und Steuerspannung u verteilt, daß dem Transistor ein möglichst großer Anteil Ne von dieser Leistung N_G

zugute kommt, denn der Eingangsstrom, der wie erwähnt möglichst groß sein soll, steigt mit der Eingangsleistung an ($i = \sqrt{Ne/r_e}$; r_e Eingangswiderstand).

Das Problem ist leicht zu lösen, wenn man bedenkt, daß sich jede Signalquelle als Serienschaltung einer Spannungsquelle u_G und einer Impedanz nachbilden läßt, welche zur Vereinfachung als reiner Wirkwiderstand R_G angenommen sei. Die in der Signalquelle (Generator) vorhandene Leistung ist dann $N_G = \frac{U_G^2}{R_G}$; schließt man z. B. die Klemmen A, B kurz (Abb. 2.32), so wird diese Leistung im Innenwiderstand R_G verbraucht. Berechnet man bei Vorhandensein von r_e (Eingangswiderstand des Transistors) Spannung und Strom an den Klemmen A, B, so findet man, daß dem Eingangswiderstand r_e dann am meisten Leistung zugeführt wird, und zwar $N_G/4$, wenn $R_G = r_e$. Man spricht dann vom sogenannten Anpassungsfall. $N_G/4$ gehen im Generator verloren und der Rest $N_G/2$ ist nicht ausnützbar.

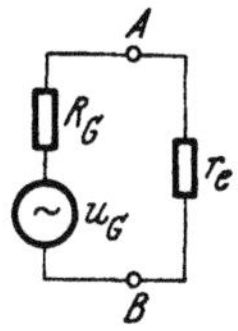

Abb. 2.32

Um also optimale Leistungsübertragung und damit optimale Leistungsverstärkung im Transistor zu bekommen, ist das richtige Verhältnis zwischen R_G und r_e von eminenter Bedeutung. Bei der Hintereinanderschaltung von mehreren Transistorstufen in Emitterschaltung ist nur dann eine gute Leistungsverstärkung möglich, wenn der hochohmige Ausgang (einige 10 kΩ) an den niederohmigen Eingangswiderstand des folgenden Transistors angepaßt werden kann (z. B. durch Transformatoren).

Die Kopplung zwischen zwei hintereinandergeschalteten Röhren ist das Beispiel einer sehr schlechten Leistungsanpassung. Die von der Vorröhre gelieferte Leistung $u_a \cdot i_a$ wird nur zu einem verschwindenden Teil vom extrem hochohmigen Gitterkreis der folgenden Röhre aufgenommen; lediglich die Spannung wird verstärkt und über 99% der Leistung geht verloren.

Es gibt Fälle, wo man vom Anpassungsprinzip abgeht und einen Leistungsverstärkungsverlust in Kauf nimmt. Solche Gründe können z. B. die auf S. 168 besprochenen Rauschverhältnisse sein, die für ein geringes Rauschen einen bestimmten Generatorwiderstand vorschreiben, oder z. B. besondere Anforderungen an die Verzerrungsfreiheit des verstärkten Signales, was mit einer Stromsteuerung (hohes R_G) leichter zu erreichen ist als bei Leistungsanpassung.

Kompliziert werden die Verhältnisse dadurch, daß Eingangs- und Ausgangswiderstand des Transistors keine konstanten Größen sind, sondern außer vom Kollektorstrom und von der Kollektorspannung in hohem Maße vom Generatorwiderstand bzw. Kollektorwiderstand abhängen. Spricht man daher z. B. vom Eingangswiderstand des Transistors, so muß außer der Lage des Arbeitspunktes auch der Kollektorwiderstand mit angegeben werden.

2.3.3 Die *h*-Gleichungen des Transistors

Das Transistorkennlinienfeld ermöglicht eine schnelle überschlagsmäßige Ermittlung der Verstärkungszahlen und gestattet die Festlegung der Aussteuergrenzen und die Abschätzung der Verzerrungen. Für sehr kleine Aussteuerungen kann man alle Kennlinien in der Umgebung des gewählten Arbeitspunktes als geradlinig ansehen, d. h. lineare Beziehungen zwischen Eingangs- und Ausgangsspannungen und -strömen voraussetzen, die das Verhalten eines Transistors in einer Verstärkerstufe zu berechnen gestatten. Bei komplizierteren Schaltungen (Gegenkopplungen, Neutralisation) ist die Berechnungsmethode, die auf dieser

Voraussetzung beruht, der schnellste Weg, Aufschluß über den Einfluß der verschiedenen Schaltelemente zu gewinnen.

Man geht wieder vom einfachen Kennlinienfeld aus (Abb. 2.33) und schreibt zur Vereinfachung $U_{BE} = U_1$, $U_{KE} = U_2$, $I_B = I_1$. Vergrößert man in der Umgebung des Arbeitspunktes A bei festgehaltener Kollektorspannung U_2 den Basisstrom I_1 um ΔI_1, so nimmt die Basisspannung um $\Delta U_1'$ zu (siehe Abb. 2.33). Hält man dagegen I_1 konstant und erhöht U_2 um ΔU_2, so ändert sich U_1 um $\Delta U_1''$. Die gesamte Änderung der Eingangsspannung ist also

$$\Delta U_1 = \Delta U_1' + \Delta U_1''$$

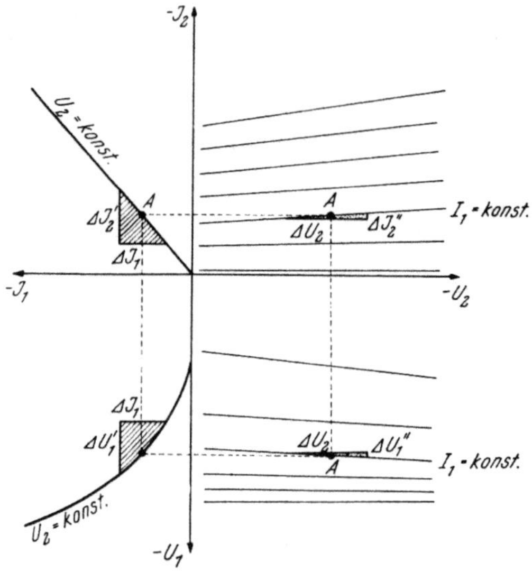

Abb. 2.33. Ableitung der h-Gleichungen

Vergrößert man bei festgehaltener Kollektorspannung den Basisstrom I_1 um ΔI_1, so steigt der Kollektorstrom um $\Delta I_2'$. Hält man dagegen I_1 konstant und erhöht U_2 um ΔU_2, so ändert sich I_2 um $\Delta I_2''$. Die gesamte Änderung des Kollektorstromes ist also

$$\Delta I_2 = \Delta I_2' + \Delta I_2''$$

Man formt nun die beiden Gleichungen folgendermaßen um:

$$\Delta U_1 = (\Delta U_1'/\Delta I_1)\,\Delta I_1 + (\Delta U_1''/\Delta U_2)\,\Delta U_2 = h_{11E}\,\Delta I_1 + h_{12E}\,\Delta U_2 \quad (2.47)$$

$$\Delta I_2 = (\Delta I_2'/\Delta I_1)\,\Delta I_1 + (\Delta I_2''/\Delta U_2)\,\Delta U_2 = h_{21E}\,\Delta I_1 + h_{22E}\,\Delta U_2 \quad (2.48)$$

Die Größen h_{ikE} bezeichnet man als h-Parameter in Emitterschaltung.

Für einen typischen Niederfrequenz-Transistor gelten z. B. im Arbeitspunkt $U_2 = -2$ V, $I_2 = 3$ mA folgende Werte:

$$h_{11E} = 800\ \Omega$$
$$h_{12E} = 5{,}4 \cdot 10^{-4}$$
$$h_{21E} = 47$$
$$h_{22E} = 8 \cdot 10^{-5}\ S$$

das bedeutet also

$$\Delta U_1 = 800\,\Delta I_1 + 0{,}00054 \cdot \Delta U_2$$
$$\Delta I_2 = 47\,\Delta I_1 + 0{,}00008 \cdot \Delta U_2$$

Die h-Parameter besitzen folgende physikalische Bedeutung:

Ist $\Delta U_2 = 0$ (konstante Kollektorspannung, Kollektor z. B. kapazitiv kurzgeschlossen), so ist

$$h_{11E} = \Delta U_1'/\Delta I_1 = (\Delta U_1/\Delta I_1)_{U_2=\text{konst.}} \quad (2.49)$$

= Eingangswiderstand bei kurzgeschlossenem Ausgang

$$h_{21E} = \Delta I_2'/\Delta I_1 = (\Delta I_2/\Delta I_1)_{U_2=\text{konst.}} \tag{2.50}$$

= Stromverstärkung bei kurzgeschlossenem Ausgang

Bei konstant gehaltenem Basisstrom ($\Delta I_1 = 0$) gilt:

$$h_{12E} = \Delta U_1''/\Delta U_2 = (\Delta U_1/\Delta U_2)_{I_1=\text{konst.}} \tag{2.51}$$

= Rückwirkungskonstante bei offenem Eingang

$$h_{22E} = \Delta I_2''/\Delta U_2 = (\Delta I_2/\Delta U_2)_{I_1=\text{konst.}} \tag{2.52}$$

= Kollektorleitwert bei offenem Eingang.

Setzt man für die Strom- und Spannungsänderungen die entsprechenden Wechselstromgrößen, erhält man aus Gl. (2.47) und Gl. (2.48) die h-Gleichungen:

$$\begin{aligned} u_1 &= h_{11E} i_1 + h_{12E} u_2 \\ i_2 &= h_{21E} i_1 + h_{22E} u_2 \end{aligned} \tag{2.53}$$

Die Wahl von u_2, i_1 als unabhängige Veränderliche und u_1, i_2 als abhängige Veränderliche ist nicht bindend. In der Praxis verwendet man auch oft noch die Spannungen als Funktion der Ströme:

$$\begin{aligned} u_1 &= r_{11} i_1 + r_{12} i_2 \\ u_2 &= r_{21} i_1 + r_{22} i_2 \end{aligned} \tag{2.54}$$

und, besonders in der Hochfrequenztechnik, die Ströme als Funktion der Spannungen:

$$\begin{aligned} i_1 &= y_{11} u_1 + y_{12} u_2 \\ i_2 &= y_{21} u_1 + y_{22} u_2 \end{aligned} \tag{2.55}$$

Die vier h- bzw. r- bzw. y-Werte faßt man zur besseren Übersicht in ein Zahlenschema (Matrix) zusammen und schreibt z. B. für Gl. (2.53) abkürzend

$$\begin{pmatrix} u_1 \\ i_2 \end{pmatrix} = \begin{pmatrix} h_{11E} h_{12E} \\ h_{21E} h_{22E} \end{pmatrix} \cdot \begin{pmatrix} i_1 \\ u_2 \end{pmatrix} \tag{2.56}$$

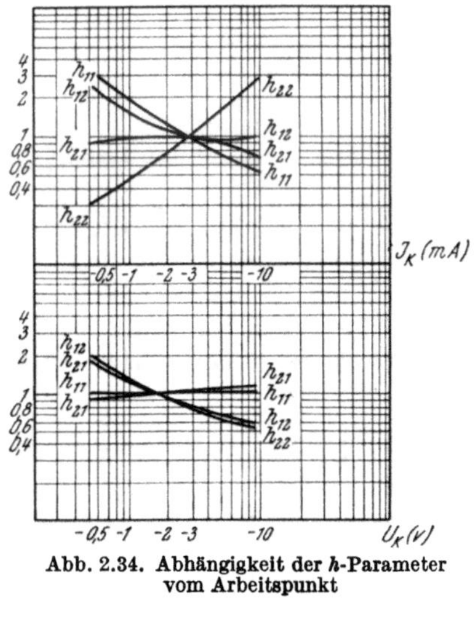

Abb. 2.34. Abhängigkeit der h-Parameter vom Arbeitspunkt

Die r- und y-Parameter sind aus den h-Parametern berechenbar. Dies gilt auch umgekehrt. Wie sich aus Abb. 2.33 leicht ersehen läßt, sind die h- (bzw. y-, r-)-Parameter von der Lage des Arbeitspunktes abhängig. Diese Abhängigkeit der h-Parameter von Kollektorstrom und -spannung zeigt grundsätzlich den in Abb. 2.34 gezeigten Verlauf und ist für den jeweiligen Transistortyp aus Tabellen entnehmbar.

Die Gl. (2.53), (2.54) und (2.55) heißen Vierpolgleichungen: Der Transistor wird als Vierpol T (Abb. 2.35) mit zwei Eingangs- und zwei Ausgangsklemmen aufgefaßt. Das Kästchen T verarbeitet die Eingangsgrößen u_1, i_1 in die Ausgangsgrößen i_2, u_2. Den quantitativen Zusammenhang geben die Vierpolgleichungen.

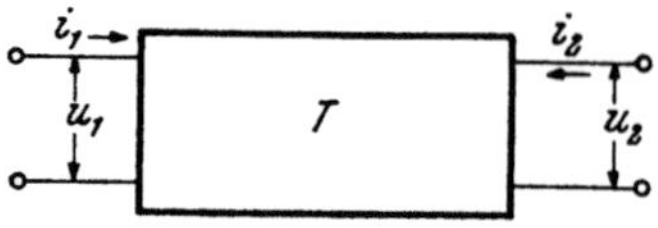

Abb. 2.35. Transistor als Vierpol

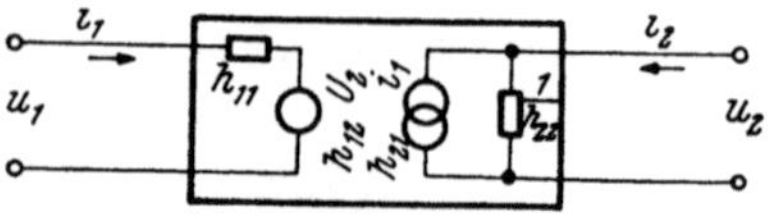

Abb. 2.36. h-Ersatzschaltbild. Die vorhandene Verkopplung wird durch den Spannungsgenerator $h_{12}u_2$ und den Stromgenerator $h_{21}i_1$ nachgebildet

Um vom abstrakten Vierpol T eine anschauliche Vorstellung zu bekommen, versucht man T durch einfache Schaltelemente darzustellen. Dieses Ersatzschaltbild zeigt für die h-Parameter Abb. 2.36. Den Zusammenhang zwischen h-Parametern und den Parametern des T-Ersatzschaltbildes (Abb. 1.127, S. 85) gibt Tab. 2.1.

Tabelle 2.1

$h_{11E} = r_B + \frac{r_E r_D}{r_E + r_D} \cdot \frac{1}{1-a}$	$r_D \approx \frac{1}{h_{22E}}$
$h_{12E} = \frac{r_E}{r_E + r_D}$	$r_E \approx \frac{h_{12E}}{h_{22E}}$
$h_{21E} = \frac{b r_D - r_E}{r_D + r_E}$	$a \approx \frac{h_{21E}}{h_{21E} + 1}$
$h_{22E} = \frac{1}{r_D + r_E}$	$r_B \approx h_{11E} - \frac{h_{21E} h_{12E}}{h_{22E}}$

2.3.4 Berechnung der Betriebsparameter

Bei einer Verstärkerstufe interessiert die Größe der Verstärkung und der Eingangs- und Ausgangsimpedanz in Abhängigkeit vom Generator- und Lastwiderstand (Abb. 2.37). Diese Werte sind für Sonderfälle gleich den h-Parametern; so ist z. B. der Eingangswiderstand $r_e = h_{11}$, wenn $R_K = 0$. Im allgemeinen sind die Zusammenhänge kompliziert: Führt man zur Abkürzung die Hilfsgrößen

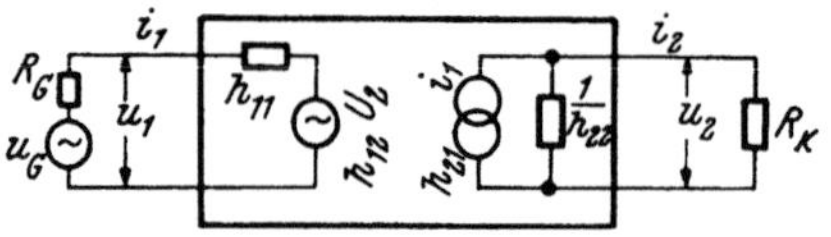

Abb. 2.37. Beeinflussung von u_1, i_1, u_2, i_2 durch die Werte von R_G, u_G, R_K

$$\left.\begin{aligned} H &= h_{12} \cdot h_{21}/(h_{11} \cdot h_{22}) \\ L &= R_K/(R_K + 1/h_{22}) \\ G &= h_{11}/(h_{11} + R_G) \end{aligned}\right\} \quad (2.57)$$

ein, dann ist

$$\left.\begin{array}{lll} \text{der Betriebs-Eingangswiderstand} & r_e = u_1/i_1 & = h_{11}(1 - HL) \\ \text{der Betriebs-Ausgangswiderstand} & r_o = u_2/i_2 & = 1/(h_{22}(1 - HG)) \\ \text{die Betriebs-Stromverstärkung} & v_i = i_2/i_1 & = h_{21}(1 - L) \\ \text{die Spannungsverstärkung} & v_u = u_2/u_1 & = -(1/h_{12}) \dfrac{HL}{1 - HL} \\ \text{die Leistungsverstärkung} & v = N_2/N_1 & = \dfrac{h_{21}^2}{h_{11} \cdot h_{22}} \cdot \dfrac{(1 - L) \cdot L}{1 - HL} \end{array}\right\} \quad (2.58)$$

Ist $$R_G = h_{11}\sqrt{1-H} \quad \text{und} \quad R_K = 1/h_{22}\sqrt{1-H} \tag{2.59a}$$

dann ist

$$R_G = r_e,\ R_K = r_o \tag{2.59b}$$

(Anpassungsfall) und die optimale Leistungsverstärkung beträgt

$$v_{\text{opt}} = (h_{21}^2/h_{11}\cdot h_{22})\left(1/(1+\sqrt{1-H})\right)^2 \tag{2.60}$$

Zu Gl. (2.57) bis (2.59) kommt man durch Verwendung der h-Gleichungen (2.53) und der Beziehung $u_2 = -i_2 R_K$ (das Minuszeichen kommt von der 180°-Phasendrehung der Emitterschaltung); der Betriebseingangswiderstand r_e berechnet sich z. B. folgendermaßen:

$$\begin{aligned}
i_2 &= h_{21} i_1 - h_{22} i_2 R_K \\
i_2 &= h_{21} i_1/(1 + h_{22} R_K) \\
u_1 &= h_{11} i_1 - h_{12} i_2 R_K \\
u_1 &= h_{11} i_1 - h_{12}[h_{21} i_1/(1 + h_{22} R_K)] R_K \\
r_e &= u_1/i_1 = h_{11} - h_{12} h_{21} R_K/(1 + h_{22} R_K)
\end{aligned}$$

Zahlenbeispiel:

Für eine Verstärkerstufe seien folgende Daten gegeben:

$$\begin{aligned}
h_{11E} &= 800\,\Omega & R_G &= 1000\,\Omega \\
h_{12E} &= 5{,}4\cdot 10^{-4} & R_K &= 3330\,\Omega \\
h_{21E} &= 47 \\
h_{22E} &= 8\cdot 10^{-5}\,S
\end{aligned}$$

Die Hilfsgrößen sind

$$\begin{aligned}
H &= h_{12} h_{21}/h_{11} h_{22} = 0{,}397 \\
L &= R_K/(R_K + 1/h_{22}) = 0{,}210 \\
G &= h_{11}/(h_{11} + R_G) = 0{,}445
\end{aligned}$$

Dann ist

$$\begin{aligned}
r_e &= 740\,\Omega & v_i &= 37 \\
r_o &= 15300\,\Omega & v_u &= 161 \\
& & v &= 6180
\end{aligned}$$

Zur optimalen Leistungsverstärkung müßte für den vorliegenden Transistor $R_G = 620\,\Omega$ und $R_K = 16\,\text{k}\Omega$ gewählt werden (Gl. (2.59a)). Die Leistungsverstärkung wäre dann $v_{\text{opt}} = 11000$, die Stromverstärkung $v_i = 20{,}7$ und die Spannungsverstärkung $v_u = 535$.

Abb. 2.38 zeigt die Abhängigkeit des Eingangswiderstandes, der Leistungs-, Strom- und Spannungsverstärkung vom Kollektorwiderstand sowie des Ausgangswiderstandes vom Eingangswiderstand. Die gestrichelten Kurven gelten für die später zu besprechende Basis- bzw. Kollektorgrundschaltung.

Auf dem Umweg über Gl. (2.58) und Tab. 2.1 auf S. 196 oder direkt aus Abb. 1.127 ergeben sich für das T-Ersatzschaltbild der Abb. 1.127 folgende Betriebsparameterformeln, die der Vollständigkeit halber angegeben sind:

$$\left.\begin{aligned}
v_u &= \frac{R_L(ar_K - r_E)}{r_B(r_E + r_K(1-a) + R_L) + (r_K + R_L)} \approx \frac{aR_L}{r_E + r_B(1-a)} \\
v_i &= \frac{ar_K - r_E}{r_E + r_K(1-a) + R_L} \\
r_e &= \frac{r_B[r_E + r_K(1-a) + R_L] + r_E(r_K + R_L)}{r_E + r_K(1-a) + R_L} \approx \frac{r_B(1-a) + r_E}{1-a} \\
r_o &= \frac{(R_G + r_B + r_E)[r_K(1-a)] + r_E(R_G + r_B + ar_K)}{R_G + r_B + r_E} \approx \frac{R_G r_K(1-a) + r_E r_K}{R_G + r_B + r_E}
\end{aligned}\right\} \quad (2.61)$$

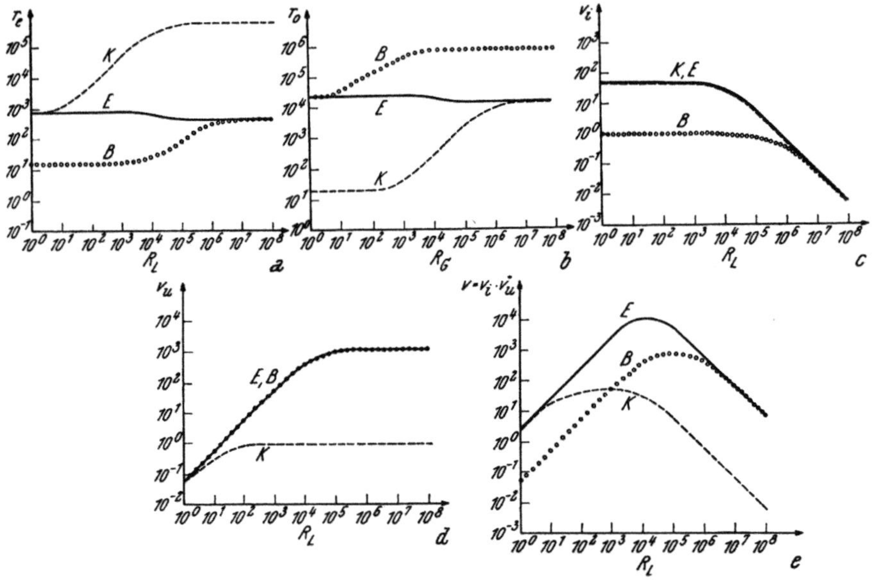

Abb. 2.38. Abhängigkeit der Betriebsgrößen vom Lastwiderstand R_L und Generatorwiderstand R_G. a) Eingangswiderstand, b) Ausgangswiderstand, c) Stromverstärkung, d) Spannungsverstärkung, e) Leistungsverstärkung. Transistorparameter $h_{11E} = 800\,\Omega$, $h_{12E} = 5{,}4 \cdot 10^{-4}$, $h_{21E} = 47$, $h_{22E} = 8 \cdot 10^{-5}\,S$. Ausgezogen: Emitterschaltung, gestrichelt: Kollektorschaltung, punktiert: Basisschaltung

2.3.5 Wahl des Arbeitspunktes

Bei Kleinsignal-Vorverstärkerstufen (Mikrophonverstärker usw.) wird der Arbeitspunkt im allgemeinen durch die Forderung nach kleinstem Rauschen festgelegt; die Herstellerfirmen geben hierfür die günstigsten Werte für Kollektorstrom und Kollektorspannung an. Ein anderer Gesichtspunkt ist die Forderung eines geringen Stromverbrauches. Wieweit der Arbeitspunkt nach kleinen Kollektorströmen hin gelegt werden kann, hängt von der Größe der Aussteuerung ab. Für kleine Eingangssignale sind zwar Kennlinienkrümmungen weniger kritisch, jedoch wird bei kleinem Kollektorstrom die Stromverstärkung kleiner. Arbeitspunkteinstellungen unterhalb des Kollektorreststromes I_{K0E} sollten vermieden werden. Bei Verstärkerstufen mit größerer Ansteuerung (Treiberstufen) wird der Arbeitspunkt an Hand des Kennlinienfeldes nach Gesichtspunkten eines unverzerrten Aussteuerbereiches gewählt.

Die Dimensionierung von R_K wird im Interesse einer hohen Leistungsverstärkung entsprechend Abb. 2.38 gewählt. Wird R_K durch einen rein ohmschen Widerstand gebildet, läßt sich der optimale Wert bei den üblichen Betriebsspannungen oft nicht erreichen, da die Kollektorspannung unter die Kollektorrestspannung absinken würde; der maximale ohmsche Kollektorwiderstand muß unbedingt kleiner als

$$R_{\text{grenz}} = (Ub - U_{K\text{rest}})/I_K \tag{2.62}$$

dimensioniert werden.

R_B der Abb. 2.28 und 2.29 wird so dimensioniert, daß der Transistor mit dem zum Arbeitspunkt gehörenden Basisgleichstrom (am zweckmäßigsten dem Kennlinienfeld entnehmbar) versorgt wird.

2.3.6 Stabilisierung des Arbeitspunktes

Bei tiefen Temperaturen können durch Wanderung des Arbeitspunktes ins nichtlineare Kennliniengebiet Verzerrungen und Verstärkungsverluste, bei hohen Temperaturen Überschreitungen der zulässigen Transistorgrenzwerte auftreten. Da Betriebsspannung und Kollektorgleichstromwiderstand meist vorgegeben sind, bestimmt der Kollektorgleichstrom I_K den Arbeitspunkt. Die Stabilisierung des Arbeitspunktes läuft also im wesentlichen auf eine Stabilisierung des Kollektorgleichstromes hinaus.

Temperaturbedingte Schwankungen des Kollektorgleichstromes werden mit geeigneten Schaltungsmaßnahmen durch entgegengesetzte Beeinflussung der Basis-Emitter-Spannung kompensiert:

A. Gleichstromgegenkopplung

Bezieht man den Basisstrom nicht wie in der unstabilisierten Schaltung (Abb. 2.28) von der Speisespannung, sondern von der Kollektorspannung (Abb. 2.39a), so sinkt bei steigendem Kollektorstrom die Kollektorspannung und damit die Basis-Emitter-Spannung.

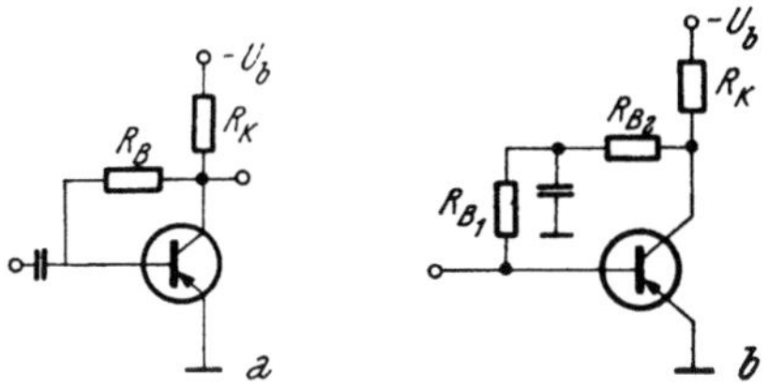

Abb. 2.39. Stabilisierung durch Gleichspannungsgegenkopplung

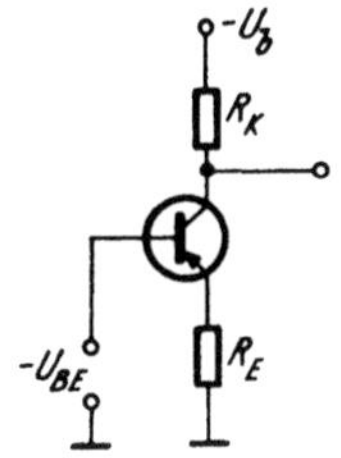

Abb. 2.40. Stabilisierung durch einen Emitterwiderstand

Die Stabilisierung ist um so besser, je größer das Verhältnis $(R_B + B \cdot R_K^{=})/R_B$ ist. Findet also als Außenwiderstand ein Transformator Verwendung, so ist die Stabilisierung relativ unwirksam, da der Gleichspannungsabfall an der Primärwicklung klein ist. In Abb. 2.39a verursacht R_B gleichzeitig eine Wechselstromgegenkopplung; falls dies nicht erwünscht ist, kann R_B unterteilt und kapazitiv abgeblockt werden (Abb. 2.39b).

Eine andere Stabilisierungsschaltung zeigt Abb. 2.40: Steigt der Kollektorstrom I_K, so wird der Spannungsabfall an R_E größer; dies setzt die Basis-Emitter-

Spannung herunter und wirkt damit dem Ansteigen von I_K entgegen. Im allgemeinen wird zwischen $-U_{BE}$ und der Basis ein ohmscher Widerstand liegen, z. B. der Wicklungswiderstand des Eingangstransformators (siehe Abb. 2.41). Steigt bei zunehmendem Kollektorstrom das Emitterpotential, dann ist das Basispotential über den Widerstand R_B mehr oder weniger gleitend an die Spannung $-U_{BE}$ angebunden. Die Stabilisierung ist um so besser, je größer das Verhältnis

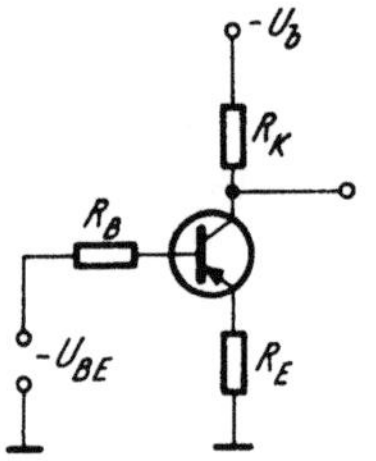

Abb. 2.41. R_B beeinträchtigt Stabilisierung

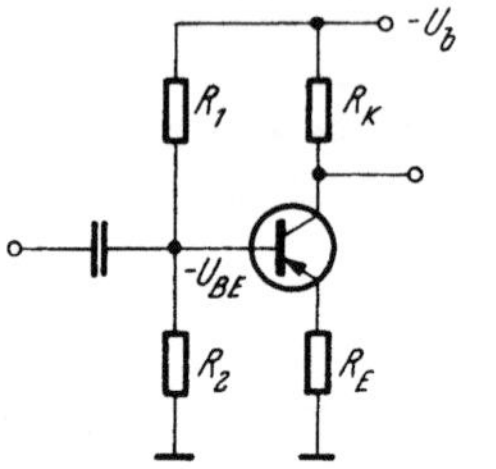

Abb. 2.42. Innenwiderstand der Spannungsquelle U_{BE} wirkt wie R_B, daher soll Querstrom durch $R_1 - R_2$ groß sein

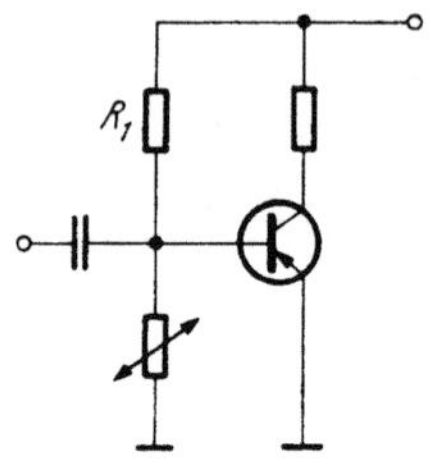

Abb. 2.43. Stabilisierung durch Thermistor

$(R_B + B \cdot R_E)/(R_B + R_E)$ ist. R_B verschlechtert also gegenüber Abb. 2.40 die Stabilisierung. Ähnlich liegen die Verhältnisse, wenn die Spannung $-U_{BE}$ durch einen Spannungsteiler ersetzt wird (Abb. 2.42). Der Innenwiderstand der Spannungsquelle $-U_{BE}$ wirkt wie R_B der stabilisierenden Wirkung entgegen. Die durch den Emitterwiderstand gleichzeitig verursachte Wechselstromgegenkopplung kann durch kapazitive Überbrückung aufgehoben werden.

B. Stabilisierung durch temperaturabhängige Widerstände

Hat der Kollektorwiderstand R_K der Abb. 2.39a einen sehr kleinen ohmschen Widerstand oder bedeutet der Emitterwiderstand R_E (Abb. 2.40) eine zu starke Reduzierung der zur Verfügung stehenden Betriebsspannung, dann ist eine Stabilisierung durch Gleichstromgegenkopplung nicht durchführbar. In solchen Fällen wird man die Schaltung mit Hilfe eines Thermistors stabilisieren. Ersetzt man in Abb. 2.42 den Widerstand R_2 durch einen Thermistor, so sinkt bei steigender Temperatur die Basis-Emitter-Spannung und wirkt damit dem Ansteigen des Kollektorstromes entgegen (Abb. 2.43).

Durch Kombination der Beziehungen zwischen Kollektorstrom und Temperatur bzw. zwischen Kollektorstrom und Basisspannung findet man, daß $-U_{BE}$ um etwa 2,4 mV pro °C abnehmen muß, wenn der Kollektorstrom konstant bleiben soll:

$$\Delta U_{BE} = 2{,}4 \cdot \Delta T \quad [\mathrm{mV}] \tag{2.63}$$

(Kompensationsbedingung).

Um den Kollektorstrom bei Temperaturschwankungen konstant zu halten, muß also die Basisspannung für jeden Grad Celsius Temperaturerhöhung um etwa 2,4 mV durch den *NTC*-Widerstand R_2 verringert werden. Im allgemeinen wird dem *NTC*-Widerstand ein ohmscher Widerstand parallelgeschaltet (Abb. 2.44), um die Widerstandscharakteristik des *NTC*-Widerstandes zu linearisieren und eine Überkompensation zu vermeiden. Aus den Beziehungen (2.63), (1.73) und (1.74), S. 99, erhält man die Dimensionierungsregeln

$$\begin{aligned} R_3 &= R_{25}/(0{,}4 \cdot \alpha \cdot U_{BE_{25}} - 1) \quad [U_{BE} \text{ in mV}] \\ I &= 0{,}4 \cdot \alpha \cdot (U^2_{BE_{25}}/R_{25}) \quad [\mathrm{mA, mV}, \Omega] \end{aligned} \tag{2.64}$$

(I = Basisspannungsteilerstrom). R_1 berechnet sich nach dem ohmschen Gesetz zu $R_1 = (Ub - U_{BE})/(I + I_B)$.

Zahlenbeispiel: $R_{25} = 500\,\Omega$, $\alpha = -0{,}035$, $U_{BE} = -200$ mV,

$I_B = 0{,}15$ mA, $U_B = -9$ V

$R_3 = 500/(0{,}4 \cdot 0{,}035 \cdot 200 - 1) = 270\,\Omega$

$I = 0{,}4 \cdot 0{,}035(4 \cdot 10^4/500) = 1{,}1$ mA

$R_1 = 8{,}8/1{,}25 = 7$ kΩ

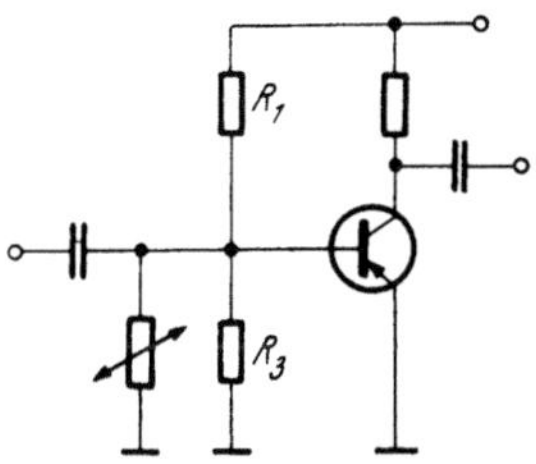

Abb. 2.44. R_3 reduziert den Temperaturkoeffizienten des Thermistors

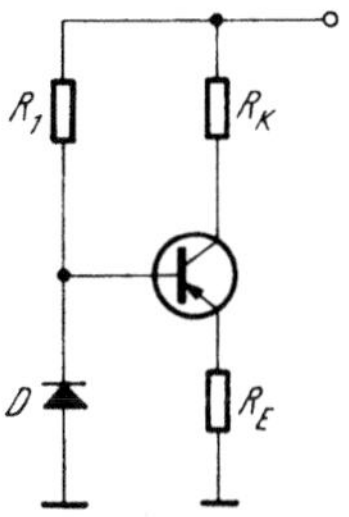

Abb. 2.45. Stabilisierung durch Diode

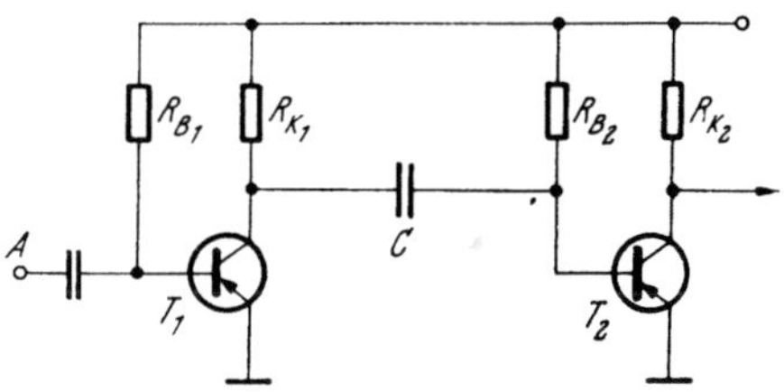

Abb. 2.46. Einfache Form eines mehrstufigen Verstärkers

Eine weniger gebräuchliche Schaltung zeigt Abb. 2.45. Als Basisspannung dient die Durchlaßspannung einer Halbleiterdiode D, die um so kleiner ist, je höher die Temperatur liegt.

2.3.7 Mehrstufige Verstärker

Reicht die Verstärkung eines einzigen Transistors nicht aus, müssen mehrere Transistorstufen hintereinandergeschaltet werden. Als Koppelglied kann wie bei Röhrenstufen ein *RC*-Glied, ein Transformator oder eine galvanische Verbindung Verwendung finden. *RC*-Kopplung (Abb. 2.46): Vorteile der *RC*-Kopplung sind Einfachheit und geringer Platzbedarf. Nachteilig ist, daß keine optimale Leistungsanpassung möglich ist, da der Ausgangswiderstand des ersten Transistors nicht auf den Eingangswiderstand der nachfolgenden Stufe heruntertransformiert werden kann. Die erzielbare Verstärkung liegt daher um durchschnittlich 4 dB unter der Verstärkung bei Transformatorkopplung.

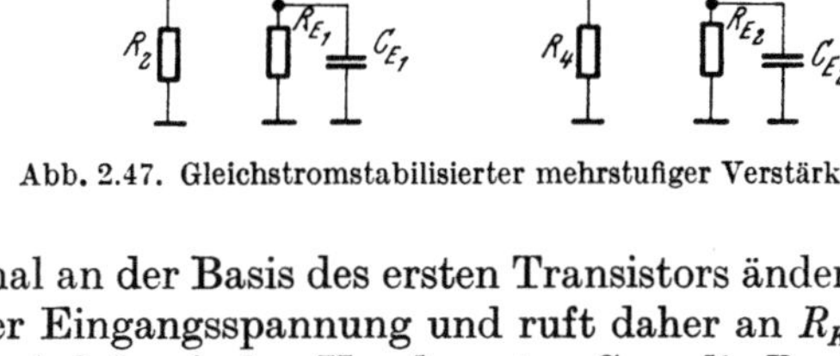

Abb. 2.47. Gleichstromstabilisierter mehrstufiger Verstärker

Funktionsweise: Ein Eingangssignal an der Basis des ersten Transistors ändert den Kollektorstrom im Rhythmus der Eingangsspannung und ruft daher an R_{K1} eine Wechselspannung hervor. Diese wird durch den Kondensator C an die Basis des zweiten Transistors übertragen, noch einmal in T_2 verstärkt und an R_{K2} abgenommen.

Meist wird eine Stabilisierung des Kollektorstromes nach Abb. 2.42 durchgeführt, so daß *RC*-gekoppelte Verstärker üblicherweise das Aussehen nach Abb. 2.47 besitzen.

Verstärkung: Die Stromverstärkung einer einzigen Transistorstufe ist

$$v_i = h_{21}(1 - L) = h_{21} \frac{1/R_K}{h_{22} + 1/R_K} \tag{2.65}$$

(siehe S. 196), was direkt aus dem Ersatzschaltbild Abb. 2.48 abzulesen ist: Der Kollektorstrom $h_{21} i_B$ teilt sich auf zwischen den Leitwerten $1/R_K$ und h_{22}. Im mehrstufigen Verstärker (Abb. 2.47) liegen die Widerstände R_3, R_4 und der Ein-

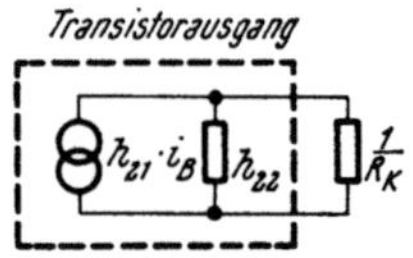

Abb. 2.48. Ersatzschaltbild des unbelasteten Transistorausgangskreises

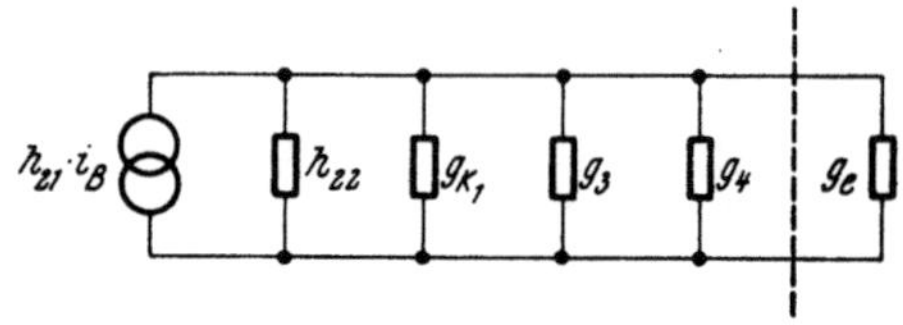

Abb. 2.49. Ersatzschaltbild des Ausgangskreises

gangswiderstand r_e dem Kollektorwiderstand wechselstrommäßig parallel, so daß der Ausgangskreis des ersten Transistors nunmehr durch Abb. 2.49 gekennzeichnet ist (C sei so groß, daß sein Wechselstromwiderstand vernachlässigbar ist). Durch die Steuerstrecke des zweiten Transistors mit dem Leitwert $g_e = 1/r_e$ fließt der Stromanteil

$$h_{21} \cdot i_B \cdot g_e/(h_{22} + 1/R_{k1} + 1/R_3 + 1/R_4 + g_e)$$

die nutzbare Stromverstärkung sinkt also ab auf

$$v_i = h_{21} \cdot i_B \cdot g_e/(h_{22} + 1/R_{k1} + 1/R_3 + 1/R_4 + g_e)$$

Da der vom ersten Transistor erzeugte Kurzschlußstrom $h_{21} i_B$ möglichst ganz durch g_e fließen soll, wird man bei RC-gekoppelten Stufen den Widerständen R_{K_1}, R_3 und R_4 möglichst hohe Werte geben. Beträchtliche Verstärkungsverluste treten z. B. bei niederen Betriebsspannungen auf, denn R_{K_1} muß dann klein sein (bei Hörgeräten mit 1,3 V Batteriespannung ist R_K etwa 2 kΩ). Bei der Wahl von R_3 und R_4 ist ein Kompromiß zu schließen zwischen Verstärkung und Stabilisierungsgüte, da bei zu hohen Widerstandswerten die Stabilisierung des Arbeitspunktes in Frage gestellt wird.

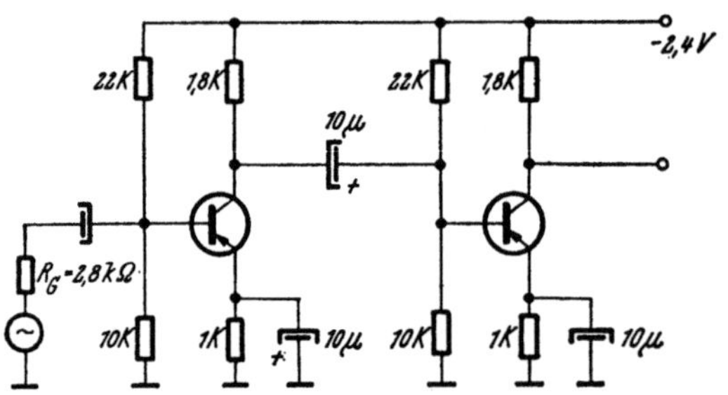

Abb. 2.50. Schaltbild zum Berechnungsbeispiel

Die Berechnung eines zweistufigen Verstärkers sei an Hand der Schaltung Abb. 2.50 durchgeführt: Durch den Spannungsteiler 22 kΩ/10 kΩ und die Widerstände 1,8 kΩ und 1 kΩ wird der Arbeitspunkt der beiden Transistoren (gleicher Type) festgelegt. Die zugehörigen h-Parameter seien

$h_{11E} = 2{,}1 \cdot 10^3$ $\quad h_{12E} = 5 \cdot 10^{-4}$

$h_{21E} = 35$ $\quad h_{22E} = 23 \cdot 10^{-6}$

Die Hilfsgrößen H und L für die zweite Stufe sind:
$H = h_{12}h_{21}/h_{11}h_{22} = 0{,}36$, $L = R_K/(R_K + 1/h_{22}) = 1{,}8/(1{,}8 + 435) = 0{,}04$. Für die *zweite* Stufe erhält man:

$$v_i = h_{21}(1 - L) = 35(1 - 0{,}04) = 33{,}6$$
$$v_u = 1/h_{12} \cdot HL/(1 - HL) = 2 \cdot 10^3(0{,}36 \cdot 0{,}04)/(1 - 0{,}0143) = 29$$
$$r_e = h_{11}(1 - HL) = 2{,}1 \cdot 10^3(1 - 0{,}36 \cdot 0{,}04) = 2070$$

Für die erste Stufe erhält man:

$$v_i = h_{21}\, i_B\, g_e/(h_{22} + 1/R_{k_1} + 1/R_3 + 1/R_6 + g_e) =$$
$$= 35 \cdot 0{,}483/(23 \cdot 10^{-6} + 0{,}555 + 0{,}045 + 0{,}1 + 0{,}48) = 14{,}3$$

Der Verlust an Stromverstärkung beträgt durch die endlichen ohmschen Widerstände mehr als 50%.

Der Wechselstromarbeitswiderstand der ersten Stufe ist die Parallelschaltung von 1,8 kΩ, 22 kΩ, 10 kΩ und 2,07 kΩ, also $R_{\tilde{K}_1} = 840\,\Omega$. Die Hilfsgröße L der ersten Stufe hat den Wert

$$L = 840/(43\,500 + 840) = 0{,}019$$

Die Betriebsspannungsverstärkung der ersten Stufe ist daher

$$v_u = 2 \cdot 10^3 (0{,}36 \cdot 0{,}019)/(1 - 0{,}009) = 13{,}7$$

Der Betriebsausgangswiderstand beträgt mit $G = h_{11}/(h_{11} + R_G) = 2100/(2100 + 2000) = 0{,}51$.

$$r_o = 1/\left(h_{22} \cdot (1 - HG)\right) = 1/(23 \cdot 10^{-6}(1 - 0{,}36 \cdot 0{,}51)) = 53\ \mathrm{k\Omega}$$

Der Betriebseingangswiderstand der ersten Stufe ist

$$r_e = h_{11}(1 - HL) = 2{,}1 \cdot 10^3 (1 - 0{,}007) \approx 2100\,\Omega$$

Der Generatorwiderstand des zweiten Transistors besteht aus der Parallelschaltung von r_o des ersten Transistors und den Gleichstromwiderständen:

$$1/R_G = 1/53 + 1/22 + 1/10 + 1/1{,}8 = 0{,}728; \quad Rg \approx 1{,}4\ \mathrm{k\Omega}$$

Die Hilfsgröße G ist dann für die zweite Stufe

$$G = h_{11}/(h_{11} + R_G) = 2{,}1/(2{,}1 + 1{,}4) = 0{,}6$$

und der Betriebsausgangswiderstand der zweiten Stufe

$$r_o = 1/(23 \cdot 10^{-6}\left(1 - 0{,}36 \cdot 0{,}6)\right) = 55{,}5\ \mathrm{k\Omega}$$

Die Gesamtstromverstärkung des zweistufigen Verstärkers ist also

$$14{,}3 \cdot 33{,}6 = 480$$

und die Spannungsverstärkung $29 \cdot 13{,}7 = 400$. Die Leistungsverstärkung beträgt 192000.

Die obige Methode ist relativ umständlich, da jede einzelne Stufe berechnet werden muß. Einfacher ist die Berechnung, die von folgender Überlegung ausgeht: Ein zweistufiger Verstärker kann als Vierpol aufgefaßt werden, da er zwei Eingangsklemmen und zwei Ausgangsklemmen besitzt. Es muß daher möglich sein, die ganze Verstärkeranordnung durch nur vier h-Parameter zu charakterisieren, die von den h-Parametern der Transistoren und dem RC-Koppelglied abhängen (Abb. 2.51). Bezeichnet man die h-Parameter des ersten Transistors mit einem Strich, des zweiten Transistors mit zwei Strichen und die h-Parameter des Gesamtvierpols mit einem Stern, dann ergibt eine längere Rechnung folgende Ausdrücke:

$$\left.\begin{aligned} h_{11}^* &= h_{11}' - h_{11}''(h_{12}'h_{21}'/D) \\ h_{12}^* &= h_{12}'h_{12}''/D \\ h_{21}^* &= -h_{21}'h_{21}''/D \\ h_{22}^* &= h_{22}'' - h_{22}'h_{12}''h_{21}''(1 + 1/Rh_{22}')/D \end{aligned}\right\} \qquad (2.66)$$

D ist eine Abkürzung für $D = 1 + h_{11}''h_{22}' + (h_{11}''/R)$

R ist der Wechselstromarbeitswiderstand der ersten Stufe. Für den Spezialfall gleicher Transistoren und gleicher Arbeitspunkte ist $h' = h''$. Verstärkung, Eingangs- und Ausgangswiderstände werden mit den Formeln (2.58) berechnet.

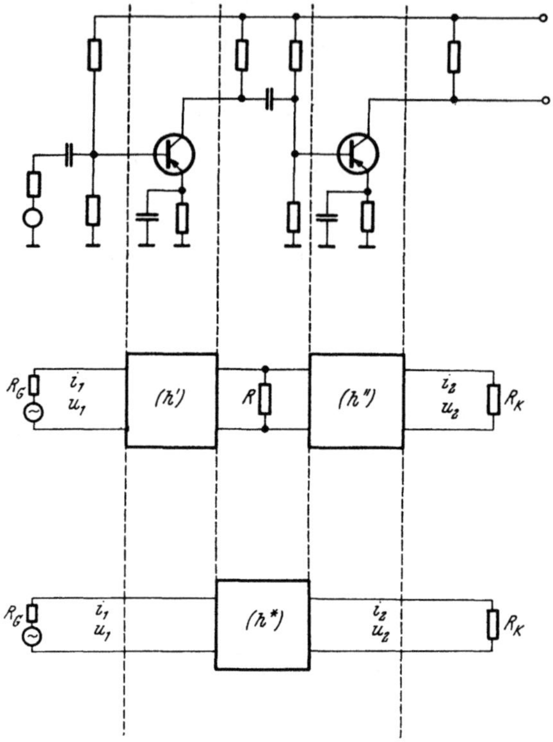

Abb. 2.51. Ersatz eines zweistufigen Verstärkers durch einen Vierpol (h^*)

Als Zahlenbeispiel sei wieder der Verstärker nach Abb. 2.50 berechnet:

$h'_{11} = h''_{11} = 2100$ $\qquad R_G = 2000\,\Omega$ (Parallelschaltung von 2,8 kΩ, 10 kΩ und 22 kΩ)

$h'_{12} = h''_{12} = 5 \cdot 10^{-4}$

$h'_{21} = h''_{21} = 35$

$h'_{22} = h''_{22} = 23 \cdot 10^{-6}$ $\qquad R_K = 1800\,\Omega$

Dann sind die h^*-Parameter der Gesamtanordnung:

$$h^*_{11} = 2100$$
$$h^*_{21} = 490$$
$$h^*_{12} = 10^{-7}$$
$$h^*_{22} = 18 \cdot 10^{-6}$$

Die Hilfsgrößen sind $H^* = 490 \cdot 10^{-7}/2100 \cdot 18 \cdot 10^{-6} = 1{,}3 \cdot 10^{-3}$

$$L^* = 1800/(1800 + 55500) = 0{,}0314$$

$$G^* = 2100/(2100 + 2000) = 0{,}51$$

Die Betriebsstromverstärkung beträgt $\quad v_i = 480(1 - 0{,}03) = 480$

Die Betriebsspannungsverstärkung beträgt $\quad v_u = 10^7 \cdot 1{,}3 \cdot 10^{-3} \cdot 3{,}14 \cdot 10^{-2} = 400$

Der Betriebsausgangswiderstand ist $\quad r_o = 55{,}5\,\mathrm{k\Omega}$

Der Betriebseingangswiderstand beträgt $\quad r_e = 2100\,\Omega$

Ist ein dreistufiger Verstärker zu berechnen, geht man so vor, daß die ersten zwei Stufen in eine einzige Stufe (h^*) transformiert und diese dann zusammen mit der dritten nach obiger Methode zu einem Vierpol (h^{**}) zusammengefaßt wird.

2.3.8 Frequenzverhalten des *RC*-gekoppelten Transistorverstärkers

Wie bei Röhrenverstärkern ist der vom Transistorverstärker übertragene und verstärkte Frequenzbereich nach oben und unten begrenzt. Die untere Grenzfrequenz wird in der Hauptsache durch die Größe der Koppelkondensatoren, die obere Grenzfrequenz durch die Trägheit des Transistors bestimmt.

A. Untere Grenzfrequenz

Die Koppel- und Emitterkondensatoren legen die untere Grenzfrequenz fest. Ein Blick auf das Wechselstromersatzschaltbild Abb. 2.52 zeigt, daß wegen des relativ niederen Eingangswiderstandes der folgenden Transistorstufe ($< h_{11}$) bedeutend höhere Koppelkapazitäten C verwendet werden müssen als bei Röhrenschaltungen (Miniaturelektrolytkondensatoren; der negative Pol kommt an den Kollektor). Wird die geforderte Grenzfrequenz, bei der die Spannung am Ausgang (3—4) auf $1/\sqrt{2}$ der Spannung am Eingang (1—2) abgefallen ist, mit f_u bezeichnet, dann muß analog zu Kap. 2.2 der Kondensator C den Wert

$$C = \frac{1}{2\pi f_u h_{11}} \qquad (2.67)$$

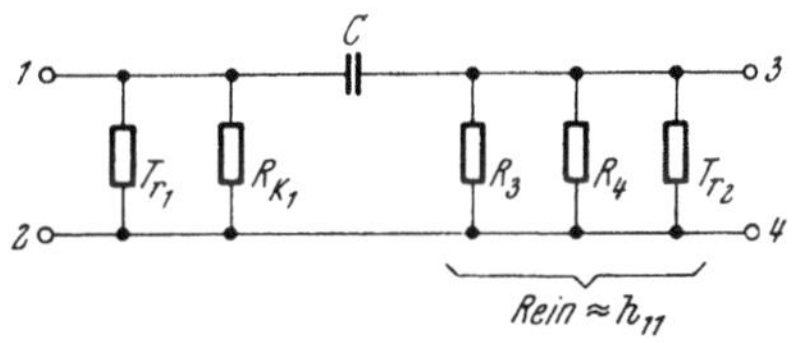

Abb. 2.52. Ersatzschaltbild für die untere Grenzfrequenz

besitzen. Bei einer unteren Grenzfrequenz $f_u = 30$ Hz und $h_{11} = 1{,}8\ \text{k}\Omega$ ist $C = 1/2\pi \cdot 30 \cdot 1800 = 3\,\mu\text{F}$.

Der für die Stabilisierung des Arbeitspunktes vorgesehene Emitterwiderstand R_E setzt durch Wechselstromgegenkopplung (siehe Abb. 2.40 und Kap. 3.1) die Verstärkung im ganzen Frequenzbereich herab. Dies kann vermieden werden, wenn R_E durch den Emitterkondensator C_E überbrückt wird. C_E hängt mit f_u durch die Beziehung $C_E = \dfrac{1}{2\pi f_u R_E}$ zusammen.

Bei zwei hintereinander geschalteten Stufen multipliziert sich der Verstärkungsabfall am unteren Frequenzende. C und C_E sind daher um den Faktor 1,4 zu vergrößern (bei drei Stufen zu verdoppeln).

B. Obere Grenzfrequenz

Die obere Frequenzgrenze ist in erster Linie durch die Grenzfrequenz des Transistors bestimmt.

Breitbandverstärker, in denen das Hauptgewicht auf eine hohe obere Grenzfrequenz gelegt wird, werden fast durchweg in Emitterschaltung gebaut, obwohl die Basisschaltung eine um den Stromverstärkungsfaktor höhere Grenzfrequenz aufweisen würde. Der Grund liegt darin, daß die Basisschaltung keine Hintereinanderschaltung mehrerer Stufen erlaubt, da der Eingangswiderstand einige Ω, der Ausgangswiderstand hingegen einige $\text{M}\Omega$ betragen kann (vgl. S. 211). Eine Anpassung mit Transformatoren ist wenig ratsam, da durch diese wie bei Röhrenverstärkern Phasenverschiebungen, Schwingneigung und eine Verschlechterung der unteren Frequenzgrenze eintreten würde.

Eine Anhebung der oberen Frequenzgrenze bei Breitbandverstärkern in Emitterschaltung ist mit analogen Mitteln wie in der Röhrenschaltung möglich. Die vielen frequenzabhängigen Größen im Transistor sowie die Streuungen der einzelnen Transistorexemplare machen jedoch eine Berechnung illusorisch, so daß die Einstellung der Kompensationselemente experimentell erfolgt.

Je höher die Grenzfrequenz des verwendeten Transistors, um so weniger Aufwand zur Entzerrung des Frequenzganges ist notwendig. Beste Hochfrequenztransistoren sind nicht nur der einfachste, sondern auch oft der billigste Weg, die Grenzfrequenz auf die gewünschte Höhe hinaufzuschieben.

Abb. 2.53a zeigt einen gewöhnlichen zweistufigen Verstärker. Ist seine Bandbreite zu klein, so reduziert man die Kollektorwiderstände, damit die Verstärkung in Frequenzbandmitte sinkt. Für hohe Frequenzen wird die Verkleinerung von R_K durch eine Induktivität L_1, die mit R_K in Serie geschaltet ist, aufgehoben (Abb. 2.53b). Als erster Näherungswert für L_1 gilt

$$L_1 \approx R_K/\omega_\beta$$

$\omega_\beta = 2\pi f_\beta$ $\qquad f_\beta =$ Grenzfrequenz in Emitterschaltung

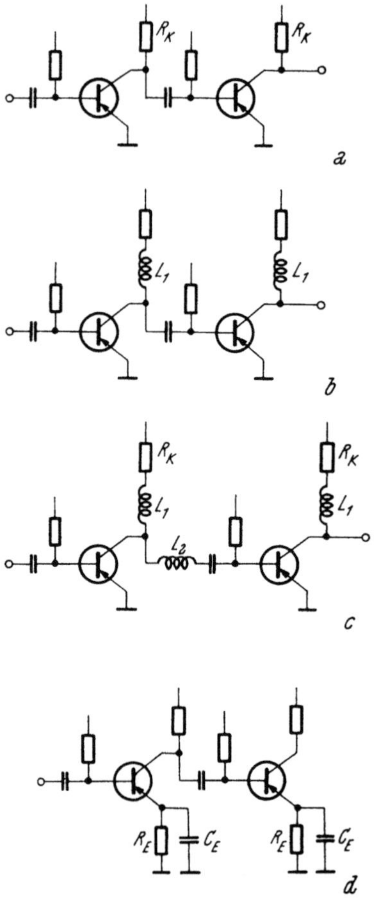

Abb. 2.53. Entzerrung des Frequenzganges

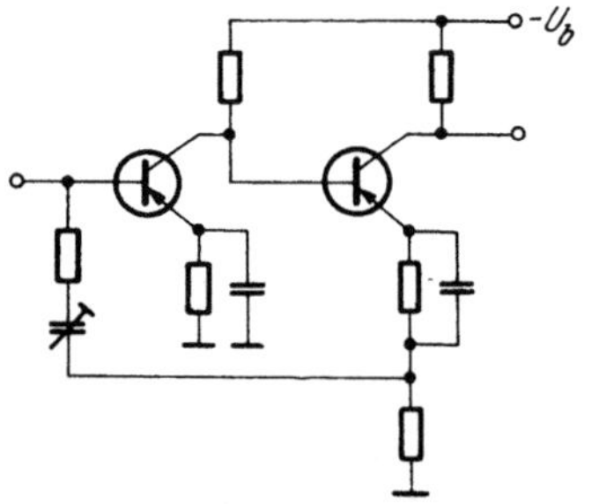

Abb. 2.54. Zweistufige Kompensationsschaltung mit Gegenkopplung

Der genaue Wert wird an Hand des Oszillographen eingestellt. Erweitert man die Schaltung um eine Induktivität L_2 (Abb. 2.53c), die mit der Kapazität C_{KB} (Abb. 1.128) einen Serienresonanzkreis bildet, so läßt sich die Grenzfrequenz im allgemeinen um etwa 50% erhöhen. Als Faustformel für L_2 gilt

$$L_2 \approx \frac{1}{\omega_\beta^2 C_{KB'}} \tag{2.68}$$

In Analogie zur Röhrenschaltung bringt auch eine teilweise kapazitive Überbrückung des Emitterwiderstandes eine Erhöhung der Verstärkung im oberen Frequenzbereich, da mit zunehmender Frequenz der Spannungsabfall an R_E kleiner wird (Abb. 2.53d). Als Faustformel für C_E gilt

$$C_E \approx 1/R_E \omega_\beta \tag{2.69}$$

Sehr günstige Eigenschaften zeigen sogenannte Zweistufen-Kompensationsschaltungen mit Gegenkopplung, welche hier lediglich der Vollständigkeit halber erwähnt werden sollen. Abb. 2.54 zeigt ein Beispiel für derartige Schaltungen, das sich, mitunter durch induktive Entzerrungselemente ergänzt, zur Standardschaltung für Breitbandverstärkerstufen entwickelt hat.

2.3.9 Transformatorkopplung

Gegenüber der *RC*-Kopplung ist durch die Möglichkeit optimaler Leistungsanpassung die erzielbare Verstärkung transformatorgekoppelter Stufen besonders bei kleinen Betriebsspannungen höher. Nachteilig ist der große Platzbedarf guter Übertrager; bei *RC*-Verstärkern bestimmt der Kopplungskondensator die

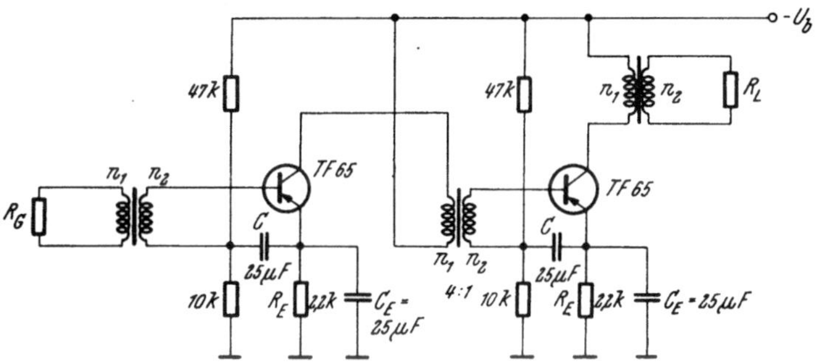

Abb. 2.55. Niederfrequenz-Verstärker mit Transformatorkopplung

untere Grenzfrequenz, beim transformatorgekoppelten Verstärker hingegen die Primärinduktivität des Übertragers; Miniaturtransformatoren besitzen eine kleine Primärinduktivität und sind daher zur Übertragung tiefer Frequenzen ungeeignet.

Ein Schaltungsbeispiel zeigt Abb. 2.55. Die Sekundärseite der Transformatoren liegt direkt zwischen Basis und Emitter (der Kondensator C bildet praktisch einen Kurzschluß). Der Basisspannungsteiler, dessen Größe dadurch für das Wechselstromverhalten belanglos ist, kann ganz nach den Gesichtspunkten der Arbeitspunktstabilisierung dimensioniert werden.

Dimensionierung der Übertrager: Da sich Widerstände mit dem Quadrat der Windungszahlen transformieren, erhält man für das Windungszahlverhältnis

$$\ddot{u} = n_1/n_2 = \sqrt{Mx/My}$$

Mx = Generatorwiderstand
My = Lastwiderstand

Bei der unteren Grenzfrequenz ist Blind- und Wirkwiderstand gleich groß (Spannungsabfall auf $1/\sqrt{2}$):

$$\omega_u Lp = \frac{1}{1/My\,\ddot{u}^2 + 1/Mx}$$

die erforderliche Primärinduktivität Lp ist somit

$$Lp = (1/\omega_u) \cdot (Mx\,My\,\ddot{u}^2/(My\,\ddot{u}^2 + Mx))$$

und im Anpassungsfall ($\ddot{u}^2 = Mx/My$):

$$Lp = Mx/2\,\omega_u \tag{2.70}$$

Für den Eingangsübertrager ist $Mx = R_G$, $My \approx h_{11}$
Für den Zwischenübertrager ist $Mx \approx 1/h_{22}, My \approx h_{11}$
Für den Ausgangsübertrager ist $Mx \approx 1/h_{22}, My = R_L$.

2.4 Der Gitterbasisverstärker (Die Basisschaltung)

2.4.1 Die Röhrenschaltung[1]

Das zu verstärkende Eingangssignal wird nicht wie bei den bisher besprochenen Schaltungen dem Gitter der Röhre zugeführt, sondern in ihren Katodenkreis eingekoppelt, wobei das Steuergitter wechselspannungsmäßig an Masse liegt. Das Ausgangssignal wird dem Anodenkreis entnommen. Die Abb. 2.56 zeigt ein Prin-

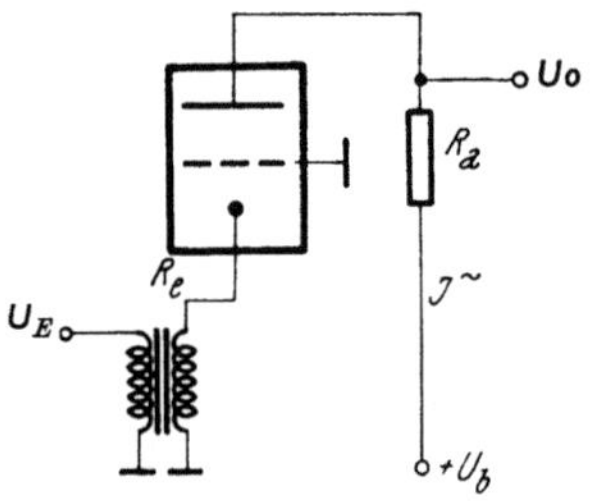

Abb. 2.56. Prinzip der Gitterbasisstufe

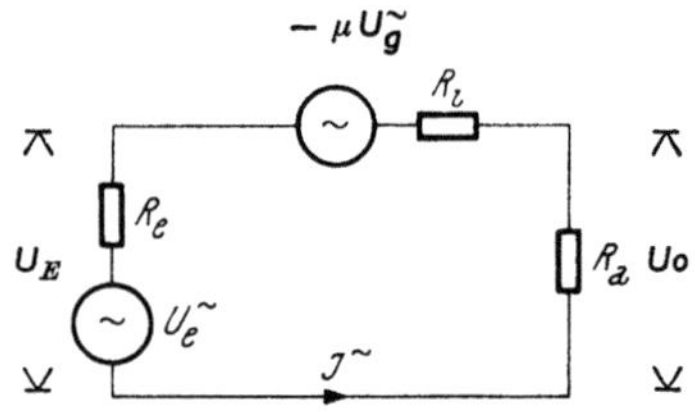

Abb. 2.57. Ersatzschaltbild zu Abb. 2.56

zipschaltbild. Wie die zugehörige Ersatzschaltung Abb. 2.57 erkennen läßt, ist eine Reihenschaltung: Eingangskreis — Röhre — Ausgangskreis mit einem gemeinsamen Strom $I^\sim$ vorhanden. Mit

$$U\tilde{g} = -U_E, \quad Uo = U\tilde{a} + U_E = -I^\sim Ra \quad \text{und} \quad I^\sim = S(U\tilde{g} + D\,U\tilde{a})$$

wird die Verstärkung der Gitterbasisstufe:

$$Vgb = \frac{Uo}{U_E} = \frac{Ra\,(\mu + 1)}{Ra + Ri} \sim Sd\,Ra \tag{2.71}$$

Die Ausgangsspannung Uo ist phasengleich mit der Eingangsspannung U_E.
Die Kenndaten der Röhre in dieser Schaltung sind:

$$Ri' = Ri,\ S' = S + 1/Ri,\ \mu' = \mu + 1 \tag{2.72}$$

[1] Literatur: [G 2, K 1].

Da, bedingt durch die Reihenschaltung, der Strom $I^{\sim}$ auch den Eingangskreis (= Katodenkreis) durchfließt, ist eine kräftige Stromgegenkopplung vorhanden. Zum Unterschied von der Katodenbasisschaltung verlangt die Gitterbasisschaltung zur Überwindung des Stromes $I^{\sim}$ und der niedrigen Eingangsimpedanz Re eine Steuerleistung, die sich jedoch in der Anodenkreisleistung wiederfindet. Die Leistung im Anodenkreis ist:

$$N^{\sim} = \frac{(\tilde{Uk} + \tilde{Ua})\,I^{\sim}}{2} \tag{2.73}$$

Auf Grund des gemeinsamen Stromes $I^{\sim}$ stellt die Gitterbasisschaltung bei $Re \neq Ra$ einen Leistungsverstärker dar, wobei die niedrige Eingangsimpedanz auf eine höhere Ausgangsimpedanz transformiert wird (Übersetzungsverhältnis etwa $1:(1+\mu)$).

Die Eingangsimpedanz der Schaltung ist:

$$Re = (Ri + Ra)/(1 + \mu) \tag{2.74}$$

Für Trioden wird $Re \approx (Ri + Ra)/\mu = 1/Sd$,
für Pentoden $Re \approx 1/S$.

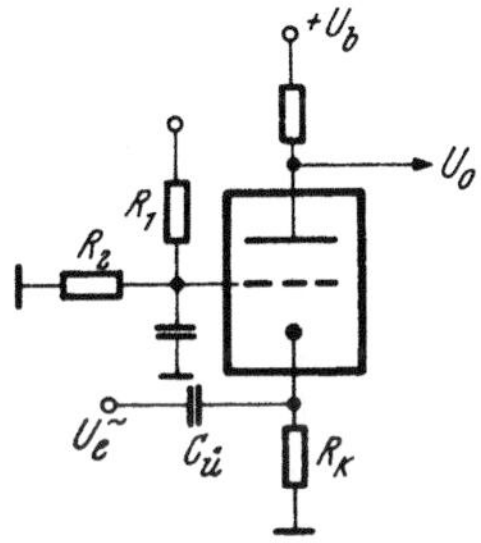

Abb. 2.58. Gitterbasisverstärker mit ohmschem Rk

Werden Röhren mit großer Steilheit verwendet, so wird Re sehr klein.

Die Abb. 2.58 zeigt eine Gitterbasisschaltung ohne Eingangsübertrager. Ist Rk groß, so kann der Arbeitspunkt mit Hilfe eines Spannungsteilers $R_1 - R_2$ eingestellt werden. Der wirksame Eingangswiderstand ist in diesem Falle

$$R_E = Re \cdot Rk/(Re + Rk)$$

Der Außenwiderstand der Gitterbasisschaltung ist durch die Parallelschaltung des Ra und des Ri' einer stromgegengekoppelten Verstärkerstufe gegeben:

$$Ra' = \frac{[Ri + Rk(\mu + 1)] \cdot Ra}{Ri + Rk(\mu + 1) + Ra} > \frac{Ri \cdot Ra}{Ri + Ra} \tag{2.75}$$

Die obere Grenzfrequenz bei ohmschem Ra ist:

$$f_o = \frac{160}{Cp \cdot Ra}(1 + Ra/Ri) \cdot \sqrt{1/a^2 - 1} \tag{2.76}$$

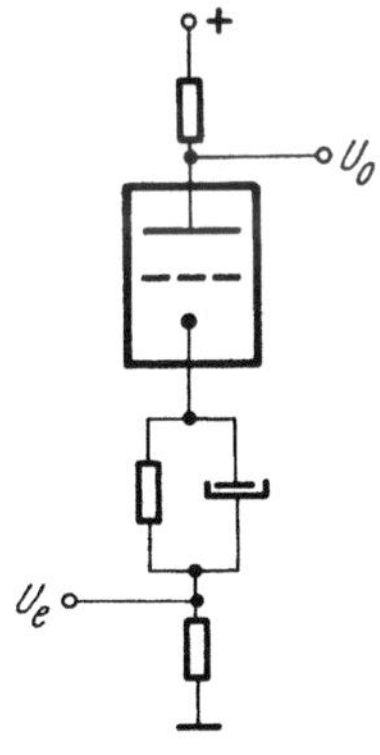

Abb. 2.59. Impedanzanpassung und Arbeitspunkteinstellung

Die Stromgegenkopplung stabilisiert die Schaltung und dämpft den Eingangskreis. Ihre Schwingneigung ist entsprechend klein, so daß eine Neutralisation auch bei hohen Frequenzen meist nicht notwendig ist. Die Rückwirkung (kapazitive Kopplung) des Anodenkreises auf den Eingangskreis ist infolge des geerdeten Gitters sehr klein (Pentodeneigenschaft). Diese Eigenschaften machen die Gitterbasisschaltung besonders zur Verstärkung hoher und höchster Frequenzen sowohl kleiner als auch großer Amplitude (Sendeverstärker) geeignet.

Auch in der Niederfrequenztechnik wird diese Schaltung zur Anpassung niederohmiger Leitungen oder Mikrophone verwendet. Zur richtigen Impedanzanpassung und Arbeitspunkteinstellung kann der Katodenwiderstand unterteilt werden (Abb. 2.59). Bei einem Verstärker nach Abb. 2.56 läßt sich die Röhre, da ein ohmscher Rg fehlt, bis in den positiven Gitterspannungsbereich aussteuern und damit ihre Ausgangsleistung entsprechend steigern.

Eine Sonderstellung nimmt die sogenannte Zwischenbasisschaltung ein. Hier sind weder das Steuergitter noch die Katode hochfrequenzmäßig geerdet. Vorteilhaft ist, daß bei geeigneter Ankopplung Leistungs- und Rauschanpassung zusammenfallen. Ihre Verwendung liegt ebenfalls im UKW-Bereich.

2.4.2 Der Transistor in Basisschaltung[1]

Der Gitterbasisschaltung einer Röhre (Abb. 2.56) entspricht die Basisschaltung eines Transistors (Abb. 2.60).

Funktionsweise: Das Eingangssignal liegt zwischen Basis und Emitter, das Ausgangssignal zwischen Basis und Kollektor. Wird die Emitterspannung gegenüber Masse (= Basis) positiver, dann steigt der Kollektorstrom, der Spannungsabfall am Kollektorwiderstand R_K wird größer und die Kollektorspannung sinkt

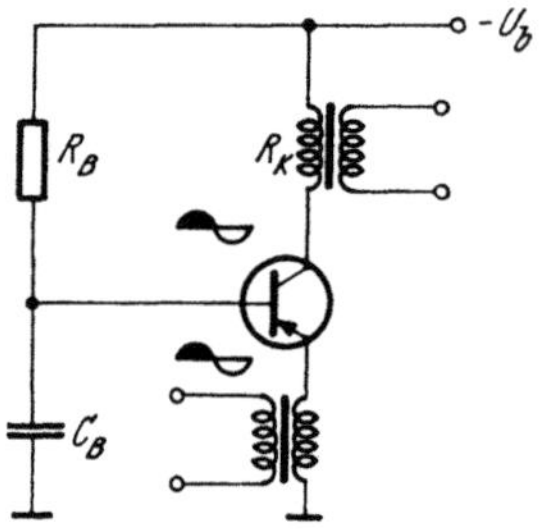

Abb. 2.60. Unstabilisierte Basisschaltung

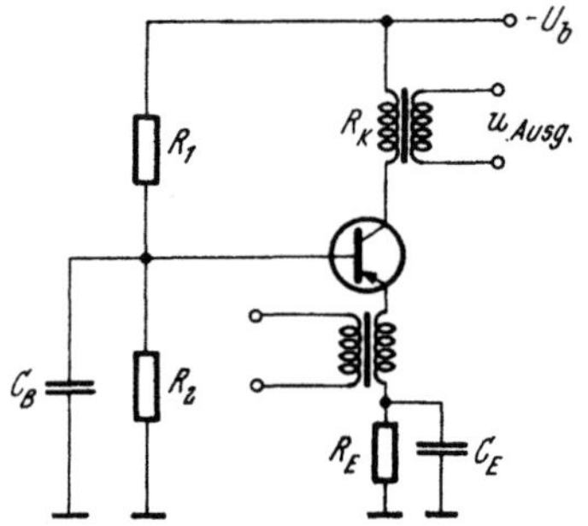

Abb. 2.61. Stabilisierte Standardschaltung

(wird positiver). Eingangs- und Ausgangsspannung sind also bei der Basisschaltung im Gegensatz zur Emitterschaltung nicht phasenverschoben. Abb. 2.60 zeigt die unstabilisierte, Abb. 2.61 und Abb. 2.62 die stabilisierte Schaltung. R_B bzw. R_1, R_2 stellen den Gleichstromarbeitspunkt des Transistors ein, C_B legt die Basis für Wechselstrom an Massepotential.

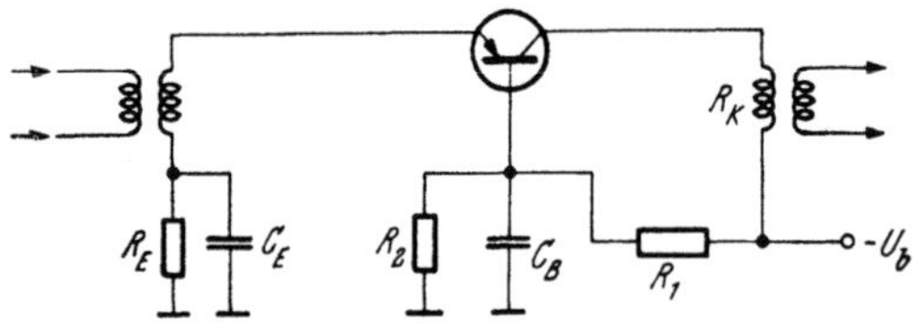

Abb. 2.62. Übliche Darstellung der Abb. 2.61

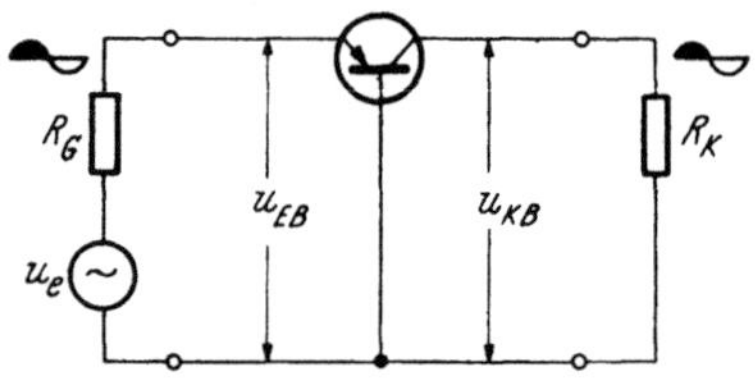

Abb. 2.63. Ersatzschaltbild

Das unterschiedliche Verhalten zwischen Emitter- und Basisschaltung ist darauf zurückzuführen, daß in der Emitterschaltung nur der Bruchteil $1/(h_{21} + 1)$ des Emitterwechselstromes i_E ($\approx 2\%$ von i_E bei einer Stromverstärkung $h_{21} = 50$) den Steuergenerator durchfließt, während in der Basisgrundschaltung der Steuergenerator vom gesamten Emitterwechselstrom durchflossen wird.

[1] Literatur: [K 2, R 2].

Auffallendste Merkmale der Basisschaltung sind kleine Eingangsimpedanz und hohe Ausgangsimpedanz.

a) Eingangsimpedanz (Größenordnung 10 bis 100 Ω): Ist die Steuerspannung u_{EB}, dann ist der Wechselstromeingangsleitwert bei kurzgeschlossenem Ausgang (Abb. 2.63):

$$1/r_e = i_E/u_{EB} = (i_K + i_B)/u_{EB} \approx (h_{21E} i_B + i_B)/u_{EB} = (h_{21E} + 1)/h_{11E}$$

(wegen des Näherungszeichens siehe S. 196).
Der Eingangswiderstand beträgt daher

$$r_e\big|_{u_{KB}=0} \approx h_{11E}/(h_{21E} + 1) \tag{2.77}$$

und ist um den Faktor $1/(h_{21E} + 1)$ kleiner als der Eingangswiderstand der Emitterschaltung.

b) Ausgangsimpedanz (Größenordnung 100 bis 1000 kΩ): Der Ausgangsleitwert bei offenem Eingang ($i_E = 0$) beträgt

$$g_o\big|_{i_E=0} = u_{KB}/i_K = u_{KB}/i_B$$

Da bei der Emitterschaltung der Ausgangsleitwert
$h_{22} = u_{KE}/i_K = u_{KE}/i_E \approx u_{KB}/i_E$ ist, gilt wegen $i_E = (h_{21} + 1) \cdot i_B$

$$g_o\big|_{i_E=0} = h_{22E}/(h_{21E} + 1) \tag{2.78}$$

Der Ausgangswiderstand

$$r_o = 1/g_o \tag{2.78a}$$

der Basisschaltung ist also um den Faktor $(h_{21E} + 1)$ größer als der Ausgangswiderstand der Emitterschaltung.

Der Transistorverstärker in Basisschaltung kann durch einen Vierpol dargestellt (Abb. 2.64) und daher wie in Kap. 2.3 durch h-Gleichungen mathematisch beschrieben werden:

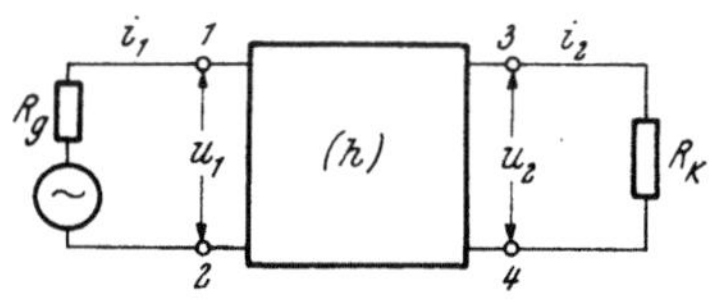

Abb. 2.64. Vierpolersatzschaltung

$$u_1 = h_{11B} i_1 + h_{12B} u_2$$
$$i_2 = h_{21B} i_1 + h_{22B} u_2$$

(Die h-Werte der Basisschaltung werden zur Unterscheidung von den h-Werten der Emitterschaltung mit dem Index B versehen.) Die h-Werte der Basisschaltung lassen sich — wie oben am Beispiel des Eingangswiderstandes $r_e|_{u_2=0} \equiv h_{11B}$ und des Ausgangsleitwertes $g_o|_{i_1=0} \equiv h_{22B}$ demonstriert — aus den h-Werten der Emitterschaltung berechnen. Für die Näherungswerte gilt

$$h_{11B} = \frac{h_{11E}}{h_{21E} + 1} \qquad h_{12B} = \frac{h_{11E}\, h_{22E} - h_{12E}\, h_{21E} - h_{12E}}{h_{21E} + 1}$$

$$h_{21B} = \frac{-h_{21E}}{h_{21E} + 1} \qquad h_{22B} = \frac{h_{22E}}{h_{21E} + 1} \tag{2.79}$$

Die Formeln für die Betriebswerte der Stromverstärkung, Spannungsverstärkung usw., die im Kap. 2.3.4 für die Emitterschaltung angegeben wurden, gelten selbstverständlich auch für die h-Werte der Basisschaltung.

Zahlenbeispiel:

$$h_{11E} = 8 \cdot 10^2$$
$$h_{12E} = 5{,}4 \cdot 10^{-4}$$
$$h_{21E} = 47$$
$$h_{22E} = 8 \cdot 10^{-5}$$

Die h-Werte in Basisschaltung sind:

$$h_{11B} = 8 \cdot 10^2/(47 + 1) = 16{,}7$$
$$h_{12B} = (800 \cdot 8 \cdot 10^{-5} - 5{,}4 \cdot 10^{-4} \cdot 47 - 5{,}4 \cdot 10^{-4})/(47 + 1) = 8 \cdot 10^{-4}$$
$$h_{21B} = -47/(47 + 1) = -0{,}979$$
$$h_{22B} = 8 \cdot 10^{-5}/(47 + 1) = 1{,}67 \cdot 10^{-6}$$

Die Hilfsgrößen H, L, G sind für $R_G = 100\,\Omega$ und $R_K = 50\,\mathrm{k}\Omega$:

$$H = h_{12B}h_{21B}/h_{11B}h_{22B} = -28$$
$$L = R_K/(R_K + 1/h_{22B}) = 0{,}0756$$
$$G = h_{11B}/(h_{11B} + Rg) = 0{,}143$$

Die Betriebswerte sind dann

$$r_e = h_{11B}(1 - HL) = 16{,}7(1 + 28 \cdot 0{,}0756) = 50\,\Omega$$
$$r_o = 1/(h_{22B}(1 - HG)) = (1/8 \cdot 10^{-5}) \cdot (1/(1 + 28 \cdot 0{,}143) = 120\,\mathrm{k}\Omega$$
$$v_i = h_{21B}(1 - L) = 0{,}979(1 - 0{,}0756) = 0{,}9\text{fach}$$
$$v_u = -(1/h_{12B})HL/(1 - HL) = (1/8 \cdot 10^{-4})\,28 \cdot 0{,}0756/(1 - 28 \cdot 0{,}756) = 850\text{fach}$$
$$v = v_u \cdot v_i = 850 \cdot 0{,}9 = 760\text{fach}$$

Die allgemeine Abhängigkeit der Betriebsgrößen für den vorstehenden Transistortyp vom Generator- bzw. Lastwiderstand zeigt Abb. 2.38, S. 198. Die Stromverstärkung ist immer kleiner als 1, die Leistungsverstärkung daher niedriger als in der Emitterschaltung, in der sowohl die Eingangsspannung als auch der Eingangsstrom verstärkt werden.

In der Praxis wird die Basisschaltung als Impedanzwandler zur Anpassung niederohmiger Spannungsquellen an hohe Lastwiderstände verwendet. Eine RC-Kopplung mehrerer Stufen ist infolge der großen Impedanzunterschiede zwischen Ausgang der ersten und Eingang der zweiten Stufe nicht möglich. Da die Basisschaltung eine um den Stromverstärkungsfaktor höhere Grenzfrequenz aufweist als die Emitterschaltung, wurde sie früher, als noch keine Transistoren mit ausreichender Grenzfrequenz zur Verfügung standen, hauptsächlich in selektiven Hochfrequenzverstärkern eingesetzt. Die Kopplung und Anpassung der Stufen läßt sich dabei durch Hochfrequenz-Transformatoren leicht realisieren.

Zum Abschluß sollen noch einige Formeln angegeben werden, die die Umrechnung von h_B- in h_E-Parameter erleichtern und die Verbindung mit dem T-Ersatzschaltbild Abb. 1.124 herstellen.

Umrechnung $h_B \to h_E$

$$(h_E) = \frac{1}{1 + \Delta h_B + h_{21B} - h_{12B}} \cdot \begin{pmatrix} h_{11B} & \Delta h_B - h_{12B} \\ -(h_{21B} + \Delta h_B) & h_{22B} \end{pmatrix}$$

Die h_B-Parameter hängen mit den T-Ersatzschaltbildparametern Abb. 1.124 folgendermaßen zusammen:

$$h_{11B} \approx r_E + (1 - a)\,r_B \qquad h_{12B} \approx r_B/r_K$$
$$h_{21B} \approx -a \qquad h_{22B} \approx 1/r_K$$

Verstärkung und Impedanz der Basisschaltung als Funktion der Parameter des T-Ersatzschaltbildes können den folgenden Formeln entnommen werden:

$$\left.\begin{aligned}
v_u &= \frac{(r_B + a r_K) R_L}{r_B [R_L + r_K(1-a)] + r_E(r_B + r_K + R_L)} \approx \frac{a R_L}{r_E + r_B(1-a)} \\
v_i &= \frac{r_B + a r_K}{r_E + r_K + R_L} \\
r_e &= \frac{r_B[R_L + r_K(1-a)] + r_E(r_B + r_K + R_L)}{r_B + r_K + R_L} \approx r_E + r_B(1-a) \\
r_o &= \frac{r_B(R_G + r_E - a r_K) + r_K(R_G + r_B + r_E)}{R_G + r_B + r_E} \approx \frac{r_K[R_G + r_B(1-a) + r_E]}{R_G + r_B + r_E}
\end{aligned}\right\} \quad (2.80)$$

2.5 Der Anodenbasisverstärker oder Katodenfolger [1] (Kollektorschaltung)

2.5.1 Prinzip

Beim Anodenbasisverstärker liegt die Anode wechselspannungsmäßig an Masse. Für diese Schaltung ist ebenso der Name Katodenfolger geläufig. Die gesamte Ausgangswechselspannung (= Katodenwechselspannung) des Verstärkers wird als Gegenkopplungsspannung U_G an den Verstärkereingang zurückgeführt ($k = 1$, Kap. 3.1).

Die Spannungsverstärkung ist immer kleiner als 1. Die Strom- bzw. Leistungsverstärkung kann jedoch sehr groß werden. Die Abb. 2.65 zeigt das einfachste Schaltbild eines Katodenfolgers. Der Arbeitswiderstand (Außenwiderstand der Röhre) ist Rk, die Ausgangsspannung $U\tilde{a} = Uk^{\sim} = U\tilde{G}$. Am Steuergitter liegt die Wechselspannung $U\tilde{g} = U\tilde{e} - Uk^{\sim}$.

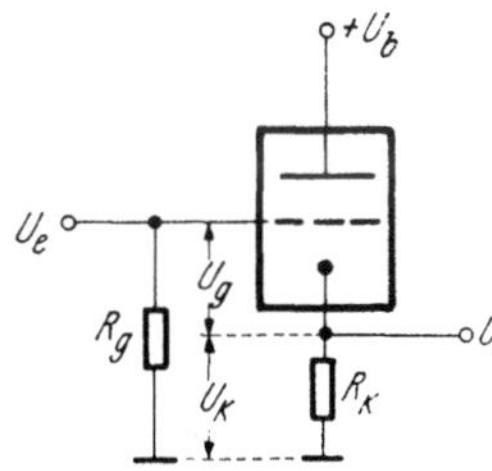

Abb. 2.65. Prinzipschaltbild des Katodenfolgers

Die Spannungsverstärkung des Katodenfolgers:

Für eine stromgegengekoppelte Röhre gilt für den Signalweg

Gitter-Anode: $Va' = \mu Ra/(Ri + Ra + Rk(\mu + 1)) = -U\tilde{a}/Ue$

Gitter-Katode: $Vk' = \mu Rk/(Ri + Ra + Rk(\mu + 1)) = +Uk^{\sim}/Ue$

Für die Verstärkung der Anodenbasisstufe mit $Ra = 0$ erhält man somit:

$$Vab = \frac{Uo}{Ue} = \frac{\mu Rk}{Ri + Rk(\mu + 1)} \approx \frac{S Rk}{1 + S Rk} = \frac{V}{1 + V} < 1 \quad (2.81)$$

Damit $Vab \to 1$ geht, muß $S \cdot R_k$ groß sein.

[1] Literatur: [C 1, F 3, R 6, G 1].

2.5.2 Arbeitspunkt, Aussteuerbereich und Kenndaten

Zur Festlegung des Arbeitspunktes und des Aussteuerbereiches der Röhre in Katodenfolgerschaltung wird im Ia–Ua-Kennlinienfeld die Widerstandsgerade (von Ub nach $Ia = Ub/Rk$) gewählt. Ihre Schnittpunkte mit den Ug-Parametern ergeben im Ia–Ug-Kennlinienfeld die dynamische Kennlinie der Röhre. Die Rk-Gerade, im gleichen Feld eingezeichnet, schneidet die dynamische Kennlinie im Arbeitspunkt A der Röhre (Abb. 2.66). Ein positives Eingangssignal verschiebt die Rk-Gerade längs der Abszisse in positiver, ein negatives in umgekehrter Richtung.

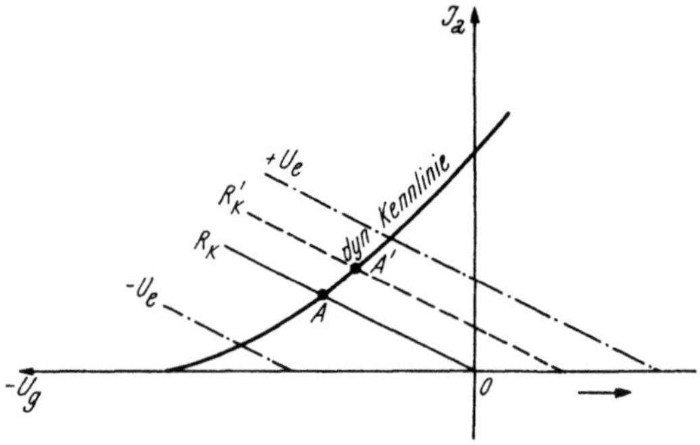

Abb. 2.66. Arbeitspunkt des Katodenfolgers

Für die Grundschaltung nach Abb. 2.65 wird der Arbeitspunkt immer in der unteren Kennlinienhälfte liegen, d. h., der lineare Aussteuerbereich ist begrenzt, der negative Kennlinienteil ist viel kleiner als der positive. Um den Arbeitspunkt in die Mitte des geradlinigen Kennlinienteiles zu verschieben und damit den linearen Aussteuerbereich zu vergrößern, ist es notwendig, das Gitter mit einer positiven Vorspannung hochzuziehen (Abb. 2.67), oder den Katodenwiderstand an eine negative $-Ub = Uk - Ug$ zu legen (Abb. 2.68). Der Fußpunkt der Widerstandsgeraden (Rk') im Ia–Ug-Kennlinienfeld verschiebt sich um einen entsprechenden Betrag nach rechts. Bei der Festlegung der freien Parameter ist auf die Grenzdaten der Röhre zu achten.

Eine sehr oft verwendete Katodenfolgerschaltung zeigt die Abb. 2.69. Der Gitterableitwiderstand liegt an einem unterteilten Katodenwiderstand. Die Größe von R bestimmt die Gittervorspannung, $Rk + R$ die Verstärkung und den Ausgangswiderstand. Rk kann auch durch eine zweite Röhre ersetzt werden (Kombinationsverstärker).

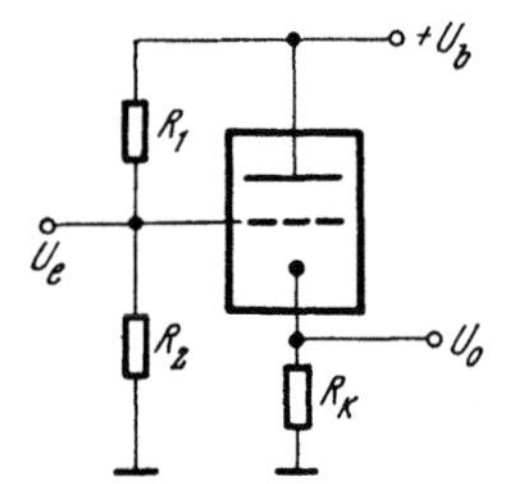

Abb. 2.67. Hochgezogenes Gitter bei großem Rk

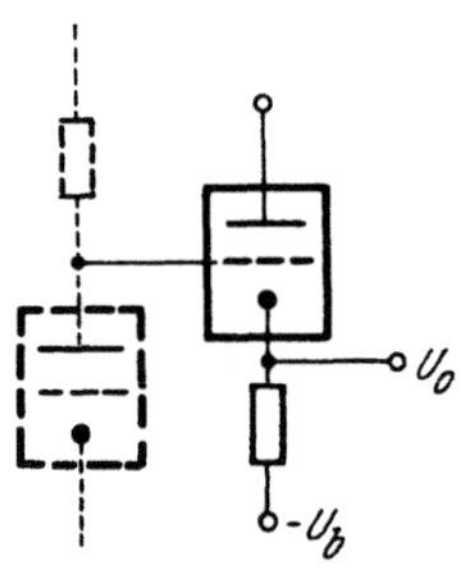

Abb. 2.68. Rk an negativer Spannungsquelle

Die besprochenen Maßnahmen zur Einstellung der Gittervorspannung bzw. des optimalen Aussteuerbereiches müssen besonders dann angewendet werden, wenn die Verstärkung groß ($\to 1$) und der Ausgangswiderstand klein werden sollen. In beiden Fällen wird Rk groß und $Uk \gg Ug$.

Die Kenndaten der Röhre in Katodenfolgerschaltung:

Eine Division durch $\mu + 1$ ändert die Verstärkerformel (2.81) in:

$$Vab = S \cdot \frac{Ri/(\mu + 1) \cdot Rk}{Ri/(\mu + 1) + Rk}$$

Daraus läßt sich unmittelbar ein Ri ablesen (vgl. Gl. (2.9)):

$$\left.\begin{array}{l} Ri' = Ri/(\mu + 1) \ll Ri \\ \text{konstant bleibt } S' = S \\ \text{mit } S \cdot Ri' = \mu' \text{ wird } \mu' = \mu/(\mu + 1) \sim 1 \end{array}\right\} \qquad (2.82)$$

2.5.3 Der Eingang des Katodenfolgers

Im Kap. 3.1 wird gezeigt, daß die Eingangsimpedanz eines Verstärkers durch Stromgegenkopplung vergrößert wird. Für den Katodenfolger gelten die gleichen Überlegungen:

Setzen wir in der Formel (3.12) $Ra = 0$, so folgt daraus die Eingangsimpedanz des Katodenfolgers:

$$Ze = Zg\,\frac{Ri + Rk(1 + \mu)}{Ri + Rk} \sim Zg(1 + SRk) \qquad (2.83)$$

Einfacher ist es, statt der Verstärkung $V'k$ die Verstärkung Vab des Katodenfolgers in die Formel (3.11) einzusetzen. Es wird:

$$Ze = Zg/(1 - Vab) = Zg/(1 - SRo) \qquad (2.84)$$

Liegt der Gitterableitwiderstand an der Katode (Abb. 2.69), so ist er gleichspannungsmäßig und für niedrige Frequenzen gleich der Impedanz Zg. Damit wird der ohmsche Eingangswiderstand

$$Re = Rg/(1 - Vab) \qquad (2.85)$$

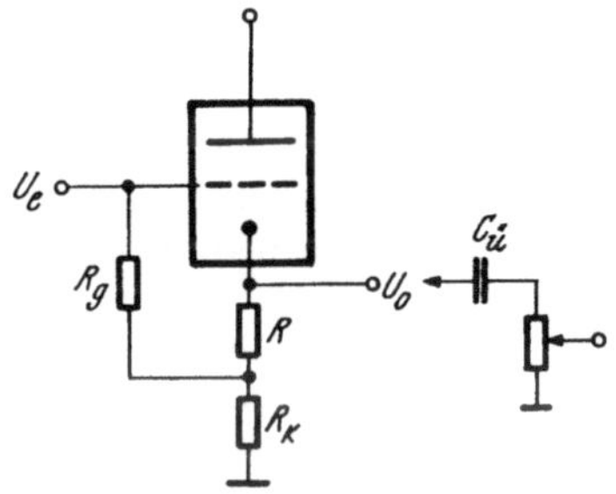

Abb. 2.69. Oft verwendete Katodenfolgerschaltung

Für die Schaltung nach Abb. 2.65 ist $Re = Rg$. Für höhere Frequenzen ist die Eingangsimpedanz vorwiegend durch die Gitter-Katodenkapazität Cgk bestimmt (da $Ra = 0$, ist die Miller-Kapazität unwirksam). Auch Ce erscheint beim Katodenfolger wesentlich verkleinert:

$$Ze_C = 1/\omega Ce = \frac{1/\omega Cgk}{1 - Vab} \cdots Ce = Cgk(1 - Vab) \qquad (2.86)$$

Ist die maximale Eingangswechselspannung, die noch unverzerrt übertragen wird, $U\tilde{g}_{\max}$, so ist sie beim Katodenfolger:

$$Ue_{\max} = U\tilde{g}_{\max} + Uo = U\tilde{g}_{\max}(1 - Vab) \qquad (2.87)$$

Ist das Eingangssignal größer als der lineare Aussteuerbereich des Katodenfolgers, so werden positive Signale zum Gitterstromeinsatz Anlaß geben und damit Re verkleinern. Bei negativen Signalen folgt die Ausgangsspannung Uo nur bis zum Sperren der Röhre.

2.5.4 Der Ausgang des Katodenfolgers

Der Katodenfolger stellt einen Generator mit niedrigem Innenwiderstand dar. Sein wirksamer Ausgangswiderstand ist gegeben durch die Parallelschaltung $Ri' || Rk$:

$$Ro = \frac{Ri\,Rk}{Ri + Rk(\mu + 1)} \sim \frac{Rk}{1 + S\,Rk} = Rk/(1 + V) = Rk(1 - Vab) \qquad (2.88)$$

(V ist die Verstärkung einer Katodenbasisröhre mit $Ra = Rk_{\text{Kat. F}}$). Wird Rk groß (z.B. $> 10\,\text{k}\Omega$ bei einer ECC 81), so kann er gegen Ri' vernachlässigt werden:

$$Ro \sim Ri' = Ri/(\mu + 1) = \frac{\mu/S}{\mu + 1} \ll Rk \qquad (2.89)$$

Werden Röhren mit großer Steilheit und hohem μ verwendet, so wird der wirksame Ausgangswiderstand und die Verstärkung des Katodenfolgers in guter Annäherung:

$$Ro \sim 1/S \quad \text{und} \quad Vab \sim S\,Ro \sim 1 \qquad (2.90)$$

Die obere Grenzfrequenz wird durch die Parallelkapazität Cs zu Ro bestimmt. Da Ro sehr klein ist, wird f_o sehr groß:

$$f_o = 1/2\pi Cs\,Ro = \frac{1}{2\pi\,Cs\,Rk\,(1 - Vab)} \qquad (2.91)$$

Für die Verwendung eines Verstärkers in Impulsschaltungen ist ein wichtiges Kriterium die Anstiegszeit ta, mit der ein steiler Impuls wiedergegeben wird (siehe Kap. 2.2.2). Die Katode kann einem an das Gitter gegebenen Impuls nicht schneller folgen, als durch die Zeitkonstante aus Ausgangswiderstand Ro und Parallelkapazität Cs bestimmt ist:

$$t_a = 2{,}2 \cdot Cs \cdot Ro \qquad (2.92)$$

Kommt ein schnellerer negativer Impuls, dann wird das Gitter schneller negativ, als die Katode folgen kann. Wenn der Impuls genügend Amplitude hat, kann er auf diese Weise die Röhre sperren. In diesem Falle sinkt die Spannung an der Katode nur entsprechend der Zeitkonstante $Rk \cdot Cs$ weiter, denn die gesperrte Röhre ist so gut wie abgeschaltet. Erst wenn die Katode so weit nachgelaufen oder der Impuls entsprechend abgeklungen ist, daß die Röhre wieder Strom zieht, arbeitet der Anodenbasisverstärker wieder richtig.

Kommt hingegen ein schnellerer positiver Impuls an das Gitter, so zieht zwar die Röhre unter Umständen Gitterstrom, bis die Katode nachgelaufen ist, sie wird aber nicht gesperrt ($Ri' || Rk$). Deshalb verarbeitet ein Anodenbasisverstärker in positiver Richtung steilere Impulsflanken als in negativer. Diese Tatsache tritt aber nur bei sehr schnellen Impulsen in Erscheinung; im nachfolgenden Beispiel hat der Katodenfolger eine Anstiegszeit von etwa 0,007 µs, wenn man am Ausgang eine Kapazität von 20 pF annimmt.

2.5.5 Eigenschaften und Schaltungstechnik

An Hand eines Dimensionierungsbeispieles sollen die charakteristischen Eigenschaften des Katodenfolgers zusammenfassend dargestellt werden:

Gewählt wird: Schaltung Abb. 2.69, Rö. EC (C) 81, $Ub = 250\,\text{V}$, $Rk = 10\,\text{k}\Omega$, $Rg = 1\,\text{M}\Omega$.

1. Aus dem Ia-Ua-Kennlinienfeld der Röhre: Widerstandsgerade für 10 kΩ, gibt für eine gewählte $Ug = 1\ V$: $Ia = 8{,}5$ mA, $Ua = 170$ V, $S = 6$ mA/V, $Ri = 11$ k, $\mu = 66$.

2. Bestimmung des Ro: aus Formel (2.88) ... $Ro = 0{,}1615 \sim 162\ \Omega$

Bestimmung von Vab: aus Formel (2.81) ... $Vab = 0{,}969 \sim 0{,}97$

Die Ermittlung von Ro und Vab muß, wenn die Eingangsdaten berechnet werden sollen, genau erfolgen, da kleine Fehler das Resultat stark verfälschen. Beispiel für die Resultatfehler bei abschätzender Berechnung von Ro und Vab: aus Formel (2.90) $Ro = 160\ \Omega$, $Vab = 0{,}99$.

3. Eingangsdaten (in Klammer die Werte unter Zugrundelegung der abgeschätzten Ro und Vab):

aus Formel (2.85) ... $Re = 33\ \text{M}\Omega\,(100\ \text{M}\Omega)$ ... $Rg = 1\ \text{M}\Omega$

aus Formel (2.86) ... $Ce = 0{,}07$ pF (0,02)pF für $Cgk = 2{,}3$ pF

aus Formel (2.87) ... $Ue_{\max} = 20$ V (60 V) für $U\tilde{g}_{\max} = 0{,}6$ V

$Uo = Vab \cdot Ue = 19{,}4$ V (59,4 V).

Mit diesem Beispiel sind die wichtigsten Eigenschaften des Katodenfolgers charakterisiert. Als idealer Impedanzwandler besitzt er einen sehr hohen Eingangswiderstand, eine sehr kleine Eingangskapazität, einen kleinen Ausgangswiderstand und eine Verstärkung nahe $+1$, d. h. keine Phasenumkehr (Umpolung). In Verstärkern mit hoher oberer Grenzfrequenz wird er als Kopplungsglied zwischen zwei Verstärkerstufen eingeschaltet. Für galvanische Kopplungen in Gleichspannungsverstärkern ist das niedrige Ausgangspotential des Katodenfolgers vorteilhaft. Die niedrige Ausgangsimpedanz erlaubt eine stufenlose Amplitudenregelung auch bei hohen Frequenzen, da niederohmige Spannungsteiler angeschlossen werden können (Abb. 2.69). Die Spannungsverstärkung ist immer kleiner als 1, die Stromverstärkung jedoch kann sehr hoch sein. Der fehlenden Spannungsverstärkung steht eine große Aussteuerfähigkeit gegenüber, so daß der Katodenfolger auch in Endstufen (z. B. Oszillographen) verwendet werden kann. Bei großem Rk ist die Stabilität, bedingt durch die starke Gegenkopplung, groß.

Die Schaltung nach Abb. 2.69 wird dann verwendet, wenn eine sehr hohe Eingangsimpedanz gewünscht wird.

Die Schaltung nach Abb. 2.68 wird als Koppelstufe (Trennstufe) in Gleich- und Wechselspannungsverstärkern verwendet.

Die Schaltung nach Abb. 2.67 hat eine besonders hohe Stabilität, wenn $Uk \gg Ug$ und die Spannung am Teiler $R_1 - R_2$ stabil sind — fallweise z. B. eine eigene stabile Gitterspannungsquelle — da die Gittervorspannung nicht von Uk allein, sondern auch vom Teiler $R_1 - R_2$ mitbestimmt wird. Der Arbeitspunkt bleibt sehr gut bei dem einmal gewählten Katodenstrom, auch wenn die Anodenspannung schwanken sollte. Kennlinienänderungen (z. B. durch Röhrenalterung) wirken sich viel weniger aus. Der Katodenfolger ist in dieser Schaltung mit einem Stabilisator vergleichbar, dessen Stabilisierungsfaktor

$$\alpha = \frac{\Delta\, Uk}{\Delta\, Ub} \sim \frac{1}{\mu} \text{ bei } Ik = \text{konst.} \tag{2.93}$$

ist. Derartige Schaltungen werden z. B. zur Stabilisierung von Schirmgitterströmen von Pentoden verwendet. Der Eingangswiderstand der Schaltung nach Abb. 2.67 ist kleiner als der nach Abb. 2.65 und 2.69, und zwar $Re = R_1 \| R_2$.

Werden Pentoden in Katodenfolgerschaltungen verwendet, so muß ihre Schirmgitterspannung (Spannung Schirmgitter → Katode) konstant gehalten werden. Dies geschieht z. B. durch einen Stabilisator zwischen Schirmgitter und Katode bei Gleichspannungsverstärkern oder bei Wechselspannungsverstärkern durch

Abblöcken des Schirmgitters gegen die Katode. Das Bremsgitter wird stets mit der Katode verbunden. Spezielle Katodenfolgerschaltungen werden fallweise besprochen (Kombinationsverstärker).

Verwendung: Als Impedanzwandler in Eingangsstufen von Meßgeräten oder Anzeigestufen, als Stromverstärker oder Stabilisator, als Trenn- und Kopplungsstufe in Verstärkern, als Hilfsröhre in der Regel- und Impulstechnik usw.

2.5.6 Der Transistor in Kollektorschaltung (Emitterfolger)[1]

Der Anodenbasisschaltung einer Röhre entspricht die Kollektorschaltung eines Transistors (Abb. 2.70).

Funktionsweise: Das Eingangssignal liegt zwischen Basis und Kollektor, das Ausgangssignal zwischen Emitter und Kollektor. Wird die Basisspannung negativer, dann steigt der Kollektorstrom, der Spannungsabfall am Emitter wird größer und die Emitterspannung steigt (wird negativer). Eingangs- und Ausgangsspannung sind also wie bei der Basisschaltung und im Gegensatz zur Emitterschaltung phasengleich.

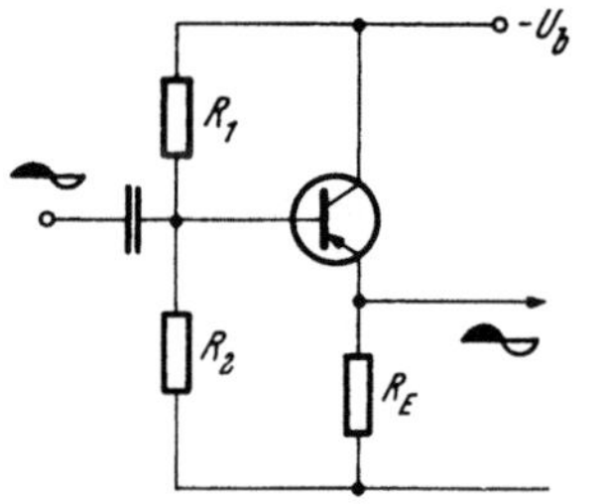

Abb. 2.70. Emitterfolger

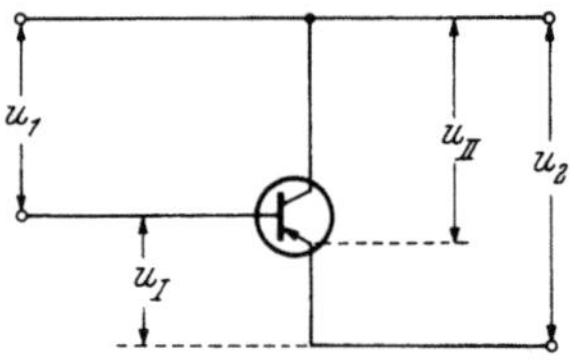

Abb. 2.71

Das auffallendste Merkmal der Kollektorschaltung ist ihre hohe Spannungsrückwirkung. Bezeichnet man die Wechselspannung zwischen Basis und Emitter mit u_I, zwischen Kollektor und Emitter mit u_{II}, die Ausgangsspannung des Emitterfolgers hingegen mit u_2 und die Eingangsspannung mit u_1, dann gilt folgender Zusammenhang (siehe Abb. 2.71):

$$u_2 = u_{II} = u_I + u_1$$

Die Spannungsrückwirkung in der Emitterschaltung ist definiert als

$$h_{12E} = u_I/u_{II} \tag{2.94a}$$

Daher ist $u_2 = u_1 + h_{12E} u_{II} = u_1 + h_{12E} u_2$, $u_1 = u_2(1 - h_{12E})$.
Da $h_{12E} \ll 1$, gilt für die Spannungsrückwirkung der Kollektorschaltung bei offenem Eingang:

$$u_1/u_2 \approx 1 \tag{2.94b}$$

Eine Änderung der Ausgangsspannung ruft also eine fast gleich große Änderung der Eingangsspannung hervor. Folge dieser großen Spannungsrückwirkung ist die starke Abhängigkeit des Eingangswiderstandes vom Emitterwiderstand bzw. des Ausgangswiderstandes vom Generatorwiderstand (Gegensatz zur entsprechenden Röhrenschaltung!). Abb. 2.38, S. 198, zeigt, daß die Ausgangsimpedanz je nach Generatorwiderstand Werte zwischen 15 Ω und 12 kΩ annehmen kann.

---

[1] Literatur: [K 2, N 4, R 2].

Die Kurzschlußstromverstärkung ist etwas größer als in der Emitterschaltung:

$$i_E/(-i_B) = (i_K + i_B)/(-i_B) = -(h_{21E} + 1) \tag{2.95}$$

Der Emitterfolger kann wie der Transistorverstärker in Basis- oder Emitterschaltung durch einen Vierpol dargestellt und daher wie in Kap. 2.3 durch h-Gleichungen mathematisch beschrieben werden:

$$u_1 = h_{11K}\, i_1 + h_{12K}\, u_2$$
$$i_2 = h_{21K}\, i_1 + h_{22K}\, u_2$$

Die h-Werte der Kollektorschaltung werden zur Unterscheidung von den h-Werten der Emitterschaltung mit dem Index K versehen.

Wie oben am Beispiel der Spannungsrückwirkung $h_{12K} = u_1/u_2$
und der Kurzschlußstromverstärkung $h_{21K} = -(h_{21E} + 1)$
gezeigt wurde, sind die h-Werte der Kollektorschaltung aus denen der Emitterschaltung berechenbar:

$$\begin{aligned} h_{11K} &= h_{11E} & h_{12K} &= 1 - h_{12E} \\ h_{21K} &= -(h_{21E} + 1) & h_{22K} &= h_{22E} \end{aligned} \tag{2.96}$$

Dadurch lassen sich die Formeln für die Betriebswerte der Stromverstärkung, Spannungsverstärkung usw., die in Kap. 2.3 für die Emitterschaltung angegeben wurden, auch für den Emitterfolger verwenden. Da die Hilfsgröße H wegen der hohen Spannungsrückwirkung einen sehr hohen (negativen) Wert besitzt, ist der Betriebseingangswiderstand des Emitterfolgers bei nicht zu kleinen Lastwiderständen relativ hoch und umgekehrt der Ausgangswiderstand bei nicht zu hohem Generatorwiderstand relativ klein, so daß der Emitterfolger bei geeigneter Dimensionierung als Impedanzwandler Anwendung finden kann.

Zahlenbeispiel: $h_{11E} = 800$, $h_{12E} = 5{,}4 \cdot 10^{-4}$, $h_{21E} = 47$, $h_{22E} = 8 \cdot 10^{-5}$

Die h-Werte in Kollektorschaltung sind

$h_{11K} = 800$, $h_{12K} = 1$, $h_{21K} = -48$, $h_{22K} = 8 \cdot 10^{-5}$

Die Hilfsgrößen H, L, G sind für $Rg = 10\,\text{k}\Omega$, $R_K = 1\,\text{k}\Omega$: $H = h_{12K}\, h_{21K}/h_{11K} h_{22K} = -750$, $L = R_K/(R_K + 1/h_{22K}) = 0{,}074$, $G = h_{11K}/(h_{11K} + Rg) = 0{,}074$

Die Betriebswerte sind dann:

$$r_e = h_{11K}(1 - HL) = 800(1 + 750 \cdot 0{,}074) = 45\,\text{k}\Omega$$
$$r_o = 1/(h_{22K}(1 - HG)) = (1/8 \cdot 10^{-5})\,(1/(1 + 750 \cdot 0{,}074) = 220\,\Omega$$
$$v_i = h_{21K}(1 - L) = 48(1 - 0{,}074) = 45\text{fach}$$
$$v_u = -\frac{1}{h_{12K}} \cdot \frac{HL}{1 - HL} = 750 \cdot 0{,}074/(1 + 750 \cdot 0{,}074) = 0{,}98\text{fach}$$
$$v = v_i \cdot v_u = 44\text{fach}$$

Die allgemeine Abhängigkeit der Betriebsgrößen für den vorstehenden Transistortyp vom Generator- bzw. Lastwiderstand zeigt Abb. 2.38 (siehe S. 198). Die Spannungsverstärkung ist immer kleiner als 1, die Leistungsverstärkung daher geringer als in der Emitterschaltung (Spannungs- und Stromverstärkung) oder in der Basisschaltung (die Spannungsverstärkung ist größer als die Stromverstärkung).

Besonders verwiesen sei auf Abb. 2.38a, die die Abhängigkeit des Eingangswiderstandes vom Lastwiderstand (Emitterwiderstand) darstellt. Daraus geht hervor, daß sich auch mit einer Transistorstufe Eingangsimpedanzen erreichen lassen, die 1 MΩ und mehr betragen und durchaus mit den Eingangswiderständen gewöhnlicher Röhrenverstärker vergleichbar sind. Voraussetzung ist allerdings ein hoher Lastwiderstand, der im Beispiel Abb. 2.38 10 kΩ oder mehr betragen sollte. Diese hohen Werte sind für gewöhnliche Emitterwiderstände undiskutabel, da der Gleichspannungsabfall viel zu hoch wäre. Ein gangbarer Weg ist hingegen die Verwendung eines weiteren Emitterfolgers als Lastwiderstand für den ersten Emitterfolger. Der Spannungsabfall beträgt dann lediglich einige 100 mV zwischen Basis und Emitter der zweiten Stufe. Ist z. B. der Lastwiderstand $R_L = 1$ kΩ, so transformiert Transistor 2 an seinem Eingang diesen Widerstand auf etwa 50 kΩ herauf. Transistor 1 verwandelt diese Impedanz nochmals auf 370 kΩ.

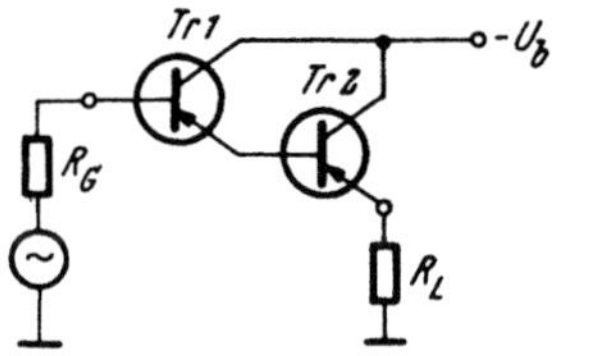

Abb. 2.72. Serienschaltung zweier Emitterfolger

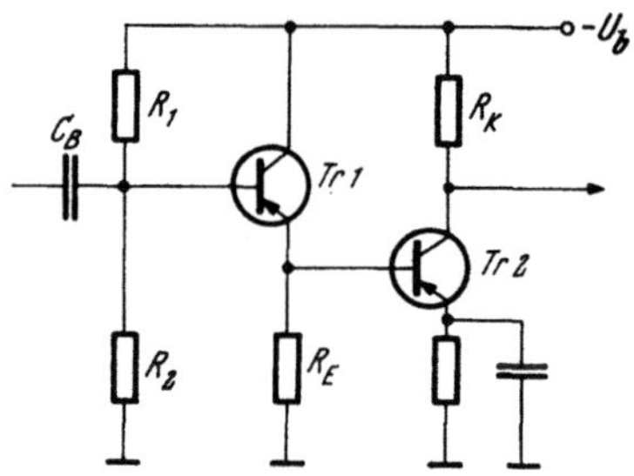

Abb. 2.73. Verbesserung des Frequenzganges des zweiten Transistors durch Vorschalten eines Emitterfolgers

Die Serienschaltung zweier Emitterfolger bringt noch einen weiteren Vorteil mit sich, der die Ausgangsimpedanz betrifft. Betrachtet man Abb. 2.38b, in der die Ausgangsimpedanz als Funktion des Generatorwiderstandes dargestellt ist, so sieht man, daß der Emitterfolger nur dann eine niedrige Ausgangsimpedanz besitzt, wenn der Generatorwiderstand klein ist. Tr. 2 in Abb. 2.72 besitzt als Generatorwiderstand den Ausgangswiderstand des Emitterfolgers, so daß der Ausgangswiderstand an R_L durch die zweifache Untersetzung extrem klein wird.

In der Praxis wird der Emitterfolger wie der Katodenfolger als Impedanzwandler zur Anpassung hochohmiger Spannungsquellen an kleine Verbraucherwiderstände und zur Spannungsaussteuerung von Verstärkerstufen in Emitterschaltung (Abb. 2.73) (besserer Frequenzgang, da dann die schädlichen Kapazitäten schneller umgeladen werden) usw. verwendet. Ein anderes Hauptanwendungsgebiet des Emitterfolgers ist die Impulstechnik, wo er als stromverstärkendes Element kleinen Innenwiderstandes zur Steuerung leistungsverbrauchender Stufen eingesetzt wird.

Die Verstärkung und Impedanzen eines Emitterfolgers als Funktion der Parameter des T-Ersatzschaltbildes (Abb. 1.124) gibt folgende Tabelle:

$$\left.\begin{aligned}
v_u &= \frac{r_K R_L}{r_B(r_E + R_L) + r_K[R_L + r_E + r_B(1-a)]} \approx 1 \\
v_i &= \frac{r_K}{r_K(1-a) + r_E + r_L} \approx \frac{1}{1-a} \\
r_e &= \frac{r_B(r_E - R_L) + r_K\,[r_E + R_L + r_B(1-a)]}{r_K(1-a) + r_E + R_L} \approx \frac{R_L}{1-a} \\
r_o &= \frac{r_E(R_G + r_B + r_K) + r_K(1-a)\,(R_G + r_B)}{R_G + r_B - r_K} \approx r_E + (1-a)(R_G + r_B)
\end{aligned}\right\} \qquad (2.97)$$

2.6 Leistungsverstärker[1]

2.6.1 Eintakt-A-Verstärker

Bisher haben wir bei den Röhren nur Spannungsverstärker besprochen. Um bei dieser Art eine große Verstärkung $V = Sd \cdot Ra$ zu bekommen, muß der Arbeitspunkt in die Mitte des steilsten Kennlinienteiles gelegt und Ra so groß wie möglich gemacht werden. Die maximale unverzerrte Ausgangsspannung hängt dann von der Größe des linearen Aussteuerbereiches ab.

Andere Verhältnisse liegen vor, wenn neben einer maximalen Anodenwechselspannung auch ein maximaler Anodenwechselstrom, d. h. eine maximale Ausgangsleistung $N_{o\max}$, von der Verstärkerröhre verlangt wird. Der Wirkungsgrad η des Leistungsverstärkers soll entsprechend hoch sein und die der Röhre zugeführte Gleichstromleistung N soll möglichst restlos in Nutz- oder Ausgangsleistung No verwandelt werden. Diese Forderung ist nur dann zu erfüllen, wenn die Kennlinie der Röhre nicht mehr in einem kleinen, sondern in einem möglichst großen Bereich durchgesteuert wird. Die Kennlinie kann dann allerdings nicht mehr als linear angesehen werden, so daß die Verzerrungen des Signals viel größer werden.

Man unterscheidet zwischen

linearen Verzerrungen: das sind Abweichungen vom Frequenzgang (bei Röhren nicht groß), und

nichtlinearen Verzerrungen: das sind Veränderungen der Kurvenform des Signals. Sie geben Anlaß zum Auftreten neuer Frequenzen (harmonischer), quantitativ durch den Klirrfaktor $k = \dfrac{\text{Effektivwert der Oberschwingungen}}{\text{Gesamteffektivwert}}$ erfaßt.

Durch die nichtlineare Kennlinie können sich die zu verstärkenden Frequenzen gegenseitig beeinflussen — überlagern (siehe Kap. 4.6), so daß nichtharmonische Seitenbandfrequenzen entstehen. Diese Verzerrung bezeichnet man als Intermodulationsverzerrung.

Wie gezeigt, ist die Problemstellung bei Leistungsverstärkern eine andere als bei den „Kleinsignalverstärkern".

A. Leistungsanpassung für Röhren mit ohmschem Ra ($Ra^{=} = R\tilde{a}$)

Innerhalb des Aussteuerbereiches einer Röhre, der nach Abb. 10.34 und 10.35, S. 582, von $Ia_{\max}$, $Ua_{\max}$, $Ug = 0$ und der Anodenverlustleistungshyperbel $Na_{\max}$ begrenzt ist, kann die Wahl der Betriebsspannung Ub und die Größe des Ra (Lage der Widerstandsgeraden) derart erfolgen, daß die Ausgangsleistung No maximal wird (siehe Leistungsdreieck, Abb. 2.10).

a) Leistungsanpassung für Trioden

Der optimale Ra läßt sich aus der Barkhausen-Gleichung (Gl. (2.3) und (2.4)) ableiten. Es ist dann $I\tilde{a}(1 + SRa) = SU\tilde{g}$ und $No = (I\tilde{a} \cdot U\tilde{a})/2$.

Für die Maximabedingung $(\mathrm{d}No/\mathrm{d}Ra) = 0$ wird:

$$Ra = Ri \qquad (2.98)$$

[1] Literatur: [B 1, K 1, V 1].

Leistungsanpassung ist also bei gegebener Steuerwechselspannung $U\tilde{g}$ dann vorhanden, wenn der Außenwiderstand gleich dem Röhreninnenwiderstand gemacht wird. Die maximale Ausgangsleistung ist nach $No = I\tilde{a}^2 \cdot Ra$

$$No_{\max} = S\mu \cdot \frac{U\tilde{g}^2}{8} \tag{2.99}$$

$S \cdot \mu =$ Röhrengüte, die möglichst groß sein soll.

Die Lage des Arbeitspunktes A im Kennlinienfeld ist bestimmend für die Größe des Ri. Der Arbeitspunkt wird einerseits möglichst auf die Na-Hyperbel, andererseits in die Mitte des linearen Aussteuerbereiches ($U\overline{g} \sim 0{,}6 \cdot DUa$) gelegt, wobei in beiden Fällen die Grenzen $Ua_{\max}$ und $Ub_{\max}$ zu berücksichtigen sind. Zu beachten ist ferner, daß bei Fehlen einer Steuerwechselspannung die Anodenverlustleistung gleich der Gleichstromleistung wird.

b) Leistungsanpassung für Pentoden

Für Pentoden mit ohmschem Ra ($R\overline{a} \neq 0$) kann die Bedingung $Ra = Ri$ nicht erfüllt werden, da der gegenüber Trioden viel größere Ri nur im Stromübernahmegebiet (bei niedriger Ug_1 und $Ug_2 > Ua$) kleiner wird. Bei Mehrgitter-

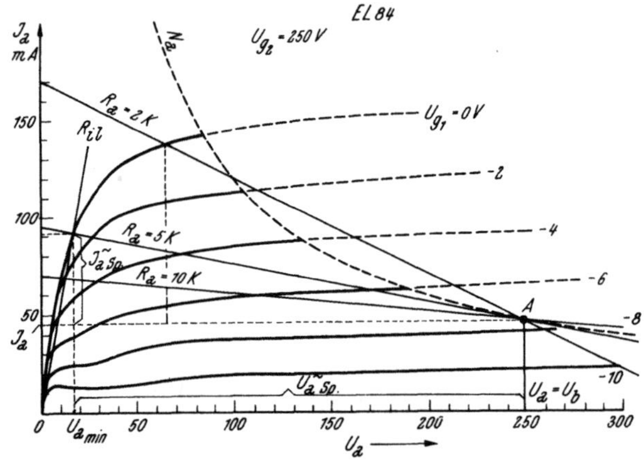

Abb. 2.74. Kennlinienfeld einer Leistungspentode

röhren mit ohmschem Ra tritt also eine zusätzliche Aussteuerungsgrenze auf: die Stromübernahme durch das Schirmgitter. Diese Aussteuerungsgrenze kann im Pentodenkennlinienfeld angenähert durch eine Gerade dargestellt werden, die der Richtung der ansteigenden Äste der Ug_1-Parameter folgt. Sie trägt die Bezeichnung R_{il}, d. h. innerer Leistungswiderstand (Abb. 2.74). Links von dieser Geraden befindet sich das Restspannungsgebiet. Es ist:

$$R_{il} = Ua_{\min}/2 \cdot I\tilde{a}_{\max} \quad \text{mit} \quad Ua_{\min} = Ua - U\tilde{a}_s \tag{2.100}$$

Für eine gegebene Betriebsspannung wird die Ausgangsleistung dann optimal, wenn

$$Ra = R_{il} \tag{2.101}$$

gemacht wird. Die Ausgangsleistung wird für eine gegebene $U\tilde{g}$:

$$No = Ub^2 \cdot Ra/8(R_{il} + Ra)^2 = Ub^2/32R_{il}$$

Der bei maximaler Ausgangsleistung erzielbare Wirkungsgrad ist:

$$\eta = No/N = 12{,}5\%$$

Wie bei den Trioden kann auch bei den Pentoden die Ausgangsleistung vergrößert werden, wenn einerseits Ub möglichst vergrößert, andererseits der Arbeitspunkt A möglichst auf die Na-Hyperbel gelegt wird. Die Aussteuerungsgrenzen sowie der sich einstellende Verzerrungsgrad müssen dabei berücksichtigt werden. Die Grenzen sind von Röhre zu Röhre verschieden. Am zweckmäßigsten ist es daher immer, die Wahl der freien Parameter Ub, Ra, Ug an Hand des Kennlinienfeldes der verwendeten Röhre vorzunehmen. Eine optimale Leistung kann dann erzielt werden, wenn die Widerstandsgerade vom Schnittpunkt der Ia_{max}-Grenze mit der R_{il}-Geraden ausgehend zu einem Arbeitspunkt auf der Na-Hyperbel verläuft.

B. Leistungsanpassung für Röhren mit $Ra^{=} \to 0$

Dieser Fall tritt bei Trioden und Pentoden dann ein, wenn als Arbeitswiderstand im Anodenkreis der Röhre kein ohmscher Widerstand, sondern eine Drossel, ein Übertrager oder ein L-C-Schwingkreis verwendet wird. Zur Vereinfachung nehmen wir an, daß $R\tilde{a}$ reell sei, was z. B. bei in Resonanz befindlichen Schwingkreisen und in gewissen Grenzen bei ohmisch belasteten Übertragern der Fall ist. Ferner sei der Gleichstromwiderstand $Ra^{=} \ll R\tilde{a}$ und daher vernachlässigbar. Die Anodengleichspannung ist dann gleich der Betriebsspannung, die Arbeitspunkte für verschiedene $R\tilde{a}$ liegen im $Ia - Ua$-Kennlinienfeld alle auf einer Geraden senkrecht auf Ub. Für eine gegebene Anodenspannung wird die Ausgangsleistung dann maximal,

$$\begin{aligned} &\text{wenn für Trioden} && R\tilde{a} = 2 \cdot Ri \\ &\text{für Pentoden} && R\tilde{a} = 2 \cdot R_{il} \end{aligned} \qquad (2.102)$$

gemacht wird.

Die Ausgangsleistung wird:

$$\begin{aligned} No &= U\tilde{a}/16 \cdot Ri \text{ für Trioden} \\ \text{bzw. } No &= U\tilde{a}/16 \cdot R_{il} \text{ für Pentoden} \end{aligned} \qquad (2.103)$$

Der Wirkungsgrad η erreicht 25%.

Das Verhältnis der Anodenwechselstromspitze zum Anodengleichstrom nennt man die Stromaussteuerung. $I\tilde{a}_s/Ia = 1$ ist ihr maximal erreichbarer Wert. Die Spannungsaussteuerung $U\tilde{a}_s$ zu Ua bleibt immer kleiner als 1, da eine Restanodenspannung immer vorhanden bleiben muß. Für maximale Leistung bei kleinstmöglicher Anodenspannung wird die Spannungsaussteuerung 0,5. So wie unter A. schon gesagt, läßt sich auch bei diesen Verstärkerstufen noch eine Leistungssteigerung erreichen. Welche Wege gangbar sind, ist von Röhre zu Röhre verschieden, z. B. eine Steigerung der Ub, eventuell ein $R\tilde{a} > 2Ri$ und die entsprechende Lage der Widerstandsgeraden im Aussteuerungsfeld. Werden nicht Sondereinstellungen gefordert, so geben die Röhrenhersteller für jede Leistungsröhre optimale Ra-No- und Ub Angaben für die verschiedenen Betriebsarten an.

Für Endpentoden kann ein Wirkungsgrad von 50% theoretisch erreicht werden. Bei einem Klirrfaktor von 5% ist zumeist $N_0 = 0{,}3 - 0{,}5\,N$, d. h.

$$R\tilde{a} \sim Ua^{=}/Ia^{=} \tag{2.104}$$

Die Strom- und Spannungsaussteuerung wird 0,8 bis 0,9.

Die Abb. 2.74 zeigt das Ia-Ua-Kennlinienfeld der Endpentode EL 84. Für eine gegebene Betriebsspannung von $Ub = 250$ V sind verschiedene Außenwiderstände eingezeichnet. Sie folgen der Gleichung

$$Ua = Ub - Ia \cdot R\tilde{a} \tag{2.105}$$

Ua und Ia sind durch den Arbeitspunkt gegeben. Die Widerstandsgerade für $R\tilde{a} = 5\,\text{k}\Omega$ ergibt angenähert die optimale Leistungsanpassung, ohne daß die Na-Hyperbel überschritten ist ($No = 250 \cdot 0{,}48 \cdot 0{,}4 \sim 5$ W). Nach dem Kennlinienfeld wird $No = I\tilde{a} \cdot U\tilde{a}/2 = 0{,}048 \cdot 232/2 = 5{,}5$ W.

Die Anodenspannungsspitze nimmt bei Vollaussteuerung $Ia_s = 30$ mA (d. h. $Ia_{\max} = 48 + 30 = 78$ mA, $Ia_{\min} = 48 - 30 = 18$ mA) große Werte an:

Nach Gl. (2.105) und Abb. 2.74 ist $Ua = 250 - 30 \cdot 5 \cdot \cos \omega t$,

$$Ua_{\min} = 100\text{ V } (\cos \omega t = 1),\quad Ua_{\max} = 400\text{ V} (\cos \omega t = -1),$$

$$U\tilde{a} = (400 - 100)/2 = 150\text{ V}.$$

Da $Ua_{\max} > Ub$, ist auf gute Isolation im Anodenkreis zu achten.

2.6.2 Verstärker mit Gitterstrom

Ein wesentlich größerer Wirkungsgrad läßt sich erzielen, wenn die Röhre (Triode) bis in den positiven Gitterspannungsbereich ausgesteuert wird. Die Abb. 2.75 zeigt das Ia–Ua-Kennlinienfeld einer Leistungstriode. Von Gitterspannung = 0 gegen positive Spannungen ändert sich die Form der Kennlinien, sie erhalten pentodenähnliche Anstiege und werden von der Geraden des inneren Leistungswiderstandes R_{il} begrenzt. Zum Unterschied vom Pentodenkennlinienfeld (Abb. 2.74) wird R_{il} erst bei stark positivem Gitter erreicht.

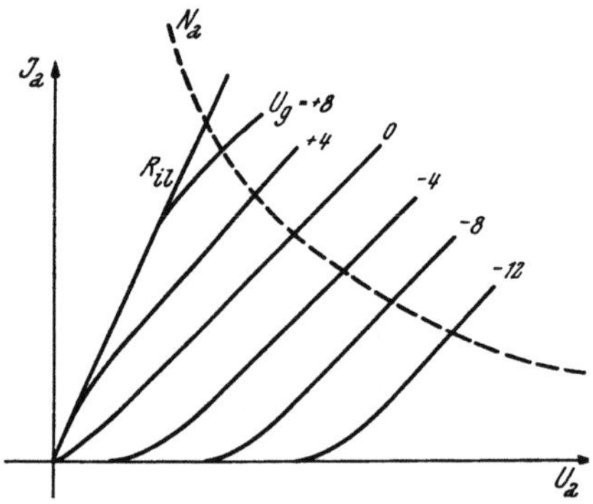

Abb. 2.75. Kennlinienfeld einer Leistungstriode

Da der positive Kennlinienbereich stärker nichtlinear ist, ist der Klirrfaktor bei einer derartigen Aussteuerung wesentlich größer. Diese Betriebsart wird in der Niederfrequenztechnik daher nur bei Gegentaktverstärkern verwendet. Sie ist dagegen in der Hochfrequenztechnik bei Sendeverstärkern üblich. Für den Gitterstrombetrieb werden spezielle Röhren mit verstärkter Gitterspirale und etwas anderer Elektrodenanordnung gebaut. Bedingt durch Ig muß zur Steuerung eine Steuerleistung aufgebracht werden. Bei großen Eingangsamplituden kann die Anodenspannung zeitweilig unter die positive Gitterspannung absinken (überspannter Zustand).

2.6.3 Gegentaktverstärker

Um eine große Ausgangsleistung zu erzielen, sind drei Wege möglich:

1. Die Verwendung einer entsprechend leistungsfähigen Röhre, wobei mit hohen Betriebsspannungen und Strömen zu rechnen ist.

2. Die Parallelschaltung von zwei oder mehreren Röhren. Es addieren sich dann die Steilheiten. Die Innenwiderstände sind aber ebenso wie die Röhrenkapazitäten parallelgeschaltet.

3. Zwei Röhren in Gegentaktschaltung, wobei durch Verlegung der Arbeitspunkte in den jeweiligen unteren Kennlinienknick der beiden Röhren die gesamte Aussteuerungskennlinie viel größer als die eines Eintakt-A-Verstärkers wird.

Die letzte Möglichkeit ist für Verstärker größerer Leistung ($No > 10$ W) die günstigste. Die Abb. 2.76 zeigt ein vereinfachtes Schaltbild. Zwei gleichartige Röhren sind derart geschaltet, daß in jeweils einer der beiden Röhren der Anodenstrom zunimmt, während er gleichzeitig in der anderen abnimmt (Gegentaktprinzip). Um dies zu erreichen, wird die Steuerwechselspannung mit Hilfe eines Übertragers *ÜTr* zugeführt, der zwei in Serie liegende Sekundärwicklungen besitzt, deren gemeinsamer Anschluß (Mittelanzapfung) wechselspannungsmäßig an Masse liegt. Steigt die Spannung an einem Wicklungsende und damit am Gitter, z. B. der Röhre Rö. 1, so fällt sie gleichzeitig am anderen Wicklungsende und damit am Gitter der Rö. 2. Die beiden Wechselspannungen sind gegeneinander um 180° phasenverschoben. Diese für die Gegentaktschaltung nötige Phasenverschiebung kann auch ohne Übertrager erreicht werden, wie am Ende des Kapitels gezeigt wird.

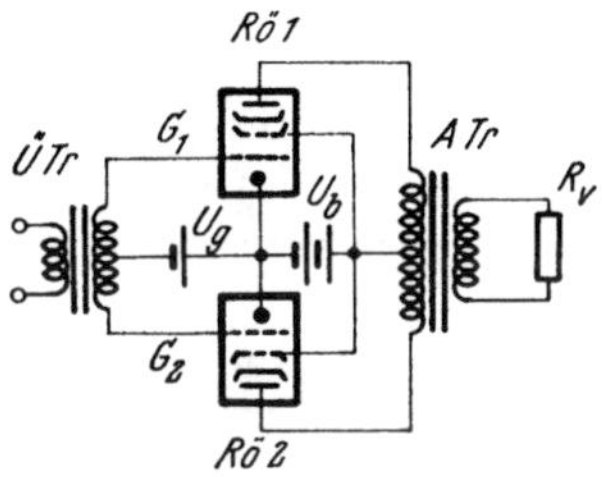

Abb. 2.76. Prinzipschaltbild eines Gegentaktverstärkers

Im Anodenkreis beider Röhren befindet sich der Ausgangstransformator *ATr*, dessen Primärwicklung wiederum in der Mitte geteilt ist. Die Mittelanzapfung liegt wechselspannungsmäßig an Masse und dient der Zuführung der Anodenspannung. Bei Hochfrequenzstufen treten an Stelle der Transformatoren angezapfte Schwingkreise.

Analog dem Eintaktverstärker kann der Arbeitspunkt der Gegentaktröhren im *A*-, *AB*-, *B*-, *C*- oder *D*-Bereich liegen, wobei der *A*-Betrieb (Klirrfaktor theoretisch 0) selten benützt wird, denn die Vorteile der Gegentaktschaltung als Leistungsendstufe kommen erst bei einem *AB*-, *B*-, *C*- oder *D*-Betrieb zur Geltung. Die Lage der Arbeitspunkte für die einzelnen Betriebsarten zeigt die Abb. 2.77. Der *D*-Betrieb unterscheidet sich vom *AB*-Betrieb nur durch die feste Gittervorspannung (wie bei *B*). Es ergibt sich dadurch eine erhöhte Leistungsaussteuerung.

Die Abb. 2.78 zeigt das Kennlinienfeld $Ia = f(Ug)$ zweier Röhren im *B*-Betrieb. Die Ia-Ug-Kennlinien beider Röhren sind gegeneinander um 180° gedreht, um die Wirkung zu verdeutlichen. Die Arbeitspunkte A_1 und A_2 liegen für jede Röhre einzeln betrachtet in ihrem unteren Kennlinienknick. Für die Wirkungsweise der gesamten Schaltung jedoch liegen die Arbeitspunkte auf einer geraden, doppelt so langen Aussteuerungskennlinie. Der große Vorteil dieser Betriebsart ist sofort erkennbar. Die Gitterwechselspannung kann bedeutend größer als bei Eintaktschaltungen im *A*-Betrieb gemacht werden ($U\tilde{g}$ in Abb. 2.78). Die sich durch die Lage der Arbeitspunkte ergebende starke Verzerrung der einzelnen

Anodenströme während jeweils einer Halbperiode werden durch den Gegentaktbetrieb kompensiert und es entsteht ein nahezu unverzerrter Summenanodenstrom $I\tilde{a}$. Die geradzahligen Harmonischen (2., 4., ... Oberwelle) der Grundschwingung heben sich auf, die ungeradzahligen (3., 5., ...) addieren sich. Daher eignen sich in bezug auf die Verzerrungen für Gegentaktbetrieb besonders Trioden, denn deren Kennlinien bevorzugen die Bildung der 2. Harmonischen (bei Pentoden entstehen mehr ungeradzahlige Oberwellen). Ein Nachteil der Schaltung ist, daß der Klirrfaktor bei kleiner Aussteuerung relativ am größten ist, denn im Bereich

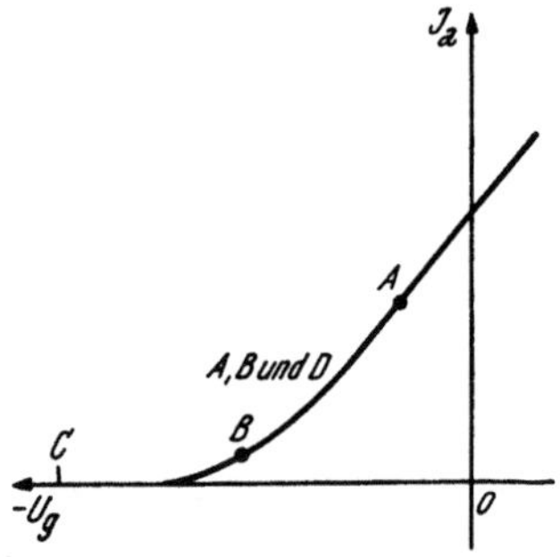

Abb. 2.77. Lage der Arbeitspunkte für die verschiedenen Betriebsarten

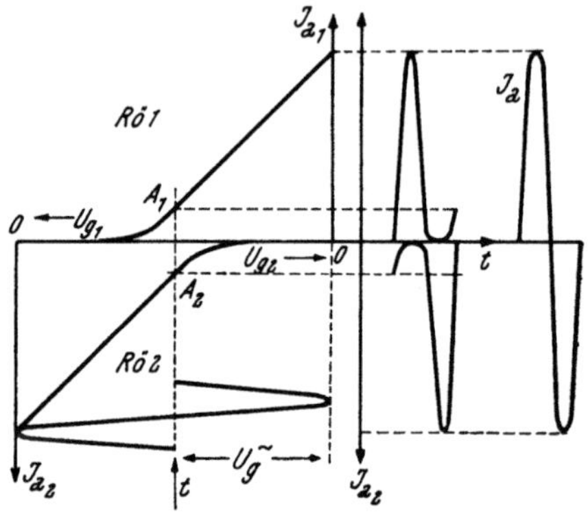

Abb. 2.78. Gegentakt-B-Betrieb

um die beiden Arbeitspunkte weicht die Summenkennlinie am ehesten von einer Geraden ab. Wichtig ist die Verwendung von Röhren mit möglichst gleichem Kennlinienverlauf, da bei ungleichen Kennlinien der Klirrfaktor stark ansteigt. Den minimalsten Klirrfaktor liefert ein Gegentakt-A-Verstärker. Am verbreitetsten für lineare Verstärker mit einem Klirrfaktor von 3 bis 4% ohne Gegenkopplung ist der AB-Betrieb, bei weniger hohen Ansprüchen an Verzerrungsfreiheit der B-Betrieb.

Der Wirkungsgrad der Gegentaktschaltung ist größer als der von Eintaktschaltungen. Im B-Betrieb ist ein η von 70 bis 78% erreichbar. Die Ausgangsleistung für eine Röhre in dieser Betriebsart ist:

$$No = U\tilde{a} \cdot I\tilde{a}/4 \quad \text{mit} \quad Ra \sim Ua/Ia_{\max} \tag{2.106}$$

In den Röhrentabellen wird meistens der Außenwiderstand über beide Röhren, d. h. über die ganze Primärwicklung des Übertragers mit Raa angegeben. Es ist:

$$Ra = Rv/4\ddot{u}^2, \quad Raa = Rv/\ddot{u}^2 \tag{2.107}$$

Die Gittervorspannung der Röhren kann bei A- oder AB-Betrieb automatisch (durch Katodenwiderstände) erzeugt werden. Für den B- und C-Betrieb muß jedoch die Gittervorspannung aus einer eigenen Spannungsquelle (Gleichrichter) über die Gitterableitwiderstände oder die Sekundärwicklung des Übertragers den Röhren zugeführt werden. (Hochfrequenz-Gegentaktendstufen arbeiten vorwiegend im C-Betrieb.)

Zusammenfassend die Vorteile der Gegentaktschaltung: Hohe Ausgangsleistung bei kleinem Klirrfaktor, Kompensation geradzahliger Harmonischer, geringe Schwingneigung, keine Gleichstrommagnetisierung des Ausgangsübertragers, da die Primärwicklung von beiden Anodenströmen in entgegengesetzter

Richtung durchflossen wird, daher Wegfall der durch diese Magnetisierung verursachten Verzerrungen und, bedingt durch die höhere Induktivität bei sonst gleichem Kernquerschnitt, bessere Übertragung niedriger Frequenzen. Die Siebung der Anodenspannung braucht nicht sehr stark zu sein, da sich die Brummspannungen, gleichsinnig eingespeist, in der Gegentaktschaltung kompensieren.

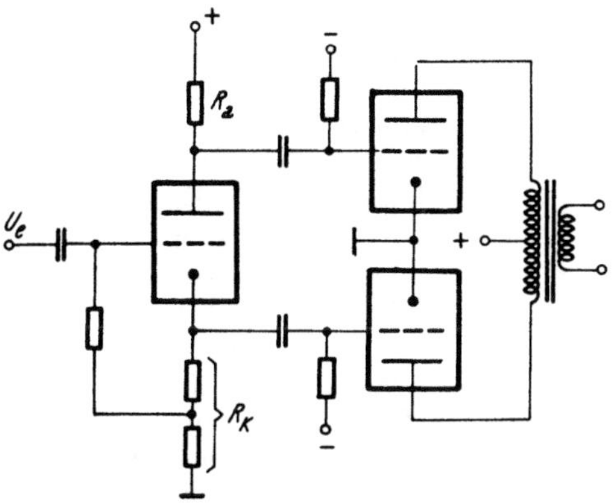

Abb. 2.79. Phasenumkehr mit Katoden-Anodenfolger

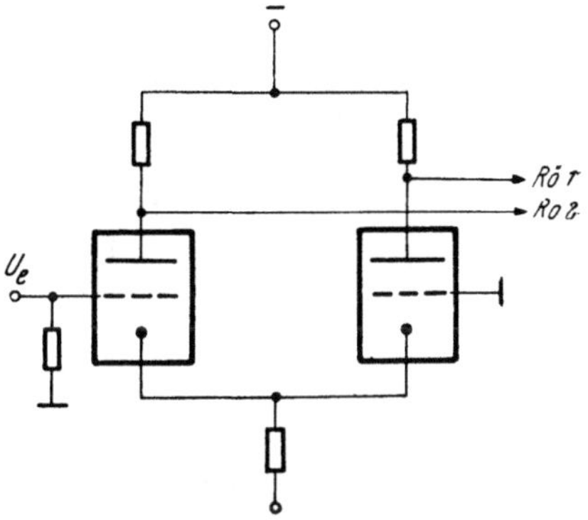

Abb. 2.80. Katodengekoppeltes Röhrenpaar als Phasenumkehrstufe

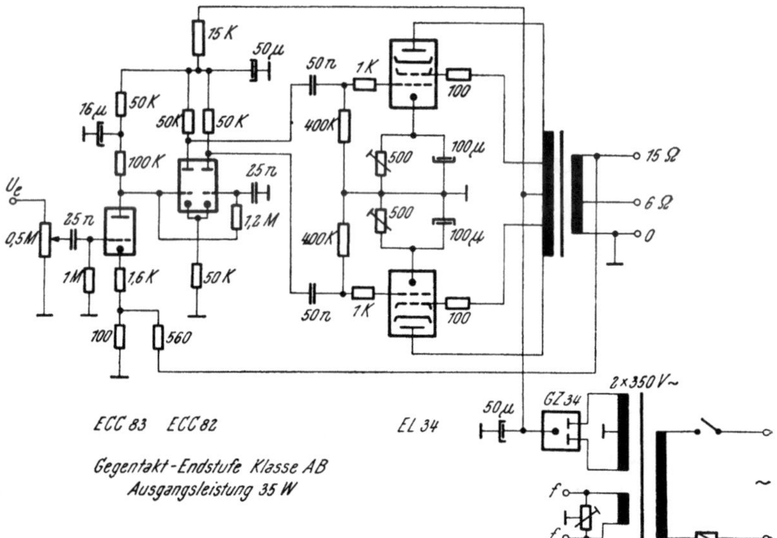

Abb. 2.81. Beispiel einer Niederfrequenz-Gegentaktstufe

A. Die Phasenumkehr

Die Phasenumkehr kann, wie die Abb. 2.76 zeigt, mit Hilfe eines Übertragers vorgenommen werden. Andere transformatorlose Schaltungen zeigen Abb. 2.79, eine stark stromgegengekoppelte Verstärkerröhre mit $Ra = Rk$ (Ua gegenüber Uk um 180° phasenverschoben, siehe Kap. 3.1 und Abb. 2.80, das Schaltbild eines katodengekoppelten Röhrenpaares (Näheres siehe Kap. 2.9).

B. Schaltungsbeispiele für Gegentakt-Leistungsverstärker

Die Abb. 2.81 stellt das Schaltbeispiel eines Niederfrequenz-Leistungsverstärkers dar. Die erste Stufe mit der Röhre ECC 83 ist eine stark stromgegengekoppelte Vorverstärkerstufe. Galvanisch angekoppelt folgt die Phasenumkehrstufe in Differenzverstärkerschaltung und anschließend die Leistungsendstufe mit zwei Röhren EL 34. Die Schirmgittergegenkopplung der Endröhren bewirkt einen sehr guten Frequenzgang und extrem kleinen Klirrfaktor des Verstärkers.

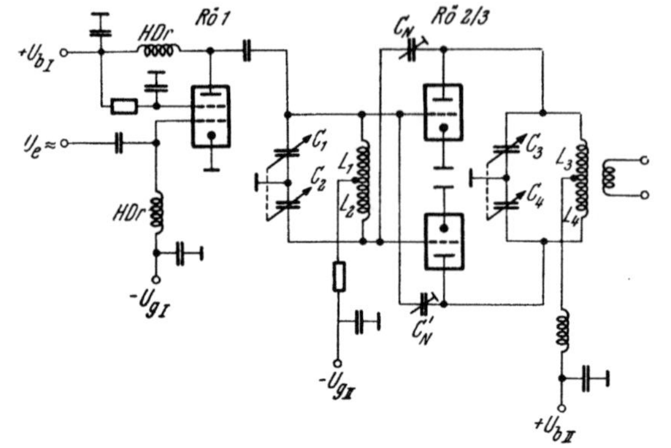

Abb. 2.82. Beispiel einer Hochfrequenz-Gegentaktstufe

Die Abb. 2.82 gibt ein Schaltbeispiel für eine Hochfrequenz-Leistungsendstufe. Die Steuerwechselspannung wird dem Gitter der Treiberröhre Rö. 1 zugeführt. Die Phasenumkehr erfolgt im Anodenkreis bzw. Gitterkreis der Endstufe, der als symmetrischer, abgestimmter Schwingkreis ausgebildet ist. In der Gegentaktendstufe werden Leistungstrioden verwendet; es ist folglich eine Neutralisation mit den Trimmern C_N notwendig (siehe Kap. 3.4).

2.7 Transistor-Großsignalverstärker[1]

2.7.1 Grundlagen

Stehen nur niedrige Betriebsspannungen zur Verfügung, verwendet man in Leistungsverstärkern an Stelle von Elektronenröhren vorteilhaft Transistoren, da wegen ihrer kleinen Kollektorrestspannung und wegen des Wegfallens der Heizleistung auch im Niedervoltbetrieb gute Wirkungsgrade erreichbar sind. Dagegen stehen zur Zeit noch kaum Transistoren für hohe Spannungen zur Verfügung, so daß der Bereich über 200 V den Elektronenröhren vorbehalten bleibt.

Abhängig vom zulässigen Aufwand, von der geforderten Ausgangsleistung und vom gewünschten Wirkungsgrad kann der Transistor im Eintakt-A-Betrieb, im Gegentakt-A- oder im Gegentakt-B-Betrieb arbeiten. Wie gezeigt wird, beträgt der optimale Wirkungsgrad unter idealisierten Bedingungen im A-Betrieb 50% und im B-Betrieb 78%. Die restlichen 50% bzw. 22% der zugeführten Gleichstromleistung N gehen im Transistor verloren, d. h. sie werden in Analogie zur Anodenverlustleistung Na der Röhren als Kollektorverlustleistung N_K in Wärme umgesetzt. Aus $\eta = No/N$ (No = Nutz- oder Ausgangsleistung) und $N = No + N_K$ folgt, daß die erzielbare Ausgangsleistung N_0 mit der Kollektorverlustleistung eng verknüpft ist:

$$No = N_K \cdot \frac{\eta}{1 - \eta} \tag{2.108}$$

[1] Literatur: [G 9, K 2, R 2, W 11, W 12].

Hohe Ausgangsleistungen verlangen daher Leistungstransistoren mit einer hohen zulässigen Kollektorverlustleistung N_K. Die Größe von N_K ist deshalb einer der wichtigsten Parameter in der Dimensionierung von Großsignalverstärkern. Sie ist jedoch keine charakteristische Transistorkonstante wie etwa die Anodenverlustleistung bei Röhren, sondern eine Funktion der Umgebungstemperatur und Kühlung des Transistors. Der eigentliche Grenzwert ist die maximal zulässige Kristalltemperatur, die bei Germanium bei etwa 80 °C und bei Silizium bei etwa 200 °C liegt und deren Überschreitung zur Zerstörung des Transistors führt.

Kleinsignalverstärkerstufen arbeiten meistens mit so geringen Kollektorverlustleistungen, daß die Kristalltemperatur Tj praktisch identisch mit der Umgebungstemperatur ist:

$$Tj = T_{\text{Umg}}$$

Beim Auftreten größerer Verlustleistungen steigt Tj jedoch — etwa proportional zu N_K — über die Umgebungstemperatur an:

$$Tj = T_{\text{Umg}} + \varkappa N_K \tag{2.109}$$

Die Proportionalitätskonstante $\varkappa$ heißt Wärmewiderstand (oft auch K) und ist abhängig vom Wirkungsgrad, mit dem man die in der Kollektorsperrschicht (Sitz der Wärmeproduktion) erzeugte Wärme an die umgebende Luft abführt. Bei schlechtem Wärmeübergang ist $\varkappa$ groß und die Kristalltemperatur steigt schon bei kleinem N_K stark an. Aus Gl. (2.108) folgt für die maximal zulässige Kollektorverlustleistung

$$N_{K\max} = (Tj_{\max} - T_{\text{Umg}})/\varkappa \tag{2.110}$$

Nachdem $Tj_{\max}$ und T_{Umg} vorgegebene Werte besitzen, hängt die erzielbare Ausgangsleistung No (Gl. (2.108) in entscheidender Weise vom Wärmewiderstand ab, d. h. von den thermischen Leitfähigkeitseigenschaften und geometrischen Abmessungen der Kühlfläche, des Transistorgehäuses und des Materials zwischen Gehäuse und Kollektorsperrschicht. Der Wert von $\varkappa$ wird in Transistor-Datenblättern für eine vorgeschriebene Größe der Kühlfläche angegeben; starke Leistungstransistoren mit großflächigen Kollektorsperrschichten und gut wärmeabführenden Montagematerialien erreichen $\varkappa$-Werte zwischen 0,5 °C/W und 8 °C/W, Transistoren mit kleiner Kollektorfläche (Hochfrequenz-Leistungstransistoren) besitzen $\varkappa$-Werte zwischen 0,1 und 1 °C/mW.

Hohe Umgebungstemperaturen (z. B. in Autoradios) können die zulässige Kollektorverlustleistung und damit die erzielbare Ausgangsleistung drastisch reduzieren. Ein Germaniumtransistor mit einer maximal zulässigen Sperrschicht-Temperatur $Tj_{\max} = 75°$ und einem Wärmewiderstand von 0,025 °C/mW bei 225 cm² Kühlfläche besitzt z. B. für eine Umgebungstemperatur von 25 °C eine maximal zulässige Verlustleistung von $N_{K\max} = (75 - 25)\,0{,}025 \cdot 10^3 = 2\,\text{W}$, bei 55 °C hingegen von nur mehr 0,8 W.

Um den Wärmewiderstand eines Transistors unabhängig von Abmessungen und Beschaffenheit der Kühlfläche zu charakterisieren, wird in Datenblättern auch oft der Wärmewiderstand $\varkappa_{\text{int}}$ zwischen Kollektorsperrschicht und Transistorgehäuse angegeben. $\varkappa_{\text{int}}$ und der Wärmewiderstand $\varkappa_{ch}$ zwischen Transistorgehäuse, Chassis und Luft ergeben dann den gesamten Wärmewiderstand $\varkappa$.

Es ist:

$$N_K = (Tj - T_{\text{Umg}})/(\varkappa_{\text{int}} + \varkappa_{ch})$$

$\varkappa_{ch}$ läßt sich näherungsweise aus folgender Formel berechnen:

$$\varkappa_{ch}\,[°\text{C/W}] = 3{,}3\sqrt{\frac{\sqrt{c}}{\lambda \cdot d}} + 650\; c/A \tag{2.111}$$

λ = Wärmeleitfähigkeit (Alu 2 W/°C cm
Cu 3,8 W/°C cm
Messing 1 W/°C cm)

A = Kühlfläche [cm²]

d = Kühlblechdicke [mm]

c = Art der Oberfläche (ungefähre Werte)

Oberfläche	horizontal	vertikal
glatt	1	0,85
geschwärzt	0,5	0,43

Hohe Ausgangsleistung und hohe Leistungsverstärkung lassen sich nur selten gleichzeitig realisieren. Bei Leistungsverstärkern wird das Hauptaugenmerk auf eine hohe Ausgangsleistung gerichtet, während die Erzielung einer hohen Leistungsverstärkung von sekundärer Bedeutung ist und den Kleinsignalverstärkern überlassen bleibt. Aussteuergrenzen, Verlustleistung, Spitzenstrom und Spitzenspannung sind deshalb die wesentlichen Kennwerte eines Großsignalverstärkers im Gegensatz zu den h-Werten der Kleinsignalverstärker. Die Dimensionierung erfolgt deshalb auch nicht unter Verwendung von Vierpolformeln, sondern wie bei Elektronenröhren ausschließlich an Hand von Kennlinienfeldern.

2.7.2 Eintakt-A-Verstärker

Die Prinzipschaltung des Eintakt-A-Verstärkers entspricht der Kleinsignalverstärkerstufe mit Transformatorkopplung (Abb. 2.83a). Die über einen Transformator der Basis zugeführte Eingangsleistung wird im Transistor formgetreu verstärkt und über einen Transformator an den Verbraucher R_L abgegeben.

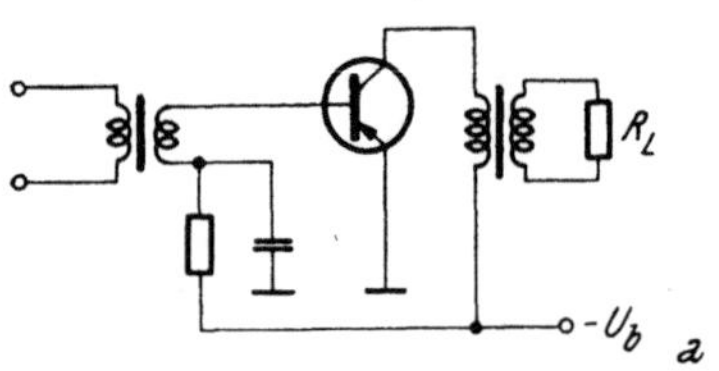

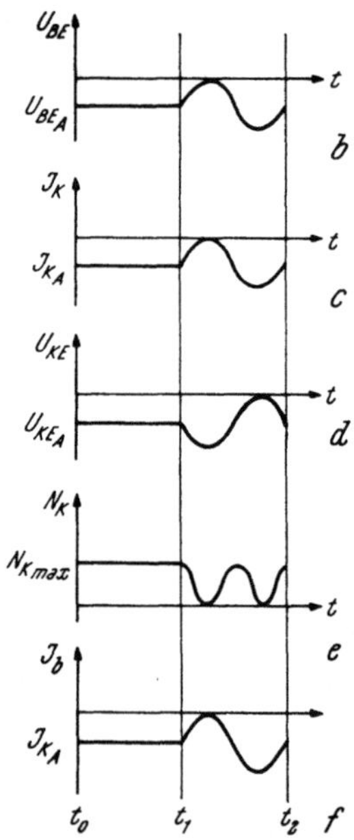

Abb. 2.83. a) Prinzipschaltbild des Großsignal-A-Verstärkers, b) Basisspannung, c) Kollektorstrom, d) Kollektorspannung, e) Kollektorverlustleistung, f) Batteriestrom. $t_0 < t < t_1$ keine Aussteuerung, $t_1 < t < t_2$ Vollaussteuerung

Die direkte oder kapazitive Zuführung der Ausgangsleistung (Abb. 2.84b, c) wird wegen ihrer hohen Gleichspannungsverluste in R_K nur in Ausnahmefällen verwendet. In Abb. 2.84b beträgt der Wirkungsgrad maximal 25%, in Schaltung Abb. 2.84c maximal 17% (für $R_K = \sqrt{2} \cdot R_L$). Aus dem im Text erläuterten Verfahren für die Transformatorkopplung können die Dimensionierungsformeln für die direkte bzw. kapazitive Kopplung leicht gewonnen werden, wenn man die Drehung der Arbeitsgeraden gegenüber der statischen Geraden beachtet.

Wie im Rahmen der zulässigen Grenzdaten Arbeitspunkt und Transformatorübersetzungsverhältnis für maximale Leistungsabgabe gewählt werden müssen, entspricht weitgehend den bei Elektronenröhren angegebenen Gesichtspunkten.

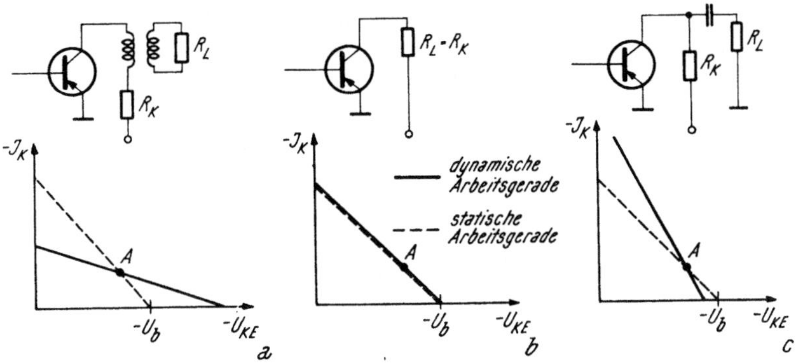

Abb. 2.84

A. Arbeitspunkt

Der statische Arbeitspunkt A wird beim Leistungs-A-Verstärker auf die Verlustleistungshyperbel gesetzt, da von dort aus die größten Wechselstrom- und Wechselspannungsamplituden erreicht werden können ($N_{K\max}$ wird nach Gl. (2.110) für die betreffende Umgebungstemperatur berechnet und gemäß $-I_K = N_{K\max}/-U_K$ in das Kennlinienfeld eingetragen). Die zur Verfügung stehende Betriebsspannung Ub und die Gleichstromwiderstände R im Kollektorkreis (Kupferwiderstand der Transformatorwicklung, Emitterwiderstand) bestimmen die Lage von A längs der Verlustleistungshyperbel (vgl. steile gestrichelte Gerade in Abb. 2.85). Es ist nämlich $I_{K_A} = N_{K\max}/-U_{KE_A}$ und $-U_{KE_A} = -Ub - R(-I_{K_A})$, so daß

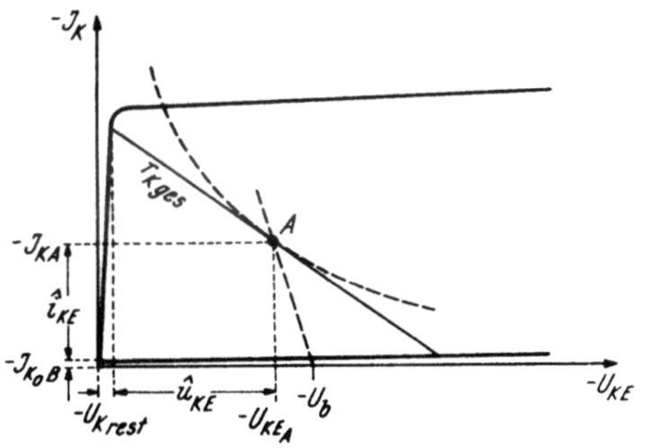

Abb. 2.85. Arbeitspunkt und Arbeitsgerade des A-Verstärkers im $I_K - U_{KE}$-Kennlinienfeld

$$-U_{KE_A} = -(Ub/2) + \sqrt{(Ub^2/4) - R \cdot N_{K\max}} \qquad (2.112)$$

U_{KE_A} = Kollektor-Emitter-Gleichspannung im Arbeitspunkt

Ub = Betriebsspannung

R = ohmscher Widerstand im Kollektorkreis

$N_{K\max}$ = maximal zulässige Verlustleistung.

Erfahrungsgemäß gehen 10% bis 20% der Betriebsspannung durch den Gleichstromwiderstand R verloren. Bei unbekanntem R verwendet man zur vorläufigen Abschätzung die Faustformel

$$R \approx 0{,}17\,(Ub^2/N_{K\max}) \qquad (2.113)$$

B. Ausgangsleistung

Im Kennlinienfeld wird die Arbeitsgerade so gelegt, daß sich A in der Mitte der Aussteuerstrecke befindet (Abb. 2.85). Die Aussteuergrenzen sind gegeben

1. Durch die maximal zulässige Kollektor-Emitter-Spannung, die mindestens das Doppelte der Betriebsspannung betragen muß (wie beim Röhrenverstärker wirkt der Ausgangstransformator als zusätzliche Spannungsquelle; bei einer Stromreduzierung $-\Delta I$ in der Transformatorwicklung während der Zeit Δt wird die Spannung $U = L(-\Delta J/\Delta t)$ induziert, die sich zur Betriebsspannung addiert).
2. Durch den maximal zulässigen Kollektorspitzenstrom
3. Durch die Kollektor-Emitter-Restspannung $-U_{K\,\mathrm{rest}} \approx 0{,}3$ bis $0{,}5$ V
4. Durch den Kollektorreststrom I_{K_0B} in Basisschaltung.

Die maximale Wechselstromamplitude ist dann

$$\hat{\imath}_K = (-I_{K_A}) - (-I_{K_0B}) \tag{2.114}$$

die maximale Kollektorwechselspannungsamplitude

$$\hat{u}_K = (-U_{K_A}) - (-U_{K\,\mathrm{rest}}) \tag{2.115}$$

so daß die Ausgangsleistung No bei sinusförmiger Aussteuerung mit dem Aussteuerungsgrad

$$m = u_K/\hat{u}_K = i_K/\hat{\imath}_K \tag{2.116}$$

folgenden Wert besitzt:

$$No = m\,\hat{\imath}_K/\sqrt{2}\cdot m\,\hat{u}_K/\sqrt{2} = (\mathrm{m}^2/2)\,(U_{K_A} - U_{K\,\mathrm{rest}})\,(I_{K_A} - I_{K_0B}) \tag{2.117}$$

(I_{K_A} = Kollektorgleichstrom im Arbeitspunkt)

C. Arbeitswiderstand

Der Arbeitswiderstand $r_{K\,\mathrm{ges}}$ ergibt sich aus Gl. (2.114) und (2.115) zu

$$r_{K\,\mathrm{ges}} = \hat{u}_K/\hat{\imath}_K \tag{2.118}$$

Nach Abzug des Gleichstromwiderstandes R folgt dann für die Impedanz des Ausgangstransformators: $r_K = r_{K\,\mathrm{ges}} - R$ und das Windungszahlenverhältnis des Transformators beträgt:

$$\ddot{u} = n_{\mathrm{sek}}/n_{\mathrm{prim}} = \sqrt{R_L/r_K} \tag{2.119}$$

(R_L = Lastwiderstand auf der Sekundärseite). Mit Berücksichtigung der Wicklungswiderstände R_{pr} und R_{sek} ist

$$\ddot{u} = \sqrt{(R_L + R_{\mathrm{sek}})/(r_K - R_{pr})}$$

D. Wirkungsgrad

Das Verhältnis der erzeugten Wechselstromleistung zur Geichstromleistung N, die von der Batterie im Kollektorkreis aufgebracht werden muß, beträgt

$$\eta = No/N = ((m^2/2)\,\hat{i}_K \hat{u}_K)/(U_{K_A} \cdot Ub) \tag{2.120}$$

Im Idealfall ($R = 0$; $J_{K_0B} = 0$; $U_{K\,\mathrm{rest}} = 0$) ist bei Vollaussteuerung $\hat{i}_K = I_{K_A}$; $u_K = Ub$ und $\eta = (1/2) I_K Ub/(I_K \cdot Ub) = 50\%$.

Gl. (2.120) in Verbindung mit Gl. (2.115) zeigt, wie wichtig eine kleine Restspannung für die Realisierung eines guten Wirkungsgrades ist. Da $U_{\mathrm{Rest}} \ll Ub$ sein soll, arbeiten die meisten Röhrenpentoden erst ab etwa 100 V mit zufriedenstellendem Wirkungsgrad.

Bei $m = 0$ (keine Aussteuerung) wird die gesamte Gleichstromleistung vom Transistor in Wärme umgesetzt. Mit zunehmender Aussteuerung steigt der Wirkungsgrad und entsprechend weniger Wärme wird im Transistor umgesetzt. Abb. 2.86 zeigt die Abhängigkeit der Kollektorverlustleistung vom Aussteuerungsgrad m. Bei Vollaussteuerung ist $\eta = 50\%$ und $N_K = (1 - \eta)\, No/\eta = No$ und bei fehlender Aussteuerung entsprechend Abb. 2.86: $N_K = 2\,No$. Soll also ein Transistor eine maximale Ausgangsleistung $No_{\max}$ abgeben, dann muß seine zulässige Kollektorverlustleistung $N_{K\max}$ mindestens das Doppelte von $No_{\max}$ betragen:

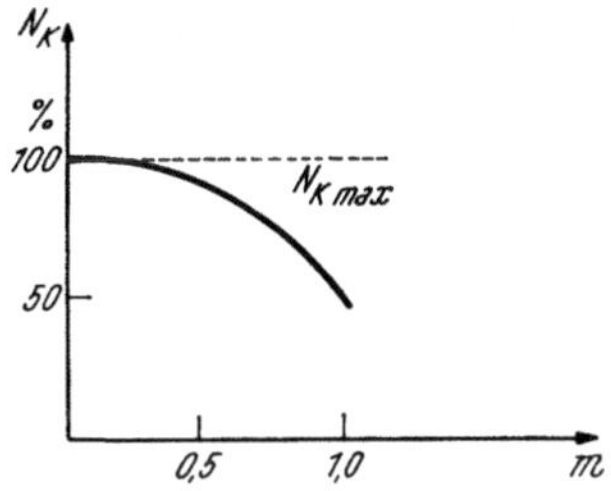

Abb. 2.86. Abhängigkeit der Kollektorverlustleistung vom Aussteuerungsgrad m

$$N_{K\max} \geq 2\,No_{\max} \tag{2.121}$$

E. Verstärkung

Die für Vollaussteuerung notwendigen Basisstrom- und Spannungsamplituden werden im Kennlinienfeld des Transistors abgelesen und die Werte der Leistungs-, Strom- und Spannungsverstärkung durch Vergleich mit den Kollektordaten bestimmt. Wie bei der Besprechung der Kleinsignalverstärkung gezeigt wurde, hängt die Leistungsverstärkung vom Arbeitswiderstand r_K ab und besitzt für einen bestimmten Wert $r_{K\,\mathrm{opt}}$ im Anpassungsfall ein Maximum. Beim Leistungsverstärker liegt r_K durch die Forderung nach hoher Ausgangsleistung bereits fest und weist einen Wert auf, der meist bedeutend kleiner als $r_{K\,\mathrm{opt}}$ ist. Im Interesse einer hohen Verstärkung sollte die Betriebsspannung möglichst groß gewählt werden, da dann auch r_K ohne Einbuße an Leistungsabgabe einen hohen Wert besitzen kann.

F. Numerisches Beispiel

Folgende Daten seien gegeben:

$Ub = -9$ V, $I_{K_0B}/70° = -1$ mA

$\varkappa = 6\,°\mathrm{C/W}$, $Tj_{\max} = 75\,°\mathrm{C}$, $T_{K\,\mathrm{Umg}} = 50\,°\mathrm{C}$

Dann ist:

$N_{K\max} = (75 - 50)/6 = 4{,}2$ W

$R \approx 0{,}17 \cdot 9^2/4{,}2 = 3{,}3\ \Omega$

Kollektorspannung im Punkt A: $-U_{KE_A} = (9/2) + \sqrt{(9^2/4) - 3{,}3 \cdot 4{,}2} = 7$ V
Kollektorstrom im Punkt A: $-I_{K_A} = 4{,}2/7 = 0{,}6$ A
maximale Spannungsamplitude: $\hat{u}_{KE} = 7 - 0{,}4 = 6{,}6$ V (vgl. Abb. 2.87)
maximale Stromamplitude: $\hat{i}_K = 0{,}6 - 10^{-3} \approx 0{,}6$ A
maximale Ausgangsleistung: $No_{\max} = (1/2) \cdot 6{,}6 \cdot 0{,}6 = 2$ W
Batterieleistung: $N = 9 \cdot 0{,}6 = 5{,}4$ W
Wirkungsgrad: $\eta = 2/5{,}4 = 37\%$
Arbeitswiderstand: $r_{K\,\mathrm{ges}} = 6{,}6/0{,}6 = 11\,\Omega$
Transformatorimpedanz: $r_K = 11 - 3{,}3 = 7{,}7\,\Omega$
Erforderliche Basisleistung: $N_B = (1/2)\,(0{,}014/2)\,(0{,}24/2) = 0{,}42$ mW
Leistungsverstärkung: $v = 2/(0{,}42 \cdot 10^{-3}) = 4760$fach

Würde man den Transistor nur bis zu $T_{\mathrm{Umg}} = 30\,°\mathrm{C}$ betreiben, wäre $N_{K\max} = 7{,}5$ W und die erzielbare Ausgangsleistung 3,7 W.

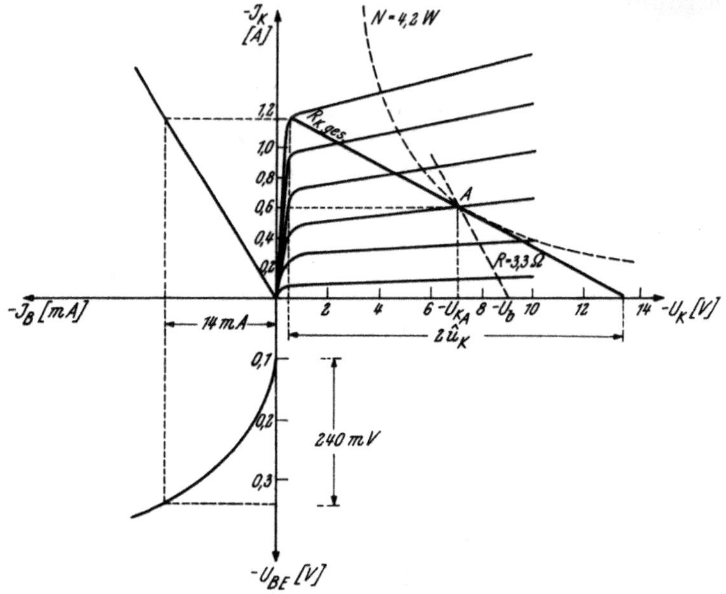

Abb. 2.87. *A*-Verstärker-Kennlinienfeld für numerisches Beispiel

G. Aussteuerung

Verzerrungen werden in einer Leistungs-*A*-Stufe bei großer Aussteuerung im wesentlichen durch zwei Faktoren hervorgerufen:

1. Nichtlinearität der Eingangskennlinie (exponentieller Verlauf der $I_B - U_{BE}$-Kurve).

2. Abnahme der Stromverstärkung bei hohen Kollektorströmen (nach unten konvexe Kurve im $I_B - I_K$-Kennlinienfeld).

Wie bereits auf S. 192 erwähnt, gelingt es durch richtige Wahl eines Mittelwertes zwischen reiner Strom- und reiner Spannungsaussteuerung, die Nichtlinearität des Stromverstärkungsfaktors durch diejenige der Eingangskennlinie teilweise zu kompensieren. Bei einem bestimmten Wert $R_{G\,\mathrm{opt}}$ des Generatorwiderstandes sind dann die Verzerrungen am geringsten (Abb. 2.88). $R_{G\,opt}$ hängt vom Transistortyp ab, doch wird im allgemeinen bei Leistungsanpassung zwischen Treiberstufe und Endstufe auch gleichzeitig die richtige Impedanztransformation für geringe Verzerrungen erreicht (die der Endstufe vorausgehende Verstärkerstufe bezeichnet man als Treiberstufe). Die Anpassung erfolgt am einfachsten mit Hilfe eines Eingangsübertragers zwischen Treiber- und Endstufe. Bedeutung kommt der Polung des Eingangsübertragers zu, da je nach Polung Nichtlinearitäten der Endstufe durch die Nichtlinearitäten der Treiberstufe verstärkt oder aber kompensiert werden können.

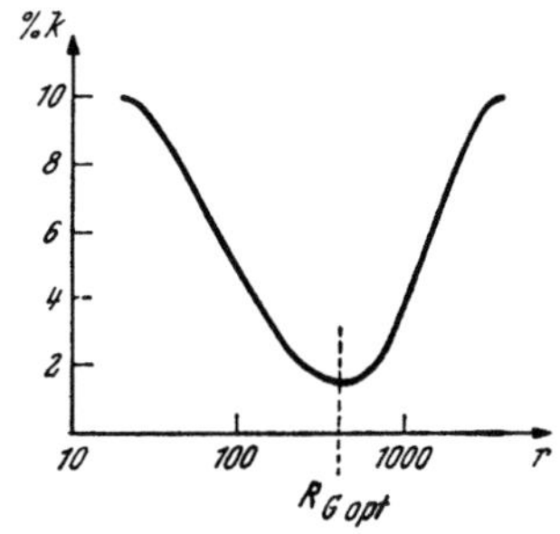

Abb. 2.88. Abhängigkeit der Verzerrungen vom Generatorwiderstand

H. Stabilität des Arbeitspunktes

Bei Transistorschaltungen mit kleinem ohmschen Widerstand im Kollektorkreis besteht unter Umständen die Gefahr der thermischen Rückkopplung. Man versteht darunter die Wechselwirkung zwischen Erwärmung des Transistors und Kollektorstromzunahme: Ein kleiner Temperaturanstieg im Transistor verursacht ein Ansteigen des Kollektorstromes, dadurch steigt bei gleichbleibender Kollektorspannung die Kollektorverlustleistung, d. h. die Wärmeproduktion im Transistor, was wiederum ein Ansteigen des Kollektorstromes bedingt usw. („thermisches Davonlaufen"). Dieses gegenseitige Aufschaukeln kann unter Umständen zum Überschreiten der zulässigen Grenzdaten und zur Zerstörung des Transistors führen. Bei Kleinsignalverstärkerstufen besteht diese Gefahr im allgemeinen nicht, da die relativ hohen ohmschen Widerstände im Kollektorkreis die Kollektorspannung bei einem Anwachsen des Kollektorstromes reduzieren und dadurch dem weiteren Ansteigen der Verlustleistung eine Grenze setzen. Die Stabilisierung in Kleinsignalverstärkerstufen bezweckt nur ein Konstanthalten des Arbeitspunktes (und damit z. B. der Verstärkung) gegenüber Temperaturschwankungen. Bei Leistungsstufen liegen die Verhältnisse anders, da die geringen ohmschen Widerstände im Kollektorkreis die Kollektorspannung beim eventuellen Ansteigen des Kollektorstromes nicht wirkungsvoll genug herunterzusetzen vermögen. Es sind daher meist Vorkehrungen gegen thermische Instabilität zu treffen. Die meist verwendete Methode besteht im Einfügen eines Emitterwiderstandes und Konstanthalten der Basisspannung durch einen Spannungsteiler (Abb. 2.89a; Querstrom etwa 20% des Kollektorstromes). Die Wirkungsweise ist dieselbe wie in Abb. 2.42. Eine bessere Stabilisierung wird durch einen NTK-Widerstand an Stelle von R_2 erreicht, der möglichst neben dem Transistor montiert werden soll, um dessen Temperaturschwankungen mitmachen zu können (Abb. 2.89b); einen stabilisierenden, temperaturabhängigen Effekt bringt auch eine in Durchlaßrichtung gepolte Germaniumdiode, deren Durchlaßwiderstand mit steigender Temperatur abnimmt (Abb. 2.89c). In Abb. 2.89d wird bei Temperaturerhöhung R_3 kleiner, wodurch das Emitterpotential negativer und der Kollektorstrom herabgesetzt wird. Bereitet die Stabilisierung wegen zu großer Basisspannungsteilerquerströme Schwierigkeiten, wie dies z. B. bei starken Leistungstransistoren der Fall sein kann, dann stabilisiert man den Treibertransistor und koppelt den Leistungstransistor galvanisch an die Treiberstufe (Abb. 2.89e).

Eine seltenere Schaltung mit gleitendem Arbeitspunkt zeigt Abb. 2.90. Der Basisspannungsteiler ist auf kleinen Ruhestrom dimensioniert. Wird der Transistor ausgesteuert, richtet die Diode D einen Teil der Ausgangswechselspannung gleich und lädt C negativ auf. Der Arbeitspunkt wandert dadurch in das Gebiet größerer Kollektorströme, wo die Schaltung wie ein gewöhnlicher A-Verstärker arbeitet.

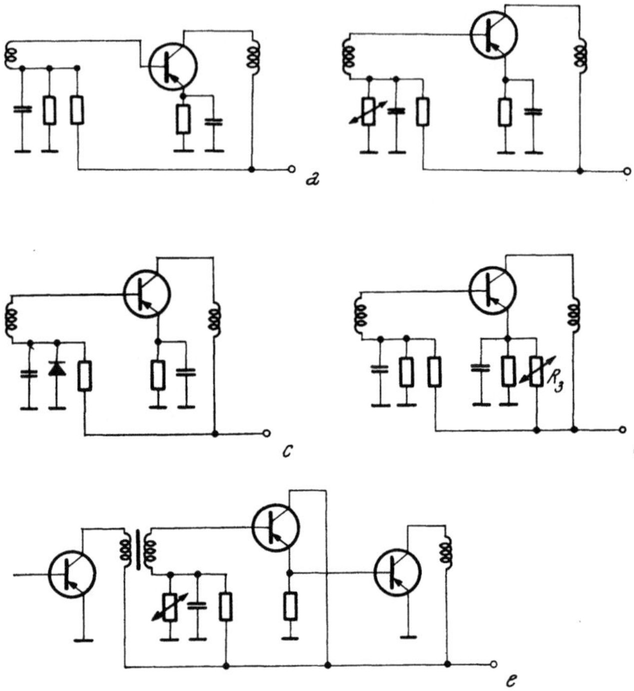

Abb. 2.89. Schaltungsvarianten zur Wahrung der thermischen Stabilität

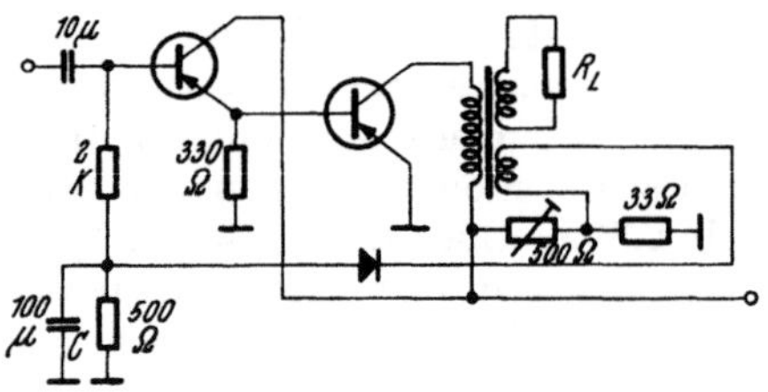

Abb. 2.90. A-Endstufe mit gleitendem Arbeitspunkt

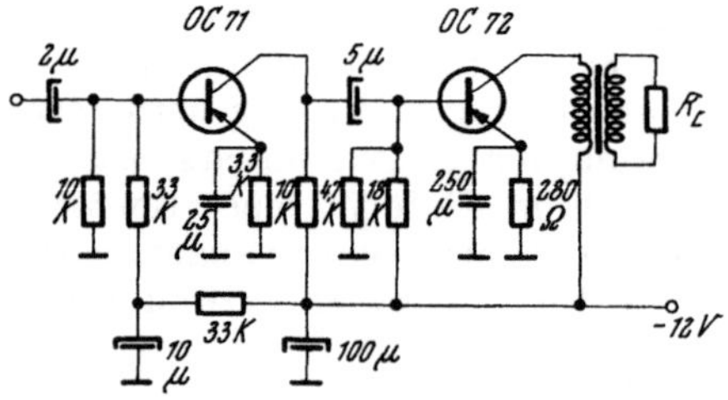

Abb. 2.91. Beispiel eines Leistungs-A-Verstärkers

Bei kleiner oder fehlender Aussteuerung wandert der Arbeitspunkt wieder in die alte Lage zurück. Der Vorteil der Schaltung besteht in der Einsparung von Batterieleistung, der Nachteil in dem Auftreten von Verzerrungen und Schwebungserscheinungen.

Abb. 2.91 zeigt einen typischen Leistungs-A-Verstärker mit Vorverstärkerstufe.

2.7.3 Der Gegentakt-*B*-Verstärker

Wie bei Elektronenröhren kann der Wirkungsgrad des Leistungsverstärkers gegenüber der Eintakt-A-Schaltung erheblich verbessert werden, wenn die Transistoren in einer Gegentaktschaltung arbeiten, in der abwechselnd ein Transistor gesperrt und der andere leitend ist (B-Betrieb). Zu diesem Zweck wird im Prinzip auf eine Basisvorspannung verzichtet, so daß die positive Halbwelle des Steuersignals den Transistor sperrt, während die negative Halbwelle einen proportionalen Kollektorstrom hervorruft (Abb. 2.92).

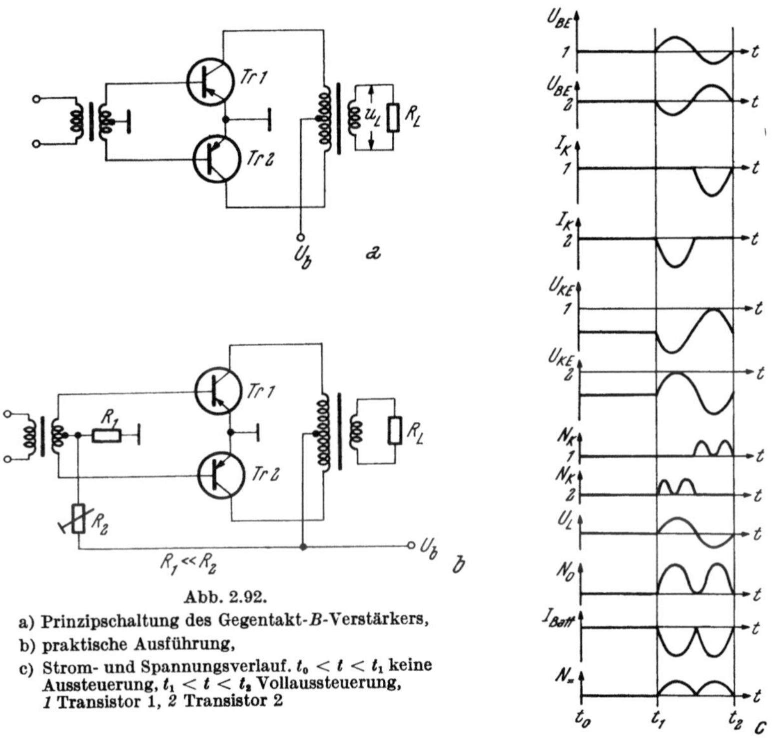

Abb. 2.92.
a) Prinzipschaltung des Gegentakt-B-Verstärkers,
b) praktische Ausführung,
c) Strom- und Spannungsverlauf. $t_0 < t < t_1$ keine Aussteuerung, $t_1 < t < t_2$ Vollaussteuerung, *1* Transistor 1, *2* Transistor 2

Der Gegentakt-A-Verstärker kommt wegen seines schlechten Wirkungsgrades nur selten zur Anwendung. Gegenüber dem Eintakt-A-Verstärker besitzt er die Vorteile einer Gegentaktschaltung (Kompensation der Verzerrungen geradzahliger Ordnung, Entfallen des Emitterkondensators, keine Gleichstromvormagnetisierung des Ausgangstransformators) und den Nachteil eines großen Aufwandes. Er wird meist dann verwendet, wenn ein Transistor allein die gewünschte Ausgangsleistung nicht aufbringen kann, oder wenn sehr hohe Anforderungen an die Wiedergabegüte gestellt werden.

A. Arbeitspunkt

In der Praxis wird der Arbeitspunkt B im B-Verstärker in Analogie zum Röhrenverstärker so gewählt, daß bei fehlender Aussteuerung nur ein geringer Strom durch den Transistor fließt. Dieser Ruhestrom soll, wie später begründet wird, etwa 1 bis 2% des maximal zulässigen Kollektorstromes betragen. Zur genauen Einstellung des optimalen Wertes wird die Mittelanzapfung des Eingangstransformators daher nicht an Masse, sondern an einen Spannungsteiler R_1, R_2 gelegt (Abb. 2.92b). Da die ohmschen Widerstände im Kollektorkreis zur Erzielung eines guten Wirkungsgrades sehr klein sind, liegt im Arbeitspunkt die volle Betriebsspannung am Transistor. Es ist somit:

$$\left.\begin{aligned} U_{KE_B} &= Ub \\ I_{K_B} &= 0{,}01 \text{ bis } 0{,}02\, I_{K\max} \end{aligned}\right\} \text{im Arbeitspunkt } B$$

U_{KE_B} = Kollektor-Emitterspannung in B
I_{K_B} = Kollektorruhestrom in B
Ub = Betriebsspannung
$I_{K\max}$ = maximaler Kollektorstrom.

B. Arbeitswiderstand

Da der Transistor während der positiven Halbwelle der Steuerspannung gesperrt ist, darf während der negativen Halbwelle die maximal zulässige Kollektorverlustleistung überschritten werden. Die Arbeitsgerade kann daher die Verlusthyperbel schneiden (Abb. 2.93) und gerade so steil verlaufen, daß der Höchstwert der auftretenden Kollektorverlustleistung N_K — über eine volle Periode gemittelt — gleich ist der maximal zulässigen Kollektorverlustleistung $N_{K\max}$. Die obere Aussteuergrenze ist daher einerseits der Kollektorspitzenstrom I_{Ksp}, bis zu dem ausgesteuert werden darf, ohne daß die Kollektorverlustleistung überschritten wird bzw. der maximal zulässige Kollektorstrom $I_{K\max}$, falls $|I_{K\max}| < |I_{Ksp}|$, andererseits die Kollektorreststpannung $U_{K\text{rest}}$ (etwa $-0{,}3$ bis $-0{,}5$ V). Die untere Aussteuergrenze ist gegeben durch I_{K_B} und durch $U_{KE\max}$, die mindestens das Doppelte der Betriebsspannung betragen muß (während der Sperrphase wird vom anderen Transistor im Ausgangstransformator eine Spannung induziert, die sich zur Betriebsspannung addiert; der Arbeitspunkt wandert längs der U_{KE}-Achse bis $2\,\hat{u}_{KE}$ (siehe Abb. 2.93)). Der Arbeitswiderstand pro Transistor ist dann

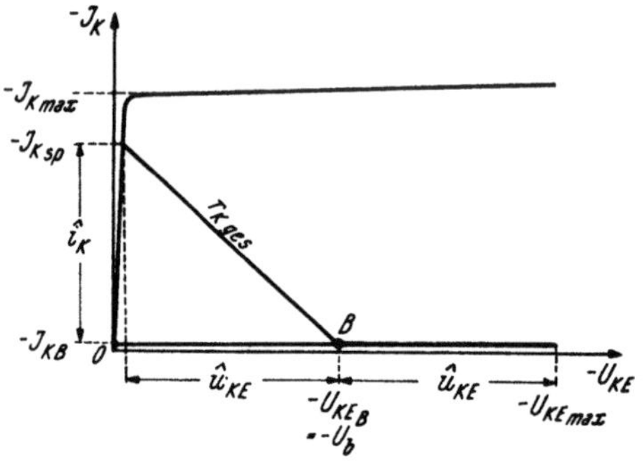

Abb. 2.93. Arbeitspunkt B und Arbeitsgerade des B-Verstärkers im $I_K - U_K$-Kennlinienfeld

$$r_{K\text{ges}} = \frac{(-U_{KE_B}) - (-U_{K\text{rest}})}{(-I_{Ksp}) - (-I_{K_B})}$$

bzw. wenn $I_{Ksp} > I_{K\max}$: (2.122)

$$r_{K\text{ges}} = \frac{(-U_{KE_B}) - (-U_{K\text{rest}})}{(-I_{K\max}) - (-I_{K_B})}$$

C. Kollektorverlustleistung

Für den Höchstwert der auftretenden Kollektorverlustleistung findet man:

$$N_{K\max} = \frac{(-U_{KE_B}) - (-I_{K_B})}{2} + (1/\pi^2)(\hat{\imath}_K/\hat{u}_{KE})(1 - U_{KE_B})^2 \tag{2.123}$$

Hierin ist:

$$\hat{\imath}_K = (-I_{Ksp}) - (-I_{K_B})$$
$$\hat{u}_{KE} = (-U_{KE_B}) - (-U_{K\text{rest}})$$
$$I_{Ksp} = \text{Kollektorspitzenstrom}$$

Ableitung: Die auftretende Kollektorverlustleistung berechnet sich aus dem über eine volle Periode gemittelten Spannungs-Stromprodukt

$$N_K = \left(\int_0^{\pi} (-U_{KE})(-I_K)\, d(\omega t) + \int_{\pi}^{2\pi} (-U_{KE}) \cdot (-I_K) \cdot d(\omega t)\right) / 2\pi$$

wenn man für den Kollektorstrom I_K und für die Kollektorspannung U_{KE} während der beiden Halbwellen folgende Werte einsetzt:

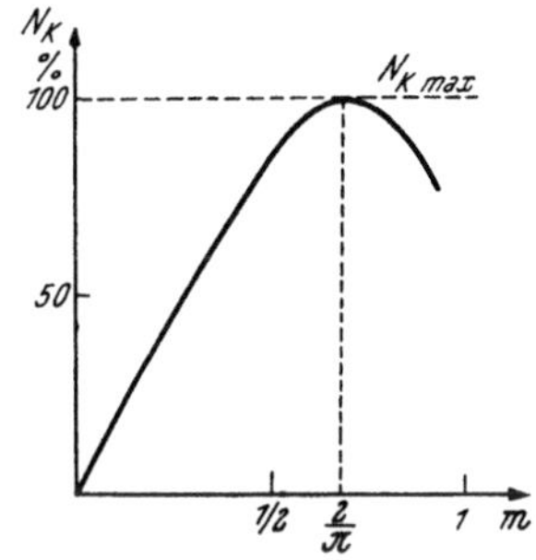

Abb. 2.94. N_K als Funktion von m

$$\left.\begin{array}{l}(-U_{KE}) = (-U_{KE_B}) - \hat{u}_{KE}\,\mathrm{m}\sin\omega t \\ (-I_K) = (-I_{K_B}) + \hat{\imath}_K\,\mathrm{m}\sin\omega t\end{array}\right\}\quad 0 < \omega t < \pi$$

$$\left.\begin{array}{l}(-I_K) = 0 \\ (-U_{KE})(-I_K) = 0\end{array}\right\}\pi < \omega t < 2\pi \qquad m = \text{Aussteuerungsgrad}$$

Die Integration ergibt:

$$N_K = (-U_{KE_B})(-I_{K_B})/2 + (m/\pi)[\hat{\imath}_K(-U_{KE_B}) - \hat{u}_{KE}(-I_{K_B})] - (m^2/4)\,\hat{u}_{KE}\,\hat{\imath}_K$$

Trägt man die Funktion N_K in Abhängigkeit von m in ein Diagramm ein, erhält man Abb. 2.94 (vgl. Abb. 2.86); N_K erreicht ein Maximum für einen Aussteuerungsgrad

$$m = (2/\pi)\,[((-U_{KE_B})/\hat{u}_{KE}) - ((-I_{K_B})/\hat{\imath}_K)] \approx 2/\pi$$

(dies folgt aus $d\,N_K/d\,m = 0$)

Der Höchstwert der auftretenden Verlustleistung ist daher

$$N_{K\max} = ((-U_{KEB})(-I_{KB}))/2 + (1/\pi^2)(\hat{\imath}_K/\hat{u}_{KE})\,U^2_{KEB}\,(1 - ((-I_{KB})/\hat{\imath}_K)(\hat{u}_{KE}/(-U_{KE_B}))^2,$$

was näherungsweise Gl. (2.123) ergibt.

D. Kollektorspitzenstrom

Der Kollektorspitzenstrom, mit dem die maximale Kollektorverlustleistung gerade noch nicht überschritten wird, folgt aus Gl. (2.123):

$$-I_{Ksp} = -I_{KB} + \pi^2(\hat{u}_{KE}/U_{KE_B}{}^2)\,[N_{K\max} - ((\pi^2 - 4)/2\pi^2)(-U_{KE_B})(-I_{K_B})]$$

Faustformel: $I_{Ksp} \approx 10\, N_{K\max}/U b$ (2.124)

E. Ausgangsleistung

Die Gesamtausgangsleistung beider Transistoren beträgt

$$No = m(\hat{u}_{KE}/\sqrt{2}) \cdot m(\hat{\imath}_K/\sqrt{2}) = (m^2/2)\,\hat{u}_{KE} \cdot \hat{\imath}_K \tag{2.125}$$

Die an den Ausgangstransformator abgegebene Leistung beträgt bei Vorhandensein ohmscher Widerstände R im Kollektorkreis:

$$N_{At} = N_o(1 - (R/r_{K\,\text{ges}}))$$

Aus dem Vergleich von Gl. (2.123) und Gl. (2.125) folgt für die Auswahl von Transistoren hinsichtlich ihrer Verlustleistung näherungsweise ($-I_{K_B} \approx 0$, $\hat{u}_{KE} \approx U_{KE_B}$) pro Transistor:

$$N_{K\max} \geq 0{,}2\, No_{\text{gesamt}} \tag{2.126}$$

Ist z. B. eine Ausgangsleistung der Gegentaktendstufe von 4 W gewünscht, dann müssen Transistoren mit mindestens je $0{,}2 \cdot 4 = 800$ mW zulässiger Verlustleistung verwendet werden.

F. Wirkungsgrad

Die von der Batterie aufzubringende Gesamtleistung ist:

$$N = 2(-Ub)(1/2\pi)\int_0^{2\pi}(-I_K)\,\mathrm{d}(\omega t) = (-Ub)(-I_{K_B}) + (2/\pi)\, m\hat{\imath}_K(-Ub)$$

Der Wirkungsgrad ist daher:

$$\eta = No/N = \frac{\frac{m^2}{2}\hat{u}_{KE}\,\hat{\imath}_K}{(-Ub)\,(I_{K_B}) + \frac{\pi}{2} m\hat{\imath}_K(-Ub)} \approx \frac{\pi}{4} m \tag{2.127}$$

Bei Vollaussteuerung ist $\eta \approx 78\%$.

G. Verstärkung

Die für Vollaussteuerung notwendigen Werte für Basisspannung $\hat{u}_{BE}$ und Basisstrom $\hat{\imath}_B$ ermittelt man aus dem I_B-U_B-Kennlinienfeld unter Beachtung einer genügenden Reserve für Streuungen innerhalb eines Transistortyps. Aus der Serienschaltung von Transistorwiderstand $r_e = \Delta U_{BE}/\Delta I_B$ (im ungefähr geradlinigen Teil der Eingangskurve) und Basisspannungsteilerwiderstand R_1 (Abb. 2.92b), der aus noch zu besprechenden Gründen nicht mit einem Kondensator überbrückt werden darf, erhält man die vom Treibertransformator aufzubringende Wechselspannung $\hat{u}_T$ und Leistung N_T:

$$\begin{aligned} \hat{u}_T &= \hat{\imath}_B(r_e + R_1) \\ N_T &= 1/2\,(\hat{u}_T\,\hat{\imath}_B) \end{aligned} \tag{2.128}$$

u_T ist noch höher anzusetzen, wenn in der Endstufe ein Emitterwiderstand R_E vorhanden ist, der wie R_1 nicht kapazitiv überbrückt werden darf und daher den dynamischen Eingangswiderstand des Transistors erhöht (Stromgegenkopplung)

$$r_e^* \approx r_e + B \cdot R_E \tag{2.129}$$

(B-Großsignal Stromverstärkung).

Hinsichtlich der Beziehung zwischen Verstärkung und Betriebsspannung gelten dieselben Gesichtspunkte wie beim Eintakt-A-Verstärker.

H. Numerisches Beispiel

Gegeben seien folgende Daten: $-Ub = 9$ V, $-I_{K\max} = 300$ mA, $T_{j\max} = 75$°C $T_{\text{Umg}} = 45$°C, $\varkappa = 0{,}09$ °C/mW mit Kühlschelle und 12,5 cm² Kühlfläche.
Dann ist:

$$N_{K\max} = (75 - 45)/(0{,}09 \cdot 10^3) = 330 \text{ mW}$$

Kollektorspannung in B: $-U_{KE_B} = 9$ V

Kollektorstrom in B: $-I_{K_B} = 0{,}01$ bis $0{,}02 \cdot 300 \approx 5$ mA

maximale Spannungsamplitude: $\hat{u}_{KE} = 9 - 0{,}5 = 8{,}5$ V (siehe Abb. 2.95)

Kollektorspitzenstrom: $I_{Ksp} = 5 + \pi^2(8{,}5/92)\,[300 - ((\pi^2 - 4)/2\,\pi^2)\, 9 \cdot 5] = 337$ mA

Dieser Wert überschreitet $I_{K\max}$. Wir rechnen daher mit dem zulässigen Maximalstrom $-I_{K\max} = 300$ mA weiter.

Ausgangsleistung (m = 1): $No = 1/2 \cdot 8{,}5 \cdot 295 = 1{,}25$ W

Batterieleistung: $N = 9 \cdot 5 + (2/\pi)\, 295 \cdot 9 = 1{,}74$ W

Wirkungsgrad: $\eta = 1{,}25/1{,}74 = 72\%$

Arbeitswiderstand: $r_{K\,\text{ges}} = (9 - 0{,}5)/(0{,}3 - 0{,}005) = 28{,}7\ \Omega$

Wählt man zur Gewährleistung thermischer Stabilität einen Emitterwiderstand $R_E = 4{,}7\ \Omega$, dann ist die Impedanz des Ausgangstrafos:

$$r_{KK.AT} = 4(28{,}7 - 4{,}7) = 96\ \Omega$$

Die an den Ausgangstransformator gelieferte Leistung beträgt

$$N_{AT} = 1{,}25[1 - (4{,}7/28{,}7)] = 1{,}05 \text{ W}$$

Basisdaten: Für einen Kollektorruhestrom von 5 mA liest man als ungefähre Basisspannung $-$ 200 mV aus dem Kennlinienfeld ab. Damit wird $R_2 = 9(30/0{,}2) = 1350\ \Omega$ (Trimmer; Einstellen auf kleinsten Klirrfaktor).

Dem Kennlinienfeld entnimmt man weiter einen Eingangswiderstand von etwa 50 Ω und eine Basisstromamplitude von etwa 5 mA zur Vollaussteuerung. Unter Berücksichtigung des Emitterwiderstandes ist die Eingangsimpedanz $r_e^* = 50 + 4{,}7 \cdot 60 = 322\ \Omega$ ($B = 60$).

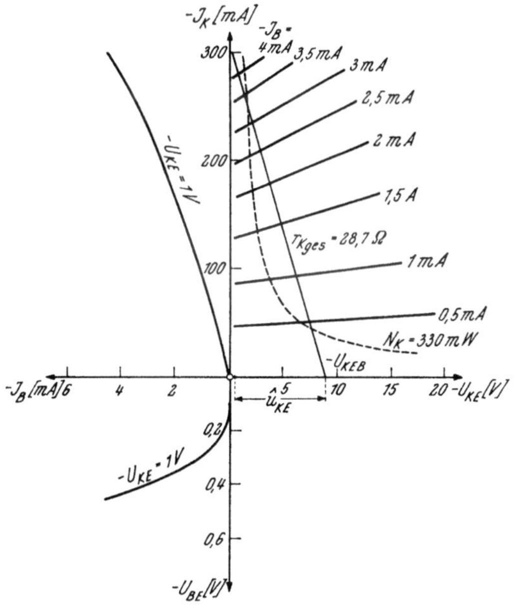

Abb. 2.95. Kennlinienfeld zum Berechnungsbeispiel

Die vom Treibertransformator abzugebende Spannung und Leistung beträgt somit

$$\hat{u}_T = 5(332 + 30) = 1{,}8 \text{ V}, \quad N_T = \frac{1}{2} \cdot 1{,}8 \cdot 5 = 4{,}5 \text{ mW}$$

I. Basisspannungsteiler und Aussteuerung

Den Ruhestrom I_{K_B} versucht man aus Stromersparnisgründen möglichst niedrig zu halten. Wegen der Nichtlinearität der Eingangskennlinie bei kleinem Kollektorstrom und der im Reststrombereich zum Teil beträchtlich voneinander differierenden Kennlinien der beiden Transistoren[1] ist jedoch diesem Bestreben durch das starke Anwachsen der Verzerrungen eine untere Grenze gesetzt. Diese Verzerrungen wirken sich bei kleinem Eingangssignal besonders störend aus (Abb. 2.96). Man verzichtet deshalb auf eine extreme B-Punkt-Einstellung und läßt einen Ruhestrom von 1% bis 2% des maximalen Kollektorstromes zu. Der Trimmer R_2 wird bei kleinem Eingangssignal auf geringste Verzerrung der Ausgangsspannung eingestellt. R_1 wird zweckmäßigerweise als *NTK* ausgebildet, da sonst bei niederen Umgebungstemperaturen der Ruhestrom unter den optimalen Wert sinkt und die erwähnten Verzerrungen auftreten.

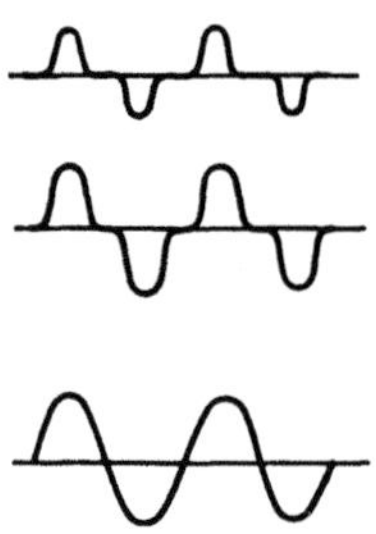
Abb. 2.96. Abnahme der Verzerrungen mit zunehmendem Ruhestrom I_{KB}

Die durch die Abnahme der Stromverstärkung bei hohen Kollektorströmen bedingten Verzerrungen lassen sich wie beim Eintakt-A-Verstärker durch geeignete Wahl der Treiberimpedanz (Übersetzungsverhältnis des Eingangsübertragers) kompensieren.

Eine weitere Verzerrungsquelle ist unter Umständen ein gemeinsamer Emitterwiderstand. Ist ein Transistor leitend und der andere Transistor gesperrt, dann wird die Eingangsimpedanz des leitenden Transistors wegen der Stromgegenkopplung (siehe Kap. 3.1.5) durch R_E heraufgesetzt. Sind hingegen beide Transistoren leitend, wie dies bei kleinen Amplituden in der Umgebung des Ruhestromes der Fall ist, kompensieren sich die Wechselstromanteile in R_E und die Gegenkopplung ist nicht wirksam. Durch den plötzlichen Impedanzsprung können Verzerrungen auftreten, die am einfachsten durch Verwendung zweier getrennter Emitterwiderstände vermieden werden.

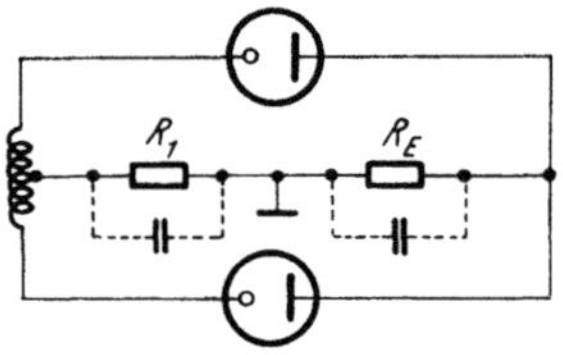

Abb. 2.97. Gleichrichterwirkung der Basis-Emitter-Strecken im B-Betrieb

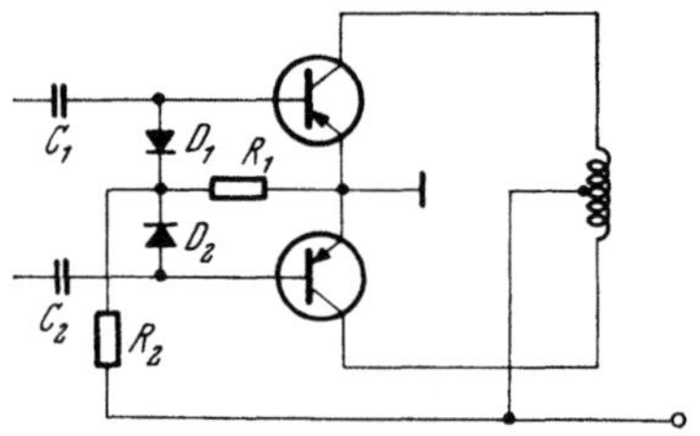

Abb. 2.98. Gegentaktendstufe mit kapazitiver Ankopplung

Eine kapazitive Überbrückung des Emitterwiderstandes zur Vermeidung der Wechselstromgegenkopplung ist nicht möglich, da die beiden Basis-Emitter-Strecken das Eingangssignal gleichrichten und den Überbrückungskondensator entsprechend der Höhe der jeweiligen Eingangsspannung negativ aufladen würden (Spitzengleichrichterprinzip, siehe Abb. 2.97). Die Folge davon wären starke Verzerrungen. Dasselbe gilt für den Basisteilerwiderstand R_1, der zur Niedrighaltung der Eingangsleistungsverluste einen kleinen Wert aufweisen soll.

Zur Aussteuerung des Gegentakt-B-Verstärkers kann irgendeine der in Abschnitt M erwähnten Phasenumkehrstufen verwendet werden. Vorsicht ist lediglich bei kapazitiver Ankopplung geboten, wo eine Aufladung der Kopplungskondensatoren durch den oben erwähnten Gleichrichtereffekt der Transistorsteuerstrecken und die damit verbundene Arbeitspunktverschiebung mit Hilfe der zwei Flächendioden D_1 und D_2 verhindert wird (Abb. 2.98).

[1] Für Gegentaktverstärker sind ausgesuchte Paare von Transistoren mit ungefähr übereinstimmenden Stromverstärkungsfaktoren und Basis-Emitter-Spannungen erhältlich.

K. Schaltungsvarianten

Eine Schaltung ohne Mittelanzapfung des Ausgangsübertragers zeigt Abb. 2.99b. Die beiden Transistoren werden gegenphasig angesteuert, liegen jedoch gleichstrommäßig in Serie. Die Wirkungsweise ist dieselbe wie im gewöhnlichen Gegen-

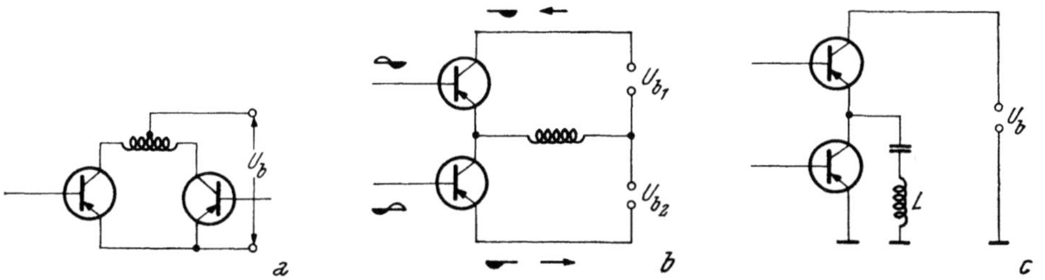

Abb. 2.99. Niederohmige Gegentaktschaltung

taktverstärker. Ist z. B. während der ersten Halbwelle der untere Transistor leitend, dann fließt der Elektronenstrom durch den Verbraucher L „nach links". Während der zweiten Halbwelle ist der obere Transistor leitend und L wird in umgekehrter Richtung durchflossen. Da die Spannungen halbiert und die Spitzenströme ohne Überschreitung der thermischen Grenzen heraufgesetzt werden können, liegt die Impedanz von L bedeutend unter der in Schaltung Abb. 2.99a. In Lautsprecherendstufen kann unter Umständen ganz auf einen Ausgangstransformator verzichtet und die Schwingspule des Lautsprechers direkt angeschlossen werden. Den Nachteil zweier getrennter Spannungsquellen vermeidet Abb. 2.99c, die im Wechselstromersatzschaltbild identisch ist mit Abb. 2.99b. Eine praktische Schaltung zeigt Abb. 2.100.

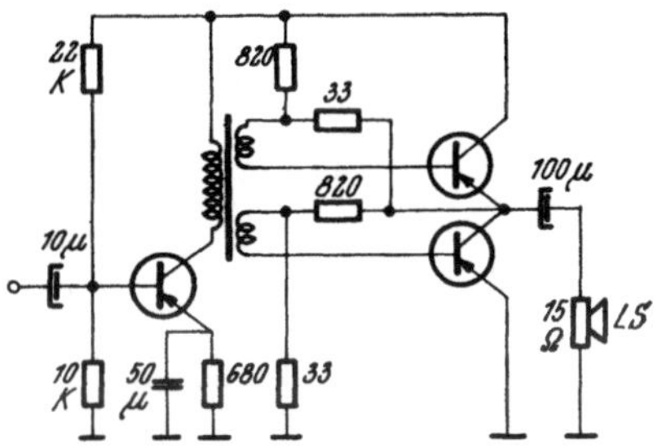

Abb. 2.100. Gegentaktendstufe ohne Ausgangsübertrager

L. Komplementärendstufen

Durch Verwendung von Komplementärendstufen lassen sich Gegentaktverstärker ohne Phasenumkehrstufen bauen, da sich bei gleichem Eingangssignal der Kollektorstrom in einem Transistor spiegelbildlich zum Kollektorstrom im komplementären Transistor ändert. Wegen dieses Vorteiles haben sich Komplementärendstufen ziemlich durchgesetzt, da Transistorpaare mit komplementärem Kennlinienverlauf seit kurzem für verschiedene Leistungen zur Verfügung stehen.

Abb. 2.101a zeigt eine Abb. 2.99a äquivalente Schaltung, während die Anordnungen in Abb. 2.101b eine Art Brücke entsprechend Abb. 2.99b darstellen, in deren Diagonale sich der Lastwiderstand befindet. Abb. 2.102 zeigt eine praktische Ausführung.

M. Phasenumkehrstufen

Für Transistor-Phasenumkehrstufen brauchen lediglich die entsprechenden Röhrenschaltungen auf Transistoren umgezeichnet werden. Abb. 2.103a zeigt eine Treiberstufe mit Zwischenübertrager, dessen Sekundärwicklung eine Mittelanzapfung aufweist. An den beiden äußeren Enden der Wicklung treten gegenphasige Spannungen auf. Diese Schaltung wird noch in vielen Niederfrequenz-Verstärkerschaltungen verwendet.

Abb. 2.103b zeigt eine Schaltung mit aufgeteiltem Lastwiderstand. Zur Hälfte befindet er sich in der Emitter- und zur Hälfte in der Kollektorzuleitung. Im Gegensatz zur entsprechenden Röhrenschaltung ist die Symmetrie

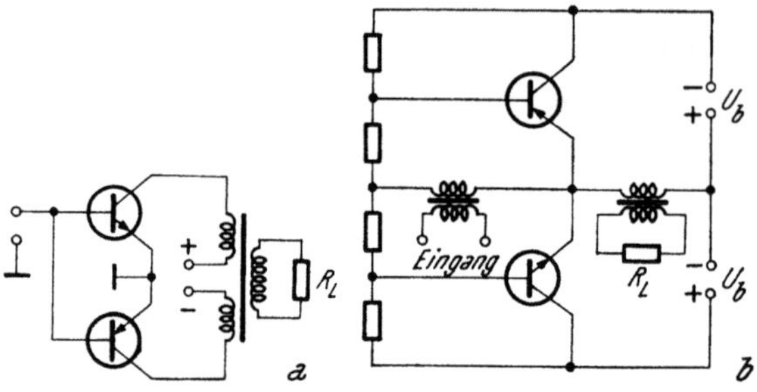

Abb. 2.101. Prinzip einer Komplementärendstufe

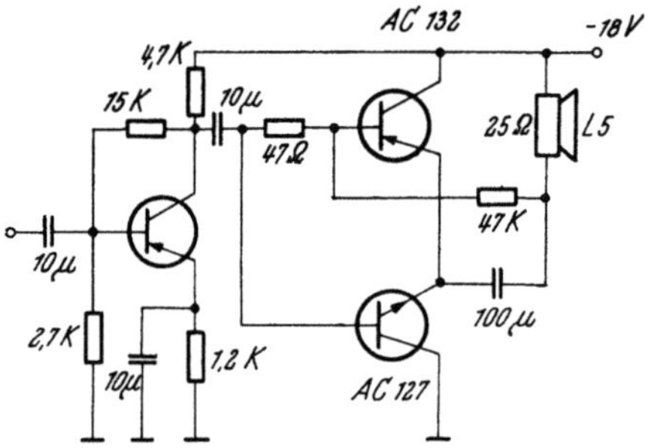

Abb. 2.102. Praktische Ausführung einer Komplementärendstufe

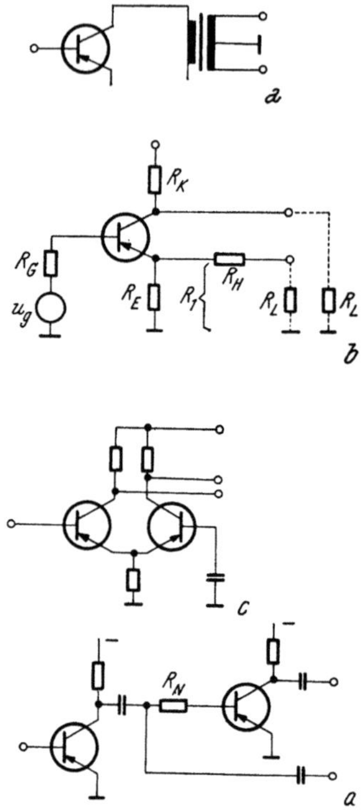

Abb. 2.103. Phasenumkehrstufe mit Transistoren

bei $R_E = R_K$ nicht ganz gewahrt, da einerseits $i_E > (-i_K)$, andererseits die Ausgangsimpedanz des emitterseitigen Signals bedeutend kleiner ist als die des kollektorseitigen. Dies führt bei den endlichen Eingangswiderständen der folgenden Transistoren zu verschieden starken Signalabschwächungen. Die Ausgangsimpedanz am Kollektor bzw. am Emitter berechnet sich am besten aus der Gl. (2.61, S. 198). Man erhält

$$r_o\,|_E = \frac{h_{11}(1 + R_G h_{22}) + R_G(1 + h_{21})}{1 + R_G h_{22}} \qquad \left(R_K \ll \frac{1}{h_{22}}\right)$$

$$r_o\,|_K = \frac{h_{11} + R_1 + R_G\,(1 + h_{21})}{(h_{11} + R_G + R_1)\,h_{22} - h_{12}\,h_{21}}$$

(R_1 = Parallelschaltung von R_E und nachfolgendem Lastwiderstand)

Zum Ausgleich der unterschiedlichen Widerstandswerte wird die Schaltung durch den Widerstand R_H vervollständigt.

Abb. 2.103c zeigt die Anwendung des Differenzverstärkers als Phasenumkehrstufe. Der Differenzverstärker ist in Abschnitt 2.9.4 näher behandelt.

Die Phasenumkehrstufe Abb. 2.103d ist ohne weiteres verständlich. Da Transistor 2 verstärkt, muß das Eingangssignal durch R_N zuerst künstlich abgeschwächt werden.

2.8 Der Resonanzverstärker

2.8.1 Resonanzverstärker mit Röhren[1]

Soll nur eine bestimmte Frequenz oder ein relativ schmales Frequenzband verstärkt werden, so ist es besonders bei hohen Frequenzen zweckmäßig, an Stelle des ohmschen Außenwiderstandes Ra einen Parallelresonanzkreis in die Anodenleitung der Verstärkerröhre zu legen (Abb. 2.104). Da der Resonanzwiderstand R_0 des Schwingkreises bei höheren Frequenzen bedeutend größer ist als ein ohmscher Widerstand für die gleiche Frequenz, siehe Gl. (2.17), S. 179, ergibt sich eine viel größere Verstärkung.

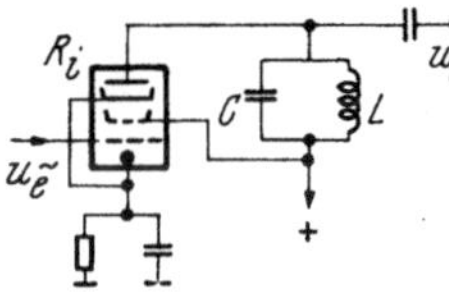

Abb. 2.104. Parallelresonanzkreis als Außenwiderstand

Für die Resonanzfrequenz ω_0 $(= 1/\sqrt{LC})$ wird der Außenwiderstand reell und Q-mal größer als $\omega_0 L = 1/\omega_0 C$. Die volle Resonanzüberhöhung Q erhält man für Ri der Röhre $\gg R_0$. Die Verstärkung wird dann $V \sim \mu$. Bei $Ri = R_0$ (größte Leistungsabgabe) oder $Ri \ll R_0$ ergibt sich eine Pseudodämpfung [B 2, II 140]. Gegen tiefere Frequenzen sinkt die Verstärkung mit $S \cdot \omega L$, gegen höhere mit $S/\omega C$ ab (Unsymmetrie der Resonanzkurve). Wie das Rechenbeispiel des Parallelresonanzkreises, Kap. 1.6.2, zeigt, ist die Verstärkung um so geringer und die Bandbreite um so größer, je kleiner der Innenwiderstand der Röhre ist. Schaltet man zwei LC-Verstärker hintereinander, so multiplizieren sich die Verstärkerresonanzkurven. Die gemeinsame Resonanzkurve sinkt aber außerhalb der Resonanzfrequenz nicht wie ω bzw. $1/\omega$, sondern wie ω^2 bzw. $1/\omega^2$ ab. Die Flankensteilheit der Resonanzkurve wird um so steiler, je mehr abgestimmte Verstärkerstufen bzw. Kreise verwendet werden. Auch die Bandbreite verkleinert sich bei mehreren Kreisen:

$$b_{\text{eff}} = 0{,}64 \cdot b \text{ bei zwei gleichen Verstärkerkreisen}$$
$$= 0{,}51 \cdot b \text{ bei drei gleichen Verstärkerkreisen.}$$

Die Bandbreite kann durch Parallelschaltung von ohmschen Widerständen zu den Schwingkreisen erhöht werden (die Flankensteilheit wird geringer), oder die einzelnen Kreise können gegen höhere und niedrigere Frequenzen verstimmt werden, wie es die Abb. 2.105 zeigt.

Die Kurve I ist die Resonanzkurve eines Kreises

II ist die Resonanzkurve eines Verstärkers mit zwei auf die gleiche Frequenz abgestimmten Kreisen (erhöhte Flankensteilheit)

III ist die Resonanzkurve des Verstärkers wie II, jedoch beide Kreise gegeneinander verstimmt.

[1] Literatur: [B 1, K 1].

Die Verstärkung eines einstufigen LC-Verstärkers nach Abb. 2.104 ist:

$$V = S \cdot R_{\text{ges}} \sim S \cdot \frac{L}{C_{\text{ges}} \cdot Rs} \text{ (für Pentoden)} \tag{2.130}$$

$$R_{\text{ges}} = R_0 \,||\, Ri$$

Bei mehrkreisigen Resonanzverstärkern können die einzelnen Parallelresonanzkreise auch direkt, d. h. ohne Zwischenschaltung von Verstärkerröhren, zu sogenannten Bandfiltern vereinigt werden, wobei die Kopplung beider Kreise induktiv (M) oder kapazitiv (Ck) ausgeführt werden kann (Abb. 2.106). Bei sehr loser Kopplung ($k \to 0$) ist die gemeinsame Resonanzkurve gleich dem Produkt der Resonanzkurven der auf die gleiche Frequenz abgestimmten Kreise, d. h. sie hat ein ausgeprägtes Maximum, die Bandbreite ist klein, die Flankensteilheit

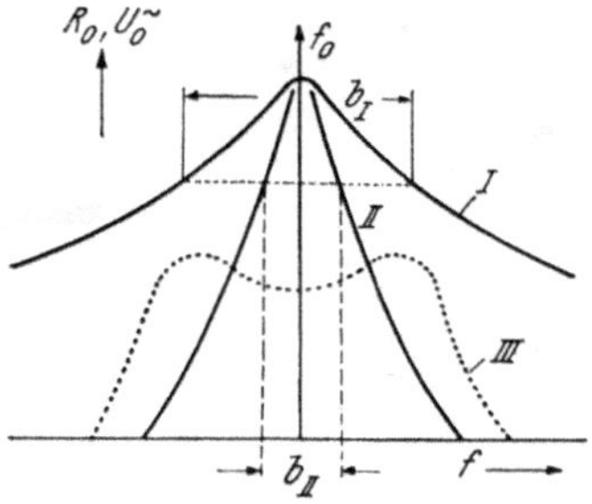

Abb. 2.105. Flankensteilheit und Bandbreite

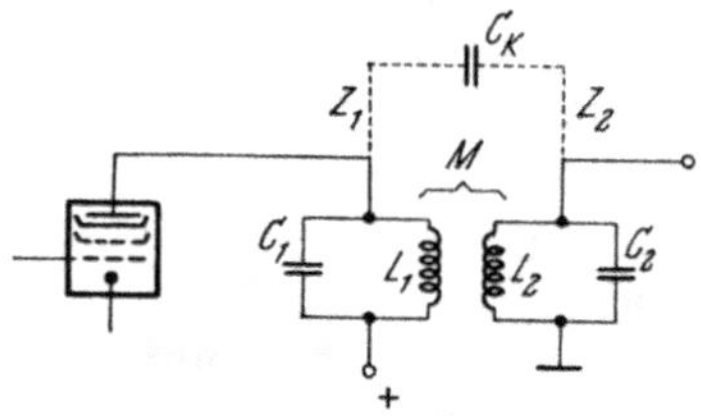

Abb. 2.106. Bandfilter

groß. Derartig abgestimmte Filter werden dann benützt, wenn nur eine Frequenz oder ein sehr schmales Band verstärkt werden soll. Mit zunehmendem Kopplungsgrad k wächst die Bandbreite, die Flankensteilheit vergrößert sich, bis schließlich an der Resonanzstelle f_0 eine Einsattelung der Kurve entsteht (Kurve III in Abb. 2.105). Diese Betriebsart ist für Bandfilter die weitaus häufigste. Sie verbindet größere Bandbreite ($>$ als Einzelkreis) mit größerer Flankensteilheit ($>$ als Einzelkreis), so daß sich ein größeres Frequenzband sehr selektiv weiter verstärken läßt (Zwischenfrequenzverstärker in der Nachrichtentechnik).

Für die induktive Kopplung gilt:

$$k = M/\sqrt{L_1 \cdot L_2} \tag{2.131}$$

k = Kopplungsfaktor, M = Gegeninduktivität $[H]$.

Für kapazitiv gekoppelte Kreise gilt, wenn $Ck \ll C_1, C_2$:

$$k = Ck/\sqrt{(C_1 + Ck)(C_2 + Ck)} \approx Ck/\sqrt{C_1 \cdot C_2} \tag{2.132}$$

Für beide Kopplungsarten ist:

Mittlere Bandfilterimpedanz: $Z_B = \sqrt{Z_1 \cdot Z_2}$ (2.133)

Mittlere Bandfiltergüte: $Q_B = \sqrt{Q_1 \cdot Q_2}$ (2.134)

Relative Bandfilterkopplung: $q = kQ_B$ (2.135)

Die Verstärkung einer Röhrenstufe (Pentode) mit einem Bandfilter in der Anodenleitung ist bei gleichen Kreisen:

$$V_B = S \cdot Z_B \cdot \frac{q}{q^2 + 1} \tag{2.136}$$

Sind beide Kreise ungleich, so wird:

$$V'_B = S \cdot Z_e \cdot \ddot{u} \tag{2.137}$$

wobei $Ze = Z_1/(q^2 + 1)$ die Eingangsimpedanz des Filters und (Abb. 2.106) $\ddot{u} = q \cdot \sqrt{Z_2/Z_1}$ das Übersetzungsverhältnis ist.

Die Bandbreite des ganzen Filters ist:

$$b_B \approx F \cdot f_0 \cdot 1/Q_B \tag{2.138}$$

Für die kritische Kopplung (Grenzkopplung) beider Kreise, d. h. bei gerade beginnender Einsattelung am Resonanzkurvenmaximum (f_0), ist $q = 1$ und der Faktor $F = \sqrt{2}$. Dabei ist die Bandbreite um $\sqrt{2}$ kleiner als die eines Kreises allein.

Für q und $F > 1$, bei überkritischer Kopplung, wird die Einsattelung zunehmend größer und sinkt auf 0,7. $U_{\max}$ bei $q = 2{,}41$ ($F = 3{,}1$).

Die Anpassung[1]

Der Resonanzwiderstand eines LC-Kreises mit großer Güte ist hoch. Nur wenige Pentoden haben einen so großen Innenwiderstand, daß er gegen den Resonanzwiderstand vernachlässigt werden kann.

Da der Schwingkreis gegenüber dem Generator ein Leistungsverbraucher ist, muß er, wenn an ihm eine optimale Spannung auftreten soll, leistungsmäßig angepaßt werden. Das heißt $Ra = Ri$ bzw. $R_0 = Ri$. Die Anpassung ist besonders bei Verwendung von Trioden mit kleinem Ri wichtig.

Weiterhin kann es notwendig sein, einen niederohmigen Verbraucher an den LC-Kreis richtig anzupassen. Wir müssen also noch kurz die Anpassung der Röhre bzw. des Verbrauchers an den Kreis besprechen.

a) Die Anpassung der Röhre an den LC-Kreis

Ist $Ri < R_0$, dann wird die Anode der Verstärkerröhre an eine Anzapfung des Schwingkreises gelegt und es entsteht ein Transformator (Abb. 2.107).

Es ist $L/La = R_0/Ra = \ddot{u}^2$.

Der Innenwiderstand des Generators (Ri der Röhre) transformiert sich als Dämpfung auf den Schwingkreis:

$$R'_0 = \ddot{u}^2 Ri\, R_0/(\ddot{u}^2\, Ri + R_0).$$

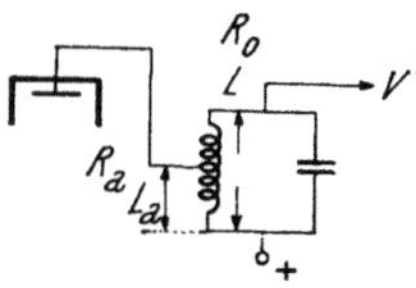

Abb. 2.107. Anpassung des Schwingkreises an den Innenwiderstand der Röhre

Die Verstärkung der Stufe wird

$$V' = \ddot{u} S \cdot Ri\, R_0/(\ddot{u}^2\, Ri + R_0) \tag{2.139}$$

Bei richtiger Anpassung $Ri \cdot \ddot{u}^2 = R_0$ wird die Spannung am Schwingkreis maximal:

$$V'_{\max} = \ddot{u} S Ri/2 = \ddot{u} \mu/2 \tag{2.140}$$

[1] Literatur: [K 17, B 14].

Für Leistungsverstärker, wie sie z. B. bei einem Sender verwendet werden, hat jede Röhre entsprechend ihrer Betriebsart einen optimalen Außenwiderstand. Ist $R_0 \neq Ra_{\text{opt}}$, so muß durch eine entsprechende Anzapfung der Spule eine Anpassung vorgenommen werden, wenn eine maximale Leistungsabgabe gefordert wird.

b) Die Anpassung des Verbrauchers an den LC-Kreis (Abb. 2.108)

Dieser Fall tritt zum Beispiel ein, wenn ein piezoelektrischer oder magnetostriktiver Ultraschallgeber an den Schwingkreis einer Senderstufe (Tankkreis, *PA*-Stufe) angepaßt werden muß. Auch Antennen, besonders stromgespeiste, werden entsprechend angekoppelt.

Für die Untersetzung des R_0 gilt:

$$R_V = R_0 (L_V / L) \tag{2.141}$$

Leistungsanpassung (Leistungsübertragung) siehe Kap. 2.8.2, II.

2.8.2 Der Resonanzverstärker mit Transistoren[1]

Schaltung und Funktionsweise des *LC*-Transistorverstärkers entsprechen vollkommen dem *LC*-Verstärker mit Röhren (Prinzip Abb. 2.109). Das vom Generator *G* erzeugte Eingangssignal wird im Transistor *Tr* verstärkt und über das als selektiver Arbeitswiderstand wirkende *LC*-Glied an den Verbraucher R_L (bzw. an den nächsten Transistor) abgegeben. Im Gegensatz zum Röhrenverstärker müssen jedoch bei der Dimensionierung der Schaltelemente und bei der Berechnung von Bandbreite, Selektivität und Verstärkung die Leistungsverhältnisse

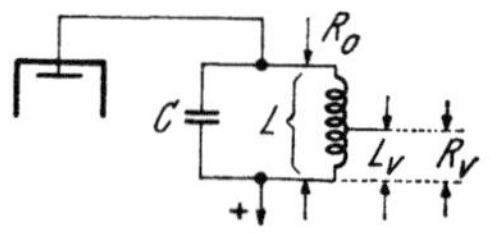

Abb. 2.108. Anpassung des Verbrauchers an den Schwingkreis

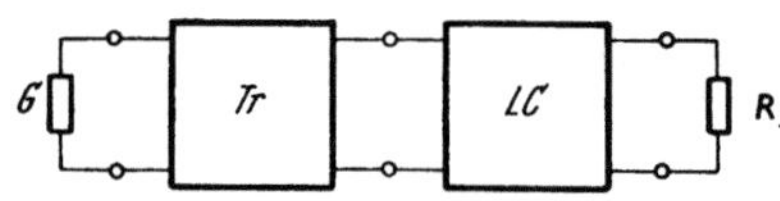

Abb. 2.109. Prinzipschaltbild

berücksichtigt werden, da der Transistor wie im *RC*-Verstärker ein leistungsverstärkendes Element darstellt. Neben dem Transistor ist deshalb auch der Schwingkreis als leistungsübertragendes Element zu betrachten, was — wie später gezeigt wird — zu grundlegenden Relationen zwischen Bandbreite und Übertragungsverlusten führt. Außerdem tritt im Gebiet höherer Frequenzen, mit denen *LC*-Verstärker üblicherweise arbeiten, beim Transistor das Problem der inneren Rückwirkung auf, die das *LC*-Glied im Transistorausgang mit dem Generator (meist ebenfalls ein Schwingkreis) verkoppelt und störende Nebeneffekte hervorruft. Diese Verhältnisse lassen sich einigermaßen anschaulich an Hand eines für höhere Frequenzen gültigen Transistor-Ersatzschaltbildes übersehen, aus dem auch die Möglichkeiten zur Kompensierung (Neutralisierung, siehe Kap. 3.4) dieser Rückwirkung abgelesen werden können.

---

[1] Literatur: [G 9, G 10, H 14, H 15, R 2, W 12].

A. Verhalten des Transistors im LC-Verstärker

a) Ersatzschaltbild des nicht neutralisierten Transistors im Hochfrequenz-Bereich

Wie bereits auf S. 195 erwähnt, gibt es außer der h-Matrix-Darstellung noch andere Möglichkeiten, den Transistor als Vierpol mathematisch zu beschreiben, z. B. die Beschreibung durch r-Parameter (Widerstandsmatrix) oder durch y-Parameter (Leitwertmatrix). Welche der Parameter man zur Rechnung heranzieht, ist im Prinzip gleichgültig, da die Transistoreigenschaften invariant gegenüber der Art ihrer mathematischen Beschreibung sind. Für die Berechnung von LC-Verstärkern weist jedoch die Leitwertdarstellung des Transistors praktische Vorteile auf, da der Anschluß des Transistors und Verbrauchers an das LC-Filter eine Parallelschaltung mehrerer Impedanzen zum Resonanzwiderstand des Schwingkreises darstellt und mathematisch am einfachsten durch Addition der entsprechenden Leitwerte beschrieben werden kann. Transistordaten für Hochfrequenz-Transistoren werden in Tabellen durchwegs als y-Werte angegeben. Abb. 2.110 zeigt die Leitwertdarstellung des Transistors; die Vierpolkoeffizienten y_{ik} sind wie die h-Parameter für kurzgeschlossenen Eingang ($u_1 = 0$) bzw. kurzgeschlossenen Ausgang ($u_2 = 0$) definiert:

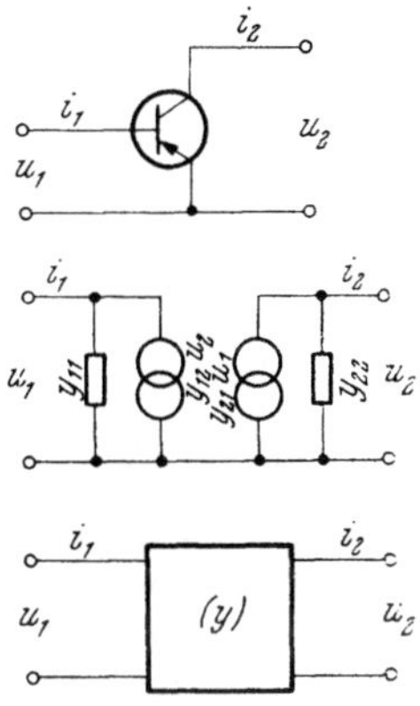

Abb. 2.110. y-Darstellung des Transistors

y_{11} Eingangsadmittanz bei kurzgeschlossenem Ausgang i_1/u_1, $u_2 = 0$

y_{12} Rückwärtssteilheit bei kurzgeschlossenem Eingang i_1/u_2, $u_1 = 0$

y_{21} Vorwärtssteilheit bei kurzgeschlossenem Ausgang i_2/u_1, $u_2 = 0$

y_{22} Ausgangsadmittanz bei kurzgeschlossenem Eingang i_2/u_2, $u_1 = 0$

(Admittanz = komplexer Leitwert $y = g + ix$, Impedanz = komplexer Widerstand, siehe Kap. 1.6.1).

Die Vierpolgleichungen sind:

$$i_1 = y_{11}u_1 + y_{12}u_2, \qquad i_2 = y_{21}u_1 + y_{22}u_2$$

oder symbolisch

$$\begin{pmatrix} i_1 \\ i_2 \end{pmatrix} = (y) \begin{pmatrix} u_1 \\ u_2 \end{pmatrix} \quad y \quad \cdots \text{ Leitwertmatrix} \tag{2.142}$$

Das Symbol ⦶ kennzeichnet einen Stromgenerator mit unendlich hohem Innenwiderstand.

Zwischen den y- und h-Parametern gelten folgende Beziehungen:

$$\left.\begin{aligned} y_{11} &= 1/h_{11} & h_{11} &= 1/y_{11} \\ y_{12} &= -h_{12}/h_{11} & h_{12} &= -y_{12}/y_{11} \\ y_{21} &= h_{21}/h_{11} & h_{21} &= y_{21}/y_{11} \\ y_{22} &= (h_{11}h_{22} - h_{12}h_{21})/h_{11} & h_{22} &= (y_{11}y_{22} - y_{12}y_{21})/y_{11} \end{aligned}\right\} \tag{2.143}$$

Durch Einsetzen dieser Werte in die Gl. (2.58) findet man für die Betriebswerte des Transistors:

$$\left.\begin{array}{ll} \text{Eingangsadmittanz} & y_e = i_1/u_1 = y_{11} - (y_{12} \cdot y_{21})/(y_{22} + y_L) \\ \text{Ausgangsadmittanz} & y_o = i_2/u_2 = y_{22} - (y_{12} \cdot y_{21})/(y_{11} + y_G) \\ \text{Stromverstärkung} & v_i = i_2/i_1 = (y_{21}/y_{11}) \cdot y_L/(y_{22} + y_L + (y_{12} \cdot y_{21})/y_{11}) \\ \text{Spannungsverstärkung} & v_u = u_2/u_1 = -y_{21}/(y_{22} + y_L) \end{array}\right\} \quad (2.144)$$

(y_G bzw. y_L Admittanz im Generator bzw. Last).

Das verstärkte Signal wird durch den Stromgenerator $y_2 u_1$ im Ausgangskreis repräsentiert, wobei $y_{21} = (i_2/u_1)_{u_2=0}$ = Ausgangswechselstrom/Eingangswechselspannung = Steilheit, in völliger Analogie zur Röhrensteilheit. Die Verkopplung zwischen Ausgang und Eingang wird durch den Stromgenerator $y_{12}u_2$ nachgebildet: Die Ausgangsspannung u_2 ruft im Eingangskreis den Strom $y_{12}u_2$ hervor. Diese Rückwirkung, bei modernen Röhrenpentoden wegen der kleinen Anoden-Gitter-Kapazität praktisch vernachlässigbar (Abschirmung durch Schirm- und Bremsgitter), ist beim Transistor durch die galvanische und kapazitive Verkopplung zwischen Kollektor- und Basisschicht bedingt und kann in *LC*-Transistorstufen Unsymmetrien in der Resonanzkurve des Schwingkreises, Instabilitäten oder Eigenschwingungen des Verstärkers hervorrufen. Zur Beseitigung („Neutralisierung") der Rückwirkung durch geeignete Schaltmaßnahmen ist die Kenntnis des Verkopplungsmechanismus zwischen Kollektor und Basis nötig. Hier hat sich in der Praxis das Ersatzschaltbild von GIACOLETTO bewährt, das zwischen Kollektor und Basis ein *RC*-Glied vorsieht und die physikalischen Gegebenheiten im inneren Transistor bis etwa zur halben α-Grenzfrequenz befriedigend wiedergibt (Abb. 1.129). Die Kollektor-Basis-Kapazität $C_{B'K}$ wird durch den *PN*-Übergang Basis-Kollektor gebildet, dessen Breite von der Kollektorspannung abhängt. Höhere Kollektorspannungen ergeben im allgemeinen günstigere Hochfrequenz-Eigenschaften des Transistors.

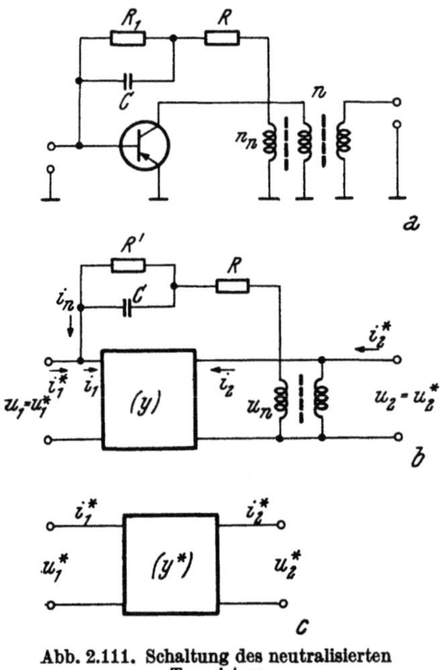

Abb. 2.111. Schaltung des neutralisierten Transistors

b) Neutralisierung des Transistors

Die über $C_{B'K}$, $g_{B'K}$ und $r_{BB'}$ an den Eingang gelangende störende Kollektorspannung u_K kann durch Überlagerung mit einer gegenphasigen Spannung u_n neutralisiert werden. Zu diesem Zwecke wird u_n auf der Ausgangsseite über den Transformator n_n/n abgenommen und durch ein der Kollektor-Basis-Impedanz äquivalentes Netzwerk R, R_1, C der Basis des Transistors zugeführt (Abb. 2.111). Die Transistorparameter, die die Komponenten des Neutralisierungsnetzwerkes R, R_1, C bestimmen, variieren mit der Frequenz und mit dem Arbeitspunkt, d. h. sie sind abhängig von Kollektorspannung und Kollektorstrom, von der

Temperatur und vom individuellen Transistorexemplar. Eine genaue Berechnung ist daher unzweckmäßig. Näherungsweise gelten folgende Formeln:

$$R = \ddot{u} r_{\dot{B}B'} C_{B'E}/C_{B'K}; \quad C = C_{B'K}/\ddot{u}; \quad R_1 = \ddot{u}/g_{B'K} \tag{2.145}$$

wo $\ddot{u} = n/n_n$ das Windungszahlenverhältnis ist. In kritischen Fällen wird man R oder C als Trimmer ausbilden, der auf optimale Neutralisierung eingestellt wird. Der Widerstand R_1 kann meist entfallen, da der Kollektor-Basis-Leitwert $g_{B'K}$ sehr klein ist. Das optimale Windungszahlenverhältnis, bei dem der Verstärkungsverlust durch das Neutralisierungsnetzwerk ein Minimum besitzt, beträgt

$$\ddot{u} = \sqrt{g_{11}/g_{22}} \approx \sqrt{g_{B'E}/g_{KE'}} \tag{2.146}$$

Für einen durchschnittlichen Mittelwellentransistor ist bei 470 kHz: $\ddot{u} = 0{,}2$; $R = 1\ \mathrm{k}\Omega$; $C = 50$ pF.

c) Ersatzschaltbild des neutralisierten Transistors

In Analogie zum gegengekoppelten Transistor läßt sich der neutralisierte Transistor als neuer Vierpol mit den Admittanzen y_{ik}^* auffassen (Abb. 2.112). Die Admittanzen y_{ik}^* hängen mit den Admittanzen y_{ik} des Transistors in folgender Weise zusammen:

$$\left.\begin{aligned} y_{11}^* &= y_{12} - \ddot{u} y_{12} \\ y_{12}^* &= 0 \quad \text{(keine Rückwirkung)} \\ y_{21}^* &= y_{21} - y_{12} \\ y_{22}^* &= y_{22} - y_{12}/\ddot{u} \end{aligned}\right\} \tag{2.147}$$

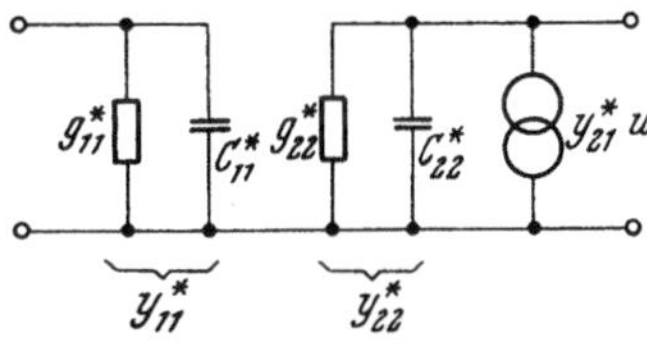

Abb. 2.112. Ersatzschaltbild des neutralisierten Transistors

Für die Leitwerte g_{11}^* und g_{22}^* kann näherungsweise g_{11} und g_{22} gesetzt werden.

Diese Beziehungen folgen aus Abb. 2.111. Setzt man nämlich in Gl. (2.142) für:

$$i_1 = i_1^* + i_n$$
$$i_2 = i_2^* + \ddot{u} \cdot i_n$$

wobei $i_n = -\ddot{u} \cdot y_n u_2 - y_n u_1$, dann erhält man:

$$\begin{pmatrix} i_1^* \\ i_2^* \end{pmatrix} = \begin{pmatrix} y_{11} + y_n & y_{12} + \ddot{u} \cdot y_n \\ y_{21} + \ddot{u} \cdot a_n & y_{22} + \ddot{u}^2 \cdot y_n \end{pmatrix} \begin{pmatrix} u_1 \\ u_2 \end{pmatrix}$$

Aus der Neutralisierungsbedingung $y_{12}^* = y_{12} + \ddot{u} \cdot y_n = 0$ folgt $y_n = -y_{12}/\ddot{u}$ und damit Gl. (2.147).

Die Leitwertdarstellung Abb. 2.110 reduziert sich damit für den neutralisierten Transistor auf Abb. 2.112.

d) Verstärkung des neutralisierten Transistors

Für die Betriebswerte des neutralisierten Transistors ($y_{12}{}^* = 0$) findet man aus Gl. (2.144) die einfachen Beziehungen:

$$\left.\begin{aligned} &\text{Eingangsadmittanz} && y_e^* = i_1^*/u_1^* = y_{11}^* \\ &\text{Ausgangsadmittanz} && y_o^* = i_2^*/u_2^* = y_{22}^* \\ &\text{Stromverstärkung} && v_i^* = i_2^*/u_2^* = y_{21}^* \cdot y_L/y_{11}^* (y_{22}^* + y_L) \\ &\text{Spannungsverstärkung} && v_u^* = u_2^*/u_1^* = -y_{21}^*/(y_{22}^* + y_L) \end{aligned}\right\} \quad (2.148$$

Die Leistungsverstärkung wird als das Verhältnis der an die Lastadmittanz y_L abgegebenen Wirkleistung $g_L |u_2|^2$ zur aufgenommenen Wirkleistung $g_e^* |u_1|^2$ definiert und ist daher:

$$v_N = \frac{g_L |u_2^*|^2}{g_e^* |u_1^*|^2} = \frac{g_L}{g_e^*} \left| \frac{y_{21}^*}{y_{22}^* + y_L} \right|^2 \tag{2.149}$$

Maximale Leistungsverstärkung wird im Falle der Anpassung erzielt, d. h., wenn die Realteile von Generator- bzw. Lastadmittanz gleich groß sind wie die Realteile der Eingangs- bzw. Ausgangsadmittanz und wenn sich die entsprechenden Blindkomponenten kompensieren:

$g_G = g_{11}^*$; $g_L = g_{22}^*$; $j\omega C_{11} + j\omega C_G = 0$; $j\omega C_{22} + j\omega C_L = 0$ (g = Wirkleitwert, $j\omega C$ = Blindleitwert)[1]

Dann erhält man aus Gl. (2.149) für die von einem neutralisierten Transistor im Anpassungsfall erzielbare maximale Leistungsverstärkung

$$v_N = \frac{|y_{12}^*|^2}{4 g_{11}^* g_{22}^*} \approx \frac{|y_{21}|^2}{4 g_{11} g_{22}} \tag{2.150}$$

Sie ist für einen typischen Mittelwellentransistor bei 470 kHz 10000fach bzw. 40 dB.

Generatoren und Verbraucher werden beim LC-Verstärker üblicherweise über einen Schwingkreis an den Transistor angekoppelt und die Anpassung an die Transistorimpedanz erfolgt durch geeignete Wahl der Windungszahlenverhältnisse. Wegen der endlichen Güte von Schwingkreisen treten dabei unvermeidliche Verluste auf, die um so schwerer ins Gewicht fallen, je höher die Anforderungen an die Selektivität des Verstärkers sind. Die Zusammenhänge zwischen Selektivität und Leistungsübertragung eines Schwingkreises sollen im folgenden kurz untersucht werden, da sie für die Dimensionierung der Windungszahlenverhältnisse von Bedeutung sind.

B. Leistungsübertragung eines Schwingkreises

Der Transistor (jetzt in der Rolle eines Generators) und der Verbraucher seien an den Schwingkreis LC mit dem Verlustwiderstand $R_p = 1/g_p$ und den Windungszahlenverhältnissen $\ddot{u}_1 = n_1/n$ bzw. $\ddot{u}_2 = n_2/n$ angekoppelt (Abb. 2.113a). Dabei werde angenommen, daß die Blindanteile der Generator- und der Lastadmittanz kapazitiven Charakter haben, was in der Praxis durchwegs der Fall ist. Der Stromgenerator im Ausgangskreis des Transistors besitzt einen unendlich hohen Innenwiderstand und kann daher im folgenden außer Betracht bleiben. Berücksichtigt man, daß sich Wirk- und Blindleitwerte mit dem Quadrat des reziproken Windungszahlenverhältnisses transformieren, dann erhält man aus Abb. 2.113a das vereinfachte Äquivalentschaltbild Abb. 2.113b. Alle Kapazitäten kann man zu einer Gesamtkapazität $C_{ges} = C + \ddot{u}_1^2 C_{22}^* + \ddot{u}_2^2 C_L$ zusammenfassen.

Die optimale Dimensionierung des Schwingkreises besteht nun darin:

a) Die Windungszahlenverhältnisse $\ddot{u}_1$ und $\ddot{u}_2$ so aufeinander abzustimmen, daß ein Maximum der vom Generator G_G erzeugten Leistung (Transistorausgangsleistung) an den Verbraucher abgegeben wird. Wie sich zeigen wird, ist dieses

[1] An Stelle der Aufspaltung der Admittanz in Real- und Imaginärteil findet man in Transistortabellen auch die Angabe von Betrag y_{ik} und Phasenwinkel φ, entsprechend den beiden Darstellungsmöglichkeiten einer komplexen Zahl $z = u + iv = |z| \cdot e^{i\varphi}$.

optimale Windungszahlenverhältnis unabhängig vom Verlustwiderstand des Schwingkreises

$$\ddot{u}_1/\ddot{u}_2 = n_1/n_2 = \sqrt{g_L/g_{22}^*} \qquad (2.151)$$

b) Die Leitwerte G_L und G_G, die dem Schwingkreis parallel geschaltet sind, so zu wählen, daß sich bei dieser zusätzlichen Dämpfung gerade die gewünschte Bandbreite einstellt.

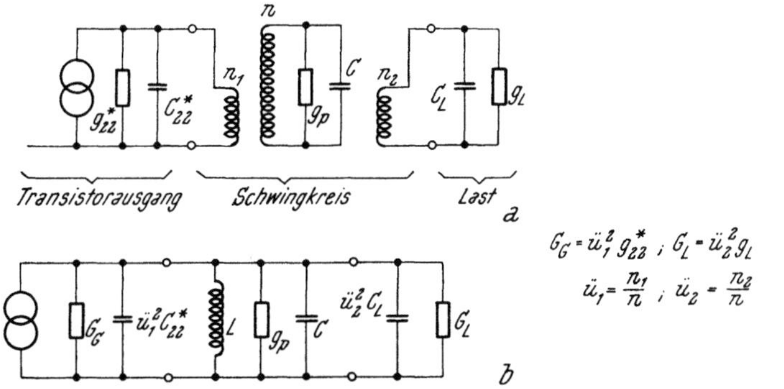

Abb. 2.113. Ersatzschaltbild des Schwingkreises mit angeschlossenem Generator und Lastadmittanz

c) Die Übertragungsverluste im Schwingkreis möglichst niedrig zu halten. Daß diese Forderung besonders dann schwer zu erfüllen ist, wenn der LC-Verstärker sehr selektiv sein soll, ist qualitativ leicht einzusehen. Eine kleine Bandbreite setzt eine geringe Dämpfung des Schwingkreises durch Generator und Last voraus, d. h. kleine Windungszahlenverhältnisse $\ddot{u}_1$ und $\ddot{u}_2$. Da jedoch der Kreisverlustleitwert g_p auf der Generatorseite durch Transformierung im Verhältnis $1/\ddot{u}_1^2$ heraufgesetzt wird, geht bei kleinen $\ddot{u}$ ein großer Prozentsatz der Transistor-Ausgangsleistung im Verlustleitwert verloren.

C. Die Dimensionierung

a) Windungszahlenverhältnis n_1/n_2: Ausgangspunkt der Dimensionierung ist außer der realisierbaren Leerlaufgüte Q_0 (Güte des unbelasteten Kreises, $Q_0 = Rp/(\omega_0 Lp) = 1/\omega_0 Lp g_p$; ω_0 Resonanzfrequenz) die gewünschte Selektivität S des belasteten Schwingkreises. Als Selektivität S bezeichnet man das Verhältnis der Ausgangsspannung eines selektiven Filters bei Resonanzfrequenz f_0 zur Ausgangsspannung bei einer bestimmten Frequenzabweichung $\pm \Delta f_s$ von der Resonanzfrequenz. S wird charakterisiert durch die Betriebsgüte

$$Q_B = 1/(\omega_0 Lp(g_p + G_G + G_L)) \qquad (2.152)$$

d. i. die Güte des mit Generator und Verbraucher belasteten Schwingkreises, die stets kleiner als die Leerlaufgüte ist. Zwischen S, f_0 und der Frequenzabweichung Δf_s, bei der die Ausgangsspannung auf $1/S$ abgesunken ist, sowie der Betriebsgüte Q_B gilt folgende Beziehung:

$$Q_B = (f_0/2\,\Delta f_s)\sqrt{S^2 - 1} \qquad (2.153)$$

bzw. bei n hintereinandergeschalteten Verstärkerstufen

$$Q_B = (f_0/2\,\Delta f_s)\sqrt{\sqrt[n]{S^2} - 1} \qquad (2.154)$$

Ableitung: Bei konstantem Generatorstrom durch den Schwingkreis verhalten sich die Spannungen am Schwingkreis bei Resonanzfrequenz f_0 und bei $f_0 \pm \Delta f_s$ wie die entsprechenden Scheinwiderstände. Die Impedanz des Kreises bei f_0 ist $Z_0 = 1/(G_G + g_p + G_L)$, die bei einer beliebigen Frequenz f: $Z_f = (1/j\omega C) + j\omega L + 1/(G_G + g_p + G_L)$; deshalb ist $|Z_0|:|Z_n| = S$ bzw. mit $Q_B = 1/(\omega_0 L(g_p + G_G + G_L))$ und $\omega_0^2 = 1/LC$: $\omega L/\sqrt{(1/Q_B^2 + L^2C^2(\omega + \omega_0)^2(\omega - \omega_0)^2} : \omega L Q_B = S$ und wegen $\omega \approx \omega_0$: $1/(1 + L^2C^2Q_B^2 4\omega_0^2(\Delta\omega)^2 = S^2$, woraus Gl. (2.153) folgt. Wie aus $|Z_0|^n : |Z_f|^n = S$ leicht verifiziert werden kann, gilt bei n Stufen Gl. (2.154).

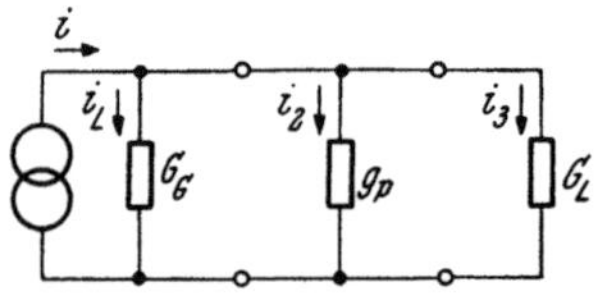

Abb. 2.114. Ersatzschaltbild des Schwingkreises im Resonanzfall

Bei vorgegebenen Q_0, f_0, S und $2\Delta f_s$ erhält man aus der Definition der Leerlauf- und Betriebsgüte für den dem Schwingkreis parallel zu schaltenden Leitwert

$$G_G + G_L = g_p\big((Q_0/Q_B) - 1\big) \qquad (2.155)$$

Andererseits ist die vom Generator G dem Verbraucher L zugeführte Leistung im Resonanzfall (Abb. 2.114):

$$N_L = i_3 u = \big(G_L \cdot i/(G_G + g_p + G_L)\big) \cdot \big(i/(G_G + g_p + G_L)\big)$$
$$= i^2\big(G_L/(G_G + g_p + G_L)^2\big)$$

und mit Gl. (2.155)

$$N_L = i^2\big(G_L/(G_G + G_L)^2\big)\big(1 - (Q_B/Q_0)\big)^2$$

N_L ist in Abhängigkeit von G_L dann am größten ($N_L = N_{L\,\mathrm{opt}}$), wenn $\mathrm{d}N_L/\mathrm{d}G_L = 0$, d. h., wenn $G_G = G_L$. Der Schwingkreis überträgt somit unabhängig von seiner Kreisgüte vom Generator an den Verbraucher dann am meisten Leistung, wenn

$$g_{22}^* \ddot{u}_2^2 = g_L \ddot{u}_2^2 \qquad (2.156)$$

d. h., wenn das Windungszahlenverhältnis

$$n_1/n_2 = \sqrt{g_L/g_{22}^*} \qquad (2.157)$$

beträgt. Dieses Verhältnis ist identisch mit Gl. (2.146), so daß eine separate Neutralisierungswicklung meist entfallen kann.

b) Windungszahlenverhältnis n_1/n: Für $\ddot{u}_1$ erhält man aus Gl. (2.155) $g_p/(\ddot{u}_1^2 g_{22}^* + g_p + g_L \ddot{u}_2^2) = Q_B/Q_0$ und mit Gl. (2.156), $g_p = 1/\omega_0 L Q_0$

$$\ddot{u}_1 = \sqrt{\big(1/(2g_{22}^*\omega_0 L Q_B)\big)\big(1 - (Q_B/Q_0)\big)} \qquad (2.158)$$

c) Übertragungsverluste im Schwingkreis: Für die im Anpassungsfall ($G_L = G_G$) übertragene Leistung $N_{L\,\mathrm{opt}}$ erhält man

$$N_{L\,\mathrm{opt}} = (i^2/4G_L)\big(1 - (Q_B/Q_0)\big)^2 \qquad (2.159)$$

Bezeichnet man die beim idealen Schwingkreis ($g_p = 0$; $Q_0 = \infty$) im Anpassungsfall übertragene Leistung mit $N_{L\,\mathrm{opt\,max}} = i^2/4G_L$, dann ist der Leistungsübertragungswirkungsgrad η eines verlustbehafteten Schwingkreises ($Q_0 \neq \infty$)

$$\eta = N_{L\,\mathrm{opt}}/N_{L\,\mathrm{opt\,max}} = (1 - (Q_B/Q_0))^2 \tag{2.160}$$

η steigt also mit abnehmender Betriebsgüte.

Einer Verringerung von Q_B sind im allgemeinen wegen der Selektionsforderungen Grenzen gesetzt. Bei zu hohen Ansprüchen an Trennschärfe können die Übertragungsverluste beträchtliche Werte erreichen. Verlangt man z. B. von einer Verstärkerstufe auf 480 kHz eine Bandbreite von 6 kHz bei einer Leerlaufgüte $Q_0 = 100$, dann ist $Q_B = f_0/B = 480/6 = 80$ und $\eta = (1 - (80/100))^2 = 0{,}04$, d. h. 96% der Transistorausgangsleistung gehen im Schwingkreis verloren. Große Bedeutung kommt der Leerlaufgüte des Schwingkreises zu. Verwendet man z. B. einen Schwingkreis mit $Q_0 = 140$, dann steigt der Übertragungswirkungsgrad auf mehr als das 5fache und bei einem dreistufigen Verstärker auf etwa das 90fache.

d) Zusammenfassend ergibt sich folgendes Verfahren zur Dimensionierung des Schwingkreises:

1. Bestimmung der Zahl der notwendigen Verstärkerstufen, Berechnung der Betriebsgüte Q_B aus Gl. (2.154).

Beispiel: Verlangt werde ein 500 kHz-Verstärker mit einer Leistungsverstärkung v_N von mindestens $10^5 = 50$ dB. Bei $\pm$ 8 kHz sei die Verstärkung auf 10% zurückgegangen, d. h. Selektivität $S = 10$, $\Delta f_s = 8$ kHz. Die Schwingkreise besitzen $Q_0 = 120$. Die optimale Verstärkung des Transistors sei $v_{N\,\mathrm{opt}} = 4000 = 36$ dB.

Die geforderte Verstärkung läßt sich mit zwei Transistoren erreichen, d. h. $n = 3$, wenn Eingang und Ausgang mit LC-Kreisen abgeschlossen sind (Abb. 2.115). Die Betriebsgüte beträgt daher $Q_B = (500/16)\sqrt{\sqrt[3]{10^2} - 1} = 60$ pro Schwingkreis. Der Übertragungswirkungsgrad beträgt $\eta = (1 - (60/120))^2 = 0{,}25 = -6$ dB, bei drei Stufen -18 dB. Gesamtverstärkung $v_{N\,\mathrm{ges}} = 2.36 - 18 = 54$ dB. Die Gesamtbandbreite B_{ges} des Verstärkers ist $B_{\mathrm{ges}} = (f_0/Q_B)\sqrt{\sqrt[n]{2} - 1} = 4{,}2$ kHz.

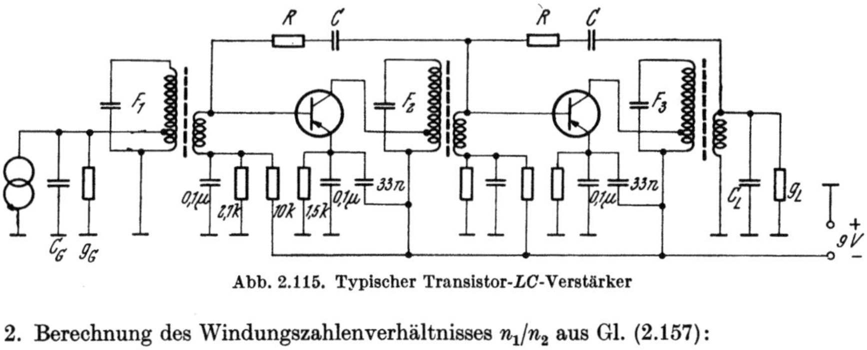

Abb. 2.115. Typischer Transistor-LC-Verstärker

2. Berechnung des Windungszahlenverhältnisses n_1/n_2 aus Gl. (2.157):

Beispiel: Der Transistor besitzt einen Ausgangsleitwert, $g_{22} = 100$ µS ($\approx g_{22}^*$, vgl. S. 251) und einen Eingangsleitwert $g_{11} = 1$ mS($\approx g_{11}^*$), der Generatorleitwert sei $g_G = 200$ µS, der Lastleitwert $g_L = 1$ mS ($n_1\,n$, n_2 siehe Abb. 2.113a). Dann ist für das Filter

$$F_1\colon\quad n_1/n_2 = \sqrt{10^{-3}/(0{,}2 \cdot 10^{-3})} = 2{,}2$$

$$F_2\colon\quad n_1/n_2 = \sqrt{10^{-3}/(0{,}1 \cdot 10^{-3})} = 3{,}16$$

$$F_3\colon\quad n_1/n_2 = \sqrt{10^{-3}/10^{-4}} = 3{,}16$$

3. Berechnung des Windungszahlenverhältnisses n_1/n aus Gl. (2.158).

Beispiel: Die erforderliche Leerlaufgüte läßt sich mit einer Induktivität von $L = 300\,\mu$H leicht realisieren, so daß für

$$F_1\colon\; n_1/n = \sqrt{(1/4\pi \cdot 2 \cdot 10^{-4} \cdot 5 \cdot 10^5 \cdot 3 \cdot 10^{-4} \cdot 60)\,(1 - 60/120))} = 0{,}15$$

$$F_2\colon\; n_1/n = \sqrt{(1/4\pi \cdot 10^{-4} \cdot 5 \cdot 10^5 \cdot 3 \cdot 10^{-4} \cdot 60)\,(1 - (60/120))} = 0{,}21$$

$$F_3\colon\; n_1/n = 0{,}21$$

4. Berechnung der Windungszahlen n_1, n_2:

Beispiel: Die Windungszahl n der Spule sei 200. Dann ist für

F_1: $n_1 = 200 \cdot 0{,}15 = 30$
$n_2 = 30/2{,}2 = 13$ und für

F_2 und F_3 $n_1 = 200 \cdot 0{,}21 = 41$
$n_2 = 41/3{,}16 = 13$

5. Berechnung der Schwingkreiskapazität aus $C = C_{\text{ges}} - \ddot{u}_1^2 C_{22}^* - \ddot{u}_2 C_L$ mit $C_{\text{ges}} = 1/\omega_0^2 L$ (siehe Abb. 2.113b).

Beispiel:

$C_{\text{ges}} = 1/(4\pi^2 \cdot 25 \cdot 10^{10} \cdot 3 \cdot 10^{-4}) = 330$ pF

Es sei: $C_{22} = 10$ pF ($> C_{22}^*$)
$C_{11} = 1000$ pF ($> C_{11}^*$)
$C_G = 10$ pF
$C_L = 2000$ pF

Wegen der kleinen Kapazitätswerte und Windungszahlenverhältnisse ist mit 5% Genauigkeit $C \approx C_{\text{ges}} = 330$ pF.

Abb. 2.115 zeigt die praktische Ausführung eines dreistufigen LC-Verstärkers. Die Sekundärwicklungen der Übertrager F_2 und F_3 sind gegensinnig zur Primärwicklung gepolt, um die richtige Phasenlage für Neutralisation zu erhalten. Der in Transistortabellen angegebene optimale Arbeitspunkt wird durch die Basisteilerwiderstände eingestellt. Die Emitterwiderstände dienen wie beim RC-Verstärker zur Gleichstromstabilisierung (Größenordnung 200 bis 2000 Ω). Zur Vermeidung einer Wechselstromgegenkopplung kann der Fußpunkt der Sekundärwicklung auch direkt an den Emitter abgeblockt werden. Der Emitterkondensator entfällt dann.

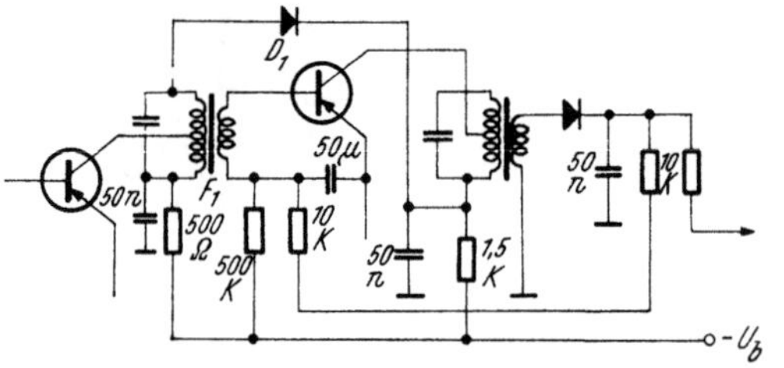

Abb. 2.116. Automatische Verstärkungsregelung. Bei starkem Eingangssignal ist die von D_2 (Demodulator) gleichgerichtete Spannung groß und reduziert die Basis-Emitter-Spannung des zweiten Transistors. Dadurch wird die Katode von D_1 negativ gegenüber der Kollektorspannung des ersten Transistors. D_1 wird leitend und bedämpft den Schwingkreis F_1

Soll bei schwankendem Eingangspegel das Ausgangssignal konstant bleiben (Rundfunkempfänger!), so muß der Verstärker mit einer automatischen Verstärkungsregelung versehen werden, was bei Röhrenverstärkern durch Einsatz von Regelröhren mit exponentieller Steilheitskennlinie leicht erreicht werden kann. In Transistorverstärkern kann die Regelung in ähnlicher Weise durch Zuführen eines Teiles des Demodulatorstromes an die Transistorbasis durchgeführt werden und beruht hauptsächlich auf der Abhängigkeit der Steilheit y_{21} vom Emitterstrom (Arbeitspunkt) sowie auf der Erhöhung des Basis-Emitter-Leitwertes und der dadurch hervorgerufenen Bedämpfung des Schwingkreises. Neben vielen anderen Kunstschaltungen hat sich zur Regelung hauptsächlich Schaltung Abb. 2.116 bewährt.

D. Der Transistor-LC-Verstärker mit Bandfilterkopplung

Wegen der größeren Anzahl der frei wählbaren Parameter eines Bandfilters (Kopplungsfaktor, Betriebsgüten der beiden Kreise) gegenüber der eines Einzelkreises (Betriebsgüte) können beim Bandfilter Selektivität und Bandbreite unabhängig voneinander vorgegeben werden, während sie beim Einzelkreis durch Q_B verknüpft sind. Die überkritische Kopplung weist große Übertragungsverluste auf, so daß durchwegs kritische oder schwach unterkritische Kopplung gewählt wird. Da auf die ausführliche Behandlung in diesem Rahmen verzichtet werden muß, seien die Dimensionierungsformeln für das meistverwendete kritisch gekoppelte Bandfilter ohne Herleitung angegeben:

Durch die Festlegung des Kopplungsfaktors k auf kritische Kopplung hängen Selektivität und Bandbreite bereits miteinander zusammen. Ausgangspunkt ist daher die gewünschte Selektivität S und die erzielbare Leerlaufgüte Q_0 eines Kreises (Abb. 2.117).

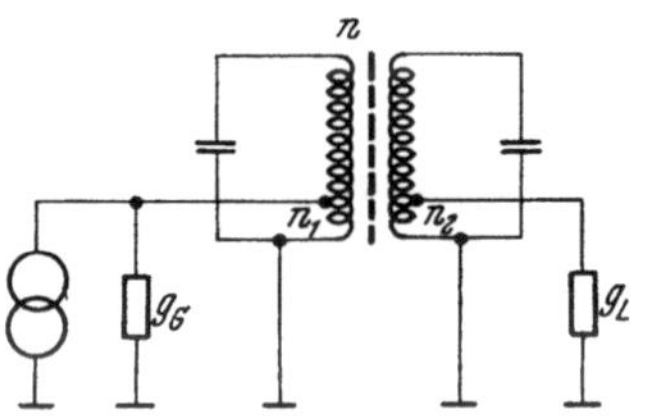

Abb. 2.117. Bandfilter

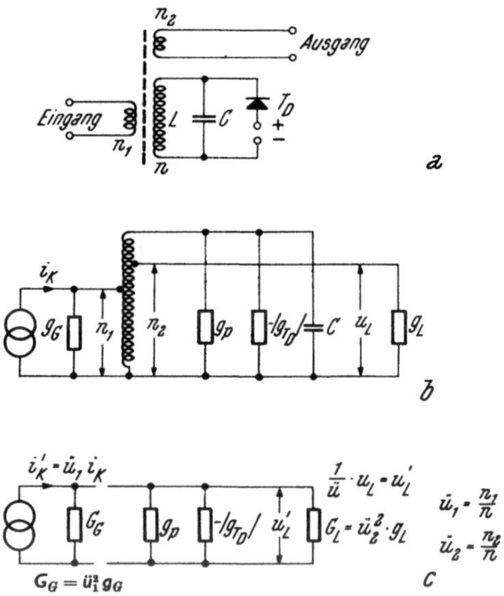

Abb. 2.118. Tunneldioden-LC-Verstärker und Ersatzschaltbild

$$Q_{B_1} = Q_{B_2} = Q_B = (f_0/2\,\Delta f_s \sqrt[4]{4\sqrt[n]{S^2} - 4}$$

$$B = (f_0/Q_B)\sqrt[4]{4\sqrt[n]{2} - 4}\,; \quad k = 1/Q_B; \quad \eta = (1 - (Q_B/Q_0))^2$$

$$n_1/n_2 = \sqrt{(1/(\omega_0 L g_G Q_B))(1 - (Q_B/Q_0))}$$

$$n_2/n = \sqrt{(1/(\omega_0 L g_L Q_B))(1 - (Q_B/Q_0))}$$

Q_B Betriebsgüte eines Kreises
f_0 Resonanzfrequenz
η Leistungsübertragung eines Filters ($\eta < 1$)
S Verhältnis der Leistungsübertragung bei f_0 zur Leistungsübertragung bei $f_0 \pm \Delta f_S$
Q_0 Leerlaufgüte eines Kreises
B Gesamtbandbreite eines n-stufigen Verstärkers
k Kopplungsfaktor
g_G Generatorleitwert
g_L Lastleitwert

Beispiel: $f_0 = 500$ kHz, $L = 300\ \mu$H, $Q_0 = 120$
$g_G = 10^{-4}$ S, $g_L = 10^{-3}$ S, $n = 3$

Bei $f_s \pm 8$ kHz sei die Leistungsübertragung auf 10% gesunken, d. h. $S = 10$ bei $2\Delta f_s = 16$ kHz

$$Q_B = \frac{500}{16}\sqrt[4]{4\sqrt[3]{10^2} - 4} = 60 \qquad B = \frac{500}{60}\sqrt[4]{4\sqrt[3]{2} - 4} = 8{,}33 \text{ kHz}$$

$$\eta = \left(1 - \frac{60}{120}\right)^2 = 0{,}25 \qquad k = \frac{1}{60} = 0{,}017$$

$$\frac{n_1}{n} = \sqrt{\frac{1}{2 \cdot 5 \cdot 10^5 \cdot 10^{-4} \cdot 120 \cdot 3 \cdot 10^{-4}}\left(1 - \frac{60}{120}\right)} = 0{,}21$$

$$\frac{n_2}{n} = \sqrt{\frac{1}{2 \cdot 5 \cdot 10^5 \cdot 10^{-3} \cdot 120 \cdot 3 \cdot 10^{-4}}\left(1 - \frac{60}{120}\right)} = 0{,}66$$

Wie aus dem Vergleich der Bandbreite des bandfiltergekoppelten Verstärkers (8,33 kHz) mit der des einzelkreisgekoppelten Verstärkers (4,1 kHz) hervorgeht, verlaufen die Flanken der Resonanzkurve beim bandfiltergekoppelten Verstärker bedeutend steiler, so daß ihm der Vorzug zu geben ist, wenn Aufwand und Platzbedarf von untergeordneter Bedeutung sind.

E. *LC*-Tunneldiodenverstärker[1]

Aufbau und Ersatzschaltbild eines selektiven Tunneldiodenverstärkers zeigt Abb. 2.118. Die Tunneldiode ist im Gegensatz zur Elektronenröhre und zum Transistor ein Zweipol, so daß die Eingangsklemmen zugleich Ausgangsklemmen sind. Entsprechend sind Eingangs- und Ausgangsspannung voneinander nicht zu unterscheiden.

Die Einstellung der Tunneldiode auf einen Arbeitspunkt im verstärkenden Bereich der Kennlinie wurde bereits in Kap. 1.3.2 besprochen; hier sollen die quantitativen Zusammenhänge zwischen Verstärkung, Bandbreite und dem negativen Tunneldiodenleitwert g_{TD} gegeben werden.

Die Leistungsverstärkung ist definiert als das Verhältnis von der an den Lastleitwert G_L abgegebenen Leistung N_L zur verfügbaren Generatorleistung $N_{G\max}$, die zweckmäßigerweise auf den Generatorkurzschlußstrom i'_k bezogen wird:

$$v = \frac{N_L}{N_{G\max}} = \frac{u_L^2 G_L}{\frac{i_k^2}{4}\frac{1}{G_G}} \qquad \text{(wegen Bezeichnung siehe Abb. 2.118)}$$

Aus Abb. 2.118c leitet man folgende Beziehung ab: $\dfrac{i'_k}{u'_L} = G_G + g_p - |g_{TD}| + G_L$

Die Leistungsverstärkung ist daher $v = \dfrac{4\, G_G G_L}{(G_G + g_p - |g_{TD}| + G_L)^2}$

und die Spannungsverstärkung = Verbraucherspannung u'_L: Generatorleerlaufspannung $\dfrac{i'_k}{G_G}$:

$$v'_u = \frac{u'_L}{\frac{i'_K}{G_G}} = \frac{G_G}{G_G + g_p - |g_{TD}| + G_L};$$

v'_u ist größer als 1, wenn die Bedingung $|g_{TD}| > G_L + g_p$ erfüllt ist. Andererseits verlangt die Stabilitätsforderung, daß $|g_{TD}| < G_L + g_p + G_G$, um Eigenschwingungen zu vermeiden.

[1] Literatur: [M 12].

Die Windungszahlenverhältnisse $\ddot{u}_1 = \frac{n_1}{n}$, $\ddot{u}_2 = \frac{n^2}{n}$ sind durch die geforderte Bandbreite B festgelegt:

$$Q_B = \frac{f_0}{B} = \frac{\omega_0 C}{G_G + g_p - |g_{TD}| + G_L} \qquad (\omega_0 \text{ Resonanzkreisfrequenz})$$

Mit diesem Ausdruck als Nebenbedingung ergibt sich durch Extremwertbildung für v die optimale Leistungsverstärkung bei einer bestimmten Bandbreite

$$v_{L\mathrm{opt}} = \left(1 - \frac{g_p - |g_{TD}|}{2\pi C \cdot B}\right)^2$$

$$\ddot{u}_1^2 = \frac{2\pi CB - g_p + |g_{TD}|}{2 g_G}$$

$$\ddot{u}_2^2 = \frac{2\pi CB - g_p + |g_{TD}|}{2 g_L}$$

Die allgemeine Anpassungsgleichung (2.151) des Schwingkreises wird durch den negativen Parallelleitwert $-|g_{TD}|$ nicht geändert.

Beispiel: Vorgegebene Daten:

$|g_{TD}|$ = 15 mS (Tunneldiodenleitwert)
g_L = 10 mS (Lastleitwert)
g_G = 16,7 mS (Generatorleitwert)
f_0 = 30 MHz (Resonanzfrequenz)
C = 170 pF (Schwingkreiskondensator + Diodenkapazität)
Q_0 = 100 (Schwingkreisgüte)

Dann ist

$$g_p = \frac{\omega_0 C}{Q_0} = \frac{2\pi \cdot 3 \cdot 10^7 \cdot 1{,}7 \cdot 10^{-10}}{10^2} = 3{,}2 \cdot 10^{-4}\,\mathrm{S}$$

$$v_{\mathrm{opt}} = \left(1 - \frac{3{,}2 \cdot 10^{-4} - 15 \cdot 10^{-3}}{2 \cdot 3{,}14 \cdot 1{,}7 \cdot 10^{-10} \cdot 1{,}2 \cdot 10^5}\right)^2 = 13500 = 41{,}3\ \mathrm{dB}$$

$$\ddot{u}_1 = \left(\frac{2 \cdot 3{,}14 \cdot 1{,}7 \cdot 10^{-10} \cdot 1{,}2 \cdot 10^5 - 3{,}2 \cdot 10^{-4} + 15 \cdot 10^{-3}}{2 \cdot 16{,}7 \cdot 10^{-3}}\right)^{1/2} = 0{,}66$$

$$\ddot{u}_2 = \left(\frac{2 \cdot 3{,}14 \cdot 1{,}7 \cdot 10^{-10} \cdot 1{,}2 \cdot 10^5 - 3{,}2 \cdot 10^{-4} + 15 \cdot 10^{-3}}{2 \cdot 10^{-2}}\right)^{1/2} = 0{,}86$$

2.9 Gleichspannungsverstärker[1]

Übersicht

Je tiefer die untere Grenzfrequenz eines RC-Verstärkers werden soll, um so größere Kapazitäten müssen die Kopplungs-, Entkopplungs- und Siebkondensatoren der Schaltung erhalten. Die große Zeitkonstante dieser RC-Glieder verursacht lange Umladezeiten (Einschwingzeiten), die sich sehr unangenehm aus-

[1] Literatur: [C 1, E 3, K 10, G 1].

wirken, wenn ein (besonders mehrstufiger) Verstärker auch nur kurzzeitig übersteuert wird oder die Betriebsspannungen schwanken.

Deshalb sucht man in solchen Fällen die Verwendung von Kondensatoren, besonders von Koppelkondensatoren, in der Schaltung überhaupt zu vermeiden und an deren Stelle galvanische Kopplungen vorzusehen.

Diese Kopplungsart muß dann unbedingt angewendet werden, wenn Gleichspannungen oder -ströme verstärkt werden sollen oder der Gleichspannungsanteil eines Signales nicht durch *RC*- oder Transformatorkopplung verlorengehen darf.

Gerade bei Gleichspannungsverstärkern muß man eine bekannte Tatsache besonders beachten: Zum Betrieb einer Röhre sind bestimmte Ruhepotentiale und Ruheströme notwendig, die den Arbeitspunkt charakterisieren und die sich einstellen, wenn kein Signal am Eingang liegt. Durch ein Eingangssignal werden Änderungen dieser Ströme und Potentiale verursacht, die sich nicht anders bemerkbar machen, als wären es Verschiebungen des Arbeitspunktes. Nur diese Änderungen stellen das verstärkte Signal dar. Bei Wechselspannungsverstärkern ist es leicht, das verstärkte Signal etwa als Wechselspannung durch Übertrager oder Kondensatoren auch zwischen den einzelnen Stufen abzutrennen. Beim direkt gekoppelten Gleichspannungsverstärker ist diese Trennung schwieriger. Daß wenigstens „der Ausgang auf Massepotential liegt", also frei von einem Ruhepotential ist, erfordert schon besondere schaltungstechnische Vorkehrungen, auf die man, wenn irgend möglich, verzichten wird (z. B. in Oszillographenverstärkern, deren Ausgang und damit die Ablenkplatten meist auf einem hohen, gemeinsamen Ruhepotential liegen).

Die Abb. 2.119 bis 2.123 zeigen Beispiele für verschiedene galvanische Kopplungsmöglichkeiten. Für die Funktion der jeweiligen Röhren ergeben sich kaum neue Gesichtspunkte. Dafür bereitet die Überwindung der Potentialdifferenzen, etwa bei der Verbindung der positiven Anode einer Vorröhre mit dem negativen Gitter der nächsten Röhre, gewisse Schwierigkeiten; dies besonders bei mehrstufigen Verstärkern.

2.9.1 Eintaktverstärker

Abb. 2.119 hat die größte Ähnlichkeit mit einem üblichen *RC*-Verstärker. An die Stelle des Koppelkondensators tritt der Widerstand R_1, der mit R_2 einen Spannungsteiler bildet, dessen Fußpunkt auf $-Ub$ liegt. Das Gitterpotential der Rö. 2 wird durch Ua, $-Ub$ und den Teiler $R_1 - R_2$ bestimmt:

$$\frac{Ua + |-Ub|}{|-Ub| - |Ug_1|} = \frac{R_1 + R_2}{R_2} \tag{2.161}$$

Mit dem Teilerquerstrom Iq wird:

$$R_1 = (Ua + Ug_1)/Iq, \quad R_2 = \frac{|-Ub| - |Ug_1|}{Iq} \tag{2.162}$$

Der Teiler $R_1 - R_2$ liegt für das Ausgangssignal parallel zu Ra_1; für Verstärkung und obere Grenzfrequenz ergibt sich dadurch ein wirksamer Außenwiderstand zu $Ra = Ra_1(R_1 + R_2)/(Ra_1 + R_1 + R_2)$. Durch den Teilerquerstrom Iq wird ein zusätzlicher Spannungsabfall an Ra_1 hervorgerufen; macht man den Teilerquerstrom klein (etwa $= Ia/10$), so kann dieser Spannungsabfall vernachlässigt werden.

Zahlenbeispiel: $+Ub = 200$ V, $-Ub = 100$ V, $Ia_1 = 5$ mA, $Ug_1 Rö. 2 = -5$ V, $Ra_1 = 10$ kΩ. Daraus: $Ua = +Ub - Ia_1 Ra_1 = 200 - 50 = 150$ V. Gewählt $Iq = Ia_1/10 = 0{,}5$ mA. Dann ist $R_1 = 155/0{,}5 = 310$ kΩ, $R_2 = 95/0{,}5 = 190$ kΩ. Zur genauen Arbeitspunkteinstellung von *Rö.* 2 setzt man R_2 aus einem festen Teilwiderstand und einem Potentiometer zusammen und wählt endgültig (lieferbare Normwerte): $R_1 = 330$ kΩ, $R_2 = 180$ kΩ, $P = 50$ kΩ. P wird am Fußpunkt eingefügt, damit die kapazitive Belastung des Gitters der *Rö.* 2 klein bleibt.

Durch den Teiler $R_1 - R_2$ gelangt das Signal von der Anode Rö. 1 abgeschwächt zum Gitter Rö. 2. Die Abschwächung $a = R_2/(R_1 + R_2)$ ist beim Zahlenbeispiel je nach Potentiometerstellung etwa 0,38. Sie verringert sich, wenn R_2 vergrößert oder R_1 verkleinert werden kann. Bei größerem R_2 muß auch $-Ub$ größer werden. Beim Zahlenbeispiel wird, wenn ein $-Ub$ von 200 V zur Verfügung steht, R_2 zu 390 kΩ für eine mittlere Potentiometerstellung $a = 0{,}56$; der Gewinn ist also trotz doppelt so großer $-Ub$ nicht hoch. R_1 kann verkleinert werden, wenn statt des

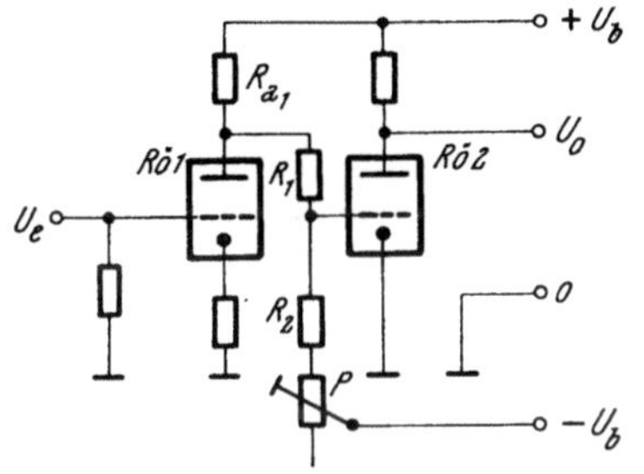

Abb. 2.119. Einfacher Gleichspannungsverstärker

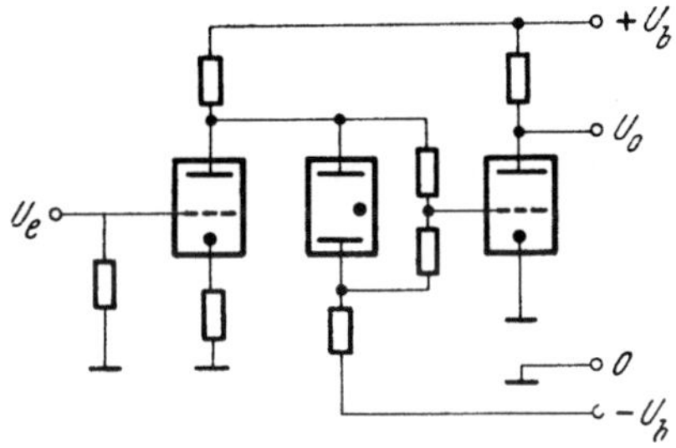

Abb. 2.120. Glimmlampe als Kopplungsglied

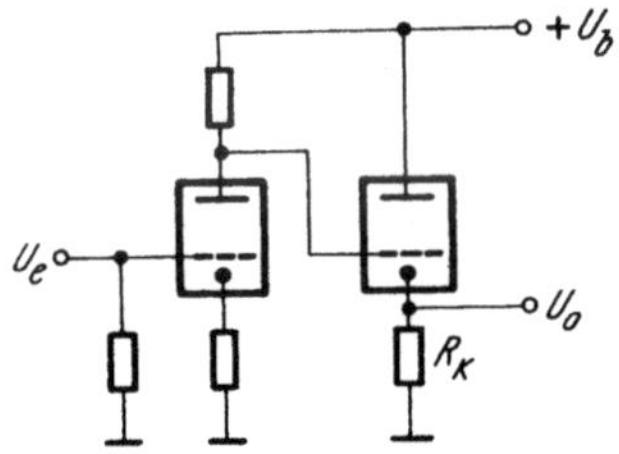

Abb. 2.121.
Direkte Kopplung mit Katodenfolger

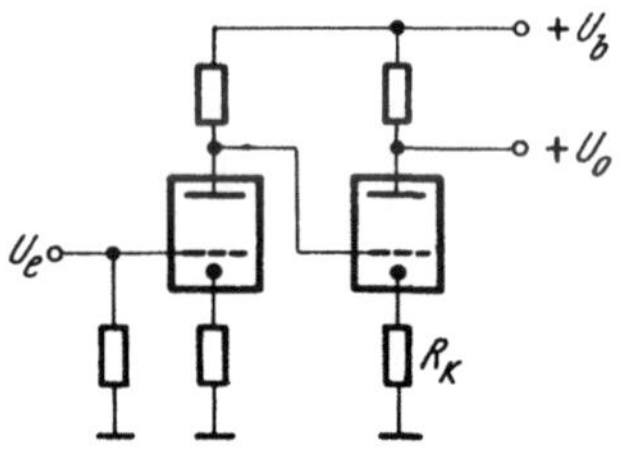

Abb. 2.122.
Direkte Anodenfolgerkopplung

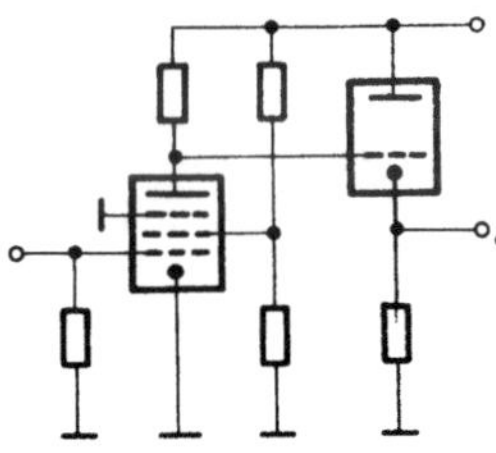

Abb. 2.123.
Kopplung von Pentode

ohmschen Widerstandes eine Glimmstrecke eingeschaltet wird. Dafür gibt es spezielle Glimmlampen mit geringem Querstrom und hochkonstanter Brennspannung, die kaum größer als ein 2-W-Widerstand sind und deshalb die Rö. 1 auch kapazitiv nicht zu sehr belasten. Ihr Innenwiderstand liegt bei etwa 0,5 bis 5 kΩ. Allerdings ist man dabei an die Brennspannungen der lieferbaren Glimmlampen gebunden. Manchmal kann man die Schaltung so einrichten, daß die zu überbrückende Potentialdifferenz mit der Brennspannung der vorhandenen Glimmröhre übereinstimmt. Andernfalls ersetzt man nur einen Teil von R_1 durch eine Glimmröhre mit geringerer Spannung oder greift nach Abb. 2.120 an einer Glimmröhre höherer Brennspannung einen Teil ab. Beim Zahlenbeispiel wäre mit einer Glimmstrecke statt R_1 bei einem angenommenen Innenwiderstand von 2 kΩ die Abschwächung nur mehr 0,99.

Bei Abb. 2.121, 122 und 123 liegt das Gitter direkt an der Anode der Vorröhre. Damit die Rö. 2 einen brauchbaren Arbeitspunkt mit negativer Gittervorspannung erhält, muß der Katodenwiderstand so groß sein, daß der Spannungsabfall durch den Katodenstrom gleich der Summe aus Ua und $-Ug_1$ wird. Bei Abb. 2.122 entsteht dadurch eine starke verstärkungsmindernde Gegenkopplung, die nur verringert werden kann, wenn Rk durch einen Glimmstabilisator oder eine Zener-Diode geeigneter Spannung ersetzt wird.

Wird bei einer Pentodenvorstufe der Anodenwiderstand außerordentlich erhöht und die Schirmgitterspannung entsprechend herabgesetzt, so arbeitet die Röhre schließlich nur mehr mit Bruchteilen von mA und einer Anodenspannung von etwa 10 bis 30 V. Trotz dieser spärlichen Betriebsbedingungen erreicht man aber eine äußerst hohe Stufenverstärkung von einigen tausendfach; die Steilheit sinkt nämlich bei Abnahme des Anodenstromes weniger, als der Innen- und Außenwiderstand zunehmen. Solche Verstärker nennt man Niederstrom- oder Mangelverstärker. Die obere Grenzfrequenz ist, bedingt durch den großen Ra (1 bis 20 MΩ), entsprechend niedrig. Das Rauschen ist zufolge der großen Widerstände hoch. Abblocken des Schirmgitters erübrigt sich, wenn es aus einem Teiler gespeist wird, dessen Querstrom mehrfach größer als Ig_2 ist. Die niedrige Anodenspannung erleichtert die galvanische Kopplung mit der nächsten Stufe; diese sollte wegen des hohen Ra nach Möglichkeit ein Katodenfolger mit hoher Eingangsimpedanz oder wenigstens eine Pentode mit kleiner Gitter-Anoden-Kapazität sein. Als Gittervorspannung genügt für die Niederstromstufe das negative Potential, das sich durch die Raumladung einstellt. Der Ableitwiderstand muß dann ebenfalls sehr hoch sein ($>$ 10 MΩ).

2.9.2 Gegentaktverstärker

Katodengekoppelte Röhren

Große Schwierigkeiten bereitet bei allen gleichspannungsgekoppelten Verstärkern der Umstand, daß sich wegen der galvanischen Verbindung der Stufen auch langsame Änderungen der Speisespannung, der Röhrendaten (Alterung) oder sonstiger Einzelteile mit der Verstärkung aller noch folgenden Stufen multipliziert auswirken. Man verwendet deshalb stabilisierte Speisespannungen, Spezialröhren und sorgfältig ausgewählte Einzelteile. Trotzdem erreicht man ausreichende Stabilität oft nur durch die Anwendung stabilisierender Gegenkopplungen, unter Umständen über mehrere Stufen oder den gesamten Verstärker, und die Wahl spezieller Kompensations- oder Gegentaktschaltungen.

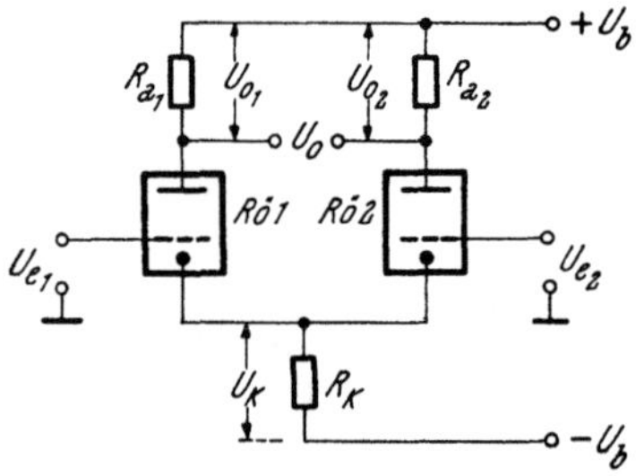

Abb. 2.124. Katodengekoppeltes Röhrenpaar

Das Prinzip einer Gegentaktschaltung mit Katodenkopplung zeigt Abb. 2.124. Von besonderer Bedeutung für ihre Funktion gerade hinsichtlich der Stabilität ist Rk in Verbindung mit $-Ub$. Im Ruhezustand liegen beide Gitter auf Massepotential. Die beiden Röhren stellen sich automatisch auf einen solchen gemeinsamen Strom ein, daß der hierdurch hervorgerufene Spannungsabfall an Rk gleich der Summe aus $-Ub$ und der zum Strom gehörigen $-Ug_1$ wird. Macht man $-Ub$ sehr viel größer als $-Ug_1$, dann wird der sich einstellende Strom wesentlich nur von $-Ub$ und Rk nach dem Ohmschen Gesetz bestimmt. Soweit $-Ub$ stabil und Rk konstant sind, bleibt auch der Ruhestrom durch die Röhren konstant. Das zeigt besonders deutlich Abb. 2.125. Bei den verschiedensten

Ia-Ug-Kennlinien, ja sogar verschiedenen Röhrentypen, stellt sich immer ein annähernd gleicher Strom entsprechend dem Schnittpunkt mit der *Rk*-Geraden ein; Lage und Steigung dieser Geraden sind praktisch nur von $-Ub$ und Rk bestimmt. Wenn $-Ub$ nicht stabilisiert ist, schwankt der Strom nur prozentual gleich wie $-Ub$, aber alle anderen Einflüsse, wie z. B. Alterung von Teilen oder Röhren, werden ausgeglichen.

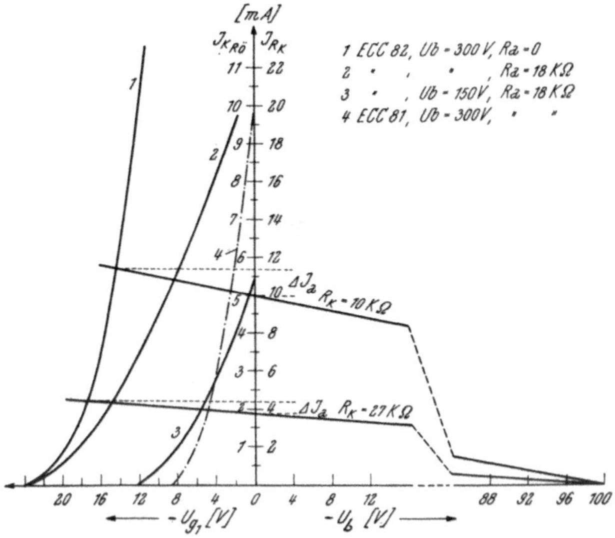

Abb. 2.125. Wirkung des gemeinsamen großen Katodenwiderstandes

Statt Rk an eine negative Spannung $-Ub$ anzuschließen, kann man auch eine positive Vorspannung vom gleichen Betrag den Gittern zuführen und Rk an Masse legen. Diese Möglichkeit bietet sich besonders bei galvanischer Kopplung an: die Anodenspannung der Vorröhren ist gleichzeitig die positive Vorspannung der angeschlossenen Gitter, ein Kopplungsspannungsteiler entfällt.

Sind die Röhren nicht in der Lage, den durch die *Rk*-Gerade bestimmten Strom noch im Bereich negativer Gittervorspannung zu liefern, so wird trotzdem ein der Geraden entsprechender Katodenstrom erzwungen. Die Röhren werden einfach soweit positiv gesteuert, bis die Summe aus Anodenstrom und Gitterstrom den verlangten Katodenstrom ergibt! Das ist besonders zu beachten, wenn es vorkommen kann, daß $-Ub$ schon anliegt, während $+Ub$ noch nicht vorhanden ist (etwa beim Einschalten). In diesem Fall wirkt die Gitter-Katodenstrecke der Röhren wie eine Diode; der ganze durch Rk verlangte Strom wird als Gitterstrom durch die Röhre gezogen und kann die Röhre beschädigen.

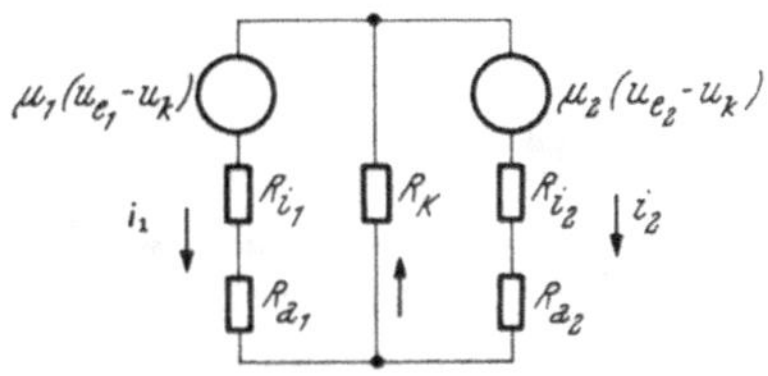

Abb. 2.126. Ersatzschaltung der Gegentaktstufe

Um das Verhalten einer solchen Gegentaktstufe mit gemeinsamem Katodenwiderstand bei Ansteuerung mit einem Signal zu beschreiben, ist es zweckmäßig, von den beiden folgenden Gleichungen auszugehen, auch wenn sie zunächst etwas unhandlich erscheinen. Sie sind aus Abb. 2.124 und dem Ersatzschaltbild Abb. 2.126 abgeleitet und geben die Ausgangsspannungen an den beiden Anoden in allgemeiner Form wieder:

$$Uo_1 = i_1 \cdot Ra_1 = -\frac{Ra_1 \cdot \frac{\mu_1}{\mu_1 + 1}(Rk + Re_2)\, Ue_1 - Ra_1 \cdot \frac{\mu_2}{\mu_2 + 1} Rk \cdot Ue_2}{Re_1 \cdot Re_2 + Rk(Re_1 + Re_2)} \tag{2.163}$$

$$Uo_2 = i_2 \cdot Ra_2 = +\frac{Ra_2 \cdot \frac{\mu_1}{\mu_1 + 1} Rk \cdot Ue_1 - Ra_2 \cdot \frac{\mu_2}{\mu_2 + 1}(Rk + Re_1) Ue_2}{Re_1 \cdot Re_2 + Rk(Re_1 + Re_2)} \tag{2.164}$$

Die Indizes beziehen sich auf Rö. 1 bzw. Rö. 2 und sind wegen der Symmetrie selbstverständlich vertauschbar. Re stellt den Eingangswiderstand der jeweiligen Röhre in Gitterbasisschaltung dar:

$$Re = \frac{Ra + Ri}{\mu + 1} \tag{2.165}$$

Wird die Ausgangsspannung symmetrisch zwischen den beiden Anoden abgenommen, so ist sie die Differenz der beiden Spannungen: $Uo = Uo_1 - Uo_2$.

a) Betrieb als Gegentaktverstärker

Hierfür ist es günstig, die Stufe völlig symmetrisch aufzubauen, also gleiche Röhren ($\mu_1 = \mu_2 = \mu$; $Ri_1 = Ri_2 = Ri$) und gleiche Ra ($Ra_1 = Ra_2 = Ra$) zu verwenden. Die Ansteuerung erfolgt mit entgegengesetzt gleichen Signalen $Ue_1 = -Ue_2$. Dann wird:

$$Uo_1 = -\mu \cdot Ue_1 \cdot Ra/(Ra + Ri);$$
$$Uo_2 = -\mu \cdot Ue_2 \cdot Ra/(Ra + Ri) = +\mu \cdot Ue_1 \cdot Ra/(Ra + Ri) \tag{2.166}$$

Die Ausgangsspannungen sind also ebenfalls entgegengesetzt gleich. Jede einzelne Röhre arbeitet so, wie sie für sich allein ohne Gegenkopplung durch einen Rk arbeiten würde. Das kann anschaulich damit erklärt werden, daß die beiden Katodenströme ebenfalls entgegengesetzt gleich sind und sich daher aufheben; an Rk entsteht folglich auch keine Gegenkopplungsspannung.

b) Übergang von Eintakt- auf Gegentaktschaltung

Liegt nur an einem Gitter einer katodengekoppelten Verstärkerstufe ein Steuersignal, so ist die Möglichkeit der Phasenumkehr bei gleichzeitiger Verstärkung und großer Bandbreite von Gleichstrom bis weit in den MHz-Bereich gegeben. Mit anderen Worten: Eine unsymmetrische, z. B. einpolig geerdete Eingangsspannung liefert eine verstärkte symmetrische Ausgangsspannung, wie sie z. B. als Ablenkspannung für eine Katodenstrahlröhre gebraucht wird.

Die Schaltung sei wieder symmetrisch, die Ansteuerung erfolge mit Ue_1, $Ue_2 = 0$. Dann ergibt sich:

$$\begin{aligned} Uo_1 &= -Ue_1 \cdot \mu \frac{(Rk + Re)\, Ra}{(2Rk + Re)\,(Ra + Ri)} \\ Uo_2 &= +Ue_1 \cdot \mu \frac{Rk\, Ra}{(2Rk + Re)(Ra + Ri)} \end{aligned} \tag{2.167}$$

Die Ausgangsspannungen sind entgegengesetzt, aber nicht ganz gleich. Sie unterscheiden sich um den Faktor $(Rk + Re)/Rk$. Das gilt nicht nur für symmetrischen Aufbau, sondern allgemein, wie man sofort aus Gl. (2.163) und (2.164) ablesen kann. Sollen die Ausgangsspannungen möglichst gleich sein, dann muß Rk groß gegenüber Re werden. Die Bedingung $Rk \gg Re$ verlangt einerseits nach Gl. (2.163) Röhren mit großem μ, andererseits ein möglichst großes $-Ub$. Die restlichen Ungleichheiten können noch durch etwas verschiedene Anodenwiderstände ausgeglichen werden.

Die Gesamtverstärkung (symmetrische Ausgangsspannung: unsymmetrische Eingangsspannung) ist

$$Uo/Ue_1 = (Uo_1 - Uo_2)/Ue_1 = -\mu \cdot Ra/(Ra + Ri) \tag{2.168}$$

also identisch mit der Verstärkung eines Röhrensystems bei normalem unsymmetrischem Betrieb.

Anschaulich läßt sich diese Betriebsweise folgendermaßen erklären: Rö. 1 arbeitet als stromgegengekoppelte Verstärkerstufe, die galvanisch über den gemeinsamen Katodenwiderstand mit einer Gitterbasisstufe gekoppelt ist. Der Gegenkopplungswiderstand ist Rk parallel mit Re, dem Eingangswiderstand der Gitterbasisstufe; die an $Rk \,||\, Re$ abfallende Spannung ist die Eingangsspannung der Gitterbasisstufe. Bei Ruhestromschwankungen ist zu erwarten, daß diese in beiden Röhrenzweigen gleichsinnig und etwa gleichmäßig auftreten und sich also hinsichtlich des symmetrischen Ausganges Uo kaum auswirken. Deshalb wird eine symmetrische Stufe auch dann mit Erfolg benützt, wenn eine symmetrische Ausgangsspannung nicht unbedingt erforderlich wäre, z. B. für den Anschluß eines Anzeigeinstrumentes. Man erhält dann eine hohe Nullpunktkonstanz. Eine für diesen Zweck viel verwendete und bewährte Variante zeigt Abb. 2.127, praktisch zwei symmetrisch angeordnete Katodenfolger, die in den meisten Universalröhrenvoltmetern zu finden ist.

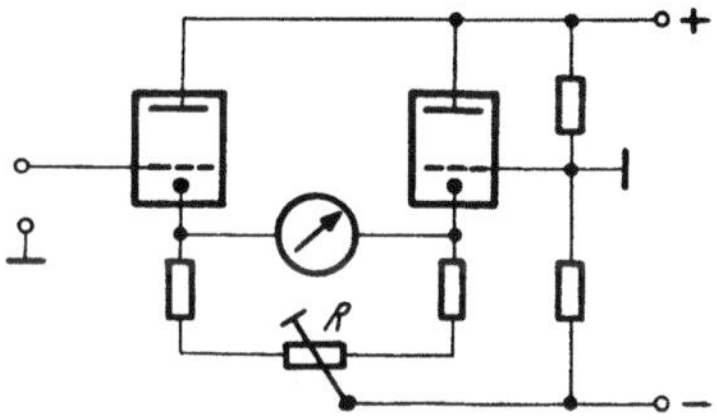

Abb. 2.127. Katodenfolgerpaar (Röhrenvoltmeter)

c) *Differenzverstärker*[1]

Man kann aus Gl. (2.163) und Gl. (2.164) unmittelbar ablesen, daß die Ausgangsspannungen Uo_1 und Uo_2 proportional der Differenz $Ue_1 - Ue_2$ sind. Andererseits werden gleich große, gleichsinnige Spannungen, die auf die beiden Gitter gelangen, nur wenig verstärkt und tragen zu den Ausgangsspannungen nur wenig bei. Daraus ergeben sich eine Reihe wichtiger Anwendungen, nicht nur als Gleichspannungs-, sondern auch als Wechselspannungsverstärker. Ist eine extrem kleine Spannung aus einer hochohmigen Quelle, die zudem nicht eindeutig geerdet werden kann, zu verstärken, so ist ein Differenzverstärker zu verwenden, weil sich bei ihm eingestreute *gleichphasige* Störspannungen (z. B. Brummspannungen) weitgehend herausheben; typische Vertreter: Kardiographen und Enzephalographen. Mit einem Differenzverstärker ist es auch möglich, die Spannung zwischen zwei Punkten zu messen oder auch zu oszillographieren, die nicht nur gegeneinander, sondern auch gegen Erde Spannung haben, wie etwa Knotenpunkte

[1] Literatur: [K 4, K 5, G 6].

in Netzwerken oder nichtgeerdete Brückendiagonalen; typische Vertreter: Oszillographen und Brückennullverstärker. Schließlich bildet der Differenzverstärker direkt die Differenz zweier Signale, ohne daß, wie es sonst notwendig ist, ein Signal umgekehrt und gegengeschaltet wird; typische Anwendung: datenverarbeitende Systeme.

Zweckmäßig werden die Zähler von Gl. (2.163) und (2.164) umgeformt, um die Funktion als Differenzverstärker noch besser herauszustellen. Dann wird:

$$U o_1 = -R a_1 \left\{ \frac{\frac{U e_1 - U e_2}{2}\left[\frac{\mu_1}{\mu_1+1}(R_K + R e_2) + \frac{\mu_2}{\mu_2+1} R_K\right]}{R e_1 \cdot R e_2 + R_K (R e_1 + R e_2)} + \right.$$
$$\left. + \frac{\frac{U e_1 + U e_2}{2}\left[\frac{\mu_1}{\mu_1+1}(R_K + R e_2) - \frac{\mu_2}{\mu_2+1} R_K\right]}{R e_1 \cdot R e_2 + R_K (R e_1 + R e_2)} \right\} \tag{2.169}$$

$$U o_2 = R a_2 \left\{ \frac{\frac{U e_1 - U e_2}{2}\left[\frac{\mu_2}{\mu_2+1}(R_K + R e_1) + \frac{\mu_1}{\mu_1+1} R_K\right]}{R e_1 \cdot R e_2 + R_K (R e_1 + R e_2)} - \right.$$
$$\left. - \frac{\frac{U e_1 + U e_2}{2}\left[\frac{\mu_2}{\mu_2+1}(R_K + R e_1) - \frac{\mu_1}{\mu_1+1} R_K\right]}{R e_1 \cdot R e_2 + R_K (R e_1 + R e_2} \right\}$$

Für die Differenz $U o_2 - U o_1$, also bei symmetrischer Abnahme der Ausgangsspannung zwischen den beiden Anoden sowie gleichen Anodenwiderständen $R a_1 = R a_2 = R a$, ergibt sich

$$U o = R a \left\{ \frac{\frac{U e_1 - U e_2}{2}\left[\frac{\mu_1}{\mu_1+1}(2 R_K + R e_2) + \frac{\mu_2}{\mu_2+1}(2 R_K + R e_1)\right]}{R e_1 \cdot R e_2 + R_K (R e_1 + R e_2)} - \right.$$
$$\left. - \frac{\frac{U e_1 + U e_2}{2}\left[\frac{\mu_1}{\mu_1+1}(2 R_K + R e_2) - \frac{\mu_2}{\mu_2+1}(2 R_K + R e_1)\right]}{R e_1 \cdot R e_2 + R_K (R e_1 + R e_2)} \right\} \tag{2.170}$$

Es ist zu erkennen, daß sich die Ausgangsspannung aus zwei Anteilen zusammensetzt: einem der Differenz $U e_1 - U e_2$ proportionalen Anteil und einem proportional dem Mittelwert $(U e_1 + U e_2)/2$.

Hat ein Eingangssignal keinen Gleichtaktanteil, ist also $(U e_1 + U e_2)/2 = 0$, so verschwindet der zweite Ausdruck im Zähler. Mit Hilfe dieser Annahme definiert man eine Differenzverstärkung

$$V_{\text{diff}} = \frac{U o}{U e_1 - U e_2} \tag{2.171}$$

Der erste Ausdruck im Zähler fällt weg, wenn das Eingangssignal keinen Differenzanteil enthält, d. h., wenn $U e_1 - U e_2 = 0$ bzw. $U e_1 = U e_2$ ist. Analog wird daraus eine Gleichtaktverstärkung

$$V_{\text{gl}} = 2 \cdot \frac{U o}{U e_1 + U e_2} \tag{2.172}$$

definiert.

Ein Maß für die Brauchbarkeit eines Differenzverstärkers ist der Quotient aus Differenzverstärkung und Gleichtaktverstärkung, die Gleichtaktunterdrückung

$$G = V_{\text{diff}} / V_{\text{gl}} \tag{2.173}$$

Während der zweite Ausdruck im Zähler der Gl. (2.170) vollständig verschwinden würde, wenn die Stufe exakt symmetrisch wäre ($\mu_1 = \mu_2$, $Ri_1 = Ri_2$, $Ra_1 = Ra_2$, was sich aber praktisch außer bei Ra nie ganz verwirklichen läßt), kann er in Gl. (2.169) nie Null werden, weil Re zwar klein gegen Rk, aber immer endlich ist. Das bedeutet für die Praxis, daß bei symmetrischem Ausgang grundsätzlich eine wesentlich höhere Gleichtaktunterdrückung erzielbar ist.

Beispiel: Röhre ECC 83, $\mu = 100 \pm 5$, $Ri = 80 \pm 4$ kΩ, $Ra = 300 \pm 0$ kΩ, $Rk = 300$ kΩ.

Setzt man diese Werte unter Berücksichtigung der ungünstigsten Toleranzen ein, so erhält man bei unsymmetrischer Abnahme der Ausgangsspannung $V_{\text{diff}} = 39$fach, $V_{\text{gl}} = 0{,}53$fach, $G = 74$. Bei symmetrischem Ausgang dagegen ist $V_{\text{diff}} = 79$fach, $V_{\text{gl}} = 0{,}14$fach und die Gleichtaktunterdrückung $G = 570$, also fast 8mal so groß.

Wenn die Ausgangsspannung unsymmetrisch abgenommen werden muß, ist aus Gl. (2.169) die Forderung abzulesen, daß μ_1 möglichst gleich μ_2 und Re möglichst klein gegen Rk sein soll. Weil Re_2 in Uo_1 eingeht und umgekehrt Re_1 in Uo_2,

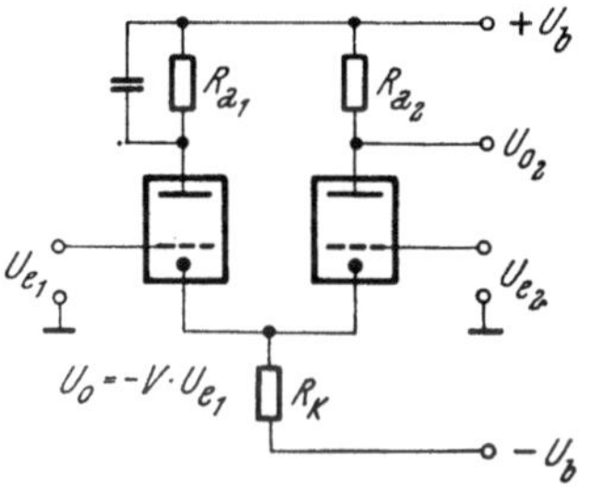

Abb. 2.128. Differenzverstärker (Wechselspannung)

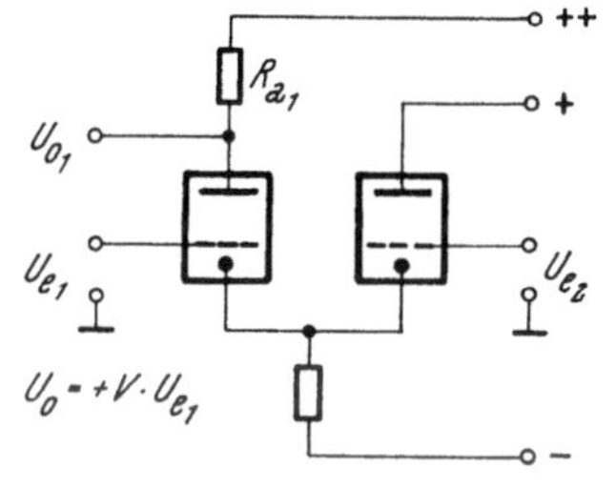

Abb. 2.129. Gleichspannungsdifferenzverstärker

kann Re und damit der Mittelwertanteil der Ausgangsspannung verkleinert werden, wenn der jeweils zur Spannungsabnahme nicht benützte Ra zu 0 gemacht wird. Dabei müssen aber die beiden Röhren im annähernd gleichen Arbeitspunkt betrieben werden, damit μ_1 und μ_2 gleichbleiben. Bei einem Differenzverstärker für Wechselspannung läßt sich das einfach durch Abblocken des nicht ausgenützten Anodenwiderstandes erreichen (Abb. 2.128). Bei einem Gleichspannungsdifferenzverstärker wird die Anode der Röhre ohne Ra mit einer entsprechend niedrigeren Spannung gespeist (Abb. 2.129).

Für Überschlagsrechnungen genügen die folgenden vereinfachten Formeln, die sich aus Gl. (2.169) ergeben, wenn $\mu_1/(\mu_1 + 1) \approx \mu_2/(\mu_2 + 1) \approx 1$ und $Re_1 \approx Re_2 \ll Rk$ angenommen wird (Abb. 2.124):

$$\left.\begin{aligned} V_{\text{diff}} &\approx -\frac{\mu}{2} \cdot \frac{Ra}{Ra + Ri} \\ V_{\text{gl}} &\approx -\mu \cdot \frac{Ra}{Ra + Ri + 2\mu R_K} \approx -\frac{Ra}{2R_K + Re} \\ G &\approx (\mu + 1)\frac{Rk}{Ra + Ri} \approx \frac{Rk}{Re} \end{aligned}\right\} \tag{2.174}$$

Für Abb. 2.128 und 2.129 gilt entsprechend:

$$\left.\begin{aligned} G &\approx (\mu + 1)\,\frac{Rk}{Ri} \\ V_{\text{diff}} &\approx \pm\mu\,\frac{Ra}{Ra + Ri} \end{aligned}\right\} \qquad (2.175)$$

je nachdem, in welcher Anodenleitung Ra liegt. Dadurch ergibt sich die Möglichkeit, die gleiche Verstärkung mit zur Eingangsspannung gleichphasiger Ausgangsspannung zu erhalten, wie sie eine einzelne Röhre in normaler Katodenbasisschaltung gegenphasig liefert (Eingangsspannung $Ue_1 = Ue$, $Ue_2 = 0$).

Die Funktion eines Differenzverstärkers ist anschaulich einfach zu beschreiben. Gleichtaktsignale wirken so, als wären die beiden Röhren parallel geschaltet. Rk verursacht starke Stromgegenkopplung und vermindert die Verstärkung Vg_1 auf Werte unter 1 (vgl. Gl. (3.9)). Differenzsignale rufen entgegengesetzte Stromänderungen hervor, die sich im Rk gegenseitig aufheben und deshalb nicht gegengekoppelt werden.

d) Schaltungsvarianten

Bereits beim Übergang von Eintakt- auf Gegentaktschaltung, aber noch mehr beim Differenzverstärker wird gefordert, daß Rk möglichst groß gegen Re sein soll. Rk als ohmschen Widerstand beliebig zu vergrößern, ist nicht möglich. Einmal bestimmt die Bandbreite einen oberen Grenzwert, zum anderen wird Rk durch den Gleichspannungsabfall bzw. die höchste Spannung $-Ub$ begrenzt, die man praktisch zulassen will (beim Anheizen fällt an Ra und Rk keine Spannung ab, und es liegt dann die volle $+Ub$ zwischen Gitter und Anode und die volle $-Ub$ zwischen Gitter und Katode!). Wird aber Rk durch eine Röhre ersetzt, dann bleibt der Gleichspannungsabfall erträglich und als Rk wirkt der differentielle Innenwiderstand der Röhre, der bei einer Pentode oder stark gegengekoppelten Triode viel höher als

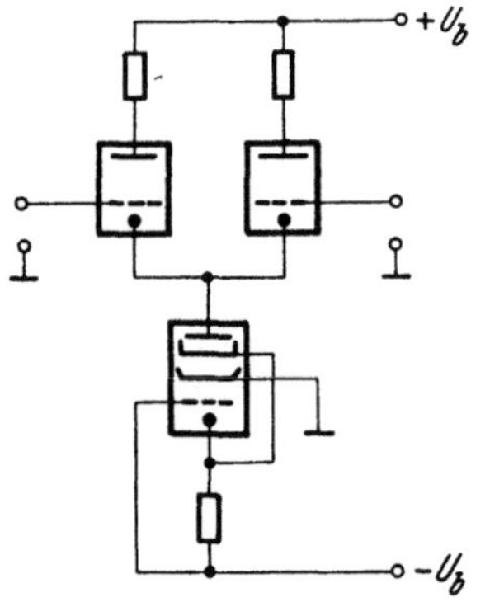

Abb. 2.130a. Ersatz des R_K durch eine Pentode

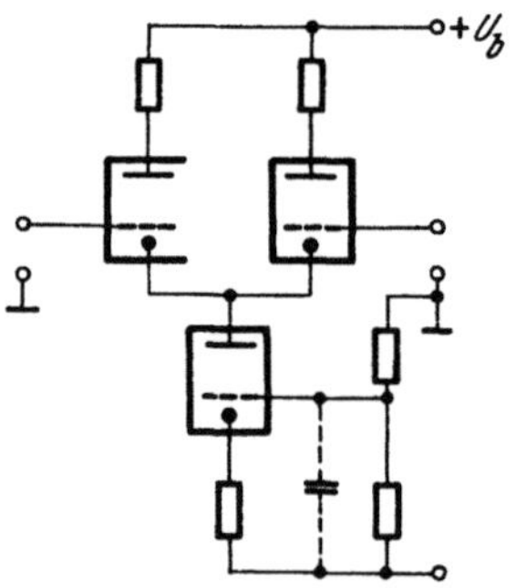

Abb. 2.130b. Ersatz des R_K durch eine stromgegengekoppelte Triode

ihr Gleichstromwiderstand ist. Bei einem derart erweiterten Differenzverstärker ist eine Gleichtaktunterdrückung von mehr als 1000 zu erreichen gegenüber etwa 100 bei Verwendung eines ohmschen Rk (Abb. 2.130a, b).

Wird nach Abb. 2.131 die statt Rk eingeschaltete Röhre mitgesteuert, so läßt sich die Gleichtaktunterdrückung bis auf über 10000 bringen, wegen der kapazitiven Kopplung jedoch nur für Wechselspannungen.

Die Verwendung von Pentoden an Stelle der Trioden bringt höhere Verstärkung, kleinere Eingangskapazität und Verbesserung der Symmetrie, Abb. 2.132. Abblocken der Schirmgitter ist überflüssig, da sich gegenphasige Stromänderungen selbst kompensieren und gleichphasige Änderungen über den Rg_2 eine erwünschte Gegenkopplung für Gleichtaktsignale ergeben. Abblocken der Schirmgitter zur gemeinsamen Katode ist normalerweise völlig unzweckmäßig, da dann Rg_2 parallel zu Rk liegen und diesen wesentlich verkleinern würde.

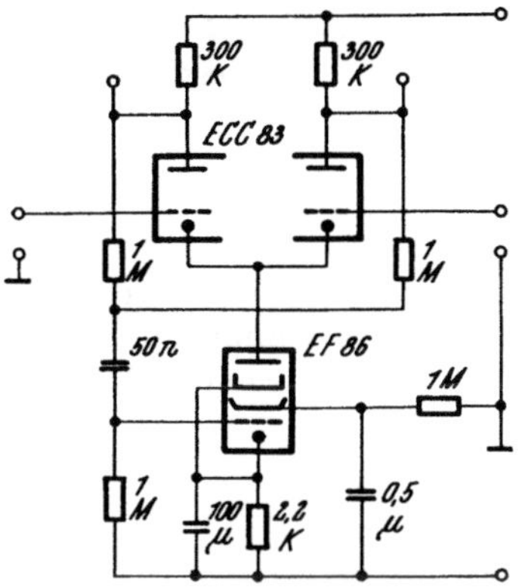

Abb. 2.131. Hohe Gleichtaktunterdrückung durch Mitsteuerung der Pentode

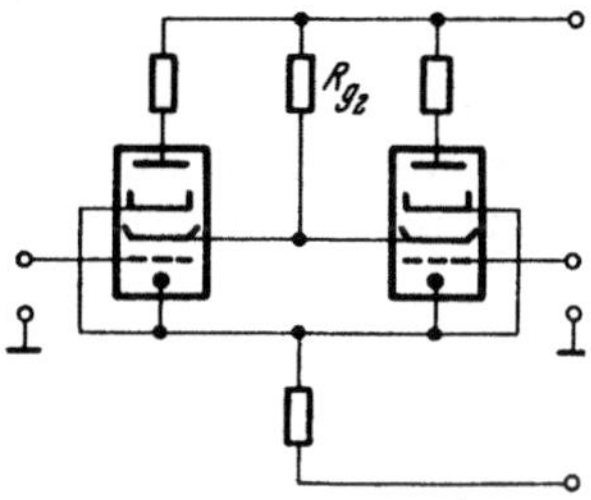

Abb. 2.132. Pentoden in Differenzverstärkerschaltung

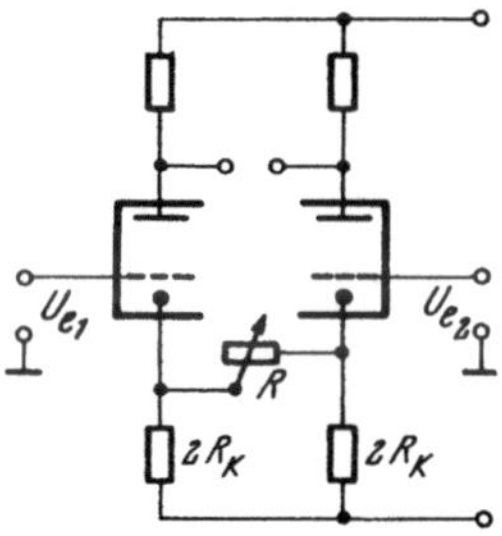

Abb. 2.133. Verstärkungsregelung im Katodenkreis

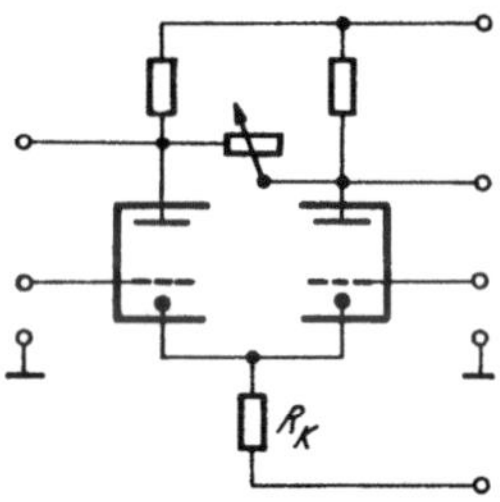

Abb. 2.134. Verstärkungsregelung im Anodenkreis

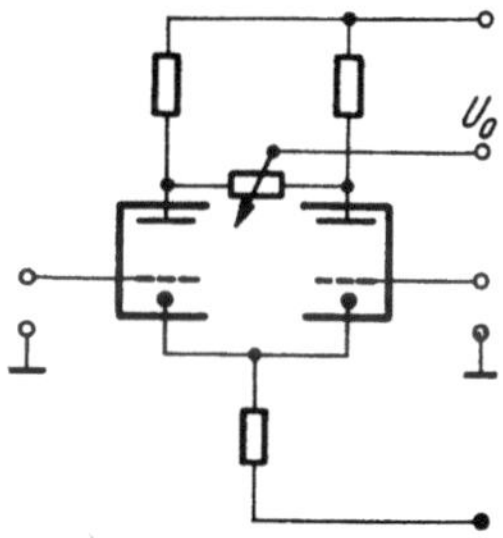

Abb. 2.135. Einstellbare Phasenlage des Ausgangspotentials

Symmetrische Stufen bieten die Möglichkeit, ohne Beeinträchtigung der Ruhepotentiale eine stetige Verstärkungs- oder Amplitudeneinstellung vorzunehmen. Abb. 2.133 zeigt eine Verstärkungseinstellung durch Verändern der Kopplung zwischen den beiden Katoden, die allerdings, außer bei reiner Gegentaktansteuerung, eine Verschlechterung der Symmetrierung bzw. der Gleichtaktunterdrückung bringt. Die Abschwächung entspricht etwa einer Stromgegenkopplung um den Faktor $V_{\min}/V_{\max} \approx (Ra + Ri)/[Ri + Ra + (\mu + 1)\, R]$.

Bei geringer Aussteuerung ist eine Verstärkungseinstellung ohne Verschlechterung der Symmetrierung durch Verringerung des wirksamen Außenwiderstandes mit Hilfe einer zwischen die beiden Anoden geschalteten Stellwiderstandes möglich (Abb. 2.134).

Am Schleifer eines nach Abb. 2.135 eingeschalteten Potentiometers kann eine Ausgangsspannung abgegriffen werden, deren Ruhepotential konstant ist und deren Vorzeichen (Phasenlage) je nach der Schleiferstellung links oder rechts von der Mittel(0-)stellung wechselt.

e) Dimensionierung

Zunächst wird nach der geforderten Verstärkung, Grenzfrequenz und Ausgangsspannung die Röhre ausgewählt und ihr Arbeitspunkt ohne Berücksichtigung von Rk im Kennlinienfeld festgelegt. Daraus wird Ra, $+ Ub$ und Ik entnommen. Ik wird bei vorgegebener $- Ub$ durch Rk oder umgekehrt durch $- Ub$ bei verlangtem Rk eingestellt nach $- Ub = 2 \cdot Ik \cdot Rk$. Für höhere Ansprüche ist es ratsam, eine Symmetriermöglichkeit vorzusehen. Eine an Stelle von Rk verwendete Röhre ist so einzustellen, daß sie den gewünschten Strom $2 \cdot Ik$ liefert.

2.9.3 Symmetrische Gleichspannungsverstärker

Das größte Problem bei Gleichspannungsverstärkern besteht in der Beseitigung der Störungen, die durch die Schwankungen der Betriebsspannungen hervorgerufen werden, also in der Erhöhung einer Längsstabilität. Werden hohe Anforde-

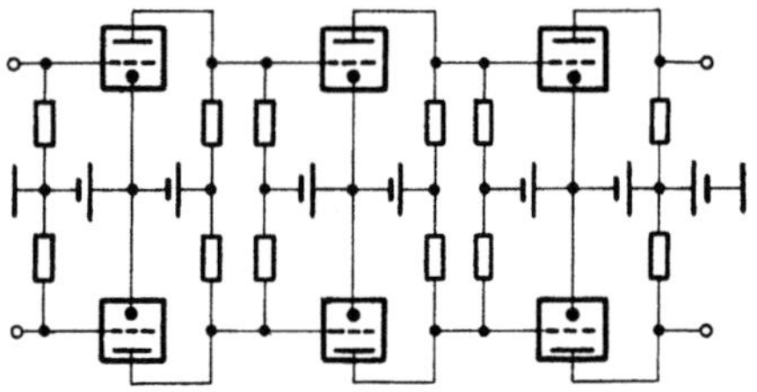

Abb. 2.136. Prinzipschaltbild eines symmetrischen Gleichspannungsverstärkers

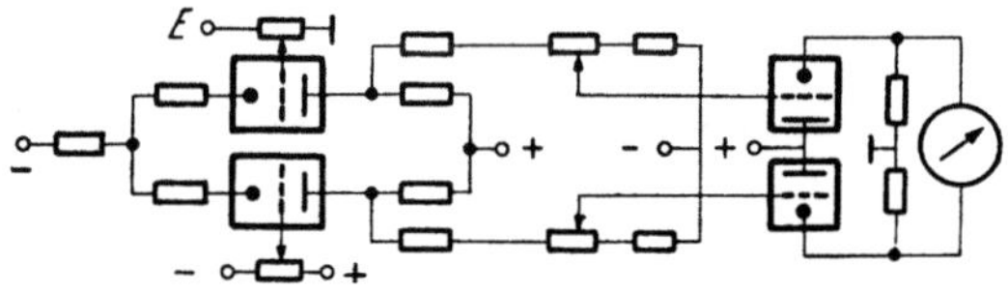

Abb. 2.137. Symmetrischer Gleichspannungsverstärker

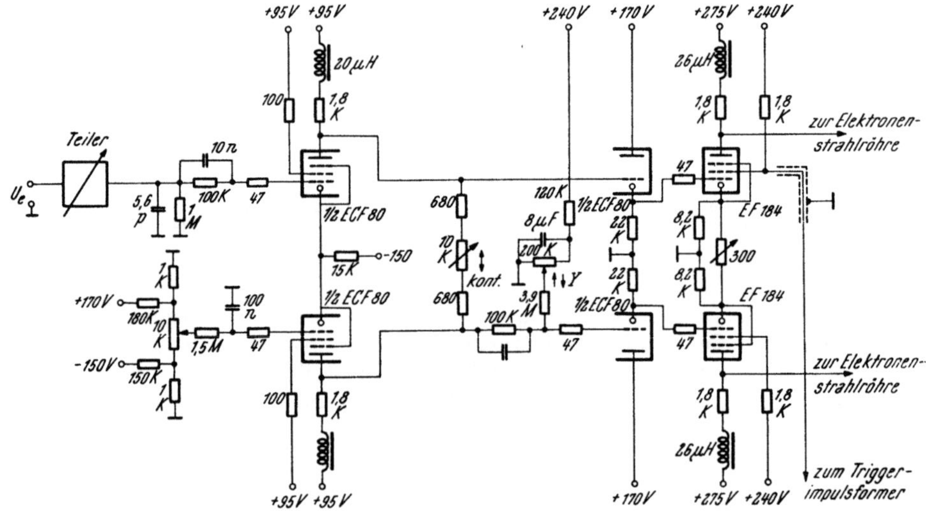

Abb. 2.138. y-Verstärker eines Oszillographen

rungen an die Stabilität des Verstärkers gestellt, so ist das Gegentaktprinzip anzuwenden, wobei zu jeder Verstärkerröhre eine Kompensationsröhre geschaltet wird.

Schwankungen der Betriebsspannungen heben nur mehr das Potential der nachfolgenden Röhrengruppe, führen aber zu keiner Änderung der Ausgangsspannung. Das Prinzipschaltbild — 1937 von NIELSEN angegeben — zeigt Abb. 2.136.

Die Vorteile dieses Verstärkers sind seine sehr gute Längs- und Querstabilität. Sein Nachteil ist, daß die zweite Röhrengruppe sich auf einem Schwebepotential befindet, d. h. es sind keine gemeinsamen Punkte für die einzelnen Stromquellen vorhanden, so daß diese gut voneinander isoliert und abgeschirmt werden müssen. Dieser Nachteil kann durch geeignete Schaltungskombinationen beseitigt werden. Die Abb. 2.137 gibt ein Beispiel: Die erste Stufe, ein Eintakt-Gegentakt-Verstärker, ist galvanisch mit einer Gegentaktkatodenfolgerstufe gekoppelt. Die Nullage wird durch Gitterpotentialänderung der ersten Kompensationsröhre eingestellt. Der Eingang läßt sich ebenfalls symmetrisch ausbilden und an Stelle der Katodenfolgerstufe, die in diesem Beispiel zur Anpassung an ein Drehspulinstument gewählt wurde, eine Gegentakt-Anodenfolgerschaltung verwenden.

Die Abb. 2.138 zeigt den Gleichspannungsverstärkerteil eines Oszillographen (Philips GM 5600).

2.9.4 Gleichspannungsverstärker mit Transistoren[1]

Abgesehen vom kleinen Leistungs- und Platzbedarf ist im Zusammenhang mit Gleichspannungsverstärkern als spezifischer Vorteil der Transistoren die ausgezeichnete Konstanz der Verstärkungseigenschaften über lange Zeiträume zu erwähnen, da Transistoren praktisch keinen Alterungserscheinungen unterliegen. Dem steht als schwerwiegender Nachteil die Temperaturabhängigkeit sämtlicher Transistorparameter, besonders die des Kollektorstromes, gegenüber, deren Eliminierung das Kardinalproblem bei der Konstruktion von Gleichspannungsverstärkern darstellt.

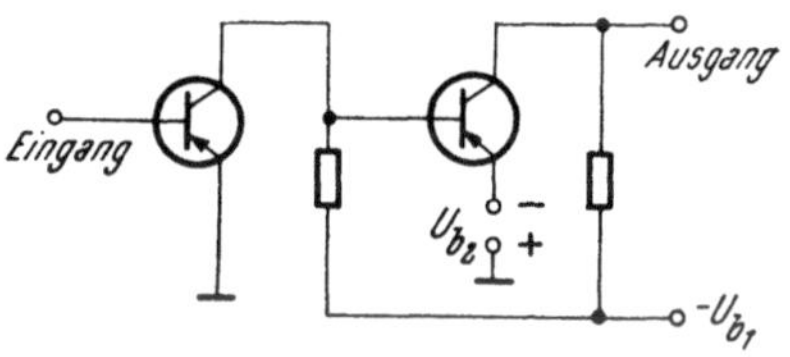

Abb. 2.139. Prinzipschaltbild eines Transistorgleichspannungsverstärkers

Das Prinzipschaltbild eines Transistor-Gleichspannungsverstärkers (Abb. 2.139) unterscheidet sich vom RC-gekoppelten Wechselstromverstärker lediglich darin, daß Basiswiderstände und Koppelkondensatoren fehlen. Die Spannungsquelle Ub_2 hebt das Emitterpotential des zweiten Transistors so weit in negativer Richtung an, daß sich die richtige Basis-Emitterspannung einstellt. Das Fehlen des RC-Kopplungsgliedes beeinflußt, abgesehen von der Erhaltung der Gleichspannungskomponente, in keiner Weise den Verstärkungsmechanismus, so daß die Formeln für Eingangsimpedanz, Ausgangsimpedanz und Strom-Spannungs- und Leistungsverstärkung, Gl. (2.58), S. 196, direkt auf den Gleichspannungsverstärker angewendet werden können. In Stufen mit großen Gleichspannungssignalamplituden ist lediglich die Abhängigkeit der h-Parameter von der momentanen Lage des Arbeitspunktes zu berücksichtigen.

In der Prinzipschaltung Abb. 2.139 sind keine Vorkehrungen gegen eine temperaturbedingte Wanderung (Drift) des Arbeitspunktes getroffen. Es kann z. B. vorkommen, daß bei konstantem Eingangssignal und großem Generatorwiderstand der Eingangsstrom I_B des ersten Transistors zwar konstant bleibt, am Kollektorstrom jedoch eine Stromzunahme

$$\Delta I_K = (1 + B) I_{K_0B}\big|_{T_0} \cdot (e^{C_K(Tj - T_0)} - 1) \tag{2.176}$$

festzustellen ist, wenn die Temperatur des Transistors unbemerkt von T_0 auf Tj steigt, und dadurch eine Änderung des Eingangssignales vorgetäuscht wird (die

[1] Literatur: [C 5, H 14].

exponentielle Temperaturabhängigkeit des Kollektorstromes J_{K_0B} geht mit $(1 + B)$ verstärkt in die Kollektorstromänderung ein, vgl. Gl. (1.67, S, 81).

Einige Möglichkeiten, den Temperatureinfluß zu reduzieren, wurden bereits in früheren Kapiteln im Zusammenhang mit der Stabilisierung des Arbeitspunktes diskutiert (Stabilisierungen durch konstante bzw. temperaturabhängige Widerstände in Kap. 2.3.6). Bevor darauf eingegangen wird, sei jedoch vorausgeschickt, daß bei höheren Ansprüchen an die Temperaturstabilität des Verstärkers nur solche Methoden zufriedenstellende Ergebnisse zeigen, wie sie im Röhrengleichspannungsverstärker zur Eliminierung der Alterungserscheinungen angewendet werden (Differenzverstärker, indirekte Gleichspannungsverstärker usw.). Dies gilt besonders dann, wenn sehr kleine Signale (mV bzw. μA) verstärkt werden sollen. Für die Verstärkung großer Signale (V bzw. mA) besitzt der temperaturkompensierte Eintaktverstärker jedoch meist ausreichende Arbeitspunktkonstanz.

A. Zwei-Stufen-Kompensation

Abb. 2.140 zeigt eine Schaltung, bei der durch richtige Einstellung von R_{K_1} die temperaturbedingten Stromschwankungen des zweiten Transistors durch diejenigen des ersten Transistors eliminiert werden. Sinkt z. B. infolge Temperatur-

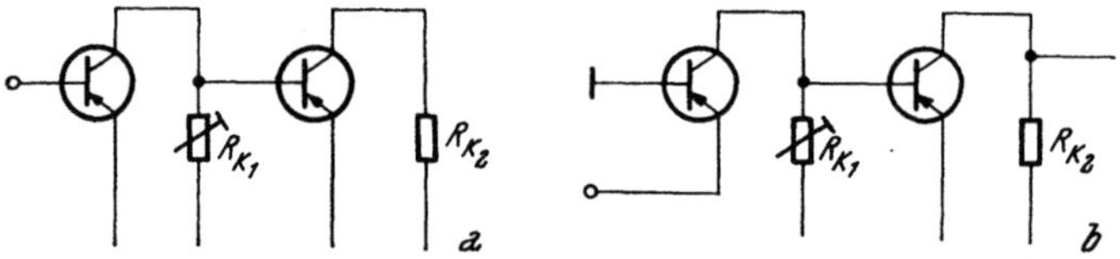

Abb. 2.140. Zwei-Stufen-Kompensation. a) Emitterschaltung, b) Basisschaltung

abnahme der Kollektorstrom in beiden Transistoren, wird der Spannungsabfall in R_{K_1} kleiner und die Basisspannung des zweiten Transistors dadurch negativer, wodurch der Kollektorstrom des zweiten Transistors wieder hinaufgesetzt wird. Da die Stromschwankungen des ersten Transistors verstärkt auf den zweiten übertragen werden, müssen die Stabilitätseigenschaften der zweiten Stufe bedeutend schlechter als die der ersten sein, um Kompensation zu erreichen. Abb. 2.140 zeigt auch eine entsprechende Basisgrundschaltung (Eingangswiderstand $r_e < 100\,\Omega$). Eine Kompensation ist nur über kleine Temperaturbereiche möglich.

B. Stabilisierung durch konstante Widerstände

Die Arbeitspunktstabilisierung mit Hilfe eines Emitterwiderstandes (Abb. 2.141) beruht auf dem Effekt, daß bei einer temperaturbedingten Stromzunahme der Spannungsabfall in R_E steigt, die Basis-Emitterspannung dadurch kleiner und der Kollektorstrom gedrosselt wird. Dieselbe Wirkung tritt jedoch auch bei einer durch das Eingangssignal hervorgerufenen Stromerhöhung auf, so daß R_E die Verstärkung (hauptsächlich die Spannungsverstärkung) reduziert. Ein weiterer Verstärkungsverlust tritt noch durch den Basisspannungsteilerwiderstand ein, der zur Fixierung des Basispotentials gegenüber dem Emitter möglichst klein sein soll und deshalb das Eingangssignal teilweise kurzschließt. Bei guter Stabilisierung ist daher die Verstärkung schlecht.

Die stufenweise Erhöhung der Betriebsspannung, die durch die Gleichspannungsanpassung zwischen Kollektor des ersten und Basis des zweiten Transistors erforderlich ist, kann entweder durch einen Spannungsteiler wie beim Röhrenverstärker oder durch eine Zener-Diode vermieden werden (Abb. 2.141 gestrichelt). Die Zener-Diode setzt das jeweilige Kollektorpotential ohne Signalspannungsverlust je nach Zener-Spannung um etwa 3 bis 7 V herunter.

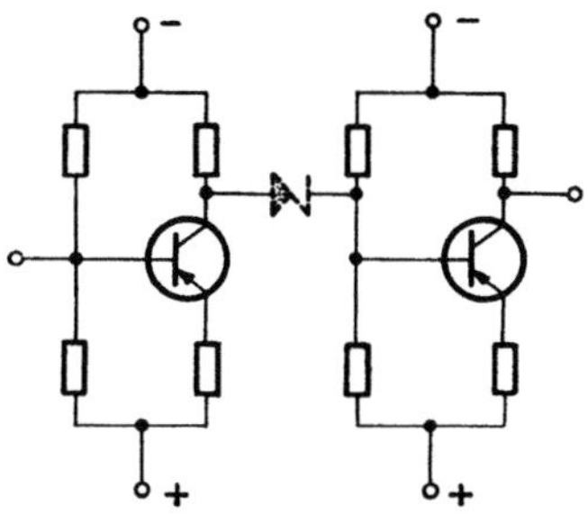

Abb. 2.141. Stabilisierung durch Emitterwiderstände

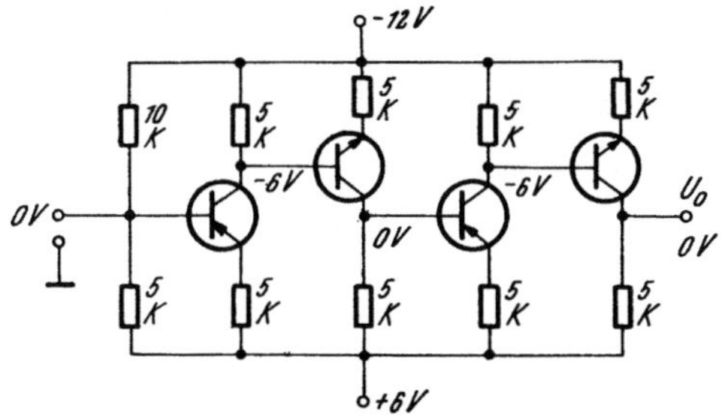

Abb. 2.142. Gleichspannungsverstärker mit Komplementärtransistoren

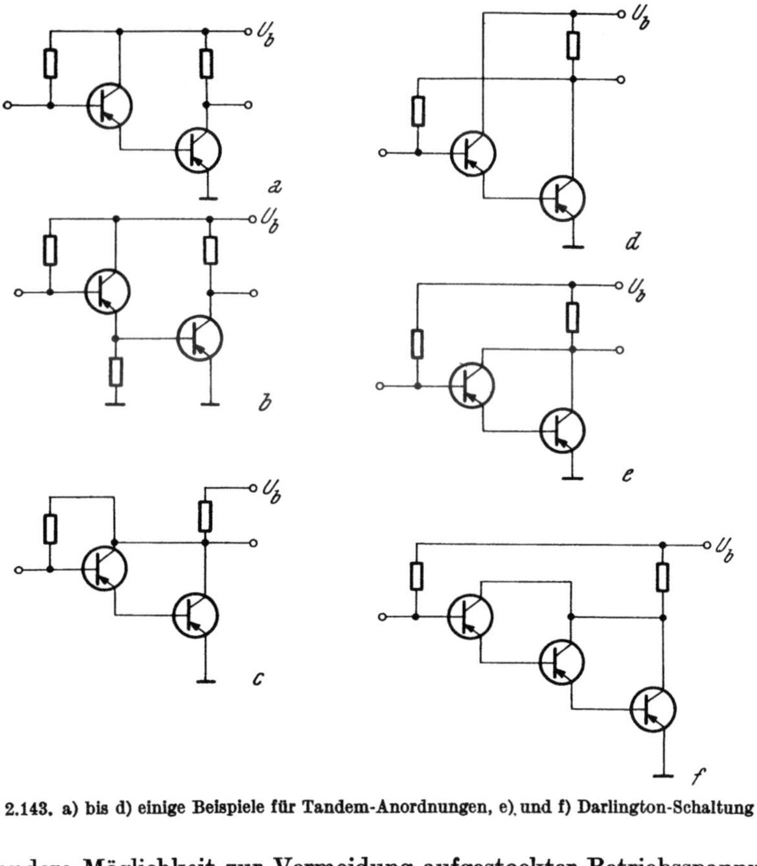

Abb. 2.143. a) bis d) einige Beispiele für Tandem-Anordnungen, e) und f) Darlington-Schaltung

Eine andere Möglichkeit zur Vermeidung aufgestockter Betriebsspannungen, welche keine äquivalente Röhrenschaltung besitzt, bietet die Verwendung von Komplementärtransistoren (Abb. 2.142). Da der *n-p-n*-Transistor mit positiver Kollektorspannung $(+\,U_{KE})$ arbeitet, setzt er die negative Kollektorspannung $(-\,U_{KE})$ des vorausgehenden *p-n-p*-Transistors wieder auf den Anfangswert $(-\,U_{KE}) + (+\,U_{KE}) = 0$ herunter.

Wird der Emitterwiderstand durch die Basis-Emitter-Strecke eines zweiten Transistors gebildet, erhält man eine Art Tandem-Schaltung, die in variantenreicher Form anzutreffen ist (Abb. 2.143).

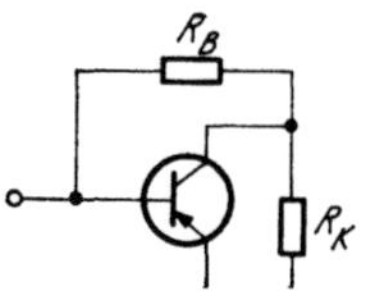

Abb. 2.144. Stabilisierung durch R_B

Das Produkt der Stromverstärkungen beider Teile gibt ungefähr die Gesamtstromverstärkung. Das Ausgangssignal wird am letzten Transistor abgenommen, der die größten Kollektoramplituden aufweist.

In Abb. 2.144 wird die Stabilisierung durch einen Widerstand zwischen Kollektor und Basis durchgeführt, dessen Wirkungsweise bereits auf S. 199 erläutert wurde. Auch hier muß wie in Schaltung Abb. 2.141 ein Verstärkungsverlust (hier hauptsächlich an Stromverstärkung) in Kauf genommen werden.

C. Stabilisierung durch temperaturabhängige Widerstände

Abb. 2.145a zeigt eine Stabilisierung mit Hilfe eines *NTK*-Widerstandes bzw. Netzwerkes mit negativem Temperaturkoeffizienten im Kollektorkreis des ersten Transistors. Bei abnehmender Temperatur z. B. wird die Kollektorspannung negativer infolge des sinkenden Kollektorstromes, was jedoch durch das gleichzeitige Ansteigen des Kollektorwiderstandes ausgeglichen wird. Eine ähnliche Wirkung besitzt eine in Sperrichtung gepolte Diode, deren Sperrstrom temperaturabhängig ist (Abb. 2.145b).

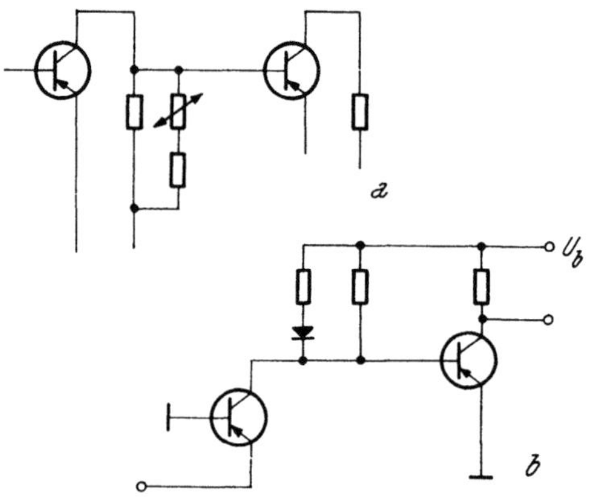

Abb. 2.145. Kompensation des Temperatureinflusses durch temperaturabhängige Widerstände

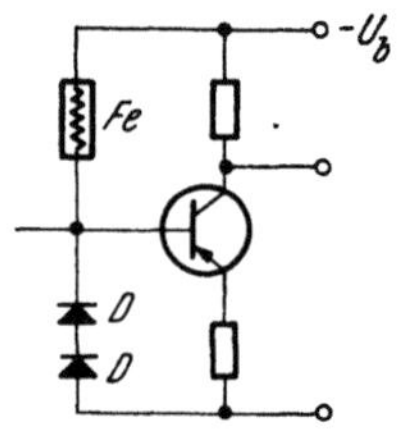

Abb. 2.146. Temperaturabhängige Widerstände als Spannungsteiler

Daneben läßt sich jede Stufe einzeln durch einen temperaturempfindlichen Basisspannungsteiler stabilisieren, wofür *NTK*-Widerstände, Selen- Kupferoxydul-, Germanium- oder Siliziumdioden verwendet werden können. Abb. 2.146 zeigt eine Schaltung mit zwei Selendioden im unteren und einem Eisenwiderstand im oberen Teil des Spannungsteilers.

Durch Kombination der verschiedenen Möglichkeiten läßt sich eine gute Stabilität über einen großen Temperaturbereich erzielen.

D. Transistor-Differenzverstärker

In einem Differenzverstärker lassen sich auch mit Transistoren hochwertige Gleichspannungsverstärker mit sehr guter Stabilität verwirklichen. Die Ausgangssignale an A_1 bzw. A_2 (Abb. 2.147), die nur von temperaturbedingten Arbeitspunktverschiebungen herrühren, sind bei symmetrischem Verhalten der beiden Kanäle gleich groß, so daß ihre Differenz verschwindet ($u_{A1} - u_{A2} = 0$).

Ein Nutzsignal $u_{A1} - u_{A2}$ wird nur dann abgegeben, wenn die beiden Kanäle durch echte Eingangssignale aus dem Gleichgewicht gebracht werden.

Die gute Stabilität ist jedoch nicht nur der Symmetrie in beiden Kanälen zuzuschreiben, sondern auch zum großen Teil dem gemeinsamen Emitterwiderstand R in jeder Stufe, so daß selbst bei Verwendung von nur einem Kanal (E_1 und A_1) die Schaltung jedem Eintaktverstärker überlegen ist. Da nämlich der obere Transistor den unteren Transistor in Basisschaltung „sieht" sowie umgekehrt (Abb. 2.148) und R, ähnlich wie der Katodenwiderstand im Röhrendifferenzverstärker, die Verstärkung kaum beeinflußt, kann R und damit die Stabilität des Emitterstromes so groß gewählt werden, wie dies gewünscht oder durch die zur Verfügung stehende Betriebsspannung zugelassen ist.

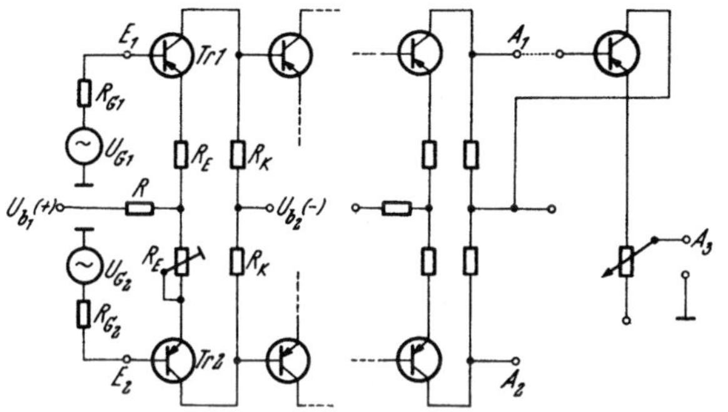

Abb. 2.147. Differenzverstärker mit Transistoren

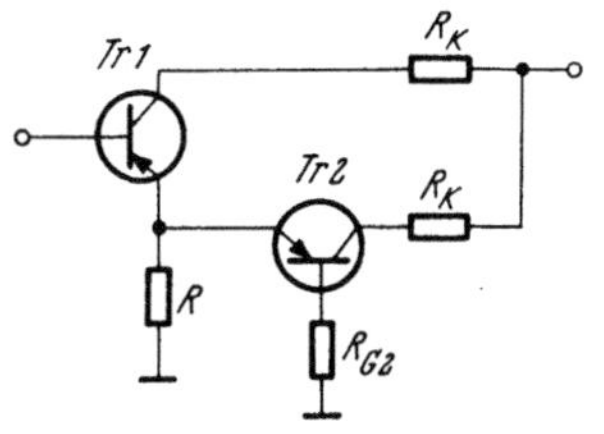

Abb. 2.148. R wird durch den kleinen Innenwiderstand des Transistors $Tr\,2$ in Basisschaltung überbrückt

Nullpunktswanderungen können lediglich durch folgende Faktoren verursacht werden:

Ein großes Gleichspannungseingangssignal kann z. B. den oberen Transistor in ein Gebiet hoher Kollektorverlustleistung hineinsteuern, während der untere Transistor fast keine Kollektorverlustleistung entwickelt; trotz gleicher Umgebungstemperatur können so Temperaturdifferenzen auftreten. Aus diesem Grund dimensioniert man den Verstärker so, daß die Ruhekollektorverlustleistung groß oder zumindest vergleichbar gegenüber dem vom Eingangssignal zu erwartenden Effekt ist.

Streuungen innerhalb eines Transistortyps, verschieden starke Abhängigkeit der Restströme, Basisdaten und Verstärkungsfaktoren von der Temperatur gefährden die Symmetrie über größere Temperaturbereiche. Man begegnet dem am besten durch Verwendung ausgesuchter Transistorpaare, durch Verwendung von Siliziumtransistoren und stufenweise Temperaturstabilisierung wie beim Eintaktverstärker. Kleine Unsymmetrien werden durch die kleinen einstellbaren, getrennten Emitterwiderstände beseitigt.

E. Eingangsimpedanz und Verstärkung einer Verstärkerstufe (Abb. 2.147)

Das Ersatzschaltbild einer Differenzverstärkerstufe zeigt Abb. 2.149, aus der folgende Beziehungen abgelesen werden können:

$$U_{G_1} = I_{B_1} R_{G_1} + I_{B_1} h_{11} + h_{12} U_{K_1} + I_{E_1} R_{E_1} + IR \tag{2.177}$$

$$U_{G_2} = I_{B_2} R_{G_2} + I_{B_2} h_{11} + h_{12} U_{K_2} + I_{E_2} R_{E_2} + IR \tag{2.178}$$

$$\left.\begin{array}{lll} I = I_{E_1} + I_{E_2}, & I_{E_1} = I_{K_1} + I_{B_1}, & I_{E_2} = I_{K_2} + I_{B_2} \\ I_{K_1} = v_i I_{B_1}, & I_{K_2} = v_i I_{B_2} & \end{array}\right\} \tag{2.179}$$

$$v_i = h_{21}\,[1 - (R_K/(R_K + 1/h_{22})] \text{ (Stromverstärkung siehe Gl. (2.58) und (3.15)} \tag{2.180}$$

$$U_{K_1} = (I_{K_1} - h_{21} I_{B_1})/h_{22}, \quad U_{K_2} = (I_{K_2} - h_{21} I_{B_2})/h_{22} \text{ (siehe Kap. 2.3.4)} \tag{2.181}$$

Zur Berechnung der Verstärkung geht man mit den Beziehungen Gl. (2.179), (2.180) und (2.181) in die Gl. (2.177) und (2.178) ein und berechnet aus Gl. (2.178) den Strom I_{B_2}. Dieser Wert, in Gl. (2.177) eingesetzt, ergibt mit:

$$R_1 = R_{G_1} + h_{11} - h_{12} h_{21} R_K/(h_{22} R_K + 1) \qquad \text{und}$$

$$R_2 = R_{G_2} + h_{11} - h_{12} h_{21} R_K/(h_{22} R_K + 1)$$

$$U_{G_1} = I_{B_1} \{R_1 + (v_i + 1)(R_E + R) - [(v_i + 1)^2 R^2/(R_2 + (v_i + 1)(R_{E_2} + R))]\}$$
$$+ U_{G_2}[(v_i + 1) R/(R_2 + (v_i + 1)(R_{E_2} + R))]$$

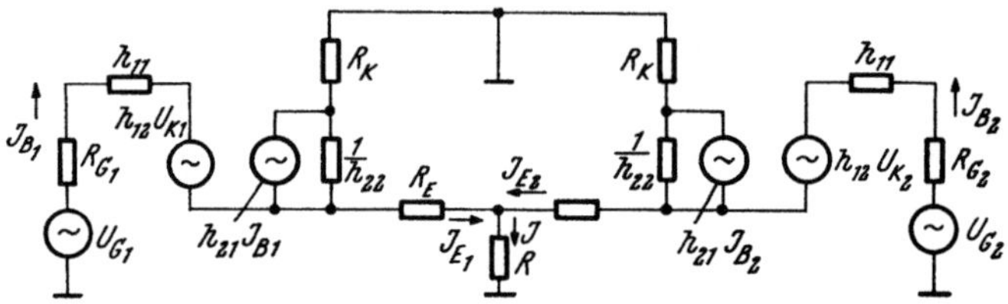

Abb. 2.149. Ersatzschaltbild einer Differenzverstärkerstufe mit Transistor

Unter der stets erfüllten Voraussetzung $R_E \ll R$ wird daraus:

$$I_{B_1} = \frac{U_{G_1} - U_{G_2}[1 - ((R_2 + R_E(v_i + 1))/R(v_i + 1))]}{R_1 + R_2 + 2(v_i + 1)R_E} \approx \frac{U_{G_1} - U_{G_2}}{R_{G_1} + R_{G_2} + 2h_{11}} \tag{2.182}$$

$$I_{B_2} \approx \frac{U_{G_2} - U_{G_1}}{R_{G_1} + R_{G_2} + 2h_{11}} \tag{2.183}$$

Diese Näherung ist erlaubt, wenn $R_2 + R_E(v_i + 1) \ll R(v_i + 1)$

bzw. $R_1 + R_E(v_i + 1) \ll R(v_i + 1)$

Ist diese Bedingung hinreichend genau erfüllt, dann wird die Kollektorspannung in gleicher Weise von U_{G_1} und U_{G_2} beeinflußt:

$$U_{K_1} \approx v_i \cdot I_{B_1} \cdot R_K \approx \frac{h_{21} R_K}{1 + R_K h_{22}} \frac{U_{G_1} - U_{G_2}}{R_{G_1} + R_{G_2} + 2h_{11}}$$
$$U_{K_2} \approx \frac{h_{21} R_K}{1 + R_K h_{22}} \frac{U_{G_2} - U_{G_1}}{R_{G_1} + R_{G_2} + 2h_{11}} \tag{2.184}$$

Die Eingangsimpedanz hängt, wie Gl. (2.182) zeigt, stark vom jeweiligen Eingangssignal des anderen Kanals ab. Wird nur ein Eingang angesteuert und der zweite geerdet (meist über einen der Generatorimpedanz entsprechenden Widerstand), dann ist z. B. $U_{G_1} = 0$ und der Eingangswiderstand des angesteuerten Kanales:

$$R_e = U_e/I_B \approx R_{G_1} + 2h_{11},$$

wobei die Eingangsspannung $U_e = U_G - I_B R_G$ und $R_G = R_{G_1} = R_{G_2}$ ist.

Bei Einkanalansteuerung ist mitunter ein zum Nullpotential symmetrisches Ausgangssignal erwünscht. Dies wird mit einem Emitterfolger erreicht, dessen Basis an den Kollektor der letzten Stufe angeschlossen wird (Abb. 2.147). Der Abgleich erfolgt wie beim Röhrenverstärker in der Weise, daß bei fehlendem Eingangssignal zuerst die Differenzspannung zwischen den beiden Kollektoren der letzten symmetrischen Stufe mit Hilfe des einstellbaren Emitterwiderstandes der

Eingangsstufe zum Verschwinden gebracht und dann der Abgriff A_3 des Ausgangspotentiometers auf Massepotential eingestellt wird.

Abb. 2.150 zeigt eine Ausführungsform eines Gleichspannungsverstärkers.

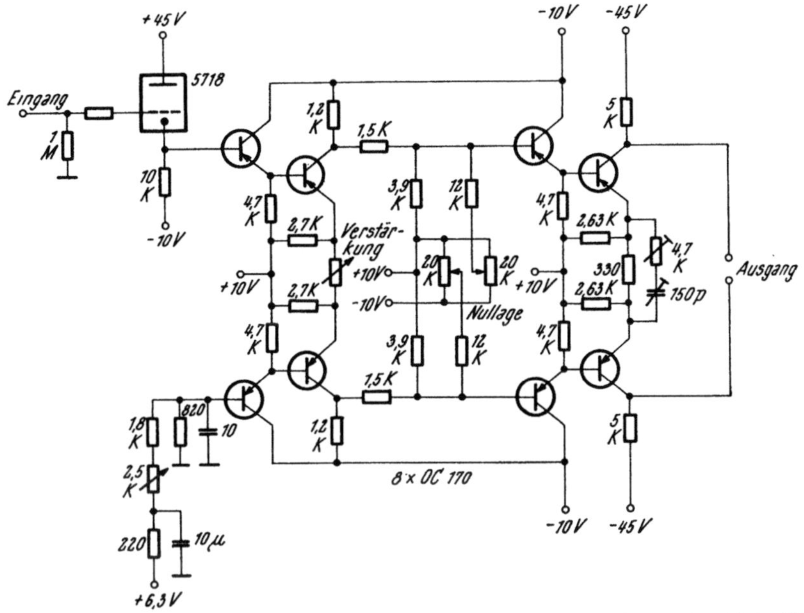

Abb. 2.150. Gleichspannungsverstärker (Tektronix-321-Batterieoszillograph) Frequenzbereich 0 – 5 MHz. Als Eingang wird eine Elektronenröhre verwendet, um höhere Eingangsimpedanz und Temperaturstabilität zu bekommen. Die Verstärkung wird durch ein Potentiometer zwischen den Emittern der zweiten Stufe geregelt. Das *RC*-Glied in der letzten Stufe verbessert den Frequenzgang. Maximale Ausgangsspannung 30 V

2.9.5 Indirekte Gleichspannungsverstärker[1]

Mit ausgesucht hochwertigem Material wie Langlebensdauerröhren, hochwertigen und gegebenenfalls gealterten Widerständen, bestem Isolations- und Schaltungsmaterial, elektronisch stabilisierten Betriebsspannungen und geeigneten Schaltungen, wie z. B. Differenzverstärker- oder Gegentaktschaltungen, lassen sich Gleichspannungsverstärker aufbauen, die über lange Zeitabschnitte eine prozentuell nur sehr kleine Nullpunktabweichung zeigen. Wird aber eine Verstärkung von größer als etwa 1000fach gefordert, bzw. ist das zu verstärkende Signal kleiner als 1 mV, so treten bei reinen Gleichspannungsverstärkern konstruktive Schwierigkeiten auf, die nur mit einem erheblichen Schaltungsaufwand einigermaßen gelöst werden können. In solchen Fällen werden vorzugsweise indirekte Gleichspannungsverstärker eingesetzt, bei denen die Signalspannung in eine nieder- oder hochfrequente Wechselspannung umgewandelt, in einem Wechselspannungsverstärker (*RC*-) verstärkt und anschließend (phasenrichtig) gleichgerichtet wird. Den hohen Stabilitätsforderungen müssen dann nur die Wandler genügen, da z. B. *RC*-Verstärker leicht mit guter Konstanz gebaut werden können.

Als Wandler können verwendet werden:

Mechanische Zerhacker mit schwingenden Kontaktzungen,
optische Zerhacker mit rotierenden Blenden vor Photozellen oder Multipliern,

[1] Literatur: [A 1, F 1, H 14, H 16, L 9, W 2, W 9].

Schwingkondensatorschaltungen,
Diodenzerhacker,
elektronische Torschaltungen,
magnetische Wandler usw.

Alle diese Typen und die entsprechenden Verstärker zu besprechen, würde zu weit führen. Die Abb. 2.151 bis 2.155 sollen lediglich Beispiele von indirekten Verstärkerschaltungen geben.

Die Abb. 2.151 zeigt die Eingangsschaltung eines Verstärkers mit Schwingkondensator [*W* 9]. Die Kapazität und damit die Ladung von C schwankt im Rhythmus der Steuerwechselspannung $U^{\sim}$. Die Impedanz dieses Wandlers ist sehr hochohmig (elektrostatisch). Die erste Verstärkerstufe kann mit einer Elektrometerröhre bestückt oder eine Katodenfolgerstufe sein. Die Gleichrichtung kann ebenfalls phasenrichtig erfolgen (Abb. 2.155). Die Schaltfrequenz und damit die obere Frequenzgrenze des Verstärkers kann durch Verwendung trägheitsloser Halbleiterelemente an Stelle von mechanischen Modulatoren bedeutend hinaufgesetzt werden.

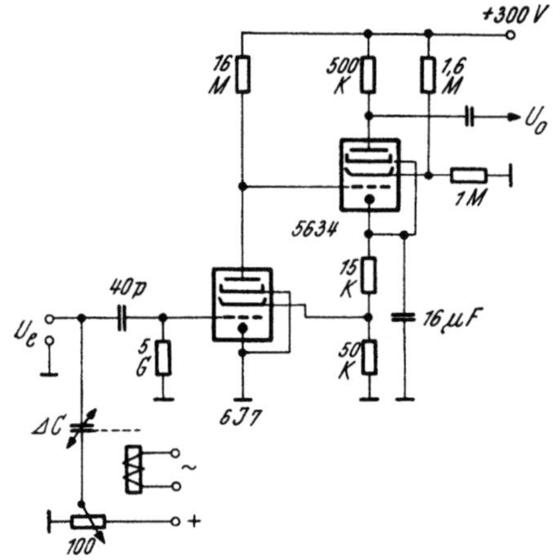

Abb. 2.151. Schwingkondensator als Wandler

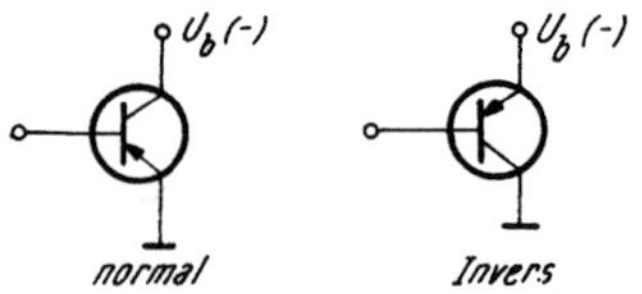

Abb. 2.152

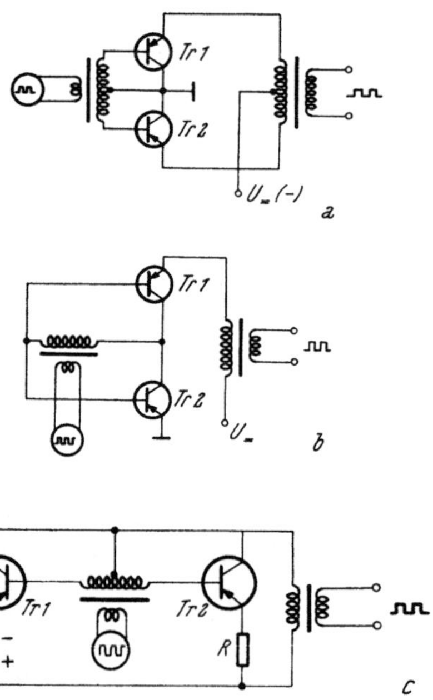

Abb. 2.153. Gleichspannungs-Wechselspannungswandler mit Transistoren

Mit Transistoren lassen sich Gleichspannungen herunter bis 1 mV noch in Wechselstrom umsetzen, wenn sie invers betrieben werden. Unter inversem Betrieb versteht man dabei das Vertauschen von Kollektor und Emitter (Abb. 2.152). Der Kollektor liegt an Masse und der Emitter an einem negativen Potential. In der gewöhnlichen Verstärkertechnik findet diese Betriebsart keine Anwendung, da der Stromverstärkungsfaktor sehr gering ist ($\alpha \approx 1/2$, $\beta \approx 1$ gegenüber $\alpha \approx 0{,}99$, $\beta \approx 50$ bis 100 im normalen Betrieb). Sie weist jedoch den Vorteil auf, daß bei negativer Basis die Emitter-Kollektor-Restspannung sowie der Emitterstrom sehr geringe Werte annehmen ($U_{EK} \approx 1$ mV, $I_{E_0K} \approx 1$ µA); damit kommt der Transistor in seinen Schalteigenschaften einem mechanischen Schalter sehr nahe.

Abb. 2.153 zeigt Transistor-Gleichstrom-Wechselstromwandlerschaltungen, deren Wirkungsweise kurz erklärt werden soll. Ist in Abb. 2.153a die Basis von Transistor 1 negativ, fließt das Gleichstromsignal durch die obere Wicklung und induziert auf der Sekundärseite eine negative Halbwelle. Transistor 2 ist dabei gesperrt. Während der zweiten Halbwelle sind die Funktionen von Transistor 1 mit Transistor 2 vertauscht, in der Sekundärwicklung entsteht eine positive Halbwelle. Ist die Gleichspanunng $U^{=}$ Null, sollte auf der Ausgangsseite die Wechselspannung ebenfalls Null sein. Dies ist jedoch nicht ganz der Fall, da die Basisspannung auf die Emitterwicklung durchgreift. Diesen Nachteil vermeidet die Schaltung Abb. 2.153b, wo beide Transistoren gleichphasig angesteuert werden. Der Emitterkreis liegt in einer Brückendiagonale und bleibt deshalb stets frei von Basisspannungen. Eine andere Wandlerschaltung ist in Abb. 2.153c wiedergegeben: Ist der Transistor 1 leitend, liegt die Gleichspannung $U^{=}$ an der Wicklung des Ausgangstransformators (*Tr* 2 gesperrt). In der nächsten Halbwelle ist Transistor 1 gesperrt, die Gleichspannung wird vom Transformator abgetrennt, während Transistor 2 die Primärwicklung über *R* kurzschließt.

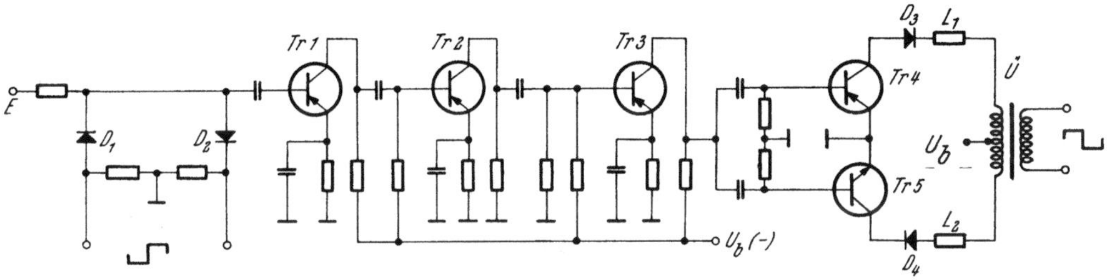

Abb. 2.154. Wechselstrom-Gleichstromverstärker mit phasenempfindlichem Detektor

Eine komplette Verstärkerschaltung mit Diodenwandler zeigt Abb. 2.154. Während einer Periodenhälfte der Hilfswechselspannung sind beide Dioden leitend und schließen das Eingangssignal (über einen kleinen Widerstand) kurz. Während der anderen Halbwelle sind beide Dioden gesperrt, so daß das Gleichstromsignal erhalten bleibt und an den Wechselstromverstärker weitergegeben wird. Da am Ausgang nicht nur der Betrag, sondern auch die Polarität der Eingangsspannung wiedergegeben werden soll, ist der Verstärker mit einem phasenempfindlichen Demodulator (siehe Kap. 5) versehen, der je nach Eingangsspannungspolarität das Ausgangssignal entweder an Last 1 oder an Last 2 abgibt (L_1 und L_2 sind z. B. zwei Elektromagnete, die einen Stellmechanismus betätigen).

Die Wirkungsweise ist folgende: Die in *Ü* induzierte Wechselspannung ist synchron mit derjenigen, die die Dioden öffnet und sperrt. Betrachtet man die Halbwelle, während der die Wandlerdioden gesperrt sind und die beiden Komplementärtransistoren die richtige Kollektorspannung bekommen, und nimmt man an, daß das Eingangssignal negativ ist, dann gelangt auf die Basis von Transistor 1 eine negative Spannung, die nach der dreifachen Phasendrehung im Wechselstromverstärker als positive Spannung an den Basisanschlüssen von Transistor 4 und Transistor 5 erscheint. Dadurch wird Transistor 4 gesperrt, Transistor 5 geöffnet und der Ausgangsstrom fließt durch L_2. Wäre das Eingangssignal positiv, würde Transistor 4 leiten und L_1 Strom bekommen. Während der folgenden Halbwelle, in der die Wandlerdioden kurzgeschlossen sind, sind D_3 und D_4 gesperrt. Es kann infolgedessen überhaupt kein Ausgangsstrom fließen.

Die Abb. 2.155 zeigt einen Röhrenverstärker mit Diodenzerhacker. Die beiden Siliziumdioden *D* liegen für eine Wechselspannungshalbwelle in Sperrichtung, die Eingangsspannung *Ue* liegt am Gitter der ersten Verstärkerröhre. Für die zweite Halbwelle sind die Dioden leitend; ihr kleiner Widerstand in Durchlaßrichtung ***Rd*** schließt die Eingangsspannung kurz. ***R*** soll größer als der Sperrwiderstand ***Rs*** der Diode sein (200 bis 500 kΩ). R_1 und R_2 begrenzen den Diodenstrom (> ***Rd***, 1 bis 5 kΩ). Mit ***P*** wird die Schaltung symmetriert, d. h. auf $U_0^{\sim} = 0$ einjustiert. Die Gleichrichtung erfolgt phasenrichtig, so daß die Polarität der Eingangsspannung wiederum hergestellt wird [F 1].

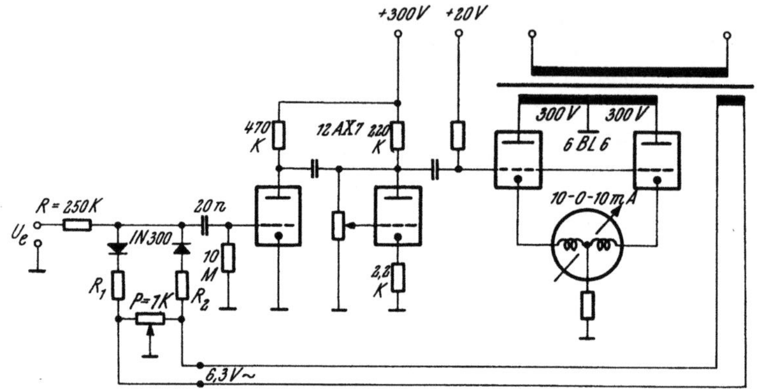

Abb. 2.155. Röhrenverstärker mit Diodenzerhacker

2.10 Kombinierte Verstärker[1]

In den vorhergegangenen Abschnitten wurden vor allem die drei Grundschaltungen des Verstärkers, die Katoden-, Gitter- und Anodenbasisschaltung besprochen. Eine optimale Anpassung an die Signalquelle oder den Verbraucher bzw. eine maximale Ausnützung der Möglichkeiten einer Röhrenschaltung läßt sich mit diesen Grundtypen nicht immer erreichen. Auf der Suche nach besseren Schaltungen für das jeweils vorliegende Verstärkerproblem lag es nahe, den Arbeitswiderstand ***Ra*** oder den Katodenwiderstand ***Rk*** durch eine Röhrenstufe, die wiederum in einer der drei Grundschaltungen aufgebaut ist, zu ersetzen. Es ergeben sich so prinzipiell mindestens neun Kombinationen, wenn man von den verschiedenen Möglichkeiten der Signaleinspeisung oder Auskoppelung absieht. Nicht jede dieser Kombinationen ist sinnvoll, und wir wollen hier nur diejenigen besprechen, die in der Elektronik Bedeutung erlangt haben.

2.10.1 Ersatz des Arbeitswiderstandes einer Katodenbasisstufe

A. Durch eine Gitterbasisschaltung: die Cascode-Stufe (Wallmann-Converter)

Die Cascode-Stufe ist ein Kombinationsverstärker, bei dem ein Katodenbasisverstärker galvanisch mit einem Gitterbasisverstärker verbunden wird. Die Abb. 2.156 zeigt das Schaltbild.

Am Gitter der ersten Triode liegt die Eingangsspannung *Ue*. Ihr Außenwiderstand wird durch den Eingangswiderstand ***Re*** einer in Gitterbasisschaltung

[1] Literatur: [G 1].

betriebenen zweiten Triode gebildet. Da Re sehr klein ist, ist auch die Verstärkung der ersten Röhre klein.

Nehmen wir die Ia-Ua-Kennlinie über beide Röhrensysteme auf, so zeigt sich die Pentodencharakteristik der Cascode-Schaltung (Abb. 2.157). Das Gitter der zweiten Triode ist auf einem festen Potential und übt daher eine dem Schirmgitter einer Pentode ähnliche Funktion aus. Mit der Spannung an diesem Gitter läßt sich die Verstärkung in weiten Grenzen beeinflussen.

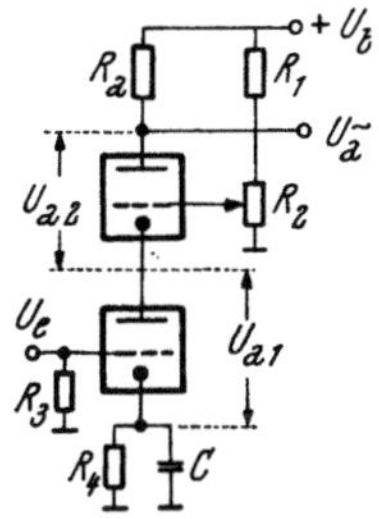

Abb. 2.156. Cascode-Verstärker

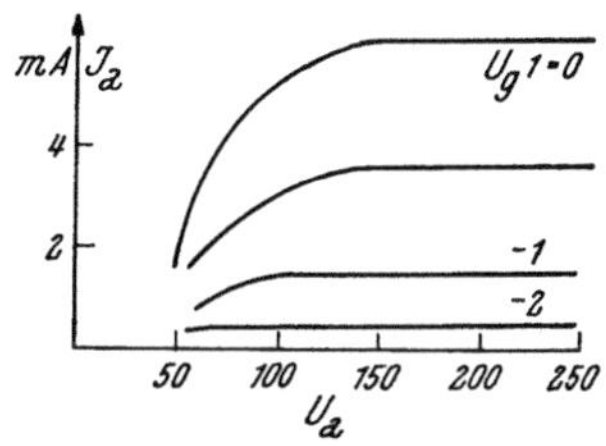

Abb. 2.157. $Ia - Ua$-Kennlinie der Cascode-Stufe

Verstärkung und Kenndaten unter Vorsausetzung gleicher Röhren nach Gl. (2.9) und Gl. (2.71):

$$V_C = V_K \cdot V_G = \mu \frac{Ra'}{Ri + Ra'} (\mu + 1) \frac{Ra}{Ri + Ra}$$

Mit $Ra' = Re_G = (Ri + Ra)/(\mu + 1)$ ergibt sich die Verstärkung der Cascode:

$$V_C = \frac{\mu(\mu + 1)\, Ra}{Ri(\mu + 2) + Ra} = \frac{\mu' Ra}{Ri' + Ra} \sim S \cdot Ra \qquad (2.185)$$

Aus dieser Gleichung ergeben sich die Kenndaten der ganzen Stufe:

$$\left.\begin{aligned} Ri' &= Ri(\mu + 2) \gg Ri \\ \mu' &= \mu(\mu + 1) \gg \mu \\ S' &= S(\mu + 1)/(\mu + 2) < S \end{aligned}\right\} \qquad (2.186)$$

S', Ri' und μ' gelten unter der Bedingung, daß beide Röhren gleich sind. S, Ri, μ werden für den Arbeitspunkt einer Röhre bei der an ihr vorhandenen Anodenspannung bestimmt.

Die Vorteile der Cascode-Stufe

Hoher Eingangs- und Ausgangswiderstand, hoher Innenwiderstand, große Verstärkung. Dazu kommt das gegenüber Pentoden viel kleinere Rauschen, das nur von der Triode in Katodenbasisschaltung bestimmt ist.

Die Rauschzahl ist bei der Cascode-Schaltung um ungefähr 2 bis 10 dB besser als die einer äquivalenten Pentodenschaltung. Um das Rauschverhältnis klein zu halten, empfiehlt es sich, die Anodenspannung klein zu machen. Die Verstärkung gegenüber größeren Anodenspannungen sinkt dabei nicht wesentlich.

Diese Eigenschaften machen die Cascode-Stufe besonders geeignet zur Verstärkung kleinster Spannungen (< mV) von niederer bis zu höchster Frequenz. In der UKW-Technik wird sie als Eingangsverstärker herangezogen.

Bei der Röhrenwahl ist zu beachten, daß die zulässige Faden-Katodenspannung für die zweite Röhre nicht überschritten wird. Spezielle Röhren für Cascode-Stufen sind: ECC 84, PCC 84.

Die Daten für eine Niederfrequenz-Cascode entsprechend der Abb. 2.156 sind: Rö. = ECC81, $Ub = 250$ V, $Ua = 75$ V, $Ug = -1$ V, $S = 1{,}8$ mA/V, $Ri = 22$ kΩ, $\mu = 40$, $S' = 1{,}62$ mA/V, $Ri' = 924$ kΩ (!), $\mu' = 1640$, $V = 160$fach. $Ra = 100$ kΩ, $R_4 = Rk = 1$ kΩ, $R_1 = R_2 = 100$ kΩ, $R_3 = Rg = 1$ MΩ.

Bei kleiner Aussteuerung kann $R_1 - R_2$ durch einen abgeblockten Gitterableitwiderstand ersetzt werden (Abb. 2.158, $V > 200$). Die Abb. 2.159 zeigt eine Cascode-Stufe für UKW.

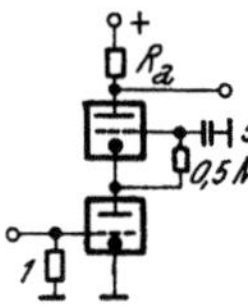

Abb. 2.158.
Cascode für kleine Signale

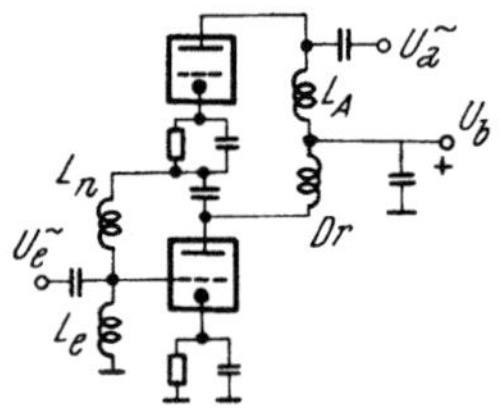

Abb. 2.159.
Cascode für hohe Frequenzen

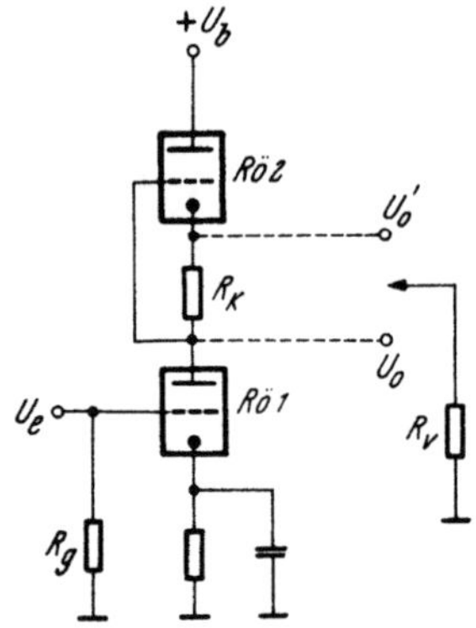

Abb. 2.160.
Ersatz des *Ra* durch einen Katodenfolger

B. Durch einen Katodenfolger

Den Außenwiderstand einer Katodenbasisstufe bildet eine Anodenbasisstufe, Abb. 2.160. Die Röhre Rö. 1 hat einen Arbeitswiderstand, der durch eine Röhre als Konstantstromquelle gebildet wird. Sie sieht also als Quellwiderstand den Innenwiderstand einer stromgegengekoppelten Verstärkerstufe. Der Eingangswiderstand entspricht weitgehend dem Gitterableitwiderstand Rg, ist also hoch, der Ausgangswiderstand ist niedrig, die Verstärkung > 1. Die Ausgangsspannung kann entweder an der Anode der Röhre Rö. 1 (Uo) oder an der Katode der Röhre Rö. 2 (Uo') abgenommen werden. Ist kein Verbraucher vorhanden, so gilt für die Verstärkung unter Voraussetzung gleicher Röhren:

$$V' = Uo/Ue = -\mu Ra'/(Ri + Ra'), \quad \text{wobei } Ra' = Ri + Rk(\mu + 1)$$

Somit wird:

$$V' = Uo/Ue = -\frac{\mu[Ri + Rk(\mu + 1)]}{2Ri + Rk(\mu + 1)}$$

$$V'' = Uo'/Ue = -\frac{\mu(Ri + \mu Rk)}{2Ri + Rk(\mu + 1)} \tag{2.187}$$

und der Ausgangswiderstand für Uo':

$$Ro' = \frac{Ri(Ri + Rk)}{2Ri + Rk(\mu + 1)} \tag{2.188}$$

Besonders hohe Verstärkung $V' \sim \mu_1$ erreicht man mit Pentoden als Rö. 1 und dem hohen Differentialwidertand Ri' (kleiner Gleichstromwiderstand) einer Anodenbasisstufe als Ra.

Diese Schaltung wird bevorzugt bei niedrigen Frequenzen oder Gleichspannungsverstärkern angewendet. Ist ein Verbraucherwiderstand Rv an Uo' vorhanden, so liefern beide Röhren dann einen gleichen Anteil zum Signalstrom, wenn $Rk = (2Rv + Ri)/\mu$ gemacht wird.

Die Verstärkung mit Verbraucher, wobei Rv bevorzugt an Uo' gelegt wird, ist:

$$Vv'' = -\frac{\mu^2}{\mu + 1} \cdot \frac{Rv}{Rv + \frac{Ri}{2}} \tag{2.189}$$

Mit steigenden Werten für Rk wird die Ausgangsimpedanz und der Aussteuerbereich kleiner, die Verstärkung größer. Diese Schaltung wird oft bei transformatorlosen Niederfrequenzverstärkerendstufen zur Anpassung niederohmiger Verbraucher (Speziallautsprecher) angewendet.

2.10.2 Ersatz des Katodenwiderstandes

A. Reihenschaltung Katodenfolger — stromgegengekoppelte Verstärkerstufe

Die Verstärkung eines Katodenfolgers (Rö. 2) geht um so mehr gegen 1, je größer Rk ist. Wird Rk durch eine stromgegengekoppelte Röhre (Rö. 1) ersetzt (Abb. 2.161), so ist deren Differentialwiderstand hoch, der Gleichstromwiderstand jedoch sehr klein.

Die Verstärkung ist:

$$V' = +\mu Rk'/(Ri + Rk'(\mu + 1)).$$

Mit

$$Rk' = Ri + Rk(\mu + 1)$$

wird:

$$V' = Uo/Ue = \frac{\mu(Ri + Rk(\mu + 1))}{(\mu + 2)(Ri + \mu Rk) + Rk} \approx 1 \tag{2.190}$$

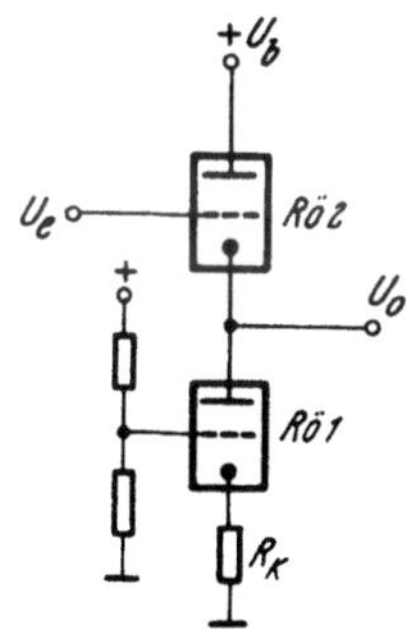

Abb. 2.161. Ersatz des Rk durch stromgegengekoppelte Röhre

B. Reihenschaltung Anodenfolger — stromgegengekoppelte Verstärkerstufe

Ersatz des Rk einer Katodenbasisstufe durch eine stromgegengekoppelte Röhre (Abb. 1.162). Rö. 2 hat als Katodenwiderstand den hohen Quellwiderstand der Stufe Rö. 1: $Ri_1 + Rk(\mu_1 + 1)$. Die Stromgegenkopplung ist sehr groß:

$$V' = -\frac{\mu Ra}{Ra + Ri + Rk'(\mu + 1)} = -\frac{\mu Ra}{Ra + (\mu + 2)(Ri + \mu Rk) + Rk} \approx$$

$$\approx -\frac{\mu Ra}{Ra + Ri' + Rk(\mu + 1)} < 1 \tag{2.191}$$

(Ri' siehe Gl. (3.10), S. 302)

2.10.3 Kombinationen

1. Aus 2.10.1 A und 2.10.2 B ergibt sich der White-Katodenfolger[1] (Abb. 2.163).

Durch Mitsteuerung der Rö. 1 wird derAusgangswiderstand besonders niedrig. Bei gleichen Röhren und einem Verbraucherwiderstand Rv ist die Verstärkung:

$$V = + \frac{2\mu^2 Rv}{2Rv(\mu^2 + \mu + 1) + Ri(\mu + 1)} \tag{2.192}$$

und der Ausgangswiderstand:

$$Ro \approx Ri/\mu^2 \tag{2.193}$$

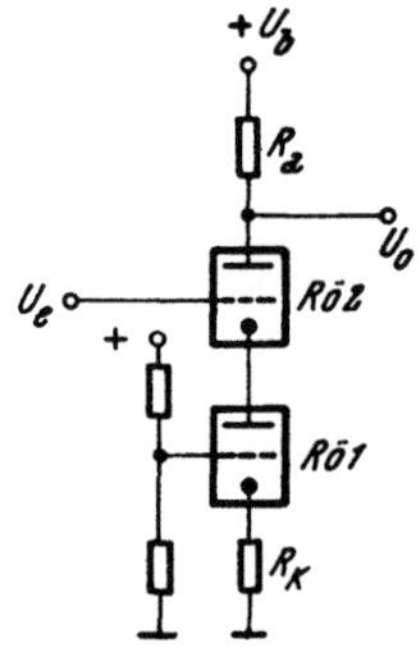

Abb. 2.162. Reihenschaltung Anodenfolger-stromgegengekoppelter Verstärker

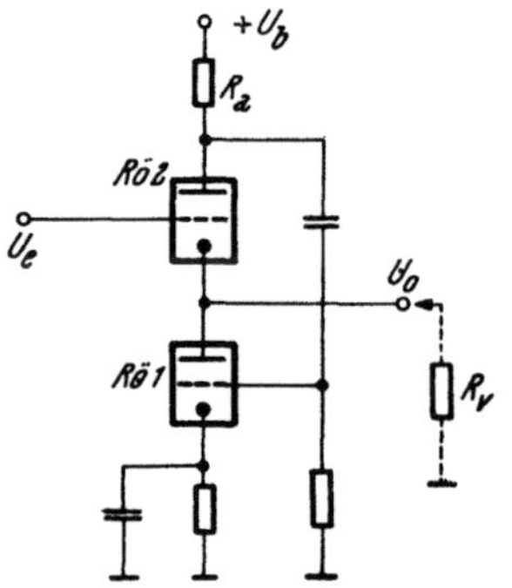

Abb. 2.163. White-Katodenfolger

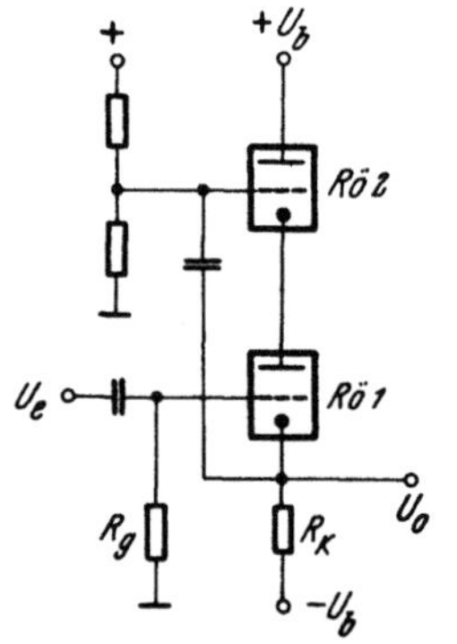

Abb. 2.164. Katodenfolger mit extrem kleiner Eingangskapazität

2. Abb. 2.164 ist eine Katodenfolgerschaltung mit extrem kleiner Eingangskapazität und großem Aussteuerbereich. Wird Rg an die Katode der Rö. 1 gelegt (vgl. Abb. 2.69, S. 215), so erhöht sich der Eingangswiderstand um den Faktor

$$\mu_1\mu_2 Rk/(Rk + Ri_2\mu_2 + Ri_2) \approx \mu^2 Rk/(\mu Ri + Rk)$$

Weitere Kombinationsverstärker sind die unter Kap. 2.9 besprochenen katodengekoppelten Gleichspannungsverstärker.

2.11 Magnetverstärker (Transduktor)[2]

Das Prinzip des (röhrenlosen) Magnetverstärkers ist seit langem bekannt. Jedoch erst die zunehmende Automatisierung der letzten Zeit verhalf ihm zu immer größerer Verbreitung.

Der Hauptbestandteil des magnetischen Verstärkers ist eine Drossel, bestehend aus einem geschlossenen Eisenkern ohne Luftspalt (häufig Schnittband- oder Ringkern) mit einer oder mehreren Wicklungen. Wie später erläutert, werden zumeist mehrere Drosseln paarweise zu sogenannten Transduktoren zusammengeschaltet. Als weitere Bestandteile kommen noch Gleichrichterventile hinzu.

---

[1] Literatur: [G 1].

[2] Literatur: [L 3, S 33].

Für kleinere Leistungen und Verstärkungen kann der Eisenkern aus gewöhnlichem lamelliertem Transformatorblech aufgebaut werden. Für hohe Leistungsverstärkungen, z. B. 10^4 bis 10^5, werden spezielle Silizium- oder Nickel-Eisenlegierungen (Mu-Metalle), sogenannte Texturbleche mit hoher Induktion und möglichst rechteckförmiger Hysteresisschleife verwendet.

Charakteristisch für den Magnetverstärker ist es, daß er nicht leistungslos steuerbar ist, ein Nachteil, zu dem noch sein verhältnismäßig großes Gewicht, seine Trägheit, bedingt durch die großen Zeitkonstanten und der gegenwärtig noch hohe Preis für das magnetische Kernmaterial hinzukommt. Sein Anwendungsbereich erstreckt sich daher hauptsächlich auf die Verstärkung bzw. Steuerung von Wechselströmen niedriger Frequenz oder Gleichströmen in der industriellen Elektronik. Diesen Nachteilen stehen als Vorteile seine hohe Betriebssicherheit, Lebensdauer und mechanische Robustheit, sowie die hohe Verstärkungsziffer gegenüber.

A. Arbeitsprinzip

Liegt eine Wechselspannung $U^{\sim}$ an einer Drossel, so ist der aufgenommene Strom $I^{\sim}$ so lange klein, als die Drossel ungesättigt ist, d. h. sie verhält sich wie eine Induktivität L mit dem Widerstand $j\omega L$. Der geringe Magnetisierungsstrom ist durch die Breite der Hysteresisschleife (Abb. 2.165) gegeben. Die Abb. 2.166 zeigt die Magnetisierungskurve für verschiedene Kernblechsorten.

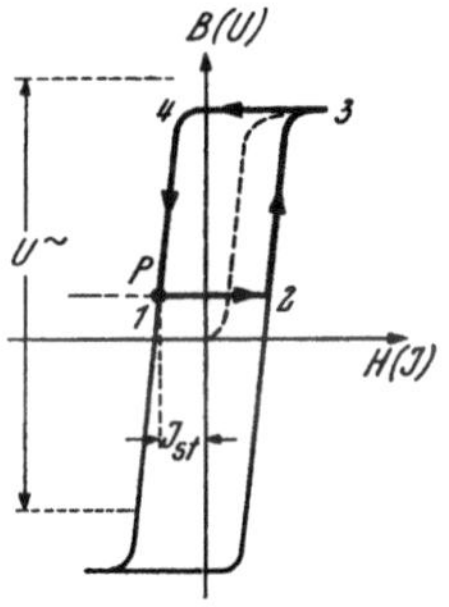

Abb. 2.165. Die Hysteresisschleife

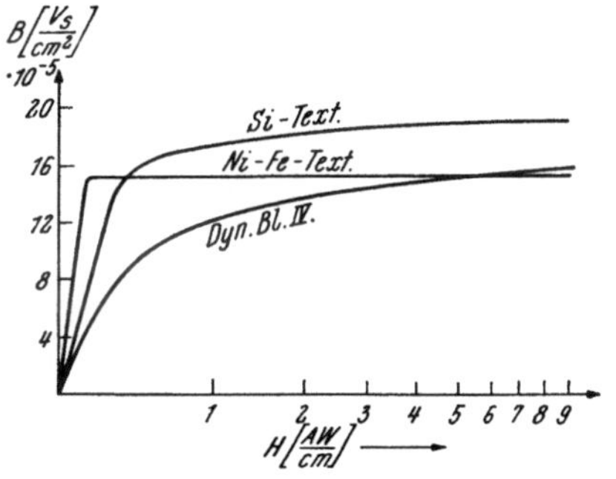

Abb. 2.166. Kennlinien verschiedener Blechsorten

B = magnetische Induktion [Vs/cm²], H = magnetische Feldstärke [Amperewindungen/cm]. Sind die Kernabmessungen und die Windungszahlen gegeben, so ist der Zusammenhang zwischen angelegter Wechselspannung $U^{\sim}$ und dem durch die Drossel fließenden Strom $I^{\sim}$ gegeben durch:

$$U^{\sim} = 4{,}44 \cdot Q \cdot B \cdot n \cdot f \cdot 10^{-8}$$

$$H = I^{\sim} \cdot n/L \qquad (2.194)$$

$$B = \mu_0 \cdot H$$

B in Gauß, H in Aw/cm $\qquad \mu_0 = 1{,}256 \cdot 10^{-6} \dfrac{\text{Volt} \cdot \text{sec}}{\text{Amp} \cdot \text{m}}$

Q = Kernquerschnitt in cm² $\qquad n$ = Windungszahl

f = Frequenz von $U^{\sim}$ $\qquad L$ = mittlere Länge des Eisenweges in cm

Wird die Drossel durch eine entsprechend große Wechselspannung oder, wie wir noch besprechen werden, durch Vormagnetisierung in die Sättigung gesteuert

(Kennlinienknick), so geht ihr bisher großer Widerstand gegen Null, der Strom steigt sprunghaft an. Die Größe des die Drossel durchfließenden Stromes ist also eine Funktion der Magnetisierung. Mit anderen Worten: Die Nichtlinearität der Magnetisierungskennlinie des Eisens wird für Steuerungs- bzw. Verstärkungsaufgaben ausgenützt.

B. Die Durchflutungssteuerung

Die Wirkungsweise eines magnetischen Verstärkers soll an Hand eines einfachen Schaltbildes (Abb. 2.167) besprochen werden. Der Transduktor besitzt zwei Wicklungen, die Arbeitswicklung A, durch die der gesteuerte Strom Ia fließt, und die Steuerwicklung St, die vom Gleichstrom I_{st} durchflossen wird. Mit der Arbeitswicklung in Serie liegt der Gleichrichter Gl und der Lastwiderstand R_L (Verbraucher). Der Gesamtfluß im Eisen setzt sich aus den Teilflüssen $\Phi_{St}^{=}$ und $\Phi_A^{\sim}$ zusammen. Der Steuerstrom legt den Arbeitspunkt auf der Magnetisierungskenn-

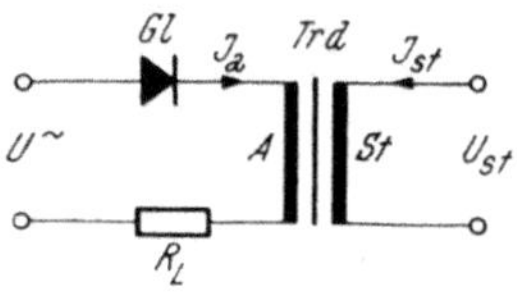

Abb. 2.167. Einfacher magnetischer Verstärker

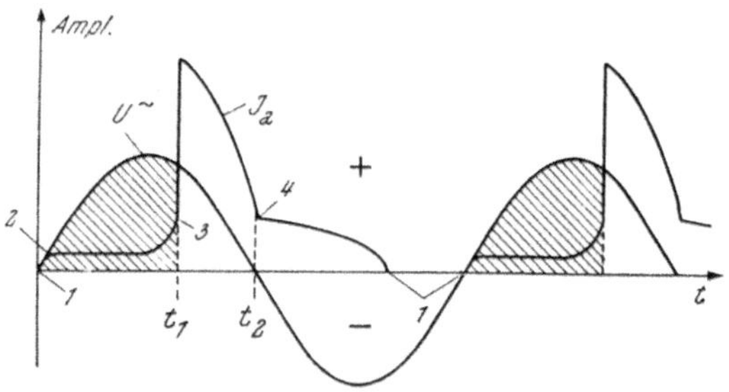

Abb. 2.168. Strom- und Spannungsverlauf im einfachen magnetischen Verstärker

linie bzw. Hysteresisschleife (Abb. 2.165 Punkt P) fest. Für die positive Amplitude der Arbeitsspannung $U^{\sim}$ liegt der Gleichrichter Gl in Durchlaßrichtung, der Kern wird in Richtung des Pfeiles aufmagnetisiert, der Strom Ia ist zunächst klein (Kurvenzug 2—3, Abb. 2.168). Ist eine von der Größe des Gleichstromes I_{st} bzw. von der Lage des Arbeitspunktes abhängige magnetische Flußänderung $\Delta\Phi$ oder ein wegen $u = n \cdot (\mathrm{d}\Phi/\mathrm{d}t) \ldots \Phi = 1/n \int u\,\mathrm{d}t$ gleichbedeutendes Spannungs-Zeitprodukt $\int u\,\mathrm{d}t$ wirksam gewesen (schraffierte Fläche in Abb. 2.168), so wird zum Zeitpunkt $t = t_1$ die Sättigung erreicht, der differentielle Widerstand der Drossel wird Null. Eine Folge davon ist, daß der Arbeitsstrom Ia stark ansteigen und seine Größe in der Hauptsache nur durch R_L begrenzt wird (siehe Abb. 2.168, Anstieg in Punkt 3). In der Folge sinkt Ia sinusförmig bis zum Zeitpunkt $t = t_2$. Für die negative Halbwelle von $U^{\sim}$ liegt Gl in Sperrichtung; I_{st} ruft eine Abmagnetisierung des Kernes hervor und induziert eine Spannung $-u_{\text{ind}} = n \cdot$ $\cdot\,(-\Phi/\mathrm{d}t)$ in Durchlaßrichtung des Gleichrichters. Der Strom Ia wird erst null, wenn $u^{\sim} \geqq u_{\text{ind}}$ geworden, d. h. der Gleichrichter gesperrt ist. Der durch I_{st} festgesetzte Punkt 1 wird wieder erreicht.

Innerhalb einer Periode von $U^{\sim}$ wird der durch den Steuerstrom festgelegte Bereich (Abb. 2.165) umfahren. Je größer I_{st} ist, um so stärker ist die Abmagnetisierung und um so kleiner ist der Mittelwert des Arbeitsstromes $I\tilde{a}$. Die Leistungsabgabe am Lastwiderstand R_L läßt sich also in weiten Grenzen mit der Höhe des Steuerstromes verändern (vgl. Zündwinkelsteuerung bei Thyratrons, Kap. 1.2.1). Wichtig ist nur, daß die Drossel so dimensioniert ist, daß sie bei $I_{st} = 0$, also ohne Vormagnetisierung, die volle Höhe der Wechselspannung $U^{\sim}$ aufnehmen kann, ohne gesättigt zu werden, ihr Widerstand also groß bleibt.

Der Name „Durchflutungssteuerung“ wurde deshalb gewählt, weil der Last- oder Arbeitsstrom $I\tilde{a}$ von der Durchflutung $\Theta = I_{st}^{=} \cdot n_{st}$ abhängig ist (n_{st} = Windungszahl der Steuerwicklung). Die Schaltug Abb. 2.167 wird unter die spannungs- oder sättigungswinkelgesteuerten Magnetverstärker eingereiht (siehe Abb. 2.169).

Die hohe Leistungsverstärkung von 10^3 bis $5 \cdot 10^4$ macht die Spannungssteuerung zu den meist angewendeten Transduktorschaltungen. Öfters wird der Steuerkreis aufgeteilt in eine Vorstromwicklung zur Einstellung des Arbeitspunktes (Windungszahl n_v, Vor(magnetisierungs)-strom Iv) und in die Steuerwicklung $I_{st} \cdot n_{st}$ (Abb. 2.170).

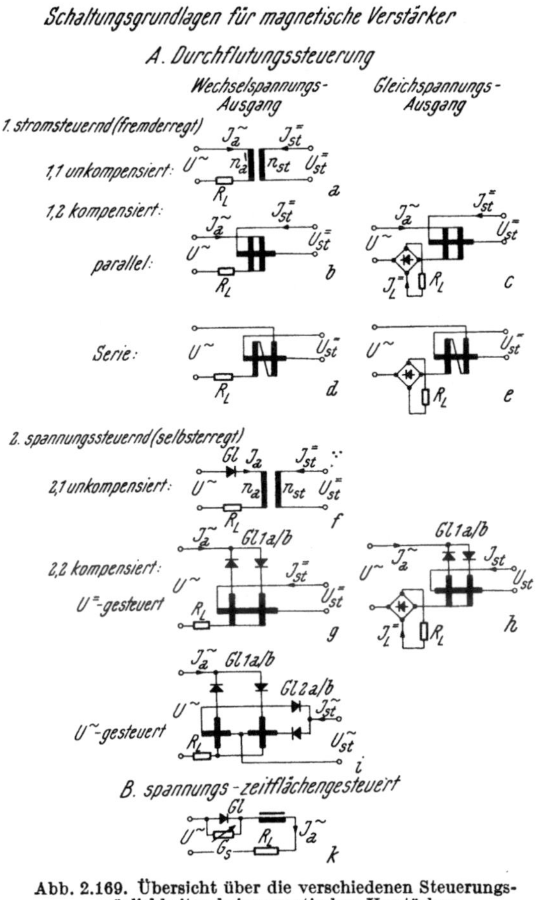

Abb. 2.169. Übersicht über die verschiedenen Steuerungsmöglichkeiten bei magnetischen Verstärkern

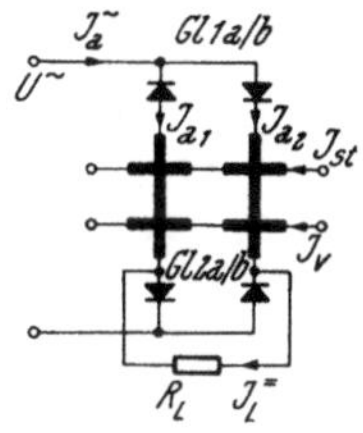

Abb. 2.170. Transduktor mit Vorstrom und Steuerwicklung

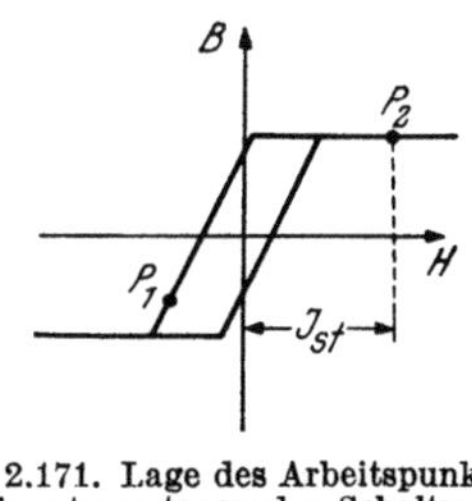

Abb. 2.171. Lage des Arbeitspunktes bei der stromsteuernden Schaltung

Eine andere Art der Durchflutungssteuerung ist die stromsteuernde Schaltung Abb. 2.169a—e). Äußerlich unterscheidet sich diese Schaltung von der spannungssteuernden nur durch das Fehlen des Gleichrichters *Gl*. In der Funktionsweise ist jedoch ein Unterschied. Der Arbeitspunkt liegt nicht wie bisher auf der Flanke der Hysteresisschleife (vgl. Abb. 2.165), sondern durch entsprechend große Vormagnetisierung auf der Sättigungslinie (Abb. 2.171, Punkt P_2). Die Drossel muß wiederum so dimensioniert sein, daß sie die ganze Wechselspannung $U^{\sim}$ aufnehmen kann. Die durch den Arbeitsstrom hervorgerufene Durchflutung $\Theta_a = I\tilde{a} \cdot n_a$ ist gleich der Durchflutung durch den Steuerstrom $\Theta_{st} = I_{st}^{=} \cdot n_{st}$ (gleiche Amperewindungszahl), d. h. die Stromsteuerung verlangt einen viel größeren

Steuerstrom. Die Leistungsverstärkung des stromgesteuerten Transduktors ist klein, Größenordnung 100fach. Er besitzt eher die Charakteristik eines Wandlers; in dieser Richtung liegt auch seine hauptsächliche Anwendung.

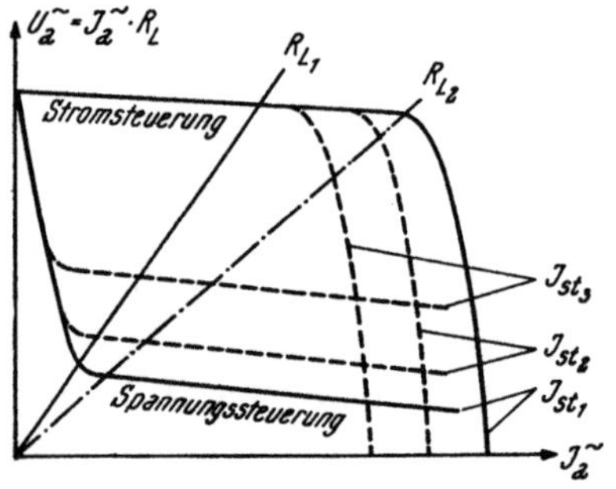

Abb. 2.172. Ausgangskennlinienfeld des Transduktors

Die Abb. 2.172 zeigt das Ausgangskennlinienfeld des Transduktors für Strom oder Spannungssteuerung. Charakteristisch ist die Strombegrenzung bei Stromsteuerung (ähnlich einer Konstantstromquelle) bzw. die Spannungsbegrenzung bei Spannungssteuerung (Konstantspannungsquelle). Der Lastwiderstand R_L läßt sich als Widerstandsgerade in das Kennlinienfeld einzeichnen. Eine weitere Schaltungsart ist die Steuerung durch Spannungs-Zeitfläche.

C. Steuerung durch Spannungs-Zeitfläche

Bei dieser Art erfolgt die Abmagnetisierung mit Hilfe der negativen Halbwelle der Wechselspannung $U^{\sim}$; es fehlt eine Vormagnetisierungswicklung (Abb. 2.169k). Für die positive Halbwelle ist der Gleichrichter *Gl* in Durchlaßrichtung, der Kern wird mit Spannungszeitflächensteuerung aufmagnetisiert. Die negative Halbwelle der Wechselspannung magnetisiert den Kern teilweise wieder ab. Die Größe dieser Abmagnetisierung und damit die Lage des Arbeitspunktes ist von *Gs* abhängig. Die Abb. 2.171 zeigt eine mögliche Arbeitspunktlage (P_1).

D. Aufbau

Die Schaltungen *a* und *f* der Abb. 2.169 haben einen Nachteil: Der Wechselstromarbeitskreis wirkt auf den Gleichstromsteuerkreis zurück, d. h. $I\tilde{a}$ induziert in der Steuerwicklung einen Wechselstrom. Damit nun der Gleichstromkreis keine Belastung für den Wechselstromkreis darstellt, muß der Innenwiderstand der Steuerspannungsquelle für die Frequenz ω von $U^{\sim}$ hoch sein, was zumeist nur durch Einschalten einer hochinduktiven Drossel möglich ist. Viel wirksamer und allgemein angewendet ist die Aufteilung der Arbeitswicklung auf zwei Drosselkerne, die einzelne oder eine gemeinsame Steuerwicklung tragen (Abb. 2.173). Die beiden Arbeitswicklungen können in Serie (*s*) oder parallel (*p*) geschaltet sein, und zwar derart, daß sich die in der Steuerwicklung induzierten Wechselströme gegenseitig aufheben. Dieses Drosselpaar, es können auch mehrere Paare zusammengeschaltet werden, bezeichnet man eigentlich als Transduktor. Durch einen sorgfältigen symmetrischen Aufbau soll dafür gesorgt werden, daß der Steuerkreis möglichst frei von eingeprägten Spannungen ist. Die Abb. 2.169b, c, d, e geben Beispiele für Serien- und Parallelschaltung.

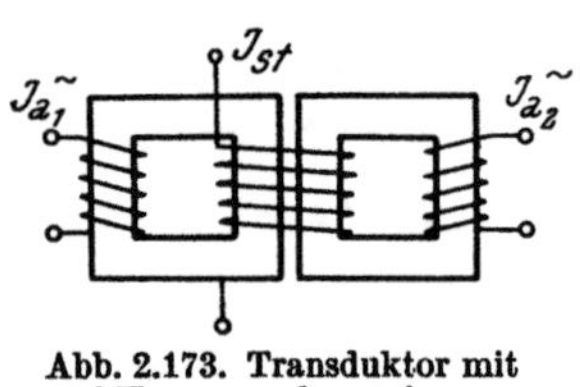

Abb. 2.173. Transduktor mit zwei Kernen und gemeinsamer Steuerwicklung

Zur Parallelschaltung: Der Arbeitskreis ist niederohmig. Bedingt durch die notwendige gegensinnige Parallelschaltung werden beide Kerne auch gegensinnig vormagnetisiert, so daß für die positive Wechselstromhalbwelle die eine Drossel, für die negative die andere Drossel den Laststromanteil liefert.

Zur Serienschaltung: Eine Kompensation der induzierten Spannungen in der Steuerseite ist um so schwerer möglich, je höher der Wechselstrominnenwiderstand der Steuerspannungsquelle ist.

E. Dimensionierungshinweise

Eine Zusammenstellung der gebräuchlichsten Grundschaltungen zeigt die Abb. 2.169. Die Schaltungen *a* bis *e* sind stromsteuernd, *f* bis *i* spannungssteuernd. Für *a*, *d*, *e* und *f* ist eine Verdrosselung des Gleichstromkreises notwendig. Bei den kompensierten Schaltungen sind die Ströme durch die einzelnen Drosselwicklungen bei gleicher Windungszahl der Arbeitswicklungen (siehe Abb. 2.170):

für *b*, *c*: $Ia_1 = Ia_2 = 0{,}55 \cdot I\tilde{a}$, $\quad I_{st} = 0{,}45\, I\tilde{a}$
für *d*, *e*: $\quad I_{st} = 1{,}41\, I\tilde{a}$
für *g*, *h* und Abb. 2.170: $Ia_1 = Ia_2 = 0{,}71\, I\tilde{a}$
Bei Gleichstromausgang ist in *c*, *e*, *h* und Abb. 2.170: $I_L^{=} = 0{,}9 \cdot I\tilde{a}_{\text{eff}}$.

Zur Dimensionierung der Transduktoren geht man zumeist von den Kennlinien des verwendeten Kernmaterials aus. Die Werte ΔB und ΔH sind unmittelbar ablesbar (Abb. 2.171) und mit Hilfe der Gl. (2.194) die Windungszahl errechenbar. Für die Steuerwicklung gilt bei Stromsteuerung: Amperewindungszahl der Arbeitswicklung gleich der Amperewindungszahl der Steuerwicklung. Für Spannungssteuerung: Amperewindungszahl der Steuerwicklung von ΔH bzw. der Breite der Hysteresisschleife abhängig. Sind keine Kennlinienunterlagen vorhanden, was meistens bei gewöhnlichen Transformatorblechkernen der Fall ist, benutzt man Näherungsformeln:

Für die Blechsorten III und IV ist die ausnützbare Induktionsänderung (siehe Abb. 2.171):

$$\Delta B \sim 240 \cdot 10^{-6} \quad [\text{Vs/cm}^2] \qquad (2.195)$$

Die zulässige Stromdichte im Kupfer kann mit $j \sim 3{,}5$ A/mm² gewählt werden.

Bei Spannungssteuerung muß die Steuerwicklung die Amperewindungszahl pro cm (AW/cm ... ΔH) aufbringen, um die Magnetisierungskurve von einem zum anderen Sättigungsknick durchzusteuern (siehe Abb. 2.171). Als Richtwert kann bei Verwendung von Trafoblech III oder IV für die Steuerwicklung 3 bis 5 AW/cm, für die Vorstromwicklung die Hälfte, angenommen werden. Die Windungszahl der Arbeitswicklung errechnet sich aus dem Spannungs-Zeitprodukt am Lastwiderstand R_L, das bei Gleichstromausgang

$$P = U_{\text{eff}}^{\sim} \cdot 0{,}9/2f \quad [\text{Vs}] \qquad (2.196)$$

(f = Frequenz von $U^{\sim}$)

Abb. 2.174. Ausführungsbeispiel eines Transduktors (Brown-Boveri)

ist (Beispiel Abb. 2.169h, 2.170). Die Windungszahl n_a der Arbeitswicklung wird:

$$n_a = P/\Delta B \cdot q \qquad (2.197)$$

q = Querschnitt des Eisenkernes in cm².

Die Windungszahlen der Steuerseite werden:

$$n_{st} = H \cdot L/I_{st} \quad \text{und} \quad n_v = HL/2I_{st} \tag{2.198}$$

H = Feldstärke in AW/cm, L = Länge des Eisenweges in cm.

Die Drahtstärke ist nach Möglichkeit größer zu wählen, als es dem Strom entsprechen würde. Auf gute Isolation ist besonders dann zu achten, wenn $n_{st} \gg n_a$ wird und die Steuerseite nicht frei von induzierten Wechselspannungen ist. Die Abb. 2.174 zeigt eine Ausführungsform eines Magnetverstärkers.

Anwendung; In der Steuerungs- und Regelungstechnik, vor allem in der industriellen Elektronik.

2.12 Spezielle Verstärker

2.12.1 *C*-Verstärker mit Röhren[1]

Verschiebt man den Arbeitspunkt im Ia–Ug-Kennlinienfeld über den Kennlinienknick hinaus in noch negativere Gitterspannungsbereiche, dann wird aus dem B-Verstärker ein C-Verstärker (Abb. 2.175). Ein Blick auf den Anodenstromverlauf bei sinusförmiger Aussteuerung des Gitters zeigt, daß im Gegensatz zum

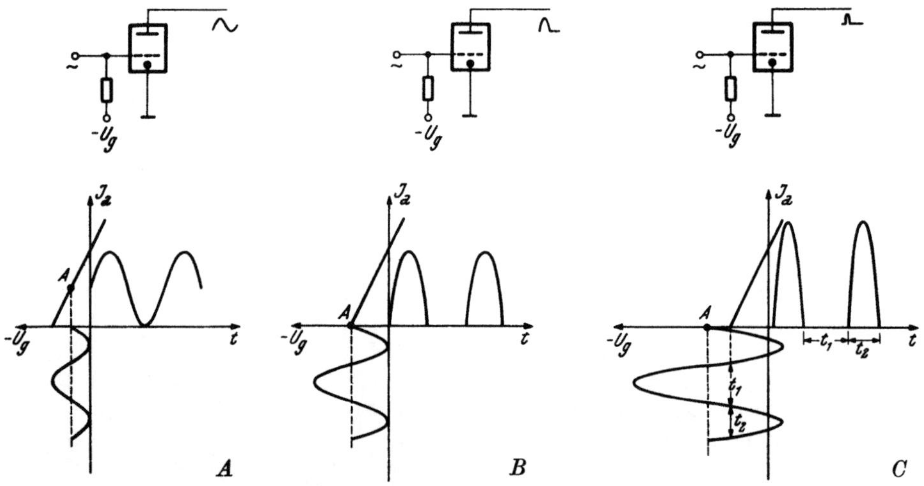

Abb. 2.175. Arbeitspunkt und Anodenstrom in drei Verstärkereinstellungen

B-Verstärker auch eine Gegentaktschaltung die ursprüngliche Form eines Eingangssignals im Ausgang nicht wiederherstellen kann. Der Verbraucher R_L wird deshalb über einen LC-Resonanzkreis an die Anode angeschlossen, der die Aufgabe hat, den pulsierenden Anodenstrom in ein sinusförmiges Ausgangssignal zu verwandeln.

C-Verstärker besitzen einen noch besseren Wirkungsgrad als B-Verstärker und werden daher dort verwendet, wo die von der Stromquelle gelieferte Gleichstromleistung möglichst verlustlos in Wechselstromleistung diskreter Frequenz umgesetzt werden soll und ein hoher Wirkungsgrad des Verstärkers verlangt wird.

[1] Literatur: [M 1].

A. Aussteuerung

Im Vergleich zur vollen Schwingungsperiode ist der stromleitende Abschnitt, in dem Energie dem Anodenkreis zugeführt werden kann, kurz und ein dementsprechend hoher Anodenstrom erforderlich, um die gewünschte Ausgangsleistung für die gesamte Schwingungsperiode aufzubringen. Aus diesem Grunde wird das Gitter in den positiven Bereich hineingesteuert und die Amplitude der Gitterwechselspannung etwas höher als die negative Gittervorspannung im Arbeitspunkt gewählt. Da bei positiver Gitterspannung ein Gitterstrom fließt, erfolgt die Steuerung nicht mehr leistungslos wie beim A- oder B-Verstärker; die Treiberstufe muß vielmehr eine Steuerleistung Ng aufbringen.

B. Anodenstrom und Anodenspannung

Den Verlauf der Strom- und Spannungswerte im Anodenkreis zeigt Abb. 2.176. Zum Zeitpunkt maximalen Anodenstroms stellt die Röhre einen sehr kleinen Widerstand dar und zieht die Spannung am Schwingkreiskondensator C bis auf

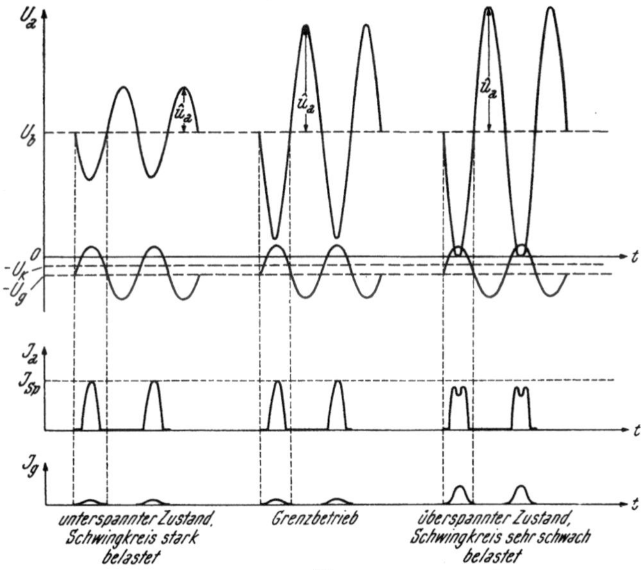

Abb. 2.176. Strom- und Spannungsverlauf bei drei verschiedenen Anodenwiderständen

$Ua_{\min} = Ub - \hat{u}_a$ herunter. Anschließend geht der Anodenstrom auf Null zurück, der LC-Kreis wird von der Spannungsquelle abgetrennt und führt eine volle Schwingung aus, wobei die Spannung an der Anode den Spitzenwert $Ub + \hat{u}_a$ erreicht. Anoden- und Gitterspannung sind wie beim A- und B-Verstärker um 180° phasenverschoben.

Die Größe der Ausgangsspannung $\hat{u}_a$ hängt von der Belastung durch den Verbraucher R_L ab. Man unterscheidet drei Fälle:

1. Unterspannter Zustand (Abb. 2.176a): Die Bedämpfung eines Schwingkreises ist sehr stark, $\hat{u}_a$ ist daher klein und die zur Verfügung stehende Betriebsspannung wird schlecht ausgenützt.

2. Grenzbetrieb (Abb. 2.176b): Die Belastung ist gerade so groß, daß die Anodenspannung knapp über der positiven Gitterspannung liegt.

3. Überspannter Zustand (Abb. 2.176c): Die Bedämpfung ist so gering und $\hat{u}_a$ so groß, daß das Gitter (bei Pentoden Schirmgitter) positiver als die Anode wird. Der Gitterstrom (Schirmgitterstrom) steigt stark an und die Anodenstromkuppe erleidet eine Einsattelung. Auf letzteren Umstand ist die Erscheinung zurückzuführen, daß in einem stark übersteuerten Resonanzverstärker der Anodenstrom auffallend zurückgeht und gleichzeitig der Gitter- bzw. Schirmgitterstrom gefährlich steigt, wenn der unbelastete oder nur schwach belastete Anodenschwingkreis auf Resonanz abgestimmt wird. Ein extrem überspannter Zustand kann zu einem Überschreiten der Steuer- bzw. Schirmgittergrenzdaten führen und ist somit durch genügende Belastung des Anodenschwingkreises zu vermeiden.

C. Ausgangsleistung und Wirkungsgrad

Der Strom i_{a_1}, der dem Verbraucher R_L zugeführt wird, ist wegen der Filterwirkung des Schwingkreises sinusförmig. Der Zusammenhang zwischen i_{a_1} und dem pulsierenden Anodenstrom i_a, den man zur Berechnung der Ausgangsleistung wissen muß, läßt sich leicht finden, wenn man i_a als eine Überlagerung einer Gleichstromkomponente Ia_0, einer sinusförmigen Grundwelle $i_{a_1} = \hat{i}_{a_1} \cos \omega t$ sowie zahlreicher Oberwellen $i_{an} = Ia_n \cos(n\omega)t$ auffaßt (Abb. 2.177). Man erhält unter Annahme einer linearen Ia–Ug-Kennlinie bei sinusförmiger Ansteuerung für die Amplitude Ia_0 und $\hat{i}_{a_1}$

$$Ia_0 = Ia_{sp} f_0(\Theta); \quad f_0(\Theta) = \frac{1}{\pi} \frac{\sin\Theta - \Theta\cos\Theta}{1-\cos\Theta} \tag{2.199}$$

$$\hat{i}_{a_1} = Ia_{sp} f_1(\Theta); \quad f_1(\Theta) = \frac{1}{\pi} \frac{\Theta - \sin\Theta\cos\Theta}{1-\cos\Theta} \tag{2.200}$$

Vgl. Abb. 2.178.

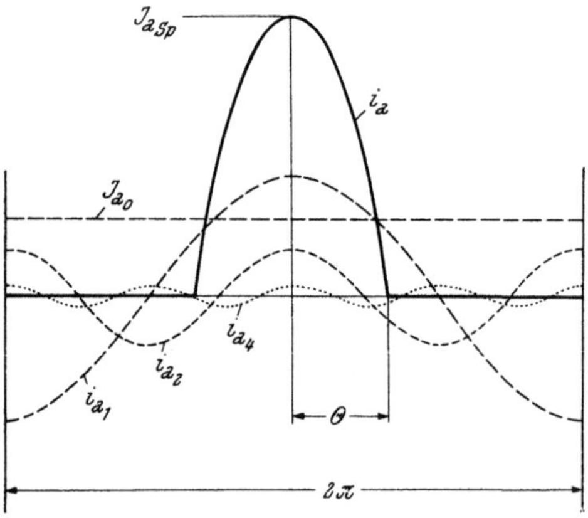

Abb. 2.177. Zerlegung des Anodenstromimpulses in Gleich- und Wechselstromanteil

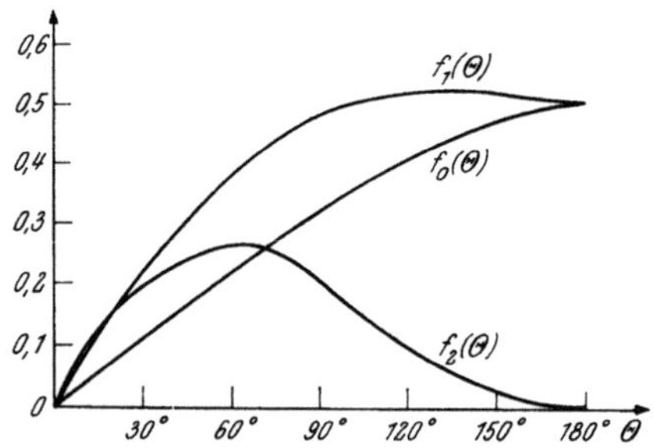

Abb. 2.178. Verlauf der Funktion $f_0(\Theta)$, $f_1(\Theta)$, $f_2(\Theta)$ bei geradliniger Kennlinie

Jede periodische und im Intervall $-\pi < \omega t < +\pi$ symmetrische Funktion g ist mathematisch als eine cos-Fourier-Reihe darstellbar: $g = 1/2 a_0 + a_1 \cos \omega t + a_2 \cos 2\omega t + \ldots$

Die Amplituden a_n hängen mit g in folgender Weise zusammen:

$$a_n = 1/2\pi \int_{\pi}^{+\pi} g \cos(n\omega t)\, d(\omega t).$$

Im speziellen Fall ist $g = \hat{i}_a(\cos \omega t - \cos \Theta)$ im Intervall $-\Theta < \omega t < \Theta$ (Θ = Stromflußwinkel; siehe Abb. 2.177) und $g = 0$ außerhalb, so daß z. B. für $a_0 = Ia_0 = 1/2\pi \int_{-\pi}^{+\pi} \hat{i}_a(\cos \omega t - \cos \Theta) \cos \Theta\, \omega t\, d(\omega t)$ wird, woraus nach Integration und mit $I_{sp} = \hat{i}_a(1 - \cos \Theta)$ die Beziehung 2.199 folgt.

Ia_0 ist der über eine Periode gemittelte Anodenstrom und muß von der Gleichstromquelle geliefert werden. Die zugeführte Gleichstromleistung beträgt:

$$N = Ub \cdot Ia_0 = Ub \cdot Ia_{sp} \cdot f_0(\Theta) \tag{2.201}$$

Für die Resonanzfrequenz ω bildet der Schwingkreis einen sehr hohen Widerstand und praktisch der gesamte Wechselstrom i_{a_1} fließt durch Ra (Abb. 2.179). Die Ausgangsleistung ist deshalb

$$No = 1/2(\hat{u}_a \cdot \hat{i}_{a_1}) = 1/2(\hat{u}_a I_{sp} f_1(\Theta)) \tag{2.202}$$

Die höheren Frequenzen $2\omega, 3\omega \ldots$ werden durch den Schwingkreis kurzgeschlossen.

Der Wirkungsgrad des C-Verstärkers beträgt:

$$\eta = N_o/N = 1/2 \frac{\hat{u}_a}{Ub} \cdot \frac{f_1}{f_0} \tag{2.203}$$

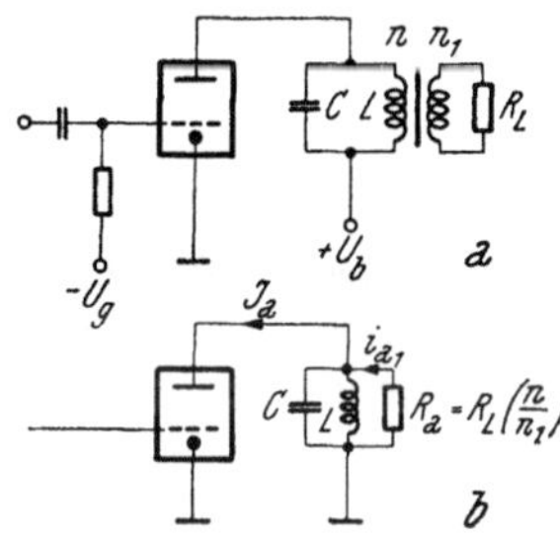

Abb. 2.179. Schaltung des C-Verstärkers

Im Grenzfall $\Theta \to 0$ ist $f_1/f_0 = 2$ und η erreicht bei idealer Spannungsausnützung d. h. $u_{a\,\mathrm{rest}} = Ub - \hat{u}_a = 0$ theoretisch einen Wert von 100%. In der Praxis versucht man die Restspannung möglichst niedrig zu halten. Eine Spannungsausnützung von $\hat{u}_a/Ub = 0{,}9$ ist bei Trioden oder Leistungspentoden, die speziell für niedrige Schirmgitterspannungen konstruiert sind, meist erreichbar. Der Ausdruck für η nimmt dann die vereinfachte Form an: $\eta = 0{,}45\,(f_1/f_0)$.

Je kleiner der Stromflußwinkel Θ, um so besser ist η, desto mehr nimmt aber auch wegen Gl. (2.202) die erreichbare Ausgangsleistung ab. Es ist daher bei der Wahl eines Stromflußwinkels ein Kompromiß zwischen Wirkungsgrad und Ausgangsleistung zu schließen.

Die Anodenverlustleistung $Na = Ua \cdot Ia$ ist: $Na = No(1/\eta - 1)$. Eine Röhre mit einer Anodenverlustleistung von nur 60 W kann z. B. eine Ausgangsleistung von 150 W abgeben, wenn der Wirkungsgrad des C-Betriebes 75% beträgt.

D. Anodenarbeitswiderstand *Ra*

Eine hohe Spannungsausnützung $\hat{u}_a/Ub$ läßt sich nur im Grenzbetrieb oder leicht überspannten Zustand erreichen, was einen relativ hohen Anodenarbeitswiderstand Ra voraussetzt. Es ist $\hat{u}_a = Ra \cdot \hat{i}_{a_1} = Ra \cdot I_{sp} f_1(\Theta)$.

Für den Fall $\hat{u}_a/Ub = 0{,}9$ findet man:

$$Ra = 0{,}9(Ub/I_{sp} f_1(\Theta)) = 0{,}81(Ub^2/2No) \tag{2.204}$$

Das Windungszahlenverhältnis n_1/n (Abb. 2.179) beträgt

$$n_1/n = \sqrt{R_L/Ra} \tag{2.205}$$

Ist Ra (Gl. (2.204)) so klein, daß die Güte des Schwingkreises zu sehr herabgesetzt und eine gut sinusförmige Ausgangsspannung in Frage gestellt wird, muß die Anode an eine Schwingkreisanzapfung gelegt werden (siehe S. 247).

E. Frequenzverdoppler

Wird der Anodenkreis nicht auf die Grundwelle, sondern auf die Oberwelle 2ω abgestimmt, deren Amplitude $\hat{i}_{a_2} = f_2(\Theta)\, I_{sp}$ (Abb. 2.178) beträgt, dann erscheint ein Ausgangssignal mit der doppelten Frequenz des Eingangssignales. Frequenzverdopplung (und auch Frequenzverdreifachung) wird in mehrstufigen Sendern mit Vorteil angewandt, da einerseits mehrere hintereinandergeschaltete Resonanzverstärkerstufen leicht zu unkontrollierbaren Eigenschwingungen neigen, wenn sie auf der gleichen Frequenz arbeiten, und sich andererseits Oszillatoren um so frequenzstabiler bauen lassen, je niedriger ihre Frequenz ist. In einem 7-MHz-Sender z. B. arbeitet dann die Endstufe auf 7 MHz, die Treiberstufe auf 3,5 MHz und der Oszillator auf 1,75 MHz.

F. Anwendung

Verstärkerendstufen mit hohem Wirkungsgrad und großer Leistung, vorwiegend für hohe Frequenzen, z. B.: Endstufen von Sendern der Nachrichtentechnik, für wissenschaftliche Zwecke und Verwendung in der industriellen Elektronik (Hochfrequenzerhitzung, Ultraschall usw.).

2.12.2 Der Transistor-*C*-Verstärker[1]

Die genaue Berechnung des Transistor-*C*-Verstärkers unter Berücksichtigung seiner inneren Trägheit und der Abhängigkeit der Stromverstärkung von Frequenz und Kollektorstrom ist äußerst kompliziert. Unter der idealisierenden Voraussetzung linearer Kennlinien und eines Betriebes unterhalb der Grenzfrequenz kann man jedoch mit ausreichender Genauigkeit die Formeln des Röhren-*C*-Verstärkers verwenden, die in Kap. 2.12.1 angeführt werden und wo auch die allgemeinen Merkmale des *C*-Betriebes besprochen sind.

A. Grundlagen

Verschiebt man den Arbeitspunkt des Transistors in den positiven Basisspannungsbereich, so ist der Transistor während eines Großteils der Schwingungsperiode der Eingangswechselspannung gesperrt und nur die stark negativen Abschnitte der Basisspannung können einen Kollektorstrom hervorrufen (Abb. 2.180). Im Schwingkreis LC (Abb. 2.181 a) wird der pulsierende Kollektorstrom in ein sinusförmiges Ausgangssignal zurückverwandelt.

Näherungsweise gelten im stromleitenden Kennlinienteil lineare Zusammenhänge zwischen Basisspannung und Kollektorstrom i_K, so daß i_K eine unten abgeschnittene Sinuswelle darstellt und die auf S. 292 angegebene Fourier-Zerlegung in Gleichstromanteil und Oberwellen anwendbar ist. Die Amplituden I_{K_0} und I_{K_1} der Gleichstromkomponente bzw. der Grundwelle seien noch einmal angegeben:

$$(-I_{K_0}) = (-I_{Ksp})\, f_0(\Theta)$$

$$(-I_{K_1}) = (-I_{Ksp})\, f_1(\Theta)$$

[1] Literatur: [W 12].

Der Gleichstrom $-I_{K_0}$ wird von der Batterie aufgebracht, die dem Transistor-C-Verstärker die Gleichstromleistung $N = (-I_{K_0})(-Ub)$ zuführt ($-Ub =$ Batteriespannung).

Der gesamte Grundwellenanteil $-I_{K_1}$ fließt dem Verbraucher R_K zu (Abb. 2.181 b) (der dynamische Innenwiderstand eines Transistors während der kurzen stromleitenden Phasen kann vernachlässigt werden) und die Ausgangsleistung ist gegeben durch:

$$No = \frac{1}{2}\left(\frac{\hat{u}_K}{-Ub}\cdot\frac{f_1(\Theta)}{f_0(\Theta)}\right)$$

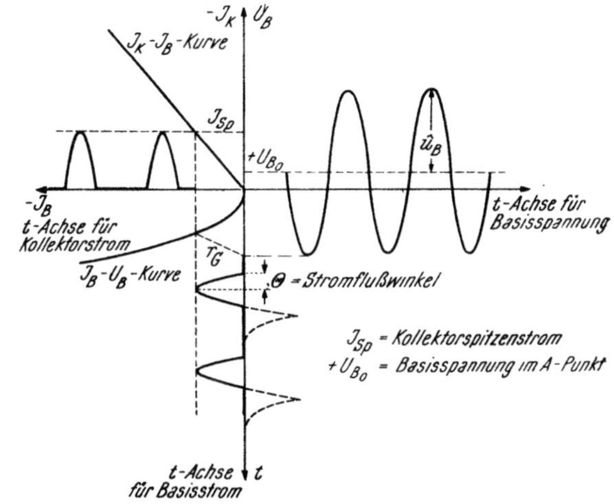

Abb. 2.180. Darstellung des C-Betriebes eines Transistors im $I_B - U_B$- und $I_K - I_B$-Kennlinienfeld

Die Amplitude der Kollektorspannung wird durch den Kollektorwiderstand R_K bestimmt: $\hat{u}_K = R_K \cdot \hat{i}_{K_1}$.

In Abb. 2.182 ist die Arbeitslinie im I_K–U_K-Kennlinienfeld sowie Kollektorstrom und Kollektorspannung für drei verschiedene Kollektorwiderstände R_K dargestellt, die in Analogie zum Röhren-C-Verstärker dem unterspannten Zustand, dem Grenzbetrieb und dem überspannten Zustand entsprechen. Der unterspannte Zustand weist einen schlechten Wirkungsgrad auf, da die Kollektorspannung während des Stromflusses hoch ist und daher zu einer großen Kollektorverlustleistung $I_K U_K$ Anlaß gibt. Zur Erzielung eines guten Wirkungsgrades arbeitet man daher im Grenzbetrieb oder im leicht überspannten Zustand, wo sich die geringe Kollektorrestspannung des Transistors (etwa 0,3 V) sehr vorteilhaft auswirkt, da sie eine hohe Spannungsausnützung ($\hat{u}_0/Ub \approx 1$) und einen höheren Wirkungsgrad als beim Röhren-C-Verstärker erlaubt. η ist gegeben durch:

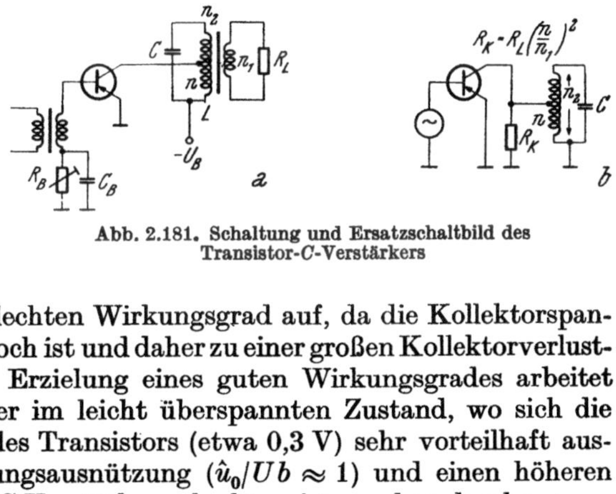

Abb. 2.181. Schaltung und Ersatzschaltbild des Transistor-C-Verstärkers

$$\eta = 1/2\,\frac{f_1(\Theta)}{f_0(\Theta)} \tag{2.206}$$

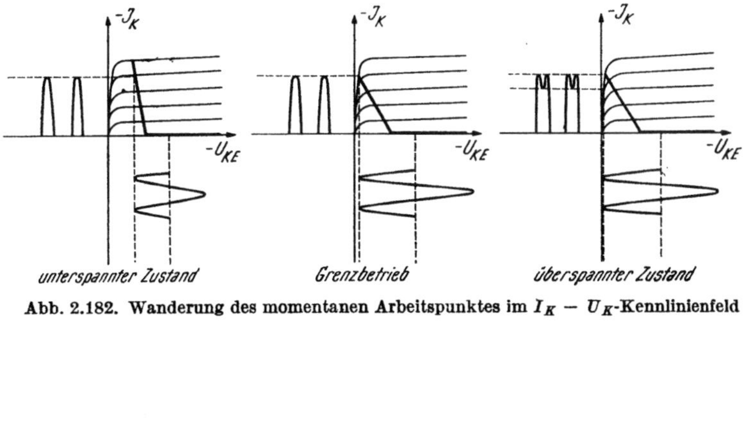

Abb. 2.182. Wanderung des momentanen Arbeitspunktes im $I_K - U_K$-Kennlinienfeld

B. Kollektorwiderstand und Schwingkreisanzapfung

Der Kollektorwiderstand für Grenzbetrieb beträgt

$$R_K = -Ub/I_{sp}f_1(\Theta) = Ub^2/2No \tag{2.207}$$

Das Transformationsverhältnis von der Verbraucherseite (R_L) auf die Kollektorseite (R_K) ist

$$n_L/n_K = \sqrt{R_L/R_K} \tag{2.208}$$

wo R_K durch Gl. (2.207) gegeben ist. Der Wert von R_K ist im Gegensatz zum Anodenarbeitswiderstand Ra des Röhren-C-Verstärkers meist so klein, daß er den Schwingkreis zu stark bedämpfen und dessen Filterwirkung stark beeinträchtigen würde, wenn er wie beim Röhrenverstärker parallel zum Schwingkreis geschaltet würde. Man legt deshalb unter Beibehaltung des Windungszahlenverhältnisses n_L/n_K den Kollektor an eine Anzapfung n der Schwingkreisspule n_2 (Abb. 2.181 a). Es ist dann aus Gl. (2.208)

$$n_1/n = \sqrt{R_L/R_K} \tag{2.209}$$

Das Verhältnis n/n_2 wird so gewählt, daß eine ausreichende Schwingkreisgüte Q gewährleistet wird. Bezeichnet man die Leerlaufgüte mit Q_0 und die gerade noch tragbare Güte unter Belastung mit $Q_{\min}$, so ist $Q_{\min} = Q_0[(n_2/n)^2 R_K \,||\, Rp]/Rp$ (Rp = Verlustwiderstand des unbelasteten Schwingkreises).

Die Betriebsgüte wählt man so klein wie möglich, da dann der Anteil des Verlustwiderstandes Rp am Gesamtbelastungswiderstand $Rp \,||\, [R_K\,(n_2/n)^2]$ am geringsten und daher der Wirkungsgrad am höchsten ist. Für n/n_2 erhält man:

$$n/n_2 = \sqrt{\frac{R_K}{Rp}\left(\frac{Q_0}{Q_{\min}} - 1\right)} \tag{2.210}$$

wo R_K durch Gl. (2.207) gegeben ist.

Ein *Beispiel* möge die Verhältnisse veranschaulichen: Ein Transistor soll die Ausgangsleistung $No = 500$ mW an den Lastwiderstand $R_L = 1$ kΩ abgeben. Die Betriebsspannung $-Ub$ betrage 10 V, die Schwingkreisleerlaufgüte $Q_0 = 100$ und der Verlustwiderstand $Rp = 100$ kΩ. Zur Erreichung eines guten Wirkungsgrades wählt man den Kollektorarbeitswiderstand R_K für den Grenzbetrieb (2.207) $R_K = 100/(2 \cdot 0{,}5) = 100\,\Omega$. Schaltet man diesen Widerstand parallel zum Schwingkreis, dann sinkt dessen Güte auf $Q = Q_0 \dfrac{R_K \,||\, Rp}{Rp} \approx 100(100/10^5) = 0{,}1$ herunter, was untragbar ist. Man muß deshalb R_K an eine Schwingkreisanzapfung legen. Eine zufriedenstellende Sinusform der Ausgangsspannung erhält man noch bei $Q_{\min} = 20$. Aus Gl. (2.210) bestimmt sich die Lage der Anzapfung zu $n/n_2 = \sqrt{\dfrac{100}{10^5}\left(\dfrac{100}{20} - 1\right)} = 1/16$. Das Windungszahlenverhältnis n_1/n beträgt nach Gl. (2.209) $n_1/n = \sqrt{1000/100} \approx 3$. Für $n_2 = 160$ Wdg ist $n = 10$ Wdg und $n_1 = 30$ Wdg.

Der auf die Kollektoranzapfung transformierte Schwingkreisverlustwiderstand beträgt $R_p' = \left(\dfrac{1}{16}\right)^2 \cdot 10^5 = 390\,\Omega$. Von der vom Transistor gelieferten Ausgangsleistung gehen dabei $\dfrac{100}{100 + 390} \approx 20\%$ im Schwingkreis verloren.

C. Erzeugung der positiven Basisvorspannung

Eine eigene Spannungsquelle zur Erzeugung der positiven Basisvorspannung läßt sich durch ein RC-Glied $R_B C_B$ (Abb. 2.181) einsparen. Die Gleichrichterwirkung der Basis-Emitter-Diode lädt einen Kondensator C_B auf eine positive Spannung auf, deren Höhe durch den Trimmer R_B eingestellt werden kann. Zu diesem Zweck schaltet man in die Kollektorzuleitung einen kleinen ohmschen Widerstand (z. B. 10 Ω) und oszillographiert die abfallende Spannung. Dies ist die schnellste Methode, optimalen Wirkungsgrad und Stromflußwinkel sowie die richtige Abstimmung eines Schwingkreises zu erreichen (letzteres dadurch, daß man im leicht überspannten Zustand die Einsattelung der Kollektorstromkuppe durch Abgleich eines Schwingkreiskondensators genau in die Mitte setzt).

Diese Methode der Vorspannungserzeugung ist beim Röhren-C-Verstärker zwar auch möglich, da sich der Gitterkondensator durch den Gitterstrom automatisch negativ auflädt, jedoch nicht empfehlenswert, da beim Ausfallen der Ansteuerung die Gittervorspannung auf Null zurückginge und die Röhre zerstört werden könnte.

2.12.3 Parametrische Verstärker

Der parametrische Verstärker besitzt eine sehr niedrige Rauschzahl, die besonders bei hohen Frequenzen weit unter der von Elektronenröhren liegt. Er wird daher in hochempfindlichen UHF-Empfängern (z. B. Radar) eingesetzt. Seine Anwendung ist im Frequenzbereich unter 100 MHz wenig sinnvoll, da dort der äußere Störpegel, z. B. durch atmosphärische Störungen, sogar das Eigenrauschen der Elektronenröhre übersteigt.

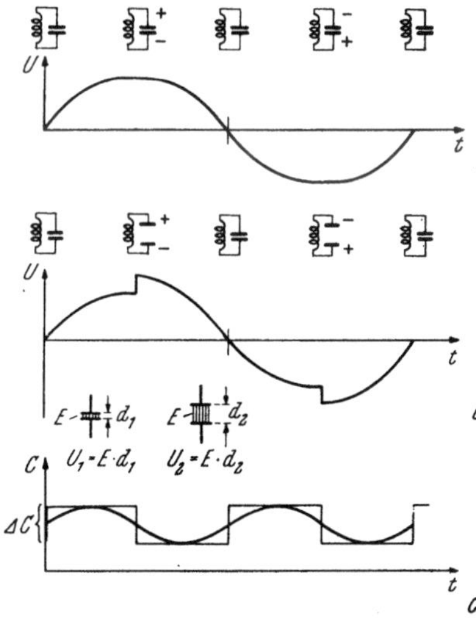

Abb. 2.183. a) Spannung am Schwingkreis bei konstanter Schwingkreiskapazität C. b) Schwingkreisspannung bei veränderlicher Schwingkreiskapazität. c) Spannungserhöhung durch Auseinanderziehen der Kraftlinien E

Das Verstärkungsprinzip läßt sich am Modell eines Schwingkreises folgendermaßen einsehen: Die Wechselspannung u eines Schwingkreises erreicht abwechselnd die Spitzenwerte $+\hat{u}$ und $-\hat{u}$ und speichert im Schwingkreiskondensator die Ladung $Q = C \cdot u$ (Abb. 2.183a). Zieht man in dem Moment, in dem die Spannung ihren Maximalwert erreicht, die Kondensatorplatten auseinander und verkleinert dadurch die Kapazität um ΔC, so steigt die Kondensatorspannung sprunghaft an:

$$u = Q/(C - \Delta C) = \hat{u} \cdot C/(C - \Delta C) \qquad (2.211)$$

Die zum Auseinanderziehen der Platten aufzuwendende Arbeit erscheint im Schwingkreis als Spannungsverstärkung wieder. Später, wenn die Schwingkreisspannung durch Null geht und sich im Kondensator keine gespeicherte Ladung befindet, werden die Platten ohne Arbeitsaufwand wieder in ihren ursprünglichen Abstand gebracht. Die Signalamplitude wird auf diese Weise im Schwingkreis verstärkt (Abb. 2.183b) und die hierzu notwendige Energie im Gegensatz zu Röhren- und Transistorverstärkern nicht einer Gleichspannungsquelle, sondern einer Wechselspannungsquelle („Pumpe“) entnommen, deren Frequenz ω_p („Pumpfrequenz“) genau das Doppelte der Signalfrequenz ω_s beträgt.

In der Praxis wird als Schwingkreiskapazität ein Varaktor verwendet, dessen Kapazität durch die Pumpspannung verändert werden kann. Der rechteckförmige Verlauf der Pumpspannung wird durch einen sinusförmigen Verlauf approximiert (Abb. 2.183c).

Ersetzt man weiterhin den *LC*-Schwingkreis im UHF-Gebiet durch einen Hohlraumresonator, in den das zu verstärkende Signal eingekoppelt wird und der durch den Varaktor kapazitiv belastet wird, erhält man das Schema eines parametrischen Verstärkers (Abb. 2.184). Wichtig ist, daß die Pumpfrequenz ω_p genau das Doppelte der Signalfrequenz ω_s beträgt und daß außerdem stets die richtige Phasenlage eingehalten wird, da sonst dem Schwingkreis Energie entzogen anstatt zugeführt wird. Diese Bedingungen können in Radaranlagen prinzipiell realisiert werden, da Sender und Empfänger räumlich benachbart und daher synchronisierbar sind. Von diesen Fällen abgesehen läßt sich jedoch die Pumpfrequenz und erst recht

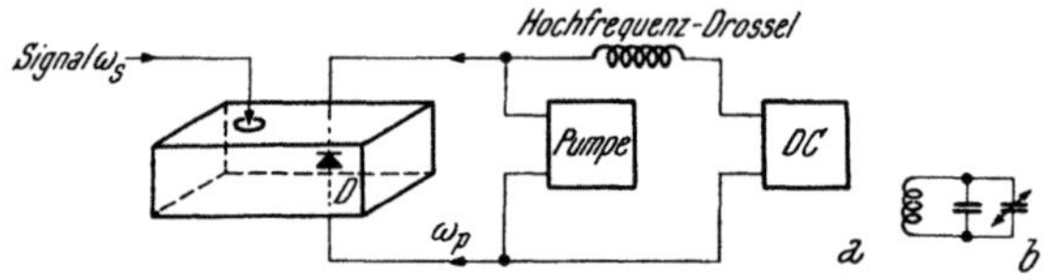

Abb. 2.184. a) Schema eines parametrischen Verstärkers. Die Gleichspannungsquelle *DC* dient zum Einstellen des richtigen Kapazitätswertes des Varactors *D*. b) Ersatzschaltbild

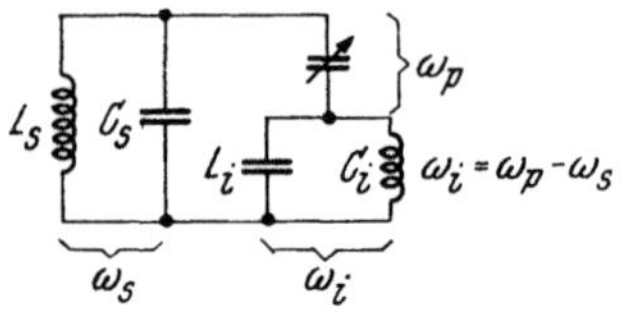

Abb. 2.185

die Phasenlage über längere Zeiträume nicht auf den vorgeschriebenen Werten halten. Einen Ausweg aus dieser Schwierigkeit bietet die Schaltung Abb. 2.185, in der der Varaktor nicht direkt, sondern über einen Hilfsschwingkreis *Li Ci* geerdet ist. Gibt man nämlich der Pumpfrequenz einen beliebigen Wert in der Nähe der doppelten Signalfrequenz, dann entsteht infolge der dauernden Kapazitätsvariation, die durch ω_p hervorgerufen wird, eine dritte Frequenz $\omega_i = \omega_p - \omega_s$, die als Idlerfrequenz bezeichnet wird und die den Resonanzkreis *LiCi* zu Schwingungen anregt. Wie eine genaue Analyse zeigt, spielt sich die Phasenlage dieser Schwingungen gerade so ein, daß dem Schwingkreis $L_S C_S$ im Mittel stets Energie aus der Pumpe zufließt und das Signal verstärkt wird.

2.12.4 Maser-Verstärker

Der Maser-Verstärker bezieht seine Energie ebenso wie der parametrische Verstärker aus einer Wechselspannungsquelle (Pumpe). Seiner Wirkungsweise liegen folgende zwei physikalische Effekte zugrunde:

1. Elektronen strahlen elektromagnetische Wellen definierter Frequenz aus, wenn sie von einem höheren Energieniveau in ein niedrigeres überwechseln, wobei die Frequenz der Strahlung proportional der Differenz ΔE zwischen den Energieniveaus ist:

$$f = (1/h) \cdot \Delta E$$

wo $h = 6{,}62 \cdot 10^{-34}$ Ws², die Plancksche Konstante ist. Ein bekanntes Beispiel hierfür ist die Ausstrahlung von Licht, wenn ein Elektron von einer Elektronenschale im Atom auf eine andere, tiefere hinunterspringt.

2. Elektronen können durch Absorption elektromagnetischer Energie auf ein höheres Energieniveau gehoben werden.

Abb. 2.186 b zeigt drei Energieniveaus E_1, E_2, E_3 und die Zahl der Elektronen n_1, n_2, n_3, die sich auf diesen drei Energieniveaus befinden. Die Berechnung der Energieverteilung ergibt, daß im Gleichgewichtszustand die höheren Energieniveaus stets schwächer besetzt sind als die tieferen. Wählt man nun die Pumpfrequenz f_p so, daß $f_p = (E_3 - E_1)/h$, dann werden auf Grund des Effektes 2 solange Elektronen von E_1 auf E_3 hinaufgehoben, bis $n_1 = n_3$. Auf E_3 befinden sich dann überzählige Elektronen, die nur eines geringen Anstoßes bedürfen, um auf E_2 herunterzufallen. Ein solcher Anstoß ist z. B. durch die Einwirkung eines schwachen Signals $f_s = (E_3 - E_2)/h$ gegeben, das die Überschußelektronen veranlaßt, auf E_2 herunterzukommen und durch ihre Eigenstrahlung die Signalfrequenz f_s zu verstärken (MASER = **M**icrowave **A**mplification by **S**timulated **E**mission of **R**adiation).

Da auch thermische Energie solche Übergänge verursachen und den gewünschten Effekt dadurch verdecken könnte, muß der Maserverstärker auf extrem tiefe Temperatur abgekühlt werden (etwa — 270 °C, Temperatur des flüssigen Heliums).

Die Energieniveaus von Elektronen werden so gewählt, daß gemäß der Planckschen Beziehung der Energieabstand $E_3 - E_2$ der zu verstärkenden Frequenz entspricht. Die Abstände zwischen den potentiellen Energieniveaus im Coulomb-Feld eines Atoms wären viel zu groß, sie entsprechen optischen oder noch höheren Frequenzen. Technisch geeignet sind hingegen die magnetischen Energieniveaus, die den Elektronen in einem äußeren Magnetfeld

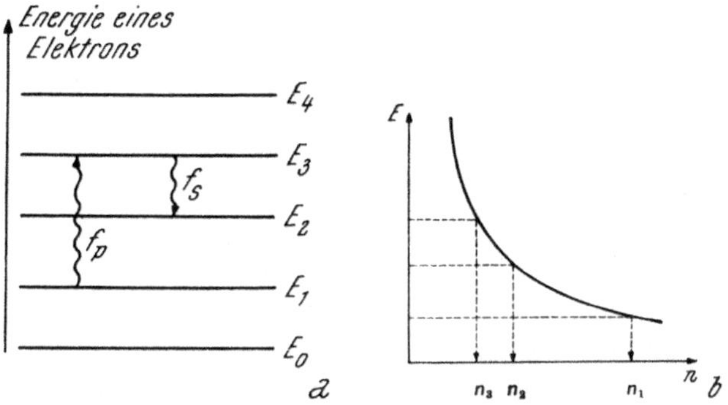

Abb. 2.186. Wirkungsweise des Masers.
a) Durch die Pumpfrequenz f_p werden Elektronen von E_1 auf E_3 gehoben, bis $n_1 = n_3$. Bei Gegenwart eines Signals mit der Frequenz $f_s = \frac{E_3 - E_2}{h}$ gehen diese überzähligen Elektronen unter Ausstrahlung von f_s auf E_2 herunter.
b) Anzahl n der Elektronen auf den Energieniveaus im Gleichgewichtszustand

zukommen und die sehr nahe beisammenliegen. Jedes einzelne Elektron und damit jedes Atom, sofern sich die magnetischen Momente der einzelnen Elektronen eines Atoms nicht gerade kompensieren, ist nämlich ein kleiner Dauermagnet, dessen Orientierung relativ zu einem äußeren Magnetfeld mehr oder weniger energiereich sein kann. So ist z. B. die Stellung *a* in Abb. 2.187 energiereicher als die Stellung *b*, da Energie aufgebracht werden muß, um den Magneten quer zu den Kraftlinien zu stellen. Im atomaren Mikrokosmos sind nun alle Energiewerte quantisiert und es können nur ganz spezielle Orientierungen, d. h. nur diskrete Energiewerte, eingenommen werden, so daß sich ein Energieniveauschema gemäß Abb. 2.186a ergibt.

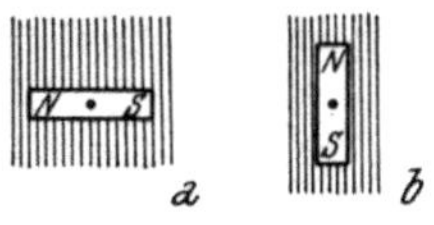

Abb. 2.187

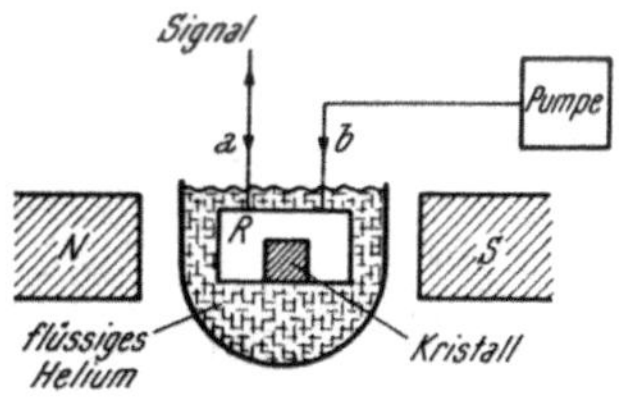

Abb. 2.188. Schema eines Maser-Verstärkers

Äußeres Magnetfeld und extrem tiefe Temperaturen sind daher die charakteristischen Kennzeichen eines Maser-Verstärkers, dessen Schema Abb. 2.188 zeigt. Ein Kristall (z. B. synthetischer Rubin) dient als Elektronenbehälter und befindet sich in einem Hohlraumresonator *R*, in den über die Leitung *a* und *b* das Eingangssignal und die Pumpleistung eingekoppelt wird; das verstärkte Signal wird an *a* abgenommen. Der Hohlraum bzw. der Kristall wird durch flüssiges Helium gekühlt, während das äußere Magnetfeld zwischen den Polschuhen *N* und *S* erzeugt wird.

Die tiefe Temperatur, auf der sich die ganze Anordnung befindet, reduziert das Eigenrauschen des Maser-Verstärkers auf einen extrem kleinen Wert (Rauschzahl etwa 1,1), der noch kleiner ist als beim parametrischen Verstärker. Seine Anwendung ist daher aus denselben Gründen wie beim parametrischen Verstärker erst bei sehr hohen Frequenzen (1 bis 10 GHz) sinnvoll.

Ein Verstärker mit sehr großer Bandbreite, der *Kettenverstärker*, wird in Kap. 7.6.2 und Abb. 7.68 beschrieben, der operative Verstärker in Kap. 3.5.

3. Die Rückkopplung

Wird ein Teil der Ausgangsspannung Uo eines Verstärkers an dessen Eingang zurückgeführt, so ist eine Rückkopplung vorhanden. Die rückgekoppelte Spannung kann mit der Eingangsspannung gleichphasig sein, dann addieren sich beide Spannungen. Diese Kopplungsart bezeichnet man als *Mitkopplung*. Ist die Phasendrehung der Rückkopplungsspannung gegen die Eingangsspannung 90°, so spricht man von einer blinden Rückkopplung. Wir finden diese Kopplungsart bei den Impedanz- und Reaktanz-Röhren (Kap. 4.6). Ist die Phasendrehung 180°, so daß sich die Rückkopplungsspannung von der Eingangsspannung subtrahiert, so ist eine *Gegenkopplung* vorhanden.

Die Rückkopplungsspannung ist also, abgesehen von der blinden Rückkopplung, eine Mitkopplungsspannung Um oder eine Gegenkopplungsspannung U_{Gk}.

In der Literatur finden sich auch die Ausdrücke: positive und negative Rückkopplung bzw. für die Mitkopplung die Bezeichnung Rückkopplung. Wir wollen bei der eingangs erklärten und sich immer mehr durchsetzenden Bezeichnung bleiben: Mitkopplung bringt immer eine Verstärkungserhöhung, die wie bei den Oszillatoren bis zur Selbsterregung gesteigert werden kann, Gegenkopplung bringt immer eine Verstärkungsminderung, wobei sogar $V < 1$ gemacht werden kann.

3.1 Die Gegenkopplung

Führen wir dem Eingang eines Verstärkers (Abb. 3.1) den Bruchteil seiner Ausgangsspannung

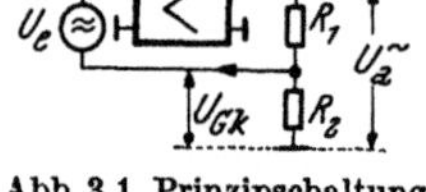

Abb. 3.1. Prinzipschaltung einer Gegenkopplung

$$k \cdot Uo = U_{Gk} \tag{3.1}$$

gegenphasig zu, so erhalten wir eine um die Gegenkopplungsspannung U_{Gk} verkleinerte Eingangsspannung

$$Ue' = Ue - U_{Gk} = U\tilde{g}' \tag{3.2}$$

Ohne Gegenkopplung ist $V = Uo/U\tilde{g} = Uo/Ue$. Mit Gegenkopplung ist $V' = Uo/Ue'$. Setzen wir in diese Gleichung die Formeln (3.1) und (3.2) ein, so erhalten wir für die Verstärkung mit Gegenkopplung

$$V' = \frac{V}{1 + k \cdot V} \tag{3.3}$$

wobei

$$k = U_{Gk}/Uo = \frac{R_2}{R_1 + R_2} \tag{3.4}$$

ist. Der Gegenkopplungsfaktor k bestimmt somit den Rückgang der Verstärkung V

Je nach Art der Gewinnung der Gegenkopplungsspannung unterscheidet man eine

Spannungsgegenkopplung: U_{Gk} ist von $U\tilde{a}$ (U_o) abhängig, eine
Stromgegenkopplung: U_{Gk} ist von $I\tilde{a}$ (I_o) abhängig, und eine
gemischte Gegenkopplung.
(Andere Einteilungen siehe Kap. 3.1.3.)

3.1.1 Spannungsgegenkopplung

Bei einer Anordnung nach Abb. 3.2 ist die Gegenkopplungsspannung U_{Gk} der Ausgangsspannung Uo proportional. Für eine frequenzunabhängige Gegenkopplung wird der Spannungsteiler R_1, R_2 rein ohmisch, für eine frequenzabhängige komplex (mit L oder C) ausgeführt.

Setzen wir in die Formel (3.3) $V = S \dfrac{Ri \cdot Ra}{Ri + Ra}$ (Kap. 2.1) ein, so erhalten wir für die Verstärkung mit Spannungsgegenkopplung:

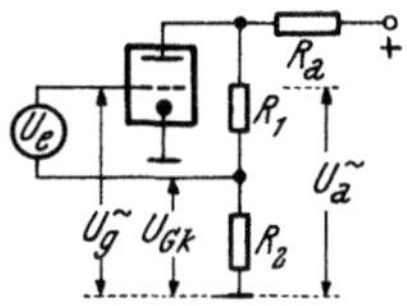

Abb. 3.2. Spannungsgegenkopplung

$$V' = S \frac{\dfrac{D}{D+k} Ri \cdot Ra}{\dfrac{D}{D+k} Ri + Ra} = \frac{\mu Ra}{Ri + Ra(1 + \mu k)} \tag{3.5}$$

Vergleichen wir die Verstärkerformeln mit und ohne Gegenkopplung, so zeigt sich, daß durch die Spannungsgegenkopplung der Innenwiderstand der Röhre Ri auf Ri' verkleinert wird. Es ist:

$$Ri' = Ri \cdot \frac{D}{D+k} = \frac{Ri}{1 + \mu \cdot k} \tag{3.6}$$

$$(D' = D + k,\ S' = S)$$

Da Ri' dem Ra parallel liegt, wird der wirksame Außenwiderstand verkleinert, damit die Bandbreite des Verstärkers (obere Grenzfrequenz) vergrößert und der Frequenzgang linearisiert.

Für Pentoden mit $Ri \gg Ra$ wird

$$V' = \frac{S \cdot Ra}{1 + k \cdot Ra \cdot S} \tag{3.7}$$

und

$$Ri' = \frac{Ri}{1 + V \cdot k} \tag{3.8}$$

Im Grenzfall $Ra \to 0$ bzw. $Ra = R_{Gk}$ (Gegenkopplungswiderstand $= Rk$) erhalten wir die Verstärkung des Katodenfolgers $V' = \dfrac{Rk}{D(Ri + Rk) + Rk}$. Wie im Kap. 2.5.4 besprochen wurde, ist $(V' =)\ Uo/Ue = U_{Gk}/Ue = S \cdot R_0$, wobei $R_0 \sim 1/S$ ist.

Die Spannungsgegenkopplung wirkt auf einen Verstärker so, als ob dessen Röhrendurchgriff um den Gegenkopplungsfaktor auf $D + k$ vergrößert worden wäre. Auch die Anodenrückwirkung DUa (Kap. 1.1.2) kann als eine Spannungsgegenkopplung aufgefaßt werden.

Die frequenzabhängige Gegenkopplung

Die Abb. 3.3 zeigt einen zweistufigen Niederfrequenzverstärker. Dem Außenwiderstand Ra_2 liegt der Spannungsteiler Z_1, R_2 zur Gewinnung der Gegenkopplungsspannung parallel. Der komplexe Widerstand Z_1 setzt sich aus R und C zusammen. Sein Betrag ist $|Z_1| = \sqrt{R^2 + (1/\omega C)^2}$. Mit steigendem ω wird Z_1 kleiner und damit die Gegenkopplung größer, die hohen Frequenzen werden abgesenkt. Ist im übertragenen Frequenzbereich $1/j\omega C \ll R$, so ist die Gegenkopplung frequenzunabhängig (C kann dann fortfallen).

R_2 besteht aus der Parallelschaltung von Ra_1 und Rg, wobei $Ra_2 \ll Ra_1$ und $|Z_1|$ ist.

Das Beispiel einer Höhenanhebung bringt Abb. 3.4.

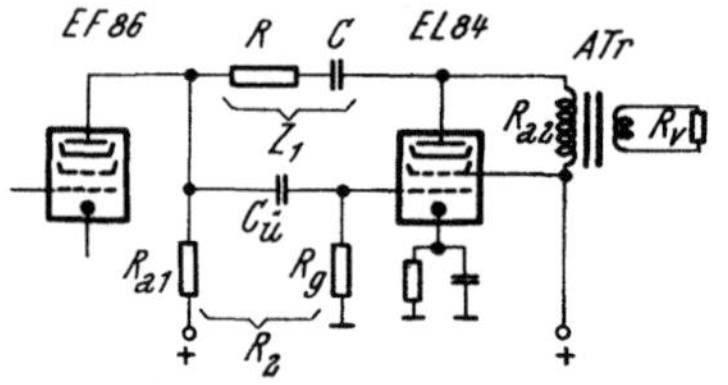

Abb. 3.3. Anwendungsbeispiel einer Spannungsgegenkopplung

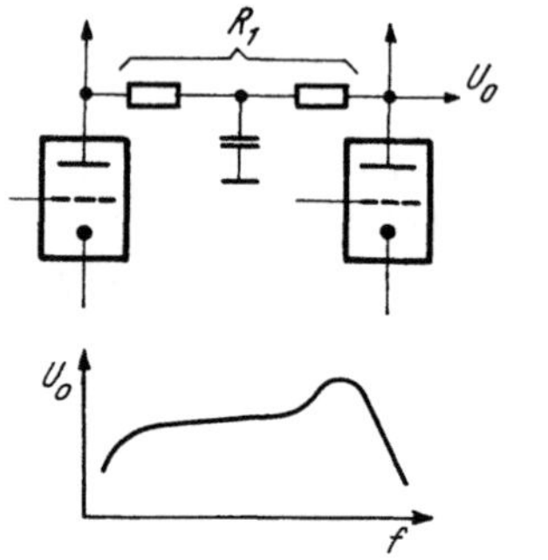

Abb. 3.4. Anhebung höherer Frequenzen durch Spannungsgegenkopplung

3.1.2 Die Stromgegenkopplung

Die Abb. 3.5 zeigt das Schaltbild einer stromgegengekoppelten Verstärkerstufe, das wir bereits bei der Entzerrung des Frequenzganges von Breitbandverstärkern kurz besprochen haben (Kap. 2.3). Die Abb. 3.6 gibt dazu das Prinzipschaltbild. Die Gegenkopplungsspannung U_{Gk} ist hier dem Ausgangswechselstrom Io proportional, der die Widerstände Ra und R_{Gk} ($= Rk$ in Abb. 3.5) durchfließt. Die Stromgegenkopplung wirkt einer Änderung des Io entgegen und ist zum Unterschied von der Spannungsgegenkopplung von der Größe des Ra und damit von der Belastung durch einen Verbraucher abhängig. Auch bei fehlender Eingangsspannung ist eine Gegenkopplung wirksam, sie stabilisiert den Strom im Arbeitspunkt.

Die Verstärkung V' errechnet sich analog dem Beispiel der Spannungsgegenkopplung:

$$V' = \frac{\mu \cdot Ra}{Ri' + Ra} \tag{3.9}$$

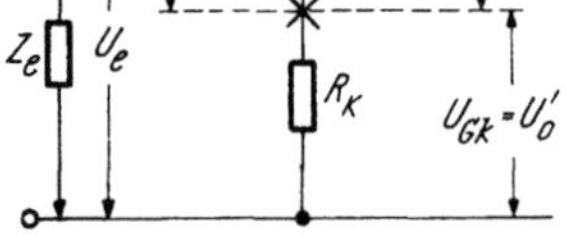

Abb. 3.5. Stromgegengekoppelte Verstärkerstufe

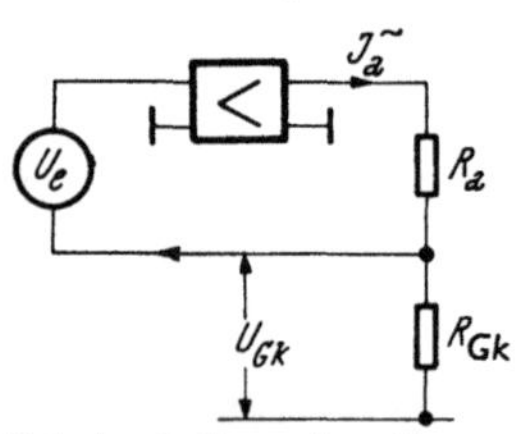

Abb. 3.6. Prinzipschaltung einer Stromgegenkopplung

Der Innenwiderstand Ri wird scheinbar vergrößert, die Steilheit verkleinert, der Durchgriff bzw. die Leerlaufverstärkung bleiben konstant. Es ist:

$$Ri' = Ri + R_{Gk}(\mu + 1) > Ri \quad \text{und} \quad S' = \frac{S}{1 + SR_{Gk} + \dfrac{R_{Gk}}{Ri}} < S \tag{3.10}$$

Bei Pentoden wird der Ausgangsstrom wesentlich von dem größeren Ri bestimmt. Die Stromgegenkopplung ist daher bei diesen Röhren weniger wirksam. Um Ug_2 konstant zu halten, muß das Schirmgitter gegen die Katode abgeblockt werden, wobei zu berücksichtigen ist, daß Rg_2 wechselspannungsmäßig parallel zu Rk liegt.

Die Eingangsimpedanz einer stromgegengekoppelten Verstärkerstufe

Der Eingangswiderstand einer nichtgegengekoppelten Röhre ist bis zu mittleren Frequenzen gleich dem Gitterableitwiderstand Rg, solange die Röhre im negativen Gitterspannungsbereich betrieben wird. Für höhere Frequenzen ist die Eingangskapazität Ce der Röhre nicht mehr vernachlässigbar. Sie liegt ohne Stromgegenkopplung dem Rg parallel. Ist jedoch eine Stromgegenkopplung nach Abb. 3.5 vorhanden, so liegt die Eingangsimpedanz Zg in Serie mit der Spannungsquelle $U_{Gk} = Uo'$, die phasengleich mit Ue ist.

Vernachlässigen wir zunächst Rg, so ist:

$$Ie = Ue/Ze = Ug/Zg$$
$$\text{bzw.} \quad (Ue - Uo')/Zg$$

Ist $V'k$ die Verstärkung vom Eingang gegen die Katode $= Uo'/Ue$, so wird $Ue/Ze = Ue(1 - V'k)/Zg$. Daraus folgt die Eingangsimpedanz

$$Ze = \frac{Zg}{1 - V'k} \tag{3.11}$$

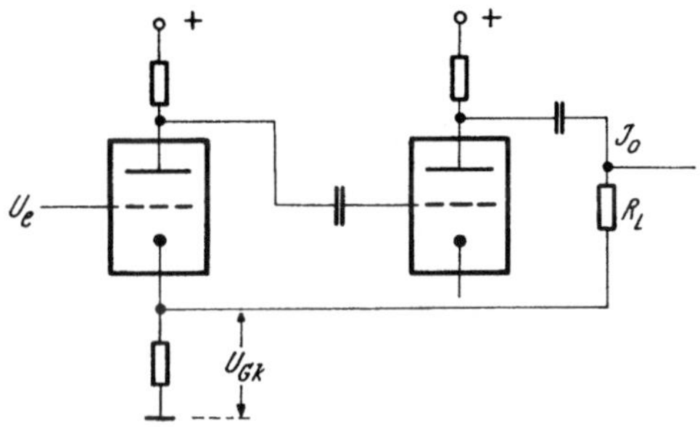

Abb. 3.7. Stromgegenkopplung über zwei Verstärkerstufen

Mit $V'k = \frac{\mu Rk}{Ri + Ra + Rk(1 + \mu)}$ wird $Ze = Zg \frac{Ri + Ra + Rk(1 + \mu)}{Ri + Ra + Rk}$ (3.12)

Für Pentoden mit $Ri \gg Ra, Rk$ vereinfacht sich die Formel zu:

$$Ze \approx Zg \frac{Ri + \mu Rk}{Ri + Rk} = Zg \frac{1 + SRk}{1 + \frac{Rk}{Ri}} \sim Zg(1 + SRk) \tag{3.13}$$

Durch die Stromgegenkopplung erscheint die Eingangsimpedanz um die Verstärkung $V' = SRk$ vergrößert, d. h. die wirksame Eingangskapazität Ce' wird kleiner als Ce, der wirksame Eingangswiderstand größer. Wird Rg mit berücksichtigt, so ist $Ze' = Rg \,||\, Ze$.

Ein Beispiel für eine Stromgegenkopplung über zwei Verstärkerstufen zeigt die Abb. 3.7. Weitere Beispiele unter anderem in Kap. 7.3.

3.1.3 Andere Gegenkopplungsarten

Die gemischte Gegenkopplung verwirklicht die Strom- und Spannungsgegenkopplung in einer Schaltung. Die Gegenkopplungsspannung ist sowohl von Uo wie von Io abhängig.

Vielfach wird auch eine Einteilung der Gegenkopplungsschaltungen nach Art der Einkopplung der Gegenkopplungsspannung in den Verstärker vorgenommen.

Wie die Abb. 3.1 und 3.6 zeigen, liegt bei der Spannungs- und bei der Stromgegenkopplung die Eingangsspannung Ue in Reihe mit der Gegenkopplungsspannung U_{Gk}. Diese Arten werden daher oft als Reihengegenkopplungen bezeichnet. Ihnen gemeinsam ist die Erhöhung der Eingangsimpedanz Ze.

Bei der Parallel- oder Nebenschlußgegenkopplung wird ein Gegenkopplungs*strom* an den Eingang zurückgeführt. Es ist dann $Ie = Ie' - I_{Gk}$.

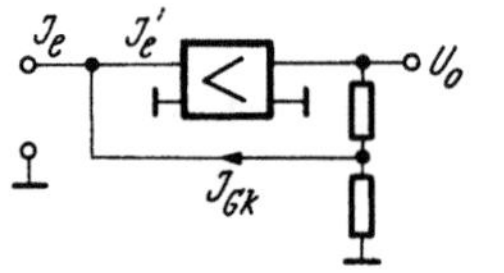

Abb. 3.8. I_{Gk} proportional der Ausgangsspannung Uo

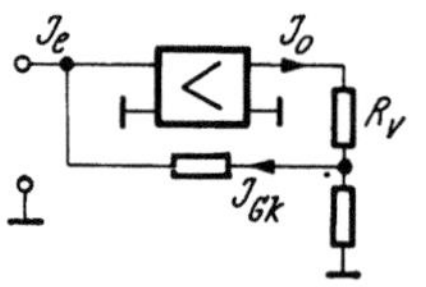

Abb. 3.9. I_{Gk} proportional dem Ausgangsstrom Io

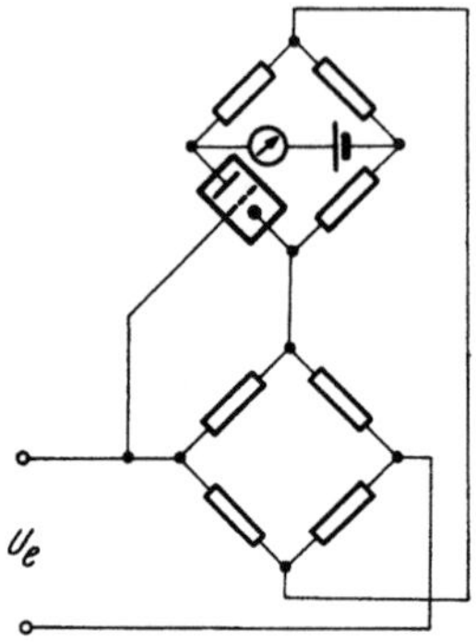

Abb. 3.10. Brückengegenkopplung

Der Gegenkopplungsstrom kann der Ausgangsspannung proportional sein, dann gilt das Ersatzschaltbild Abb. 3.8 (z. B. Miller-Integrator), oder er ist dem Ausgangsstrom Io proportional; Ersatzschaltbild Abb. 3.9. Bei beiden Arten wird der Eingangswiderstand verkleinert:

$$Re' = Re/(1 + kV)$$

Der Ausgangswiderstand einer gegengekoppelten Verstärkerstufe wird ebenfalls durch die Gegenkopplung beeinflußt. Ist das Gegenkopplungssignal (U_{Gk}, I_{Gk}) der Ausgangsspannung U_o proportional (Abb. 3.1 und 3.8), so verkleinert sich der wirksame Außenwiderstand auf $Ra' = Ra/(1 + kV)$.

Ist das Gegenkopplungssignal dem Ausgangsstrom I_o proportional (Abb. 3.6 und 3.9), so vergrößert sich Ra um denselben Faktor.

Eine Kombination von Reihen- und Parallelgegenkopplung liefert die Brückengegenkopplung Abb. 3.10. Sie ist eine nach Betrag und Phase frequenzunabhängige Gegenkopplung und wird besonders bei Meßgeräten verwendet.

3.1.4 Die Vorteile einer Gegenkopplung

Alle diejenigen Größen, die die Eigenschaften der Röhre beeinflussen, werden, soweit sie nicht im Eingangssignal vorhanden sind, von der Gegenkopplung verringert. So wirkt z. B. die Gegenkopplung einem Verstärkungsrückgang, hervorgerufen durch Röhrenalterung, Schwankung der Betriebsspannungen, Änderung der Werte von Schaltelementen (Temperaturgang bei Transistoren) usw., entgegen. Die durch die Kennlinienkrümmung hervorgerufenen Oberwellen (nichtlineare Verzerrungen) werden reduziert, d. h. weniger verstärkt, da auch sie im Eingangssignal noch nicht vorhanden sind. Das gleiche gilt für Brumm- und Rauschspannungen. Der Klirrfaktor wird verkleinert um: $K'/K = 1/(1 + kV)$. Die Gegenkopplung verringert lineare Verzerrungen, wie Unebenheiten im Frequenzgang. Die obere und untere Grenzfrequenz wird hinausgeschoben und dadurch die Bandbreite des Verstärkers vergrößert. Die Röhrenkennlinie wird linearisiert, so daß der Aussteuerbereich wächst. Durch eine frequenzabhängige Gegenkopplung können bestimmte Frequenzen bevorzugt verstärkt oder unterdrückt werden (selektive Verstärker usw.). Die Gegenkopplung verhindert das Auftreten von wilden Schwingungen, besonders in mehrstufigen Verstärkern, und wird zum Neutralisieren von hochfrequenten Verstärkerstufen herangezogen.

Durch geeignete Wahl und Dimensionierung der Gegenkopplung können die Röhrenkenndaten stark beeinflußt werden. So kann z. B. der Innenwiderstand einer Triode auf den einer Pentode erhöht werden, oder der Eingangswiderstand vergrößert und der Ausgangswiderstand verkleinert werden oder umgekehrt. Im Extremfall einer starken Gegenkopplung, also bei $k \cdot V \gg 1$, können μ und Ri vernachlässigt werden und die Verstärkung wird nur mehr vom Gegenkopplungsfaktor abhängig: $V' \sim 1/k$. Alle die Verstärkung beeinflussenden Größen sind wirkungslos geworden (wichtig für hochkonstante Meß- und Regelgeräte).

Die Gegenkopplung kann auch über mehrere Stufen erfolgen. Die Gesamtverstärkung über zwei Stufen z. B. ist

$$V' = \frac{V_1 \cdot V_2}{1 + k \cdot V_1 \cdot V_2} \tag{3.14}$$

Die an den Frequenzgrenzen auftretenden Phasendrehungen verwandeln jedoch unter Umständen die Gegenkopplung in eine Mitkopplung und der Verstärker beginnt zu schwingen. Es müssen daher Gegenkopplungen mit größerem k über mehrere Verstärkerstufen mit Vorsicht angewendet werden.

Zusammenfassend kann gesagt werden, daß abgesehen vom Verstärkungsrückgang die Stabilität und Qualität einer Verstärkerstufe mit Gegenkopplung wesentlich größer ist als ohne Gegenkopplung.

3.1.5 Gegenkopplung in Transistorverstärkern[1]

Wie in der Röhrenschaltungstechnik lassen sich auch die Verstärkungseigenschaften einer Transistorstufe durch Gegenkopplung günstig beeinflussen. Dies wurde im speziellen Fall des Resonanzverstärkers bereits gezeigt. Durch phasenrichtiges Rückführen eines Teiles des Ausgangssignales an den Eingang können Verzerrungen vermindert, der Frequenzgang verbessert, Eingangs- und Ausgangsimpedanzen des Verstärkers im gewünschten Sinne beeinflußt und Streuungen zwischen den Transistorexemplaren ausgeglichen werden, allerdings auf Kosten der Leistungsverstärkung.

Man unterscheidet wie bei Röhren zwei Möglichkeiten der Gegenkopplung: Das gegenkoppelnde Signal kann 1. entweder dem Ausgangsstrom i_2^* oder 2. der Ausgangsspannung u_2^* proportional sein. Außerdem kann die gegenkoppelnde Größe entweder als Strom (1a, 2a) oder als Spannung (1b, 2b) in den Eingang eingespeist werden, so daß man insgesamt vier verschiedene Gegenkopplungs-Grundtypen unterscheidet:

1a) Die gegenkoppelnde Größe ist proportional dem Ausgangs*strom* und wird als *Strom* dem Eingang zugeführt: Der Eingangswiderstand nimmt ab, der Ausgangswiderstand steigt, der Ausgangsstrom und die Stromverstärkung i_2^*/i_1^* werden stabilisiert (Abb. 3.11a).

[1] Literatur: [B 16, K 2, L 8, R 2].

1 b) Die gegenkoppelnde Größe ist proportional dem Ausgangs*strom* und wird als *Spannung* dem Eingang zugeführt: Der Eingangswiderstand steigt, der Ausgangswiderstand steigt, der Ausgangsstrom und die Steilheit i_2^*/u_1^* werden stabilisiert (Abb. 3.11 b).

2 a) Die gegenkoppelnde Größe ist proportional der Ausgangs*spannung* und wird als *Strom* dem Eingang zugeführt: Der Eingangswiderstand nimmt ab, der Ausgangswiderstand nimmt ab, die Ausgangsspannung und das Verhältnis u_2^*/i_1^* werden stabilisiert (Abb. 3.11 c).

2 b) Die gegenkoppelnde Größe ist proportional der Ausgangs*spannung* und wird als *Spannung* dem Eingang zugeführt: Der Eingangswiderstand steigt, der Ausgangswiderstand nimmt ab, die Ausgangsspannung und die Spannungsverstärkung u_2^*/u_1^* werden stabilisiert (Abb. 3.11 d).

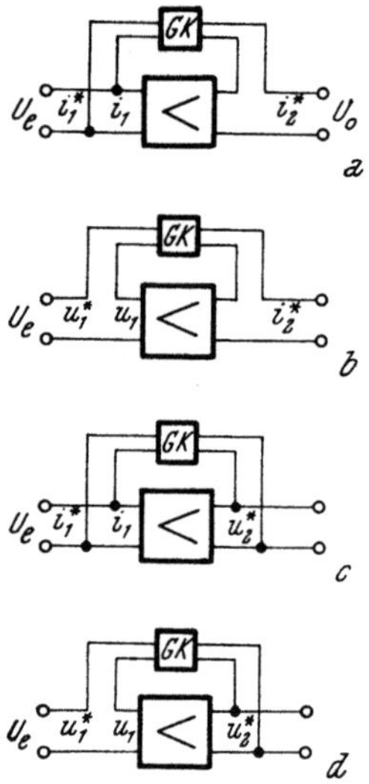

Abb. 3.11. Die vier Grundtypen der Gegenkopplung

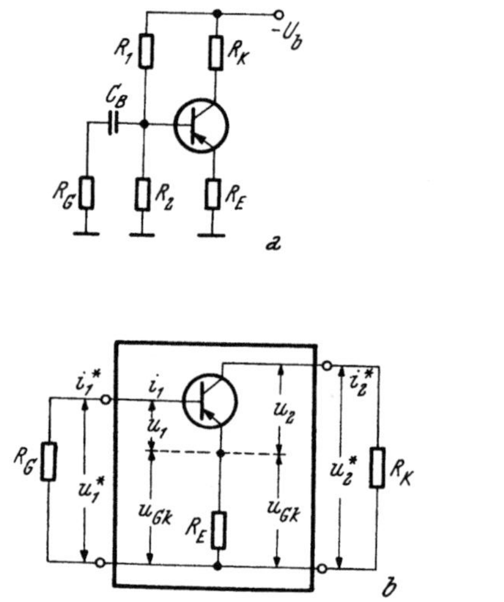

Abb. 3.12. Gegenkopplung durch nicht überbrückten Emitterwiderstand und Wechselstromersatzschaltbild

Die Gegenkopplung der Typen 1 b und 2 b ist bei Stromansteuerung ($R_G = \infty$) wirkungslos, da der Innenwiderstand des Gegenkopplungssignals zu klein ist. Man wird diese Schaltungsart daher nur bei kleinem Generatorinnenwiderstand anwenden. Umgekehrt können die Schaltungen 1 a und 2 a ihre Wirkung nur bei hohem Generatorwiderstand entfalten, da sonst der rückgeführte Strom im Generator kurzgeschlossen wird.

Die Berechnung des Einflusses der Elemente im Gegenkopplungskanal auf die Verstärkereigenschaften der Transistorstufe läuft auf eine Bestimmung der h-Parameter der Gesamtschaltung hinaus, wie dies im folgenden an den zwei gebräuchlichsten Gegenkopplungsschaltungen gezeigt wird:

A. Transistorverstärker mit nichtüberbrücktem Emitterwiderstand (Abb. 3.12)

Funktionsweise: Der Ausgangsstrom i_2^* fließt über den Emitterwiderstand R_E und ruft an diesem den Spannungsabfall u_{Gk} hervor. An der Steuerstrecke Basis-Emitter des Transistors liegt daher die Eingangsspannung u_1^* in Serie mit der entgegengerichteten Spannung u_{Gk} (Gegenkopplungstyp 1 b). Da $i_1^* = i_1$, jedoch u_1^* größer als u_1 ist, ist die Eingangsimpedanz der gegengekoppelten Stufe höher.

Berechnung: Der Transistor wirkt als Vierpol, der in einen „größeren" Vierpol hineingestellt ist (Abb. 3.12b). Die Aufgabe besteht darin, aus den h-Werten des Transistorvierpols und der Größe R_E die h^*-Werte des größeren Vierpols zu bestimmen:

$$\begin{aligned} u_1 &= h_{11}\, i_1 + h_{12}\, u_2 & & u_1^* = h_{11}^*\, i_1^* + h_{12}^*\, u_2^* \\ & & \rightarrow & \\ i_2 &= h_{21}\, i_1 + h_{22}\, u_2 & & i_2^* = h_{21}^*\, i_1^* + h_{22}^*\, u_2^* \end{aligned}$$

Es ist $i_1 = i_1^*$, $\quad i_2 = i_2^*$

$$u_{Gk} = (i_1^* + i_2^*)\, R_E, \quad u_1 = u_1^* - u_{Gk}, \quad u_2 = u_2^* - u_{Gk}$$

Geht man mit diesen Beziehungen in die h-Gleichungen des Transistors ein, so erhält man

$$u_1^* - (i_1^* + i_2^*)\, R_E = h_{11}\, i_1^* + h_{12}\, u_2^* - h_{12}(i_1^* + i_2^*)\, R_E$$

$$i_2^* = h_{21}\, i_1^* + h_{22}\, u_2^* - h_{22}(i_1^* + i_2^*)\, R_E$$

bzw. umgeformt

$$u_1^* = [h_{11} + R_E(1 - h_{12})\,(1 + (h_{21} - h_{22}\, R_E)/(1 + h_{22}\, R_E))]\, i_1^* +$$

$$+ [h_{12} + R_E(1 - h_{12})\,(h_{22}/(1 + h_{22}\, R_E)]\, u_2^* = h_{11}^*\, i_1^* + h_{12}^*\, u_2^*$$

$$i_1^* = [(h_{21} - h_{22}\, R_E)/(1 + h_{22}\, R_E)] \cdot i_1^* + [h_{22}/(1 + h_{22}\, R_E)]\, u_2^* = h_{21}^*\, i_1^* + h_{22}^*\, u_2^*$$

wo h_{11}^*, h_{12}^*, ... Abkürzungen für die komplizierten Koeffizienten von i_1^*, u_2^* bedeuten und als h-Parameter des gegengekoppelten Verstärkers aufzufassen sind.

Da in der Praxis $h_{22} R_E \ll 1$, $h_{12} \ll 1$ und $h_{21} \gg 1$ ist, kann man die Zusammenhänge zwischen alten und neuen h-Parametern vereinfachen:

$$h_{11}^* = h_{11} + R_E(h_{21} + 1)$$

$$h_{12}^* = h_{12} + R_E h_{22}$$

$$h_{21}^* = h_{21}$$

$h_{22}^* = h_{22}$ (h_{22} ist für offenen Eingang definiert, eine Spannungsgegenkopplung bleibt ohne Einfluß)

Für die Berechnung der Betriebswerte der Spannungsverstärkung, Stromverstärkung usw. des Verstärkers mit Gegenkopplung bestimmt man also die neuen h^*-Parameter und setzt diese in die Gl. (2.58), S. 196, ein. Für das Verhältnis der Betriebswerte des Verstärkers mit und ohne Gegenkopplung findet man (mit $\lambda = (R_E/h_{11}) \cdot ((1 - L)/(1 - HL))$; H, L, G Hilfsgrößen des Verstärkers ohne Gegenkopplung):

1. $v_i^*/v_i = 1$ Die Stromverstärkung bleibt unverändert.
2. $v_u^*/v_u = v^*/v = 1/(1 + \lambda h_{21})$ Spannungs- und Leistungsverstärkung nehmen ab.
3. $r_e^*/r_e = 1 + \lambda h_{21}$ Eingangswiderstand und
4. $r_o^*/r_o = 1 + G\lambda h_{21} \cdot ((1 - HL)/(1 - L))$ Ausgangswiderstand steigen

(3.15)

Zahlenbeispiel: Man berechne folgende Verstärkerstufe:

$h_{11} = 800\ \Omega$ $R_G = 1000\ \Omega$

$h_{12} = 5{,}4 \cdot 10^{-4}$ $R_K = 3{,}3\ \mathrm{k}\Omega$

$h_{21} = 47$ $R_E = 100\ \Omega$

$h_{22} = 8 \cdot 10^{-5}\ S$

Die h^*-Parameter sind $h_{11}^* = 800 + 100(47 + 1) = 5600\ \Omega$

$$h_{12}^* = 5{,}4 \cdot 10^{-4} + 100 \cdot 8 \cdot 10^{-5} = 85 \cdot 10^{-4}$$

$$h_{21}^* = 47$$

$$h_{22}^* = 8 \cdot 10^{-5}\ S$$

Die neuen Hilfsgrößen sind:

$H^* = h_{12}^* h_{21}^*/h_{11}^* h_{22}^* = 0{,}89$

$L^* = R_K/(R_K + 1/h_{22}^*) = L = 0{,}21$

$G^* = h_{11}^*/(h_{11}^* + R_G) = 0{,}875$

$v_i^* = h_{21}^*(1 - L^*) = 37$ (ohne Gegenkopplung: 37)

$v_u^* = -(1/h_{12}^*)\, H^* L^*/(1 - H^* L^*) = 27$ (ohne Gegenkopplung: 165)

$v^* = v_i^* \cdot v_u^* = 1000$ (ohne Gegenkopplung: 6100)

$r_e = h_{11}^*(1 - H^* L^*) = 4560\ \Omega$ (ohne Gegenkopplung: 740 Ω)

$r_o = 1/(h_{22}^*(1 - H^* G^*)) = 57\ \mathrm{k}\Omega$ (ohne Gegenkopplung: 15 kΩ)

Die Abhängigkeit der Spannungsverstärkung von den Streuungen der Kurzschlußstromverstärkung h_{21} ist stark vermindert: Nach (3.15) ist

$$v_u^* = v_u/(1 + \lambda \cdot h_{21}) = -(1/h_{12})\,(HL/(1 - HL)) \cdot (1/(1 + \lambda \cdot h_{21}))$$

Für die Abhängigkeit der Spannungsverstärkung von h_{21} findet man daher

$$\Delta v_u^*/\Delta h_{21} = -1/h_{12} \cdot (HL/(1 - HL)^2)\,(1/(1 + \lambda h_{21}))$$

bzw. für die relative Änderung

$$\begin{aligned} \Delta v_u^*/v_u^* &= (1/(1 - HL)) \cdot 1/(1 + \lambda\, h_{21})\,(\Delta h_{21}/h_{21}) = \\ &= (v_u^*/v_u)\, 1/(1 - HL)\,(\Delta h_{21}/h_{21}) = \\ &= (27/165) \cdot 1/(1 - 0{,}397 \cdot 0{,}21)\,(\Delta h_{21}/h_{21}) = 0{,}18\, \Delta h_{21}/h_{21} \end{aligned}$$

d. h. eine Änderung der Stromverstärkung $\Delta h_{21}/h_{21} = 20\%$ ruft eine Änderung der Spannungsverstärkung um nur 3,6% hervor. Auf dieser Eigenschaft beruht die Verbesserung des Frequenzganges einer gegengekoppelten Stufe; die Abnahme der Stromverstärkung h_{21} bei hohen Frequenzen wirkt sich auf den Verstärkungsrückgang viel schwächer aus.

B. Transistorverstärker mit Basiswiderstand am Kollektor (Abb. 3.13)

Funktionsweise: Die Ausgangsspannung u_2^* ruft im Widerstand R_B einen Strom i_{Gk} hervor. Die Steuerstrecke Basis-Emitter des Transistors wird daher nicht nur vom Eingangsstrom i_1^*, sondern auch vom entgegengesetzt gerichteten Strom i_{Gk} durchflossen, so daß der effektive Steuerstrom i_1 kleiner ist als der Eingangsstrom: $i_1 = i_1^* - i_{Gk}$ (Gegenkopplungstyp *c*). Der Eingangswiderstand ist daher kleiner als bei fehlender Gegenkopplung. Die Größe von R_B ist durch die Lage des Arbeitspunktes festgelegt.

Berechnung: Die Aufgabe besteht wieder darin, von den h-Werten des Transistors und der Größe des Gegenkopplungswiderstandes R_B auf die neuen h-Werte der gegengekoppelten Stufe zu schließen.

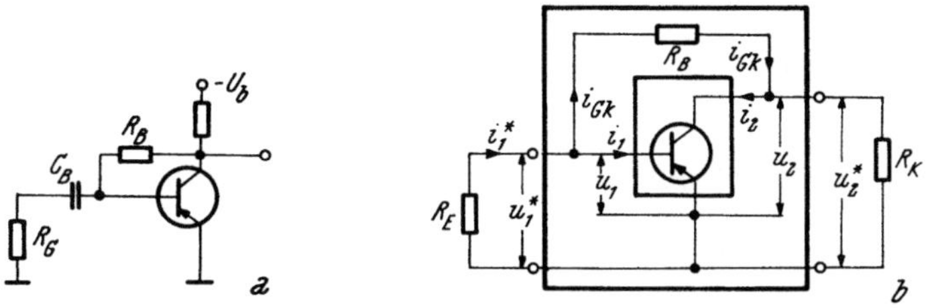

Abb. 3.13. Schaltung nach Gegenkopplungstyp c (Abb. 3.11) und Ersatzschaltung

Setzt man die aus Abb. 3.13b ablesbaren Beziehungen

$$u_1 = u_1^*,\ u_2 = u_2^*,\ i_1 = i_1^* - i_{Gk},\ i_2 = i_2^* + i_{Gk},$$
$$i_{Gk} = (u_1^* - u_2^*)/R_B$$

in die h-Gleichungen des Transistors ein, so erhält man

$$u_1^* = h_{11} \cdot [i_1^* - (u_1^* - u_2^*)/R_B] + h_{12}\, u_2^*$$
$$i_2^* + (u_1^* - u_2^*)/R_B = h_{21}(i_1^* - (u_1^* - u_2^*)/R_B) + h_{12}\, u_2^*$$

oder umgeformt:

$$u_1^* = h_{11}/(1 + (h_{11}/R_B)) \cdot i_1^* + (h_{12} + h_{11}/R_B)\,(1 + (h_{11}/R_B)) \cdot u_2^* = h_{11}^*\, i_1^* + h_{12}^*\, u_2^*$$
$$i_2^* = ((h_{21} - h_{11}/R_B)/(1 + h_{11}/R_B))\, i_1^* + [(h_{22} + ((h_{21} + 1)\,(1 - h_{12})/R_B)/(1 + (h_{11}/R_B))]\, u_2^* =$$
$$= h_{21}^*\, i_1 + h_{22}^*\, u_2^*$$

wobei h_{11}^*, h_{12}^*, ... Abkürzungen für die umfangreichen Koeffizienten von i_1^* und u_2^* sind und die h-Parameter des gegengekoppelten Verstärkers darstellen.

In der Praxis ist meist $h_{11}/R_B \ll 1$; $h_{12} \ll 1$; $h_{21} \gg 1$, so daß sich die h^*-Werte aus den h-Werten des Transistors und R_B aus folgenden einfachen Ausdrücken berechnen lassen:

$h_{11}^* = h_{11}$ (h_{11} ist für kurzgeschlossenen Ausgang definiert)

$h_{12}^* = h_{12} + h_{11}/R_B$

$h_{21}^* = h_{21}$

$h_{22}^* = h_{22} + h_{21}/R_B$

Durch Einsetzen dieser Werte in die Gl. (2.58) findet man die Verstärkungszahlen und Ein- und Ausgangsimpedanzen. Für das Verhältnis der Betriebswerte des Verstärkers mit und ohne Gegenkopplung gilt (mit $\lambda = (R_K/R_B) \cdot (1/(1 + R_K h_{22}))$

1. $v_i^*/v_i = 1/(1 + \lambda h_{21})$ Die Stromverstärkung nimmt ab.
2. $v_u^*/v_u = 1$ für $R_B \gg R_K$ Die Spannungsverstärkung bleibt konstant.
3. $r_e^*/r_e = 1/(1 + \lambda h_{21})$ Der Eingangswiderstand und
4. $r_o^*/r_o = 1/(1 + \lambda h_{21} \dfrac{1 - G}{L(1 - GH)})$ der Ausgangswiderstand nehmen ab. (3.16)

Zahlenbeispiel: Man berechne folgende Verstärkerstufe:

$h_{11} = 800\,\Omega$, $h_{21} = 47$, $R_G = 1000\,\Omega$, $R_B = 30\,\text{k}\Omega$

$h_{12} = 5{,}4 \cdot 10^{-4}$, $h_{22} = 8 \cdot 10^{-5}\,S$, $R_K = 3{,}3\,\text{k}\Omega$

Die h^*-Parameter sind

$h^*_{11} = 800\,\Omega$ $\qquad$ $h^*_{21} = 47$

$h^*_{12} = 5{,}4 \cdot 10^{-4} + (800/3 \cdot 10^4) = 2{,}72 \cdot 10^{-2}$ $\qquad$ $h^*_{22} = 8 \cdot 10^{-5} + (47/3 \cdot 10^4) = 1{,}65 \cdot 10^{-3}\,S.$

Die neuen Hilfsgrößen sind:

$H^* = h^*_{12}\, h^*_{21}/h^*_{11}\, h^*_{22} = 0{,}968$

$L^* = R_K/(R_K + 1/h^*_{22}) = 0{,}846$

$G^* = h^*_{11}/(h^*_{11} + R_G) = 0{,}445$

Die Betriebswerte sind dann:

$v^*_i = h^*_{21}(1 - L^*) = 7{,}3$ (ohne Gegenkopplung: 37)

$v^*_u = (-1/h^*_{12})\,(H^* L^*/(1 - H^* L^*)) = 165$ (ohne Gegenkopplung: 165)

$v^* = v^*_i \cdot v^*_u = 1200$ (ohne Gegenkopplung: 6100)

$r^*_e = h^*_{11}(1 - H^* L^*) = 145\,\Omega$ (ohne Gegenkopplung: 740 Ω)

$r^*_o = 1/(h^*_{22}(1 - H^* G^*)) = 1100\,\Omega$ (ohne Gegenkopplung: 15 kΩ)

Die Abhängigkeit der Stromverstärkung von den Streuungen der Kurzschlußstromverstärkung h_{21} ist stark vermindert. Nach Gl. (3.16) ist

$$v^*_i = v_i/(1 + \lambda h_{21}) = h_{21}(1 - L)/(1 + \lambda h_{21})$$

die Abhängigkeit der Stromverstärkung von h_{21} ist daher

$$\Delta v_i^*/\Delta h_{21} = (1 - L)/(1 + \lambda h_{21})^2 = \frac{v^*_i/h_{21}}{1 + \lambda h_{21}}$$

Die relativen Änderungen sind

$$\Delta v^*_i/v^*_i = 1/(1 + \lambda h_{21})(\Delta h_{21}/h_{21}) = (v^*_i/v_i)(\Delta h_{21}/h_{21}) = 7{,}3/37\,(\Delta h_{21}/h_{21}) = 0{,}2\,\Delta h_{21}/h_{21}$$

d. h. eine Änderung der Kurzschlußstromverstärkung $\Delta h_{21}/h_{21} = 20\%$ ruft eine Änderung der Betriebsstromverstärkung um nur 4% hervor.

3.2 Die Mitkopplung

Führen wir einen Teil der Ausgangsspannung eines Verstärkers um 180° phasengedreht an dessen Eingang zurück, so wird die wirksame Steuerspannung um die Höhe der zurückgeführten Spannung kleiner sein als die Eingangsspannung. Diese Kopplungsart nannten wir eine negative Rückkopplung oder Gegenkopplung. Sie verursacht stets eine Verstärkungsminderung. Wird nun eine Rückkopplung derart vorgenommen, daß zwischen ihr und der Eingangsspannung keine Phasendrehung vorhanden ist, so werden sich die beiden Spannungen addieren, die wirksame Steuerspannung wird größer als die Eingangsspannung sein. In diesem Falle sprechen wir von einer positiven Rückkopplung oder Mitkopplung.

Die Abb. 3.14 zeigt ein einfaches Beispiel eines mitgekoppelten Resonanzverstärkers. Die Mitkopplungsspannung

$$U\tilde{m} = -k_m \cdot U\tilde{a} \tag{3.17}$$

k_m = Mitkopplungsfaktor; das Minuszeichen kennzeichnet die 180°-Phasenverschiebung zwischen $U\tilde{m}$ und $U\tilde{a}$.

Die erhöhte Eingangsspannung $U\tilde{e}' = U\tilde{e} + U\tilde{m} = U\tilde{e} + k \cdot U\tilde{a}$. $U\tilde{e}'$ vergrößert aber ihrerseits die Anodenwechselspannung $U\tilde{a}'$ und es muß gelten: $U\tilde{e}' = U\tilde{e} - k_m \cdot U\tilde{a}'$. Da $V = -U\tilde{a}'/U\tilde{e}'$ ist, wird $U\tilde{e}' = U\tilde{e}/(1 - k_m \cdot V)$. Diese Gleichung zeigt die Erhöhung der Eingangsspannung durch Mitkopplung. Um nun die Verstärkung zu erhalten, multiplizieren wir die letzte Gleichung mit $V/U\tilde{e}$ und es gilt:

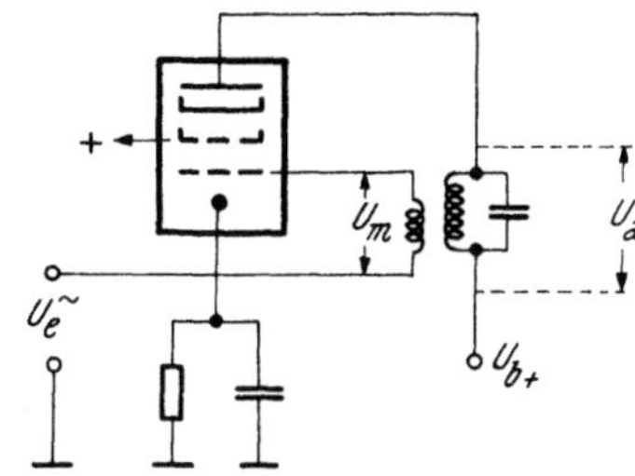

Abb. 3.14.
Mitgekoppelter Resonanzverstärker

$$\frac{V \cdot U\tilde{e}'}{U\tilde{e}} = -\frac{U\tilde{a}'}{U\tilde{e}} = \frac{V}{1 - k_m \cdot V} = V' \tag{3.18}$$

Diese Formel zeigt, daß die Verstärkung bei vorhandener Mitkopplung um den Faktor $1/(1 - k_m \cdot V)$ steigt.

Vergleichen wir die Formel (3.18) mit Formel (3.3) bei Gegenkopplung, so sehen wir, daß der Unterschied nur im Nenner liegt.

Bei Gegenkopplung:

k ist positiv, $U_{Gk} = +k U\tilde{a}$, der Nenner der Gl. (3.3) > 1, $V' < V$.

Bei Mitkopplung:

k ist negativ, $U_m = -k U\tilde{a}$, der Nenner der Gl. (3.18) < 1, $V' > V$.

Im Grenzfall $1 - k \cdot V = 0$ wird $V' = \infty$. Der mitgekoppelte Verstärker wird zum selbsterregten Generator, dem Oszillator.

Ist $U\tilde{m} \ll U\tilde{a}$, tritt also keine Selbsterregung ein, so wird die Verstärkung der Stufe erhöht. Gleichzeitig tritt bei Spannungsmitkopplung eine scheinbare Vergrößerung des Innenwiderstandes Ri der Röhre auf:

$$Ri' = \frac{Ri}{1 - \mu \cdot k_m}; \quad (D' = D - k_m) \tag{3.19}$$

Die Kenngrößen der mitgekoppelten Röhre unterscheiden sich von denen der gegengekoppelten nur durch das Minuszeichen im Nenner. Dies gilt auch für die Strommitkopplung.

Ist der Außenwiderstand des mitgekoppelten Verstärkers ein L-C-Kreis, so wird die Stufe entdämpft, d. h. die Bandbreite des Schwingkreises wird durch die Vergrößerung des Ri wesentlich kleiner. Der Eingangswiderstand der Verstärkerstufe wird bei Anwendung einer Mitkopplung kleiner. Abgesehen von der größeren Verstärkung und der Kreisentdämpfung erscheinen alle Vorteile der Gegenkopplung als Nachteile bei der Mitkopplung: die Verstärkerstufe wird empfindlich gegen Betriebsspannungsschwankungen und Röhrenalterungen, der Klirrfaktor steigt, die mitgekoppelte Stufe wird instabiler. Aus diesen Gründen wird die

Mitkopplung in der Verstärkertechnik nur selten angewendet. Ein Beispiel wären die selektiven Verstärker oder die Entdämpfung des Eingangskreises beim Mitkopplungsaudion (Abb. 3.15).

Analog zur Gegenkopplung können wir auch bei der Mitkopplung eine Spannungs- oder Strommitkopplung, eine Reihen- oder Parallelmitkopplung je nach Art der Gewinnung und Zuführung der Mitkopplungsspannung unterscheiden. Unabhängig davon ist besonders in der Hochfrequenztechnik eine Einteilung in induktive, kapazitive oder galvanische Mitkopplung zweckmäßig.

Die wichtigste Anwendung der Mitkopplung ist aber zweifellos die Erzeugung von nieder- oder hochfrequenten Schwingungen in der selbsterregten Verstärkerstufe, dem Oszillator (Kap. 4).

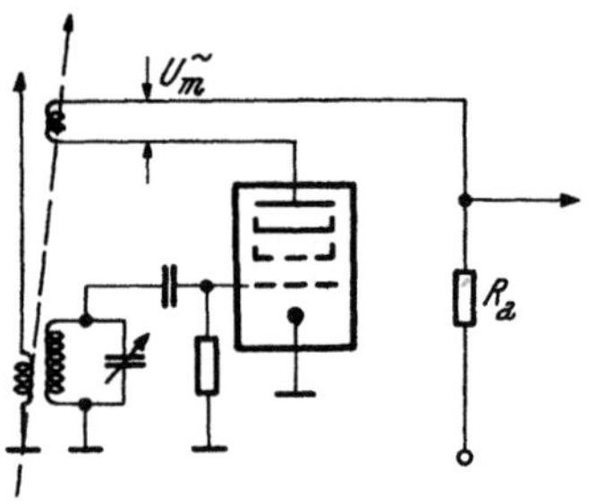

Abb. 3.15. Entdämpfung des Eingangskreises durch Mitkopplung

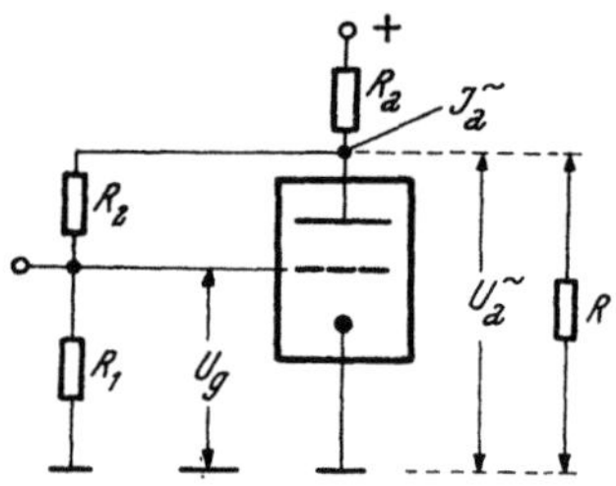

Abb. 3.16. Prinzip einer spannungsgegengekoppelten Verstärkerstufe

3.3 Die blinde Rückkopplung

Wie zu Beginn des Kapitels erwähnt, ist bei der blinden Rückkopplung die Rückkopplungsspannung gegenüber der Eingangsspannung um 90° phasenverschoben. Die Nachbildung von Blindwiderständen mit dieser Rückkopplungsart ist naheliegend.

A. Die Blindröhre

Betrachten wir noch einmal das Schaltbild einer spannungsgekoppelten Verstärkerröhre Abb. 3.16. Der Ausgangsstrom durch Ra (Gl. (2.3)) setzt sich zusammen aus:

$$I_o^{\sim} = S(U\tilde{g} + DU\tilde{a}) + U\tilde{a}/(R_1 + R_2)$$

Die Anoden-Katodenstrecke der Röhre stellt also einen Widerstand $R' = U\tilde{a}/I_o^{\sim}$ dar. Mit Gl. (3.4) und Gl. (3.6) wird

$$R' = \frac{Ri(R_1 + R_2)}{Ri(SR_2 + 1) + R_1 + R_2} \tag{3.20}$$

Wie diese Gleichung zeigt, stellt die Anoden-Katodenstrecke der Röhre einen reellen Widerstand $R' \sim 1/S$ dar, der so lange ein Wirkwiderstand ist, als auch R_1 und R_2 Wirkwiderstände sind.

Soll die Anoden-Katodenstrecke der Röhre die Eigenschaften eines Blindwiderstandes, also einer Kapazität C' oder Induktivität L' erhalten, d. h. der Anodenstrom $I\tilde{a}$ gegen die Anodenspannung $U\tilde{a}$ um 90° phasenverschoben sein, so muß entweder R_1 oder R_2 ein Blindwiderstand werden. In der Schaltung nach Abb. 3.17a ist R_1 durch einen Kondensator ersetzt. Die Anodenspannung $U\tilde{a}$

liegt an dem Teiler $R-C$. Wird $R \gg 1/\omega C$ gemacht, so eilt die Spannung $U\tilde{_C}$ und damit die Gitterwechselspannung $U\tilde{g}$ der $U\tilde{a}$ um 90° nach (Abb. 3.17b). Da aber bei einer Röhre (strenggenommen nur bei einer Pentode) $U\tilde{g}$ und $I\tilde{a}$ gleichphasig sind, muß $I\tilde{a}$ gegen $U\tilde{a}$ um 90° phasenverschoben sein. Durch diese Rückkopplungsart hat also die Röhre die Eigenschaften einer Induktivität bekommen. Steigt die angelegte Frequenz, so nimmt ihr Scheinwiderstand zu, denn $U\tilde{_C}$ und damit $I\tilde{a}$ und $U\tilde{a}$ werden kleiner.

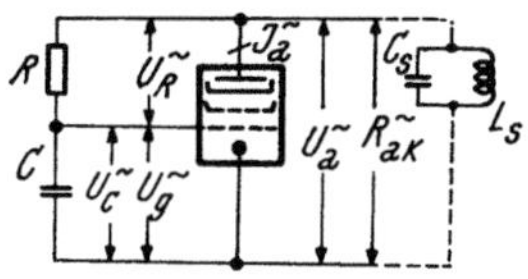

Abb. 3.17a. Die Blindröhre

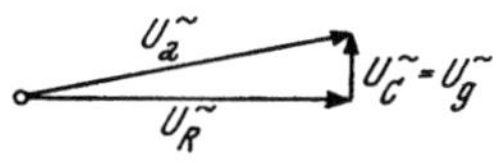

Abb. 3.17 b. Vektorielle Darstellung der Spannungen

Die Größe des Blindwiderstandes der Röhre ist:

$U\tilde{g} = U\tilde{a}/(Rj\omega C + 1)$, daraus

$I\tilde{a} = S \cdot U\tilde{g} = S \cdot U\tilde{a}/(Rj\omega C + 1)$ und

$$R' = U\tilde{a}/I\tilde{a} = (Rj\omega C + 1)/S = j\omega \cdot RC/S + 1/S \tag{3.21}$$

R' stellt also eine Induktivität

$$L' = RC/S \tag{3.22}$$

dar, deren Größe von der Steilheit S und damit von der Gittervorspannung Ug abhängig ist. L' wird ∞, wenn $S = 0$ wird. Der Wert $1/S = Rs$ ist als ein Dämpfungswiderstand in Reihe mit L' aufzufassen.

Durch Verschieben des Arbeitspunktes der Röhre — Steilheitsänderung — läßt sich also der induktive Widerstand ändern. Soll sich S und damit L' linear mit Ug ändern, so muß die Ia–Ug-Kennlinie der Röhre parabelförmig sein. Nachteilig ist, daß sich mit S auch Rs ändert. Wird die Blindröhre einem Oszillatorschwingkreis parallelgeschaltet, so ändert sich mit S nicht nur die Frequenz des Oszillators, sondern auch mit Rs dessen Amplitude. Diese Amplitudenänderung (-modulation) läßt sich aber durch geeignete Maßnahmen klein halten.

Als Blindröhren eignen sich vor allem Pentoden oder Hexoden bzw. Heptoden. Soll ein Oszillator frequenzmoduliert werden, so wird die Blindröhre — wie in der Schaltung Abb. 3.17a angedeutet — seinem frequenzbestimmenden Schwingkreis parallelgeschaltet. Die Regel- oder Modulationsspannung wird dem Gitter über einen hochohmigen Widerstand zugeführt. Auch kann eine Steilheitsänderung durch eine Schirmgitter- oder Bremsgitterspannungsänderung erreicht werden. Die erreichbare Frequenzänderung („Hub") ist:

$$\Delta f = f_0 \cdot Ls \cdot S_{\max}/2RC = 0{,}5 \cdot f_0 \cdot Ls/L' \tag{3.23}$$

f_0 = Resonanzfrequenz bei $S = 0$ (Blindröhre gesperrt)
Ls = Induktivität des parallelgeschalteten Schwingkreises

Vertauscht man R und C in der Schaltung nach Abb. 3.17a und ist $R \ll 1/\omega C$, so wirkt die Röhre als Kapazität. Es wird:

$$R' = 1/(j\omega RCS) + 1/S$$

Die scheinbare Kapazität der Katoden-Anodenstrecke der Röhre ist:

$$C' = RCS \tag{3.24}$$

$$\Delta f = -(f_0^3/2) \cdot LsC(1 + R \cdot S_{\max}) \tag{3.25}$$

An Stelle von R_1 bzw. R_2 (Abb. 3.16) läßt sich statt einer Kapazität auch eine Induktivität einschalten (Abb. 3.18).

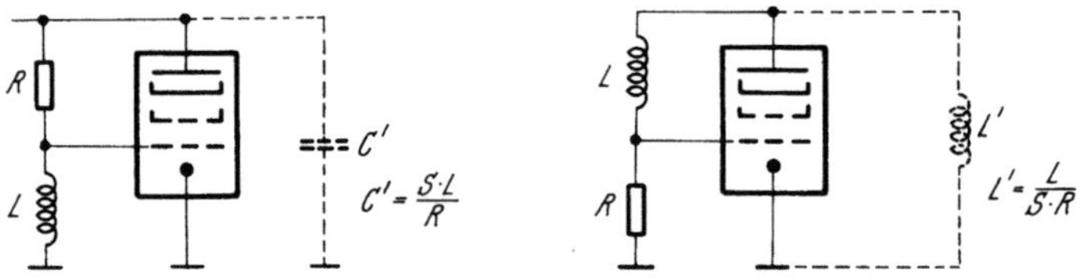

Abb. 3.18. Blindröhre mit *RL*-Phasenschieber

Wird ein großer Frequenzhub Δf gefordert, so ist die Verwendung einer Doppelüberlagerung empfehlenswert. Die Schwingung des frequenzmodulierten Oszillators wird noch einmal mit der eines frequenzkonstanten Oszillators überlagert, z. B.:

$f_0 = 5$ MHz $\pm$ 50 kHz ($= \pm 1\%$) überlagert mit 4,5 MHz ergibt
500 kHz $\pm$ 50 kHz ($= \pm 10\%$).

Ein Schaltbeispiel für einen frequenzmodulierten Oszillator mit Doppelüberlagerung zeigt die Abb. 3.19. Der Heptodenteil der Rö. 1 ist als Blindröhre geschaltet, die dem Oszillator mit dem Triodenteil der gleichen Röhre parallel liegt. Die vom Oszillatorgitter abgenommene frequenzmodulierte Schwingung wird dem

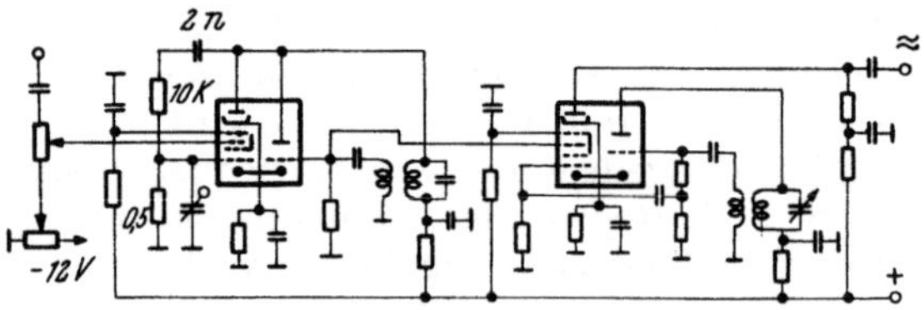

Abb. 3.19. Doppelüberlagerungsschaltung mit frequenzmoduliertem Oszillator

dritten Gitter einer Mischröhre (Heptodensystem der Rö. 2) zugeführt. Die im Triodenteil der gleichen Röhre erzeugte Schwingung wird an das Steuergitter der Heptode gelegt. Die modulierte Überlagerungsfrequenz wird an der Heptodenanode gewonnen.

Eine weitere Möglichkeit, einen großen Frequenzhub zu erreichen, ist die Parallelschaltung von einer Röhre als Induktivität mit einer Röhre als Kapazität. Beide Blindröhren sind dann dem Oszillatorschwingkreis parallelgeschaltet. Die Modulationsspannung wird über einen Gegentakttransformator den Schirm- oder Bremsgittern der Blindröhren zugeführt.

B. Anwendung der Blindröhren

Zur Erzeugung einer frequenzmodulierten Schwingung, zur Nachstimmung von Oszillatoren (automatische Scharfeinstellung), für Nachstimmvorrichtungen von Brücken, für Resonanzkurvenschreiber (Wobbler) usw.

Abb. 3.20. Anordnung zur Darstellung der Resonanzkurve eines HF-Bausteines (Philips-Wobbelsender GM 2877 und Philips-Breitbandoszillograph GM 5603)

3.4 Verkopplung — Neutralisation

Oftmals tritt bei Verstärkern eine ungewünschte Mitkopplung auf, die so groß werden kann, daß Selbsterregung eintritt und der Verstärker zu schwingen beginnt, d. h. zum Oszillator wird.

Bei mehrstufigen Niederfrequenzverstärkern tritt diese Mitkopplung meist dann auf, wenn der Verstärkereingang unabgeschirmt ist, bzw. der Ausgang auf den Eingang einstreuen kann, oder wenn in den Betriebsspannungsleitungen ungenügend abgeblockte Widerstände vorhanden sind, z. B. eine unterdimensionierte Siebkette für mehrere Röhrenstufen. Durch einen entsprechend sorgfältig geplanten Aufbau und eine saubere Stufentrennung läßt sich jedoch in der Niederfrequenztechnik leicht ein „wildes Schwingen“ verhindern. Manchmal sind Aluminium- bzw. Kupferabschirmungen, bei transformatorgekoppelten Verstärkern auch Eisenblechabschirmungen notwendig, doch sollen ganz allgemein Abschirmungen nur sparsam verwendet werden, da sie die Schaltkapazitäten erhöhen und dadurch die obere Grenzfrequenz herabsetzen. Durch ungünstige Masseverbindung der Abschirmung kann ebenfalls ein Mitkopplungsweg hergestellt werden. Ein stufenweises Zusammenziehen der Massepunkte ist ratsam.

Bei Hochfrequenzverstärkern, besonders wenn sie Resonanzkreise enthalten, ist eine Abschirmung nicht zu umgehen, da schon geringste kapazitive oder induktive Kopplungen zum Schwingen Anlaß geben. Zu diesen schaltungstechnisch bedingten Kopplungen kommt aber bei höheren Frequenzen noch diejenige über die Gitter-Anodenkapazität C_{ag} der Röhre. Diese Kapazität ist besonders bei

Trioden von großem Einfluß auf die Funktion der Schaltung (Miller-Kapazität, siehe Kap. 7.1.3, Huth-Kühn-Oszillator, siehe Kap. 4.2.2). Ihr Widerstand nimmt mit steigender Frequenz ab und vergrößert bei entsprechender Blindwiderstandskomponente im Gitterkreis die Mitkopplung.

Wo die Verwendung von Mehrgitterröhren mit kleinem *Cag* oder von speziellen Verstärkerschaltungen, wie Gitterbasisverstärker, Cascode-Schaltung usw. nicht möglich oder deren Entkopplung nicht ausreichend ist, muß die Wirkung der *Cag* kompensiert, besser gesagt „neutralisiert" werden. Besonders notwendig ist eine derartige Maßnahme bei hochfrequenten Leistungsverstärkern (Sendern).

Bei der Neutralisation handelt es sich um die Rückführung eines Teiles der Ausgangswechselspannung der Verstärkerstufe in Form einer Gegenkopplungsspannung an den Eingang. Wird diese Gegenkopplung veränderlich gemacht — Trimmerkondensator C_N —, so kann die Gegenkopplungsspannung genau gleich groß wie die über *Cag* kommende Rückkopplungsspannung gemacht werden, d. h. *Cag* wird neutralisiert. Je nachdem, ob die Phasendrehung für die Gegenkopplungsspannung im Gitter- oder Anodenkreis vorgenommen wird, unterscheidet man eine Gitter- oder Anodenneutralisation. Die Abb. 3.21 zeigt für beide Arten ein Beispiel.

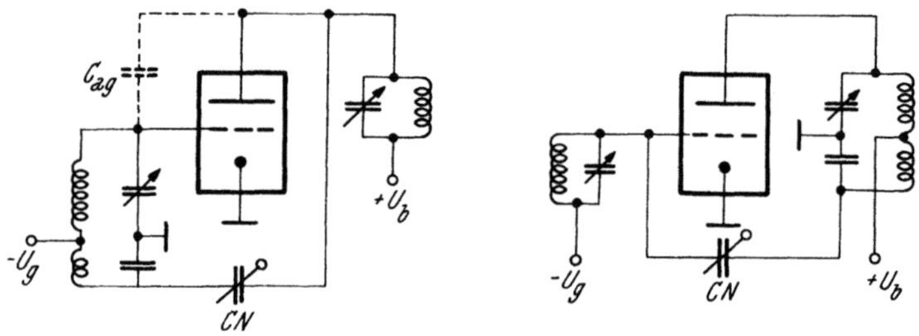

Abb. 3.21. Neutralisationsarten

Die richtige Einstellung der Neutralisation einer Verstärkerstufe wird wie folgt vorgenommen: Die Betriebsspannungen *Ub* und eventuell Ug_2 werden abgeschaltet und die Stufe durch einen Generator (Steuersender) mit der Betriebsfrequenz angesteuert. Ein an den Anodenkreis lose angekoppelter Indikator (Absorptionskreis, Tastkopfröhrenvoltmeter) wird so lange einen Ausschlag anzeigen, bis *Cag* durch entsprechende Einstellung von C_N neutralisiert ist. Anschließend kann die Betriebsspannung angelegt werden. Nach längerer Betriebszeit ist die Neutralisation nachzukontrollieren. Bei höheren Frequenzen und kleiner *Cag* werden die Neutralisationskapazitäten sehr klein. Oft genügt bereits die Kapazität zweier sich kreuzender Drahtstücke, die entsprechend auseinander- oder zusammengebogen werden.

3.5 Der operative Verstärker[1]

Eine besondere Art von spannungsrückgekoppelten Verstärkern und ein ausgezeichnetes Beispiel für die vielseitige Verwendbarkeit und Bedeutung der Rückkopplung in der modernen Elektronik stellt der sogenannte operative Verstärker dar, der der Grundbaustein jedes elektronischen Analogrechners ist.

[1] Literatur: [H 17, L 10].

Ohne daß man sich auf eine bestimmte Art von Verstärkern festlegt, kann jeder Verstärker durch einen Vierpol ersetzt werden, der die Eingangsimpedanz Z_e sowie die Spannungsverstärkung $v_u = V$ aufweist (Abb. 3.22a). In der Praxis ist dieser Vierpol meist ein vielstufiger Verstärker, der mit Röhren oder Transistoren bestückt ist. Aus diesem Vierpol wird ein operativer Verstärker, wenn die Ausgangsklemme über eine Impedanz Z_2 mit der Eingangsklemme verbunden wird, wodurch dem Vierpoleingang eine der Ausgangsspannung proportionale Rückkopplungsspannung überlagert wird. Bezeichnet man die Eingangsspannung mit u_e, die Ausgangsspannung mit u_o, so liegt an der Impedanz Z_2 die Spannung

$$|u_e| - |u_o| = u_e - V u_e = u_e(1 - V) \qquad (3.26)$$

(Die Verstärkung V ist eine negative Zahl, da wie beim normalen einstufigen Röhren- oder Transistorverstärker eine 180°-Phasendrehung angenommen wird.)

Der Strom durch Z_2 beträgt

$$i'' = \frac{u_e(1 - V)}{Z_2} \qquad (3.27)$$

Die Impedanz, die am Verstärkereingang wirksam ist, ist deshalb nicht Z_e, sondern Z_e':

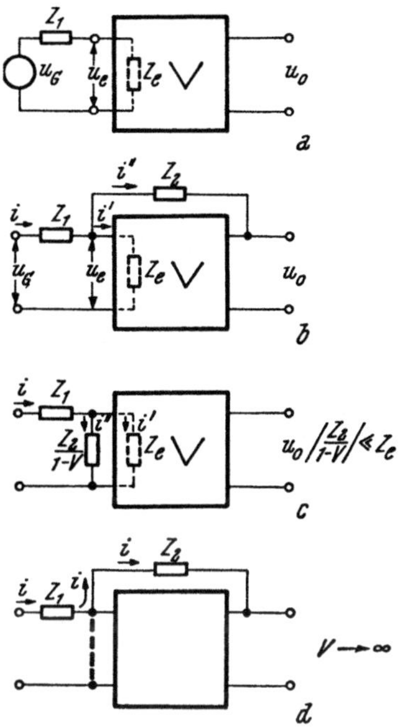

Abb. 3.22. Schaltung und Impedanzverhältnisse beim operativen Verstärker

$$Z_e' = \frac{u_e}{i} = \frac{u_e}{i' + i''} = \frac{u_e}{\dfrac{u_e(1 - V)}{Z_2} + \dfrac{u_e}{Z_e}} = \frac{1}{\dfrac{1 - V}{Z_2} + \dfrac{1}{Z_e}} \qquad (3.28)$$

Unter der Voraussetzung, daß

$$\left|\frac{Z_2}{1 - V}\right| \ll Z_e \qquad (3.29)$$

fließt der ganze Eingangsstrom i durch Z_2 (siehe Abb. 3.22c). Es ist $i \approx i''$ und die wirksame Eingangsimpedanz mit Rückkopplung beträgt

$$Z_e' \approx \frac{Z_e}{1 - V} \qquad (3.30)$$

Die Bedingung (3.29), daß die Eingangsimpedanz Z_e des Vierpols ohne Rückkopplung hoch ist, ist bei Röhrenverstärkern stets erfüllt. Sie gilt auch bei Transistoren, wenn entweder die Eingangsimpedanz durch Kombinations-Emitterfolgerschaltungen heraufgesetzt wird oder die Verstärkung entsprechend hoch ist.

Bei den sehr hohen Verstärkungsziffern, wie sie in operativen Verstärkern anzutreffen sind, ist

$$Z_e' \approx 0 \qquad (3.31)$$

Es tritt die bemerkenswerte Situation ein, daß der Eingang praktisch kurzgeschlossen ist, aber trotzdem der gesamte Eingangsstrom nicht über die Kurzschlußbrücke, sondern durch die Impedanz Z_2 abfließt. Dies wird aus Abb. 3.22c ohne weiteres plausibel.

Da zwischen den Eingangsklemmen kein Widerstand vorhanden zu sein scheint, ist der Eingangsstrom i bestimmt durch $i = u_G/Z_1$ und die Verstärkung des operativen Verstärkers $V' = u_o/u_G$ (im Gegensatz zur Verstärkung des Vierpols $V = u_o/u_e$) wird dann

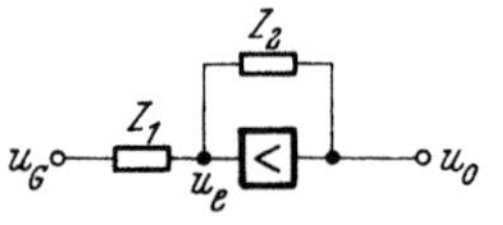

Abb. 3.23. Symbol für den operativen Verstärker

$$V' = \frac{u_o}{u_G} \approx \frac{u_o - u_e}{u_G} = \frac{-iZ_2}{u_G} = \frac{-\frac{u_G}{Z_1} Z_2}{u_G} = -\frac{Z_2}{Z_1} \tag{3.32}$$

Die wesentlichen Teile eines operativen Verstärkers sind somit Z_1, Z_2 und die eigentliche Verstärkerapparatur, die lediglich eine möglichst hohe Verstärkung zu liefern hat. Zur übersichtlichen Darstellung läßt man im Schaltbild die Masseleitung fort und erhält das auf die wesentlichen Teile zugeschnittene Verstärkersymbol (Abb. 3.23).

Anwendung des operativen Verstärkers

Nach Gl. (3.32) sind die Eingangs- und Ausgangsgrößen u_G und u_0 durch den Bruch Z_2/Z_1 in ähnlicher Weise miteinander verknüpft, wie in der Mathematik die unabhängige Variable x mit der abhängigen Größe y durch eine mathematische Operation verbunden ist:

$$y = f(x)$$

$$u_o = V'(u_G)$$

Im folgenden sind einige Verstärkertypen aufgezählt, die für einfache mathematische Operationen geeignet sind.

a) Vorzeichenwechsel (Abb. 3.24): Wenn $Z_1 = R$ und $Z_2 = R$, so ist $V' = -1$ und $u_o = -u_G$ bzw. wenn $u_G = x$, $u_o = y$, damit $y = -x$;

b) Multiplikation: Soll u_G mit k multipliziert werden, dann braucht man lediglich $Z_1 = R$, $Z_2 = kR$ zu wählen und einen Vorzeichenwechsler nachzuschalten (Abb. 3.25)

$$u_0 = -ku_G \cdot (-1) = ku_G \quad \text{bzw.} \quad y = k \cdot x$$

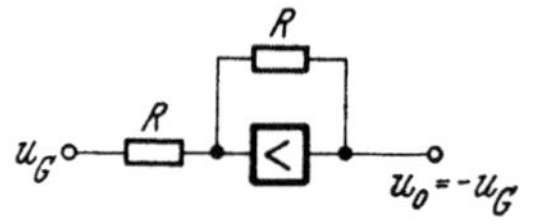

Abb. 3.24. Vorzeichenwechsel

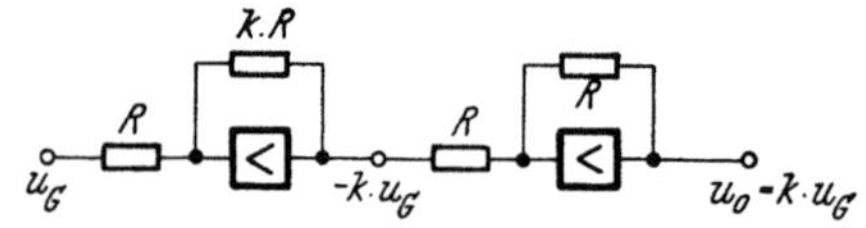

Abb. 3.25. Multiplikation mit operativem Verstärker

c) Addition: Sollen zwei oder mehr Eingangssignale addiert werden, so kommt man zu einer Schaltung nach Abb. 3.26. Es ist

$$u_0 = (-V_1')\, u_{G1} + (-V_2')\, u_{G2} + \dots (-V_n')\, u_{Gn} = \left(-\frac{R}{R}\right) u_{G1} + \dots +$$

$$+ \left(-\frac{R}{R}\right) u_{Gn} = -u_{G1} - u_{G2} \dots - u_{Gn}$$

und nach Multiplikation mit (— 1): $u_o = u_{G1} + u_{G2} + \dots u_{Gn}$ bzw. mathematisch

$$y = x_1 + x_2 + \dots x_n$$

Sollen die einzelnen Summanden mit verschiedenen Faktoren versehen werden

$$y = k_1 x_1 + k_2 x_2 + \dots k_n x_n$$

so braucht man lediglich die Eingangswiderstände folgendermaßen zu wählen

$$R_1 = \frac{R}{k_1}, \; R_2 = \frac{R}{k_2}, \; \dots \; R_n = \frac{R}{k_n}$$

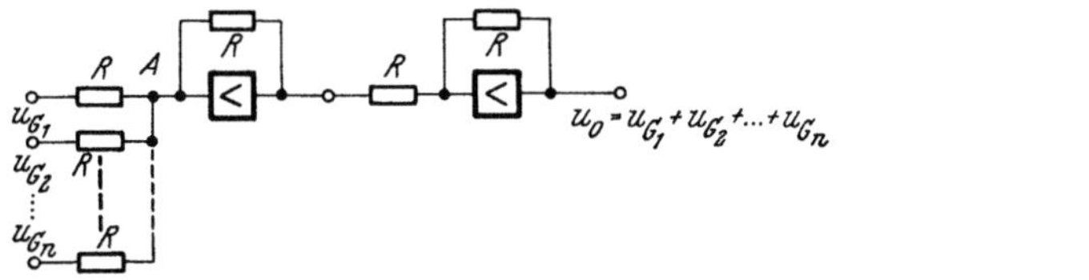

Abb. 3.26. Addition mit operativem Verstärker

Da der Eingang des Vierpol scheinbar kurzgeschlossen ist, Gl. (3.31), liegt der Punkt A (Abb. 3.26) praktisch auf Masse und die gegenseitige Beeinflussung und Rückwirkung der Eingangssignale ist minimal. Sollen einige Größen subtrahiert werden, so ist der betreffende Eingang vorher mit (— 1) zu multiplizieren.

d) Logarithmieren: Abb. 3.27 zeigt einen logarithmischen Verstärker. Wenn die Ausgangsspannung u_o groß genug ist, um das erste Diodenpaar voll leitend zu machen, so wird dem Widerstand R_1 ein zweiter Widerstand R_2 parallelgeschaltet, wodurch die Verstärkung abnimmt. Steigt das Ausgangssignal noch weiter, so wird das zweite Diodenpaar leitend usw. Da der Übergang vom gesperrten in den leitenden Zustand einer Diode fließend ist, ergibt sich eine kontinuierliche Abnahme der Verstärkung, die um so stärker ist, je höher das Ausgangssignal ist. Bei richtiger Wahl der Widerstände bekommt man eine logarithmisch wirkende Verstärkung:

$$-u_o = \log u_G \quad \text{bzw.} \quad y = \log x$$

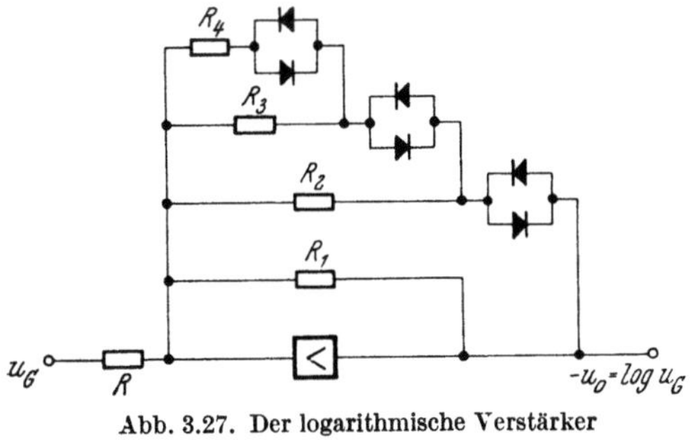

Abb. 3.27. Der logarithmische Verstärker

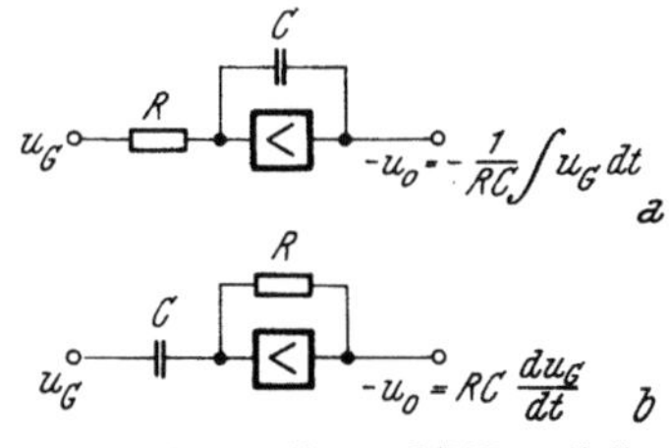

Abb. 3.28. Integration und Differentiation

e) Integrieren: Wählt man für Z_1 einen Widerstand R und für Z_2 einen Kondensator C (Abb. 3.28a), so ist wegen Gl. (3.31)

$$i = u_G/R$$

Da nun derselbe Strom durch C fließt und für die Kapazität C gilt

$$-i = \frac{\mathrm{d}Q}{\mathrm{d}t} = \frac{\mathrm{d}C(u_o - u_e)}{\mathrm{d}t} \approx \frac{\mathrm{d}Cu_o}{\mathrm{d}t}$$

(Q = Kondensatorladung, $u_e \ll u_o$, da V sehr groß), so folgt

$$-du_o = \frac{1}{C}\, i\,dt, \quad -u_o = \frac{1}{C}\int i\,dt = \frac{1}{RC}\int u_G\,dt$$

oder mathematisch mit $u_o = y$ und $u_G = x = f(t)$

$$y = \text{konst.}\int f(t)\,dt\,.$$

Die Ausgangsspannung des operativen Verstärkers ist also das zeitliche Integral über die Eingangsspannung. Ist z. B. die Eingangsspannung $u_G = U_G =$ konst., so ist die Ausgangsspannung linear ansteigend:

$$-u_o = \frac{U_G}{RC}\cdot t \qquad \text{(vgl. auch Kap. 8.2.2)}$$

f) Differenzieren: Wählt man umgekehrt wie beim Integrator für Z_1 eine Kapazität C und für Z_2 einen Widerstand R, so ist die Ausgangsspannung die zeitliche Differentiation der Eingangsspannung u_G (Abb. 3.28b)

$$-u_o = RC\,\frac{\mathrm{d}u_G}{\mathrm{d}t}$$

oder mit $y = u_o$, $u_G = x = f(t)$

$$y = \frac{\mathrm{d}f(t)}{\mathrm{d}t}$$

Als Beispiel, wie die oben erwähnten Grundbausteine zu einem Analogrechner zusammengesetzt werden, sei das elektronische Simulieren einer linearen Differentialgleichung zweiten Grades gezeigt. Die Gleichung heiße

$$\frac{\mathrm{d}^2y}{\mathrm{d}t^2} + 7\,\frac{\mathrm{d}y}{\mathrm{d}t} + 3y = x = f(t)$$

Ist die Funktion $\frac{\mathrm{d}^2y}{\mathrm{d}t^2}$ als zeitabhängige Spannung bereits irgendwie vorhanden (wie, wird gleich gezeigt), so bildet man daraus durch Integration $-\frac{\mathrm{d}y}{\mathrm{d}t}$ und durch nochmalige Integration y. Vom Punkt B, Abb. 3.29, leitet man durch Multiplikation die Größe $7\,\frac{\mathrm{d}y}{\mathrm{d}t}$ ab und addiert gleichzeitig die Störfunktion $f(t)$, die durch eine äußere Spannungsquelle geliefert wird. Durch Addition und entsprechende Multiplikation entsteht das Signal $-7\,\frac{\mathrm{d}y}{\mathrm{d}t} + f(t) - 3y$, das aber nichts anderes ist als $\frac{\mathrm{d}^2y}{\mathrm{d}t^2}$. Diese Größe wird also an den Punkt A zurückgeführt. Die Lösung y wird als Spannung u_o am Punkt C durch Oszillographieren, durch einen Schreiber oder ein ähnliches Registriergerät abgenommen.

Warum man den Wert y durch Integration aus $\frac{\mathrm{d}y}{\mathrm{d}t}$ und $\frac{\mathrm{d}^2y}{\mathrm{d}t^2}$ gewinnt und nicht umgekehrt den Wert $\frac{\mathrm{d}^2y}{\mathrm{d}t^2}$ aus y, hat seinen Grund darin, daß an den Verstärker, wenn er als Differenzierverstärker arbeiten soll, höhere Anforderungen in bezug auf Frequenzverhalten gestellt werden müssen, als wenn er als Integrator arbeitet.

Die Anfangsbedingungen der Differentialgleichung können dadurch berücksichtigt werden, daß man die entsprechenden Werte als Kondensatorspannung der Integrationskapazität zuführt. Zum Zeitpunkt Null werden die Schalter S_1, S_2 geöffnet und die Kapazitäten beginnen sich nicht von der Spannung Null, sondern von der aufgeprägten Spannung an aufzuladen.

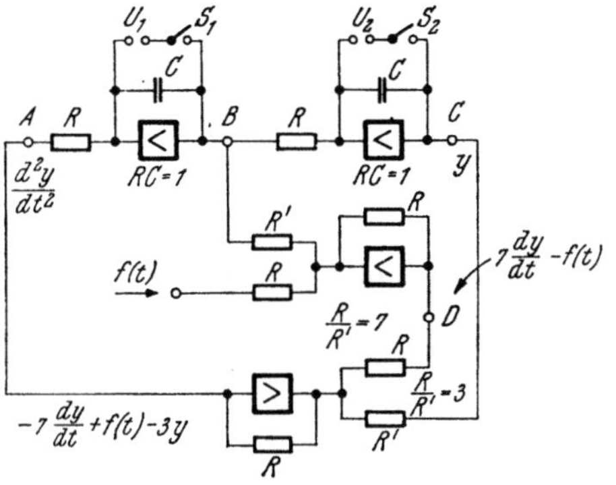

Abb. 3.29. Prinzip eines einfachen Analogrechners

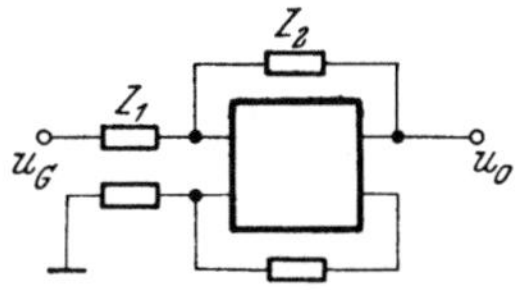

Abb. 3.30. Verwendung des Differenzverstärkers als operativer Verstärker. Durch Gegenkopplung im unteren Kanal wird beim Transistor-Differenzverstärker der Eingangswiderstand des oberen Kanals erhöht

Für langsam veränderliche Vorgänge werden operative Verstärker mit Gleichspannungsverstärkern ausgerüstet, die eine ausgezeichnete Stabilität aufweisen müssen, um Nullpunktschwankungen und damit Rechenfehler zu vermeiden. Bei Transistorverstärkern werden Differentialverstärker eingesetzt, wobei der untere unbenutzte Kanal zweckmäßig eine Spannungsgegenkopplung bekommt, da dann, wie eine einfache Rechnung zeigt, der Eingangswiderstand des oberen Kanals stark ansteigt und der Forderung Gl. (3.29) leichter genügt werden kann (Abb. 3.30). Durch Kombination verschiedener Anordnungen, durch Ersatz der Impedanzen Z_1 und Z_2 durch komplizierte Filter aus R-, C- und L-Elementen kann praktisch jede beliebige Gleichung mit der gewünschten Genauigkeit gelöst werden.

4. Der Oszillator

4.1 Der Oszillator und seine Berechnung

An Hand der klassischen Schaltung von MEISSNER (1913) (Abb. 4.1) wollen wir die theoretischen Grundlagen des LC-Oszillators kennenlernen.

Wie schon in Kap. 3.2 besprochen wurde, steigt die Verstärkung V' eines mitgekoppelten Verstärkers mit zunehmendem Mitkopplungsfaktor k_m so lange an, bis $1 - k_m \cdot V = 0$ geworden ist. Wird diese

$$\text{Selbsterregungsbedingung} \qquad k_m \cdot V = 1 \tag{4.1}$$

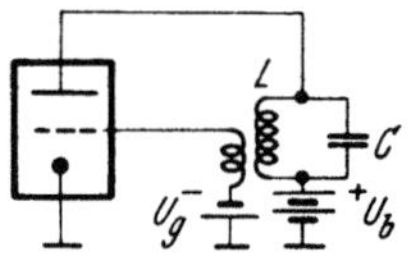

Abb. 4.1. Meißner-Schaltung

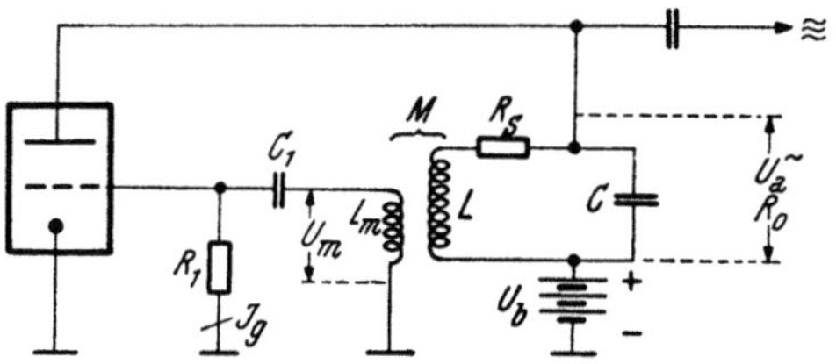

Abb. 4.2. Induktiv gekoppelter Oszillator

erreicht, so beginnt der Verstärker zu schwingen, wobei eine äußere Spannung $U\tilde{e}$ unnötig geworden ist. Es genügt ein minimaler äußerer Anstoß, z. B. eine Emissionsunregelmäßigkeit. Diese kleinste Schwingung wird verstärkt, mitgekoppelt, wieder verstärkt, schaukelt sich also in kürzester Zeit auf eine große Schwingungsamplitude auf, deren weiteres Anwachsen durch die steigenden Verluste im Schwingkreis und der Röhre (Gitterstrom, Verringerung der Steilheit an den Kennlinienenden) begrenzt wird. Die Abb. 4.2 zeigt das einfachste Schaltbild eines induktiv gekoppelten Oszillators. Der Außenwiderstand der Röhre wird durch einen Parallelschwingkreis LC gebildet, dessen Induktivität mit der Mitkopplungswicklung Lm einen Transformator bildet. L und Lm sind gegensinnig gepolt, so daß die dem Gitter der Röhre zugeführte Mitkopplungsspannung $U\tilde{m}$ gegenphasig zu $U\tilde{a}$ ist. ($U\tilde{m}$ ist dann gleichphasig mit einer ursprünglich angenommenen $U\tilde{e}$, da wie bekannt die Röhre selbst um 180° phasendreht.)

Für die Verstärkung einer Röhre gilt:

$$V = S \cdot \frac{Ri \cdot Ra}{Ri + Ra}$$

Ersetzen wir das V durch die Selbsterregungsbedingung $V = 1/k_m$, so erhalten wir für den Mitkopplungsfaktor des Oszillators

$$k_m \geqq \frac{1}{S \cdot Ra} + D \tag{4.2}$$

S ist die Steilheit im Arbeitspunkt. Sie muß einen Mindestwert zur Schwingungsanregung haben und wird stets größer als die mittlere Steilheit Sm sein, die sich im Schwingbetrieb durch die Amplitudenbegrenzung einstellt. Daher ist auch k_m beim Schwingeinsatz größer (in Gl. (4.2) „>")[1].

Ra ist der Außenwiderstand der Verstärkerröhre, in unserem Falle der Resonanzwiderstand des Schwingkreises R_0. Im eingeschwungenen Zustand gilt dann:

$$k_m = \frac{1}{Sm \cdot R_0} + D \tag{4.3}$$

Durch diese Gleichung ist der erforderliche Mitkopplungsfaktor für einen LC-Oszillator bestimmt.

Unbestimmt ist noch die Oszillatorfrequenz ω und die mittlere Steilheit Sm. Ist der Gitterstrom vernachlässigbar klein, so ist die Gitterwechselspannung $U\tilde{g} = jI_L^{\sim} \cdot \omega M$ $\left(M = \text{Gegeninduktivität} = k \cdot \sqrt{Lm \cdot L}\right)$ und die Anodenwechselspannung $U\tilde{a} = -I_L^{\sim}(Rs + j\omega L)$. Daher ist

$$\left(k_m = -\frac{U\tilde{g}}{U\tilde{a}} =\right)\frac{j\omega M}{Rs + j\omega L} = \frac{1}{Sm \cdot R_0} + D$$

Ersetzen wir noch R_0 durch die Parallelschaltung $R_0 = \dfrac{(j\omega L + Rs)(-j1/\omega C)}{j\omega L + Rs - j1/\omega C}$, so erhalten wir eine Gleichung, die in einen Real- und einen Imaginärteil geordnet wird. Da für die Mitkopplungsbedingung der Imaginärteil verschwindet, muß jeder Teil der Gleichung für sich Null sein. Wenn der Realteil = Null gesetzt wird, folgt:

$$Rs\ Sm\ D - \omega^2 LC + 1 = 0$$

Daraus errechnet sich die Oszillatorfrequenz:

$$\omega = \omega_0 \sqrt{Rs\ Sm\ D + 1} \tag{4.4}$$

wenn die Resonanzfrequenz des Schwingkreises

$$\omega_0 = 1/\sqrt{LC} \quad \text{ist.}$$

Für den Imaginärteil = Null ergibt sich:

$$M\,Sm - L\,Sm\,D - Rs\,C = 0$$

Daraus errechnet sich die mittlere Steilheit, auf die sich ein Oszillator selbst einstellt, zu:

$$Sm = \frac{Rs\,C}{M - LD} \tag{4.5}$$

Aus dieser Gleichung erhalten wir mit $k_m = M/L$ und $R_0 = L/Rs\,C$ die Formel (4.3).

Wird die Röhre ohne Gitterstrom betrieben (feste Gittervorspannung), so erfolgt die Amplitudenbegrenzung hauptsächlich durch die nichtlineare Anoden-

[1] Nach Barkhausen [B 2]: „Grenzrückkopplung $k >$".

stromkennlinie mit ihrer mittleren Steilheit Sm. Mit Sm läßt sich die zu erwartende Amplitude angenähert bestimmen. Andere Methoden zur Amplitudenbestimmung sind die Aufnahme der Schwingkennlinien (MÖLLER) oder das Reiss-Diagramm. Es handelt sich aber hier um experimentelle Methoden an einer bereits vorhandenen Schaltung, die sich daher zu einer Vorherbestimmung nicht eignen. Da eine theoretische Ermittlung der Oszillatoramplitude nur mit großer Mühe möglich ist, wird in der Praxis die Messung mit eventueller Korrektur bevorzugt.

Die anfangs gestellte Bedingung, daß der Gitterstrom Null sein soll, wird bei den meisten Oszillatorschaltungen nicht erfüllt. In der Schaltung nach Abb. 4.2 ist keine Gittervorspannungsquelle vorhanden. Im Schwingungszustand erzeugt die positive Halbwelle der Gitterwechselspannung $\tilde{Ug}$ einen Gitterstrom, der den Kondensator C_1 auflädt. Diese negative Ladung am Kondensator ist für die Röhre eine Gittervorspannung, die um so größer wird, je mehr die Anodenwechselspannung anwächst. Der Arbeitspunkt der Röhre wird vom Punkt $Ug = 0$ in den unteren Kennlinienknick, in den B- bzw. C-Bereich geschoben. Diese Arbeitspunktverlagerung stellt eine wirksame Amplitudenbegrenzung dar. Werden an einen Oszillator nach Abb. 4.2 die Betriebsspannungen gelegt, so steigt mit wachsender Emissionsfähigkeit der Anodenstrom bis zu dem Punkt an, an dem S groß genug ist, daß die Schwingung einsetzt. Die Arbeitspunktverschiebung läßt dann den Anodengleichstrom stark absinken (Schwingkriterium).

Die Zeitkonstante des RC-Gliedes im Gitterkreis hängt von der Oszillatorfrequenz ab. C_1 darf nicht zu klein gemacht werden, da er sonst mit der Eingangskapazität der Röhre einen Spannungsteiler bildet und außerdem eine Phasendrehung von $\tilde{Um}$ verursacht. An einem zu großen Kondensator C_1 baut sich die negative Vorspannung Ug nur verzögert auf bzw. ab. Die Folge davon sind abreißende Schwingungen (Pendelrückkopplung).

Die am häufigsten vorkommende Betriebsart eines Oszillators ist, sofern er als Steuersender arbeitet, die mit geringem Gitterstrom (etwa 200 μA) und dem Arbeitspunkt im unteren Kennlinienknick (B). Der Gitterstrom belastet etwas den Anodenkreis und verringert den wirksamen Ra. Entsprechend der Lage des Arbeitspunktes wird nur jeweils die positive Halbwelle der $\tilde{Ug}$ verstärkt, die Steilheit sinkt scheinbar auf die Hälfte. Der Mitkopplungsfaktor muß aus den genannten Gründen bei einem Oszillator mit Gitterstrom und Amplitudenbegrenzung durch Arbeitspunktverschiebung größer werden:

$$k_m = 2 \cdot \left(\frac{1}{S \cdot R_0} + D \right) \tag{4.6}$$

In dieser Formel können für S und D diejenigen Werte eingesetzt werden, die für den Arbeitspunkt A in jeder Röhrentabelle zu finden sind.

Das Verhältnis der Windungszahl der Schwingkreisspule L zur Windungszahl der Mitkopplungsspule Lm ist gegeben durch:

$$w_{Lm} = 1{,}5 \text{ bis } 2{,}5\ k_m \cdot w_L \tag{4.7}$$

Faktor 1,5 bei fester Kopplung beider Spulen (gemeinsamer Eisenkern, Topfkern usw.), Faktor 2,5 bei loser Kopplung (Luftspulen usw).

In der Schaltung nach Abb. 4.2 wird die Anodenspannung über den Schwingkreis zugeführt. Es ist oft vorteilhaft, den Schwingkreis gleichspannungsfrei zu haben, besonders dann, wenn für C ein Drehkondensator benützt wird. In diesem Fall wird die Anodenspannung über eine Drossel oder einen Widerstand der Röhre zugeführt und der Schwingkreis kapazitiv an die Anode gekoppelt ($C\ddot{u}$). Das andere Ende des Schwingkreises kann an Masse gelegt werden. Die Abb. 4.3 gibt ein Beispiel.

Wird ein Widerstand an Stelle einer Drossel verwendet, so darf er nicht zu klein gewählt werden, denn er liegt wechselspannungsmäßig dem Schwingkreis parallel. Der zur Bestimmung von k_m wirksame Außenwiderstand ist dann:

$$Ra = R_0 \cdot R/(R_0 + R)$$

Ein Widerstand in der Anodenleitung reduziert bei gleicher Ub die Anodenspannung und verkleinert dadurch die Steilheit.

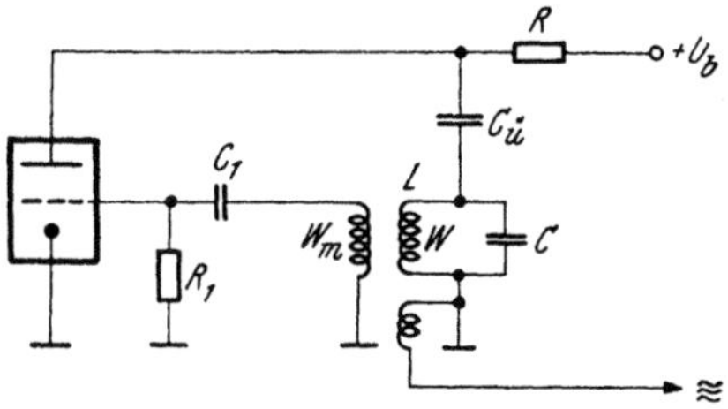

Abb. 4.3. Gleichspannungsfreier Schwingkreis und induktive Auskopplung

Berechnungsbeispiel:

Oszillator für 1 MHz, Schaltung nach Abb. 4.2.

Gegeben: Röhre ECC 81, bei $Ua = Ub = 250$ V für Arbeitspunkt A:

$$S = 5{,}5 \text{ mA/V}, \; D = 0{,}016, \; Ri = 11 \text{ k}\Omega$$

Schwingkreis: $C = 200$ pf

L: verwendet wird Spulenträger mit Hochfrequenz-Kern, Windungsfaktor $K = 4.8\,\mu\text{H}^{-\frac{1}{2}}$

$$L = \frac{25\,300}{f^2 \cdot C} = 126\,\mu\text{H}, \text{ Windungszahl } w = K \cdot \sqrt{L} = 55$$

R_0 wird unter Zugrundelegung einer Güte $Q = 100$: $R_0 = Q \cdot \omega \cdot L \sim 80$ kΩ
Mitkopplungsfaktor nach Gl. (4.6): $k_m \geqq 2 \cdot (1/5{,}5 \cdot 50 + 0{,}016) = 0{,}04$; gewählt $k_m = 0{,}05$
Windungszahl $w_m = 2 \cdot 0{,}05 \cdot 55 = 5{,}5$ minimal, gewählt wird $w_m = 7$ bis 9
Bei Serienspeisung nach Abb. 4.3 mit $R = 10$ kΩ wird:
$Ra = R_0 \| R = 8{,}8$ kΩ, $k_m \sim 0{,}08$ und $w_m = 8{,}8$ minimal, gewählt $w_m = 10$ bis 12
$C\ddot{u}$ soll für die Oszillatorfrequenz einen kleinen Widerstand haben, etwa 500 pF.
$R_1 = 50$ kΩ, $C_1 = 200$ pF, $\tau = 0{,}05 \cdot 200 = 10\,\mu\text{s} > 1\,\mu\text{s} \triangleq 1$ MHz)
$Ig = 150\,\mu$A, $Ug = 0{,}15 \cdot 50 = 7{,}5\,V$, Arbeitspunkt B.

Wird dem Oszillator Energie entzogen, z. B. bei Leistungsoszillatoren der Industrie, Medizin usw., so muß die Mitkopplung entsprechend fester gemacht, d. h. k_m vergrößert werden. Derartige Röhrengeneratoren arbeiten zumeist mit Arbeitspunkt C und damit höchstem Wirkungsgrad. Der „Tankkreis", d. h. der vom Röhrengenerator erregte Schwingkreis, liegt bei Leistungsgeneratoren im Anodenkreis der Röhre.

Die Einstellung des Arbeitspunktes in den unteren Kennlinienknick (B-Betrieb) ergibt einen geringeren Wirkungsgrad; dafür hat die erzeugte Wechselspannung einen bedeutend kleineren Gehalt an Oberwellen als bei C-Betrieb. Sie wird daher bevorzugt bei Meßsendern und Steuersendern für Modulationsstufen benutzt.

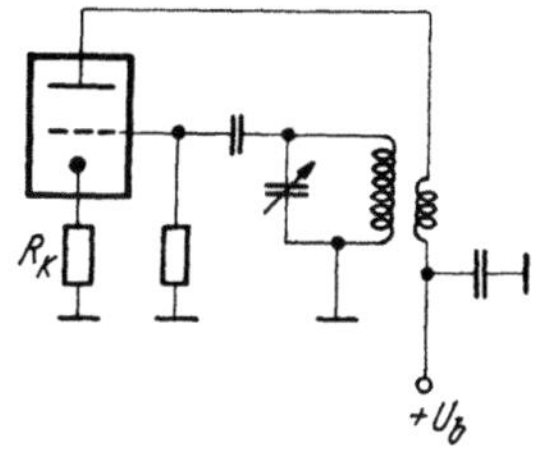

Abb. 4.4. Gegengekoppelter Oszillator mit abgestimmtem Gitterkreis

Der A-Betrieb wird nur selten bei Oszillatoren angewendet. Er dient zur Erzeugung besonders reiner Sinusschwingungen oder sehr hoher Frequenzen. Eine Stabilisierung und Verminderung des Oberwellengehaltes kann durch Stromgegenkopplung erreicht werden. Die Abb. 4.4 zeigt das Schaltbild eines Oszillators mit nicht überbrücktem Katodenwiderstand Rk und gleichspannungsfreiem Schwingkreis der Röhre. Bedingt durch die Verstärkungsminderung der Gegenkopplung muß die Mitkopplung erhöht werden.

Die Auskopplung der erzeugten Wechselspannung kann entweder induktiv — in Abb. 4.3 angedeutet — oder kapazitiv (Abb. 4.2) erfolgen. Eine Belastung durch die nachfolgende Stufe ist bei der Oszillatorberechnung zu berücksichtigen.

Für eine besonders gute Frequenzstabilität sind folgende Forderungen zu erfüllen:

geringe Belastung des Oszillators,
lose, phasenreine Mitkopplung und hohe Güte des Schwingkreises,
Temperaturstabilisierung des Schwingkreises, großes C,
Stabilisierung der Betriebsspannungen,
Wahl der geeignetsten Oszillatorschaltung (z. B. Eco, Quarz usw.).

4.2 Oszillatorschaltungen

Die Meißner-Schaltung ist die Standardschaltung der Röhrenoszillatoren. Die Mitkopplungsspannung wird mit Hilfe eines Transformators, dessen primäre oder sekundäre Induktivität mit einem Kondensator einen Schwingkreis bildet, amplituden- und phasenrichtig dem Gitter der Verstärkerröhre zugeführt. So zahlreich die Möglichkeiten zur Erfüllung der Mitkopplungsbedingung sind, so zahlreich sind auch die verschiedenen Arten von Oszillatorschaltungen. Im Rahmen dieses Buches können wir nur die wichtigsten Schaltungen kurz besprechen.

4.2.1 Die Dreipunktschaltungen

Wird die Mitkopplungsspule w_m der Meißner-Schaltung, Abb. 4.3, in den Schwingkreis LC mit einbezogen, so entsteht der Dreipunkt- oder Hartley-Oszillator, Abb. 4.5. Der Mitkopplungsfaktor ist:

$$k_m \sim L_2/L_1 \tag{4.8}$$

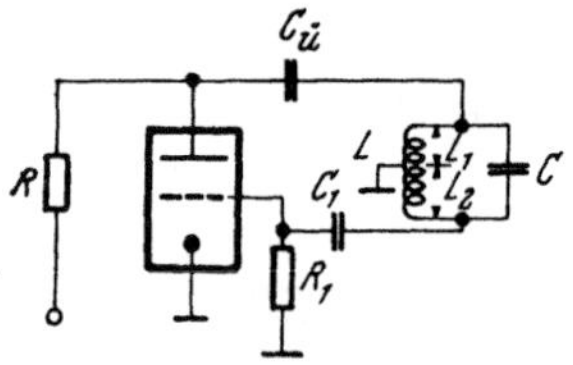

Abb. 4.5. Dreipunkt-Oszillator (HARTLEY)

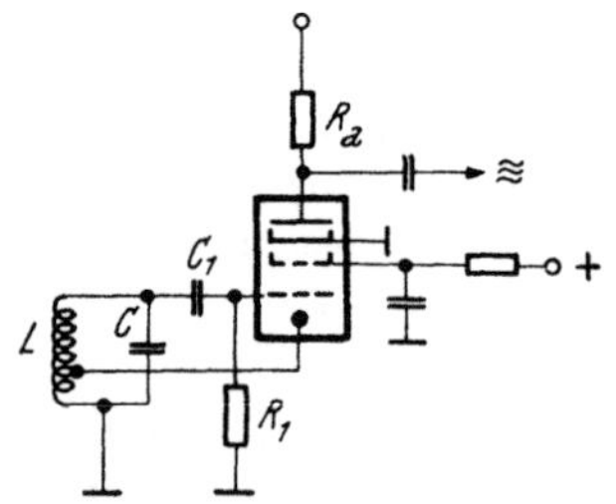

Abb. 4.6. Elektronengekoppelter Oszillator (Eco)

Kann der Schwingkreis gleichspannungsführend sein, so wird die Ua über die Spulenanzapfung zugeführt, R und $Cü$ entfallen.

Die Mitkopplungsspannung wird beim Hartley-Oszillator durch einen induktiven Spannungsteiler $L_1 - L_2$ gewonnen. Wird statt dessen die Kapazität des Schwingkreises C unterteilt in C_1 und C_2, so erhält man den Colpitts-Oszillator, eine stabile, besonders zur Erzeugung hoher Frequenzen (≤ 30 MHz) geeignete Schaltung ($k_m \sim C_1/C_2$). (Siehe auch Tab. 2, Kap. 4.3.2 und Abb. 4.19.)

Eine Abart des Hartley-Oszillators ist der elektronengekoppelte Oszillator Abb. 4.6. Die Dreipunktschaltung liegt zwischen Masse, Katode und dem Gitter der Verstärkerröhre. Der Anodenkreis, der zur Schwingungserzeugung nicht herangezogen werden muß, ist an den Oszillatorkreis nur „elektronisch" gekoppelt, daher der öfter benützte Name „Eco". Da bei dieser Schaltung zweckmäßig nur Mehrgitterröhren verwendet werden, ist die Rückwirkung des Anodenkreises auf den Gitterkreis minimal, dieser also durch einen nachgeschalteten Verbraucher nur wenig belastet. Die Frequenzkonstanz ist, bedingt durch gute Entkopplung, groß. Die Ausgangsspannung des Eco ist sehr oberwellenreich. In die Anodenleitung der Röhre kann entweder ein ohmscher Widerstand Ra oder ein Schwingkreis geschaltet sein, der auf die Grundfreqeunz, oder was häufiger ist, auf eine Harmonische der Oszillatorfrequenz abgestimmt ist. Von dieser Frequenzverdopplung wird besonders bei stabilen Steuersendern Gebrauch gemacht. Der Oberwellenreichtum des Eco wird bei Frequenzmessern ausgenützt.

Die Katodenanzapfung ist $\leq 1/4$ der gesamten Windungszahl. Bei besonderen Anforderungen an die Frequenzkonstanz sind die Betriebsspannungen zu stabilisieren, die Betriebstemperatur konstant zu halten und die Oszillatorfrequenz nicht höher als 5 MHz zu wählen. Die verwendete Röhre soll einen kleinen Durchgriff des Schirmgitters sowie eine gut isolierte Katode besitzen.

4.2.2 Die Huth-Kühn-Schaltung[1]

(Abb. 4.7)

Bei dieser Schaltung erfolgt die Mitkopplung über die Gitter-Anodenkapazität Cag. Die Schwingung setzt ein, wenn der Gitterkreis eine induktive Komponente hat und die Bedingung $R\tilde{g} \ll 1/\omega\, Cag$ erfüllt ist. Sind beide Schwingkreise gleichartig, d. h. ihre Resonanzwiderstände R_0 gleich, so muß

$$Cag \geq \frac{2}{\omega_0 \cdot R_0^2 \cdot S} \tag{4.9}$$

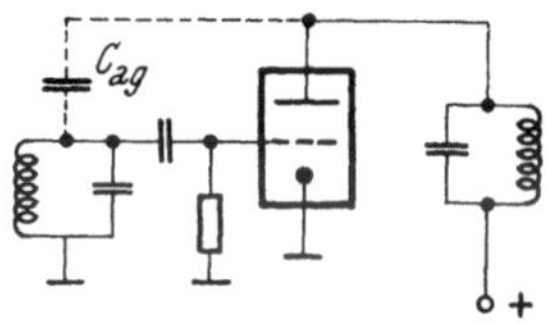

Abb. 4.7. Huth-Kühn-Schaltung

sein. (Der Anodenkreis wird aus Stabilitätsgründen auf eine etwas höhere Frequenz als der Gitterkreis abgestimmt; siehe auch Kap. 7.1.3).

Ein Huth-Kühn-Oszillator entsteht oft unbeabsichtigt bei HF-Resonanzverstärkern, z. B. Zwischenfrequenzverstärkern oder Treiberstufen von mehrstufigen Sendern (siehe S. 228 und Kap. 2.8).

An Stelle des gitterseitigen Schwingkreises kann ein Schwingquarz verwendet werden. Darüber ausführlicher im folgenden Kapitel.

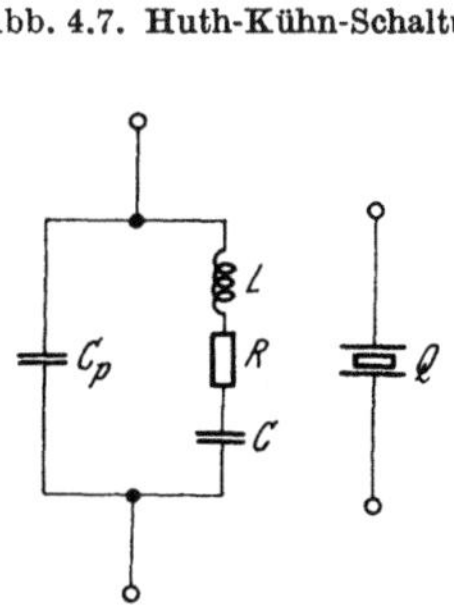

Abb. 4.8. Ersatzschaltbild für einen Schwingquarz

4.2.3 Der Kristalloszillator[2]

Bei den bisher besprochenen Schaltungen war der frequenzbestimmende Teil ein LC-Schwingkreis. An seine Stelle kann eine aus einem Einkristall geschnittene Quarz- oder Turmalinplatte in geeigneter Halterung treten (piezoelektrischer Effekt). Das elektrische Ersatzschaltbild und das Schaltungssymbol eines Schwingkristalles zeigt die Abb. 4.8.

[1] Literatur: [B 1].

[2] Literatur: [R 11].

L, C, R sind durch den Kristall bestimmt, Cp ist die Kapazität, die durch die Kristallhalterung mit dem Kristall als Dielektrikum und die Schaltkapazitäten gegeben ist. Wie das Ersatzschaltbild zeigt, lassen sich zwei Resonanzfrequenzen definieren:

Die Serienresonanz $\omega_s = 1/\sqrt{LC}$

wobei $\omega_s \approx \omega_p$ (d. h. $\omega_p > \omega_s$) ist.

Die Parallelresonanz $\omega_p = 1/\sqrt{L \cdot \dfrac{C \cdot Cp}{C + Cp}}$

Als Kristallmaterial wird vorwiegend Quarz benutzt. Die sehr guten elektrischen Eigenschaften (großes L, kleines C) bewirken einen hohen Resonanzwiderstand und eine große Güte. Daher ist die Resonanzschärfe sehr hoch bzw. die Bandbreite sehr klein. Da außerdem der Temperaturkoeffizient des Quarzes sehr klein ist (10^{-6}), ist ein Oszillator mit einem Quarz als frequenzbestimmendes Element sehr frequenzstabil und in dieser Hinsicht anderen Oszillatoren überlegen.

Turmalin wird als Ausgangsmaterial zur Herstellung von Schwingern nur selten verwendet (Oszillatoren oder Filter für sehr hohe Frequenzen), denn die Rohsteinkosten sind wesentlich größer als die des Quarzes und besonders nachteilig ist der viel größere Temperaturkoeffizient.

Je nach Anwendung und Aufbau (Schnitt und Halterung) von Piezoquarzen unterscheidet man:

Schwingquarze für frequenzstabile Oszillatoren und Filterquarze für Frequenzfilter extrem kleiner Bandbreite.

Die Eigenschaften einer Quarzscheibe hängen von ihrer Orientierung gegen das Kristallsystem ab und können durch eine entsprechende Schnittrichtung bestimmt werden. Die gebräuchlichsten Schnittformen nach zugehörigen Frequenzbereichen geordnet sind:

Frequenzbereich	Schnitt	
1— 50 kHz	$X_{+5°}$	Biegungsschwinger: dreipolige Ausführung, Schaltsymbol: 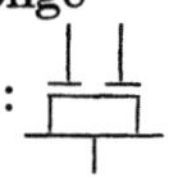
50—200 kHz	$X_{+5°}$	Dehnungsschwinger, zweipolig mit Schichtelektroden in evakuiertem Halter
60—150 kHz	GT	Dehnungs/Flächenschwinger (100 kHz-Eichquarze)
150—500 kHz	DT/CT	Flächenschwinger
300 kHz— 20 MHz	AT	Dickenschwinger in Grundwellenerregung. Dreipunkt- oder Randhalterung, auch lose Luftspalthalterung
20 MHz—100 MHz	AT	Dickenschwinger in Oberwellenerregung (anharmonisch)

Dehnungs- und Dickenschwinger haben eine Eigenfrequenz von

$$f \approx \frac{1}{2d} \cdot \sqrt{\frac{K}{\varrho}} = \frac{N}{d} \tag{4.10}$$

d = frequenzbestimmende Dimension (z. B. Dicke der Scheibe)
K = elastische Konstante, ϱ = Dichte
N = Frequenzkonstante (für AT-Schnitte wird $N = 1670$ mit d in mm und f in kHz)

Jeder LC-Oszillator läßt sich auch mit einem Schwingquarz aufbauen. Dazu kommen noch zahlreiche spezielle Quarzschaltungen. Von diesen Schaltungen wollen wir nur die gebräuchlichsten kurz besprechen.

Man unterscheidet Oszillatoren, die die Serienresonanz des Quarzes ausnützen, von solchen mit Quarz in Parallelresonanz.

Die wichtigsten Serienresonanzschaltungen sind:

Abb. 4.9 — der Meißner-Schaltung ähnlich — und die sehr frequenzkonstante Heegner-Schaltung Abb. 4.10. Die LC-Schwingkreise sind auf die Serienresonanzfrequenz ω_s abzustimmen.

Die wichtigsten Parallelresonanzschaltungen sind:

Abb. 4.11 — die Pierce-Schaltung, eine der einfachsten Quarzoszillatorschaltungen.

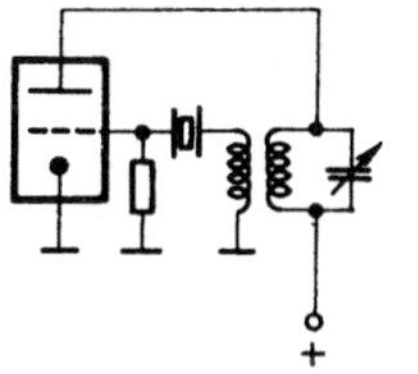

Abb. 4.9. Quarz in Serienresonanzschaltung (Meissner)

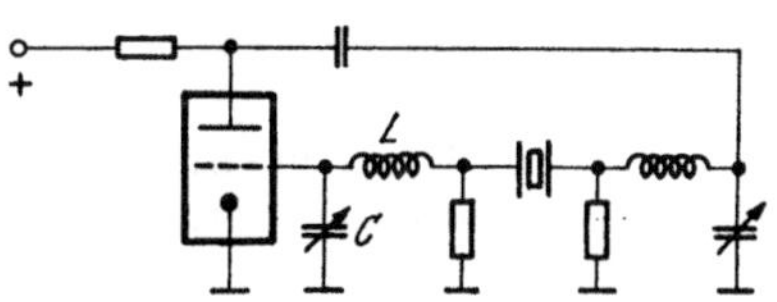

Abb. 4.10. Heegner-Schaltung

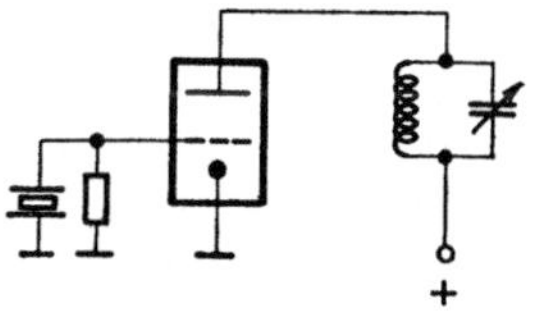

Abb. 4.11. Quarz in Parallelresonanzschaltung (Pierce)

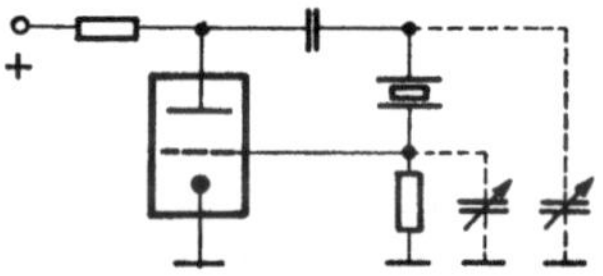

Abb. 4.12. Quarz-Colpitts-Schaltung

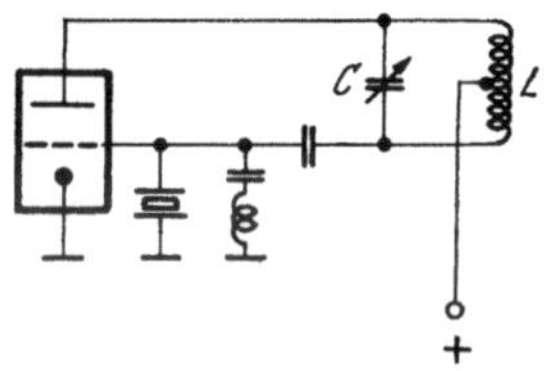

Abb. 4.13. Oberwellenoszillator

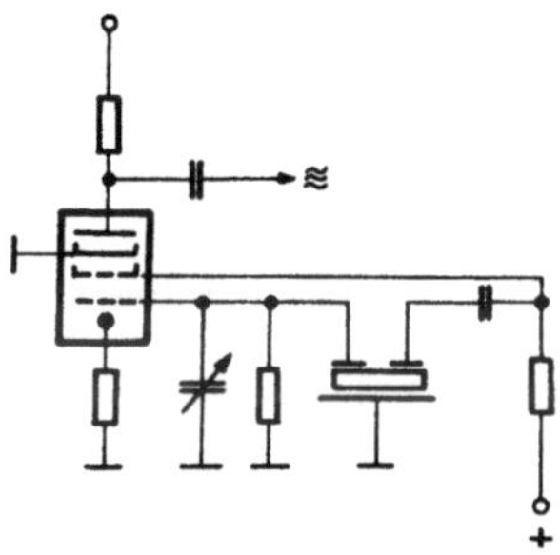

Abb. 4.14. Oszillator für Biegeschwinger (Dreipolquarze)

Deutlich zu erkennen ist die Huth-Kühn-Schaltung vom Kap. 4.2.2. Der Anodenkreis wird gegen eine etwas höhere Frequenz als ω_p verstimmt, damit er induktiv wird. Eine zweite, sehr gerne angewendete Schaltung ist der Quarz-Colpitts-Oszillator nach Abb. 4.12 (vgl. Kap. 4.2.1). Mit den Trimmern wird die optimale Rückkopplung eingestellt. Sie können bei Frequenzen größer als etwa 3 MHz fortfallen, da die Größe der Röhrenkapazitäten zur Mitkopplung ausreicht.

Spezielle Schaltungen: Die Abb. 4.13 zeigt einen Quarzoszillator mit Oberwellenerregung (z. B. für AT-Dickenschwinger). Deutlich erkennbar ist die Ähnlichkeit mit dem Hartley-Oszillator. Der LC-Schwingkreis wird auf die Oberwelle abgestimmt.

Die Abb. 4.14 zeigt ein Schaltbild für einen Oszillator mit Biegungsschwingern (Dreipolquarze). Die Mitkopplung erfolgt über das Schirmgitter, der Anodenkreis ist wie beim Eco vom Oszillatorkreis entkoppelt. Durch Verändern der Gitterkapazität mit Hilfe des Trimmers läßt sich die Quarzfrequenz etwas „ziehen". An dieser Stelle sei erwähnt, daß sich die Serienresonanzfrequenz ω_s „ziehen", d. h. verändern läßt, wenn in Serie mit dem Quarz ein Blindwiderstand gelegt wird.

Zusammenfassung: Der Quarzoszillator erzeugt eine sehr konstante Frequenz — im Thermostaten und mit stabilisierten Betriebsspannungen bis $\Delta f_0 < 10^{-7}$. Die Frequenz ist zum Unterschied von den LC-Oszillatoren nicht variabel und wird durch Austausch des Quarzes gewechselt. Der große Vorteil des „Quarzschwingkreises" liegt in seiner extrem kleinen Dämpfung, die zwischen 10^{-6} (bei AT) und 10^{-4} (bei schlechten $X_{+5°}$) schwankt; eine Güte Q von 10^4 bis 10^6 ist erreichbar.

4.2.4 Der Gegentaktoszillator

Im allgemeinen bringen Gegentaktschaltungen den Vorteil einer höheren Ausgangsleistung und höheren Stabilität. Änderungen der Betriebsspannungen innerhalb gewisser Grenzen haben nur geringen Einfluß auf die Frequenz der erzeugten Schwingung und deren Amplitude. Als wichtigsten Vertreter dieser Schaltungsgruppe wollen wir den wegen seines einfachen Aufbaues gern benutzten *Balance*-Oszillator erwähnen, Abb. 4.15. Die Mitkopplung kommt durch die gegenseitige Verkoppelung der Röhren zustande. Die Schwingkreisspule ist unterteilt, um einer Auskopplungsspule Raum zu geben. Die Betriebsspannung wird am Spulenmittelpunkt zugeführt.

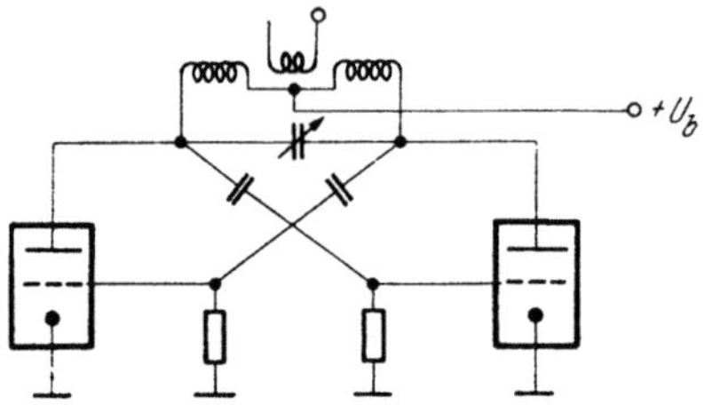

Abb. 4.15. Balance-Oszillator

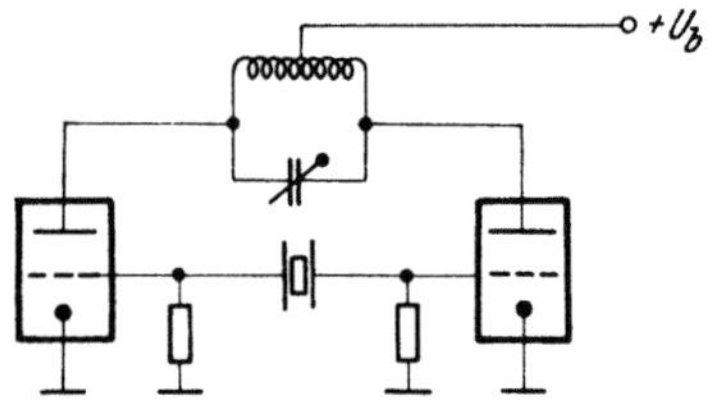

Abb. 4.16. Gegentakt-Quarzoszillator

Mit der Balanceschaltung lassen sich Oszillatoren von den niedrigsten bis zu sehr hohen Frequenzen aufbauen, „er schwingt sozusagen immer"! Die wichtigste Oszillatorregel, im frequenzbestimmenden Schwingkreis ein großes C und ein kleines L zu verwenden, läßt sich bei Gegentaktoszillatoren am leichtesten verwirklichen. Werden Leistungsröhren verwendet, so ist es empfehlenswert, zwischen den Gittern und Gitterableitwiderständen jeweils eine Hochfrequenzdrossel einzuschalten, denn die Gitterableitwiderstände sind, bedingt durch den größeren Gitterstrom, klein. Mit dem Drehkondensator im Anodenkreis läßt sich die Frequenz in weiten Grenzen ändern.

Eine sehr einfache Schaltung ist auch der Gegentakt-Quarzoszillator Abb. 4.16 (vgl. Abb. 4.11).

4.3 Der Transistoroszillator[1]

4.3.1 Grundlagen

Es liegt nahe, die in der Röhren-Schaltungstechnik gebräuchlichen Oszillatorschaltungen auch bei Transistoren anzuwenden. Bevor jedoch auf die diversen Ausführungsformen eingegangen wird, sei noch einmal auf das Grundprinzip der Schwingungserregung und Schwingungserhaltung in einem Oszillator eingegangen

[1] Literatur: [R 2, S 3, G 9, R 12, H 14].

und dabei von einem etwas anderen Gesichtspunkt aus vorgegangen als im vorhergehenden Abschnitt über Röhrenoszillatoren. Dabei soll ein Schwingkriterium für Oszillatorschaltungen erläutert werden, das die Berechnung des Transistoroszillators einfacher gestaltet als das in der Röhrentechnik übliche Barkhausen-Prinzip (4.1).

Zu diesem Zweck betrachte man die Anordnung Abb. 4.17, die einen verlustfreien Schwingkreis mit einem parallelliegenden ohmschen Wirkwiderstand R_p bzw. Leitwert $G_p = 1/R_p$ zeigt. Die im Kreis anfänglich vorhandenen Schwingungen nehmen in ihrer Amplitude im Lauf der Zeit ab, da G_p Energie absorbiert.

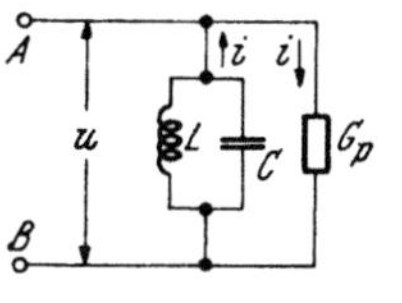

Abb. 4.17

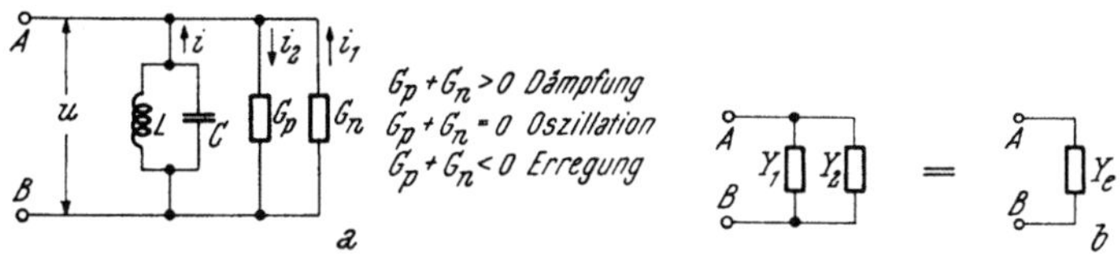

Abb. 4.18

Schaltet man nun den Klemmen A, B einen zweiten Wirkleitwert G_n parallel, der die Eigenschaft besitzt, für den Wechselstrom i des Schwingkreises einen negativen Wert zu besitzen ($G_n < 0$), so lassen sich drei Fälle unterscheiden (Abb. 4.18a):

a) $G_p + G_n > 0$: der zwischen A und B wirksame Gesamtleitwert G_e wird kleiner und die Schwingungsamplituden werden weniger gedämpft:

$$G_e = G_p + G_n < G_p \qquad (G_n \text{ negativ})$$

b) $G_p + G_n = 0$: ist G_n so negativ, daß der positive Leitwert G_p zur Gänze kompensiert wird:

$$G_e = G_p + G_n = 0 \qquad (G_n = -G_p)$$

so ist der wirksame Gesamtleitwert G_e zwischen A und B Null, während in dem von G_p und G_n gebildeten Stromkreis ein ungedämpfter Strom i fließt, der an den Klemmen A und B die Spannung u hervorruft. Die Schaltung bildet in diesem Zustand eine elektronische Anordnung, die ohne äußere Anregung an den Klemmen A, B eine Wechselspannung abgibt. Sie ist daher identisch mit einem Oszillator und weist das wesentliche Merkmal auf, auf der Resonanzfrequenz des Schwingkreises einen unendlich hohen Widerstand $R_e = 1/G_e$ zwischen den Klemmen A, B darzustellen:

$$G_e = 1/R_e = 0 \qquad \text{(stationärer Zustand)}$$

c) $G_p + G_n < 0$: wenn G_p durch G_n überkompensiert wird, wenn also

$$G_e = G_p + G_n < 0$$

so tritt der umgekehrte Fall von a) ein. Die Schwingungsamplitude wird immer größer und steigt unbegrenzt an. Da kleinste Schwingungen des LC-Kreises verstärkt und angefacht werden, spricht man von der sogenannten Erregungsbedingung. Die Erregungsbedingung geht in jeder praktischen Schaltung durch einen automatischen Regelungsprozeß für größere Amplituden in die Oszillationsbedingung $G_e = 0$ über, da die Schwingungsamplitude nicht unbegrenzt ansteigen kann.

Die Anordnung Abb. 4.18a, an deren Hand die drei Möglichkeiten besprochen wurden, stellt lediglich einen Sonderfall einer allgemeinen Oszillatorschaltung Abb. 4.18b dar, in der der Schwingkreis LC und der parallelgeschaltete Widerstand G_p durch die Admittanz $Y_1 = G_1 + iX_1$ und G_n durch die im allgemeinen komplexe Admittanz $Y_2 = G_2 + iX_2$ eretzt ist, die beide zusammen die Eingangsadmittanz $Y_e = G_e + iX_e$ ergeben. Y_e repräsentiert dann die Admittanz der gesamten Oszillatorschaltung zwischen zwei Punkten, zwischen denen eine Oszillatorwechselspannung auftritt. Ob die Schaltung schwingfähig ist oder nicht, wird allein durch das Vorzeichen des Wirkleitwertes $G_e = Re\,Y_e$ (Re Realteil) bestimmt:

$$\left.\begin{array}{ll} Re\,Y_e > 0 & \text{nicht schwingfähig} \\ Re\,Y_e = 0 & \text{schwingfähig, stationärer Zustand} \\ Re\,Y_e < 0 & \text{schwingfähig, Erregungsbedingung} \end{array}\right\} \quad (4.11)$$

Denkt man sich z. B. in einem Gedankenexperiment einen verlustlosen Schwingkreis zwischen Masse und Gitter eines gewöhnlichen Röhren-Meißner-Oszillators geschaltet, der auf der Frequenz dieses Schwingkreises arbeitet, so wird die im Gitterkreis vorhandene Oszillatorwechselspannung den Schwingkreis nach Abklingen des Einschwingvorganges zu amplitudenkonstanten Schwingungen anregen. Die Amplitudenkonstanz ist aber ein Zeichen dafür, daß der LC-Kreis nicht belastet wird, und der Widerstand zwischen Gitter und Masse auf der Oszillatorfrequenz unendlich groß ist.

Das Kriterium $Re\,Y_e < 0$ stellt somit eine sichere und einfache Methode dar, die Schwingfähigkeit einer Schaltung zu prüfen bzw. umgekehrt, die Schaltung so zu dimensionieren, daß die Erregungsbedingung erfüllt wird. Die quantitativen Überlegungen für Transistor-Oszillatorschaltungen, die in den folgenden zwei Abschnitten besprochen sind, bauen auf dieser Methode auf.

Da sich ein Transistor im Frequenzgebiet bis zu einigen MHz anders als im UKW-Gebiet verhält, unterteilt man Transistoroszillatoren in Anlehnung an die in der Rundfunktechnik übliche Terminologie in zwei Gruppen: I. Oszillatoren für den Mittel- und Kurzwellenbereich (der Transistor bewirkt keine oder nur eine geringe Phasenverschiebung zwischen Eingangs- und Ausgangssignal). II. Oszillatoren für den UKW-Bereich (der Transistor bewirkt eine starke Phasendrehung zwischen Eingangs- und Ausgangssignal).

4.3.2 Oszillatoren für den Mittel- und Kurzwellenbereich

Abstrahiert man bei den in Kap. 4.2 besprochenen Röhren-Oszillatorschaltungen alle Schaltelemente, die nur der Gleichstromversorgung und Einstellung des Arbeitspunktes der Röhre dienen, um sich auf die wesentlichen Teile der Wechselstromschaltung zu beschränken, so erkennt man, daß sich jeder LC-Oszillator aus zwei Baugruppen zusammensetzt, nämlich aus einem verstärkenden Element (Röhre) und einem Vierpol, der aus Kapazitäten und Induktivitäten besteht und der die Frequenz und die Phasenlage der Oszillatorschwingung fixiert.

Abb. 4.19 zeigt einige Oszillatorschaltungen in dieser Darstellung, die in der Röhrenschaltung außer der Berechnung des Mitkopplungsfaktors und der notwendigen Verstärkung auch noch die Bestimmung anderer Merkmale des Oszillators erlaubt; so geht z. B. aus dem Vergleich der Hartley- und Colpitts-Schaltung auf den ersten Blick hervor, daß die Colpitts-Schaltung Oberwellen unterdrückt und dann gewählt wird, wenn ein möglichst sinusförmiges Ausgangssignal gewünscht wird, da das Signal einen Tiefpaß durchlaufen muß; der Hartley-Oszillator hingegen zeigt eine Anreicherung der höheren Harmonischen, da sein Netzwerk einen Hochpaß bildet.

Ersetzt man in den Schaltungen Abb. 4.19 den Vierpol Röhre durch den Vierpol Transistor, so erhält man unmittelbar die entsprechenden Transistor-Oszillatoren, deren wichtigste Vertreter in Abb. 4.20 angeführt sind.

A. Praktische Ausführungsformen

Durch Hinzufügen der Schaltelemente für die Gleichstromversorgung des Transistors erhält man aus den Wechselstromersatzschaltbildern die für die Praxis brauchbaren Oszillatorschaltungen. Die Berechnung der Schaltungen wird am Ende dieses Abschnittes gezeigt.

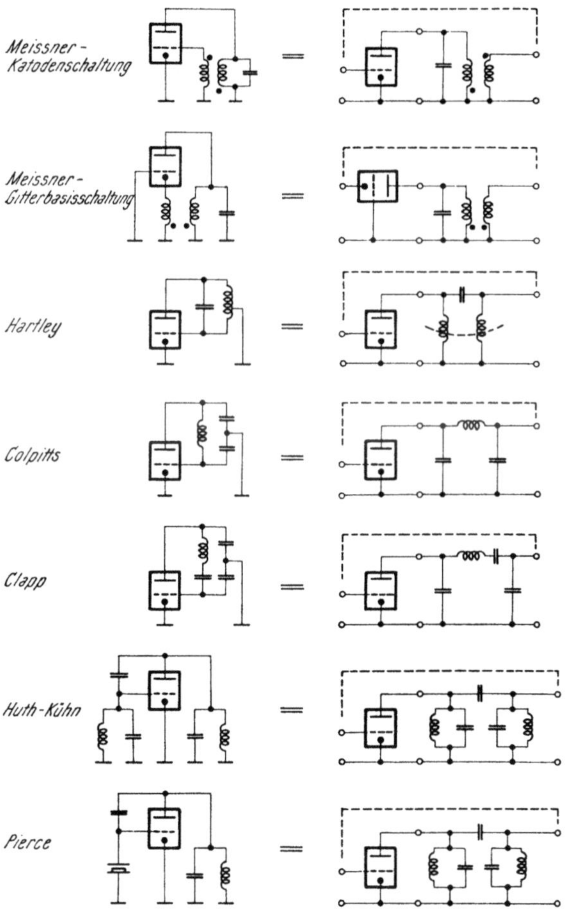

Abb. 4.19. Oszillatorschaltungen und ihre Zerlegung in zwei Vierpole

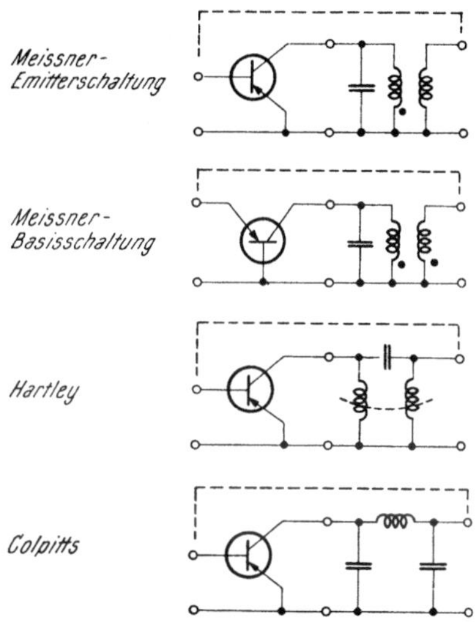

Abb. 4.20. Transistor-Oszillatorschaltungen in einer für die Berechnung geeigneten Darstellungsweise

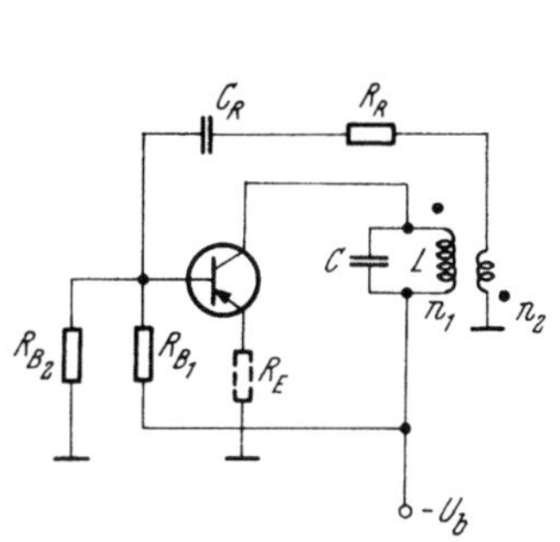

Abb. 4.21. Meißner-Oszillator in Emitterschaltung

Meißner-Oszillator: Abb. 4.21 zeigt den Meißner-Oszillator in Emitterschaltung. Die Basiswiderstände dienen zum Einstellen des Arbeitspunktes. Zur Arbeitspunktstabilisierung und als Schutz gegen thermisches Davonlaufen, dessen Gefahr bei Transistorschaltungen mit geringem ohmschen Widerstand im Kollektorkreis stets gegeben ist, ist ein Emitterwiderstand R_E empfehlenswert, der eventuell durch eine Kapazität überbrückt werden kann. C_R, der die gleichspannungsfreie Verbindung zwischen Schwingkreisausgang und Transistoreingang herstellt, wird so groß gewählt, daß sein Widerstand für die Schwingfrequenz vernachlässigbar ist. Mitunter findet man in der Serie zu C_R einen Widerstand R_R geschaltet, mit dem die Höhe des rückgekoppelten Signals und damit Übersteuerungsgrad und Schwingungsform des Ausgangssignals des Oszillators beeinflußt werden kann. Wie beim Röhrenoszillator ist auf richtige Polung der Mitkopplungswicklung zu achten (die Punkte in Abb. 4.21 bezeichnen jeweils den Anfang der Wicklungen).

Abb. 4.22 zeigt die Transistor-Meißner-Standardschaltung in Basisschaltung. Sie wird durchwegs in Rundfunkempfängern verwendet. Da die Basis zur Schwingungserregung nicht gebraucht wird, läßt sich hier ohne Verkopplungsgefahr ein zweites Signal zuführen, wodurch eine Mischung dieses Fremdsignals und des Oszillatorsignals auftritt (siehe Additive Mischung, S. 350).

Meißner-Gegentaktschaltung: Ergänzt man die Meißner-Emitterschaltung spiegelbildlich durch eine zweite identische Stufe, so erhält man die Transistor-Gegentaktschaltung (Abb. 4.23a), die für größere Ausgangsleistungen geeignet ist.

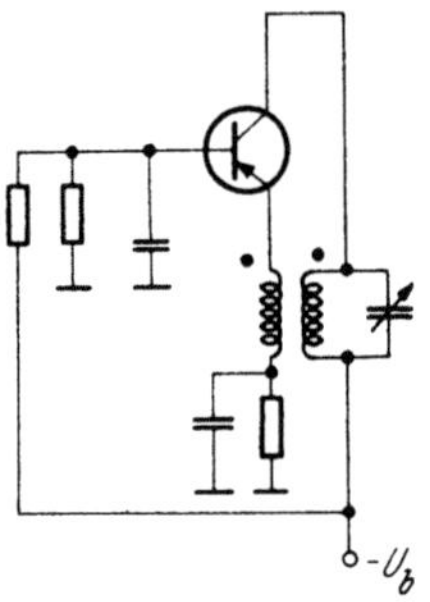

Abb. 4.22. Meißner-Oszillator in Basisschaltung

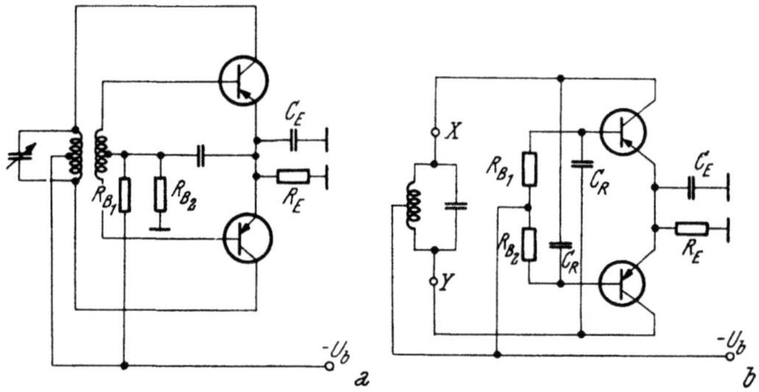

Abb. 4.23. Gegentaktoszillator: a) induktive Mitkopplung, b) kapazitive Mitkopplung

Die Mitkopplung kann außer durch induktive Kopplung auch durch gegenseitige kapazitive Verkopplung wie im Röhrenschaltbild Abb. 4.15 erfolgen, so daß man eine Schaltung Abb. 4.23b erhält. Diese Anordnung ist insofern bemerkenswert, als diese Schaltung zwischen den Punkten X und Y a priori einen negativen Widerstand darstellt und jedes schwingungsfähige Gebilde, das zwischen X und Y angeschlossen wird, zu Schwingungen anregt. Ersetzt man den Schwingkreis durch zwei ohmsche Widerstände, so treten Kippschwingungen auf (siehe Multivibrator, S. 442).

Hartley-Oszillator: Abb. 4.24 zeigt die induktive Dreipunktschaltung. Die analoge Basis ist wechselspannungsmäßig identisch mit der Meißner-Schaltung in Basisschaltung, wenn die mitkoppelnde Spannung statt von einer eigenen Wicklung einfacher von einem Spulenabgriff an die Katode geleitet wird.

Abb. 4.25 zeigt einen quarzstabilisierten Hartley-Oszillator in Basisschaltung, bei dem die Kopplung zwischen Spulenabgriff und Emitter durch den in Serienresonanz betriebenen Schwingquarz bewerkstelligt wird.

Colpitts-Oszillator: Die kapazitive Dreipunktschaltung in Emitterschaltung zeigt Abb. 4.26, Abb. 4.27 die entsprechende quarzstabilisierte Ausführung, Abb. 4.28 die quarzstabilisierte Basisschaltung.

Clapp-Oszillator (serienabgestimmter Colpitts-Oszillator): Er entsteht durch Serienschaltung eines C mit dem L in Abb. 4.26. Für Oszillatoren im Frequenzbereich von 0,1 bis 1 MHz sind für C_1 Werte von 50 pF bis 200 pF und für C_2 Werte von 1 bis 10 nF üblich.

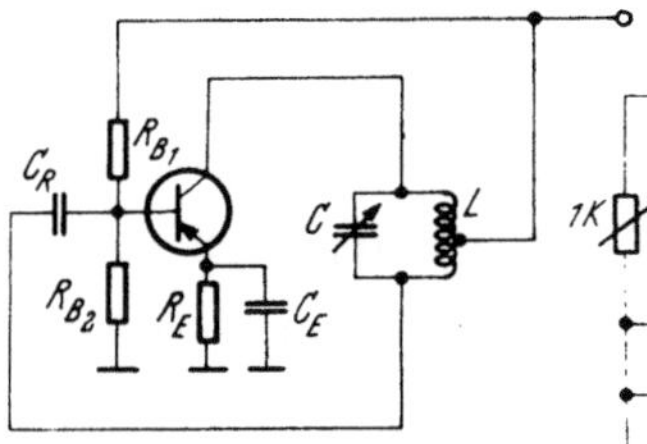

Abb. 4.24. Hartley-Oszillator

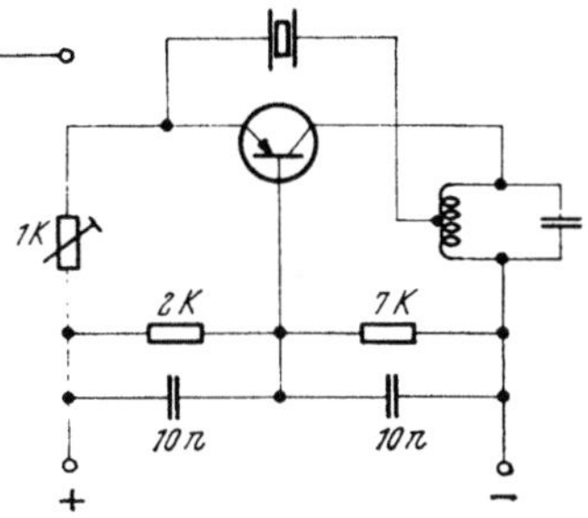

Abb. 4.25. Quarzstabilisierter Hartley-Oszillator

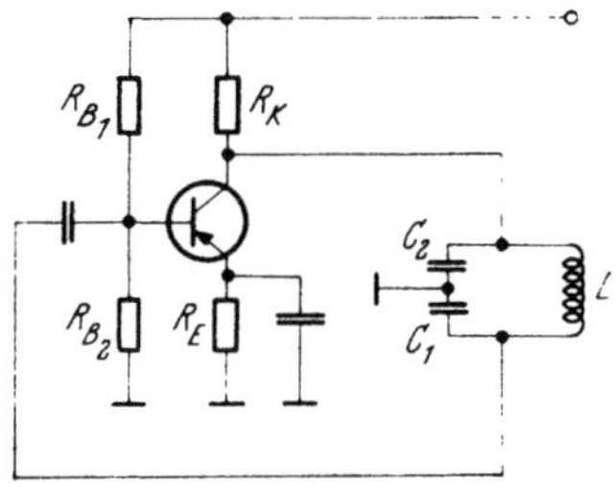

Abb. 4.26. Colpitts-Schaltung

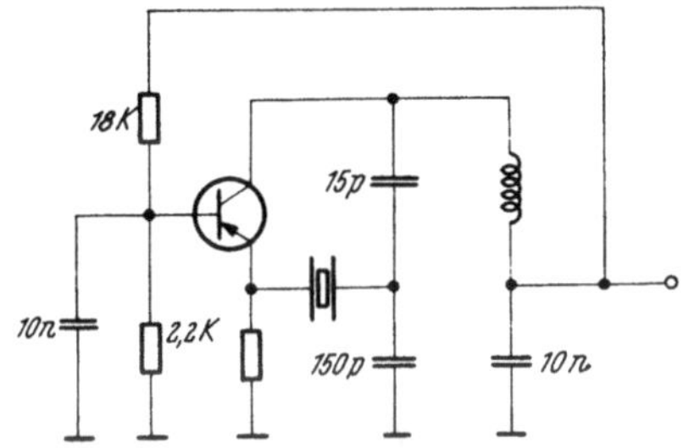

Abb. 4.27. Quarzstabilisierter Colpitts-Oszillator

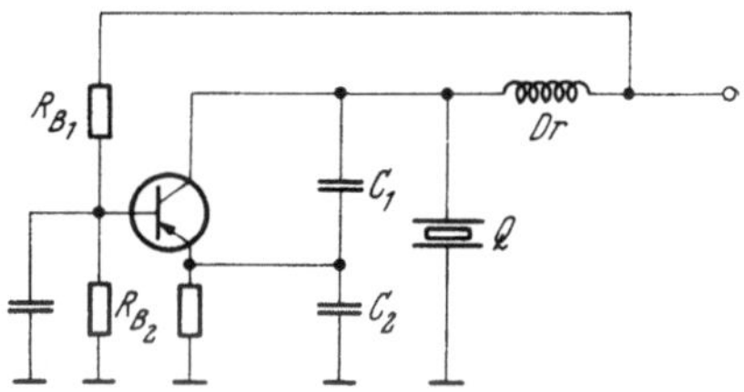

Abb. 4.28. Colpitts-Oszillator

B. Berechnung des Transistor-Oszillators

Zur Berechnung des Oszillators geht man vom Blockschaltbild Abb. 4.29 aus, in dem die zwei Hauptbestandteile des Oszillators, Verstärker und LC-Netzwerk, durch zwei Vierpole dargestellt sind. Der Ausgang eines Vierpols ist jeweils mit dem Eingang des anderen verbunden.

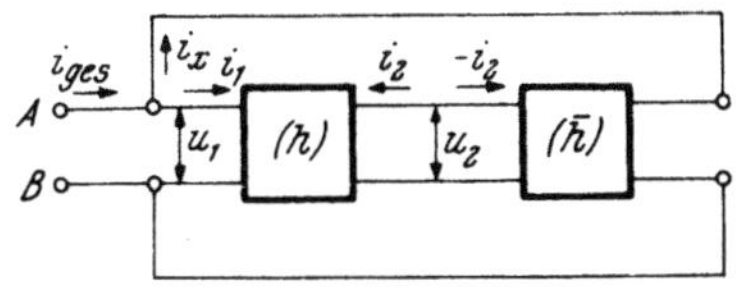

Abb. 4.29. Prinzipschaltbild eines Oszillators

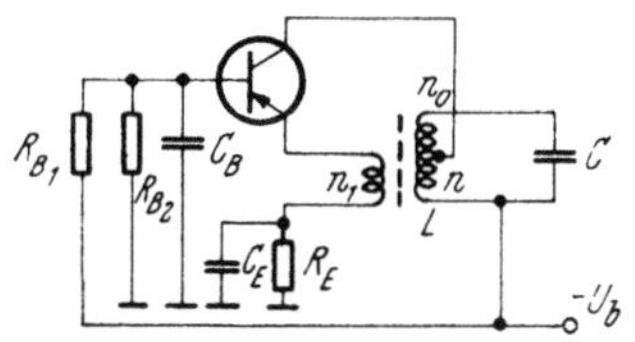

Abb. 4.30. Meißner-Basisschaltung mit Schwingkreisanzapfung für Kollektor

Der erste Vierpol wird mathematisch durch die h-Parameter des Transistors beschrieben. Je nachdem, ob der Transistor in Emitter-, Basis- oder Kollektorschaltung arbeitet, sind die Werte h_{ikE}, h_{ikB} oder h_{ikK} einzusetzen. Der zweite Vierpol wird beschrieben durch die h-Parameter $\overline{h}_{ik}$ des LC-Netzwerkes.

Zur Feststellung der Schwingfähigkeit des Oszillators ist zu prüfen, ob der Realteil der Eingangsimpedanz Z_e zwischen den Klemmen A, B negativ oder Null ist, Gl. (4.11). Aus Abb. 4.29 lassen sich folgende vier Beziehungen ablesen (vgl. Kap. 2.3.3):

$$\begin{aligned} u_1 &= h_{11} i_1 + h_{12} u_2 \\ i_2 &= h_{21} i_1 + h_{22} u_2 \\ u_2 &= -\bar{h}_{11} i_2 + \bar{h}_{12} u_1 \\ i_x &= -\bar{h}_{21} i_2 + \bar{h}_{22} u_1 \end{aligned}$$

Berechnet man aus diesen Gleichungen $i_{ges} = i_1 + i_x$ in Abhängigkeit von u_1, h_{ik} und $\bar{h}_{ik}$, so erhält man mit $Y_e = 1/Z_e = \frac{i_1 + i_x}{u_1}$ für die Erregungsbedingung $Re\, Y_e < 0$ folgenden äquivalenten Ausdruck:

Erregungsbedingung: $$Re\, \bar{h}_{21}\left(-\Delta(h\bar{h}) - \Delta h \cdot \Delta \bar{h} - 1\right) < 0 \tag{4.12}$$

mit

$$\begin{aligned} \Delta(h\bar{h}) &= h_{11}\bar{h}_{22} + h_{12}\bar{h}_{12} - h_{21}\bar{h}_{21} + h_{22}\bar{h}_{11} \\ \Delta h &= h_{11} h_{22} - h_{12} h_{21} \\ \Delta \bar{h} &= \bar{h}_{11}\bar{h}_{22} - \bar{h}_{12}\bar{h}_{21} \end{aligned}$$

Für die Oszillationsbedingung $Re\, Y_e = 0$ erhält man dementsprechend

Oszillationsbedingung: $$Re\left(-\Delta(h\bar{h}) - \Delta h \cdot \Delta \bar{h} - 1\right) = 0 \tag{4.13}$$

Die Frequenz, für welche diese Bedingung erfüllt ist und auf der der Oszillator stationär schwingt, wird gefunden, indem man den Imaginärteil des Klammerausdruckes in (4.13) null setzt:

Frequenzbedingung: $$\mathrm{Im}\left(-\Delta(h\bar{h}) - \Delta h \cdot \Delta \bar{h} - 1\right) = 0 \tag{4.14}$$

In die Erregungsbedingung gehen die h-Parameter des Transistors und die h-Parameter $\bar{h}_{ik}$ des LC-Netzwerkes ein. Im Moment des Einschaltens des Oszillators, noch bevor die Anordnung zu schwingen beginnt, stellen sich im Transistor durch die Gleichspannungen an seinen drei Elektroden ein bestimmter Arbeitspunkt und die dazugehörenden h-Werte ein, so daß diese bei der Dimensionierung als fix vorgegeben zu betrachten sind und lediglich über die h-Werte $\bar{h}_{ik}$ des Netzwerkes verfügt werden kann. Diese werden so gewählt, daß die Erregungsbedingung erfüllt ist und der Transistor sicher anschwingt. Ist dann das Netzwerk gemäß (4.12) dimensioniert und die $\bar{h}_{ik}$ damit fixiert, so kann die Erregungsbedingung nur dadurch in die Gleichung des stationären Schwingungszustandes (4.13) übergehen, daß sich dabei die h-Werte des Transistors verändern. In erster Linie betroffen sind dabei die Stromverstärkung h_{21} und der Eingangswiderstand h_{11}, die während des Aufschaukelungsprozesses so lange verändert werden, bis sich die Amplitude stabilisiert hat. Die in (4.13) vorkommenden Transistor-h-Parameter unterscheiden sich also von denen der Gl. (4.12) und sind, wenn sich der Arbeitspunkt des Transistors in den B- oder C-Betrieb verschiebt, als über eine volle Schwingungsperiode gemittelte Größen aufzufassen. In der Elektronenröhre erfolgt diese Amplitudenstabilisierung meist durch Verschiebung des Arbeitspunktes in den stark negativen Gitterspannungsbereich und die damit verbundene Steilheitsabnahme. Am Rechenbeispiel, das am Ende dieses Abschnittes angeführt ist, wird gezeigt, wie sich dieser Regelungsprozeß in Transistoren abspielen kann.

Die Berechnung der h-Parameter des LC-Netzwerkes gelingt leicht mit Hilfe des ohmschen Gesetzes, wenn man sich auf die in Kap. 2.3.3 angeführten h-Parameter-Definitionen bezieht. In Tab. 4.1 sind die h-Werte für die Netzwerke der drei wichtigsten Schaltungen (Meißner-, Colpitts-, Hartley-Oszillator) angeführt. Alle Größen sind frequenzabhängig und daher komplex. Außerdem ist stets $\bar{h}_{12} = -\bar{h}_{21}$, ein allgemeines Kennzeichen aller nicht leistungsverstärkender (passiver) Vierpole.

Tabelle 4.1

Meissner

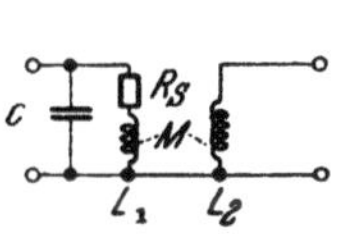

$$\bar{h}_{11} = \frac{L_2}{H}\left[R_s + j\left(\omega L_1 - \omega\frac{M^2}{L_2}\right)\right]$$

$$\bar{h}_{12} = -\bar{h}_{21} = \mp\frac{M}{H}\begin{pmatrix}- \text{ wenn} \cdot \text{bei } L_2 \text{ oben}\\ + \text{ wenn} \cdot \text{bei } L_2 \text{ unten}\end{pmatrix}$$

$$\bar{h}_{22} = \frac{C}{H}\left[R_s + j\left(\omega L_1 - \frac{1}{\omega C}\right)\right]$$

$$H = \omega^2 M^2 C - \omega^2 L_1 L_2$$

Colpitts

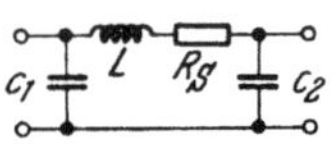

$$\bar{h}_{11} = \frac{1}{H}(R_s + j\omega L)$$

$$\bar{h}_{12} = -\bar{h}_{21} = \frac{1}{H}$$

$$\bar{h}_{22} = j\omega C_2 + \frac{1}{H}\cdot j\omega C_1$$

$$H = 1 + j\omega C_1 R_s - \omega^2 L C_1$$

Hartley

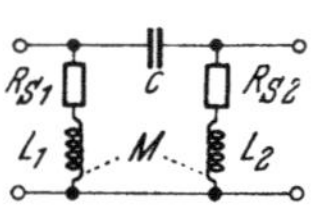

$$\bar{h}_{11} = \frac{1}{H}[(Rs_1 + j\omega L_1)(Rs_2 + j\omega L_2) + \omega^2 M^2]$$

$$\bar{h}_{12} = -\bar{h}_{21} = \frac{1}{H}[j\omega C(Rs_1 + j\omega L_1)(Rs_2 + j\omega L_2) + \omega^2 M^2 - j\omega M]$$

$$\bar{h}_{22} = \frac{1}{H}[j\omega C(Rs_1 + Rs_2) - \omega^2 C(L_1 + L_2 + 2M) + 1]$$

$$H = j\omega C[(Rs_1 + j\omega L_1)(Rs_2 + j\omega L_2) + \omega^2 M^2] + (Rs_2 + j\omega L_2)$$

Die Größe M wird als Gegeninduktivität bezeichnet und ist proportional dem Kopplungsfaktor zweier Induktivitäten L_1 und L_2: $M = k \cdot \sqrt{L_1 L_2}$. Die Veränderung des Kopplungsfaktors zwischen Schwingkreisspule und Mitkopplungsspule ist beim Meißner-Oszillator ein bewährtes Mittel zur genauen Einstellung des Schwingungseinsatzes.

Bei Topfkernen ist k praktisch gleich 1, so daß wegen $\frac{L_1}{L_2} = \frac{n_1^2}{n_2^2}$ (n = Windungszahl)

$$M = \sqrt{L_1 L_2} = L_1 \frac{n_2}{n_1} \tag{4.15}$$

(siehe Abb. 4.21).

Die h-Parameter des Meißner- und Hartley-Netzwerkes sind also hauptsächlich durch das Windungszahlenverhältnis der zwei Wicklungen, die des Colpitts-Netzwerkes durch das Verhältnis der beiden Kapazitäten C_1 und C_2 beeinflußbar.

Setzt man die h-Werte der Tab. 4.1 in die Erregungsbedingung Gl. (4.12) ein, so erhält man für die Mindeststromverstärkung des Transistors bei einer gegebenen Gegeninduktivität bzw. bei einem gegebenen Windungszahlenverhältnis näherungsweise die Formeln, die in Tab. 4.2 angeführt sind. In dieser Tabelle ist außerdem die Oszillationsfrequenz in Abhängigkeit von Transistor- und Netzwerkparametern angegeben, die man aus der Bedingung (4.14) erhält, sowie die entsprechenden Werte für die analogen Röhrenschaltungen, die sich einfach durch Einsetzen der h-Werte der Elektronenröhre an Stelle der Transistor-h-Werte errechnen lassen.

Tabelle 4.2

Transistor Meißner-Oszillator (Emitterschaltung)	$h_{21E} \gtrsim \frac{RsC \cdot h_{11E}}{M} + \frac{L_1 \Delta h_E}{M} + \frac{M}{L_1} \approx \frac{L_1 \Delta h_E}{M} + \frac{M}{L_1}$ $\omega^2 \approx \frac{h_{11E} + Rs\,\Delta h_E}{L_1 C h_{11E} + (L_1 L_2 - M^2)\,h_{22E} + L_2 RsC} \approx$ $\approx \frac{1}{L_1 C} \frac{1}{1 + (L_1 I_2 - M^2)\,h_{22E}/L_1 C h_{11E}}$
Röhren-Meißner-Oszillator	$S \gtrsim \frac{RsC}{M - LD}$ $\omega^2 \approx \frac{1}{LC}(R_s DS + 1)$
Transistor Colpitts-Oszillator (Emitterschaltung)	$h_{21E} \gtrsim \frac{Rs}{L}(C_1 + C_2) h_{11E} + \frac{C_1}{C_2} + \frac{C_2}{C_1} \Delta h_E \approx \frac{C_1}{C_2}$ $\omega^2 \approx \frac{1}{LC} + \frac{RS}{L}\left(\frac{1}{C_2 h_{11E}} + \frac{\Delta h_E}{C_2 h_{11E}}\right) + \frac{h_{22E}}{C_1 C_2 h_{11E}} \approx$ $\approx \frac{1}{LC}\left(1 + \frac{LC h_{22E}}{C_1 C_2 h_{11E}}\right); \quad C = \frac{C_1 C_2}{C_1 + C_2}$
Röhren-Colpitts-Oszillator	$S \gtrsim \frac{Rs}{L} \frac{C_1(C_1 + C_2)}{C_1 - C_2 \cdot D}$ $\omega^2 \approx \frac{1}{LC}\left(\frac{RsC}{C_1} SD + 1\right); \quad C = \frac{C_1 C_2}{C_1 + C_2}$

Transistor-Hartley-Oszillator (Emitterschaltung)

$$h_{21E} \gtrsim \frac{RsLCh_{11E} + (M + L_2)^2 + (L_1 Rs_2 + L_2 Rs_1)\dfrac{\Delta h_E}{h_{11E}}}{(L_1 + M)(L_2 + M)} \approx$$

$$\approx \frac{L_2 + M}{L_1 + M}$$

$$\omega^2 \approx \frac{h_{11E}}{LCh_{11E} + (L_1 L_2 - M^2)\, h_{22E}}$$

$$L = L_1 + L_2 + 2M, \qquad Rs = Rs_1 + Rs_2$$

Röhren-Hartley-Oszillator

$$S \gtrsim \frac{RsLC}{(L_1 + M)\,(L_2 + M) - R_1 R_2 LC} \approx \frac{RsLC}{(L_1 + M)(L_2 + M)}$$

$$\omega^2 \approx \frac{1}{LC} \cdot (Rs_1 SD + 1)$$

C. Berechnungsbeispiel

Als Beispiel werde der Meißner-Oszillator in Basisschaltung (Abb. 4.22) durchgerechnet. Die h-Parameter des Transistors sind h_{11B}, h_{12B}, h_{21B} und h_{22B}, die h-Werte des LC-Netzwerkes nach Tab. 4.1 werden unter Verwendung der Gl. (4.15)

$$\bar{h}_{11} = \frac{Rs}{1 + j\omega CRs} \qquad \bar{h}_{12} = \frac{n}{n_1} \cdot \frac{1}{1 + j\omega CRs}$$

$$\bar{h}_{21} = -\frac{n}{n_1} \cdot \frac{1}{1 + j\omega CRs} \qquad \bar{h}_{22} = \left(\frac{n}{n_1}\right)^2 \left(\frac{1}{j\omega L} + \frac{1}{Rs + \dfrac{1}{j\omega C}}\right)$$

Erregungsbedingung: Setzt man diese Werte in die Erregungsbedingung ein und vernachlässigt alle nicht ins Gewicht fallenden Größen, wie z. B. die Produkte mit h_{12B} und h_{22B}, so erhält man

$$Re\left[\frac{n}{n_1} \frac{1}{1 + j\omega CRs} \cdot h_{21B} + \left(\frac{n}{n_1}\right)^2 \left(\frac{1}{Rs + \dfrac{1}{j\omega C}} + \frac{1}{j\omega L}\right) \cdot h_{11B} + 1\right] < 0$$

Verwendet man zur teilweisen Eliminierung von ω die Näherung $\omega^2 = \dfrac{1}{LC}$, so ergibt sich (Rs sehr klein):

$$Re\left[\frac{n_1}{n} h_{21B} + \frac{C}{L} Rsh_{11B} + \left(\frac{n_1}{n}\right)^2 + j\omega C + \frac{1}{j\omega L}\right] < 0$$

Da bei guten Transistoren näherungsweise $1 \approx -h_{21B}$ ist, folgt für die Erregungsbedingung des Oszillators:

$$Re\left[\frac{n_1}{n} \cdot \frac{h_{21B}}{h_{11B}} \left(1 - \frac{n_1}{n}\right) + \frac{Rs}{L/C} + j\left(\omega C - \frac{1}{\omega L}\right)\right] < 0 \qquad (4.16)$$

Im Lang- und Mittelwellenbereich ist h_{11B} bei Hochfrequenz-Transistoren reell, so daß man vereinfacht schreiben kann:

$$\frac{n_1}{n} \cdot \frac{h_{21B}}{h_{11B}} \left(1 - \frac{n_1}{n}\right) + \frac{Rs}{L/C} < 0$$

Der stationäre eingeschwungene Zustand: Im eingeschwungenen Zustand ist die Oszillatoramplitude konstant und

$$Re\left[\frac{n_1}{n}\frac{h_{21B}}{h_{11B}}\left(1-\frac{n_1}{n}\right)+\frac{Rs}{L/C}+j\left(\omega C-\frac{1}{\omega L}\right)\right]=0$$

oder, da h_{21B}/h_{11B} reell ist,

$$\frac{n_1}{n}\frac{h_{21B}}{h_{11B}}\left(1-\frac{n_1}{n}\right)+\frac{Rs}{L/C}=0 \tag{4.17}$$

Im Vergleich zum Erregungszustand bleiben natürlich n_1, n und L, C unverändert; damit Gl. (4.17) erfüllt wird, muß also h_{21}/h_{11B} oder nach Gl. (2.143), S. 249, die Kurzschluß-Steilheit y_{21B} gegenüber Gl. (4.16) kleiner werden. Dies geschieht dadurch, daß sich infolge der Gleichrichterwirkung der Basis-Emitterstrecke an R_E, C_E (Abb. 4.30) eine gegenüber der Basis negative Spannung aufbaut. Diese Spannung verschiebt den Arbeitspunkt in den AB-Betrieb und setzt den Stromflußwinkel und damit die mittlere Steilheit herunter. Der Zusammenhang zwischen der Wechselspannung (Oszillatorspannung), die an der Basis-Emitter-Gleichrichterstrecke auftritt, und der resultierenden Steilheit läßt sich auf theoretischem Weg ableiten und führt auf eine Gl. (2.199), S. 292, ähnliche Funktion. Für die Praxis genügt es jedoch, eine Steilheitsreduzierung auf etwa 10 bis 50% des ursprünglichen Wertes anzunehmen:

$$y_{21B}\,(\text{osz})=\frac{y_{21B}}{\lambda},\qquad \lambda=2 \text{ bis } 10 \tag{4.18}$$

Damit sich die Vorspannung einstellen kann, muß die Zeitkonstante $R_E C_E$ geeignet gewählt werden. Bei zu großer Zeitkonstante tritt Überschwingen ein, da die Regelung zu träge ist.

Windungszahlenverhältnis n_1/n: Aus Gl. (4.17) wird wegen $\frac{Rs}{L/C}=G_p$ (G_p ist der zum Schwingkreis parallel liegende Verlustwiderstand):

$$\frac{n_1}{n}=\frac{1}{2}\pm\sqrt{\frac{1}{4}+\frac{G_p}{y_{21B}/\lambda}} \tag{4.19}$$

Das Vorzeichen der Wurzel wählt man negativ, da dann der Schwingkreis weniger belastet wird. Damit auch die Kollektor-Basisstrecke des Transistors den Kreis möglichst wenig dämpft, was im Interesse einer guten Frequenzkonstanz unbedingte Voraussetzung ist, wird (wie beim C-Verstärker) der Kollektor unter Beibehaltung des Windungszahlenverhältnisses $\frac{n_1}{n}$ an eine Anzapfung der Schwingkreisspule gelegt (Abb. 4.30). Mit Einführen des Windungszahlenverhältnisses $\frac{n}{n_0}$ erhält man dann an Stelle von Gl. (4.19):

Mit Kollektoranzapfung:

$$\frac{n_1}{n}=\frac{1}{2}-\sqrt{\frac{1}{4}+\frac{G_p}{y_{21B}/\lambda}\left(\frac{n_0}{n}\right)^2} \tag{4.20}$$

Die untere Grenze für $\frac{n_0}{n}$ ist gegeben durch die Bedingung, daß die Wurzel in (4.20) reell bleiben muß.

Dimensionierung: Man legt sich auf ein bestimmtes λ in Gl. (4.18) fest (meist 2 bis 10) und bestimmt $\frac{n_0}{n}$ so, daß $\frac{n_1}{n}$ in (4.20) eine reelle Zahl ergibt. Aus (4.19) folgt dann der zugehörige Wert $\frac{n_1}{n}$.

Zahlenbeispiel: Vorgegeben: $f = 1{,}8$ MHz

$C = 200$ pF

$Q_0 = 100$ (Schwingkreisgüte)

$y_{21B} = -36$ V/mA

Dadurch festgelegt sind: $L = 390\ \mu$H

$n_0 = 140$ Windungen

Gewählt wurde: $\lambda = 6$

Gp berechnet man aus Q_0 durch $Gp = \frac{1}{Q_0 \omega L} = 2{,}28\ \mu$S.

Für $\frac{n_0}{n}$ gilt nach (4.20)

$$\frac{n_0}{n} < \frac{1}{2}\sqrt{\frac{y_{21B}/\lambda}{Gp}} = 25{,}7$$

also $n > 5{,}5$. Für sicheres Schwingen wählt man $n = 8$ Windungen. Dazu gehört nach (4.19)

$$\frac{n_1}{n} = 0{,}13, \qquad n_1 = 1 \text{ Windung.}$$

Frequenzverschiebung bei höheren Frequenzen: Im Bereich der Frequenzen um 10 MHz macht sich bei gewöhnlichen HF-Transistoren die Trägheit des Transistors in Form eines Steilheitsfehlwinkels bemerkbar (die Steilheit y_{21B} ist nicht mehr rein reell). Betrachtet man die Frequenzbedingung (4.14) für stationäres Arbeiten:

$$Im\left[y_{21}\left(\frac{n_1}{n} - 1\right) + \left(\frac{n_0}{n}\right)^2 \left(Gp + j\left(\omega C - \frac{1}{\omega L}\right)\right)\right] = 0 \qquad (4.21)$$

so sieht man, daß wegen der Imaginärkomponente von y_{21B} der Oszillator nicht mehr auf der Resonanzfrequenz des Schwingkreises schwingt.

Aus Gl. (4.21) folgt für die Frequenzabweichung Δf von der Schwingkreisresonanzfrequenz f_0:

$$\Delta f = f_0^2 L \frac{1}{n_0^2} (n - n_1) \, |y_{21B}| \sin \varphi$$

wo φ der sogenannte Steilheitsfehlwinkel ist. Er wird definiert durch $y_{21B} = |y_{21B}| \, e^{i\varphi}$ und ist Tabellen entnehmbar. Bemerkenswert ist, daß der Betrag der Steilheit in die Frequenzverschiebung eingeht. Dies hat zur Folge, daß z. B. bei Niederfrequenz-Modulation an der Basis des Transistors nicht nur die Amplitude, sondern durch die Beeinflussung des Steilheitswertes auch die Frequenz moduliert wird.

4.3.3 Oszillatoren für den UKW-Bereich

Im UKW-Bereich wird der Transistor durchwegs in Basisschaltung betrieben. Abb. 4.31 zeigt Schaltbild und Prinzip eines UKW-Oszillators.

Funktionsweise: Bei UKW-Frequenzen hinkt infolge der Trägheit des Transistors der Ausgangsstrom i_2 der Steuerspannung u_1 um etwa 90° nach. u_2 ist phasengleich mit i_2, da sich ein abgestimmter Resonanzkreis wie ein ohmscher Widerstand verhält. Man führt nun die Ausgangsspannung auf den Eingangskreis zurück durch ein Schaltelement, das die Phasendrehung des Transistors wieder rückgängig macht. Die rückgekoppelte Spannung kommt dadurch phasenrichtig an und verstärkt die Eingangsschwingung (Aufschaukeln der Schwingungen, Erregungsbedingung). Das Rückkopplungsglied, das im Gegensatz zum Transistor den Strom um 90° der Spannung voreilen läßt, ist einfach ein Kondensator. L_T dient bei festem $C_{rü}$ zur genauen Einstellung der richtigen Phasenlage.

Oszillationsvorgang: Eine positive Halbwelle am Emitter erhöht den Kollektorstrom, was allerdings wegen der Transistorträgheit erst nach $^1/_4$ Sinusschwingung (= 90° später) am Kollektor in Erscheinung tritt. Mit ansteigendem Kollektorstrom sinkt die Kollektorspannung (wird positiver). Während des positiven Ansteigens des Kollektorstromes fließt duch $C_{rü}$ ein positiver Strom, der dann am größten ist, wenn die Spannungsänderung am Kollektor am größten ist, also zur Zeit $t = 0°$. Erreicht die Kollektorspannung ihr Maximum, bleibt sie einen Moment stehen, der Strom durch $C_{rü}$ ist null. Es liegen also genau die Verhältnisse vor, die für eine Selbsterregung notwendig sind und wie sie durch die Sinuswellen in Abb. 4.31 b angedeutet sind.

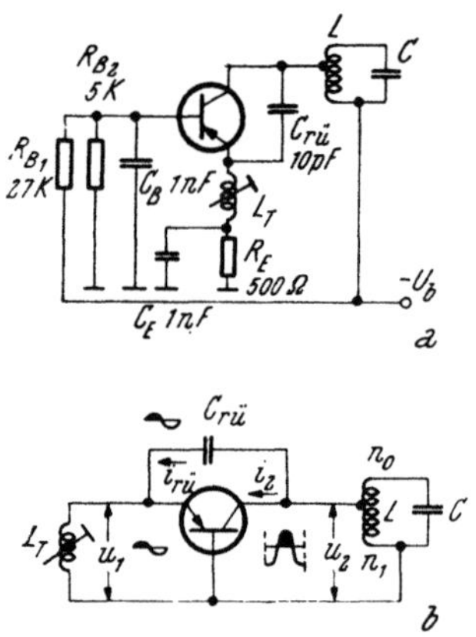

Abb. 4.31. Schaltung und Wechselstrom-Ersatzschaltbild eines Transistor-UKW-Oszillators

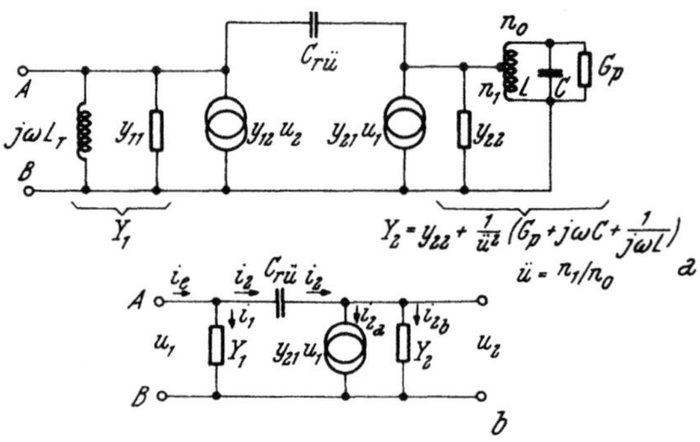

Abb. 4.32. y-Ersatzschaltbild des UKW-Oszillators

Mathematische Beschreibung: Zur Anwendung des Schwingkriteriums ***Re*** $Y_e \leq 0$ ist der Leitwert zwischen den Punkten A und B der Abb. 4.32 a zu bestimmen, die das y-Ersatzschaltbild der Abb. 4.31 darstellt. Es wird wie beim Transistor-LC-Verstärker mit y-Parametern gerechnet, da diese in den Tabellen der Hersteller bei hohen Frequenzen ausschließlich angeführt werden. Durch Zusammenfassen der Leitwerte $y_{11} + j\omega L_T$ und y_{22} + Schwingkreis und durch Vernachlässigung der kleinen Größe y_{12} erhält man das einfache Ersatzschaltbild Abb. 4.32 b, aus dem folgende Beziehungen abzulesen sind:

$$i_e = i_1 + i_2 = Y_1 u_1 + j\omega C_{rü}(u_1 - u_2)$$

$$i_2 = i_{2a} + i_{2b}, \quad \text{daher} \quad y_{21}u_1 + Y_2 u_2 = j\omega C_{rü}(u_1 - u_2)$$

Durch Elimination von u_2 erhält man daraus unmittelbar den Leitwert Y_e zwischen A und B:

$$Y_e = i_e/u_1 = Y_1 + j\omega C_{rü} + \frac{\omega^2 C_{rü}^2 + j\omega C_{rü} y_{21}}{Y_2 + j\omega C_{rü}} =$$

$$= Y_1 + j\omega C_{rü} + \frac{\omega C_{rü}(\omega C_{rü} - |y_{21}|)}{Y_2 + j\omega C_{rü}}$$

Der letzte Ausdruck folgt auf Grund des 90°-Phasenwinkels von y_{21} ($y_{21} = |y_{21}|\, e^{j\pi/2} = j\,|y_{21}|$).
Damit der Oszillator anschwingt, muß

$$Re\, Y_e = g_{11} + Re\, \frac{\omega C_{rü}(\omega C_{rü} - |y_{21}|)}{Y_2 + j\omega C_{rü}} < 0 \tag{4.22}$$

g_{11} ist der Realteil von y_{11}. Näherungsweise kann man annehmen, daß der Oszillator auf der Resonanzfrequenz des Schwingkreises schwingt, der aus L, C und den parallelgeschalteten Blindwiderständen $(h_{22} + \omega C_{rü}) \cdot ü^2$ gebildet wird, so daß sich die Blindkomponenten im Nenner des Bruches von (4.22) kompensieren, wodurch folgt:

$$g_{11} < \frac{\omega C_{rü}(|y_{21}| - \omega C_{rü})}{g_{22} + Gp/ü^2} \tag{4.23}$$

ω ist die Schwingungsfrequenz des Oszillators, g_{22} der Realteil von y_{22} (Tabellen entnehmbar). Steilheit des Transistors $|y_{21}|$, Rückkopplungskondensator $C_{rü}$, Schwingkreisverlustleitwert G_p und Übersetzungsverhältnis $ü$ bestimmen also die Schwingfähigkeit des UKW-Oszillators. $C_{rü}$ darf allerdings nicht zu groß gewählt werden, da er sonst die Steilheit des Transistors herabsetzt. Der optimale Wert ist

$$C_{rü} = |y_{21}|/2\omega$$

Setzt man diesen Wert in Gl. (4.23) ein, so erhält man die einfache Erregungsbedingung

$$ü > \frac{4 g_{11} Gp}{|y_{21}| - 4 g_{22} g_{11}}$$

Der einzige freie Dimensionierungsparameter ist somit das Übersetzungsverhältnis $ü$.

Ist z. B. bei 100 MHz

$$g_{11} = 23 \cdot 10^{-3}$$
$$g_{22} = 0{,}35 \cdot 10^{-3}$$
$$|y_{21}| = 14 \cdot 10^{-3}$$
$$Gp = 10^{-4}$$

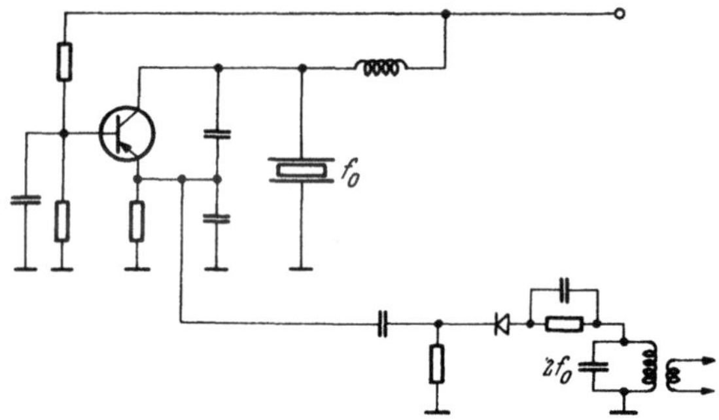

Abb. 4.33. Quarz-Oszillator mit Frequenzverdopplung

dann muß $ü$ größer sein als 0,25, sonst schwingt der Oszillator nicht an. $C_{rü}$ hat einen Wert von etwa 10 pF.

Für den Mittelwert der einstellbaren Induktivität L_T gilt als Faustformel, daß L_T mit $C_{rü}$ auf der Schwingfrequenz einen Serienresonanzkreis bildet.

Die Erregungsbedingung geht dadurch in die Oszillationsbedingung für stationäres Arbeiten $Re\, Y_e = 0$ über, daß wie beim Meißner-Oszillator in Basisschaltung durch die Gleichrichterwirkung der Basis-Emitter-Strecke eine Gleichspannung am Emitterkondensator auftritt, die den Arbeitspunkt verschiebt und die Steilheit $|y_{21}|$ reduziert.

Für quarzstabilisierte UKW-Oszillatoren wird meist das Prinzip der Frequenzverdoppelung oder -verdreifachung angewendet, da Quarze mit sehr hohen Frequenzen schwer zum Schwingen zu bringen sind. Abb. 4.33 zeigt eine Schaltung, wo die Oszillatorspannung am Emitter zwecks Verzerrung gleichgerichtet und einem Schwingkreis zugeleitet wird, der auf der zweiten Oberwelle der Resonanzfrequenz schwingt.

4.4 Die Modulation

In diesem Kapitel wollen wir uns nur einen Überblick über die verschiedenen Modulationsarten verschaffen, denn dieser Problemkreis interessiert weniger den Naturwissenschaftler, sondern vor allem den Nachrichtentechniker.

Eine elektrische Schwingung modulieren heißt, eine ihrer Kenngrößen, das sind Amplitude, Frequenz und Phase, im Takt der „Modulationsfrequenz" zu beeinflussen. Dabei ist die Modulationsfrequenz ω_n stets viel niedriger als die der zu modulierenden „Trägerfrequenz" ω_h.

4.4.1 Die Amplitudenmodulation (AM)

A. Prinzip

Wird die Amplitude einer sinusförmigen Schwingung $u = Uh \sin \omega_h t$ mit einer ebenfalls sinusförmigen Spannung moduliert, so wird:

$$u = (Uh + Un \sin \omega_n t) \sin \omega_h t = Uh(1 + (Un/Uh) \sin \omega_n t) \sin \omega_h t \quad (4.24)$$

Dies ist die Gleichung einer Trägerfrequenz $u = A \sin \omega_h t$ mit der Amplitude $A = Uh(1 + (Un/Uh) \sin \omega_n t)$, die sich im Takt der Modulationsfrequenz $Un \sin \omega_n t$ ändert. Die Abb. 4.34 zeigt den zeitlichen Verlauf der Modulation.
u = der Augenblickswert der hochfrequenten Amplitude (h)
Uh, Un = Scheitelwerte der hoch- und niederfrequenten Amplituden

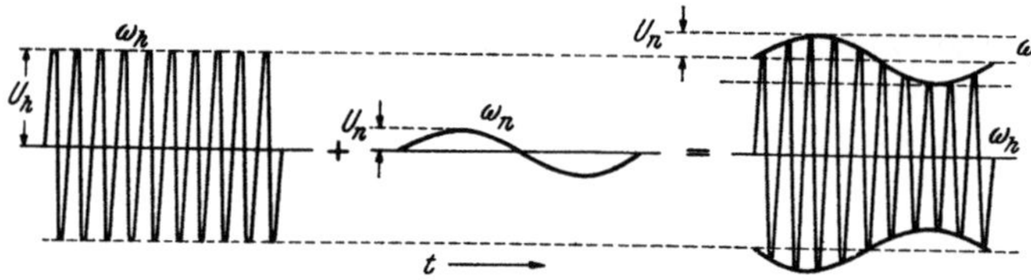

Abb. 4.34. Amplitudenmodulation

Die Gl. (4.24) ausmultipliziert und umgeformt ergibt:

$$\begin{aligned} u &= Uh \sin \omega_h t + && \text{(a)} \\ &+ (Un/2) \cos (\omega_h - \omega_n) t - && \text{(b)} \\ &- (Un/2) \cos (\omega_h + \omega_n) t && \text{(c)} \end{aligned} \quad (4.25)$$

Diese Gleichung stellt die Überlagerung von drei Schwingungen dar. Das erste Glied (a) ist die Trägerfrequenz oder unmodulierte Hochfrequenz, die beiden folgenden, (b) und (c), sind die sogenannten Seitenbänder. Eine modulierte Schwingung kann also auch als eine Überlagerung von drei nichtmodulierten Schwingungen aufgefaßt werden, bestehend aus der Trägerschwingung und den beiden Seitenbandfrequenzen, die um ω_n niedriger bzw. höher als ω_h sind und eine Amplitude von der Hälfte des Scheitelwertes der Modulationsspannung haben.

Die Seitenbänder haben die gleiche Intensität, sind aber gegenüber dem Träger um $+90°$ $(\omega_h - \omega_n)$ bzw. um $-90°$ $(\omega_h + \omega_n)$ phasenverschoben. Die Bandbreite des modulierten Signales ist

$$b = \omega_n/\pi = 2 f_n \quad (4.26)$$

Die Modulationsfrequenz ist in der modulierten Schwingung unmittelbar nicht vorhanden, sondern lediglich drei sich um ω_n und φ voneinander unterscheidende Frequenzen (Abb. 4.35).

Wir haben statt von Seitenbandfrequenzen von Seitenbändern gesprochen. Diese entstehen, wenn die Modulationsfrequenz nicht aus *einer* Schwingung, sondern z. B. aus einem niederfrequenten Gemisch, wie es die Sprache oder Musik liefert, besteht. Die Einseitenbandmodulation unterdrückt — wie schon der Name sagt — eines der beiden Seitenbänder.

Der Modulationsgrad oder Modulationsfaktor m stellt das Amplitudenverhältnis von Modulationsfrequenz zu Trägerfrequenz dar:

$$m = Un/Uh \quad [\%] \qquad (4.27)$$

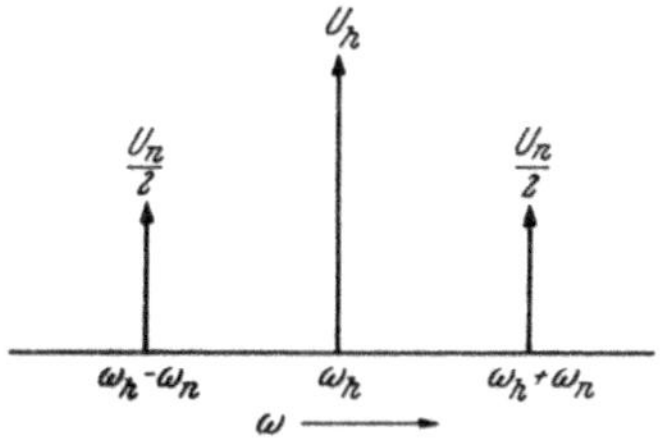

Abb. 4.35. Träger und Seitenbandfrequenzen

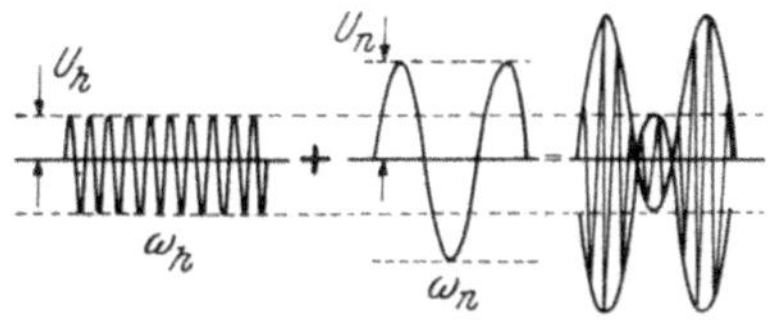

Abb. 4.36. Übermodulation $m > 1$

Die Modulation ist rein, d. h. verzerrungsfrei, wenn $m \leq 1$. Für $m > 1$ tritt Übermodulation auf (Abb. 4.36), $m = \infty$ entspricht einer Überlagerung amplitudengleicher Schwingungen (siehe Kap. 4.5). Für die letztgenannten Fälle ist die Einhüllende der modulierten Schwingung nicht mehr sinusförmig (Schwebung). Modulationsverzerrungen, die durch Schaltelemente verursacht werden, sind hier nicht berücksichtigt.

B. Die wichtigsten Modulationsschaltungen

Moduliert wird meistens in einer Verstärkerstufe, wobei die Modulationsspannung die Gittervorspannung, Schirm- oder Bremsgitterspannung bzw. die Anodenspannung beeinflußt.

Besondere leistungssparende Modulationsschaltungen, wie z. B. die Taylor-, Chireix-, Doherty-, Einseitenband-Modulationen, sollen hier nur erwähnt sein.

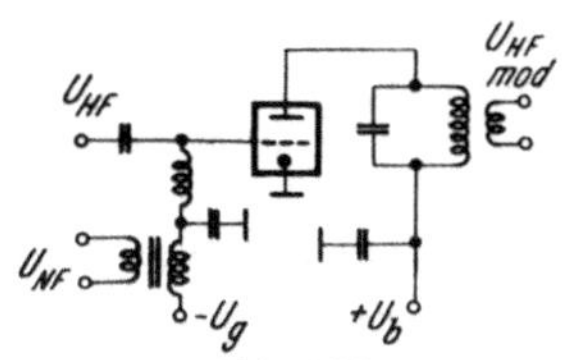

Abb. 4.37.
Steuergittermodulation

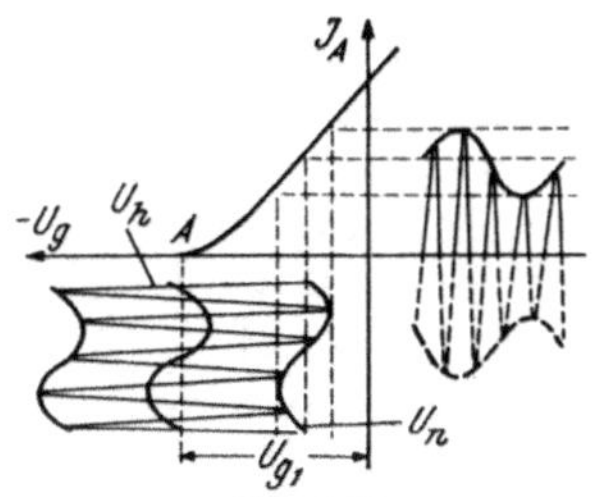

Abb. 4.38.
Gittermodulation im Kennlinienfeld

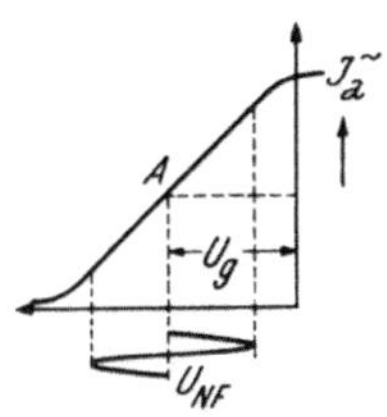

Abb. 4.39.
Modulationskennlinie

a) Die Gittermodulation (Abb. 4.37), Basismodulation (Abb. 4.40)

Die Modulationsröhre arbeitet mit fester Gittervorspannung Ug im unteren Kennlinienknick (B-C-Betrieb). Die Modulationsspannung verändert im Rhythmus von ω_n die Gitterspannung und damit den Anodenstrom der Röhre (Abb. 4.38). Die hochfrequente Trägerspannung liegt in Serie mit der Modulations- und Gittervorspannungsquelle. Zur richtigen Einstellung der Modulation wird die Modulationskennlinie $I\tilde{a} = f(Ug)$ bei $Uh =$ konst. aufgenommen (Abb. 4.39). Der

Arbeitspunkt A und damit die richtige Gittervorspannung Ug sollen in der Mitte des geradlinigen Teiles der Kennlinie liegen.

Bei sorgfältiger Einstellung läßt sich ein Modulationsgrad $m = 70$ bis $90\,\%$ erreichen, wobei die Röhre im unterspannten Zustand ($U\tilde{a}_s < Ua^{=} - |U\tilde{g}|$) arbeiten soll (siehe Abb. 2.176). Empfehlenswert sind Röhren mit kleinem Gitterstrom und großem Sättigungsstrom. Ferner soll der Gitterkreis nicht zu niederohmig ausgeführt werden. Die Modulation ist nur bei kleinem Modulationsgrad angenähert leistungslos. Bei Mehrgitterröhren läßt sich in ähnlicher Weise das Schirmgitter oder das Bremsgitter modulieren. Bei der G_3-Modulation erhält das Bremsgitter eine negative Vorspannung, die durch die U_{NF} beeinflußt wird. Die Schirmgitterspannung ist gegenüber der normalen Verstärkereinstellung zu verkleinern.

Der Gittermodulation entspricht beim Transistor die sogenannte Basismodulation, für die in Abb. 4.40 einige Schaltungsmöglichkeiten angeführt sind.

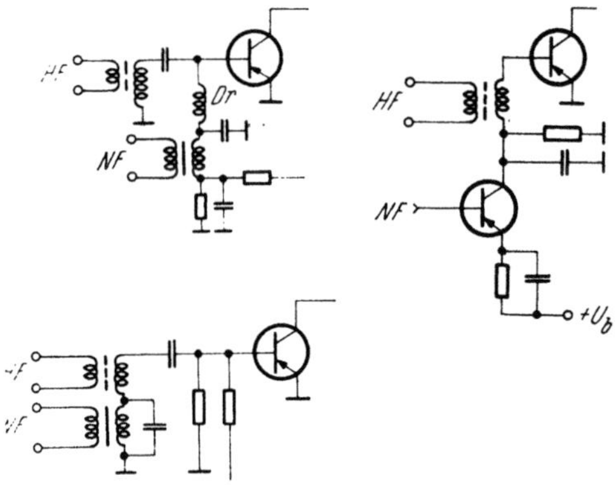

Abb. 4.40. Basismodulationsschaltungen

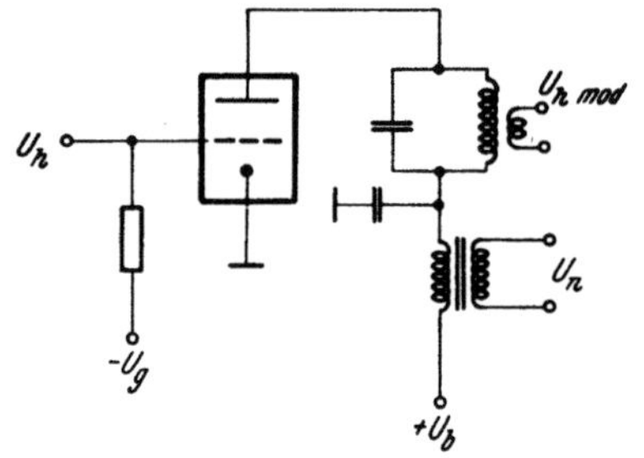

Abb. 4.41. Anodenmodulation

b) Die Anodenmodulation (Abb. 4.41)

Im Anodenkreis einer Verstärkerröhre befindet sich ein Resonanzkreis, dessen Resonanzwiderstand größer ist als der Grenzwert des Außenwiderstandes der Röhre (überspannter Zustand $U\tilde{a}_s > Ua^{=} - |U\tilde{g}|$, siehe Abb. 2.176). Die hochfrequente Anodenwechselspannung erhöht bzw. erniedrigt sich mit der Modulationsspannung Un. Dabei können sehr hohe Spannungsspitzen auftreten. Da der Anodenstrom mitgesteuert wird, erfordert die Anodenmodulation eine Modulationsleistung, die bei $m = 100\%$ 66% der Hochfrequenz-Trägerleistung ausmacht. Um den Wirkungsgrad der Modulationsstufe zu verbessern, empfiehlt es sich, im Modulationsverstärker eine Gegentakt-B-Endstufe zu verwenden, die im nichtangesteuerten Zustand fast stromlos ist. Der Modulationsgrad kann 100% erreichen, die Modulationsverzerrungen sind klein. Die Hochfrequenz-Verstärkerröhre arbeitet im C-Betrieb.

Eine Abart der Anodenmodulation ist die Heising-Modulation. Der Modulationstransformator ist durch eine Niederfrequenz-Drossel ersetzt. Modulations- und Modulatorröhre liegen an der gleichen Betriebsspannung Ub. Der Wirkungsgrad sowie m sind geringer.

Der Anodenmodulation entspricht beim Transistor die Kollektormodulation (Abb. 4.42). Soll die Transistorstufe, die meist als C-Verstärker mit dem Wirkungsgrad η arbeitet, voll ausmoduliert werden können, ist hierzu eine Niederfrequenz-

Leistung $N_{NF} = \frac{N_{HF}}{2\eta}$ notwendig, sowie eine Niederfrequenz-Spannungsschwankung auf der Sekundärseite des Modulationstransformators von etwa $\hat{u}_{NF} = |Ub|$ oder $u_{NF\,\mathrm{eff}} = \frac{|Ub|}{\sqrt{2}}$.

Die Impedanz auf der Primärseite des Modulationstransformators ist daher

$$R_{NF} = \frac{Ub^2}{N_{HF}} \eta \left(\frac{n_1}{n_2}\right)^2 \tag{4.28}$$

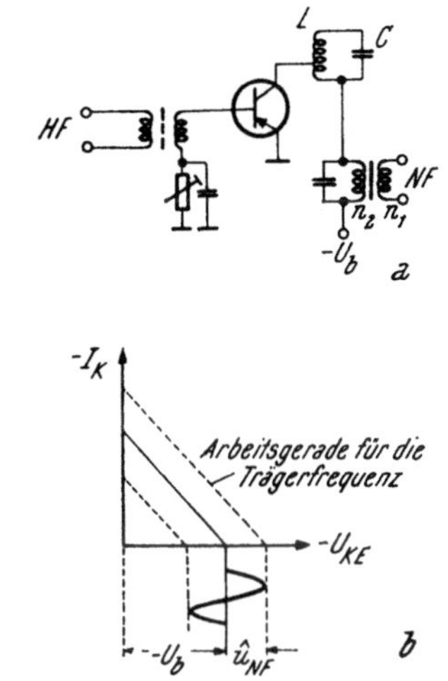

Abb. 4.42. Kollektormodulation (a) mit Verschiebung des Arbeitswiderstandes im Rhythmus der Modulationsfrequenz (b)

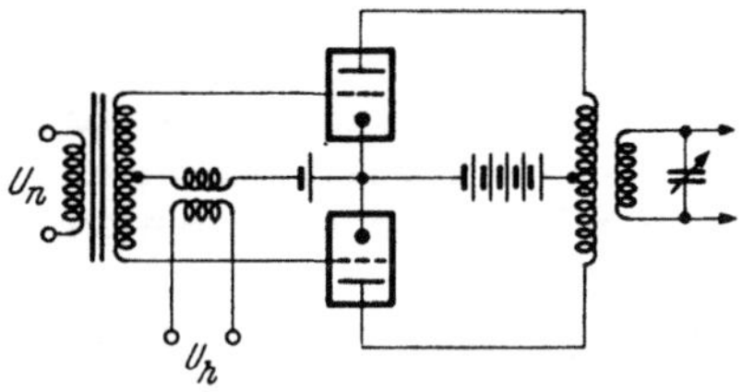

Abb. 4.43. Gegentaktmodulation mit Röhren

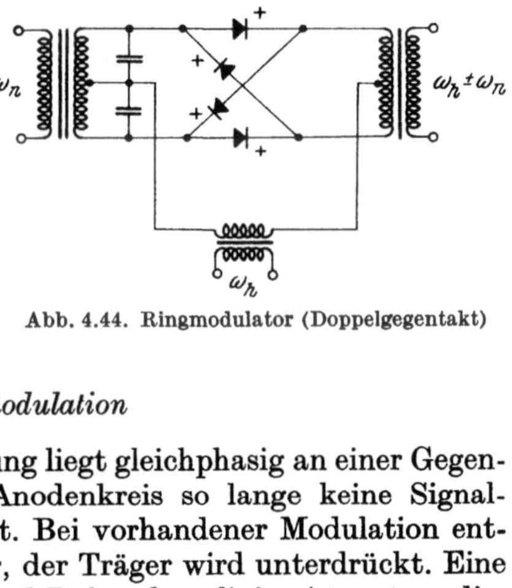

Abb. 4.44. Ringmodulator (Doppelgegentakt)

c) Die Gegentaktmodulation

Die zu modulierende Hochfrequenzspannung liegt gleichphasig an einer Gegentaktstufe (Abb. 4.43), erzeugt folglich im Anodenkreis so lange keine Signalspannung, als die Modulationsspannung fehlt. Bei vorhandener Modulation entstehen im Anodenkreis nur die Seitenbänder, der Träger wird unterdrückt. Eine gute Symmetrie der Schaltung, Übertrager und Röhrenkennlinien ist notwendig. An die Stelle der Röhren können auch Gleichrichter treten.

Der Doppel-Gegentakt- oder Ringmodulator (Abb. 4.44) unterdrückt im Ausgang sowohl die Frequenz ω_h als auch ω_n. (Die Gleichrichterschaltung ist nicht zu verwechseln mit der Graetz-Gleichrichtung.)

4.4.2 Die Frequenzmodulation (FM)

Abb. 4.45. Frequenzmodulation

A. Prinzip

Bei diesem Verfahren wird die Amplitude der Hochfrequenz konstant gehalten und ω_h im Takt der Modulationsfrequenz ω_n um einen Betrag $\Delta\omega_n$ verändert (Abb. 4.45). Die Gleichung für ein frequenzmoduliertes Signal lautet:

$$u = U \cdot \cos(\omega_h t + \Delta\omega_h \cdot \cos \omega_h t) \tag{4.29}$$

Der Frequenzhub ist: $\Delta f_h = \Delta \omega_h / 2\pi$
Der Modulationsindex ist:

$$M = \Delta \omega_h / \omega_{n\,\max}, \qquad m = \Delta f_h / f_h \tag{4.30}$$

Da das Frequenzspektrum eines FM-Signales sehr ausgedehnt ist, müssen Verstärker für derartige Signale breitbandig sein.

B. Modulationsschaltungen

Während bei AM der Oszillator nicht moduliert werden soll, wird er bei vielen FM-Schaltungen moduliert, d. h. die Resonanzfrequenz des Oszillatorschwingkreises wird im Takt der Modulationsfrequenz (Variation von L oder C) geändert. Eine C-Änderung läßt sich am einfachsten durch ein Kondensatormikrophon oder durch Schwingkondensatoren erreichen. L-Änderungen werden z. B. durch Vormagnetisieren von Eisenkernen erreicht. Am häufigsten wird eine L- oder C-Änderung durch eine Blindröhre (Kap. 3.3) vorgenommen.

4.4.3 Die Phasenmodulation[1]

Sie ist der Frequenzmodulation nahe verwandt. Im Takt der Modulationsfrequenz wird der Phasenwinkel φ einer hochfrequenten modulierten Schwingung gegenüber der nichtmodulierten verändert. Es wird:

$$U h \cos \omega_h t = U h \cos (\omega_0 t + \Delta \varphi \cos \omega_n t) \tag{4.31}$$

$\Delta \varphi$ = Phasenhub. Diese Gleichung zeigt die Ähnlichkeit mit der Frequenzmodulation, die auch als eine Phasenmodulation mit dem Phasenhub $\Delta \omega / \omega_n$ aufgefaßt werden kann.

4.5 Schwebung und Überlagerung

4.5.1 Grundlagen[2]

Die Summe der Überlagerung zweier Schwingungen stellt eine Schwebung mit einer Schwebungsamplitude und einer Schwebungsfrequenz dar. Bei Gleichphasigkeit addieren sich die Amplituden der beiden Schwingungen, bei Gegenphasigkeit subtrahieren sie sich. Es ist:

$$\begin{aligned} u &= U_1 \sin \omega_1 t + U_2 \sin \omega_2 t \\ &= 2 \cdot U_1 \sin \frac{\omega_1 + \omega_2}{2} t \cdot \cos \frac{\omega_1 - \omega_2}{2} t + (U_2 - U_1) \sin \omega_2 t \end{aligned} \tag{4.32}$$

Das erste Glied ist eine Schwingung mit der Frequenz $(\omega_1 + \omega_2)/2$ und einer sich periodisch ändernden maximalen Amplitude. Das zweite Glied verschwindet, wenn $U_2 = U_1$ wird.

---

[1] Literatur: [K 1].
[2] Literatur: [V 1].

Wir sprechen von einer *Überlagerung* im engeren Sinne, wenn $\omega_1 \ll \omega_2$ und $U_1 \gg U_2$ ist (zum Unterschied von einer Amplitudenmodulation mit $\omega_h \gg \omega_n$ und $Uh > Un$). Die Abb. 4.46 zeigt ein Überlagerungsbeispiel.

Wir sprechen von einer *Schwebung*, wenn $\omega_1 \sim \omega_2$ und $U_1 \geqq U_2$ ist; Beispiel Abb. 4.47.

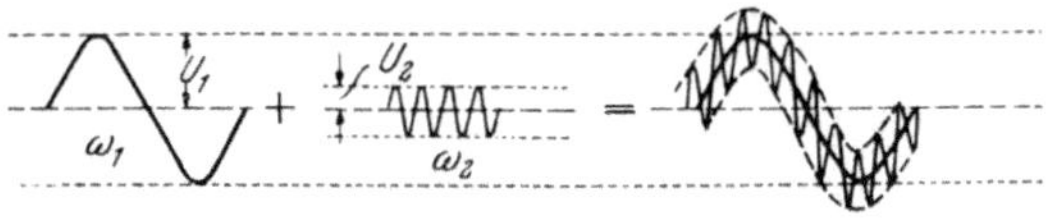

Abb. 4.46. Überlagerung

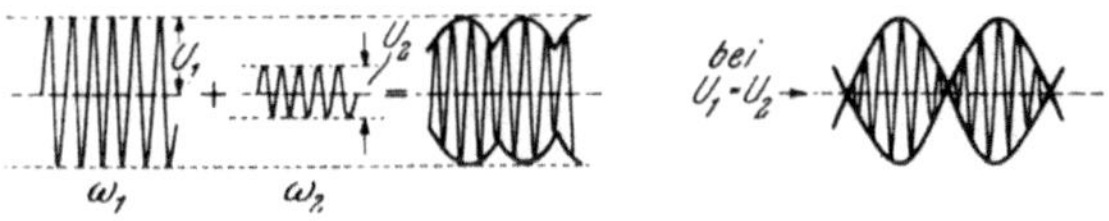

Abb. 4.47. Schwebung

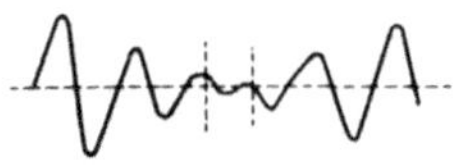

Abb. 4.48. Phasensprung nach jeder Schwebungsperiode

Die umhüllende Kurve der Schwebung hat keine Sinusform, sondern es tritt nach jeder Schwebungsperiode ein Phasensprung von 180° auf (Abb. 4.48). Die Annäherung an die Sinusform ist um so besser, je kleiner U_2 gegen U_1 ist (modulierte Trägerfrequenz).

4.5.2 Mischung

Die Überlagerungsschaltung hat in der Nachrichtentechnik und Meßtechnik eine sehr große Bedeutung erlangt. Ohne die Überlagerungsschaltung bzw. den Überlagerungsempfänger wäre unsere heutige Rundfunktechnik undenkbar. Leider hat sich für diese Schaltung ein Ausdruck eingebürgert, die ***Mischstufe***, der nicht ganz eindeutig ist. In der Hochfrequenztechnik versteht man unter Mischung die Überlagerung und Gleichrichtung zweier Frequenzen mit Hilfe einer nichtlinearen Kennlinie, wobei Summen- bzw. Differenzfrequenzen gebildet werden. Bei einer Mischschaltung in der Niederfrequenztechnik (Mischpult, Mischverstärker) wäre eine Differenztonbildung wenig wünschenswert und man vermeidet jede nichtlineare Kennlinie.

Der Ausdruck Mischung ist aber in der Hochfrequenztechnik zu einem festen Begriff geworden und soll daher auch hier beibehalten werden. Es lassen sich zwei Arten von Mischung unterscheiden:

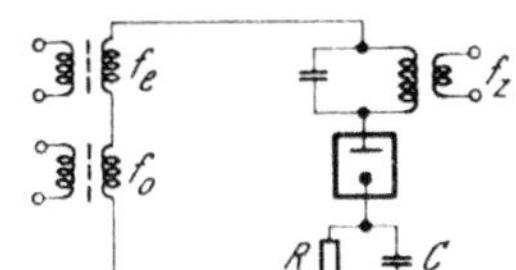

Abb. 4.49. Additive Mischung mit Diode

A. Die additive Mischung (Abb. 4.49)

Die zu mischenden (überlagernden) Frequenzen f_e und f_o werden addiert und einem System mit quadratischer Kennlinie (Diode bzw. Gitterkreis einer Röhre mit entsprechender Kennlinie) zugeführt, d. h. gleichgerichtet. Im Anodenkreis treten folgende bevorzugte Frequenzen auf:

Die Grundfrequenz, die Harmonischen der Grundfrequenz und die Kombinationsfrequenzen $f_o + f_e$ und $f_o - f_e$ $(= f_z)$.

Eine der Kombinationsfrequenzen wird mit Hilfe eines Resonanzkreises als sogenannte Zwischenfrequenz herausgesiebt. Die am Katodenkomplex abfallende negative Richtspannung steuert den Arbeitspunkt in den gekrümmten Kennlinienteil. Die Abb. 4.50 zeigt ein Beispiel für eine additive Mischstufe, wobei f_o in derselben Stufe als Oszillatorfrequenz erzeugt wird. Nachteilig bei dieser Schaltung ist die große Anzahl der Harmonischen im Anodenkreis und die unmittelbare Kopplung der Kreise $f_e - f_o - f_z$. Hauptanwendung bei hohen Frequenzen.

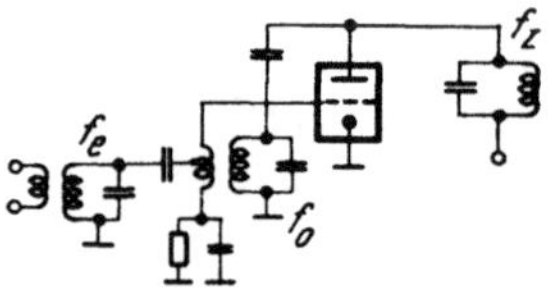

Abb. 4.50. Additive Mischung am Triodengitter

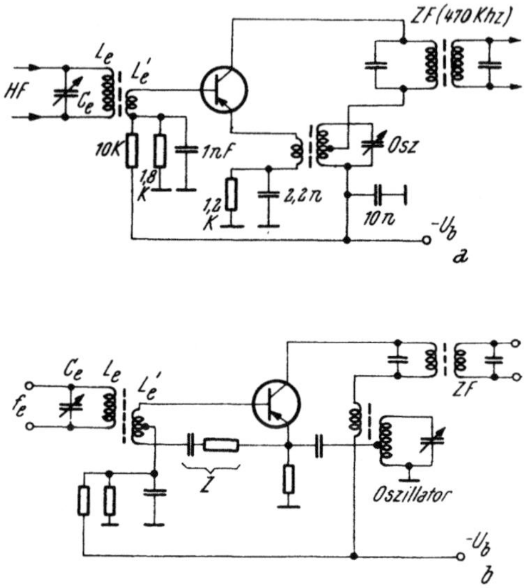

Abb. 4.51. a) Transistormischstufe, b) Mischstufe für höhere Frequenzen

Abb. 4.51 zeigt eine entsprechende Schaltung mit einem Transistor. Die Funktion des Oszillators, der in Basisschaltung arbeitet, wird durch die Koppelspule des Eingangskreises nicht beeinflußt, da die durch *Le*, *Le'* hereintransformierte Schwingkreiskapazität *Ce* des Eingangskreises für die gegenüber dem Eingangssignal meist hohe Oszillatorfrequenz praktisch einen Kurzschluß darstellt. Kritischer liegen die Verhältnisse beim Kurzwellenoszillator; Oszillator- und Eingangsfrequenz liegen knapp nebeneinander, die Basis liegt daher über den Eingangsschwingkreis nicht mehr an Masse. Die Folgen davon sind Mitziehen der Schwingungen, Abnahme der Oszillatoramplitude und Abreißen der Schwingungen beim Durchdrehen des Abstimmkondensators. Die in L_e' (Abb. 51a) abfallende Oszillatorspannung muß daher durch eine Gegenspannung kompensiert werden, wodurch die Basis wieder Massepotential erhält, Z (Abb. 51b) dient zur Nachbildung der Eingangsimpedanz des Transistors. Gängige Werte bei mittelangezapfter Eingangsspule sind 50 pF und 30 Ω.

B. Die multiplikative Mischung[1]

Zur multiplikativen Mischung, Abb. 4.52, werden vorzugsweise Mehrgitterröhren, sogenannte Mischröhren (Hexoden, Heptoden usw.) mit zwei voneinander unabhängigen Steuergittern verwendet. Beide Gitter beeinflussen den Anodenstrom Ia; die resultierende Bahn der Arbeitspunktverschiebung ist gekrümmt und daher für eine Mischung geeignet. Wird an das Gitter 1 eine Wechselspannung gelegt, so kann die Steilheit und damit die Verstärkung durch eine Spannungsänderung an Gitter 3 beeinflußt werden. Liegt an beiden Gittern eine sinusförmige Wechsel-

[1] Literatur: [B 1].

spannung, so setzt sich der Anodenwechselstrom aus zahlreichen Komponenten zusammen. Interessant ist nur das Produkt:

$$I\tilde{a} = (S_1/2) \cdot U\tilde{g}_1 (\cos(\omega_1 - \omega_2)\,t - \cos(\omega_1 + \omega_2)\,t) \cdot U\tilde{g}_3 =$$

$$= S_1 \cdot U\tilde{g}_1 \cdot U\tilde{g}_3 \cdot \sin \omega_1 t \cdot \sin \omega_2 t \qquad (4.33)$$

Dieses Produkt (daher multiplikative Mischung) enthält die Zwischenfrequenz $\omega_1 - \omega_2$ (bzw. $f_o - f_e$). Die Amplitude der Zwischenfrequenz (ZF) ist:

$$A = (S_1/2)\, U\tilde{g}_1 \cdot U\tilde{g}_3 \qquad (4.34)$$

Die Überlagerungs- oder Mischsteilheit und die Mischverstärkung sind:

$$S\ddot{u} = U\tilde{g}_1 \cdot S_1/2, \quad V\ddot{u} = U_{ZF}/U\tilde{g}_1 = S\ddot{u} \cdot Ra \qquad (4.35)$$

Bei der multiplikativen Mischung ist keine Gleichrichterstrecke wie bei der additiven notwendig. Die Zwischenfrequenz entsteht unmittelbar. Schaltbeispiel Abb. 4.52. Vorteil der multiplikativen Mischung ist die gute Entkopplung der Kreise $f_e - f_o - f_z$. Nachteilig ist die geringe Eingangsimpedanz der Mehrgittermischröhren für hohe Frequenzen, so daß die multiplikative Mischung vorteilhaft nur bei Frequenzen unter 30 MHz verwendet wird.

C. Anwendung der Mischung

In Empfängerschaltungen, Mischverstärkern, Trägerfrequenzanlagen, Untersetzern, Frequenzwandlern usw.

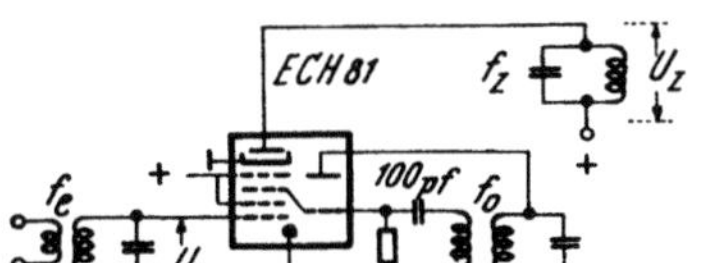

Abb. 4.52. Multiplikative Mischung

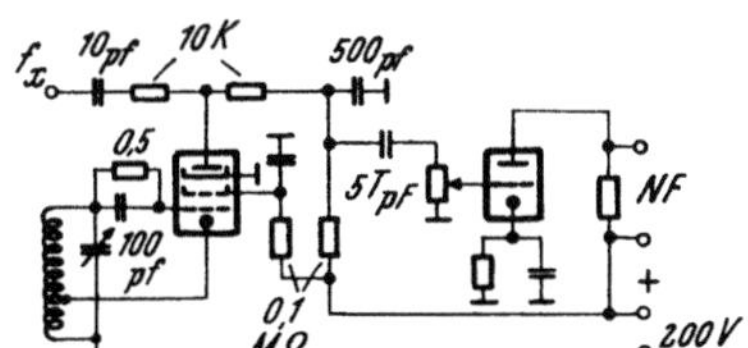

Abb. 4.53. Schwebungsfrequenzmesser

Zwei Anwendungsbeispiele aus der Meßtechnik

Vorwiegend zur Frequenzmessung nach dem sogenannten Schwebungsnullprinzip mit akustischer oder optischer Anzeige. Das Prinzipschaltbild eines Frequenzmessers nach diesem Prinzip zeigt die Abb. 4.53. Mit der bekannten Frequenz eines ECO-Oszillators wird die zu messende Frequenz f_x zur Schwebung gebracht, der Schwebungston gleichgerichtet, in einem Niederfrequenz-Verstärker verstärkt und einem Kopfhörer zugeführt.

Ein in der Niederfrequenztechnik und Akustik viel verwendetes Gerät ist der Schwebungssummer. Ein Prinzipschaltbild zeigt Abb. 4.54. Er besteht aus zwei

Hochfrequenzoszillatoren, von denen der eine mit einem Drehkondensator verstimmbar ist. Die beiden Hochfrequenz-Spannungen werden einer Mischstufe zugeführt, in der der Differenz- oder Schwebungston gebildet wird, der weiterverstärkt als Signal für Meß- und Steuerzwecke dient. Der Vorteil dieses Ton-

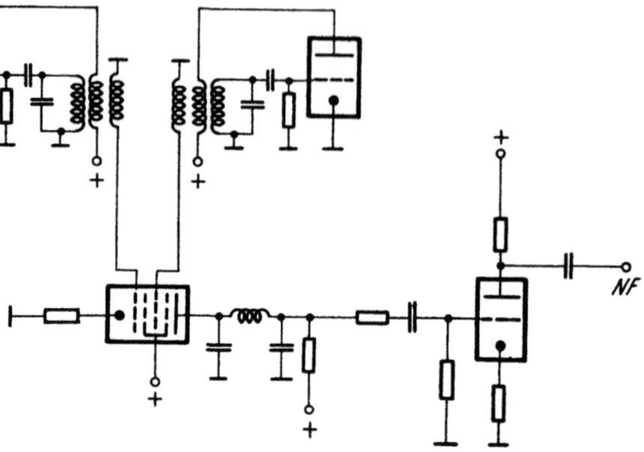

Abb. 4.54. Schwebungssummer

generators liegt darin, daß mit einem einzigen Drehkondensator (also ohne Bereichsumschaltung) der gesamte Tonfrequenzbereich von 0 bis 20 kHz überstrichen werden kann. An die beiden Oszillatoren müssen sehr hohe Anforderungen bezüglich Frequenzkonstanz gestellt werden; übliche Frequenz 100 bis 200 kHz.

5. Signalgleichrichtung

5.1 Diodengleichrichtung

An die Gleichrichtung hoch- oder niederfrequenter Wechselströme für Meß-, Steuer- und Regelzwecke werden wesentlich andere Anforderungen gestellt als an die Gleichrichtung technischer Wechselströme für die Stromversorgung.

Bei der Netzgleichrichtung ist die Wechselspannung im wesentlichen konstant und so groß, daß die Kennlinienkrümmung der Ventile praktisch immer außer Ansatz bleiben kann. Dafür geht es um so mehr um die Einhaltung von Grenzwerten für Erwärmung, Spitzenstrom und Spannungsfestigkeit. Die Zeitkonstanten der Siebmittel sind nach oben nur durch ähnliche Grenzwerte und durch den erträglichen Aufwand begrenzt, sehr im Gegensatz zur Demodulation, wie dort gezeigt werden wird.

Bei Demodulation oder Signalgleichrichtung ist die zur Verfügung stehende Hochfrequenz- oder Niederfrequenz-Spannung oft nicht groß, so daß die Krümmung der Gleichrichterkennlinie berücksichtigt werden muß. Dies um so mehr bei Meßgleichrichtern, bei denen an die Proportionalität zwischen Wechsel- und Gleichspannung hohe Anforderungen gestellt werden. Außerdem ist im Gegensatz zu Stromversorgungsgleichrichtern, die mit einer einzigen Frequenz gespeist werden, meist die Verarbeitung eines Frequenzspektrums von großem Umfang notwendig.

Wir könnten nun unterscheiden zwischen Gleichrichtern mit und ohne Vorspannung, für quadratische, exponentielle oder andere Kennlinienformen, für kleine und große Wechselspannungen. Alle diese Möglichkeiten können hier nicht behandelt werden. Näher und vor allem theoretisch Interessierte seien auf [K 2], [B 1] und [V 1] verwiesen. Wir wollen uns hier mit dem Gleichrichterproblem nur soweit auseinandersetzen, als es für die praktische Arbeit notwendig ist.

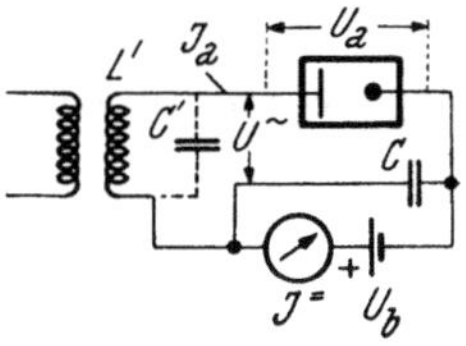

Abb. 5.1. Prinzip der Gleichrichtung

5.1.1 Grundlagen

Die Prinzipschaltung eines Gleichrichters zeigt die Abb. 5.1. Die Wechselspannung wird bei diesem Beispiel mit einem Übertrager zugeführt, dessen Sekundärseite als Parallelresonanzkreis $L'C'$ ausgebildet ist. $U^{\sim}$ liegt an der Serienschaltung: Diode–Stromquelle Ub und Anzeigeinstrument. Der Kondensator C schließt Wechselströme im Anzeigeteil kurz. Je nach der Größe der angelegten Wechselspannung und der Vorspannung Ub, die die Lage des Arbeitspunktes auf der Diodenkennlinie bestimmt, unterscheidet man zwei Arten von Gleichrichtern:

A. Gleichrichter für kleine Wechselspannungen: $U^{\sim} < 2\,V < Ub$ (Abb. 5.2)

Die Vorspannung Ub legt den Arbeitspunkt in den gekrümmten Kennlinienteil. Der Anodenstrom Ia ist immer größer als 0, der Stromflußwinkel $\Theta = \pi$ (siehe Kap. 10). Die nichtlineare Kennlinie verursacht eine Verzerrung der Anodenstromkurve derart, daß der Anodenruhestrom Ia_0 einseitig um ΔIa_0 vergrößert wird. Das Prinzip dieser Gleichrichtung beruht also auf der Krümmung der Diodenkennlinie $Ia = f(Ua)$, die als der zweite Differentialquotient der Steilheit dargestellt wird:

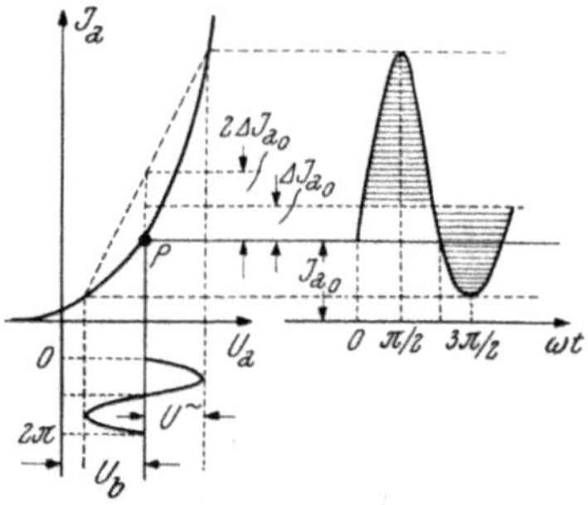

Abb. 5.2. Diodenkennlinie und kleine Wechselspannung

$$Kr = \frac{d^2 Ia}{d\,Ua^2} \tag{5.1}$$

Für die Größe von ΔIa_0 bei gegebener $U^{\sim}$ ist die Höhe der Vorspannung Ub und die Art der Kennlinie maßgebend. Angenähert gilt:

$$Ia = K \cdot Ua^n \tag{5.2}$$

(siehe Kap. 1.1.1). Die Anodenspannung der Diode ist

$$Ua = Ub + U^{\sim} \sin \omega t \tag{5.3}$$

Der durch das Instrument angezeigte Gleichstrom ist

$$I^{=} = Ia_0 + \Delta Ia_0 \tag{5.4}$$

(ideale Verhältnisse, $Ri = 0$ vorausgesetzt).

Der Eingangswiderstand der Diodenstrecke und somit der Belastungswiderstand für die Wechselspannungsquelle ist der reziproke Wert der Steilheit ($1/S$) im Arbeitspunkt P. Arbeitet die Diode (Röhrendiode) im Raumladungsgebiet, d. h. liegt der Arbeitspunkt nicht im unteren Kennlinienknick, so kann mit guter Annäherung der Verlauf der Kennlinie parabelförmig angenommen werden. Der Exponent n in der Gl. (5.2) ist dann 2 (quadratischer Gleichrichter). Nach Gl. (5.2) und (5.3) ist der Anodenstrom der Diode gegeben durch [K 2]:

$$Ia = K(Ub + U^{\sim} \sin \omega t)^2 = Ia_0 + I_1^{\sim} \sin \omega t + 2\,\Delta Ia_0 \sin^2 \omega t \tag{5.5}$$

wobei: $Ia_0 = K\,Ub^2$

$$\Delta Ia_0 = \frac{K\,U^{\sim 2}}{2}$$

$$\left.\begin{aligned} I_1^{\sim} &= \text{Strom der Grundfrequenz} = 2\,K\,Ub\,U^{\sim} \\ I_2^{\sim} &= \text{Strom der 1. Oberwelle} \quad = -K\,U^{\sim}/2 \end{aligned}\right\} \tag{5.6}$$

$I_2^{\sim}$ folgt aus dem letzten Summanden der Gl. (5.5).

Der verzerrte Anodenstrom setzt sich somit aus den Wechselströmen nach Gl. (5.6) und dem Gleichstrom nach Gl. (5.4) zusammen.

Der größtmögliche und der kleinste Anodenstrom wird für $\pi/2$ und $3\pi/2$ (Abb. 5.2):

$$\left.\begin{aligned} Ia_{max} &= Ia_0 + I_1^{\sim} + 2\,\Delta Ia_0 \\ Ia_{min} &= Ia_0 - I_1^{\sim} + 2\,\Delta Ia_0 \end{aligned}\right\} \tag{5.7}$$

Die Anodenstromänderung $\Delta I a_0$ wird dann maximal sein, wenn der Arbeitspunkt mit Hilfe der Vorspannung Ub in den Kennlinienteil mit größter Krümmung (siehe Gl. (5.1)) gelegt wird, wobei Ub auch negativ werden kann. Für den exponentiellen Kennlinienverlauf im Anlaufstromgebiet gilt die Grundgleichung (1.3).

B. Gleichrichtung größerer Wechselspannungen: $U^{\sim} > Ub$

Die Vorspannung Ub kann positiv oder negativ sein (z. B. die Richtspannung U_R selbst, siehe Abb. 5.4).

Der Anodenstrom Ia wird zeitweise 0, d. h., die Diode sperrt. Der Stromfluß wird $\Theta < \pi$. Die Abb. 5.3 zeigt den Strom-Spannungsverlauf im Kennlinienfeld.

Die Gleichrichterwirkung beruht nicht mehr nur auf der unterschiedlichen Kennlinienkrümmung in der Umgebung des Arbeitspunktes, sondern auf der Ventilwirkung der Diode: $Ia = 0$ bei negativer Ua.

Die Anodenspannung der Diode ist:

$$Ua = Ub + U^{\sim} \cos \omega t,$$

(der Anodenstrom $Ia = K(Ub + U^{\sim} \cos \omega t)^n$

Mit dem Stromflußwinkel Θ wird

$$Ia = K U^{\sim} (\cos \omega t - \cos \Theta)^n \quad (5.8)$$

und der Gesamtgleichstrom:

$$I^{=} = K U^{\sim n}/\pi \cdot \int_0^{\Theta} (\cos \omega t \cos \Theta)^n \, d(\omega t) \quad (5.9)$$

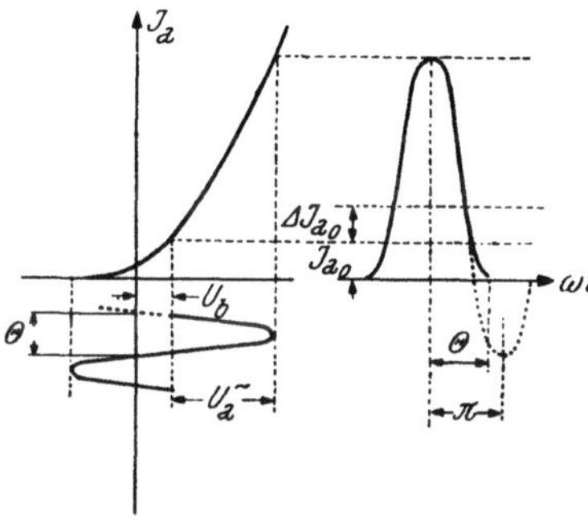

Abb. 5.3. Diodenkennlinie und große Wechselspannung

Näheres siehe Kap. 10).

Durch Integration findet man für das Raumladungsgebiet bei $U^{\sim} > Ub$:

$$I^{=} = 0{,}265 K \cdot (U^{\sim} + Ub)^2/\sqrt{U^{\sim}} = 0{,}265 \cdot K U^{\sim 3/2} \text{ für } Ub = 0 \quad (5.10)$$

und für den Anodenwechselstrom:

$$I\tilde{a} = 2 \cdot I^{=}(1 - 0{,}165 \cdot (U^{\sim} + Ub)/U^{\sim}) \quad (5.11)$$

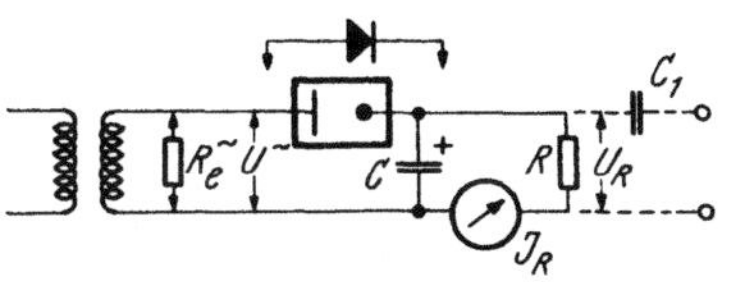

Abb. 5.4. Serienschaltung der Diode

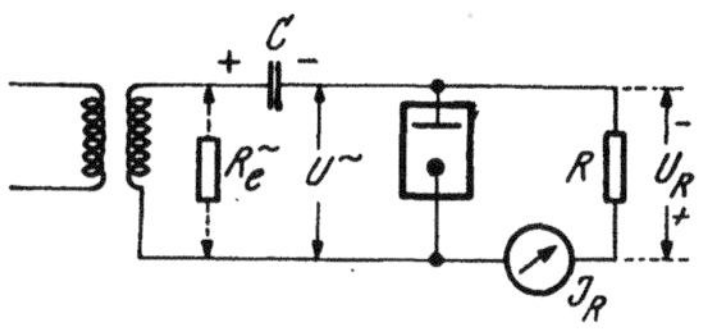

Abb. 5.5. Parallelschaltung der Diode

5.1.2 Gleichrichter mit Arbeitswiderstand

Um aus einer Wechselspannung $U^{\sim}$ durch Gleichrichtung eine Gleichspannung zu erzeugen, muß in den Stromkreis der Diode ein Arbeitswiderstand R eingeschaltet werden.

Die am häufigsten vorkommenden Gleichrichterschaltungen sind in Abb. 5.4 (Serienschaltung) und Abb. 5.5 (Parallelschaltung) gezeigt. Alle Gleichrichterschaltungen, die vorliegenden einfachen ebenso wie die kompliziertesten und unübersichtlichsten Anordnungen, müssen zwei grundlegende Bedingungen erfüllen. Einmal muß in der Schaltung ein Element mit nichtlinearer Kennlinie enthalten sein; liegen nur lineare Schaltelemente vor, dann kommt niemals eine Gleichrichtung zustande. Zum zweiten muß in jeder Gleichrichterschaltung ein in sich geschlossener Weg für den Gleichstrom und ein ebensolcher für den Wechselstrom vorhanden sein. Beide Bedingungen gelten auch für Netzgleichrichterschaltungen. In Abb. 5.4 und 5.5 ist das nichtlineare Element eben der eingezeichnete Röhren- oder Halbleitergleichrichter. Der Wechselstromweg schließt sich in beiden Fällen über den Gleichrichter und den Kondensator C. Der Gleichstromweg hingegen schließt sich bei Abb. 5.5 über Gleichrichter, Widerstand R und Instrument I_R, bei Abb. 5.4 liegt jedoch zusätzlich die Wechselspannungsquelle $U^{\sim}$ in Serie. In diesem Falle muß deshalb in der Wechselspannungsquelle ein Gleichstromweg vorhanden sein; es ist also nicht möglich, beispielsweise eine Wechselspannung irgendwo kapazitiv auszukoppeln und dann mit der Seriengleichrichterschaltung gleichzurichten.

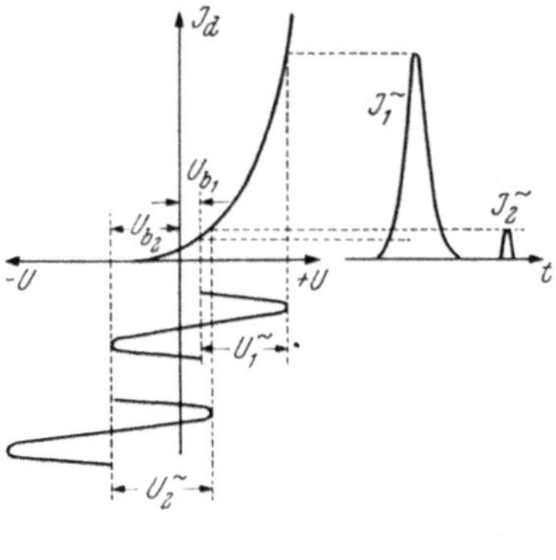

Abb. 5.6. Arbeitspunktverschiebung und Diodenrichtstrom

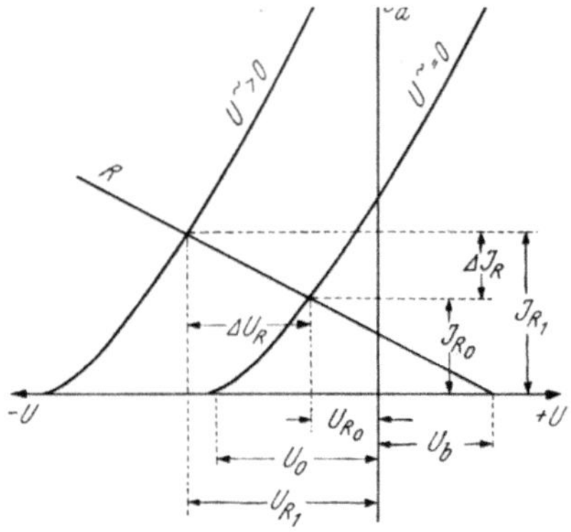

Abb. 5.7. Richtkennlinienfeld

Ist die Wechselspannungsamplitude positiv, so fließt durch die Diode ein Strom, der sogenannte Richtstrom I_R, der den Kondensator C auflädt und an R einen Spannungsabfall, die Richtspannung U_R, erzeugt. Ist die Zeitkonstante $\tau = R \cdot C$ groß gegen die Periodendauer der Wechselspannung, so ist U_R praktisch eine reine Gleichspannung und ungefähr gleich dem Spitzenwert der Wechselspannung. Das gilt, solange der Durchlaßwiderstand der Diode, also die reziproke Steilheit der Kennlinie, klein gegenüber R ist. Andernfalls ist U_R kleiner als die Scheitelspannung, da sich eine Spannungsteilung über R_D und R ergibt. Der Sperrwiderstand der Diode wirkt etwa so, als wäre er zu R parallelgeschaltet und verkleinert entsprechend die Zeitkonstante τ.

Die Richtspannung ist für die Diode eine Gegenspannung und verschiebt ihren Arbeitspunkt weit in den Sperrbereich. Dadurch fließen nur ganz kurze Stromstöße in den Zeitintervallen, in denen die Anode noch positiv gegen die Katode wird, und liefern die Ladung nach, die in den Strompausen über R aus C abfließt, Abb. 5.6 (C-Betrieb, Spitzengleichrichter, siehe auch Kap. 10). Während die negative Halbwelle der Wechselspannung ihren Scheitelwert durchläuft, muß die Diode wegen der Gegenspannung U_R den doppelten Scheitelwert sperren.

Die Wechselspannungsquelle wird durch den Eingangswiderstand der Gleichrichterschaltung $R\tilde{e}$ belastet. $R\tilde{e}$ ist ungefähr für die

$$\left.\begin{array}{ll}\text{Serienschaltung (Abb. 5.4)} & R\tilde{e}_1 \sim R/2 \\ \text{Parallelschaltung (Abb. 5.5)} & R\tilde{e}_2 \sim R/3\end{array}\right\} \tag{5.12}$$

Zur Feststellung des Richtstromes und damit der zu erwartenden Gleichspannung U_R bei gegebener Wechselspannung, bzw. zur Wahl der Größe des Widerstandes R, wird vorteilhaft das Richtkennlinienfeld der Diode benützt. In Abb. 5.7 ist $Id = f(U^=)$, Parameter ist $U^\sim =$ konst. Der Widerstand R kann als Widerstandsgerade $U^= = Ub - I_R \cdot R$ in das Kennlinienfeld eingezeichnet werden. Die Kennlinie $U^\sim = 0$ ist die statische Kennlinie der Diode. Ihr Fußpunkt liegt stets im negativen Kennlinienfeld (Anlaufstrom) und gibt die Größe der Anlaufspannung U_0. Der Schnittpunkt der statischen Kennlinie mit der Widerstandsgeraden ergibt den Reststrom I_{R_0} und die Restspannung U_{R_0}. Wird eine Wechselspannung an die Diode gelegt, so verschiebt sich die Kennlinie nach links ($U^\sim > 0$), ihr Schnittpunkt mit R ergibt die Stromänderung ΔI_R und die Spannungsänderung ΔU_R.

Mit Hilfe des Richtkennlinienfeldes läßt sich für eine gegebene Wechselspannung $U^\sim$ der durch die Diode fließende Wechselstrom $I^\sim$ bestimmen. Mit Gl. (5.11) wird

$$I^\sim = 2 \cdot I_{R_1}(1 - 0{,}165 \cdot (U^\sim + U_{R_1} + U_0)/U^\sim) \tag{5.13}$$

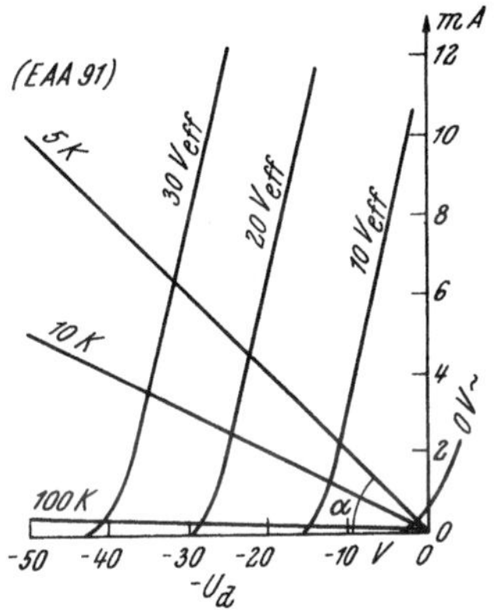

Abb. 5.8. Richtkennlinienfeld einer Duodiode EAA 91

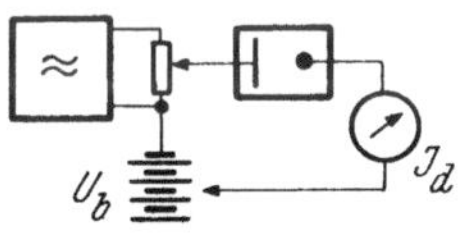

Abb. 5.9. Anordnung zur Kennlinienaufnahme

Der Wechselstromwiderstand der Schaltung nach Abb. 5.4 (Parallelwiderstand zur Wechselspannungsquelle) ist dann $R\tilde{e} = U^\sim/I^\sim$ ($\to 1/S$ für $R \to 0$). Die Abb. 5.8 zeigt das Richtkennlinienfeld einer Duodiode für $Ub = 0$ und verschiedene Werte von R. Die Abb. 5.9 zeigt die Anordnung zur Kennlinienaufnahme.

Zum Unterschied von Röhrendioden besitzen Halbleiterdioden keinen Anlaufstrom, daher auch keine Anlaufspannung U_0, hingegen eine bestimmte Reiz- oder Potentialschwelle oder minimale Ua $(= Ud_{\min})$ und einen endlichen Sperrwiderstand Rs.

Zusammenfassung. Die Diodenschaltung ist die meistverwendete Gleichrichterschaltung. Je nach Schaltungsart kann eine arithmetische oder Spitzengleichrichtung erreicht werden. Die Gleichrichtung selbst ist nicht leistungslos, sondern belastet die Wechselspannungsquelle (Dämpfung für Resonanzkreise). Für Wechselspannungen ab 1 V ist die Diodenkennlinie nahezu geradlinig, die Verzerrungen sind minimal. Es sind daher immer Wechselspannungen $> 0{,}5$ V anzustreben. Der Aussteuerbereich der Diode ist groß. Die obere Grenzfrequenz ist durch die Schalt- und Diodenkapazitäten bestimmt.

5.2 Triodengleichrichter

Zum Unterschied von Diodenschaltungen arbeiten die Triodengleichrichter mit einer zusätzlichen Verstärkung. Diesem Vorteil steht der Nachteil einer geringeren Aussteuerfähigkeit gegenüber. Wir erwähnen diese Schaltungen nur kurz, da sie in der Elektronik selten benützt werden.

5.2.1 Die Anodengleichrichtung (Abb. 5.10)

Der Arbeitspunkt einer Verstärkerröhre ist durch eine feste Gittervorspannung in den unteren Kennlinienknick gelegt (B-Betrieb). Von einer am Gitter liegenden Wechselspannung werden nur die positiven Halbwellen verstärkt (Halbweggleichrichtung). Die Wechselspannung darf eine von den Röhrendaten abhängige Mindestgröße nicht unterschreiten, um durch die Kennlinienkrümmung hervorgerufene Nichtlinearitäten zu vermeiden (besonders wichtig für die Demodulation). Röhren mit scharfem Kennlinienknick sind zu bevorzugen.

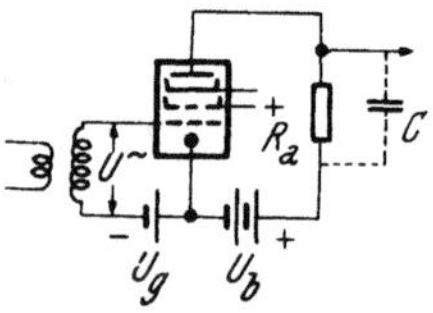

Abb. 5.10. Anodengleichrichter

Den Nachteilen dieser Schaltung — kleine Aussteuerfähigkeit usw. — steht ein großer Vorteil gegenüber: Die Gleichrichtung erfolgt leistungslos, die Wechselspannungsquelle, z. B. ein Schwingkreis, wird nur linear mit der Eingangsimpedanz einer Verstärkerröhre belastet, die hochgehalten werden kann.

5.2.2 Die Gittergleichrichtung (Audion) (Abb. 5.11 a)

Der Gitterkreis ist einer Diodengleichrichtung in Parallelschaltung (Abb. 5.5) gleichzusetzen. Die positive Halbwelle der Wechselspannung ruft einen Gitterstrom Ig hervor (= Diodenstrom), der am Widerstand R eine Richtspannung

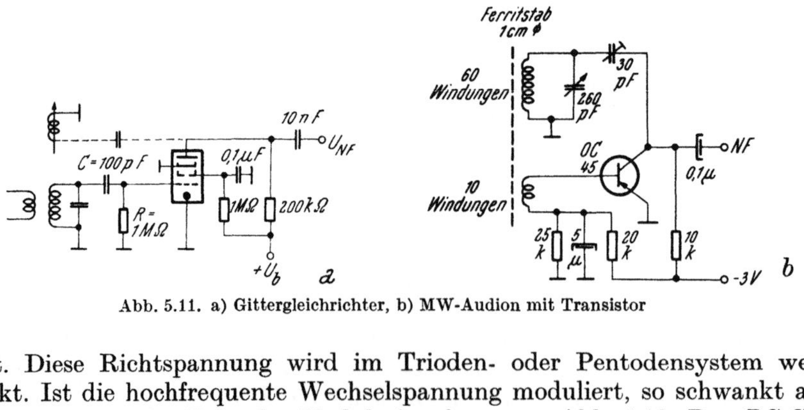

Abb. 5.11. a) Gittergleichrichter, b) MW-Audion mit Transistor

erzeugt. Diese Richtspannung wird im Trioden- oder Pentodensystem weiter verstärkt. Ist die hochfrequente Wechselspannung moduliert, so schwankt auch die Richtspannung im Takt der Modulationsfrequenz, Abb. 5.12. Das RC-Glied muß so bemessen werden, daß die hochfrequente Wechselspannung ungeschwächt an das Gitter gelangt (siehe auch Amplitudendemodulation, Kap. 5.3.1).

Die Audiongleichrichtung eignet sich nur für kleine Wechselspannungen. Sie ist wie alle Diodengleichrichtungen nicht leistungslos. Pentoden sind wegen ihrer größeren verzerrungsfreien Aussteuerung zu bevorzugen. Der Schwingkreis kann durch eine Rückkopplung von der Anode her entdämpft werden, da sie noch Wechselspannung führt. Abb. 5.11 b zeigt eine Audionschaltung mit Transistor für den Mittelwellenbereich.

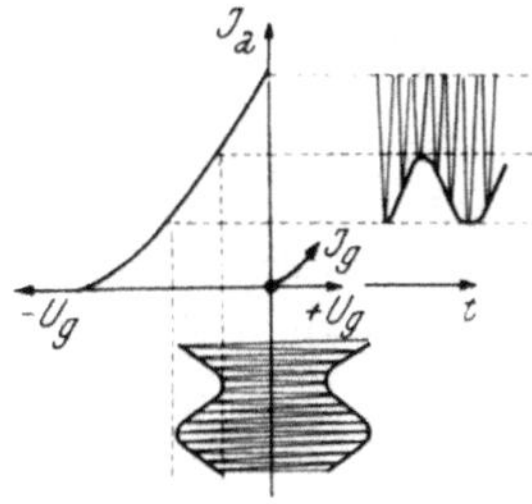

Abb. 5.12. Gittergleichrichtung einer modulierten Schwingung

5.2.3 Anwendungsbeispiel

Aus dem umfangreichen Anwendungsgebiet der hoch- und niederfrequenten Diodengleichrichter soll hier nur ein Beispiel herausgegriffen werden, das *Diodenröhrenvoltmeter.*

Als gebräuchlichstes Wechselspannungsröhrenvoltmeter zeichnet es sich durch einfachen Aufbau und großen Frequenzbereich aus. Verwendet wird meist die Parallelschaltung Abb. 5.5, weil dabei kein Gleichstromweg im Meßobjekt not-

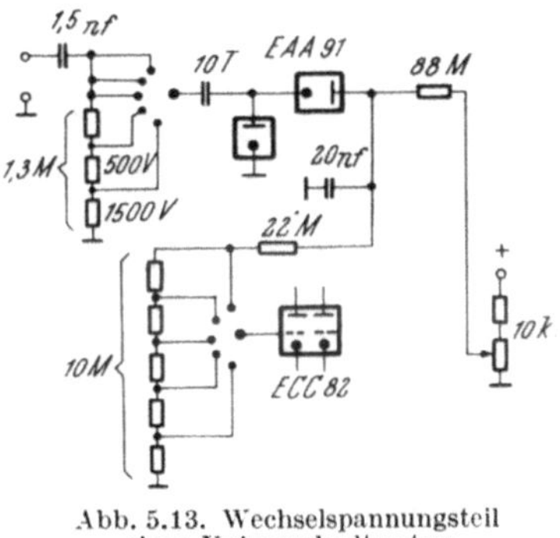

Abb. 5.13. Wechselspannungsteil eines Universalvoltmeters

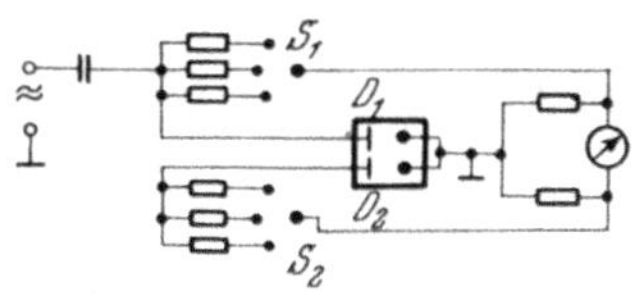

Abb. 5.14. Diodenvoltmeter

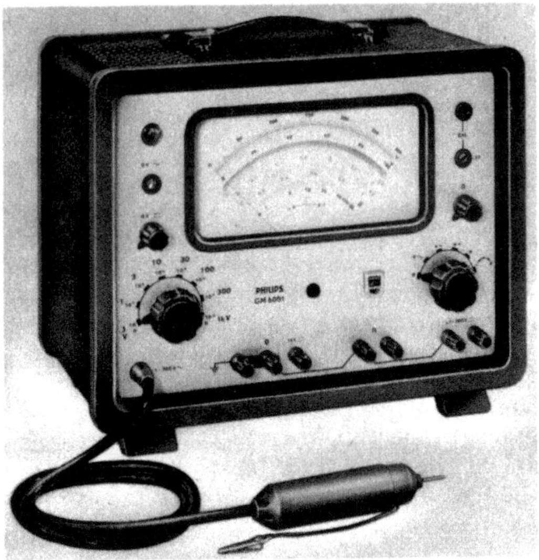

Abb. 5.15. Universal-Röhrenvoltmeter Philips GM 6001

wendig ist. Der Anlaufstrom, der auch bei $Ue = 0$ fließt und um so größer ist, je kleiner R wird, muß besonders bei den kleinen Spannungsbereichen kompensiert werden. Die Abb. 5.13 zeigt den Wechselspannungsteil eines Universalröhrenvoltmeters. Vor den als Spannungsverdoppler geschalteten Dioden liegt ein Teiler, der bei hohen Eingangsspannungen wirksam wird, um die zulässige Diodensperrspannung nicht zu überschreiten (Meßbereich 500 V und 1500 V). Der Anlaufstrom wird durch einen Gegenstrom kompensiert, der über einen 88 MΩ-Widerstand zugeführt wird. Meßbereich: 0—1,5 bis 0 — 1500 V. Die Abb. 5.14 zeigt die Schaltung eines Diodenvoltmeters, bei dem die Kompensation des Anlaufstromes durch eine zweite gleichartige Diode vorgenommen wird. Dadurch werden Nullpunktschwankungen verkleinert, die durch die Heizstromabhängigkeit des Anlaufstromes entstehen.

Wichtig ist für höhere Meßfrequenzen, daß das Röhrenvoltmeter eine möglichst kleine Eingangskapazität besitzt, d. h., daß die Leitung Diode-Meßobjekt kurz ist. Aus diesem Grunde werden die Dioden oft in Tastköpfen untergebracht (Beispiel Universalröhrenvoltmeter Philips GM 6001, Abb. 5.15).

Bei Röhrenvoltmetern ist ein Abfall um 3 dB (30%) an der unteren Frequenzgrenze untragbar. Deshalb muß der Koppelkondensator auf die Diode größer sein als z. B. bei Verstärkern. Bei einem zulässigen Abfall um 1% wird

$$C = 8 \cdot 10^7 / f_u \cdot R \quad [\text{Hz, pF, M}\Omega] \tag{5.14}$$

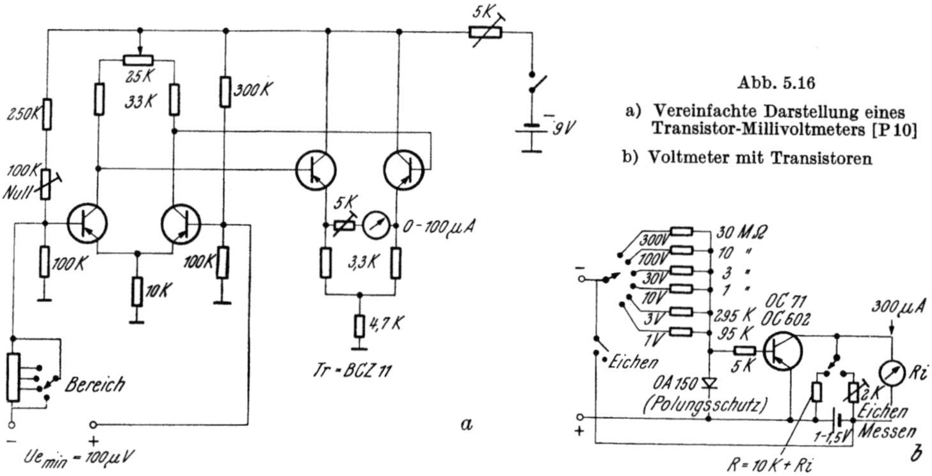

Abb. 5.16

a) Vereinfachte Darstellung eines Transistor-Millivoltmeters [P 10]

b) Voltmeter mit Transistoren

Zu große Koppelkondensatoren sind wegen der erhöhten Schaltkapazität zu vermeiden, die durch die größeren Abmessungen verursacht werden. Für höchste Frequenzen werden wegen ihrer kleinen Schaltkapazität und der kleinen Durchlaßwiderstände Halbleiterdioden (Si–) verwendet. Die kleinste meßbare Spannung hängt vom unteren Kennlinienknick ab (besonders klein z. B. bei der Germaniumdiode OA 70).

Schaltbeispiele mit Transistoren zeigen die Abb. 5.16a und b [W 14].

5.3 Demodulation

Unter Demodulation versteht man die Rückgewinnung der Modulationsfrequenz (f_n) aus einem modulierten Signal (Rückmodelung). Entsprechend den verschiedenen Modulationsarten (vgl. Kap. 4.5) unterscheidet man:

5.3.1 Amplitudendemodulation

Wird in der Schaltung Abb. 5.4 oder 5.5 der Kondensator C so dimensioniert, daß er für den hochfrequenten Anteil der Signalspannung einen kleinen (Kurzschluß), für den niederfrequenten Anteil, die Modulationsfrequenz, hingegen einen großen Widerstand darstellt, so schwankt die durch Gleichrichtung entstehende Richtspannung im Takt der Modulation (Abb. 5.17); die Zeitkonstante $\tau = RC$ muß groß gegen die Periodendauer Th der Hochfrequenz und klein gegen Tn sein. Die Bedingung ist erfüllbar, wenn $f_h \gg f_n$ ist.

Für die Demodulation mit einer Schaltung nach Abb. 5.4 gilt bei einer Signalspannung $\geqq 0{,}5$ V:

$$U_{NF} \sim m \cdot U_{HF} \tag{5.15}$$

wenn $1/\omega_n C \gg R \gg 1/\omega_h C$ ist. m = Modulationsgrad.

Beispiel: $f_h = 500$ kHz, $f_n = 1$ kHz, $R = 0{,}5$ MΩ, $C = 100$ pF
Es ist: $Tn = 1\ \text{ms} \gg \tau = 50\ \mu\text{s} \gg Th = 2\ \mu\text{s}$

$$1/\omega_n C = 1{,}6\ \text{M}\Omega > R = 0{,}5\ \text{M}\Omega > 1/\omega_n C = 3300\ \Omega$$

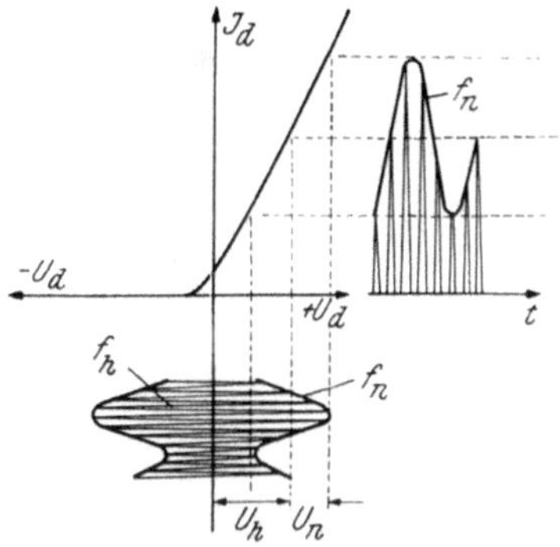

Abb. 5.17. Amplitudendemodulation

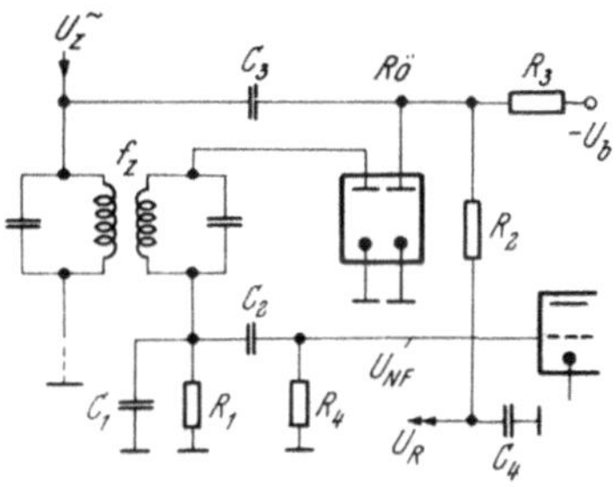

Abb. 5.18. Demodulationsschaltung zur Gewinnung der Modulationsspannung und einer von $U_{\tilde{z}}$ abhängigen Gleichspannung U_R

Die demodulierte Niederfrequenzspannung wird über C_1 (Abb. 5.4) ausgekoppelt. Die Richtspannung U_R kann als Regelspannung (Schwundregelautomatik) benützt werden.

Die Abb. 5.18 gibt ein Schaltungsbeispiel mit einer Duodiode. Die linke Diode, als Seriengleichrichter geschaltet, dient zur Demodulation des modulierten Signales f_z. Mit der rechten Diode — Parallelschaltung — wird eine der $U\tilde{z}$ proportionale Gleichspannung U_R (Richt- oder hier Regelspannung) gewonnen. Die Anode kann über R_3 an eine negative Vorspannung $-Ub$ gelegt werden, so daß die Diode so lange gesperrt und damit $U_R = -Ub$ ist, als $U\tilde{z} \leqq -Ub$ ist: Verzögerte Gleichrichtung, d. h., die Regelung setzt erst ein, wenn das Signal eine vorbestimmte Höhe überschritten hat. Das R_2–C_4-Glied glättet die gleichgerichtete Spannung, seine Zeitkonstante ist groß gegen Tn, somit U_R eine reine Gleichspannung. Für eine f_z von 400 bis 500 kHz und f_n = 50—15000 Hz wird:

$C_1 = 100$ pF, $C_2 = 10$ nF	$R_1 = 500$ kΩ	$-Ub = 2$ V
$C_3 = 50$ pF, $C_4 = 0{,}1\ \mu$F	$R_2 = R_3 = 1$ MΩ	Rö.: EAA 91, EBF usw.

R_1 kann zur Regelung der Niederfrequenz-Amplitude als Potentiometer ausgebildet werden, wobei C_2 am Schleifer liegt.

5.3.2 Frequenzdemodulation

Prinzipiell ist eine Frequenzdemodulation die Umformung eines frequenzmodulierten Signales in ein amplitudenmoduliertes.

Die einfachste Methode ist, ein frequenzmoduliertes Signal in die Mitte der Flanke eines Resonanzkreises zu legen (Abb. 5.19). Je nach der Höhe der Frequenz schwankt dann die Amplitude am Schwingkreis. Je steiler die Flanke des Kreises ist, um so größer ist das Ausgangssignal. Nachteilig ist, daß der Frequenzhub nur klein sein kann, denn der lineare Aussteuerbereich ist nur klein. Ferner muß die Amplitude des Hochfrequenz-Signales konstant sein.

Eine wesentlich empfindlichere Schaltung ist die Gegentaktschaltung von Armstrong (Abb. 5.20). Der Kreis *I* ist um $\Delta\omega$ gegen höhere, der Kreis II um $\Delta\omega$ gegen tiefere Frequenzen als ω_0 verstimmt (Abb. 5.20, 5.21). Die Demodulation findet dann an der resultierenden Kennlinie quasi im Gegentakt statt. Die Gleichspannungen an R_1 und R_2 sind mit entgegengesetzter Phase moduliert. Bedingt durch die Gegentaktschaltung fällt bei Differenzbildung die Gleichspannungskomponente heraus.

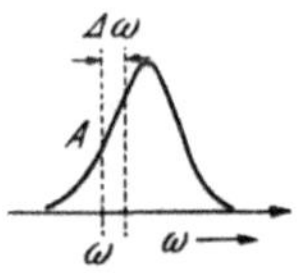

Abb. 5.19. Prinzip einer Frequenzdemodulation

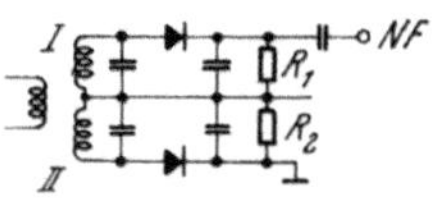

Abb. 5.20. Armstrong-Schaltung

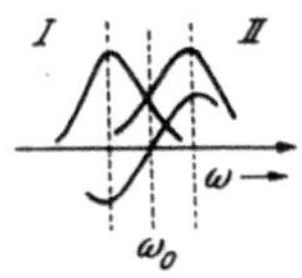

Abb. 5.21. Resonanzfrequenzen der beiden Schwingkreise

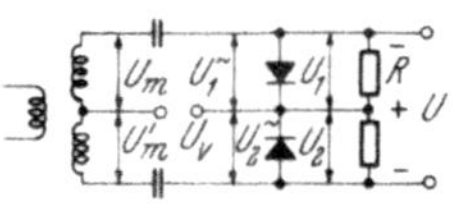

Abb. 5.22. Phasendetektor

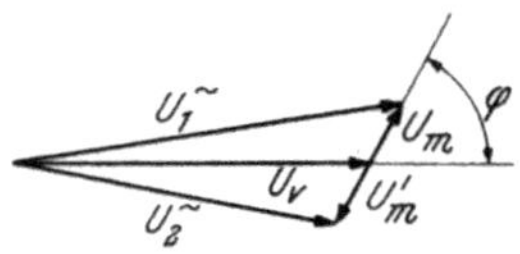

Abb. 5.23. Vektordiagramm

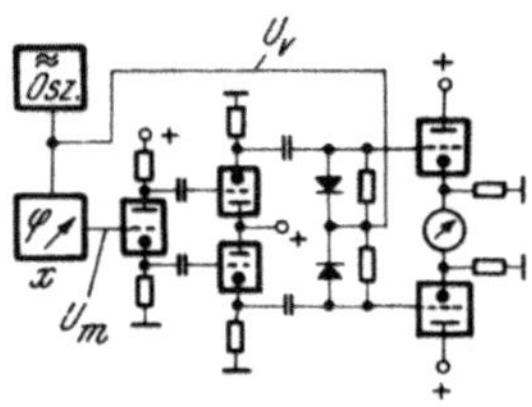

Abb. 5.24. Phasendetektor in einer elektronischen Schaltung

a) Phasendetektor

Ein sehr großes Anwendungsgebiet, nicht nur in der Meßtechnik, sondern auch in der Elektronik, hat der Phasendetektor gefunden. Sein Prinzipschaltbild zeigt die Abb. 5.22. Die Schaltung ist ähnlich einem Netzgleichrichter in Vollwegschaltung. Die beiden Wechselspannungen Um und $U'm$ sind dem Betrage nach gleich, aber gegenphasig. Die Vergleichswechselspannung Uv hat die gleiche Frequenz wie die Meßspannung Um und wird den beiden Dioden gleichphasig zugeführt. Gemessen wird die Phasendrehung der Meßspannung gegen die Vergleichsspannung.

Die an den Dioden liegenden Wechselspannungen $U_1^{\sim}$ und $U_2^{\sim}$ entstehen durch vektorielle Addition, wie Abb. 5.23 zeigt. Die beiden Spannungsvektoren Um und $U'm$ beschreiben je nach Phasenlage zu Uv Halbkreise. Die Spannung U ist 0 bei symmetrischem Aufbau und Um senkrecht auf Uv. Sie wird je nach Richtung der Winkelabweichung von Um aus der Senkrechten zu Uv positiv oder negativ.

Die Ausgangsgleichspannung U ist gleich der Differenz der Richtspannungen U_1 und U_2 und somit gleich der Differenz der Beträge $|U_1^{\sim}|$ und $|U_2^{\sim}|$. Dadurch wird U direkt vom Phasenwinkel φ abhängig. Es ist

$$U = |U_1^{\sim}| - |U_2^{\sim}| = 2 \cdot Um \cos \varphi \tag{5.16}$$

Wie das Vektordiagramm zeigt, muß $Uv \gg Um$ sein.
$Uv = 10$ bis $20\ Um$; ebenfalls muß $\tau = RC \gg 1/f_u$ sein.

Die Anwendung eines Phasendetektors in der Elektronik zeigt das Prinzipschaltbild Abb. 5.24. Die Wechselspannung eines Oszillators wird einerseits als Vergleichsspannung dem Phasendetektor, andererseits einem phasenschiebenden Meßkreis zugeführt. Die Meßspannung Um wird einer Phasenumkehrstufe zugeführt, die Spannungen Um und $U'm$ gelangen über je einen Katodenfolger an den Phasendetektor. Die Differenzgleichspannung U wird zwei Katodenfolgern zugeführt, in deren Katodenkreis ein Milliamperemeter in Brücke liegt, dessen Ausschlag proportional dem Phasenwinkel φ ist.

Der Phasendetektor eignet sich sehr gut zur Demodulation von frequenzmodulierten Signalen. Ein Beispiel dafür ist der Riegger-Kreis oder Diskriminator.

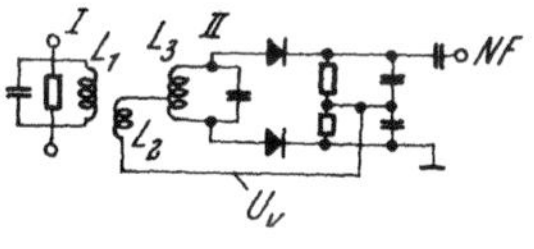

Abb. 5.25. Diskriminator

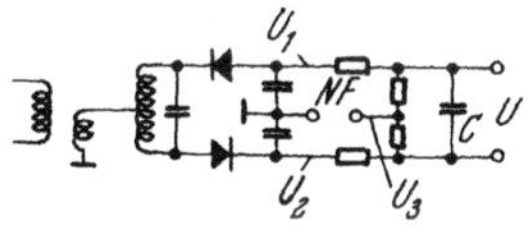

Abb. 5.26. Ratiodetektor

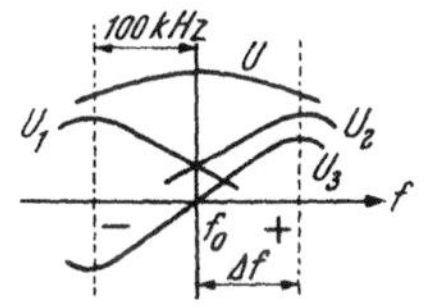

Abb. 5.27. Kennlinie des Ratiodetektors

b) Diskriminator (Abb. 5.25)

Die Kreise I und II sind auf die gleiche Frequenz ω_0 abgestimmt. Die Induktivität L_1 ist mit L_2 fest und mit L_3 lose gekoppelt. L_2 liefert die Vergleichsspannung Uv. Je nachdem, ob $\omega > \omega_0$ oder $\omega < \omega_0$ ist, werden die beiden Spannungen an den Dioden verschiedene Amplituden und Phasenlagen haben.

Bei $\omega = \omega_0$ ist wegen der losen Kopplung von L_1 auf L_3 der Winkel $Um - Uv = \varphi = 90°$. Die Richtspannungen werden wie beim Armstrong-Detektor gegeneinander geschaltet.

Eine verbesserte Diskriminatorschaltung haben Seeley und Avins angegeben. Es ist der Verhältnisgleichrichter oder Ratiodetektor.

c) Ratiodetektor (Abb. 5.26)

Eingangsseitig gleicht er der Diskriminatorschaltung. Beide Kreise $(L_1 - L_2)$ sind lose gekoppelt und auf die gleiche Frequenz ω_0 abgestimmt. Die Dioden sind gegeneinander gepolt, so daß die Richtspannungen in Serie liegen. Die demodulierte Spannung wird hingegen als Differenz der beiden Richtspannungen gewonnen. Ihre Summe liegt am Kondensator $C(U)$. Wird C groß (2 bis 10 μF), so werden die Spannungen U_1, U_2 und U_3 von der Größe der Eingangsspannung unabhängig. Es tritt eine Begrenzerwirkung und damit eine Amplitudenunabhängigkeit auf. Der Kondensator C wirkt einem Zunehmen der Hochfrequenzspannung durch Dämpfung des Resonanzkreises stark, einem Abnehmen hingegen nur schwach entgegen. Abb. 5.27 zeigt den Verlauf der Spannungen in Abhängigkeit von der Frequenz und die ausnützbare Bandbreite. $U_3 = (U_1 - U_2)/2$.

6. Die phasenschiebende *RC*-Kombination[1]

Der *LC*-Generator, z. B. die Meissner-Schaltung, könnte die falsche Vorstellung aufkommen lassen, daß zur Erzeugung einer elektrischen Schwingung ein Schwingkreis mit der Resonanzfrequenz ω notwendig ist oder, allgemein gesagt, ein schwingfähiges Gebilde gebraucht wird, dessen Resonanzfrequenz gleich der Oszillatorfrequenz ist.

Die Unrichtigkeit dieser Vorstellung werden wir in den folgenden Kapiteln zeigen.

Zur Schwingungserzeugung ist es nur notwendig, daß die Ausgangsspannung eines Verstärkers nach *Amplitude und Phase* richtig an dessen Eingang zurückgeführt wird. Die erzeugte Schwingung ist deswegen sinusförmig, weil nur für *eine* Frequenz die Phasenbedingung erfüllt ist, alle anderen Frequenzen nach einem oder mehreren Durchgängen durch fortgesetzte Phasenschiebung so abgeschwächt werden, daß sie am Ausgang nicht mehr in Erscheinung treten.

Die Selbsterregungsbedingung $k \cdot V = 1$ muß bei einer Frequenz ω_0 für die Amplitude und die Phase zutreffen.

Diese Forderung kann nicht nur ein *LC*-Schwingkreis, sondern auch eine Kombination von Widerständen und Kondensatoren ohne Eigenresonanz erfüllen. Diesen letzteren Fall wollen wir nun besprechen:

6.1 Die *RC*-Kette[2]

Wie wir bei der Besprechung der *RC*-Kombination gesehen haben, nimmt für verschiedene Frequenzen der Phasenwinkel φ der Ausgangsspannung U_2 gegen die Eingangsspannung U_1 verschiedene Werte an (Abb. 6.1). Wir unterscheiden in Hinkunft *CR*-Glieder (Abb. 6.2) von *RC*-Gliedern (Abb. 6.3).

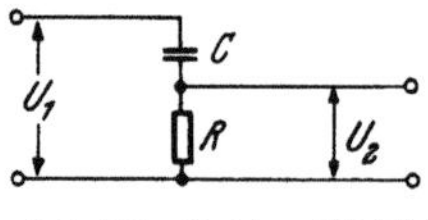

Abb. 6.1. Eingliedrige *CR*-Kette

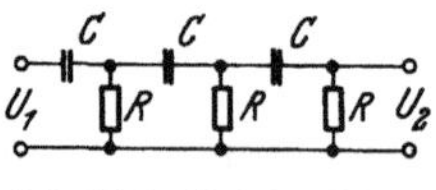

Abb. 6.2. Mehrgliedrige *CR*-Kette

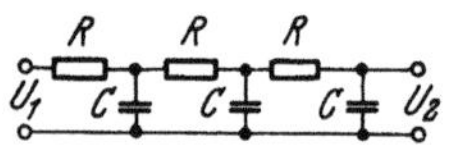

Abb. 6.3. Mehrgliedrige *RC*-Kette

Wie bekannt, schiebt ein

CR-Glied die Phase um $\mathrm{tg}\,\varphi = 1/\omega RC$

RC-Glied die Phase um $\mathrm{tg}\,\varphi = -\omega RC$

---

[1] Literatur: [M 1, P 11, R 6, V 3].

[2] Literatur: [S 21, H 11].

Im Extremfall gilt bei einem verlustlosen C und rein ohmschen R für:

	1 *RC*-Glied	2 *RC*-Glieder	3 *RC*-Glieder
φ bei $\omega \to 0$	$\to +90°$	$\to +180°$	$\to +270°$
φ bei $\omega \to \infty$	$\to 0°$	$\to 0°$	$\to 0°$

Bei mehrgliedrigen Ketten belastet aber jedes folgende Glied das vorangegangene, so daß die Phasenschiebung pro Glied nicht gleich ist. Nehmen wir für eine *RC*-Kette den Frequenzgang auf, so zeigt sich keine Resonanzstelle, sondern mit steigender Gliederzahl ein steilerer Abfall gegen höhere Frequenzen (Abb. 6.4).

Die Tatsache der Phasendrehung ausnützend, können wir mit Hilfe eines mehrgliedrigen Netzwerkes z. B. einen Oszillator aufbauen (Abb. 6.5).

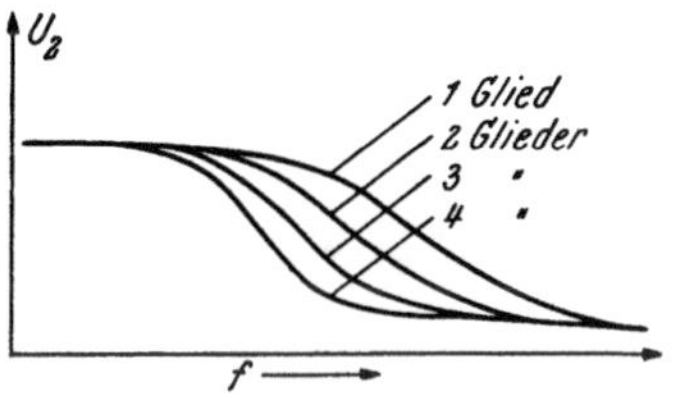

Abb. 6.4. Frequenzgang von *RC*-Ketten (auf gleiche Ausgangsspannung bei tiefen Frequenzen gebracht)

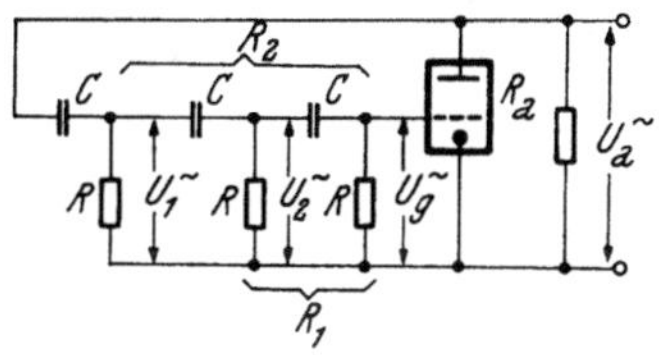

Abb. 6.5. Oszillatorschaltung mit dreigliedriger *CR*-Kette

Führen wir die Anodenwechselspannung $U\tilde{a}$ einer Verstärkerröhre über ein dreigliedriges *CR*-Netzwerk auf das Gitter zurück, so wird das System mit jener Frequenz zu schwingen beginnen, die im *CR*-Netzwerk eine Phasendrehung von 180° erfährt, vorausgesetzt, daß die Rückkopplungsbedingung $k \cdot V = 1$ erfüllt ist. Die Röhre muß also die Abschwächung a der Spannung in der Kette $U\tilde{g}/U\tilde{a}$ durch ihre Verstärkung aufheben.

Wir wollen nun den Rückkopplungsfaktor und damit die notwendige Röhrenverstärkung berechnen:

$$a = -U\tilde{g}/U\tilde{a} = -\frac{U\tilde{g}}{U_2^\sim} \cdot \frac{U_2^\sim}{U_1^\sim} \cdot \frac{U_1^\sim}{U\tilde{a}} =$$

$$= \frac{R}{R + 1/j\omega C} \cdot \frac{R_1}{R_1 + 1/j\omega C} \cdot \frac{R_2}{R_2 + 1/j\omega C} \qquad (6.1)$$

$$R_1 = \frac{R^2 + R/j\omega C}{2R + 1/j\omega C} \quad \text{und}$$

$$R_2 = \left(R \cdot R_1 + \frac{R}{j\omega C}\right) / (R + R_1 + 1/j\omega C)$$

$$a = \frac{-\omega^3 C^3 R^3}{(\omega^3 C^3 R^3 - 5\omega CR) + j(1 - 6\omega^2 C^2 R^2)} = -U\tilde{g}/U\tilde{a}$$

Das Verhältnis des Imaginärteiles zum Realteil ist gleich dem $\operatorname{tg} \varphi$ zwischen $U\tilde{a}$ und $U\tilde{g}$, also

$$\operatorname{tg} \varphi = \frac{1 - 6\omega^2 C^2 R^2}{\omega^3 C^3 R^3 - 5\omega CR} \qquad (6.2)$$

Soll $\varphi = 180°$ werden — und nur dann ist a reell — wird $\operatorname{tg} \varphi = 0$. Das heißt, wir können $1 - 6\omega^2 C^2 R^2 = 0$ setzen (der Imaginärteil verschwindet). Daraus:

$$\omega_0 = 1/\sqrt{6} \cdot RC; \quad f_0 = \frac{10^{12}}{15{,}4 \cdot CR} \quad [\text{Hz}, \Omega, \text{pF}] \tag{6.3}$$

Das ist die Frequenz des Oszillators. Diese Formel gilt für: $R \gg Ra \ll Ri$. Setzen wir das ω_0 in die Gleichung für k ein, so erhalten wir:

$$a = 1/29 \quad \text{und} \quad V = 29 \tag{6.4}$$

Die Röhre muß also mindestens 29fach verstärken, damit eine Selbsterregung eintritt.

Wird statt der *CR*-Kette eine *RC*-Kette verwendet (Abb. 6.3), und ist ebenso $R \gg Ra \ll Ri$, so ist

$$a = -\frac{1}{1 - 5\,\omega^2 R^2 C^2 + j(6\,\omega RC - \omega^3 R^3 C^3)}$$

Setzt man den Imaginärteil = Null, so ergibt sich:

$$\omega^2 R^2 C^2 = 6 \quad \text{und} \quad \omega_0 = \sqrt{6}/RC; \quad f_0 = \frac{10^{12}}{2{,}6 \cdot RC} \quad [\text{Hz}, \Omega, \text{pF}] \tag{6.5}$$

Für die Verstärkung V erhält man wie oben: $V = 29$.

Benützen wir mehr gleiche Kettenglieder, so kann die Röhrenverstärkung kleiner sein: für eine

4gliedrige	*CR*-Kette:	$f \sim 1/7{,}53 \cdot CR$	$V = 18{,}4$	
4 ,,	*RC*- ,,	$f \sim 1/5{,}23 \cdot RC$	$V = 18{,}4$	
5 ,,	*CR*- ,,	$f \sim 1/4{,}6 \cdot CR$	$V = 15{,}5$	[Hz, Ω, F]
5 ,,	*RC*- ,,	$f \sim 1/8{,}7 \cdot RC$	$V = 15{,}5$	
10 ,,	,,		$V = 12{,}4$	

Wie schon die Abb. 6.4 zeigt, lassen sich mit Hilfe von *RC*-Ketten (bzw. *CR*-Ketten) Hoch- und Tiefpässe und damit selektive Verstärker aufbauen. Die Flankensteilheit dieser „Pässe" ist jedoch nicht groß. Im folgenden wollen wir Netzwerke besprechen, die sich eher zum Aufbau von Bandpässen eignen.

Werden die einzelnen *CR*-Glieder derart ungleich gemacht, daß sie in Richtung zum Gitter (Abb. 6.5) bei gleicher Zeitkonstante τ immer hochohmiger werden, so sinkt bei einem dreigliedrigen Netzwerk die zur Schwingungserzeugung nötige Verstärkung von 29fach auf weniger als die Hälfte ab. Die Schaltung ist dann allerdings nur für eine feste Frequenz geeignet, weil dreifach-Drehkondensatoren mit passenden ungleichen Kapazitäten nicht zu haben sind.

Die einzelnen phasenschiebenden *CR*- bzw. *RC*-Glieder einer Kette können durch zwischengeschaltete Röhren (Transistoren) entkoppelt werden. Näheres siehe [H 11, V 5].

6.2 Das Wien-Robinson-Netzwerk[1]

6.2.1 Das symmetrische Netzwerk

Das Wien-Robinson-Netzwerk (Abb. 6.6) stellt einen Spannungsteiler $R_1^\sim - R_2^\sim$ dar. $R_1^\sim$ besteht aus der Serienschaltung $R_1 C_1$ und es ist:

$$R_1^\sim = R_1 + 1/j\omega C_1$$

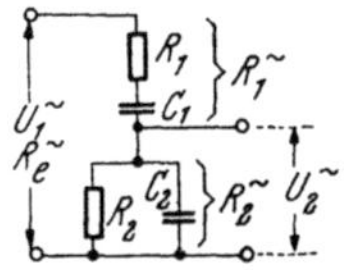

Abb. 6.6. Das Wien-Robinson-Netzwerk

$R_2^\sim$ ist die Parallelschaltung von R_2–C_2

$$R_2^\sim = R_2/(R_2 j\omega C_2 + 1)$$

Das Spannungsverhältnis ist dann $U_2/U_1 = R_2^\sim/(R_1^\sim + R_2^\sim)$ $(= k)$.
Soll U_2 gegen U_1 nicht phasenverschoben sein, so muß die Gleichung reell werden, d. h. der Imaginärteil verschwinden.

Zur Berechnung dieses Zustandes treffen wir folgende Vereinfachungen: $R_1 = R_2 = R$, $C_1 = C_2 = C$. Es ist:

$$a = U_2/U_1 = \frac{R/(Rj\omega C + 1)}{R + \frac{1}{j\omega C} + \frac{R}{Rj\omega C + 1}} = \frac{\omega RC}{3\omega RC + j(\omega^2 R^2 C^2 - 1)} =$$

$$= \frac{1}{3 + j(\omega RC - 1/\omega RC)} \tag{6.6}$$

Für $\operatorname{tg}\varphi = 0$ muß $\omega RC - 1/\omega RC = 0$ sein. Daraus ergibt sich:

$$\omega_0 = 1/RC \quad \text{oder} \quad f_0 = \frac{10^{12}}{6{,}3 \cdot RC} \quad [\text{Hz}, \Omega, \text{pF}] \tag{6.7}$$

Ferner zeigt die Gleichung, daß für ω_0

$$U_2/U_1 = 1/3 \quad \text{ist.} \tag{6.8}$$

Das Netzwerk stellt für die Eingangsspannungsquelle eine Belastung dar. Sein Eingangswiderstand ist:

$$R\tilde{e} = R + 1/j\omega C + \frac{R}{Rj\omega C + 1} = R \cdot \left(\frac{3 + j(\omega RC - 1/\omega RC)}{Rj\omega C + 1}\right) \tag{6.9}$$

Im Falle der Phasenreinheit $\omega_0 = 1/RC$ wird

$$R\tilde{e} = \frac{3R(1-j)}{2} \quad \text{oder} \quad |R\tilde{e}| = \frac{3\sqrt{2}}{2} \sim 2{,}1\,R \tag{6.10}$$

Damit der Innenwiderstand der Eingangsquelle, bzw. der Außenwiderstand Ra der vorangegangenen Verstärkerstufe zu keiner unerwünschten Phasendrehung Anlaß gibt, muß die Bedingung $Ra \ll Re$ erfüllt werden.

[1] Literatur: [Z 1, I 3, H 11].

Die Abb. 6.7 zeigt den Frequenz- und Phasengang des Wien-Robinson-Netzwerkes (des Verstärkers). Bei einem Phasenwinkel $\varphi = 45°$ ist die Amplitude, oder besser das Spannungsverhältnis U_2/U_1, auf 0,7 des Maximalwertes abgesunken. Auf der Abszisse ist die Verstimmung x aufgetragen.

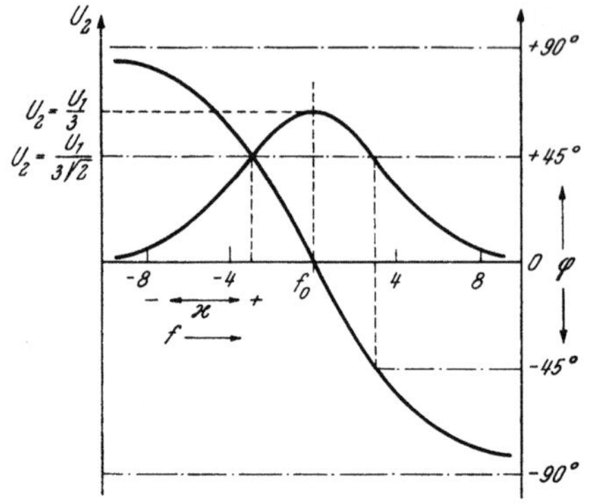

Abb. 6.7. Abhängigkeit der Ausgangsspannung U_2 und des Phasenwinkels von der Frequenz

$$x = \frac{\omega}{\omega_0} - \frac{\omega_0}{\omega}$$

Für das Spannungsverhältnis erhalten wir:

$$U_2/U_1 = 1/(3 + jx)$$

oder

$$\left|\frac{U_2}{U_1}\right| = 1/\sqrt{9 + x^2} \text{ und } \operatorname{tg} \varphi = -x/3 \quad (6.11)$$

6.2.2 Das unsymmetrische Wien-Robinson-Netzwerk

Den bisherigen Berechnungen hatten wir die Vereinfachung $R_1 = R_2$, $C_1 = C_2$ zugrunde gelegt. Damit ist aber keine optimale Einstellung erreicht.

Wir können auch bei RC-Netzwerken eine Kreisgüte definieren, und es zeigt sich, daß Q für das Wien-Netzwerk größer wird, wenn $R_1 \neq R_2$ bzw. $C_1 \neq C_2$ wird, also das Verhältnis $n \neq 1$ ist (n = beliebige positive Zahl). (6.12)

Für das Wien-Netzwerk gilt: $Q = 1/(2 + 1/n)$. Q wird optimal, wenn n sehr groß wird. $Q_{max} = 1/2$. Die Bandbreite wird etwas kleiner mit größerem n. Nachteilig ist, daß das Spannungsverhältnis mit größerem n ebenso stark abnimmt.

Es ist
$$U_2/U_1 = 1/(2n + 1). \quad (6.13)$$

$n = R_1/R_2 = C_2/C_1$ oder $R_1 = n \cdot R_2$
$C_1 = C_2/n$, wobei $\omega_0 = 1/R_1C_1$ ist.

Das Wien-Robinson-Netzwerk — ein Bandpaß — kann als Kopplungsglied zwischen zwei Verstärkerstufen eingeschaltet werden: es entsteht ein selektiver Verstärker.

Vertauscht man die beiden RC-Glieder (Abb. 6.8), so wird das Wien-Netzwerk zu einem Sperrfilter, $Q_{max} = 1/2$. Die Güte des Wien-Netzwerkes ist verhältnismäßig sehr klein und der eines LC-Kreises auch bei tiefen Frequenzen stark unterlegen.

6.2.3 Wien-Robinson-Brücke

Für Oszillatoren wird das Netzwerk meistens in Form der Wien-Robinson-Brücke angewendet.

Abb. 6.9 zeigt ihr Schaltbild. Zur Definition der Spannungen:

$$U_2 = U_1(\tilde{R_2}/(\tilde{R_1} + \tilde{R_2}))$$

$$U_4 = U_1(R_2/(R_1 + R_2))$$

$$U_3 = U_2 - U_4 = U_1\left(\frac{1}{3 + j(\omega RC - 1/\omega RC)} - \frac{R_2}{R_1 + R_2}\right)$$

Wir führen folgende Abkürzungen ein:

$$3 + j(\omega RC - 1/\omega RC) = x \text{ und } R_2/(R_1 + R_2) = y \tag{6.14}$$

So wird für den Fall $\omega_0 = 1/RC \ldots x = 3$ (6.15)

und damit $U_3 = U_1(1/x - y)$ (6.16)

Wählen wir das Teilerverhältnis y derart, daß es gleich der Abschwächung $a = U_2/U_1 = 1/3$ des reellen Netzwerkes wird, so ist: $U_3 = U_1(1/3 - 1/3) = 0$, d. h. die Wien-Robinson-Brücke ist abgeglichen.

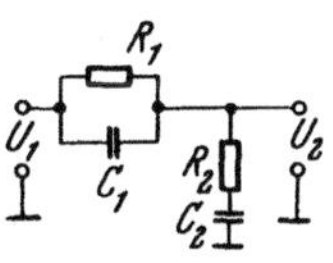

Abb. 6.8.
Wien-Netzwerk als Sperrfilter

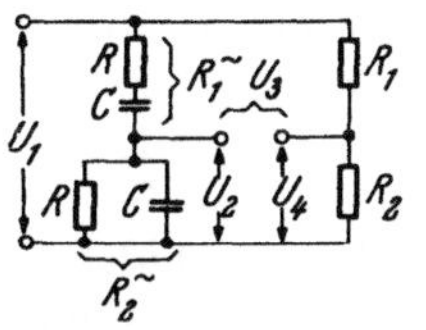

Abb. 6.9.
Die Wien-Robinson-Brücke

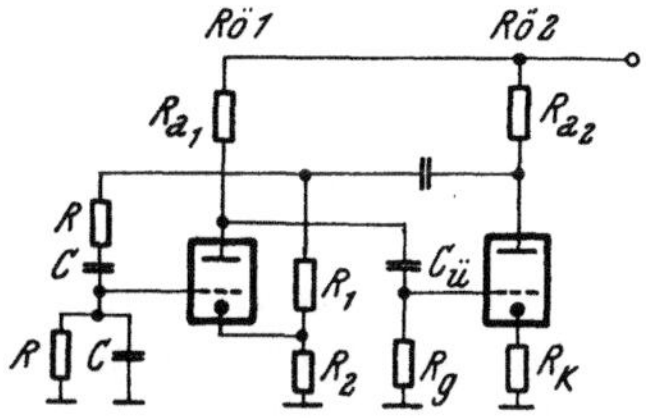

Abb. 6.10.
Oszillator mit Wien-Robinson-Brücke

6.2.4 Oszillator mit symmetrischer Wien-Robinson-Brücke

Da die reelle Wien-Brücke die Phase nicht schiebt, ist zur Herstellung einer Rückkopplung ein zweistufiger Verstärker mit einer gesamten Phasenschiebung von 360° nötig. Die Abb. 6.10 zeigt ein Schaltbild. Die Brückenspannung U_3 liegt zwischen Gitter und Katode der Rö. 1. Sie tritt verstärkt an Ra_1 auf und wird über $C\ddot{u}$ an das Gitter der Rö. 2 geführt. Die weiterverstärkte Spannung wird wieder an die Wien-Brücke zurückgeführt. Die Selbsterregungsbedingung $k \cdot V = 1$ wird:

$$\left(\frac{1}{x} - y\right) \cdot V = 1, \text{ wobei } k = U_3/U_1 = \frac{1}{x} - y \tag{6.17}$$

V ist hier die gesamte Verstärkung, also $V = V_1 \cdot V_2$. Wird die Brücke reell, $1/RC = \omega_0 =$ die Oszillatorfrequenz, so wird

$$V = 3/(1 - 3y) \tag{6.18}$$

In unserem Schaltbild ist R_2 gleichzeitig der Katodenwiderstand der Verstärkerröhre Rö. 1. Da ein Katodenkondensator fehlt, ist die Röhre stromgegengekoppelt. Ihre Verstärkung wird also sinken und das Spannungsteilerverhältnis $R_2/(R_1 + R_2)$ steigen.

Die Verstärkung einer Röhre ohne Gegenkopplung ist:

$$V = \mu \cdot Ra/(Ri + Ra) = Ra/(DRi + DRa)$$

Die Verstärkung durch Stromgegenkopplung über R_2 allein ist:

$$V' = \frac{\mu Ra}{Ri + Ra + Rk(1 + \mu)} = \frac{Ra}{DRi + DRa + Rk(1 + D)}$$

Die Gegenüberstellung der beiden Gleichungen zeigt, daß das Spannungsteilerverhältnis y um den Faktor $1 + D$ vergrößert wird. Es wird $y' = y(1 + D)$.

Die Verstärkung der ersten Röhre wird hingegen kleiner (R_1 mitberücksichtigt):

$$Rk = R_1 \cdot R_2/(R_1 + R_2) \qquad V' = \frac{Ra}{D(Ri + Ra) + \dfrac{R_1 \cdot R_2}{R_1 + R_2}(1 + D)} \tag{6.19}$$

Eine Frequenzvariation kann durch gleichzeitiges Verändern beider Netzwerkwiderstände R oder der Kondensatoren C erreicht werden. Werden die beiden Widerstände in Form eines Doppelpotentiometers im Netzwerk benützt, so ergibt sich ein sehr großer Frequenzbereich, ohne daß die Kondensatoren umgeschaltet werden müssen. Nachteilig ist der nicht vollkommene Gleichlauf bei Doppelpotentiometern, was eine Brückenverstimmung und damit Amplitudenschwankung zur Folge hat. Die Eichfähigkeit ist nicht sehr groß, da Schichtpotentiometer ihre Widerstandswerte durch Reibungsabnützung verändern.

Bevorzugt benutzt wird ein Doppeldrehkondensator. Der gute Gleichlauf und die hohe C-Konstanz gleichen den Nachteil des kleineren Variationsbereiches aus.

Wir haben eine neue Art von Oszillatoren kennengelernt, bei denen keine Schwingkreise mit L und C, sondern nur Widerstände und Kondensatoren benützt werden. Daher haben sie auch den Namen *RC*-Generatoren erhalten. Ihre großen Vorteile sind: Einfacher Aufbau, kleiner Klirrfaktor, hohe Frequenz- und Amplitudenkonstanz, sehr großer Frequenzbereich von Zehntel Hertz bis einige Megahertz.

Gegenüber dem Schwebungssummer nachteilig ist die geringere Frequenzvariation innerhalb eines Bereiches.

6.2.5 Sperrfilter mit Wien-Brücke

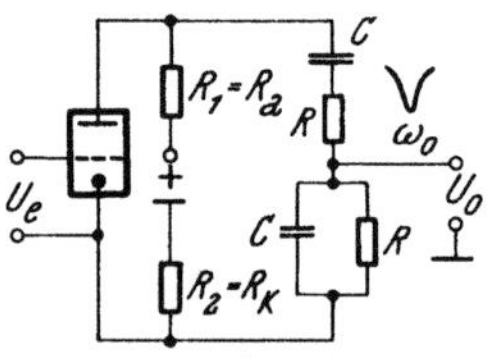

Abb. 6.11. Sperrfilter mit Wien-Brücke

Die Abb. 6.7 hat die Bandfiltercharakteristik des Wien-Netzwerkes gezeigt. Wird nun eine Verstärkerröhre derart in die Wien-Brücke eingebaut, daß ihr Anodenwiderstand dem Brückenwiderstand R_1 und der Katodenwiderstand gleich dem R_2 ist, wie es die Abb. 6.11 zeigt, so erhält die Schaltung die Eigenschaft eines Sperrfilters.

6.3 Die Amplitudenbegrenzung im *RC*-Generator

Im Einschwingzustand muß die rückgekoppelte Spannung größer sein als die erregende. Ist der Oszillator voll eingeschwungen, so muß ein weiteres Anwachsen der Amplitude verhindert, d. h. die Verstärkung muß reduziert werden.

Wenn nicht besondere Schaltungsmaßnahmen getroffen sind, geschieht diese Verstärkungsreduzierung von selbst durch Übersteuerung und damit durch Verringerung der Steilheit der Röhren. Dies bedeutet aber eine erhebliche Verzerrung der Sinusschwingung.

Bei einem Hochfrequenz-Oszillator mit Parallelschwingkreis, der also relativ schmalbandig ist, geschieht die Amplitudenbegrenzung, wie wir schon besprochen haben, durch ein *RC*-Glied am Gitter der Röhre. Der Gitterstromeinsatz lädt C negativ auf und verschiebt dadurch den Arbeitspunkt in den B- oder C-Bereich.

Die auch hier entstehenden Oberwellen werden durch den als Schwingkreis ausgebildeten Außenwiderstand kurzgeschlossen. Da der RC-Generator einen aperiodischen Außenwiderstand besitzt, also einem Breitbandverstärker gleicht, ist diese Art der Amplitudenbegrenzung nicht anwendbar.

Der RC-Generator verlangt andere Methoden der Amplitudenbegrenzung, die wir im folgenden besprechen wollen.

6.3.1 Amplitudenbegrenzung durch Kaltleiter

(vgl. Kap. 1.3.5)

Die über das Wien-Glied zurückgeführte Spannung bedeutet eine Mitkopplung, die über den Spannungsteiler R_1/R_2 an die Katode der Rö. 1 geführte Spannung eine Gegenkopplung.

Der Teiler R_1/R_2 ist so abgeglichen, daß eine kleine Spannung U_3 als Steuerspannung zur Schwingungsanregung und -aufrechterhaltung vorhanden ist.

Wird in diesen Spannungsteiler ein nichtlinearer Widerstand eingefügt, so wird die Gitterwechselspannung von der gesamten an der Brücke liegenden Spannung abhängig gemacht. Als nichtlineare Widerstände dürfen aber keine Gleichrichter oder VDR-Widerstände benützt werden, denn es darf nicht der Augenblickswert der Spannung, sondern nur der Effektivwert geregelt werden.

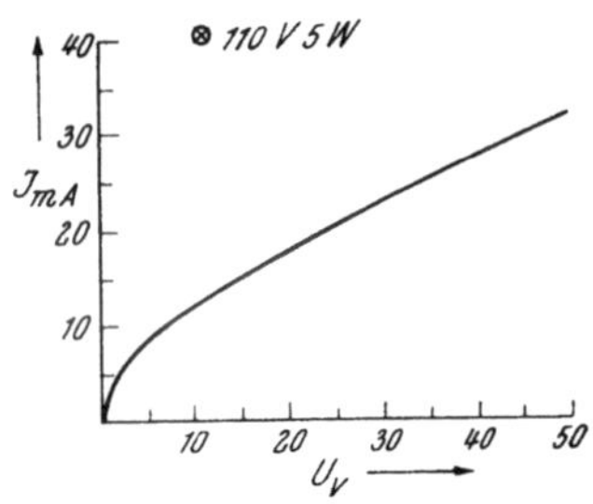

Abb. 6.12. Kaltleiterkennlinie

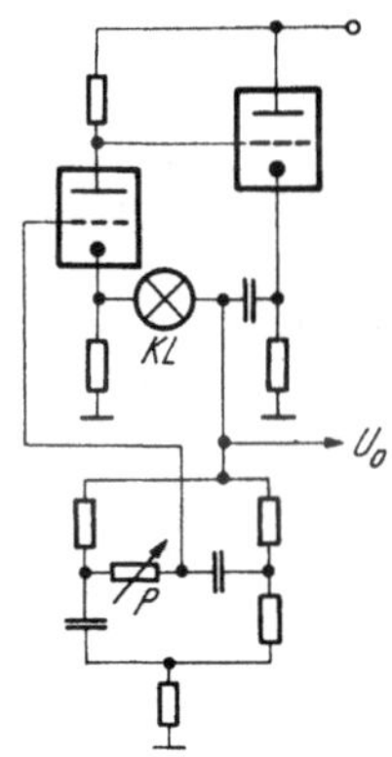

Abb. 6.13. RC-Generator mit Kaltleiter zur Amplitudenbegrenzung

Bei den sogenannten Kaltleitern, das sind Widerstände mit positivem Temperaturkoeffizienten, nimmt der Widerstand bei steigendem Strom infolge steigender Temperatur zu. Die Abb. 6.12 zeigt die Kennlinie einer Metallfadenglühlampe. Die Nichtlinearität ist besonders im Anfang der Kennlinie ausgeprägt.

Wird ein Kaltleiter an Stelle von R_2 in die Brücke gelegt, so durchfließt ihn der Anodenstrom der Röhre und der Wechselstrom über R_1. Steigt nun U_1, so steigt auch der Strom über R_1 und R_2. Der Widerstand des Kaltleiters R_2 nimmt infolge Erwärmung zu und vergrößert dadurch die Gegenkopplung einerseits und das Spannungsteilerverhältnis b andererseits. U_1 wird dadurch reduziert.

Zur richtigen Berechnung der Brücke (Abb. 6.10):

$$b = \frac{R_2}{R_1 + R_2} = 1/3 \quad \text{daraus} \quad R_1 = 2R_2$$

Für R_2 muß der Widerstandswert des betriebswarmen Kaltleiters (vorgeheizt durch I_k) eingesetzt werden.

Die Abb. 6.13 zeigt das Schaltbild eines RC-Generators, in dessen Mitkopplungskanal ein Kaltleiter zur Amplitudenbegrenzung liegt. Das frequenzbestimmende Netzwerk liegt im Gegenkopplungskanal. Die Frequenz kann in weiten Grenzen nur durch Verstellen eines Widerstandes (P) geändert werden [J 2, S 22].

6.3.2 Amplitudenbegrenzung durch Heißleiter

(vgl. Kap. 1.3.5)

Heißleiter haben einen negativen Temperaturkoeffizienten. Im kalten Zustand ist ihr Widerstand groß, ein Stromanstieg bewirkt also eine Widerstandsverkleinerung.

Zur Amplitudenregelung werden sie an Stelle des Widerstandes R_1 in die Brücke eingebaut (siehe Abb. 6.10). Ein Anstieg von U_1 verringert den Wert von R_1 und erhöht dadurch die Gegenkopplung. Das Widerstandsverhältnis b wird verkleinert.

Gegenüberstellung der beiden nichtlinearen Widerstände

Der Heißleiter oder temperaturabhängige Wirkleitwert hat eine längere Regelzeit, aber einen sehr kleinen Klirrfaktor.

Der Kaltleiter oder temperaturabhängige Wirkwiderstand hat eine kürzere Regelzeit, daher bessere Regelung, aber einen etwas höheren Klirrfaktor.

6.3.3 Amplitudenbegrenzung durch Steilheitsänderung

Bei diesem nur selten angewendeten Verfahren wird die Steilheit einer Regelröhre durch eine von der Höhe der Wechselspannung abhängige Regelspannung verändert. Infolge der exponentiellen Regelkennlinie bringt diese Begrenzerschaltung einen erhöhten Klirrfaktor mit sich. Die Oszillatorwechselspannung wird gleichgerichtet und über ein Siebglied einer Regelröhre zugeführt (z. B. der Rö. 1 (EF 83) in Abb. 6.10).

6.4 Das überbrückte T-Glied

6.4.1 Das symmetrische T-Glied[1]

Die Abb. 6.14 zeigt das Prinzipschaltbild des T-Gliedes. Stellen wir für diesen Vierpol die Gleichung unter Verwendung der Scheinleitwertkomponenten Y auf, so folgt

$$U_1 Y_1 - U_2(Y_1 + Y_3 + Y_4) + U_3 Y_4 = 0 \tag{6.20}$$

Lösen wir diese Gleichung nach U_3/U_1 auf, so folgt:

$$\frac{U_3}{U_1} = \frac{Y_1 + Y_2 + \dfrac{Y_1 Y_2}{Y_4} + \dfrac{Y_2 Y_3}{Y_4}}{Y_1 + Y_2 + \dfrac{Y_1 Y_2}{Y_4} + \dfrac{Y_2 Y_3}{Y_4} + Y_3}$$

[1] Literatur: [S 23].

Ersetzen wir in dieser Gleichung die Scheinleitwertkomponenten durch die Wirk- und Blindwiderstände aus der Schaltung nach Abb. 6.15, so erhalten wir:

$$\frac{U_3}{U_1} = \frac{(2/b) + j\omega RC + (1/j\omega RC)}{(2/b) + a + j\omega RC + (1/j\omega RC)} = \frac{2/b + jx}{2/b + b + jx} \tag{6.21}$$

wobei wieder die Verstimmung $x = (\omega/\omega_0 - \omega_0/\omega)$ ist, und $\omega_0 = 1/RC$.

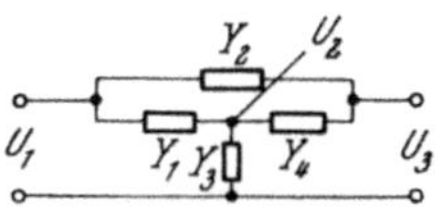

Abb. 6.14. Prinzipschaltbild des T-Gliedes

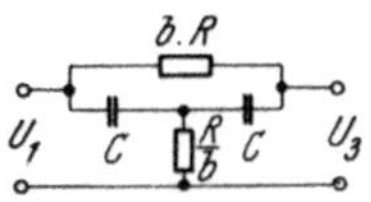

Abb. 6.15. Das überbrückte T-Glied

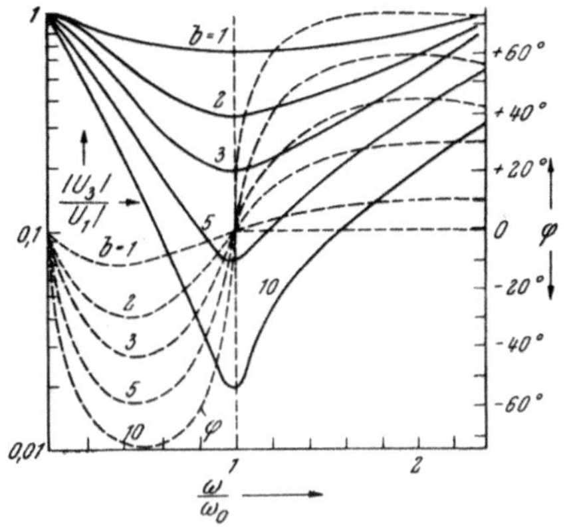

Abb. 6.16. Spannungsverhältnis und Phasenwinkel in Abhängigkeit vom Frequenzverhältnis beim überbrückten T-Glied

Bei ω_0 wird U_3/U_1 ein Minimum und der Phasenwinkel φ geht durch Null. Bei $\omega = \omega_0$ ist das T-Glied reell, $jx = 0$. Die Abschwächung

$$a = U_3/U_1 = \frac{2/b}{2/b + b} = \frac{2}{2 + b^2} \tag{6.22}$$

Das überbrückte T-Glied ist also ein Sperrfilter, eine Frequenz wird maximal geschwächt. Die Größe des Minimums ist vom Größenverhältnis der beiden Widerstände abhängig. Mit $R_1 = b \cdot R$ und $R_2 = R/b$ wird

$$R_1/R_2 = b^2 \tag{6.23}$$

Das Diagramm Abb. 6.16 zeigt das Spannungsverhältnis $a = U_3/U_1$ und den Phasenwinkel φ in Abhängigkeit vom Frequenzverhältnis ω/ω_0 für verschiedene Werte von b.

Die Güte des überbrückten T-Gliedes ist:

$$Q = \frac{1}{1 + 1/n}; \quad Q_{\max} = 1 \qquad (n = b^2) \tag{6.24}$$

Es ist schärfer als das Wien-Glied ($Q = {}^1/_2$).

Die Widerstände R und die Kondensatoren C können ohne merkliche Änderung der Funktion vertauscht werden. Die Abb. 6.17 zeigt ein Beispiel.

6.4.2 Das unsymmetrische *T*-Glied

Wir haben bisher von einem symmetrischen Filter gesprochen. Gleich dem Wien-Glied läßt sich das überbrückte T-Glied ebenso unsymmetrisch aufbauen (Abb. 6.18). Bei gleicher Minima-Tiefe ist das Verhältnis der Widerstände kleiner, nämlich n anstatt b^2. Dafür muß aber die Verschiedenheit der Kondensatoren in Kauf genommen werden.

Gleich dem Wien-Glied gilt: $R_1 = n \cdot R_2;\quad C_1 = C_2/n$

$$Q_{\max} = 1 \tag{6.25}$$

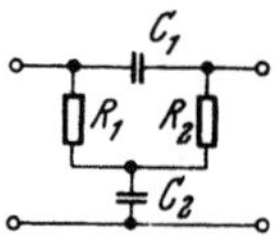

Abb. 6.17. *T*-Glied mit vertauschten R und C

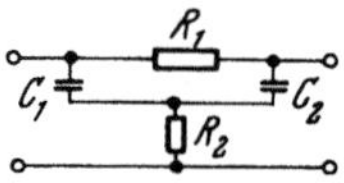

Abb. 6.18. Das unsymmetrische T-Glied

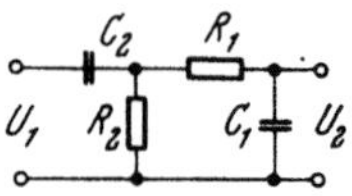

Abb. 6.19. Das Doppel-L-Netzwerk

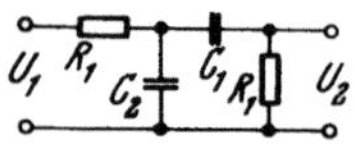

Abb. 6.20. Das Doppel-L-Netzwerk mit vertauschten R und C

6.5 Das Doppel-*L*-Netzwerk

Die Abb. 6.19 und 6.20 zeigen zwei Ausführungsformen. Die Dimensionierung der R und C sowie das ω_0 ist gleich der des Wien-Netzwerkes. Beide Beispiele sind Bandpässe.

Das überbrückte T-Glied und das Doppel-L-Glied haben den gleichen Aufbau und unterscheiden sich nur durch die Lage des Massepunktes und damit der Filter-ein- und -ausgänge. Es kann daher auch folgende Einteilung getroffen werden:

L-Filter: Abb. 6.20 Bandpaß
Abb. 6.18 Sperrfilter

T-Filter: Abb. 6.19 Bandpaß
Abb. 6.17 Sperrfilter

Die bisher besprochenen RC-Filter haben eine kleine Güte, sind daher LC-Filtern diesbezüglich unterlegen. Im folgenden wollen wir hochwertige Filter (dreigliedrige RC-Filter) kennenlernen.

6.6 Das symmetrische Doppel-*T*-Glied[1]

Das Doppel-T-Glied setzt sich aus einem Hochpaß und einem Tiefpaßfilter zusammen und kann mathematisch als eine Brücke behandelt werden. Abb. 6.21 zeigt ein Schaltbild.

Vernachlässigen wir die Belastung der Brücke durch den Null-Zweig, so ist der geometrische Ort von U_2 (Punkt 2—4) ein Kreis mit einem Durchmesser U_1. Die Spannungen an R_1 und C_3, sowie an R_3 und C_1 beschreiben bei fortlaufender Frequenz einen Halbkreis.

[1] Literatur: [B 15, S 24].

Die Ausgangsspannung U_3 wird 0 (für $y = 0{,}5$), wenn die Bedingung

$$\omega RC = 1$$

erfüllt ist. Die „Resonanzfrequenz" wird also

$$f_0 = \frac{10^{12}}{6{,}3 \cdot RC} \quad [\mathrm{Hz}, \Omega, \mathrm{pF}] \tag{6.26}$$

d. h., die Amplitude dieser Frequenz wird gelöscht.

Abb. 6.22 zeigt das Vektordiagramm für ein nicht vollständig abgeglichenes Doppel-T-Glied, also $U_3 \neq 0$. Für das Verhältnis der Kapazitäten und Widerstände untereinander gilt, wenn $\omega CR = 1$ und a = Abschwächung U_3/U_1 ist [M 1]:

$$\begin{aligned} R_1 &= R & C_1 &= C \\ R_2 &= z \cdot R & C_2 &= C/z \\ R_3 &= y \cdot R & C_3 &= C/y. \end{aligned} \tag{6.27}$$

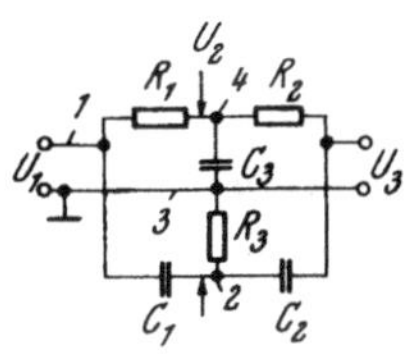

Abb. 6.21. Das symmetrische Doppel-T-Glied

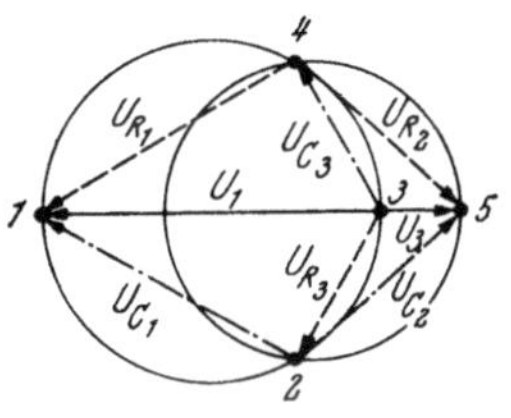

Abb. 6.22. Das Vektordiagramm für ein nicht vollständig abgeglichenes Doppel-T-Glied

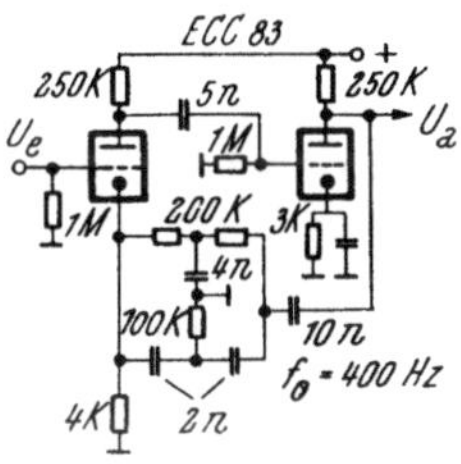

Abb. 6.23. Selektiver Verstärker mit Doppel-T-Glied

Wird z. B. $z = 1$ gewählt (symmetrisches T-Glied), so wird

$y < 0{,}5$	. . . .	$1/a < 0$
$y = 0{,}5$	. . . .	$1/a = \infty$
$y > 0{,}5$	. . . .	$1/a > 0$
$y = 1$	. . . .	$1/a = 4$

Wird das Doppel-T-Glied als Kopplungselement zwischen zwei Verstärkerstufen eingeschaltet, so wird eine Frequenz des Übertragungsbereiches unterdrückt (f_0). Als Gegenkopplungselement in einem überkritisch rückgekoppelten Verstärker eingefügt, erlaubt es den Aufbau eines RC-Generators.

Die Abb. 6.23 zeigt das Schaltbild eines selektiven Verstärkers (ähnlich einem LC-Resonanzverstärker).

Das Doppel-T-Glied liegt in einem Gegenkopplungskanal. Alle Frequenzen bis auf eine ($\omega_0 = 1/RC$) werden stark gegengekoppelt und daher entsprechend wenig verstärkt. Bei sorgfältiger Dimensionierung lassen sich extrem selektive Verstärker mit sehr kleinen Einschwingzeiten aufbauen.

6.6.1 Das unsymmetrische Doppel-T-Glied und das π-Filter[1]

Eine wesentliche Verbesserung des symmetrischen Doppel-T-Filters ist das π-Filter (Abb. 6.24). Sein Nachteil ist der massesymmetrische Aufbau. Daher sind seine Anwendungsmöglichkeiten nur beschränkt.

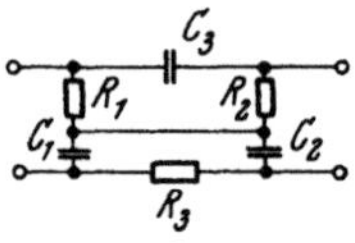

Abb. 6.24. Das π-Filter

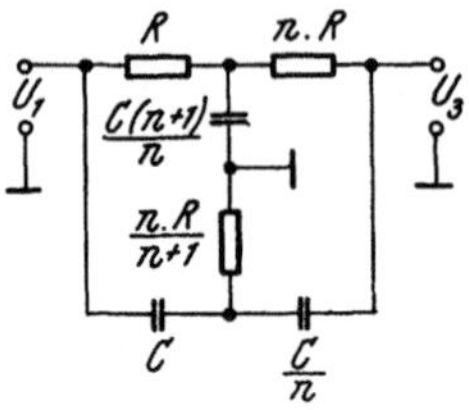

Abb. 6.25. Das unsymmetrische Doppel-T-Filter

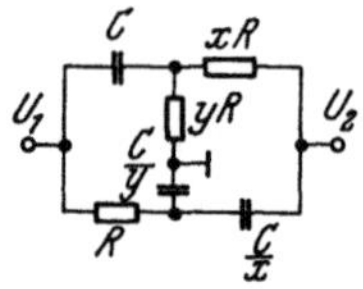

Abb. 6.26. Das invertierte T-Glied

Eine sehr gute Lösung stellt das unsymmetrische Doppel-T-Filter dar (Abb. 6.25). Der Zusammenhang der Schaltelemente ist durch folgende Beziehungen gegeben:

T-Filter: $1/R_3 = 1/R_1 + 1/R_2$, $C_3 = C_1 + C_2$ $\qquad R_3 = 1/\omega_0 C_3 = \frac{n}{n+1} R$ (6.28)

Für Doppel-T-Glied wird $R_2 = n \cdot R_1$ $\qquad C_2 = C_1/n$

$R_3 = n \cdot R_1/(n+1)$ $\qquad C_3 = C_1(n+1)/n$ (6.29)

π-Filter: $1/C_3 = 1/C_1 + 1/C_2$, $R_3 = R_1 + R_2$ $\qquad R_3 = 1/\omega_0 C_3 = (n+1) R$ (6.30)

für beide: $R_1 = 1/\omega_0 C_1 = R$ $\qquad R_2 = 1/\omega_0 C_2 = n \cdot R \ (n > 1)$ (6.31)

Unsymmetrische Doppel-T- und π-Filter werden vorzugsweise als Sperrfilter geschaltet. Ihre Güte Q ist nur vom Verlustwinkel der Kondensatoren abhängig und erreicht bei z. B. einem $\operatorname{tg}\delta = 0{,}5 \cdot 10^{-3}$ ein $Q = \frac{1}{2 \cdot \operatorname{tg}\delta} = 10^3$. Dieser Wert liegt weit über dem für LC-Filter und beweist die große Überlegenheit der T- und π-Filter bezüglich Resonanzschärfe und damit Bandbreite, besonders bei niedrigen Frequenzen. Die Schaltung als selektiver Verstärker wurde schon bei der Besprechung des symmetrischen Doppel-T-Gliedes angegeben.

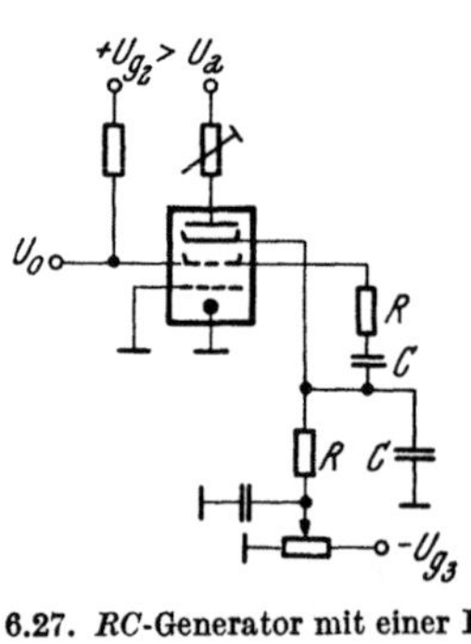

Abb. 6.27. RC-Generator mit einer Röhre

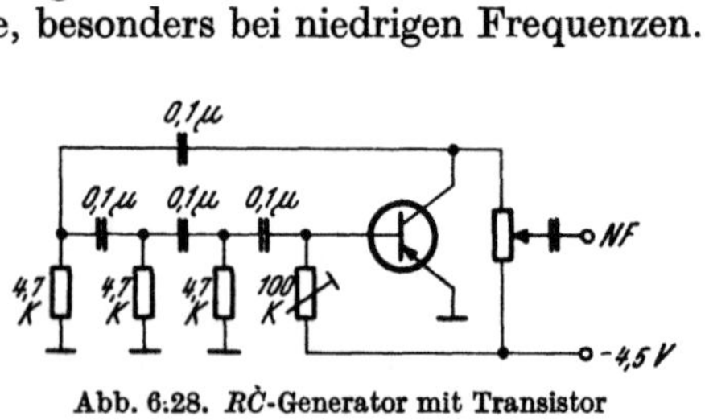

Abb. 6.28. RC-Generator mit Transistor

[1] Literatur: [R 3].

Die Bandbreite des unsymmetrischen T-Filters ist nur die Hälfte des symmetrischen.

Sowohl T- wie auch π-Filter lassen sich als Bandpaßfilter aufbauen. Wir sprechen dann von invertierten T- bzw. π-Gliedern [G 7].

Da ihre maximale Güte $Q = 1/2$ ist, sind sie einfachen RC-Bandpässen gleichwertig und werden daher nur selten benützt.

Die Abb. 6.26 zeigt ein invertiertes T-Glied.

$$C_1 = C/y \qquad C_2 = C/x \qquad C_3 = C$$

$$R_1 = y \cdot R \qquad R_2 = x \cdot R \qquad R_3 = R \tag{6.32}$$

Die Zusammenhänge sind im vorhergegangenen Abschnitt besprochen worden.

6.7 Schaltungsbeispiele

Die Abb. 6.27 zeigt das Schaltbild eines RC-Generators mit einer Röhre. Die frequenzabhängige Mitkopplung der Transitronröhre (siehe Kap. 8.1.1) besteht aus einem Wien-Glied. Der nichtüberbrückte einstellbare Anodenwiderstand bedeutet eine Gegenkopplung [R 18].

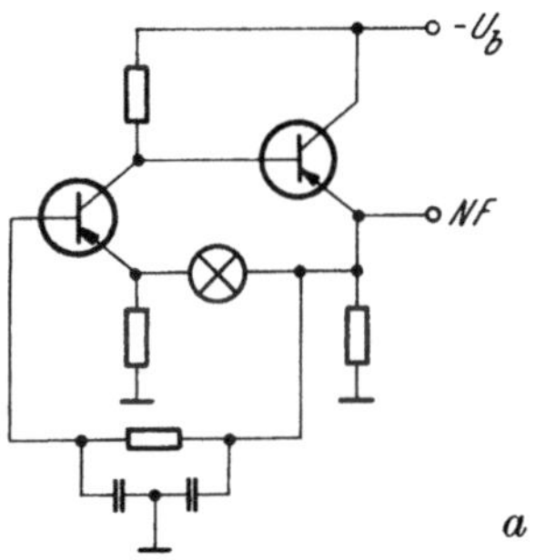

a

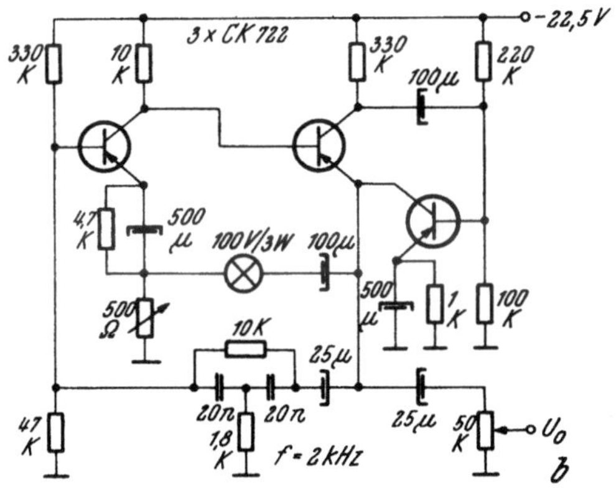

b

Abb. 6.29.
RC-Generator (Transistor-Standard-Schaltung).
a) Prinzip,
b) praktische Ausführung (nach SULZER [C4])

Schaltungen mit Transistoren[1]

Abb. 6.28 zeigt einen einfachen RC-Generator für eine fixe Frequenz mit phasenschiebender RC-Kette. Mit dem 100 kΩ Stellwiderstand wird das Ausgangssignal auf kleinste Verzerrungen eingestellt.

Die RC-Generator-Transistor-Standardschaltung mit überbrücktem T-Glied ist in Abb. 6.29b dargestellt. Das Prinzip zeigt Abb. 6.29a. Der Kaltleiter bildet zwischen den Emittern der beiden Transistoren einen Mitkopplungsweg, so daß die zweistufige Anordnung zu schwingen beginnt; sie schwingt jedoch nur auf der Frequenz $\omega_0 = 1/RC$, auf der die Gegenkopplung durch das überbrückte T-Glied vom Emitter des zweiten zur Basis des ersten Transistors ein Minimum ist. Die Verzerrungen des Ausgangssignales lassen sich stark herabsetzen, wenn man die ganzzahligen Harmonischen in einer Gegentaktschaltung unterdrückt.

[1] Literatur: [B 17, B 18, S 3].

Hierfür bietet sich vor allem eine der White-Schaltung äquivalente Zwei-Transistoren-Stufe an, die außer dem Gegentaktbetrieb noch den Vorteil einer niedrigen Ausgangsimpedanz besitzt, so daß das T-Glied praktisch spannungsgesteuert wird. Man kommt auf diese Weise zur endgültigen Ausführung Abb. 6.29b. Der Kaltleiter dient wie üblich zur richtigen Dosierung des Mitkopplungsanteiles und damit zur Stabilisierung der Schwingungsamplitude.

Zwei weitere Transistor-Schaltungen zeigen Abb. 6.30 und Abb. 6.31, die als selektive Niederfrequenz-Verstärker arbeiten. Zwei Besonderheiten sind bei diesen Schaltungen hervorzuheben. Die eine ist die Verwendung des selektiven phasen-umkehrenden Gliedes als spannungsverstärkendes Element, deren Prinzip in Abb. 6.32 herausgezeichnet ist: die zwischen 1 und 2 auftretende Spannung ist bei nicht vollständiger Unterdrückung des Ausgangssignals wegen der Phasenumkehr zwischen 2 und 3 stets ein wenig größer als die Spannung zwischen 1 und 2. Dies erlaubt die Konstruktion von schwingungsfähigen Schaltungen, in denen der Transistor in Kollektorschaltung betrieben wird und daher eine Spannungsverstärkung besitzt, die knapp unter 1 liegt. Der zweite bemerkenswerte Punkt betrifft die hochohmige Eingangsstufe, die die RC-Netzwerke nur wenig belastet. Sie beruht auf der Mitkopplung zwischen Ausgang und Eingang eines Emitterfolgers und wird wegen ihrer funktionsmäßigen Verwandtschaft mit den Bootstrapschaltungen oft als Bootstrap-Verstärkerstufe bezeichnet. Einige mögliche Ausführungsformen dieser hochohmigen Eingangsschaltung zeigt Abb. 6.33.

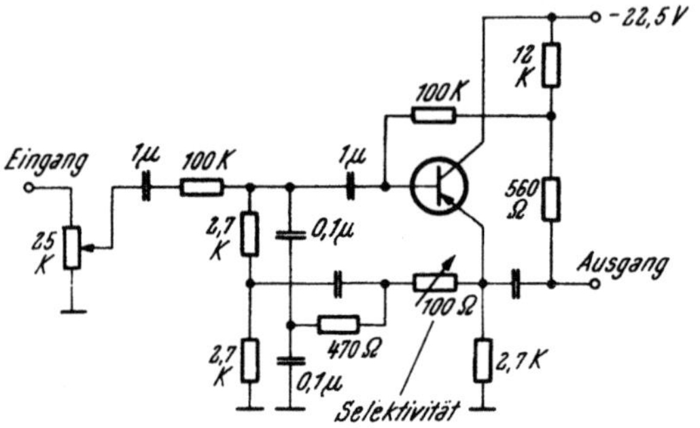

Abb. 6.30. Selektiver NF-Verstärker (nach F. Butler)

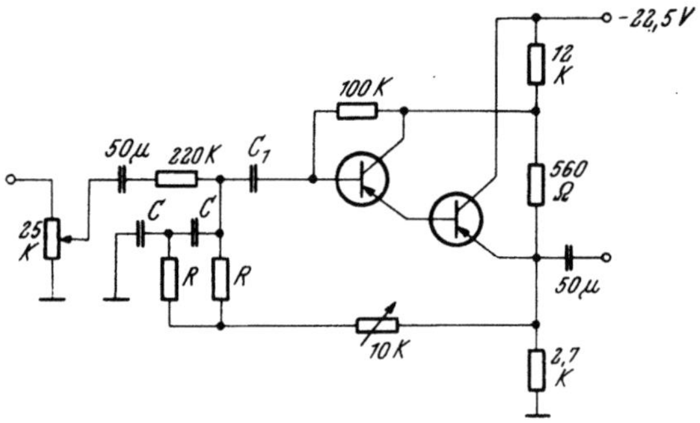

Abb. 6.31. Selektive NF-Verstärker (nach F. Butler). R = 1,2 kΩ, C = 0,1 µF, C_1 = 0,5 µF, f = 130 Hz, R = 47 kΩ, C = 5 µF, C_1 = 0,5 µF, f = 1,5 Hz

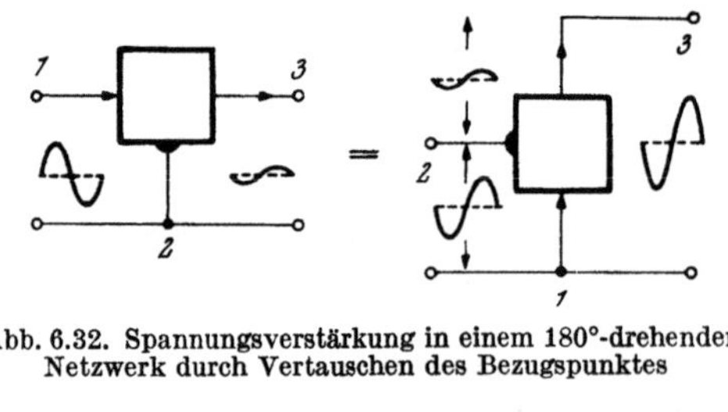

Abb. 6.32. Spannungsverstärkung in einem 180°-drehenden Netzwerk durch Vertauschen des Bezugspunktes

Die Abb. 6.34 zeigt einen Teil der Schaltung des selektiven Verstärkervoltmeters (Brückenindikators) Type 1232–A von General Radio. Das im Gegenkopplungskanal des Transistorverstärkers liegende Netzwerk wird nur mit einem Potentiometer abgestimmt [H 12].

Das Netzwerk ist abgestimmt, wenn

$$\omega_0 = \frac{1}{RC\sqrt{\alpha(1-\alpha)}}. \tag{6.33}$$

Ein weiteres Netzwerk, das nur mit einem Potentiometer abgestimmt wird, zeigt Abb. 6.35 [A 10]. Es ist vom Doppel-T-Glied hergeleitet. Die Ausgangsspannung wird Null für

$$\omega_0 = \frac{1}{RC\sqrt{1-\alpha^2}} \tag{6.34}$$

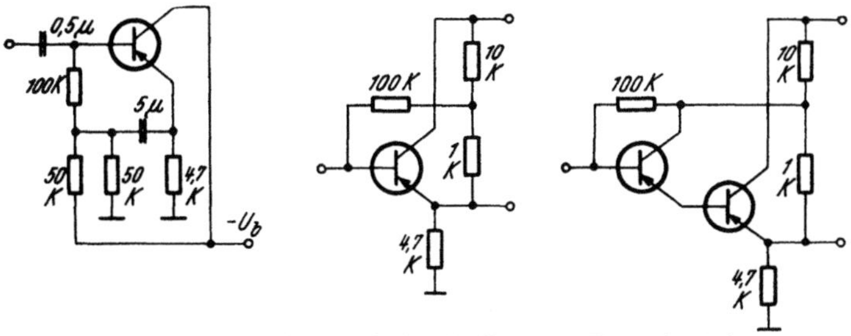

Abb. 6.33. Schaltungsvarianten der Bootstrap-Verstärkerstufe

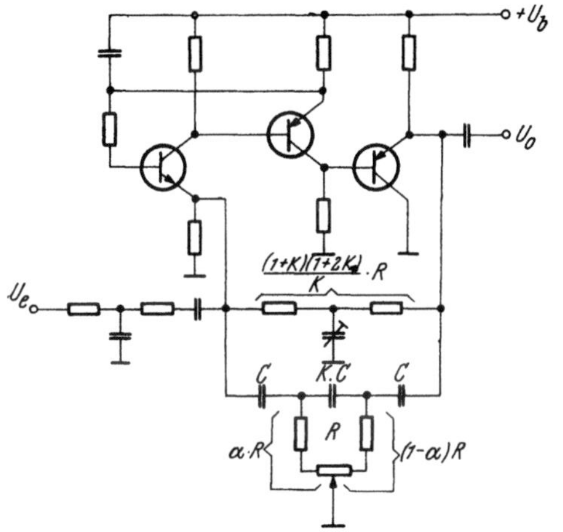

Abb. 6.34. Selektiver Verstärker des Brückenindikators Type 1232 A von General Radio

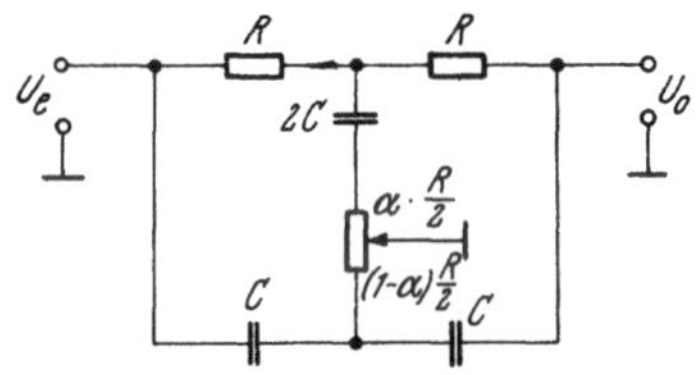

Abb. 6.35. Doppel-T-Glied mit nur einem Abstimmelement

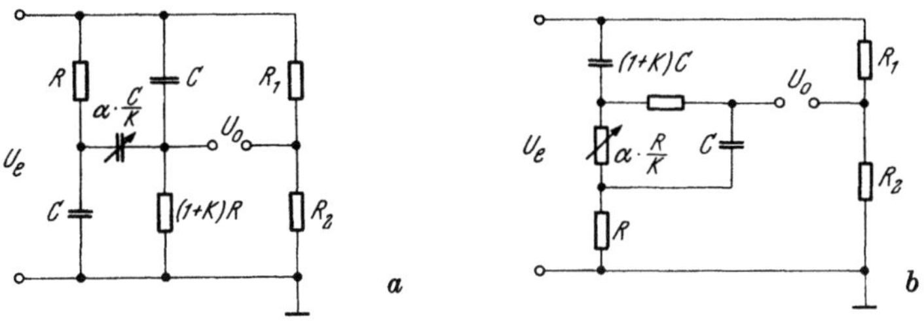

Abb. 6.36a, b. Abstimmbare Brückennetzwerke

Die Abb. 6.36a und b zeigen auf $U_0 = 0$ abstimmbare Netzwerke in Brückenschaltung (ähnlich Wien-Brücke), wobei wiederum nur ein Schaltelement abgestimmt wird. Für ω von 0 bis ∞ geht α von 1 bis 0. Es gilt

$$\omega_0 = \frac{1}{RC} - \sqrt{\frac{1-\alpha}{\alpha}} \tag{6.35}$$

In beiden Schaltungen lassen sich R und C vertauschen [W 10].

7. Impulsschaltungen

Dieses Kapitel wurde bewußt nicht mit „Impulstechnik" überschrieben, denn im Rahmen dieses Buches wäre es unmöglich, dieses große Gebiet einigermaßen vollständig zu behandeln. Der Interessierte sei auf die sehr zahlreiche und gute Fachliteratur hingewiesen. In diesem Kapitel sollen nur die Grundelemente und vor allem die wichtigsten, den Naturwissenschaftler interessierenden Schaltungen der Impulstechnik besprochen werden.

Während in der Physik der Impuls eindeutig definiert ist als das Produkt von Masse und Geschwindigkeit, existiert in der Terminologie der Elektronik bisher noch keine einheitliche und eindeutige Definition für ihn; wir wollen uns daher hier nicht auf eine der zahlreichen Begriffsbestimmungen festlegen, sondern besser den Begriff „Impuls" in folgender Weise umschreiben:

Im engsten Sinne ist ein Impuls ein kurzzeitiger Strom- oder Spannungsstoß.

Im weiteren Sinne das kurzzeitige Auftreten oder Wegbleiben eines Stromes oder einer Spannung.

Im weitesten Sinne jede nicht gerade sinusförmige Strom- oder Spannungsänderung.

Die Impulstechnik beschäftigt sich mit der Erzeugung, Formung, Verstärkung, Messung und Registrierung von Impulsen als Teil der wissenschaftlichen und industriellen Elektronik sowie der Nachrichtentechnik.

Die Impulserzeugung wird im Kap. 8, die Verstärkung teils im Kap. 2, die Anwendung teils im Kap. 9 besprochen.

7.1 Grundlagen

7.1.1 Impulskenngrößen

An dem Beispiel eines Spannungsimpulses (Abb. 7.1) sollen die wichtigsten Größen erläutert werden, die einen Impuls beschreiben.

Es ist:

t_{p1}	Impulsbreite, Einschaltdauer
t_{p2}	Impulspause
$Tp = t_{p1} + t_{p2}$	Impulsperiode, Taktdauer, Spieldauer
$f_p \;= 1/Tp$	Impulsfolgefrequenz, Pulstaktfrequenz (nur sinnvoll bei periodischen Impulsreihen)
t_a	Anstiegszeit
t_e	Abfallzeit (Für t_a und t_e wird allgemein die Zeit angegeben, in der Anstieg bzw. Abfall von 10% auf 90% des Endwertes erreicht sind)
A	Amplitude (gemessen von Spitze zu Spitze ($V\,ss$), im Gegensatz zum Effektivwert (V_{eff}) und einfachen Scheitelwert ($\hat{V}$ oder V_s) etwa einer Sinuswelle)
d	Dachschräge (wird in % der Amplitude angegeben)

$v = t_{p1}:t_{p2}$ Tastverhältnis

$G = Ni$ Grundniveau, Gleichspannungsniveau (Ruhespannung während der Impulspause. Von diesem Niveau aus können die Impulse nach positiven oder negativen Spannungen gerichtet sein, es können auch abwechselnd oder unregelmäßig positive und negative Impulse auftreten).

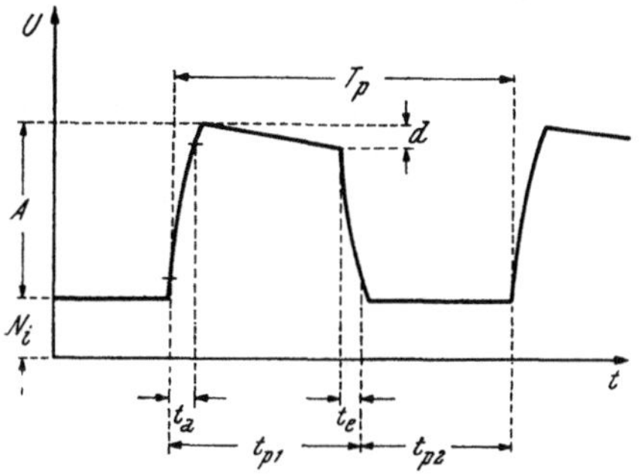

Abb. 7.1. Impulsdaten

Der durch diese Angaben beschriebene zeitliche Verlauf von Impulsen wird „Impulsform“ genannt, für die es zahllose Varianten gibt. Abb. 7.2 zeigt einige Beispiele.

Abb. 7.2. Beispiele für Impulsformen: a) Rechteck, b) Trapez, c) Sägezahn, d) Dreieck, e) Sinushalbwelle, f) Nadel

Periodische Impulse werden vielfach mit Hilfe von (Fourier-)Reihen, nichtperiodische durch entsprechende Integrale dargestellt. Mit dieser Methode kann das Verhalten von Schaltungen gegenüber Impulsen so berechnet werden, als läge eine Grundwelle mit entsprechend vielen Oberwellen vor. Die weite Verbreitung dieser Methode ist darauf zurückzuführen, daß die Impulstechnik wesentlich jünger als die Nachrichtentechnik ist und deren Erfahrungen dadurch teilweise nutzbar gemacht werden konnten.

7.1.2 Die Elektronenröhre als Schalter

Die Röhre haben wir bisher in der Hauptsache als ein strom- oder spannungsverstärkendes Bauelement kennengelernt. In der Verstärkertechnik wird vor allem auf eine möglichst kleine Kurvenverzerrung des zu übertragenden Signales geachtet, die Röhrenkennlinien werden nur in ihrem linearen Teil ausgenützt und ein Gitterstromeinsatz weitgehend vermieden.

In der Impulstechnik liegen meist ganz andere Bedingungen vor. Wohl werden auch hier gelegentlich (z. B. bei Proportionalverstärkern) Röhren und Transistoren als lineare Verstärker verwendet, viel häufiger aber benützt man sie quasi als Schalter, die mit geringsten Leistungen und fast trägheitslos betätigt werden, und steuert sie dabei weit über die linearen Kennlinienbereiche aus.

Dabei bestehen zwischen Röhre und Transistor wesentliche Unterschiede. Die gesperrte Röhre entspricht einem geöffneten Schalter, der gesperrte Transistor führt jedoch einen nicht zu vernachlässigenden Reststrom. Der leitende Transistor wirkt wie ein geschlossener Schalter mit kleinem Übergangswiderstand, während die leitende Röhre einen beachtlichen Innenwiderstand hat. Zahlenvergleich:

Röhre und Transistor mit je etwa 2 W Verlustleistung (E180CC, OC30)

gesperrt:	Röhre	>	1 MΩ
	Transistor	etwa	50 kΩ
leitend:	Röhre	etwa	5 kΩ
	Transistor	etwa	0,2 Ω

A. Die Röhre bei Übersteuerung

a) *Sperrbereich*

Wären die Röhrenkennlinien gerade, dann könnte man eine Gittersperrspannung Us definieren:

$$Us = \frac{Ua}{\mu}, \text{ siehe Gl. (1.8)}$$

Die Krümmung der Kennlinien macht sich aber gerade hier am stärksten bemerkbar, so daß bei der nach der Definition errechneten Sperrspannung die Röhre noch längst nicht gesperrt ist, wenn man etwa ein für einen normalen Arbeitspunkt gültiges μ einsetzt. Die Hersteller geben deshalb bei Röhren, die für nichtlineare Anwendungen bestimmt sind, eine tatsächliche Sperrspannung an, bei der der Anodenstrom sicher unter einem bestimmten (sehr kleinen) Wert liegt. (Beispiel: E 180 CC, $Ua = 150$ V, $Ug_1 = -7{,}5$ V, $Ia < 0{,}15$ mA.)

b) *Gitterstrombereich*

Nähert sich die Gitterspannung dem Wert 0 oder nimmt sie positive Werte an, dann werden die von der Katode emittierten Elektronen trotz positiver Anodenspannung teilweise auf das Gitter treffen. Es fließt ein positiver Gitterstrom

$$Ig = Ik - Ia$$

Analog dem Ia–Ug-Diagramm läßt sich eine Kennlinienschar mit den Koordinaten Ig und Ug und den Parametern Ua darstellen. Es zeigt sich, daß für gleiche Werte der Gitterspannung $+ Ug$ der Gitterstrom Ig bei kleinen Anodenspannungen steigt. Für das Verhältnis $\frac{Ia}{Ig}$ gilt annähernd das Tanksche Stromverteilungsgesetz $\frac{Ia}{Ig} = K \cdot \sqrt{\frac{Ua}{Ug}}$, wobei K eine von den Dimensionen der Röhre abhängige Konstante ist.

Der Gitterstrom ist eine nichtlineare Belastung für das Steuersignal. Er wirkt wie ein Widerstand parallel zu Rg, der als innerer Gitterwiderstand Rig bezeichnet wird. Seine Größe ist von Polarität und Amplitude des Signals abhängig und durch die jeweilige Steilheit der Ig–Ug-Kennlinie bestimmt. Über Ua hängt er auch von Ra ab, er ist kleiner bei größerem Ra. Bei negativen Gitterspannungen ist er praktisch unendlich, bei positiven Gitterspannungen hat er bei kleinen Röhren Werte von einigen 100 bis 1000 Ω.

Ist der Innenwiderstand der Steuerspannungsquelle sehr klein, so wird die Gitterspannung unbeschadet des Gitterstroms auch dann fast der EMK Ue der Steuerquelle entsprechen, wenn die Röhre bis zu positiven Werten der Gitterspannung aufgesteuert wird. Es tritt also keine oder eine nur geringe Verzerrung ein.

Ist aber der Innenwiderstand Ri der Signalquelle nicht klein, so entsteht an diesem Ri ein Spannungsabfall, sobald ein Gitterstrom einsetzt. Die Gitterspannung entspricht also nicht der Signalspannung, sie ist stark nichtlinear verzerrt.

Abb. 7.3 zeigt unmittelbar in den Kennlinienfeldern einer Röhre (E 82 CC) die auftretende Verzerrung einer (der Deutlichkeit halber) dreieckförmig angenommenen Signalspannung. Es ist eine Schaltung nach Abb. 7.4 zugrunde gelegt. Die Frequenz von Ue sei so niedrig, daß Ce und Co unbeachtet bleiben können. Das Ia–Ua-Kennlinienfeld mit den eingezeichneten Ig–Ua-Kennlinien wird vom

Hersteller in den Datenbüchern angegeben. Links daneben ist (durch Umzeichnen gewonnen) eine Ig–Ug-Kennlinien aufgetragen. Außerdem ist die dynamische Anodenstromkennlinie $Ia = f(Ug)$ und die Gitterstromkennlinie $Ig = f(Ug)$ für einen Anodenwiderstand $Ra = 15\ \mathrm{k\Omega}$ eingezeichnet, sowie die Gerade für Ra im Ia–Ua-Diagramm. Die gestrichelten Pfeile zeigen, wie aus der Signalspannung Ue die Gitterspannung Ug und die Ausgangsspannung Uo konstruiert wurde.

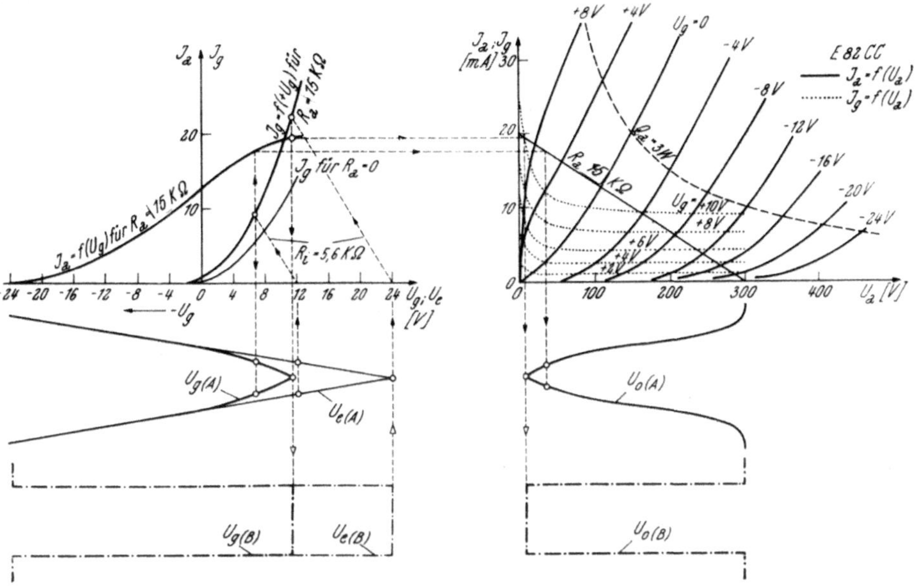

Abb. 7.3. Konstruktion der Verzerrungen bei Übersteuerung im Kennlinienfeld der E 82 CC

Bei Aussteuerung bis zum Gitterstromeinsatz sind selbstverständlich die von den Herstellern genannten Grenzdaten für Gitterspannung und -strom zu beachten.

Gelegentlich muß der Gitterstrom durch einen zusätzlichen Widerstand in der Gitterleitung auf ungefährliche Werte begrenzt werden. Dabei ist zu berücksichtigen, ob der Gitterstrom dauernd (als Ruhestrom) oder nur als kurzzeitige Spitze auftritt.

Beispiel: Grenzdaten der Doppeltriode 6463:

$-Ug$ = max 85 V,	$-Ug_s$ = max 350 V,
$+Ug$ = max 1,5 V	$+Ug_s$ = max 25 V,
Ig = max 5,5 mA,	Ig_s = max 110 mA.

Die Spitzenwerte dürfen während maximal 1% der Periodendauer bzw. maximal 10 μs lang auftreten.

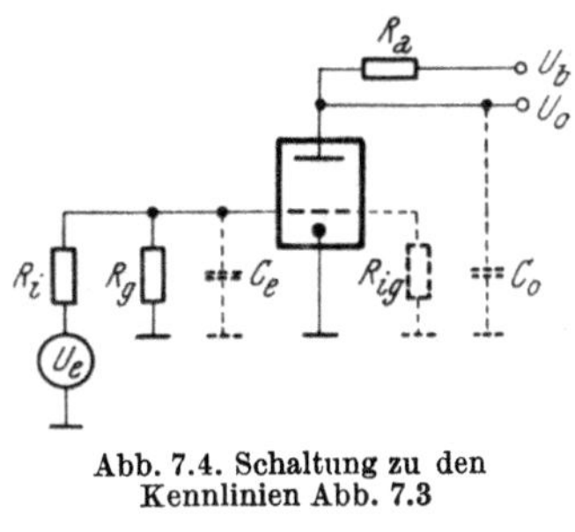

Abb. 7.4. Schaltung zu den Kennlinien Abb. 7.3

In Multivibratorschaltungen arbeiten die einzelnen Röhrensysteme praktisch ebenfalls als Schalter. Der Gitterstrom ist dabei durch die Kopplungsspannungsteiler ohnehin meist auf kleine Werte begrenzt. Deshalb werden bei den betreffenden Röhren im Ia–Ua-Kennlinienfeld neben den Kennlinien mit Ug als Parameter meist einige Kennlinien mit Ig als Parameter als Hilfsmittel für die Schaltungsdimensionierung eingetragen (Abb. 7.5). Die Gitterspannung steigt dann nur wenig über Null, so daß auch der Anodenstrom nicht weiter anwächst und eine kräftige Begrenzerwirkung auftritt.

In Abb. 7.3 unten ist eingezeichnet, wie sich ein Rechtecksignal gegenüber nichtlinearen Verzerrungen verhält. Solange die Signalspannung *Ue* negativ ist, fließt kein Gitterstrom und *Ue* wird nur durch den (großen) Gitterableitwiderstand *Rg* belastet. Die Gitterspannung *Ug* erreicht mit U_1 praktisch die gleiche Höhe wie *Ue*. Ist die Signalspannung positiv, dann fließt Gitterstrom und wegen des Spannungsabfalls an *Ri* wird die Gitterspannung *Ug* wesentlich unter der Eingangsspannung *Ue* bei U_2 bleiben.

Die Ausgangsspannung *Uo* ist trotz der starken Verzerrung wieder rechteckig. (Deshalb ist ein Rechtecksignal allein zur Prüfung von Verstärkern ungeeignet, weil damit Amplitudenverzerrungen am Oszillographen nicht unmittelbar erkannt werden können.)

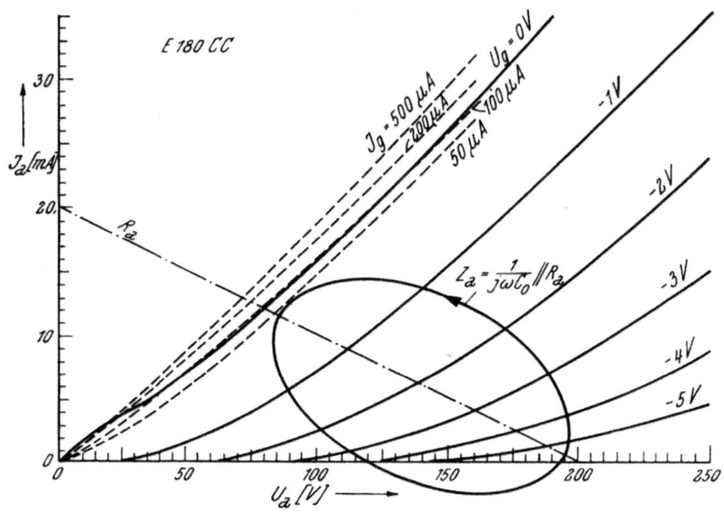

Abb. 7.5. *Ia-Ua*-Kennlinien einer E 180 CC mit *Ug* und *Ig* als Parameter und einer *Za*-Ellipse

B. Die Röhre als schneller Schalter

a) Gitterkreis

Zunächst wird der Einfluß von C_e besprochen (Abb. 7.4); im nächsten Abschnitt, aus welchen Anteilen er sich zusammensetzt. Bei jeder Änderung von *Ue* bzw. *Ug* muß *Ce* umgeladen werden. Nehmen wir an, das Rechtecksignal in Abb. 7.6a habe vernachlässigbar kleine Anstiegs- und Abfallzeiten. Ohne Gitterstrom würde dann die Umladung von *Ce* bei jedem Sprung der Signalspannung *Ue* von $-U$ auf $+U$ und umgekehrt nach folgender Exponentialfunktion erfolgen:

$$U_{1Ce(t)} = U_{1g(t)} = \pm U_1 \mp 2 U_1 e^{-\frac{t}{R_1 C_e}} \tag{7.1}$$

Das obere Zeichen gilt für den Sprung von $-U$ nach $+U$, das untere umgekehrt.

$$U_1 = U \cdot \frac{Rg}{Ri + Rg}, \quad R_1 = \frac{Rg \cdot Ri}{Rg + Ri}$$

Rg ist meistens groß gegen Ri, deshalb ist

$$U_1 \approx U, \qquad R_1 \approx Ri.$$

Den Verlauf von $U_{1g(t)}$ zeigt Abb. 7.6b.

Sobald aber Gitterstrom einsetzt, erscheint parallel zu Ri und Rg zusätzlich der innere Gitterwiderstand Rig. Von diesem Punkt an erfolgt die Umladung mit der (kleineren) Zeitkonstante R_2Ce und strebt dem (kleineren) Endwert U_2 zu. Dabei ist:

$$R_2 = \frac{R_1 \cdot Rig}{R_1 + Rig},$$

$$U_2 = U_1 \cdot \frac{Rig}{Ri\|Rg + Rig}$$

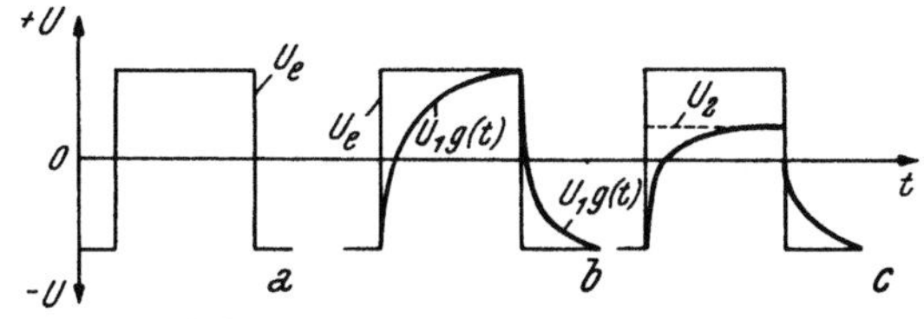

Abb. 7.6. Verformung eines Rechtecksignales durch Ce und Ig

Wegen der Nichtlinearität von Rig ist eine exakte Berechnung sehr umständlich. Man kann als gute Näherung annehmen, daß Rig bei Gitterspannungen unterhalb 0 V unendlich groß ist und oberhalb 0 V einen spannungsunabhängigen festen Wert $\overline{Rig}$ besitzt, den man schätzt oder graphisch ermittelt (Abb. 7.7). U_2 entspricht auch ungefähr dem Ug in Abb. 7.3.

Für $Ue = -U$ bis $Ue = 0$ gilt dann Gl. (7.1),
von $Ue = 0$ bis $Ue = +U$ ist

$$U_{2Ce(t)} = U_{2g(t)} = \pm U_2 \mp 2U_2 e^{-\frac{t}{R_2 C_e}} \tag{7.2}$$

Eine bessere Annäherung für Rig ergibt sich beim Ersatz der Gitterstromkennlinie durch zwei Gerade, wie in Abb. 7.7 gestrichelt eingezeichnet. Die etwas aufwendige Durchrechnung nach diesem Verfahren findet sich bei [N 1].

Den Verlauf von $Ug(t)$, gültig für beide Bereiche, zeigt Abb. 7.6c.

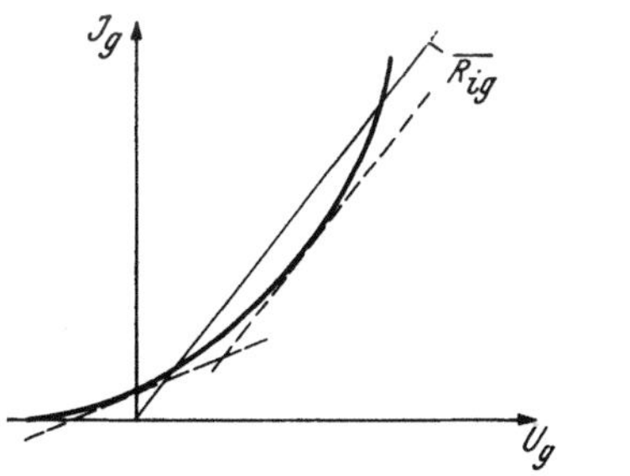

Abb. 7.7. Gitterstromkennlinien mit Näherungen

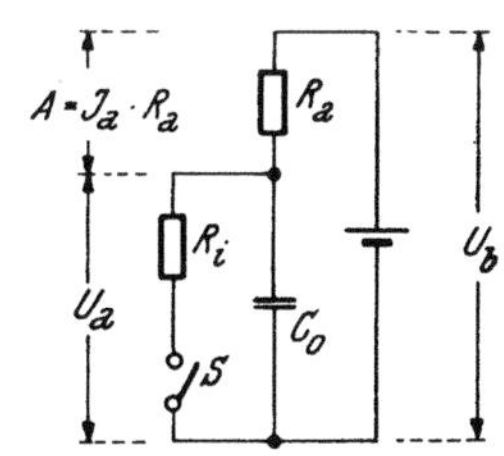

Abb. 7.8. Ersatzschaltung für Anodenkreis

Es ist sowohl der amplitudenabhängige Einfluß des Gitterstroms (Begrenzung auf U_2) als auch der zeitabhängige Einfluß von Ce (Veränderung der Flanken) gut zu erkennen.

Es ist auch deutlich zu sehen, daß die Vorder- und Rückflanke unterschiedlich verändert ist, weil beim Anstieg der steilere Anfang und beim Abfall das weniger steile und stärker gekrümmte Ende der e-Potenz in Gl. (7.1) durchlaufen wird.

b) Anodenkreis

Für die Wirkung von Co im Anodenkreis gelten ähnliche Überlegungen wie für Ce, die an die Besprechung der Ersatzschaltung Abb. 7.8 angeschlossen werden sollen. Der geschlossene Schalter entspricht der leitenden Röhre, der offene der gesperrten Röhre.

Wird der Schalter geschlossen, dann wird Co über Ri und Ra umgeladen nach

$$U o_{(\text{leitend})} = Ub \left(\frac{Ri}{Ra + Ri} + \frac{Ra}{Ra + Ri} \cdot e^{-\frac{t}{Rp\,Co}} \right) \tag{7.3}$$

wobei

$$Rp = \frac{Ra \cdot Ri}{Ra + Ri}$$

Beim Öffnen des Schalters wird Co nur über Ra, also mit einer längeren Zeitkonstante umgeladen nach

$$U o_{(\text{gesperrt})} = Ub \left(1 - \frac{Ra}{Ra + Ri} \cdot e^{-\frac{t}{Ra \cdot Co}} \right) \tag{7.4}$$

Es ist $Ub \cdot \frac{Ra}{Ra + Ri} = Ra \cdot Ia = A$,

wobei Ia der Anodenstrom im leitenden Zustand ist. Damit kann man auch schreiben:

$$\left.\begin{aligned} U o_{(\text{leitend})} &= Ub - Ia \cdot Ra \left(1 - e^{-\frac{t}{Rp \cdot Co}} \right) \\ U o_{(\text{gesperrt})} &= Ub - Ia \cdot Ra \cdot e^{-\frac{t}{Ra\,Co}} \end{aligned}\right\} \tag{7.5}$$

Hierbei ist vorausgesetzt, daß die Zeitkonstante am Gitter vernachlässigbar klein ist, d. h. daß Sperren und Leitendmachen der Röhre praktisch verzögerungsfrei erfolgt.

Ändert sich die Gitterspannung schnell gegenüber der Zeitkonstante des Anodenkreises, dann kann die Ausgangsspannung der Anodenstromänderung zeitlich nicht folgen. Das kann auch auf folgende Weise gezeigt werden:

Wie schon beim Breitbandverstärker besprochen, stellt der Anodenwiderstand Ra zusammen mit der Parallelkapazität Co eine Impedanz Za dar: $\frac{1}{Za} = \frac{1}{Ra} + j\omega C_0$. Für die in der schnellen Anodenstromänderung enthaltenen hohen Frequenzen (unter Umständen einige MHz; siehe einleitende Bemerkung über Impulsdarstellung durch Fourierreihen) entsteht die Ausgangsspannung Uo nicht an der Geraden Ra, sondern an einer bei der jeweiligen Frequenz ω gültigen Ellipse Za (Abb. 7.5). Wird die Röhre mit der Grundwelle entlang Ra bis ins Sperrgebiet ausgesteuert, dann liegen für die Oberwellen Teile der Za-Ellipsen unterhalb der Ordinate $Ia = 0$. In diesem Bereich ist die Röhre gesperrt, die Ausgangsspannung folgt der Gl. (7.4) mit der Zeitkonstante $Ra \cdot Co$, eben weil Co hier nur mehr über Ra entladen werden kann. Bei Breitbandverstärkern ist für die obere Frequenzgrenze ebenfalls die Za-Ellipse statt der Ra-Geraden für die Ausgangsspannung maßgebend. Liegen in diesem Fall Teile der Ellipse unter der Abszisse, dann bedeutet dies ebenfalls Übersteuerung, die Röhre kann die für den kapazitiven Anteil von Za erforderliche Blindleistung nicht aufbringen.

Wie ein Vergleich von Gl. (7.3) und (7.4) zeigt, wird die Anstiegsflanke einer Rechteckausgangsspannung mehr verzerrt als die abfallende Flanke. Dies wird noch verstärkt durch die in Abb. 7.6c gezeigte Deformierung der Eingangsspannung Ue, weil wegen der Phasenumkehr in der Röhre der Abfall von Ue dem Anstieg von Uo entspricht. Ri ist von Ia und Ua abhängig, Gl. (7.3) und (7.4) sind deshalb nur näherungsweise einfach lösbar. Dies um so mehr, wenn der Ausgang auf den Eingang einer Folgestufe arbeitet und durch deren *Re* nichtlinear belastet wird. Parallel zu *Co* liegt dann auch die Eingangskapazität *Ce* der nachfolgenden Stufe.

Für einen exponentiellen Anstieg (Abfall) ergibt sich die definitionsgemäße Anstiegszeit (Abfallzeit) von 10% auf 90% ungefähr zu

$$t_a \quad \text{bzw.} \quad t_e \approx 2{,}2 \cdot R \cdot C \begin{bmatrix} \mu\text{F, M}\Omega\text{, s} \\ \text{pF, M}\Omega\text{, }\mu\text{s} \end{bmatrix}$$

Die Anstiegszeiten von n Stufen addieren sich annähernd geometrisch:

$$t_{a\,\text{ges}} \approx \sqrt{t_{a1}^2 + t_{a2}^2 + \ldots t_{an}^2} \tag{7.6}$$

7.1.3 Die Eingangsimpedanz einer Röhre

Bisher haben wir nur die statische Gitter-Katoden-Kapazität *Cgk* und die Schaltkapazitäten kennengelernt. Beim Betrieb einer Röhre treten zwei weitere Kapazitäten in Erscheinung.

A. Raumladungskapazität

Die sich bildende Raumladungswolke um die Katode (Kap. 1.1.1) bringt das Gitter elektrisch näher an die Katode heran, vergrößert also scheinbar die statische Gitter-Katodenkapazität. Da die Raumladung von der Gitterspannung abhängig ist, ist auch die Raumladungskapazität *Cr* eine Funktion von *Ug*. Diese Veränderlichkeit macht sich besonders bei Regelröhren in Hochfrequenz-Verstärkern störend bemerkbar. Ein kleiner unüberbrückter Katodenwiderstand bringt eine wesentliche Verbesserung (Beispiel E 180 F, Abb. 7.9).

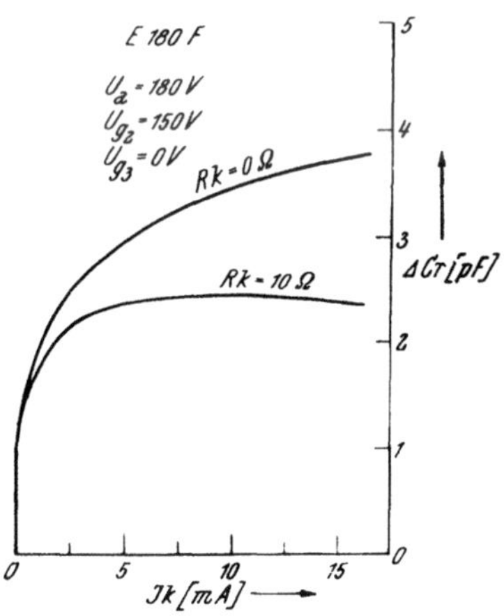

Abb. 7.9. Raumladungskapazität als Funktion von *Ik*

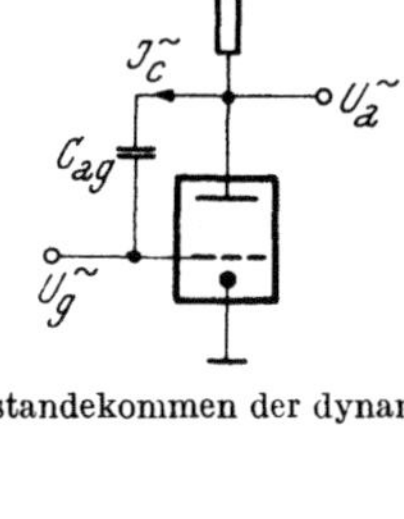

Abb. 7.10. Zustandekommen der dynamischen Kapazität

B. Dynamische Kapazität

Wird an das Gitter der Verstärkerröhre eine Wechselspannung gelegt, so erscheint diese um *V* verstärkt als $U\tilde{a}$ im Anodenkreis. Diese $U\tilde{a}$ erzeugt über die Anoden-Gitterkapazität *Cag* einen Wechselstrom zum Gitter (Abb. 7.10), der gegeben ist durch:

$$I\tilde{c} = U\tilde{c}/R\tilde{c} = (U\tilde{g} - U\tilde{a}) \cdot j\omega\, Cag.$$

Mit

$$V = -U\tilde{a}/U\tilde{g}$$

wird

$$I\tilde{c} = U\tilde{g}(1 + V) \cdot j\omega\, Cag \tag{7.7}$$

Diese Gleichung zeigt, daß der kapazitive Strom um den Klammerausdruck $1 + V$ größer ist, als wenn nur $U\tilde{g}$ allein wirksam wäre. Die Gitter-Anodenkapazität vergrößert also scheinbar die Gitter-Katodenkapazität Cgk um den Wert

$$Cd = Cag(1 + V) \tag{7.8}$$

Man nennt Cd die dynamische Kapazität. Wie groß Cd sein kann, soll ein Beispiel an einer häufig verwendeten Röhre zeigen:

Die Röhre ECC 83 hat eine $Cag = 1{,}7$ pF. Bei einer Verstärkung von $V = 70$ ist am Eingang der Röhre eine Kapazität von 120 pF (!) $(Cd + Cgk)$ wirksam, die zu der Signalquelle parallel liegt. Bei einem Quellwiderstand von 100 kΩ ist somit die Grenzfrequenz $f_0 = 13$ kHz. Ist der Außenwiderstand der Röhre nicht rein ohmisch, was bei höheren Frequenzen auch stets der Fall ist, so ist der Strom $I\tilde{c}$ nicht mehr um 90° gegen $U\tilde{a}$ verschoben. Es können zwei Fälle unterschieden werden:

a) Der Phasenwinkel $\varphi > 90°$, entsprechend einem induktiven Ra: Die Wirkung gleicht der eines „negativen" Widerstandes parallel zu Cd. Ergebnis: Leistungszufuhr am Gitter, Entdämpfung, die bis zur Selbsterregung führen kann (Oszillator, Kap. 4.2.2).

b) Der Phasenwinkel $\varphi < 90°$, entsprechend einem kapazitiven Ra: Die Wirkung gleicht der eines positiven Widerstandes parallel zu Cd, somit einer Dämpfung des Gitterkreises und scheinbaren Verkleinerung des Rg. Die dynamische Kapazität ist besonders bei Trioden zu beachten. Bei Pentoden bzw. allen Mehrgitterröhren ist Cag sehr klein, daher Cd meistens vernachlässigbar.

Die dynamische Kapazität hat als „Miller-Kapazität" eine nützliche Anwendung bei Integratorschaltungen und Kippgeräten gefunden (siehe Kap. 7.5.2 und Kap. 8.2.2). Auch Cd ist (über die Verstärkung V) abhängig von der Gitterspannung Ug, hat also bei veränderlichem Ug (wie Cr) verschiedene Werte: $Cd = 0$ bei $-Ug = -Us$ und ist maximal bei $Ug \geqq 0$.

Die gesamte Kapazität am Eingang einer Röhre setzt sich also zusammen aus:

Eingangskapazität $$Ce = Cs + Cgk + Cr + Cd \tag{7.9}$$

(Cs = Schaltkapazität, Sockelkapazität usw.)

C. Der elektronische Eingangswiderstand

Die Impedanz des Gitterkreises einer Verstärkerröhre ist bei mittleren Frequenzen neben dem ohmschen Gitterableitwiderstand vorwiegend durch die Röhreneingangskapazität Ce bestimmt. Voraussetzung ist natürlich, daß die Röhre nicht bis zum Gitterstromeinsatz durchgesteuert wird. Bei hohen und höchsten Frequenzen tritt aber noch ein weiterer Widerstand parallel zu Ce auf, der durch den Laufzeiteffekt der Elektronen bedingt ist. Wird im Verlauf eines sehr hochfrequenten Signals das Gitter positiver, so kommen die dadurch zusätzlich der Katode entzogenen Elektronen um ihre Laufzeit später am Gitter an, wobei dieses bereits wieder negativ geworden ist. Zwischen dem Wechselstromanteil des Katodenstromes und der Gitterwechselspannung tritt eine Phasenverschiebung auf, was gleichbedeutend ist mit einer Wirkkomponente im kapazitiven Gitterwechselstrom.

Dieser elektronische Eingangswiderstand R_{el} sinkt mit dem Quadrat der Frequenz und ist gegeben durch:

$$R_{el} \approx \frac{20}{\omega^2 \cdot S \cdot t^2} \quad [\mathrm{k\Omega, mA/V, s, Hz}] \tag{7.10}$$

t = Laufzeit der Elektronen
S = Steilheit der Röhre
ω = Kreisfrequenz des Eingangssignals.

Die Elektronenlaufzeit im Raumladungsgebiet ist:

$$t_R = \frac{5 \cdot 10^{-8} \cdot L}{\sqrt{Ua}} \tag{7.11}$$

L = Abstand Katode — Anode
Ua = Anodenspannung
t_R ist etwa 1,5mal größer als t im Sättigungsgebiet und rund 3mal so groß wie im Anlaufstromgebiet.

Der elektronische Eingangswiderstand einer Vorstufenpentode ist bei

1,5 MHz	etwa	$2 \cdot 10^6\,\Omega$	30 MHz	etwa	$5 \cdot 10^4\,\Omega$
15 MHz	etwa	$10^5\,\Omega$	150 MHz	etwa	$10^3\,\Omega$

D. Zuleitungsinduktivitäten

Bei höchsten Frequenzen sind die Induktivitäten der Elektrodenzuleitungen in den Röhren, der Sockelstifte, Fassungskontakte und Schaltleitungen nicht mehr vernachlässigbar. Zum Beispiel ruft die Induktivität der Katodenleitung einen Phasenwinkel zwischen Katodenspannung und Katodenstrom hervor. Ebenso wie durch die Elektronenlaufzeit erhält der Gitterstrom dadurch eine zusätzliche ohmsche Komponente, als ob parallel zum Gitterwiderstand ein weiterer Wirkwiderstand läge. Dieser hat angenähert die Größe

$$R_{Lk} \approx \frac{1}{\omega^2 L_k Cgk\, S_k} \tag{7.12}$$

Zur Verkleinerung dieser Induktivitäten führt man bei Röhren für hohe Frequenzen (etwa > 100 MHz) die Elektroden über mehrere Sockelstifte heraus, die parallel zu schalten sind (Beispiele: EF 80, EF 184, E 180 F usw.: Katode an zwei Stiften. EC 86: Anode und Katode an zwei, Gitter an drei Stiften).

Der Eingang einer Röhre ist also eine Impedanz Zg, die aus der Parallelschaltung von Rg, R_{el}, R_{Lk}, Cgk, Cr und Cd besteht. Je nach der in Betracht kommenden Frequenz haben die einzelnen Komponenten einen mehr oder weniger großen Einfluß. Bei Übersteuerung kommt noch der nichtlineare Gitterinnenwiderstand Rig hinzu. Die wesentlichen amplituden- bzw. frequenzabhängigen Einflüsse der wichtigsten Anteile von Zg auf ein Signal wurden im vorliegenden Kapitel erläutert.

7.1.4 Der Transistor als Schalter[1]

Bei der Beurteilung der Güte eines elektronischen Schalters sind vor allem zwei Kriterien maßgebend:

a) Die Höhe der Verlustleistung, die im Schalter bei leitendem bzw. gesperrtem Zustand verlorengeht, und

b) Die Schaltschnelligkeit, mit der der Schalter vom leitenden Zustand in den gesperrten Zustand übergeführt werden kann und umgekehrt.

Was den ersten Punkt betrifft, weist der Transistor gegenüber der Elektronenröhre beträchtliche Vorteile auf. Im leitenden Zustand ist der Durchlaßwiderstand um Größenordnungen kleiner als bei der Röhre, so daß der Transistor diesbezüglich dem Idealbild eines Schalters sehr nahe kommt. Im gesperrten Zustand ist der Leckwiderstand zwar kleiner als bei der Elektronenröhre (größenordnungsmäßig 100 kΩ bis einige MΩ), doch stellt dieser Umstand bei den niedrigen Spannungen, mit denen Transistorschaltungen betrieben werden, im allgemeinen keinen Nachteil dar. Die Verlustleistungen, die in den beiden Schaltzuständen durch Leckstrom bzw. inneren Spannungsabfall auftreten, betragen nur einige Milliwatt. Bei der Röhre liegt bereits die aufzubringende Heizleistung in der Größenordnung von 1 W. In bezug auf Schaltschnelligkeit ist allerdings der Transistor der Vakuumröhre noch unterlegen, wenngleich die Transistortechnik auf diesem Gebiet schnelle Fortschritte macht und derzeit Schaltgeschwindigkeiten von mehreren Millionen pro Sekunde ohne Schwierigkeiten erreicht werden können.

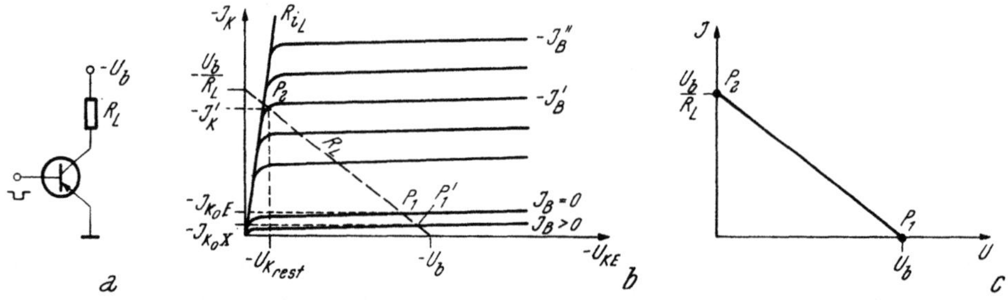

Abb. 7.11. a) Prinzip eines Transistorschalters, b) Lage der beiden Schaltpunkte P_1 und P_2 im Kennlinienfeld, c) Kennlinienfeld eines idealen Schalters ($U_{rest} = 0$, $I_{rest} = 0$)

Der folgende Abschnitt soll die für das Verständnis der Transistorimpulsschaltungen erforderlichen grundlegenden Kenntnisse über die Schalteigenschaften des Transistors vermitteln; in den späteren Kapiteln, in denen die verschiedenen Transistorimpulsschaltungen besprochen werden, wird das Schwergewicht auf die Erklärung und Dimensionierung der Schaltungen gelegt, wobei der Transistor zur möglichst knappen und übersichtlichen Darstellung durch einen idealen Schalter ersetzt wird. In Grenzfällen, wie z. B. bei hohen Schaltfrequenzen oder bei kleinen Betriebsspannungen, sind jedoch die besonderen Eigenschaften des Transistors zu berücksichtigen, die im folgenden vom rein qualitativen Gesichtspunkt aus erläutert werden.

Abb. 7.11a zeigt das Prinzipschaltbild eines Transistorschalters, mit dessen Hilfe die Last R_L (z. B. Signallampe) mit der Betriebsspannung Ub verbunden oder aber von ihr abgetrennt werden kann. Die beiden Schaltzustände werden

[1] Literatur: [C 3, E 6, H 18, M 13, R 2, S 25].

durch die Basisspannung bzw. durch den Basisstrom bestimmt, was am besten im Kennlinienfeld des Transistors erfolgen kann. Der Lastwiderstand R_L erscheint im Kennlinienfeld als Gerade, die in den Punkten $-Ub$ bzw. $-Ub/R_L$ die Koordinatenachsen schneidet. Ist der Basisstrom I_B Null oder positiv, dann befindet sich der Transistor im gesperrten Zustand. Es fließt nur ein kleiner Reststrom $-I_{K_0E}$ bzw. $-I_{K_0X}$ (Arbeitspunkt P_1 bzw. P_1'). Ist I_B negativ und so groß, daß die betreffende I_B-Kennlinie von der R_L-Geraden im Kniepunkt geschnitten wird, so befindet sich der Transistor im leitenden Zustand. Fast die ganze Betriebsspannung liegt dann am Lastwiderstand, während im Transistor nur die Restspannung $-U_{K\,\mathrm{rest}}$ verlorengeht (Arbeitspunkt P_2).

Abb. 7.11c zeigt zum Vergleich das Kennlinienfeld eines idealen Schalters.

Die beiden Schaltzustände des Transistors sollen im folgenden näher besprochen werden.

A. Gesperrter Zustand

Voraussetzung für eine möglichst niedrige Verlustleistung im gesperrten Zustand ist ein kleiner Leckstrom. Man strebt daher stets eine Einstellung an, die den Kollektorstrom unter den Wert des Kollektorreststromes $-I_{K_0E}$ in Emitterschaltung herunterdrückt. Wie Abb. 1.121, S. 81, zeigt, tritt der Reststrom $-I_{K_0E}$ bei $I_B = 0$ auf, wobei die Basis-Emitterspannung einen negativen Wert besitzt. Der Reststrom läßt sich beträchtlich verringern, wenn nicht $I_B = 0$, sondern $U_{BE} = 0$ als Steuersignal für das Sperren des Transistors Verwendung findet. In der Praxis geht man noch einen Schritt weiter und legt an die Basis eine schwach-positive Spannung ($+U_{BE} \approx 100$ mV). Dann ist nicht nur die Kollektordiode, sondern auch die Emitterdiode gesperrt. Der Kollektorreststrom geht fast auf den Reststrom $-I_{K_0B}$ der Basisschaltung zurück, der bedeutend kleiner ist als der Reststrom $-I_{K_0E}$ der Emitterschaltung. Man definiert daher meistens

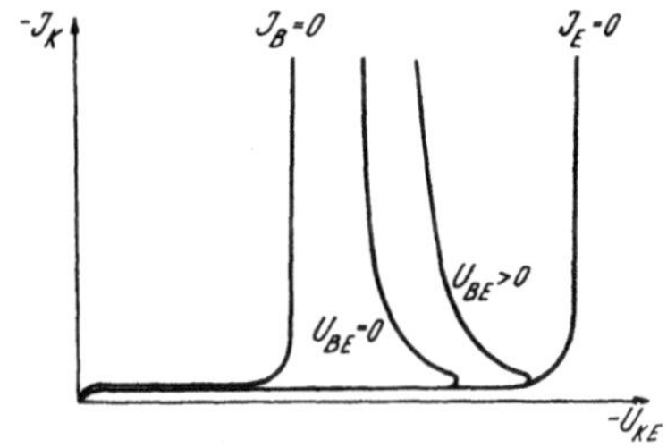

Abb. 7.12. Verlauf der $I_K - U_K$-Kennlinien bei hohen Kollektorspannungen $-U_{KE}$

Sperrzustand = Emitterdiode und Kollektordiode sind gesperrt ($U_{BE} > 0$).

Der Vorteil einer Steuerung in den positiven Basisspannungsbereich hinein liegt nicht nur in einer Verbesserung der Sperrwirkung, sondern auch darin, daß Temperaturänderungen und Exemplarstreuungen weniger in Erscheinung treten können als bei einem Arbeitspunkt im aktiven Arbeitsbereich des Transistors.

Die Forderung $U_{BE} = 0$ bzw. $U_{BE} > 0$ setzt meist voraus, daß der Transistor spannungsgesteuert werden kann, d. h. daß der Transistor aus einer niederohmigen Signalquelle angesteuert wird.

Auch aus einem anderen Grunde ist die Einstellung $U_{BE} = 0$ oder $U_{BE} > 0$ an Stelle $I_B = 0$ im gesperrten Zustand vorteilhaft. Da im extremen Schalterbetrieb der Transistor mit sehr hohen Spannungen (besonders bei induktiver Last) belastet werden kann, tritt mitunter die Möglichkeit ein, daß der Arbeitspunkt in die Nähe des sogenannten Durchbruchsgebietes der Kollektordiode zu liegen kommt. Man versteht darunter das Kennliniengebiet, in dem der Kollektorstrom unter dem Einfluß einer hohen Kollektorspannung stark ansteigt und die Kennlinien steil nach oben abbiegen (Abb. 7.12). Dieser Effekt ist wie bei den Zener-Dioden durch den Lawinendurchbruch in der Sperrschicht des PN-Überganges verursacht und wird in seiner äußeren Erscheinungsform durch den Stromverstärkungsmechanismus der Basiszone in ähnlicher Weise modifiziert wie in der Vierschichtdiode. Der kritische Spannungspunkt, an dem der Lawineneffekt eingeleitet wird, liegt um so höher, je kleiner der äußere Widerstand zwischen Basis und Emitter und je positiver die Basisspannung ist.

Die maximal zulässige Kollektorspannung wird nicht nur durch den Lawinendurchbruch, sondern auch durch den sogenannten Early-Effekt begrenzt. Darunter versteht man die Erscheinung, daß wie bei den Varicaps die Kollektorsperrschicht mit zunehmender Kollektorspannung immer breiter wird, bis die basisseitige Randschicht so weit in den Basisraum eingedrungen ist, daß sich Kollektor- und Emitterdiodensperrschicht berühren. Es tritt dann ein Kurzschluß zwischen Kollektor und Emitter ein. Besonders bei Hochfrequenztransistoren mit extrem dünnen Basisplättchen kommt es vor, daß die Spannung, bei der die Sperrschichtberührung eintritt, unter der Durchbruchsspannung liegt.

B. Leitender Zustand

Im Punkt P_2 (Abb. 7.11) befindet sich der Transistor im leitenden Zustand. Der Zusammenhang zwischen Basisstrom und Kollektorstrom ist nach Gl. (1.62) bei Vernachlässigung des Reststromes gegeben durch

$$-I'_B = \frac{1}{B} \cdot (-I'_K)$$

Erhöht man den negativen Basisstrom über den Wert $-I'_B$ hinaus, (z. B. auf $-I''_B$) so kann der Kollektorstrom nur mehr unwesentlich ansteigen, da dieser durch den Widerstand R_L begrenzt wird. Die lineare Proportionalität zwischen Basis- und Kollektorstrom, der durch die Formel $(-I_B) = \frac{1}{B}(-I_K)$ gegeben ist, geht damit verloren und an ihre Stelle tritt die Ungleichung

$$(-I_B) > \frac{1}{B}(-I_K) \tag{7.13}$$

Tritt dieser Fall ein, so spricht man von der sogenannten Übersteuerung des Transistors. Als Übersteuerungsgrad definiert man das Verhältnis

$$m = \frac{-I_B}{-I'_B}$$

wo $-I'_B$ der Basisstrom ist, bei dem die Übersteuerung eintritt.

Die Übersteuerung wird in der Praxis oft angewendet, da sie folgende Vorteile bietet:

a) Der Kollektorstrom wird nur mehr durch die Betriebsspannung und die äußeren Widerstände bestimmt und ist von der Höhe des negativen Basissignals fast unabhängig.

b) Die Kollektorrestspannung erreicht den kleinstmöglichen Wert, der Spannungsabfall und damit die Leistungsverluste im Transistor sind dadurch gering.

C. Übersteuerter Zustand

Beim Übergang vom normalen in den übersteuerten Zustand bzw. vom Arbeitspunkt auf dem horizontalen Teil der Kennlinien zum Arbeitspunkt auf dem steil ansteigenden Teil der Grenzgeraden Ri_L geht die Kollektordiode vom gesperrten

Zustand in den leitenden Zustand über, denn im übersteuerten Zustand ist die Basisspannung so negativ, daß sowohl Emitter als auch Kollektor positiv gegenüber der Basis sind und beide Dioden leiten. Im Gegensatz zum gesperrten Zustand gilt daher

übersteuerter Zustand = Emitterdiode und Kollektordiode sind leitend (siehe Abb. 7.13).

In nachstehender Tabelle sind die Daten eines Schalttransistors mittlerer Leistung angegeben, soweit sie im Zusammenhang mit dem Schalterbetrieb von Interesse sind.

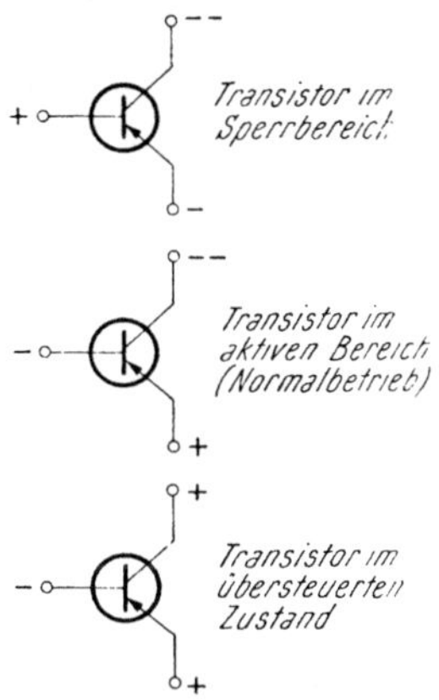

Abb. 7.13. Polung der Kollektor- und Emitterdiode im gesperrten leitenden und übersteuerten Zustand

TF 78

Allgemeine Daten:

Maximale Kollektorspannung	$-U_{KE\,\max} = 16$ V
Maximaler Kollektorstrom	$-I_{K\,\max} = 0{,}6$ A
Maximale Verlustleistung bei 25 °C	$N_{K\,\max} = 2{,}7$ W
Großsignalstromverstärkung ($-I_K = 0{,}2$ A, $-U_{KE} = 0{,}7$ V)	$B = 40$

Gesperrter Zustand:

Reststrom in Basisschaltung bei $-U_{KE} = 16$ V	$-I_{K_0B} = 0{,}01$ mA
Reststrom in Emitterschaltung bei $-U_{KE} = 5$ V	$-I_{K_0E} = 0{,}2$ mA
Gleichstrominnenwiderstand bei I_{K_0E}	$R = 25$ kΩ
Reststrom in Emitterschaltung bei $-U_{KE} = 16$ V und $U_{BE} \geq 0{,}25$ V	$-I_{K_0X} = 0{,}01$ mA
Gleichstrominnenwiderstand bei $-I_{K_0X}$	$R = 1{,}6$ MΩ
Verlustleistung bei $-I_{K_0X}$	0,16 mW

Leitender Zustand:

Restspannung bei $-I_K = 0{,}2$ A	$-U_{K\,\text{rest}} = 0{,}21$ V
Gleichstrominnenwiderstand	$R = 1{,}05\ \Omega$
Verlustleistung	40 mW

D. Einfluß der Transistorträgheit auf den Umschaltvorgang

Da dem Stromleitungsmechanismus in der Basiszone ein relativ träger Diffusionsprozeß zugrunde liegt, tritt zwischen Eingangs- und Ausgangssignal eine kleine zeitliche Verzögerung ein, die die Schaltgeschwindigkeit nach oben begrenzt. Die Schaltzeiten sind im wesentlichen durch den Transistortyp vorgegeben, lassen sich jedoch durch äußere Schaltungsmaßnahmen in gewissen Grenzen verändern.

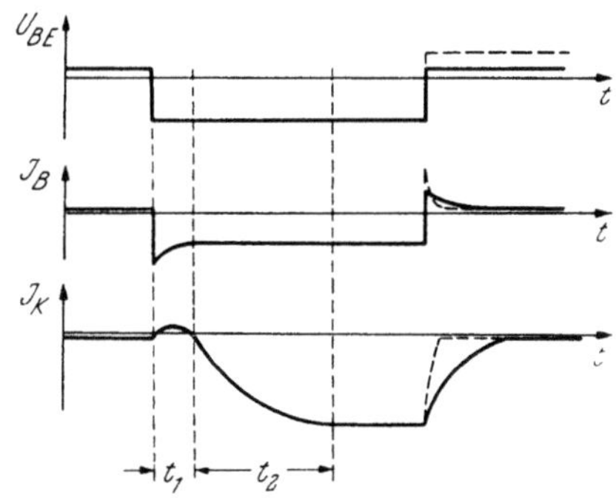

Abb. 7.14. Verlauf von Basis- und Kollektorstrom bei rechteckförmiger Spannungsansteuerung an der Basis ohne Übersteuerung des Transistors

a) *Umschaltvorgang ohne Übersteuerung (Abb. 7.14)*

Springt die Basisspannung von einem kleinen positiven Wert (Aus-Stellung) zu einem negativen Wert, so lädt sich zuerst während der Zeit t_1 die auf die kleine positive Basisspannung aufgeladene Basis-Emitter-Kapazität (Abb. 1.128) um, bis die Spannung an der Emitterdiode Null wird. Während dieser Zeit fließt ein kleiner positiver Kollektorstrom. Sobald die Emitterdiode öffnet, beginnen Ladungsträger zur Kollektorzone zu diffundieren und rufen einen anfänglich kleinen Kollektorstrom hervor, der jedoch mit dem Aufbau des Ladungsträgergefälles in der Basiszone exponentiell ansteigt und nach der Zeit t_2 seinen statischen Endwert erreicht. Abb. 7.15a zeigt die Ladungsträgerdichte in der Basiszone zu Beginn und am Ende des Umschaltvorganges. Zu Beginn sind beide Sperrschicht-

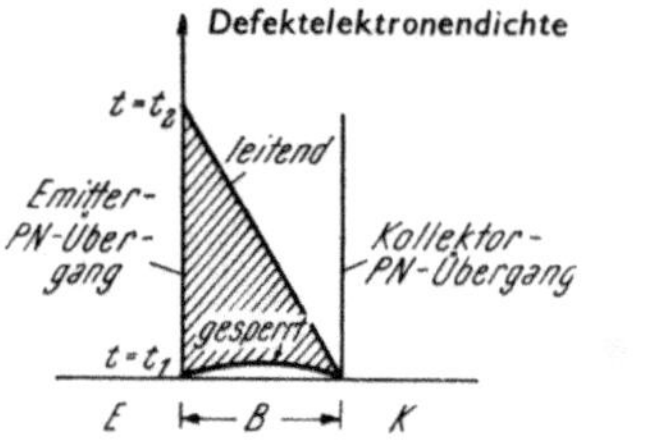

Abb. 7.15a. Defektelektronendichte im Basisraum (vgl. auch Abb. 1.87 und Abb. 1.114). Der Aufbau des Dichtegefälles durch Injizieren von Defektelektronen benötigt eine gewisse Zeit, die als Basisschaltträgheit zum Ausdruck kommt. Das Absaugen der im Basisraum gespeicherten Ladungsträger verursacht die Ausschaltträgheit

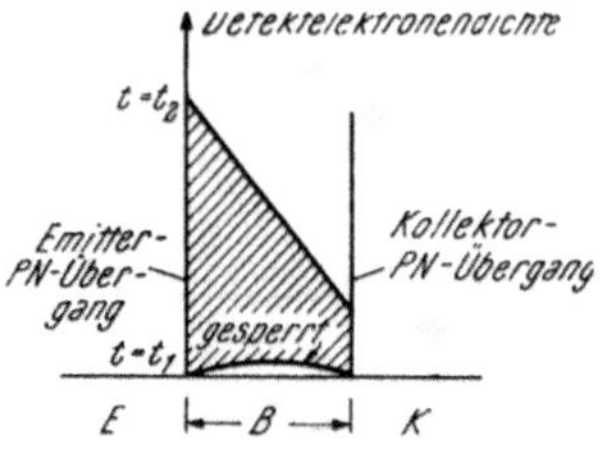

Abb. 7.15b. Defektelektronendichte im Basisraum bei Übersteuerung des Transistors. Die Kollektordiode leitet, so daß der kollektorseitige *PN*-Übergang von Ladungsträgern überschwemmt ist

zonen gesperrt und an Ladungsträgern verarmt. Am Ende des Schaltvorganges ist die Emitterdiode voll leitend und die Sperrschicht mit Ladungsträgern überschwemmt. Die Ladungsträgerdichte fällt monoton ab auf einen sehr geringen Wert an der Kollektorsperrschicht, die nach wie vor in Sperrichtung gepolt ist. Die schraffierte Fläche ist ein Maß für die Anzahl von Defektelektronen, die während jedes Umschaltvorganges im Basisraum auf- und abgebaut werden müssen.

Geht die Basisspannung auf ihren kleinen positiven Wert zurück, so beginnt der Kollektorstrom abzunehmen und erreicht erst dann seinen statischen Endwert, wenn alle Ladungsträger in der Basiszone abgesaugt wurden.

b) Umschaltvorgang mit Übersteuerung

Durch ein kräftiges negatives Steuersignal läßt sich eine beträchtliche Verkürzung der Anstiegszeit erreichen. Der Einschaltvorgang ist nämlich genau derselbe wie im nichtübersteuerten Fall, nur mit dem Unterschied, daß der Kollektorstrom einem höheren Endwert $-I_K''$ zustrebt, der dem auftretenden Basisstrom I_B entspricht, jedoch durch den Lastwiderstand im äußeren Stromkreis auf den niedrigeren Wert $-I_K$ begrenzt wird (Abb. 7.16). Es wird daher nur der steile Ast der exponentiellen Anstiegskurve durchlaufen.

Kennzeichen des übersteuerten Zustandes ist einerseits der Umstand, daß der Basisstrom im Endzustand höher ist, als zur Aufrechterhaltung des Kollektorstromes notwendig wäre, andererseits die Kollektordiode in Durchlaßrichtung gepolt ist. Dies hat zur Folge, daß die Ladungsträgerdichte auch am kollektorseitigen Rand der Basiszone angehoben ist (Abb. 7.15b) und daß die Zahl der in der Basis gespeicherten Ladungsträger bedeutend höher ist als im nichtübersteuerten Transistor.

Beim Ausschalten des Transistors müssen diese überzähligen Ladungsträger zuerst abfließen. Der Kollektorstrom bleibt daher auf unveränderter Höhe, bis die Ladungsträgerdichte an der Kollektorsperrschicht so weit gesunken ist, daß die Kollektordiode wieder gesperrt wird. Erst nach der Zeit t_s, die man als Speicherzeit bezeichnet, bemerkt man einen Rückgang des Kollektorstromes, der sich dann exponentiell seinem statischen Reststrom nähert.

Die Übersteuerung des Transistors bringt den Vorteil mit sich, daß die Anstiegszeit des Kollektorstromes verkürzt wird, hat jedoch den Nachteil, daß das Ausschalten des Transistors beträchtlich verzögert wird.

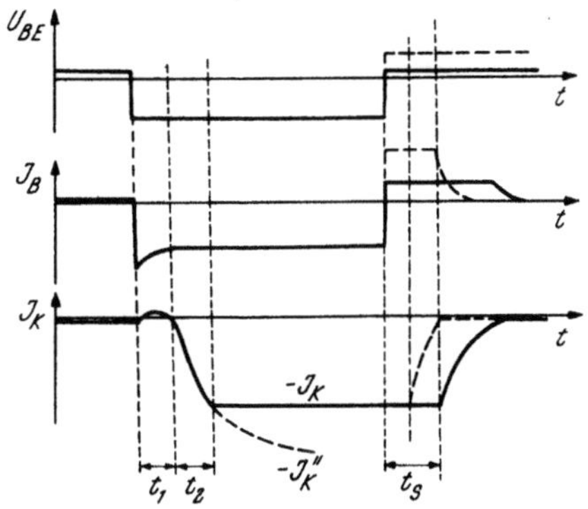

Abb. 7.16. Verlauf von Basis- und Kollektorstrom bei rechteckförmiger Spannungsansteuerung an der Basis mit Übersteuerung des Transistors

c) Einfluß einer hohen positiven Ausschaltspannung an der Basis

Eine hohe positive Ausschaltspannung beschleunigt den Abfall des Kollektorstromes und verkürzt die Speicherzeit, da dann der Emitter wie ein Kollektor wirkt und die in der Basiszone gespeicherten Ladungsträger nicht nur vom Kollektor, sondern auch vom Emitter abgesaugt werden können. Die gestrichelten Linien in Abb. 7.14 und Abb. 7.16 zeigen den Stromverlauf bei hohen Ausschaltspannungen.

d) Einfluß des Generatorwiderstandes

Abb. 7.14 und 7.16 zeigen den Verlauf der Ströme bei rechteckförmigem Basisspannungsverlauf, d. h. bei Spannungssteuerung der Basis. Diese liefert die kürzesten Schaltzeiten, da große Basisstromspitzen zugelassen werden, die einen Großteil des Ladungsträgertransportes in Richtung Basiszone und umgekehrt übernehmen. Bei einem hohen Generatorwiderstand wird der Basisstrom nach oben begrenzt und die Schnelligkeit des Ladungsträgerauf- und -abbaues vermindert. Auch beim Generatorwiderstand $R_G = 0$ wird eine reine Spannungssteuerung verhindert, da zwischen der inneren aktiven Basiszone und dem äußeren Basisanschluß der Widerstand $r_{BB'}$ liegt; er soll bei Schalttransistoren im Interesse kleiner Schaltzeiten möglichst klein sein.

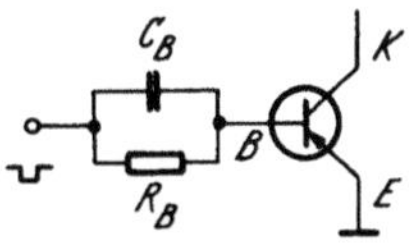

Abb. 7.17. Ansteuerung über ein RC-Glied zur Verkürzung der Schaltzeiten

Besondere Bedeutung für die Praxis hat die Ansteuerung über ein RC-Glied, das zwischen Basisanschluß und Steuergenerator liegt (Abb. 7.17). Im Moment des Einschaltens, also bei Eintreffen der negativen Basisspannungsflanke, wirkt der Kondensator für das Steuersignal als Kurzschluß und läßt an der Transistorbasis den Spannungssprung voll wirksam werden. Die Anstiegsflanke des Kollektorstromes verläuft sehr steil, da der Transistor in die Übersteuerung hineingetrieben wird. Ist der statische Zustand erreicht und der Basiskondensator aufgeladen, wird der Basisstrom nur mehr durch den Basiswiderstand R_B bestimmt, der zweckmäßigerweise so dimensioniert ist, daß der Transistor nur wenig übersteuert wird. Beim Ausschalten befinden sich dann nur wenige überzählige Ladungsträger in der Basiszone, so daß die Speicherzeit t_s kaum in Erscheinung tritt. Durch ein RC-Glied in der Basiszuleitung können also die Vorteile der Übersteuerung voll ausgenützt werden, ohne deshalb die Nachteile eines verzögerten Kollektorstromabfalles in Kauf nehmen zu müssen.

Definition der Schaltzeiten: Approximiert man den Kollektorstromimpuls durch einen Stromverlauf (Abb. 7.18), dann werden folgende drei Zeitabschnitte unterschieden:

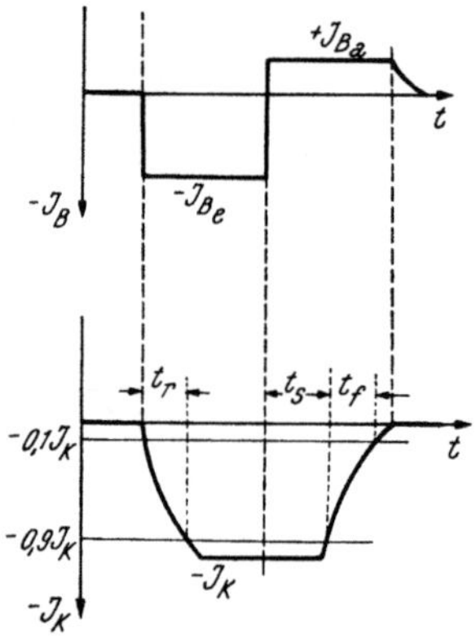

Abb. 7.18. Definition der Schaltzeiten ($t_r = t_{ein}$)

Die Einschaltzeit t_{ein} ist die Zeit, in der der Kollektorstrom nach Einschalten des Basisstromes auf 90% seines Endwertes ansteigt.

Die Speicherzeit t_s ist die Zeit, in der nach Abschalten des negativen Basisstromes der Kollektorstrom um 10% zurückgegangen ist.

Die Abfallzeit t_f ist die Zeit, in der der Kollektorstrom von 90% auf 10% seines Maximalwertes absinkt.

t_{ein}, t_s und t_f sind den Datenblättern für Schalttransistoren entnehmbar. Da die Schaltzeiten von der Art der Ansteuerung abhängen, werden jeweils die Ansteuerbedingungen mit angegeben. Nachfolgend sind die Schaltzeiten für drei verschiedene Transistoren (Niederfrequenz-Transistor, Hochfrequenz-Transistor, *NPN-Si*-Mesatransistor) zusammengestellt:

TF 78	$t_{ein} = 6\,\mu s$ $t_s = 4\,\mu s$ $t_f = 18\,\mu s$	$-I_K = 0{,}2$ A, $+I_{Ba} = 3{,}3$ mA Übersteuerungsfaktor $m = 1{,}5$ bis 3
TF 49	$t_{ein} = 0{,}5\,\mu s$ $t_s = 1{,}1\,\mu s$ $t_f = 0{,}5\,\mu s$	$-I_K = 10$ mA, $+I_{Ba} = 1$ mA $-I_{Be} = 1$ mA
BSY 18	$t_{ein} = 0{,}013\,\mu s$ $t_f = 0{,}023\,\mu s$ $t_s = 0{,}008\,\mu s$	$I_K = 10$ mA, $I_{Ba} = 1{,}5$ mA $I_{Be} = 3$ mA $I_K = I_{Ba} = I_{Be} = 10$ mA

7.1.5 Frequenzlineare Spannungsteiler

Für die formgetreue Übertragung von Impulsen mitsamt ihrem Gleichstromanteil (des Grundniveaus) werden häufig Koppelspannungsteiler verwendet, die „frequenzkompensiert" sind (Beispiel: Multivibratoren Kap. 8.1, Gleichspannungsverstärker Kap. 2.9). Die Aufgabe, die Amplitude beliebiger Signale proportional zu verkleinern, wird ebenfalls mit frequenz- und phasenlinearen Spannungsteilern gelöst (Beispiel: Eingangsspannungsteiler eines Oszillographen). Abb. 7.19 zeigt das Prinzip eines kompensierten Teilers. Wir haben einen ohmschen Teiler

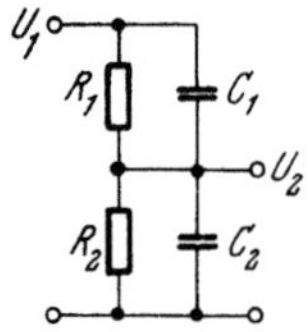

Abb. 7.19. Kompensierter Spannungsteiler

$$\frac{R_2}{R_1 + R_2}$$

und parallel dazu einen kapazitiven Teiler

$$\frac{C_1}{C_1 + C_2}$$

Ändert sich die Spannung U_1 sprunghaft, z. B. in positiver Richtung, so bestimmt zunächst der C-Teiler die Ausgangsspannung U_2:

$$U_2 = U_1 \cdot \frac{C_1}{C_1 + C_2} \tag{7.14}$$

Erst nach einer gewissen Zeit, wenn sich die Ladungen verteilt haben, gilt

$$U_2 = U_1 \cdot \frac{R_2}{R_1 + R_2} \tag{7.15}$$

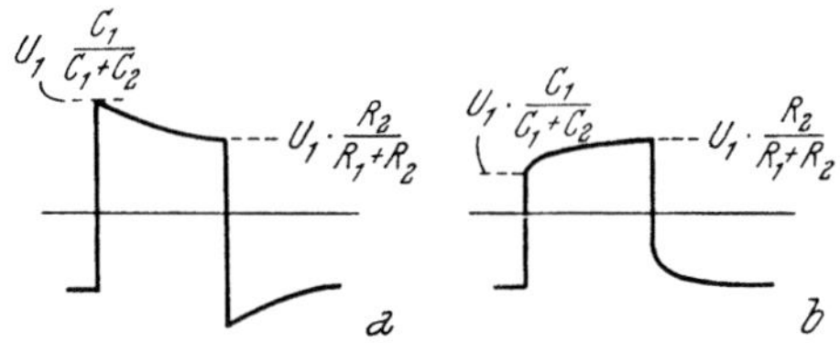

Abb. 7.20. Überschwingen — Unterschwingen

Ist nun

$$\frac{C_1}{C_1 + C_2} > \frac{R_2}{R_1 + R_2}, \quad \text{d. h. } R_1 C_1 > R_2 C_2$$

dann wird die Spannung U_1 am Anfang größer sein als nach dem Ladungsausgleich. Es tritt das sogenannte „Überschwingen“ ein, Abb. 7.20a, der Teiler ist überkompensiert.

Ist $R_1 C_1 < R_2 C_2$, so ist der Teiler unterkompensiert, wir sprechen von einem „Unterschwingen“ (Abb. 7.20b).

Wählen wir die Zeitkonstanten

$$R_1 C_1 = R_2 C_2 \tag{7.16}$$

dann ist der Teiler kompensiert und ein Rechtecksignal wird formgetreu verkleinert.

Bei dieser Dimensionierung ist das Teilerverhältnis unabhängig von der Frequenz und es tritt auch keine Phasenverschiebung zwischen U_1 und U_2 auf. Die Scheinwiderstände der Parallelschaltungen von R_1 und C_1 sowie R_2 und C_2 sind

$$|Z_1| = \frac{R_1}{\sqrt{1 + \omega^2 R_1^2 C_1^2}}, \qquad |Z_2| = \frac{R_2}{\sqrt{1 + \omega^2 R_2^2 C_2^2}}$$

Wenn $R_1 C_1 = R_2 C_2$ ist, dann sind die Nenner von Z_1 und Z_2 bei allen Frequenzen ω untereinander gleich und es wird das Teilerverhältnis der Scheinwiderstände $|Z|$ gleich dem der ohmschen Widerstände R:

$$\frac{Z_1}{Z_1 + Z_2} = \frac{R_1}{R_1 + R_2} \tag{7.17}$$

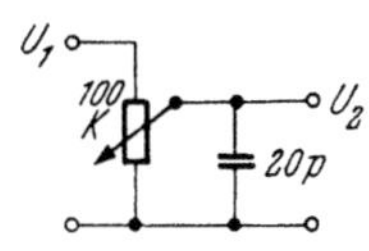

Abb. 7.21. Stetiger Spannungsteiler mit kapazitiver Belastung

Beispiele: Abb. 7.21 zeigt ein einfaches Potentiometer mit $R_{\text{gesamt}} = 100\ \text{k}\Omega$ als einstellbarer Spannungsteiler. Der Abgriff sei etwa durch Ce einer Röhre mit $C = 20$ pF kapazitiv belastet. In der Mittelstellung ist der Einfluß von C am größten. Dort ist bei Gleichstrom und niedrigen Frequenzen (C ohne Einfluß) das Teilerverhältnis 1/2. Bei 1 MHz wird es durch C bereits auf etwa 1/7,5 reduziert! Eine Kompensation durch eine Kapazität parallel zum oberen Teil von R ist bei einem stetig verstellbaren Spannungsteiler aber nicht möglich, weil dieser Kompensationskondensator für jede Schleiferstellung einen anderen Wert haben müßte. Für stetige Spannungsteiler bleibt nur die Möglichkeit, R so klein zu wählen, daß der Einfluß von C vernachlässigbar bleibt $\left(\text{etwa ab } R \leq \frac{1}{\omega C}\right)$.

Für viele Zwecke braucht man breitbandige Spannungsteiler, die stufenweise schaltbar sind (Oszillographen, Röhrenvoltmeter usw.). Meist wird eine ganzzahlige oder dekadische Stufung (1:2...5...10..., 1:3...10..., 1:10...100...), oft auch eine logarithmische (10 dB $= 1:\sqrt{10}$ je Stufe, 1 Neper je Stufe o. ä.) gewünscht. Abb. 7.22 zeigt ein Beispiel mit 3 Stufen und Werten für eine Teilung 1:1...10...100. Die Widerstände sind hier so berechnet, daß unabhängig von der Schaltstellung der Eingangswiderstand immer 1 MΩ beträgt. Die Trimmer C_3, C_4 und C_5 werden so abgeglichen, daß auch die Eingangskapazität unabhängig von der Schaltstellung ist, damit man ohne weiteres zusätzliche Vorteiler (Tastköpfe bei Oszillographen!) vorschalten kann. Mit C_1 und C_2 wird die Kompensation am besten mit Hilfe einer Rechteckspannung genau eingestellt.

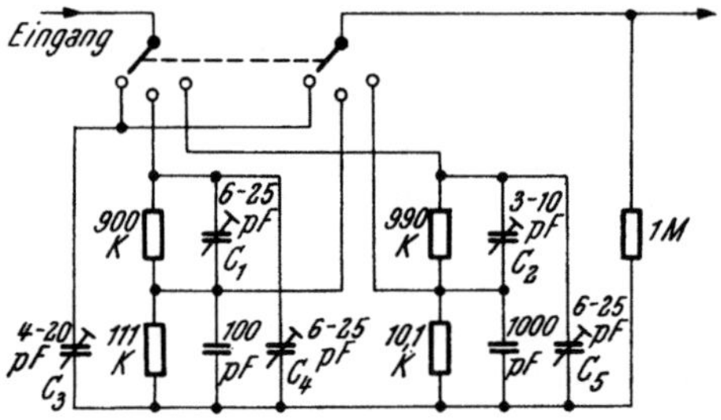

Abb. 7.22. Eingangsteiler eines Oszillographen

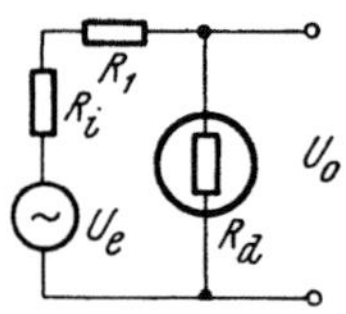

Abb. 7.23. Diode als spannungsabhängiger Widerstand

7.2 Begrenzer

(Clipper, Diskriminatoren)

Ein Begrenzer oder Diskriminator kann mit einem Schalter verglichen werden, dessen jeweiliger Schaltzustand von der Signalspannung selbst oder von einer Steuerspannung abhängig ist. Da die Aufgabe der Begrenzerschaltung gerade darin besteht, eine Proportionalität zwischen Eingangs- und Ausgangsspannung zu verhindern, ist sie von der Torschaltung (Kap. 7.8) zu unterscheiden. Als Schalter werden vorzüglich Dioden benützt.

7.2.1 Einseitige Amplitudenbegrenzung

Es wird von der Tatsache Gebrauch gemacht, daß eine Diode bei kleiner positiver Anodenspannung einen verhältnismäßig großen Innenwiderstand Rd besitzt, der sich bei steigender Spannung Ud rasch verkleinert. Sie stellt also

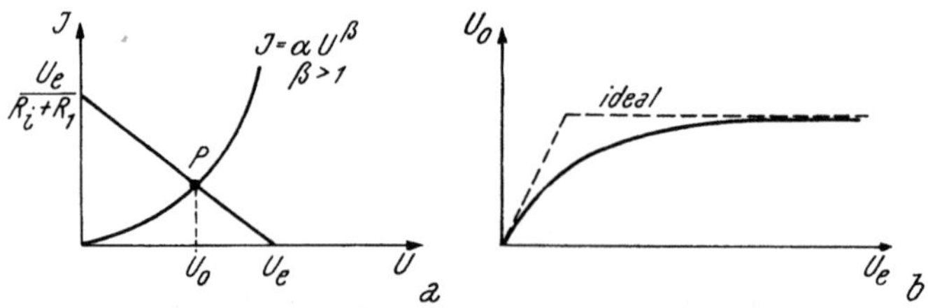

Abb. 7.24. Durchlaßkennlinie einer Diode in Begrenzerschaltung

einen spannungsabhängigen Widerstand dar, wie er in anderem Zusammenhang in Kap. 1.3 beschrieben wird (Abb. 7.23). Die Wirkungsweise als Begrenzer wird durch Abb. 7.24 veranschaulicht. Die Steigung der Widerstandsgeraden im Kennlinienfeld einer Röhrendiode (Abb. 7.24a) ist $-1/(Ri + R_1)$. Ihr Schnittpunkt mit der Diodenkennlinie (P) ergibt für eine jeweilige Eingangsspannung Ue die entsprechende Ausgangsspannung Uo. Bestimmt man Uo für verschiedene Werte von Ue, so ergibt sich eine Kurve, die Uo in Abhängigkeit von Ue zeigt (Abb. 7.24b). Die Abb. 7.25a zeigt eine einfache Diskriminatorschaltung (nicht zu verwechseln mit dem FM-Demodulator). Ist die Signalspannung Ue positiv, so wird sie im Verhältnis $Rd:R$ geteilt, bei negativem Ue im Verhältnis $Rs:R$. Rd ist der Widerstand der Diode in Durchlaßrichtung, zum Unterschied von dem Sperrwiderstand Rs (Kennlinienfeld einer Halbleiterdiode Abb. 7.25b). Eine Diode ist ein ideales Ventil, wenn ihr $Rs \to \infty$ und $Rd \to 0$ wird. Mit Hochvakuumdioden kann zumindest die Bedingung $Rs \to \infty$ verwirklicht werden. Die Wirkung des endlichen Widerstandes in Durchlaßrichtung ist gering, wenn $R \gg Rd$ gemacht wird. Der mittlere Wert für Rd liegt bei Röhren- und Halbleiterdioden zwischen einigen Ω und 1 kΩ. Bei positiver Eingangsspannung ist nach Abb. 7.25:

$$Uo = UeR/(R + Rd) \approx Ue \qquad \text{für } R \gg Rd$$

Bei negativem Signal:

$$Ud = Ue, \; Uo = 0 \qquad \text{für } Rs \to \infty$$

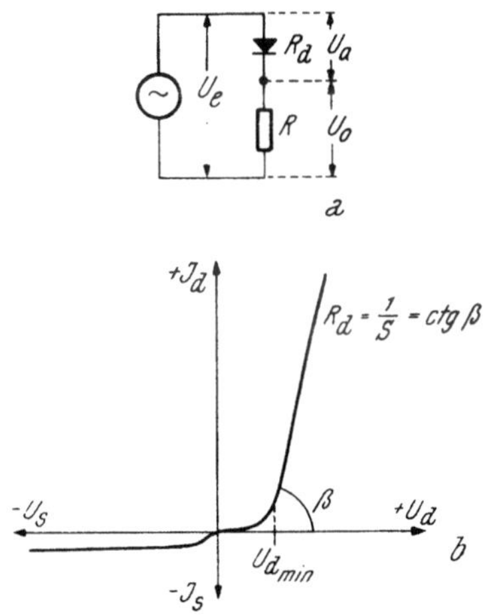

Abb. 7.25. Einfache Diskriminatorschaltung

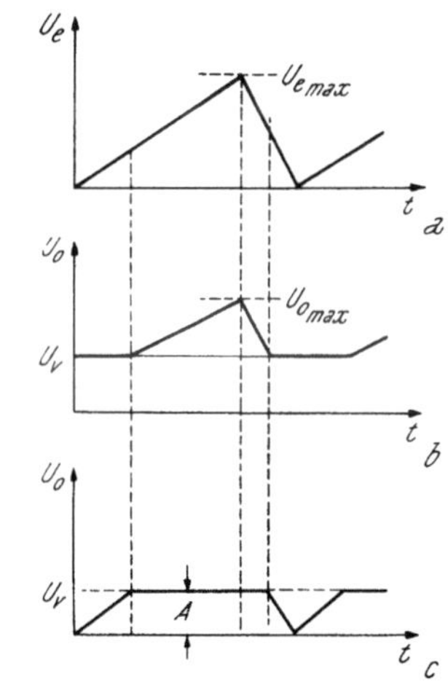

Abb. 7.26. Arbeitsmöglichkeiten eines Diskriminators

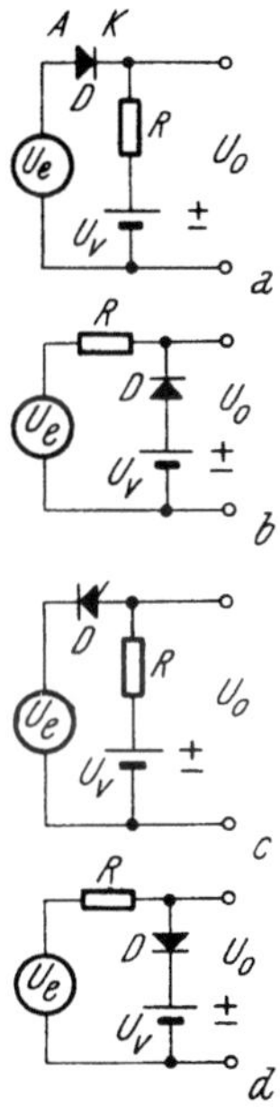

Abb. 7.27. Die vier Grundschaltungen der Diode

Die Verhältnisse kehren sich um, wenn die Diode umgepolt wird. Die Diode wird leitend, wenn $Ue > Ud_{\min}$ geworden ist. Durch geeignete Wahl einer Vorspannung läßt sich der Einsatzpunkt der nichtlinearen Amplitudenänderung beliebig verschieben. Abb. 7.26 zeigt am Beispiel einer sägezahnförmigen Signalspannung Ue (a), daß zwei Arbeitsmöglichkeiten unterschieden werden können:

1. Ein Abschneiden der Basis (Diskriminator). Die Ausgangsspannung Uo bleibt sägezahnförmig, jedoch mit kleinerer Amplitude und einem Gleichspannungsanteil Uv (b).

2. Ein Abschneiden der Spitzen (Begrenzer-Clipper). Ua wird trapezförmig mit $A = Uv$ (c).

Entsprechend diesen zwei Arten gibt es zwei Diodengrundschaltungen, wobei für jede sowohl eine Serien- als auch eine Parallelschaltung möglich ist. Abb. 7.27 zeigt die vier Möglichkeiten.

Für die Serienschaltung Abb. 7.27a, c gilt:

$$Uo = Uv + (Ue - Uv) \cdot \frac{R}{R + Rd}, \quad Uo_{\max} \approx Ue_{\max} \tag{7.18}$$

Für die Parallelschaltung Abb. 7.27b, d gilt:

$$Uo = Uv + (Ue - Uv) \cdot \frac{Rd}{R + Rd}, \quad Uo_{\max} \approx Uv \tag{7.19}$$

Ist die Quelle Ue mit einem CR-Glied an den Diodenkreis gekoppelt, so verschiebt sich das Grundniveau des Eingangssignales und damit der Einsatzpunkt der Begrenzung, da C vom Ladestrom des Gleichrichters aufgeladen wird. Diese Verschiebung erfolgt bei Abb. 7.27a und d nach negativen, bei Abb. 7.27b und c nach positiven Spannungen hin.

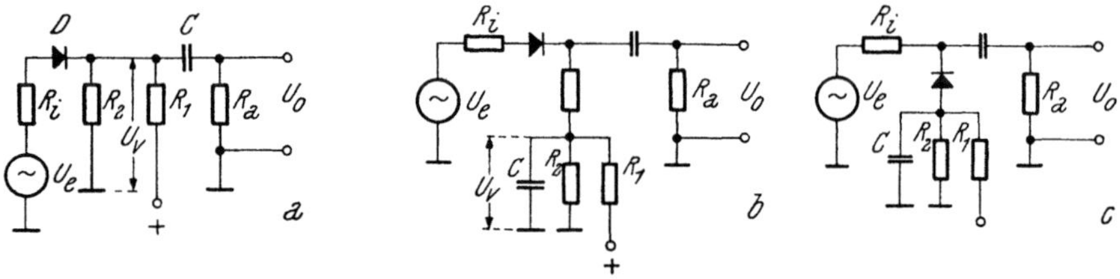

Abb. 7.28. Gewinnung der Vorspannung

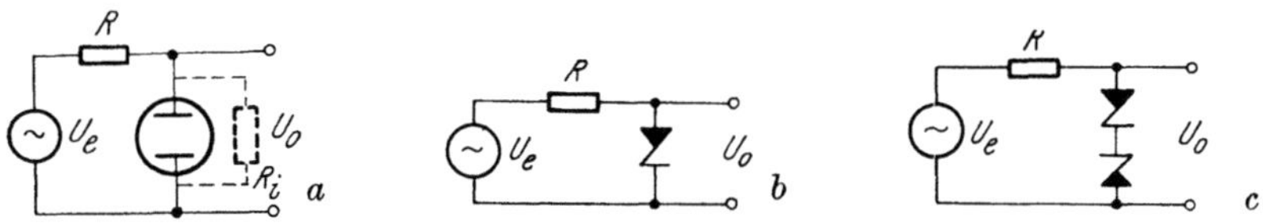

Abb. 7.29. a) Begrenzung mit Glimmlampe, b) Begrenzung mit Zener-Dioden, c) zwei gegeneinandergeschaltete Zener-Dioden als Begrenzer

An Stelle einer Batterie für Uv verwendet man meist Spannungsteiler (Abb. 7.28). Bei der Serienschaltung soll $R_1 \cdot R_2/(R_1 + R_2)$ groß gegenüber $Ri \cdot Ra/(Ri + Ra)$ sein; bei Parallelschaltung soll $R_1 \cdot R_2/(R_1 + R_2)$ klein gegenüber $Ri \cdot Ra/(Ri + Ra)$ sein. Wird in Abb. 7.28b, c der Teilermittelpunkt mit einem Kondensator abgeblockt, so ist zu berücksichtigen, daß Uv durch die Aufladung des Kondensators durch den Diodenstrom beeinflußt wird. Bei den Schaltungen Abb. 7.27b, d ist Uv auf jeden Fall wechselspannungsmäßig abzublocken.

Die Abnahme der Ausgangsspannung Uo erfolgt vorteilhaft am Serienwiderstand R, da wegen des hohen Sperrwiderstandes auf geringe kapazitive Belastung der Diode geachtet werden muß.

Ein sehr einfacher Begrenzer dieser Art ist übrigens eine Glimmlampe (Abb. 7.29a); $Ue = Uo$ solange $Uo < Uz$. Wegen ihrer Ionisations- und Entionisationszeit ist sie jedoch für Frequenzen oberhalb etwa 10 kHz wenig geeignet. Abb. 7.29b zeigt die entsprechende Schaltung mit einer Zener-Diode, die den Vorteil hat, daß der Spannungssprung des Ausgangssignales von der Zünd- auf die Brennspannung wegfällt.

7.2.2 Zweiseitige Amplitudenbegrenzung

Die bisher besprochenen Schaltungen (außer der Glimmlampe) erlauben nur eine Begrenzung in jeweils einer Signalrichtung, wobei die Begrenzerwirkung durch das Leitendwerden einer Diode eintritt. Wird dieser Diode eine zweite

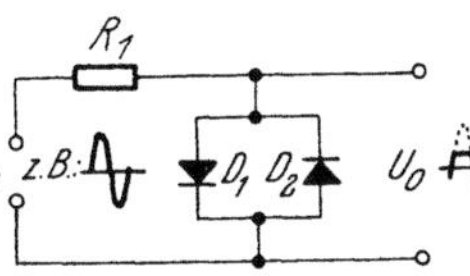

Abb. 7.30. Zweiseitige Amplitudenbegrenzung ohne Vorspannung

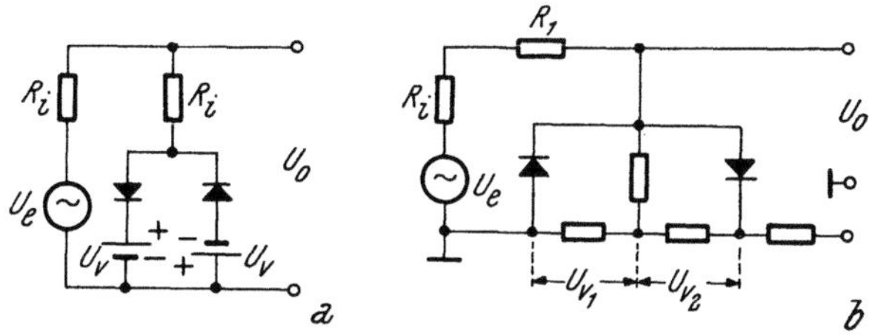

Abb. 7.31. Zweiseitige Amplitudenbegrenzung mit Vorspannung

umgekehrt parallel geschaltet, so trifft sowohl die positive wie die negative Halbwelle einer Signalspannung auf einen kleinen Durchlaßwiderstand Rd. Abb. 7.30 zeigt ein einfaches Schaltbild ohne Vorspannung. Die Ausgangsspannung ist nur bei kleinen Amplituden ($< Ud_{\min}$) der Eingangsspannung proportional. Dioden mit scharfem Kennlinienknick sind besonders geeignet. In der Schaltung nach Abb. 7.31 a läßt sich der Einsatz der Begrenzung durch die Höhe von Uv wählen. Auch hier wird man in der Praxis die Batterien durch einen Spannungsteiler ersetzen (Abb. 7.31 b). Eine weitere Schaltungsmöglichkeit gibt Abb. 7.32. Die Ausgangsspannung wird durch die Werte 0 und $-Id_2 \cdot R_2$ begrenzt, wenn Ue größer als $Ud_1 + |Uv| - Id_2 R_1$ ist, wobei Id_2 den Strom durch D_2 bei gesperrter D_1 und Ud_1 den Spannungsabfall an D_1 bedeuten.

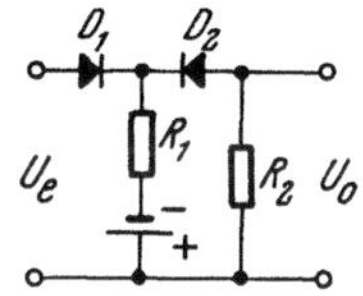

Abb. 7.32. Schaltungsvariante zu Abb. 7.31

Sehr geeignet sind auch wegen ihres scharfen Kennlinienknickes zwei gegeneinandergeschaltete Zener-Dioden (Abb. 7.29 c, S. 400).

7.2.3 Begrenzungsschaltungen mit Mehrelektrodenröhren

Auch mit Trioden oder Pentoden lassen sich sehr wirksame Begrenzer- und Diskriminatorschaltungen aufbauen. Ein naheliegendes Beispiel für einen Diskriminator ist der sogenannte Richtverstärker. Durch geeignete Wahl des Arbeitspunktes gelangen nur jene Teile des Signals an den Ausgang, die einen gewissen Wert der Gittervorspannung überschreiten (Abb. 7.33).

Eine gute Begrenzung läßt sich bei entsprechend großem Eingangssignal und hochohmiger Signalquelle durch das Auftreten von Gitterstrom bei positiver Ug erreichen. Je nach Lage des Arbeitspunktes auf der Röhrenkennlinie (Grundgittervorspannung) können nur die positiven (kleine $-Ug$), nur die negativen (große $-Ug^{=}$) oder beide Halbwellenspitzen der Signalspannung abgeschnitten werden. Im letzteren Fall liegt der Arbeitspunkt in der Kennlinienmitte, Voraussetzung ist großes Eingangssignal. Die einseitige Begrenzung ist einer Gleichrichtung sehr ähnlich (siehe Kap. 4.1 und Kap. 8.3.4).

Die Gitterstrombegrenzung belastet die Signalquelle und setzt einen hochohmigen Quellwiderstand voraus. Eine günstigere Begrenzung wird mit Pentoden im Stromübernahmegebiet (siehe Kap. 1.1.3) erreicht. Die Ia–Ug-Kennlinie knickt bekanntlich bei $Ia \ll Ig_2$ scharf ab. Vorteilhaft ist, daß der Gitterkreis hochohmig bleibt. Eine zweiseitige Begrenzung, einerseits durch Stromübernahme, andererseits durch Sperren der Röhre, erreicht man bei kleinen Anoden- und Schirmgitterspannungen (20 bis 50 V).

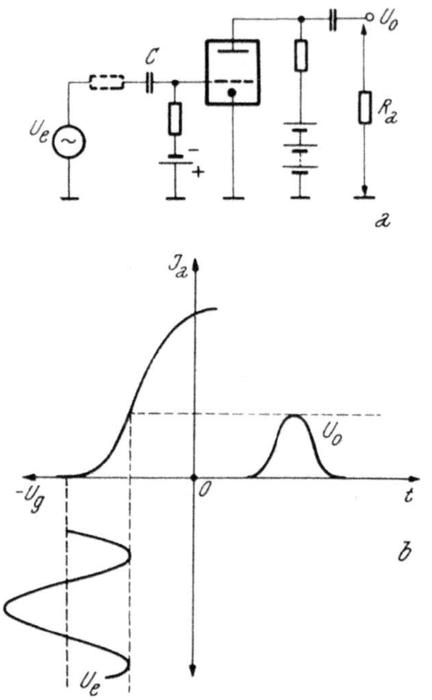

Abb. 7.33. Richtverstärker als Begrenzer

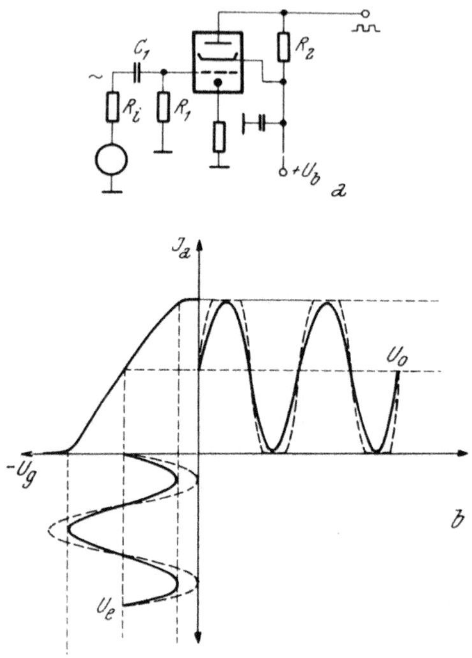

Abb. 7.34. Begrenzerwirkung einer Pentode im Stromübernahmegebiet

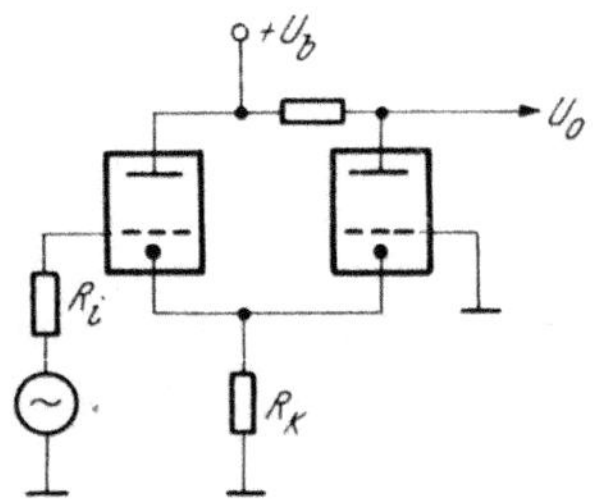

Abb. 7.35. Begrenzerschaltung mit katodengekoppeltem Röhrenpaar

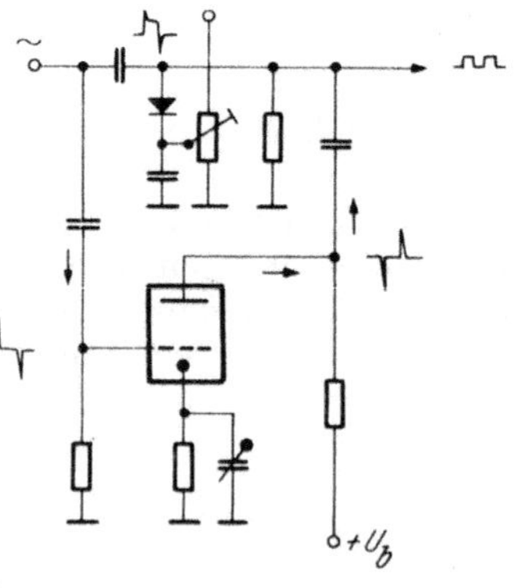

Abb. 7.36. Kompensation kapazitiver Komponenten einer Begrenzerdiode

Die Einstellung einer solchen Schaltung (Abb. 7.34) erfolgt bevorzugt experimentell. R_1 beträgt einige hundert kΩ. Ist die Signalspannung groß, d. h. wird die Röhre stark übersteuert, so ist die Ausgangsspannung bei sinusförmiger *Ue* angenähert rechteckförmig. Die entsprechende Schaltung arbeitet auch mit Transistoren. Sie hat dann Vorteile, wenn kleine Spannungen begrenzt werden sollen ($\sim 1\ V_{eff}$).

Eine sehr wirksame Begrenzerschaltung (Abb. 7.35) arbeitet wie folgt: Bei positiven Werten von Ue steigt die Spannung an Rk so lange, bis Rö. 2 gesperrt ist; bei negativen Werten gelangt nach Sperrung von Rö. 1 ebenfalls kein Signal mehr an den Ausgang. Ein Nachteil, den alle bisher beschriebenen Schaltungen aufweisen, wird hier vermieden: Das geerdete Gitter der Rö. 2 verhindert, daß ein Teil von Ue kapazitiv die Anode von Rö. 2 erreicht.

Selbstverständlich kann auch bei allen übrigen Schaltungen eine Kompensation der kapazitiven Komponente vorgenommen werden (Abb. 7.36), jedoch erscheint der Aufwand eines zusätzlichen Verstärkers zur Nachbildung derselben durch Differentiation und Drehung um 180° kaum gerechtfertigt.

Weitere Informationen siehe Kap. 8.1.3.

7.3 Impulsdehnung

Die Auswertung sehr kurzer Impulse ist in der Praxis schwierig und oft nur durch eine Dehnung, d. h. eine Vergrößerung der Impulsbreite überhaupt möglich. Verschiedene Methoden der Impulsdehnung sind durchführbar:

1. Die Amplitudenaussage geht bei der Dehnung verloren

Der neu erzeugte, längere Impuls hat mit dem ursprünglichen nur mehr die Gleichzeitigkeit des Auftretens gemeinsam. Form und Amplitude können eine andere sein. Hierzu geeignet sind vor allem alle Vibratorschaltungen (Kap. 8.1). Der monostabile Multivibrator erzeugt einen in der Dauer wählbaren Impuls, wenn er durch irgend einen, vorzugsweise sehr kurzen Impuls angetriggert wird. Die Ausgangsimpulsform ist angenähert rechteckförmig. Für diese Aufgabe ebenfalls sehr gut geeignet ist der Sperrschwinger (Kap. 8.3) in seiner triggerbaren Form (siehe Abb. 8.164). Die Gittervorspannung kann so eingestellt werden, daß bereits ein äußerst kurzer Impuls den Rückkopplungsvorgang und damit das Einleiten einer selbständigen Schwingung auslöst, deren Breite wiederum gewählt werden kann.

In eine weitere Gruppe geeigneter Schaltungen gehören die Phantastrons (siehe Abb. 8.90). Der gedehnte Impuls kann am Schirmgitter abgenommen werden.

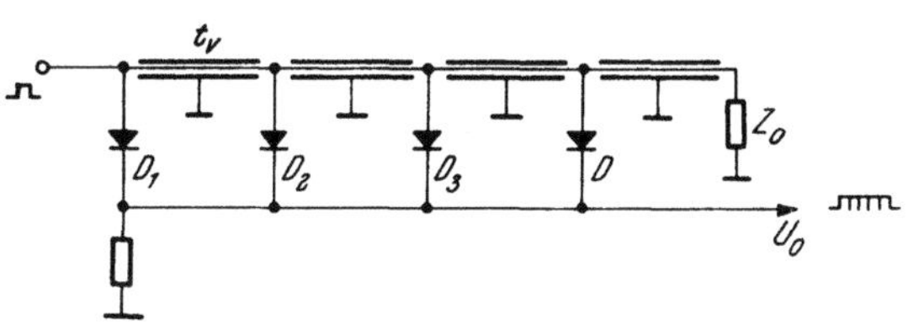

Abb. 7.37. Laufzeitkette zur Impulsdehnung

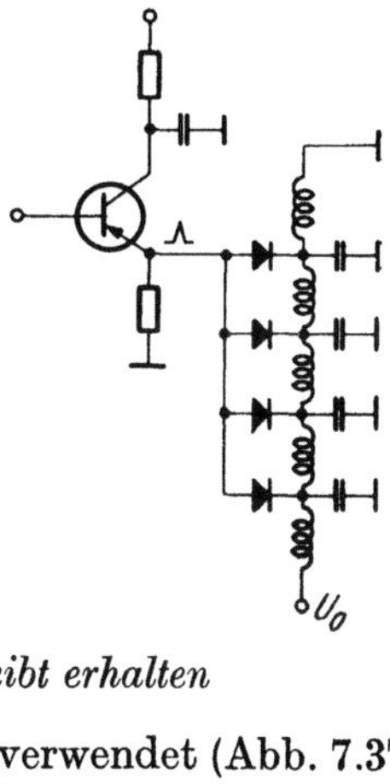

Abb. 7.38. Verzögerte Aufladung einer Laufzeitkette

2. Die Amplitude des zu dehnenden Impulses bleibt erhalten

Als zeitbestimmendes Element wird eine Laufzeitkette verwendet (Abb. 7.37). Der zu dehnende Impuls gelangt einerseits direkt über die Diode D_1 nach Uo, andererseits durchläuft er die Laufzeitkette und wird um die jeweiligen Verzögerungszeiten später über die Dioden ausgekoppelt, d. h., die Impulsbreiten addieren sich. Der Nachteil dieser Methode besteht darin, daß die Schaltung nur jeweils für eine Impulsbreite und Folgefrequenz geeignet ist, denn wenn die Laufzeit eines Kabelstückes kürzer als die Dauer des Primärimpulses ist, so entsteht am Ausgang eine Lücke, d. h. zwei Impulse statt einem. Eine weitere Forderung besteht hinsichtlich der Form des zu dehnenden Impulses. Soll die Ausgangsamplitude konstant bleiben, so muß der Primärimpuls ein flaches Dach aufweisen.

Ein anderes Beispiel gibt die Abb. 7.38. Jeder Kondensator wird einzeln über eine Pufferdiode verzögert um die Laufzeit der Kabelstücke von der Signalquelle aufgeladen. Ein Ende der Verzögerungskette ist kurzgeschlossen, das andere offen. Die Ausgangsspannung bleibt für die Laufzeit t_v konstant.

3. Integrationsschaltungen

Ein Prinzipschaltbild zeigt Abb. 7.39a. Der Kondensator C wird über die Diode von dem zu dehnenden Impuls auf den Scheitelwert aufgeladen und entlädt sich mit der in weiten Grenzen wählbaren Entladezeitkonstante $C \cdot Ri$,

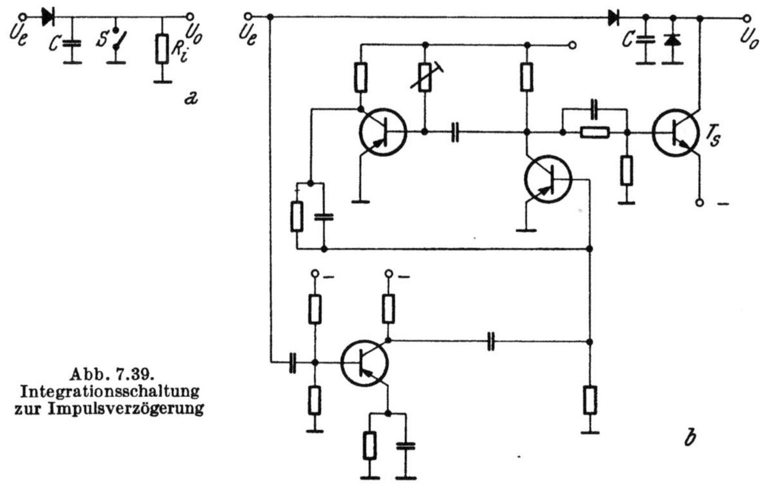

Abb. 7.39. Integrationsschaltung zur Impulsverzögerung

wobei Ri der Eingangswiderstand des Indikators ist. Mit dem Schalter S kann C nach einer bestimmten Zeit kurzgeschlossen werden. Eine praktische Ausführung mit Transistoren zeigt Abb. 7.39b. Der Komplementärtransistor Ts leitet im Ruhezustand. Wird der Univibrator durch einen kurzen Impuls angestoßen, so wird Ts für die Impulsdauer des Vibrators gesperrt und der Kondensator C vom gleichen Primärimpuls über die Diode aufgeladen. Nach dem Zurückkippen des Univibrators wird C vom leitenden Ts kurzgeschlossen.

Weitere Möglichkeiten gibt das Kapitel Integration von Impulsen (Kap. 7.5.2, S. 413).

7.4 Die Klammerschaltungen

Die Wiederherstellung der Gleichspannungskomponente

Wird ein periodisches, einseitig orientiertes Signal durch ein CR-Glied (Abb. 7.40a) gesandt, so verliert es dabei seinen Gleichspannungsanteil. Bei symmetrischen Signalen schwankt die Ausgangsspannung symmetrisch um die Nullinie

(Abb. 7.40c), bei unsymmetrischen Signalen ist die Fläche oberhalb der Nullinie gleich derjenigen unterhalb (Abb. 7.40d, e). Besonders in der Fernseh- und Radartechnik wird oft die Aufgabe gestellt, die verlorengegangene Gleichspannungskomponente eines monotonen Signales wiederzugewinnen.

Die dazu verwendeten Schaltungen werden in der englisch-amerikanischen Literatur als Clamps bezeichnet. Der übersetzte Ausdruck „Klammerschaltungen" deutet auf die Funktion hin, daß ein Punkt der Schaltung an ein bestimmtes Spannungsniveau angebunden — angeklammert wird.

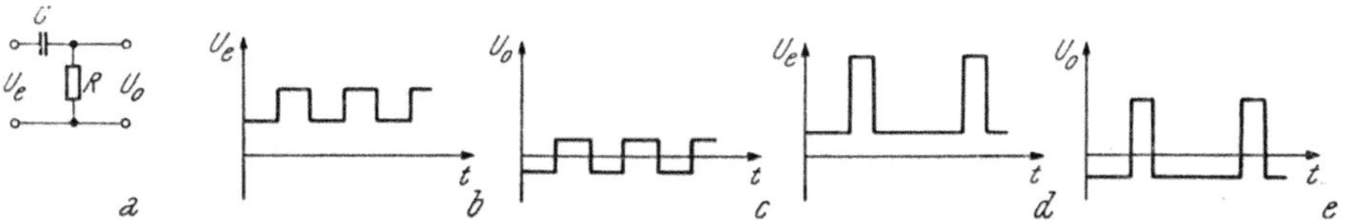

Abb. 7.40. Verlust der einseitigen Orientierung eines Signales durch ein RC-Glied

Abb. 7.41 zeigt eine einfache Schaltung, deren Wirkungsweise an Hand der Abb. 7.42 erklärt werden soll. Voraussetzung ist, daß $Rs \gg R \gg Rd$ ist, so daß R gegenüber Rd vernachlässigt werden kann (Rs = Sperrwiderstand, Rd = Durchlaßwiderstand der Diode). Unter der Annahme, daß das Eingangssignal eine positive, monotone Impulsfolge sei (Abb. 7.42b), beginnt sich der Kondensator C mit der kleinen Zeitkonstante $\tau_a = Rd \cdot C$ zum Zeitpunkt t_0 aufzuladen. Ist τ_a kleiner als die Impulsbreite t_{p1}, so erreicht die Ladung spätestens zum Zeitpunkt t_1 den Spitzenwert der Amplitude von Ue: $\hat{u}_e = U_C^-$ (ist $\tau_a \geqq t_{p1}$, so wird U_C^- erst nach mehreren Perioden $\hat{u}_e$ erreichen (Abb. 7.42e, f, g)).

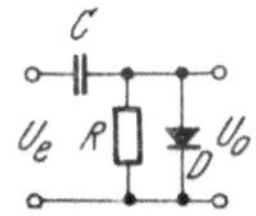

Abb. 7.41. Einfache Klammerschaltung zur Wiederherstellung der Gleichspannungskomponente eines Signales

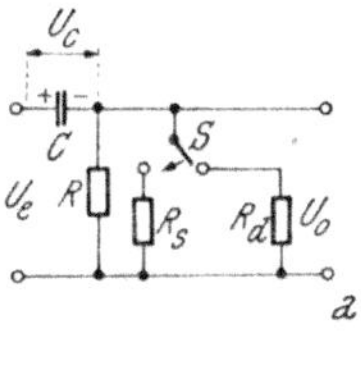

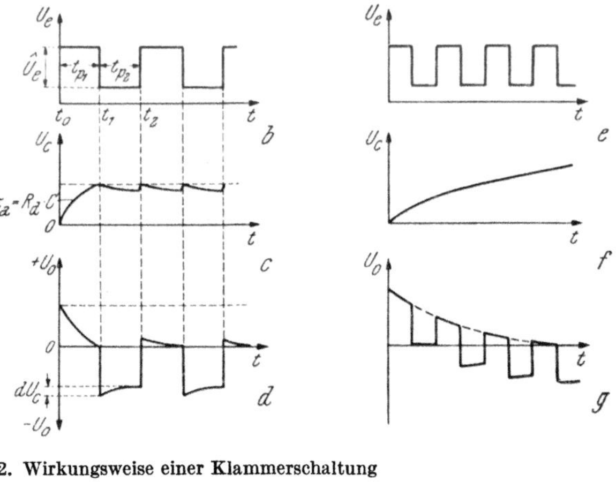

Abb. 7.42. Wirkungsweise einer Klammerschaltung

Die Spannung am Kondensator U_C^- bedeutet für die Diode eine negative Vorspannung. Der Diodenstrom nimmt mit zunehmender Ladung ab, bis zum Zeitpunkt t_1 die Diode gesperrt ist. Der ursprünglich kleine Ausgangswiderstand $Rd \,||\, R \sim Rd$ wird hoch: $Rs \,||\, R \sim R$.

Zum Zeitpunkt t_1 trifft die negative Flanke des Eingangsimpulses auf den für Ue positiv geladenen Kondensator C und wird, da D gesperrt ist, in ihrer vollen Höhe als negatives Ausgangssignal Uo erscheinen (Abb. 7.42d). Ist die nunmehr wirksame Zeitkonstante $\tau_s = RC$ groß gegen t_{p2}, so wird sich C im

Zeitabschnitt $t_1 - t_2$ nur sehr wenig entladen. Der Ladungsverlust $\mathrm{d}\,U_C$ wird durch die folgende positive Impulsflanke (t_2) wieder ersetzt, die Diode ist kurzzeitig (bis $U_C = \hat{u}_e$) leitend: positive Impulszacke auf dem Dach des Ausgangsimpulses Uo. Die Verschiebung des Grundniveaus wird also durch die in C gespeicherte Ladung bewirkt. Die Diode erfüllt nur den Zweck, durch ihren kleinen Rd die rasche Aufladung von C zu ermöglichen, um dann (idealisiert) den Wert $Rs = \infty$ anzunehmen.

Der Widerstand R in Abb. 7.41 ist nur dann nötig, wenn sich die Amplitude von Ue ändert. In diesem Fall muß sich der Kondensator entladen können, damit der positive Teil von Uo weiterhin an 0 gebunden bleibt. Bei Verwendung von Halbleiterdioden genügt im allgemeinen der endliche Sperrwiderstand Ts an Stelle von R.

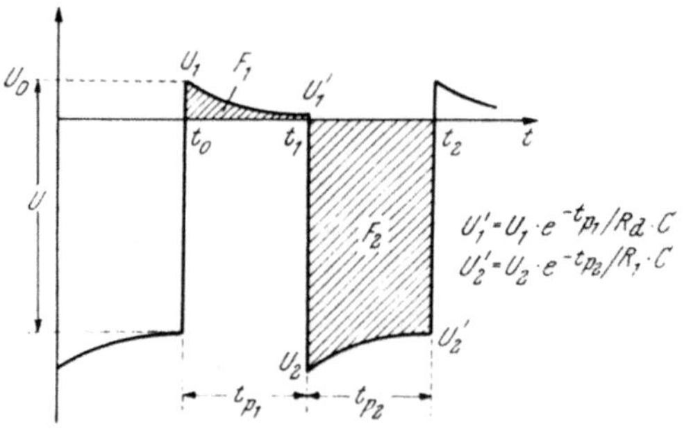

Abb. 7.43. Das Ausgangssignal einer Klammerschaltung nach Abb. 7.41

Für die formgetreue Übertragung des Eingangsimpulses ist das Verhältnis R_1 zu Rd maßgebend, wobei $R_1 = R \cdot Rs/(R + Rs)$ ist. Je kleiner die Entladezeitkonstante $\tau_e = R_1 C$ ist, um so stärker werden die Dächer (t_{p1}, t_{p2}) der Impulsfolge von der Rechteckform abweichen und einen exponentiellen Verlauf nehmen. Zwischen den Widerständen R_1, Rd und den Flächen F_1, F_2 besteht ein direkter Zusammenhang. In Abb. 7.43 ist

$Ud(t)$ ... Spannungsverlauf während t_{p1} (Diode leitend)

$U_1(t)$ ... Spannungsverlauf während t_{p2} (Diode gesperrt)

Es gilt:

$$Id(t) = Ud(t)Rd, \qquad I_1(t) = U_1(t)/R_1$$

$$\frac{1}{C}\int_{t_0}^{t_1} Id\,\mathrm{d}t = (1/R\,\mathrm{d}C)\int_{t_0}^{t_1} Ud\,\mathrm{d}t = F_1/RdC \qquad \text{und ebenso:}$$

$$\frac{1}{C}\int_{t_1}^{t_2} I_1\,\mathrm{d}t = (1/R\,\mathrm{d}C)\int_{t_1}^{t_2} U_1\,\mathrm{d}t = F_2/R_1C$$

Die Spannungsänderung über eine Periode ist aber gleich 0; daher:

$$F_1/RdC = F_2/R_1C \qquad \text{oder} \qquad F_1/F_2 = Rd/R_1 \tag{7.20}$$

Die Gleichung zeigt außerdem, daß sie für alle Impulsformen gilt, da die Gestalt der Impulse in ihr nicht vorkommt.

Ein weiterer Grund für Verzerrungen von Uo liegt in dem endlichen Innenwiderstand der Quelle Ue. In Abb. 7.44 ist dies am Beispiel einer Dreieckspannung gezeigt. Voraussetzung ist, daß $R \cdot C \gg t_{p1} + t_{p2}$. Solange die Diode durch die negative Ladung von C gesperrt gehalten wird, ist die Spannungsquelle nur mit R belastet. Ist $R \gg Ri$, so folgt die Ausgangsspannung Uo der Eingangsspannung Ue. Im Zeitabschnitt t_2—t_1 wird die Diode jedoch leitend ($Ue > U_C$) — Nachladezeit des Kondensators —, ihr kleiner Durchlaßwiderstand liegt dem Ri parallel und belastet die Signalquelle.

Ähnlich wie ein Clipper kann auch ein Clamp mit einer Batterie oder einem Teiler vorgespannt werden, um ein gewünschtes Niveau einstellen zu können (Abb. 7.45).

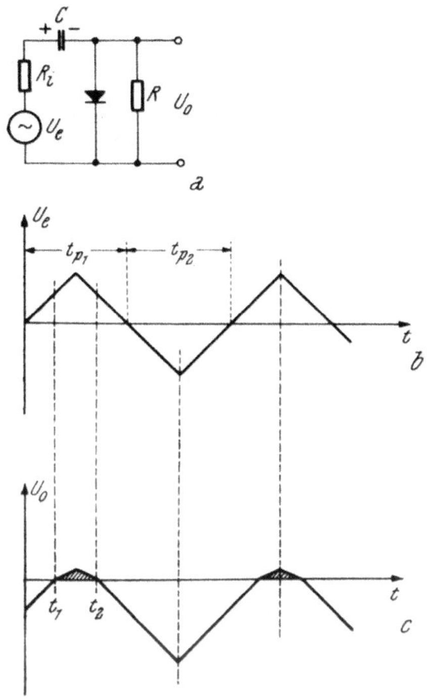

Abb. 7.44. Der Innenwiderstand der Signalquelle gibt Anlaß zu Verzerrungen

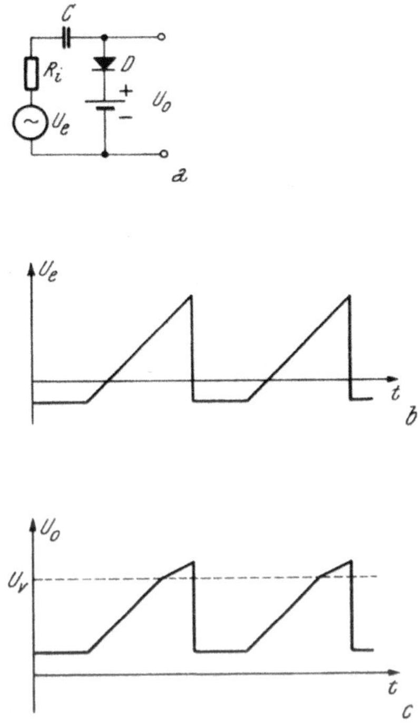

Abb. 7.45. Niveaueinstellung bei Klammerschaltungen

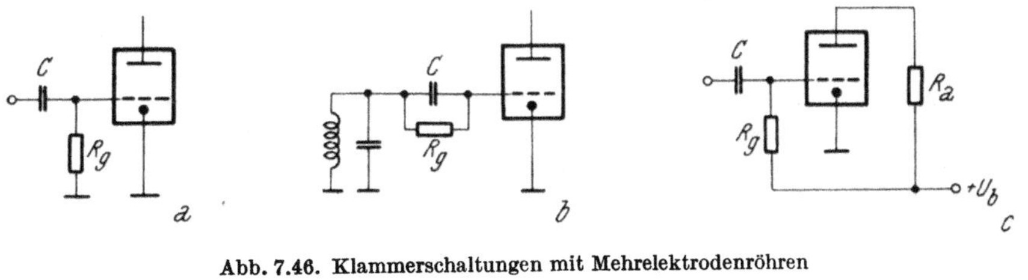

Abb. 7.46. Klammerschaltungen mit Mehrelektrodenröhren

Mit Mehrelektrodenröhren lassen sich ebenfalls Klammerschaltungen aufbauen, die auch außerhalb der Impulstechnik weite Verbreitung finden (Abb. 7.46). Das Steuergitter erfüllt die Aufgabe der Diodenanode. Die bereits bei den Röhrenbegrenzern beschriebene Art der Vorspannungserzeugung ist hier die gleiche (a) und findet sich in der Form (b) in vielen Oszillatorschaltungen wieder. Die Schaltung (c) ist besonders in Impulsschaltungen weit verbreitet.

Von entscheidender Bedeutung für das saubere Arbeiten der Klammerschaltungen ist das Schaltverhalten der Diode D. Wird nämlich die Spannung an einer in Durchlaßrichtung betriebenen Halbleiterdiode plötzlich umgepolt, so fließt in diesem Moment ein Strom in Sperrichtung, der dem Betrage nach dem Durchlaßstrom fast gleich ist. Mit der Zeit nähert er sich exponentiell dem statischen Sperrstrom. Diese Zeit beträgt bei Spitzendioden Bruchteile einer Mikrosekunde, bei Flächendioden bis zu mehreren µs. Da Siliziumdioden meist Flächendioden sind, sind diese trotz ihres sehr günstigen Rs/Rd-Verhältnisses für Impulszwecke weniger geeignet.

7.5 Differentiation und Integration von Impulsen[1]

Impulsänderung

Prinzipiell lassen sich alle Schwingungsformen differenzieren bzw. integrieren. Bevorzugt differenziert werden rechteckförmige Impulse, während Nadelimpulse zumeist integriert werden (Integration in der Gleichrichtersiebkette siehe Kap. 10).

Je nach den Anforderungen an die Exaktheit der durchgeführten Operation unterscheidet man:

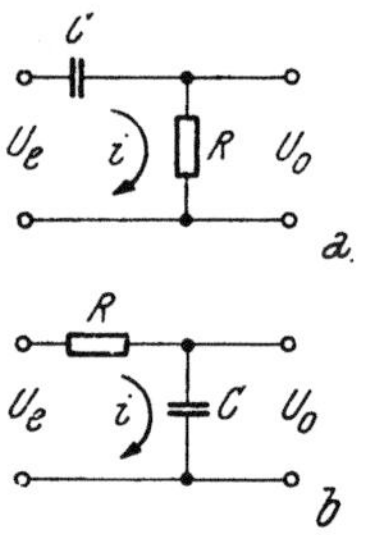

Abb. 7.47. Einfaches Differenzierglied (a) und Integrierglied (b)

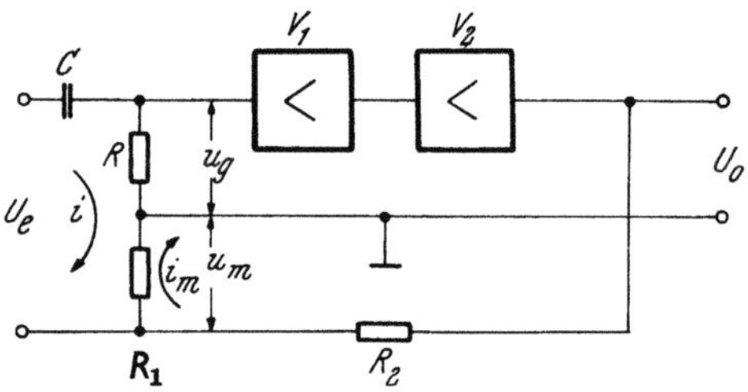

Abb. 7.48. Quasiexakte Differenzierschaltung

A. Schaltungen mit endlichen Fehlern: einfache CR-Hochpässe zur Differentiation bzw. RC-Tiefpässe zur Integration (Abb. 7.47). Auch der in Kap. 8.2.2 besprochene Miller-Integrator ist hier einzuordnen. Diese Schaltungen werden bevorzugt zur Impulsformung (Umwandlung eines Rechtecksignales in Nadelimpulse usw.) und Impulssummierung (Integration) verwendet.

B. Quasiexakte Schaltungen: Sie differenzieren (Abb. 7.48) oder integrieren angenähert exakt. Der notwendige zweistufige, mitgekoppelte Verstärker gibt leicht Anlaß zu Instabilitäten und Funktionsfehlern.

C. Schaltungen mit zwei Differenzier- bzw. Integriergliedern. Sie liefern exakte Differentiale. Die Funktionsfehler bei der Integration können klein gehalten werden. Die Eingangsspannung Ue kann ebenfalls klein sein, da die Schaltungen auch nach Vorverstärkern arbeiten.

7.5.1 Die Differentiation[2]

Im Kap. 1.6.1 wurde die CR-Kombination, der Hochpaß, besprochen und für den Spannungsverlauf am Widerstand R die Gleichung $u = U \cdot e^{-t/RC}$ angegeben. Ist die Eingangsspannung Ue z. B. rechteckförmig und die Zeitkonstante $\tau = R \cdot C$ klein gegenüber der Impulsdauer, so entsteht am Ausgang eine Impulsform, die angenähert dem Differentialquotienten (Steilheit) des Eingangssignales entspricht. Die Höhe des differenzierten Impulses entspricht der maximalen Steilheit des Rechteckanstieges.

---

[1] Literatur: [B 3].

[2] Literatur: [W 4].

Ist die Anstiegszeit Null, wie bei einem idealen Rechteck, so bedeutet das eine Unstetigkeit der Funktion und ist daher nicht differenzierbar. Die Ausgangsspannung am CR-Glied (siehe Kap. 1.6) ist:

$$u_o = u_e R/(R + 1/j\omega C) \Big| \cdot j\omega C; \quad u_o = u_e RC \cdot j\omega \cdot \frac{1}{j\omega RC + 1} \tag{7.21}$$

Diese Form der Gleichung für die Ausgangsspannung zeigt, daß das erste Glied $u_e RC$ ein Maß für die Ausgangsamplitude ist und das frequenzabhängige $j\omega$ die „Differentiation" ausdrückt. Der folgende Quotient müßte für eine fehlerfreie Differentiation verschwinden, d. h. eins werden, was aber mit einem einfachen passiven CR-Glied unmöglich zu erzielen ist.

Die Differentialgleichung für das einfache CR-Glied lautet:

$$u_e = \frac{i\,\mathrm{d}t}{C} + iR \tag{7.22}$$

Ist C klein, also $1/\omega C \gg R$, so wird $u_e \approx 1/C \int I\,\mathrm{d}t$. Der Momentanwert des Stromes ist $i \sim C \frac{\mathrm{d}u_e}{\mathrm{d}t}$ und damit:

$$u_o \sim C \frac{\mathrm{d}u_e}{\mathrm{d}t} \cdot R \tag{7.23}$$

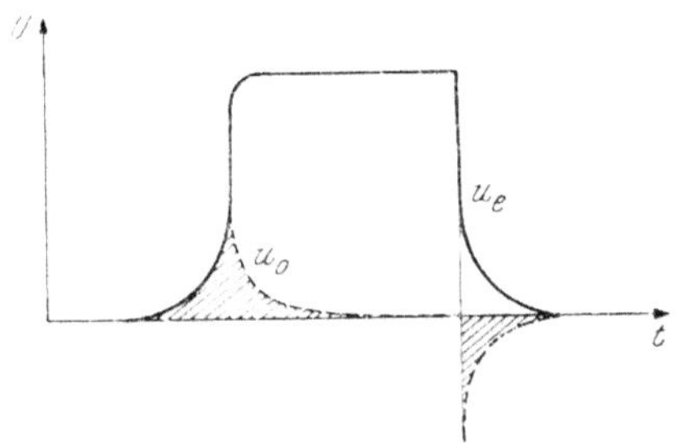

Abb. 7.49. Differentiation eines Rechtecksignales

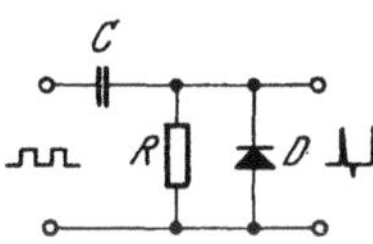

Abb. 7.50. Unterdrückung einer Impulsrichtung durch eine Diode

Die Ausgangsspannung ist also angenähert verhältnisgleich dem Differentialquotienten der Eingangsspannung (Abb. 7.49), solange die Spannung am Kondensator u_C klein ist gegen die Spannung am Widerstand R. Eine Differentiation im mathematischen Sinne ist daher mit dem Hochpaß nur in bescheidenem Maße möglich und es wäre richtiger, in diesem Falle von einer Impulsformung zu sprechen. Die Zeitkonstante des CR-Gliedes ist, wie bereits besprochen: $\tau = R \cdot C$ [Hz, Ω, F — MHz, MΩ, pF]. Nach der Zeit 5τ ist $Ue \sim Uc$ (Abb. 1.226, S. 154). Für die Differentiation muß daher $\tau = RC \leq t_p/5$ sein (t_p = Impulsdauer). τ bestimmt also die Dauer des differenzierten Impulses, vorausgesetzt, daß der Innenwiderstand der Eingangsspannungsquelle klein gegenüber R ist. Mit Hilfe einer Diode, die dem R parallelgeschaltet wird, lassen sich je nach ihrer Durchlaßrichtung die positiven und negativen Impulse unterdrücken (Abb. 7.50).

Eine kleine Impulsbreite des zu differenzierenden Signales verlangt eine kleine Zeitkonstante des CR-Gliedes. Es kann nun C klein und R groß gemacht werden; das CR-Glied ist hochohmig und belastet den Generator wenig. Nachteilig ist, daß die Schalt- und Eingangskapazitäten oft größer als der Differenzierkondensator werden, was Anlaß zu einem breiteren Ausgangsimpuls geringerer Amplitude gibt. Günstiger ist es, den Kondensator größer und den Widerstand kleiner zu machen und das Differenzierglied an einen Generator mit niedrigem Innenwiderstand, z. B. einen Katodenfolger anzuschließen und gegebenenfalls auch das differenzierte Signal über einen Katodenfolger auszukoppeln.

A. Die Differenzierstufe (Abb. 7.51)

Als Koppelglied zwischen zwei Röhren wird ein Differenzierglied $C-R$ geschaltet. Die Röhren arbeiten ohne Gittervorspannung. Das Eingangssignal sei rechteckförmig negativ mit einer Amplitude $A > Us$. Den Verlauf der Gitterspannung der Rö. 2 zeigt das Impulsschema Abb. 7.52. Ua_1 schwankt dann zwischen den Werten $Ua_1 = Ub$ und $Ua_1 = Ub - Ia \cdot Ra$. Die Aufladezeitkonstante ist:

$$\tau_a = C\left(Ra_1 + \frac{Rg \cdot Re}{Rg + Re}\right) \tag{7.24}$$

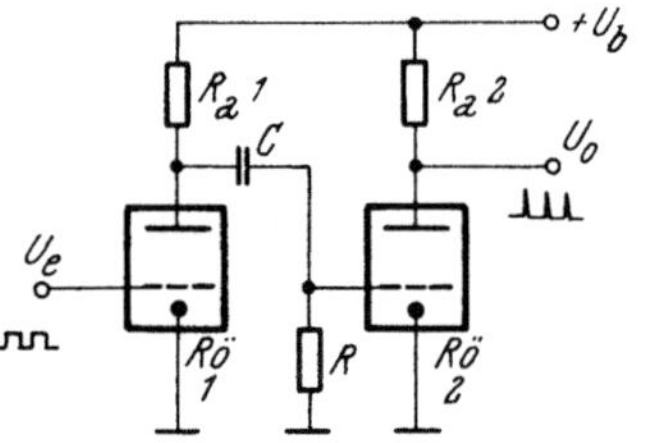

Abb. 7.51. Differenzierstufe

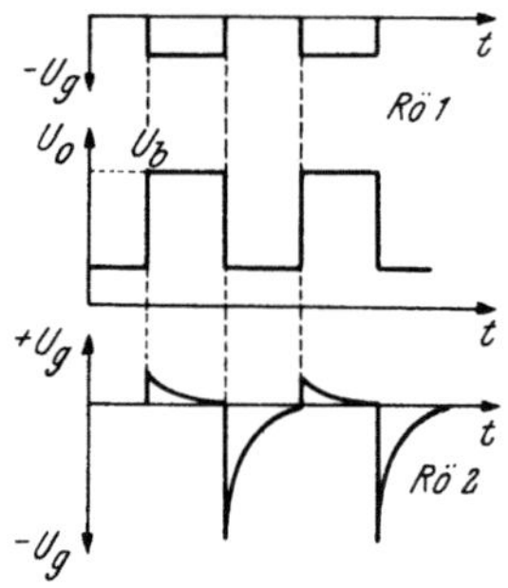

Abb. 7.52. Spannungsverlauf an einer Differenzierstufe

Re ist der Eingangswiderstand der Rö. 2, die durch den differenzierten positiven Impuls in den Gitterstrombereich gesteuert wird (siehe Kap. 7.1.2). Für sehr kurze Impulse ist vor allem die Eingangsimpedanz $Ze = 1/\omega\, Ce$ maßgebend. Für die meisten Trioden kann ein Wert $Re \sim 1\,\text{k}\Omega$ angenommen werden. Die Amplitude des positiven Impulses und damit die Gitterspannung der Rö. 2 ist: $+Ug = I_{Ca} \cdot R''$. R'' ist die Parallelschaltung $Rg\,||\,Re$.

$$I_{Ca} = (Ub - Ua_1)/(Ra_1 + R'') \tag{7.25}$$

I_{Ca} = Aufladestrom durch den Kondensator C.
Wird Rö. 1 wieder leitend, so ist die Entladezeitkonstante

$$\tau_e = C\left(Rg + \frac{Ra_1 \cdot Ri}{Ra_1 + Ri}\right) \tag{7.26}$$

Die die Rö. 2 sperrende Gitterspannung ist bestimmt durch $-Ug = I_{Ce} \cdot Rg$, wobei

$$-I_{Ce} = -(Ub - Ua_1)/R' \tag{7.27}$$

der Entladestrom des Kondensators C ist. R' ist die Parallelschaltung von Ra_1 und Ri. Wie die Gl. (7.24) und (7.26) zeigen, ist $\tau_e > \tau_a < \tau$ unter der Voraussetzung, daß $Ra_1 \ll Rg$ ist.

Bei kleinen Zeitkonstanten von $C-R$ wird vorteilhaft eine Reihenschaltung von zwei CR-Differenzziergliedern angewendet, die durch eine Verstärkerstufe voneinander getrennt sind. Die Impulsform des Ausgangssignales entspricht dann dem zweiten Differentialquotienten des Eingangssignales. Wird aus dem passiven Vierpol mit Hilfe eines rückgekoppelten Verstärkers ein aktiver Vierpol, so erhält man eine *quasiexakte* Schaltung (Abb. 7.48). Das von einem CR-Glied gelieferte fehlerhafte Differential wird dem Eingang eines zweistufigen Verstärkers ($V_1 V_2$) zugeführt, der vorteilhaft als Gleichspannungsverstärker aufgebaut sein sollte. Mit Hilfe des Teilers $R_1 R_2$ wird ein Teil des Ausgangssignales u_o an den Eingang zurückgeführt (mitgekoppelt u_m) und kompensiert die durch das einfache *CR*-Glied verursachten Differentiationsfehler.

Zum Unterschied von Gl. (7.22) setzt sich die Eingangsspannung nach Abb. 7.22 zusammen aus:

$$u_e = \int_0^t \frac{i\,\mathrm{d}t}{C} + i \cdot R + R_1(i - i_m) = \underbrace{\int_0^t \frac{u_g\,\mathrm{d}t}{RC}}_{a} + \underbrace{u_g + \frac{u_g R_1}{R} - u_m}_{b} \qquad (7.28)$$

Damit der Ladestrom durch C exakt dem Differentialquotienten der Eingangsspannung $\mathrm{d}\,Ue/\mathrm{d}t$ entspricht, d. h. u_e nur gleich ist dem ersten Teil (a) der Gl. (7.28), muß der zweite Teil (b) verschwinden. Dies ist unter der Bedingung

$$u_g(1 + R_1/R) = u_m \qquad (7.29)$$

der Fall. Mit $u_m = u_o \cdot R_1/(R_1 + R_2)$ wird

$$\frac{u_g \cdot R_1}{u_m\,(R_1 + R_2)} = \frac{u_g}{u_v} \qquad (7.30)$$

Gl. (7.29) in Gl. (7.30) eingesetzt, ergibt:

$$\frac{R \cdot R_1}{R_1 + R} \cdot \frac{1}{R_1 + R_2} = u_g/u_o = 1/V \qquad (7.31)$$

Der Teil (a) der Gl. (7.28) differenziert, ergibt

$$u_g = RC \cdot \frac{du_e}{dt}, \qquad \text{vgl. Gl. (7.23)} \qquad (7.32)$$

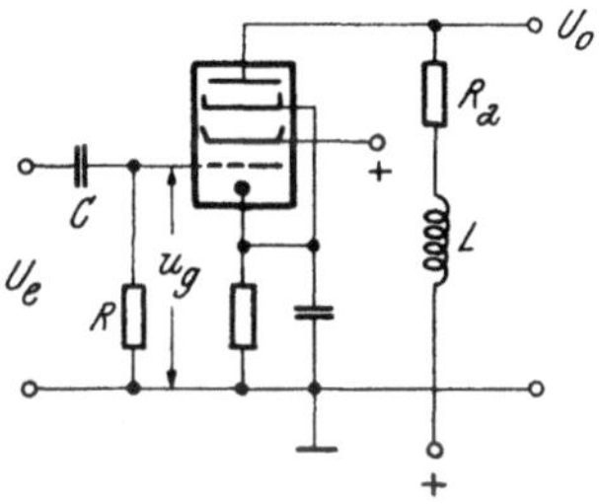

Abb. 7.53. Differenzierstufe mit zwei Gliedern

d. h., die Steuerspannung des Verstärkers ist der erste Differentialquotient der Eingangsspannung u_e. Er ist exakt, solange die Funktionsfehler des Verstärkers klein, d. h. vernachlässigbar, sind.

Da die Gesamtverstärkung V hinreichend groß ist, wird R_1 klein gegen R_2 und R sein. Aus Gl. (7.31) wird

$$R_1 = \frac{(R + R_1)(R_1 + R_2)}{R \cdot V} \approx \frac{R_2}{V} \qquad (7.33)$$

In der Praxis wird R_1 als Trimmer ausgebildet und sein richtiger Wert experimentell eingestellt.

Abb. 7.53 zeigt das Schaltbild einer *Differenzierstufe mit zwei Gliedern* ($CR - RaL$) für eine schrittweise Differentiation. Grundgedanke ist, daß die unvollständige Operation des ersten Gliedes durch ein zweites vervollständigt wird. Die Steuerspannung der Röhre ist:
$u_g = u_e\, j\omega\, RC/(1 + j\omega\, RC)$ und die Ausgangsspannung:

$$u_o = -u_g \cdot S \cdot Za = -\frac{u_e \cdot j\omega RC}{1 + j\omega RC} \cdot S \cdot (Ra + j\omega L)$$

oder mit den Zeitkonstanten $\tau_e = RC$, $\tau_a = L/Ra$ wird

$$u_o = -u_e SRRaC \cdot j\omega \cdot \frac{1 + j\omega\tau_a}{1 + j\omega\tau_e} = -u_e SRaC \cdot j\omega \cdot \frac{1 + j\omega\tau_a}{1 + j\omega\tau_e} \qquad (7.34)$$

Der erste Teil gibt wieder die Amplitude, der zweite ($j\omega$) die Differentiation und der dritte den Fehler. Der Fehlerquotient verschwindet ($= 1$), wenn die beiden Zeitkonstanten gleich sind, was leicht zu verwirklichen ist. Nichtberücksichtigt sind die Verluste der Spule L, die zu Funktionsfehlern Anlaß geben, aber ohne Schwierigkeiten klein gehalten werden können. Der Vorteil gegenüber der quasiexakten Schaltung liegt im Fortfall einer Mitkopplung.

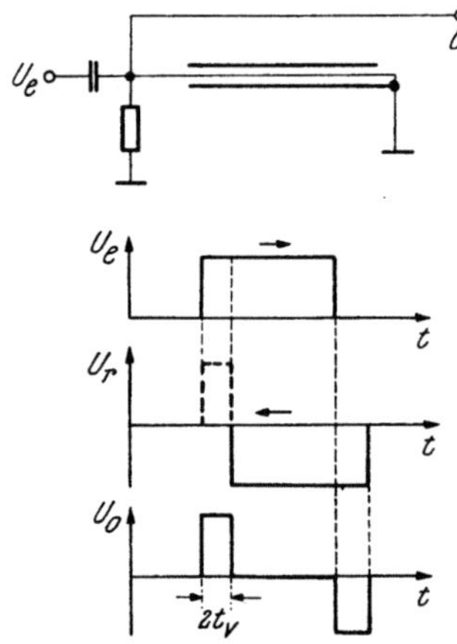

Abb. 7.54. Erzeugung schmaler Impulse mit einem Laufzeitkabel

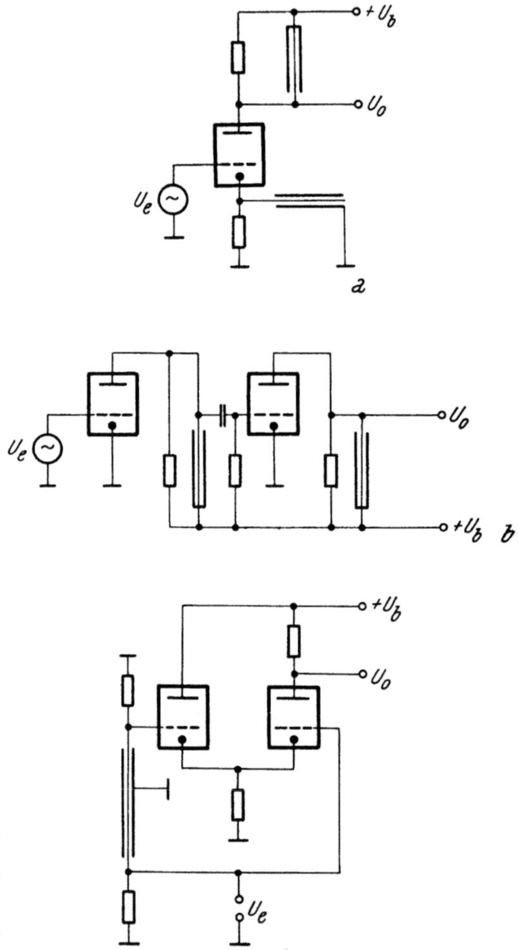

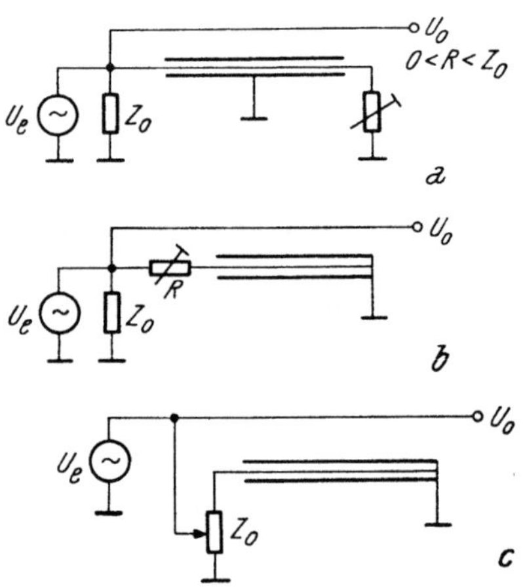

Abb. 7.55. Beispiele für einstellbare Kabeldämpfung

Abb. 7.56. Doppelte Differentiation mit Laufzeitkabeln

B. Differentiation mit Laufzeitgliedern

Soll der Differentiationsprozeß keinen exakten Differentialquotienten, sondern lediglich kurze Impulse liefern, so lassen sich hierfür mit gutem Erfolg Laufzeitketten verwenden. Man schließt das Kabel am Ende kurz, das Signal wird mit umgekehrtem Vorzeichen reflektiert und überlagert sich am Kabelanfang, Abb. 7.54. (Dazu siehe auch Kap. 7.6.) Die entstehenden (Nadel)impulse sind um so schmäler, je kürzer die Laufzeit des Kabels ist. Bei Signalen mit nicht rechteckförmigem Verlauf muß die Kabeldämpfung künstlich vergrößert werden, um ein Überschwingen zu vermeiden (Beispiele Abb. 7.55). Auch mit einem Laufzeitkabel kann eine doppelte Differentiation vorgenommen werden. Drei entsprechende Beispiele zeigt Abb. 7.56. (Differentiation mit operativen Verstärkern, siehe S. 316.)

7.5.2 Die Integration[1]

Integratoren bilden aus beliebig geformten Impulsen das Zeitintegral. Der Integrationswert wird wiederum als eine Spannung (z. B. u_C) angegeben.

Für die Integrationsschaltungen kann dieselbe Einteilung wie für die Differenzierschaltungen getroffen werden. Es kommen lediglich noch die elektromechanischen Integratoren hinzu.

Ein Integrierglied erhalten wir aus dem Differenzierglied durch einfaches Vertauschen von C und R. Es stellt also einen Tiefpaß dar (Abb. 7.47b). Ist u_e ein rechteckförmiges Signal, das zur Zeit $t = 0$ vom Wert $u_e = 0$ auf den Wert $u_e = u_1$ springt, und i der Ladestrom des Kondensators, so ist die Spannung am Kondensator:

$$u_C = 1/C \int_0^t i \, dt \tag{7.35}$$

oder

$$u_C = u_e \, 1/(j \omega \, RC + 1)$$

Die Integration mit einem RC-Glied beruht also darauf, daß die Spannung am Kondensator der in ihm gespeicherten Ladungsmenge proportional ist. Für eine fehlerfreie Integration darf also i nur eine Funktion von u_e allein sein, d. h. $u_G \ll u_e$, $u_o = u_C$ ist dann angenähert konstant. Eine weitere Bedingung ist, daß $RC \gg t_p$ oder $\omega \, RC \gg 1$ gemacht wird. Damit ist die untere Grenzfrequenz für ein RC-Integrierglied mit einigen Hz festgelegt. Günstig ist es, die zu integrierenden Impulse einer Folge auf gleiche Form, Amplitude und Breite zu bringen.

Die Bedingung $u_e \gg u_o$ macht es notwendig, für eine fehlerfreie Integration einen Verstärker einzuschalten. Die verschiedenen Möglichkeiten der sinnvollen Anwendung eines Verstärkers bei der Integration sollen nun besprochen werden.

A. Der Miller-Integrator (Abb. 7.57)

Die Wirkungsweise beruht darauf, daß ein parallel zum Eingang eines einstufigen Katodenverstärkers gelegter Kondensator C durch einen im Verhältnis

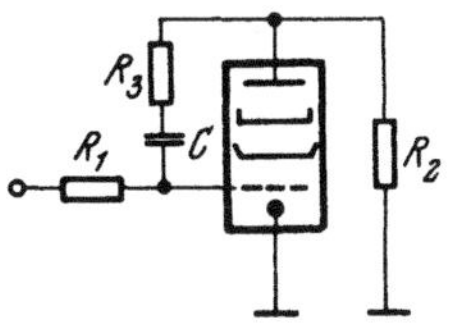

Abb. 7.57. Miller-Integrator

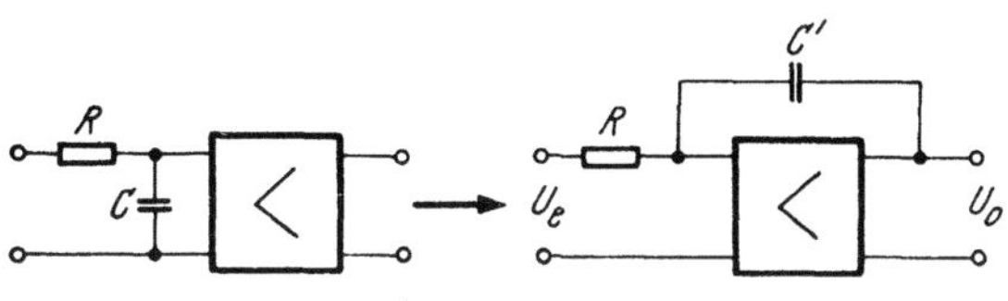

Abb. 7.58. Blockschaltbild zur Erklärung der Miller-Kapazität

$C' = C/(1 + V)$ kleineren Kondensator C' im Gegenkopplungskanal bei gleicher Wirkungsweise ersetzt werden kann (Blockschaltbild Abb. 7.58; siehe auch

[1] Literatur: [A 7, H 3, W 3].

Kap. 8.2.2B). Der Phasenwinkel φ des Verstärkers beträgt 180°. Je größer die Verstärkung V gemacht werden kann, desto kleiner ist der Integrationsfehler ($V \to \infty$). Aus diesem Grunde wird oft von einer Kombination Mangelverstärker — Katodenfolger Gebrauch gemacht oder eine Mitkopplung eingeführt. Funktionsänderungen durch Röhrenalterungen, Betriebsspannungsschwankungen usw. wirken sich wegen der kapazitiven Gegenkopplung des Integrationskondensators nur wenig aus (im Verhältnis $V/(1 + V)$. Seine Anwendung findet der Miller-Integrator besonders in elektronischen Analogrechenmaschinen. Auch mit Bootstrap-Schaltung sind Integrationen möglich.

B. Die quasiexakte Integrierschaltung (Abb. 7.59)

Der Rechengang ist gleich wie bei der quasiexakten Differenzierschaltung. Die Eingangsspannung ist durch die Gl. (7.28) gegeben. Die Spannung am Kondensator:

$$u_C = u_g = \int_0^t \frac{i\,\mathrm{d}t}{C} \tag{7.36}$$

Ist der Innenwiderstand der Signalquelle in R einbezogen, so ist $i = u_e/(R + R_1)$ und eingesetzt in Gl. (7.36) ergibt sich mit $u_o = V \cdot u_g$:

$$u_o = k \int_0^t u_e\,\mathrm{d}t \tag{7.37}$$

die Konstante $k = V/(C(R + R_1))$. R_1 ist durch Gl. (7.33) gegeben.

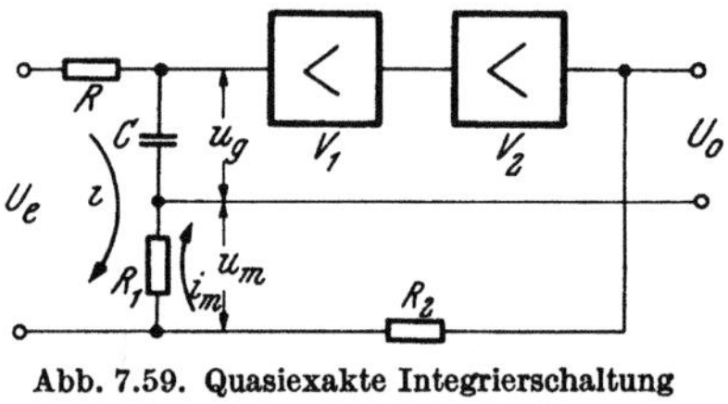

Abb. 7.59. Quasiexakte Integrierschaltung

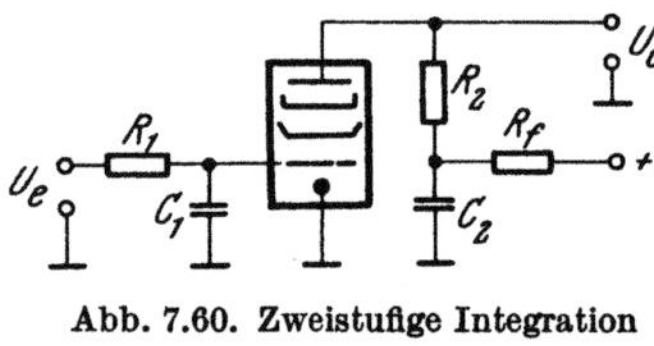

Abb. 7.60. Zweistufige Integration

C. Stufenweise Integration

Ein Beispiel für zwei RC-Glieder zeigt Abb. 7.60.

Der Rechengang ist dem der analogen Differentiationsschaltung gleich. Es ist

$$\frac{1}{C_1} \int_0^t i\,\mathrm{d}t = u_{C_1} = u_g = u_e(j\omega\, R_1 C_1 + 1) \tag{7.38}$$

Stellt man wiederum die Gleichung für das Ausgangssignal unter Zuhilfenahme der Zeitkonstanten $\tau_e = R_1 C_1$ und $\tau_a = R_2 C_2$ auf, so wird:

$$u_o = -u_g \cdot S \cdot Za = -\frac{u_e}{j\omega R_1 C_1 + 1} \cdot S \cdot (R_2 + 1/j\omega C_2), \quad \text{daraus}$$

$$u_o = -u_e S R_2 \cdot (1/j\omega C_1 R_1) \cdot \frac{1 + 1/j\omega\tau_a}{1 + 1/j\omega\tau_e} \tag{7.39}$$

Für $\tau_a = \tau_e$ wird der Fehlerquotient 1, die Integration exakt. Der Röhre muß jedoch eine Betriebsspannung über den Widerstand R_f zugeführt werden. Die Integration kann aber nur fehlerfrei sein, wenn $R_f = \infty$ ist.

Von den elektromechanischen Integratoren hat der *Integrationsmotor* große Bedeutung erlangt. Seine Drehzahl ist der angelegten Spannung genau proportional. Eine Spannungsänderung muß möglichst trägheitslos eine Drehzahländerung hervorrufen. Diese Bedingung führte zu speziellen Konstruktionen mit eisenlosem Anker und Spezialkollektoren. Einstellzeiten von 10 ms können leicht erreicht werden. Bei Analogintegratoren ist an die Motorachse ein Untersetzergetriebe angeschlossen, das wiederum ein Feindrahtpotentiometer verstellt. Elektromechanische Integratoren werden vorzugsweise für Integrationszeiten von $t > 1$ s verwendet. (Integration mit operativen Verstärkern siehe S. 319.)

Neben den vielseitigen Anwendungsmöglichkeiten der Integrierglieder in den Siebketten, in der Impuls- oder Rechentechnik, haben sie auch in der Frequenzmeßtechnik Bedeutung erlangt. Am Beispiel eines direkt anzeigenden Frequenzmessers sei die gleichzeitige Anwendung von Differenzier- und Integriergliedern besprochen. Abb. 7.61 zeigt das Blockschaltbild eines Frequenzmessers für Nie-

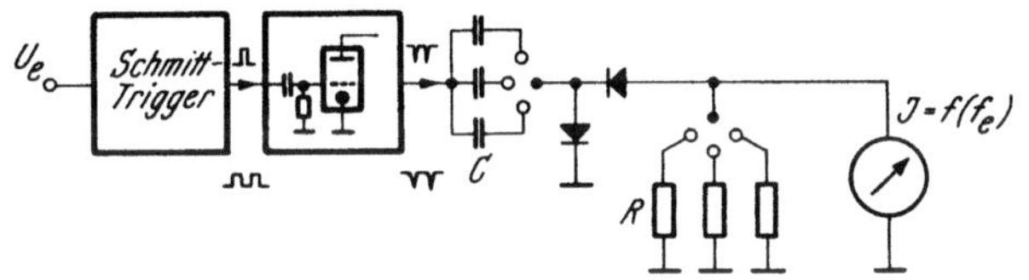

Abb. 7.61. Direkt anzeigender Frequenzmesser

derfrequenz. Die Eingangswechselspannung Ue wird in einem Schmitt-Trigger in ein Rechtecksignal gleicher Frequenz und konstanter Amplitude verwandelt. In einer Differenzierstufe wird es in Impulse verwandelt, die im folgenden Integrierglied summiert werden (Mittelwertbildung). Der Gleichrichter bewirkt, daß nur Impulse gleicher Richtung durch das Instrument fließen. Der angezeigte Strom ist proportional der Folgefrequenz der angelegten Impulse. Zur Vergrößerung des Meßbereiches wird das Integrierglied umgeschaltet. Meßbereiche von 10 Hz bis 200 kHz sind ohne Schwierigkeiten zu erreichen.

Abschließend sei noch eine interessante Impulsintegrierstufe besprochen, die auf der stufenweisen Aufladung eines Kondensators beruht und als Diodenpumpe oder Treppenschaltung bezeichnet wird.

7.5.3 Diodenpumpe oder Treppenschaltung[1]

Die Abb. 7.62 zeigt ein einfaches Schaltbild. Für den ersten positiven Eingangsimpuls ist D_1 leitend, die Spannung teilt sich auf C und C_1, wobei $C < C_1$ sein soll. Die negative Impulsflanke sperrt D_1 und öffnet D, so daß C entladen wird. Der nächste positive Impuls lädt C_1 weiter auf. Der Spannungsanstieg an C_1 ist exponentiell, die Treppenhöhe nicht konstant, da die steigende Spannung an C_1 für die Diode eine Gegenspannung darstellt.

Zur Linearisierung kann die Diode D mit einer der Ladung an C_1 proportionalen positiven Spannung mit hochgezogen werden, oder es kann eine Bootstrap- oder Miller-Integratorschaltung zur linearen Aufladung verwendet werden (Abb. 7.63).

[1] Literatur: [B 12].

Ist ein bestimmter, z. B. vorgewählter Spannungswert erreicht, so kann ein Schaltvorgang ausgelöst werden (Tor, Thyratron usw.), der gleichzeitig die Entladung von C_1 vornimmt. Das Beispiel einer elektronischen Entladeschaltung zeigt

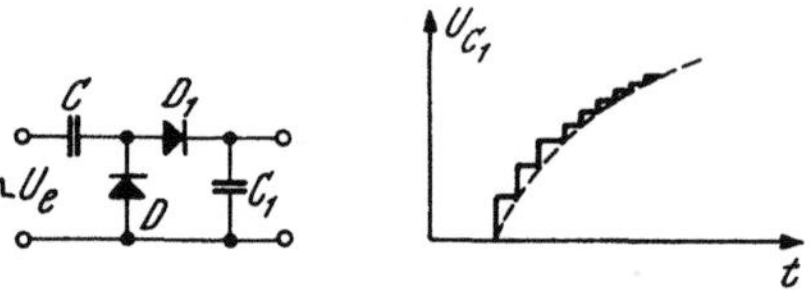

Abb. 7.62. Diodenpumpe oder Treppengenerator

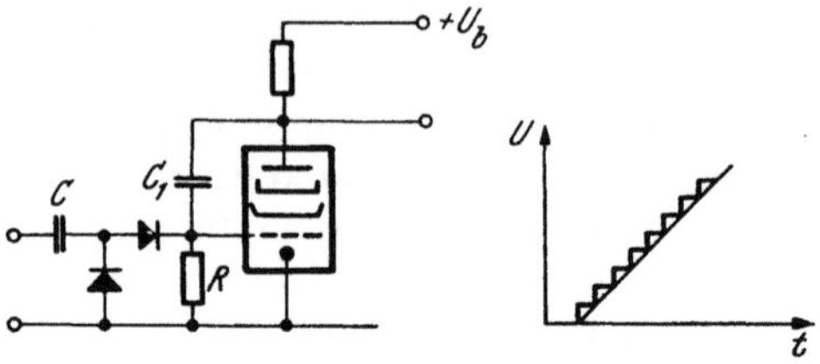

Abb. 7.63. Linearer Treppenanstieg

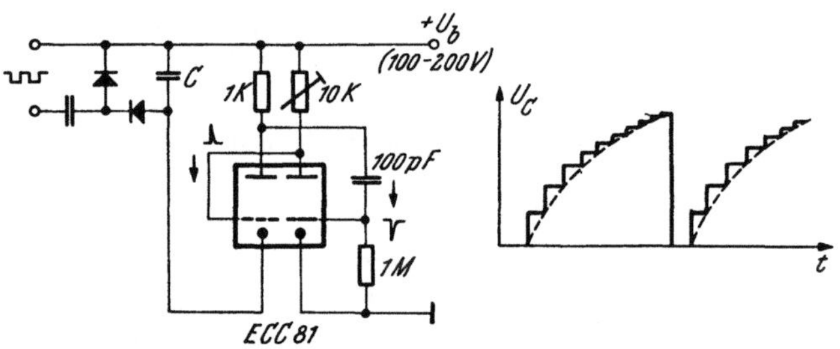

Abb. 7.64. Elektronische Entladeschaltung bei bestimmter Treppenhöhe (links Rö. 1, rechts Rö. 2)

Abb. 7.64. Rö. 1 ist durch Rö. 2 gesperrt. Ihre Anodenspannung ist die Ladespannung von C, die bei einer bestimmten Höhe Rö. 1 leitend macht. Der an Ra_1 auftretende negative Impuls sperrt Rö. 2 und öffnet Rö. 1 vollständig, wodurch C sofort entladen wird. Rö. 1 ohne Anodenspannung öffnet Rö. 2, der Ausgangszustand ist erreicht. Auch eine lineare Ladung mit elektronischer Entladung nach Abb. 8.82 ist möglich.

Treppenschaltungen werden als Integratoren und als Impulsuntersetzer verwendet.

7.6 Verzögerungsleitungen

Die Verzögerungsleitung ist ein passives Bauelement, das besonders in der Kurzzeitimpulstechnik viel verwendet wird. Ihre Anwendung ist immer dort am Platze, wo sehr hohe Anforderungen an Genauigkeit und Konstanz der Dauer kurzer Impulse gestellt werden. Weiters ist die Verzögerungsleitung ein ideales Hilfsmittel zur Erzeugung von kurzen Impulsen hoher Leistung. Daneben findet sie, wie der Name sagt, weite Anwendung zur Signalverzögerung (z. B. im Oszillographen) und zur Kurzzeitmessung. In der Radartechnik, wo oft besonders lange Verzögerungszeiten benötigt werden, benützt man akustische Systeme; die „Leitungen“ bestehen hier zumeist aus Quecksilbersäulen, die durch elektroakustische Wandler erregt werden.

7.6.1 Grundlagen

Am Beispiel einer gewöhnlichen Paralleldrahtleitung mit Luftisolation sollen die wichtigsten Eigenschaften erläutert werden (Abb. 7.65). Die Quelle Ue liefert z. B. eine sinusförmige Spannung $Ue = Ae^{j\omega t}$ an den Anfang der Leitung. An ihrem Ende soll die Leitung mit einem Widerstand

$$Z_0 = \sqrt{L'/C'} \tag{7.40}$$

abgeschlossen sein (Z_0 ist der Wellenwiderstand der Leitung, L' die Induktivität, C' die Kapazität der Leitung pro Längeneinheit, zum Unterschied von der Gesamtinduktivität L und der Gesamtkapazität C). Die Länge der Leitung sei d. Das Ersatzschaltbild der Leitung kann als eine Hintereinanderschaltung von LC-Tiefpaßgliedern aufgefaßt werden (Abb. 7.66). Das eingespeiste Signal läuft nun als Wanderwelle entlang der Leitung, wobei die Spannung an einem beliebigen Punkt, der vom Leitungsanfang den Abstand x hat, gegeben ist durch

$$Ux = A \cdot e^{j(\omega t - \beta x)} \tag{7.41}$$

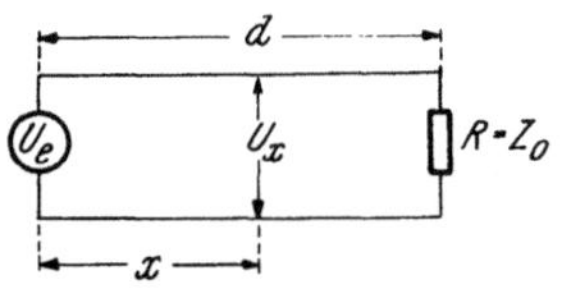

Abb. 7.65. Paralleldrahtschaltung mit Abschlußwiderstand

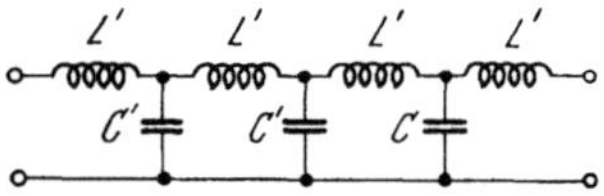

Abb. 7.66. Ersatzschaltbild der Paralleldrahtleitung (Tiefpaßkette)

Am Ende der Leitung, im Abstand d ist die Spannung:

$$Ud = A \cdot e^{j(\omega t - \beta d)} \tag{7.42}$$

wobei $\beta = \omega \sqrt{L'C'}$. Da die Fortpflanzungsgeschwindigkeit der Welle

$$v = 1/\sqrt{L'C'} \tag{7.43}$$

ist, wird $\beta = \omega/v$. Wie Gl. (7.43) zeigt, ist die Geschwindigkeit v frequenzabhängig; Ue kann folglich jede beliebige Signalform haben, da diese wiederum durch Fourier-Analyse in lauter Sinusschwingungen zerlegt werden kann.

Für den Fall, daß der Querschnitt einer Leitung auf ihrer ganzen Länge in Form und Betrag konstant bleibt, ist $L/C \approx \mu/\varepsilon$ (μ und ε des Isolators zwischen den Leitern). Für die Paralleldrahtleitung in Luft (genauer Vakuum) ergibt sich auf diese Weise für v die Lichtgeschwindigkeit.

Setzen wir in die Gl. (7.42) für $\beta = \omega/v$ ein, so wird $Ud = A \cdot e^{j\omega(t-d/v)}$. Der Quotient

$$d/v = d\sqrt{L'C'} = t_v \tag{7.44}$$

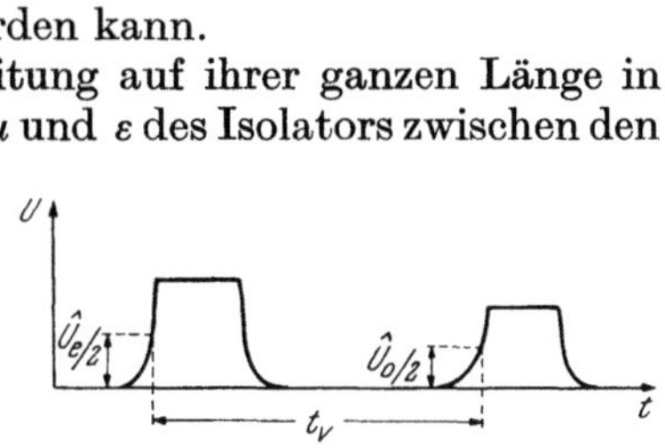

Abb. 7.67. Verzögerungszeit t_v (reflektierter Impuls durch Kabeldämpfung verkleinert)

ist die Laufzeit (Verzögerung) der Leitung. Es ist diejenige Zeit, die verstreicht, bis der an den Eingang der Leitung gelegte Impuls am Ausgang erscheint (siehe Abb. 7.67). Zur leichteren zeitlichen Erfassung des Eingangs- und Ausgangsimpulses werden diejenigen Zeitpunkte gewählt, bei denen die Eingangs- und Ausgangsamplituden den halben Scheitelwert erreicht haben.

Die Spannung am Ende der Leitung ist also $Ud = A \cdot e^{j\omega(t-t_v)}$, d. h., sie ist gleich der Spannung am Anfang, nur um die Zeit t_v gegenüber dieser verzögert.

7.6.2 Kabel

Abb. 7.68 zeigt den Aufbau eines der in der Hochfrequenztechnik viel verwendeten Koaxialkabel. Z_0 liegt in der Größenordnung von 50 bis 150 Ω. Da die Laufzeit sehr kurz und außerdem der Wellenwiderstand für viele Zwecke zu niedrig ist, werden diese Kabel nur zur Verzögerung sehr hochfrequenter Signale benützt. Für alle Signale, deren Kennwerte (Tp, t_{p1}, t_a, t_e) wesentlich größer als die Laufzeit des Kabels sind, verhält sich dieses wie eine abgeschirmte Leitung.

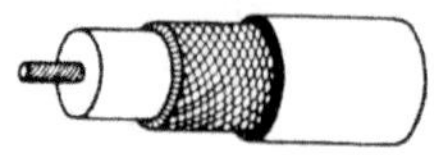

Abb. 7.68. Koaxialkabel

Sowohl in der Gleichung für t_v (7.44) als auch in der Gleichung für Z_0 (7.40) kommt die Induktivität L' vor. Soll nun t_v und Z_0 größer werden, so liegt es nahe, L' zu vergrößern.

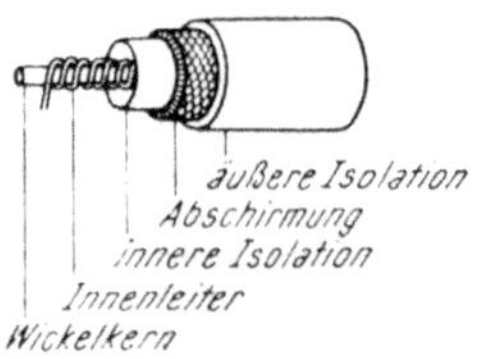

Abb. 7.69. Verzögerungskabel

Den Aufbau eines eigens für Impulsverzögerungen konstruierten Kabels zeigt Abb. 7.69. Der Innenleiter ist hier als lange Spule um einen Wickelkern ausgebildet, der meist aus magnetischem Material hergestellt ist. Bei einer anderen Konstruktion ist die Spule über einen dünnen Metallzylinder geschoben. Die Impedanz läßt sich noch vergrößern, wenn das Metallrohr durch eine zweite Spule mit entgegengesetztem Wickelsinn ersetzt wird.

Die Reflexionen an den Enden von Verzögerungsleitungen

1. Annahme: Das Kabel ist an seinem Ende offen (Abb. 7.70). Der Widerstand R ist gleich Z_0. Durch das Schließen des Schalters S tritt am Kabelanfang A ein Spannungssprung auf, der sich längs der Leitung fortpflanzt bis zum Ende, dort mit derselben Polarität reflektiert wird und wieder zum Anfang zurückläuft. Wenn, wie angenommen, $R = Z_0$ ist, so tritt keine weitere Reflexion bei A auf. Wäre $R \neq Z_0$, so würden lange weitere Reflexionen folgen, bis auf der gesamten Länge dieselbe Spannung Ue herrscht (auf diesen Fall wird später noch eingegangen werden). Die Anordnung verhält sich also genau so, als wäre das Kabel durch einen Widerstand $R = Z_0$ ersetzt, der mit einer Verzögerung von $t = 2d\sqrt{L'C'}$ nach Schließen von S aus dem Kreis entfernt wird.

Umgekehrte Verhältnisse sind vorhanden, wenn das Kabel am Ende kurzgeschlossen ist (Abb. 7.71). Der positive Spannungssprung an A wird diesmal von B mit entgegengesetzter Polarität reflektiert. Das Kabel stellt jetzt einen verzögerten Kurzschluß dar.

Auch das Öffnen des Schalters verursacht einen Spannungssprung und somit neuerliche Reflexionen mit umgekehrter Polarität.

2. Annahme: $R \gg Z_0$, d.h. das Kabel wird über einen großen Widerstand aufgeladen (Abb. 7.72). In diesem Falle erfolgen sowohl an B als auch an A Reflexionen. Die Spannung steigt exponentiell mit der Zeitkonstante $\tau = RC$ an, wobei $C = d \cdot C'$ die Gesamtkapazität des Kabels ist. Wird die so aufgeladene Leitung zum Zeitpunkt t_1 an den Widerstand $R_0 = Z_0$ angeschlossen (Abb. 7.72), so stellt sie in diesem Augenblick eine Quelle mit dem Innenwiderstand Z_0 dar. An R_0 liegt also die Spannung $Ue/2$. Der negative Spannungssprung eilt auf B zu, wird dort reflektiert und kehrt nach A zurück, so daß nach $t = 2d/v$ die Leitung entladen ist. Wie Abb. 7.72 zeigt, entsteht an R ein positiver Spannungssprung der Höhe $Ue/2$. Mit dieser Anordnung läßt sich ein sehr leistungsfähiger Impulsgenerator mit extrem kurzen Anstiegszeiten von wenigen Nanosekunden aufbauen, wenn der Schalter durch eine kräftige Schaltröhre ersetzt wird (Thyratron o. ä.).

3. Annahme: In jedem Augenblick sollen sich auf der Leitung zwei in entgegengesetzter Richtung laufende Wellen überlagern (diese Annahme führt zu einheitlichen Gesichtspunkten). Die Spannung auf der Leitung ist dann:

$$U = f_1(t - x/v) + f_2(t + x/v)$$

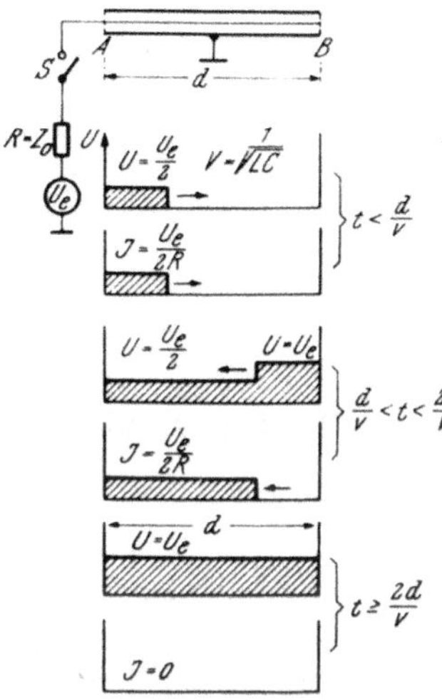

Abb. 7.70. Impulsverhalten des einseitig offenen Kabels

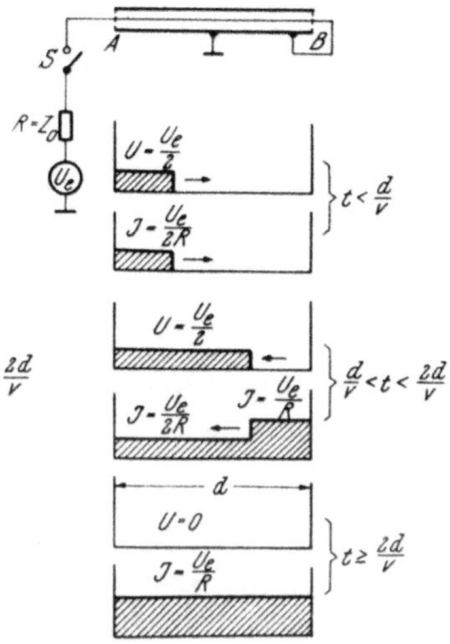

Abb. 7.71. Impulsverhalten des einseitig kurzgeschlossenen Kabels

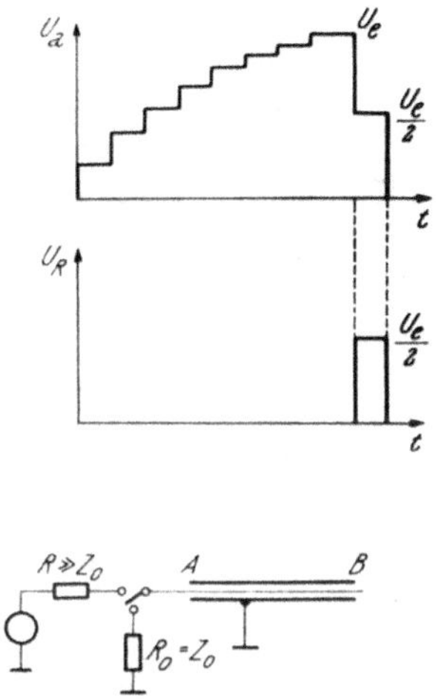

Abb. 7.72. Impulsverhalten des einseitig offenen Kabels bei einem Generatorwiderstand $R \gg Z_0$

Die Richtung zum Leitungsende hin wird dabei positiv gezählt. Der erste Ausdruck auf der rechten Seite bedeutet die hinlaufende, der zweite die rücklaufende Welle. Der Strom auf der Leitung ist $I = U/R_0$. Es brauchen jetzt nur die gegebenen Bedingungen an den Kabelenden berücksichtigt werden. Wenn die Leitung unendlich lang oder, was dasselbe bedeutet, am Ende mit R_0 abgeschlossen ist, fällt der zweite Term fort. Ist das Kabel an seinem Ende mit $R > R_0$ abgeschlossen, so ist $U/I = R \neq R_0$. Das führt zur

4. Annahme: Das Kabel (die Leitung, Abb. 7.65) soll über den Abschlußwiderstand $R \neq R_0$ hinaus verlängert sein, bei $x = d$ also eine Stoßstelle besitzen, und am Kabelanfang soll ein Spannungssprung $U\,e$ auftreten. Die hinlaufende Welle passiert den Punkt $x = d$ zum Zeitpunkt $t = d/v$. Ihre Gleichung ist $U^+ = U\,e\,(t - x/v)$. Es muß aber jetzt auch eine zweite, in der anderen Richtung laufende Welle gefunden werden. Ihre Gleichung lautet $U^- = U\,e\,(t - 2\,d/v + x/v)$. Die Gesamtspannung an R ist

$$U = U\,e(1 + \varrho) \tag{7.45}$$

Dieselben Überlegungen gelten für den Strom. Er setzt sich aus $I^+ = U\,e/R_0$ und $I^- = \varrho\,U\,e/R_0$ zusammen. Der Gesamtstrom durch R ist

$$I = Ue\,(1 - \varrho)/R_0 \tag{7.46}$$

ϱ ist der Reflexionsfaktor, der das Verhältnis zwischen hin- und zurückeilender Welle angibt. Seine Größe läßt sich aus $R = U/I = Ue(1 - \varrho)R_0/Ue\varrho$ ermitteln. Daraus folgt:

$$\varrho = \frac{R/R_0 - 1}{R/R_0 + 1} \tag{7.47}$$

für $R = R_0$ wird $\varrho = 0$
für $R \to \infty$ „ $\varrho \to 1$
für $R \to 0$ „ $\varrho \to -1$

Das Ergebnis deckt sich auch mit den Resultaten der Annahmen 1 bis 4 (siehe Abb. 7.70 und 7.71).

Eine andere wichtige Kenngröße für Verzögerungsleitungen ist die Dämpfung. Wir beziehen uns wieder auf die Abb. 7.71. Die Spannung erreicht das kurzgeschlossene Ende in der Höhe $(Ue/2)\,e^{-\alpha d}$. Unter der Annahme, daß der Gleichstromwiderstand des Kabels $R^{=} \ll R_0$ ist, gilt

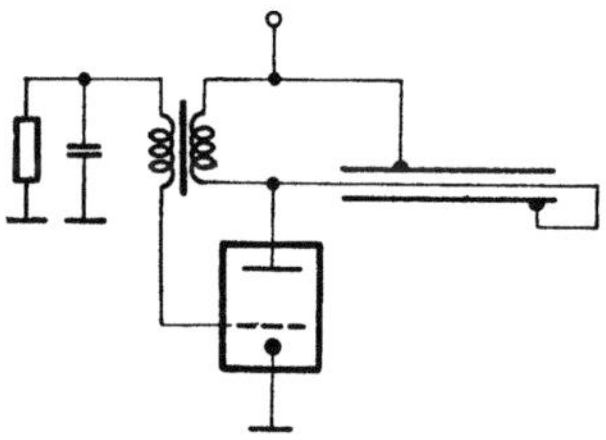

Abb. 7.73. Sperrschwinger mit Laufzeitkabel als verzögernder Schalter

$$\alpha d = R^{=}/R_0 \tag{7.48}$$

Die obere Grenzfrequenz einer Verzögerungsleitung ist

$$f_o = v/\pi = 1/\pi\sqrt{L'C'} \tag{7.49}$$

Die vielseitigen Anwendungsmöglichkeiten von Laufzeitketten (Verzögerungsleitungen) sollen abschließend an Hand einiger Anwendungsbeispiele erläutert werden (siehe auch Kap. 9.2).

In modernen Oszillographen wird die Zeitablenkung dann ausgelöst, wenn das Eingangssignal eine bestimmte Höhe erreicht hat. Um sehr kurze Impulse und steile Anstiege noch voll sichtbar zu machen, muß das Signal gegenüber dem Einsatzpunkt der Horizontalablenkung etwas verzögert werden. Man erreicht dies durch Einschalten einer Laufzeitkette zwischen dem Ausgang des Vertikalverstärkers und den Y-Ablenkplatten der Oszillographenröhre.

Die Eigenschaft eines Kabels, als verzögerter Schalter zu wirken, zeigt Abb. 7.73. Die Impulsdauer eines Sperrschwingers wird in der Weise kontrolliert, daß um die Zeit t_v nach Einsetzen des Anodenimpulses das Kabel die Anodenwicklung kurzschließt. Die Impulsdauer des Sperrschwingers muß ohne Kabel $t_p > t_v$ sein. In Abb. 7.74 ist der Kondensator des RC-Gliedes durch ein offenes Kabel ersetzt worden. Wenn der Sperrschwinger angestoßen wird, entsteht an R ein negativer Impuls, der am offenen Ende der Leitung gleichsinnig reflektiert wird und nach $t = 2t_v$ wieder zurückkehrt. Der Vorgang wiederholt sich so lange, bis die Sperrspannung der Röhre erreicht ist. Dann entlädt sich das Kabel stufenförmig gegen 0. Der Widerstand R sollte in derselben Größenordnung wie das Z_0 des Kabels liegen.

Manchmal wünscht man sich auf dem Bildschirm einer Katodenstrahlröhre zu Vergleichszwecken Zeitmarken in genau definiertem Abstand. In den meisten Fällen steht eine rechteckförmige Torspannung zur Verfügung, die die Dauer des Zeitsägezahnes bestimmt. Dieses Rechteck kann zur Steuerung der Schaltung nach Abb. 7.75 benützt werden. Rö. 1 ist ein triggerbarer Sperrschwinger, der durch das Bremsgitter verriegelt ist. Den positiven Torimpuls J_1 hebt die negative Vorspannung des Bremsgitters auf. Gleichzeitig wird von seiner positiven Flanke ein kurzer Impuls durch Differenzieren (J_2) abgeleitet, der nach $t = t_v$ über das

Kabel und den Katodenfolger (Rö. 2) an das Gitter von Rö. 1 gelangt und diese öffnet, d. h., eine Sperrschwingung einleitet. Von nun an triggert sich Rö. 1 selbständig über die an der Katode auftretenden positiven Stromimpulse. Die erzeugte Impulsfolge J_3 ist beendet, wenn Rö. 1 wieder durch die negative Flanke des Torimpulses verriegelt wird. Die Schaltung hat gegenüber Quarzteilerschaltungen den Vorteil des geringen Aufwandes und der Möglichkeit, durch entsprechende Länge des Kabels den Abstand der Zeitmarken willkürlich wählen zu können.

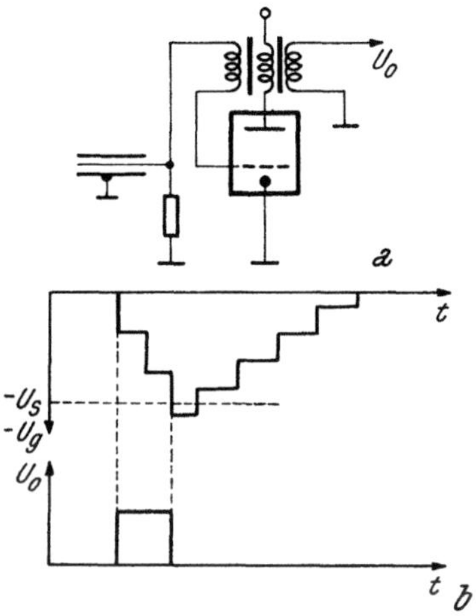

Abb. 7.74. Sperrschwinger mit Laufzeitkabel als Zeitkonstantenglied

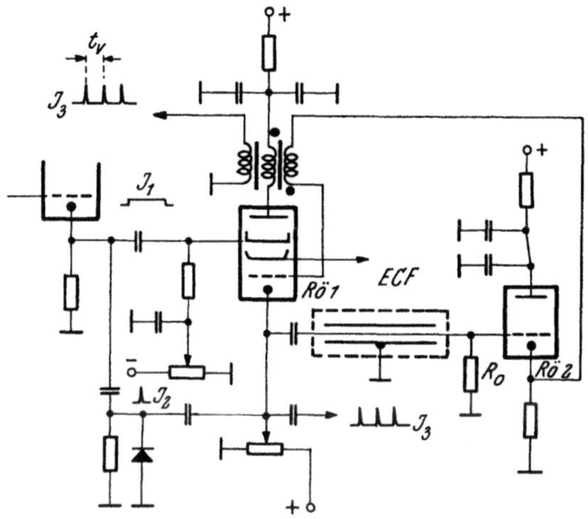

Abb. 7.75. Gesteuerter Impulsgenerator

Eine interessante Anwendung haben Verzögerungsleitungen in den Kettenverstärkern gefunden. Zur Beschreibung der Eigenschaften von Breitbandverstärkern wird oft das Produkt Verstärkung mal Bandbreite, der Gütefaktor

$$G = V \cdot b = S/2\pi Cp \tag{7.50}$$

verwendet. Er gibt für die jeweils verwendete Röhre mit der Steilheit S und den gesamten Schalt- und Röhrenkapazitäten Cp die obere Grenzfrequenz an.

Zur Verstärkung sehr hoher Frequenzen oder Impulse mit Anstiegszeiten von z. B. 10 ns muß S sehr hoch und Cp sehr klein sein. Besonders letztere Forderung ist nur schwer erfüllbar.

Der Kettenverstärker (Abb. 7.76) benützt nun gerade diese Kapazitäten, die Eingangskapazität Ce und die Ausgangskapazität Ca, als Glieder einer Laufzeitkette. Sie werden durch Trimmerkondensatoren auf einheitliche Größe gebracht. Die gitterseitige Laufzeitkette (Le—Ce) und die anodenseitige Laufzeitkette (La—Ca) haben gleiche Verzögerungszeiten und sind mit ihren Wellenwiderständen

$$Ze_g = \sqrt{Le/Ce} = Rg \quad \text{und} \quad Zo_a = \sqrt{La/Ca} = Ra \tag{7.51}$$

abgeschlossen. Das Eingangssignal durchläuft die Kette und steuert nacheinander die Röhren an. In gleicher Weise ändern sich auch die Anodenströme. Jede Anodenstromänderung teilt sich in ein Signal, das zum Abschlußwiderstand der Kette läuft und dort verbraucht wird, und in ein Signal, das zum Ausgang (Uo) läuft. Da die Summe der zwei Verzögerungszeiten — Eingang-Gitter (t_{ve}) und Anode-Ausgang (t_{va}) — gleich t_v ist (siehe Abb. 7.76), addieren sich die einzelnen Anodenstromänderungen und somit die Verstärkungen aller Röhren. Die wirksame Ausgangsimpedanz für eine Röhre ist auf Grund der Anodenwechselstromteilung $Z_{0a}/2$. Die Gesamtverstärkung eines Kettenverstärkers mit n Röhrenstufen ist daher

$$V = n \cdot S Z_{0a}/2 \tag{7.52}$$

Bandbreiten von 0 bis einigen 100 MHz sind mit Kettenverstärkern erreichbar.

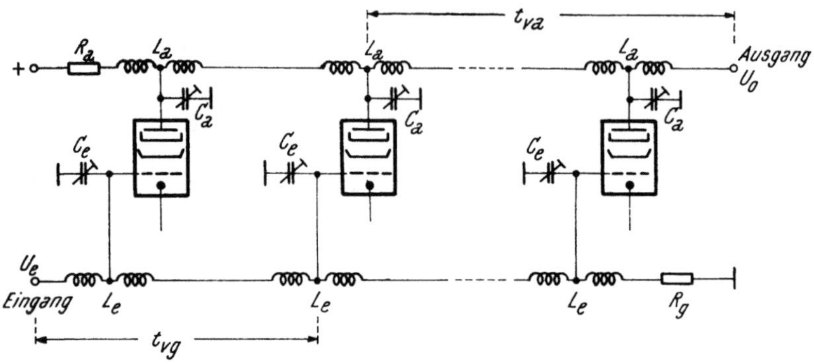

Abb. 7.76. Kettenverstärker, ein Verstärker mit sehr großer Bandbreite

7.7 Der Impulstransformator[1]

Ein Impulstransformator ist im wesentlichen gleich gebaut wie jeder andere Transformator. Er besteht aus einem Eisenkern und zwei oder mehr Wicklungen und kann ebenfalls als Auf- oder Abwärtstransformator verwendet werden. Allerdings treten, bedingt durch die steilen Impulsflanken, mit denen hier gearbeitet wird, einige neue Gesichtspunkte hinzu. Die in der Impulstechnik vorkommenden Spannungsformen stellen ja immer ein sehr breites Frequenzgemisch dar. Der Transformator darf nun keine dieser Frequenzen bevorzugen oder benachteiligen, auch darf er keine Phasenverschiebungen zwischen ihnen verursachen. Daher sind die Wicklungen möglichst kapazitätsarm auszuführen und schädliche Induktivitäten zu vermeiden. Die Eindringtiefe des magnetischen Kraftflusses ist bei hohen Frequenzen sehr gering, so daß die Lamellen des Kernes möglichst dünn sein müssen, um dem Kraftfluß eine große Oberfläche zu bieten. Die bei dieser Art von Transformatoren auftretenden Verluste sind zum allergrößten Teil Eisenverluste. Da die Abmessungen von Impulstransformatoren oft sehr klein sind, um die oben genannten Bedingungen erfüllen zu können, tritt bei größeren Leistungen oftmals eine beträchtliche Erwärmung auf, weshalb auch die Wärmeisolation eine Rolle spielt. Auch an die mechanische Festigkeit der Wicklungen werden bei Impuls-Leistungsbetrieb hohe Anforderungen gestellt.

Nach diesen Bemerkungen mehr allgemeiner Art soll kurz das Impulsverhalten eines Transformators besprochen werden. Es erweist sich dabei als vorteilhaft, die Vorgänge für die drei typischen Phasen eines Rechteckimpulses, den Anstieg, das Dach und den Impulsabfall gesondert zu betrachten. Beim Beispiel eines Aufwärtstransformators können die schädliche Kapazität der Primärwicklung und,

---

[1] Literatur: [M 2, P 7].

wie in allen Fällen, die Kapazität zwischen den verschiedenen Wicklungen sowie die Widerstandsverluste vernachlässigt werden.

Das Ersatzschaltbild für die ansteigende Impulsflanke ist in Abb. 7.77a dargestellt, es entspricht ganz dem *RLC*-Kreis in Abb. 7.77b, wie er an anderer Stelle bereits beschrieben wurde; es ergeben sich auch hier für einen positiven Spannungssprung je nach dem Grad der Dämpfung verschiedene Arten des Spannungsverlaufs (Abb. 7.77c). In der Praxis wird man ein leichtes Überschwingen bevorzugen, weil damit wesentlich steilere Flanken verbunden sind als beim Fall der kritischen Dämpfung.

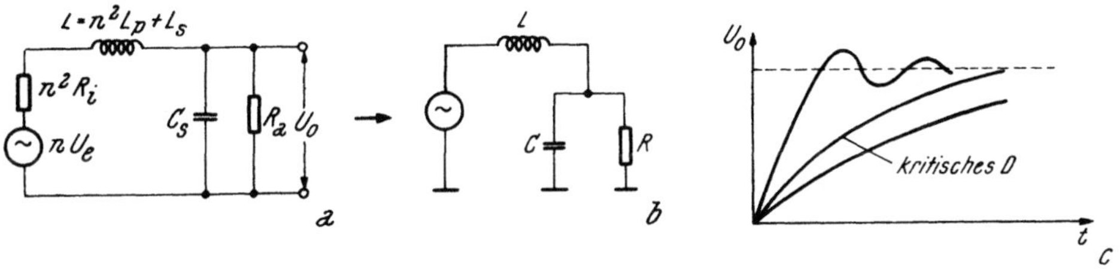

Abb. 7.77. Ersatzschaltbild des Impulstransformators für die ansteigende Impulsflanke

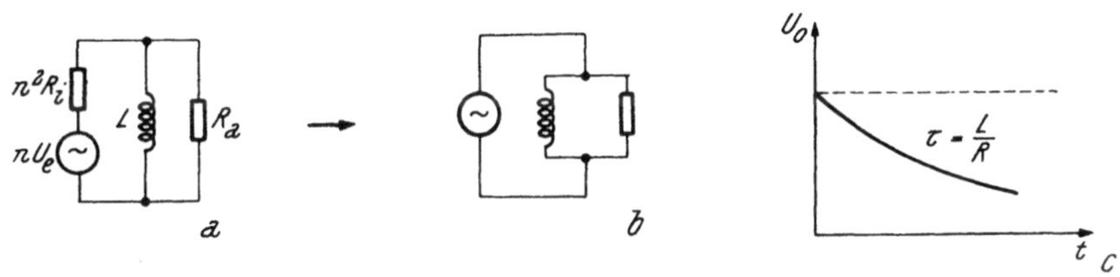

Abb. 7.78. Ersatzschaltbild für das Impulsdach

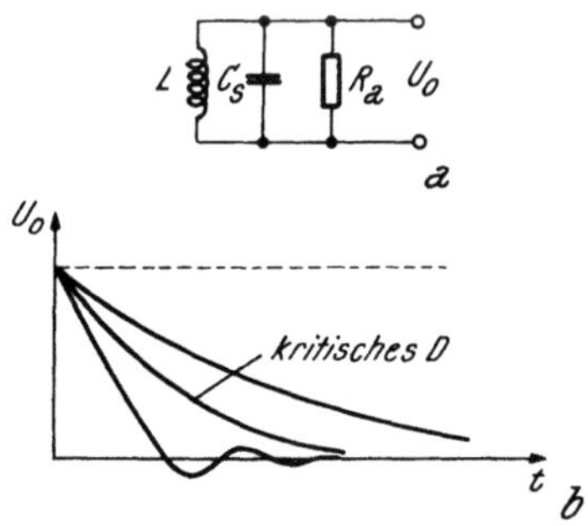

Abb. 7.79. Ersatzschaltbild für die abfallende Impulsflanke

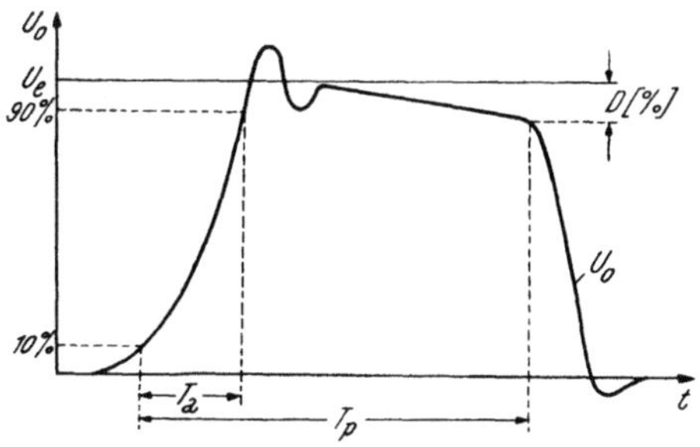

Abb. 7.80. Durch einen Impulstransformator verzerrtes Rechtecksignal

Für das Impulsdach stellt das Ersatzschaltbild einen *RL*-Kreis dar (Abb. 7.78a). Die Spannung fällt nach Abb. 7.78c exponentiell ab. Um die Dachschräge klein zu halten, muß die Primärinduktivität möglichst groß sein.

Beim Impulsabfall tritt meist der Fall ein, daß in diesem Augenblick Ri praktisch unendlich wird, so z. B. bei plötzlicher Sperrung der Röhre (Abb. 7.79). Auch hier beobachtet man wieder den für die jeweilige Dämpfung typischen Spannungsverlauf. Abb. 7.80 zeigt an einem Rechteck nochmals alle besprochenen Vorgänge.

Zum Schluß seien noch einige handliche Formeln angeführt. Unter der Voraussetzung, daß Ri und Ra immer konstant bleiben, kann man den notwendigen Frequenzgang, um ein Rechteck übertragen zu können, wie folgt abschätzen:

$f_u = D/600 \cdot tp$ — f_u = untere Grenze, f_o = obere Grenze } der Impulsfolgefrequenz (3 dB)

$f_o = 0{,}7/ta$ — D = Abfall des Daches in % (siehe Abb. 7.80)

t_p = Impulsbreite in s, t_a = Anstiegszeit in s } Definition siehe Kap. 7.1

Allerdings bleiben Ri und Ra selten konstant. Wenn einer der beiden, wie oben beschrieben, gegen ∞ geht, tritt an der negativen Flanke ein kräftiges Überschwingen auf.

Bezogen auf die Primärseite ergeben sich für den Generator- und Außenwiderstand folgende Gleichungen:

$$Ri = \sqrt{Lp'/C}$$

$$Ra = (n_s/n_p)^2 \sqrt{Lp'/C} \qquad (7.53)$$

Dabei sind Lp' = schädliche Induktivitäten beider Wicklungen, bezogen auf die Primärseite ($Lp' = 2(1-k)\,Lp$); k = Kopplungskoeffizient

$C = Cp + Cs(n_s/n_p)^2$

n_p = Primärwindungszahl

n_s = Sekundärwindungszahl

Cp = schädliche Kapazität der Primärseite

Cs = schädliche Kapazität der Sekundärseite

Das Überschwingen beträgt einige Prozent.

Wenn allerdings $Ri = 0$ ist und das Überschwingen wiederum in derselben Größenordnung liegen soll, kommt man zu

$$Ra = 0{,}7\,(n_p/n_s)^2 \cdot \sqrt{L'p/Cs} \qquad (7.54)$$

7.8 Torschaltungen

7.8.1 Problemstellung

Innerhalb eines gewissen Zeitraumes soll die Form (Amplitude) oder das Vorhandensein von Impulsen kontrolliert werden. Oder: Zu einem gewissen Zeitpunkt soll ein Signalweg geöffnet oder gesperrt werden. Oder: Ein Signalzeitpunkt soll mit einer Signalmarke verglichen werden.

Für diese Zeitinspektionsaufgaben werden sogenannte Torschaltungen benützt. Sie besitzen einen oder mehrere Signaleingänge (Ue), einen Steuereingang (Ust) (selbst ein Signaleingang) und einen Signalausgang (Uo). Das meist rechteckförmige Steuer- oder Schaltsignal wird von einem Impulsgeber oder Impulsformer geliefert (siehe Kap. 8). Abb. 7.81 zeigt das Prinzipschaltbild eines Tores.

Je nach Anwendungsgebiet lassen sich die Torschaltungen einteilen in

a) Die logischen Torschaltungen

Die Beziehung zwischen Ein- und Ausgang ist nicht linear. Sie dienen dazu, Gleichzeitigkeit oder Nichtgleichzeitigkeit von Ereignissen (Impulsen) zu registrieren. Die Form des Ausgangsimpulses ist von der des Eingangsimpulses weitgehend unabhängig. Meistens arbeiten mehrere Signaleingänge auf einen Ausgang.

Die Wirkung dieser Schaltungen entspricht logischen Operationen (nur dann — wenn, entweder — oder usw.), daher die Bezeichnung „logische" Tore.

b) Die linearen Torschaltungen

Hier ist die Beziehung zwischen Eingang und Ausgang linear; es kann gleichzeitig proportionale Verstärkung bzw. Umkehr des Signales auftreten.

In diesem Kapitel sollen nur die linearen Torschaltungen behandelt werden. Die Besprechung der logischen Tore folgt in Kap. 9.

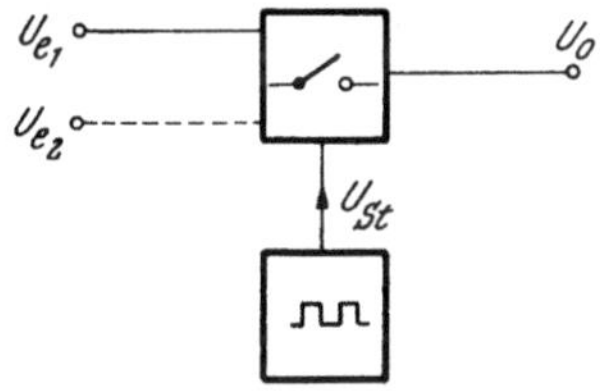

Abb. 7.81. Prinzip einer elektronischen Torschaltung

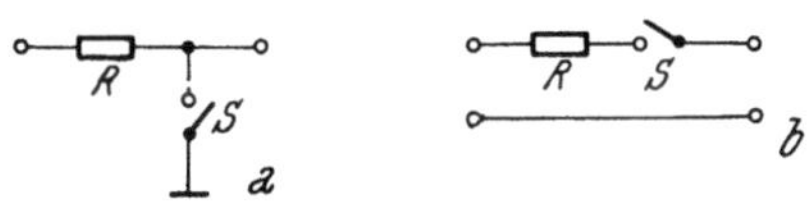

Abb. 7.82. Prinzip des Shunt- (a) und Durchlaß-Tores (b)

7.8.2 Lineare Torschaltungen

Lineare Torschaltungen erlauben die unverzerrte Weitergabe eines Signales während einer gewissen Zeit, deren Dauer durch einen meist rechteckförmigen Impuls gegeben ist. Dieser Schaltvorgang läßt sich auf zwei Arten erreichen. Einmal kann der Signalweg an einer günstig gelegenen Stelle kurzgeschlossen (Shunt-Tor) oder aber in den Signalweg ein Schalter gelegt werden, der während seiner Schließzeit das Signal unverzerrt durchläßt (Durchlaßtor). Die beiden Torschaltungen zeigt Abb. 7.82. Der Nachteil des Durchlaßtores (Abb. 7.82b) liegt im endlichen Sperrwiderstand der fallweise verwendeten Halbleiterdiode mit ihren Streukapazitäten, sowie in der immer vorhandenen Nichtlinearität. Letztere spielt bei Abb. 8.72a, dem Shunttor, keine Rolle. Hier sollte Rd sehr klein sein, um die Restspannung am Ausgang gering zu halten.

Soll die gesamte Information eines Eingangssignales Ue übertragen werden, so muß die Anstiegszeit des Schaltimpulses $t_{ai} < t_{ae}$ von Ue sein bzw. das Tor vor Ue geöffnet und nach Ue geschlossen werden.

Da bei fast allen Torschaltungen die Ausgangsruhepannung von der Grundspannung im geschalteten Zustand verschieden ist, tritt beim Umschalten ein Spannungssprung auf, der als Podest bezeichnet wird (siehe Abb. 7.86) und dem die zu untersuchende Spannung überlagert ist. Erfolgt die Auswertung oszillographisch, so erscheint das Bild entsprechend vertikal verschoben. Der Podest kann durch Begrenzen oder geeignete symmetrische Schaltungen klein gehalten werden.

A. Shunttore mit Dioden

Abb. 7.83 zeigt das Prinzip, das allen nachfolgenden Schaltungen zugrunde liegt. Die Dioden D_1, D_2 werden durch die negative Vorspannung $-Uv$ leitend gemacht und schließen den Signalweg $A-B$ kurz. Wird über C ein positiver Tor-

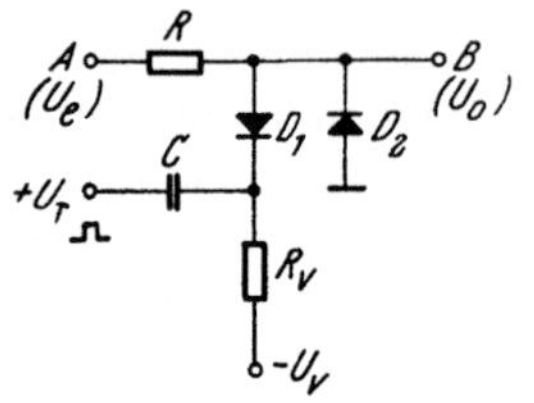

Abb. 7.83. Grundschaltung eines Shunttores

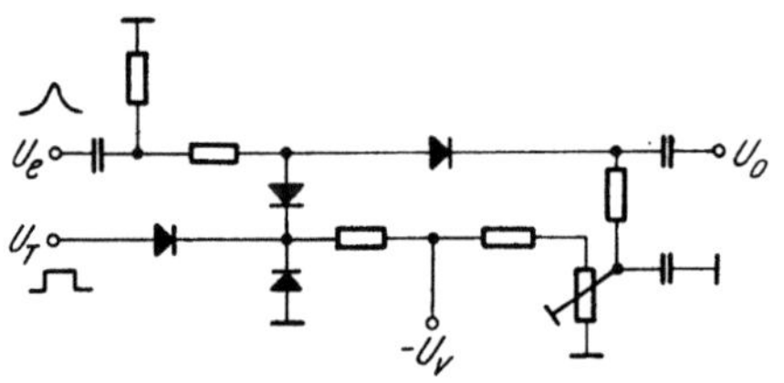

Abb. 7.84. Verbesserte Shunttorschaltung

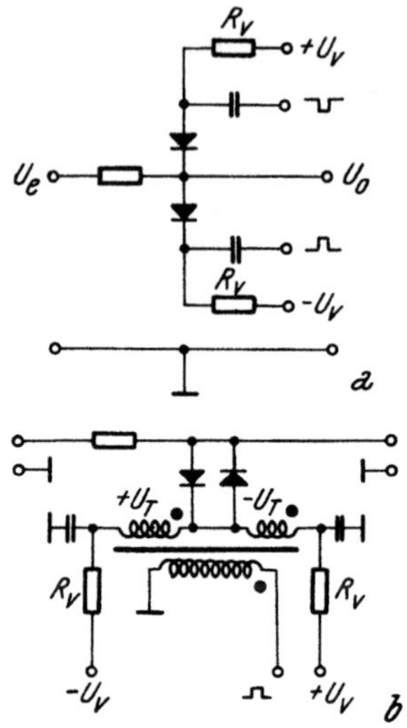

Abb. 7.85. Shunttor für bipolare Impulse

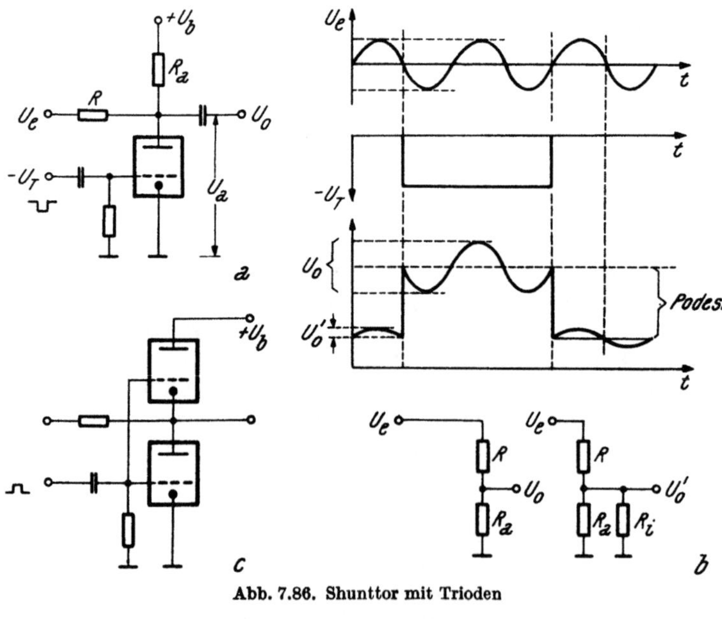

Abb. 7.86. Shunttor mit Trioden

impuls $+U_T (\geqq -Uv)$ an D_1 angelegt, so wird D_1-D_2 gesperrt und das Eingangssignal Ue gelangt ungeschwächt nach B. Durch einen relativ hohen Wert von $-Uv$ kann Rv so groß gemacht werden, daß eine Dachschräge des Torimpulses durch Differentiation an $Rv \cdot C$ mit Sicherheit vermieden wird. Voraussetzung für einen unverzerrten Signalweg AB ist, daß $|\hat{U}e| < |+U_T - Uv|$. Eine wesentlich verbesserte Schaltung zeigt Abb. 7.84. Durch Hinzufügen einer zweiten Diode zur Schaltung Abb. 7.83 wird das Tor für bipolare Impulse besser verwendbar (Abb. 7.85a). Da die Öffnungsimpulse für die beiden Dioden jetzt notwendigerweise gegenphasig sein müssen, liegt es nahe, einen Transformator zu benutzen (Abb. 7.85b). Wichtig ist bei diesen Schaltungen eine möglichst gute Symmetrie von Rv, Uv, U_T. Außerdem soll der Steuerimpulsgeber einen möglichst kleinen Innenwiderstand besitzen.

B. Shunttore mit Trioden

Die Schaltdioden der Abb. 7.83 lassen sich natürlich auch durch eine Triode ersetzen (Abb. 7.86a). Mit einem negativen Impuls am Steuergitter wird das Tor geöffnet. Die Ausgangsspannung weist ein stark ausgeprägtes Podest auf (Abb. 7.86b). Vorteilhaft sind Röhren mit einem kleinen Ri ($\ll Ra, R$). Die analoge Schaltung zu Abb. 7.85a zeigt Abb. 7.86c. Eine von GRUHLE [G 1] angegebene Schaltung für große Signalspannungen (bis 100 V) und sehr kleinem Podest (0,1 V) zeigt Abb. 7.87, eine Ausführungsform mit Transistoren Abb. 7.88.

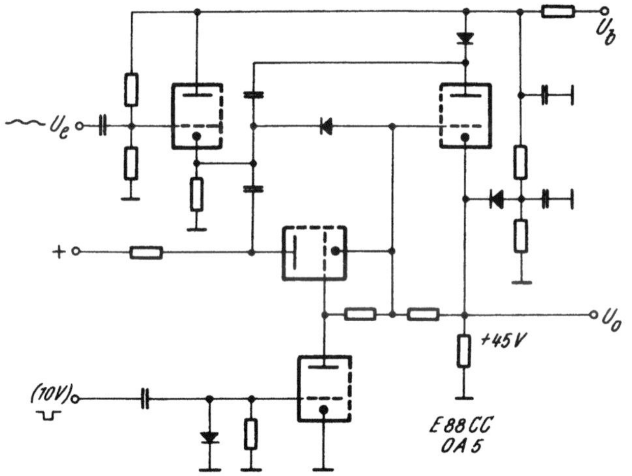

Abb. 7.87. Shunttor für große Signalspannungen und mit kleinem Podest (GRUHLE)

C. Durchlaßtore mit Dioden

Prinzipschaltung Abb. 7.89. Immer, wenn $U_1 > U_2$ ist, bleibt der Schalter geschlossen. Die eine der beiden Spannungen legt das Schaltniveau fest, die andere ist die Toröffnungsspannung. Eine praktische Ausführung zeigt Abb. 7.90. Größere Eingangssignale Ue müssen positiv gerichtet sein. Nachteilig ist, daß der Torimpuls dem Betrage nach dieselbe Höhe haben muß wie die Vorspannung. Ist die Amplitude des Öffnungsimpulses zu klein, so gelangt die Basis des Signales nicht durch das Tor, ist sie zu groß, so erscheint ein Teil des Torimpulses als Podest am Ausgang. Ein Vorteil der Schaltung ist, daß der Stromverbrauch während der Sperrzeit im Gegensatz zu einem Shunttor minimal ist, was besonders dann eine Rolle spielt, wenn eine sehr große Anzahl von Toren benötigt wird. Durch Hinzufügen einer zweiten Diode ist die Schaltung auch für bipolare Signale verwendbar (Abb. 7.91).

D. Durchlaßtore mit Mehrelektrodenröhren

Der Schaltimpuls kann entweder an das Steuergitter (Abb. 7.92a) oder an die Katode (Abb. 7.92b) einer Triode gelegt werden und verschiebt den Arbeitspunkt der vorerst gesperrten Röhre in die Mitte ihres linearen Kennlinienbereiches.

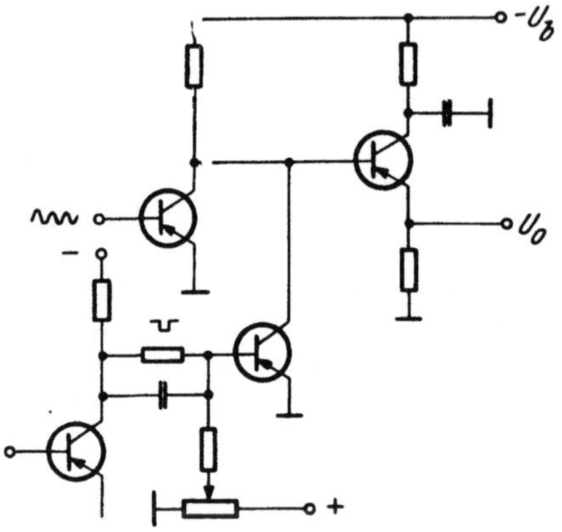

Abb. 7.88. Shunttor mit Transistoren

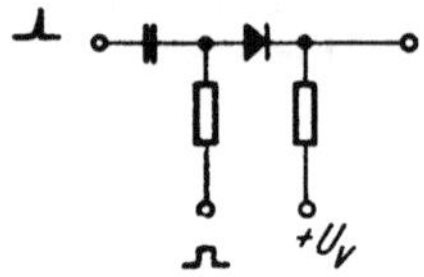

Abb. 7.89. Prinzipschaltung des Durchlaßtores

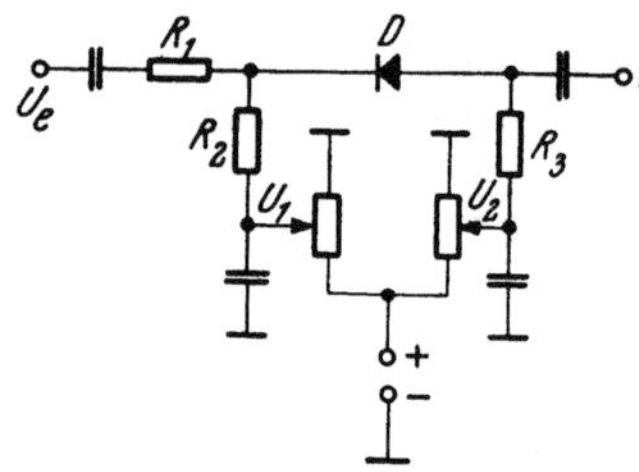

Abb. 7.90. Praktische Ausführung einer Durchlaßtorschaltung

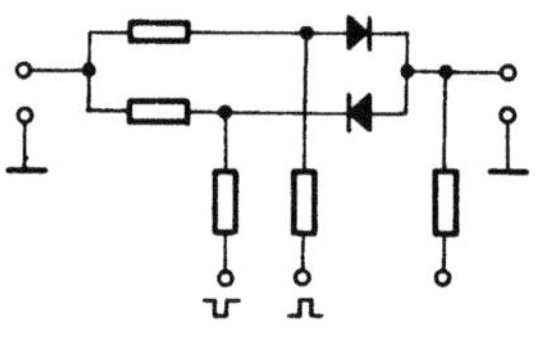

Abb. 7.91. Durchlaßtor für bipolare Signale

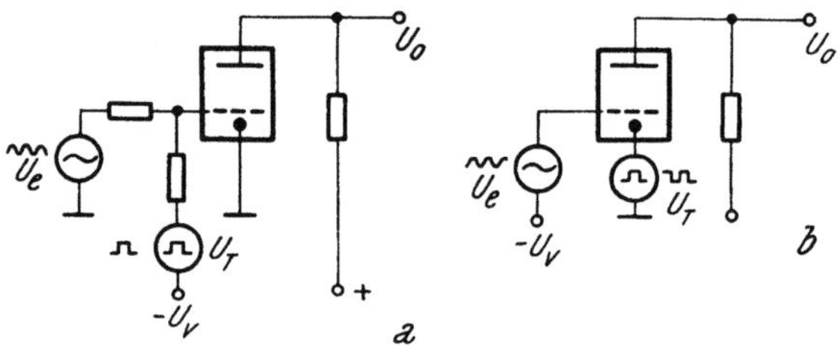

Abb. 7.92. Durchlaßtor mit einer Triode

Die Höhe des Schaltimpulses muß somit genau eingehalten werden. Ein katodengekoppeltes Durchlaßtor zeigt Abb. 7.93. Im Ruhezustand ist Rö. 1 leitend, Rö. 2 durch den Spannungsabfall an *Rk* gesperrt. Ein negativer Impuls am Gitter der Rö. 1 öffnet das Tor.

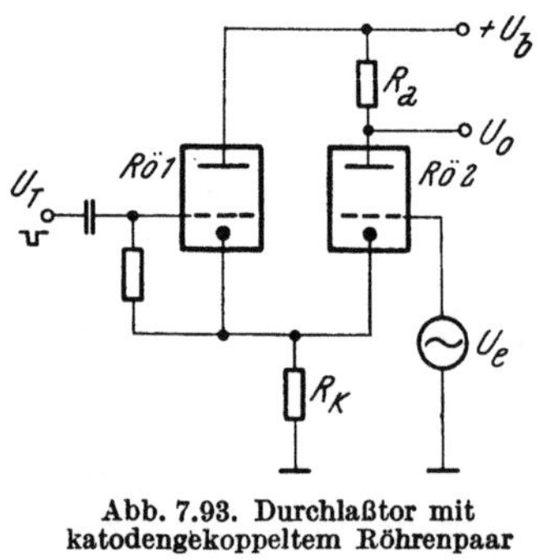

Abb. 7.93. Durchlaßtor mit katodengekoppeltem Röhrenpaar

Alle diese Schaltungen weisen einen ausgeprägten und oft störenden Podest auf; Möglichkeiten, diese Störspannung klein zu halten, zeigt Abb. 7.94. In *a* wird durch die zweite Röhre dem Ausgang eine dem Podest gegenphasige Spannung zugeführt. Bei bipolaren Signalen kann der Podest mittels einer dritten Röhre beseitigt werden. Durch Einstellen ihres Anodenstromes mit *R* wird die Höhe des Podests auf ein Minimum abgeglichen, da immer Rö. 2 und Rö. 3 abwechselnd Strom führen, so daß der Spannungsabfall an *Ra* konstant bleibt (Abb. 7.94b).

Abb. 7.95 zeigt eine Schaltung mit Pentode. Das Bremsgitter einer als getasteter Verstärker arbeitenden Röhre Rö. 1 liegt an der Anode einer Schmitt-Triggertriode Rö. 3 (siehe Kap. 8.1.3). Im Ruhezustand ist diese Triode leitend.

Der Spannungsabfall an *Ra* stellt eine negative Vorspannung für das Bremsgitter dar und hält dadurch die Pentode gesperrt. Ein positiver Toröffnungsimpuls kippt den Schmitt-Trigger. Rö. 2 ist gesperrt, das Bremsgitter ohne Vorspannung. Die Pentode ist für die Dauer dieses Impulses geöffnet und arbeitet nun als normaler Verstärker. An Stelle des Schmitt-Triggers kann auch ein bistabiler Multivibrator verwendet werden. Bei einem Elektronenschalter, wie er z. B. für die

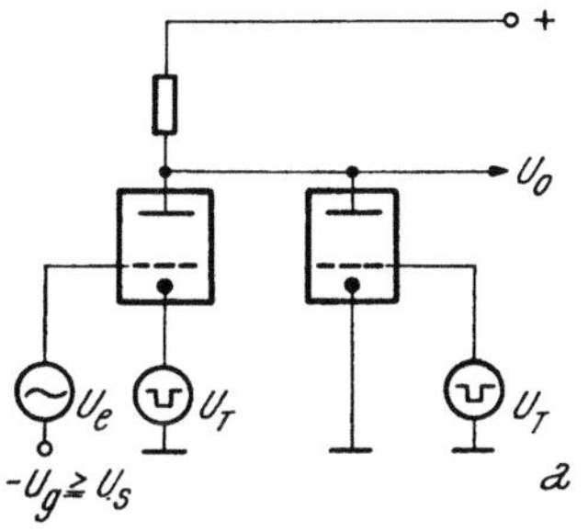

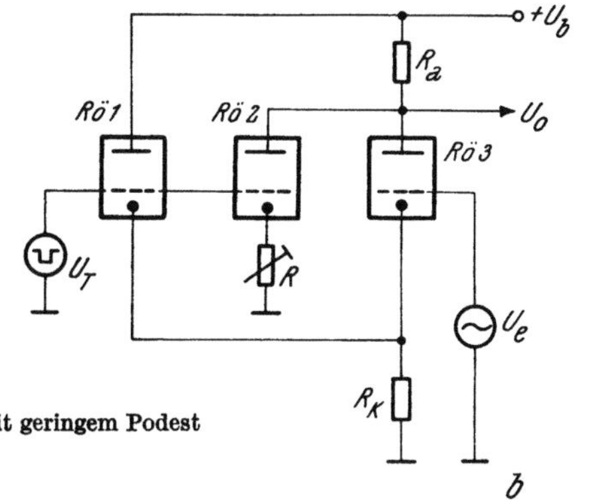

Abb. 7.94. Durchlaßtor für Schaltungen mit geringem Podest

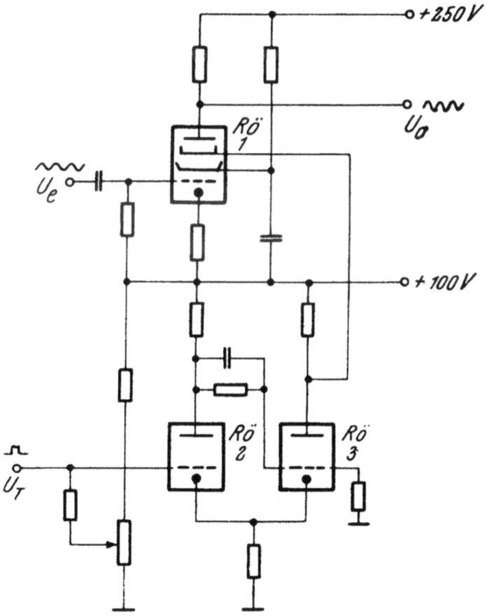

Abb. 7.95. Durchlaßtor von einem Schmitt-Trigger gesteuert

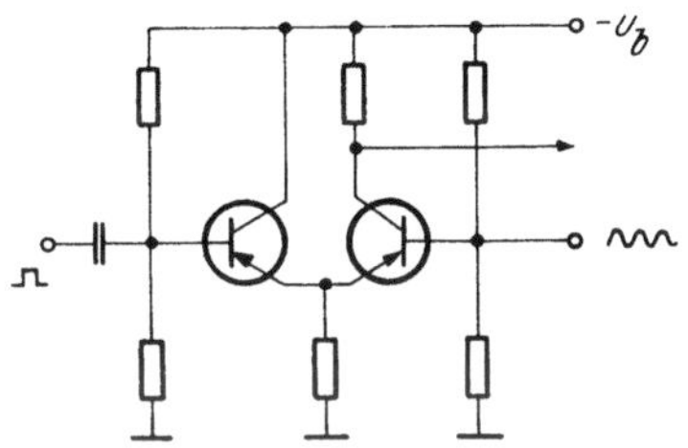

Abb. 7.96. Durchlaßtor mit Transistoren

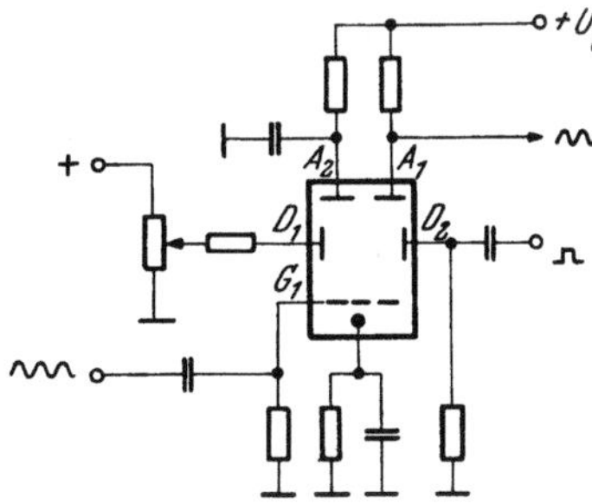

Abb. 7.97. Schneller Schalter mit Elektronenstrahlröhre

gleichzeitige Darstellung von zwei Signalen auf einem Oszillographenbildschirm benutzt wird, werden zwei Schaltpentoden mit Bremsgittersteuerung verwendet, die abwechselnd von einer Multivibratorstufe geöffnet und gesperrt werden. Auch mit Transistoren können Durchlaßtore aufgebaut werden. Ein Beispiel zu Abb. 7.93 ist in Abb. 7.96 dargestellt.

Eine spezielle Schaltung für schnelle Schalter zeigt Abb. 7.97. Sie benutzt eine Röhre, bei der der Elektronenstrahl auf zwei voneinander unabhängige Anoden gelenkt werden kann. Durch Anlegen einer positiven Spannung (Steuerimpuls) an die rechte Ablenkplatte D_2 wird die Triode $G_1 - A_1$ leitend, der Signalweg somit geschlossen.

Abschließend sei noch eine Torschaltung besprochen, bei der die Toröffnungsspannung keinen rechteckförmigen, sondern einen sägezahnförmigen Verlauf nehmen kann (Abb. 7.98). Bei einem bestimmten Wert wird das Tor geöffnet, beim weiteren Ansteigen dann wieder geschlossen. Wegen dieser Eigenschaft trägt die Schaltung den Namen Diodenbandpaß. Sie ist ihrer Natur nach ein Shunttor. Ist die Torspannung $-U_3 = 0$ und $-U_2 > -U_1 > 0$, so ist der Schalter offen und die Ausgangsspannung $Uo = 0$. Wird $U_3 = U_1$, so schließt sich der Schalter und öffnet sich erst wieder, wenn $U_3 > U_2$ geworden ist.

Für $t = 0 \ldots D_1$ leitend, D_2 gesperrt

$t = t_1 \ldots D_1$ und D_2 gesperrt

$t = t_2 \ldots D_1$ gesperrt, D_2 leitend.

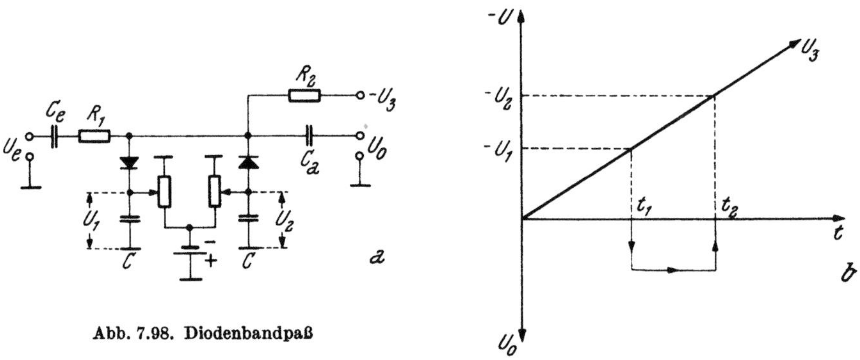

Abb. 7.98. Diodenbandpaß

Ist U_1 nur wenig kleiner als U_2, so genügt eine geringe Spannungsänderung von U_3, um den „Auf-Zu"-Vorgang auszulösen, der „Bandpaß" ist schmal. R_1 liegt in der Größenordnung von 1 MΩ, R_2 etwa 500 kΩ, $D_1 = D_2 =$ z. B. OA 81 (OA 5). Die Kondensatoren *Ce*, *Ca* halten den Ein- und Ausgang gleichspannungsfrei, die beiden *C* legen die Dioden wechselspannungsmäßig an Masse.

7.9 Verschiedene Impulsschaltungen

7.9.1 Impulsmischung

Dieser Abschnitt kann kurz gehalten werden, da alle zu besprechenden Schaltungen bei den Torschaltungen (Kap. 7.8 bis 9.1) vorkommen und sich von diesen, vom Verwendungszweck abgesehen, nur durch die Wahl des Arbeitspunktes und des Arbeitswiderstandes unterscheiden. Die Mischstufen (nicht zu verwechseln mit Überlagerungsschaltungen) werden bei den *Oder*-Gattern besprochen (Kap. 9.1.) Es ist möglich, entweder die jeweils größte oder die jeweils kleinste Signalamplitude am Ausgang erscheinen zu lassen. Das wesentliche Merkmal aller Impulsmischstufen besteht darin, daß die Eingangssignale wohl miteinander kombiniert, jedoch möglichst nicht addiert bzw. subtrahiert werden (Abb. 7.99). Bei den in Kap. 9.1 beschriebenen *Oder*-Gattern erscheint die größte (Abb. 7.100a), bei umgepolten Dioden (Abb. 7.100b) die kleinste Amplitude am Ausgang.

7.9.2 Impulsaddition

Bei den Additionsschaltungen (Addition der Amplituden), die im Aufbau den *Und*-Gattern gleichen, legt man im Gegensatz zu diesen bewußt keinen Wert auf die Unterdrückung von Einzelsignalen. Das Prinzip zeigt Abb. 7.101; eine einfache

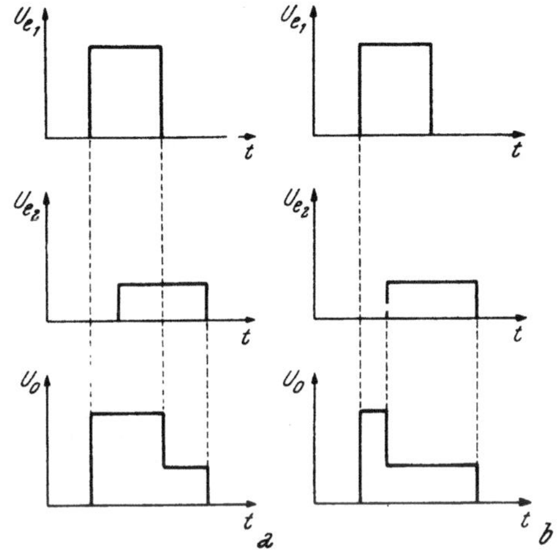

Abb. 7.99. Prinzip einer Impulsmischung

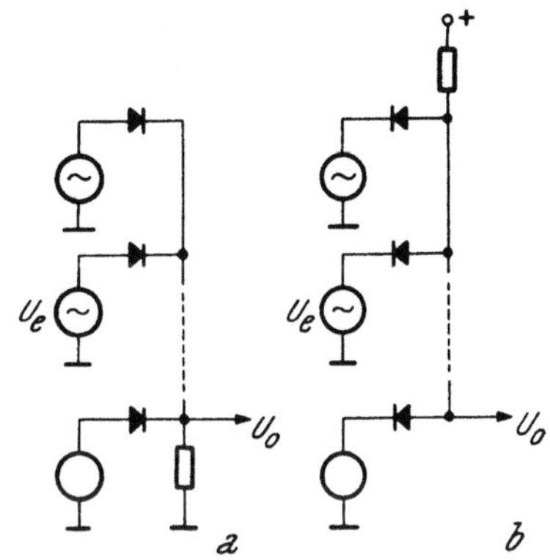

Abb. 7.100. Mischschaltungen mit jeweils größtem oder kleinstem Ausgangsimpuls

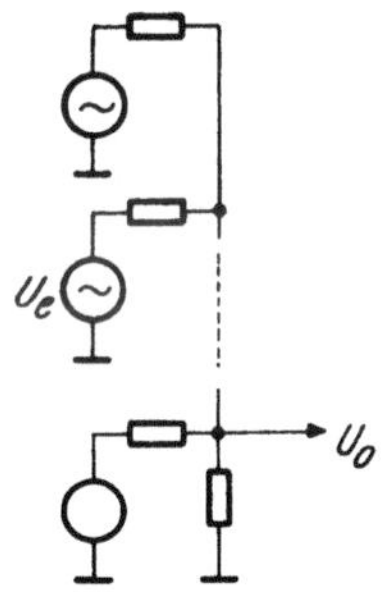

Abb. 7.101. Prinzip einer Additionsschaltung

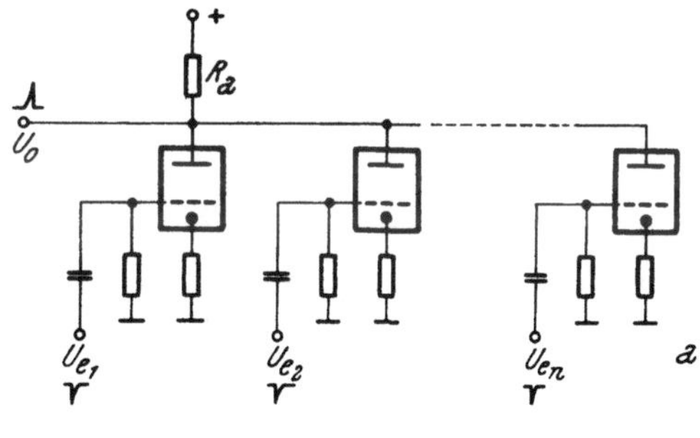

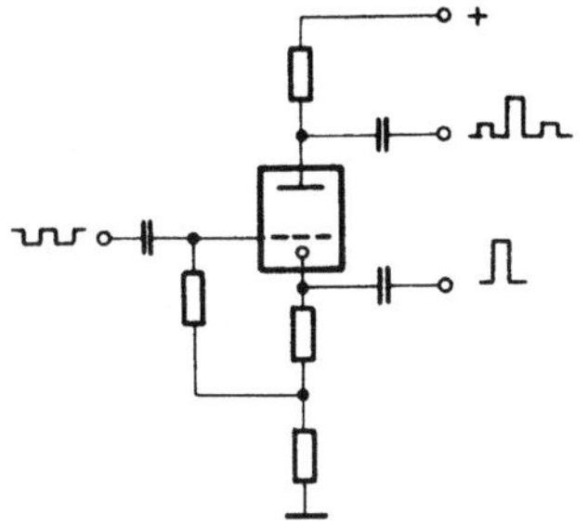

Abb. 7.102. Einfache Additionsschaltung mit einer Triode

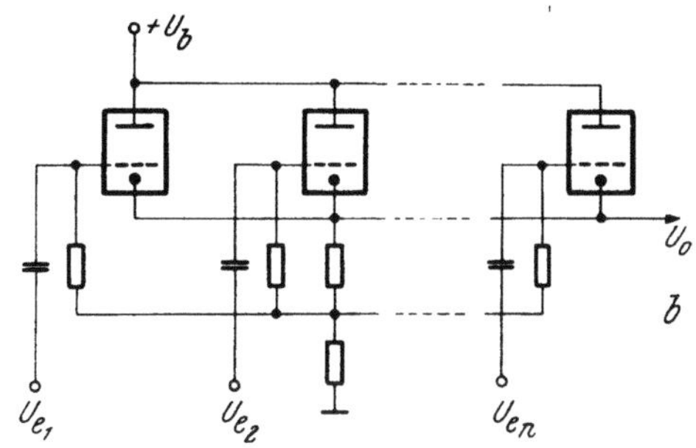

Abb. 7.103. Mehrfachaddition

Röhrenschaltung Abb. 7.102. Von den addierenden Signalen wird das eine an das Gitter, das andere an die Katode gelegt. Die Signale müssen entgegengesetzte Vorzeichen haben. Abb. 7.103 zeigt eine Parallelschaltung mehrerer Röhren, die auf einen gemeinsamen Anoden- (a) oder Katodenwiderstand (b) arbeiten. Kann die

Addition nichtlinear erfolgen, so können die Röhren im Ruhestand gesperrt sein (Arbeitspunkt im unteren Kennlinienknick). Voraussetzung ist, daß die zu addierenden Signale positiv sind. Für eine lineare Addition muß der Arbeitspunkt in der Mitte des geraden Kennlinienbereiches liegen und $Ra \ll Ri$ sein.

Die Koinzidenzschaltung unterscheidet sich von der Additionsschaltung nur durch die Lage des Arbeitspunktes (z. B. Rossi-Koinzidenz: $Ug = 0$) und die Bedingung $Ra \geqq Ri$. (Addition siehe auch S. 318.)

7.9.3 Impulssubtraktion

Für die Impulssubtraktion ist besonders der Differenzverstärker geeignet (Abb. 7.104; vgl. Kap. 2.9.2). Bei phasengleichen Eingangssignalen erscheint am Ausgang $U_0/V = Ue_1 - Ue_2$. Additionsschaltungen können verwendet werden, wenn die beiden Eingangssignale um 180° phasenverschoben sind (Abb. 7.105). Der Unterschied zur Antikoinzidenzschaltung besteht wiederum nur in der Lage des Arbeitspunktes. (Subtraktion siehe auch S. 319.)

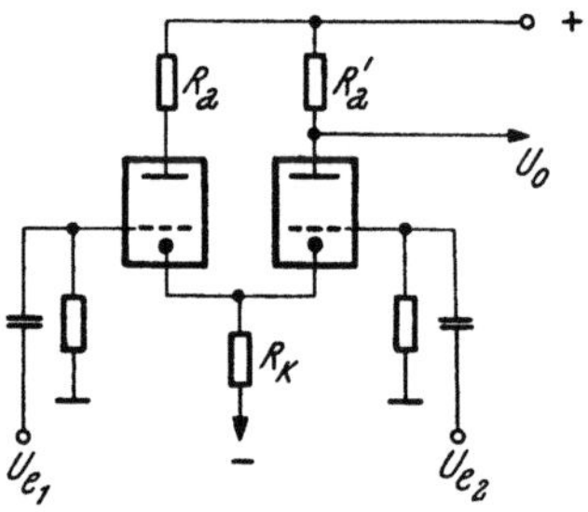

Abb. 7.104. Impulssubtraktion mit einem Differenzverstärker

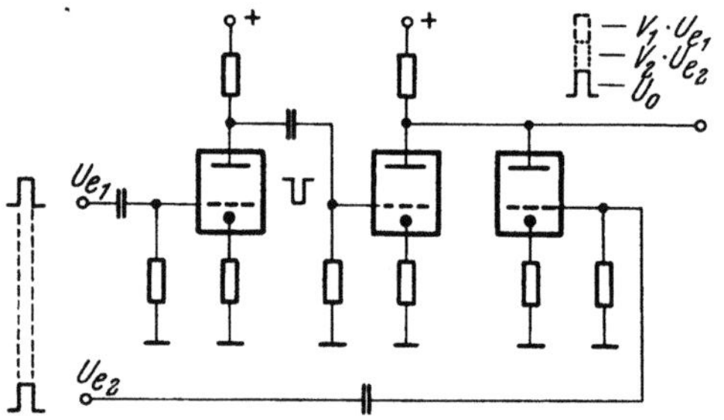

Abb. 7.105. Impulssubtraktion mit Phasenumkehrschaltung

7.9.4 Impulsumkehr

Die Abb. 7.106 zeigt verschiedene Schaltungsmöglichkeiten zur Impulsumkehr. Jede Transistor-Emitter-Schaltung (b) und jede Röhre in Katodenbasisschaltung dreht das Signal spiegelbildlich. In Abb. 7.106c ist an die Umkehrröhre ein Katodenfolger zur Auskopplung angeschlossen. (Siehe auch S. 318.)

Eine Schaltung, die nur mit einem Transistor möglich ist und auf seinen symmetrischen Eigenschaften beruht, zeigt Abb. 7.107. Bei negativem Eingangssignal an der Basis ist das Ausgangssignal Uo positiv, wenn Uv positiv, und negativ, wenn Uv negativ ist, da dann der Kollektor die Funktionen des Emitters übernimmt und umgekehrt (inverser Betrieb).

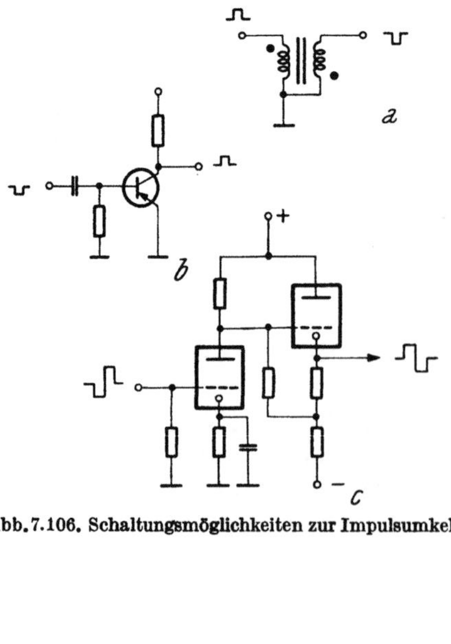

Abb. 7.106. Schaltungsmöglichkeiten zur Impulsumkehr

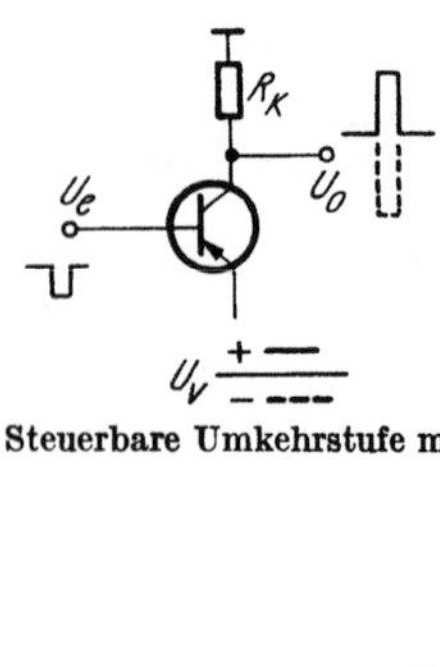

Abb. 7.107. Steuerbare Umkehrstufe mit Transistor

8. Kippschaltungen

8.1 Der Multivibrator

8.1.1 Der astabile oder freischwingende Multivibrator (AMV)[1]

Abraham und Bloch erkannten (1918), daß ein zweistufiger *RC*-Verstärker zu schwingen beginnt, wenn Eingang und Ausgang miteinander verbunden werden (Abb. 8.1). Die für einen Oszillator notwendige Selbsterregungsbedingung $k \cdot V > 1$ sowie die Phasenrichtigkeit ($\varphi = 360°$) sind in diesem Falle erfüllt.

Diese grundlegend wichtige Vibratorschaltung wollen wir ausführlicher besprechen. Zuerst zeichnen wir jedoch die Abb. 8.1 etwas um und gewinnen die allgemein gebräuchliche Darstellung der Multivibratorschaltung (Abb. 8.2). Um den Ablauf der Schwingung besser beschreiben zu können, nehmen wir an, die Schaltung befinde sich in Ruhe und plötzlich werde das Gitter der Röhre 1 negativ gemacht. Die Folge davon ist ein Fallen des Anodenstromes Ia_1 und ein Steigen der Anodenspannung Ua_1. Dieser Anodenspannungssprung macht das Gitter der Röhre 2 positiver, weil sich der Kondensator Cg_2 gegenüber einer plötzlichen Spannungsänderung wie ein kleiner Widerstand verhält. Ein positiveres Gitter läßt aber Ia_2 ansteigen und Ua_2 fallen, d. h. Ua_2 macht einen Sprung in negativer Richtung, der übertragen durch Cg_1 das Gitter der Röhre 1 negativ macht.

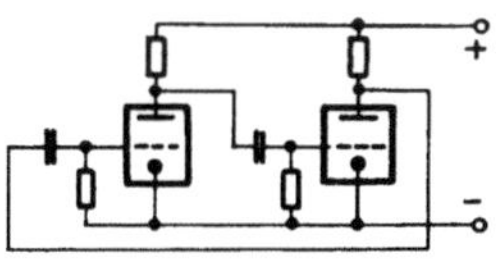

Abb. 8.1. Mitgekoppelter zweistufiger *RC*-Verstärker

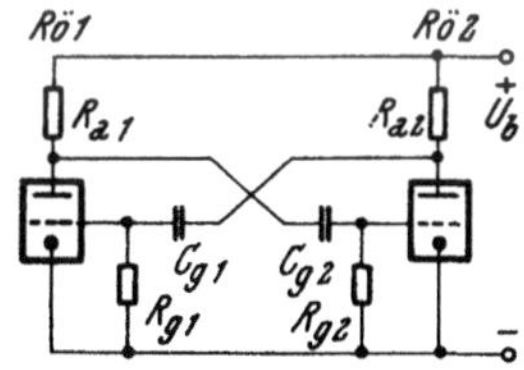

Abb. 8.2. Astabiler Multivibrator (AMV)

Wir sehen hier sofort die Phasenrichtigkeit der Schaltung: die ursprünglich angenommene Spannungsänderung in negativer Richtung am Gitter 1 erscheint um $V = V_1 \cdot V_2$ verstärkt wieder negativ am selben Gitter. V_1 und V_2 sind die Verstärkungen der beiden Röhren. Dieser um V verstärkte Spannungssprung durchläuft nun wieder die Schaltung und wächst so weit an, bis er durch die Röhrenübersteuerung begrenzt wird (siehe Amplitudenbegrenzung im *RC*-Generator). Der Oszillator wird also in kürzester Zeit eine maximale Amplitude erreichen, die durch die beiden quasistabilen Zustände der Röhre charakterisiert ist: Die Anodenspannung Ua schwankt zwischen den Werten Ub bei gesperrter Röhre und $Ua = Ub - Ia \cdot Ra$, wenn $Ug = 0$ wird. Dieser quasistabile Zustand jeder Röhre nach einer Anodenspannungsänderung dauert nur so lange, bis sich der Konden-

---

[1] Literatur: [N 1, K 7].

sator (Cg_1 oder Cg_2) zum Gitter der jeweils gesperrten Röhre über deren Gitterableitwiderstand (Rg_1 oder Rg_2) so weit entladen hat, daß $Ug = Us$ wird, die Röhre also wieder zu leiten beginnt. Nun wird, wie oben beschrieben, diese Röhre durch Rückkopplung wieder voll aufgesteuert, wobei die andere Röhre gesperrt wird. Dieser Vorgang wiederholt sich periodisch.

Oszillographieren wir an den Röhrenelektroden der Schaltung, so zeigen sich die in Abb. 8.3 dargestellten, für den Multivibrator charakteristischen Spannungskurven.

Die gedeckten Kurvenstücke zeigen den Spannungsverlauf an den Elektroden der jeweils gesperrten Röhre.

t_{p1}, t_{p2}	Impulsbreite (auch Impulsdauer)
Tp	Impulsperiode $= t_{p1} + t_{p2}$
$f_p = 1/Tp$	Impulsfolgefrequenz
$A = Ia \cdot Ra$	Impulsamplitude, gemessen in Vss
Us	Sperrspannung oder Anodenstromeinsatzspannung

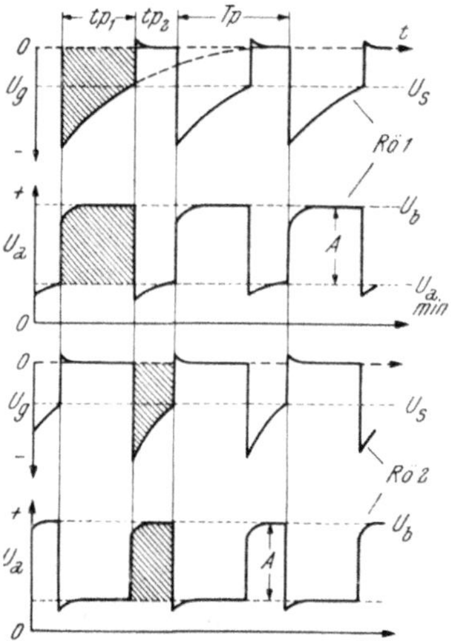

Erklärung zu Abb. 8.3: Der Verlauf der Gitterspannung der Röhre 1 nach einer e-Potenz von einem maximalen negativen Wert bis zum Anodenstromeinsatzpunkt oder der Sperrspannung Us ist deutlich sichtbar. Während dieser Zeit ist, wie die zugehörige Ua-Kurve zeigt, Ua gleich Ub. Würde die Schaltung nicht umkippen, so würde sich der Kondensator C nach der gestrichelten Kurve bis gegen Null entladen. Durch das plötzliche Leitendwerden der Röhre 1 geht deren Gittervorspannung sprunghaft durch Null nach einem positiven Wert — kleiner Zahn auf der Nullinie — der aber durch den Gitterstromeinsatz rasch abgebaut wird (Überschwingung). Der Spannungsverlauf an den Anoden der Röhren ist nahezu rechteckförmig.

Abb. 8.3. Spannungsverlauf an den Röhrenelektroden des AMV

A. Die Berechnung der Impulsfolgefrequenz f_p

Den Multivibrator exakt durchzurechnen ist in der Praxis nicht sinnvoll, denn in den meisten Fällen sind die dazu nötigen Daten zu ungenau oder schwer meßbar. Die gebräuchlichen Schaltelemente und Röhren haben oft erhebliche Toleranzen und die Schaltkapazitäten sind schwer erfaßbar.

Der elektronisch Arbeitende braucht eine Näherungsformel, die mit den wesentlichen Bestimmungsstücken der Schaltung eine rasche Berechnung der Periodendauer und damit der Impulsfolgefrequenz gestattet[1].

Wir legen zunächst folgende vereinfachende Bedingungen fest: Die beiden Röhren sollen gleiche Typen sein, am besten in einer Doppeltriode vereinigt. Ferner wird $Ra_1 = Ra_2 = Ra$, $Rg_1 = Rg_2 = Rg$, $Cg_1 = Cg_2 = C$.

[1] Der theoretisch Interessierte sei auf [N 1] verwiesen.

Der Innenwiderstand Ri der leitenden Röhre, für $Ug = 0$ bestimmt, sei klein gegen Ra, der Röhreneingangswiderstand Re klein gegen Rg [N 1, S. 146]. Eine Röhre, z. B. Rö. 1, soll leitend sein, die andere gesperrt.

Für diesen angenommenen Anfangszustand kann das Ersatzschaltbild in Abb. 8.4 gezeichnet werden.

Ist Rö. 2 gesperrt und Rö. 1 leitend, die Schaltung also umgekippt, so vertauschen sich im Ersatzbild die Bezeichnungen der einzelnen Elemente.

Ein genauer Ansatz des Spannungsverlaufes am Kondensator C nach der bekannten Formel

$$u = U \cdot e^{-t/\tau}$$

führt zu der Formel

$$Uc = e^{-t/\tau_2} \cdot [Ub - (e^{-t/\tau_2})^{\tau_1/\tau_2} \cdot (Ub - Us)]$$

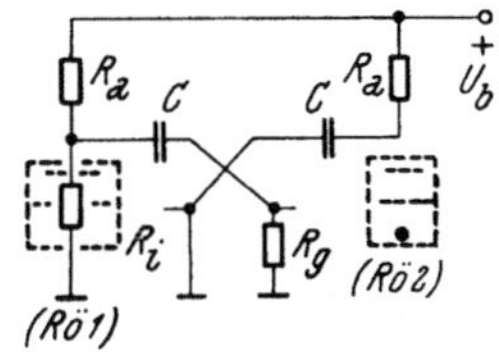

Abb. 8.4. Ersatzschaltbild für den angenommenen Anfangszustand

wobei $\tau_1 = Ra \cdot C$ und $\tau_2 = Rg \cdot C$ ist.
Diese Formel ist für eine Periode schwierig zu lösen.

Für unsere Näherungsformel gehen wir davon aus, daß unmittelbar nach erfolgtem Umkippen der Schaltung die Spannung am Gitter der gesperrten Röhre Rö. 2 dem Spannungssprung am Anodenwiderstand der leitend gewordenen Röhre Rö. 1 entspricht, der Anfangswert also

$$Ug_{\text{Rö. 2}} = U_{Rg} = -Ia \cdot Ra$$

ist ($Ia = Ia_{\max}$ für $Ug = 0$).

Da sich C nach einer e-Funktion umlädt, können wir schreiben:

$$u_{Rg} = U_{Rg} \cdot e^{-t/\tau} = -Ia \cdot Ra \cdot e^{-t/\tau}$$

wobei τ die Zeitkonstante des Ausgleichsvorganges ist:

$$\tau = \left(Rg + \frac{Ri \cdot Ra}{Ri + Ra}\right) \cdot C \approx Rg \cdot C$$

Setzen wir τ in die Formel für u_{Rg} ein:

$$u_{Rg} = -Ia \cdot Ra \cdot e^{-t/Rg\,C} = -\frac{Ia \cdot Ra}{e^{t/Rg\,C}}\,; \quad \text{daraus: } e^{t/Rg\,C} = -\frac{Ia \cdot Ra}{u_{Rg}}$$

Berücksichtigen wir, daß u_{Rg} in der Zeit t bis $-Us$ steigt, Us also die zweite Grenze bildet, so wird

$$t = Rg \cdot C \cdot \ln \frac{Ia \cdot Ra}{Us} = t_p \qquad (8.1)$$

Das ist die Formel für die Sperrzeit der Röhre 2. Für die anfangs gestellten Symmetriebedingungen gilt $t_{p1} = t_{p2}$ und damit ist: $Tp = 2t_p = 1/f_p$. Die Impulsfolgefrequenz des symmetrischen astabilen Multivibrators ist dann:

$$f_p = \frac{1}{2Rg \cdot C \cdot \ln \dfrac{Ia \cdot Ra}{Us}} \qquad (8.2)$$

Die Impulsamplitude $A = Ia \cdot Ra$ und die Sperrspannung Us können wir aus dem Ia/Ua-Kennlinienfeld der verwendeten Röhre entnehmen (Abb. 8.5).

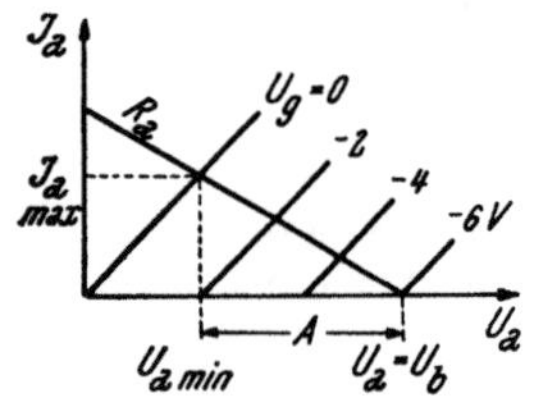

Abb. 8.5. Impulsamplitude im Kennlinienfeld

Die Widerstandsgerade schneidet die Ua-Achse im Punkt $Ua = Ub$ und gibt dort auch die Gittersperrspannung Us an. Der Schnittpunkt des Parameters $Ug = 0$ mit der Widerstandsgeraden zeigt den gesuchten Wert für $Ia_{\max}$ auf der Ordinate und den für $Ua_{\min}$ auf der Abszisse an. Die Amplitude A des Impulses kann unmittelbar abgelesen werden.

B. Der asymmetrische Multivibrator

Läßt man die anfangs gestellten, vereinfachenden Bedingungen fallen, so wird $Ra_1 \neq Ra_2$, $Rg_1 \neq Rg_2$ und $C_1 \neq C_2$, demnach auch die Zeitkonstante $\tau \neq \tau_1 \neq \tau_2$ und damit die Impulsdauer $t_{p1} \neq t_{p2}$. Die verschiedenen Zeitkonstanten, Außenwiderstände und damit Anodenströme müssen nun getrennt in den Nenner der Formel für die Impulsfolgefrequenz eingesetzt werden:

$$f_p = \frac{1}{Tp} = \frac{1}{t_{p1} + t_{p2}} = \frac{1}{\tau_1 \cdot \ln \frac{A_2}{Us} + \tau_2 \cdot \ln \frac{A_1}{Us}} \tag{8.3}$$

wobei:

$$A_1 = Ia_1 \cdot Ra_1, \quad \text{und} \quad A_2 = Ia_2 \cdot Ra_2 \tag{8.4}$$

$$\left.\begin{aligned} \tau_1 &= C_1 \left(Rg_1 + \frac{Ra_2 \cdot Ri_2}{Ra_2 + Ri_2}\right) \sim C_1 \cdot Rg_1 \\ \tau_2 &= C_2 \left(Rg_2 + \frac{Ra_1 \cdot Ri_1}{Ra_1 + Ri_1}\right) \sim C_2 \cdot Rg_2 \end{aligned}\right\} \tag{8.5}$$

Ein RC-Glied bestimmt nun die Dauer der stromführenden, das andere die des stromlosen Zustandes (siehe Abb. 8.3), beide zusammen bestimmen die Folgefrequenz.

Wir haben bis jetzt die Impulsanstiegszeiten, die von den Zeitkonstanten $Ra \cdot Cs$ (= Schaltkapazitäten) abhängen, nicht berücksichtigt. Diese Vereinfachung ist zulässig, wenn Ra klein und die Impulsanstiegszeit im Verhältnis zur Impulsdauer vernachlässigbar ist. Die Zeitkonstante $RaCs$ bestimmt die obere Grenzfrequenz. Vergrößern wir also den Außenwiderstand Ra, so vergrößern wir einerseits die Amplitude A, andererseits verkleinern wir die Flankensteilheit des Impulses — die Rechteckform geht in eine Trapezform über.

Die Probleme der Größe Ra sind ungefähr gleich denen im Breitbandverstärker (siehe Kap. 2.2.2 und 7.1.2). Als Faustregel kann gelten: der Ra für die obere Grenze der Impulsfolgefrequenz eines Rechtecksignals ist etwa $^1/_{10}$ so groß wie der Ra für die gleich hohe, aber sinusförmige Frequenz.

Oft störend und abweichend von der Rechteckform sind die Spannungsspitzen der Ua- und Ug-Kurven, deren Ursache das Überschwingen ist. Sie sind besonders ausgeprägt, wenn die Koppelkondensatoren C_1 und C_2 groß sind. Einige Maßnahmen zur Verhinderung dieser Kurvenverzerrungen wollen wir kurz anführen:

1. Bei der Dimensionierung soll C möglichst klein gewählt werden.

2. Werden statt Trioden Pentoden verwendet, so vermindert die Stromübernahme am Schirmgitter das Überschwingen.

3. Ein hochohmiger Widerstand mit einer Parallelkapazität unmittelbar vor das Röhrengitter geschaltet, verbessert die Kurvenform durch Gitterstrombegrenzung.

4. Begrenzung durch Dioden (siehe Kap. 7.2).

Die bisher besprochene Grundschaltung des Multivibrators hat einen Nachteil: Sie ist gegenüber Schwankungen der Speisespannung Ub empfindlich; es ändert sich sowohl die Frequenz als auch die Amplitude des Vibrators mit Ub-Änderungen. Legen wir die Gitterableitwiderstände Rg nicht mehr auf Katodenpotential (Masse), sondern an eine positive Spannung, die auch die Ub selbst sein kann (Abb. 8.14), so verbessert sich dadurch wesentlich die Stabilität der Schaltung und die Kurvenform. Gleichzeitig zeigt sich aber, daß die Impulsfolgefrequenz mit steigender positiver Vorspannung zunimmt. Die Ursache liegt darin, daß die exponentielle Entladekurve des Koppelkondensators nicht mehr von ihrem negativen Höchstwert A gegen Null (Abb. 8.6, punktierte Linie), sondern gegen die positive Vorspannung, in unserem Beispiel Ub, verläuft (Abb. 8.6, gestrichelte Linie). Das Umkippen der Schaltung geschieht aber ebenso wie bei der Grundschaltung dann, wenn die Entladespannung die Sperrspannung Us erreicht. In der Abb. 8.6 ist der Verlauf der Gitterspannung ausgezogen gezeichnet (der durchlaufende Kurventeil von $A \rightarrow Us$ ist der steilste und geradlinigste der Exponentialfunktion).

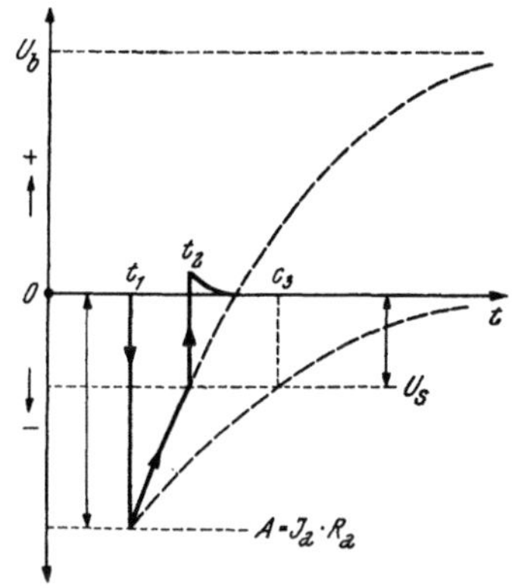

Abb. 8.6. Spannungsverlauf am Gitter mit Rg an positiver Spannung

Die Sperrspannung Us wird rascher erreicht, die Impulsdauer ist daher wesentlich kürzer. Der prozentuelle Anteil des nicht-durchlaufenen Kurventeiles $\left(\frac{Us + Ub}{A + Ub}\right)$ an der Gesamtkurve kann 80% und mehr betragen. Legen wir die Gitterableitwiderstände an Ub und ist der Multivibrator asymmetrisch aufgebaut, so wird die Impulsfolgefrequenz:

$$f_p = \frac{1}{\tau_1 \cdot \ln \frac{A_2 + Ub}{Us + Ub} + \tau_2 \cdot \ln \frac{A_1 + Ub}{Us + Ub}} \tag{8.6}$$

In der Formel ist also zum Zähler und Nenner der beiden Quotienten Ub (oder die Vorspannung Uv) addiert.

Die erhöhte Stabilität zeigt sich, wenn wir in den Quotienten für den durchlaufenen Kurventeil entsprechende Werte einsetzen und ihn für verschiedene Ub ausrechnen. Zur Gegenprobe lassen wir bei den gleichen Werten Ub im Zähler und Nenner weg und rechnen die Schwankungen der Amplitude A aus.

Durch Regelung der positiven Vorspannung mit Hilfe eines Potentiometers, das zwischen $Ub+$ und 0 eingeschaltet ist, läßt sich die Impulsfolgefrequenz ohne Schwierigkeiten im Verhältnis 1:10 und mehr verändern, wobei sich aber das Tastverhältnis $tp_1 : tp_2$ nicht oder nur wenig ändert.

Die Methode der positiv vorgespannten Gitter eignet sich schlecht für Multivibratoren, die auf niedrigen Frequenzen, etwa kleiner als 100 Hz, arbeiten sollen, denn die Gitterableitwiderstände Rg würden zu hohe Werte annehmen. Die Kondensatoren lassen sich im Hinblick auf die Kurvenform nicht beliebig vergrößern.

Zur Erzeugung scharfer Rechtecksignale hoher Flankensteilheit muß verlangt werden, daß die Aufladezeitkonstante $\tau_a = Ra \cdot Cs$ vernachlässigbar klein ist. Cs ist die dem Ra parallel liegende Schalt- und Anodenkapazität. Ein Signal kann dann als gutes Rechteck angesprochen werden, wenn $Tp > 20 \cdot t_a$ ist, d. h., die Anstiegszeit t_a kleiner als 5% der Impulsperiode Tp wird. Wird absichtlich zum Ra ein Kondensator parallelgeschaltet, Cs also vergrößert, oder steigt der Einfluß von Cs, bedingt durch eine hohe Impulsfolgefrequenz, so verformt sich der Impuls, die Flanken werden flacher. Der Spannungsverlauf an Ra wird endlich dreieckförmig, wenn $Tp < 4 \cdot t_a$ geworden ist (Abb. 8.7).

Streben wir bewußt z. B. eine Sägezahnimpulsfolge an, so machen wir den Multivibrator möglichst asymmetrisch, $t_{p1} \gg t_{p2}$, und legen zu einem Außenwiderstand Ra einen Kondensator parallel und vergrößern dadurch die Aufladezeitkonstante stark.

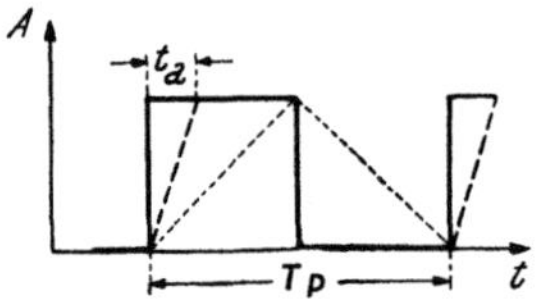

Abb. 8.7. Rechtecksignal und Anstiegszeit

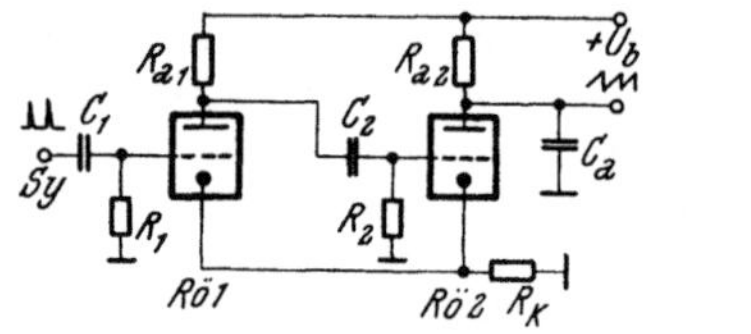

Abb. 8.8. Katodengekoppelter Multivibrator. Ca verlängert die Entladezeit des Anodenkreises

C. Der katodengekoppelte astabile Multivibrator

Bei der bisher besprochenen Multivibratorschaltung erfolgte die Rückkopplung von der Anode der Röhre 2 auf das Gitter der Röhre 1 über ein RC-Glied. Erhalten beide Röhren einen gemeinsamen, nicht durch einen Kondensator überbrückten Katodenwiderstand, so sind sie über Rk galvanisch gekoppelt (Abb. 8.8). Diese Multivibratorschaltung hat also zwei verschiedene Kopplungswege, den einen über C_2–R_2, den anderen über Rk. Das Gitter der Rö. 1 steht zur Einspeisung von Synchronisiersignalen (= Gleichlaufzwang) über C_1–R_1 zur Verfügung. Die Auskopplung des Signales von der Anode der Rö. 2 erfolgt ohne Rückwirkung auf die Funktion der übrigen Schaltung, da diese Röhrenelektrode zur Rückkopplung nicht herangezogen wird. Dem Ra_2 in Abb. 8.8 wurde zur Bildung von Sägezahnimpulsen ein Kondensator C parallel gelegt. Lassen wir Ca unberücksichtigt, so ist das einzige steuernde Zeitkonstantenglied $\tau = C_2 \cdot R_2$.

Zur Funktion der Schaltung: Das Gitter der Rö. 2 wird positiver, wenn Rö. 1 stromlos wird, d. h. Rö. 2 wird leitend und Ia_2 erzeugt an Rk eine die Rö. 1 sperrende Vorspannung. Wir sehen den phasenrichtig steuernden Einfluß auf Rö. 1, die Rückkopplung. Rö. 2 wird so lange geöffnet bleiben, bis sich C_2 über R_2 umgeladen hat und ihr Anodenstrom zu sinken beginnt. Wird nun Ia_2 klein (Null), so fällt die an Rk stehende Sperrspannung für Rö. 1, so daß diese leitend wird. Der nunmehr fließende Ia_1 erzeugt an Ra_1 einen negativen Impuls, der über C_2 die Rö. 2 weiter sperrt usw.

Die Berechnung der Impulsfolgefrequenz ist im wesentlichen die des anodengekoppelten Multivibrators. Zu berücksichtigen sind die steuernde Wirkung des Katodenwiderstandes und die geänderten Gittervorspannungen. Die Rö. 2 wird nicht bei Erreichen der Sperrspannung Us, sondern bei der Spannung $-(Ia_1 \cdot Rk - Us)$ geöffnet. Daher gilt für die Impulsdauer t_{p1} die Gleichung (Rö. 1 leitend):

$$t_{p1} = C_2 R_2 \cdot \ln \frac{A_1}{Rk \cdot Ia_1 - Us} \tag{8.7}$$

A_1 = Impulsamplitude $Ia_1 \cdot Ra_1$.

Für den zweiten Teil der Impulsperiode, die Impulsdauer t_{p2}, gilt:

$$t_{p2} = C_2 \cdot R_2 \cdot \ln \frac{A_1 \cdot S \cdot Rk}{Us(1 + S \cdot Rk) - Ia_2 \cdot Rk} \tag{8.8}$$

S = Röhrensteilheit
Ia_2 = maximaler Anodenstrom der Rö. 2.

Die Impulsfrequenz ist wiederum

$$f_p = \frac{1}{Tp} = \frac{1}{t_{p1} + t_{p2}} \tag{8.9}$$

Durch die leichte Synchronisierbarkeit eignet sich der katodengekoppelte Multivibrator besonders für Kippschaltungen (Zeitbasis für Oszillographen), Frequenzteiler, Impulsgeber usw.

Dresser [D 5] gibt eine Rechteckmultivibratorschaltung (mit Katodenkopplung) an (Abb. 8.9), die sich durch einen großen Frequenzbereich, 10 Hz bis 180 kHz, bei einfachem Aufbau auszeichnet. Sie besteht aus einem Anodenbasisverstärker, der mit einem Gitterbasisverstärker über einen gemeinsamen Katodenwiderstand gekoppelt ist. Durch Umschalten der Kondensatoren erfolgt eine Grobeinstellung des Frequenzbereiches, mit dem 500 kΩ-Regelwiderstand die Feineinstellung. Durch Verändern des 1-kΩ-Gittervorwiderstandes kann das Impulsverhältnis $t_{p1} : t_{p2}$ korrigiert werden.

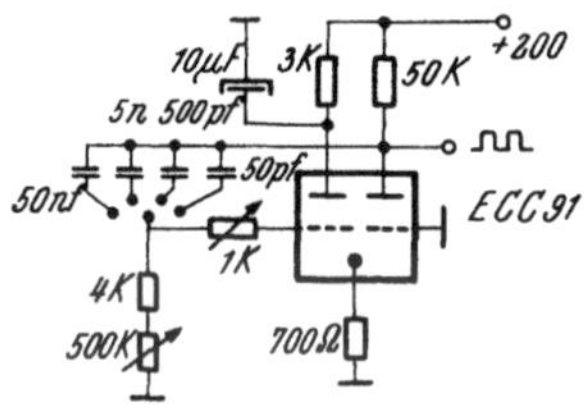

Abb. 8.9. Rechteckmultivibrator

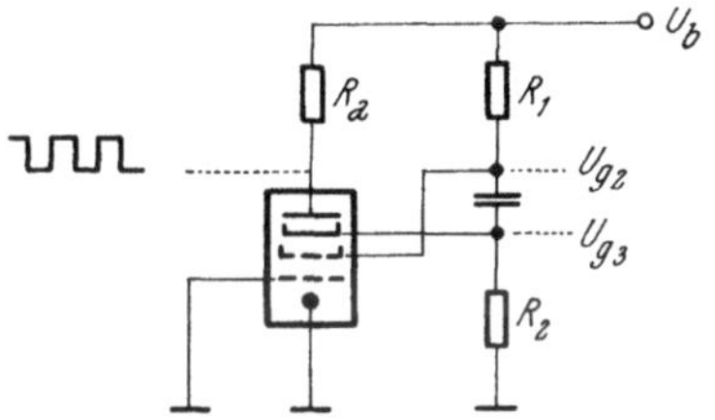

Abb. 8.10. Die Transitronschaltung

D. Die Transitron-Schaltung[1]

Die Transitron-Schaltung kann von einem katodengekoppelten Multivibrator hergeleitet werden, bei dem die zweite Röhre durch das Schirm- und Bremsgitter einer Pentode ersetzt ist. Die Abb. 8.10 zeigt ein einfaches Schaltbild.

Wirkungsweise: Die Schirmgitterkennlinie einer Pentode hat gegenüber einer Bremsgittersteuerung eine negative Steilheit, d. h. bei Negativwerden von G_3 fällt Ia und Ig_2 steigt. Dieser Effekt wird beim Transitron zur Schwingungserzeugung ausgenützt. Angenommen, der Kondensator C sei negativ gegen das Bremsgitter geladen, Ia dadurch null, $Ua = Ub$. C entlädt sich über R_2, bis Ug_3 so klein geworden ist, daß Ia zu fließen beginnt und Ig_2 fällt. Die steigende Schirmgitterspannung macht über C das Bremsgitter noch positiver (Mitkopplung), die Schaltung kippt um. Der durch $+Ug_3$ verursachte Bremsgitterstrom lädt C negativ auf, so daß Ia fällt und Ig_2 steigt. Die fallende Schirmgitterspannung unterstützt die negative Ladung von C. Der Zyklus ist beendet, wenn $Ia = 0$ und Ug_3 stark negativ geworden ist. Ein neuer Zyklus beginnt durch die Entladung von C. Die Transitronschaltung ist also ein selbstschwingender Rechteck-

[1] Literatur: [B 7].

generator. Ihre Dimensionierung kann weitgehend von der des Multivibrators übernommen werden. Das negativ gerichtete Rechtecksignal wird von der Anode ausgekoppelt. Amplituden von einigen 100 V können erzeugt werden. Das Gitter 1 ist gleich dem katodengekoppelten Multivibrator unbenützt und steht zur Arbeitspunkteinstellung bzw. zur Synchronisierung zur Verfügung.

Wird der Fußpunkt des R_2 an eine negative Spannung gelegt, so schwingt die Schaltung nicht selbständig. Sie kann als Transitronunivibrator bezeichnet werden. Ein negativer Triggerimpuls am Steuergitter löst einen negativen Anodenimpuls am Ra aus (getriggerte Kippgeräte).

Mit einer vergrößerten Miller-Kapazität entsteht aus der Transitronschaltung ein Sägezahngenerator (siehe Kap. 8.2.2).

E. Der Reihenmultivibrator[1]

Eine interessante und vielseitige Schaltung, den Reihenmultivibrator, beschreibt Garner. Sie repräsentiert mit ihrer Grundschaltung wohl den einfachsten Multivibrator. Wir wollen sie aber vor allem deswegen besprechen, weil sie eine große Zahl von Abänderungen zuläßt. Es kann mit dem Reihenmultivibrator beinahe jede gewünschte Kurvenform erzeugt werden (Garner selbst spricht von 60 verschiedenen Kombinationen).

Die Grundschaltung zeigt Abb. 8.11. Ihr Aufbau unterscheidet sich erheblich von den bisher besprochenen Multivibratorschaltungen. Die Röhre Rö. 1 als

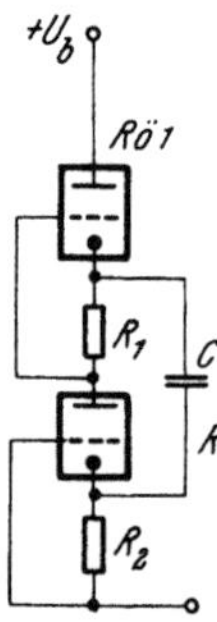

Abb. 8.11. Grundschaltung des Reihenmultivibrators

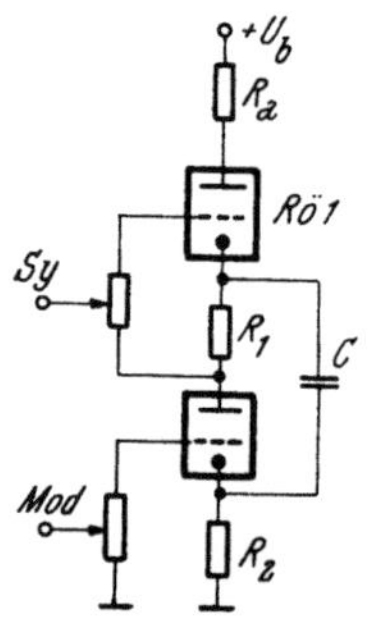

Abb. 8.12. Reihenmultivibrator

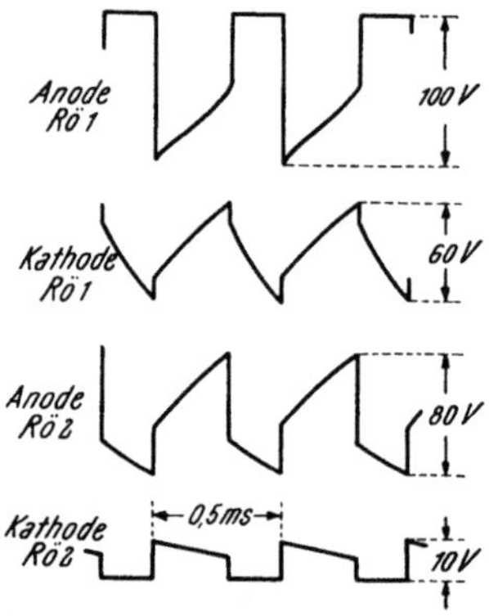

Abb. 8.13. Spannungsverlauf an den Elektroden des Reihenmultivibrators

Katodenfolger liegt in Serie mit der als Gitterbasisverstärker geschalteten Röhre 2 an der Anodenspannungsquelle (galvanische Kopplung). Der zweite Kopplungsweg ist der Kondensator C von Katode zu Katode.

Nach Anlegen der Anodenspannung ist vorerst nur Rö. 1 stromführend, denn Rö. 2 ist durch den ungeladenen Kondensator C kurzgeschlossen. Der an R_2 durch den Ladestrom verursachte Spannungsabfall sperrt zusätzlich Rö. 2. Ist C über R_2 — Rö. 1 aufgeladen, so wirkt dies für Rö. 1 wie eine Unterbrechung der Anodenspannung, denn der Strom durch R_2 wird Null. Rö. 1 wird stromlos und Rö. 2 stromführend, denn der Spannungsabfall an R_2, der Rö. 2 gesperrt gehalten hat, verschwindet (= erster metastabiler Zustand). Der geladene Kondensator C wirkt nun für Rö. 2 als Anodenspannungsquelle und der Entladestrom erzeugt daher einen Anodenstrom Ia_2. Dieser Strom verursacht an R_1 einen Spannungs-

[1] Literatur: [G 8, C 8].

abfall, der wiederum Rö. 1 so lange gesperrt hält, bis C entladen ist — der zweite metastabile Zustand beginnt. Rö. 1 wird leitend und Rö. 2 durch den entladenen Kondensator gesperrt. Die Ausgangsstellung ist erreicht und der Vorgang wiederholt sich.

Die Aufladezeitkonstante τ_a ist bestimmt durch C, R_2, $Ri_{\text{Rö},1}$.

Die Entladezeitkonstante τ_e ist bestimmt durch C, R_1, $Ri_{\text{Rö},2}$.

Die Kurvenformen an den Röhrenelektroden eines Reihenmultivibrators nach Abb. 8.12 sind in Abb. 8.13 dargestellt (die Spannungsangaben gelten für Rö.: ECC 82, $Ub = 200$ V, $Ra = 50$ kΩ, $R_1 = 10$ kΩ, $R_2 = 5$ kΩ, $C = 10$ nF, $Rg_1 = Rg_2 = 0$, $fp \sim 2$ kHz).

Einige Beispiele sollen die Wandlungsfähigkeit des Reihenmultivibrators zeigen:

Abb. 8.12 gibt die Schaltung für einen Rechteckgenerator wieder. Zur Erzeugung einer Sinusschwingung wird ein Kondensator von der Anode der Rö. 1 zur Anode der Rö. 2 gelegt. Ein Kondensator von der Anode Rö. 1 gegen Masse läßt eine Sägezahnspannung entstehen. Wird R_2 durch eine kleine Induktivität ersetzt (einige mH), so entsteht eine Folge von scharfen Impulsen. Bei dieser Ausführung muß Ra weggelassen werden.

Wie in Abb. 8.12 angedeutet ist, läßt sich der Reihenmultivibrator am Gitter der Röhre 1 synchronisieren und am Gitter der Röhre 2 modulieren.

Abschließend noch ein *Schaltbeispiel:* Abb. 8.14 zeigt einen einfachen Multivibrator, der sich besonders für Demonstrationszwecke und als Steuergenerator gut eignet. Mit den beiden variablen Gitterableitwiderständen (Trimmerpotentiometer) lassen sich Impulsbreite und Impulsfolgefrequenz verändern. Die Germaniumdiode am Ausgang dient zur Verbesserung der Rechteckkurvenform.

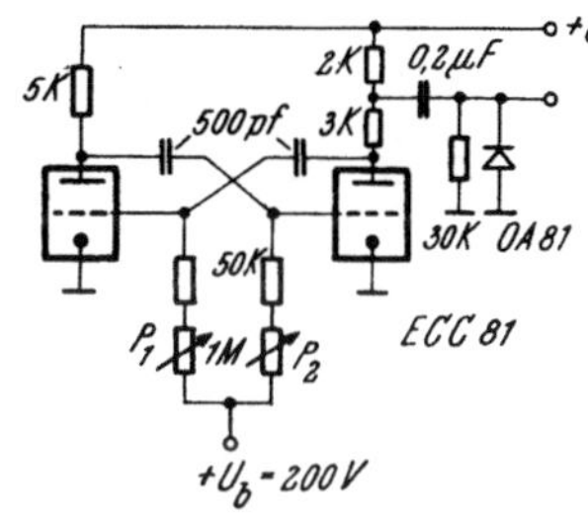

Abb. 8.14. Demonstrationsmultivibrator mit veränderlichen Impulsbreiten

F. Die astabile Multivibrator-Transistorschaltung[1]

Schaltung und Wirkungsweise sind im Prinzip gleich der des röhrenbestückten Multivibrators. Kleinere Unterschiede ergeben sich lediglich durch die verschiedenen Schalteigenschaften von Röhre und Transistor.

Im folgenden soll der leitende Transistor immer als übersteuert und ideal leitend, der gesperrte Transistor immer als ideal sperrend angesehen werden. Impulsfolgefrequenz und Ausgangsamplitude des Multivibrators werden dann durch die Temperaturabhängigkeit des Transistors nicht beeinflußt, sondern ausschließlich durch die äußeren Schaltelemente bestimmt. Temperaturbedingte Schwankungen des Reststromes im gesperrten Zustand seien zur Wahrung der besseren Übersicht außer acht gelassen und dafür auf die Spezialliteratur verwiesen.

a) Wirkungsweise

Der Quasi-stabile Zustand: Transistor 1 sei leitend, Transistor 2 gesperrt (Abb. 8.15). In diesem Zustand ist die Basis von Tr. 1 negativ gegenüber Emitter, während die Basis des gesperrten Transistors durch C_1 auf einem positiven Potential gehalten wird, das sich allerdings über den Widerstand R_{B2} im Laufe der Zeit abbaut. Bezüglich des leitenden Transistors wollen wir voraussetzen, daß er übersteuert sei, d. h., es fließt ein so hoher Basisstrom, daß eine weitere Erhöhung des Basisstroms kein Anwachsen des Kollektorstromes mehr zur Folge hat. Der

[1] Literatur: [N 4, W 11].

Übersteuerung des Transistors entspricht bei Röhren das Aussteuern des Gitters in den positiven Gitterstrombereich.

Unter dieser Voraussetzung sind die inneren Widerstände des Transistors sehr klein, so daß Basis und Kollektor praktisch dasselbe Potential besitzen wie der Emitter (Spannungsunterschied wenige Zehntel V). Im Gegensatz dazu ist der Gleichstromwiderstand des gesperrten Transistors genügend hoch, so daß sein Leckstrom vernachlässigt werden kann. Für den ersten quasi-stabilen Zustand gilt das einfache Ersatzschaltbild Abb. 8.16.

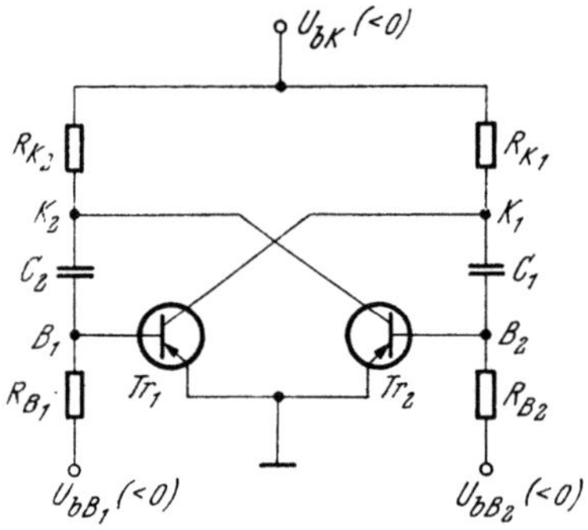

Abb. 8.15. Astabiler Multivibrator mit Transistoren

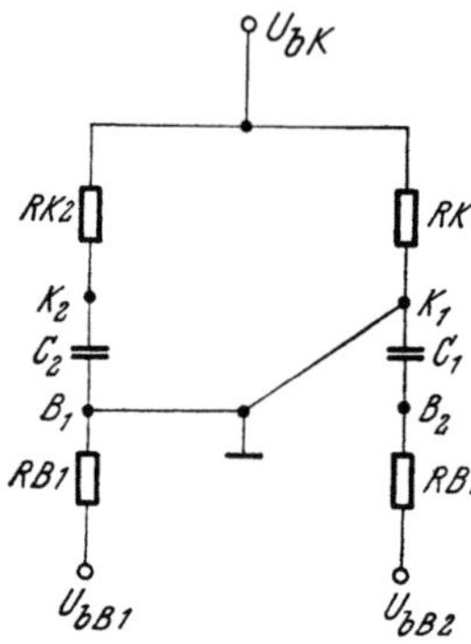

Abb. 8.16. Ersatzschaltbild für den ersten quasistabilen Zustand

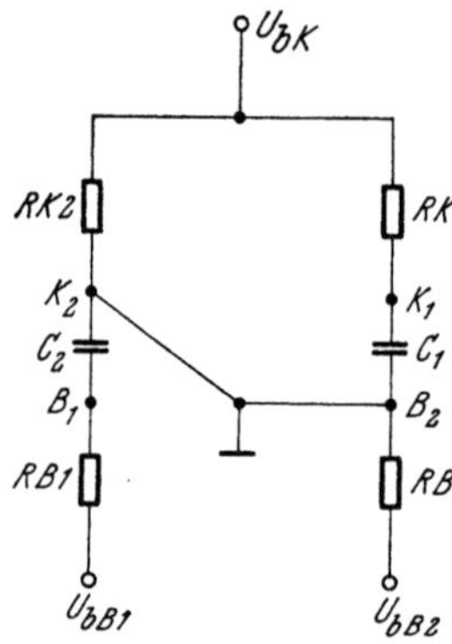

Abb. 8.17. Ersatzschaltbild für den zweiten quasistabilen Zustand

Kippvorgang: Nach t_{p1} Sekunden hat sich C_1 so weit umgeladen, daß die Spannung an der Basis von Tr. 2 Null geworden ist. In diesem Moment beginnt in Tr. 2 Basisstrom zu fließen; der Transistor 2 wird durch die bei der Röhrenschaltung beschriebene gegenseitige Verkopplung plötzlich voll leitend, sein Kollektor nimmt praktisch Massepotential an und überträgt über C_2 auf die Basis von Tr. 1 eine positive Spannung U_2, die den Tr. 1 jetzt sperrt. U_2 ist die Spannung, auf die der Kondensator C_2 unmittelbar vor dem Kippen aufgeladen war. Da die Zeitkonstante $R_{K_2}C_2$ durchweg viel kleiner als die Dauer t_{p1} des stabilen Zustandes ist, kann sich C_2 über R_{C_2} während der Zeit t_{p1} praktisch ganz auf die Betriebsspannung Ub_K aufladen: $U_2 \approx Ub_K$ (dasselbe gilt für $R_{K1} \cdot C_1$ und die Dauer t_{p2} des zweiten quasistabilen Zustandes: $U_1 \approx Ub_K$). Durch den Kippvorgang geht somit Abb. 8.16 in Abb. 8.17 über: der eben beschriebene Vorgang, nur mit vertauschten Transistoren, beginnt von neuem.

b) Impulsfolgefrequenz

Sperrdauer von Tr. 2*:* Der Transistor 2 bleibt so lange gesperrt, bis die positive Spannung U_1 ($\approx Ub_K$), die zum Zeitpunkt $t = t_0$ über C_1 an die Basis B_2 gelegt wird und zeitlich gemäß der Formel

$$U_{B2} = Ub_{B2} - (Ub_K + Ub_{B2})\, e^{-(t_1 - t_0)/C_1 R_{B2}} \tag{8.10}$$

immer kleiner wird, zum Zeitpunkt $t = t_1$ Null geworden ist (Streckenzug AB, Abb. 8.18b):

$$0 = Ub_{B2} - (Ub_K + Ub_{B2})\, e^{-(t - t_0)/C_1 R_{B2}}$$

Ersetzt man $t_1 - t_0$ durch t_{p1}, so erhält man

$$t_{p1} = C_1 R_{B2} \ln \frac{Ub_K + Ub_{B2}}{Ub_{B2}} \tag{8.11}$$

Sperrdauer von Tr. 1: Analog erhält man

$$t_{p2} = C_2 R_{B1} \ln \frac{Ub_K + Ub_{B1}}{Ub_{B1}} \tag{8.12}$$

Nach $Tp = t_{p1} + t_{p2}$ ist der Ausgangszustand wieder hergestellt. Die Frequenz beträgt somit

$$f_p = \frac{1}{Tp} = \frac{1}{C_1 R_{B2} \ln \left(1 + \frac{Ub_K}{Ub_{B2}}\right) + C_2 R_{B1} \ln \left(1 + \frac{Ub_K}{Ub_{B1}}\right)} \tag{8.13}$$

Wird der Multivibrator symmetrisch ausgelegt

$$C_1 R_{B2} = C_2 R_{B1} = C R_B$$

$$Ub_{B2} = Ub_{B1} = Ub_B$$

so ist die Kippfrequenz gleich

$$f = \frac{1}{2 R_B C \ln(1 + Ub_K/Ub_B)} \tag{8.14}$$

Es herrscht somit weitgehende Übereinstimmung mit der entsprechenden Röhrenschaltung: Die Impulsfolgefrequenz ist unabhängig von den Transistordaten, insbesondere können sich temperaturabhängige Eigenschaften des Transistors nicht auswirken. Dies ist eine direkte Folge der Übersteuerungsbedingung.

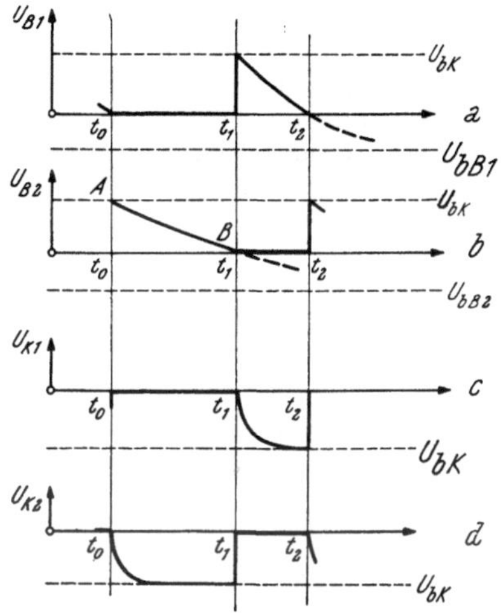

Abb. 8.18. Spannungsverlauf an den Transistorelektroden

Die Impulsfolgefrequenz wird primär bestimmt von Basiswiderstand und Koppelkondensator, sie kann aber durch eine Änderung von Ub_B in weiten Grenzen verändert werden.

c) Dimensionierung für den symmetrischen astabilen Multivibrator

Die Dimensionierung muß so ausgelegt werden, daß folgende zwei Punkte erfüllt sind:

a) Der astabile Multivibrator muß mit der gewünschten Frequenz kippen,

b) der jeweils leitende Transistor muß immer übersteuert sein.

Aus a) folgt $R_B C = \frac{1}{2f} \cdot \frac{1}{\ln(1 + Ub_K/Ub_B)}$ (8.15)

Aus b) folgt $\frac{Ub_K}{Ub_B} \left(1 + \frac{R_B}{R_K}\right) + 1 < B$ (8.16)

B bedeutet die Stromverstärkung für große Signale (dieser Wert ist Tabellen entnehmbar).

Der Ausdruck für die Übersteuerungsbedingung folgt aus deren Definition

$$\frac{I_K}{I_B} < \mathrm{B} \tag{8.17}$$

Drückt man nun I_K und I_B durch Spannungswerte und Widerstände der Schaltung Abb. 8.15 aus, so erhält man für den Transistor 1

$$I_{K1}(t)/I_{B1}(t) = \left(\frac{Ub_K}{R_{K1}} + \frac{U_2 + Ub_{B2}}{R_{B2}}\; e^{-t/C_1 R_{B2}}\right) \Big/ \left(\frac{Ub_{B1}}{R_{B1}} + \frac{Ub_K}{R_{K2}}\; e^{-t/C_2 R_{K2}}\right) < B \tag{8.18}$$

Für Tr. 2 verfährt man entsprechend. Da der Transistor immer übersteuert sein soll, muß auch für den größten Kollektorstrom (wenn $t = 0$) und für den kleinsten Basisstrom (wenn $t = \infty$) die Bedingung 8.17 erfüllt sein:

$$\frac{I_K(0)}{I_B(\infty)} < B$$

Setzt man also diese extremen t-Werte in Gl. (8.18) ein, so erhält man die Übersteuerungsbedingung für Tr. 1 und Tr. 2 bzw. im symmetrischen Fall direkt Gl. (8.16).

Zur Wahl des Kollektorwiderstandes: Da in beiden quasistabilen Zuständen des Transistors im Multivibratorbetrieb nur eine geringe Kollektorverlustleistung auftritt, tritt als Grenzwert nicht die maximal zulässige Kollektorverlustleistung, sondern der maximal zulässige Kollektorstrom in Erscheinung. Die Mindestgröße ist durch den maximal zulässigen Kollektorstrom vorgeschrieben:

$$R_K > \frac{Ub_K}{I_{K\max}} \tag{8.19}$$

d) Berechnungsbeispiel

Ein Multivibrator der Schaltung Abb. 8.19 mit -9 V Betriebsspannung und Transistoren mit $I_{K\max} = -20$ mA, $B = 30$ soll eine Impulsfolgefrequenz $f = 1$ kHz besitzen. Da $Ub_K = Ub_B$, wird aus (8.15)

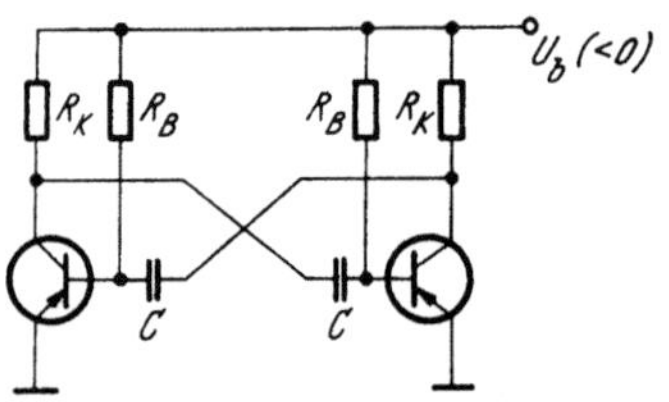

Abb. 8.19. Symmetrischer AMV mit Transistoren

$$R_B C = \frac{1}{2 \cdot 10^3} \cdot \frac{1}{\ln 2} = 0{,}72 \cdot 10^{-3}$$

Aus (8.16) folgt

$$\frac{R_B}{R_K} < B - 2 = 28$$

Wählt man

$$R_K = 2\ \mathrm{k\Omega}$$

$$(R_K > 9/0{,}02 = 450)$$

so ist

$$R_B < 56\ \mathrm{k\Omega}$$

Wir nehmen $R_B = 33$ kΩ und erhalten für die Koppelkapazität

$$C = \frac{0{,}72 \cdot 10^{-3}}{3{,}3 \cdot 10^4} = 22\ \mathrm{nF}$$

e) Schaltungsvarianten

Es ist eine Reihe von Schaltungen entwickelt worden, die die Abrundung der Vorderflanke des Kollektorimpulses (siehe Abb. 8.18c und d) vermeiden. Daß der Kollektor eines astabilen Multivibrators nicht sofort Betriebsspannungspotential annimmt, was für eine gute Rechteckform wünschenswert wäre, sondern sich diesem Wert langsam nähert, ist abgesehen von der Transistorschaltträgheit hauptsächlich eine Auswirkung der Zeitkonstante $R_K \cdot C$: Wird der Transistor gesperrt, so hält die Koppelkapazität zunächt den Kollektor fest, bis C über den Kollektorwiderstand R_K aufgeladen ist. Je kleiner R_K ist, um so schneller erfolgt die Aufladung und um so besser wird die Kurvenform.

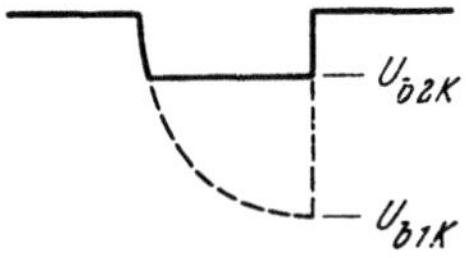

Abb. 8.20. Diodenbegrenzung

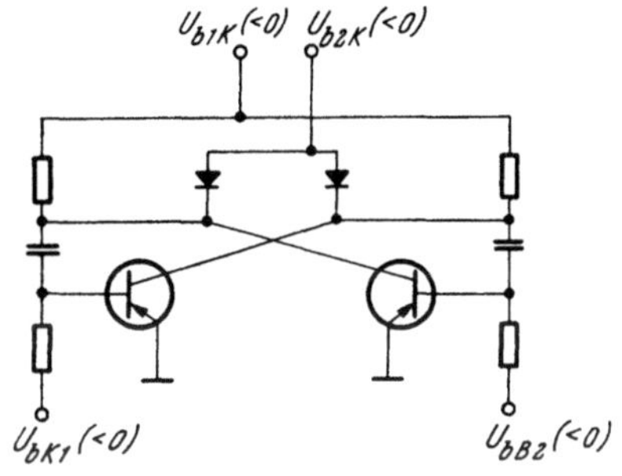

Abb. 8.21. Schaltbild mit Diodenbegrenzer

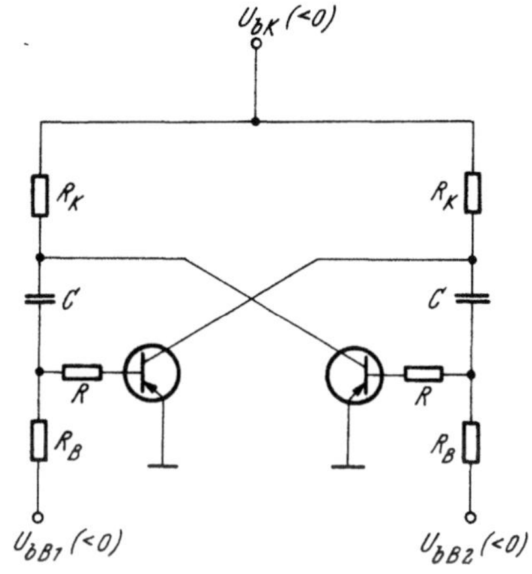

Abb. 8.22. Verbesserung der Rechteckformen durch Basisvorwiderstände

Da R_K einen gewissen Wert nicht unterschreiten darf, läßt sich eine rechteckförmige Kollektorspannung nicht verwirklichen. Bei unsymmetrischer Dimensionierung teilt man dem Koppelkondensator zur Basis des Ausgangstransistors die kleinere Kapazität zu. Eine Verbesserung der Kurvenform erzielt man dadurch, daß man nur den steilen Anfangsteil der Kollektorspannung verwendet und den verschleiften Teil einfach durch Dioden wegschneidet (siehe Abb. 8.20). Eine entsprechende Schaltung zeigt Abb. 8.21 (Clamp-Technik).

Für die Kollektorspannung des gesperrten Transistors gilt

$$U_K(t) = Ub_{1K} \cdot (1 - C^{-t/R_K C})$$

(folgt direkt aus dem Ersatzschaltbild des astabilen Multivibrators, Abb. 8.16 bzw. 8.17). Sobald diese Kollektorspannung den Wert Ub_K erreicht, wird sie von der Diode festgehalten. Für die Frequenz gilt Formel (8.13) bzw. (8.14), wenn man Ub_K durch Ub_{2K} ersetzt.

Eine andere Möglichkeit, die Anstiegszeit der Vorderflanke des Kollektorspannungssprunges zu verkleinern, ist die Zwischenschaltung von Widerständen zwischen Basis und Koppelkondensator (vgl. Abb. 8.22). Durch den Spannungsteiler R_B/R steigt die Kollektorspannung sofort ruckartig an, während sie bei Fehlen des Widerstandes R von Null beginnend mit der Zeitkonstante $R_K C$ zunimmt. Bei Berechnung der Impulsfolgefrequenz ist zu berücksichtigen, daß sich die Koppelkondensatoren nicht mehr auf die volle Betriebsspannung aufladen können, sondern auf einen durch den Spannungsteiler R_B/R verminderten Wert, so daß dadurch in der Folge die Basis des gesperrten Transistors weniger weit ins positive Gebiet ausgesteuert wird. Für hohe Impulsfolgefrequenzen eignet sich allerdings diese Schaltung nicht.

Günstigere Resultate erzielt man, wenn man die kapazitive Belastung vom Kollektor ganz wegnimmt. Dies gilt wie bei Röhrenschaltungen durch Zwischenschalten eines Impedanzwandlers, in diesem Fall eines Emitterfolgers. Ein Beispiel hierfür zeigt Abb. 8.23.

Es sei noch auf das Blockschaltbild des astabilen Multivibrators hingewiesen. In Schaltbildern, in denen eine größere Anzahl identischer Multivibratoren vorkommen und die explizite Schaltung die Übersicht sehr erschweren würde, hat es sich bewährt, die prinzipielle Wirkungsweise nur durch ein Symbol zu kennzeichnen. Für den astabilen Multivibrator wird häufig das Schaltkurzzeichen Abb. 8.24 verwendet.

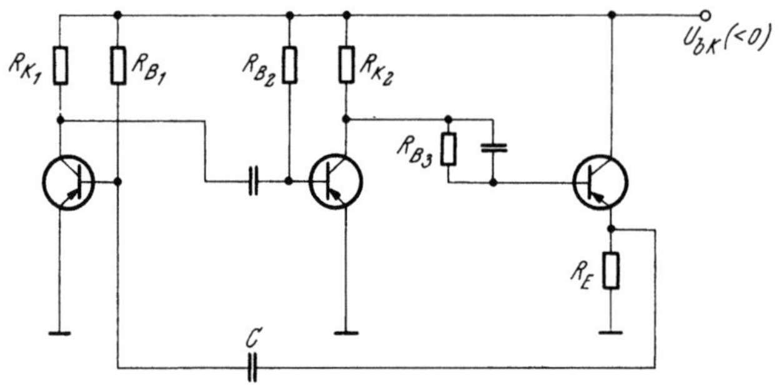

Abb. 8.23. AMV mit Emitterfolger

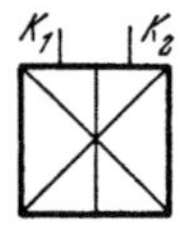

Abb. 8.24. Schaltkurzzeichen für AMV

8.1.2 Der monostabile Multivibrator (MMV), Univibrator oder Trigger[1]

Liegt einer der beiden Gitterableitwiderstände des Multivibrators nach Abb. 8.2 nicht auf Katodenpotential, sondern an einer negativen Spannung, die größer ist als die Sperrspannung der Röhre, so schwingt die Schaltung nicht selbständig, sondern verharrt in einer stabilen Lage. In diesem „Ruhezustand" ist Röhre Rö. 1 gesperrt und Röhre Rö. 2 geöffnet. Die Abb. 8.25 zeigt das Prinzipschaltbild.

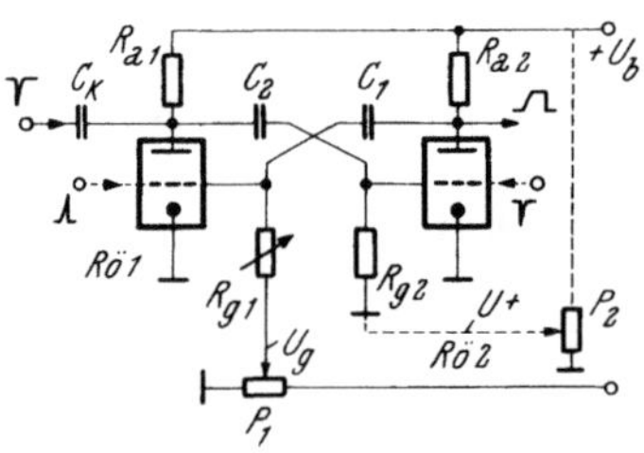

Abb. 8.25. Monostabiler Multivibrator (MMV)

Wird mit Hilfe eines Impulses die Schaltung angestoßen, d. h. getriggert (fremdgesteuert), so beginnt eine Schwingung, die aber nur *einen* Zyklus durchläuft und im stabilen Zustand der Schaltung wieder endet. Der Triggerimpuls muß positiv und $\geqq Us$ am Gitter der Rö. 1 oder negativ am Gitter der Rö. 2 sein.

Zur Funktion der Schaltung Abb. 8.25:

Stabiler Zustand: Rö. 1 ist gesperrt, $|Ug_1| \geqq |Us|$. Rg_2 liegt an Masse oder an einer positiven Spannung. Rö. 2 ist folglich geöffnet. Wird nun z. B. das Gitter der Rö. 2 durch einen Steuerimpuls kurzzeitig negativ, so kippt die Schaltung in den quasistabilen Zustand, denn der Steuerimpuls wird durch die Röhre 2 mit ihrem Arbeitspunkt bei $Ug = 0$ verstärkt und tritt in ihrem Anodenkreis mit der Amplitude $A_2 = \Delta I a_2 \cdot Ra_2$ auf. Dieser nunmehr positive Impuls gelangt über den Kondensator C_1 an das Gitter der gesperrten Rö. 1. Ist $A_2 > Us$, so

[1] Literatur: [K 12, K 13].

wird Rö. 1 leitend, ihre Anodenspannung fällt und macht, übertragen durch C_2, das Gitter der Rö. 2 noch negativer. Die Schaltung kippt um, der quasistabile Zustand, gekennzeichnet durch eine geöffnete Rö. 1 und eine gesperrte Rö. 2, ist erreicht.

Der zweite Teil des Zyklus wird eingeleitet durch die Entladung von C_2 über Rg_2 nach einer Exponentialfunktion. Erreicht der Spannungsabfall an Rg_2 die Sperrspannung der Röhre 2, so wird diese leitend und ihre sinkende Anodenspannung sperrt die Röhre 1. Die Schaltung kippt in den stabilen Zustand zurück. Die Entladezeitkonstante $C_2 \cdot Rg_2$ bestimmt maßgeblich die Kippzeit der Schaltung. An den Anodenwiderständen Ra_1–Ra_2 entsteht, bedingt durch das Umkippen der Schaltung von einem in den anderen Zustand, ein rechteckähnliches Signal.

Die Berechnung der Impulsdauer und der einzelnen Schaltelemente ist ähnlich wie beim astabilen Multivibrator. Schwierig ist die Vorausbestimmung der Impulsform des monostabilen Vibrators nach Abb. 8.25.

An Hand einer Modellschaltung soll der Einfluß der Schaltelemente kurz beschrieben werden. Daten für die Schaltung nach Abb. 8.25:

Rö. 1 = Rö. 2 = ECC 82	Ub = +200 V stab.
$Ra_1 = Ra_2 = 30\ \text{k}\Omega$	Ia_{max} = 5,2 mA, Ua_{min} = 45 V
$Rg_1 = Rg_2 = 1\ \text{M}\Omega$	Us = −15 V, Ug = −40 V
$C_1 = C_2 = 20\ \text{pF}$	(Ri = 8,6 kΩ)

Angesteuert wird die Schaltung mit einem negativen Impuls an der Anode der Rö. 1.

Die Abb. 8.26 zeigt den Spannungsverlauf an den Anoden und Gittern der ECC 82, wobei die einzelnen Kurven ohne Berücksichtigung des Gleichspannungsniveaus nur auf das jeweilige Ausgangspotential bezogen ineinander gezeichnet sind. Der negative Steuerimpuls läßt die Schaltung umkippen: steile Spannungsanstiege bzw. -abfälle. Anschließend erfolgt die Entladung von C_2 — steigende $Ug_{Rö\,2}$-Kurve — bis zum Erreichen der Sperrspannung Us der Röhre 2 — Knick der A_2-Kennlinie — und das dadurch bedingte Stromloswerden der Röhre 1 — Knick der A_1- und $Ug_{Rö\,1}$-Kennlinie. Die Schaltung hat die stabile Lage wieder erreicht und es erfolgt die langsame Umladung von C_1 über Rg_1 — langer Ast der $Ug_{Rö\,1}$-Linie —, die bestimmend ist für die Totzeit des Univibrators. Zu beachten ist der große negative Impuls an der Anode der Rö. 1, der über den Koppelkondensator Ck auf den Steuerimpulsgeber zurückwirkt.

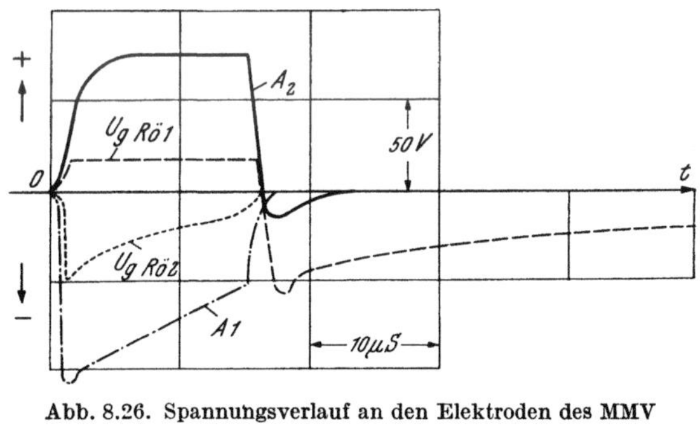

Abb. 8.26. Spannungsverlauf an den Elektroden des MMV

Die Totzeit t_0 einer Vibratorschaltung ist der minimale Zeitabstand zweier aufeinanderfolgender Triggerimpulse, die jeder für sich noch ein Umkippen der Schaltung bewirken. Bei der Univibratorschaltung führt eine Vergrößerung der Triggerimpulsamplitude zu einer Verkürzung der Totzeit. Wird vom Univibrator eine konstante Impulsbreite t_p verlangt, so muß die Breite des Triggerimpulses immer kleiner als t_p und die Periodendauer der Triggerfrequenz immer größer als t_p sein.

Die Abb. 8.27 zeigt den Einfluß der Größe der Schaltelemente und einer positiven Vorspannung auf die Impulsform. Links oben: Verkleinerung von Rg_1. Rechts oben: Rg_2 an eine positive Spannung gelegt (mit P_2). Links unten: Verkleinerung (gestrichelt) und Vergrößerung (punktiert) von C_2, dasselbe rechts unten für C_1.

Obwohl die Größen von C_2 und Rg_2 sowie eine positive Vorspannung des Gitters der Rö. 2 maßgebend die Impulsdauer bestimmen, ist es doch für den Univibrator charakteristisch, daß auch alle anderen Schaltelemente einschließlich der Kennlinienform der verwendeten Röhren auf Dauer und Form des Impulses einwirken. Dieser die Berechnung erschwerende Einfluß wird verkleinert, wenn Rg_2 an die Betriebsspannung $+Ub$ gelegt wird (siehe auch astabiler Multivibrator).

In der Praxis wird bei der Berechnung der Schaltung meist eine bestimmte Impulsbreite t_p, Anstiegszeit t_a und Ausgangsamplitude A verlangt und zudem die Betriebsspannung Ub vorgegeben. t_a bestimmt die Größe des Ra, die Ausgangsamplitude $A = Ia_{\max} \cdot Ra$ bestimmt u. a. die Wahl der Röhre.

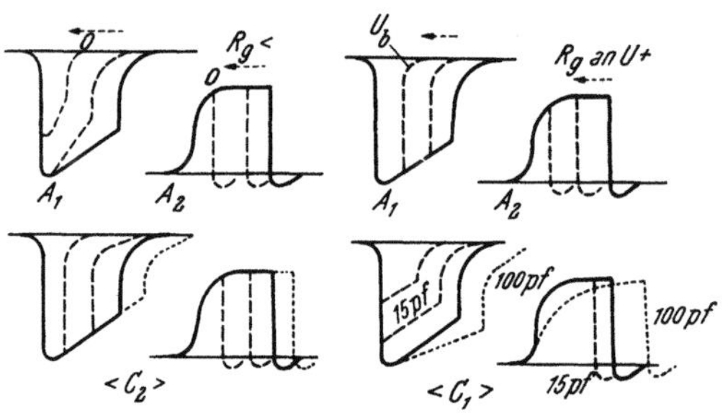

Abb. 8.27. Einfluß der Größe der Schaltelemente auf die Impulsform

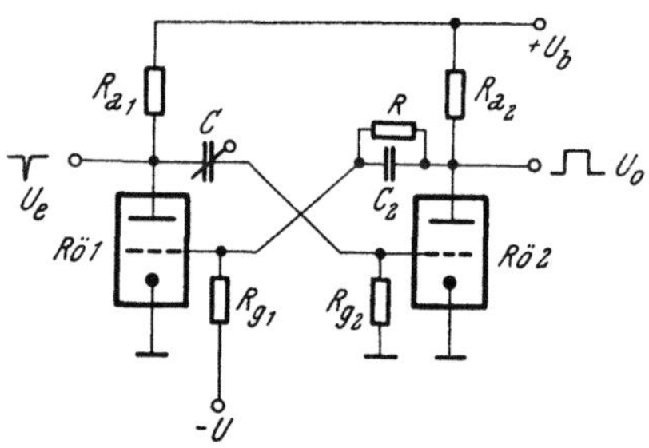

Abb. 8.28. Ein Kopplungsweg galvanisch

Näherungsweise gilt für die Impulsdauer eines Univibrators nach Abb. 8.25

$$t_p = C_2 \cdot Rg_2 \cdot \ln \frac{A_1 + U_+}{Us + U_+} \tag{8.20}$$

Rg_2 soll $\gg Ra$ und Ri sein, andernfalls deren Parallelschaltung zu berücksichtigen ist, $C_2 \geqq C_1$ (zu C_2 addieren sich die Röhren- und Schaltkapazitäten). Soll der Ausgangsimpuls von der Rechteckform wenig abweichen, so darf die Amplitude A_1 nicht viel größer sein als die für Rö. 2 nötige Sperrspannung Us, da sonst am Gitter ein Überschwingen auftritt. Die Flankensteilheit von Impulsen wurde im Abschnitt „Nichtlineare Verstärker" behandelt.

Wie schon beim astabilen Multivibrator besprochen wurde, läßt sich auch beim Univibrator ein RC-Koppelglied durch eine galvanische Kopplung ersetzen. Es gibt dafür zwei Möglichkeiten:

A. C_2 der Schaltung Abb. 8.25 wird mit einem Widerstand überbrückt. Die Abb. 8.28 zeigt ein Schaltbild. Die Widerstände R–Rg_1 bilden einen mit C_2 frequenzkompensierten Spannungsteiler. Die Totzeit des monostabilen Multivibrators ist wesentlich kleiner geworden. Mit dem Trimmer C kann die Impulsbreite t_p eingestellt werden.

B. Der katodengekoppelte Univibrator Abb. 8.29. Die Katoden beider Röhren liegen über einen gemeinsamen Widerstand Rk an Masse. Beide Röhren arbeiten dann abwechselnd als stromgegengekoppelte Verstärker. Neben größerer Stabilität der Schaltung, vor allem kleinerer Impulsdauer t_p, ergibt sich der Vorteil eines rückwirkungsfreien Gitters zur Einspeisung der Triggerimpulse. Im statischen Zustand ist Rö. 1 durch den Spannungsabfall am Rk gesperrt. Es ist: $Us_1 \leqq Uk_2 = Ia_2 \cdot Rk$, Us_1 gültig für $Ua_1 = Ub - Uk_2$.

Die Röhre 2 ist geöffnet.

Die Größe des Ra ist von der geforderten Anstiegszeit t_a des Ausgangsimpulses oder in Verbindung mit Ia_{max} von der gewünschten Ausgangsamplitude A_2 abhängig. Diese Werte sind meistens vorgegeben. Die Anodenspannungs- und -stromwerte können bei gegebener Ub dem Ia–Ua-Kennlinienfeld der gewählten Röhre entnommen werden:

Stabiler Zustand: Ia_{2max} für $Ug_2 = 0$ und der Widerstandsgeraden $Ra = Ra_2 + Rk$, Us_2 für Ua_1.

Quasistabiler Zustand: Ia_{1max} für eine gewählte Gittervorspannung Ug_1 (z. B. -1 bis -3 V) $= Ia_1 \cdot Rk$. Bedingt durch den Rk kann die Gittervorspannung der Rö. 1 nicht Null werden. Es wird daher immer $Ia_1 < Ia_2$ sein. Die Sperrspannung für die Röhre 2 ist Us_2 für $Ua_2 = Ub - Ia_1 \cdot Rk$. Die Anodenspannungsänderung (A_1) = Umladespannung des C, muß also größer als Us_2 sein.

$$Ua_{1stat} = Ub - Ia_2 \cdot Rk$$

$$Ua_{1dyn} = Ub - Ia_1 \cdot (Ra_1 + Rk)$$

Die Differenz ist die Umladespannung des Kondensators:

$$Uc = Ia_2 \cdot Rk - Ia_1(Ra_1 + Rk)$$

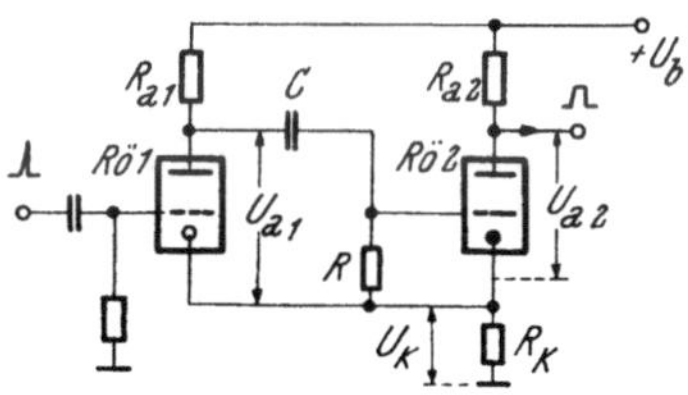

Abb. 8.29. Katodengekoppelter MMV

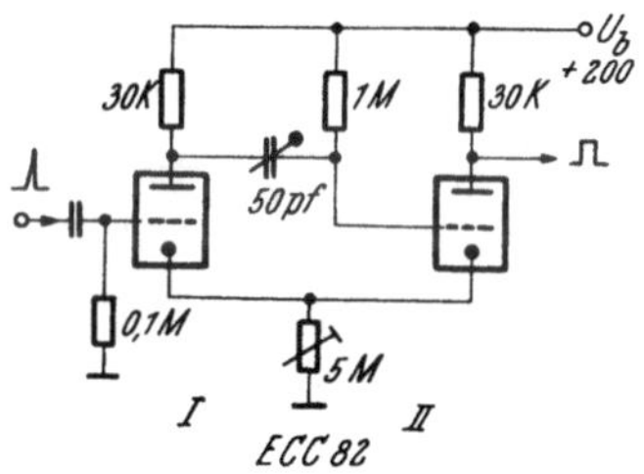

Abb. 8.30. Katodengekoppelter MMV; Rg an Ub

Uc muß größer sein als Us_2. Hat sich C über R so weit entladen, daß U_R $(= Ug_2) \leqq Us_2$ geworden ist, so wird Rö. 2 leitend und die Schaltung kippt in die stabile Ausgangsstellung. Setzt man in die bekannte Formel für die Kondensatorentladung den Wert für Uc ein und löst die Gleichung nach t auf, so erhält man für die Impulsdauer des katodengekoppelten monostabilen Multivibrators:

$$t_p = R \cdot C \cdot \ln \frac{Ia_1(Ra_1 + Rk) - Ia_2 \cdot Rk}{Us_2} \tag{8.21}$$

Durch das Fehlen des zweiten RC-Koppelgliedes (C_1–Rg_1 aus Abb. 8.25) ist die Totzeit des katodengekoppelten monostabilen Multivibrators wesentlich kleiner. Die Flankensteilheit des Anodenimpulses der Röhre 2 ist größer, mithin die Rechteckform des Signales besser, weil der Anodenkreis dieser Röhre kapazitiv weniger belastet ist.

Der Gitterableitwiderstand der zweiten Röhre läßt sich auch bei dieser Vibratorschaltung an eine positive Spannung legen, z. B. an $+Ub$ in Abb. 8.30, wobei die Impulsdauer eine lineare Funktion der Höhe dieser Spannung ist. Die Impulsdauer t_p wird kleiner, die Rechteckform besser. Die Abb. 8.31 zeigt den Spannungsverlauf an den Röhrenelektroden der Schaltung Abb. 8.30. Für die Impulsbreite gilt angenähert die Formel (8.20).

Wird der Katodenwiderstand groß gemacht (bessere Stabilität usw.), so wird bei Verwendung von Röhren mit großem Katodenstrom die Spannung $Uk \gg Us_1$. Um mit einer kleinen Triggerimpulsamplitude den monostabilen Multivibrator umzukippen, muß aber Ug_1 nahe Us_1 liegen. Eine zu große Uk kann dadurch teilweise kompensiert werden, indem entweder der Fußpunkt des Rk an eine negative Spannungsquelle gelegt oder das Gitter der Rö. 1 mit einem an $+Ub$ liegenden Widerstand auf ein positives Potential gehoben wird (siehe Abb. 8.32).

Mit katodengekoppelten Univibratoren lassen sich minimale Impulsbreiten von etwa $t_p = 0{,}3$ µs und Anstiegszeiten von minimal etwa 0,15 µs erreichen. In der Elektronik werden oft extrem kleine t_a- und t_p-Zeiten gefordert. Die Zeitkonstanten der Anodenkreise müssen also möglichst klein gehalten werden. Sollen nun kleine Umladezeiten erreicht werden, so muß Ra klein und Ia groß gemacht werden, denn die Spannungsverstärkung darf nicht sinken. Röhren mit großem Anodenstrom haben aber verhältnismäßig große Eingangs- und Ausgangskapazitäten, so daß Pentoden mit hohem Gütefaktor (S/Cag-Verhältnis) bevorzugt verwendet werden.

Die kapazitive Belastung des Anodenkreises kann verkleinert werden, wenn in den Kopplungsweg zwischen 1. und 2. Röhre ein Katodenfolger geschaltet wird.

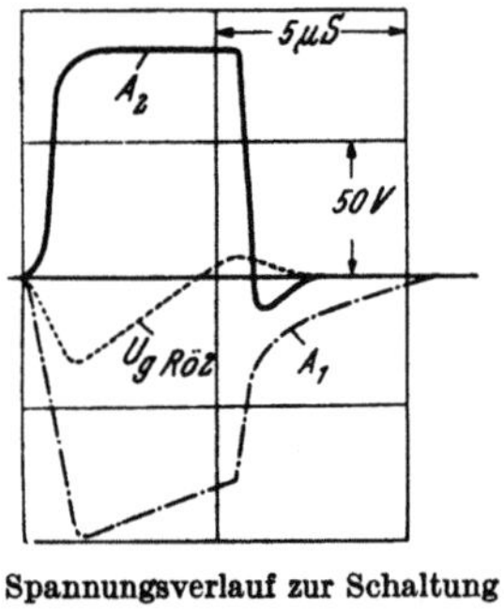

Abb. 8.31. Spannungsverlauf zur Schaltung Abb. 8.30

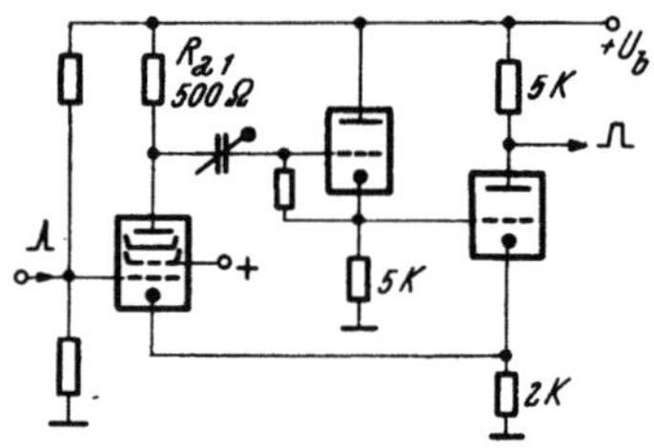

Abb. 8.32. Katodenfolger als Koppelglied

Die Abb. 8.32 gibt ein Schaltbeispiel mit einer Pentode als Rö. 1. Der Gitterkreis der Rö. 3 wird infolge der kleinen Ausgangsimpedanz des Katodenfolgers sehr niederohmig, d. h. die Gitterzeitkonstante sehr klein. Dies trägt ebenfalls zu einer weiteren Verkleinerung der Anstiegszeit des Univibrator-Impulses bei.

Impulsbreiten unter 0,3 µs lassen sich mit katodengekoppelten Univibratoren kaum mehr erreichen, denn die Zeitkonstante des Katodenkreises $C_{Kf} \cdot Rk$ liegt dann in Größenordnungen der Impulsanstiegszeit t_a. Für ganz „flinke" Univibratoren ist daher eine Kombination der Schaltungen Abb. 8.28 und 8.29 günstig: Beispiel Abb. 8.33. Rk hat hier nur die Aufgabe der Sperrspannungserzeugung für die Röhre 1. Die Dimensionierung der Schaltung ist ähnlich der des katodengekoppelten monostabilen Multivibrators. Die Impulsbreite wird vorwiegend durch die Zeitkonstante $C_2 \cdot Rg_2$ bestimmt.

Ist die Schaltung symmetrisch aufgebaut, so sind die Anodenströme gleich und damit Uk konstant. Bei einer unsymmetrischen Schaltung ist Rk durch einen Kondensator Ck zu überbrücken (Aufhebung der Gegenkopplung während der Umkippung). Der Spannungsteiler R_1–Rg_1 soll hochohmig gegen Ra und frequenzkompensiert sein. Die Sperrspannung für die Röhre 1 ist:

$$Us_1 = \frac{R_1 \cdot Uk - Rg_1 \cdot Ua_2}{R_1 + Rg_1}$$

Günstig ist, eine etwas größere Us zu wählen. Wie sich durch eine Rechnung zeigen läßt, darf Uk nicht willkürlich gewählt werden. Der optimale Wert für Uk ist:

$$Uk = Ia_2 \cdot Ra + Ua_2; \qquad Ia_2 \cdot Ra_2 = A_2$$

Die Teilwiderstände sind:

$$R_1 = \frac{Ra(Ua_2 + Us_1)}{Ia_2 \cdot Ra_2 - 2\,Us_1}; \qquad Rg_1 = Ra + R_1$$

Die Impulsbreite ist angenähert:

$$t_p = Rg_2 \cdot C_2 \cdot \ln A_2/Us_1 \tag{8.22}$$

Genau definierte Impulsbreiten liefert ein Univibrator, dessen zeitbestimmendes Glied keine RC-Kombination, sondern eine Laufzeitkette ist. Die Abb. 8.34 zeigt ein Prinzipschaltbild. Wird der monostabile Multivibrator mit einem Trigger-

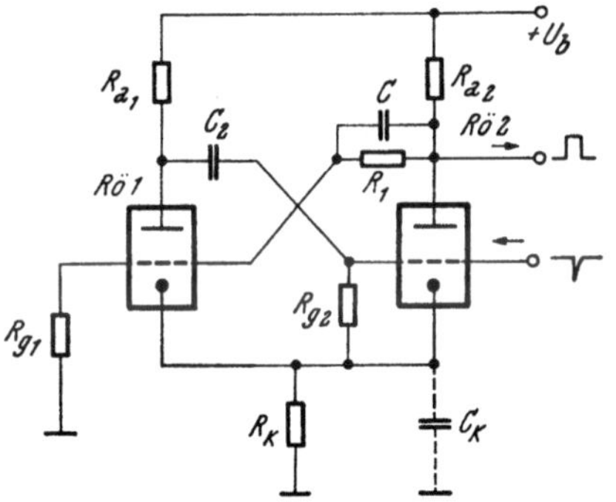

Abb. 8.33. Flinker MMV mit drei Kopplungswegen

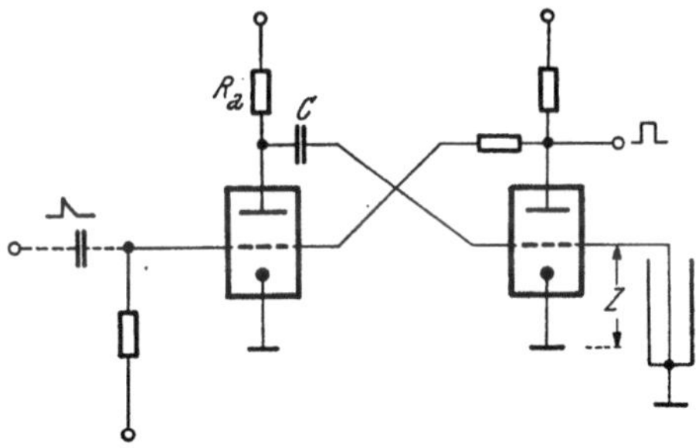

Abb. 8.34. MMV mit Laufzeitkette

impuls umgekippt, so durchläuft der Kippimpuls als negativer Impuls die Laufzeitkette, wird an deren kurzgeschlossenem Ende reflektiert, läuft als positiver Impuls zurück und öffnet die inzwischen gesperrte Rö. 2 wieder. Die Impulsbreite des monostabilen Multivibrators ist genau gleich zweimal der Laufzeit der Kette. C ist als Koppelkondensator groß, Ra soll gleich der Eingangsimpedanz der Laufzeitkette sein.

Hauptsächlich in industriellen Anlagen werden manchmal Univibratoren mit Thyratrons an Stelle von Röhren oder Transistoren verwendet. Bezüglich dieser und anderer seltener Varianten sei auf die umfangreiche Spezialliteratur verwiesen.

Wie in der Schaltung Abb. 8.25 angedeutet, kann der Univibrator an den Gittern oder Anoden getriggert werden. Die einfachste Kopplung zwischen Triggerimpulsgeber und Univibrator ist ein kleiner Kondensator Ck von wenigen pF. In der Schaltung 8.25 bildet er mit dem Ra_1 ein Differenzierglied. Bei dieser Kopplungsart ist es notwendig, daß der Impulsgeber hochohmig ist, damit er den

Eigenimpuls des Univibrators nicht kurzschließt. Außerdem darf der Impulsgeber durch den Univibratorimpuls nicht beeinflußbar sein. Die gegenseitige Beeinflußbarkeit ist geringer, wenn die Kondensatorkopplung auf das Gitter des Univibrators erfolgt (Abb. 8.29 und 8.30).

Wesentlich rückwirkungsfreier sind Ankopplungen mit Dioden (Halbleiterdioden), die für den Triggerimpuls in Durchlaßrichtung, für den Univibratorimpuls jedoch in Sperrichtung liegen. Der Triggerimpulsgeber kann dann vorteilhaft niederohmig sein. Die Abb. 8.35 zeigt ein Beispiel für eine Gitterankopplung. Vorzuziehen ist jedoch die Anodenankopplung, Abb. 8.36, da die Impedanz des Anodenkreises viel kleiner als der Sperrwiderstand einer Halbleiterdiode ist.

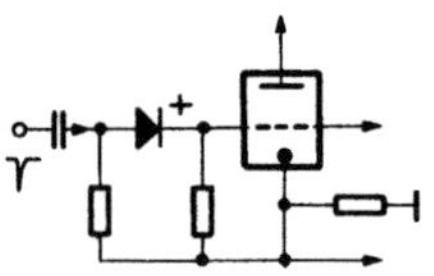

Abb. 8.35. Diodenankopplung des Triggerimpulses an das Gitter

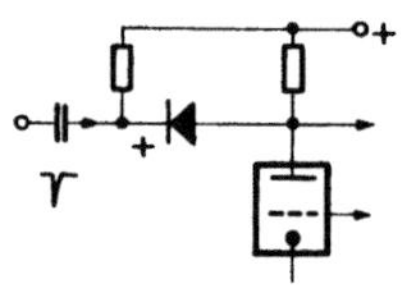

Abb. 8.36. Diodenankopplung des Triggerimpulses an die Anode

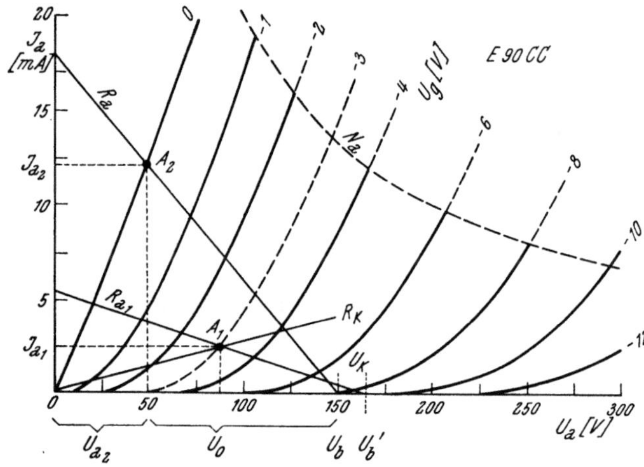

Abb. 8.37. Kennlinienfeld zum Berechnungsbeispiel des Univibrators

Berechnungsbeispiele

Gefordert bzw. gegeben ist: Die Anstiegszeit des Ausgangssignales $t_a = 2{,}2 \cdot RaCp = 0{,}5\,\mu s$; bei einem geschätzten Cp von 25 pF wird $Ra \approx 8{,}2\,k\Omega$.
Geforderte Ausgangsamplitude $Uo = 100$ V.
Notwendiger Anodenstrom der leitenden Röhre: $Ia_2 = Uo/Ra \approx 12$ mA ($Ug = 0$).
Gewählt wird die SQ-Röhre E 90 CC.
Im Kennlinienfeld Abb. 8.37 ergibt sich der Arbeitspunkt für die leitende Röhre aus dem Schnittpunkt Ia_2, Ug, Ra. Die zugehörige $Ua_2 = 50$ V.
Beispiel nach Abb. 8.28: Gewählt $Ra_1 = Ra_2 = Ra$, $R + Rg_1 \gg Ra$.
Die durch den Teiler $R - Rg_1$ erzeugte Sperrspannung der Rö. 1 wird für $Ub = Ua_2 + Uo = 150$ V aus dem Kennlinienfeld mit $Us = -8$ V entnommen. Zur sicheren Sperrung wird $Us_{\max} = -10$ V gewählt.
Ändert sich im dynamischen Zustand Ua_2 um $\Delta Ua_2 = Uo$, so muß sich die Gittervorspannung der Rö. 1 um ΔUg (von $Us \to Ug = 0$) $= Us$ ändern. Das Teilerverhältnis ist:

$$\frac{\Delta Ua}{\Delta Ug} = \frac{R + Rg}{R} = \frac{100}{10} = 10$$

Ist Rö. 2 gesperrt, so soll Rö. 1 geöffnet, d. h. $Ug_{\text{Rö.}1} = 0$ sein. Folglich ist $Ub/|-U| = 10$ oder $|-U| = 15$ V. Zur Sicherheit soll ein etwas größerer Wert gewählt werden.
Ist Rg z. B. 56 kΩ, so wird $R = 9 \cdot Rg \approx 500$ kΩ.
Mit C_2 wird der Teiler $R - Rg$ frequenzkompensiert. Die Impulsdauer berechnet sich angenähert aus Gl. (8.22).

Beispiel nach Abb. 8.29:

Bei gegebener t_a, Uo und der Röhrentype erfolgt die Bestimmung des statischen Zustandes wie im vorhergegangenen Beispiel. Der Spannungsabfall an Rk muß die Rö. 1 gesperrt halten. Da $Ub \gg Us$ ist, kann $Us \geqq Uk$ aus dem Kennlinienfeld für $Ua_2 + Uo$ bestimmt werden. $Us = -8$ V. Mit Sicherheitsfaktor wird $Uk > Us$ zu 15 V gewählt. Es wird $Rk = Uk/Ia_2 \approx 1{,}2$ kΩ und $Ub' = Uo + Ua + Uk = 165$ V.

Ausgelöst durch ein positives Triggersignal am Gitter der Rö. 1 steigt Ia_1, Ua_1 und Ia_2 fallen. Für einen raschen Kippvorgang soll Ia_2 schneller abnehmen als Ia_1 ansteigt. Uk ist, wenn $Ia_2 > Ia_1$, nicht mehr konstant, sondern wird ebenfalls kleiner und trägt zusätzlich zum Öffnen der Rö. 1 bei. Für den gekippten Zustand wird für die Rö. 1 ein Arbeitspunkt gewählt:

Im Kennlinienfeld Abb. 8.37 wird die Rk-Gerade für 1,2 kΩ eingezeichnet ($Ia = Ug/Rk$) und der Arbeitspunkt so gewählt, daß $Ra_1 > Ra_2$ wird. Die Stufenverstärkung von Rö. 1 ist entsprechend größer. Wahl des Arbeitspunktes bei $Ug_{\text{Rö.}1} = -3$ V

$$Ia_1 = 2{,}5 \text{ mA}, \; Ua_1 = 88 \text{ V}, \; Ra = \frac{Ub - Ua_1}{Ia} = \frac{165 - 88}{2{,}5} = 30 \text{ k}\Omega$$

Nach Gl. (8.21) ist die Impulsdauer

$$t_p = RC \cdot \ln \frac{Ia_1 Ra_1 + Ug_1 - Uk_2}{Ug_{\text{sperr}}} = RC \cdot \ln \frac{77 + 3 - 15}{8} \approx 2 \cdot RC$$

Ist Ub vorgegeben, so wird $Uk = Ub - Uo - Ua_2$ und $Rk = Uk/Ia_2$.

Es ist die Probe zu machen, ob Uk für die Sperrung der Rö. 1 ausreicht, andernfalls ist Ub zu vergrößern oder Uo zu verkleinern.

Die monostabile Multivibrator-Transistorschaltung[1]

Aufbau und Funktionsweise sind äquivalent der entsprechenden Röhrenschaltung. Impulsdauer bzw. Verzögerungszeit kann durch geeignete Dimensionierung zwischen 0,1 ms und etwa 30 min gewählt werden. Die Temperaturabhängigkeit des Transistors wirkt sich auf Ausgangsimpulsdauer und Ausgangsamplitude nicht aus.

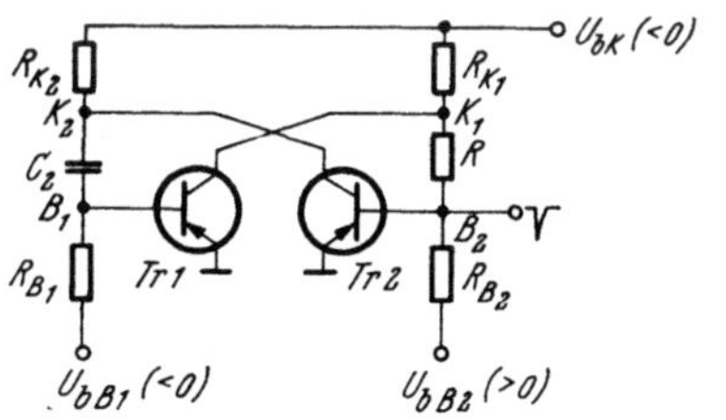

Abb. 8.38. Transistor-MMV

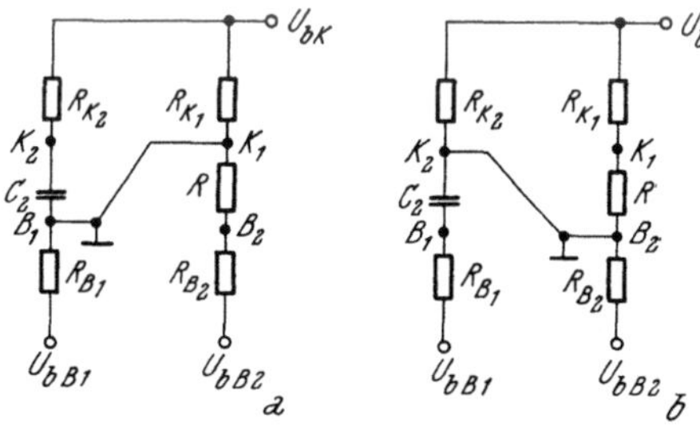

Abb. 8.39. Ersatzschaltbild
a) des stabilen, b) des quasistabilen Zustandes

a) Wirkungsweise

1. Stabiler Zustand. Der kapazitiv angesteuerte Transistor (siehe Abb. 8.38) Tr. 1 ist im stabilen Zustand leitend. Seine Basisvorspannung Ub_{B1} ist deshalb negativ gegenüber Masse, während die Basis und damit die Basisvorspannung Ub_{B2} einen positiven Wert aufweisen muß. Setzen wir voraus, daß Tr. 1 nicht nur leitend, sondern sogar übersteuert ist, können seine Innenwiderstände (Emitter-Basis, Emitter-Kollektor) praktisch vernachlässigt werden. Im Gegensatz dazu sind die Innenwiderstände des gesperrten Transistors sehr hoch, so daß man zum einfachen Ersatzschaltbild Abb. 8.39a kommt. Daraus ist ersichtlich, daß

[1] Literatur: [H 20, N 4, S 28].

sich bei hinreichend langer Dauer des stabilen Zustandes der Kondensator C_2 auf die Betriebsspannung Ub_K aufgeladen hat.

2. Kippvorgang. Führt man zur Zeit $t = t_0$ der Basis von Tr. 2 einen negativen Triggerimpuls zu, wird Tr. 2 geöffnet. Durch die bei der Röhrenschaltung diskutierte gegenseitige Verkopplung der Systeme wird der Kippvorgang stark beschleunigt und nach kürzester Zeit ist Tr. 1 gesperrt, Tr. 2 leitend.

3. Quasistabiler Zustand. Aus dem Ersatzschaltbild des neuen Zustandes (Abb. 8.39b) sieht man, daß sich lediglich die Masseanschlüsse verschoben haben. Dadurch, daß der auf Ub_K aufgeladene Kondensator C_2 jetzt am oberen Ende an Masse liegt, liegt Punkt B_1 unmittelbar nach dem Kippen gegenüber Masse auf einem positiven Potential der Höhe Ub_K. Der Kondensator C_2 beginnt nun, sich auf Ub_{B1} umzuladen, d. h. die Spannung an B_1 verläuft nach folgender Zeitfunktion:

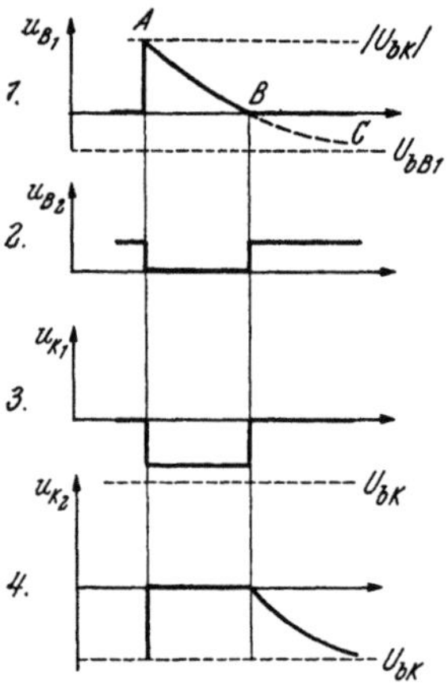

Abb. 8.40. Prinzipieller Spannungsverlauf an den Transistorelektroden

$$U_{B1}(t) = Ub_{B1} - (Ub_K + Ub_{B1})\, e^{-(t-t_0)/R_{B1}C_2} \tag{8.23}$$

(Kurve AC, Abb. 8.40 — *1*). Die Umladung erfolgt aber nur bis zum Punkt B ($U_{B_1} = 0$), weil dort der Basisstrom und damit der Kollektorstrom von Tr. 1 einsetzt und die Schaltung wieder in den stabilen Zustand zurückkippt.

b) Dauer

Die *Dauer* des quasistabilen Zustandes und damit die Impulsdauer des MMV erhält man, wenn man in Gl. (8.23) $U_{B_1} = 0$ setzt und daraus $t_1 - t_0 = t_p$ berechnet:

$$tp = R_{B1} C_2 \ln\left(1 + \frac{Ub_K}{Ub_{B1}}\right) \tag{8.24}$$

Die Dauer des Ausgangsimpulses ist allerdings etwas länger, da der Kollektor K_2 nach dem Zurückkippen nicht sofort die Betriebsspannung annimmt (vgl. Abb. 8.40 — *4*): Der Kondensator C_2 muß erst über den Kollektorwiderstand R_{K2} aufgeladen werden. Je größer die Zeitkonstante $R_{K2}C_2$, um so verwaschener ist die Rückwärtsflanke der K_2-Rechteckspannung und um so länger die Totzeit ($t_0 \approx 3 R_{K2} C_2$). Sollen schnelle Triggerimpulsfolgen verarbeitet werden, ist der Widerstand R_{K2} möglichst klein zu halten, wenn über C_2 bereits verfügt ist.

c) Dimensionierung

Die Dimensionierung ist durch folgende zwei Punkte festgelegt:

1. Der monostabile Multivibrator muß die gewünschte Ausgangsimpulsdauer besitzen,

2. die Transistoren 1 und 2 müssen im jeweils leitenden Zustand immer übersteuert sein.

Aus 1. folgt:

$$C_2 = \frac{t_p}{R_{B1} \ln(1 + Ub_K/Ub_{B1})}$$

Aus 2. folgt:

$$\text{Für Tr. 1:}\ \frac{Ub_K/R_{K1}}{Ub_{B1}/R_{B1}} < B \tag{8.25}$$

Diese Beziehung folgt aus der allgemeinen Übersteuerungsbedingung

$$I_K/I_B < B$$

wenn man an Hand des Ersatzschaltbildes Abb. 8.39a Kollektor- und Basisstrom durch Spannungswerte und Widerstände ausdrückt. Dabei kann der Spannungsteilerquerstrom vernachlässigt werden.

Für Tr. 2:

$$R < \frac{B \cdot R_{K2} \cdot R_{B2} \cdot Ub_K}{Ub_K R_{B2} + B \cdot R_{K2} Ub_{B2}} - R_{K1} \qquad (8.26)$$

R darf also nicht zu groß gewählt werden, da sonst der nötige Basisstrom nicht aufgebracht wird.

Die Beziehung (8.26) wird ebenso wie (8.25) aus dem entsprechenden Ersatzschaltbild Abb. 8.39b abgeleitet.

Der Gang der Dimensionierung sei für die Schaltung Abb. 8.41 angedeutet: Ub_K wird als vorgegeben betrachtet.

R_{K1} darf nicht kleiner als $Ub_K/I_{K\max}$ sein, da sonst der maximal zulässige Kollektorstrom überschritten wird.

R_{B1}: Er ist durch die Übersteuerungsbedingung (8.25) gegeben. Wegen $Ub_K = Uo_{B1}$ gilt als obere Grenze für R_{B1}

$$R_{B1} < B \cdot R_{K1}$$

(Die untere Grenze liegt durch den maximal zulässigen Basisstrom fest.)

C_2: Aus (8.25) erhält man

$$C_2 = \frac{t_p}{R_{B1} \ln 2}$$

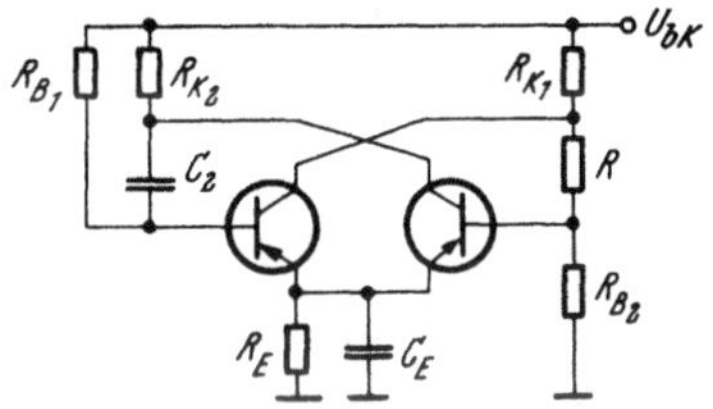

Abb. 8.41. Erzeugung der positiven Basisvorspannung durch R_E

Bei festem C_2 läßt sich durch Variation von R_{B1} die Impulsdauer kontinuierlich bis etwa 100:1 regeln. Mit Rücksicht auf eine kleine Totzeit wird man C_2 nicht allzu groß wählen.

R_E: dient zur Gewinnung der positiven Basisvorspannung Ub_{B2}. Die an ihm abfallende Spannung wählt man zweckmäßig zu 0,5 bis 1 V. Bei kleineren Werten wird der Transistor nicht mehr sicher gesperrt, bei größeren wird die zur Verfügung stehende Betriebsspannung schlecht ausgenützt.

R_{K2}: wird meist gleich groß gewählt wie R_{K1}, so daß die Spannung am Emitterwiderstand in beiden Schaltzuständen gleich ist. Wird R_{K2} aus oben besprochenen Gründen (Totzeit) kleiner gewählt als R_{K1}, läßt man R_E zusätzlich von einem konstanten Teilerstrom $> |I_{K2}|$ durchfließen, um relative Spannungsschwankungen an R_E zu verkleinern.

R_{B2}: Der Spannungsteiler hat die Aufgabe, während des stabilen Zustandes den Tr. 2 sicher zu sperren, d. h. $|U_{R_{B2}}| < |U_{R_E}|$. Nach Wahl des Teilerquerstromes läßt sich daraus R_{B2} berechnen. Um bei größeren Leckströmen bei höheren Temperaturen genügend Reserve zu besitzen, empfiehlt es sich,

$$R_{B2} < \frac{R_{B1} \cdot U_{R_E}}{3 \cdot U_{KE\,\mathrm{Rest}}}$$

zu wählen. Ein zu niedriger Wert kann jedoch eine hochohmige Impulsquelle zu sehr belasten.

R: Für den Spannungsteilerwiderstand R gilt Bedingung (8.26).

d) Berechnungsbeispiel

In der Schaltung Abb. 8.41 werden Transistoren mit $B_{min} = 70$ und $I_{K max} = -80$ mA und einer Betriebsspannung von 9 V verwendet. Gewünscht wird eine Ausgangsimpulsdauer von 35 ms.

Wir wählen R_{K1} mit 1 kΩ. Mit $R_{B1} < B R_{K1} = 70 \cdot 1$ kΩ ergibt sich ungefähr $R_{B1} = 50$ kΩ.

$$C_2 = 0{,}035/0{,}05 \cdot 0{,}69 = 1\ \mu\text{F}$$

Strom durch Tr. 1 ungefähr $I_K \approx -9/1 = -9$ mA. Wählen wir $R_E = 100\ \Omega$, so beträgt $I_K R_E \approx -0{,}9$ V.

$$R_{K2} = R_{K1} = 1\ \text{k}\Omega$$

R_{B2} muß kleiner als $50 \cdot 0{,}9/3 \cdot 0{,}3 = 50$ kΩ sein. Für $R_{B2} = 10$ kΩ ergibt sich $R < (70 \cdot 1 \cdot 10 \cdot 9)/(9 \cdot 10 + 70 \cdot 1 \cdot 0{,}9) - 1 = 40$ kΩ, also etwa 33 kΩ.

e) Triggern

Getriggert wird der monostabile Transistormultivibrator zweckmäßig an der Basis des Tr. 2, da dort die kleinste Steuerleistung aufgebracht werden muß. Positive Impulse haben keinen Einfluß. Die Größe der Triggerimpulse muß in der Schaltung Abb. 8.41 etwas größer als $U_{R_{B2}}$ sein.

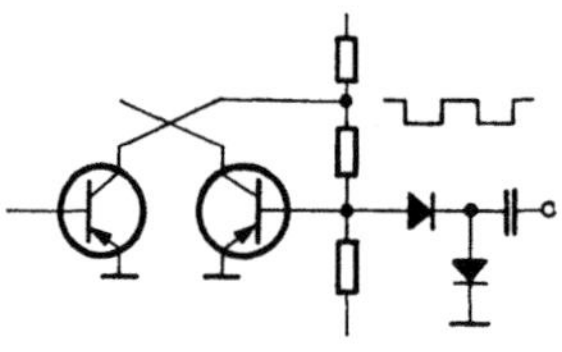

Abb. 8.42. Triggereingang

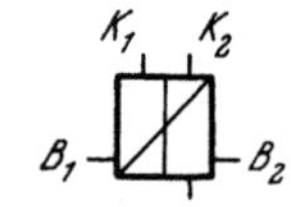

Abb. 8.43. Schaltkurzzeichen des MMV

Wie bei der entsprechenden Röhrenschaltung muß der triggernde Impuls kürzer als der Ausgangsimpuls sein. Längere Triggerimpulse sind zuerst zu differenzieren, ehe sie dem monostabilen Multivibrator zugeführt werden. Ersetzt man den Widerstand im Differenzier-RC-Glied durch eine Diode (siehe Abb. 8.42), dann wird der beim Differenzieren entstehende positive Impuls automatisch unterdrückt. Die 2. Diode hält die Basisgleichspannung vom Differenzierglied fern.

Ähnlich wie bei Röhren kann die Rückkopplung vom zweiten Transistor zurück zum ersten auch über einen gemeinsamen Emitterwiderstand verwirklicht werden. Da diese Schaltung bei Transistoren gegenüber der Kollektor-Basis-Rückkopplung nur geringe Verwendung findet, soll sie nicht näher berechnet werden; ihre Funktion stimmt mit der entsprechenden Röhrenschaltung völlig überein.

Schaltkurzzeichen für den monostabilen Multivibrator: Abb. 8.43.

Anwendung des MMV. Als Impulsformer, Untersetzer, zur Impulsverzögerung und Kurzzeitmessung in der Funkmeßtechnik, in elektronischen Steuerungs- und Rechengeräten usw.

8.1.3 Der Schmitt-Trigger (Amplitudendiskriminator)[1]

Wird bei einem katodengekoppelten astabilen Multivibrator (Abb. 8.8) der Koppelkondensator durch einen Widerstand ersetzt, so erhält man einen zweistufigen Gleichspannungsverstärker mit einer starken Mitkopplung durch den

[1] Literatur: [A 3].

gemeinsamen Katodenwiderstand Rk. Es ist das Prinzipschaltbild des Schmitt-Triggers. Die Funktionsweise ist einem Univibrator ähnlich, jedoch mit dem Unterschied, daß das Umkippen eindeutig bei einer bestimmten Amplitude des Steuersignales erfolgt und die Dauer des Ausgangsimpulses keine Funktion der Schaltung (Zeitkonstante von RC-Gliedern) ist, sondern ausschließlich vom Steuersignal abhängt.

Die Abb. 8.44 zeigt das Schaltbild eines Schmitt-Triggers. Die Spannungsteiler R_5–R_6 und R_1–P–R_2 sind so gewählt bzw. das Potentiometer P wird so eingestellt, daß das Gitter von Rö. 1 auf einem um die Sperrspannung negativeren Potential gehalten wird als das von Rö. 2. Weil durch den gemeinsamen Katodenwiderstand die beiden Katoden auf gleichem Potential sind, fließt der gesamte Strom durch R_8 zur Rö. 2; Rö. 1 ist gesperrt.

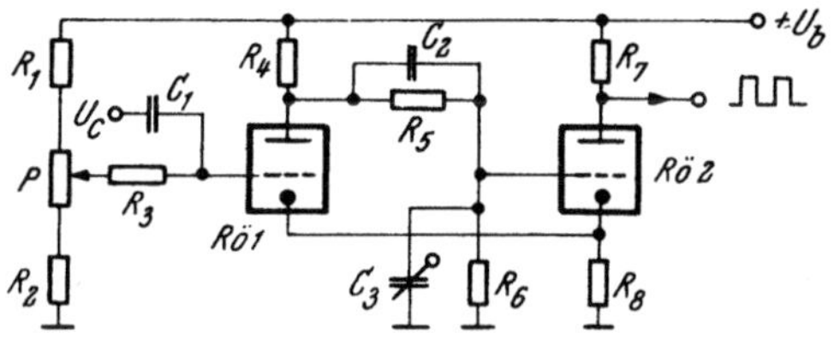

Abb. 8.44. Der Schmitt-Trigger

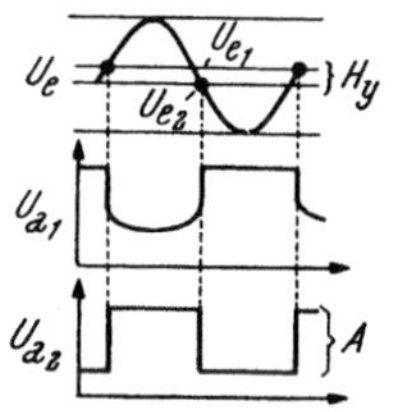

Abb. 8.45. Eingangsspannung Ue und Spannungsverlauf an den Anoden

Wird durch Höherregeln des Potentiometerschleifers P die Sperrspannung für Rö. 1 unterschritten (Spannung Ue_1, Abb. 8.45), so zieht Rö. 1 Strom, ihre Anodenspannung fällt, über R_5–R_6 wird das Gitter von Rö. 2 negativer. Bedingt durch die Mitkopplung über den gemeinsamen R_8 kippt die Schaltung um, sobald Rö. 1 so weit aufgesteuert ist, daß die Verstärkung des gesamten Systems $\geqq 1$ wird. Rö. 1 leitet und Rö. 2 wird durch den Spannungsabfall an R_4 über R_5–R_6 gesperrt. Dieser zweite Zustand ist zum Unterschied von der Univibratorschaltung so lange stabil, als das Gitterpotential von Rö. 1 über Ue_2 bleibt.

Wird die Gittervorspannung von Rö. 1 durch Herunterregeln des Potentiometerschleifers P unter die Spannung Ue_2 gesenkt, so kippt die Schaltung in ihre Ausgangsstellung zurück. Dieses Hin- und Rückkippen der Schaltung kann ebensogut durch eine über den Kondensator C_1 dem Gitter der Rö. 1 zugeführte Wechselspannung verursacht werden. Die am Außenwiderstand der Rö. 2 abgenommene Spannung hat einen rechteckförmigen Verlauf. Die Abb. 8.45 zeigt den Spannungsverlauf an den Anoden der Röhren. Die Eingangsspannung Ue ist hier sinusförmig angenommen, kann aber jede beliebige Kurvenform haben. Die Impulsfolgefrequenz ist gleich der Frequenz des Eingangssignales; das Tastverhältnis (Impulsdauer-Phasendauer) kann durch Variation der Steuersignalamplitude bzw. der Grundgittervorspannung von Rö. 1 geändert werden. Wie die Abb. 8.45 weiter zeigt, macht die Anodenspannung der nach dem Umkippen leitenden Röhre 1 die Form des Steuersignales etwas mit. Die Röhre 2 ist aber zu dieser Zeit gesperrt, so daß sie auf diese Ua_1-Änderungen nicht reagiert. Die Ausgangsspannung (ΔUa_2) ist immer rechteckförmig mit konstanter Amplitude ($Ia_{2\max} \cdot Ra_2$).

Zwischen Ue_1 und Ue_2 besteht eine mehr oder weniger große Hysteresis, d. h., die Schaltung kippt erst bei einer Spannung $Ue \geqq Ue_1$ um und bei einer Spannung $Ue \leqq Ue_2$ zurück. Diese Hysteresis, eine grundsätzliche Eigenschaft der Schaltung, kommt daher, daß die Rö. 2 von der Rö. 1 beim Umkippen über R_5–R_6 weiter negativ gesteuert wird, als zu ihrer Sperrung notwendig ist. Beim

Rückkippen muß daher die Rö. 1 zuerst so weit wieder zugesteuert werden, bis Ua_1 wieder hoch genug gestiegen ist, um diesen Sperrspannungsüberschuß an Rö. 2 wettzumachen. Erst dann kann Rö. 2 wieder Strom ziehen und die Schaltung zurückkippen. Die Hysteresis ist um so größer, je größer die Verstärkung von Rö. 1 ist (größerer Ra und größere S) und je weniger ΔUa durch R_5–R_6 heruntergeteilt wird. In Standardschaltungen beträgt die Hysteresis etwas 0,5 bis 2 V und kann durch besondere Schaltmaßnahmen je nach Verwendungszweck des Triggers auf mehrere V vergrößert oder unter 100 mV verkleinert werden.

Der statische Zustand der Röhren läßt sich durch ein anderes Teilerverhältnis R_5–R_6 und eine andere Potentiometereinstellung vertauschen: Rö. 1 ist dann leitend, Rö. 2 gesperrt. Diese Grundeinstellung ist vorteilhaft, wenn vom Ausgangssignal eine hohe Flankensteilheit verlangt wird. Die Einsatzspannung liegt dann negativer als die Grundgittervorspannung der Röhre 1. An der Funktion der Schaltung tritt keine Änderung ein. Das Ausgangssignal ist negativ gerichtet.

An Hand des Schaltbildes Abb. 8.44 soll der Einfluß der einzelnen Schaltelemente besprochen werden. Die Daten sind:

Rö. 1–Rö. 2: ECC 81, $Ub = 250$ V, $f_o = 250$ kHz

$R_1 = 200$ kΩ	$R_4 = 5$ kΩ	$R_7 = 4$ kΩ	$C_1 = 0{,}1$ μF
$R_2 = 50$ kΩ	$R_5 = 250$ kΩ	$R_8 = 10$ kΩ	$C_2 = 15$ pF
$R_3 = 500$ kΩ	$R_6 = 100$ kΩ	$P = 100$ kΩ	$C_3 =$ ca. 35 pF

Der Teiler R_1—P—R_2 soll nicht zu hochohmig sein (maximal 500 kΩ). Der Widerstand R_3 erhöht in der gezeichneten Lage die Eingangsimpedanz. Bei großen Amplituden des Steuersignales wird er unmittelbar vor das Gitter als Gitterstrombegrenzung geschaltet. Bei sehr flinken Triggern tritt an seine Stelle nur ein 100-Ω-Widerstand zur Unterdrückung eventueller Schwingneigung (Abb. 8.47). Die Größe der Ra ist in Verbindung mit den Schalt- und Röhrenkapazitäten maßgebend für die obere Grenzfrequenz bzw. für die Anstiegszeit des Ausgangssignales. Der frequenzkompensierte Teiler R_5—R_6 soll für einen raschen Kippvorgang ebenfalls nicht zu hochohmig ausgeführt werden.

Das Teilerverhältnis muß so gewählt werden, daß von der an R_4 entstehenden Signalamplitude noch genügend an das Gitter von Rö. 2 kommt, um Rö. 2 zu sperren. Ist Rö. 1 gesperrt, dann liegt am Gitter von Rö. 2 ein Potential, gegeben durch Ub und die Spannungsteilung an R_4—R_5—R_6. Dazu wählt man R_8 so, daß der gewünschte Ruhestrom zu Rö. 2 fließt. An R_1—P—R_2 kann dann die gewünschte Ruhelage der Schaltung (Rö. 1 oder Rö. 2 leitend) eingestellt werden. Wird Rk zu groß, dann macht sich der Einfluß der Schalt- und Röhrenkapazitäten bemerkbar. Es ist zu beachten, daß die für die verwendete Röhre zulässige Heizfaden-Katodenspannung nicht überschritten wird. Bei Ansteuerung mit Wechselspannung bestimmt C_1 die untere Grenzfrequenz.

A. Schaltungsvarianten

Die Ansprechempfindlichkeit des Triggers kann erhöht, die Hysteresis verkleinert werden, wenn der gemeinsame Katodenwiderstand der Röhren durch zwei getrennte Widerstände doppelter Größe ersetzt wird und die Katoden durch einen Widerstand verbunden werden (Abb. 8.46a). Dieser Widerstand Rq vermindert die Kopplung zwischen den beiden Katoden und damit die Mitkopplung. Durch Cq bleibt die Mitkopplung für hohe Frequenzen erhalten. Wird Rq zu groß, so verschlechtert sich zunächst die Kurvenform der Ausgangsspannung (Trapez), bis schließlich in der Nähe der Einsatzspannungen Ue_1 und Ue_2 Selbsterregung auftritt (Abb. 8.46b). Rq und Cq werden am besten experimentell eingestellt, Rq auf kleinste Hysteresis ohne Selbsterregung und Cq auf größte Flankensteilheit. Für die Dimensionierung in Abb. 8.44 wird $Rk_1 = Rk_2 = 20\,\text{k}\Omega$, Rq etwa $800\,\Omega$, Cq etwa 100 pF.

Durch Einschalten eines zweiten nichtlinearen Gliedes, einer Germaniumdiode D_2, zwischen dem Ra_1 und dem Spannungsteiler läßt sich der Kennlinienknick der Rö. 1 scheinbar verkleinern. Die Unsicherheitszone um den Triggereinsatz wird dadurch auf etwa 5% der Einsatzspannung Ue reduziert. Die Abb. 8.47 gibt ein Schaltbeispiel. Ra_1 muß vergrößert werden, D_1 dient zur raschen Entladung des Koppelkondensators nach Verschwinden des Triggerimpulses.

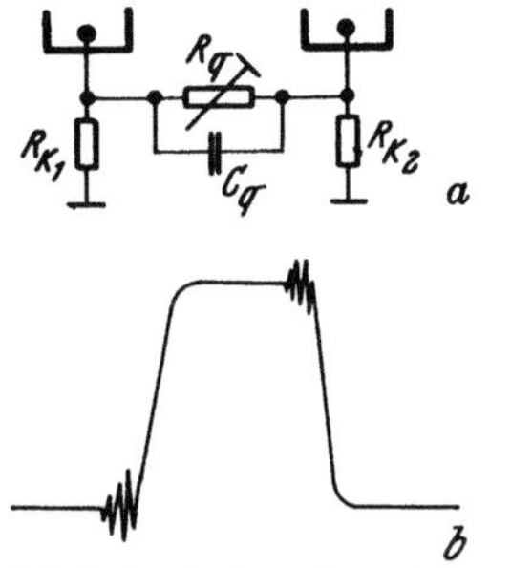

Abb. 8.46. a) Vergrößerung der Ansprechempfindlichkeit, b) Einsatzpunkte der Selbsterregung

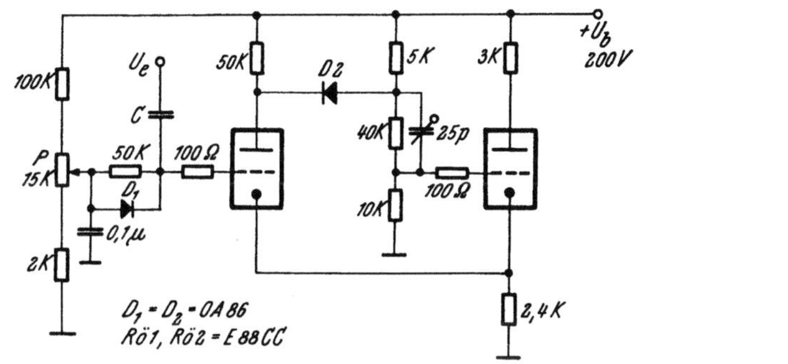

Abb. 8.47. Schmitt-Trigger mit kleiner Unsicherheitszone

Der Stromunterschied zwischen leitender Rö. 1 und leitender Rö. 2 (weil Uk nicht konstant) ergibt eine im Takt der Ausgangsspannung wechselnde Belastung für Ub. Das führt wegen der Integration am Siebkondensator bei niederen Frequenzen zu einer dreieckförmigen Spannungsschwankung von Ub, wenn Ub nicht stabilisiert ist. Dadurch tritt beim Ausgangssignal Dachschräge auf. Um diese zu vermeiden, kann man an Stelle von R_8 eine Pentode einschalten, die konstanten Strom auch bei wechselnder Uk liefert (Abb. 8.48). Die Pentode soll geringe Anodenkapazität haben und muß den notwendigen Strom liefern können. Eine Schwankung der Betriebsspannung um ΔUb verursacht eine Änderung der Einsatzspannung um $\Delta Ue = \Delta Ub(a - D_1)$

a = Abschwächung des Teilers R_5–R_6
D = Durchgriff der Rö. 1

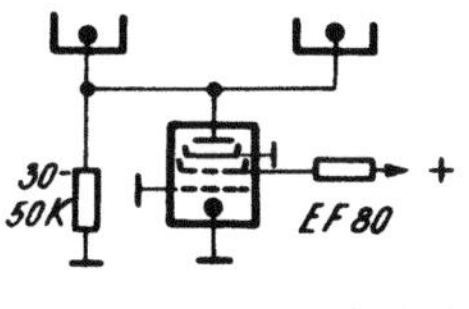

Abb. 8.48. Pentode als R_K vergrößert die Mitkopplung

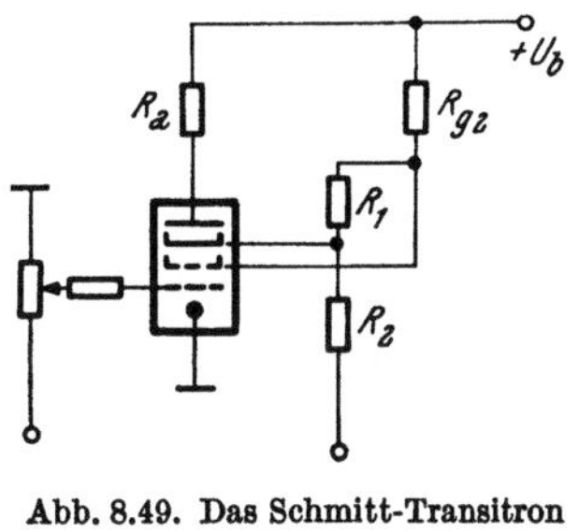

Abb. 8.49. Das Schmitt-Transitron

Eine Einröhren-Triggerschaltung stellt das *Schmitt-Transitron* dar (Abb. 8.49). Hier wird von der Möglichkeit Gebrauch gemacht, die Stromverteilung zwischen Anode und Schirmgitter einer Pentode mit Hilfe des Bremsgitters zu steuern. Der Verstärker besteht aus Rö. 1 = Katode — Steuergitter — Schirmgitter, dem Kopplungsspannungsteiler R_1–R_2 und der Rö. 2 = Katode — Bremsgitter — — Anode. Die Transitronschaltung wird in Kap. 8.2 ausführlich behandelt.

Berechnungsbeispiel

Die Betriebsspannung Ub soll vorgegeben sein. Bei einer geforderten Anstiegszeit ta wird $Ra = ta/2{,}2 \cdot Cp$ [MΩ, pF, μs]. Die geforderte Ausgangsamplitude bestimmt mit Ra den Anodenstrom Ia_2 der im statischen Zustand leitenden Röhre Rö. 2: $Ia_2 = Uo/Ra$ für $Ug_{\text{Rö.2}}$ von ca. -1 V. Der Arbeitspunkt A_2 und die Widerstandsgerade Ra in das Kennlinienfeld der gewählten Röhre E 90 CC Abb. 8.50 eingezeichnet, ergibt Ua_2, und $Uk_2 = Ub - Ua_2 - Uo$.

Beispiel: $Ub = 200$ V, $Ra = 8{,}2$ kΩ, $Uo = 70$ V

Schaltung Abb. 8.44; $Ra = R_7 = R_4$, $Rk = R_8$

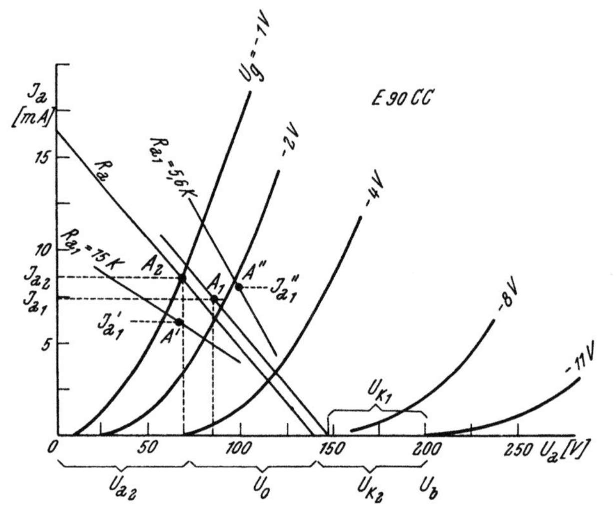

Abb. 8.50. Kennlinienfeld zum Berechnungsbeispiel des Schmitt-Triggers

Aus dem Kennlinienfeld: für $Ug = -1$ V und $Ia_2 = 8{,}5$ mA wird:

$$Ua_2 = 70\text{ V},\quad Uk_2 = 60\text{ V},\quad Rk = 60/8{,}5 = 7\text{ k}\Omega,\quad Ug_2 = -1\text{ V}$$

Der Spannungsteiler: $R_5 + R_6 \gg Ra$

$$\frac{Ub}{U_{R6}} = \frac{R_5 + R_6}{R_6} = a,\quad Uk_2 - U_{R6} = Ug_2 \cdots U_{R6} = 59\text{ V}$$

$$\frac{Ub}{U_{R6}} = a = \frac{200}{59} \cdots a = 3{,}4,\qquad 3{,}4 = \frac{R_5}{R_6} - 1$$

gewählt $R_6 = 100$ kΩ
somit $R_5 = 240$ kΩ

Dynamischer Zustand:

Durch das Aufsteuern der Rö. 1 mit einem Triggersignal soll Rö. 2 gesperrt werden. Die Sperrspannung wird für $Ub = 200$ V gewählt (Sicherheitsfaktor). Aus dem Kennlinienfeld: $Us_{\text{Rö.2}} = -11$ V.

Welche Spannungsänderung an der Anode der Rö. 1 ist zur Sperrung von Rö. 2 notwendig? Es ist:

$$\frac{Ub - Ia_1 \cdot Ra}{U'_{R6}} = a,\quad \ldots\ U'_{R6} = Ia_1 Rk - Us_{\text{Rö.2}}$$

$$Ia_1 = \frac{Ub + aUs}{aRk + Ra} = \frac{200 + 3{,}4 \cdot 11}{3{,}4 \cdot 7 + 8{,}2} = 7{,}4\text{ mA},\qquad Uk_1 = Ia_1 \cdot Rk \approx 52\text{ V}$$

Uk_1 im Kennlinienfeld von Ub abgetragen ergibt den Fußpunkt für die parallel verschobene Widerstandsgerade. Ihr Schnittpunkt mit Ia_1 gibt den Arbeitspunkt A_1 für die Rö. 1. Abzulesen sind die Spannungen $Ug_1 = -1{,}8$ V, $Ua_1 = 88$ V.

Eine Vergrößerung des Ra der Rö. 1 (Ra_1) auf 15 kΩ bringt keine Vorteile. Der Arbeitspunkt A' für diesen Fall ist im Kennlinienfeld eingezeichnet. Die notwendige Triggerspannung muß größer werden. Hingegen führt eine Verkleinerung des Ra der Rö. 1 auf 5,6 kΩ zu einem früheren Sperren der Rö. 2, also zu einer günstigeren Einstellung des Triggers. Arbeitspunkt A'' für $Ra = 5{,}6$ kΩ, $Ia_1 = 8$ mA, $Uk_1 = 56$ V, notwendige $Ug_1 \approx -2{,}2$ V.

Der Eingangsspannungsteiler der Rö. 1, im Schaltbild Abb. 8.44 R_1—P—R_2 muß so dimensioniert sein, daß im statischen Zustand Rö. 1 gesperrt ist. Lassen wir P vorerst weg und denken uns den Teiler nur aus R_1—R_2 bestehend. Die Sperrspannung für Rö. 1 ist aus dem Kennlinienfeld für eine $Ua_1 = Ub - Uk_2 = 140$ V abzulesen: $Us_{\text{Rö.1}} = -8$ V.

Die Spannung an R_2 muß dann $Uk_2 - Us_{\text{Rö.1}} = 52$ V sein.

Das Teilerverhältnis $\dfrac{Ub}{U_{R2}} = \dfrac{R_1}{R_2} + 1 = 3{,}8 \ldots R_1 = 2{,}8\, R_2$

Für ein gewähltes $R_2 = 200$ kΩ wird $R_1 = 560$ kΩ

Mit Potentiometer: $R_1 = 500$ kΩ, $P = 100$ kΩ, $R_2 = 150$ kΩ

Wird bei einer gegebenen Betriebsspannung Ub eine sehr große Ausgangsamplitude Uo verlangt, so wird unter Umständen Rk sehr klein und die Abschwächung a des Kopplungsteilers sehr groß. Die durch Triggerung hervorgerufene Spannungsänderung an der Anode der Rö. 1 reicht dann nicht mehr aus, um die Rö. 2 zu sperren. Ub und damit Rk ist entsprechend zu vergrößern oder eine kleinere Uo in Kauf zu nehmen.

B. Der Transistor-Schmitt-Trigger[1]

Der mit Transistoren aufgebaute Schmitt-Trigger entspricht in seiner Funktion der röhrenbestückten Schaltung. Die zum Triggern erforderliche Eingangsspannung beträgt im Mittel 100 mV, Frequenzen bis 5 MHz lassen sich mit UKW-Transistoren sicher schalten. Das Verhältnis von Ausgangsspannung ΔU_{K2} zur Betriebsspannung Ub beträgt 70 bis 90% je nach Betriebsspannung und liegt damit günstiger als bei der Röhrenschaltung, wo etwa 50 bis 70% der zur Verfügung stehenden Betriebsspannung im Katoden- und Röhreninnenwiderstand verlorengehen.

a) Wirkungsweise

Bei fehlendem Eingangssignal sei Tr. 1 gesperrt, Tr. 2 leitend (siehe Abb. 8.51). Steuert eine am Eingang liegende Spannung die Basis B_1 langsam ins negative Gebiet, so beginnt im Tr. 1 Strom zu fließen, wodurch die Basis-Emitterspannung von Tr. 2 abnimmt und sein Kollektorstrom I_{K2} sinkt. Eine Mitkopplung über den gemeinsamen R_E ergibt sich dadurch (vgl. die entsprechende Röhrenschaltung!), daß I_{K2} viel rascher abnimmt, als I_{K1} zunimmt; die beiden Emitter werden positiver, d. h., Tr. 1 wird stärker, Tr. 2 noch schwächer leitend. Durch diese Mitkopplung kippt die Schaltung in kürzester Zeit um und bleibt in diesem neuen Zustand so lange, bis die Eingangsspannung die Basis B_1 wieder ins positive Gebiet zurücksteuert.

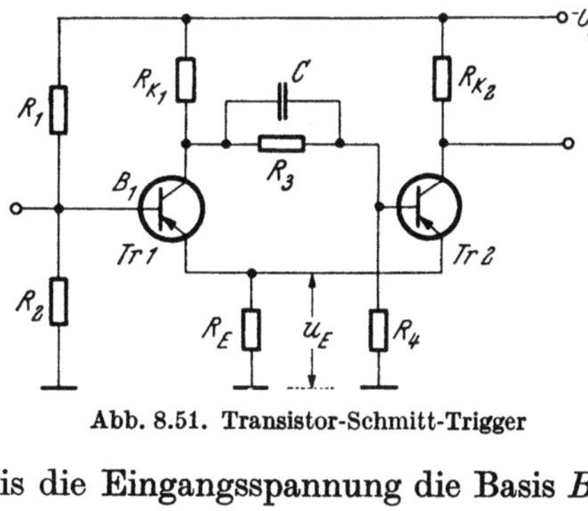

Abb. 8.51. Transistor-Schmitt-Trigger

b) Dimensionierung

a) Kollektorwiderstand: Die beiden Kollektorwiderstände werden in der Praxis fast durchwegs gleich groß gewählt: $R_{K1} = R_{K2} = R_K$ (durch verschieden große Kollektorwiderstände läßt sich die gegenseitige Lage des Ein- und Ausschalt-

[1] Literatur: [B 20, W 12].

schwellenwertes — die Hysterese — geringfügig ändern). Sind Betriebsspannung Ub und maximal zulässiger Kollektorstrom des verwendeten Transistors vorgegeben, so muß gelten:

$$R_K + R_E \geqq \frac{Ub - U_{KE\,\mathrm{rest}}}{I_{K\,\mathrm{max}}}, \qquad (U_{KE\,\mathrm{rest}} = \text{Kollektorrestspannung})$$

da sonst der maximal zulässige Kollektorstrom überschritten wird. Im Interesse guter Flankensteilheit wählt man den Kollektorwiderstand möglichst klein, so daß man unter der Voraussetzung $R_E \ll R_K$, $U_{KE\,\mathrm{rest}} \ll Ub$ erhält:

$$R_K \approx Ub/I_{K\mathrm{max}} \tag{8.27}$$

b) Emitterwiderstand: Je größer R_E ausgelegt wird, um so besser wird die Mitkopplung; andererseits wird dann auch das verfügbare Ausgangssignal kleiner. Ein Spannungsabfall von 1 V genügt im allgemeinen. Als Faustregel gilt:

$$R_E \approx R_K/Ub \tag{8.28}$$

c) Spannungsteiler $R_3 - R_4$: Der Spannungsteiler $R_3 - R_4$ soll einerseits den Arbeitspunkt des Tr. 2 im statischen Zustand in das Knie der I_K–U_K-Kennlinie verlegen, andererseits im getriggerten Zustand den Tr. 2 sicher sperren.

Für den Spannungsteilerquerstrom Ip_2 gilt

$$|Ip_2| \geqq 5 \cdot \frac{|I_{K1}|}{B} \qquad (B = \text{Großsignalstromverstärkung})$$

Er darf jedoch nicht so groß sein, daß der Spannungsabfall am Kollektorwiderstand R_{K1} zu sehr ins Gewicht fällt.

Ist U_{BE2} die für $I_{B2\,\mathrm{max}} = \frac{I_{K2}}{B}$ notwendige Basis-Emitter-Spannung, die man dem I_B–U_B-Kennlinienfeld des Transistors entnehmen kann, so ist (vgl. Abb. 8.52)

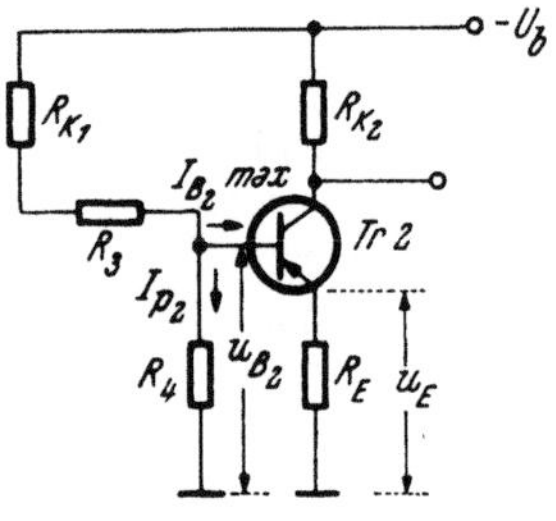

Abb. 8.52. Ersatzschaltbild bei gesperrtem Tr. 1

$$R_4 \cdot Ip_2 = U_E + U_{BE2} = U_{B2}$$

Es ist also

$$R_4 = (I_{K2} \cdot R_E + U_{BE2})/Ip_2 \tag{8.29}$$

Für R_3 gilt die Gleichung

$$(Ip_2 + I_{B2\,\mathrm{max}})(R_{K1} + R_3) = Ub - U_E - U_{BE2}$$

$$R_3 = \frac{Ub - R_E \cdot I_{K2} - U_{BE2}}{Ip_2 + I_{B2\,\mathrm{max}}} - R_{K1} \tag{8.30}$$

Man hat sich nach Berechnung von R_3 und R_4 noch nachträglich zu überzeugen, daß Tr. 2 sicher gesperrt wird, wenn Tr. 1 leitend ist. Es ist dann wegen $U_{K1} = U_E + U_{KE\,\mathrm{rest}}$ bei vernachlässigbarem Basisreststrom von Tr. 2

$$U_{B2} = \frac{R_4}{R_3 + R_4}(U_E + U_{KE\,\mathrm{rest}})$$

und die Basis-Emitterspannung

$$U_{BE2} = (U_{KE\,\mathrm{rest}} \cdot R_4 - U_E \cdot R_3) \cdot \frac{1}{R_3 + R_4}$$

Dieser Wert muß einen positiven Betrag von mindestens 0,2 V aufweisen.

d) Spannungsteiler $R_1 - R_2$: Für den Spannungsteilerquerstrom gilt

$$|Ip_1| \geqq 5 \frac{|I_{K1}|}{B}$$

R_1 oder R_2 wird zur genauen Festlegung des günstigsten Arbeitspunktes von Tr. 1 variabel ausgeführt. Als ungefähre Werte für R_1 und R_2 erhält man

$$R_1 \approx (Ub - U_E)/Ip_1; \qquad R_2 \approx U_E/Ip_1$$

R_2 kann durch einen geeigneten *NTC*-Widerstand ersetzt werden, wodurch sich Arbeitspunktverschiebungen infolge Temperaturschwankungen weitgehend eliminieren lassen.

e) Kompensationskondensator C: Der Kippvorgang kann beträchtlich beschleunigt werden, wenn die am Kollektor des ersten Transistors auftretende Spannungsänderung nicht durch den Spannungsteiler $R_3 - R_4$ abgeschwächt, sondern in voller Stärke der Basis des zweiten Transistors zugeführt wird. Dies erreicht man durch Überbrücken des Widerstandes R_3 mit einem Kondensator C, der näherungsweise aus

$$C \approx \frac{1}{R_K \cdot f_\beta} \qquad (f_\beta = \text{Grenzfrequenz in Emitterschaltung}) \tag{8.31}$$

bestimmt wird. Der genaue Wert wird empirisch ermittelt.

c) Berechnungsbeispiel

Betriebsspannung $= -9$ V; Transistor: $I_{K\,\max} = -10$ mA, Grenzfrequenz $= 20$ kHz, Stromverstärkung $B = 40$.

Kollektorwiderstand: $R_K \approx \frac{9}{10}$ kΩ (8.27) $R_K = 1$ kΩ

Emitterwiderstand: $R_E \approx 1/9$ kΩ (8.28) $R_E = 100\,\Omega$

Spannungsteiler $R_3 - R_4$: Der Kollektorstrom beträgt

$$I_K = -9/(1 + 0{,}1) \approx -8 \text{ mA}$$

Bei einer Stromverstärkung von $B = 40$ ist hierfür ein Basisstrom $I_{B2\,\max}$ von $-0{,}2$ mA erforderlich. Dem Kennlinienfeld entnimmt man den dazugehörigen Wert $U_{BE2} = -0{,}2$ V. Für den Spannungsteilerquerstrom Ip_2, R_3 und R_4 erhält man mit diesen Werten:

$$|Ip_2| \geqq 5\,(8/40); \quad \text{wir wählen } |Ip_2| = 1{,}7 \text{ mA}$$

$$R_4 = \frac{8 \cdot 0{,}1 + 0{,}2}{1{,}7} \approx 600\,\Omega$$

$$R_3 = \frac{9 - 0{,}1 \cdot 8 - 0{,}2}{1{,}7 + 0{,}2} - 1 = 3{,}2 \text{ k}\Omega$$

Ist der erste Transistor leitend, so ist die Basis-Emitter-Spannung des zweiten Transistors

$$U_{BE2} = (-0{,}3 \cdot 0{,}6 + 0{,}8 \cdot 3{,}2)\,\frac{1}{3{,}2 + 0{,}6} \approx +\,0{,}6\ \mathrm{V}$$

Tr. 2 ist damit sicher gesperrt.

Spannungsteiler $R_1 - R_2$: Für R_1 erhält man mit $Ip_1 = 5 \cdot \frac{8}{40} = 1$ mA

$$R_1 = (9 - 0{,}8)/1 = 8{,}2\ \mathrm{k}\Omega$$

für R_2

$$R_2 = 0{,}8/1 = 800\ \Omega$$

Einer dieser beiden Widerstände wird als Trimmer ausgeführt.

Kondensator C: $C \approx \frac{1}{10^3 \cdot 2 \cdot 10^4} = 50$ nF

d) Anforderungen an die Steuerspannung

Im Interesse kleiner Schwellwertabstände (kleine Hysteresis) muß der Innenwiderstand der Steuerquelle klein gehalten werden (Spannungssteuerung). Die erforderliche Eingangsspannung beträgt 50 bis 100 mV; je höher die Eingangs-

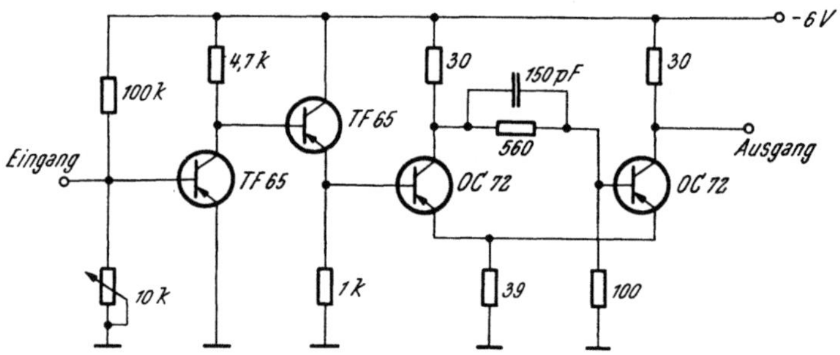

Abb. 8.53. Schmitt-Trigger mit Vorverstärker

spannung ist, um so besser wird die Stabilität bei hohen Schaltfrequenzen (Richtwert 1 V). Reicht die Empfindlichkeit des Schmitt-Triggers nicht aus, kann zu deren Erhöhung eine Verstärkerstufe vorgesetzt werden, die sich im Gegensatz zur Röhrenschaltung leicht galvanisch koppeln läßt. Der Hauptvorteil des Schmitt-Triggers, auf beliebig langsam verlaufende Steuerspannungsänderungen anzusprechen, bleibt dadurch voll erhalten. Da der Innenwiderstand der Vorverstärkerstufe im allgemeinen zu hoch ist, muß durch einen Emitterfolger die Impedanz auf den gewünschten Wert heruntergesetzt werden. Man kommt zu einer Schaltungsanordnung (Abb. 8.53), die eine Empfindlichkeit von wenigen mV aufweist.

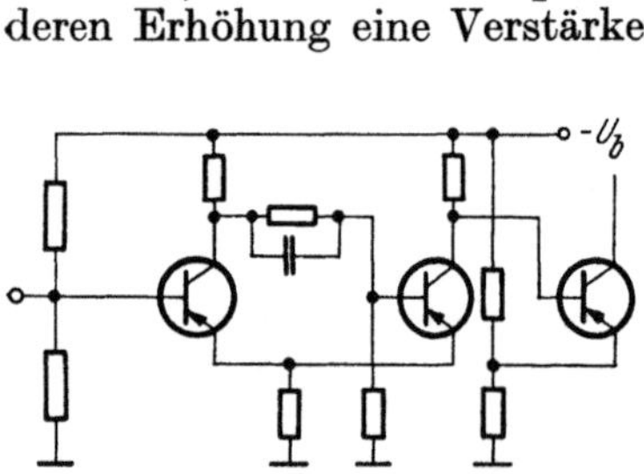

Abb. 8.54. Schmitt-Trigger mit Leistungsausgang

Am Ausgang des Schmitt-Triggers tritt eine Rechteckspannung der Höhe $Uss = I_{K2} \cdot R_{K2}$ auf. Reicht die Ausgangsschaltleistung nicht aus, so kann entweder eine galvanisch gekoppelte Endstufe angehängt werden (Abb. 8.54), oder aber, bei niedrigen Frequenzen, der Kollektorwiderstand R_{K2} durch ein Relais ersetzt werden; in diesem Falle ist parallel zum Relais eine Diode vorzusehen, die die Ausbildung einer unzulässig hohen induktiven Abschaltspannung unterbindet.

Interessante Schaltungen ergeben sich durch die Möglichkeit, zwei Funktionen in einem einzigen Transistor zu vereinigen. Soll z. B. ein Oszillator im Rhythmus

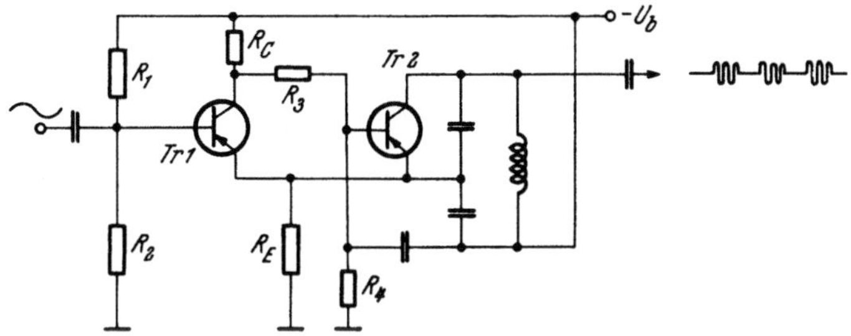

Abb. 8.55. Oszillator-Tastschaltung

einer Wechselspannung getastet werden, so läßt man den Tr. 2 des Schmitt-Triggers als Colpitts-Oszillator arbeiten (Abb. 8.55). Soll dieser Oszillator durch wechselnde Lichtintensität gesteuert werden, hat man nur den ersten Transistor durch einen Phototransistor zu ersetzen.

Anwendung des Schmitt-Triggers: Umwandlung eines beliebig geformten Signales in ein Rechtecksignal gleicher Frequenz und Phase, als stabiler Amplitudendiskriminator, usw.

8.1.4 Der bistabile Multivibrator (BMV) oder Flip-Flop[1]

Die Schaltung des bistabilen Multivibrators wurde von ECCLES und JORDAN 1919 angegeben. Sie ist daher in der amerikanischen Literatur unter dem Namen Eccles-Jordan-Trigger zu finden. Ein Prinzipschaltbild zeigt die Abb. 8.56. Zwei Verstärkerröhren sind galvanisch miteinander zu einer Schleife verkoppelt, wobei die Widerstände R_5 und R_6 gemeinsam an einer negativen Spannungsquelle $-Ub$ liegen.

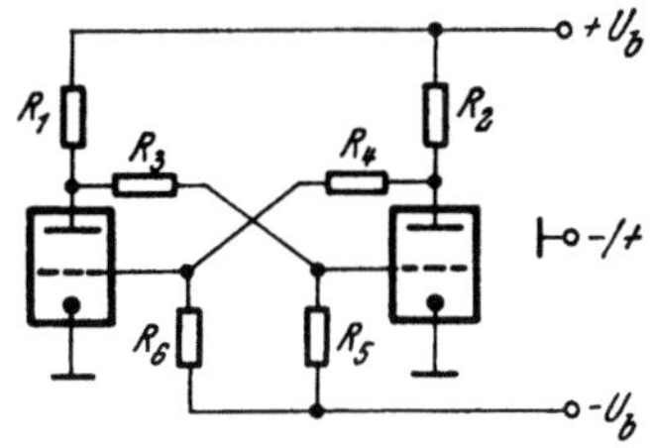

Abb. 8.56. Prinzipschaltbild des bistabilen Multivibrators

Der bistabile Multivibrator hat zwei stabile Zustände, die charakterisiert sind durch jeweils eine geöffnete und eine gesperrte Röhre. Auch wenn die Schaltung symmetrisch aufgebaut ist, also Rö. 1 = Rö. 2, $R_1 = R_2$ usw., wird sie beim Einschalten, verursacht durch eine geringe Unsymmetrie der Schaltelemente oder eine Störspannung, in eine der beiden stabilen Zustände kippen. Ist dann z. B Rö. 1 geöffnet, so ist $Ua_1 < Ub$ und Rö. 2 über R_3–R_5 gesperrt. Gelangt eine negative Triggerspannung (siehe Abschnitt *b*) an das Gitter der Rö. 1, so wird ihre Anodenspannung steigen und Rö. 2 über R_3–R_5 aufgesteuert. Die Anodenspannung von Rö. 2 fällt und über R_4–R_6 wird Rö. 1 gesperrt und gesperrt gehalten, auch wenn die Triggerspannung wieder schwindet. Ein weiterer negativer Impuls am Gitter der Rö. 1 ist wirkungslos, hingegen kippt er, an das Gitter

[1] Literatur: [P 5, T 4, T 8].

der Rö. 2 gelegt, die Schaltung wieder zurück. Da auf diese Weise die Schaltung nach jedem zweiten Impuls wieder im selben Zustand ist, wirkt der bistabile Multivibrator als Untersetzer. Er zählt gewissermaßen 0 — 1 — 0 — 1 usf. Die Röhren haben auch hier die Funktion von Schaltern, daher ist ihr Anodenspannungsverlauf und damit das Ausgangssignal *Uo* rechteckförmig. Die Abb. 8.57 zeigt die Triggerimpulse *Ue*, den Verlauf der Anodenspannungen und die Ausgangsimpulse *U'o* nach Differentiation und Gleichrichtung.

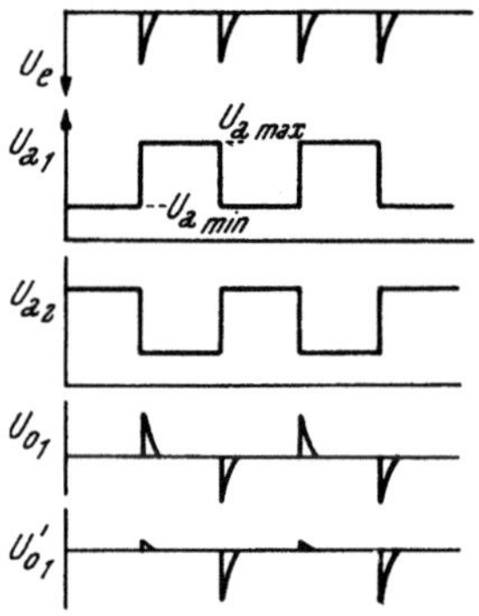

Abb. 8.57. Triggerimpulse — Anodenspannungsverlauf — Ausgangsimpulse nach Differentiation und Gleichrichtung

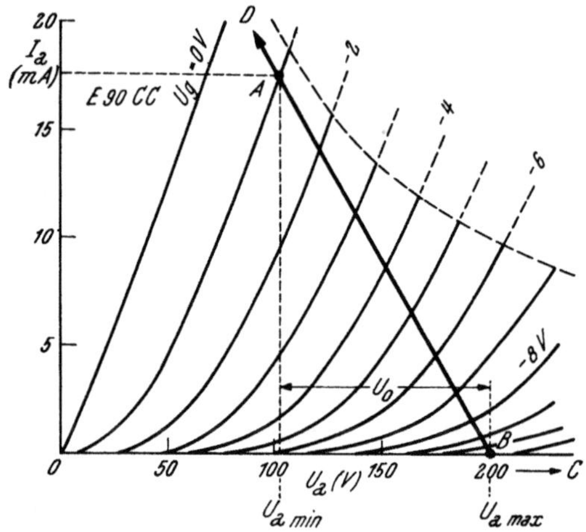

Abb. 8.58. Arbeitspunkt und Widerstandsgerade im Kennlinienfeld

a) Schaltungsdimensionierung

Für die als Schalter arbeitenden Röhren sind wünschenswert: Kleiner *Ri*, großes Verhältnis *S*/*C*, überhaupt kleine Kapazitäten zur Vermeidung von Impulsverformungen, enge Datentoleranzen in bestimmten Kennlinienpunkten, Gleichheit der Röhrensysteme, zwischenschichtfreie Katoden.

Spezielle Flip-Flop-Röhren sind z. B. E 90 CC oder E 182 CC. Fast immer wird die Schaltung symmetrisch aufgebaut: Rö. 1 = Rö. 2, $R_1 = R_2$ usw.

Die Größe der Anodenwiderstände richtet sich nach der geforderten maximalen Schaltfrequenz bzw. der zugelassenen Anstiegszeit und der geforderten Ausgangsamplitude. Außerdem muß die Bedingung erfüllbar sein, daß Verstärkung mal Abschwächung durch die Kopplungsspannungsteiler größer als 1 ist. Ausgehend von den durch die Anstiegszeit t_a und die Amplitude *Uo* vorgegebenen Grenzen wird im *Ia*–*Ua*-Kennlinienfeld der gewählten Röhre die Widerstandsgerade für *Ra* festgelegt (Abb. 8.58). Dabei sind die Röhrengrenzdaten zu beachten. Folgende Werte sind abzulesen: *Ra*, *Uo*, $Ua_{\min}$ und *Ug* für $Ia_{\max}$ (*A*), $Ua_{\max}$ und *Us* für $Ia = 0$ (*B*).

Wenn man für $Ua_{\max}$ das Gitter weiter steuert als bis *Us* (etwa bis *C*), wird dadurch die Sicherheit erhöht, mit der der bistabile Multivibrator in einem der stabilen Zustände verharrt. Ebenso dadurch, daß man $Ua_{\min}$ bei $Ug = 0$ festlegt (*D*) und bis zum Einsetzen von Gitterstrom steuert. Geringe Störungen (Betriebsspannungsschwankungen u. dgl.) können dann den bistabilen Multivibrator nicht umkippen. Damit der bistabile Multivibrator umkippt, müssen nämlich durch eine Triggerspannung die Röhren aus der Übersteuerung in einen Arbeitsbereich gebracht werden, in dem wenigstens die Gesamtverstärkung innerhalb der Schleife > 1 wird.

Für das Verharren in der Ruhelage muß $V < 1$ sein; durch die Mitkopplung steuert sich die Schaltung nach einem erfolgten Anstoß selbst wenigstens so lange gleichsinnig weiter, bis $V < 1$ ist.

$$V = V_{\text{Rö.1}} \cdot V_{\text{Rö.2}} \cdot \frac{R_5}{R_3 + R_5} \cdot \frac{R_6}{R_4 + R_6} \qquad (8.32)$$

Trotz der Symmetrie der Schaltung sind $V_{\text{Rö.1}}$ und $V_{\text{Rö.2}}$ immer verschieden, weil die Röhren wechselweise im Gebiet größter bzw. kleinster Steilheit arbeiten; $V < 1$ wird öfter dadurch erreicht, daß eine Röhre gesperrt wird, weniger oft durch Gitterstrombegrenzung.

Das Spannungsteilerverhältnis von R_4/R_6 und R_3/R_5 wird demzufolge dadurch bestimmt, daß von der Amplitude Uo ein mindestens so hoher Anteil an das andere Gitter kommen muß, daß diese Röhre noch sicher vom leitenden Zustand (Ug) in den gesperrten Zustand (Us) gesteuert wird:

$$\frac{R_5}{R_3 + R_5} = \frac{R_6}{R_4 + R_6} = \frac{Us - Ug}{Uo} \qquad (8.33)$$

Dieses Verhältnis ergibt, wie gesagt, einen Mindestwert. Fast immer wird man im Interesse einer hohen Stabilität einen höheren Wert wählen, also etwa die Punkte C und D in Abb. 8.58 zugrunde legen, obwohl dann eine höhere Triggerspannung benötigt wird. Weil der Spannungsteiler von der Anode einer gesperrten Röhre aus (Ua_{max}) das Gitter der anderen, leitenden Röhre auf Ug halten muß, liegt damit $-Ub$ fest:

$$\frac{|Ua_{\text{max}}| + |Ug|}{|-Ub| - |Ug|} = R_3/R_5 = R_4/R_6 \qquad (8.34)$$

Den Absolutwert der Widerstände R_3 bis R_6 wählt man groß gegen R_1, etwa im Bereich 100 kΩ bis 5 MΩ (auf eine Wertbeschränkung nach oben wird weiter unten noch hingewiesen). Die beiden folgenden Korrekturen (Gl. 8.35) und (Gl. 8.36) können dann fast immer entfallen und es wird $R_1 = Ra$ und $+Ub = Ua_{\text{max}}$. Wenn z. B. $R_3 = 10 \cdot R_1$, beträgt die Korrektur für Ub 10% und für R_1 noch weniger.

Die im Kennlinienfeld festgelegte Widerstandsgerade stellt streng die Parallelschaltung von R_1 mit $R_3 + R_5$ dar. R_1 (bzw. R_2) ist also höher als Ra:

$$R_1 = \frac{Ra(R_3 + R_5)}{R_3 + R_5 - Ra} \qquad (8.35)$$

Durch den Spannungsteilerquerstrom entsteht auch bei gesperrter Röhre am Anodenwiderstand R_1 bzw. R_2 ein Spannungsabfall, um dessen Betrag $+Ub$ höher als Ua_{max} sein muß. Die Spannungsabfälle verhalten sich wie die Widerstände:

$$\frac{+Ub - Ua_{\text{max}}}{Ua_{\text{max}}} = R_1/R_3 = R_2/R_4 .$$

Daraus

$$+Ub = Ua_{\text{max}} \cdot \left(1 + \frac{R_1}{R_3}\right) \qquad (8.36)$$

$-Ub$ kann auch durch einen für beide Röhren gemeinsamen Katodenwiderstand erzeugt werden. Die Spannungsteiler liegen dann an Masse, eine negative Spannungsquelle ist nicht mehr notwendig. Abb. 8.59 zeigt ein Beispiel. Der Anodenstrom der jeweils stromführenden Röhre erzeugt an Rk eine Spannung Uk, die der Spannung $-Ub$ entspricht. Die Berechnung ist gleich wie vorher; man rechnet zuerst mit $-Ub$. Der Katodenwiderstand ist einfach

$$Rk = -Ub/Ia_{\max} \tag{8.37}$$

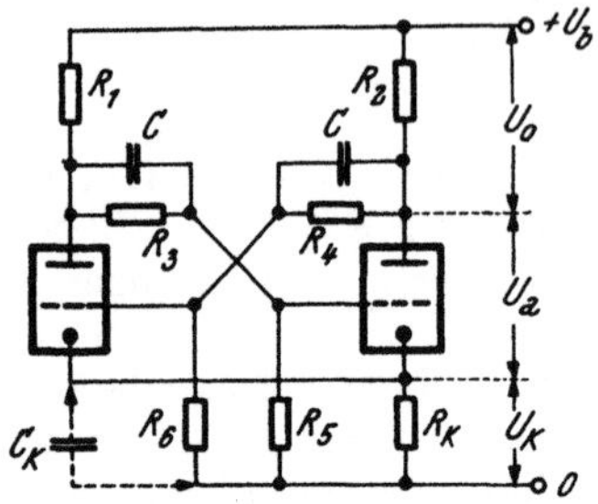

Abb. 8.59. BMV mit gemeinsamen R_K

Selbstverständlich muß $+Ub$ dann um den Betrag von $-Ub$ erhöht werden. Der Katodenwiderstand vermindert durch Stromgegenkopplung den Einfluß von Alterungserscheinungen. Deshalb, und nicht nur wegen des Fortfalls einer negativen Versorgungsspannung, werden fast alle Flip-Flops mit Katodenwiderstand gebaut. Er wird gelegentlich durch eine Kapazität Ck entkoppelt, die mit Rk eine Zeitkonstante größer als t_a ergeben soll.

Um den Umkippvorgang zu beschleunigen, schaltet man parallel zu R_3 und R_5 Kondensatoren, die die kapazitive Belastung der Spannungsteiler durch die am Gitter wirksamen Kapazitäten kompensieren. Wenn ein Optimum erreicht werden soll, ist es notwendig, C experimentell einzustellen, beispielsweise auf beste Rechteckform des Ausgangssignales, größte Flankensteilheit oder höchste Zählfrequenz.

Die den Spannungsteilern parallel liegenden Kapazitäten haben eine ähnliche Wirkung wie die Koppelkondensatoren beim Univibrator (siehe dort) und verursachen eine Erholungszeit, innerhalb derer der bistabile Multivibrator nicht oder wenigstens nur auf erhöhte Triggerspannung anspricht. Daraus resultiert für sehr flinke bistabile Multivibratoren eine Begrenzung für R_3 bis R_6, damit die sich ergebenden Zeitkonstanten in tragbaren Grenzen bleiben.

Berechnungsbeispiel

Gefordert: $t_a = 0{,}5\ \mu s$, Uo etwa 100 V, Ub vorhanden $= 300$ V, Schaltung nach Abb. 8.59, Röhre E 90 CC, Summe aller Kapazitäten an Anode geschätzt 40 pF; nach Gl. (2.21): $Ra = \frac{ta}{2{,}2C} = \frac{0{,}5 \cdot 10^{-6}}{88 \cdot 10^{-12}}$ $=$ etwa 5,6 kΩ. Aus Abb. 8.58 hierfür abzulesen: $Ua_{\max} = 200$ V, $Us = -11$ V, $Ua_{\min.} = 100$ V, $Ug = -1$ V. Weil $Ub = 300$ V, wird $Uk = 300 - Ua_{\max} = 100$ V gewählt; aus Gl. (8.34) $R_3/R_5 = 200/100 - 2/1$. Damit ist Gl. (8.33) sicher erfüllt, die Röhre erhält von Uo ans Gitter: $Uo \cdot R_5/(R_3 + R_5) = Uo \cdot 100/(100 + 200) = \frac{1}{3} \cdot Uo = 33$ V, also etwa 22 V Stabilitätsreserve. Absolutwerte gewählt: R_3, $R_4 = 100$ kΩ, R_5, $R_6 = 50$ kΩ. Kontrolle der Gitterzeitkonstante: R_3 parallel $R_5 =$ etwa 30 kΩ, C geschätzt etwa 20 pF: $RC = 30 \cdot 10^3 \times 20 \cdot 10^{-12} = 0{,}6\ \mu s$ (nicht zu hoch). Korrekturen nach Gl. (8.35) und Gl. (8.36) nicht notwendig, weil R_3 etwa $18 \cdot R_1$ ist. $Rk = -Ub/Ia_{\max} = 100/17{,}5 = 6{,}3$ kΩ.

Aufbauen, Spannungen kontrollieren, gegebenenfalls Rk experimentell richtig einstellen, C einstellen.

b) Triggerung

Grundsätzlich muß, um das Umkippen einzuleiten, eine Triggerspannung von außen so zugeführt werden, daß die Verstärkung innerhalb der Schleife auf einen Wert > 1 gebracht wird. Dabei darf durch die Ankopplung der Triggerspannungsquelle die Funktion der Schaltung in sich nicht verhindert werden.

Es kann mit einer positiven oder negativen Spannung getriggert werden. Eine positive Triggerspannung öffnet die gerade gesperrte Röhre und muß dazu zuerst die Stabilitätsreserve $C-B$ (Abb. 8.58) überschreiten. Eine negative Triggerspannung (die für die gerade gesperrte Röhre wirkungslos ist) steuert die gerade leitende Röhre ausgehend von A bzw. D, die nun ihrerseits die gesperrte Röhre öffnet. Die benötigte Triggerspannung ist in diesem Fall wegen der Verstärkung in der leitenden Röhre kleiner.

Die Zuführung der Triggerspannung kann direkt an die Gitter (Abb. 8.60a) oder an die Anoden über die Spannungsteiler (Abb. 8.60b) erfolgen. Wenn genügend Triggerspannung zur Verfügung steht, ist auch die besonders einfache Einkopplung über einen gemeinsamen Teil der Anodenwiderstände (Abb. 8.60c) möglich. Auch an den Katoden kann getriggert werden; die dort auftretende Impedanz ist aber klein und belastet die Triggerspannung sehr.

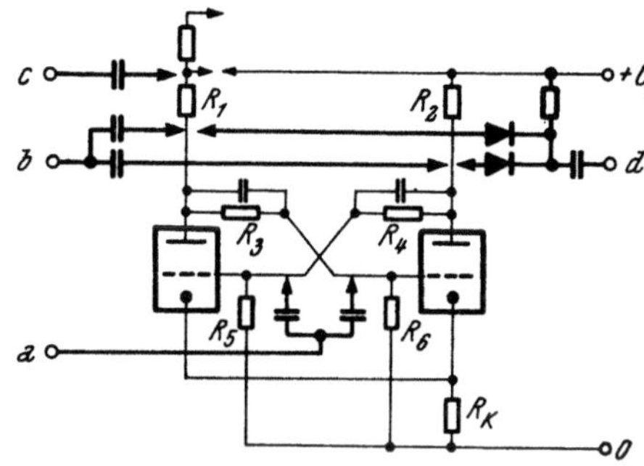

Abb. 8.60. Triggermöglichkeiten beim BMV

Die Triggerspannung muß lange genug wirksam sein, um den Kippvorgang sicher einzuleiten. Andererseits verformt ein zu langes Triggersignal die Ausgangsspannung. Bereits bei einem Signal von etwa der Länge der Anstiegszeit t_a des bistabilen Multivibrators wird die Flankensteilheit der Ausgangsspannung schlechter, bei noch längeren Signalen wird das Dach des Rechtecks deformiert.

Steht ein gut geeignetes Signal zur Verfügung, in Form von Impulsen oder Rechteckwellen mit passender Anstiegszeit etwas kleiner als t_a, so erreicht man durch einfache Differentiation eine Triggerspannung richtiger Länge. Weil bei negativen Impulsen eine geringere Amplitude genügt, triggern von den bei der Differentiation einer Rechteckspannung entstehenden abwechselnd positiven und negativen Impulsen auch ohne Diodenbegrenzung nur die negativen, passende Einstellung der Amplitude vorausgesetzt. Die meist kleinen (5 bis 100 pF) Koppelkondensatoren bilden mit den Gitter- bzw. Anodenwiderständen Differenzierglieder, die zum Triggersignal passend ausgelegt werden (Abb. 8.60a bis c).

Muß man ein Triggersignal ungünstiger oder wechselnder Form verarbeiten, so ist die Einkopplung über Dioden notwendig (Abb. 8.60d). Damit kann man einen bistabilen Multivibrator unter Umständen auch mit einer Sinusspannung zum Triggern bringen. Außerdem erreicht man durch die Dioden, daß von einer Impulsreihe wechselnder Polarität sicher nur die Impulse der gewünschten Polarität triggern. Weiterhin bringen die Dioden eine gute Trennung zwischen bistabilem Multivibrator und Triggerquelle; die wechselseitige Beeinflussung wird sehr reduziert.

In den meisten Fällen ist eine Triggerung an den Anoden vorteilhaft, weil die dort vorhandene mittlere Impedanz sowohl für die Differentiation als auch für die Wirkung speziell von Halbleiterdioden günstiger ist. Nur wenn die Triggerspannung sehr klein oder sehr wenig belastbar ist, kann man an den hochohmigen Gittern mehr erreichen.

Die in Abb. 8.60d gezeigte Version ist wohl die allgemein brauchbarste Form mit den für eine vorgegebene Dimensionierung sichersten Triggereigenschaften.

c) Schaltungsvarianten

Schnelle bistabile Multivibratoren: Wie schon beim Univibrator besprochen wurde, kann auch beim bistabilen Multivibrator die kapazitive Belastung des Anodenkreises durch Katodenfolger als Kopplungsglieder verringert werden. Ein Beispiel gibt die Abb. 8.61.

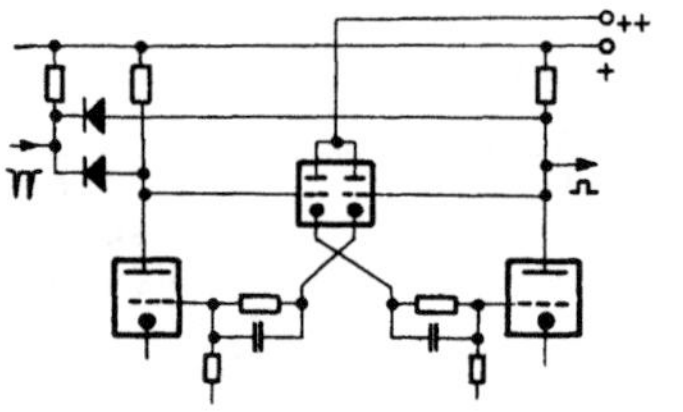

Abb. 8.61. Katodenfolger als Kopplungsglieder

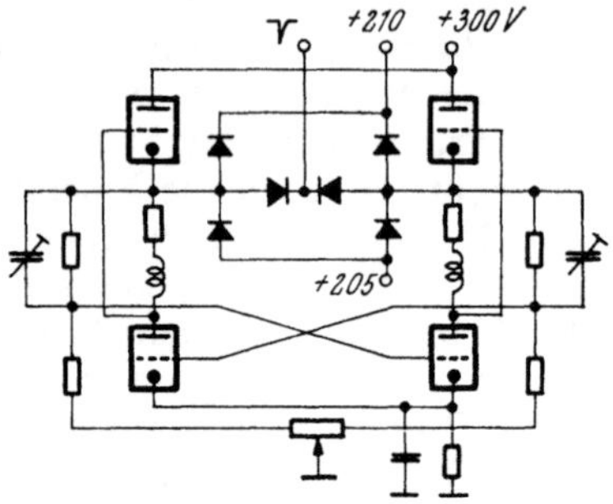

Abb. 8.62. Sehr schneller BMV

Für die Verarbeitung schnellster Impulsfolgen hält man die Amplituden an den Gittern und Anoden so klein, wie gerade zum Umkippen nötig, um die Umladezeiten zu verkürzen. Weil dann die Stabilitätsreserve ($C - B$ in Abb. 8.58) wegfällt, muß mit stabilisierten Betriebsspannungen gearbeitet werden. Dafür kann mit gutem Erfolg mit positiven, äußerst kurzen Impulsen getriggert werden, wie sie ein Katodenfolger mit kleinem Innenwiderstand liefert.

Ein Beispiel für einen bistabilen Multivibrator, der Triggerfrequenzen bis zu 40 MHz, also Impulsabstände von 25 ns, verarbeiten kann, zeigt Abb. 8.62[1]. Die Anodenwiderstände sind durch L-kompensierte Katodenfolger ersetzt. Begrenzerdioden halten die Amplituden klein und stabilisieren zugleich die Endlagen. Die Zuführung der Triggerimpulse erfolgt über Dioden; die Impulse werden vorher sorgfältig auf beste Form gebracht.

d) Anzeige

Es ist oft notwendig, besonders bei Zählschaltungen, den jeweiligen Schaltzustand des bistabilen Multivibrators anzuzeigen. Die einfachste Methode ist der Anschluß von Glimmlampen an die Anoden. Die Amplitude U_0 muß größer als die Differenz zwischen Zünd- und Löschspannung der Glimmlampen sein. Bei der in Abb. 8.64 gezeigten Schaltung ist durch sinnreiche Anschaltung der Glimmlampen erreicht, daß jeweils nur eine Glimmlampe leuchtet, die den Zählzustand in dekadischer Zählweise anzeigt.

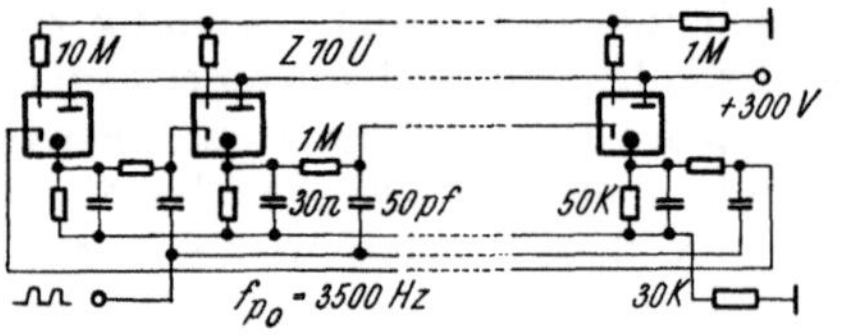

Abb. 8.63. Zählketten mit Kaltkatodenröhren

Es gibt noch viele Möglichkeiten, den Zählzustand getrennt von der Zählfunktion anzuzeigen, indem man einen für den Zustand charakteristischen Strom oder eine Spannung aus dem bistabilen Multivibrator abzweigt und anzeigt. Eine größere Bedeutung haben jedoch Spezialröhren gefunden, die ihren Schaltzustand selbst anzeigen (EMM 804), besonders für das dekadische Zählen (E1 T,

[1] Literatur: [N 5].

Z303 C, Z502 S); (siehe Kap. 9.7). Flip-Flops lassen sich beliebig hintereinander schalten. Je nach der gewählten Kopplungsweise zählen (untersetzen) diese Ketten nach dem Binärsystem, das heißt, jeder zweite Impuls schaltet eine Stufe weiter. Wenn man in diesem Fall *n* Glieder zu einem Ring zusammenschaltet, ist nach *n* Impulsen die Gesamtschaltung wieder in der Ausgangsstellung. Es erfolgt eine Zählung in Potenzen von *n* bzw. eine Frequenzteilung durch *n*. Ist die zu teilende Frequenz niedrig, so eignen sich Kaltkatodenröhren (Beispiel Abb. 8.63) [E 5]. Bei bestimmten Kaltkatodenröhren erfolgt Selbstanzeige des Zählzustands, weil

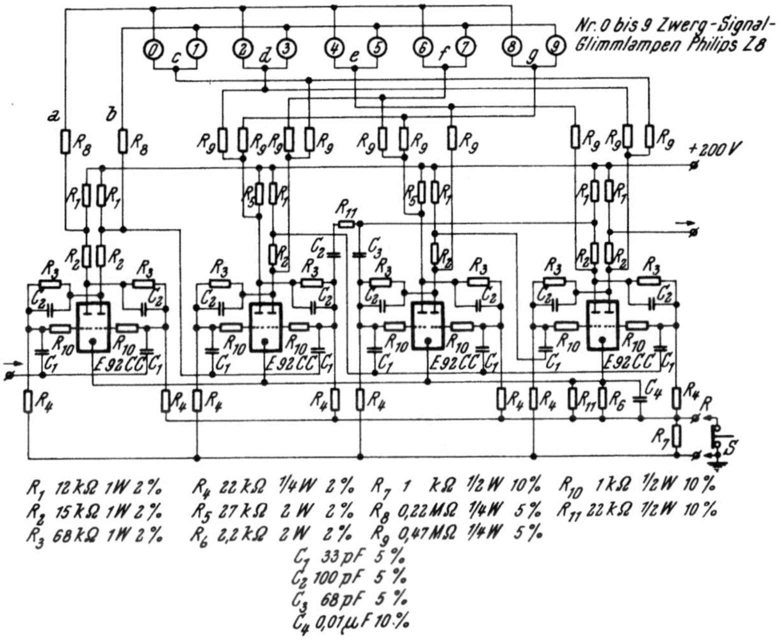

Abb. 8.64. Untersetzerkette (Zählring) mit BMV (150 kHz)

man das Glimmlicht der gezündeten Röhre von außen erkennt (Z70U). Ein interessantes und weitverbreitetes Beispiel eines Zählrings zeigt Abb. 8.64 [H 13]. Durch entsprechende Verkopplung der Systeme erreicht man eine dekadische Zählung und Anzeige mit nur vier bistabilen Multivibratoren (binär-dekadische Verschlüsselung). Wird der Schalter *S* kurzzeitig geöffnet, so kippen alle Stufen in eine definierte Lage, die Nullstellung. Durch die Hintereinanderschaltung solcher Gruppen kann man auf beliebig viele Stellen im Zehnersystem zählen.

Die bistabile Multivibrator-Transistorschaltung[1]

Der bistabile Multivibrator mit Transistoren weist gegenüber dem röhrenbestückten die spezifischen Vorteile auf, die auch den Transistor gegenüber der Elektronenröhre auszeichnen: geringer Platzbedarf, wartungsfreier Betrieb, hohe Lebensdauer, kleiner Leistungsbedarf, geringe Wärmeentwicklung. Auf Grund dieser günstigen Eigenschaften konnte der Transistor-bistabile Multivibrator den Röhren-bistabilen Multivibrator bereits auf vielen Gebieten verdrängen, zumal er jetzt auch hinsichtlich der maximalen Schaltfrequenz mit der Röhrenschaltung

[1] Literatur: [H 14, N 4, R 2, S 3].

durchaus konkurrenzfähig ist: Mit gewöhnlichen UKW-Transistoren lassen sich bei optimaler Dimensionierung Schaltfrequenzen von etwa 20 MHz realisieren, doch dürfte dieser Wert bereits in naher Zukunft verbessert werden.

Wie man aus Abb. 8.65 sieht, sind Röhren- und Transistorschaltung identisch. Dies gilt auch für die Funktionsweise: Eine geeignete Dimensionierung sorgt dafür, daß nicht beide Transistoren gleichzeitig gesperrt oder gleichzeitig leitend sind.

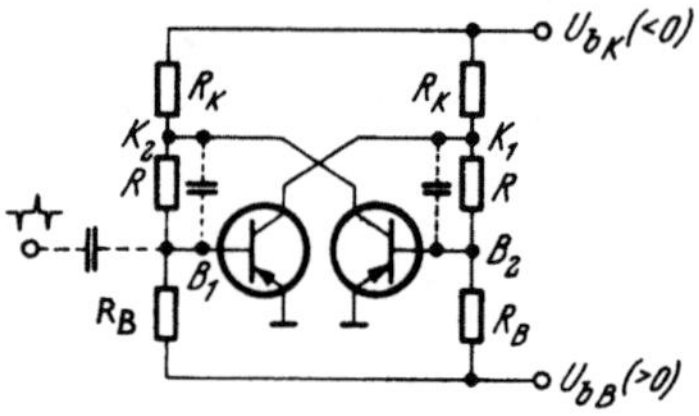

Abb. 8.65. BMV mit Transistoren

Für das Folgende soll wieder vorausgesetzt werden, daß der jeweils leitende Transistor übersteuert sei, was kleine Gleichstromwiderstände im Transistor und daher geringe Verluste zur Folge hat. Da dann außerdem Basisstromschwankungen innerhalb gewisser Grenzen keine Kollektorstromänderung verursachen, hat man in der Wahl der Spannungsteilerwiderstände einen gewissen Spielraum. Betriebsspannungsschwankungen sind in weiten Grenzen zulässig.

Unter dieser Voraussetzung kann man sich den Transistor mit guter Näherung durch einen idealen Schalter ersetzt denken: Im leitenden Zustand liegen Kollektor und Basis an Masse, im gesperrten Zustand fließen keine Ströme. Temperaturabhängige Eigenschaften des Transistors können nicht zur Geltung kommen, da die Ströme im Netzwerk ausschließlich von den äußeren Widerständen bestimmt werden.

a) Dimensionierung

Die Dimensionierung des bistabilen Multivibrators muß so ausgelegt werden, daß folgende zwei Bedingungen erfüllt werden:

a) Der jeweils leitende Transistor muß übersteuert sein.

b) Der gesperrte Transistor muß auch bei Temperaturschwankungen sicher gesperrt bleiben, d. h. die Basis des gesperrten Transistors muß positiv vorgespannt sein.

Die durch die Übersteuerungsbedingung mögliche Idealisierung des Transistors als Schalter ermöglicht eine einfache Berechnung der Spannungsteilerwiderstände.

Ist Tr. 1 leitend, Tr. 2 gesperrt, so gilt das einfache Ersatzschaltbild Abb. 8.66. Aus diesem lassen sich folgende Beziehungen ablesen:

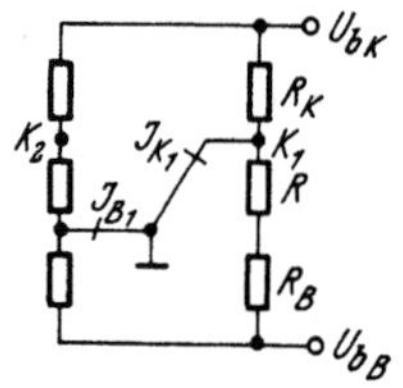

Abb. 8.66. Ersatzschaltbild Tr. 1 leitend, Tr. 2 gesperrt

$$I_{K1} = \frac{Ub_K}{R_K} + \frac{Ub_B}{R + R_B} \tag{8.38}$$

$$I_{B1} = \frac{Ub_K}{R + R_K} + \frac{Ub_B}{R_B} \tag{8.39}$$

$$U_{B2s} = \frac{R}{R + R_B} \cdot Ub_B \tag{8.40}$$

$$Ip = \frac{Ub_K - Ub_B}{R + R_B + R_K} \tag{8.41}$$

I_{K1} = Kollektorstrom des leitenden Transistors
I_{B1} = Basisstrom des leitenden Transistors
U_{B2s} = Basisspannung des gesperrten Transistors
Ip = Strom durch einen Spannungsteiler

Drei Größen sind frei wählbar, z. B.

1. die Speisespannung Ub_K
2. der Potentiometerstrom Ip
3. der Kollektorstrom I_{K1}, je nach zulässigem Stromverbrauch, jedoch kleiner als $I_{K\max}$.

Die Bedingungen (*a*) und (*b*) legen automatisch zwei weitere Größen fest:

4. $I_{B1} \geqq I_{K1}/B \qquad B =$ Großsignalstromverstärkung
5. $U_{B2s} > 0$, je nach Sicherheitsreserve frei wählbar.

Damit sind in den vier Gl. (8.38) bis (8.41) nur mehr die vier Größen R_K, R, R_B, Ub_B unbekannt. Ihre Berechnung ist jetzt möglich — allerdings umfangreich, da sie auf Gleichungen höherer als zweiter Ordnung führt.

Wesentlich günstiger ist es, wenn man in Punkt 5. nicht U_{B2s}, sondern Ub_B vorgibt und sich erst im Nachhinein davon überzeugt, daß Bedingung (*b*) erfüllt ist.

Zur Wahl der positiven Basisvorspannung Ub_B läßt sich sagen, daß sie im Interesse der Unempfindlichkeit gegenüber Streuwerten der Basis-Emitterstrecke des Transistors möglichst hoch sein soll. Eine hohe Vorspannung läßt nämlich einen hochohmigen Spannungsteiler zu, durch den der gewünschte Basisstrom erzwungen werden kann, gleichgültig wie die I_B–U_B-Charakteristik bei einem gegebenen Transistorexemplar oder bei einer bestimmten Temperatur gerade verläuft. Mindestwert für Ub_B ist etwa 1 V.

Bei Vorgabe von Ub_B lassen sich R_K und R_B leicht aus den Gl. (8.38) bis (8.41) herauslösen. Man erhält für R_K

$$R_K^2 - R_K(Ub_K - Ub_B)\,(1/Ip + 1/I_{K1}) + \frac{(Ub_K - Ub_B)\,Ub_K}{I_{K1}\cdot Ip} = 0 \qquad (8.42)$$

und für R_B

$$R_B^2 - R_B(Ub_K - Ub_B)\,(1/Ip - 1/I_{B1}) + \frac{(Ub_K - Ub_B)\,Ub_B}{Ip\cdot I_{B1}} = 0 \qquad (8.43)$$

Mit R_K, R_B, Ip sind auch R und U_{B2} bestimmt, Gl. (8.40), (8.41).

Für die Ausgangsamplitude erhält man

$$Uo = U_{K\,\text{gesperrt}} - U_{K\,\text{leitend}} \approx U_{K\,\text{gesperrt}} = \frac{R}{R + R_K}\cdot Ub_K \qquad (8.44)$$

Wird die Basisvorspannung Ub_B durch einen gemeinsamen Emitterwiderstand R_E erzeugt, so gilt $R_E \cdot I_{K1} = Ub_B$, woraus der erforderliche Wert für R_E berechnet werden kann. Zweckmäßigerweise wird parallel zu R_E ein Kondensator geschaltet, der das Emitterpotential während des Kippens festhält. Für die Dimensionierung des Emitterkondensators gilt:

$$\frac{1}{2\pi f_{\max} R_E} > C_E \gg \frac{1}{2\pi f_\alpha R_E} \qquad (8.45)$$

Dabei bedeuten $f_{\max}$ die höchste vorkommende Schaltfrequenz, f_α Grenzfrequenz des Transistors in Basisschaltung.

b) Beispiel

Es sei

$$Ub_K = -\ 8\ \text{V}$$
$$Ub_B = \ 1\ \text{V}$$
$$I_{K1} = -10\ \text{mA}$$
$$Ip = -\ 1\ \text{mA}$$

Es werden Transistoren mit der Stromverstärkung $B = 35$ verwendet. Der Basisstrom muß daher mindestens $I_{B1} = I_{K1}/B = -10/35 \approx -0{,}3$ mA betragen. Mit diesen vorgegebenen Werten erhält man aus

(8.42) $R_K{}^2 - R_K(-9)(-1/1 - 1/10) + \dfrac{9 \cdot 8}{10 \cdot 1} = 0$, und daraus $R_K = 790\ \Omega \approx 800\ \Omega$;

aus (8.43) $R_B{}^2 - R_B(-9)(-1/1 + 1/0{,}3) + \dfrac{-9 \cdot 1}{1 \cdot 0{,}3} = 0$, und daraus $R_B = 1{,}54\ \text{k}\Omega \approx 1{,}5\ \text{k}\Omega$;

aus (8.41) $R = \dfrac{9}{1} - 1{,}5 - 0{,}8 = 6{,}7\ \text{k}\Omega \approx 6{,}8\ \text{k}\Omega$;

aus (8.40) $U_{B2s} = 6{,}8/(6{,}8 + 1{,}5) = 0{,}82$ V.

Mit diesem Wert wird der Transistor sicher gesperrt. Die Ausgangsamplitude beträgt nach (8.44): $Uo = 6{,}8/(6{,}8 + 0{,}8) = 7{,}15$ V.

Soll die Basisvorspannung durch einen gemeinsamen Emitterwiderstand R_E erzeugt werden, so muß an ihm die Spannung 1 V abfallen, d. h. $10\ R_E = 1$; $R_E = 100\ \Omega$. Die Betriebsspannung ist auf 9 V zu erhöhen.

c) Triggern des bistabilen Transistor-Multivibrators

Haben die Impulse wechselnde Polarität, können sie direkt kapazitiv an eine Basis des bistabilen Multivibrators gelegt werden (siehe Abb. 8.65). Besitzen die Impulse alle gleiche Polarität, muß durch Diodentore dafür gesorgt werden, daß sie abwechselnd Transistor 1 bzw. Transistor 2 zugeführt werden. Eine geeignete Schaltung hierfür zeigt Abb. 8.67: Die (positiven) Impulse gelangen nur an denjenigen Transistor, der gerade leitend ist. Die Diode des anderen Transistors liegt

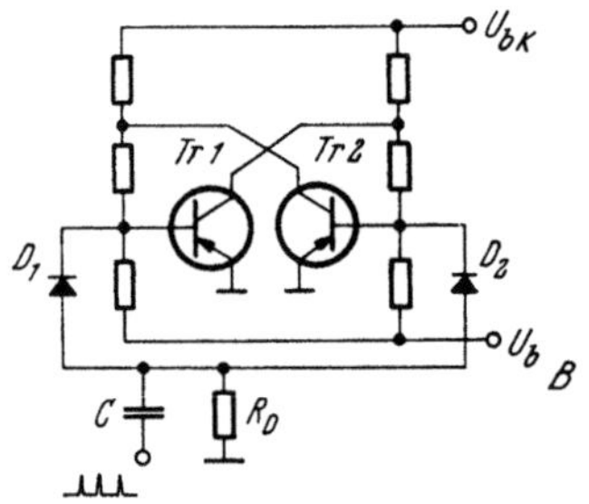

Abb. 8.67. Triggerschaltung für Impulse gleicher Polarität

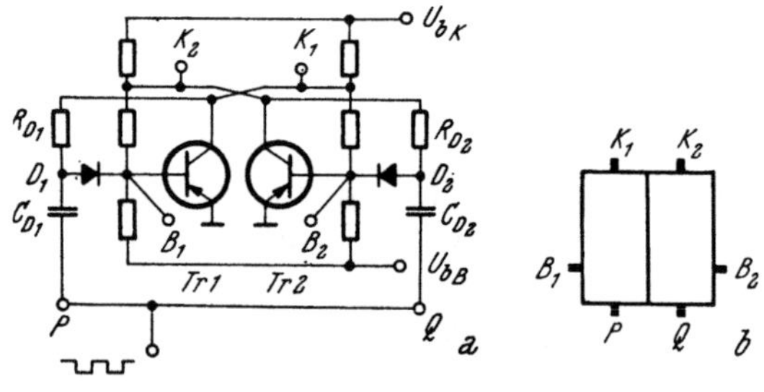

Abb. 8.68. a) Häufig benutzte Triggerschaltung, b) Schaltkurzzeichen für den BMV

anodenmäßig an Masse, katodenmäßig an der positiv vorgespannten Basis des stromlosen Transistors; sie ist daher gesperrt. Allerdings können starke Impulse, deren Höhe die Basissperrspannung überschreiten, die Diode ungewollt öffnen, so daß beide Transistoren gleichzeitig angesteuert werden.

Eine häufig verwendete Schaltung zeigt Abb. 8.68: Der Diodenableitwiderstand R_D liegt hier nicht an Masse, sondern am Kollektor des zugehörigen Transistors. Ist Tr. 1 leitend, so haben Basis und Kollektor, bzw. Katode und Anode von D_1 praktisch dasselbe Potential. Gelangt über C_{D1} ein positiver Impuls an D_1, so leitet die Diode und überträgt den positiven Impuls auf die Basis des Tr. 1, der dadurch aus der Übersteuerung herauskommt und den Kippvorgang einleitet. Gleichzeitig ist der Kollektor von Tr. 2 bzw. die Anode von D_2 stark negativ, so daß D_2 sicher gesperrt ist.

Eine weitere bekannte Schaltung ist die induktive Einkopplung der Triggerimpulse an die zusammengeschalteten Emitter (vgl. Abb. 8.69). Der Impulsübertrager hat ein Übersetzungsverhältnis von 1:1. Bei mehreren hintereinandergeschalteten bistabilen Multivibratoren werden zweckmäßigerweise auch die Ausgangsimpulse induktiv abgenommen.

Bei vorhandenem Emitterwiderstand können die Impulse auch kapazitiv an die Emitter eingekoppelt werden (Abb. 8.70).

Ansprechempfindlichkeit: Der Transistor-bistabile Multivibrator reagiert empfindlicher auf positive Triggerimpulse (Abschalten des leitenden Transistors). Größenordnung der erforderlichen Triggerimpulse: 1 V bzw. 0,2 mA. Positive Triggerimpulse sind gegenüber negativen auch hinsichtlich der Erzielung hoher Schaltfrequenzen überlegen.

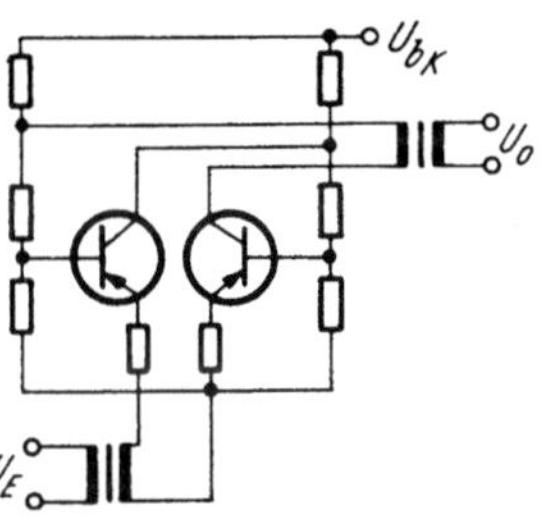

Abb. 8.69. Einspeisung der Impulse durch Übertrager

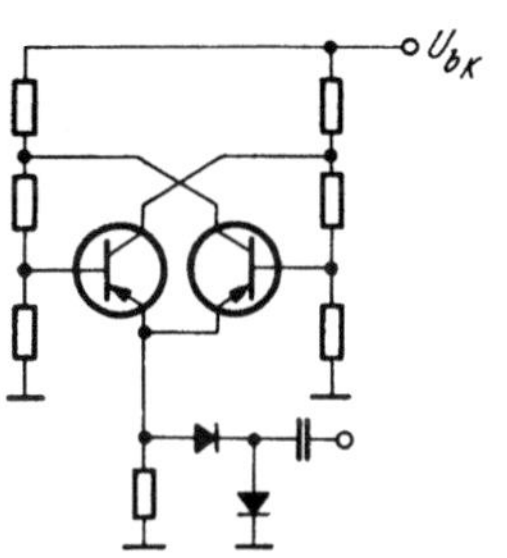

Abb. 8.70. Triggerung am Emitter

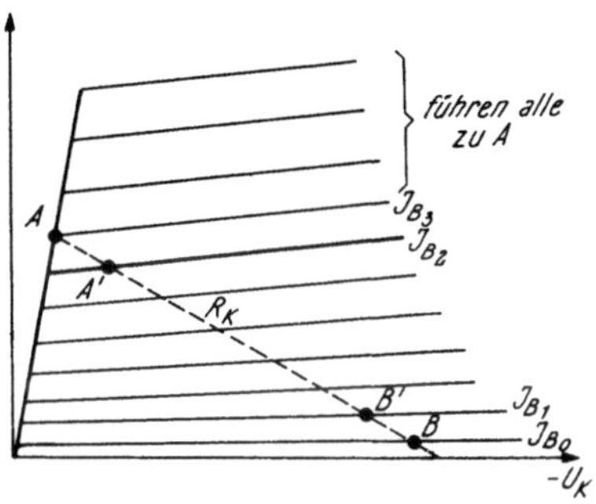

Abb. 8.71. Lage des Arbeitspunktes beim BMV

d) Maßnahmen zur Erreichung hoher Schaltfrequenzen

Die Schaltfrequenz ist nach oben hauptsächlich durch die innere Trägheit des Transistors bestimmt. Mit üblichen Niederfrequenz-Transistoren lassen sich nur Schaltfrequenzen bis etwa 100 bis 150 kHz verwirklichen. Für höhere Frequenzen müssen Transistoren mit entsprechend hohen Grenzfrequenzen herangezogen werden.

Ein Transistor arbeitet um so träger, je mehr Ladungsträger im Basisraum gespeichert werden (s. Kap. 7.1.4). Dies ist aber gerade bei Übersteuerung der Fall, wo große Ladungsträgermengen auf- und abgebaut werden müssen.

Man kommt also bei höheren Ansprüchen an Impulsform und Schaltfrequenz nicht umhin, die für die Betriebsstabilität so erstrebenswerte Dimensionierung für Übersteuerung aufzugeben und die Transistoren nicht ganz aufzusteuern. Aber nicht nur Übersteuerung, sondern auch hohe Sperrspannungen sind der Erreichung hoher Schaltfrequenzen abträglich. Die schnellsten Flip-Flops erhält man, wenn man die Transistoren einerseits nicht ganz aufsteuert, andererseits nicht ganz sperrt (vgl. Röhren-bistabiler Multivibrator!). Die beiden Schaltzustände A, B (Abb. 8.71) müssen somit vom Rand des Kennlinienfeldes hereingeholt werden in die Punkte A', B'. Während z. B. der Punkt A ausschließlich vom Kollektorwiderstand bestimmt wird, wenn nur $I_{BA'}$ einen größeren Wert als I_{B3} besitzt, ist zur Festlegung des Arbeitspunktes A' ein genau einzuhaltender Basisstrom I_{B2} erforderlich. Entsprechend liegen die Verhältnisse am anderen Ende der Arbeitsgeraden, wo zur Festlegung des Arbeitspunktes B' ein Basisstrom I_{B1} erforderlich ist, der den Transistor gerade nicht ganz sperrt

Diese nicht ganz am Rand der R_K-Geraden liegenden Schaltstellungen müssen exakt eingehalten werden, was infolge der Temperaturabhängigkeit der Kollektor- und Basisströme, der Stromverstärkung sowie der erheblichen Transistorstreuungen besondere Probleme aufwirft. Für Betriebsspannungen und sämtliche Widerstände sind nur geringe Toleranzen zugelassen.

Eine sichere Methode zur Vermeidung der Transistorübersteuerung stellt die Clamp-Technik dar, bei der das Absinken der Kollektorspannung unter das Basispotential durch eine Klammerdiode verhindert wird. Abb. 8.72 zeigt hierfür einige Schaltungsvarianten, von denen die Schaltung Abb. 8.72a die Kollektorspannung sowohl nach oben wie nach unten begrenzt, während die Wirkungsweise der Schaltungen Abb. 8.72b und *c* auf der Verschiedenheit der Schwellenspannung von *Si*- und *Ge*-Dioden beruhen. In der Schaltung Abb. 8.72e wird das Kollektorpotential durch das Durchbrechen der Zener-Diode auf der Zener-Spannung festgehalten. Einen ähnlichen Effekt erzielt man, wenn man die Spannungsteilerwiderstände R durch Zener-Dioden ersetzt. Diese müssen jedoch mit genügend großen Parallelkondensatoren versehen werden, um die Dioden während des Umschaltens im Durchbruchgebiet zu halten.

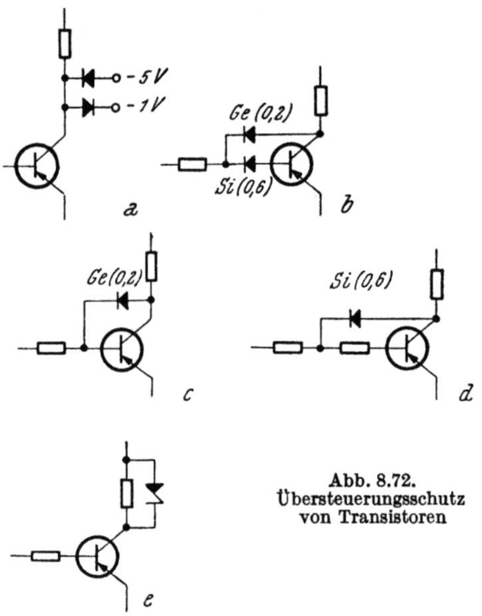

Abb. 8.72. Übersteuerungsschutz von Transistoren

Wie bei Röhren bringt ein Kondensator C parallel zu R (in Abb. 8.65 gestrichelt eingezeichnet) eine Erhöhung der Schaltfrequenz. C bewirkt, daß die Spannungssprünge des Kollektors ungeschwächt auf die Basis des anderen Transistors übertragen werden. Die Kapazität von C wählt man in der Größenordnung

$$C \approx 1/2\,\pi f_{\max} R, \qquad f_{\max} = \text{höchste vorkommende Schaltfrequenz.}$$

Der genaue Wert wird empirisch ermittelt.

Eine Erhöhung der Schaltfrequenz kann auch durch Einfügen einer kleinen Induktivität L in den Kollektorkreis erreicht werden ($L/R_K < 1/f_{\max}$).

Emitterfolger werden zur Verringerung der kapazitiven Belastung verwendet, die hauptsächlich durch die Transistorkapazitäten verursacht werden (der Einfluß der Schaltkapazitäten ist infolge der relativ kleinen Widerstände und hohen Ströme gering). Eine entsprechende Schaltung zeigt Abb. 8.73.

Nicht zuletzt hat die Zuführung der Triggerimpulse einen entscheidenden Einfluß auf die maximal erreichbare Schaltfrequenz, besonders was die in der Torschaltung auftretenden Zeitkonstanten sowie die Schaltschnelligkeit der verwendeten Dioden anbelangt.

e) Der bistabile Multivibrator als Spannungsdiskriminator[1]

Der bistabile Multivibrator eignet sich nicht nur als Untersetzer, sondern auch als Spannungsdiskriminator, da seine grundsätzliche Funktionsweise, abgesehen vom Rückkopplungsweg, mit der des Schmitt-Triggers identisch ist.

[1] Literatur: [N 4].

Die Eingangsspannung wird zwischen die Basis eines Transistors und Masse geschaltet (siehe Abb. 8.74), der Basiswiderstand entfällt. Besitzt die Eingangsspannung U nur eine geringe Höhe in der angegebenen Polarität, so ist der Transistor Tr. 1 übersteuert, Tr. 2 gesperrt. Wächst U, so wird Tr. 1 immer weniger übersteuert, bis in einem bestimmten Augenblick Tr. 1 aus der Übersteuerung herauskommt, Tr. 2 leitend wird. Bei weiterer Zunahme der positiven Spannung

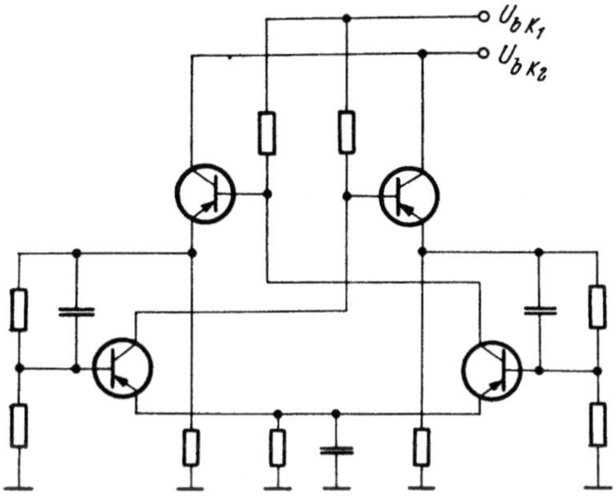

Abb. 8.73. BMV mit Emitterfolgern

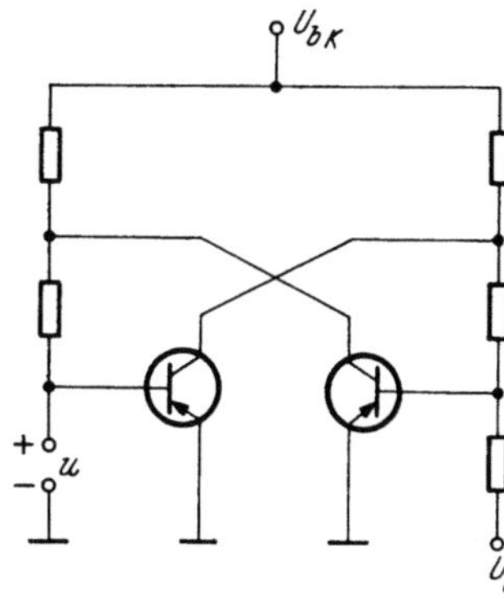

Abb. 8.74. BMV als Spannungsdiskriminator

U kippt dann die Schaltung in den anderen Zustand. Der Spannungsbereich von U, in dem beide Transistoren leitend sind, beträgt nur wenige Millivolt, so daß der bistabile Multivibrator innerhalb eines sehr schmalen Bereiches umkippt.

Dies gilt jedoch nur für Spannungsquellen von U, die den Innenwiderstand Null haben. Die Hysterese nimmt mit wachsendem Innenwiderstand der Eingangsspannungsquelle stark zu. Sie beträgt bei einem Innenwiderstand von etwa 1 Ω schon rund 1 V.

f) Schaltungsvariante

Es gibt eine Reihe anderer Schaltungen mit Transistoren, die ebenfalls zwei stabile Zustände aufweisen und infolgedessen als bistabile Multivibratoren angesprochen werden können. Da sie jedoch in ihrer Bedeutung weit hinter der oben besprochenen Standardschaltung zurückstehen, soll dazu ein Beispiel genügen.

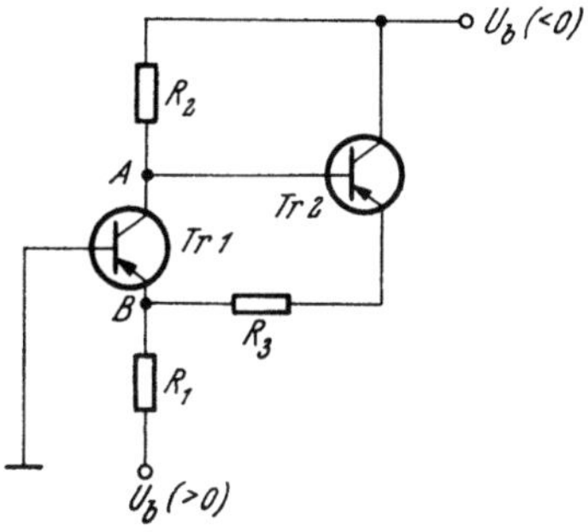

Abb. 8.75. Asymmetrischer BMV

Abb. 8.75 zeigt einen bistabilen Multivibrator, der nur drei Widerstände besitzt und folgendermaßen arbeitet: Tr. 1 sei voll leitend, zwischen den Punkten A und B liegt daher eine sehr kleine Spannung. Bei großem R_3 kann nur ein kleiner Emitterstrom durch Tr. 2 fließen, so daß dieser als gesperrt betrachtet werden kann. Dieser stabile Zustand wird verlassen, wenn dem Punkt B ein negativer Impuls zugeführt wird. Dieser sperrt nämlich Tr. 1, A wird daher stark negativ und Tr. 2 voll leitend. Ist der Widerstand R_1 so groß gewählt, daß die Basis von Tr. 1 positiv gegenüber B bleibt, dann ist dieser Zustand wieder stabil. Ein positiver Spannungssprung an B führt die Schaltung wieder in die Anfangslage zurück. Werden Impulse gleicher Polarität verwendet, muß durch Diodentore dafür gesorgt werden, daß die Impulse abwechselnd dem Punkt *B* und der Basis von Tr. 1 zugeführt werden.

g) Anzeige

Für die Anzeige des Zählzustands von dekadischen Transistorzählern gibt es eine Spezial-Ziffernanzeigeröhre (Z550M), bei der bereits durch eine Potentialänderung von 5 V die Glimmelektrode der betreffenden Ziffer aufleuchtet.

Das Schaltkurzzeichen des bistabilen Multivibrators zeigt Abb. 8.68b. Die Bezeichnung der Anschlußklemmen entspricht der Abb. 8.68a.

Anwendung des bistabilen Multivibrators: Als Untersetzer, Impulsformer und Diskriminator in der digitalen Rechentechnik, der Strahlungsmeßtechnik, allgemein Meßtechnik (Frequenzmesser) usw.

8.1.5 Weitere Multivibratorschaltungen[1]

In den vorhergehenden Abschnitten wurden die Standardausführungen der Multivibratoren besprochen, wie sie in der Elktronik fast ausschließlich Verwendung finden. Daneben gibt es jedoch eine Reihe anderer Multivibratortypen, die in ihrer äußeren Form beträchtlich von der Standardschaltung abweichen. Einige dieser Schaltungen sollen in diesem Abschnitt erwähnt werden; dabei liegt weniger die Absicht zugrunde, eine vollständige Aufzählung aller möglichen Multivibratorschaltungen zu geben, sondern vielmehr einen Einblick in die Mannigfaltigkeit der Rechteckimpulsgeneratoren und bistabilen Schaltungen zu vermitteln.

a) Glimmröhrenmultivibrator

Schaltelemente mit fallender *I–U*-Kennlinie, wie z. B. die Glimmröhre, Vierschichtdiode, Tunneldiode usw., sind auf Grund ihres negativen Widerstandes und des damit verbundenen Unterschiedes zwischen Zünd- und Brennspannung zur Erzeugung von Schwingungen prädestiniert. Abb. 8.76a zeigt einen einfachen

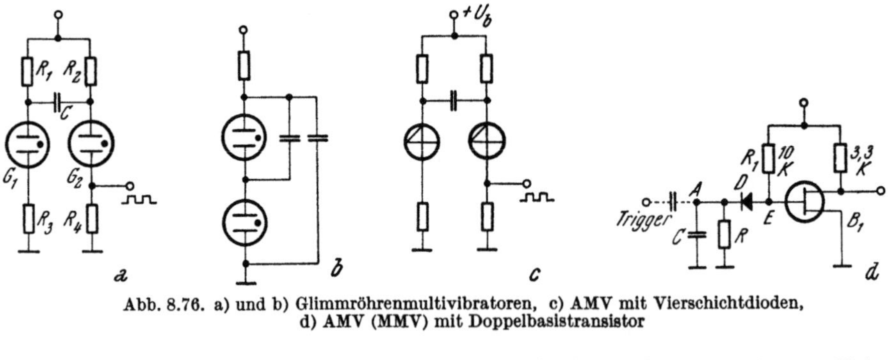

Abb. 8.76. a) und b) Glimmröhrenmultivibratoren, c) AMV mit Vierschichtdioden, d) AMV (MMV) mit Doppelbasistransistor

astabilen Glimmröhrenmultivibrator, dessen Funktion keiner weiteren Erläuterung bedarf. Die Zeitkonstante R_1C bestimmt die Brenndauer von $G\,2$, die Zeitkonstante R_2C diejenige von $G\,1$. Am Widerstand R_3 oder R_4 kann die Rechteckspannung abgenommen werden. Abb. 8.76b zeigt eine Schaltung, in der die untere Glimmlampe mehrfach aufleuchtet, bevor die obere einmal zündet.

[1] Literatur: [C 4, C 6, R 16, S 27, S 29, W 12].

b) Vierschichtdiodenmultivibrator

Ebenfalls auf dem Unterschied zwischen Zünd- und Brennspannung beruht die Funktion der Schaltung Abb. 8.76c, die einen astabilen Multivibrator mit Vierschichtdioden darstellt und die der Glimmröhrenschaltung völlig äquivalent ist.

c) Schaltungen mit Doppelbasistransistor

Abb. 8.76d zeigt einen astabilen Multivibrator mit einem Doppelbasistransistor, der folgendermaßen funktioniert: Der Kondensator C wird über die Diode D und den Widerstand R_1 so lange aufgeladen, bis die Kondensatorspannung die kritische Spannung zwischen E und B_1 überschreitet und die untere Diodenstrecke leitend wird. Dadurch fällt das Potential an E auf einen sehr kleinen Wert, was das Sperren der Diode D zur Folge hat.

Bei gesperrter Diode D kann sich nun der Kondensator C über R entladen, bis der Moment erreicht ist, in dem die Spannung an A mit der Spannung an E übereinstimmt. Die Diode D beginnt wieder zu leiten, der Doppelbasistransistor bekommt daher weniger Strom und kippt in den gesperrten Zustand zurück. C beginnt sich weiter aufzuladen, wodurch der Ausgangspunkt des Zyklus wieder erreicht ist.

Wird R_1 so groß gewählt, daß die Spannung am Spannungsteilerpunkt E unter keinen Umständen die Zündspannung des Transistors erreicht, sondern hierzu eines positiven Triggerimpulses an E bedarf, so wird aus dem astabilen ein monostabiler Multivibrator, dessen quasistabiler Zustand durch das Entladen von C zeitlich begrenzt ist.

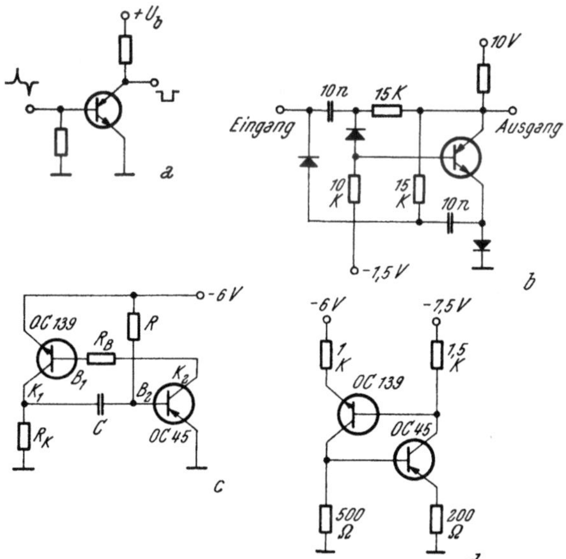

Abb. 8.77. a) BMV mit Transwitch, b) binäre Zählstufe mit Transwitch, c) AMV mit Komplementärtransistoren, d) BMV mit Komplementärtransistoren

d) Transwitch-Schaltung (Abb. 8.77a)

Ein Transwitch und zwei Widerstände stellen bereits einen kompletten bistabilen Multivibrator dar, da die Anordnung durch einen positiven Torimpuls in den leitenden Zustand übergeht und durch einen negativen Torimpuls wieder gelöscht werden kann. Abb. 8.77b zeigt eine Stufe eines Binärzählers. Durch Serienschaltung vier solcher Stufen entsteht ein vierstelliger Binärzähler, der, abgesehen von der dezimalen Verschlüsselung, in seiner Wirkungsweise dem Röhren-Zähler Abb. 8.64 entspricht. Die Dioden dienen lediglich dem Zweck, die von der vorhergehenden Stufe abgegebenen negativ gerichteten Impulse der richtigen Transwitch-Elektrode zuzuleiten. Die Diode in der Emitterzuleitung weist gegenüber einem gewöhnlichen Katodenwiderstand den Vorteil auf, für den leitenden Transwitch eine niedrige Impedanz, für den negativen Eingangsimpuls eine hohe Impedanz darzustellen.

e) Schaltungen mit Komplementärtransistoren

Multivibratoren mit komplementären Transistoren weisen das charakteristische Merkmal auf, daß entweder beide Transistoren leitend oder beide Transistoren gesperrt sind. Dies bringt in Multivibratorschaltungen mit großem Kippverhältnis mitunter eine beträchtliche Stromersparnis gegenüber der üblichen Transistorschaltung, in der stets ein Transistor leiten muß.

Abb. 8.77c zeigt einen astabilen Multivibrator; die Funktion ist folgende: Man greife als Ausgangsstellung den Zeitpunkt der Kipp-Periode heraus, in dem Tr. 1 gesperrt ist und Tr. 2 eben zu leiten beginnt. Dann fließt durch die Basis von Tr. 1 ein Steuerstrom, der die Spannung an K_1 negativ werden läßt. Diese Spannungsabnahme überträgt sich durch C an B_2 und bewirkt, daß Tr. 2 noch mehr leitend wird. Es setzt ein Rückkopplungsprozeß ein, durch den die Schaltung in kürzester Zeit in die Stellung 1 umkippt, die dadurch gekennzeichnet ist, daß beide Transistoren leiten. C lädt sich durch die Basis-Emitter-Strecke von Tr. 2 und die Kollektor-Emitter-Strecke von Tr. 1 auf. Am Ende der Aufladeperiode nimmt der Ladestrom durch C bzw. der Basisstrom von Tr. 2 immer mehr ab, wodurch der Kollektorstrom von Tr. 2 bzw. der Basisstrom von Tr. 1 fällt und durch die Rückkopplung über C die Schaltung in die Stellung 2 kippt, in der beide Transistoren sperren und die Basis von Tr. 1 auf + 6 V liegt. C entlädt sich langsam durch R, bis die positive Basisspannung von Tr. 2 wieder auf Null gesunken ist und Tr. 2 zu leiten beginnt. Das Kippverhältnis wird hauptsächlich durch die relativen Werte von R und die Gleichstrominnenwiderstände der zur Aufladung von C benutzten Transistorstrecken bestimmt.

Abb. 77d zeigt einen bistabilen Multivibrator, dessen Funktion man sich leicht erklären kann, wenn man bedenkt, daß beide Transistoren in solcher Weise gekoppelt sind, daß sie entweder beide leitend oder beide gesperrt sind. Die Triggerimpulse werden an die Basis oder an den Emitter des OC 45 geleitet.

f) Tunneldiodenmultivibrator

Abb. 8.78a zeigt Prinzipschaltbild und Spannungsverlauf eines astabilen Tunneldiodenmultivibrators, der folgendermaßen arbeitet: Zum Zeitpunkt t_0 befinde sich der Arbeitspunkt der Diode auf dem ersten ansteigenden Kennlinienast (Punkt A). An der Induktivität L liegt dann praktisch die gesamte Betriebs-

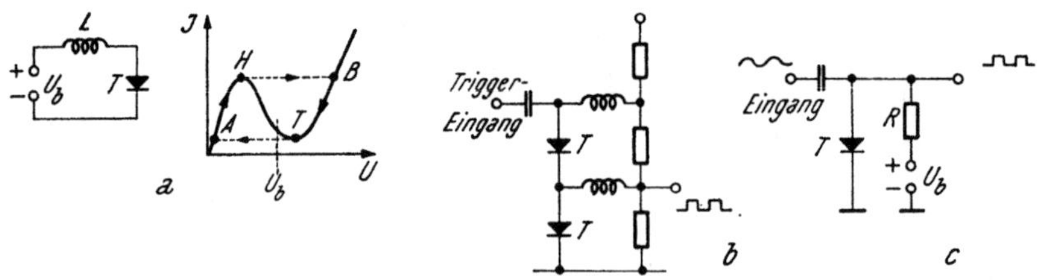

Abb. 8.78. a) Tunneldioden-AMV, b) Tunneldioden-BMV, c) bistabile Tunneldioden-Kippstufe

spannung Ub. Der Strom durch L steigt, wodurch der Arbeitspunkt der Diode sich längs des ansteigenden Astes in Richtung H bewegt. Ist der Punkt H erreicht, kippt die Schaltung auf den Punkt B, wobei an der Tunneldiode die Summe aus Betriebsspannung und der in L induzierten Spannung liegt. Die Induktivität gibt ihre Energie langsam wieder ab, weshalb sich der Diodenarbeitspunkt auf den Talpunkt T zu bewegt, von wo er auf A zurückspringt; Voraussetzung für das Zurückkippen ist, daß Ub kleiner ist als U_T, da sonst der Arbeitspunkt nicht auf den fallenden Kennlinienteil gelangen könnte.

Abb. 8.78b zeigt eine der vielen möglichen bistabilen Schaltungen mit Tunneldioden, die alle dadurch gekennzeichnet sind, daß sich der Arbeitspunkt der einen Diode auf dem ersten ansteigenden Kennlinienast befindet, während der Arbeitspunkt der anderen Diode auf dem zweiten Ast liegt. Die Wirkungsweise der Schaltung Abb. 8.78b beruht darauf, daß die beiden Dioden beim Eintreffen eines Triggerimpulses in denselben Leitungszustand gebracht werden. Die Induktionsspannung von L sorgt dann dafür, daß diejenige Diode, deren Leitungszustand durch den Triggerimpuls nicht geändert wurde, unmittelbar nach dem Triggerimpuls in den anderen Leitungszustand gebracht wird. Die Polarität der Triggerimpulse ist belanglos.

Abb. 8.78c zeigt eine Schaltung, die bereits in Kap. 2.3.2 erwähnt wurde und die das Analogon zum Schmitt-Trigger darstellt.

8.1.6 Zusammenfassung

A. Die kapazitiv gekoppelten Multivibratoren

a) Der astabile Multivibrator

t_p und Tp sind, abgesehen von einer Synchronisierung, nur von den Schaltelementen abhängig (selbstoszillierend).

b) Der monostabile Multivibrator

t_p ist intern bestimmt, Tp extern, soweit $Tp - t_p \geqq$ der Totzeit des monostabilen Multivibrators ist (eine stabile Lage).

B. Die galvanisch gekoppelten Multivibratoren

a) Der Schmitt-Trigger

t_p extern bestimmt, von Δt des Signales abhängig, mit der Einschränkung, daß das Triggerniveau einstellbar ist.

b) Der bistabile Multivibrator

t_p ist extern von der Frequenz f_{st} des Steuersignales abhängig (zwei stabile Lagen).

Schmitt-Trigger und bistabiler Multivibrator sind prinzipiell die gleichen Schaltungen. Die Schaltempfindlichkeit, das Triggerniveau, ist bei allen Multivibratoren einstellbar, der Verlauf der Anodenspannungen angenähert oder sehr gut rechteckförmig.

8.2 Sägezahngeneratoren[1]

Sägezahnförmige Impulse werden in vielen Gebieten der Elektronik benötigt, sei es als Zeitbasis in der Meßtechnik, in der elektronischen Rechentechnik, als oberwellenreiche Schwingungen usw.

[1] Literatur: [P 6].

Grundsätzlich sind folgende Impulse zu unterscheiden:

exponentiell ansteigend oder abfallend,
linear ansteigend oder abfallend,
gemischt exponentiell — linear.

8.2.1 Die exponentielle Sägezahnimpulsform

A. Grundlagen

Die einfachste Schaltung zur Gewinnung eines exponentiellen Spannungsanstieges oder -abfalles ist die RC-Kombination. Den Spannungsverlauf am Kondensator beim Lade- oder Entladevorgang über einen Widerstand haben wir bei der Definition der Zeitkonstante (Kap. 2.2) besprochen. Zur Erzeugung eines Impulses oder einer Impulsfolge ist es nötig, den Kondensator nach erfolgter Aufladung mit Hilfe eines Schalters zu entladen (Abb. 8.79a). Ist der Innenwiderstand des Schalters null, so wird die Rückflanke des Impulses senkrecht sein (Abb. 8.79b). Bei $Ri \neq 0$ erfolgt eine Teilung der Spannung Ub bei geschlossenem Schalter S, der Kondensator entlädt sich bis zur Restspannung $Ur = Ub \cdot Ri/(R + Ri)$.

Die Entladung über Ri und damit die Rückflanke des Impulses ist wiederum exponentiell (Abb. 8.79). Es gilt für den

$$\text{Spannungsanstieg: } Uo = Ub\left(1 - \frac{R}{R+Ri} \cdot e^{-t/RC}\right) \tag{8.46}$$

$$\text{Spannungsabfall: } Uo = Ub\left(\frac{Ri}{R+Ri} + \frac{R}{R+Ri} \cdot e^{-t/RpC}\right) \tag{8.47}$$

$$Rp = \frac{RRi}{R+Ri}$$

Zur Erzeugung periodischer exponentieller Sägezahnimpulse tritt an Stelle des Schalters S zumeist eine Hochvakuum- oder Gasentladungsröhre. Die einfachste Form eines derartigen Generators ist die

B. Glimmlampen-Kippschaltung

Die Abb. 8.80 zeigt das Schaltbild, die Abb. 8.81 den Spannungsverlauf am Kondensator C.

$$\text{Die Aufladezeit } ta = RC \cdot \ln \frac{Ub - U_L}{Ub - Uz} \tag{8.48}$$

$$\text{Die Entladezeit } te = RiC \cdot \ln(Uz/U_L) \tag{8.49}$$

$$\text{Die Impulsfolgefrequenz } f_p = 1/(ta + te)$$

U_Z = Zündspannung, U_L = Löschspannung, Ri = Innenwiderstand der gezündeten Glimmlampe.

Wird die erzeugte Sägezahnspannung mit einem *RC*-Glied ausgekoppelt, so muß dieses die Mindestgröße von $R_1 \cdot C_1 = 4 \cdot 10^6/f_p$ (pF, MΩ, Hz) haben. Die Impulsfolgefrequenz ist nicht groß, desgleichen die Amplitude des Signales. Wird eine größere Amplitude gefordert, so müssen Spezialglimmlampen oder Thyratrons verwendet werden.

C. Röhrenkippschaltungen

Die Erzeugung von Sägezahnspannungen mit Multivibratorschaltungen ist bereits in Kap. 8.1.1 erwähnt worden. Die Abb. 8.82 zeigt eine asymmetrische Multivibratorschaltung, die besonders zur Erzeugung von Sägezahnimpulsen großer Amplitude und hoher Folgefrequenz geeignet ist. Der Kondensator *C*

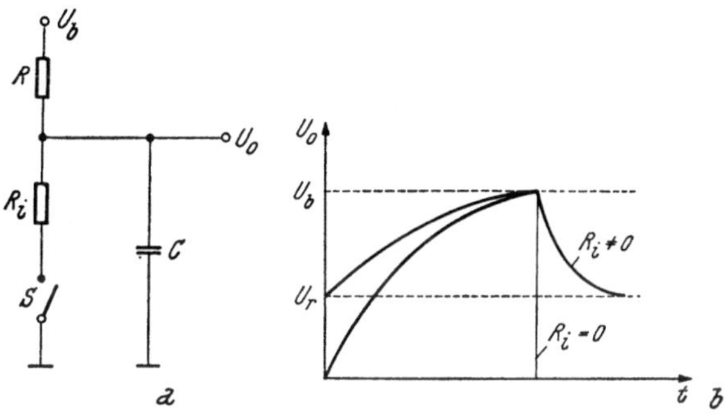

Abb. 8.79. Spannungsverlauf am Kondensator

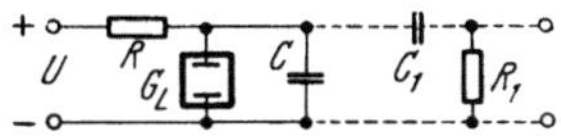

Abb. 8.80. Glimmkippschaltung

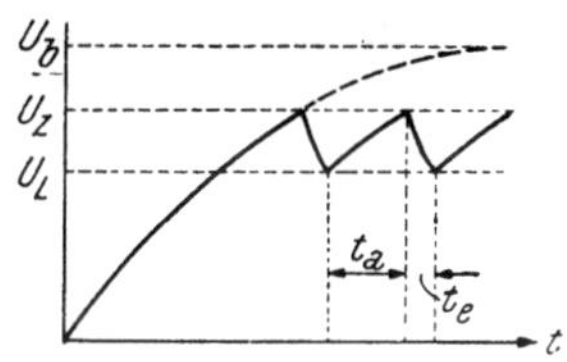

Abb. 8.81. Spannungsverlauf am Kondensator *C*

wird über den Ladewiderstand *R* aufgeladen und über die Leistungspentode *ER* entladen. Das Gitterpotential der Entladeröhre wird durch die galvanische Kopplung zur Hilfsröhre *HR* festgelegt. Die Höhe der Schirmgitterspannung von *HR*, mit einem Potentiometer einstellbar, bestimmt das Leitendwerden von *ER* und damit die Größe der Ausgangsamplitude. Die Mitkopplung erfolgt von der Anode *ER* auf das Gitter *HR*. Die Impulsfolgefrequenz wird in der Hauptsache durch die Zeitkonstante des *RC*-Gliedes bestimmt. Die höchsten erreichbaren Frequenzen liegen bei etwa 500 kHz. Ein Nachteil dieser Schaltung ist der verhältnismäßig hohe Strom- und Spannungsbedarf und die für die Entladeröhre notwendige eigene, gut isolierte Heizwicklung, da ihre Katode bis gegen $+ Ub$ gezogen wird.

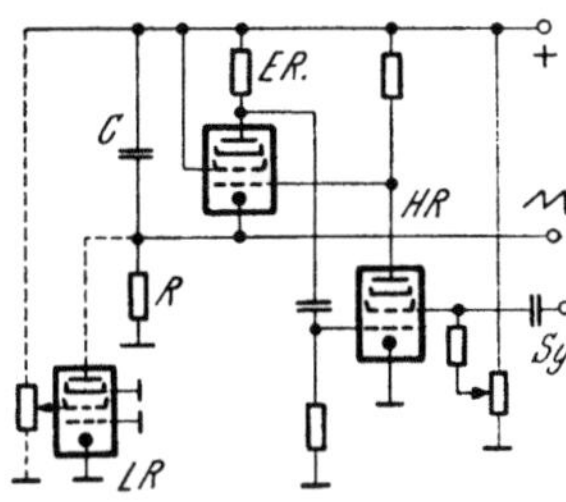

Abb. 8.82. Röhrenkippschaltung

Prinzipiell eignet sich bei entsprechenden Schaltmaßnahmen jede Multivibrator- oder Flip-Flop-Schaltung zur Erzeugung von Sägezahnimpulsen. Allen gemeinsam ist jedoch der exponentielle Spannungsanstieg am Kondensator, der besonders für Zeitbasisschaltungen — Kippgeräte in Oszillographen — sehr störend ist. Wird gerade für diesen Zweck ein linearer Spannungsanstieg gefordert, so kann nur ein kleines Anfangsstück der Ladekurve benutzt werden. Die Amplitude einer so erzeugten linearen Sägezahnspannung ist dementsprechend klein und muß meistens weiter verstärkt werden, bevor sie z. B. den Ablenkplatten einer Oszillographenröhre zugeführt wird.

Im folgenden wollen wir Schaltungen besprechen, die sich besser zur Erzeugung linearer Sägezahnimpulse mit größerer Amplitude eignen.

8.2.2 Die lineare Sägezahnimpulsform

A. Ladekreis mit Mehrgitterröhren

Wird bei einem *RC*-Ladekreis der Ladestrom i konstant gehalten, d. h., der Ladewiderstand R sehr groß ($R \to \infty$) gemacht, so wird $i = C \cdot \mathrm{d}U/\mathrm{d}t$ und $Uc = C/i \cdot t = \text{konst.} \cdot t$; der Anstieg der Kondensatorspannung erfolgt zeitlich linear. Die Eigenschaften eines sehr großen Ladewiderstandes hat die Anoden-Katodenstrecke einer Pentode (siehe Kennlinienfeld einer Pentode, Abb. 1.14, Kap. 1.1.3). Das Prinzipschaltbild eines Ladekreises mit einer Mehrgitterröhre und den Spannungsverlauf am Kondensator C zeigt die Abb. 8.83. Die Abrundung am oberen Ende der Ladekurve ist durch den niedrigen Innenwiderstand Ri der Röhre beim Absinken der Anodenspannung unter Ua_{min} zu erklären.

Die Sägezahnspannung des Kippgerätes nach Abb. 8.82 kann linearisiert werden, wenn, wie in der Abb. angedeutet, der Ladewiderstand R durch eine Ladepentode LR ersetzt wird. Die Impulsfolgefrequenz f_p (Kippfrequenz) läßt sich durch Variation der Schirmgitterspannung der Laderöhre maximal im Verhältnis 1:10 ändern.

Auch ein Katodenfolger, dessen Anodenstrom ebenso in gewissen Grenzen von der Anodenspannung unabhängig ist, eignet sich als Ladewiderstand. Diese Schaltung ist jedoch weniger gebräuchlich.

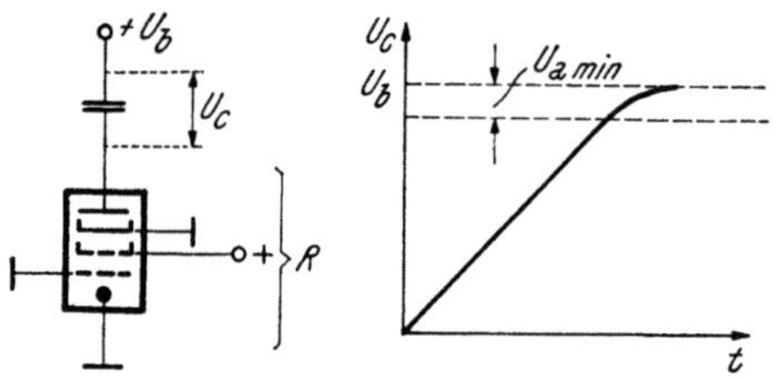

Abb. 8.83. Aufladen eines Kondensators mit einer Pentode

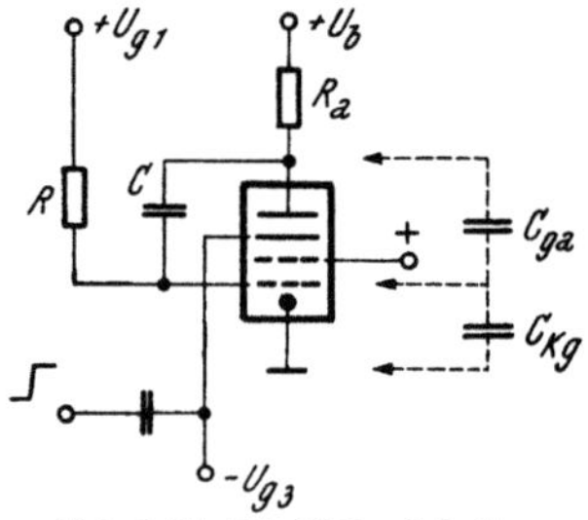

Abb. 8.84. Die Miller-Schaltung

B. Die Miller-Schaltung

Eine weitere Möglichkeit, eine lineare Spannungsänderung innerhalb eines gewissen Zeitabschnittes zu erreichen, bietet die Vergrößerung der Zeitkonstante des Ladekreises, wenn gleichzeitig dafür gesorgt wird, daß die Umladung rechtzeitig unterbrochen wird, also nur ein kleiner Anfangsteil der exponentiellen Ladekurve ausgenützt wird. Der Ladewiderstand kann so weit vergrößert werden, als die Bedingung $R \ll R_{\text{isolat.}}$ erfüllt ist. Einer mechanischen Vergrößerung der Kapazität wird durch den immer kleiner werdenden Isolationswiderstand und das Steigen der Streukapazitäten bald ein Ende gesetzt.

In Kap. 2.3 haben wir die Vergrößerung der Eingangskapazität einer Röhre durch den Miller-Effekt kennen gelernt. Dieser Effekt läßt sich vorteilhaft zur Erzeugung linearer Spannungsanstiege bzw. -abfälle heranziehen (siehe auch Kap. 7.5, Integrierschaltungen). Er beruht darauf, daß die Gitter-Anodenkapazität Cga einer Röhre bei gleicher Wirkung durch eine Gitter-Katodenkapazität

$$Cgk \approx V \cdot Cga \tag{8.50}$$

ersetzt werden kann (V = Verstärkung der Röhre). Wird V durch Verwendung steiler Pentoden groß gemacht und Cga durch Parallelschalten eines Kondensators C vergrößert, so erhält man ein System mit sehr großer Zeitkonstante (Abb. 8.84).

Die große Zeitkonstante erklärt sich folgendermaßen: Die Bremsgittervorspannung der Pentode nach Abb. 8.84 sei so groß, daß kein Anodenstrom fließen kann. C ist auf $Ub - Ug_1$ geladen. Wird Ug_3 z. B. durch einen Triggerimpuls so klein gemacht, daß Anodenstrom fließen kann, so beginnt sich C zu entladen. Gleichzeitig macht aber die vom Wert $Ua = Ub$ fallende Anodenspannung über C das Steuergitter negativ und bremst dadurch ein weiteres Ansteigen des Ia. Die positive Vorspannung $+Ug_1$ wird aber Ia wieder vergrößern, so daß Ua weiter fällt — das Steuergitter wieder negativ macht usw. Diesen Entladevorgang von C kann man sich wie eine Treppe mit unendlich vielen kleinen Stufen vorstellen.

Als Miller-Röhren eignen sich auch steile Trioden. Die Triggerung muß dann allerdings über das Gitter 1 erfolgen, von einem negativen Spannungswert ($-Us$) bis zu positiven Gittervorspannungen.

Die Abb. 8.85 zeigt den Verlauf der Anodenspannung bzw. der Spannung am Kondensator nach erfolgtem Öffnen der Röhre ($t = 0$) bis zum Erreichen des Gleichgewichtszustandes ($t = 1$), der durch einen maximalen Anodenstrom und eine Restladung an C entsprechend der Differenz $Ub - Ia_{\max} \cdot Ra$ minus der Gittervorspannung gekennzeichnet ist.

Je nach Ruhelage der Röhre (gesperrt oder geöffnet) kann eine lineare Auf- oder Entladung der Kapazität C erfolgen, wobei die Steilheit des Spannungsanstieges oder -abfalles durch die Größe von R und C, die Verstärkung V der Röhre (ohne C) und die Höhe der Spannungsdifferenz $Ub - Ug_1$ bestimmt ist.

Die Zeitkonstante der Miller-Schaltung ist angenähert:

$$T \approx RC(1 + V) \qquad (8.51)$$

Der Verlauf der Anodenspannung ist gegeben durch:

$$Ua = V \cdot Ub \left(1 - e^{-\frac{t}{V \cdot RC}}\right) \qquad (8.52)$$

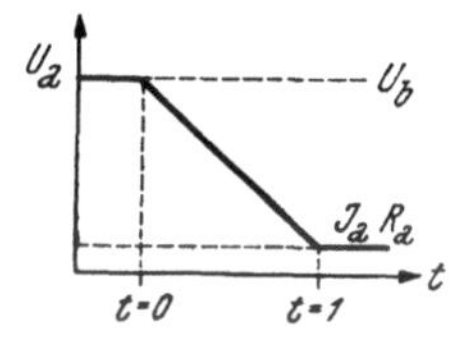

Abb. 8.85

$\Delta Ua = Ia_{\max} \cdot Ra$ kann hohe Werte — einige 100 V — erreichen.

Am Schirmgitter einer Miller-Pentode sowie an der Katode bei vorhandenem Rk lassen sich rechteckförmige Spannungssprünge abnehmen.

C. Sägezahngeneratoren mit Miller-Kapazität

a) Der Transitron-Miller-Integrator

Dieser ist eine Kombination der nichtperiodisch arbeitenden Miller-Schaltung mit dem Transitron-Rechteckgenerator (Kap. 8.1.1).

Zur Funktion der Schaltung (Abb. 8.86):

Zum Zeitpunkt $t = t_1$ (Abb. 8.87) sei $Ua < Ug_2$. Es erfolgt Stromübernahme, die Schaltung kippt nach dem Transitronprinzip. Während sich C_1 bei $Ia = 0$ über Ra auflädt ($t = 2$), entlädt sich C_2 über P_2 so weit, daß die Bremsgitterspannung zur Sperrung nicht mehr ausreicht. Ia wird $\neq 0$, die neuerliche Stromübernahme führt zum Startsprung ($t = 3$). Im Zeitabschnitt $t = 3 \to t = 4$ überlagert sich der Transitron- mit dem Miller-Effekt: Nach dem Transitron würde Ia stark ansteigen und die Schaltung, bedingt durch die Mitkopplung, über C_2 umkippen. Die Miller-Kapazität C_1 hält jedoch das Steuergitter immer so weit negativ, daß Ia nur allmählich und zwar linear ansteigen kann. Wird $Ua < Ug_2$ ($t = 4$), ist die Miller-Entladung beendet, die Schaltung kippt nach dem Transitronprinzip. C_1 wird wieder aufgeladen, die periodische Schwingung beginnt mit dem Startsprung von neuem.

Der zeitlineare Abfall der Anodenspannung wird z. B. als Kippfrequenz (Zeitbasis) in der Oszillographentechnik benutzt. Der Rücklauf des Elektronenstrahls der Bildröhre ist durch die Aufladezeit von C_1 ($t = 2$) gegeben. Er kann am Bildschirm unsichtbar gemacht werden („Dunkelsteuerung"), wenn der negative Schirmgitterimpuls (Abb. 8.87) an den Wehnelt-Zylinder des Katodenstrahlsystems gelegt wird.

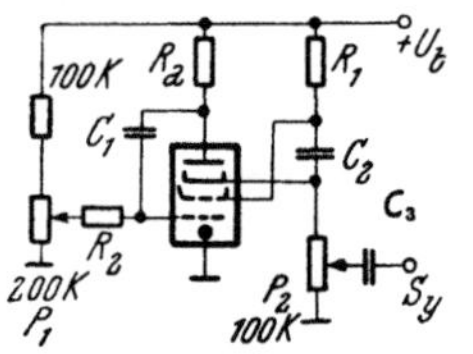

Abb. 8.86.
Die Transitron-Miller-Schaltung

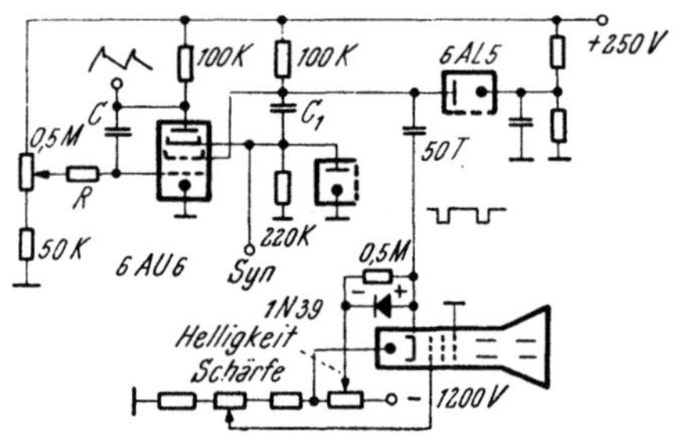

Abb. 8.88. Hellsteuerung einer Katodenstrahlröhre durch Schirmgitterimpuls der Transitron-Miller-Röhre

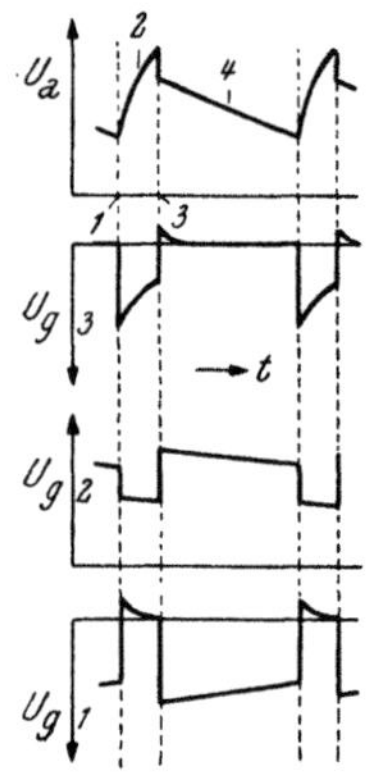

Abb. 8.87. Spannungsverlauf an den Elektroden der Transitron-Miller-Röhre

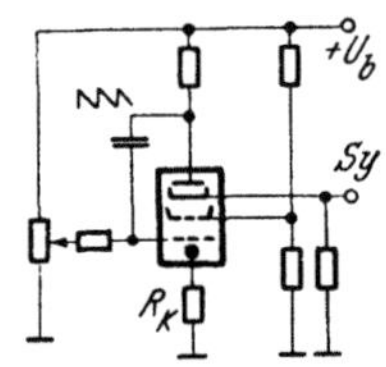

Abb. 8.89. Katodengekoppelte Phantastron-Schaltung

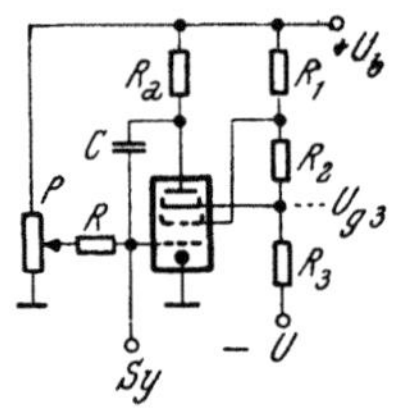

Abb. 8.90. Schirmgittergekoppelte Phantastron-Schaltung

Grobeinstellung der Kippfrequenz des Transitron-Miller-Integrators erfolgt durch Variation von C_1 bei gleichzeitiger Veränderung von C_2. Mit dem Potentiometer P_1 läßt sich die Kippfrequenz kontinuierlich im Verhältnis von etwa 1:10 ändern. Frequenzen von wenigen Hz bis etwa 150 kHz sind erreichbar. Die Signalamplitude $\Delta Ia \cdot Ra$ ist groß und von der verwendeten Röhre und der Höhe der Ub abhängig.

Dimensionierungshinweis zur Schaltung nach Abb. 8.86:
z. B. EF 80, 6 AU 6... $Ra = 50 - 100\,\mathrm{k\Omega}$, $R_1 = 10 - 50\,\mathrm{k\Omega}$, $R_2 = 200 - 500\,\mathrm{k\Omega}$
$C_1 = 10\,\mathrm{pF} - 0{,}5\,\mu\mathrm{F}$, C_2 ist bei hohen Frequenzen dem C_1 gleich, bei niedrigen etwa $C_1/2$.

Ein Synchronisiersignal kann über C_3 (P_2) eingekoppelt werden. Die Abb. 8.88 zeigt die Zusammenschaltung eines Transitron-Miller-Integrators mit einer Katodenstrahlröhre. Der Schirmgitterimpuls wird hier mit Hilfe einer vorgespannten Diode zur „Hellsteuerung" des Katodenstrahls verwendet.

b) Das Phantastron[1]

Die Phantastronschaltung unterscheidet sich von der Transitron-Miller-Schaltung durch ein negativ vorgespanntes Bremsgitter und eine frequenzunabhängige Mitkopplung, die entweder durch einen Katodenwiderstand oder eine galvanische Kopplung des Schirmgitters mit dem Bremsgitter erfolgen kann. Die Abb. 8.89 zeigt die Katodenkopplung, die Abb. 8.90 die Schirmgitterkopplung. Die Schaltung kann je nach Höhe der Bremsgittervorspannung periodisch oder einmalig mit einem Startimpuls (Phantastron-Univibrator) kippen.

Zur Funktion der Schaltung (Abb. 8.90):

Ausgangsstellung: Das Bremsgitter ist durch geeignete Dimensionierung des Teilers R_1–R_2–R_3 so negativ, daß $Ia = 0$, $Ig_2 = \max$ und C auf ungefähr $+Ub$ aufgeladen ist.

Der Start kann eingeleitet werden entweder durch einen negativen Impuls am Steuergitter (Ug_2 steigt und macht Ug_3 positiv) oder einen positiven Impuls am Bremsgitter. In beiden Fällen beginnt Anodenstrom zu fließen und die Anodenspannung fällt nach dem Miller-Effekt bis $Ua < Ug_2$. Ist die Entladung zum Stillstand gekommen, so wird Ug_1 positiv und damit Ig_2 maximal, die Schaltung kippt in die Ausgangs- oder Wartestellung, denn der erhöhte Spannungsabfall an R_1 läßt Ug_3 wieder negativ und damit $Ia = 0$ werden.

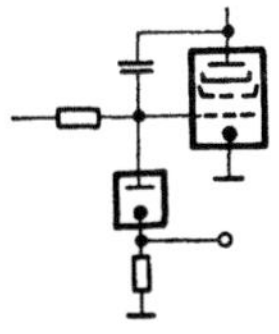

Abb. 8.91. Gitterstrombegrenzung mit einer Diode

Die Impulse an den Röhrenelektroden unterscheiden sich nur wenig von denen der Transitron-Miller-Schaltung. Die Grobeinstellung der Kippdauer erfolgt wieder mit C, die Feineinstellung mit P. Der Hinlauf oder die Entladezeitkonstante ist durch R, C und V bestimmt, der Rücklauf, die Aufladezeitkonstante, durch $Ra \cdot C$. Eine gute Linearität der Entladung verlangt eine hohe Röhrensteilheit. Vorteilhaft ist eine Gitterstrombegrenzung durch eine Diode (Abb. 8.91).

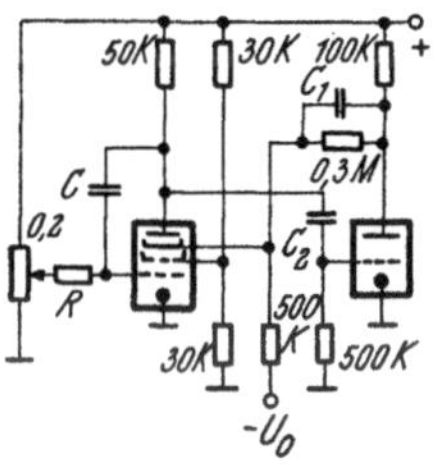

Abb. 8.92. Sanatron-Schaltung

Dimensionierungshinweis zur Schaltung Abb. 8.90:

Rö.: EF 80 o. ä., C je nach Frequenz
$R = 1\ \text{M}\Omega$, $R_1 = 15\ \text{k}\Omega$, $R_2 = 300\ \text{k}\Omega$, $R_4 = 100\ \text{k}\Omega$, $Ra = 30\ \text{k}\Omega$, $P = 250\ \text{k}\Omega$, $+Ub = +150$ bis 250 V, $-Ub = -150$ V.

c) Das Sanatron

Grundsätzlich ist diese Schaltung (Abb. 8.92) ein Phantastron, nur ist das Schirmgitter der Miller-Integratorröhre festgehalten und die Mitkopplung erfolgt über eine Hilfsröhre. Diese Röhre hält während der Miller-Entladung das Bremsgitter der Pentode solange auf positivem Potential, bis $Ua_{\min}$ erreicht ist. Die Hilfsröhre wird leitend und macht das Bremsgitter so weit negativ, daß der Anodenstrom der Pentode null wird und die Schaltung umkippt.

Die Schaltung ist nicht selbstschwingend, sondern muß z. B. mit negativen Impulsen am Steuergitter der Pentode getriggert werden. Die größere Gesamtverstärkung bringt eine wesentliche Erhöhung der Steuersteilheit der Phantastronröhre. Frequenzbestimmend sind R, C und C_2.

[1] Literatur: [F 6].

d) Miller-Integrator von einem Multivibrator gesteuert

Die Abb. 8.93 zeigt die Schaltung des im Philips-Oszillographen GM 5600 verwendeten Kippgerätes. Je nach Stellung des Reglers „Trigger“ ist die Schaltung selbstschwingend oder muß getriggert werden.

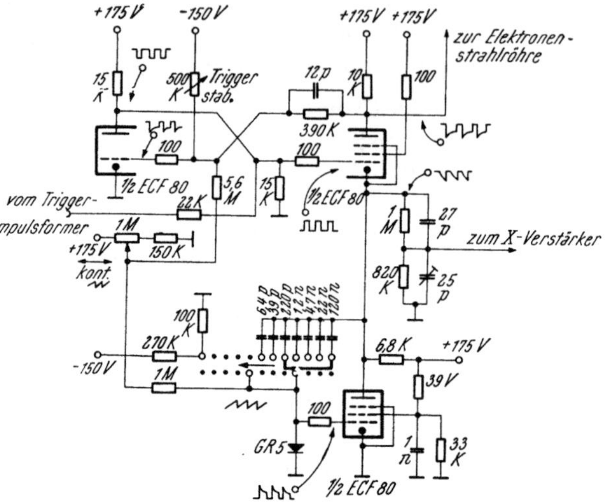

Abb. 8.93. Kippschaltung des Oszillographen: Philips GM 5600

D. Die Bootstrap-Schaltung[1]

a) Wirkungsweise

Um einen zeitlich linearen Spannungsverlauf am Kondensator einer *RC*-Serienschaltung zu erhalten, muß der Strom durch den Widerstand konstant gehalten werden. Wird, wie in Kap. 8.2.2, A besprochen, *R* durch eine Pentode ersetzt, so liegt der Kondensator an einer veränderlichen Spannungsquelle, in diesem Falle an der Anodenspannung der Röhre, d. h. die Speisespannung wird bei der Aufladung mitgeführt, die Ladung erfolgt der Pentodenkennlinie entsprechend mit annähernd konstantem Strom. Dasselbe kann erreicht werden, wenn die Betriebsspannung Ub eines *RC*-Ladekreises bei der Aufladung mit hochgezogen, d. h. vergrößert wird.

Der Miller-Integrator (8.2.2, B) vergrößert scheinbar den Ladekondensator um den Faktor $(1 + V)$, die Bootstrap-Schaltung den Ladewiderstand um $1/(1 - V)$.

Wirkungsweise des Prinzipschaltbildes (Abb. 8.94a):

Ladekondensator ist C_L, Ladewiderstand $R_L = R_1 + R_2$. Neben diesem Ladekreis ist noch ein zweiter vorhanden: Rk–C–R_2. Nach Anlegen der Betriebsspannung Ub wird die Spannung an C_L ansteigen. Ihm parallel liegt ein Katodenfolger, dessen Uk ebenfalls ansteigen wird. Ist $C \gg C_L$, so wird der Ladestrom durch C rascher abnehmen als bei Nichtvorhandensein des Katodenfolgers. Die Wirkung ist nun derart, daß die Spannung am Speisepunkt P rascher ansteigt, d. h. proportional der Ladespannung des C_L hochgezogen wird. Die sinkende Ladestrom-

[1] Literatur: [G 1, T 7].

tendenz wird durch eine schneller ansteigende Speisespannung wettgemacht und so der Spannungsabfall an R_1 konstant gehalten.

Vorteilhaft ist es, wie die Abb. 8.94b zeigt, den Widerstand R_2 durch eine Diode zu ersetzen. Sie sperrt bei einem Anstieg der Uk die Verbindung zu Ub. Dadurch wird für den zweiten Ladekreis Rk–C die Spannungsquelle sehr hochohmig, so daß seine spannungserhöhende Wirkung voll zur Geltung kommt. Für lange Aufladezeiten kann C durch einen Glimmstabilisator ersetzt werden.

Die Bootstrap-Schaltung ist nicht allein an einen Katodenfolger gebunden. Es kann jedes andere Verstärkersystem benützt werden. Das Wesentliche der Schaltung ist eine phasenrichtige Rückkopplung eines Teiles der Kippspannung zum Zwecke der Linearisierung der Ladekurve. Die Verwendung eines Katodenfolgers bringt den Vorteil eines hochohmigen Ladekreises und eines niederohmigen Ausgangskreises mit sich.

Die Bootstrap-Schaltung ist gleich dem Miller-Integrator nicht selbstkippend. Eine Triggermöglichkeit zeigt die Abb. 8.94b. Die im Ruhezustand geöffnete Triode hält die Spannung an C_L klein. Die Bootstrap-Aufladung beginnt, wenn die Triode durch ein negatives Rechtecksignal gesperrt wird. Die Aufladezeit von C_L ist gleich der Impulsdauer des Triggersignales.

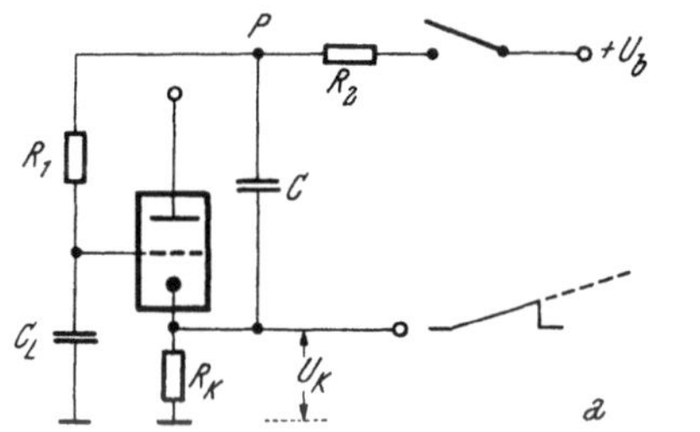

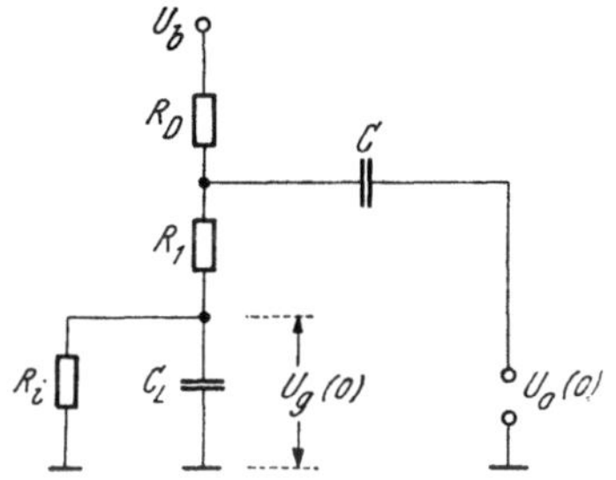

Abb. 8.95. Ersatzschaltbild der Bootstrap-Schaltung in Ruhestellung

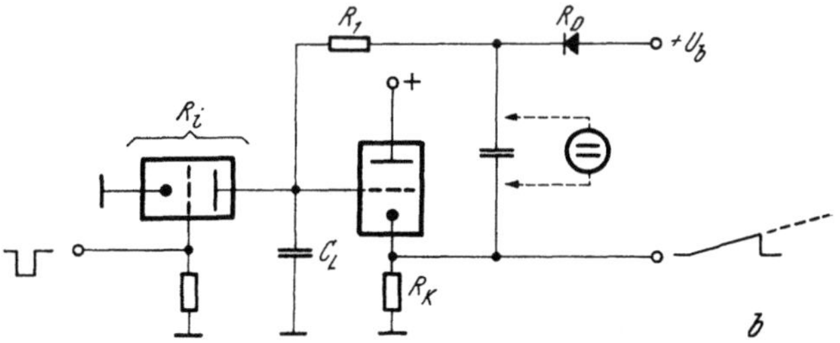

Abb. 8.94. a) Bootstrap-Schaltung, b) getriggerte Bootstrap-Schaltung

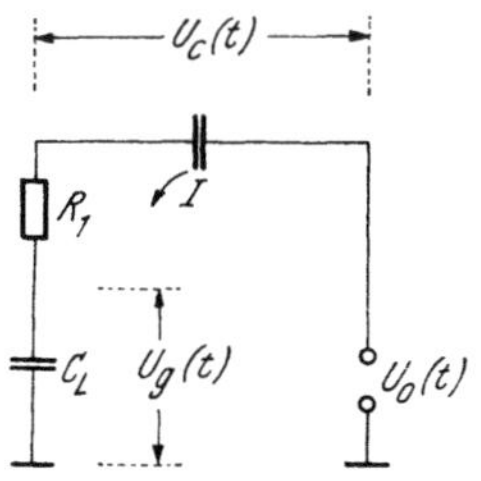

Abb. 8.96. Ersatzschaltbild während der Anstiegsphase

b) Berechnung

Um den Einfluß der Betriebsparameter auf die Linearität des erzeugten Sägezahnes zu untersuchen, beschreibt man die Bootstrap-Schaltung durch das Ersatzschaltbild Abb. 8.95 und 8.96 von Schaltung Abb. 8.94a (an Stelle von R_2 eine Diode). Abb. 8.95 zeigt die Schaltung in Ruhestellung. R_D ist der Innenwiderstand der Diode, Ri der Gleichstrom-Innenwiderstand der Triggertriode. Abb. 8.96 zeigt die Schaltung während der Anstiegsphase. Die Verbindung zur Betriebsspannung Ub ist aufgehoben, da die Diode wegen $Uo(t) + Uc(t) \geqq Ub$ sperrt. $Ug(t)$ ist die Spannung am Gitter des Katodenfolgers, $Uo(t)$ die Spannung an dessen Katodenwiderstand. Wegen des geringen Ausgangswiderstandes des Katodenfolgers kann man den Innenwiderstand im Vergleich zu den anderen Widerstandswerten des Ladekreises vernachlässigen. Für Abb. 8.96 gelten nun folgende Gleichungen:

$$Uo(t) + Uc(t) = Ug(t) + R_1 \cdot I \tag{8.53}$$

Bezeichnet man die dem Kondensator C_L zugeführte positive Ladung mit Q, dann wird aus (8.53)

$$Uo(t) + Uc(t) = Ug(t) + R_1 \cdot \frac{\mathrm{d}Q}{\mathrm{d}t} \tag{8.54}$$

weil $I = \mathrm{d}Q/\mathrm{d}t$.
Außerdem gilt:

$$Ug(t) = Ug(0) + (Q/C_L), \quad Uo(t) = Uo(0) + V \cdot \frac{Q}{C},$$

$$Uc(t) = Uc(0) - \frac{Q}{C} \tag{8.55}$$

wobei V die Verstärkung des Katodenfolgers bedeutet.

Setzt man die Gl. (8.55) in (8.54) ein, dann erhält man die Gleichung

$$R_1 \frac{\mathrm{d}Q}{\mathrm{d}t} + \left(\frac{V}{C_L} - \frac{1}{C} - \frac{1}{C_L}\right) \cdot Q + U_H = 0 \tag{8.56}$$

wo $U_H = Uo(0) + Uc(0) - Ug(0)$ bedeutet. U_H ist nach Abb. 8.95 $U_H = (R_i/(R_1 + Ri + R_D))\,Ub \approx Ub$. Diese Differentialgleichung hat die Form

$$a\frac{\mathrm{d}y}{\mathrm{d}x} + by + c = 0$$

die nach Substitution von $y = z - (c/b)$ übergeht in $z'/z = -b/a$ oder integriert: $z = A \cdot e^{-(b/a)x}$, wo A die Integrationskonstante ist, d. h. $y = A \cdot e^{-(b/a)x} - (c/b)$. Gl. (8.56) hat also die Lösung:

$$Q = A \cdot e^{-\frac{V-(C_L/C)-1}{R_1 C_L}t} - \frac{U_H}{(1/C_L)(V - 1 - (C_L/C))}$$

Für die Spannung am Gitter des Katodenfolgers erhält man

$$Ug(t) = Ug(0) + \frac{A}{C_L} e^{-\frac{V-(C_L/C)-1}{R_1 C_L}t} - \frac{U_H}{V - 1 - C_L/C}$$

Aus der Bedingung, daß für $t = 0$ $Ug(t) = Ug(0)$ sein muß, erhält man für A den Wert $A = (C_L U_H)/(V - 1 - (C_L/C))$.

Für $Ug(0) = 0$ ist die Spannung am Gitter des Katodenfolgers damit:

$$Ug(t) = \frac{U_H}{1 + \frac{C_L}{C} - V}\left(1 - e^{\frac{1+(C_L/C)-V}{R_1 C_L}t}\right) \tag{8.57}$$

Die Ausgangsspannung an der Katode ist $Uo(t) = V\,Ug(t)$. Die e-Potenz in Gl. (8.57) kann geschrieben werden in der Form:

$e^{t \Big/ \frac{R_1 C_L}{1+\frac{C_L}{C}-V}}$, d. h. die Zeitkonstante τ, mit der C_L aufgeladen wird, ist nicht $\tau = R_1 \cdot C_L$, sondern $\tau = R_1 \cdot \dfrac{C_L}{1+\frac{C_L}{C}-V}$. Da beim Katodenfolger $V \approx 1$, gilt

$\tau \approx R_1 \cdot C$; die Bootstrap-Schaltung wirkt also so, als ob am Gitter der Röhre der Kondensator $C\,(C \gg C_L!)$ über R_1 auf die Spannung $\dfrac{U_H}{1+\frac{C_L}{C}-V} \approx U_H \cdot \dfrac{C}{C_L}$ aufgeladen wird (siehe Abb. 8.97).

Spezialfall: $V = 1 + (C_L/C)$. In diesem Falle wird aus Gl. (8.56): $R_1 \dfrac{dQ}{dt} + U_H = 0$, d. h. $Q = -(U_H/R_1)t +$ konst. oder $Ug(t) = Q/C_L = -(U_H/R_1C_L)t +$ konst. $=$ k $\cdot$ t $+$ konst. Wenn $V = 1 + (C_L/C)$, dann wächst $Ug(t)$ proportional zur Zeit an und man erhält eine exakt lineare Sägezahnspannung (siehe Abb. 8.98, wo die einzelnen Fälle $V > 1 + (C_L/C)$, $V = 1 + (C_L/C)$, $V < 1 + (C_L/C)$ dargestellt sind).

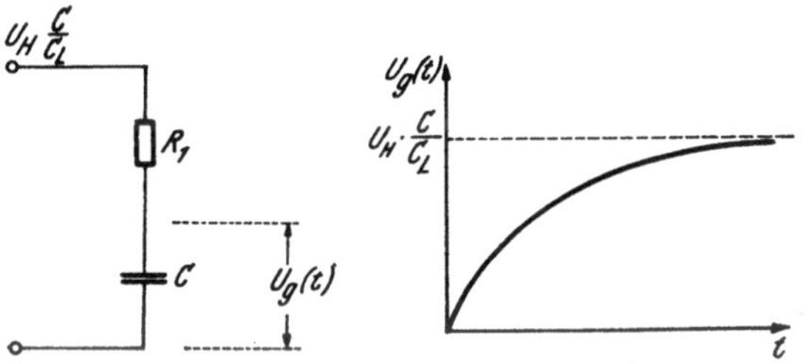

Abb. 8.97

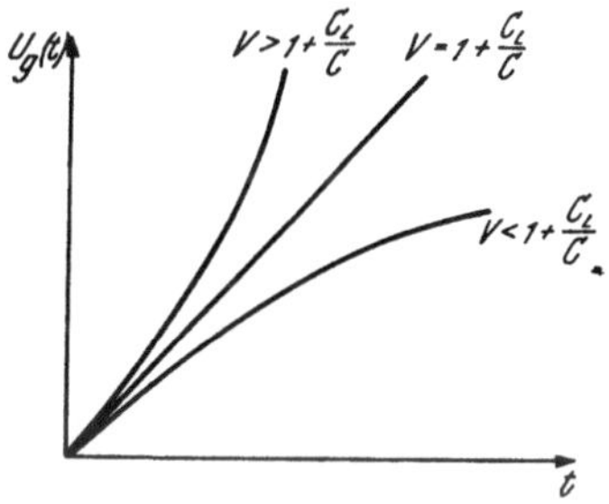

Abb. 8.98. Verlauf der Spannung am Gitter der Bootstrap-Röhre

Da ein Katodenfolger immer eine Verstärkung kleiner als 1 liefert, erhält man auch mit der Bootstrap-Schaltung keine exakt lineare Sägezahnspannung. Verstärkungen größer als 1 mit kleiner Ausgangsimpedanz erhält man nur mit mehrstufigen Verstärkern.

Es gelingt aber auf andere Weise, mit dem Katodenfolger eine fast exakt lineare Ausgangsspannung zu erreichen, nämlich mit der sogenannten kompensierten Bootstrap-Schaltung, die sich durch einen besonders geringen Schaltungsaufwand auszeichnet.

c) Die kompensierte Bootstrap-Schaltung

Die Schaltung zeigt Abb. 8.99, ihr Ersatzschaltbild Abb. 8.100 und 8.101. Das Kompensationsnetzwerk wird durch R_2 und C_2 gebildet, das folgendermaßen wirkt: Die Spannung am Widerstand R_1 nimmt zeitlich ab, da sich C entlädt und $V < 1$ ist. Der Strom durch R_1 ist daher nicht konstant, die Aufladung nicht zeitlinear. Am Kondensator C_2 baut sich aber über R_2 eine Spannung auf, die schneller als exponentiell zunehmen kann, da seine Ladespannung (= Spannung am Katodenwiderstand) nicht konstant ist, sondern zeitlich wächst. Diese Spannung addiert sich zu der Spannung des Ladekondensators C_L. Es läßt sich zeigen,

daß für $V = 1$ die Spannung $Ug(t)$ und damit auch $Uo(t) = V \cdot Ug(t)$ exakt linear ansteigt.

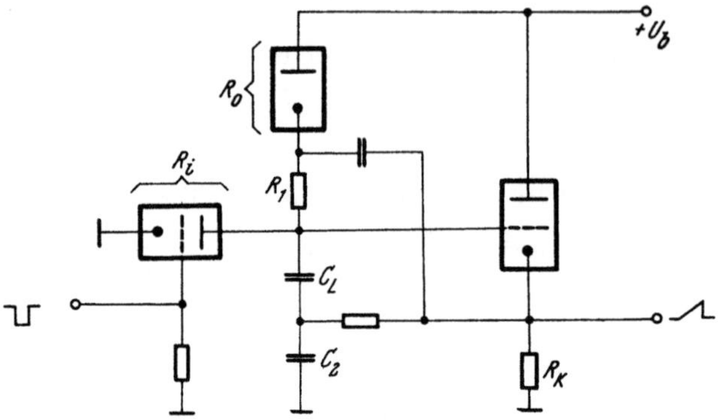

Abb. 8.99. Kompensierte Bootstrap-Schaltung

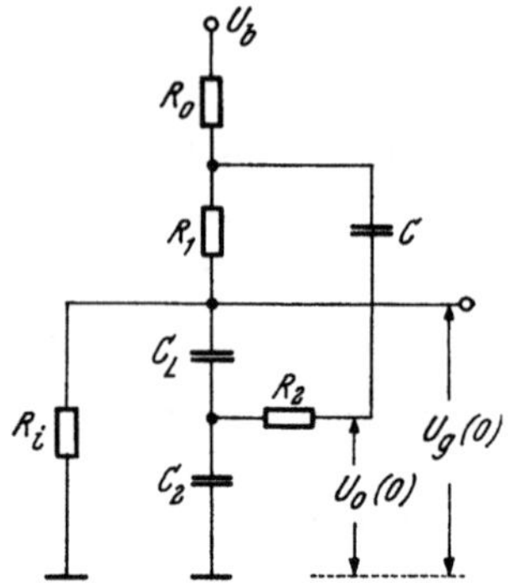

Abb. 8.100. Ersatzschaltbild zu Abb. 8.99 in Ruhestellung

Es gelten folgende Gleichungen:

$$Uo(t) + Uc(t) = Ug(t) + R \frac{dQ}{dt}$$

$$Uo(t) = U_2(t) + R_2 \left(\frac{dQ_2}{dt} - \frac{dQ}{dt}\right)$$

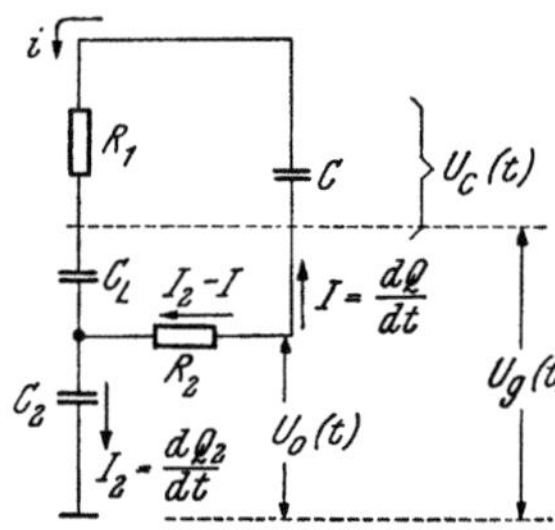

Abb. 8.101. Ersatzschaltbild zu Abb. 8.99 während der Anstiegsphase

dQ/dt ist der Strom, der durch R_1 fließt
dQ_2/dt ist der Strom, der C_2 auflädt und der nach den Kirchhoffschen Regeln auch die Spannungsquelle durchfließt. Berücksichtigt man die Grundbeziehung $Q = C \cdot U$ für die verschiedenen Spannungen:

$$Ug(t) = Ug(0) + (Q/C_L) + (Q_2/C_2) \qquad Q = C_1 \cdot U_{C_L}(t) = C \cdot u_1$$

$$Uo(t) = Uo(0) + V(Q/C_L + (Q_2/C_2)) \qquad Q_2 = C_2 U_{C_2}(t) = C \cdot u_2$$

$$U_C(t) = U_C(0) - (Q/C)$$

$$U_{C_2}(t) = U_{C_L}(0) + (Q_2/C_2)$$

so erhält man die zwei Differentialgleichungen

$$a \frac{du_1}{dt} + bu_1 + cu_2 = U_H \tag{8.58}$$

$$A \frac{du_1}{dt} + Bu_1 + cu_2 + D \frac{du_2}{dt} = 0 \tag{8.59}$$

Dabei bedeuten $a = R_1 C_L$, $b = 1 - V + (C_L/C)$, $c = 1 - V$, $A = -R_2 C_L$, $B = -V$, $D = R_2 C_2$, $U_H \approx Ub$ (vgl. Gl. (8.56)).

Drückt man u_2 durch du_1/dt und u_1 aus Gl. (8.58) aus und setzt dies in Gl. (8.59) ein, so erhält man die Differentialgleichung für u_1:

$$\frac{aD}{c} \frac{d^2u_1}{dt^2} + \left(\frac{bD}{c} + a - A\right) \frac{du_1}{dt} + (b - B)\, u_1 - U_H = 0$$

Durch Substitution $u_1 = (U_H/(b - B)) + x$ verschwindet das Glied $-U_H$. Setzt man $aD/c = \alpha$, $(bD/c) + a - A = \beta$, $b - B = \gamma$, dann erhält man

$$\frac{d^2 \alpha}{dt^2} + \frac{\beta \, dx}{dt} + \gamma = 0 \tag{8.60}$$

Diese Gleichung (= Schwingungsgleichung) löst man mit dem Ansatz $x = e^{\lambda t}$ und erhält

$$x = A_1 e^{\lambda_1 t} + A_2 e^{\lambda_2 t}$$

bzw.

$$u_1 = A_1 e^{\lambda_1 t} + A_2 e^{\lambda_2 t} + \frac{U_H}{b - B} \tag{8.61}$$

A_1, A_2 sind noch zu bestimmende Integrationskonstanten, λ_1, λ_2 sind die Wurzeln der charakteristischen Gl. (8.60)

$$\lambda_1 = -\frac{\beta}{\alpha} + \sqrt{\frac{\beta^2}{\alpha^2} - \frac{\gamma}{\alpha}}, \quad \lambda_2 = -\frac{\beta}{\alpha} - \sqrt{\frac{\beta^2}{\alpha^2} - \frac{\gamma}{\alpha}}$$

Für u_2 erhält man mit Gl. (8.58) und Gl. (8.61)

$$u_2 = -\frac{A_1}{c}(a\lambda_1 + b)\, e^{\lambda_1 t} - \frac{A_2}{c}(a\lambda_2 + b)\, e^{\lambda_2 t} - \frac{b}{c}\,\frac{U_H}{b - B} + \frac{U_H}{C} \tag{8.62}$$

A_1 und A_2 werden durch die Bedingung festgelegt, daß für $t = 0$, $u_1 = 0$ und $u_2 = 0$ sind. Man erhält damit aus G. (8.61) und Gl. (8.62)

$$A_1 = \frac{U_H(-a\lambda_2 - b + B)}{a(b - B)(\lambda_2 - \lambda_1)}, \quad A_2 = \frac{U_H(a\lambda_1 + b - B)}{a(b - B)(\lambda_2 - \lambda_1)}$$

Die am Gitter des Katodenfolgers auftretende Spannung ist

$$\begin{aligned} Ug(t) = u_1 + u_2 = e^{\lambda_1 t}\left(1 - \frac{a}{c}\lambda_1 - \frac{b}{c}\right) A_1 + e^{\lambda_2 t}\left(1 - \frac{a}{c}\lambda_2 - \frac{b}{c}\right) A_2 + \\ + \frac{U_H}{b - B}\left(1 - \frac{b}{c}\right) + \frac{U_H}{C} \end{aligned} \tag{8.63}$$

Sie verläuft im allgemeinen nicht linear, sondern, wie die e-Potenzen in Gl. (8.63) zeigen, exponentiell. Setzt man die Reihenentwicklung

$$e^{\lambda t} = 1 + \frac{\lambda t}{1} + \frac{\lambda^2 t^2}{2} + \frac{\lambda^3 t^3}{6} + \cdots$$

in Gl. (8.63) ein, dann wird aus Gl. (8.63)

$$\begin{aligned} u_g(t) = {} & [(A_1 + A_2)(1 - bc) - (a/c)(A_1\lambda_1 + A_2\lambda_2) + (U_H/(b - B))((1 - (b/c)) + (U_H/C)] + \\ & + t[\lambda_1 A_1(1 - (b/c)) - (a/c) A_1\lambda_1^2 + \lambda_2 A_2(1 - (b/c)) - \lambda_2^2(a/c) A_2] + \\ & + (t^2/2)[\lambda_1^2 A_1(1 - (b/c)) - (a/c) A_1\lambda_1^3 + \lambda_2^2 A_2(1 - (b/c)) - \lambda_2^3(a/c) A_2] + \\ & + (t^3/6)[\lambda_1^3 A_1(1 - (b/c)) - (a/c) A_1\lambda_1^4 + \lambda_2^3 A_2(1 - (b/c)) - \lambda_2^4(a/c) A_2] + \cdots \end{aligned} \tag{8.64}$$

Die Glieder mit $t^2, t^3 \ldots$ sind für die Abweichungen vom zeitlinearen Verlauf verantwortlich. Durch geeignete Schaltungsdimensionierung muß dafür gesorgt werden, daß die Koeffizienten dieser Störglieder möglichst klein werden. Setzt man den Koeffizienten von t^2 (das quadratische Glied trägt am meisten zur Deformierung des Sägezahnes bei) gleich null, so erhält man die Kompensationsbedingung:

$$R_2 = \frac{V - (C_L/(C_L + C_2))}{(1 - V)(1 + (C_L/C_2)) + (C_2/C)} \cdot R_1 \tag{8.65}$$

Ist diese Bedingung erfüllt, dann erhält man einen fast linearen Sägezahn, da das quadratische Glied verschwindet und höhere Glieder nur kleine Abweichungen geben.

Spezialfall der kompensierten Bootstrap-Schaltung $V = 1$ (ähnlich dem Katodenfolger): Für $V = 1$ lauten die Differentialgleichungen (8.58) und (8.59)

$$a \frac{\mathrm{d}u_1}{\mathrm{d}t} + b u_1 = U_H$$

$$A \frac{\mathrm{d}u_1}{\mathrm{d}t} + B u_1 + D \frac{\mathrm{d}u_2}{\mathrm{d}t} = 0$$

Die Lösung der ersten Gleichung ist $u_1 = (U_H/a)(1 - e^{-(b/a)t})$.
Setzt man u_1 in die zweite ein, so wird

$$u_2 = \left[\left(\frac{A}{D} - \frac{Ba}{Db}\right)(e^{-(b/a)t} - 1) - (B/D)\,t\right] \cdot \frac{U_H}{b}$$

Daraus folgt

$$Ug(t) = u_1 + u_2 = (U_H/b)\,[(1 - e^{-(b/a)t})(1 - (A/D) + (Ba/Db)) - (B/D)t]$$

Setzt man in diese Gleichung die Kompensationsbedingung für $V = 1$ ein:

$$R_2 = \frac{C}{C_L + C_2} \cdot R_1, \text{ dann erhält man}$$

$$Ug(t) = (U_H/C_2 C_L R)\,(C_L + C_2) \cdot t \tag{8.66}$$

also einen zeitproportionalen linearen Anstieg.

Den Verlauf der Ausgangsspannung für $V > 1$, $V = 1$, $V < 1$ zeigt Abb. 8.102.

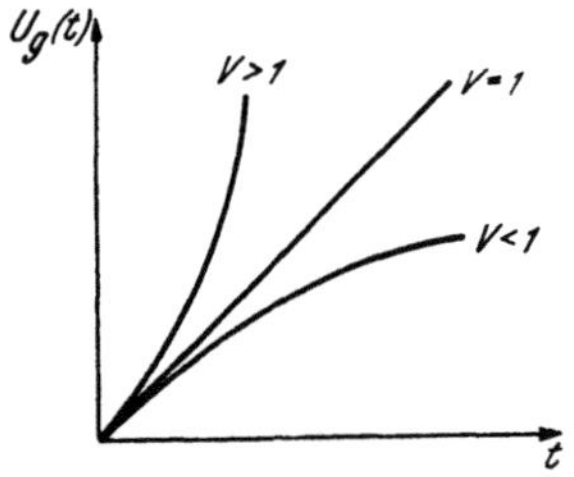

Abb. 8.102. Spannungsverlauf am Bootstrap-Röhrengitter für verschiedene Verstärkungen

Zusammenfassung

Ein exakt linearer Anstieg der Sägezahnspannung kann erreicht werden

1. bei der gewöhnlichen Bootstrap-Schaltung, wenn der Katodenfolger durch einen Verstärker mit $V = 1 + (C_L/C)$ ersetzt wird,

2. bei der kompensierten Bootstrap-Schaltung, wenn $V = 1$ und $R_2 = (C/(C_L + C_2))\,R_1$ gewählt wird.

Ein weitgehend linearer Anstieg bei $V < 1$ kann erreicht werden, wenn die kompensierte Bootstrap-Schaltung gewählt wird und Gl. (8.65) gilt.

In vielen Kippschaltungen wird das Bootstrap-Prinzip nur zur Linearisierung des Sägezahnes bei hohen Frequenzen herangezogen. Das Prinzipschaltbild des Kippkreises vom AEG-Oszillographen O 19 (Abb. 8.103) gibt dafür ein Beispiel. Der Ladekreis ist R_L–C_L. Die Aufladung erfolgt nichtlinear. Es wird jedoch nur ein kleines, als linear anzusehendes Stück vom Beginn der Ladekurve benützt,

d. h. im Differenzverstärker verstärkt und den x-Platten der Katodenstrahlröhre als Zeitbasissignal zugeführt. Über eine kleine Kapazität Cr wird ein Teil der Sägezahnspannung auf den Ladekreis zurückgekoppelt (Bootstrap). Am Ladekondensator liegt ein Schmitt-Trigger, der das Hellsteuersignal für den Wehnelt-Zylinder liefert und über die Diode D die Entladung von C_L besorgt.

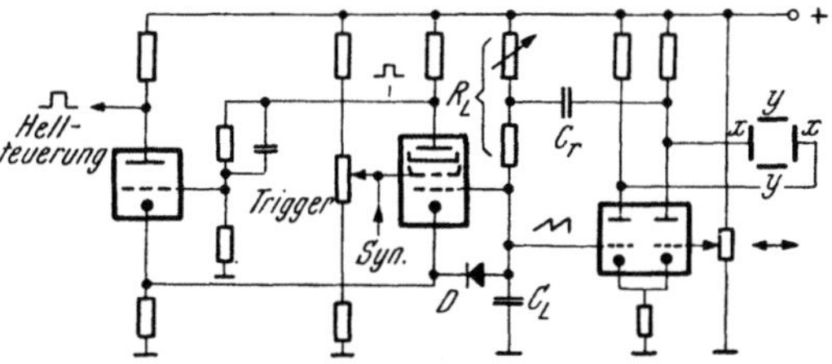

Abb. 8.103. Kippkreis des Oszillographen O 19 von AEG

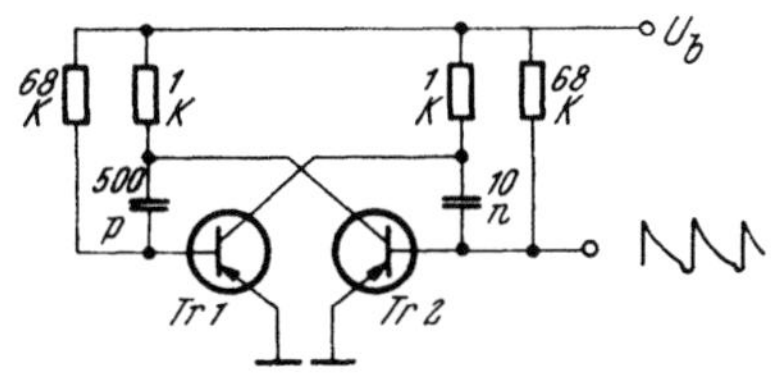

Abb. 8.104. Astabiler Multivibrator als Sägezahngenerator

8.2.3 Kippschaltungen mit Transistoren[1]

A. Der Multivibrator

Der einfachste selbstoszillierende Sägezahngenerator ist ein astabiler Multivibrator, dessen Kippverhältnis stark unsymmetrisch gewählt wird (Abb. 8.104). Die Kippfrequenz wird durch die Multivibratorfrequenz bestimmt. Die Linearität der Sägezahnspannung, die an der Basis von Tr. 2 abgenommen wird, ist für viele Zwecke ausreichend. Die Ausgangsamplitude entspricht ungefähr der Betriebsspannung.

B. Linearisierung der Sägezahnimpulsform

In Kap. 8.2.2 wurde gezeigt, daß für eine zeitlineare Auf- oder Entladung eines Kondensators der Ladestrom konstant und deshalb der differentielle Ladewiderstand unendlich groß sein muß. Man wird daher als Ladewiderstand die Kollektor-Emitter-Strecke eines Transistors wählen, die eine ähnliche Strom-Spannungscharakteristik aufweist wie die Pentode. Die Ladezeit des Kondensators C wird dann durch den Kollektorstrom, bzw. durch die Basisspannung bestimmt. Bei hohen Anforderungen an die Konstanz der Entladegeschwindigkeit, wie dies z. B. in Meßoszillographen der Fall ist, sind wegen der Temperaturabhängigkeit des Transistors Maßnahmen gegen temperaturbedingte Kollektorstromschwankungen zu treffen. In Schaltungen, in denen der Transistor als zeitbestimmender Ladewiderstand in einer Kippschaltung oder als Verstärkerstufe im später zu besprechenden Miller- und Bootstrap-Integrator arbeitet, werden durchwegs Siliziumtransistoren verwendet.

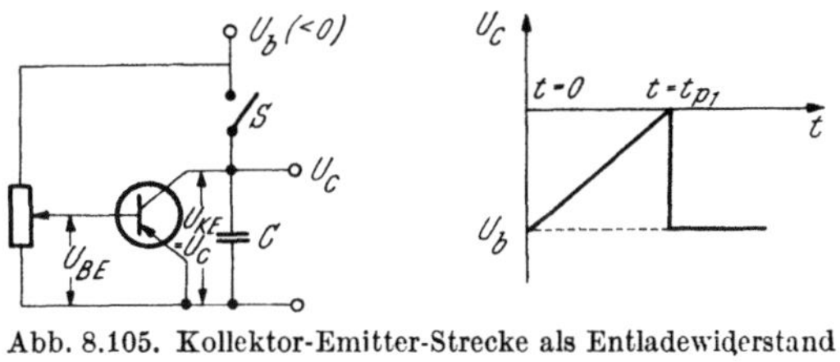

Abb. 8.105. Kollektor-Emitter-Strecke als Entladewiderstand

Das Prinzipschaltbild eines Sägezahngenerators, in dem der Entladestrom durch einen Transistor konstant gehalten wird, zeigt Abb. 8.105. Zum Zeitpunkt $t = 0$ öffnet der Schalter S und der auf die Spannung Ub aufgeladene Kondensator

[1] Literatur: [H 15, J 4, K 20, R 12, R 17, S 30, S 31, W 12].

wird durch den Kollektorstrom linear entladen. Nach Ablauf von t_{p1} Sekunden wird S geschlossen und C wieder auf die Betriebsspannung aufgeladen. In der praktischen Schaltung wird S durch einen Transistorschalter ersetzt, der durch Rechteckimpulse geöffnet und geschlossen werden kann (Abb. 8.106).

Ergänzt man Abb. 8.106 durch einen weiteren Transistor, Tr. 3, der im richtigen Zeitpunkt Tr. 2 automatisch schließt und öffnet, so erhält man einen selbst-

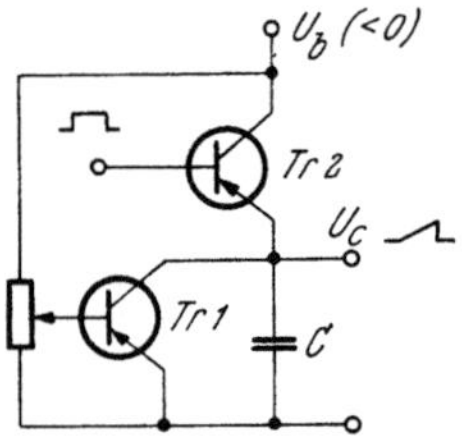

Abb. 8.106. Prinzip einer Kippschaltung: Aufladung von C über Tr. 2, Entladung von C über Tr. 1

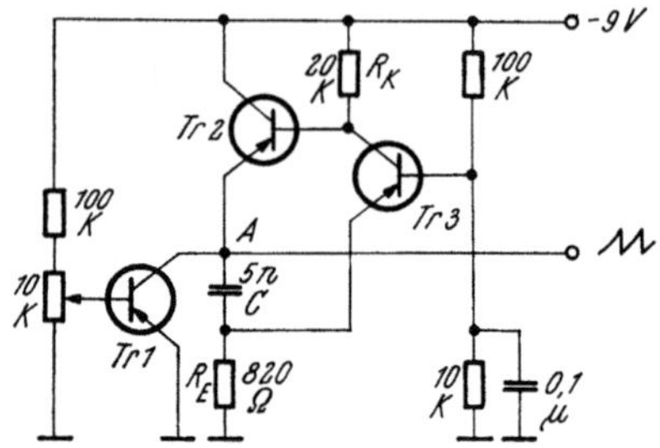

Abb. 8.107. Selbstschwingender Sägezahngenerator

oszillierenden Sägezahngenerator Abb. 8.107. Zur Erklärung seiner Funktionsweise greife man aus einer Kipp-Periode den Zeitpunkt heraus, in dem Tr. 2 voll leite und sich der Punkt A der Schaltung praktisch auf -9 V befinde. Fällt die Basisspannung von Tr. 2 aus gleich zu besprechenden Gründen auf eine niedrigere Spannung, so sperrt Tr. 2 und C entlädt sich zeitlinear über Tr. 1, bis A spannungsgleich ist mit der Basis von Tr. 2. In diesem Moment beginnt Tr. 2 zu leiten

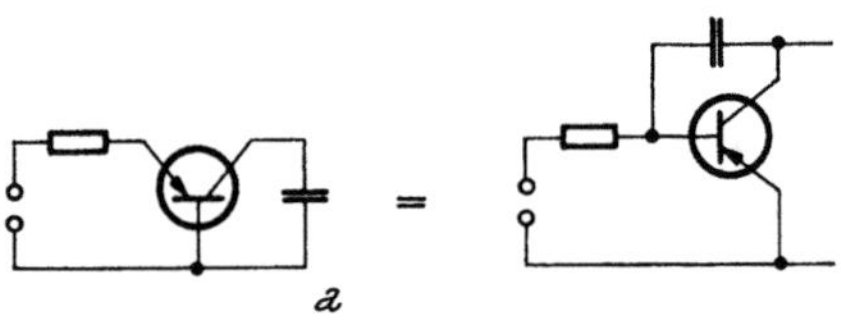

Abb. 8.108. Kollektor-Basis-Strecke als Entladewiderstand

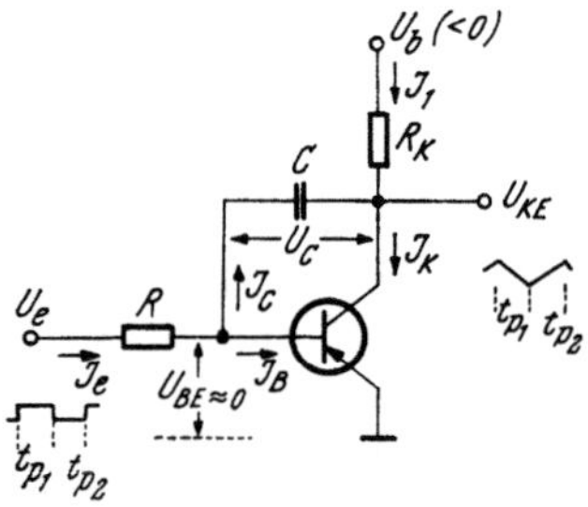

Abb. 8.109. Transistor-Miller-Schaltung

und verursacht einen kräftigen Stromfluß über C und R_E. Der Spannungsabfall an R_E sperrt Tr. 3 und übersteuert Tr. 2, so daß sich C über R_E und Tr. 2 wieder auf die Spannung -9 V auflädt. Am Ende der Ladeperiode fällt der Ladestrom stark ab, weshalb der Spannungsabfall an R_E kleiner wird; Tr. 3 öffnet, wodurch Tr. 2 gesperrt und die zeitlineare Entladung von C über Tr. 1 wieder eingeleitet wird.

Einen besonders hohen differentiellen Ausgangswiderstand besitzt ein Transistor in Basisschaltung (Kollektor-Basis-Strecke). Die Prinzipschaltung zeigt Abb. 8.108a, welche umgezeichnet Abb. 8.108b ergibt und bereits große Ähnlichkeit mit der Miller-Schaltung aufweist.

C. Die Transistor-Miller-Schaltung

Abb. 8.109 zeigt die Prinzipschaltung des Miller-Integrators, für den nach den Bezeichnungen des Schaltbildes folgende Gleichungen gelten:

$$\begin{aligned} Ub &= I_1 R_K - U_C \\ Ie &= I_C + I_B \\ I_C &= c \cdot \frac{\mathrm{d}U_C}{\mathrm{d}t} \\ I_K &= I_1 + I_C \\ I_K &= B \cdot I_B \end{aligned} \tag{8.67}$$

Dabei wurde angenommen, daß $U_{BE} \approx 0$ (vgl. Kap. 3.1.5). Diese Vereinfachung hat praktisch keinen Einfluß auf die Genauigkeit der Lösung. Das Ergebnis, das man aus den obigen Gleichungen auf analogem Wege wie bei der Bootstrap-Röhrenschaltung gewinnt, lautet für den Verlauf der Kollektorspannung

$$U_{KE} = U_C = Ub - B \cdot Ie \cdot R_K \left[1 - e^{-\frac{t}{(B+1)CR_K}}\right] \tag{8.68}$$

Entwickelt man den Klammerausdruck in eine Reihe

$$U_{KE} = Ub - BIe \cdot R_K \left[\frac{t}{(B+1)\,CR_K} - \frac{t^2}{2(B+1)^2C^2R_K{}^2} + \cdots\right]$$

so erkennt man, daß wegen $Ie \approx \frac{Ue}{R}$ und $\frac{B}{B+1} \approx 1$

$$U_{KE} \approx Ub - Ue\,\frac{t}{RC}$$

Dieser lineare Zusammenhang gilt um so genauer, je besser die Bedingung

$$(B+1)\,CR_K \gg t \tag{8.69}$$

erfüllt ist.

Die Schaltung Abb. 8.109 hat den Nachteil, daß die Aufladung des Kondensators durch die Gegenkopplung vom Kollektor zur Basis des Transistors ebenso verzögert wird wie die Entladung, so daß am Kollektor an Stelle einer Sägezahnspannung eine Dreieckspannung auftritt. Um einen schnellen Rücklauf zu erreichen, muß der Gegenkopplungsweg durch einen elektronischen Schalter unterbrochen werden können. Abb. 8.110 zeigt eine einfache Anordnung: Im Ruhezustand ist die Spannung an Ue_1 positiver als die Spannung an A, weshalb Tr. 2 sperrt. Wird die Basisspannung von Tr. 2 durch Zuführen eines negativen Rechteckimpulses negativer als die Spannung an A, leitet Tr. 2 und die lineare Entladung von C infolge des Miller-Effektes kann einsetzen. Geht die Basisspannung wieder auf ihren positiveren Wert zurück, unterbricht Tr. 2 den Gegenkopplungsweg und C lädt sich über R_K und Tr. 1 bzw. R exponentiell auf Ub auf.

Ergänzt man die Schaltung durch einen weiteren Transistor, der den Transistor 2 während der linearen Kondensatorentladung leitend hält, so genügt ein kurzer Triggerimpuls, um die Kondensatorentladung einzuleiten (Abb. 8.111): Im Ruhezustand leiten Tr. 1 und Tr. 3, während Tr. 2 gesperrt ist. Beide Dioden sind in Durchlaßrichtung gepolt. Ein kurzer negativer Triggerimpuls am Kollektor von Tr. 3 öffnet Tr. 2, wodurch der Emitter von Tr. 3 positiver als seine Basis wird. Tr. 3 sperrt und hält damit Tr. 2 leitend. Beide Dioden sind gesperrt. C entlädt sich, bis die Kollektorspannung von Tr. 1 positiver wird als die Basisspannung Tr. 3; in diesem Augenblick beginnt Tr. 3 zu leiten, Tr. 2 wird gesperrt und C lädt sich über R_K und Tr. 1 bzw. R exponentiell wieder auf die Betriebsspannung auf. Das monostabile Verhalten dieser Schaltung entspricht somit der Sanatron-Schaltung Abb. 8.92.

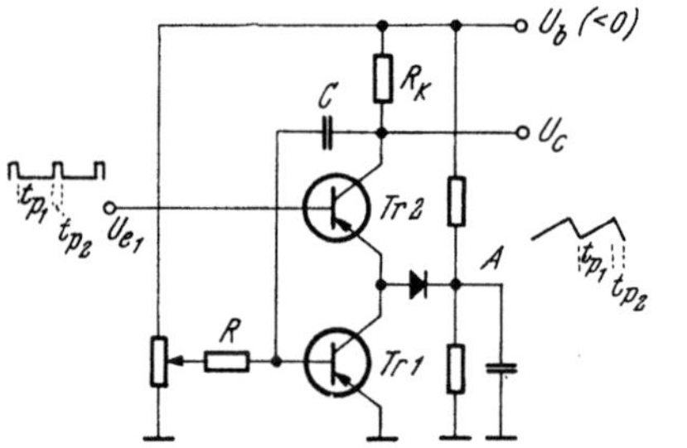

Abb. 8.110. Fremdgesteuerter Miller-Sägezahngenerator

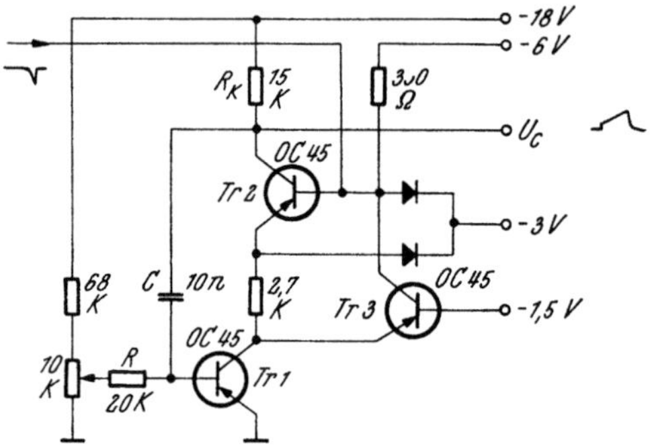

Abb. 8.111. Getriggerter Miller-Sägezahngenerator

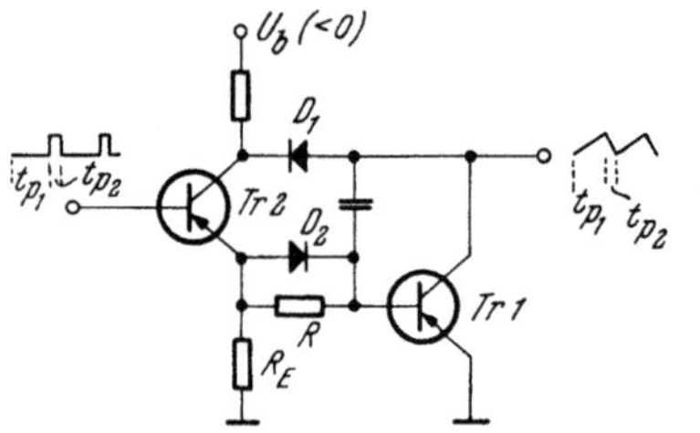

Abb. 8.112. Praktische Ausführung von Abb. 8.108

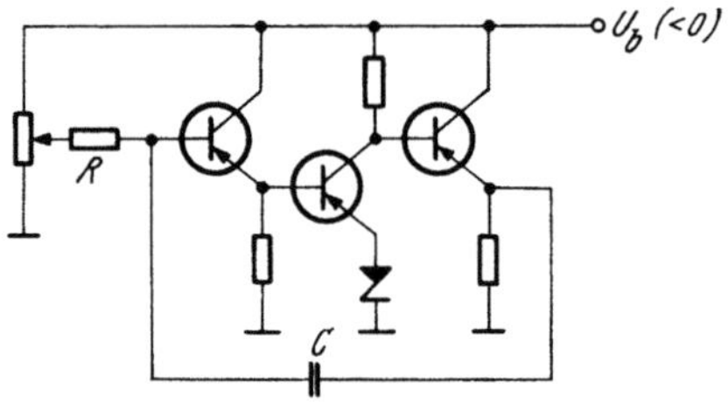

Abb. 8.113. Miller-Integrator mit Verstärker

Wie die Bedingung (8.69) zeigt, kann durch Vergrößern des Kollektorwiderstandes die Linearität des Sägezahnimpulses verbessert werden. Den Extremfall, bei dem der Kollektorwiderstand ganz weggelassen wird, zeigt die Schaltung Abb. 8.112, die im übrigen der Schaltung Abb. 8.108 entspricht. Während die Kollektorspannung sägezahnförmig ansteigt, ist Tr. 2 durch einen negativen Rechteckimpuls an seiner Basis voll leitend, so daß die Dioden D_1 und D_2 gesperrt sind. Vernachlässigt man den Leckwiderstand der Dioden, so ist der Kollektorkreis des Tr. 1 von der übrigen Schaltung vollkommen abgetrennt. Werden Tr. 1 und Tr. 2 durch einen positiven Impuls an der Basis von Tr. 2 gesperrt, so öffnen D_1 und D_2 und C lädt sich über R_K, R_E und die Dioden wiederum auf die Betriebsspannung auf. Sehr niedrige Restströme der Dioden und Transistoren sind Voraussetzung für das gute Funktionieren der Schaltung.

Eine andere Möglichkeit zur Verbesserung der Linearität besteht, wie die Bedingung (8.69) zeigt, in der Vergrößerung des Stromverstärkungsfaktors oder allgemein in der Erhöhung der Verstärkung. In Abb. 8.113, die das Prinzip eines Miller-Integratorverstärkers zeigt, werden zu diesem Zweck vor bzw. nach der phasenumkehrenden Verstärkerstufe zwei stromverstärkende Emitterfolger eingeschoben. Der Rücklauf kann wie in den obigen Beispielen durch Unterbrechung der Gegenkopplungsleitung oder durch Kurzschließen des Kondensators beschleunigt werden.

D. Die Bootstrap-Schaltung

Die einfachste Form der Bootstrap-Schaltung, die nach Abb. 8.114 im Prinzip identisch ist mit der Miller-Schaltung und sich von ihr nur durch die Lage des Erdungspunktes unterscheidet, zeigt Abb. 8.115a. Die Wirkungsweise ist dieselbe wie bei der entsprechenden Röhrenschaltung und beruht darauf, daß trotz stei-

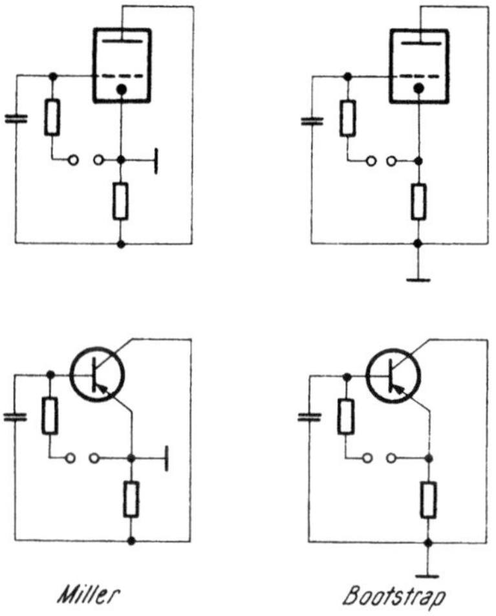

Abb. 8.114. Äquivalenz von Miller- und Bootstrap-Schaltung

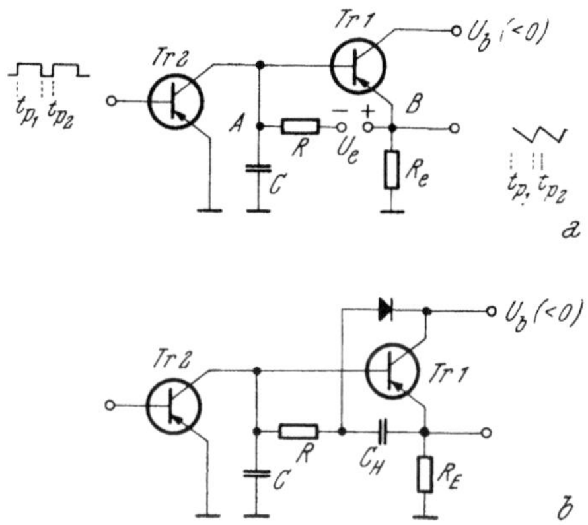

Abb. 8.115. Fremdgesteuerte Bootstrap-Schaltung

gender Kondensatorspannung die Spannungsdifferenz zwischen den Punkten A und B und dadurch der Ladestrom durch R ungefähr konstant bleibt, da sich die Spannung am Emitter von Tr. 1 im selben Sinne ändert wie an der Basis. Tr. 2 ist durch eine positive Spannung während der Ladezeit des Kondensators gesperrt und wird zur Entladung des Kondensators während des Rücklaufes durch einen negativen Impuls kurzzeitig geöffnet.

In der Praxis ersetzt man die Eingangs-Spannungsquelle U_e wie in der Röhrenschaltung durch einen großen Kondensator C_H, dessen Spannung während einer Impulsdauer annähernd konstant bleibt und der jedesmal während des Rücklaufes neu aufgeladen wird ($C_H \approx 100\, C$). Auf diese Weise gelangt man zur Schaltung Abb. 8.115b. Die Diode hat wie in der Röhrenschaltung den Zweck, eine Entladung von C_H über die Betriebsspannungsquelle zu verhindern. Der Emitterwiderstand R_E, der möglichst hoch sein soll, wird mitunter durch einen Transistor ersetzt.

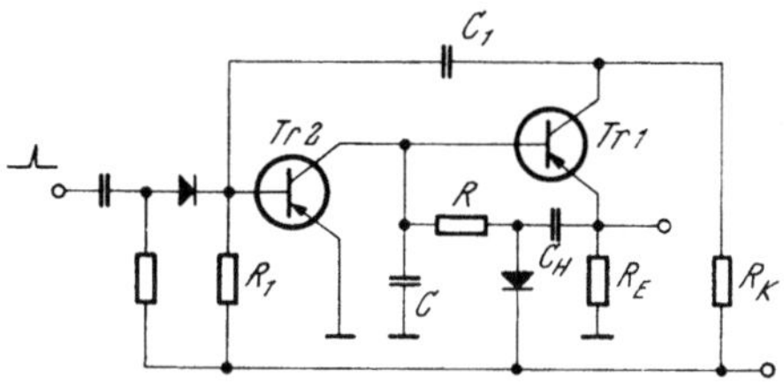

Abb. 8.116. Getriggerte Bootstrap-Schaltung

Steht zum Ansteuern von Tr. 2 kein Rechtecksignal, sondern nur ein kurzer Triggerimpuls zur Verfügung, dann kann vom Kollektor von Tr. 1 eine positive

Spannung an den Eingang von Tr. 2 zurückgeführt werden (Abb. 8.116), die bei geeigneter Bemessung der Zeitkonstante $C_1 R_1$ den Tr. 2 für die Dauer der Sägezahnimpulsdauer gesperrt hält $\left(C_1 R_1 \geq R C \frac{R}{R_K}\right)$.

8.3 Der Sperrschwinger

Sperrschwingerschaltungen finden in der Praxis vielseitige Verwendung als

a) Impulsformer, Impulsgeneratoren: Sie sind das induktive Analogon zum monostabilen und astabilen Multivibrator; die zur Rückkopplung notwendige Phasendrehung wird nicht durch eine zweite Röhre (bzw. Transistor), sondern durch einen Übertrager realisiert.

b) Zerhacker, Gleichspannungswandler: Sie werden überall dort eingesetzt, wo eine höhere Gleich- oder Wechselspannung benötigt wird und nur eine relativ niedrige Gleichspannung zur Verfügung steht. Für diesen Zweck sind Röhren wegen ihres hohen Anodenspannungsbedarfes von vornherein unbrauchbar. Die früher eingesetzten mechanischen Unterbrecher werden heute weitgehend durch Transistor-Zerhacker ersetzt, da sie besondere Vorteile aufweisen: Wartungsfreier Betrieb, Geräuschlosigkeit, hohe Lebensdauer, guter Wirkungsgrad, geringe Hochfrequenzstörungen, kleine, leichte und billige Siebmittel und Transformatoren, da hohe Schwingfrequenzen gewählt werden können (bis zu 20 kHz, mechanische Zerhacker: unter 100 Hz), sehr großes Leistungsspektrum.

Grundsätzlich könnte zum Umsetzen von Gleichspannung in Wechselspannung jeder der in Kap. 4 bzw. Kap. 6 beschriebenen Sinusgeneratoren verwendet werden, indem man einfach die erzeugte Wechselspannung auf die gewünschte Höhe hinauftransformiert. In Ausnahmefällen wird dies zur Erzeugung hoher Spannungen tatsächlich gemacht. Diese Art der Spannungswandlung besitzt jedoch einen sehr schlechten Wirkungsgrad. Wesentlich günstiger als ein sinusförmiger Verlauf der erzeugten Wechselspannung ist ein rechteckförmiger. Durch geeignete Dimensionierung muß dafür gesorgt werden, daß aus dem sinusförmigen Verlauf der Kollektorspannung ein rechteckförmiger Verlauf wird: Die Röhre (der Transistor) ist entweder ganz leitend oder ganz gesperrt. Während in der Aus-Stellung des Schalters Röhre und Transistor in ihren jeweiligen Spannungsbereichen weitgehend verlustfrei sind, gilt dies in der Ein-Stellung nur für den Transistor, dessen Gleichstrom-Innenwiderstand im übersteuerten Zustand sehr gering ist. Die Schaltverluste im Transistor werden also äußerst klein: entweder ist seine Kollektorspannung oder aber sein Kollektorstrom vernachlässigbar klein (allgemeines Kennzeichen des idealen C-Betriebes).

Auch bei der anschließenden Gleichrichtung wirkt sich eine Rechteckspannung günstiger aus als eine Sinusspannung: Der Stromflußwinkel des Gleichrichters beträgt fast eine ganze Rechteckhalbwelle, während bei Gleichrichtung sinusförmiger Spannungen der Gleichrichter impulsförmig belastet wird und der Spannungsabfall dementsprechend höher ist.

Den weiten Anwendungsmöglichkeiten der Gleichspannungswandler entspricht eine nicht minder große Anzahl von Ausführungsformen des Sperrschwingers, wobei unscheinbare Schaltungsänderungen schon eine gänzlich andere Funktionsweise des Sperrschwingers bewirken können.

Alle Transistorschaltungen lassen sich unter gewissen, in der Praxis annähernd erfüllten Voraussetzungen auf einfache Weise rechnerisch erfassen, was bei den entsprechenden Röhrenschaltungen nur mit einem größeren mathematischen Aufwand der Fall ist und daher bei diesen das Experiment oft schneller zum Ziele führt. Der Grund für eine einfachere Behandlung der Transistorschaltung liegt wiederum darin, daß der Transistor dem idealen Schalter viel näher kommt als die Elektronenröhre. Prinzip und Wirkungsweise des Sperrschwingers sind folglich bei der Transistorschaltung klarer zu erkennen als bei Röhrenschaltungen. Wir wollen daher zuerst die Transistor- und anschließend die Röhrenschaltung des Sperrschwingers besprechen.

8.3.1 Der Transistor-Sperrschwinger

Alle Transistor-Sperrschwingerschaltungen bestehen grundsätzlich aus zwei wesentlichen Schaltelementen: einem Transformator und einem Transistor. Beide wollen wir im folgenden als verlustfreie Induktivität und als idealen Schalter betrachten, dabei aber im Auge behalten, daß Schalterstrom mit Kollektorstrom und Schalterspannung mit Kollektorspannung identisch ist.

a) Die Analogie zwischen Kapazität–Spannung und Induktivität–Strom

Kapazität und Induktivität sind zeitbestimmende Glieder; während bei den Multivibratoren ausschließlich Kapazitäten verwendet werden, sind die zeitbestimmenden Elemente bei Transistor-Sperrschwingerschaltungen Induktivitäten. Zwischen beiden herrscht weitgehende Analogie, wenn man beim Kondensator

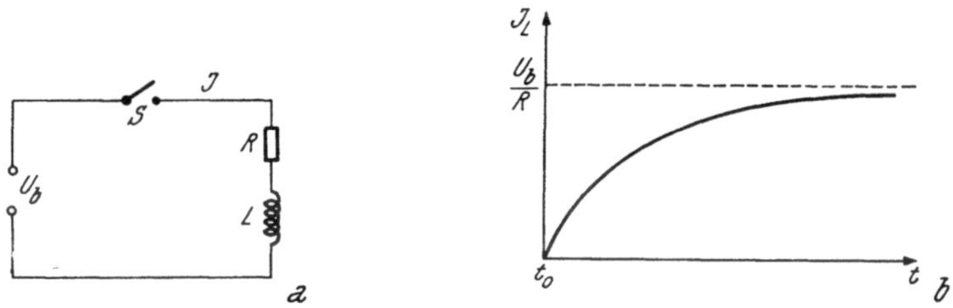

Abb. 8.117. Zeitlicher Verlauf des Stromes durch eine Induktivität bei endlichem ohmschen Widerstand R

den zeitlichen Verlauf der Spannung (Kap. 2.2), bei der Induktivität den zeitlichen Verlauf des Stromes betrachtet (zu Abb. 8.117a): Nach Schließen des Schalters S beginnt vom Wert 0 an ein Strom zu fließen, der zeitlich zunimmt und sich asymptotisch dem Stromwert $I_{(t=\infty)} = Ub/R$ nähert, der sich ohne Induktivität sofort einstellen würde (Abb. 8.117b; vgl. asymptotisches Anwachsen der Kondensatorspannung, Abb. 2.11).

Es ist nämlich

$$1.\ U_L = L\frac{\mathrm{d}i}{\mathrm{d}t} \qquad 2.\ U_R + U_L = Ub$$

$$1. + 2.: \qquad \frac{\mathrm{d}i}{\mathrm{d}t} + i\cdot\frac{R}{L} = \frac{U_b}{L}$$

$$\frac{\mathrm{d}}{\mathrm{d}t}\left(i - \frac{Ub}{R}\right) = -\frac{R}{L}\left(i - \frac{Ub}{R}\right)$$

$$i - \frac{Ub}{R} = C_1\cdot e^{-Rt/L} \qquad C_1 = \text{Integrationskonstante}$$

$$i = \frac{Ub}{R}\left(1 - e^{-\frac{t}{L/R}}\right) \tag{8.70}$$

Als Zeitkonstante definiert man

$$\tau = L/R \tag{8.71}$$

Während im allgemeinen die elektrischen Größen bei Kondensator und Induktivität den gezeigten Exponentialgesetzen gehorchen, kann in besonderen Fällen ein zeitlineares Ansteigen erreicht werden: Für Kondensatoren siehe Kap. 8.2.2.

Für Induktivitäten, wenn die Spannung konstant gehalten wird, z. B. der Vorwiderstand gleich Null ist (Abb. 8.118), gilt:

$$L\frac{\mathrm{d}i}{\mathrm{d}t} = Ub; \qquad i_L = \frac{Ub}{L}\cdot t = \text{konst.}\cdot t \tag{8.72}$$

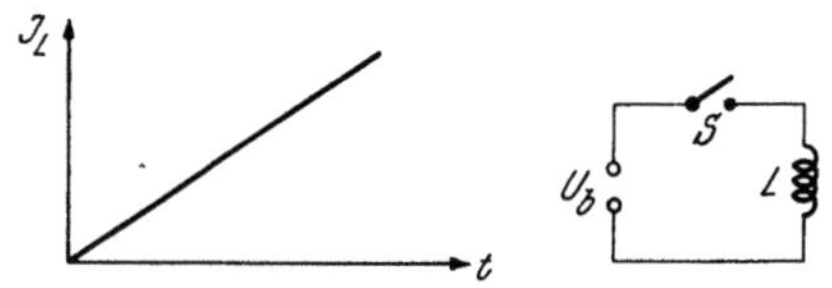

Abb. 8.118. Zeitlicher Verlauf des Stromes durch eine Induktivität bei fehlendem ohmschen Widerstand R

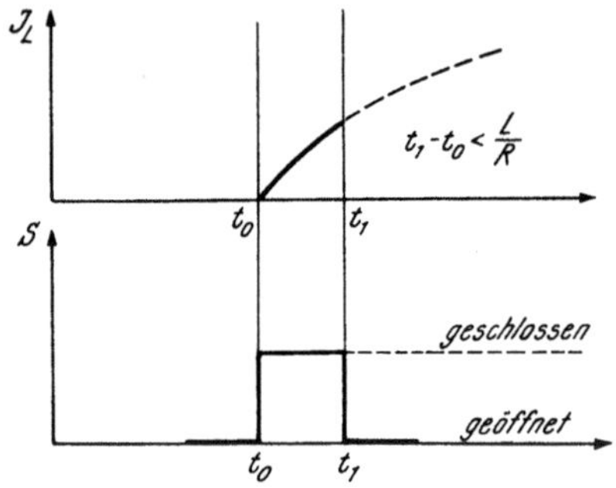

Abb. 8.119. Stromverlauf bei $t_1 - t_0 < L/R$

Näherungsweise kann ein lineares Ansteigen auch bei endlichem Widerstand angenommen werden, wenn der Schalter S nur kurzzeitig gegenüber der Zeitkonstante L/R geschlossen wird (Abb. 8.119).

b) Verhalten eines Transformators mit ohmscher Belastung des Sekundärkreises (siehe Abb. 8.120)

Wäre der Belastungswiderstand unendlich groß, so hätte man einfach den Fall Abb. 8.117. Bei endlichem R_{Last} kann ein veränderlicher (z. B. zunehmender) Strom durch die Primärwicklung einen Strom in der Sekundärwicklung induzieren, dessen Größe vom sekundären Lastwiderstand und vom Windungszahlenverhältnis $\ddot{u} = w_1/w_2$ abhängt.

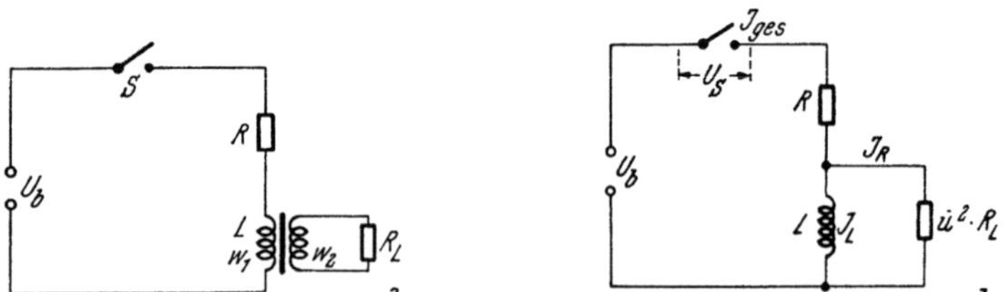

Abb. 8.120. Transformator mit ohmscher Belastung der Sekundärseite

Macht man vom Gesetz der Widerstandstransformation eines Übertragers $\ddot{u}^2 \cdot R_{\text{sek}} = R_{\text{prim}}$ Gebrauch, so kann Abb. 8.120a einfach in Abb. 8.120b umgezeichnet werden. Wird in dieser Schaltung S geschlossen, so fließt sofort ein Schalterstrom $I_R = Ub/(R + \ddot{u}^2 R_2)$. Zu diesem $\mathrm{d}i/\mathrm{d}t$-proportionalen Wert addiert sich noch der mit der Zeit zunehmende Strom I_L der Induktivität (induktiver Strom) (siehe Abb. 8.121) für kurze Schalterschließungszeiten T (Abb. 8.122).

Ist die Belastung nicht rein ohmisch, sondern nimmt der Sekundärstrom z. B. mit der Zeit ab (Belastung der Sekundärseite mit Gleichrichter und Ladekondensator), so erhält man Verhältnisse gemäß Abb. 8.123: Der gesamte, fast konstant bleibende Schalterstrom setzt sich zusammen aus dem zunehmenden induktiven und dem abnehmenden Belastungsstrom.

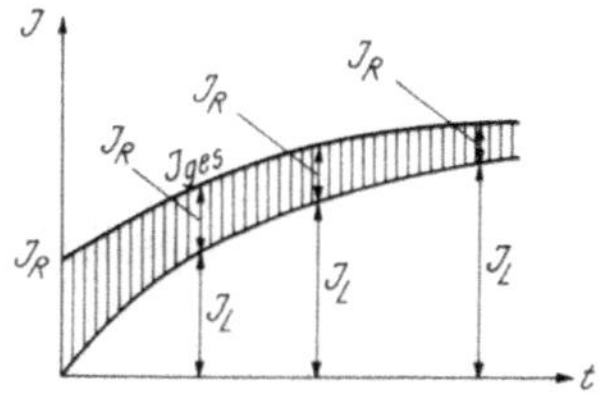

Abb. 8.121. Verlauf der Ströme der Schaltung Abb. 8.120

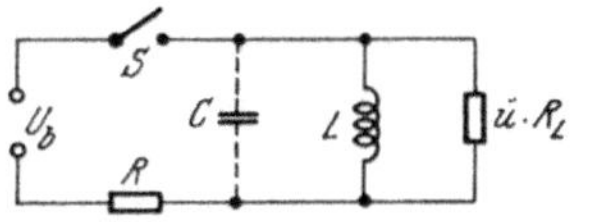

Abb. 8.124. Zusammenfassung der Streukapazitäten in C

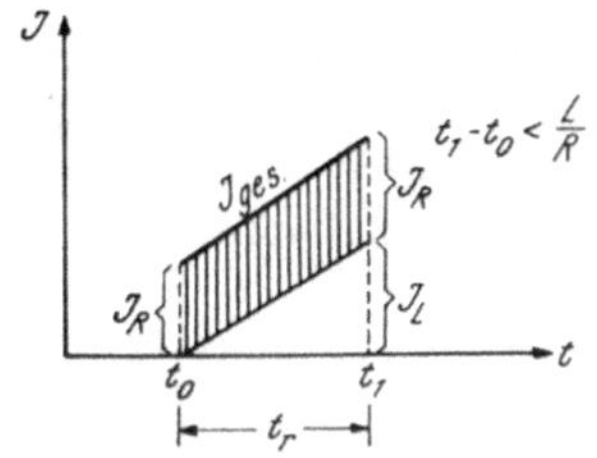

Abb. 8.122. Verlauf der Ströme bei $t_1 - t_0 < L/R$

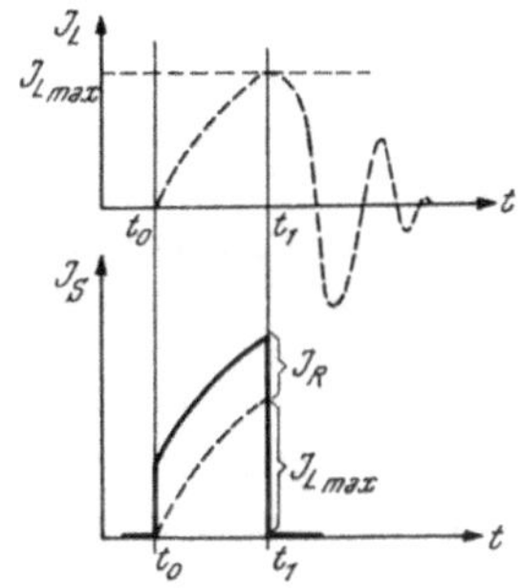

Abb. 8.125. Induktiver Strom I_L und Schalterstrom I_S beim kurzzeitigen Schließen des Schalters S

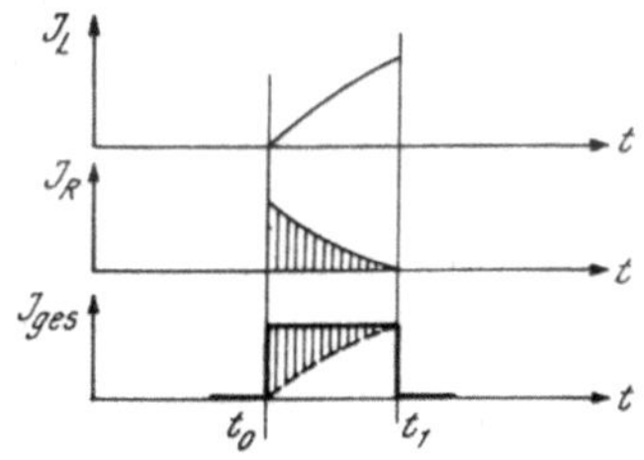

Abb. 8.123. Zeitlich nicht konstanter Laststrom I_R

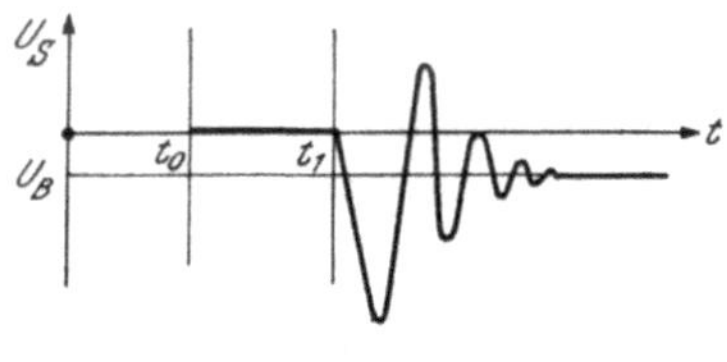

Abb. 8.126. Spannung am Schalter beim Ausschalten

c) Öffnen des Schalters

Wie beim Laden eines Kondensators elektrische Energie $CU^2/2$ gespeichert wird, so wird auch in einer stromdurchflossenen Induktivität die magnetische Energie $LI_L^2/2$ aufgespeichert. Diese Energie bleibt beim Öffnen des Schalters nicht in der Induktivität gespeichert, sondern wird in dem von L und den immer vorhandenen Streukapazitäten C gebildeten Schwingkreis (Abb. 8.124) in gedämpfte elektrische Schwingungen umgesetzt. Schalterstrom I_S und der Strom durch die Induktivität L sind in Abb. 8.125 dargestellt.

Da für die erste Schwingung noch mit guter Näherung die Energiebilanz des ungedämpften Schwingkreises gilt:

$$\frac{LI_L^2}{2} = \frac{CU_C^2}{2} \tag{8.73}$$

so läßt sich die an C auftretende Spannung daraus berechnen:

$$U = I_L \sqrt{L/C} \tag{8.74}$$

Bei kleinem C können somit an der Kapazität C ganz beachtliche Spannungen auftreten, die, um Ub noch vermehrt, auch am Schalter (Kollektor-Emitter-Strecke!) auftreten (Abb. 8.126). Wird die Induktivität durch einen Transformator dargestellt, so kann man diese Spannungsspitzen in der Sekundärwicklung in die gewünschte Höhe transformieren.

8.3.2 Übersicht über Sperrschwinger- und Gleichspannungswandlertypen[1]

A. Der impulsgesteuerte Sperrschwinger (Impulsformer) (Abb. 8.127)

Durch einen äußeren Impuls wird der Schalter (Transistor) geschlossen, der Strom durch L steigt an bis zum Wert $I_{L\max}$, bei dem der Schalter S automatisch durch einen geeigneten Schaltmechanismus geöffnet wird. Unabhängig von Form und Höhe der Steuerimpulse kann bei A eine gleichbleibende Impulsform abgenommen werden (Impulsformer). Die Spannungsspitze beim Öffnen des Schalters kann durch geeignete Maßnahmen unterdrückt werden. S bleibt bis zum nächsten Impuls geöffnet. Der impulsgesteuerte Sperrschwinger entspricht somit dem monostabilen Multivibrator.

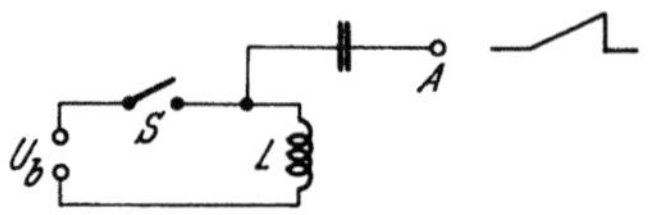

Abb. 8.127. Prinzipschaltung des Sperrschwingers

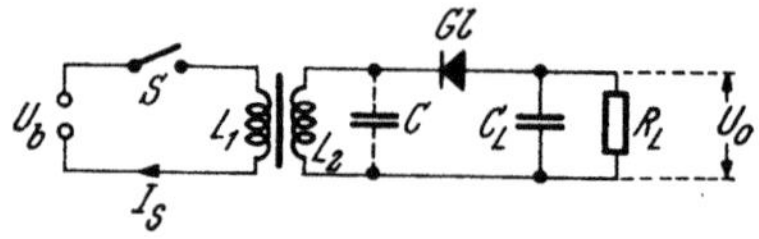

Abb. 8.128. Prinzipschaltung des Sperrwandlers

B. Der selbstschwingende Sperrschwinger (Impulsgenerator) (Abb. 8.127)

Der Unterschied zum impulsgesteuerten Sperrschwinger besteht nur darin, daß sich der Schalter nach einer gewissen, durch ein RC-Glied festlegbaren Zeit von selbst wieder einschaltet. Sein kapazitives Analogon ist der astabile Multivibrator.

C. Der Sperrwandler (Abb. 8.128)

Der Verbraucherkreis erhält nur bei geöffnetem Schalter Energie zugeführt.

a) Bei geschlossenem Schalter induziert der durch L_1 fließende Strom in der Sekundärwicklung L_2 die Spannung U_2. Der Gleichrichter Gl ist jedoch in Sperrrichtung gepolt, so daß kein Sekundärstrom fließen kann. Der Schalterstrom Is ist daher mit dem zeitlich wachsenden I_L identisch ($R_L = \infty$ in Abb. 8.120.) Erreicht I_L einen gewissen Wert $I_{L\max}$, so wird der Schalter geöffnet.

b) Die im Transformator gespeicherte Energie würde sich nun ohne Vorhandensein des Gleichrichters und Ladekondensators in elektrische Schwingungen umsetzen (vgl. Abb. 8.125). Hier wird aber nicht einmal eine Viertelschwingung aus-

[1] Literatur: [G 12].

geführt. Erreicht nämlich die an der Streukapazität C sich aufbauende Spannung, die jetzt ihre Polarität gewechselt hat, den Wert U_0 des Ladekondensators, öffnet die Diode und der Großteil der gespeicherten magnetischen Energie wird vom Ladekondensator aufgenommen. Der Rest verliert sich nach Sperren der Diode in gedämpfte Schwingungen, wenn nicht vorher S wieder geschlossen wird.

Daraus geht nun hervor, daß dem Verbraucherkreis dann Energie zugeführt wird, wenn der Batterie kein Strom entzogen wird und umgekehrt. Die Batterie liefert Energie in einem Zeitabschnitt, wo der Verbraucherkreis keine Energie aufnehmen kann. Der Transformator fungiert als Zwischenspeicher, dem bei geschlossenem Schalter immer die gleiche Energiemenge zugeführt wird, unabhängig davon, wieviel in der darauffolgenden Phase verbraucht wird. Aus diesem Grunde ist zwar die Ausgangsleistung gleichbleibend, die Ausgangsspannung jedoch stark vom Verbraucherstrom abhängig. Insbesondere können bei Leerlauf für Gleichrichter und Schalter (Transistoren) gefährliche Spannungsspitzen auftreten.

D. Der Durchflußwandler (Abb. 8.129)

Der Verbraucherkreis erhält nur bei geschlossenem Schalter Energie zugeführt.

a) Der Schalter wird geschlossen. Der Gleichrichter ist so gepolt, daß er den vom Strom Is in der Sekundärwicklung induzierten Strom I_{sek} durchläßt. Je größer der Verbraucherstrom $I_R = I_{\text{sek}}/ü$, desto größer der der Batterie entnommene Primärstrom (vgl. Abb. 8.121; je kleiner R_L, desto größer I_{ges}). Unabhängig vom Verbraucherstrom I_R nimmt der induktive Strom I_L bis zu einem gewissen Wert $I_{L\max}$ zu, wo der Schalter automatisch geöffnet wird.

b) Dadurch tritt eine hohe Abschaltspannung auf, die durch eine genügend große Parallelkapazität C_1 auf einen ungefährlichen Wert reduziert werden muß. Die gespeicherte magnetische Energie $L \cdot I_{L\max}^2/2$ wird in gedämpfte Schwingungen umgesetzt, wenn nicht vorher der Schalter S wieder geschlossen wird.

Der Durchflußwandler ist im Gegensatz zum Sperrwandler weitgehend belastungsunempfindlich: Je mehr Strom im Sekundärkreis gebraucht wird, desto mehr wird vom Primärkreis geliefert (reines Transformatorprinzip).

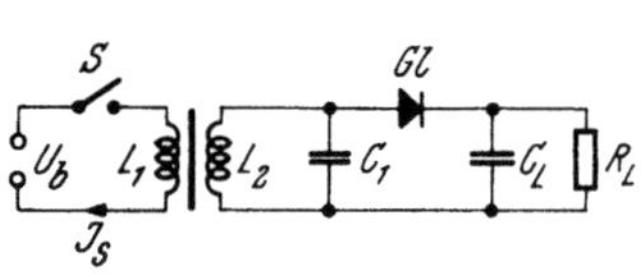

Abb. 8.129. Prinzipschaltung des Durchflußwandlers

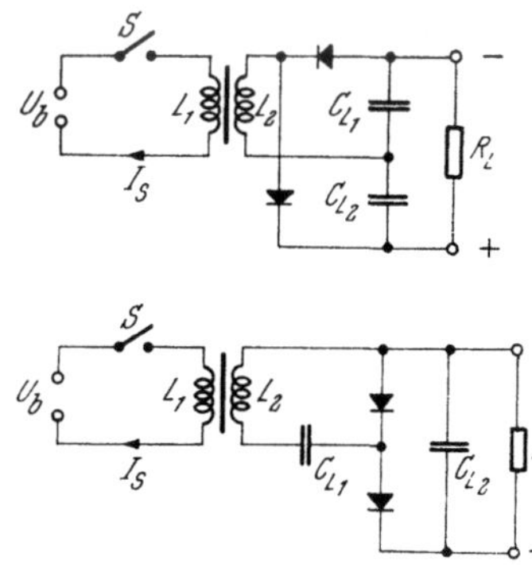

Abb. 8.130. Prinzipschaltung des Summierwandlers

E. Der Summierwandler (Abb. 8.130)

Der Verbraucherkreis erhält sowohl bei geschlossenem als auch bei geöffnetem Schalter Energie zugeführt. Es werden zwei Dioden verwendet, von denen die eine während der Durchflußphase, die andere während der Sperrphase leitend ist. Prinzipiell könnte eine normale Vollweggleichrichtung mit Mittelanzapfung verwendet werden. Die in den beiden Hälften induzierte Spannung ist jedoch ungleich, so daß eine Diode immer gesperrt bliebe. Wegen dieser Spannungsunsymmetrie müssen die beiden Spannungen in einer Verdopplerschaltung addiert werden (Spannungssummierschaltung). Die Lastabhängigkeit der Ausgangsspannung ist schwächer als die des Sperrwandlers.

F. Der Gegentaktzerhacker (Abb. 8.131)

Ist der Schalter in Stellung 1, so arbeitet Teil I des Gegentaktzerhackers als normaler Durchflußwandler; Teil II ist außer Betrieb (Diode in Sperrrichtung).

Wird der Schalter in Stellung 2 umgelegt, so werden die Rollen vertauscht: Die obere Diode wird gesperrt, die untere geöffnet. Der Umschalter kann durch zwei Transistoren ersetzt werden.

Die beiden Sekundärwicklungen sind oft in einer einzigen Wicklung zusammengefaßt, da wegen der absoluten Spannungssymmetrie ein Grätz-Gleichrichter verwendet werden kann. Auf die Besonderheiten, die durch die magnetische Kopplung der beiden Primärwicklungshälften auftreten, soll in Kap. 8.3.3 eingegangen werden.

Nach dieser allgemeinen Übersicht sollen nun die Schaltungen im einzelnen näher besprochen werden.

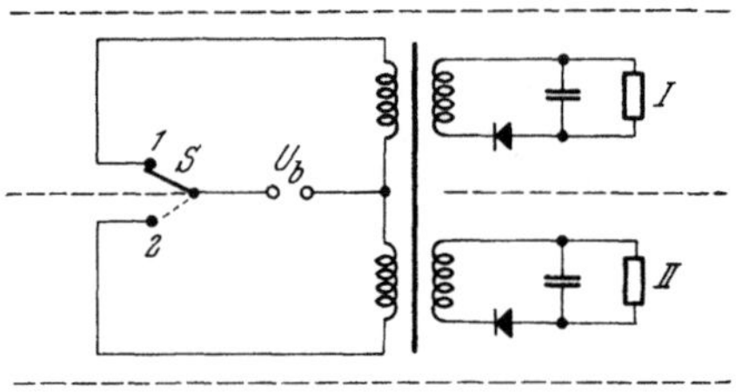

Abb. 8.131. Prinzipschaltung des Gegentaktzerhackers

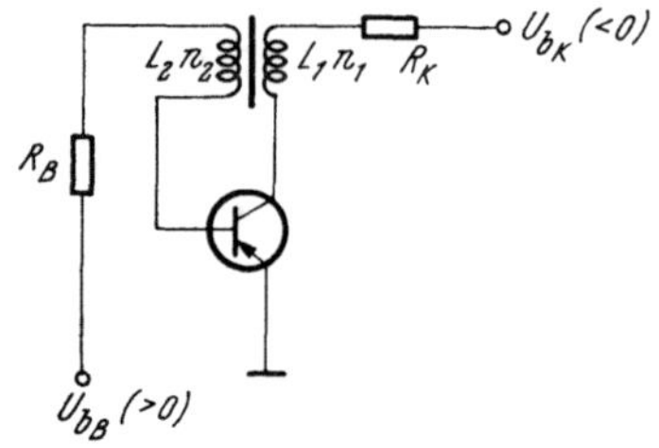

Abb. 8.132. Impulsgesteuerter Sperrschwinger

8.3.3 Wirkungsweise und Dimensionierung der Transistorschaltung

A. Der impulsgesteuerte Sperrschwinger (Impulsformer)[1] (Abb. 8.132)

a) Wirkungsweise

Das Kennzeichen des impulsgesteuerten Sperrschwingers ist die positive Basisvorspannung, durch die der Transistor gesperrt wird. Sorgt man durch geeignete Maßnahmen (z. B. Kurzschließen von Kollektor-Emitter) dafür, daß zum Zeitpunkt $t = t_0$ plötzlich ein Strom in die Kollektorwicklung fließt, so induziert dieser Strom bei richtiger Polung der Sekundärwicklung einen Basisstrom, der den Transistor sofort übersteuert: Der Transistor ist voll leitend, sein Kollektorstrom nimmt durch die induktive Belastung im Kollektorkreis immer mehr zu. Der induzierte Basisstrom hingegen nimmt, wie gezeigt werden wird, vom Zeitpunkt des Einschaltens an ab. Es wird daher ein Zeitpunkt $t = t_1$ kommen, wo der Basisstrom nicht mehr den erforderlichen Kollektorstrom injizieren kann (siehe Abb. 8.133), der Transistor kommt aus der Übersteuerung heraus. Dadurch nimmt der Kollektorstrom ab, induziert in L_2 gleichzeitig eine Schwächung des Basisstromes, wodurch der Kollektorstrom erst recht abnimmt usw. Der Transistor kehrt innerhalb kürzester Zeit wieder in den gesperrten Zustand zurück. Zur Unterdrückung der Abschaltspannung können parallel zu L ein Dämpfungswiderstand oder eine Dämpfungsdiode gelegt werden.

[1] Literatur: [N 4].

b) Impulsdauer

Die Impulsdauer t_p soll im folgenden aus den Transistor- und Transformatordaten berechnet werden.

Zum Zeitpunkt $t = t_0$ kann der Sperrschwinger durch das Ersatzschaltbild Abb. 8.134 dargestellt werden. Im Basiskreis braucht die Vorspannungsquelle nicht gezeichnet zu werden, denn die Basisdiode ist nur dann leitend, wenn die an ihr liegende Spannung null geworden ist.

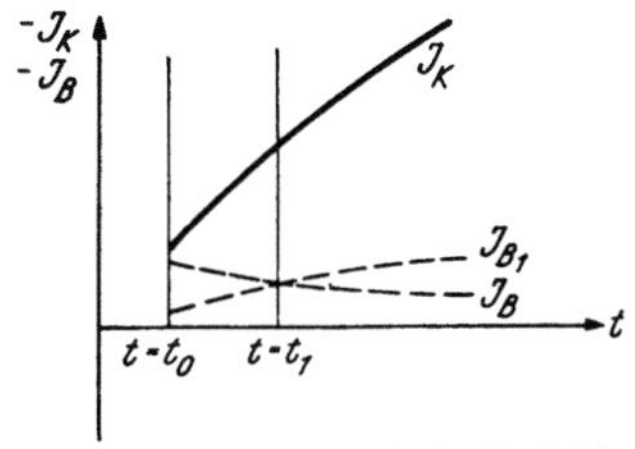

Abb. 8.133. Prinzipieller Verlauf des Kollektorstromes I_B und des Basisstromes I_B. I_{B1} ist der Basisstrom, der den Transistor in der Übersteuerung halten würde

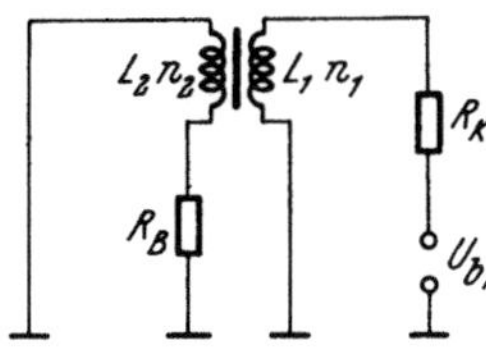

Abb. 8.134. Ersatzschaltbild bei übersteuertem Transistor

Beide Kreise sind durch den Sperrschwingertransformator verkoppelt, so daß folgende zwei Gleichungen für die zwei Stromkreise nach dem Zeitpunkt $t = t_0$ gelten:

$$U b_K = L_1 \frac{\mathrm{d}I_K}{\mathrm{d}t} + R_K I_K - M \frac{\mathrm{d}I_B}{\mathrm{d}t} \tag{8.75}$$

$$0 = -M \frac{\mathrm{d}I_K}{\mathrm{d}t} + L_2 \frac{\mathrm{d}I_B}{\mathrm{d}t} + R_B I_B \tag{8.76}$$

M ist die Gegeninduktivität, für die mit guter Näherung $M = \sqrt{L_1 \cdot L_2}$ gesetzt werden kann.

Die Lösungen der zwei Differentialgleichungen beschreiben das Verhalten des Stromes nach dem Zeitpunkt t_0 im Basis- und im Kollektorkreis.

Die zwei zu lösenden Differentialgleichungen heißen:

$$U b_K = L_1 \frac{\mathrm{d}}{\mathrm{d}t} \left(I_K - \sqrt{\frac{L_2}{L_1}} \cdot I_B \right) + R_K I_K \tag{8.77}$$

$$0 = L_2 \frac{\mathrm{d}}{\mathrm{d}t} \left(I_B - \sqrt{\frac{L_1}{L_2}} \cdot I_K \right) + R_B I_B \tag{8.78}$$

Man eliminiert I_K. Zu diesem Zweck multipliziert man die erste Gleichung mit $-\sqrt{L_1/L_2}$. Dann sind die beiden Klammerausdrücke identisch und man erhält:

$$I_K = \frac{1}{R_K} \left(U b_K - \sqrt{\frac{L_1}{L_2}} \cdot R_B I_B \right)$$

Diesen Wert für I_K setzt man in Gl. (8.78) ein und bekommt:

$$\frac{\mathrm{d}I_B}{\mathrm{d}t} \left(L_2 + L_1 \frac{R_B}{R_K} \right) + R_B \cdot I_B = 0$$

mit der Lösung

$$I_B(t) = C_1 e^{-t/T_L}$$

wo C_1 = Integrationskonstante, $T_L = \dfrac{L_2}{R_B} \cdot \dfrac{R_{\text{ges}}}{R_K}$, $R_{\text{ges}} = R_K + ü^2 R_B$.

Zur Zeit $t = t_0$ fließt im Basiskreis der Strom $I_B(t_0) = ü^2 \frac{Ub_K}{R_{ges}}$, so daß man für $I_B(t)$ erhält:

$$I_B(t) = ü^2 \frac{Ub_K}{R_{ges}} \cdot e^{(t-t_0)/T_L} \qquad \text{für } t \geqq t_0 \tag{8.79}$$

In entsprechender Weise erhält man für $I_K(t)$ die Lösung:

$$I_K(t) = \frac{Ub_K}{R_K} + \frac{Ub_K}{R_{ges}}\left(1 - \frac{R_{ges}}{R_K}\right) e^{-(t-t_0)/T_L} \qquad \text{für } t \geqq t_0 \tag{8.80}$$

Da zum Zeitpunkt $t = t_0$ der Kollektorstrom den Wert Ub_K/R_{ges} und der Basisstrom den Wert $ü(Ub_K/R_{ges})$ hat, muß zur sofortigen Übersteuerung

$$\frac{I_K(t_0)}{I_B(t_0)} = \frac{1}{ü} < B$$

sein. Beim Entwurf eines Sperrschwingers ist somit folgende Bedingung zu beachten:

$$ü \cdot B > 1 \tag{8.81}$$

Aus der Gl. (8.80) für I_K ist ersichtlich, daß der Kollektorstrom vom Zeitpunkt t_0 an immer größer wird und dem Grenzwert $I_K(\infty) = Ub_K/R_K$ zustrebt.

Im Gegensatz dazu nimmt der Basisstrom gemäß der Gl. (8.79) ab und strebt dem Wert $I_B(\infty) = 0$ zu. Es wird also infolge des gegenläufigen Verhaltens der beiden Ströme einen Zeitpunkt t_1 geben, wo der Basisstrom den Transistor nicht mehr bis zum vollen Kollektorstrom $I_K(t)$ aufsteuern kann.

Dieser Zeitpunkt $t = t_1$ läßt sich leicht berechnen: Während der Zeit $t_0 < t < t_1$ ist $I_K/I_B < B$, zur Zeit $t = t_1$ ist $I_K/I_B = B$.
Setzt man für I_B und I_K aus Gl. (8.79) und (8.80) ein, so erhält man wegen

$$e^{-\frac{t_p}{T_L}} = \frac{R_{ges}}{R_K(B \cdot ü - 1 + R_{ges}/R_K)}, \qquad t_p = t_1 - t_0$$

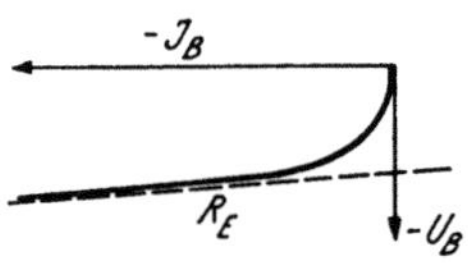

Abb. 8.135

die Impulsdauer des impulsgesteuerten Sperrschwingers:

$$t_p = T_L \ln\left[1 + \frac{R_K}{R_{ges}}(B \cdot ü - 1)\right] \tag{8.82}$$

c) Beispiel

Es sei die Impulsdauer eines impulsgesteuerten Sperrschwingers aus folgenden Daten zu berechnen:

$$L_2 = 15\,\text{mH}, \quad ü = 1:2, \quad R_B = 2\,\text{k}\Omega, \quad R_K = 200\,\Omega, \quad B = 50$$

$$t_p = \frac{15 \cdot 10^{-3}}{2 \cdot 10^3}\left(1 + \frac{1}{4}\,\frac{2 \cdot 10^3}{2 \cdot 10^2}\right) \ln\left[1 + \frac{0{,}2(50 \cdot {}^1/_2 - 1)}{0{,}2 + \frac{1}{4} \cdot 2}\right] = 55\,\mu\text{s}$$

Bei fehlendem bzw. sehr kleinem Widerstand R_B ist der Basisgleichstromeingangswiderstand R_e (siehe Abb. 8.135) in Rechnung zu setzen.

d) Nicht konstante Permeabilität

Die obige Ableitung für t_p hat zur Voraussetzung, daß die Permeabilität des Sperrschwingertransformatormaterials während des ganzen Impulses konstant bleibt. Ist dies nicht der Fall, so wird die tatsächliche Impulsdauer kürzer als die berechnete sein. Der Grund dafür ist, daß mit zunehmendem Kollektorstrom die „bremsende" Induktivität immer kleiner wird, was wieder ein viel rascheres Ansteigen des Kollektorstromes zur Folge hat. Der Transistor kommt also schneller aus der Übersteuerung heraus. Da die Feldstärke berechnet werden kann

$$H = I \cdot n = n_1 \cdot I_K(t) - n_2 I_B(t)$$

($I_K(t)$ und $I_B(t)$ aus Gl. (8.79) und (8.80) einzusetzen), ist die Entscheidung, ob während der Zeit $t_0 < t < t_1$ der Kern in das Sättigungsgebiet gelangt oder nicht, leicht zu fällen. Man kann aber auch in manchen Fällen bewußt das Ende des Impulses durch die magnetische Sättigung des Kerns festlegen.

e) Die Ansteuerung des Sperrschwingers

Die Ansteuerung des Sperrschwingers erfolgt entweder kapazitiv an der Basis mit negativen Impulsen, besser jedoch mit einem zweiten Transistor, der durch negative Impulse kurzzeitig geöffnet wird und so den Stromfluß in der Primärwicklung des Sperrschwingertransformators einleitet (siehe Abb. 8.136). D verhindert die Ausbildung der Abschaltspannung (Dämpfungsdiode).

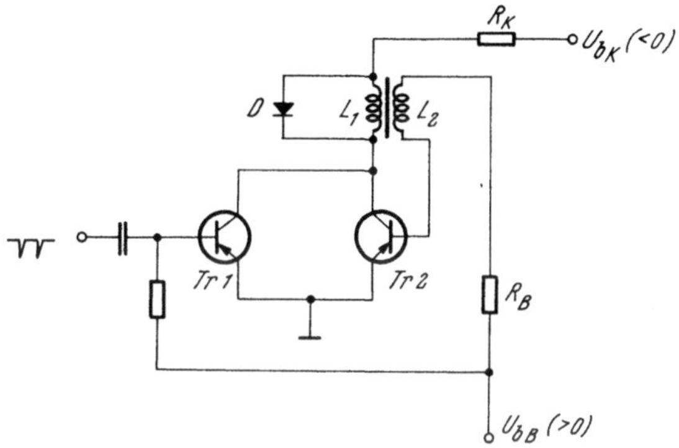

Abb. 8.136. Einspeisen des negativen Triggerimpulses über Tr. 1

f) Andere Mitkopplungsarten

Wie bei Röhren neben der Anoden-Gitter-Mitkopplung auch noch die Anoden-Katoden und die Gitter-Katoden-Mitkopplung möglich ist, so gibt es beim Transistorsperrschwinger noch die Kopplung zwischen Kollektor-Emitter und Basis-Emitter (siehe Abb. 8.137). Impulsdauer und Impulsform in Abhängigkeit von Transistor- und Transformatoreigenschaften können auf völlig analogem Weg wie bei der Kollektor-Basis-Mitkopplung ermittelt werden. Dies drückt sich auch im Ergebnis für $I_K(t)$, $I_B(t)$ und T aus, die dasselbe Aussehen besitzen wie die Gl. (8.79),

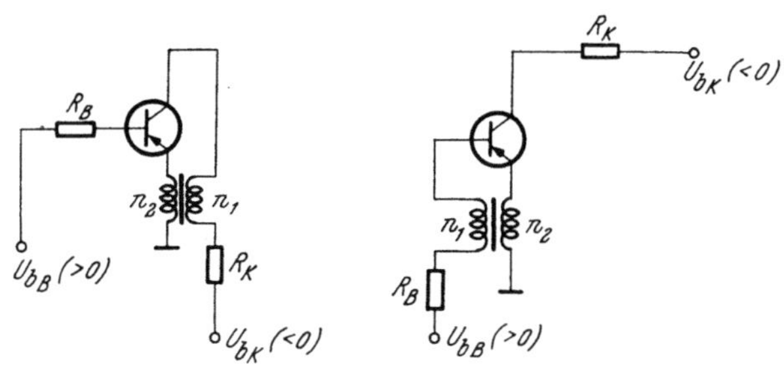

Abb. 8.137. Verschiedene Rückkopplungsarten

(8.80), (8,81), wenn man bei der Kollektor-Emitter-Mitkopplung

$$ü = \frac{n_1}{n_2} - 1$$

und bei der Emitter-Basis-Mitkopplung

$$ü = \frac{n_2}{n_1 - n_2}, \quad t_p = \left(\frac{n_1}{n_2} - 1\right)^2 \cdot \frac{L_2 \cdot R_{\text{ges}}}{R_B \cdot R_K} \tag{8.83}$$

setzt.

B. Der selbstschwingende Sperrschwinger (Impulsgenerator)[1] (Abb. 8.138)

Typische Kennzeichen des selbstschwingenden Sperrschwingers sind das *RC*-Glied im Basiskreis und die negative Basisvorspannung Ub_B.

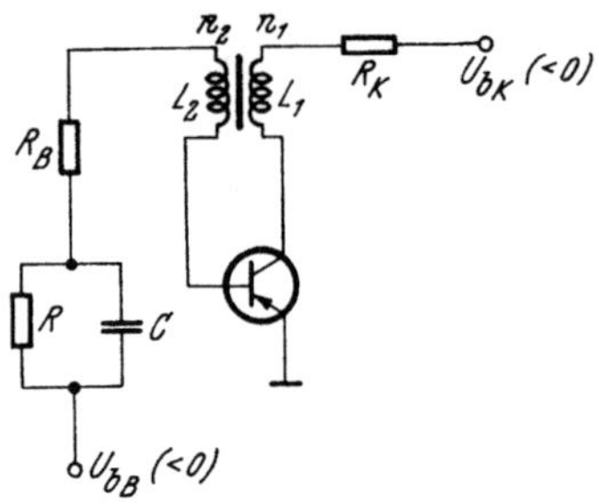

Abb. 8.138. Selbstschwingender Sperrschwinger

a) Funktionsweise

Man unterscheidet zwei Phasen:

a) Sperrphase (Dauer t_{p1})

b) Leitphase (Dauer t_{p2})

In der Sperrphase ist der Kondensator C so weit positiv aufgeladen, daß trotz der negativen Basisvorspannung die Basis-Emitterspannung positiv und der Transistor gesperrt ist. Der Kondensator entlädt sich aber, bis die Basis-Emitterspannung null geworden ist und der Transistor geöffnet wird. Dieser Zeitpunkt ist das Ende der Sperrphase.

In der Leitphase fließt anfangs — von der Kollektorwicklung induziert — ein kräftiger Basisstrom, der den Kondensator C auflädt und den Transistor übersteuert, so daß die Schaltung stabil ist. Im Lauf der Zeit wird der Basisstrom aber immer kleiner, so daß nach t_{p2} Sekunden der Transistor aus der Übersteuerung herauskommt. Der Kollektorstrom nimmt durch die Mitkopplung lawinenartig ab, der Transistor ist wieder gesperrt.

b) Kippfrequenz

Die Dauer der beiden Zustände soll nun aus den Schaltungsgrößen berechnet werden.

Wir bezeichnen den Beginn der Sperrphase mit t_1; zu diesem Zeitpunkt sei der Kondensator C auf die Spannung U_1 aufgeladen. Die Basis-Emitterspannung hat dann den Wert $U_{BE} = U_1 + Ub_B$. Diese Spannung sei positiv, die Basis-Emitter-Diode ist gesperrt, der Kondensator C kann sich nur über R entladen.

Die Entladung von C über R folgt dem Gesetz

$$U_C(t) = U_1\, e^{-(t-t_1)/RC}$$

daher ist die Basis-Emitter-Spannung

$$U_{BE}(t) = U_1 \cdot e^{-(t-t_1)/RC} + Ub_B$$

[1] Literatur: [G 9, N 4, R 12].

Zum Zeitpunkt $t = t_2$ wird U_{BE} null:

$$0 = U_1 \cdot e^{-(t_2-t_1)/RC} + Ub_B$$

so daß man daraus für die Dauer der Sperrphase erhält:

$$t_{p1} = t_2 - t_1 = RC \ln \frac{-U_1}{Ub_B} \tag{8.84}$$

Mit dieser Gleichung könnte die Sperrdauer t_{p1} berechnet werden, wenn U_1, das ist die Spannung, auf die der Kondensator C zum Zeitpunkt $t = t_1$ aufgeladen ist, bekannt wäre.

Um U_1 zu bestimmen, müssen wir die Ladungsmenge Q berechnen, die während der Leitphase t_{p2} vom Basisstrom I_B auf C gespeichert wird.

Da sich die Leitphase des selbstschwingenden Sperrschwingers in nichts von der des impulsgesteuerten unterscheidet, können wir die Gleichungen für I_B und t_{p2} aus Kap. 8.3.3 direkt übernehmen.

Während der Leitphase führt der Basisstrom I_B dem Kondensator C die Ladung

$$Q = \int_{t_0}^{t_1} I_B(t)\,\mathrm{d}t \qquad \text{zu.}$$

Setzt man darin I_B aus Gl. (8.79) ein, so erhält man

$$Q = \int_{t_0}^{t_1} \ddot{u}\,\frac{Ub_K}{U_{\text{ges}}} \cdot e^{-(t-t_0)/T_L}\,\mathrm{d}t = \frac{Ub_K \cdot L_2}{r_K \cdot R_B} \cdot \frac{\ddot{u}B - 1}{\ddot{u} \cdot \frac{R_B}{R_K} + B}$$

Wegen der in den meisten Fällen erfüllten Voraussetzungen $\ddot{u} \cdot B \gg 1$ und $\ddot{u}\,(R_B/R_K) \ll B$ kann näherungsweise geschrieben werden

$$Q = \frac{Ub_K \cdot L_2 \cdot \ddot{u}}{R_K \cdot R_B}$$

Die beim Beginn der Leitphase ($t = t_0$) am Kondensator stehende Spannung $U_C = -Ub_B$ hat sich somit bei $t = t_1$ bis auf

$$U_1 = -Ub_B + \frac{Q}{C} = -Ub_B + \frac{Ub_K \cdot L_2 \cdot \ddot{u}}{C \cdot R_K \cdot R_B} \tag{8.85}$$

erhöht.

Die Sperrdauer ist dann mit Gl. (8.84) und (8.85)

$$t_{p_1} = RC \ln \left(1 - \frac{Ub_K \cdot L_2 \cdot \ddot{u}}{C \cdot R_K \cdot R_B \cdot Ub_B}\right)$$

Da weiterhin meist t_{p_2} um eine Größenordnung kleiner als t_{p_1} ist, ist die Impulsfolgefrequenz

$$f_p \approx 1/t_{p_1} = \frac{1}{RC \ln \left(1 - \frac{Ub_K \cdot \ddot{u} \cdot L_2}{C \cdot R_K \cdot R_B \cdot Ub_B}\right)} \tag{8.86}$$

c) Beispiel

Die Frequenz f_p eines Sperrschwingers folgender Dimensionierung ist zu bestimmen: $Ub_K = -8$ V, $Ub_B = -1$ V, $L_2 = 15$ mH, $R = 22$ kΩ, C = 50 nF, $ü = 1:2$, $R_B = 2$ kΩ, $R_K = 200\,\Omega$, $B = 50$

$$f_p = \frac{1}{2{,}2 \cdot 10^4 \cdot 5 \cdot 10^{-8} \ln \left(1 + \frac{8 \cdot 0{,}5 \cdot 15 \cdot 10^{-3}}{5 \cdot 10^{-8} \cdot 200 \cdot 2 \cdot 10^3 \cdot 1}\right)} = 650 \text{ Hz}$$

Bei der doppelten Basisvorspannung ($Ub_B = -2$ V wäre $f_p = 1000$ Hz.)

d) Unterdrückung der Abschaltspannung

In der praktischen Ausführung muß die Entstehung der störenden Eigenschwingungen des Schwingkreises L_1 — Streukapazitäten verhindert werden. Die übliche Methode ist das Bedämpfen durch einen Widerstand parallel zur Kollektorwicklung. Zweckmäßigerweise verwendet man als Dämpfungswiderstand eine Diode, deren Katode am Kollektor liegt.

Wie beim impulsgesteuerten Sperrschwinger werden auch beim selbstschwingenden alle anderen Mitkopplungsarten angewandt. Ebenso kann das RC-Glied auch in der Emitterleitung liegen. Die Berechnung der zahlreichen Schaltungsvarianten verläuft grundsätzlich gleich wie oben.

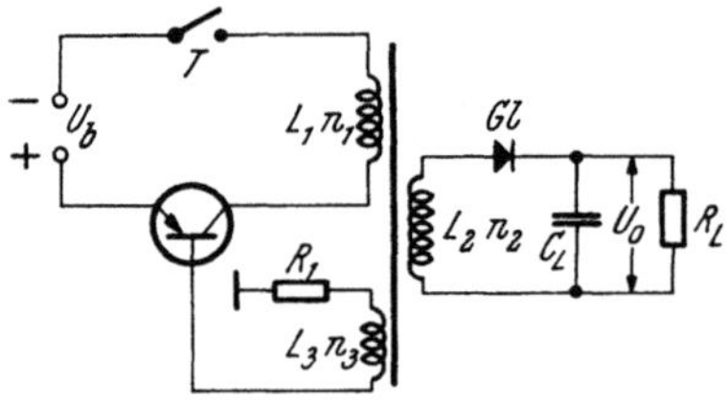

Abb. 8.139. Sperrwandler

C. Der Sperrwandler[1] (Abb. 8.139)

Aus einer relativ kleinen Batteriespannung kann eine hohe Spannung erzeugt werden, wobei das Windungszahlenverhältnis sekundär-primär viel kleiner gehalten werden kann als die geforderte Spannungsübersetzung. Der Wirkungsgrad ist gut (etwa 75%). Die Ausgangsspannung ist stark lastabhängig.

a) Funktionsweise

Wir nehmen an, der Transistor werde zur Zeit t_0 leitend. Es wird dann durch L_1 ein zeitlich wachsender Strom zu fließen beginnen, der in L_2 und in L_3 eine Spannung induziert. In L_2 kann aber kein Strom fließen, da der Gleichrichter in Sperrrichtung gepolt ist. In L_3 hingegen fließt bei richtiger Polung von L_3 ein Basisstrom I_B, dessen Stärke durch den Mitkopplungsfaktor und durch den Widerstand R gegeben ist. I_B wird auf alle Fälle so groß gewählt, daß der Transistor übersteuert wird. Dann bewegt sich der Kollektorstrom I_K längs des Grenzwiderstandes des I_K–U_K-Kennlinienfeldes bis zum Punkt A (siehe Abb. 8.140), den er zur Zeit $t = t_1$ erreicht (die Zunahmegeschwindigkeit hängt nur von Ub/L ab (vgl. Gl. (8.72)). Oberhalb A kann aber der Basisstrom I_B den erforderlichen Kollektorstrom nicht mehr aufbringen; der Kollektorstrom bleibt im Punkt A einen Moment stehen. Dadurch fällt aber die Spannung in L_3 aus, der Basisstrom wird null und der Transistor sperrt.

---

[1] Literatur: [C 7, D 6, W 11].

Für die Länge $t_{p1} = t_1 - t_0$ dieses Zeitabschnittes erhält man aus $L_1(\mathrm{d}I_K/\mathrm{d}t) = Ub - U_{KE\,\mathrm{rest}}$ bei konstant angenommenem $U_{KE\,\mathrm{rest}} \approx -0{,}3$ V:

$$t_{p1} \approx \frac{I_{K\,\max}}{Ub - 0{,}3} \cdot L_1 \tag{8.87}$$

Sperrphase: Die Abschaltspannung, die von der im Zeitpunkt $t = t_1$ gespeicherten magnetischen Energie $Em = 0{,}5 \cdot L_1 \cdot I_{K\,\max}^2$ hervorgerufen wird, kann sich nicht voll aufbauen, da sie bei einem Wert Uo von der Gleichrichterdiode t_{p2} Sekunden lang festgehalten wird, bis der Großteil von Em im Ladekondensator C gespeichert wird. Mit zunehmender Aufladung des Ladekondensators nimmt der Ladestrom vom Spitzenwert $I_{2\,\max}$ zeitlich linear bis 0 ab. Es ist also $\mathrm{d}I_2/\mathrm{d}t = I_{2\,\max}/t_{p2}$.

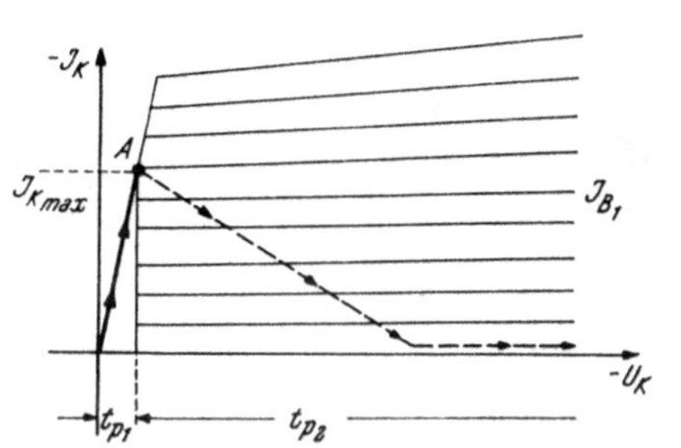

Abb. 8.140. Wanderung des Arbeitspunktes im $I_K - U_K$-Feld

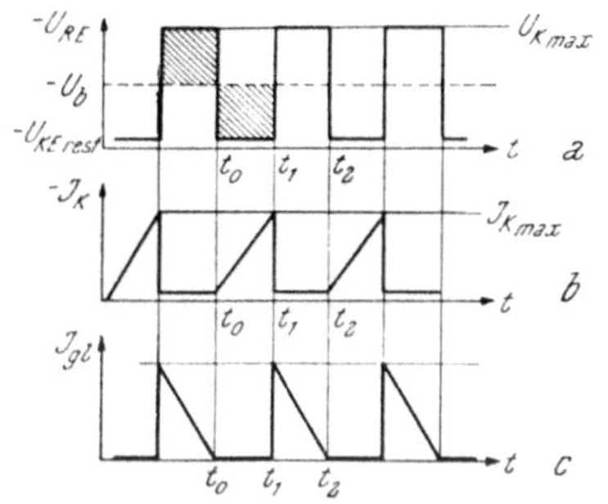

Abb. 8.141. Schematischer Verlauf von a) Kollektorspannung, b) Kollektorstrom, c) Gleichrichterstrom. Die in a) schraffierten Flächen sind gleich groß

Da außerdem $L_2(\mathrm{d}I_2/\mathrm{d}t) = Uo + U_{\mathrm{verl}}$, erhält man aus diesen beiden Gleichungen

$$t_{p2} \approx \frac{L_2\, I_{2\max}}{Uo + U_{\mathrm{verl}}} \tag{8.88}$$

U_{verl} = Gleichrichter- und Wicklungsverluste, Uo = Gleichspannung am Kondensator C_L.

Während dieser Zeit t_{p2} wird nicht nur die Sekundärspannung, sondern auch die Basisvorspannung, die jetzt in positiver Polarität an der Basis liegt, festgehalten, ebenso die Kollektorspannung $U_{K\,\max}$, die bedeutend höher liegen kann als die Betriebsspannung (siehe Abb. 8.141).

Zum Zeitpunkt $t_2 = t_1 + t_{p2}$ sperrt die Gleichrichterdiode, in L_3 wird eine negative Spannung induziert und das Spiel beginnt von neuem. Die gesamte Schwingungsdauer beträgt $t_{p1} + t_{p2} = Tp$. Die Frequenz ist dann $f_p = 1/Tp$.

b) Dimensionierung

Die Primärinduktivität L_1 ergibt sich aus Gl. (8.87) zu

$$L_1 = \left((Ub - 0{,}3)/I_{K\,\max}\right) t_{p1} \tag{8.89}$$

Um L_1 berechnen zu können, müssen also t_{p1} und $I_{K\,\max}$ bekannt sein.

t_{p1}: Erfahrungsgemäß ergibt sich der beste Wirkungsgrad, wenn $t_{p1} = 0{,}6\,Tp = 0{,}6/f_p = 1{,}5\,t_{p2}$ ist.

Die Frequenz f_p kann frei innerhalb weiter Grenzen gewählt werden; man legt sie bei kleinen Leistungen meist ziemlich hoch (3 bis 20 kHz), da dann der Aufwand an Siebmitteln geringer ist. Bei Verwendung von Dynamoblech, Eisenblech usw. ist eine niedrigere Frequenz (100 bis 500 Hz) vorzuziehen, da sonst beträchtliche Eisenverluste auftreten.

$I_{K\max}$: Durch Vorgabe der gewünschten Ausgangsleistung ist $I_{K\max}$ festgelegt; beträgt die Ausgangsleistung No, so ist die Energiebilanz

$$Em = (No + \Delta No + N_1) \cdot Tp \tag{8.90}$$

wobei ΔNo Verluste in der Sekundärwicklung und N_1 die für den Basisstrom aufzubringende Leistung bedeuten. Em läßt sich wegen der Dreiecksform des I_K-Verlaufes (siehe Abb. 8.141 b) leicht berechnen:

$$Em = \text{W} \cdot \text{Zeit} = \frac{(Ub - 0{,}3)\, I_{K\max}}{2} \cdot t_{p1} \tag{8.91}$$

Durch Gleichsetzen von Gl. (8.90) und Gl. (8.91) erhält man

$$I_{K\max} = \frac{2(No + \Delta No + N_1)}{Ub - 0{,}3} \cdot \frac{Tp}{t_{p1}} = \frac{No + \Delta No + N_1}{0{,}3(Ub - 0{,}3)} \tag{8.92}$$

n_2/n_1: Durch Vorgabe der gewünschten Ausgangsspannung ist das Windungszahlenverhältnis n_2/n_1 festgelegt. Während t_{p_1} ist die Sekundärspannung wegen $U_{\text{sek}}(t_{p1})/U_{\text{primär}} = U_{\text{sek}}(t_{p1})/(Ub + 0{,}3) = n_2/n_1$ gleich $U_{\text{sek}}(t_{p1}) = (n_2/n_1)(Ub + 0{,}3)$.

Aus der Gleichheit der Spannungs-Zeit-Flächen folgt

$$U_{\text{sek}}(t_{p2}) \cdot t_{p2} = U_{\text{sek}}(t_{p1}) \cdot t_{p1}$$

$$U_{\text{sek}} = Uo + U_{\text{verl}} = \frac{t_{p1}}{t_{p2}} \frac{n_2}{n_1} (Ub - 0{,}3) \tag{8.93}$$

Für das Windungszahlenverhältnis n_2/n_1 erhält man damit

$$\frac{n_2}{n_1} = \frac{t_{p2}}{t_{p1}} \frac{Uo + U_{\text{verl}}}{Ub - 0{,}3} = \frac{Uo + U_{\text{verl}}}{1{,}5 \cdot (Ub - 0{,}3)} \tag{8.94}$$

n_3/n_1: Das Windungszahlenverhältnis n_3/n_1 ist durch die geforderte Leistung No festgelegt. Es stehen nämlich unmittelbar in Beziehung

$$No \to Em \to I_{K\max} \to I_{B\max} \to U_{B\max}$$

Meist wählt man in der Praxis eine feste Mitkopplung

$$U_{L_3} = 3 \cdot U_{BE\max}$$

wobei dann gilt:

$$\frac{n_3}{n_1} = 3 \cdot \frac{U_{BE\max}}{Ub - 0{,}3} \tag{8.95}$$

R_1: Der Widerstand R_1 dient zum Einstellen des maximalen Basisstromes und hat daher unmittelbaren Einfluß auf die Ausgangsleistung bzw. Ausgangsspannung. Er wird durchwegs als Trimmer ausgeführt, mit dem die gewünschte Ausgangsspannung genau eingestellt wird. Richtwert: $R_1 = 1/I_{B\max}$.

c) Näherungsformeln

Wenn man die Leistungs- und Spannungsverluste in einer Probewicklung mißt, (z. B. durch Resonanzgütemessung usw.), so erfassen die obigen Formeln die Verhältnisse ziemlich genau. Bei weniger hohen Ansprüchen an die Exaktheit der vorberechneten Ausgangsspannung lassen sich praktische Näherungsformeln verwenden. Man nimmt an, der Wirkungsgrad betrage rund 75% und erhält so $No/N_{Batt} = 75/100$, $N_{Batt} = No/0{,}75$ und erhält aus Gl. (8.92):

$$I_{K\max} = \frac{No/0{,}75}{0{,}3(Ub-0{,}3)} = \frac{No}{0{,}23(Ub-0{,}3)} \tag{8.96}$$

aus Gl. (8.89):

$$L_1 = \frac{0{,}23(Ub-0{,}3)^2 \cdot t_{p1}}{No} \tag{8.97}$$

Rechnet man für den Spannungsverlust durch Sekundärwicklung und Gleichrichter rund 5% bis 10%, so wird aus Gl. (8.93)

$$n_2/n_1 = \frac{Uo}{1{,}4 \cdot (Ub-0{,}3)} \tag{8.98}$$

d) Berechnungsbeispiel

Gewünschte Ausgangsspannung 75 V bei 2 mA. Batteriespannung: $-4{,}2$ V. Der verwendete Transistor hat eine Stromverstärkung von 25. Als Frequenz wählen wir 10 kHz, d. h. $Tp = 10^{-4}$ s, $t_{p1} = 6 \cdot 10^{-5}$ s. Angenommener Wirkungsgrad 75%. Die Sekundärleistung ist $75 \cdot 0{,}002 = 0.15$ W.

Damit erhält man für $I_{K\max}$ aus Gl. (8.96)

$$I_{K\max} = -\frac{0{,}15}{0{,}23(4{,}2-0{,}3)} = -170 \text{ mA}$$

und aus Gl. (8.97)

$$L_1 = \frac{(4{,}2-0{,}3)^2 \cdot 0{,}23}{0{,}15} \cdot 6 \cdot 10^{-5} = 1{,}4 \text{ mH}$$

Verwendet man einen Ferrit-Schalenkern mit einem Induktivitätsfaktor $A_L = 4{,}5 \cdot 10^{-7}$ H/Wdg², so besitzt die Primärwicklung

$$n_1 = \sqrt{L_1/A_L} = \sqrt{\frac{1{,}4 \cdot 10^{-3}}{4{,}5 \cdot 10^{-7}}} = 56 \text{ Windungen}$$

Das Sekundärwindungszahlenverhältnis ist

$$n_2/n_1 = \frac{75}{1{,}4(4{,}2-0{,}3)} = 14 \qquad n_2 = 780 \text{ Windungen}$$

Für die Berechnung der Mitkopplungswindungszahl benötigt man den Wert $U_{B\max}$. Für $I_{K\max}$ ist ein Basisstrom $I_{B\max} = I_{K\max}/25 = 6{,}8$ mA erforderlich. Dem I_B-U_B-Kennlinienfeld entnimmt man die dazugehörige Basisspannung von $-0{,}6$ V.

$$n_3/n_1 = \frac{3 \cdot 0{,}6}{4{,}2-0{,}3} = 0{,}46 \qquad n_3 = 26 \text{ Windungen}$$

$R_1 = 1/6{,}8 \cdot 10^{-3} = 150\ \Omega$, den man zweckmäßig als Einstellpotentiometer ausführt. Der mittlere Batteriestrom ist

$$I_{Batt} = \frac{I_{K\max}}{2} \frac{t_{p_1}}{T_p} = -\frac{170}{2} \cdot 0{,}6 = -50\ \mathrm{mA}$$

e) Die Gleichrichtung der Sekundärwechselspannung

Die Gleichrichtung der Sekundärwechselspannung erfolgt bei niederen Spannungen mit Dioden, wobei eventuell zwei in Serie geschaltet werden müssen. Für höhere Spannungen werden Selen- oder Siliziumgleichrichter verwendet. Werden sehr hohe Ausgangsspannungen benötigt, so gibt es neben dem Vergrößern der Sekundärwindungszahl oder dem Verkleinern von t_{p2} noch die Möglichkeit der Spannungsverdopplung, die z. B. in Strahlungsnachweisgeräten oft zur Anwendung kommt (Abb. 8.142).

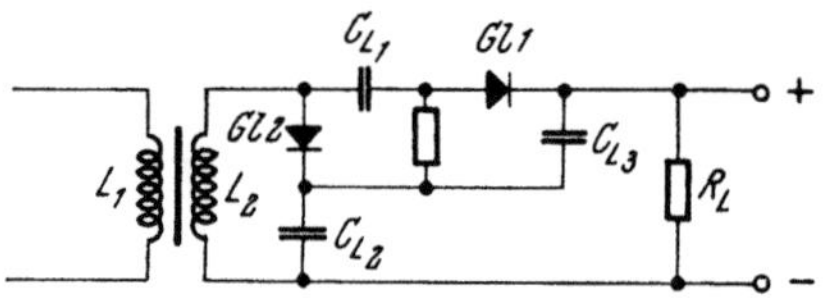

Abb. 8.142. Spannungsverdoppler im Sekundärkreis

f) Temperaturabhängigkeit der Ausgangsspannung

Die im Übertrager gespeicherte Energie hängt primär von der Lage des Punktes A im Kennlinienfeld ab (siehe Abb. 8.140). Dieser Punkt verschiebt sich aber in Abhängigkeit von der Temperatur nach oben oder unten, so daß Ausgangsleistung und Ausgangsspannung temperaturabhängig werden.

Ebenfalls beeinflussen Batteriespannungsschwankungen durch Verschieben des Umkehrpunktes A die Ausgangsspannung. Ein Ausgleich ist durch Nachregeln von R_1 möglich.

g) Das Starten des Sperrwandlers

Beim Schließen des Schalters T (Abb. 8.139) liegt die Basis auf Emitterpotential, so daß der Transistor gesperrt bleibt und der Sperrschwinger nicht anschwingt. Erst im Schwingbetrieb wird die Basis automatisch über L_3 mit einer negativen Spannung angesteuert.

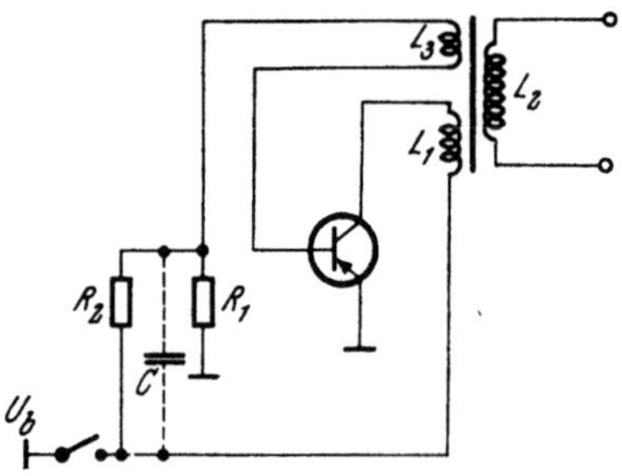

Abb. 8.143. Starthilfe durch R_2

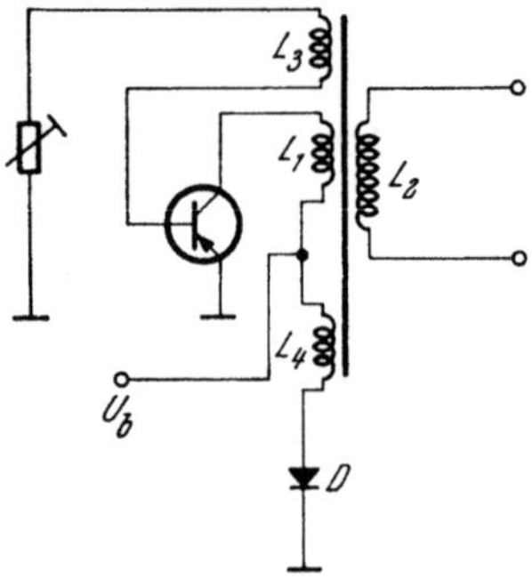

Abb. 8.144. Bedämpfung der Abschaltspannung durch die Diode D

Das Startproblem wird am einfachsten durch das Zuführen einer negativen Spannung über einen Widerstand R_2 gelöst (Abb. 8.143), der aber nur anfangs gebraucht wird und später nur unnütz die Batterie belastet. Günstiger ist daher ein Kondensator als Starthilfe (in Abb. 8.143 gestrichelt eingezeichnet), durch den beim Einschalten sofort ein negativer Spannungsstoß an die Basis kommt. R_2 kann jetzt bedeutend hochohmiger sein. Außer diesen zwei einfachen Möglichkeiten sind eine Reihe von Kunstschaltungen entwickelt worden, auf die aber nicht näher eingegangen werden kann.

h) Leerlauf des Sperrwandlers

Da der Sperrwandler eine konstante Leistung liefert, können bei Ausfall des Belastungsstromes gefährliche Spannungsspitzen an allen drei Wicklungen auftreten. Zwei Möglichkeiten, diese Spannungsspitzen zu unterbinden, sind

1. VDR-Widerstand parallel zum Ladekondensator,
2. Bedämpfung durch Stabilisierungsdiode (siehe Abb. 8.144).

Wirkungsweise: Sobald die in L_4 induzierte Abschaltspannung den Betrag von Ub überschreitet, leitet die Diode und die Spannungen an den übrigen Wicklungen werden damit begrenzt. Die überschüssige Energie wird der Batterie zugeführt. Bei der Wahl der Diode ist darauf zu achten, daß ihr Durchlaßwiderstand genügend klein gegenüber der Batteriespannung ist (Germanium-Golddraht-Dioden).

D. Der Summierwandler[1] (Abb. 8.145)

Seine Vorteile sind besserer Wirkungsgrad und höhere Ausgangsspannung gegenüber dem Sperrwandler, sowie geringere Lastabhängigkeit der Ausgangsspannung.

a) Funktionsweise

Leitphase: Zur Zeit $t = t_0$ wird der Transistor leitend, wodurch in L_2 eine Spannung induziert wird. Da jetzt im Gegensatz zum Sperrschwinger *Gl 1* in Durchlaßrichtung gepolt ist, entsteht im Sekundärkreis ein Strom I_2, der den Lade-

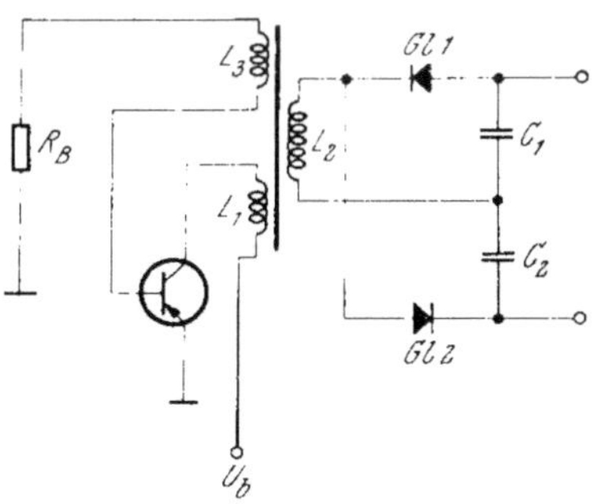

Abb. 8.145. Summierwandler

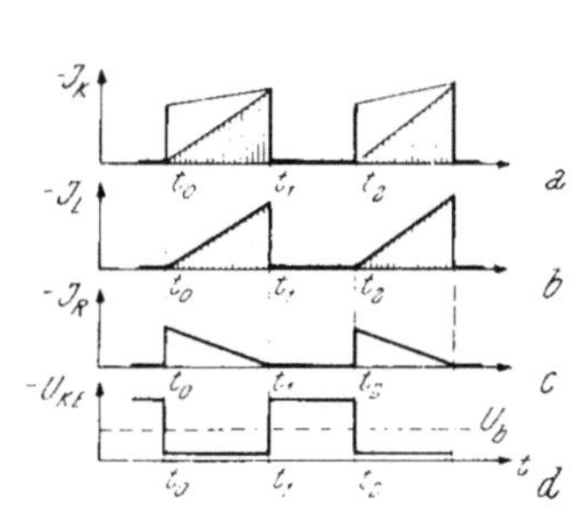

Abb. 8.146. Schematischer Verlauf von a) Kollektorstrom, b) Induktionsstrom, c) Laststrom, d) Kollektorspannung

kondensator auflädt. Dem Strom I_2 entspricht auf der Primärseite der Strom $I_R = ü \cdot I_2$, der zusätzlich zum induktiven Strom I_L vom Kollektorstrom aufgebracht werden muß. Mit zunehmender Aufladung von C_1 nimmt der Ladestrom ab, während der induktive völlig unabhängig davon zunimmt (siehe Abb. 8.146b). Der Gesamtkollektorstrom hat das Aussehen Abb. 8.146a. Bei einem bestimmten Wert $I_{K\,max}$ kommt der Transistor aus der Übersteuerung heraus, was

[1] Literatur: [C 7].

infolge der Mitkopplung Kollektor-Basis in kürzester Zeit ein Sperren des Transistors bewirkt (vgl. Abschnitt 8.3.3 A, c, S. 508).

Sperrphase: In der Sperrphase ist der Summierwandler mit dem Sperrwandler identisch: Gl_1 sperrt, Gl_2 leitet. Die in den schraffierten Dreiecken (Abb. 8.146) aufgespeicherte Energie wird dem Ladekondensator C_2 zugeführt. Die Summe der Spannungen an C_1 und C_2 ergibt die Ausgangsspannung. Die Art der Spannungsverdopplung ist unwesentlich. Wichtig ist nur, daß die aus den beiden Teilphasen herrührenden Spannungsanteile nicht parallel, sondern in Serie geschaltet werden.

b) Dimensionierung

Da dem Verbraucherkreis über die ganze Periode $Tp = t_{p1} + t_{p2}$ gleichmäßig Energie zugeführt werden muß, gilt für die von den Gleichrichtern gelieferten Leistungsanteile No_1 und No_2:

$$No_1 \cdot t_{p1} = No_2 \cdot t_{p2}$$

Erfahrungsgemäß ergibt sich der beste Wirkungsgrad bei $t_{p_1} = 0{,}6\, Tp$, so daß man für No_2 erhält:

$$No_2 = (t_{p1}/Tp)\, No = 0{,}6\, No$$

Damit ist aber die Berechnung des Summierwandlers auf die Berechnung des Sperrwandlers zurückgeführt; die Leistung No_2 muß nämlich zum Zeitpunkt $t = t_1$ im Transformator gespeichert sein. Dafür gilt aber Gl. (8.92), die jetzt entsprechend abgewandelt lautet:

$$I_{K\max} = \frac{2(No + \Delta No + N_1)}{Ub - 0{,}3} \cdot \frac{Tp \cdot t_{p1}}{t_{p1} \cdot Tp} = 2 \cdot \frac{No + \Delta No + N_1}{Ub - 0{,}3} \tag{8.99}$$

Ebenso gilt Gl. (8.89)

$$L_1 = \frac{Ub - 0{,}3}{I_{K\max}} \cdot t_{p1} \tag{8.100}$$

n_2/n_1: Das Windungszahlenverhältnis ist durch die geforderte Ausgangsspannung Uo festgelegt. Ein Teil von Uo wird von der Diode Gl_1 (Uo_1) geliefert, der andere Teil von der Diode Gl_2 (Uo_2). Da für Uo_1 und Uo_2 Gl. (8.93) gilt:

$$Uo_1 \cdot t_{p1} = Uo_2 \cdot t_{p2}$$

so ist

$$Uo_2 = \frac{t_{p1}}{t_{p2}}\, Uo_1 = \frac{t_{p1}}{t_{p2}}\, (Uo - Uo_2) = Uo_2 = \frac{t_{p1}}{t_{p2}}\, Uo$$

und mit Gl. (8.93)

$$\frac{n_2}{n_1} = \frac{t_{p2}}{t_{p1}} \frac{Uo + U_{\text{verl}}}{Ub - 0{,}3} = 0{,}4\, \frac{Uo - U_{\text{verl}}}{Ub - 0{,}3} \tag{8.101}$$

n_3/n_1: Für die Mitkopplungswicklung gilt wie für den Sperrwandler:

$$\frac{n_3}{n_1} = 3\, \frac{U_{BE\max}}{Ub - 0{,}3} \tag{8.102}$$

R_B: Ebenso gilt für den Basiswiderstand als Richtwert $R_B = 1/I_{B\max}$. Wie beim Sperrwandler lassen sich auch beim Summierwandler Näherungsgleichungen aufstellen Bei einem voraussichtlichen Wirkungsgrad von 80% gilt derselbe Weg wie unter 8.3.3, C, c, S. 515.

$$I_{K\max} = No/0{,}4(Ub - U_R)$$
$$L_1 = 0{,}4(Ub - 0{,}3)^2 \cdot t_{p1}/No \tag{8.103}$$
$$n_2/n_1 = 0{,}43\ Uo/(Ub - 0{,}3)$$

c) Beispiel

Gewünschte Ausgangsspannung — 75 V bei — 2 mA, Batteriespannung — 4,2 V. Stromverstärkung 25, $f = 10$ kHz. Angenommener Wirkungsgrad 80%.

$$I_{K\max} = -(75 \cdot 2 \cdot 10^{-3})/0{,}4(4{,}2 - 0{,}3) = -96 \text{ mA}$$

$$L_1 = [0{,}4(4{,}2 - 0{,}4)^2/0{,}15] \cdot 6 \cdot 10^{-5} = 2{,}5 \text{ mH}$$

Bei Verwendung eines Transformatormaterials mit dem Induktivitätsfaktor $A_L = 4{,}5 \cdot 10^{-7}$ H/Wdg² ist die Primärwindungszahl

$$n_1 = \sqrt{L_1/k_1} = \sqrt{\frac{2{,}5 \cdot 10^{-3}}{4{,}5 \cdot 10^{-7}}} = 75 \text{ Windungen}$$

Für die Sekundärwicklung sind

$$n_2 = 7{,}5 \cdot 0{,}43 \frac{75}{4{,}2 - 0{,}3} = 620 \text{ Windungen}$$

aufzubringen.
Berechnung von n_3: Der dem maximalen Kollektorstrom entsprechende Basisstrom ist

$$I_{B\max} = -96/25 = -3{,}85 \text{ mA}$$

Die dazugehörige Basisspannung erhält man aus dem Kennlinienfeld zu — 0,45 V. Damit ergibt sich für die Mitkopplungswicklung

$$n_3 = 3 \cdot \frac{0{,}45 \cdot 75}{4{,}2 - 0{,}3} = 26 \text{ Windungen}$$

und für den Basiswiderstand $R_B = 1/3{,}85 = 260\ \Omega$, der wieder zur genauen Einstellung der Ausgangsspannung als Trimmer ausgeführt wird.
Bezüglich der Temperaturabhängigkeit der Ausgangsspannung, Start- und Leerlaufprobleme gilt das beim Sperrwandler Gesagte.

E. Der Durchflußwandler[1] (Abb. 8.147)

Im Gegensatz zum Sperr- und Summierwandler ist beim Durchflußwandler die Ausgangsspannung von der Last weitgehend unabhängig. Wirkungsgrad etwa 70%. Kennzeichen des Durchflußwandlers ist ein Kondensator parallel zu L_2.

[1] Literatur: [C 7, H 21].

a) *Funktionsweise*

Der bei leitendem Transistor in L_1 fließende Strom induziert in L_2 einen Sekundärstrom, der über den Gleichrichter *Gl* in den Ladekondensator und über den Verbraucher R_L fließt. Je nach Strombedarf im Sekundärkreis wird mehr oder weniger Kollektorstrom der Batterie entzogen. Wird überhaupt kein Strom benötigt, so fließt die während der Leitphase auf Grund des induktiven Stromes im Transformator gespeicherte Energie in der Sperrphase wieder in die Batterie zurück (siehe unten). Es liegen somit dieselben Verhältnisse vor wie bei einem gewöhnlichen Transformator, wo sich auch die von der Primärseite aufgenommene Leistung auf den Leistungsbedarf der Sekundärseite automatisch einstellt. Die Ausgangsspannung ist daher bedeutend unempfindlicher gegenüber Belastungsschwankungen als beim Sperrwandler.

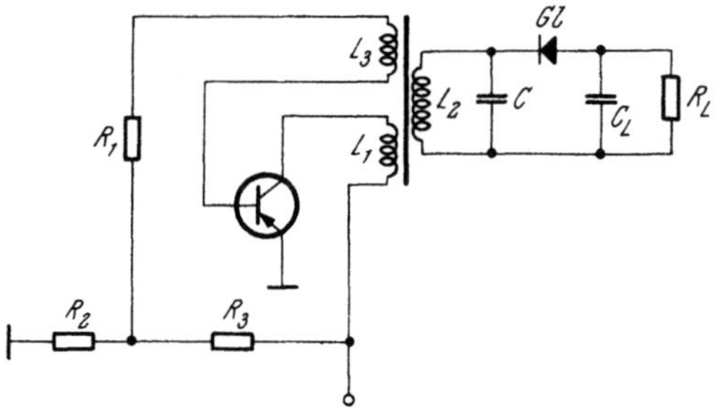

Abb. 8.147. Durchflußwandler

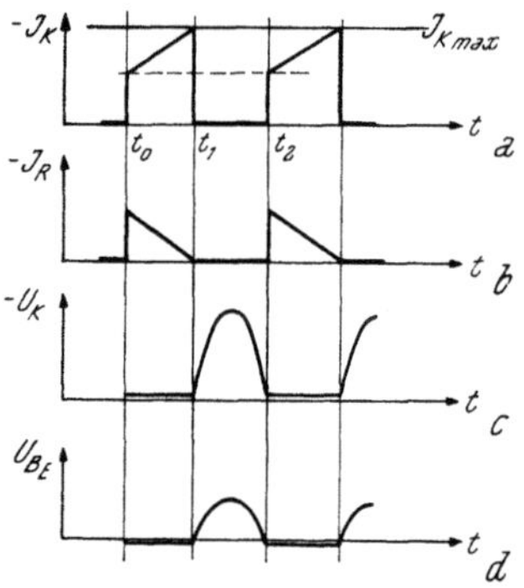

Abb. 8.148. Schematischer Verlauf von a) Kollektorstrom, b) Gleichrichterstrom, c) Kollektorspannung, d) Basisspannung

Die Leitphase wird wie beim Sperr- und Summierwandler dann beendet, wenn der Transistor aus der Übersteuerung herauskommt.

Sperrphase: Die beim Sperren des Transistors auftretende Abschaltspannung, die beim Sperrwandler durch das Öffnen der Gleichrichterdiode begrenzt ist, wird hier mit Hilfe eines Kondensators parallel zu L_2 auf eine ungefährliche Höhe reduziert. Kollektor- und Basisspannung führen eine halbe Schwingung aus (siehe Abb. 8.148); sobald die Basisspannung in das negative Gebiet zurückschwingt. wird der Transistor leitend und der Vorgang beginnt von vorne.

Die bei t_1 einsetzende Schwingung hätte eine Frequenz von

$$f = \frac{1}{2\pi} \sqrt{\frac{1}{L_2 C}} = \frac{1}{2\pi} \sqrt{\frac{1}{L_1 C \ddot{u}^2}} \tag{8.104}$$

Für die Sperrzeit t_{p2} erhält man somit

$$t_{p2} = \ddot{u} \pi \sqrt{L_1 C} \tag{8.105}$$

b) *Das Verhalten des induktiven Anteils des Kollektorstromes*

Beim Durchflußwandler tritt als neuartiger Effekt das sogenannte inverse Arbeiten des Transistors auf.

Wir betrachten zuerst die einfache Anordnung Abb. 8.149a. Wird der Schalter *S* geschlossen, so fließt gemäß dem Gesetz

$$\mathrm{d}I/\mathrm{d}t = U/L \tag{8.106}$$

ein zeitlinearer Schalterstrom (Abb. 8.149 b, *1—2*). Bei einem gewissen Schalterstrom I_{max} wird der Schalter geöffnet und der Schwingkreis *L–C* führt eine halbe Schwingung aus (Strecke *2—3*). Bei Punkt 3 werde der Schalter wieder geschlossen, wodurch die im Punkt 3 gespeicherte magnetische Energie auf der Strecke *3—4* wieder an die Batterie zurückgegeben wird. Dabei fließt der Strom in verkehrter Richtung durch den Schalter. Während die Strecke *2—3* in der Zeit t_{p2} (halbe Sinusschwingung) durchlaufen wird, wird für die Strecke *3—(2)* auf Grund von Gl. (8.106)

$$t_{p1} = 2\, I_{K\,\max} \frac{L_1}{Ub - U_{KE\,\mathrm{rest}}} \qquad (8.107)$$

benötigt ($U_{KE\,\mathrm{rest}} \approx -0{,}3$).

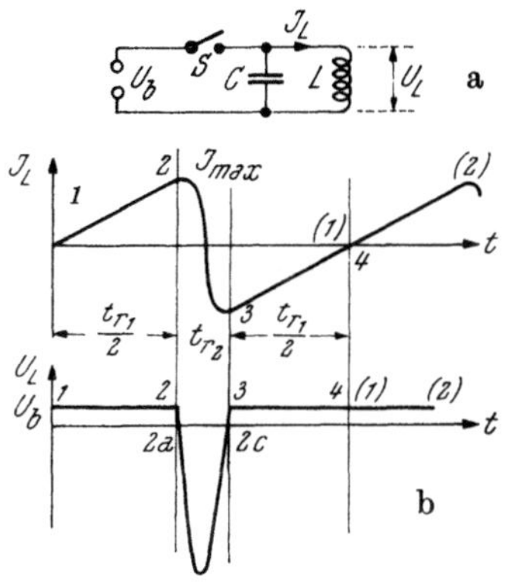

Abb. 8.149. Leerlaufbetrieb des Durchflußwandlers

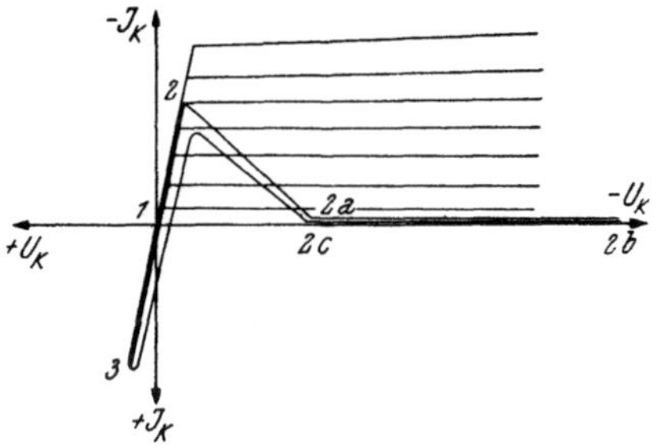

Abb. 8.150. Wanderung des Arbeitspunktes im $I_K - U_K$-Kennlinienfeld

Genau die besprochenen Verhältnisse stellen sich beim Durchflußwandler im Leerlaufbetrieb ein. Der Transistor ist in normaler Richtung leitend auf der Strecke *1—2*, wird dann während der Zeit *2—3* durch die positive Basisspannung gesperrt und leitet wieder in *3*, wo die Basisspannung wieder negativ ist, diesmal aber in verkehrter Richtung bis *4*: Kollektor und Emitter haben ihre Rollen vertauscht, der Transistor arbeitet invers.

Das Wandern des Arbeitspunktes im U_K–I_K-Kennlinienfeld zeigt Abb. 8.150.

c) Dimensionierung

Im Gegensatz zum Sperr- und Summierwandler ist die genaue Berechnung des Durchflußwandlers langwierig, weshalb in der Praxis ausschließlich nach Näherungsformeln gearbeitet wird.

Die Schwingfrequenz: Bei der Wahl der Frequenz sind die gleichen Gesichtspunkte wie beim Sperrschwinger zu berücksichtigen. Auch beim Durchflußwandler erreicht man den besten Wirkungsgrad η bei einem Tastverhältnis von

$$t_{p1} = 0{,}6\; Tp$$

Kollektorspitzenstrom: Beträgt die geforderte Ausgangsleistung *No*, so ist die von der Batterie aufzubringende Leistung $N_1 = No/\eta$ und daher der mittlere Batterie(= Kollektor)strom

$$I_{\mathrm{Batt}} = \frac{No}{\eta \cdot Ub}$$

Erfahrungsgemäß ist nun der Kollektorstromverlauf so geformt, daß

$$I_{K\,\max} = \frac{4}{3}\, I_{K\,tp2}$$

$I_{K\,tp1}$ = mittlerer Kollektorstrom während der Zeit t_{p1}, so daß man den Kollektorspitzenstrom aus der Gleichung

$$I_{K\max} = \frac{4}{3}\frac{Tp}{t_{p1}} \cdot I_{\text{Batt}} = 2{,}3 \cdot \frac{No}{\eta \cdot Ub} \qquad (8.108)$$

abschätzen kann.

Primärinduktivität: Aus Gl. (8.107) erhält man

$$L_1 = t_{p1}\frac{Ub - 0{,}3}{2 \cdot I_{K\max}} = t_{p1}\frac{(Ub - 0{,}3)\eta \cdot Ub}{4{,}6 \cdot No} \approx 0{,}22\, t_{p1} \cdot \eta\, \frac{(Ub - 0{,}3)^2}{No} \qquad (8.109)$$

n_2/n_1: Das Windungszahlenverhältnis bestimmt sich wie bei einem gewöhnlichen Transformator aus dem Verhältnis der Ausgangsspannung zur Eingangsspannung

$$\frac{n_2}{n_1} = \frac{Uo + Uo_{\text{verl}}}{Ub - 0{,}3} = 1{,}07 \cdot Uo/(Ub - 0{,}3) \qquad (8.110)$$

n_3/n_1: ist wie beim Sperrwandler

$$n_3/n_1 = 3\, U_{BE\max}/(Ub - 0{,}3) \qquad (8.111)$$

C: Der Parallelkondensator ist durch t_{p2} bestimmt. Man erhält aus Gl. (8.104)

$$C = t_{p2}^2/\pi^2 \cdot \ddot{u}^2 \cdot L_1 \qquad (8.112)$$

R_1, R_2, R_3: Der Spannungsteiler $R_2 - R_3$ wird so dimensioniert, daß der Transistor beim ersten Einschalten sicher anschwingt. Seine Dimensionierung ist unkritisch.

$$R_2 \approx U_{BE\max}/I_{B\max}, \qquad R_3 \geq R_2\, Ub/U_{BE1}$$

U_{BE1} ist die Basisvorspannung, die bei einem Kollektorstrom $I_{K1} = N_{K\max}/2\,Ub$ an der Basis auftritt.

$N_{K\max}$ ist die maximal zulässige Kollektorverlustleistung des Transistors bei einer vorgegebenen Umgebungstemperatur. R_1 wird immer einstellbar ausgeführt und dient zum individuellen Einstellen auf maximalen Wirkungsgrad je nach Transistorexemplar:

$$R_1 \approx (3\, U_{BE\max} - U_{BE\min})/I_{B\min}$$

wobei $U_{BE\max}$, $U_{BE\min}$, $I_{B\min}$ die bei einen Transistortyp zu erwartenden Grenzstreuwerte sind.

d) Berechnungsbeispiel

Geforderte Ausgangsleistung $Uo = -75$ V bei $Io = -2$ mA, Batteriespannung $-4{,}2$ V, Stromverstärkung 25, maximale Verlustleistung 100 mW, $f = 10$ kHz, angenommener Wirkungsgrad 70%.

$$Tp = 10^{-4}\text{ s, daher } t_{p1} = 6 \cdot 10^{-5}, \quad t_{p2} = 4 \cdot 10^{-5}$$

$$I_{K\max} \approx -2{,}3 \cdot (0{,}15/0{,}7 \cdot 4{,}2) = -117\text{ mA}$$

$$L_1 = 0{,}22 \cdot 0{,}6 \cdot 10^{-4} \cdot 0{,}7 \cdot \frac{(4{,}2 - 0{,}3)^2}{0{,}15} = 0{,}94\text{ mH}$$

Verwendet man dasselbe Kernmaterial wie beim Sperr- und Summierwandler, ergibt sich die Primärwindungszahl

$$n_1 = \sqrt{L_1/k_1} = \sqrt{9{,}4 \cdot 10^{-4} \,/\, 4{,}5 \cdot 10^{-7}} = 46 \text{ Windungen}$$

Die Sekundärwindungszahl ist

$$n_2 = \frac{1{,}07 \cdot 75}{4{,}2 - 0{,}3} \cdot 46 = 950 \text{ Windungen}$$

$I_{B\max} = -117/25 = -4{,}7$ mA; die zu diesem Wert gehörige Basis-Emitter-Spannung entnimmt man dem Kennlinienfeld zu $-0{,}5$ V. Damit läßt sich n_3 berechnen:

$$n_3 = 3 \frac{0{,}5}{4{,}2 - 0{,}3} \cdot 46 = 18 \text{ Windungen}$$

$$C = \frac{16 \cdot 10^{-10}}{\pi^2 \cdot 21^2 \cdot 9{,}4 \cdot 10^{-4}} \approx 400 \text{ pF}$$

$R_2 = 0{,}5/4{,}7 \approx 100\,\Omega$. Zur Berechnung von R_3 ist I_{K_1} notwendig:
$I_{K_1} = -100/2 \cdot 4{,}2 = -12$ mA. Der entsprechende Basisstrom $I_B = -12/25 = -0{,}5$ mA. Aus dem Kennlinienfeld entnimmt man $U_{BE} = -0{,}3$ V

$$R_3 \geq 100 \frac{4{,}2}{0{,}3} = 1{,}4\text{ k}\Omega, \quad \text{also etwa } 1{,}5\text{ k}\Omega.$$

Für R_1 erhält man mit $-I_{B\min} = 2$ mA, $-U_{B\min} = 0{,}4$ V, $R_1 \approx \dfrac{3 \cdot 0{,}5 - 0{,}4}{2} = 550\,\Omega$, der wieder einstellbar ausgeführt wird.

e) Spezialschaltungen

Es gibt eine Reihe von Spezialschaltungen für Durchflußwandler, mit welchen sich eine Verbesserung des Wirkungsgrades erzielen läßt. Auf diese Schaltungsvarianten kann nicht näher eingegangen werden. Es sei lediglich als Beispiel die Schaltung Abb. 8.151 angeführt. Der prinzipielle Gedankengang, der zu einer solchen Schaltung führt, ist folgender: Der Übertrager bildet beim gewöhnlichen Durchflußwandler zusammen mit C das frequenzbestimmende Glied der Sperrphase, wodurch beträchtliche und verlustbringende Blindströme im Transformator fließen. Diese lassen sich verkleinern, wenn man die Selbstinduktion des Übertragers erhöht und die frequenzbestimmende Funktion dem Basiskreis überträgt, was durch die Blindwiderstände L_T, C_T erreicht wird. Die Serienresonanzfrequenz des Basisspannungsteilers C_T, L_T beträgt das 0,25- bis 0,5fache der zu erzeugenden Frequenz. L' verhindert das Auftreten extrem hoher Basisstromspitzen. Als Dimensionierung wird empfohlen:

$$\begin{aligned} L_T &= 1{,}3 \frac{U_{BE\max} \cdot T}{I_{B\max}} \\ L' &= 0{,}13\, U_{BE\max} \cdot T/I_{B\max} \\ C_T &= 0{,}14\, I_{B\max} \cdot T/U_{BE\max} \end{aligned} \qquad (8.113)$$

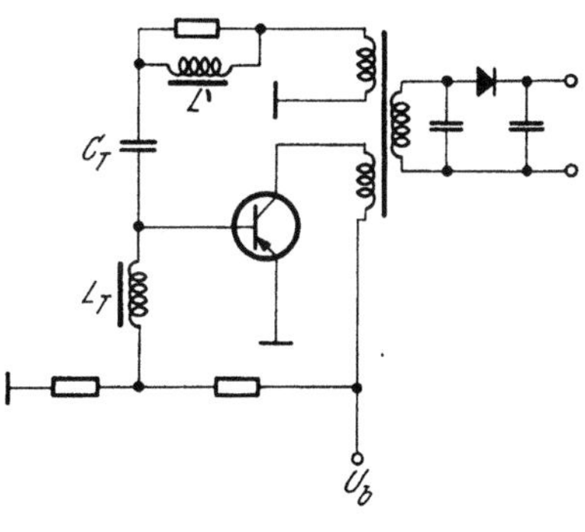

Abb. 8.151. Steigerung des Wirkungsgrades durch einen Serienresonanzkreis C_T, L_T

F. Der Gegentaktzerhacker (magnetischer Multivibrator)[1]

Anwendung: Wechselspannungsquelle für streng symmetrische Wechselspannungen (reiner Zerhackerbetrieb), Gleichspannungsquelle niederen Innenwiderstandes für hohe Ausgangsleistungen.

a) Eigenschaften

Der Gegentaktzerhacker ist das elektronische Analogon zum mechanischen Zerhacker und weist diesem gegenüber die Vorteile wartungsfreien Betriebes, hoher Betriebssicherheit, beliebiger Wahl der Zerhackerfrequenz und geringen Störspannungspegels auf, was umfangreiche Entstörmaßnahmen überflüssig macht. Der Wirkungsgrad nimmt mit steigender Betriebsspannung zu und erreicht bei Hochleistungsumformern im Nennlastbetrieb Werte bis zu 95%. Im Leerlauf beträgt die Stromaufnahme maximal 10% der Nennlaststromstärke. Die Ausgangswechselspannung ist fast ideal rechteckförmig, so daß bei Wiedergleichrichtung des erzeugten Wechselstromes Siebmittel gespart werden können. Durch Wahl hoher Betriebsfrequenzen lassen sich weiter die Abmessungen des Schwingtransformators herabsetzen und günstige Leistungs-Gewicht-Verhältnisse erreichen.

Die maximale Ausgangsleistung ist durch die maximal zulässige Kollektorspitzenspannung und Kollektorspitzenstromstärke begrenzt. Es ist heute möglich, praktisch beliebig hohe Ausgangsleistungen zu erzielen, wobei die Gegentaktzerhacker den Vorteil der Synchronisierbarkeit aufweisen und daher zur Leistungserhöhung mehrere Zerhacker parallelgeschaltet werden können.

Ein eigenes Anwendungsgebiet konnte sich der Transistorzerhacker als Netz-Ersatzstromquelle erobern. Er ist in wenigen Millisekunden betriebsbereit und eignet sich daher vorzüglich als Notstromaggregat. Wird auf besondere Frequenzkonstanz Wert gelegt (Anschluß von Plattenspielern, Tonbandgeräten usw.), wird die zum Betrieb des Transistorzerhackers notwendige Steuerleistung über eine rückwirkungsfreie Pufferstufe einem besonders frequenzstabilen Transistoroszillator kleiner Leistung entnommen (fremdgesteuerter Transistorzerhacker).

b) Funktionsweise und Dimensionierung

a) Wir betrachten zunächst das Ersatzschaltbild des Gegentaktzerhackers Abb. 8.152a: Wird der Schalter 1 geschlossen, so beginnt gemäß dem Gesetz $\mathrm{d}I = \frac{U}{L}\,\mathrm{d}t$ (vgl. Gl. (8.72)) ein zeitlinearer Strom durch L_1 zu fließen (Abb. 8.152b, Strecke 1—2). Zur selben Zeit liegt am (offenen) Schalter 2 die Batteriespannung Ub und, wegen der transformatorischen Kopplung der beiden Wicklungen L_1—L_2, die von L_1 im Verhältnis 1:1 in L_2 transformierte Spannung Ub. Insgesamt liegt also am offenen Schalter die doppelte Batteriespannung 2 Ub (= Kollektorspannung). Hat der induktive Strom einen gewissen Wert $I_{K1\,\max}$ erreicht (Zeitpunkt 2), wird der Schalter umgelegt. Dadurch kann im Stromkreis I kein Strom mehr fließen (Abb. 8.152b, Strecke 2—3—4). Die entstehende Rückschlagspannung kann sich nicht ausbilden, weil der geschlossene Stromkreis II als Dämpfung parallel liegt. Die in der Induktivität auf der Strecke 1—2 gespeicherte magnetische Energie wird wieder an die Batterie zurückgegeben (Abb. 8.152c, Strecke 2—3). In 3 wechselt der Strom seine Richtung. Der Abschnitt 3—4 ist für den Stromkreis II völlig äquivalent dem Abschnitt 1—2 für Kreis I. Bei $I_{K2\,\max}$ wird der

[1] Literatur: [A 1, H 14, S 32, W 11].

Schalter in die ursprüngliche Stellung umgelegt; die in der Induktivität gespeicherte Energie wird an die Batterie zurückgegeben und im Punkt 5 beginnt das Spiel von vorne.

Wird parallel zu L_1 und L_2 eine ohmsche Last geschaltet, so überlagert sich dem induktiven Strom der ohmsche Laststrom und man erhält für den zeitlichen Verlauf der beiden Schalterströme Abb. 8.153. Der Grenzwert $I_{K\,\max}$ wird früher erreicht, so daß mit zunehmender Belastung die Frequenz des Zerhackers zunimmt.

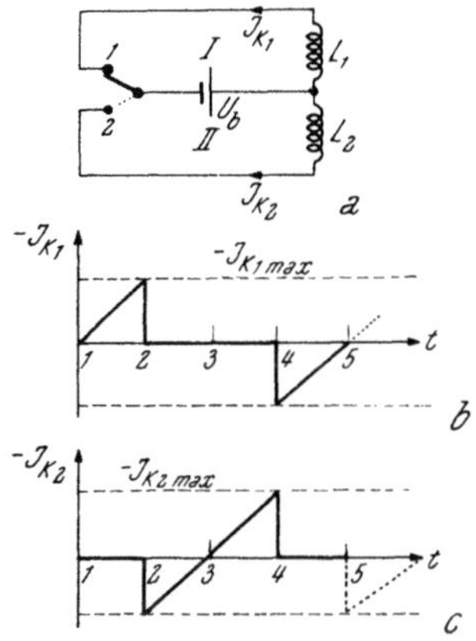

Abb. 8.152. Ersatzschaltbild des unbelasteten Gegentaktzerhackers (a) und zeitlicher Verlauf des Schalterstromes I_{K1} (b) und I_{K2} (c)

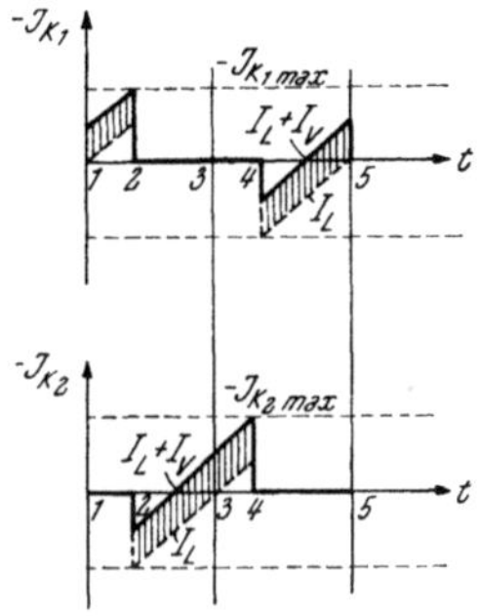

Abb. 8.153. Zeitlicher Verlauf der Schalterströme bei ohmscher Belastung der Induktivitäten. I_L induktive Komponente, I_V Verbraucherstrom

b) Ersetzt man den Umschalter durch zwei Transistoren und die Last durch einen Verbraucher auf der Sekundärseite des Übertragers, so gelangt man zum vollständigen Bild des Gegentaktzerhackers (Abb. 8.154). Während des Zeitabschnittes 1—2 wird in L_{3I} eine negative, in L_{3II} eine positive Basisspannung induziert, so daß Transistor 1 leitend und Transistor 2 gesperrt ist. Durch den gleichen Effekt wie bei den Eintaktwandlern (Übersteuerung des Transistors) schaltet der Transistor 1 bei einem vorgegebenen maximalen Kollektorstrom $I_{K1\,\max}$ ab, die Richtung der induzierten Spannungen kehrt sich um, und Transistor 2 wird leitend. Im unbelasteten Betrieb fließt dann während des Zeitabschnittes 2—3 der Strom entgegengesetzt zur üblichen Stromrichtung im Transistor, er arbeitet invers mit positivem Kollektor (vgl. Durchflußwandler). Ab dem Zeitpunkt 3 sind die Rollen von Transistor 1 und 2 identisch vertauscht.

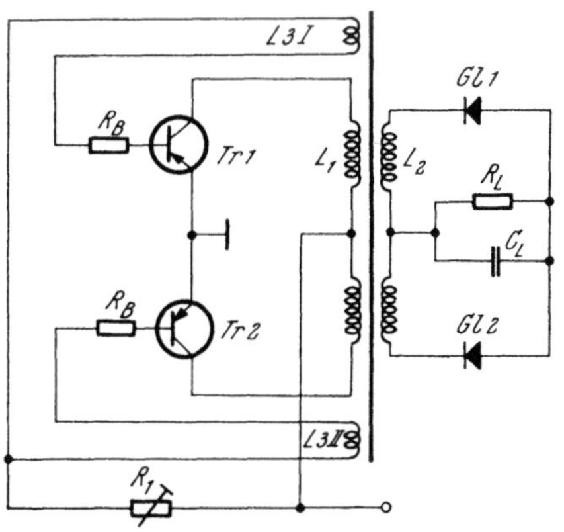

Abb. 8.154. Gegentaktzerhacker mit Wiedergleichrichtung auf der Sekundärseite

Den theoretischen Weg des Arbeitspunktes im I_K–U_K-Kennlinienfeld zeigt Abb. 8.155. Die Übergangsträgheit der Ladungsträger verursacht allerdings eine starke Verformung des theoretischen Verlaufes des Arbeitspunktes während des Umschaltens; der Weg von 1 nach 3 wird mehr oder weniger in einem Kreisbogen durchlaufen, der Weg von 2 nach $-Uo$ hebt sich kaum von der U_K-Achse ab, um dann gleich in das Gebiet mit positivem Kollektorstrom umzubiegen.

Da wegen der Symmetrie des Gegentaktzerhackers $t_{p_1} + t_{p_2} = 2t_{p_1} = Tp = 1/f_p$, so erhält man aus Gl. (8.89) für die Primärinduktivität

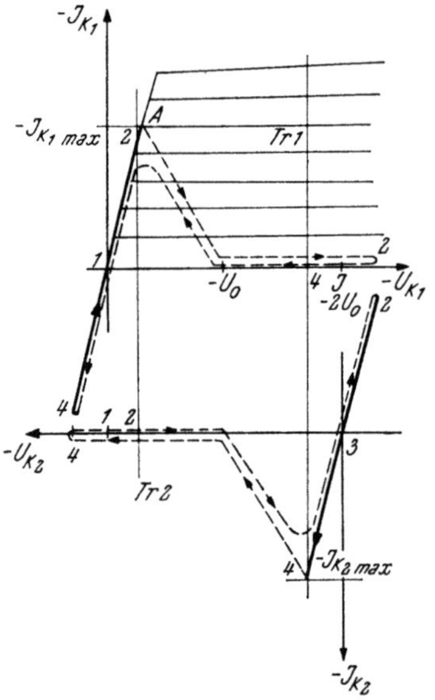

Abb. 8.155. Theoretische Bewegung des Arbeitspunktes im $I_K - U_K$-Kennlinienfeld. Gestrichelt: Weg des Arbeitspunktes während des Umschaltens

$$L_1 = (Ub - 0{,}3)/4\, I_{K\max} \cdot f_p \quad (8.114)$$

Dabei ist erfahrungsgemäß

$$I_{K\max} = 1{,}2\,\frac{No}{\eta \cdot Ub} \quad (8.115)$$

wenn No die geforderte Ausgangsleistung und η den Wirkungsgrad bedeutet, wobei mit mittleren Leistungen für η etwa 0,8 gesetzt werden kann. Der von der Batterie mit der Spannung Ub aufzubringende Strom ist

$$I_{\text{Batt}} = \frac{No}{\eta \cdot Ub}$$

Beträgt die gewünschte Ausgangsspannung Uo, dann ist das Windungszahlenverhältnis n_2/n_1 wie beim gewöhnlichen Wechselstromtransformator

$$\frac{n_2}{n_1} = \frac{Uo + U_{\text{verl}}}{Ub - 0{,}3} \approx 1{,}07 \cdot Uo/(Ub - 0{,}3) \quad (8.116)$$

Für das Windungszahlenverhältnis n_3/n_1 gilt

$$n_3/n_1 = 3\, U_{BE\max}/Ub \quad (8.117)$$

wobei $U_{BE\max}$ wie bei den Eintaktwandlern aus dem Kennlinienfeld des verwendeten Transistors in Abhängigkeit von der Lage des Arbeitspunktes auf der Grenzkennlinie abgelesen wird.

R_B dient zum Ausgleich von Exemplarstreuungen und begrenzt den Basisstrom $I_{B\max}$. Seine Größe wird näherungsweise bestimmt durch

$$R_B \approx 2\, U_{BE\max}/I_{B\max} \quad (8.118)$$

Er kann zur Verringerung der Übergangsverluste mit einer Kapazität überbrückt werden, deren Wert durch einen Versuch ermittelt wird.

R_1 gewährleistet sicheres Anschwingen beim Einschalten des Zerhackers; man führt ihn zweckmäßig als Trimmer aus. Sein Mindestwert beträgt

$$R_1 > \frac{Ub}{I_{B\max}} - \frac{1}{2}\,\frac{U_{BE\max}}{I_{B\max}} - \frac{R_B}{2} \quad (8.119)$$

Bezüglich der Wahl der Frequenz und des Transformatormaterials gelten dieselben Gesichtspunkte wie bei den Eintaktwandlern.

Die elektrische Symmetrie des Gegentaktwandlers soll möglichst gewahrt bleiben. Die Industrie liefert ausgesuchte Transistorpaare, die in ihren elektrischen

Eigenschaften weitgehend übereinstimmen. Aus demselben Grund ist auf der Sekundärseite die Zweiweggleichrichtung einer Einweggleichrichtung vorzuziehen.

Bei großen umgesetzten Leistungen kann die im Transistor erzeugte Wärme beachtliche Werte erreichen, die möglichst gut abgeleitet werden muß. Bei manchen Leistungstransistoren ist deshalb aus wärmetechnischen Gründen der Kollektor vom Gehäuse nicht elektrisch isoliert, worauf bei der Montage des Kühlbleches Rücksicht genommen werden muß. Lassen sich die Transistoren aus konstruktiven Gründen nicht auf getrennten, voneinander isolierten Kühlblechen montieren, müssen die Wicklungen von L_1 in die Emitterleitung eingeschaltet werden (Abb. 8.156). Die Dimensionierung bleibt gleich, es ändert sich lediglich das Windungszahlenverhältnis n_3/n_1 in

$$n_3/n_1 = (Ub - 3\,U_{BE\,\max})/Ub \tag{8.120}$$

c) *Gegentaktzerhacker für höhere Betriebsspannungen*

Wie schon erwähnt wurde, beträgt beim gewöhnlichen Gegentaktzerhacker die am Kollektor eines Transistors maximal auftretende Spitzenspannung $2 \cdot Ub$. Da die maximal zulässige Spitzensperrspannung eines Transistors relativ niedrig ist, muß bei Anwendung höherer Batteriespannungen die Gegentaktschaltung in der Weise abgeändert werden, daß die Transistoren nicht parallel, sondern hintereinander an die Batteriespannung angeschlossen werden.

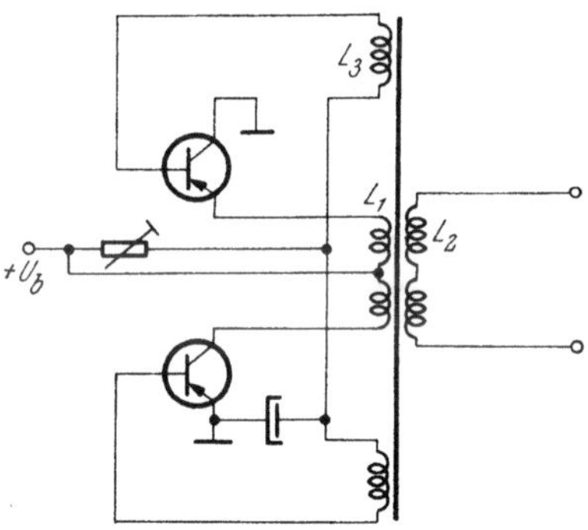

Abb. 8.156. Gegentaktzerhacker in Kollektorschaltung

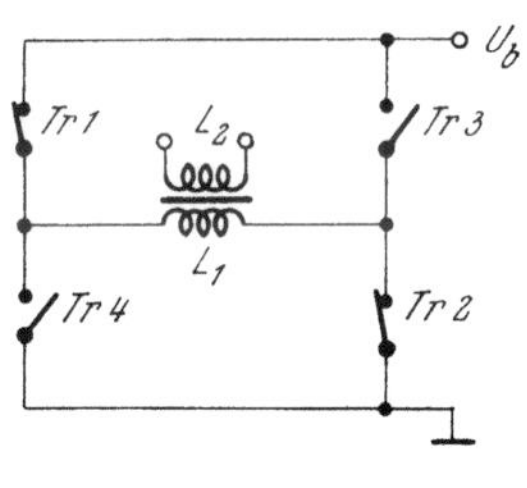

Abb. 8.157. Prinzip des Gegentaktzerhackers für höhere Betriebsspannungen

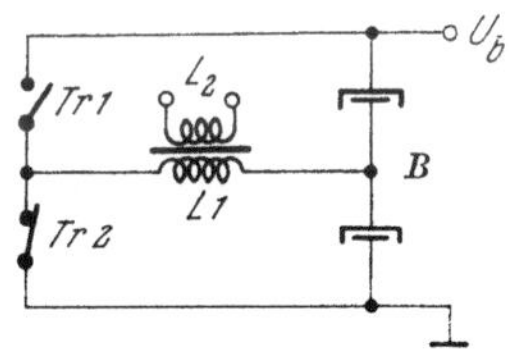

Abb. 8.158. Variante zu Abb. 8.157

a) Abb. 8.157 zeigt eine Schaltungsvariante, bei der in der ersten Periodenhälfte die Transistoren Tr. 1, Tr. 2, in der zweiten Periodenhälfte die Transistoren Tr. 3, Tr. 4 geschlossen sind. Sind Tr. 1, Tr. 2 geschlossen, dann fließt der Strom durch die Primärinduktivität L_1 von rechts nach links. Sind die Transistoren Tr. 3, Tr. 4 geschlossen, so fließt der Strom in der umgekehrten Richtung. Da die gesperrten Transistoren jeweils in Serie liegen, kann an einer Kollektor-Emitter-Strecke keine höhere Spannung liegen als die einfache Batteriespannung.

b) Eine andere Möglichkeit zeigt Abb. 8.158. Die Transistoren Tr. 1 und Tr. 2 öffnen und schließen wechselseitig und laden bzw. entladen über die Wicklung L_1 die beiden Kondensatoren, die so groß sind, daß sie die Spannung im Punkt B während einer Periode praktisch konstant halten ($U_B = Ub/2$). An L_1 liegt also höchstens die halbe Batteriespannung; dafür fließt durch L_1 und den jeweils leitenden Transistor der doppelte Batteriestrom, weil der eine Kondensator sich über L_1 auflädt und der andere über L_1 entladen wird.

c) Durch Serienschaltung von mehreren Transistoren können Zerhacker für jede beliebige Batteriespannung gebaut werden. Ein Beispiel dafür gibt Abb. 8.160, wo vier Transistoren in Serie geschaltet sind. Das Prinzipschaltbild ist in Abb. 8.159 herausgezeichnet. Sind die Transistoren 1 bis 4 geschlossen, werden die beiden Primärspulen *La* und *Lb* von unten nach oben vom Strom durchflossen. In der anderen Periodenhälfte sind die Transistoren 5 bis 8 leitend, so daß der Strom die Primärwicklungen in umgekehrter Richtung durchfließt. Die Widerstände R_1, R_2 und die Kondensatoren C_1, C_2 dienen zur exakten Halbierung der Batteriespannung.

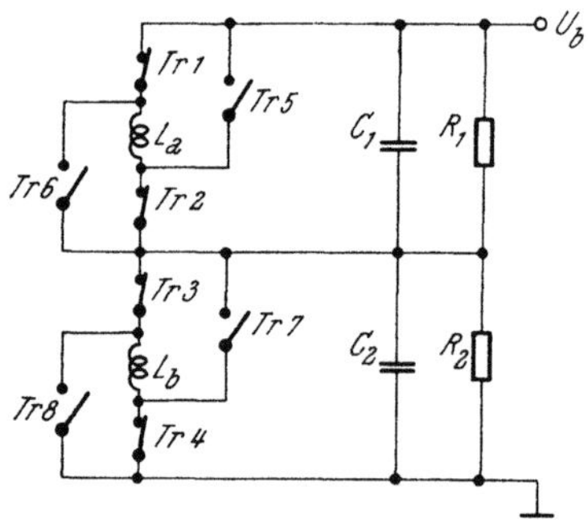

Abb. 8.159. Prinzipschaltbild zu Abb. 8.160

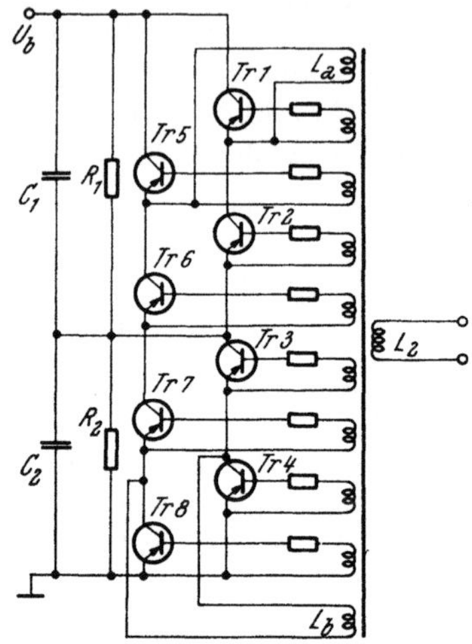

Abb. 8.160. Gegentaktzerhacker für höhere Batteriespannungen

8.3.4 Der Röhrensperrschwinger[1]

Es können zwei Arten von Sperrschwingerschaltungen unterschieden werden: Der Blocking-Oszillator (Transformatorkippschaltung) und der intermittierende Oszillator.

In ihrer Schaltung unterscheiden sich beide Arten nur wenig, doch ist ihre Funktionsweise sehr verschieden.

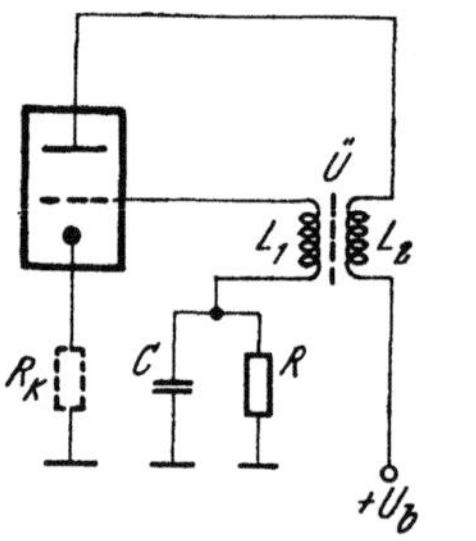

Abb. 8.161. Der Blocking-Oszillator (Sperrschwinger)

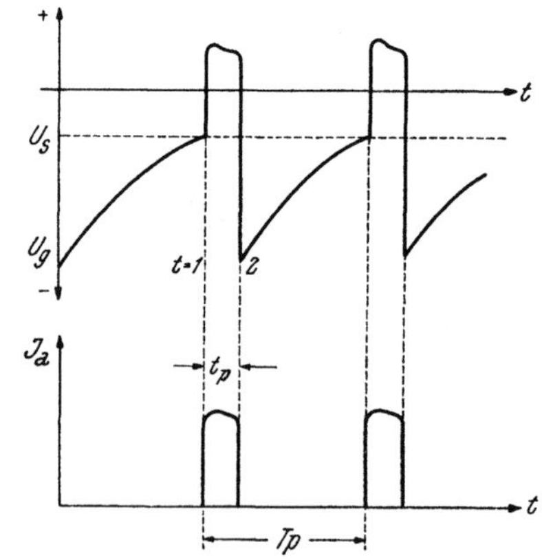

Abb. 8.162. Gitterspannungs- und Anodenstrom-Verlauf des Blocking-Oszillators

A. Der Blocking-Oszillator[2]

Im wesentlichen ist der Blocking-Oszillator ein stark mitgekoppelter einstufiger Verstärker mit einer Selbstsperrung ähnlich dem Multivibrator. Die Abb. 8.161 zeigt sein Schaltbild.

---

[1] Literatur: [H 7]. [2] Literatur: [B 4].

Zur Erklärung seiner Arbeitsweise gehen wir von der Annahme aus, daß der Kondensator C stark negativ geladen, die Röhre also gesperrt ist ($t = 0$, Abb. 8.162). C entlädt sich exponentiell über R, bis die Sperrspannung $Us\,(t = 1)$ erreicht ist. Es beginnt Anodenstrom zu fließen, der im Übertrager ein Magnetfeld erzeugt. Dieses induziert in der Gitterwicklung eine positive Spannung, die den Anodenstromanstieg weiter unterstützt (Mitkopplung). Die Gitterspannung geht sprunghaft durch Null zu positiven Werten. Der bei Gitterstrom kleine innere Gitterwiderstand Ri_g (Kap. 7.1.4) belastet den Transformator. Der ebenso sprunghafte Anstieg des Anodenstromes erreicht einen Maximalwert, wenn die positive Gitterspannung die Grenzkennlinie Ri_L erreicht hat. Durch das Stehenbleiben des Ia bricht das Magnetfeld und damit die induzierte positive Gitterspannung zusammen und am Kondensator bleibt die durch den Gitterstrom hervorgerufene negative Ladung zurück. Da nunmehr das Gitter negativ ist, fällt nach kurzer Zeit der Anodenstrom und induziert im Gitterkreis eine negative Spannung, die sein Fallen noch weiter unterstützt ($t = 2$). Am Ende der Periode ist der Kondensator C stark negativ geladen, die Röhre gesperrt. Der Zyklus beginnt durch die Entladung von C über R von neuem.

Im Kennlinienfeld der Röhre wandert der Arbeitspunkt von Us (für $Ua = Ub$) bis zum Schnittpunkt $Ra = Ri_g$ mit Ri_L. Eine Eigenschwingung hochfrequenter Art in der leitenden Phase der Röhre wird durch den kleinen Widerstand der Gitter-Katoden-Strecke (Ri_g) unterdrückt.

Der Blocking-Oszillator ist also kein Sinusoszillator, sondern ein Impulsgenerator. Je nach Dimensionierung von C und R sowie Kopplungsgrad $L_1 - L_2$ lassen sich zwei Funktionsarten einstellen, die verschiedene Anwendungsbereiche haben:

a) Die Sperrzeit der Röhre ist lang, die Öffnungszeit kurz: Die Impulsperiode Tp bzw. die Impulsfolgefrequenz f_p wird hauptsächlich durch die Zeitkonstante des RC-Gliedes und den Mitkopplungsgrad bestimmt. Eine feste Kopplung erniedrigt die Impulsfolgefrequenz. Die Form des Impulses wird durch den Transformator und den Gitterstromeinsatzpunkt der Röhre beeinflußt. Mit größerem C wächst die Impulsbreite t_p und wird kleiner bei geringerem Kopplungsgrad. Den Verlauf der Gitterspannung und des Anodenstromes zeigt die Abb. 8.162.

Dimensionierung: Eine Berechnung des Blocking-Oszillators ist infolge der großen Anzahl nichtlinearer Elemente schwierig, ein experimentelles Arbeiten daher vorzuziehen. Näherungsweise gilt für die Impulsperiode:

$$Tp = \frac{t_p}{\ln \dfrac{1 + Ri_g \cdot S_L}{1 + Ri_g/Ri}} \tag{8.121}$$

S_L ist die Steilheit der Grenzkennlinie Ri_L.

Das Verhältnis der Windungszahlen ist $w_{L_1} : w_{L_2} = 1:1$ bis $1:3$ (optimal für Rechteckimpulse $Ri_g : Rg$). (8.122)

Die notwendige Betriebsspannung ist

$$Ub = Ia_{\max} \cdot Ri \tag{8.123}$$

Die Induktivität der Primärwicklung des Transformators ist gegeben durch

$$L_1 = \frac{Tp \cdot Ri_g}{1 + Ri/Ri_g} \tag{8.124}$$

Der Übertrager soll nicht zu dämpfungsarm ausgeführt sein; eine Mindestdämpfung ist sogar günstig. Bevorzugt werden kleine Mantelkerne aus normalem Transformatorblech, für sehr kurze Impulse auch Ferritkerne.

Beispiel: Kern M 42, für kurze Impulse (~ 1 µs) 2 · 100 Windungen, für lange Impulse 2 · 2000 Windungen.

Es ist notwendig, die Primär- und Sekundärseite des Übertragers durch Parallelschalten von Widerständen (100 bis 1000 Ω) zusätzlich zu dämpfen. Die Werte von R und C liegen je nach der Größe von Tp zwischen 10 kΩ bis 5 MΩ und 10 pF bis 0,1 µF.

Der Arbeitsbereich des Blocking-Oszillators ist zwischen 0,5 s und 0,5 µs, bei sorgfältiger Dimensionierung bis 10 ns einstellbar. Die Frequenzkonstanz ist die eines Multivibrators. Die Auskopplung der Impulse kann an der Anode (negative Impulse), dem Gitter oder der Katode (kleiner Rk; positive Impulse) erfolgen. Mit Hilfe einer eigenen Auskopplungswicklung am Transformator lassen sich große Impulsamplituden abnehmen. Bei kleinen Verstärkerröhren und mittleren Betriebsspannungen betragen die Impulsamplituden an der Anode etwa 50 V.

Die Spitzenwerte von Anoden- und Gitterstrom können sehr hoch sein, einige Ampere. Zum Schutze der Röhre ist daher auf ein geeignetes Tastverhältnis zu achten. Verwendet werden Trioden oder Pentoden, wobei letztere für die Erzeugung steiler Impulse besser geeignet sind.

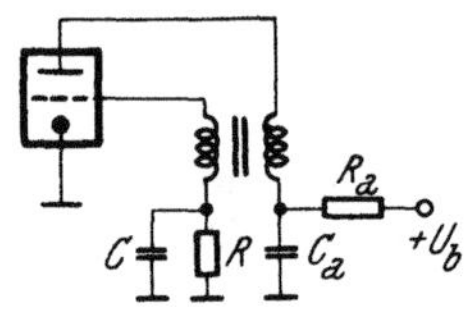

Abb. 8.163. Sperrschwinger als Sägezahngenerator

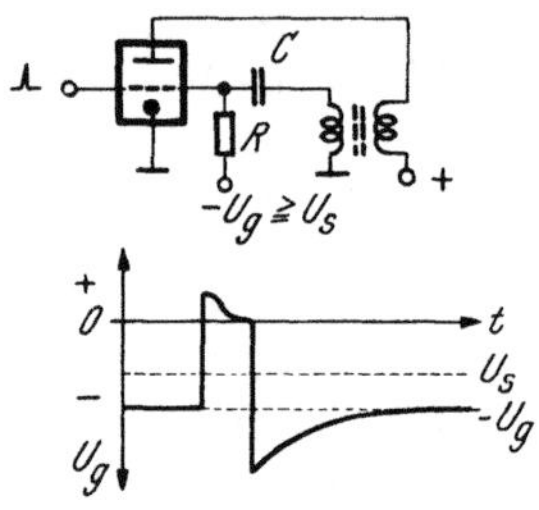

Abb. 8.164. Unselbständiger Sperrschwinger

Eine Verzerrung des Impulses zu einem Sägezahn kann mit einem RC-Glied in der Anodenleitung erreicht werden (Abb. 8.163). Mit einer Frequenz $f_{syn} \geqq f_p$ läßt sich der Sperrschwinger gut synchronisieren.

Der Blocking-Oszillator kann auch als unselbständiger Generator aufgebaut werden, d. h. er erzeugt nur einen einmaligen Impuls, wenn er z. B. am Gitter mit einem positiven Steuerimpuls angestoßen wird. Der Widerstand R wird an eine negative Spannung gelegt, die größer als die Sperrspannung der Röhre ist. Die Abb. 8.164 zeigt das Schaltbild und den Verlauf der Gitterspannung. Seine Wirkungsweise ist dann der eines Univibrators ähnlich.

b) Die Sperrzeit der Röhre ist kurz, die Öffnungszeit lang, d. h., es wird die Anodenspannung lange sehr klein, der Anodenstrom groß sein. Die Schaltung ist gleich wie Abb. 8.161. Ausgenutzt wird bei dieser Oszillatorart vor allem der sehr lineare Abfall des Stromes in der Gitterspule L_1. Die Abfallzeit ist durch den ohmschen Widerstand der Spule, die Größe der Induktivität und den inneren Gitterwiderstand Ri_g der Röhre bestimmt. Angenähert gilt:

$$T \approx R/L \tag{8.125}$$

Den zeitlichen Verlauf des Stromes in der Spule L_1 und der Gitterspannung zeigt die Abb. 8.165. Der linear abfallende Strom wird besonders zur magnetischen Strahlablenkung bei Bildröhren in der Fernsehtechnik verwendet.

B. Der intermittierende Oszillator

Für diese Schaltung trifft der Name „Sperrschwinger“ besonders zu. Sie ist eine Abwandlung der Audionschaltung und unterscheidet sich vom Blocking-Oszillator nur dadurch, daß die Primärspule L_1 des Übertragers mit dem Kondensator C_1 einen Schwingkreis bildet — Abb. 8.166. Die Funktion der Schaltung ist jedoch ganz anders.

Nehmen wir an, der Kondensator C sei ungeladen, dann liegt der Schwingkreis $C_1 - L_1$ und mit ihm das Gitter der Röhre auf Katodenpotential. Der Oszillator — in Meißner-Schaltung — wird auf der Frequenz $\omega = 1/\sqrt{L_1 \cdot C_1}$ schwingen. Jede positive Halbwelle dieser Schwingung erzeugt Gitterstrom, der den Kondensator C allmählich auflädt und die Gittervorspannung immer negativer werden läßt. Ist der Wert $Ug \geqq Us$ erreicht, so reißt die Schwingung ab, Ia und Ig werden Null, die Röhre ist stromlos. Nun entlädt sich der Kondensator C über R so weit, bis eine Gittervorspannung $Ug_{\min} < Us$ erreicht ist. Die Steilheit und damit die Verstärkung an diesem Arbeitspunkt reicht aus, um den Oszillator zum Schwingen zu bringen. Der Zyklus beginnt von neuem. Den Spannungsverlauf am Gitter der Röhre zeigt die Abb. 8.167.

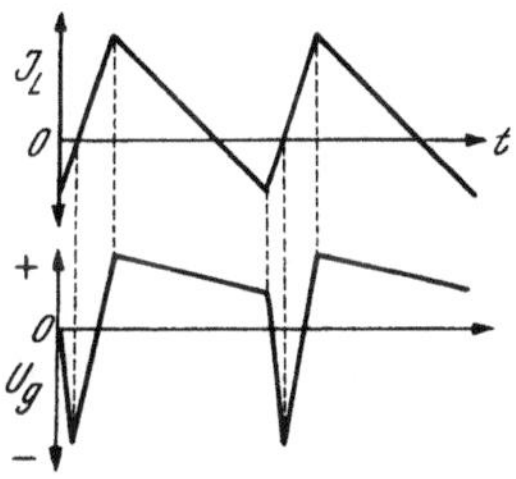

Abb. 8.165. Sperrschwinger mit langer Öffnungszeit

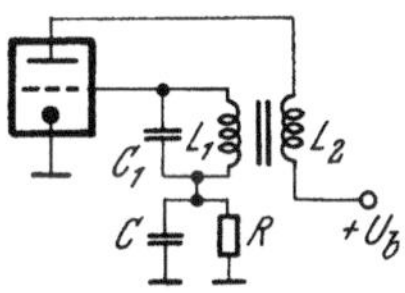

Abb. 8.166. Der intermittierende Oszillator-Sperrschwinger

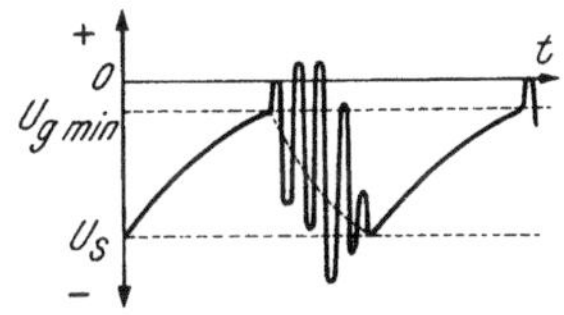

Abb. 8.167. Spannungsverlauf am Gitter des intermittierenden Oszillators

Bei loser Kopplung von $L_1 - L_2$ ist die Impulsfolgefrequenz angenähert durch die Zeitkonstante $\tau = R \cdot C$ und den Gitterstromeinsatzpunkt der Röhre bestimmt. Die hochfrequente Schwingung soll immer größer als f_p sein. Wird die Kopplung fester gemacht, so wird C durch den größeren Gitterstrom schneller aufgeladen. Bei sehr fester Kopplung und kleinem $C_1 - L_1$ kann bereits eine positive Halbwelle den Kondensator C so weit aufladen, daß die Röhre gesperrt ist. Der intermittierende Oszillator ist dann zum Blocking-Oszillator geworden. Die Schaltung nach Abb. 8.166 eignet sich gut zur Frequenzteilung. Der Schwingkreis $L_1 - C_1$ wird auf die zu teilende Frequenz f_e, die Zeitkonstante des RC-Gliedes auf die geteilte Frequenz f_a abgestimmt.

$$R \cdot C = n/f_e = 1/f_a \tag{8.126}$$

Da der intermittierende Oszillator nur alle n/f_e Sekunden kurz anschwingt, tritt im Anodenkreis der Röhre ein Strom mit der bevorzugten Frequenz f_e/n auf.

Die zu teilende Frequenz f_e wird kapazitiv am Gitter oder induktiv mit einer Ankopplungswicklung dem Oszillator zugeführt. Zur leichteren Synchronisierung ist es günstig, wenn f_e ein rechteckförmiges Signal ist. Untersetzungsverhältnisse von 5:1 bis 10:1 lassen sich leicht erreichen.

Anwendung der Sperrschwinger mit Röhren: Als Impulsgenerator, Frequenzteiler (Stufenzähler), Schalter, Impulsformer, Zeilengenerator in der Fernsehtechnik usw.

9. Digitale Schaltungen

9.1 Logische Torschaltungen

Die zwei grundsätzlichen Schaltungen sind das „Und-Gatter" und das „Oder-Gatter". Diese Bezeichnungen stammen aus der Rechenmaschinentechnik. Dem Physiker ist der Name „Koinzidenzschaltung" für das Und-Gatter geläufiger.

9.1.1 Das Und-Gatter[1]

Diese Schaltung, besonders in der Strahlungsforschung und Rechentechnik von großer Bedeutung, dient dazu, die Gleichzeitigkeit von Impulsen und damit der die Impulse hervorrufenden Ereignisse festzustellen. Am Ausgang tritt nur dann ein Impuls auf, wenn an allen Eingängen gleichzeitig Impulse liegen (bei zeitlicher Überlappung nur während dieser Zeit). Die Abb. 9.1a zeigt das in der digitalen Rechen- und Steuerungstechnik gebräuchliche Symbol, die Abb. 9.1b ein Impulsschema für drei Eingänge (ABC) und einen Ausgang (D). Die Schreibweise in der Boolschen Algebra für drei Eingänge ist: $ABC = D$.

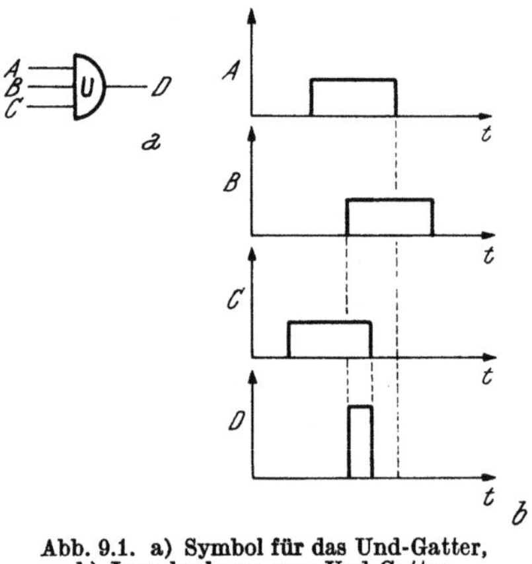

Abb. 9.1. a) Symbol für das Und-Gatter, b) Impulsschema zum Und-Gatter

Je mehr Signaleingänge vorhanden sind, desto mehr Möglichkeiten für den Aufbau ergeben sich auf Grund der Gültigkeit des Gesetzes: $ABCDE = G = (AB)\ (CD)\ (E) = (ABC)\ (DE) =$ usw. Manche dieser Möglichkeiten bieten konstruktive Vorteile, besonders wenn die beiden Gattertypen oft und hintereinander angewendet werden.

Die beiden klassischen Formen der Koinzidenzschaltungen sind die Rossi- und die Bothe-Schaltung. Die Rossi-Schaltung (Abb. 9.2a) ist eine Parallelschaltung zweier oder mehrerer Röhren. Ihre Wirkungsweise versinnbildlicht Abb. 9.2b. Ein geschlossener Schalter entspricht einer leitenden Röhre. Nur wenn alle Röhren gleichzeitig durch negative Steuersignale gesperrt sind, springt die Ausgangsspannung Uo auf das Potential Ub. Die Rossi-Schaltung hat den Vorteil, daß innerhalb gewisser Grenzen, die durch die Anodenzeitkonstanten gegeben sind, mehrere Röhren parallelgeschaltet werden können.

---

[1] Literatur: [G 3, F 2].

Der gemeinsame Arbeitswiderstand kann auch in den Katodenkreis gelegt werden. Die Röhren bieten dann den wesentlich kleineren Innenwiderstand des Katodenfolgers, der Arbeitswiderstand kann dementsprechend verkleinert werden und bringt kürzere Zeitkonstanten und kleineren Innenwiderstand. Außerdem hat das Ausgangssignal die gleiche Polarität und annähernd das gleiche Ruhepotential wie die Eingangssignale.

Schaltung und Wirkungsweise der Bothe-Koinzidenz, die einer Serienschaltung entspricht, zeigen Abb. 9.3a und 9.3b. Die Röhre wird geöffnet, $Ia \neq 0$, wenn

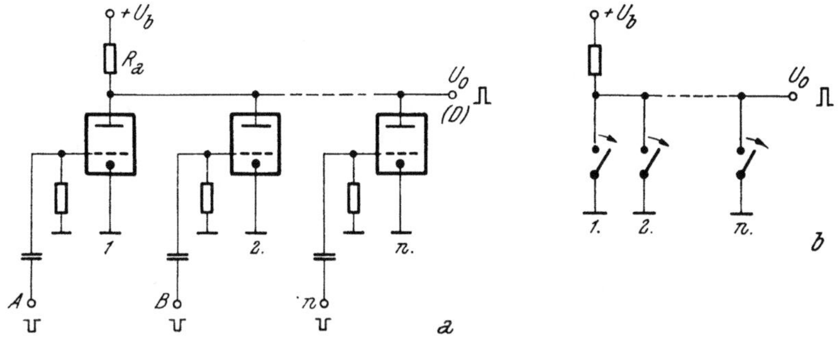

Abb. 9.2. Rossi-Koinzidenzschaltung

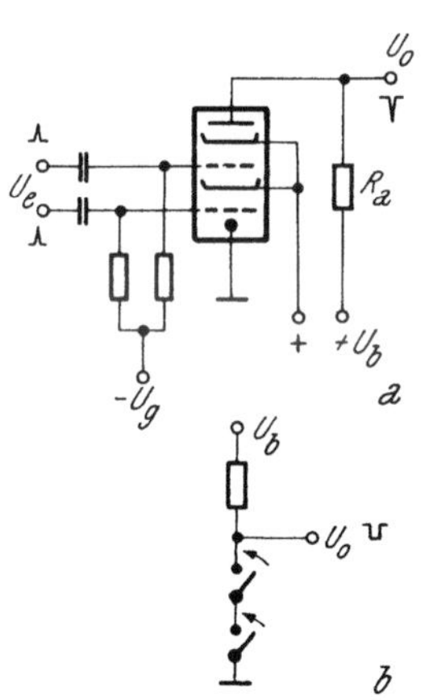

Abb. 9.3. Bothe-Koinzidenzschaltung

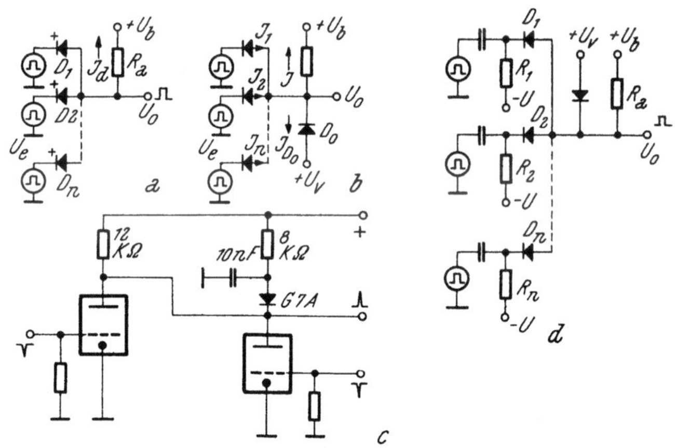

Abb. 9.4. a) Und-Gatter mit Dioden, b) Und-Gatter mit Klammerdiode, c) Und-Gatter mit Röhren, d) Und-Gatter mit CR-Kopplung

beide Gitter positiv angesteuert werden. Ist die Steuerwirkung der beiden Gitter ungleich (z. B. Steuer- und Bremsgitter einer Pentode), dann sollte die Amplitude der beiden Steuersignale entsprechend angepaßt werden. Vielfachkoinzidenzen sind mit der Bothe-Schaltung naturgemäß nicht möglich, weil es keine entsprechenden Röhren gibt.

In der digitalen Rechen- und Steuerungstechnik werden Gatterschaltungen in großer Zahl verwendet. Bothe- und Rossi-Schaltungen sind für diese Aufgaben unbrauchbar, da ihr Raum- und Leistungsbedarf und somit ihre Wärmeentwicklung zu groß ist. Sie wurden durch Diodenkoinzidenzschaltungen mit Halbleiterdioden fast ganz verdrängt.

Ein Und-Gatter mit Dioden zeigt Abb. 9.4a. Wenn keine Eingangsimpulse anliegen, sind alle Dioden leitend, es fließt ein Strom $Id = Ub/Ra$, aufgeteilt auf die leitenden Dioden, und die Ausgangsspannung Uo entspricht deren Durchlaßspannungsabfall. Werden *alle* Dioden durch positive Impulse mit einer Amplitude größer als Ub gesperrt, so wird der Strom $I = 0$ und die Ausgangsspannung Uo gleich Ub. Nichtkoinzidente Impulse werden mit solchen einfachen Diodenschaltungen nicht völlig unterdrückt, weil der Durchlaßwiderstand nicht Null und der Sperrwiderstand nicht unendlich ist. Eine wesentliche Verbesserung läßt sich jedoch durch eine Klammerdiode *Do* (Abb. 9.4b) erreichen. Sie hält die Ausgangsspannung bei Uv fest, vorausgesetzt, daß $I_1 = I_2 = \ldots = In > I$ ist und daher durch *Do* auch noch Strom fließt, wenn nur eine Diode leitet. Sind alle Dioden gesperrt, dann fließt auch durch *Do* kein Strom mehr und die Ausgangsspannung ist wieder Ub. Eine ähnlich wirkende Klammerdiode läßt sich auch bei Röhrenschaltungen verwenden (Abb. 9.4c). Sollen die Signalquellen über Kondensatoren angekoppelt werden, so führt man die einzelnen Dioden über die Widerstände R_1 bis Rn an eine negative Spannung (Abb. 9.4d). Um negativ gerichtete Signale zu verarbeiten, brauchen nur alle Dioden und Vorspannungen umgepolt zu werden.

Abb. 9.5 zeigt das Prinzipschaltbild von zwei transistorisierten Und-Gattern. Die Parallelschaltung (*a*) kann mit der Rossi-Schaltung, die Serienschaltung (*b*) mit der Bothe-Schaltung verglichen werden.

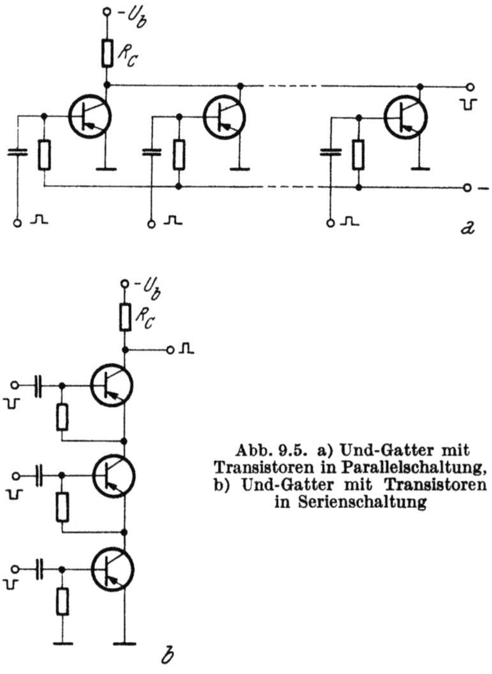

Abb. 9.5. a) Und-Gatter mit Transistoren in Parallelschaltung, b) Und-Gatter mit Transistoren in Serienschaltung

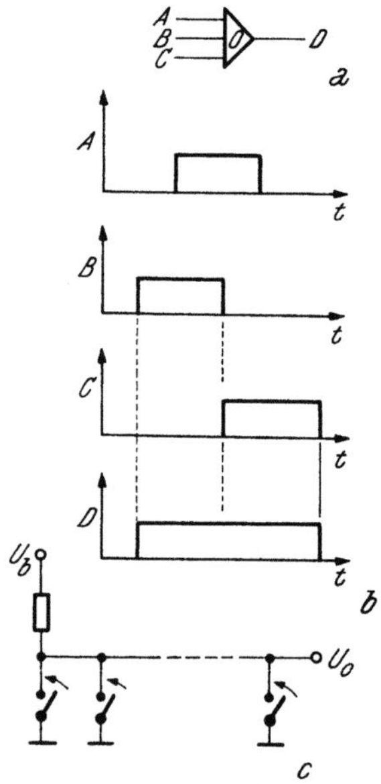

Abb. 9.6. a) Symbol für das Oder-Gatter, b) Impulsschema zum Oder-Gatter, c) Wirkungsweise des Oder-Gatters

9.1.2 Das Oder-Gatter

Zum Unterschied vom Und-Gatter tritt am Ausgang dann ein Impuls auf, wenn an einem *oder* mehreren Eingängen Impulse liegen. Abb. 9.6a und 9.6b zeigen das Symbol- und Impulsschema eines Oder-Gatters; in der Schreibweise der Schaltalgebra $A + B + C = D$ (auch hier gilt wieder das assoziative Gesetz).

Abb. 9.6c zeigt die Wirkungsweise: Im Ruhezustand sind jetzt alle Schalter geöffnet. Wird auch nur einer geschlossen, so springt die Ausgangsspannung auf 0. Die Beispiele der Abb. 9.7a—f sind den entsprechenden Und-Gattern ähnlich und bedürfen keiner weiteren Erklärung. Bei dem kapazitiv angekoppelten Gatter der Abb. 9.7d dienen die Dioden D_1', D_2' . . . Dn' als Klammerdioden.

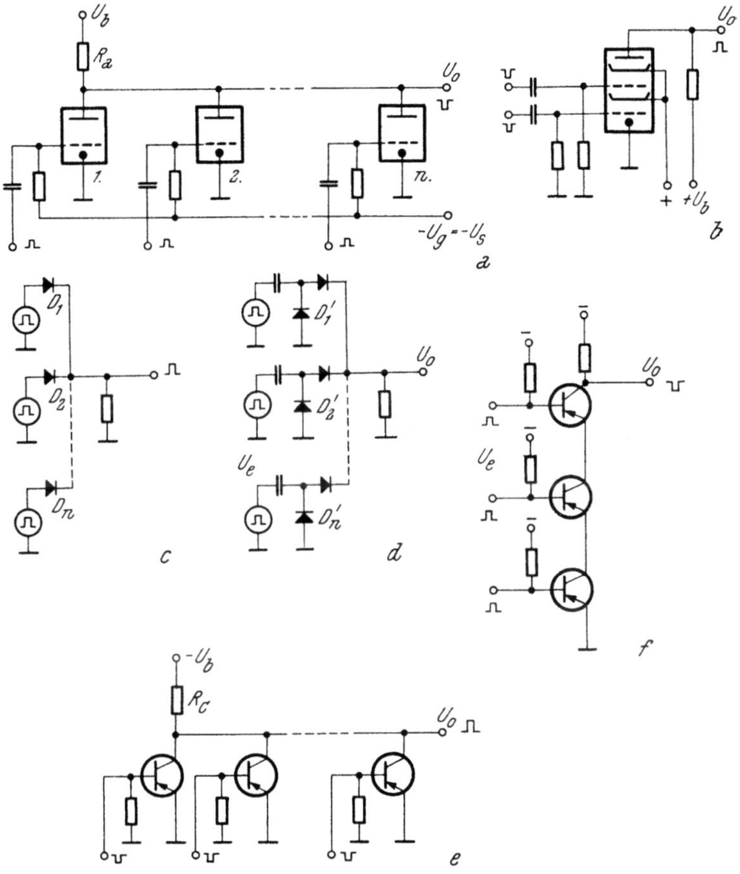

Abb. 9.7. a) und b) Oder-Gatter mit Röhren, c) und d) Oder-Gatter mit Dioden, e) und f) Oder-Gatter mit Transistoren

Die Aufgabe der Oder-Gatter ist es, Impulse aus verschiedenen Signalquellen rückwirkungsfrei in einem Ausgang zu vereinigen. In Rechenmaschinen werden sie zur logischen Verknüpfung und als Trennstufen verwendet.

9.1.3 Die Antikoinzidenzschaltung

Diese Schaltung gibt gerade dann kein Ausgangssignal ab, wenn zwei Eingangssignale gleichzeitig auftreten. Um dies zu erreichen, braucht man nur eines der Eingangssignale mittels einer Umkehrstufe zu invertieren. Abb. 9.8a zeigt das Symbol und b das Impulsschema. Abb. 9.8c zeigt eine Antikoinzidenzschaltung mit Dioden, Abb. 9.8d eine Schaltung mit Trioden.

9.2 Impulsspeicherung[1]

Mit der raschen Entwicklung der Rechentechnik, Strahlungsforschung und Kernphysik hat dieser Teil der Impulstechnik eine überragende Bedeutung erlangt. Da die Bauteile für Impulsspeicherung auch für Impulszählung benutzt werden können, sollen sie gemeinsam behandelt werden.

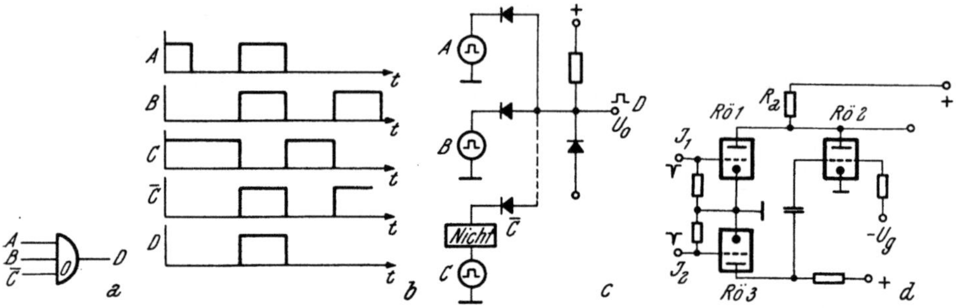

Abb. 9.8. a) Symbol für die Antikoinzidenzschaltung, b) Impulsschema zur Antikoinzidenzschaltung, c) Antikoinzidenzschaltung mit Dioden, d) Antikoinzidenzschaltung mit Trioden

Die zu speichernden Zahlen oder „Worte" werden als zeitliche Aufeinanderfolge von einzelnen Impulsen (Impulsgruppe) in den Speicher eingeführt, der aus einer Anzahl von bistabilen Elementen (Flip-Flops, Magnetkerne usw.) besteht. Jeder einzelne Impuls wird auf geeignetem Wege durch Torschaltungen einem bistabilen Element zugeführt und bringt dieses entweder in den Zustand 1 (z. B. stromführende Röhre bzw. Transistor, Magnetisierung des Magnetringkernes) oder 0 (Sperren der Röhre bzw. des Transistors, Entmagnetisierung des Magnetkernes). Die gespeicherte Zahl wird aus dem Speicher abgefragt (herausgelesen), indem der Zustand der einzelnen Speicherelemente geprüft wird; dabei kann die gespeicherte Information erhalten bleiben oder gelöscht werden.

Die Güte eines Speichers wird charakterisiert durch seine Speicherkapazität und seine Zugriffszeit, das ist die Wartezeit zwischen Lesebefehl und Empfang der aus dem Speicher gelesenen Information.

Zwei Hauptgruppen von Speichern lassen sich unterscheiden: *Die statischen Speicher:* Wird ein Impuls eingegeben, dann bleibt er ohne äußeres Zutun so lange gespeichert, bis er mit einem Signal gelöscht wird. Die Speicherelemente sind bistabile Multivibratoren, Relaisschaltungen, Zählröhren, ferromagnetische und ferroelektrische Speicher.

Die dynamischen Speicher: Die Speicherung drückt sich in einer Energiezustandsänderung aus, die gewisse Zeit erhalten bleibt und immer wieder neu eingespeichert (eingeschrieben) werden muß, wenn die Information lange erhalten bleiben soll. Beispiele sind: Aufgeladene Kapazitäten, Laufzeitspeicher, magnetostriktive oder akustische Speicher.

9.2.1 Die statischen Speicher

Der in Kap. 8.1.4 ausführlich besprochene bistabile Multivibrator wechselt durch jeden eintreffenden Impuls die Lage seiner beiden stabilen Zustände, die jeweils durch eine leitende und eine gesperrte Röhre (oder Transistor) gekenn-

[1] Literatur: [H 1, A 9, D 4, L 7, V 2, V 4].

zeichnet sind. Die Zustände 0 oder 1 sind eindeutig. Für Speicherwerke mit großer Kapazität sind diese Speicher wegen ihrer geringen räumlichen Speicherdichte, d. h. ihres verhältnismäßig großen Platzbedarfes und ihres Stromverbrauches nicht verwendbar. Ihre Anwendung ist daher auf die Speicherung einzelner Zahlen oder Befehle in Registern beschränkt.

A. Das statische Register

Das statische Register besteht aus mehreren bistabilen Vibratoren, Torschaltungen und Verzögerungsleitungen.

Ein Blockschaltbild zeigt Abb. 9.9a. An den Eingang wird das zu speichernde Wort gelegt. Jeder bistabile Vibrator erhält vom Und-Gatter dann einen Impuls und kippt um, wenn an das Und-Gatter gleichzeitig ein Eingangsimpuls und ein Speicherbefehlsimpuls gelangt. Die zweiten Steuereingänge der Vibratoren sind miteinander verbunden. Über diese Leitung kann der jeweilige Schaltzustand abgefragt oder das Register gelöscht werden. Die Verzögerungsleitungen zwischen den Und-Gattern bewirken, daß nach Eintreffen eines Wortes (einer Impulsreihe) alle Einzelimpulse gleichzeitig an die Eingänge der Und-Gatter zu liegen kommen. Bei diesem Schaltbeispiel sind maximal vier Impulse (bits) zur Speicherung möglich. Der erste Impuls wird dreimal verzögert und steht somit zur gleichen Zeit am letzten Gatter wie der vierte Impuls am ersten. Zu diesem Zeitpunkt muß ein Speicherbefehlsimpuls alle Und-Gatter (Tore) öffnen. Die Verzögerungszeit eines Leitungsstückes muß gleich dem Abstand der Eingangsimpulse sein. Nach erfolgter Speicherung stehen die bistabilen Vibratoren entweder auf 1, wenn das zugehörige Und-Gatter einen Impuls geliefert hat, oder auf 0. Ein Lese- oder Löschimpuls wird nur die auf 1 stehenden Vibratoren zurückkippen (siehe auch Kap. 8.1.4). Die gleichzeitig erzeugten Rückkippimpulse werden durch die Verzögerungsleitungen im Ausgang zeitlich getrennt und erscheinen am Ausgang wieder in der zeitlichen Reihenfolge, in der sie sich vor der Speicherung befanden.

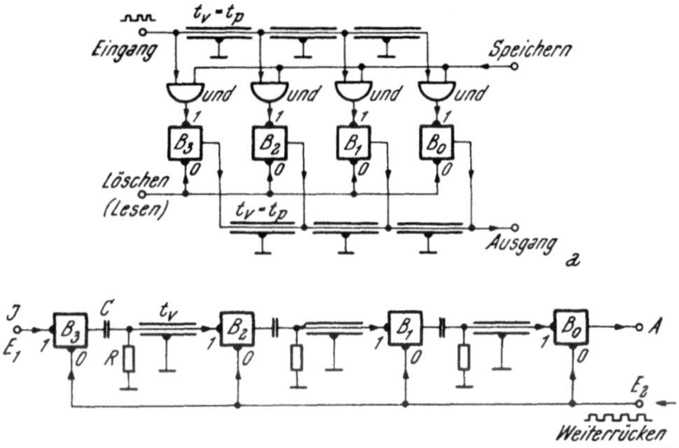

Abb. 9.9. a) Das statische Register, b) das Schiebe-Register b

Etwas übersichtlicher ist die Anordnung nach Blockschaltbild Abb. 9.9b. Sie wird als Schiebe-Register bezeichnet und besteht ebenfalls aus n bistabilen Vibratoren, die aber mit Verzögerungsleitungen in Serie geschaltet sind. Die CR-Differenzierglieder dienen nur der Impulsformung. n bedeutet die mögliche Zahl der zu speichernden bits. Kippt ein bistabiler Vibrator z. B. auf 0, so stellt er nach einer kurzen Zeit (= Verzögerungszeit der Leitung) den folgenden Vibrator auf 1. Die 0-Eingänge der Vibratoren sind wieder miteinander verbunden = Eingang E_2. Ihm werden n Schiebeimpulse gleicher Folgefrequenz zugeführt, die jeweils um die halbe Impulsperiode dem bit (entweder 1 oder 0) nacheilen. Dadurch wird erreicht, daß jeder Schiebeimpuls ein bit um einen bistabilen Vibrator weiter nach rechts „schiebt". Die Verzögerungszeit der Laufzeitkette ist wesentlich kleiner als t_p. Die Kette bewirkt, daß das bit erst kurze Zeit nach dem Auftreten des Schiebeimpulses und damit dem Kippen eines bistabilen Vibrators auf 0 den nächsten Vibrator triggert, so daß Schiebeimpuls und bit zeitlich nicht zu knapp aufeinanderfolgen. Zum Lesen werden an E_2 wiederum n Impulse gelegt. Das Wort rückt folglich um n Stellen weiter und verläßt das Register über den Ausgang A.

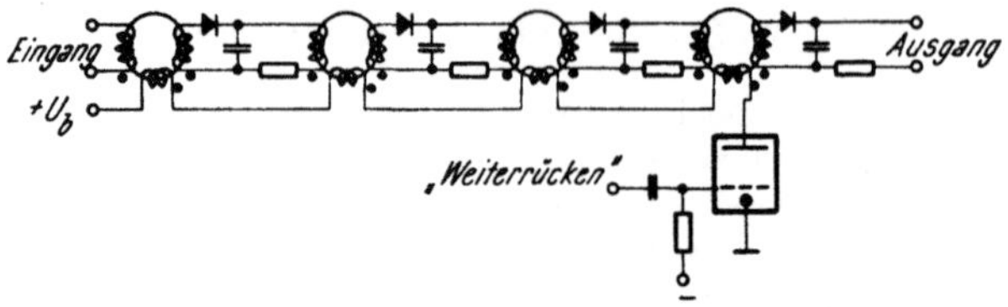

Abb. 9.10. Statisches Register mit Speicherkernen

Die besprochenen statischen Register vereinfachen sich durch die Verwendung von Speicherkernen ganz wesentlich. Abb. 9.10 zeigt ein solches Beispiel. Ein Schiebeimpuls setzt alle Kerne auf 0. War der betreffende Kern vorher magnetisiert (Zustand 1), so entsteht in der Auskoppelwicklung ein Impuls, der über eine Diode einen Kondensator auflädt. Der Stromimpuls, der bei der Entladung des Kondensators entsteht, magnetisiert den nächsten Kern (bringt ihn vom Zustand 0 in den Zustand 1). Es tritt auch hier ein Weiterrücken der bits mit jedem Befehlsimpuls um einen Kern ein.

B. Der statische Speicher

Speicher mit großer Kapazität werden auf dem Prinzip der ferromagnetischen Strukturänderung aufgebaut. Zu erwähnen sind hier die rotierenden Speicher: Magnetbandspeicher mit endlosen Bandschleifen und mehreren Bandspuren, die Magnettrommelspeicher, bei denen ein mit magnetisierbarem Material beschichteter Zylinder rotiert und mit hundert und mehr Sprech-Lese-Köpfen, nach dem Magnettonprinzip, die Speicherung und Abfrage vorgenommen wird, und ferner noch die Magnetplattenspeicher von *IBM*, die auf demselben Prinzip beruhen. Mit diesen Systemen sind Speicherkapazitäten von 10^6 bits möglich. Die Zugriffszeit hängt von der Umdrehungszahl ab und liegt in der Größenordnung von 5 ms.

Die zweite Art ferromagnetischer Speicher sind die Ringkernspeicher. Als Speicherelemente dienen kleine Ringkerne (Durchmesser 1 bis 2 mm), die zu Matrix-Baueinheiten zusammengeschaltet werden. Das verwendete Ferritmaterial hat eine angenähert rechteckförmige Hysteresisschleife. Auf dem Kern sind mindestens zwei aus wenigen Windungen bestehende Wicklungen aufgebracht. Ein Speicherimpuls magnetisiert den Kern um, d. h., er bringt den Kern vom Zustand 0 in den Zustand 1 (siehe Abb. 9.11).

Die Schaltgeschwindigkeit eines solchen Kerns kann aus seinen geometrischen Abmessungen und den anderen magnetischen und elektrischen Gegebenheiten bestimmt werden. Allgemein kann gesagt werden, daß sie mit der Größe des Kernes abnimmt. In erfolgversprechenden Versuchen wurden bereits „Kerne" auf dünne Folien aufgedruckt. Die Leitungen sind unter Zwischenlage von Isolierschichten auf dieselbe Weise hergestellt. Man ist so bereits auf Schaltzeiten von Bruchteilen von μs gekommen. Eine weitere Neuentwicklung sind ferroelektrische Speicherelemente, die etwa dieselben typischen Merkmale wie die Ferromagnetika aufweisen, z. B. Bariumtitanat.

Die Abb. 9.12a zeigt das Prinzipschaltbild einer Speichermatrix. Zum besseren Verständnis ist ein Speicherelement, d. h. ein Ringkern mit den ihn durchlaufenden vier Drähten in Abb. 9.12b deutlicher herausgestellt. Durch die Matrix ist ein Koordinatennetz aus horizontal verlaufenden Zeilendrähten (x) und vertikal verlaufenden Spaltendrähten (y) gezogen. Ferner wird jeder Kern noch von einem Lesedraht (L) und einem Sperrdraht (S) durchlaufen. Um einen Impuls (1) an einer bestimmten Stelle der Matrize einzuschreiben, wird durch den zugehörigen x- und y-Draht je ein Stromimpuls geschickt, dessen Koinzidenz den Kern aufmagnetisiert. Soll eine 0 eingeschrieben werden, so muß gleichzeitig durch den Sperrdraht ein negativer Impuls geschickt werden, so daß an der betreffenden Stelle zwischen Sperrimpuls einerseits und Zeilen-Spalten-Impuls andererseits eine Antikoinzidenz entsteht, der Kern also nicht magnetisiert wird. Jeder Kern ist zum anderen um 90° gedreht und der Durchlaufsinn der Impulse wechselt seine Richtung von Zeile zu Zeile sowie von Spalte zu Spalte (siehe Pfeilrichtung in Abb. 9.12a), so daß der Sperrstrom alle Kerne in die Richtung negativer Remanenz steuern kann. Der Lesedraht durchläuft diagonal sämtliche Kerne und soll einen Ausgangsimpuls liefern, wenn ein auf 1 stehender Kern über die x-y-Koordinaten abgefragt wird. Mit Hilfe des Sperrdrahtes kann ein Verlorengehen der Information durch den Lesevorgang verhindert werden. Durch geeignete Führung des Lesedrahtes läßt sich die gegenseitige Beeinflussung der Steuerdrähte auf ein Minimum herabdrücken. In großen Speichern sind in einer Matrix bis zu 400 Ringkerne untergebracht.

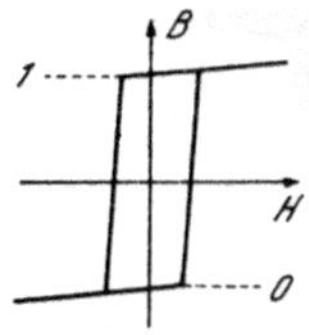

Abb. 9.11. Hysteresisschleife des Speicherkernes und die Schaltzustände 0 und 1

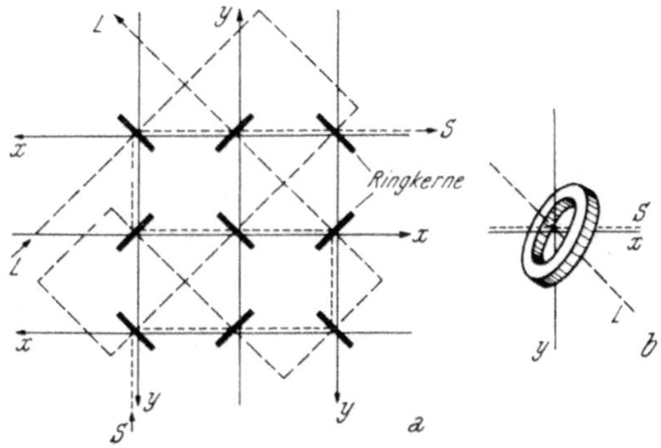

Abb. 9.12. a) Prinzipschaltbild einer Ringkern-Speichermatrix, b) ein Ringkern der Matrix mit den ihn durchlaufenden Drähten

9.2.2 Dynamische Speicher

Ihr Vorteil liegt vor allem im viel geringeren Aufwand. Nachteilig gegenüber den ferromagnetischen Speichern ist, daß bei einer Unterbrechung der Betriebsspannungen die gespeicherte Information verlorengeht. Das Prinzipschaltbild eines dynamischen Speichers zeigt Abb. 9.13.

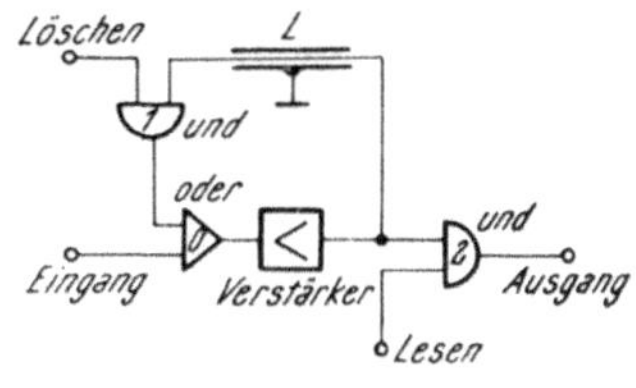

Abb. 9.13. Prinzipschaltbild eines dynamischen Speichers

Ein Wort (Impulsfolge) wird am Eingang eingespeist, durchläuft das Oder-Gatter und den Verstärker. Ist der Ausgang durch das zweite Und-Gatter verriegelt, so gelangt die Impulsfolge auf die Laufzeitkette und über das offen gehaltene erste Und-Gatter an den Verstärker zurück. Hat die Verzögerungszeit der Laufzeitkette die Dauer des Wortes, so läuft dieses so lange um, bis durch Wegbleiben des Löschimpulses am ersten Und-Gatter die Koinzidenz aufgehoben, d. h.

der Kreislauf unterbrochen ist. Ein Auskoppeln des Wortes geschieht durch einen Lesebefehl am zweiten Und-Gatter.

Die Zahl der speicherbaren Bits hängt nur von der Verzögerungszeit der Kette ab. Eine Vergrößerung der Speicherkapazität vergrößert allerdings auch die Zugriffszeit. Als Verzögerungsleitungen werden bei größerer Speicherkapazität und den dadurch benötigten langen Verzögerungszeiten akustische Systeme verwendet.

Beim Lesen des Wortes geht die Information im Speicher nicht verloren. Der Lösch- und der Leseimpuls sind keine Torimpulse von der Länge des Wortes, sondern Impulse, deren Länge und Abstand gleich den Impulsen des Wortes sind. Sie werden dem Lesereingang gleichzeitig mit den Impulsen des Wortes, dem Löscheingang um t_p später zugeführt. Die Folgefrequenz all dieser Impulse wird für die ganze Rechenanlage von einem eigenen Taktgeber, einem Quarzoszillator bestimmt; gebräuchlich sind in modernen Rechenanlagen Folgefrequenzen bis 10 MHz. Der Verstärker ist natürlich nicht so einfach, wie man aus dem Blockschaltbild entnehmen möchte, er enthält noch Einrichtungen, um die Impulse mit Hilfe des Taktimpulses wieder zu guten Rechtecken zu formen, da ihre Gestalt während des Durchganges durch einen Zyklus stark verschliffen wird.

9.3 Impulszählung[1]

Die elektronischen Zählschaltungen sind zu solcher Bedeutung gelangt und sowohl in Hinsicht auf die Schaltungstechnik als auch auf die verwendeten Bauteile (Zählröhren, Indikatoren, spezielle Halbleiter usw.) von solcher Mannigfaltigkeit, daß es in diesem Rahmen unmöglich ist, ein auch nur einigermaßen vollständiges Bild zu entwerfen.

Wesentliche Merkmale der Zählschaltungen wurden im vorhergegangenen Abschnitt sowie im Kap. 8.1.4 (Bistabile Vibratoren) bereits besprochen. Im folgenden soll die Wirkungsweise der dekadischen Zählröhre E 1 T und im Anschluß an die bereits behandelten Magnetkernspeicher eine Zählschaltung mit solchen Kernen skizziert werden.

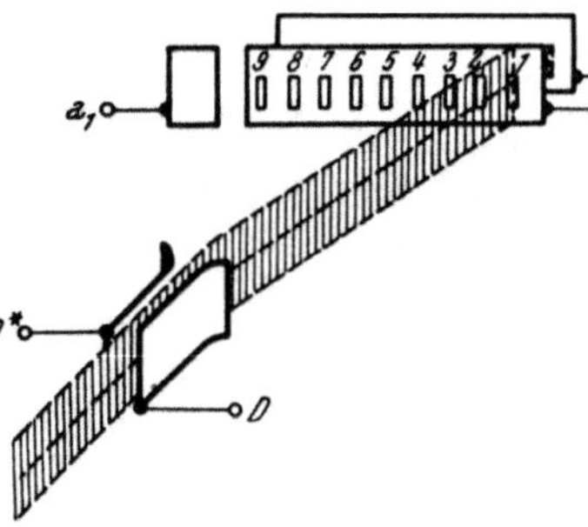

Abb. 9.14. Funktionsprinzip der dekadischen Zählröhre E 1 T

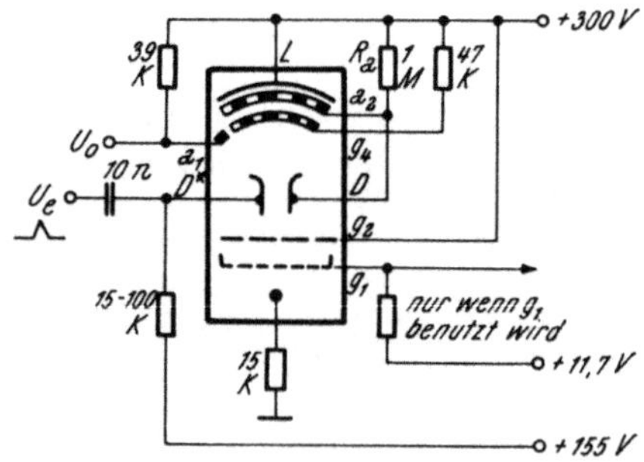

Abb. 9.15. Schaltsymbol und Schaltung der E 1 T

Die dekadische Zählröhre E 1 T gehört zu der Gruppe der Katodenstrahlröhren. Ein bandförmiger Elektronenstrahl kann insgesamt 10 verschiedene stabile Lagen einnehmen. Das Funktionsprinzip zeigt Abb. 9.14. Der Strahl wird von zwei Ablenkplatten D und D' gesteuert und trifft auf die Elektrode g_4, die mit 10 Löchern versehen ist. Durch die Löcher hindurch gelangt der Strahl auf die Anode a_2 und einen bandförmigen Leuchtschirm, der unmittelbar auf der Innenseite des

[1] Literatur: [A 2, A 4, A 5, A 8, C 2, N 3, S 9].

Glaskolbens aufgebracht ist. Oberhalb des „Leuchtbandes" befinden sich die Ziffern 0, 2, 4, 6, 8, unterhalb davon 1, 3, 5, 7, 9. Jeder der 10 Lagen ist eine Ziffer im dekadischen System zugeordnet. Die Abb. 9.15 zeigt die Schaltung der Röhre. Abb. 9.16 zeigt den Verlauf des Anodenstromes von a_2 für den Fall, daß der Strahl durch eine kontinuierlich ansteigende Spannung an der Platte von der Nullage aus auf die gegenüberliegende Seite gebracht wird. Der Anodenstrom ist dann ein Minimum, wenn der Strahl auf einen Steg von g_4 prallt. Schaltet man in die Anodenleitung einen Arbeitswiderstand und zeichnet man in die Kennlinie Abb. 9.16 die Widerstandsgerade, so ergeben die Schnittpunkte mit den jeweiligen ansteigenden Teilen der Kennlinie die einzelnen stabilen Zustände. (Stabile Zustände sind nur auf einer steigenden Charakteristik möglich.) An Hand der Abb. 9.15 soll die grundsätzliche Schaltungstechnik erklärt werden. Es sei angenommen, daß die Lage des Strahles durch einen Störimpuls an D^* so verändert wird, daß der Anodenstrom ansteigt (siehe auch Abb. 9.16). An Ra tritt ein Spannungsabfall auf, der natürlich auch an D liegt. Dort bewirkt er, daß auf den Strahl eine Kraft ausgeübt wird, die dem Einfluß der Störung genau entgegengerichtet ist, d. h. der Strahl wird durch die Störung nicht weitergestellt. Um den Strahl weiterzustellen, muß der Impuls an D^* eine so kurze Anstiegszeit besitzen, daß bereits die Zeitkonstante des Anodenkreises in Erscheinung tritt. Wenn der Stabilisierungsvorgang einsetzt, ist der Strahl bereits auf die nächste Stelle weitergerückt. Deshalb müssen die zu zählenden Impulse eine bestimmte sägezahnähnliche Form besitzen mit einer Anstiegzeit von etwa 1 μs und einer Abfallzeit von etwa 10 μs. Wie aus Abb. 9.16 hervorgeht, muß ein solcher Impuls etw 15 V hoch sein.

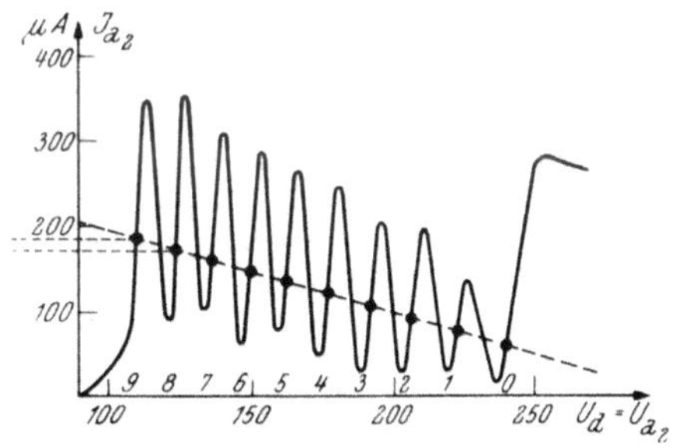

Abb. 9.16. Verlauf des Anodenstromes bei zählender E 1 T

Abb. 9.17. Links die Röhre E 1 T, rechts eine Zähleinheit (Philips)

Hat die Röhre bereits bis 9 gezählt, so wird der Strahl durch den folgenden Impuls auf die Hilfsanode a_1 gelenkt. An deren Anodenwiderstand entsteht ein kräftiger Impuls Uo, der zur Rückstellung benutzt und gegebenenfalls einer folgenden Zählröhre als Eingangsimpuls zugeführt wird. Bei langsamen Zählgeschwindigkeiten geschieht dies unmittelbar durch Verbindung von a_1 mit den entsprechenden Ablenkplatten, für schnellere Zähler wird der Impuls einem Monovibrator zugeführt, der für die Zeit seines metastabilen Zustandes die Röhre über g_1 sperrt. Jetzt liegt an D die volle Betriebsspannung, die nach erneuter Öffnung der Röhre den Strahl wieder in seine Nullage zwingt. Die Zählgeschwindigkeit hängt zum größten Teil von der Dauer dieses Rückstellvorganges ab. Bei sehr schnellen Schaltungen (bis 1 MHz) benutzt man einen hohen, sehr kurzen positiven Impuls an D zur Rückstellung. Die Abb. 9.17 zeigt die Röhre und eine Zähleinheit.

Auch mit Kaltkatodenzählröhren (Kap. 1.2.3) lassen sich Zählschaltungen aufbauen. Die erreichbare Zählgeschwindigkeit ist jedoch geringer.

Abb. 9.18 zeigt die Schaltung eines Binärzählers mit Magnetspeicherkernen. Jeder dieser Kerne trägt vier Windungen, die der Reihe nach mit A, B, C, D bezeichnet sind. Im Ruhestand sind alle Kerne auf 0, alle Röhren durch $-Ug$ gesperrt. Ein positiver Impuls am Eingang öffnet Rö. 1. Der Anodenstromimpuls

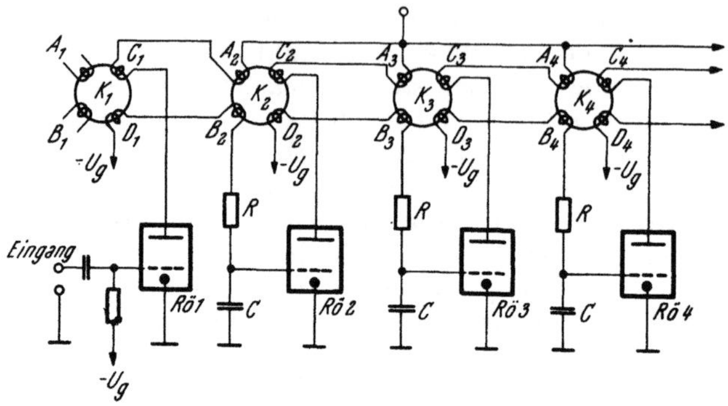

Abb. 9.18. Binärzähler mit Magnetspeicherkernen

fließt durch die Wicklungen C_1 und A_2. Der Kern K_2 wird jetzt auf 1 gesetzt. Außerdem wird in B_2 eine negative Spannung induziert, die jedoch durch einen gleich großen Impuls D_1 kompensiert wird. In D_2 wird ebenfalls ein Impuls induziert, er ist negativ. Alle übrigen Röhren bleiben also gesperrt. Der zweite Impuls bringt keine Änderung des Magnetisierungszustandes von K_2, da dieser bereits gesättigt ist. Daher ist auch nur der in D_1 neuerlich induzierte positive Impuls wirksam. Er wird mit Hilfe des Integriergliedes RC gedehnt, so daß Rö. 2 auch dann noch leitet, wenn Rö. 1 bereits wieder gesperrt ist. Der durch Rö. 2 fließende Strom setzt K_2 wieder auf 0 und K_1 auf 1. Der dritte Impuls setzt K_2 wieder auf 1, während K_1 in seiner Stellung belassen wird; durch den vierten Impuls wird K_4 in Stellung 1 gebracht, während alle übrigen Kerne auf 0 gestellt werden, usw. Der Zähler verhält sich also gleich wie eine Kette von bistabilen Multivibratoren.

Die einzelnen Stufen können ebenso wie alle Binäruntersetzer so untereinander verkoppelt werden, daß die Zählung nicht im dualen, sondern im dezimalen System erfolgt. Dazu ist allerdings eine fünfte Windung auf den Kernen erforderlich.

Es sei noch erwähnt, daß es schon Schaltungen mit drei stabilen Zuständen gibt, die den Bau von ternären Zählern und Untersetzern gestattet. Weitere Zähl- und Speicherschaltungen siehe Kap. 7.6 und Kap. 8.1.4.

9.4 Zusammengesetzte logische Schaltungen[1]

Durch Kombination einiger bisher besprochener Schaltungen lassen sich elektronische Anordnungen aufbauen, die zur Durchführung arithmetischer Prozesse, wie z. B. zum Addieren zweier Zahlen, geeignet sind.

Am Beispiel des operativen Verstärkers (Kap. 3.5) wurde der Grundbaustein eines elektronischen Analogrechners besprochen. Im folgenden soll eine für den elektronischen Digitalrechner ähnlich fundamentale Schaltung, das sogenannte Addierwerk, entwickelt werden. Da im Digitalrechner der Additionsprozeß das

[1] Literatur: [I 1, R 12].

grundlegende Rechenverfahren ist und sich Subtraktion, Multiplikation, Wurzelziehen und andere Rechnungsarten auf die Addition zurückführen lassen, soll mit der Besprechung des elementaren Additionsprozesses gleichzeitig auch eine ungefähre Vorstellung von der prinzipiellen Funktionsweise eines Digitalrechners vermittelt werden.

Zur Durchführung logischer Operationen müssen den Größen, mit denen gerechnet werden soll (z. B. Lagerbestand, Produktionskapazität usw.), entsprechende elektrische Größen zugeordnet werden, damit mit ihnen in der elektronischen Schaltung gerechnet werden kann. Im Analogrechner ist dies einfach die elektrische Spannung am Eingang oder Ausgang des Rechners, deren Höhe in eindeutiger Weise mit der zu berechnenden Größe korreliert ist. Da die verstärkenden Elemente im Analogrechner (Röhre, Transistor) stufenlos steuerbar sind, können Eingangs- und Ausgangsspannung kontinuierlich verändert werden und jeden beliebigen Wert annehmen.

Ganz andere Verhältnisse liegen in den digitalen Schaltungen vor, in denen die elektronischen Elemente im Schalterbetrieb arbeiten und lediglich zwei ausgezeichnete Stellungen einnehmen können, nämlich „Ein" und „Aus". Sie sind daher nicht zur Berechnung kontinuierlicher Funktionen, sondern wie die mechanischen Bürorechenmaschinen, deren Zählräder ebenfalls nur bestimmte Stellungen einnehmen können, lediglich zum Rechnen mit Ziffern und Zahlen geeignet. Die Umwandlung der Zahlen in elektrische Größen, mit denen die elektronische Schaltung arbeiten kann, erfolgt dabei im Rahmen des *binären Zahlensystems.*

Dieses Zahlensystem kennt nur zwei verschiedene Ziffern, die gewöhnlich die Bezeichnung 0 und L tragen. Mit diesen beiden Ziffern lassen sich sämtliche Zahlen darstellen, indem man den verschiedenen Stellen einer binären Zahl der Reihe nach die Bedeutung 2^0, 2^1, 2^2, ... 2^n beimißt, so wie im Dezimalsystem die Stellen, die die Gewichte 10^0, 10^1, 10^2, ... 10^n besitzen. Zum Beispiel bedeutet die Dezimalzahl 752 nichts anderes als die Abkürzung für

$$7 \cdot 10^2 + 5 \cdot 10^1 + 2 \cdot 10^0$$

und die binäre Zahl L0L entsprechend

$$1 \cdot 2^2 + 0 \cdot 2^1 + 1 \cdot 2^0 \qquad (= 5)$$

Da nur zwei Ziffern 0 und L vorhanden sind, ist die Anzahl der benötigten Stellen zur Darstellung einer bestimmten Zahl im Binärsystem größer als im Dezimalsystem. In nebenstehender Tabelle sind die Dezimalzahlen 0 bis 16 in das Binärsystem umgeschrieben.

0	0
1	L
2	L0
3	LL
4	L00
5	L0L
6	LL0
7	LLL
8	L000
9	L00L
10	L0L0
11	L0LL
12	LL00
13	LL0L
14	LLL0
15	LLLL
16	L0000

Die Rechenregeln des Binärsystems sind dieselben wie im Dezimalsystem. So gilt z. B. für die Addition

Binärsystem	Dezimalsystem
LL0	6
+ LLL	+ 7
LL0L	13

wenn man berücksichtigt, daß die Summe L + L einen Übertrag L an die nächsthöhere Stelle liefert:

$$L + L = L0.$$

Um eine Binärzahl mit 2, 4, ... 2^n zu multiplizieren, braucht man lediglich eine, zwei, ... n Nullen anzuhängen wie im Dezimalsystem bei einer Multiplikation mit 10, 10^2, ... 10^n.

Ein Mittelweg zwischen Dezimalsystem und Binärsystem ist das sogenannte binär verschlüsselte Dezimalsystem, bei dem lediglich die Ziffern der Dezimalzahl in Binärzahlen überführt werden, während die Stellenzahl dem Dezimalsystem entspricht. So ist z. B. die Dezimalzahl 13 im binär verschlüsselten Dezimalsystem

$$13 = 000\mathrm{L}\ 00\mathrm{LL}$$

Die vierstellige Binärzahl, die zur Darstellung einer Ziffer zwischen 0 und 9 notwendig ist, nennt man Tetrade. Der Aufwand an Stellenzahl und damit an elektronischen Schaltelementen ist zwar bei dieser Verschlüsselung höher, doch läßt sich die Eingabe und Ausgabe von Zahlen sowie die Überwachung des Rechenablaufes im Elektronenrechner leichter durchführen.

Darstellung der Zahlen in einer elektronischen Schaltung

In der elektronischen Schaltung werden den Ziffern 0 und L zwei Spannungswerte zugeordnet, die dem leitenden oder gesperrten Zustand einer Diode, einer Röhre oder eines Transistors entsprechen. Im folgenden soll der Zustand L immer mit der Spannung — 6 V, der Zustand 0 mit der Spannung 0 in Verbindung gebracht werden. Diese Werte sind rein willkürlich, treten jedoch in halbleiterbestückten Schaltungen in der Praxis häufig auf. In Abb. 9.19 besteht z. B. das Endglied einer Schaltung aus vier Transistoren, deren Emitter der Reihe nach die Spannungswerte — 6 V, 0 V, — 6 V, — 6 V besitzen. Die 4 Ausgänge repräsentieren also die Zahl L0LL (= 11).

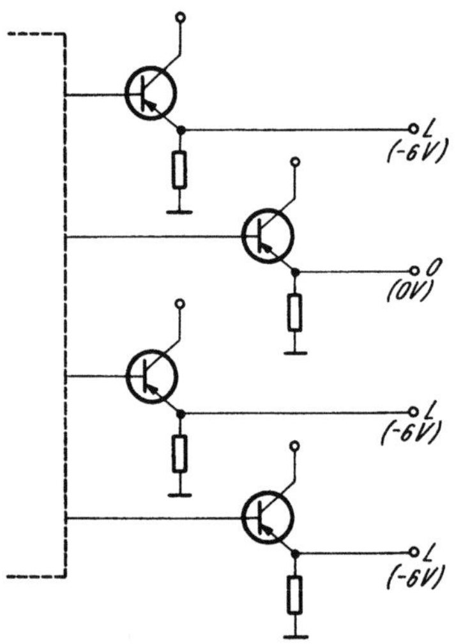

Abb. 9.19. Darstellung der Zahl 11 (Parallelbetrieb)

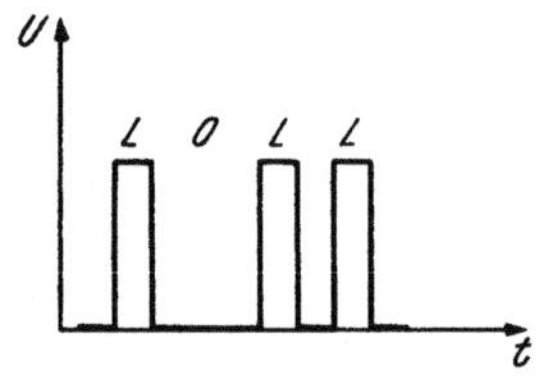

Abb. 9.20. Darstellung der Zahl 11 als Impulsfolge

Wenn wie in diesem Falle die Spannungswerte alle gleichzeitig vorhanden sind, spricht man vom sogenannten Parallelbetrieb.

Daneben gibt es die Darstellung einer Zahl durch eine Impulsfolge (Abb. 9.20); ein bestimmtes Zeitintervall wird in n Abschnittte unterteilt, die den n Stellen einer Binärzahl zugeordnet sind. Tritt im i-ten Abschnitt ein Impuls auf, dann bedeutet dies, daß auf der i-ten Binärstelle die Ziffer L steht. Die Ziffer 0 wird durch das Ausbleiben eines Impulses charakterisiert. Zum Unterschied vom Parallelbetrieb spricht man hier vom sogenannten Serienbetrieb. Er zeichnet sich durch geringen Materialaufwand aus, benötigt jedoch zur Durchführung von Rechenoperationen eine bedeutend längere Zeit als der Parallelbetrieb.

9.4.1 Das Inhibit-Gatter und das Exklusiv-Oder-Gatter

Um Rechenoperationen ausführen zu können, müssen die einzelnen Zahlen in geeigneten Schaltungen zusammengeführt und miteinander in Wechselwirkung gebracht werden. Diese Schaltungen bilden das sogenannte Rechenwerk und bauen sich aus den drei Grundschaltungen Oder-Gatter, Und-Gatter und Umkehrstufe auf, die in den vorhergehenden Abschnitten ausführlich behandelt wurden. Sie seien zur Übersicht noch einmal in nachstehender Tabelle zusammengefaßt:

Bezeichnung	*Schaltung*	*Symbol*	*Wirkungsweise*
Oder-Gatter	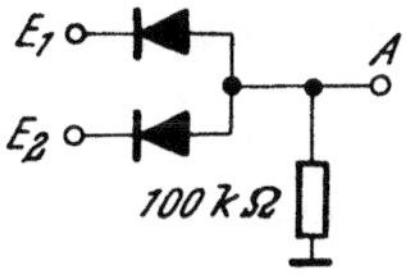	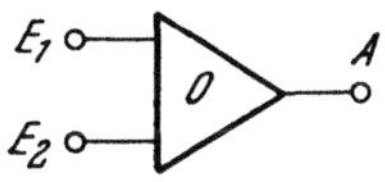	E_1 E_2 A 0 0 0 L 0 L 0 L L L L L
Und-Gatter	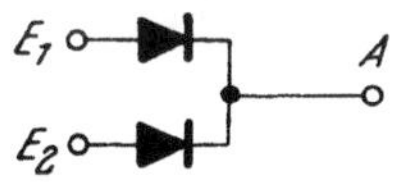	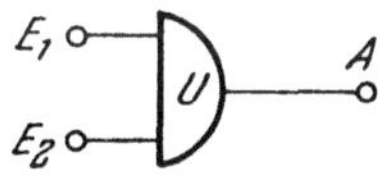	E_1 E_2 A 0 0 0 L 0 0 0 L 0 L L L
Umkehrstufe (Negator)	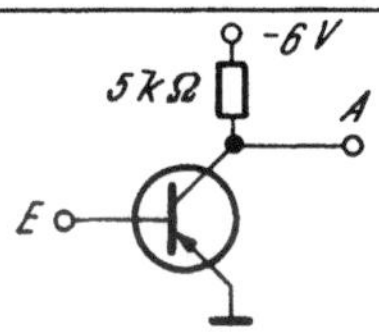	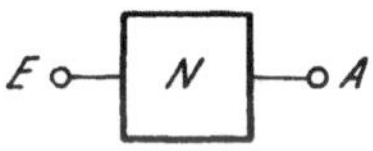	E A 0 L L 0

Die zweite Spalte zeigt jeweils ein Schaltungsbeispiel, die dritte Spalte das Schaltsymbol. Die Anzahl der Eingänge beim Und- bzw. Oder-Gatter läßt sich selbstverständlich auf drei und mehr Eingänge erweitern. In der vierten Spalte ist die logische Verknüpfung zwischen den Ausgängen und Eingängen angegeben. So sieht man z. B., daß am Ausgang des Und-Gatters nur dann ein Potential von -6 V herrschen kann, wenn sowohl E_1 als auch E_2 auf -6 V liegen.

Zur Durchführung der einfachsten Rechenoperationen müssen diese drei Fundamentalschaltungen in geeigneter Weise zusammengesetzt werden. Von den vielen möglichen Kombinationen sind das Inhibit-Gatter und das Exklusiv-Oder-Gatter von besonderer Bedeutung.

Das Inhibit-Gatter ist ein Und-Gatter mit einer vorgeschalteten Umkehrstufe. Nur dann, wenn E_1 mit dem Potential L verbunden ist und E_2 auf Null liegt, erscheint am Ausgang L:

Inhibit-Gatter	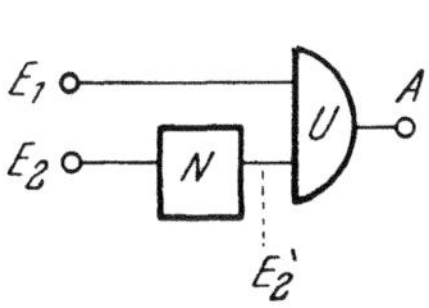	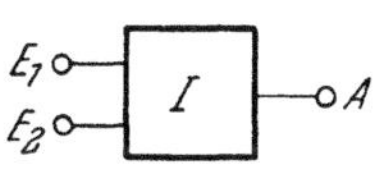	E_1 E_2 E_1 E_2' A 0 0 0 L 0 L 0 L L L 0 L 0 0 0 L L L 0 0

Das Exklusiv-Oder-Gatter ist eine Ineinanderschaltung zweier Inhibit-Gatter mit nachfolgendem Oder-Gatter, und läßt nur dann ein L an seinem Ausgang erscheinen, wenn entweder an E_1 oder an E_2 ein L liegt, nicht jedoch, wenn an beiden Eingängen gleichzeitig ein L vorhanden ist:

Exklusiv-Oder-Gatter

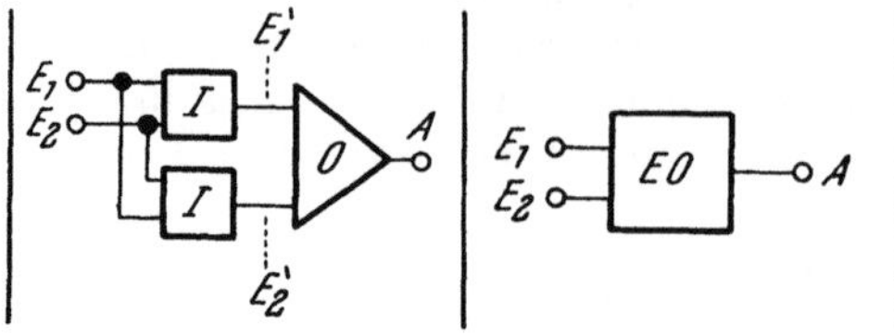

E_1	E_2	E_1'	E_2'	A
0	0	0	0	0
L	0	L	0	L
0	L	0	L	L
L	L	0	0	0

Wie die Tabelle der logischen Verknüpfung zeigt, ist das Exklusiv-Oder-Gatter im Prinzip bereits zur Addition zweier binärer Zahlen geeignet, da 0 + 0 = 0, 0 + L = L und L + L = L0. Es muß ledglich noch dafür gesorgt werden, daß der Übertrag L der letzten Operation an einem zweiten Ausgang aufscheint.

9.4.2 Das Addierwerk

Durch Parallelschalten eines Exklusiv-Oder- und eines Und-Gatters entsteht das sogenannte halbe Addierwerk; am Und-Gatterausgang erscheint immer dann der Übertrag L, wenn an beiden Eingängen L auftritt:

Halbes Addierwerk

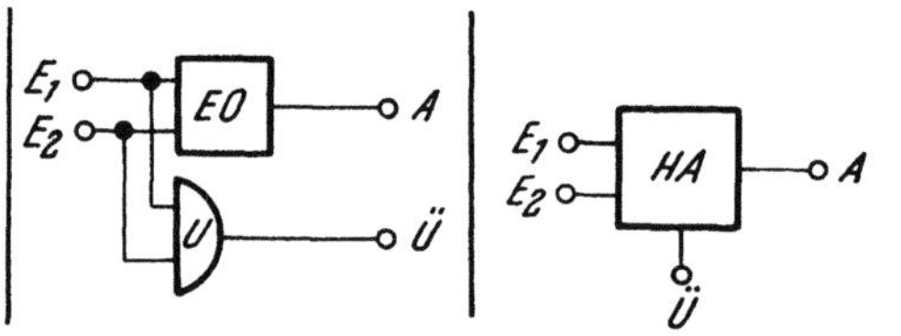

E_1	E_2	A	Ü
0	0	0	0
L	0	L	0
0	L	L	0
L	L	0	L

Das Addierwerk ist aber erst dann vollständig, wenn bei der Addition außer den zwei Ziffern der beiden zu addierenden Zahlen auch noch der Übertrag von der vorhergehenden Stelle mitberücksichtigt werden kann, wenn also noch ein dritter Eingang geschaffen wird. Dies gelingt am einfachsten durch Kombination zweier halber Addierwerke; das erste summiert die beiden Ziffern, während das zweite den Übertrag des vorhergehenden Addierwerkes und das Ergebnis des ersten halben Addierwerkes zusammenfaßt:

Ganzes Addierwerk

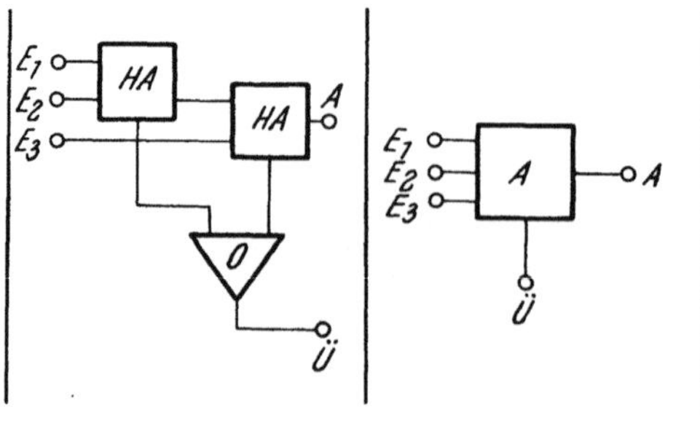

E_1	E_2	E_3	A	Ü
0	0	0	0	0
L	0	0	L	0
0	L	0	L	0
L	L	0	0	L
0	0	L	L	0
L	0	L	0	L
0	L	L	0	L
L	L	L	L	L

9.5 Anwendungsbeispiele logischer Schaltungen

Als erstes Beispiel sei das Rechenwerk für die Addition zweier dreistelliger Binärzahlen im *Parallelbetrieb* erwähnt. Zum besseren Verständnis ist in Abb. 9.21 auch die Zerlegung in die verschiedenen Gatter angegeben. Außerdem sind an den Ein- und Ausgängen der einzelnen Schaltgruppen die Ziffern eingezeichnet, die bei der Addition der zwei Zahlen LL0 und LLL (6 + 7) an den verschiedenen Schaltungspunkten auftreten. Die Funktionsweise der Schaltung kann an Hand der Tabelle der logischen Verknüpfung des Addierwerkes leicht überschaut werden.

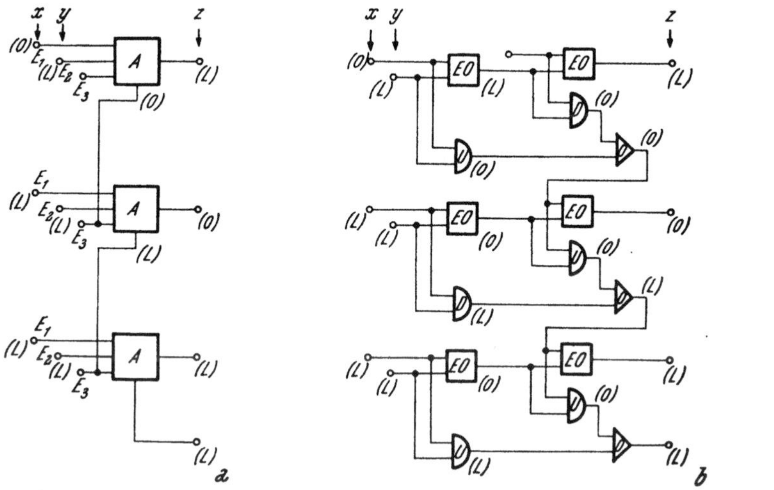

Abb. 9.21. Addition der zwei Zahlen LLO (6) und LLL (7) mit Hilfe einer elektronischen Schaltung. a) Blockschaltbild des Paralleladdierers, b) Aufbau des Addierers aus den einzelnen Gattern

Die Potentiale — 6, — 6, 0 (LL0) und — 6, — 6, — 6 (LLL) werden einem Pufferspeicher, z. B. den Ausgängen von 2 mal 3 bistabilen Multivibratoren entnommen, die entweder durch entspechende Befehle vom Speicherwerk, in denen die beiden Zahlen aufbewahrt wurden, oder aber durch direkte Zahleneingabe von außen in die entsprechenden Stellungen gebracht wurden.

Das Prinzip der Zahleneingabe von außen sei an Hand der Abb. 9.22 skizziert, in der die Eingänge derPufferspeicherstufen über eine Diodenmatrix mit den Tasten 1, 2, 3, . . . der Eingabemaschine verbunden sind. Wird z. B. die Taste 6 gedrückt, so erscheint auf der Leitung 6 ein negatives Potential, das sich über die entsprechenden Dioden auf die Leitungen II und III überträgt und die Multivibratoren II und III in die Stellung L umkippen läßt. Durch einen Rückstellimpuls *R* kann jeder Multivibrator in die 0-Stellung zurückgebracht und die gespeicherte Zahl dadurch gelöscht werden.

Sind die zwei Operanden jedoch bereits früher eingegeben worden und im Hauptspeicher vorhanden, so müssen sie zur Ausführung der Rechenoperation durch einen Impuls des Steuerwerkes aus dem Speicher in das Rechenwerk geholt werden. Abb. 9.23 zeigt schematisch, wie durch einen Befehl auf der betreffenden Steuerleitung diejenigen Und-Gatter geöffnet werden, die den Eingang des Rechenwerkes mit der gewünschten Speicherzelle verbinden.

Das Ergebnis, das am Ausgang des Rechenwerkes aufscheint, wird entweder direkt an die Zahlenausgabe (Schreibmaschine, Drucker, optische Anzeige usw.), oder aber durch entsprechende Torschaltungen in den Speicher zur weiteren Verwendung weitergeleitet.

Nachteilig bei der oben besprochenen Addierschaltung ist der große Materialaufwand, da für jede binäre Stelle, d. h. für jedes Bit, ein eigenes Addierwerk vorhanden sein muß. Auch für die Übertragung der Zahl aus dem Speicher oder der

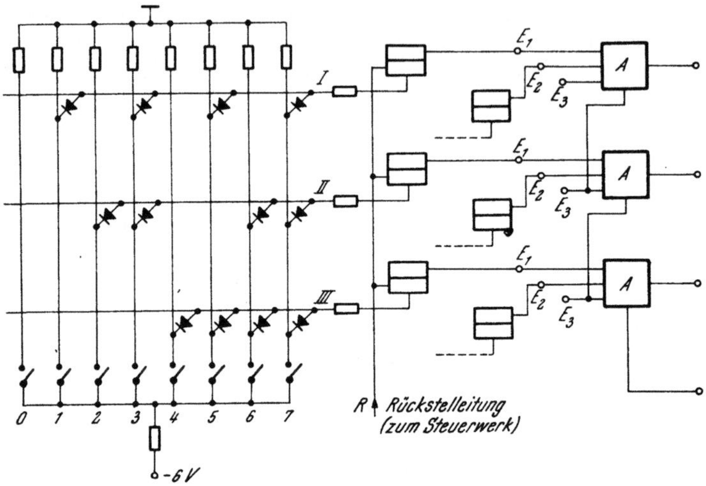

Abb. 9.22. Schematische Darstellung der Informationsverarbeitung von der Zahleneingabe bis zum Ausgang des Rechenwerkes für eine dreistellige Binärzahl

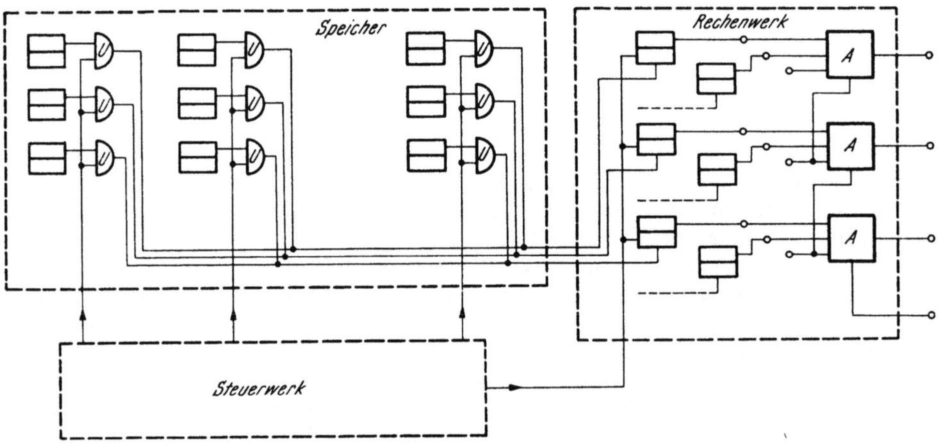

Abb. 9.23. Übertragung der im Speicher aufbewahrten Zahlen in das Rechenwerk durch einen Befehl aus dem Steuerwerk. Schematische Darstellung für 3-Bit-Parallelbetrieb

Eingabestelle ist jedem Bit eine eigene Leitung zuzuordnen. Diesen Nachteil vermeidet ein Rechner, der die Rechenoperation nicht im Parallel-, sondern im Serienbetrieb durchführt. Als zweites Beispiel sei daher die Verwendung des elementaren Addierwerkes als *Serienaddierwerk* erläutert, wo im Gegensatz zum vorigen Beispiel die einzelnen Stellen einer Zahl nicht gleichzeitig, sondern im zeitlichen Hintereinander einer Impulsfolge in das Addierwerk gelangen.

Die zwei Impulsfolgen, die die beiden Operanden darstellen, werden synchron den Eingängen E_1 und E_2 des elementaren Addierwerkes zugeführt. Am Beispiel der Abb. 9.24 erscheint als Summe der ersten beiden Impulse am Ausgang 0 + L = L. Die beiden zweiten Impulse ergeben L + L = L0; am Ausgang erscheint 0 und am Übertrag L. Dieser Übertrag wird in der Verzögerungsstufe V (z. B. monostabiler Multivibrator) so lange verzögert, bis die Impulse der nächsthöheren Stelle an den Eingängen eintreffen. Bei der Berechnung der dritten Stelle liegen somit alle drei Eingänge auf L. Am Ausgang erscheint deshalb L und am Übertrag ebenfalls L, das in V verzögert wird und zum Zeitpunkt, wo die vierte Stelle an den Eingang gelangt, an E_3 aufscheint und einen Betrag L an der vierten Stelle der Summe liefert.

Besonders einfach ist im Serienaddierer die Addition einer Zahlenkolonne durchführbar, indem man den Ausgang des Addierwerkes über ein Schieberegister mit einem seiner Eingänge verbindet (Abb. 9.25). Wie im Abschnitt über Impulsspeicherung erwähnt wurde, besteht das Schieberegister aus n bistabilen Multivibratoren, mit deren Hilfe eine n-stellige Binärzahl gespeichert werden kann. Der Unterschied zum gewöhnlichen bistabilen Multivibrator-Speicher besteht lediglich darin, daß diese Multivibratoren miteinander direkt gekoppelt sind, und

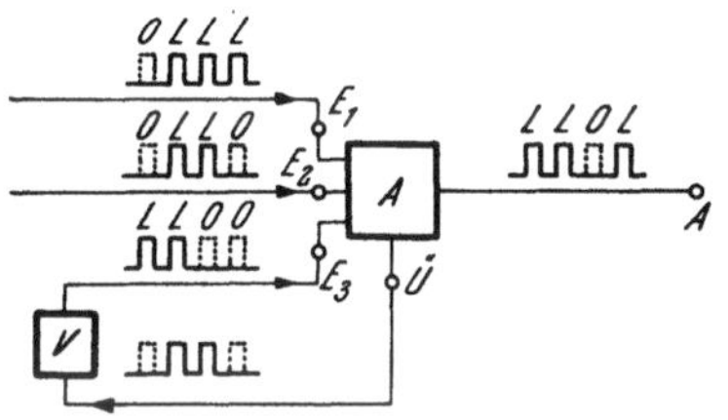

Abb. 9.24. Addition der zwei Zahlen LLL und LLO in einem Serienaddierwerk

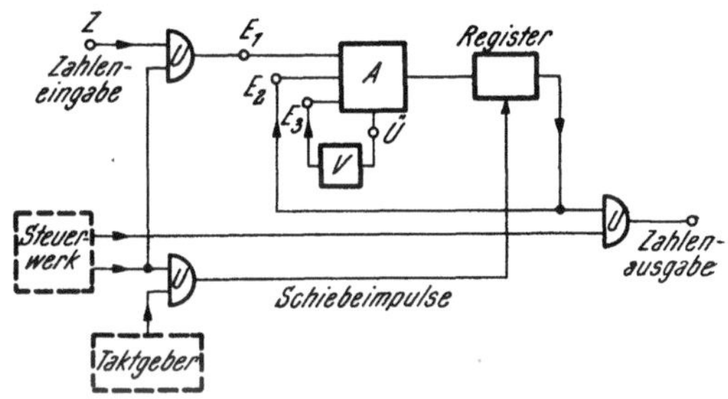

Abb. 9.25. Addierwerk mit Schieberegister zur Addition der Zahlen, die auf der Leitung Z in Form von Impulsfolgen eingespeist werden

zwar derart, daß ein Multivibrator nur dann umkippt, wenn der vorhergehende vom Zustand L in den Zustand 0 übergeht. Durch die vom Taktgeber kommenden Rückstellimpulse werden alle Multivibratoren in jeder Impulszeiteinheit einmal in die 0-Stellung gebracht, unabhängig von ihrer vorherigen Stellung. War der Multivibrator vorher in der 0-Stellung, so wird kein Impuls abgegeben; war er jedoch in der L-Stellung, so gibt er einen Impuls ab, der nach einer gewissen Verzögerung (t_v in Abb. 9.9b) den folgenden Multivibrator auf L stellt. Auf diese Weise wandert mit jedem Schiebeimpuls das L von einer Stufe zur nächsten weiter.

Leitet man nun in der Addieranordnung Abb. 9.25 die zu addierenden Zahlen dem Eingang E_1 zu, so durchläuft die erste Zahl das Addierwerk und wird in das Schieberegister eingelesen. Beim Eintreffen der zweiten Impulsfolge wird synchron die im Register gespeicherte Zahl herausgelesen und dem Eingang E_2 zugeleitet. Die am Ausgang A entstehende Summe der beiden Zahlen wird gleichzeitig wieder in das Register eingelesen und dort gespeichert, bis die dritte Ziffernfolge ankommt. Bei deren Eintreffen wird die Summe der beiden ersten Zahlen wieder in das Addierwerk gegeben und nach Addition der dritten Zahl wieder in das Register eingelesen usw. Nach Ablauf des gesamten Rechenprozesses ist die Summe aller Zahlen im Schieberegister gespeichert und kann durch n Schiebeimpulse an die Zahlenausgabe oder in den Speicher übertragen werden.

Voraussetzung für den sicheren Ablauf der Rechenvorgänge im Serienbetrieb ist die starre gegenseitige zeitliche Verkettung der Impulsfolgen, der Schiebeimpulse und der Steuerbefehle. Alle Vorgänge werden deshalb durch einen gemeinsamen Taktgeber gesteuert, der Rechenwerk, Speicher, Steuerwerk usw. synchronisiert.

Wie schon erwähnt wurde, benötigt der Serienbetrieb bedeutend längere Zeiten zur Ausführung einer Rechenoperation als der Parallelbetrieb. In vielen Rechnern findet eine gemischte Arbeitsweise statt, um einen Kompromiß zwischen Arbeitsgeschwindigkeit und Materialaufwand zu schließen. So werden z. B. bei den Maschinen, die im binärverschlüsselten Dezimalsystem arbeiten, die einzelnen Tetraden meist im Parallelbetrieb, die verschiedenen Dezimalstellen jedoch im Serienbetrieb verarbeitet.

10. Stromversorgung und Stabilisierung

10.1 Der Netzgleichrichter[1]

10.1.1 Übersicht und Einteilung

Die Stromversorgung für den Betrieb elektronischer Schaltungen kann auf sehr verschiedene Weise erfolgen. Geeignete Stromquellen können direkt zur Speisung der Schaltungen herangezogen werden: Batterien für Transistorgeräte, Heiz- und Anodenbatterien für Röhrengeräte; auch direkte Speisung aus Gleichstromnetzen, speziell aus Bordnetzen bei Land-, Luft- und Seefahrzeugen ist gelegentlich möglich. Andernfalls wird die von den Stromquellen gelieferte Energie zunächst auf geeignete Stromart und Spannung umgeformt und dann der Elektronik zugeführt, so bei den meisten am Wechselstromnetz betriebenen Geräten oder beim Betrieb aus Batterien über Gleichspannungswandler. Weitaus am häufigsten erfolgt die Stromversorgung durch Netzwechselstrom über einen Netztransformator. Hierdurch erreicht man große Freizügigkeit in der Schaltungsdimensionierung: Durch die Wahl passender Übersetzungen kann man praktisch jede benötigte Spannung bei beliebigen Strömen erzielen, durch die Verwendung mehrerer getrennter Sekundärwicklungen erhält man voneinander unabhängige und galvanisch vom Netz getrennte Spannungen.

Die Heizung der Röhren in netzbetriebenen Geräten erfolgt meist mit Wechselstrom aus eigenen Heizwicklungen auf dem Transformator. Für die übrigen Elektroden der Röhren, für Transistoren, Relais, aber auch für die Heizung brumm- oder schwankungsempfindlicher Röhren braucht man Gleichspannungen und -ströme, die man durch Gleichrichtung erzielt und durch geeignete Schaltungen möglichst brummfrei und stabil macht.

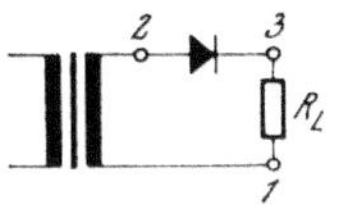

Abb. 10.1. *R*-Gleichrichter (siehe auch Kap. 10.1.3. A)

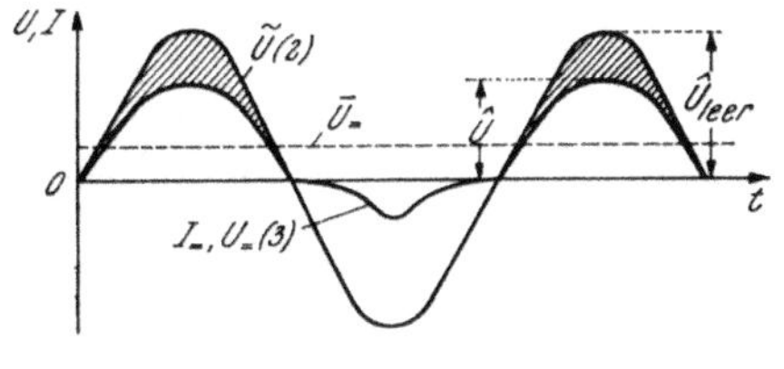

Abb. 10.2. Ströme und Spannungen zu Abb. 10.1

Als Gleichrichter werden sowohl Halbleiter (Kap. 1.3.2) als auch Röhren (Kap. 1.1.1) verwendet. Bei beiden wird ihre Ventilwirkung ausgenützt: In einer Stromrichtung, der Durchlaßrichtung, haben sie einen kleinen Widerstand, in der anderen, der Sperrichtung, einen sehr großen. Im einfachsten Fall wird ein Ventil zwischen Wechselspannungsquelle (Transformatorwicklung) und Gleichstromverbraucher geschaltet (Abb. 10.1). Es fließt nur Strom während der positiven Halbwelle von $U^{\sim}$, während der negativen Halbwelle sperrt das Ventil.

[1] Literatur: [K 2, M 1].

Ströme und Spannungen entsprechen in ihrem zeitlichen Verlauf Abb. 10.2. Der durch den (nichtlinearen) Sperrstrom verursachte Rückstrom ist der Deutlichkeit halber stark überhöht dargestellt; er ist normalerweise vernachlässigbar klein. Wird das Ventil umgepolt, so fließt während der negativen Halbwelle Strom, die Polung von Gleichstrom und -spannung kehrt sich um.

Ein solcher pulsierender Gleichstrom ist nur in ganz seltenen Fällen zur Versorgung elektronischer Schaltungen verwendbar. Deswegen werden Kondensatoren und Drosseln als Energiespeicher eingeschaltet, um die Stromlücken zu schließen und geglättete, brummfreie Versorgungsspannungen zu bekommen. Diese Filtereingänge beeinflussen grundlegend den Gleichrichtvorgang. Die Wirkungsweise eines Gleichrichters kann deshalb nur im Zusammenhang mit dem Filter richtig erklärt werden.

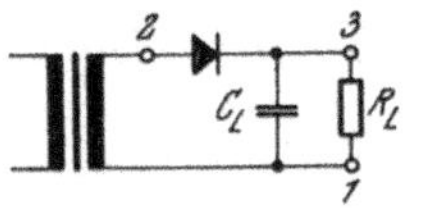

Abb. 10.3. *C*-Gleichrichter, Einwegschaltung

Daraus resultiert eine Einteilung der *Gleichrichterarten:* *R*-Gleichrichter mit ohmscher Last (Abb. 10.1), *C*-Gleichrichter mit kapazitiver Last (Abb. 10.3) und *L*-Gleichrichter mit induktiver Last (Abb. 10.19). Schließlich ist es möglich, mehrere Ventile in geeigneter Weise zusammenzuschalten, um die Strompausen zu verkürzen, aber auch um anderer Vorteile willen. Von diesen verschiedenen *Gleichrichterschaltungen* werden die für uns wichtigen beim *C*-Gleichrichter erläutert, denn nur hierfür sind sie durchwegs ausführbar. Beim *R*- und *L*-Gleichrichter sind keine Vervielfacherschaltungen, beim *L*-Gleichrichter ist auch keine Einwegschaltung möglich. Die bei den einzelnen Schaltungen genannte Phasenzahl p entspricht der Zahl der Ventilwege, während q die Zahl der speisenden Wechselstromzweige angibt.

10.1.2 Gleichrichterschaltungen

A. Einwegschaltung

Abb. 10.3 zeigt die einfachste Gleichrichterschaltung. Den Spannungsverlauf an den Punkten 2 und 3 (Punkt 1 = 0) zeigt Abb. 10.4. Die am Kondensator (Punkt 3) stehende Spannung U_C wirkt als Gegenspannung zu $U^\sim$ und hat zur Folge, daß nur in der Zeit zwischen t_1 und t_2 die Anode des Gleichrichters (Punkt 2) positiver ist als die Katode (Punkt 3). Nur in dieser Zeit fließt Strom durch das Ventil und wird dem Kondensator Ladung zugeführt. Die Zeit $t_2 - t_1$, während

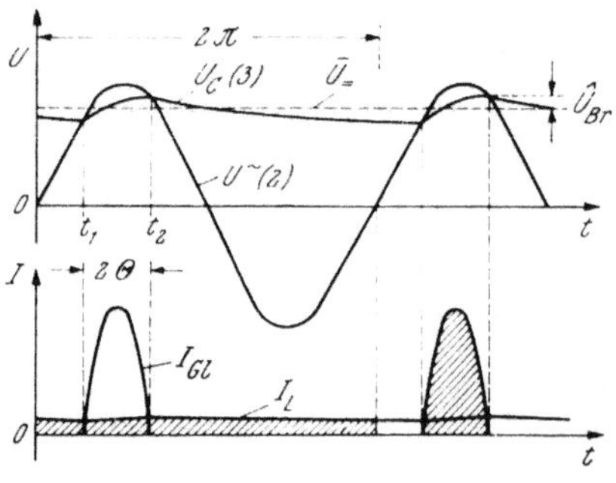

Abb. 10.4. Spannungen und Ströme zu Abb. 10.3

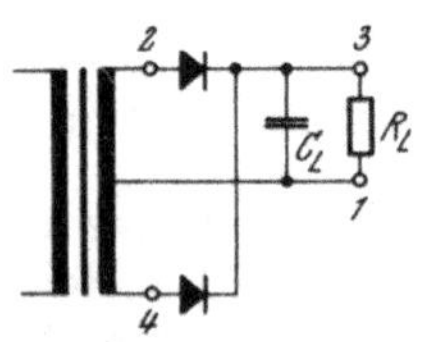

Abb. 10.5. *C*-Gleichrichter, Mittelpunktschaltung

der Strom fließt, drückt man im Winkelmaß aus und nennt 2Θ den Stromflußwinkel. Während der übrigen Periode ist die Anode negativ gegen die Katode und das Ventil gesperrt, der Verbraucher R_L zieht Strom aus dem Ladekondensator C_L, der als Speicher oder Puffer wirkt. Dabei liegt eine Spannung in Sperrichtung am Gleichrichter, die der Serienschaltung von $U^{\sim}$ und U_C, im Maximum also der Summe aus Scheitelspannung und Gleichspannung entspricht. C_L wird in der Stromflußzeit 2Θ geladen und in den Strompausen $2\pi - 2\Theta$ entladen. Daher schwankt die Spannung U_C mit der Frequenz von $U^{\sim}$ um den Mittelwert $\bar{U}^{=}$ Diese Schwankung nennt man Brummspannung U_{Br}.

Die Schaltung wird Einweg-, Halbweg- oder Einphasengleichrichter genannt. Kurzzeichen *E*. Die Phasenzahl *p* und die Zweigzahl *q* sind beide 1.

In Abb. 10.4 ist auch der Strom durch den Gleichrichter eingezeichnet. Der Strom durch den Verbraucher ist proportional U_C und damit annähernd konstant. Weil vom Gleichrichter in der Zeit 2Θ dieselbe Ladung nachgeliefert werden muß, die in der Zeit 2π annähernd kontinuierlich an R_L abgegeben wird, müssen offensichtlich die Stromstöße durch den Gleichrichter einen weit höheren Spitzenwert haben, als dem von R_L entnommenen mittleren Gleichstrom $\bar{I}^{=}$ entspricht. Der Gleichstrom fließt über die Wechselspanungsquelle und verursacht bei Transformatoren eine unerwünschte Vormagnetisierung des Kerns.

B. Mittelpunktschaltung

Kurzzeichen *M*, $p = 2$, $q = 2$, Abb. 10.5, auch als Zweiweg-, Zweiphasen- oder Vollweggleichrichter bezeichnet. Unterscheidet sich vom Einweggleichrichter durch eine zweite Trafowicklung in Serie mit der ersten und ein zweites Ventil. Die Spannung am Punkt 4 ist gleich groß, aber gegenphasig zur Spannung am Punkt 2. Das zweite Ventil liefert also Strom in der Zeit t_3 bis t_4 (Abb. 10.6), es ergeben sich demnach zwei Stromflußzeiten je Periode. Die Brummspannung und die Stromspitzen durch die Gleichrichter sind kleiner, die Brummfrequenz ist doppelt so hoch wie die Frequenz von $U^{\sim}$. Die Gleichströme durch die beiden Wicklungen heben sich hinsichtlich ihrer Wirkung auf den Eisenkern des Transformators auf, es tritt keine Vormagnetisierung ein.

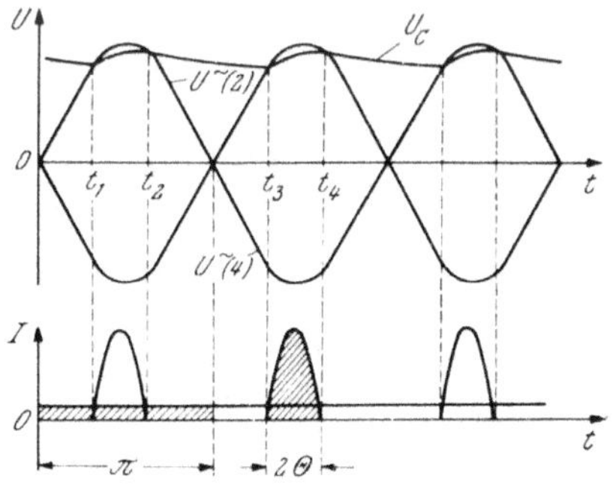

Abb. 10.6. Spannungen und Ströme zu Abb. 10.5

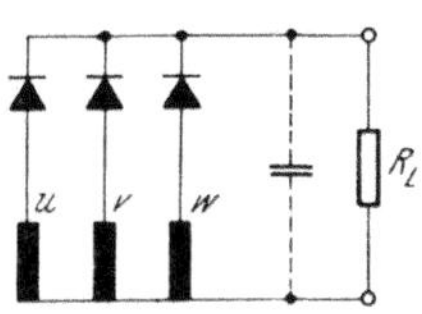

Abb. 10.7. Drehstromsternschaltung

C. Drehstromsternschaltung

Kurzzeichen *S*, $p = 3$, $q = 3$, Abb. 10.7, wird bei höheren Leistungen (Kilowatt) angewandt. Die Spannungen an den Punkten *u*, *v*, *w* sind gleich groß, aber um je 120° gegeneinander verschoben. Der Trafosternpunkt muß mit dem vollen Gleichstrom belastbar sein, die Brummfrequenz ist dreimal Netzfrequenz. Selbst bei Ausführung als *R*-Gleichrichter ist die Brummspitzenspannung wegen der Überlappung durch die höhere Phasenzahl nur etwa 30% der mittleren Gleichspannung; das ist für manche Anwendungen schon annehmbar.

D. Brückenschaltung

Kurzzeichen B, $p = 2$, $q = 1$, Abb. 10.8, stellt einen Brücken- oder Graetz-Gleichrichter dar. Während der positiven Halbwelle (2 positiv gegen 1) fließt Strom durch die Ventile A und D, dabei sind B und C gesperrt. Während der negativen Halbwelle ist es umgekehrt: es sind B und C leitend und A und D gesperrt. Brummspannung und -frequenz sind gleich wie beim Zweiweggleichrichter. Bei gleicher abgegebener mittlerer Gleichspannung $\overline{U}^{=}$ braucht man nur eine Transformatorwicklung, aber vier Ventile, von denen allerdings jedes einzelne gegenüber der Zweiwegschaltung nur die halbe Sperrspannung aushalten muß, da in der Sperrphase jeweils zwei Ventile hintereinanderliegen. Die Gleichrichterströme jeder Halbwelle fließen entgegengesetzt durch die Wicklung, der Transformator wird nicht vormagnetisiert.

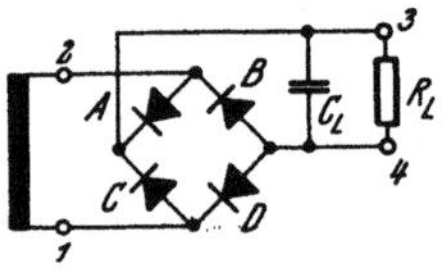

Abb. 10.8. C-Gleichrichter, Brückenschaltung

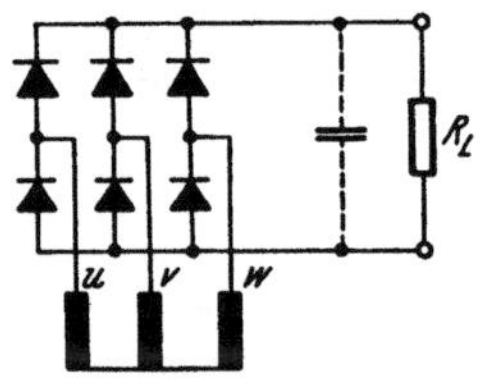

Abb. 10.9. Drehstrombrückenschaltung

E. Drehstrombrückenschaltung

Kurzzeichen DB, $p = 6$, $q = 3$, Abb. 10.9, wird ebenfalls bei höheren Leistungen benutzt und hat als R-Gleichrichter nur mehr eine Welligkeit von etwa 5%. Damit können Siebmittel, die für hohe Leistungen voluminös, schwer und teuer sind, oft ganz eingespart oder zumindest außerordentlich vereinfacht werden. Brummfrequenz ist gleich sechsmal Netzfrequenz, kein Gleichstrom über den Transformator.

F. Vervielfacherschaltungen

Das Schaltbild Abb. 10.10 gibt einen Gleichrichter mit Spannungsverdopplung (Greinacher, Delon, Liebenow) wieder. Die positive Halbwelle lädt über den Gleichrichter A den Kondensator C_1 positiv auf, während B gesperrt ist. Die negative Halbwelle lädt über B den Kondensator C_2 negativ, dabei ist A gesperrt. Für den Verbraucher liegen die beiden Spannungen von C_1 und C_2 in Serie, die

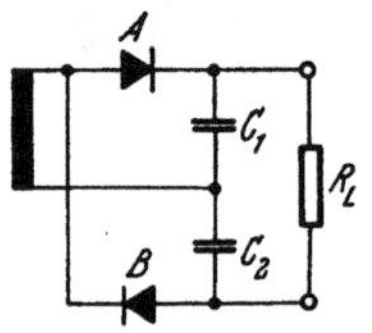

Abb. 10.10. Spannungsverdopplerschaltung

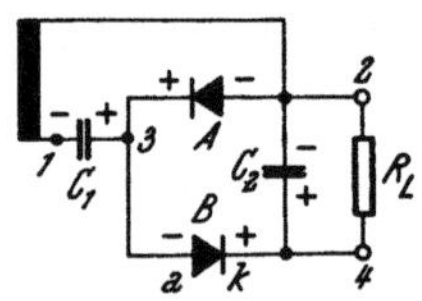

Abb. 10.11. Andere Spannungsverdopplerschaltung

Spannung an R_L ist also doppelt so groß wie bei Einweggleichrichtung. Der Transformator wird nicht vormagnetisiert, weil sich die Gleichströme der beiden Gleichrichter aufheben. Die einzelnen Brummspannungen über den Kondensatoren C_1 und C_2 haben die gleiche Amplitude und Frequenz wie bei je einem Einweggleichrichter. Sie sind aber gegeneinander um eine Halbperiode verschoben, daher hat die Gesamtbrummspannung am Verbraucher scheinbar die halbe Amplitude und doppelte Frequenz, ist also gleich wie bei der Zweiweg- oder der Brückenschaltung. Kurzzeichen V, $p = 2$, $q = 1$.

Spannungsverdopplung erfolgt auch bei der Schaltung nach VILLARD (Abb. 10.11). Die positiven Halbwellen von $U^{\sim}$ laden wie beim Einweggleichrichter C_1 auf, Punkt 3 ist positiv gegen Punkt 1 (Abb. 10.12). Zeichnet man Abb. 10.12 so um, daß man das Potential von Punkt 2 gleich Null setzt, so ergibt sich Abb. 10.13. Jetzt erkennt man ohne weiteres, daß die mit U_{C_1} überlagerte Wechselspannung $U^{\sim}$, die zwischen den Punkten 2 und 3 liegt, über B gleichgerichtet am Kondensator C_2 zwischen den Punkten 2 und 4 eine doppelt so hohe Gleichspan-

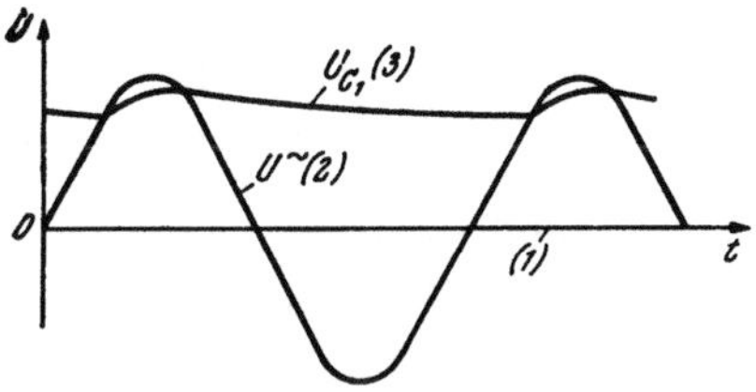

Abb. 10.12. Spannungsverlauf zu Abb. 10.11

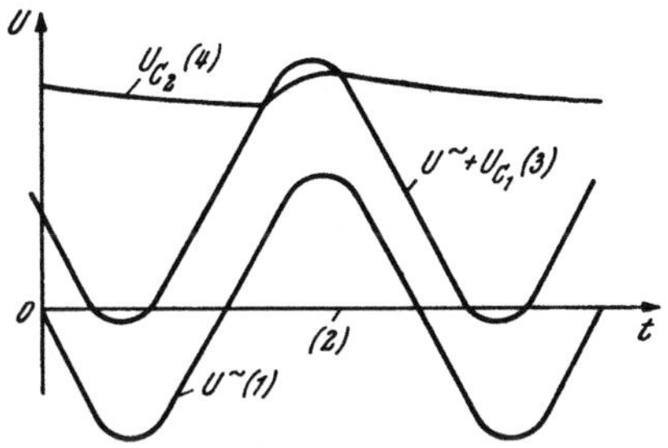

Abb. 10.13. Spannungsverlauf zu Abb. 10.11, Punkt 2 = 0

nung ergibt wie die Einweggleichrichtung an C_1. Brummspannung und Brummfrequenz an beiden Kondensatoren verhalten sich wie bei Einweggleichrichtung. Es fließt kein Gleichstrom über den Trafo, $p = 1$, $q = 1$, Kurzzeichen ebenfalls V.

Nach Abb. 10.14 kann man die Villard-Schaltung beliebig erweitern. Man erreicht damit eine Spannungsvervielfachung um beliebige ganzzahlige Faktoren. Solche Kaskadenschaltungen (GREINACHER, COCKCROFT-WALTON) wendet man in elektronischen Geräten bevorzugt an, wenn man hohe Spannungen bei geringen Strömen benötigt. Man braucht dann keine Hochspannungswicklungen auf dem Transformator und kommt mit Bauelementen für normale Spannungen aus, die in entsprechender Anzahl hintereinandergeschaltet sind. Beispiele hierfür sind etwa die Spannungsversorgung der Geiger-Müller-Zählrohre in kleinsten tragbaren Strahlungsmeßgeräten (400 bis 600 $V^{=}$, einige μA) oder die Erzeugung der Nachbeschleunigungsspannung in Katodenstrahloszillographen (bis etwa 10 kV).

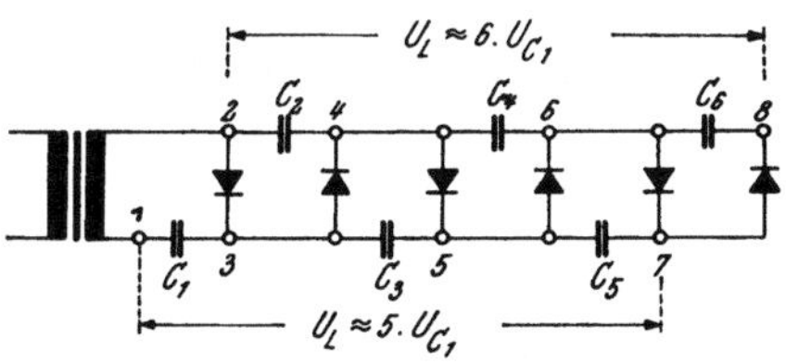

Abb. 10.14. Kaskadenschaltung

Die Funktion der zusätzlich angehängten Gleichrichter und Kondensatoren ist analog zu B und C_2 bei der Verdopplung. Jedes Ventil mit Kondensator richtet die über dem vorhergehenden Ventil liegende, mit der Spannung des vorhergehenden Kondensators überlagerte Wechselspannung gleich. Die Spannungen der jeweils direkt hintereinandergeschalteten Kondensatoren addieren sich; am Kondensator C_1 liegt die einfache, an den Kondensatoren C_2 bis C_6 jeweils die doppelte Spannung. Ausgehend von Punkt 2 liegt an den Punkten 4, 6, 8 jeweils die zwei-, vier-, bzw. sechsfache Spannung. Beginnend beim Punkt 1 erhält man an 3, 5 und 7 die ein-, drei- und fünffache Spannung. Die Reihe kann natürlich fortgesetzt werden. Es ist zu beachten, daß zwischen Punkt 1 und 2 die Wechselspannung $U^{\sim}$ liegt. Man kann also nicht, wenn man verschieden hohe, aber auf den gleichen Nullpunkt bezogene Gleichspannungen braucht, gleichzeitig an derselben Kaskade geradzahlige und ungeradzahlige Vielfache abgreifen, etwa drei- und sechsfache Spannung an Punkt 5 und 8 gegen Punkt 1. Beim Anschluß des Verbrauchers an ungeradzahlige Vielfache, also beginnend bei Punkt 1, fließt der Verbrauchergleichstrom über den Transformator, bei Verwendung der geradzahligen Vielfachen, beginnend bei Punkt 2, fließt der Gleichstrom nicht über den Transformator. Da der Transformator aber einen der Spannungsvervielfachung entsprechend mehrfachen Wechselstrom liefern muß, ist der Verbrauchergleichstrom demgegenüber gering und fällt nicht sehr ins Gewicht. Die transformatorseitig liegenden Kondensatoren der Kette müssen den Wechselstrom für alle folgenden Stufen übertragen und daher dafür geeignet sein.

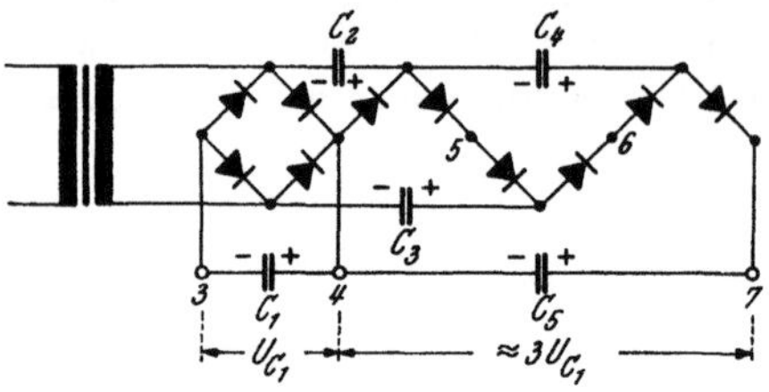

Abb. 10.15. Zweiweg-Kaskadenschaltung

Eine andere Vervielfacherkette, die gut zum Anschluß an eine Transformatorwicklung geeignet ist, an der bereits ein Brückengleichrichter angeschlossen ist, zeigt Abb. 10.15. Die Kette kann auch an Punkt 5 oder 6 abgebrochen oder entsprechend verlängert werden. Die Zahl der notwendigen gleichartigen Ventile ersieht man aus der Schaltung. Statt zweier in Serie geschalteter Gleichrichter kann man auch einen mit der doppelten Sperrspannung nehmen. C_2 hat die gleiche, C_3, C_4 haben jeder die doppelte Spannung wie C_1 auszuhalten, C_5 liegt an der Gesamtspannung; beim Schaltbeispiel ist die Spannung über C_5 dreifach gegenüber derjenigen an C_1.

10.1.3 Berechnung von Netzgleichrichtern

A. R-Gleichrichter

Das arithmetische Mittel der pulsierenden Gleichspannung, in Abb. 10.2 durch die gestrichelte Linie angedeutet, ist die Spannung (bzw. der Strom), der durch ein Drehspulmeßwerk am Verbraucher angezeigt wird.

$$\overline{U^=} = \frac{1}{T}\int_0^T u\,\mathrm{d}t$$

Für eine volle Netzperiode 2π (wegen der Symmetrie der cos-Funktion zum Nullpunkt braucht die Integration nur über π bzw. einen durch die Phasenzahl bestimmten Teil $\frac{\pi}{p}$ durchgeführt zu werden) wird dieser Mittelwert bei $p \geqq 2$

$$\overline{U^=} = \frac{p}{\pi}\int_0^{\frac{\pi}{p}} \hat{U}\cos\omega t\,\mathrm{d}t \tag{10.1}$$

Für Einweggleichrichtung ($p = 1$) gilt wegen der Stromlücke von der Dauer π

$$\overline{U^=} = \frac{1}{\pi}\int_0^{\frac{\pi}{2}} \hat{U}\cos\omega t\,\mathrm{d}t = \frac{\hat{U}}{\pi} \tag{10.1\,a}$$

$\hat{U}$ ist die Scheitelspannung oder Amplitude der speisenden Wechselspannung, die auch als Spitzenspannung Us oder U_{sp} bezeichnet wird.

Die schraffierte Fläche in Abb. 10.2 ist der Spannungsabfall am Innenwiderstand Ri einer Phase. Dieser setzt sich aus dem Innenwiderstand der Wechselspannungsquelle je Zweig (Widerstand einer Sekundärwicklung + transformierter Widerstand der Primärwicklung des Transformators) und dem Durchlaßwiderstand eines Ventils (bei B und DB zwei in Serie liegender Ventile) zusammen:

$$Ri = R^{\sim} + R_{Gl} = R_{\text{sek}} + \ddot{u}^2 \cdot R_{\text{prim}} + R_{Gl} \tag{10.2}$$

Für die Anwendung in Stromversorgungsgleichrichtern kann man die Kennlinien idealisieren: Der Durchlaßwiderstand wird durch eine mittlere Tangente oder Sehne angenähert, die Schwellenspannung bei den gasgefüllten und Halbleiter-Gleichrichtern als konstanter Spannungsabfall addiert. Aus der stark nichtlinearen Sperrkennlinie der Halbleitergleichrichter resultiert ein sogenannter Rückstrom, der in Abb. 10.2 stark übertrieben eingezeichnet ist. Bei guten Gleichrichtern ist dieser Rückstrom aber höchstens $^1/_{1000}$ des Vorstroms oder noch weniger (bei Siliziumgleichrichtern 10^{-6}) und kann deshalb unberücksichtigt bleiben. Der Spannungsabfall am Innenwiderstand Ri wird durch Multiplikation der speisenden Leerlaufspannung mit einem vom Lastwiderstand abhängigen Faktor berücksichtigt:

$$\hat{U} = \hat{U}_{\text{leer}} \cdot \frac{R_L}{Ri + R_L} \tag{10.3}$$

Der Effektivwert der pulsierenden Spannung am Lastwiderstand ergibt sich als quadratischer Mittelwert für $p \geqq 2$ zu

$$U_{L\,\text{eff}} = \sqrt{\frac{p}{\pi}\int\limits_0^{\frac{\pi}{p}} \hat{U}^2 \cos^2 \omega t \,\mathrm{d}t} = \hat{U}\sqrt{\frac{p}{\pi}\int\limits_0^{\frac{\pi}{p}} \cos^2 \omega t \,\mathrm{d}t} \tag{10.4}$$

Wie bei Gl. (10.1) gilt auch hier für $p = 1$ abweichend

$$U_{L\,\text{eff}} = \hat{U}/2 \tag{10.4a}$$

Der Effektivwert des abgegebenen pulsierenden Gleichstromes ist:

$$I_{L\,\text{eff}} = U_{L\,\text{eff}}/R_L \tag{10.4b}$$

Der aufgenommene Strom je Zweig, d. h. je Transformatorwicklung, ergibt sich durch Aufteilung von $I_{L\,\text{eff}}$ auf die Zahl der verketteten Zweige q nach Gl. (10.4):

$$I^{\sim}_{\text{eff}} = \frac{\hat{U}}{R_L} \cdot \sqrt{\frac{p}{q\,\pi}\int\limits_0^{\frac{\pi}{p}} \cos^2 \omega t \,\mathrm{d}t} \tag{10.5}$$

Für $p = 1$ ergibt sich abweichend

$$I_{L\,\text{eff}} = I^{\sim}_{\text{eff}} = \frac{\hat{U}}{2 R_L} \tag{10.5a}$$

Die an den Lastwiderstand abgegebene Leistung ist

$$N_L = I^2_{L\,\mathrm{eff}} \cdot R_L$$

Die Verlustleistung besteht im wesentlichen aus den Durchlaßverlusten, als Ri ist der Innenwiderstand je Phase einzusetzen:

$$Nv = I^2_{L\,\mathrm{eff}} \cdot Ri$$

Der Wirkungsgrad ergibt sich daraus zu

$$\eta = \frac{N_L}{Nv + N_L} = \frac{R_L}{Ri + R_L} \tag{10.6}$$

B. *C*-Gleichrichter

In Abb. 10.16 sind die Spannungen an einem C-Einweggleichrichter (Gleichrichter mit Ladekondensator) noch einmal genau herausgezeichnet. Spannungen und Ströme bei anderen C-Gleichrichterschaltungen zeigen annähernd die Abb. 10.4, 10.6 und 10.12. In der mathematischen Darstellung finden diese Schaltungen sinngemäß Berücksichtigung durch die Phasenzahl p und die Zahl der Zweige q, die bei der Erläuterung der einzelnen Schaltungen angegeben wurde.

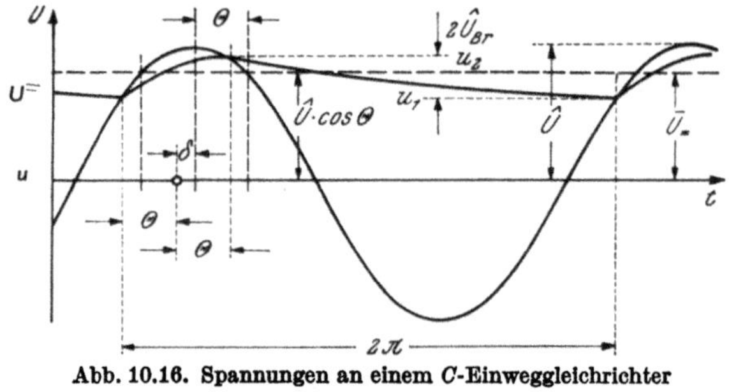

Abb. 10.16. Spannungen an einem C-Einweggleichrichter

Die mittlere Gleichspannung $\overline{U}^{=}$ ergibt sich als Mittelwert von u_1 und u_2

$$\overline{U}^{=} = \frac{u_1 + u_2}{2} = \frac{1}{2}\left[\hat{U}\cos(\Theta + \delta) + \hat{U}\cos(\Theta - \delta)\right] =$$

$$= \frac{\hat{U}}{2}\left[\cos(\Theta + \delta) + \cos(\Theta - \delta)\right] = \hat{U}\cos\Theta\cos\delta \tag{10.7}$$

Denkt man sich das Stromflußintervall um δ verschoben, so daß es symmetrisch zum Scheitel liegt, kann man direkt ablesen (gestrichelt)

$$\overline{U}^{=} = \hat{U}\cos\Theta \tag{10.7a}$$

Das heißt, man kann $\cos\delta$ für kleine Winkel δ ohne weiteres vernachlässigen; δ ist aber meistens klein wegen der angestrebten geringen Welligkeit. Für den Strom 0, d. h. $R_L = \infty$ und $\Theta = 0$ wird $\overline{U} = \hat{U}$.

Der einfache Scheitelwert der Brummspannung ist analog

$$\hat{U}_{\mathrm{Br}} = \hat{U} \sin \Theta \sin \delta$$

Die Welligkeit (Verhältnis von Brummspannung zu Gleichspannung) ist

$$\hat{U}_{\mathrm{Br}}/\overline{U^{=}} = \hat{U} \operatorname{tg} \Theta \operatorname{tg} \delta$$

Während der Stromflußzeit $2\,\Theta$ entsteht ein Spannungsabfall $u^{\sim} - U^{=}$ am gesamten Innenwiderstand eines Ventilzweiges. Dieser enthält den Innenwiderstand der Wechselstromquelle (deshalb ist als $\hat{U}$ die Leerlaufscheitelspannung zu setzen), den als linear angenommenen Ventildurchlaßwiderstand und gegebenenfalls einen Zusatzwiderstand:

$$Ri = Ri^{\sim} + R_{Gl} + R_{\mathrm{Zusatz}}$$

Der mittlere Strom je Ventilzweig ist der Quotient aus Spannungsabfall nach Abb. 10.16 und Ri, über eine Periode 2π gemittelt:

$$\overline{I^{=}} = \frac{1}{2\pi\, Ri} \int_{-\Theta}^{+\Theta} (u^{\sim} - \overline{U^{=}})\, \mathrm{d}t$$

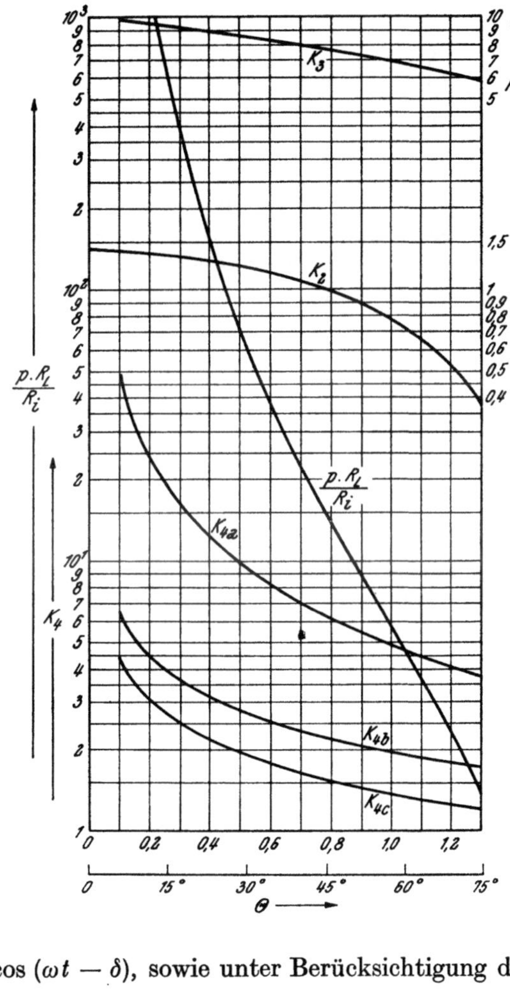

Abb. 10.17. Nomogramm für die Berechnung von C-Gleichrichtern

$\Theta = f\left(\frac{p \cdot R_L}{Ri}\right)$ Für Ri ist der Innenwiderstand eines Zweiges zu setzen

$K_2 = \cos\Theta \cdot \sqrt{2} = \frac{\overline{U^{=}}}{U_{\mathrm{eff\ leer}}}$

$K_3 = \frac{\hat{U}_{Br} \cdot p \cdot C_L}{\overline{I^{=}}}$ Gültig für Netzfrequenz 50 Hz

$K_{4a} = \frac{p \cdot \hat{I}}{\overline{I^{=}}}$

$K_{4b} = \frac{p \cdot I_{\mathrm{eff}}}{\overline{I^{=}}}$ Gültig für $\frac{p}{q} = 1$

$K_{4c} = \frac{p \cdot I_{\mathrm{eff}}}{2 \cdot \overline{I^{=}}}$ Gültig für $\frac{p}{q} = 2$

Mit $\overline{U^{=}}$ aus Gl. (10.7) und $u^{\sim} = \hat{U} \cos(\omega t - \delta)$, sowie unter Berücksichtigung der Phasenzahl p wird

$$\overline{I^{=}} = \frac{p\,\hat{U}}{2\pi\, Ri} \int_{-\Theta}^{+\Theta} [\cos(\omega t - \delta) - \cos\Theta \cos\delta]\, \mathrm{d}\omega t$$

und integriert

$$\overline{I^{=}} = \frac{p\,\hat{U}}{2\pi\, Ri} (\sin\Theta - \Theta \cos\Theta) \cos\delta$$

Zusammen mit Gl. (10.7) erhält man

$$\frac{\overline{U}^{=}}{\overline{I}^{=}} = \frac{\pi\, Ri}{p(\operatorname{tg}\Theta - \Theta)}$$

und weil der Verbraucherwiderstand $R_L = \frac{\overline{U}^{=}}{\overline{I}^{=}}$

$$\frac{R_L}{Ri} = \frac{\pi}{p(\operatorname{tg}\Theta - \Theta)} \tag{10.8}$$

Die Abhängigkeit des Stromflußwinkels Θ von $p\,(R_L/Ri)$ zeigt Abb. 10.17. Man kann ablesen, daß der Stromflußwinkel um so kleiner ist, je kleiner Ri im Verhältnis zu R_L ist. Es ist einzusehen, daß die Stromspitze durch ein Ventil um so höher werden muß, je kürzer die Stromflußzeit ist, damit dem Kondensator je Periode dieselbe Ladung zugeführt wird. Die Stromstöße durch das Ventil (also auch der Strom, der der Wechselspannungsquelle entnommen wird) haben etwa die Form abgeschnittener Sinuskappen (Abb. 10.4). Der Fehler ist klein, wenn man statt dessen Sinushalbwellen ansetzt. Der Mittelwert über die Zeit 2π für p Sinushalbwellen der Länge 2Θ ist:

$$\overline{I}^{=} = \frac{p\Theta}{\pi}\cdot\frac{1}{\pi}\int_0^{\pi} \hat{I}\sin\Theta\,\mathrm{d}\Theta = \frac{2p\Theta}{\pi^2}\cdot\hat{I}$$

$$\hat{I} = \overline{I}^{=}\cdot\frac{\pi^2}{2p\Theta} \tag{10.9}$$

Dieser Spitzenstrom ist maßgebend für die Dimensionierung der Ventile, besonders von Röhrenventilen und Si- und Ge-Ventilen. Unter Umständen muß durch Zusatzwiderstände in den Ventilzweigen, die den wirksamen Ri vergrößern, der Stromflußwinkel vergrößert und damit der Spitzenstrom reduziert werden, um die vom Hersteller angegebenen Grenzwerte für die verwendeten Ventile nicht zu überschreiten (angegeben wird meist $Ri_{\min}$ für Röhren und Se-Ventile, $I_{\max}$ für Si- und Ge-Ventile).

Für die entstehende Verlustwärme, insbesondere in der Transformatorwicklung, ist der Effektivstrom je Zweig, d. h. je Wicklung maßgebend. Für die angenommenen Sinushalbwellen der Länge 2Θ und Höhe $\hat{I}$ ist bei q Transformatorwicklungen

$$I_{\mathrm{eff}} = \sqrt{\frac{p\Theta}{q\pi}\cdot\frac{1}{\pi}\int_0^{\pi}\hat{I}^2\sin^2\Theta\,\mathrm{d}\Theta} = \hat{I}\sqrt{\frac{p\Theta}{2\pi q}} \tag{10.10}$$

und es ergibt sich mit Gl. (10.9)

$$\text{für } E,\ M,\ S\left(\frac{p}{q} = 1\right):\qquad I_{\mathrm{eff}} = \frac{\overline{I}^{=}}{p}\cdot\sqrt{\frac{\pi^3}{8\Theta}} \tag{10.10a}$$

$$\text{für } B,\ V,\ DB\left(\frac{p}{q} = 2\right):\qquad I_{\mathrm{eff}} = \frac{\overline{I}^{=}}{p}\cdot\sqrt{\frac{\pi^3}{4\Theta}} \tag{10.10b}$$

$\frac{p \cdot \hat{I}}{\bar{I}^{=}}$ und $\frac{p \cdot I_{\text{eff}}}{\bar{I}^{=}}$ sind in Abb. 10.17 als Funktion des Stromflußwinkels eingezeichnet.

Das Verhältnis von Effektivstrom zu Gleichstrom wird als Formfaktor bezeichnet:

$$K = \frac{I_{\text{eff}}}{\bar{I}^{=}} \tag{10.11}$$

Für die Brummspannung erhält man durch folgende Überlegung eine übersichtliche Form:

Die dem Kondensator in der Zeit $2p\Theta$ zufließende Ladung muß in der Zeit $2\pi - 2p\Theta$ wieder abfließen, damit die mittlere Gleichspannung stationär bleibt. Die Ladungserhöhung ist gleich Spannungserhöhung mal Kapazität, die abfließende Ladung gleich mittlerer Strom mal Zeit, also:

$$2\,\hat{U}_{\text{Br}} \cdot C = \bar{I}^{=}\,(2\pi - 2\Theta)/(p\,\omega)$$

$$\hat{U}_{\text{Br}} = \bar{I}^{=}\,(2\pi - 2\Theta)/(2p\,\omega C)$$

und mit $\omega = 2\pi f$:

$$\hat{U}_{\text{Br}} = \bar{I}^{=} \cdot \frac{1 - \frac{\Theta}{\pi}}{2\,p\,f\,C} \tag{10.12}$$

Mit Hilfe dieses Ansatzes erhält man auch den Unsymmetriewinkel δ zu

$$\operatorname{tg}\delta = \frac{\frac{\pi}{p} - \Theta}{\omega C\,R_L \operatorname{tg}\Theta}$$

der jedoch für die Praxis kaum Bedeutung hat (siehe Gl. (10.7a) und Anmerkung dazu).

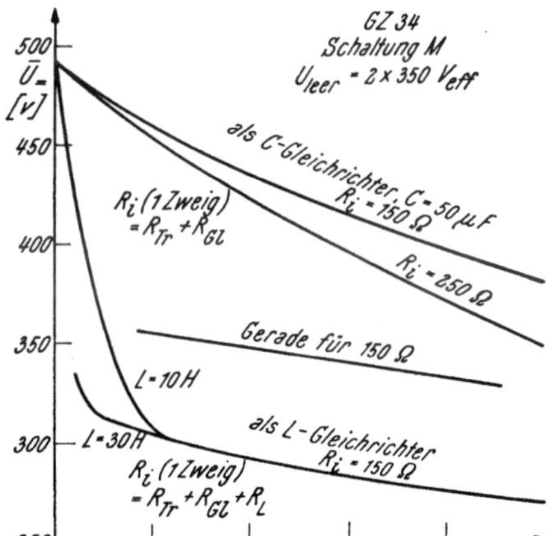

Abb. 10.18. Belastungskurve von *C*- und *L*-Gleichrichter

$\frac{\hat{U}_{\text{Br}} \cdot p \cdot C}{\bar{I}^{=}}$ für 50 Hz Netzfrequenz ist ebenfalls als Funktion von Θ in Abb. 10.17 eingetragen.

Die Belastungskurve eines *C*-Gleichrichters ist stark nichtlinear und nicht durch eine einfache Funktion von Ri explizit darstellbar. Die Hersteller von Röhren- und Halbleiterventilen geben jedoch für typische Betriebsfälle empirische Kurven in Abhängigkeit von Ri und C an. Ein Beispiel dafür ist Abb. 10.18. Man erkennt aus diesen Kurven sofort, daß der Gleichstrominnenwiderstand des *C*-Gleichrichters besonders bei kleinen Strömen (also kleinen Stromflußwinkeln) viel höher ist, als nach dem tatsächlich im Ventilweg enthaltenen Ri zu erwarten wäre. Eine Gerade, deren Neigung Ri entspräche, ist parallel versetzt zur Demonstration eingezeichnet.

Man sieht auch hier, daß die Spannung $\overline{U}^{=}$ beim Strom 0, also auch $\Theta = 0$, auf den Wert $\hat{U}^{\sim}_{\text{leer}}$ ansteigt. Mit anderen Worten: Im Leerlauf wird der Ladekondensator auf den Leerlaufscheitelwert der Speisespannung aufgeladen. Hierbei liegt am Ventil in Sperrichtung die doppelte Leerlaufscheitelspannung.

C. L-Gleichrichter

Ein Zweiweggleichrichter (M) mit induktiver Last ist in Abb. 10.19 aufgezeichnet. Der Kondensator C ist notwendig, damit der Wechselstrominnenwiderstand der Gleichrichterschaltung vom Verbraucher aus gesehen klein ist. Wäre er nicht vorhanden, so würde der Gleichrichter für den Verbraucher eine Speisungsquelle mit hohem Innenwiderstand für Wechselstrom darstellen, und das ist für die meisten elektronischen Schaltungen unbrauchbar. Nebenbei bringt der Kondensator auch eine erhebliche Brummschwächung. Unter gewissen Voraussetzungen (L und I groß genug) beeinflußt er den Gleichrichter nicht, andernfalls ist im folgenden darauf hingewiesen.

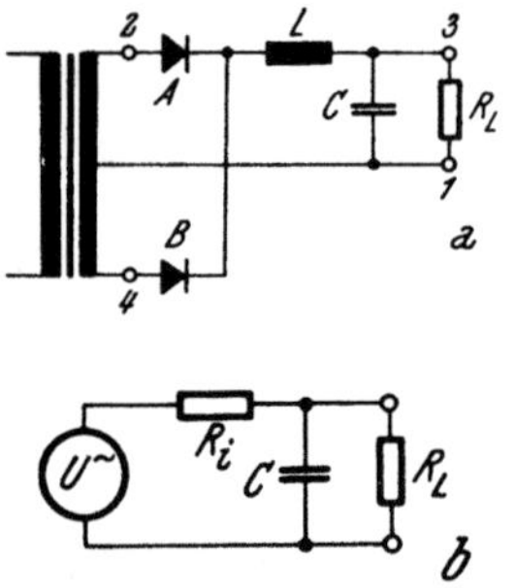

Abb. 10.19. a) L-Gleichrichter, Mittelpunktschaltung, b) Ersatzschaltung für a)

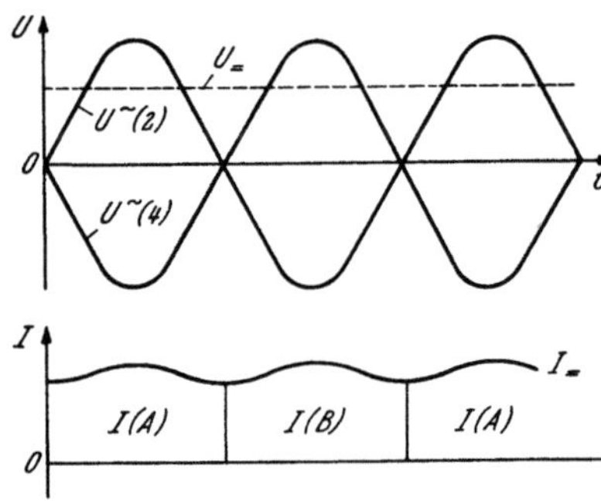

Abb. 10.20. Spannungen und Ströme zu Abb. 10.19

Ströme und Spannungen zur Schaltung nach Abb. 10.19 sind in Abb. 10.20 aufgetragen. Bekanntlich wird bei Stromänderungen in einer Induktivität eine Spannung induziert, die bestrebt ist, der Stromänderung entgegenzuwirken. Diese induzierte Spannung ergänzt die Sinusspeisespannung derart, daß während der Stromflußdauer jedes einzelnen Ventils ein annähernd rechteckförmiger Stromstoß von der Dauer $2\pi/p$ und der Höhe $I^{=}$ zustandekommt. Die Stromrechtecke der einzelnen Ventile schließen sich unmittelbar einander an und ergeben für den Verbraucher einen kontinuierlichen Gleichstrom. Da aber in einer Drossel nur eine Ergänzungsspannung induziert werden kann, solange Strom fließt, nicht aber in den Strompausen, die beim Einweggleichrichter durch das gesperrte Ventil erzwungen würden, ist die Anwendung des Drosseleingangs auf zwei- und mehrphasige Schaltungen beschränkt, bei denen die Stromflußintervalle mit maximaler Länge π lückenlos aufeinander folgen (also M, B, S, DB).

Die Summe aus Verbraucherspannung, Gegenspannung der Drossel und Spannungsabfall über Ri muß gleich der speisenden Trafoleerlaufspannung sein:

$$\hat{U} \cos \omega t = U^{=} + U_L + U_{Gl} \tag{10.13}$$

Die in der Drossel induzierte Spannung U_L hat den zeitlichen Mittelwert 0:

$$\frac{1}{T} \int_0^T U_L \, \mathrm{d}\omega t = 0 \tag{10.14}$$

Der Spannungsabfall U_{Gl} ist gleich dem Produkt aus dem Strom I und dem Innenwiderstand Ri:

$$U_{Gl} = I \cdot Ri \tag{10.15}$$

Ri enthält den Ventildurchlaßwiderstand, den Innenwiderstand der Wechselspannungsquelle und den ohmschen Widerstand der Drossel:

$$Ri = R_{Gl} + Ri^{\sim} + R^{=}_{\mathrm{Drossel}}$$

Integriert man Gl. (10.13) über einen Zyklus (volle Netzperiode 2π, wegen Symmetrie der cos-Funktion zum Nullpunkt Integration nur bis π bzw. π/p), so wird:

$$\frac{p}{\pi}\,\hat{U}\int_0^{\pi/p}\cos\omega t\,\mathrm{d}\omega t = U^{=} + \frac{p}{\pi}\int_0^{\pi/p} U_L\,\mathrm{d}\omega t + U_{Gl}$$

Mit Gl.(10.14) und (10.15) und durch Ausintegrieren erhält man:

$$U^{=} = \frac{p}{\pi}\sin\frac{\pi}{p}\cdot\hat{U} - I^{=}\cdot Ri \tag{10.16}$$

Die beiden Ventile in Abb. 10.19 liefern abwechselnd je eine Sinushalbwelle der gleichen Polarität. Es können deshalb der Transformator und die beiden Ventile durch eine Ersatzspannung und ein Ri nach Abb. 10.19b ersetzt werden.

Die Ersatzspannung $u^{\sim}$ entspricht (bei $p = 2$) der Funktion

$$u^{\sim} = \hat{U}\cdot|\sin\omega t| \tag{10.17}$$

Diese Funktion wird durch eine Fourier-Reihe dargestellt:

$$|\sin\omega t| = \frac{4}{\pi}\left(\frac{1}{2} - \frac{\cos 2\,\omega t}{3} - \frac{\cos 4\,\omega t}{3\cdot 5}\cdots\right)$$

Aus dem 0-Glied erhält man den Gleichspannungsanteil. Mit $I^{=} = U^{=}/R^{=}$ und $R^{=} = Ri + R_L$ bekommt man

$$I^{=} = \frac{2\,\hat{U}}{\pi\,(Ri + R_L)} \tag{10.18}$$

Das stimmt mit Gl. (10.16) für $p = 2$ überein. Aus den weiteren Gliedern ergeben sich die außer dem Gleichstrom gelieferten Wechselstromkomponenten, der Brumm. Weitaus am größten ist der Anteil des Gliedes mit 2ω, die weiteren Glieder können demgegenüber außer Ansatz bleiben. Für den Wechselstrom der Frequenz 2ω ist der entsprechende Wechselstromwiderstand einzusetzen:

$$R_{2\omega} = Ri + j\left(2\omega L - \frac{1}{2\,\omega\,C}\right), \qquad R_L \gg \frac{1}{2\,\omega\,C}$$

$$i_{2\omega} = \frac{4}{3\pi}\,\frac{\hat{U}\cdot\cos 2\omega t}{\sqrt{Ri^2 + \left(2\omega L - \dfrac{1}{2\,\omega\,C}\right)^2}} \tag{10.19}$$

Weil meist $Ri \ll 2\omega L \gg \frac{1}{2\omega C}$, kann man schreiben

$$i_{2\omega} \approx \frac{4}{3\pi} \cdot \hat{U} \cos 2\omega t \cdot \frac{1}{2\omega L} \tag{10.20}$$

Daraus erhält man die Brumm-Scheitelspannung als Spannungsabfall, verursacht durch $i_{2\omega}$ am Kondensator C zu

$$\hat{U}_{2\omega} = \hat{I}_{2\omega} \cdot \frac{1}{2\omega C} \approx \frac{4}{3\pi} \cdot \frac{\hat{U}}{2\omega L} \cdot \frac{1}{2\omega C} = \frac{\hat{U}}{3\pi\,\omega^2 LC} \tag{10.21}$$

Die Brummspannung ist also im Gegensatz zum C-Gleichrichter von der Höhe des entnommenen Stromes unabhängig.

Die einwandfreie Funktion der Schaltung und die Richtigkeit der vorstehenden Rechnung ist nur gegeben, wenn immer Strom in der Durchlaßrichtung eines Ventiles fließt, also keine Strompausen vorhanden sind. Das ist so lange der Fall, als der mittlere Gleichstrom größer bleibt als der Scheitelwert eines überlagerten Wechselstroms. Gl. (10.18) und Gl. (10.20) liefern dafür eine Ungleichung, aus der die Bedingungen für die Erfüllung der obengenannten Forderung zu entnehmen sind.

$$I^{=} > I_{2\omega} \tag{10.22}$$

für $p = 2$:

$$I^{=} = \hat{U} \cdot \frac{2}{\pi} \cdot \frac{1}{Ri + R_L} > \frac{4}{3\pi} \cdot \hat{U} \cdot \frac{1}{2\omega L} \approx \hat{I}_{2\omega}$$

daraus

$$L \geqq \frac{Ri + R_L}{3\omega} \tag{10.23}$$

Es ist abzulesen, daß diese Forderung (keine Strompausen) nur durch bestimmte, voneinander abhängige Mindestwerte des entnommenen Gleichstroms $I^{=}$ und der Drosselinduktivität L erfüllt wird. Ist $I^{=}$ oder L zu klein, so entstehen Strompausen; das Verhalten der Schaltung nähert sich dann durch die Wirkung des Kondensators C dem Verhalten eines C-Gleichrichters. Das zeigt sich besonders im Leerlauf, wobei die Gleichspannung auch beim L-Gleichrichter (Vorhandensein von C vorausgesetzt) auf den Scheitelwert der Transformatorleerlaufspannung steigt.

Die Sperrspannung an den Ventilen ist hier auch bei Last praktisch gleich der doppelten Scheitelspannung, weil die Summe aus Gleichspannung und in der Drossel induzierter Gegenspannung immer annähernd gleich der Wechselspannung ist.

Im Gegensatz zum C-Gleichrichter ist der Effektivstrom durch die Ventile etwa gleich dem entnommenen Gleichstrom je Phase:

$$I_{\text{eff}} = I^{=}/p$$

Der Spitzenstrom hat seinen Größtwert dann, wenn gerade

$$\hat{I}_{2\omega} = I^{=}$$

Dabei ist offensichtlich

$$\hat{I} = 2I^{=}$$

Die Belastungskurve eines L-Gleichrichters ist zum Vergleich ebenfalls in Abb. 10.18 eingezeichnet. Man erkennt sofort den wesentlichen Vorteil des L-Gleichrichters, die weitaus geringere Lastabhängigkeit der Ausgangsspannung. Der geringere Spitzenstrom ist ebenfalls entschieden von Vorteil, besonders für die Auslegung des Transformators. Nachteilig sind Preis und Gewicht der Drossel sowie die bei gleicher Transformatorspannung und gleicher Ventilsperrspannung gegenüber dem C-Gleichrichter geringere Gleichspannung.

10.1.4 Netztransformatoren und Ventile

Der folgende Abschnitt soll Anhaltspunkte für die richtige Anwendung, nicht aber eine Anleitung für die Berechnung und Anfertigung von Netztransformatoren geben. Netztransformatoren werden für Sekundärleistungen ab etwa 1 VA gebaut. Weitaus am häufigsten werden M- oder E/J-Schnitte verwendet. Um kleinere Abmessungen zu erreichen, werden texturaktive Kerntypen aus kaltgewalzten Blechen verwendet, die höhere Induktionen zulassen (MD, P_L, S), aber meist teurer sind. Wenn magnetische Einstreuung auf andere Bauelemente zu befürchten ist (Katodenstrahlröhren, Eingangsübertrager, Tonköpfe usw.), empfehlen sich PHILBERTH-Transformatoren (P_U), deren Ausstreuung etwa um 20 dB unter der eines vergleichbaren M-Kerns liegt (siehe auch Kap. 1.5.3 II B).

Im Leerlauf verhalten sich die Spannungen an den Wicklungen praktisch wie die Windungszahlen, die Lastströme umgekehrt wie die Windungszahlen:

$$n_1/n_2 = U_1/U_2 = I_2/I_1 = ü \qquad (10.24)$$

$ü$ = Übersetzungsverhältnis.

Unter Last ist die von den Sekundärwicklungen abgegebene Spannung wegen der Verluste im Transformator (Wicklungswiderstände, Eisenverluste, siehe Kap. 1.5.3) kleiner, als nach dem Übersetzungsverhältnis zu erwarten ist. Deshalb wird die Windungszahl der Sekundärwicklungen etwas größer und die der Primärwicklung (Netzwicklung) etwas kleiner als nach $ü$ gemacht. Diese Korrektur hängt vom Wirkungsgrad und damit von der Typengröße ab und ist bei kleinen Transformatoren größer (Wirkungsgrad kleiner); bei einem Transformator für 50 VA Sekundärleistung beträgt sie etwa 5% ($n_p = 0{,}95 \cdot n$, $n_s = 1{,}05 \cdot n$).

Um das Eisen des Kerns nicht zu übersättigen, darf eine gewisse Scheitelinduktion B nicht überschritten werden (bei Dynamoblech IV etwa 12 kG, bei Texturblech M–6 X etwa 17 kG). Dafür ist eine Windungszahl pro Volt $\frac{n}{U}$ erforderlich:

$$\frac{n}{U} = \frac{10^8}{4{,}44 \cdot f \cdot B \cdot q_{\mathrm{Fe}}} \qquad \left[\frac{1}{V}, \mathrm{Hz}, \mathrm{G}, \mathrm{cm}^2\right] \qquad (10.25)$$

Für 12 kG und 50 Hz Netzfrequenz wird die Windungszahl pro Volt annähernd zu

$$\frac{n}{U} \approx 42/q_{\mathrm{Fe}} \qquad (10.25\,\mathrm{a})$$

und der Eisenquerschnitt q_{Fe} für die sekundär entnommene Leistung Ns beträgt ganz grob etwa

$$q_{\mathrm{Fe}} \approx \sqrt{Ns} \qquad [\mathrm{cm}^2, \mathrm{VA}] \qquad (10.26)$$

Die Sekundärleistung Ns ist die Summe der von allen Sekundärwicklungen abgegebenen Scheinleistungen in VA, wobei für die Gleichrichterwicklungen das Produkt aus effektiver Nennwechselspannung mal effektivem Gleichrichterstrom (nach Gl. (10.5); (10.10a und b) oder Abb. 10.17) einzusetzen ist. Für die Berechnung des erforderlichen Drahtdurchmessers d wird die Stromdichte so gewählt, daß die Erwärmung der Wicklung in zulässigen Grenzen bleibt. Wird ein Richtwert von 2,5 A/cm² zugrunde gelegt (kleine Transformatoren und Wicklungen außen bis 5, große Transformatoren und Wicklungen innen unter 1,5 A/cm²), dann ergibt sich der Drahtdurchmesser zu

$$d = 0{,}7 \cdot \sqrt{I} \qquad [\text{mm, A}] \tag{10.27}$$

Da für die Wahl des Drahtdurchmessers die Erwärmung maßgebend ist, muß der Effektivwert des entnommenen Stromes eingesetzt werden. Das ist besonders bei Wicklungen für C-Gleichrichter zu beachten, bei denen unter Umständen (E-Schaltung, Si-Ventil, großer Ladekondensator) mit Formfaktoren K bis über 5 gerechnet werden muß (Gl. (10.11) und Abb. 10.17). Im Leerlauf nimmt ein Transformator am 220-V-Netz einen Strom auf, dessen Wert in mA ungefähr die gleiche Größenordnung hat wie die maximale Sekundärleistung in W. Bei sehr groben Abweichungen kann entweder auf Berechnungsfehler oder Windungsschluß geschlossen werden.

Zwischen Netzwicklung und Sekundärwicklungen wird häufig eine Schirmwicklung als elektrostatische Trennung vom Netz und als Schutzmaßnahme nach VDE usw. vorgesehen.

Soll ein Netztransformator bei einer einschlägigen Firma zur Anfertigung in Auftrag gegeben werden, so sind folgende Angaben notwendig:

Kerntype oder Eigenschaften (möglichst klein, extrem streuarm o. ä.)

Ausführung (mit freien Drahtenden bestimmter Länge oder Lötösen, mit oder ohne Fußwinkel, lackiert oder getränkt usw.)

Netzspannung und Netzfrequenz (gegebenenfalls Art der Umschaltung auf andere Netzspannungen und welche)

Anzahl, Nennspannungen und Effektivströme der gewünschten Sekundärwicklungen (Effektivströme, weil der Wickler die vorgesehene Gleichrichterschaltung nicht kennt. Gegebenenfalls Vormagnetisierung, in Zweifelsfällen beabsichtigte Schaltung angeben).

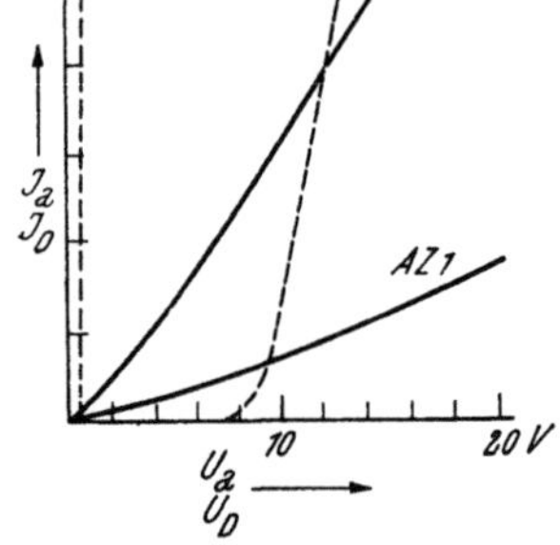

Abb. 10.21. Durchlaßkennlinien verschiedener Gleichrichter

In Abb. 10.21 sind typische Durchlaßkennlinien der für Netzgleichrichter verwendeten Ventile (siehe auch Kap. 1.1.1 und 1.3.2) im gleichen Maßstab zusammengezeichnet. AZ 1 ist eine veraltete direktgeheizte, EZ 81 eine moderne indirekt geheizte Zweigweggleichrichterröhre. E 250 C 100 ist ein Selenventil, OA 210 ein Siliziumventil. Alle vier Gleichrichter sind für annähernd gleiche Spannungen und Ströme geeignet. Unterschiede im Durchlaßwiderstand, gekennzeichnet durch die Neigung der Kurven, sind augenfällig. Die Schwellenspannung der Halbleiterventile ist ebenso deutlich erkennbar. In der Praxis halten sich Röhrenventile noch für hohe Spannungen und kleine Ströme (kV, mA) und als Zweigweggleichrichter des niedrigen Preises wegen. Selenventile werden besonders in der Bauart als Flachgleichrichter in Brückenschaltung noch viel verwendet, sowohl wegen der einfachen Montage als auch der gegenüber einer Brücke aus vier Siliziumventilen zur Zeit noch niedrigeren Preise.

10.1.5 Brummsiebung

Für die Speisung vieler elektronischer Schaltungen ist die Brummspannung, die der Gleichspannung aus einem der beschriebenen Gleichrichterkreise überlagert ist, zu hoch. Deshalb werden zwischen Gleichrichter und Verbraucher R_L Tiefpässe nach Abb. 10.22 und 10.23 geschaltet. Der Siebwiderstand R bzw. die

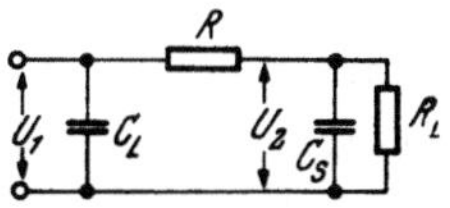

Abb. 10.22. RC-Siebglied

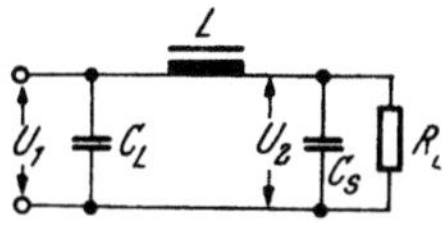

Abb. 10.23. LC-Siebglied

Siebdrossel L bilden mit dem Siebkondensator C_S einen Spannungsteiler für die Brummspannung $\hat{U}_1$. Soll die Siebung, d. h. die Abschwächung der Brummspannung $\hat{U}_1$ möglichst gut sein, dann muß der Scheinwiderstand $\frac{1}{\omega C_S}$ klein gegen den Widerstand R bzw. den Scheinwiderstand ωL sein. Unter dieser Voraussetzung erhält man ohne eine etwas umständliche komplexe Rechnung eine gute Näherung für die Siebwirkung durch folgende Überlegung: Der durch die Brummspannung $\hat{U}_1$ hervorgerufene Wechselstrom $\hat{I}$ wird wesentlich nur durch den Widerstand R bzw. den Scheinwiderstand ωL bestimmt, wenn demgegenüber $\frac{1}{\omega C_S}$ vernachlässigbar ist:

$$\hat{I} \approx \frac{\hat{U}_1}{R} \text{ bzw. } \frac{\hat{U}_1}{\omega L}$$

Am Kondensator C_S entsteht durch diesen Wechselstrom $\hat{I}$ ein Wechselspannungsabfall $\hat{U}_2$, die abgeschwächte Brummspannung, die nach dem Siebglied am Verbraucher wirksam ist. Diese Restbrummspannung $\hat{U}_2$ ist, wenn R_L groß gegen $\frac{1}{\omega C_S}$ ist, annähernd

$$\hat{U}_2 \approx \hat{I} \cdot \frac{1}{\omega C_S} = \frac{\hat{U}_1}{R \cdot \omega C_S} \text{ bzw. } \frac{\hat{U}_1}{\omega^2 \cdot L C_S}$$

Daraus ergibt sich der Siebfaktor s als Verhältnis von $\hat{U}_1$ zu $\hat{U}_2$:

$$RC\text{-Filter:} \quad s = \frac{\hat{U}_1}{\hat{U}_2} = R \cdot \omega C_S \tag{10.28}$$

$$LC\text{-Filter:} \quad s = \omega^2 \cdot L C_S \tag{10.29}$$

Wie die Gl. (10.28) und (10.29) zeigen, steigt die Siebwirkung beim RC-Filter linear mit der Frequenz und beim LC-Filter sogar mit dem Quadrat der Frequenz. Daraus ergibt sich zunächst, daß die Oberwellen, die in der Brummspannung $\hat{U}_1$ stets vorhanden sind, immer stärker als die Grundwelle abgeschwächt werden, die Berechnung des Siebfaktors also auf die Grundwelle beschränkt werden kann. Andererseits ist zu erkennen, daß sich auch für die Brummsiebung Gleichrichterschaltungen um so günstiger verhalten, je höher die Phasenzahl p ist, weil die

Grundwelle der Brummspannung aus dem Gleichrichter bei der Netzfrequenz ω die Frequenz $p \cdot \omega$ aufweist.

RC-Siebglieder sind leicht und klein, aber an dem für ausreichende Siebwirkung bemessenen *R* tritt auch ein Gleichspannungsabfall auf, der bei größeren Verbraucherströmen eine beachtliche Verlustleistung an *R* und damit Wärmeentwicklung entstehen läßt. Außerdem vergrößert *R* den Gesamtinnenwiderstand der Speisungsquelle, so daß die Verbraucherspannung stärker lastabhängig wird. Deshalb werden *RC*-Siebglieder vorwiegend bei Geräten mit konstantem und nicht zu großem Verbraucherstrom verwendet.

LC-Siebglieder haben bessere Oberwellenunterdrückung und einen geringen Gleichstromwiderstand, so daß auch große und stark schwankende Ströme entnommen werden können. Nachteilig sind Volumen, Gewicht und Preis einer wirkungsvollen Siebdrossel und ihr wenn auch geringes magnetisches Streufeld. Vielfach werden Siebdrosseln mit Luftspalt ausgeführt, um den Einfluß der Gleichstromvormagnetisierung auf die Induktivität klein zu halten. Es ist jedoch günstiger, Drosseln für die Brummsiebung ohne Luftspalt auszuführen, um die höchstmögliche Induktivität zu erreichen; die Brummsiebung wird dann trotz der starken Stromabhängigkeit von *L* immer noch besser sein als bei gleichem Kerntyp und Kupferaufwand mit Luftspalt.

10.1.6 Faustformeln und Berechnungsbeispiel

Für die Dimensionierung von Netzgleichrichtern genügen in der Praxis meist Faustformeln, die sich für mittlere Leistungen (etwa 15 bis 150 $W_{=}$) gut bewähren, wenn Transformatoren und Ventile etwa mit den vorgesehenen Nennlasten betrieben werden. Überlastung verbietet sich von selbst. Bei starker Unterschreitung der Nennlasten sind die Faustformeln nicht mehr gültig, für zuverlässige Resultate ist dann nach den ausführlichen Formeln im Text zu rechnen bzw. für *C*-Gleichrichter nach Abb. 10.17 zu arbeiten.

R-Gleichrichter, Gleichspannung, Gl. (10.1), (10.1 a), (10.3)

$$\bar{U}^{=} = K_1 \, U_{\mathrm{eff\,leer}} \cdot \frac{R_L}{Ri + R_L} \qquad [\mathrm{V}, \Omega]$$

Ri = Innenwiderstand eines Zweiges
R_L = Lastwiderstand

p:	1	2	3	6
K_1:	0,45	0,9	1,17	1,35

C-Gleichrichter, Gleichspannung, Gl. (10.7 a)

$$\bar{U}^{=} \approx K_2 \cdot U_{\mathrm{eff\,leer}} \qquad [\mathrm{V}]$$

C-Gleichrichter, Brummspannung, Gl. (10.12)

$$\text{Netzfrequenz 50 Hz:}\ \hat{U}_{Br} \approx K_3 \cdot \frac{I^{=}}{p \cdot C} \qquad [\mathrm{V}_S, \mathrm{mA}, \mu\mathrm{F}]$$

C-Gleichrichter, Effektivstrom, Gl. (10.10a), (10.10b)

$$\text{Strom je Wicklung: } I_{\text{eff}} \approx K_4 \cdot \bar{I}^{=} \qquad [\text{mA}]$$

Die Faktoren K_2 bis K_4 hängen vom Stromflußwinkel ab. Erfahrungsgemäß ergeben sich je nach Ventilart immer ähnliche Stromflußwinkel für Nennlast. Siliziumventile werden häufig weit unter der Nennlast betrieben, deshalb genauer nachprüfen!

Ventil	Θ	K_2	K_3	K_4			
				E	*M*	*B*	*V*
Röhre	0,8	1,0	7,5	2,3	1,1	1,6	3,2
Selen	0,5	1,2	8,4	2,7	1,3	1,9	3,8
Silizium	0,3	1,35	9,1	3,5	1,7	2,5	5,6

L-Gleichrichter, Gleichspannung, Gl. (10.16)

$$U^{=} = K_1 \cdot U_{\text{eff leer}} \cdot \frac{R_L}{Ri + R_L} \qquad [\text{V}, \Omega]$$

K_1 siehe *R*-Gleichrichter, Ri ist hier Innenwiderstand eines Zweiges plus Gleichstromwiderstand der Drossel.

L-Gleichrichter, Brummspannung, Gl. (10.21)

für $p = 2$, Netzfrequenz 50 Hz:

$$\hat{U}_{Br} \approx \frac{1{,}1}{L \cdot C} \qquad [\text{V}_S, \text{H}, \mu\text{F}]$$

L-Gleichrichter, Mindestinduktivität, Gl. (10.23)

für $p = 2$, Netzfrequenz 50 Hz:

$$L_{\min} \approx Ri + R_L \; [\text{H}, \text{k}\Omega]$$

L-Gleichrichter, Effektivstrom je Wicklung

$$I_{\text{eff}} = \frac{\bar{I}^{=}}{q}$$

Siebfaktor, RC- und LC-Siebglied, Gl. (10.28), (10.29)

$$s \approx K_5 \cdot R \cdot C \qquad [\text{k}\Omega, \mu\text{F}]$$

$$s \approx K_6 \cdot L \cdot C \qquad [\text{H}, \mu\text{F}]$$

p	1	2	3	6
K_5	0,3	0,6	0,9	1,8
K_6	0,1	0,4	0,9	3,6

Berechnungsbeispiel

Gleichrichter und Siebglied für die Stabilisierungsschaltung nach Abb. 10.31. Verlangt sind:

Gesiebt: 250 $V^{=}$, 8,3 $mA^{=}$, $\hat{U}_{Br}$ max 0,5 V_S
ungesiebt: etwa 250 $V^{=}$, 41 mA
Heizung für ECL 82
Heizung für Verbraucher 6,3 V; 2,4 A_{eff}
Gesamtstrom: 41 + 8,3 ≈ 50 mA
Ladekondensator: angenommen, weil handelsüblich, 50 μF
Gleichrichter: Selen-Brückengleichrichter, weil klein, gut zu montieren, günstige Trafoausnutzung

Brummspannung am Ladekondensator:

$$\hat{U}_{Br} \approx K_3 \cdot \frac{\bar{I}^{=}}{p \cdot C} = 8{,}4 \cdot \frac{50}{2 \cdot 50} = 4{,}2\ \mathrm{V}_S$$

Notwendiger Siebfaktor $s = \frac{4{,}2}{0{,}5} = 8{,}4$; weil nur 8,3 mA zu sieben sind, wird *RC*-Siebung mit Doppelelko 2 × 50 μF für $C_L + Cs$ gewählt. Geschätzter Siebwiderstand 1,2 kΩ gibt etwa 10 V Gleichspannungsabfall und etwa 85 mW Verlustleistung. Beides wäre gut tragbar. Der Siebfaktor wird damit:

$s \approx K_5 \cdot R \cdot C = 0{,}6 \cdot 1{,}2 \cdot 50 = 36$, also viel mehr als notwendig. Weil kleiner und billiger, wird der Elko auf 2 × 32 μF verkleinert. Damit wird

$$\hat{U}_{Br}(C_L) \approx 6{,}5\ \mathrm{V}; \quad s \approx 23, \quad \hat{U}_{Br}(C_S) \approx 0{,}28\ \mathrm{V}$$

Damit ist noch fast zweifache Sicherheit gegeben.

$U^{=}$ an C_L muß um den Spannungsabfall am Siebwiderstand höher sein als an C_S:

$$\bar{U}^{=} = 250 + 10 = 260\ \mathrm{V}$$

Transformator-Leerlaufspannung:

$$U_{\mathrm{eff\,leer}} \approx \frac{\bar{U}^{=}}{K_2} = \frac{260}{1{,}2} = 215\ V_{\mathrm{eff}}$$

Transformator-Effektivstrom:

$$I_{\mathrm{eff}} \approx K_4 \cdot \bar{I}^{=} = 1{,}9 \cdot 50 = 95\ \mathrm{mA}$$

Transformator-Sekundärleistung:

$$\begin{aligned} Ns_1&: 215\ \mathrm{V} \cdot 0{,}095\ \mathrm{A} = 20{,}5\ \mathrm{VA}\ \text{(Gleichrichter)} \\ Ns_2&: 6{,}3\ \mathrm{V} \cdot 0{,}78\ \mathrm{A} = 4{,}9\ \mathrm{VA}\ \text{(Heizung ECL 82)} \\ Ns_3&: 6{,}3\ \mathrm{V} \cdot 2{,}4\ \mathrm{A} = 15{,}1\ \mathrm{VA}\ \text{(Heizung Gerät)} \\ \hline & Ns = 40{,}5\ \mathrm{VA} \end{aligned}$$

Die höchste möglicherweise auftretende Spannung an den Kondensatoren C_L und C_S ist beim Anheizen und 10% Netzüberspannung:

$$U_{C_{\max}} = U_{\mathrm{eff\,leer}} \cdot \sqrt{2} \cdot 1{,}1 = 215 \cdot \sqrt{2} \cdot 1{,}1 = 336\ \mathrm{V}$$

Es wird daher ein Elko 2 × 32 μF, 350/385 V, sowie ein handelsüblicher Selengleichrichter B 250 C 75 vorgesehen.

10.2 Die Stabilisierung[1]

10.2.1 Die Spannungsstabilisierung

Das Kennzeichen einer Spannungsstabilisierung ist, daß die Spannung am Verbraucher konstant bleibt, wenn sich die Speisespannung oder der Verbraucherstrom ändert. Das Prinzip einer Spannungsstabilisierung zeigt Abb. 10.24. Der Stabilisator bildet mit dem Vorwiderstand Rv einen Spannungsteiler, der an der Speisespannung Ub liegt. Die Spannung am Stabilisator ist gleich der Verbraucher- (oder Last-)spannung U_L. Voraussetzung für eine wirkungsvolle Spannungsstabilisierung ist:

$$Rv \gg Ri \ll R_L \tag{10.30}$$

Ri = dynamischer Innenwiderstand des Stabilisators
R_L = Lastwiderstand.

Diese Bedingung kann von verschiedenen elektronischen Schaltelementen oder Schaltungen erfüllt werden.

Bereits erklärt wurde die Spannungsstabilisierung mit Glimmstabilisatoren (Kap. 1.2.2), Zener-Dioden (Kap. 1.3.2), Heißleitern (Kap. 1.3.5) und Varistoren (Kap. 1.3.5).

Ein Katodenfolger als Konstantspannungsquelle wurde in Kap. 2.3.5 besprochen.

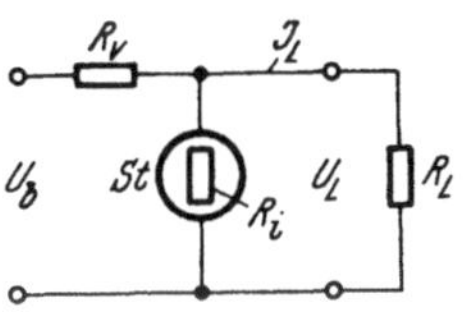

Abb. 10.24. Prinzip einer Spannungsstabilisierung

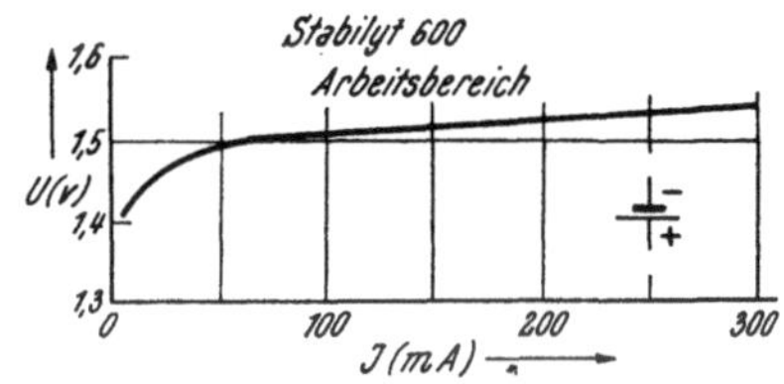

Abb. 10.25. Kennlinie einer Stabilytzelle

Die Spannungsstabilisierung und Regulierung mit Röhren wird in Kap. 10.2.3, mit Transistoren in Kap. 10.2.4 behandelt. Ein noch nicht behandeltes Bauelement ist die Neumann-Stabilisationszelle „Stabilyt".

Sie besteht aus einer Cadmium-Cadmiumoxyd-Katode, einer Nickel-Anode und einem elektrolytgetränkten Separator. Das ganze System ist gas- und flüssigkeitsdicht in einen Stahlzylinder eingeschlossen. Wird an die Stabilytzelle ein Gleichstrom angeschlossen, so scheidet sich an der Anode Sauerstoff ab, der das an der Katode zu Cadmium reduzierte Cadmiumoxyd wieder oxydiert. Dieser Kreisprozeß ermöglicht die Stromleitung durch die Zelle. Die Spannung an der Zelle, 1,5 V, ist durch das Oxyreduktionspotential des Cadmium an der Katode und durch das Sauerstoff-Abscheidungspotential an der Anode bestimmt und sehr wenig von der Stromstärke abhängig. Daher gleicht die Stabilytzelle einem Stabilisator für sehr kleine Betriebsspannungen. Die Abb. 10.25 zeigt eine Kennlinie und das Schaltsymbol. Ihr dynamischer Innenwiderstand liegt je nach Type zwischen 20 mΩ und 1 Ω. Der Stromregelbereich geht von 1 ... 6 mA bis 60 ... 300 mA. Der Betriebstemperaturbereich liegt zwischen 0 und + 55 °C, die Zelle ist kurzzeitig stark überlastbar.

Anwendung: Zur Stabilisierung niedriger Spannungen (Betrieb mit einem Vorwiderstand) vorzugsweise für 1,5 V. Der dynamische Innenwiderstand ist bei dieser

[1] Literatur: [S 5].

Spannung gegenüber dem von Zener-Dioden kleiner. Bei einer Serienschaltung von Neumann-Zellen zur Stabilisierung höherer Spannungen ist jedoch sowohl Ri wie der Temperaturkoeffizient gegenüber vergleichbaren Zener-Dioden größer. Weiterhin findet die Stabilytzelle Verwendung als konstante Bezugsspannungsquelle, zur Siebung an Stelle von Kondensatoren (bei 50 Hz entspricht die Zelle 300 einem Kondensator von 80000 μF bei 1,5 V⁼), als Puffer auf Grund ihrer großen Speicherwirkung, als Kopplungselement, zur Erzeugung einer festen Gittervorspannung an Stelle der RC-Kombination in der Katodenleitung einer Verstärkerröhre, usw. Äußerlich einem kleinen Elektrolytkondensator ähnlich, wird die Stabilytzelle direkt in die Schaltung eingelötet.

Ein weiteres Stabilisierungselement mit sehr kleinem Innenwiderstand wäre ein Akkumulator. Mit einem Ladegleichrichter stellt er als Puffer eine wirksame Konstantspannungsquelle dar. Je größer seine Kapazität ist, um so kleiner wird der Innenwiderstand und um so wirksamer die Stabilisierung. Besonders geeignet sind die Bleisammler und Silber-Zink-Sammler.

10.2.2 Die Stromstabilisierung

Aufgabe der Stromstabilisierung ist es, den Strom durch den Verbraucher konstant zu halten, wenn sich die Betriebsspannung Ub oder der Wert des Lastwiderstandes R_L ändert. Zum Unterschied von der Spannungsstabilisierung ist für eine wirkungsvolle Stromstabilisierung Voraussetzung, daß

$$Ri \gg R_L \qquad (10.31)$$

ist.

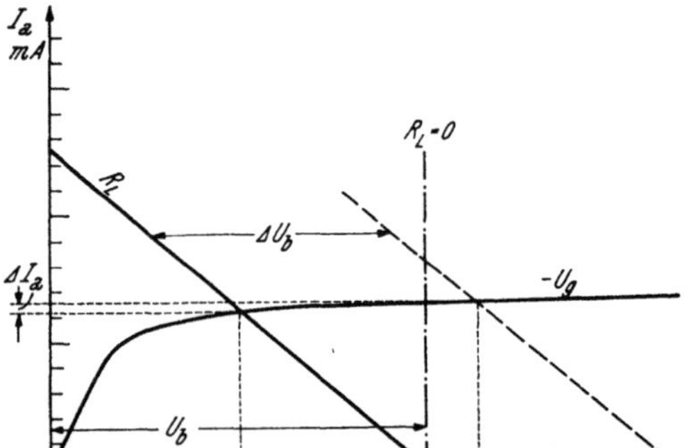

Abb. 10.26. Stromstabilisierung an einer nichtlinearen Kennlinie (Pentode)

Jedes Schaltelement mit hohem Innenwiderstand Ri, der in gewissen Grenzen von der angelegten Spannung wenig abhängig ist, ist als Stromstabilisator geeignet.

Im Kap. 1.1.3 wurde als Charakteristik der Mehrgitterröhren ihr hoher Innenwiderstand besprochen. Wie das Kennlinienfeld Abb. 1.14 zeigt, ist ihr Anodenstrom Ia ab einer minimalen Anodenspannung Ua nahezu unabhängig von Ua. Je kleiner der durch die Gittervorspannung eingestellte Anodenstrom ist, um so horizontaler verläuft die Kennlinie.

Wird eine Pentode in Serie mit dem Verbraucher R_L und der Gleichspannungsquelle Ub geschaltet und wird ihre Steuergitter- und Schirmgitterspannung konstant gehalten, so ist auch der Strom durch den Verbraucher konstant. Die Abb. 10.26 zeigt den Stabilisierungsvorgang im Ia–Ua-Kennlinienfeld. Der Verbraucher (= Anodenwiderstand) ist als Widerstandsgerade R_L eingezeichnet. Der Arbeitspunkt und damit der Anodenstrom (= Verbraucherstrom) ist durch den Schnittpunkt des Gitterspannungsparameters $-Ug$ mit der R_L-Geraden gegeben. Eine Änderung der Betriebsspannung drückt sich als eine Parallelverschiebung der Widerstandsgeraden aus (gestrichelte Gerade), wobei sich Ia um den kleinen Betrag ΔIa ändert und die Spannung am Verbraucher U_L sich ebenfalls kaum ändert. Auch eine Änderung des Widerstandswertes des Verbrauchers ist nahezu ohne Einfluß auf den Strom (im Kennlinienfeld: $R_L = 0$ strichpunktiert).

Eine weitere Möglichkeit, einen Gleichstrom zu stabilisieren, bietet die Stromgegenkopplung (Kap. 3.1.2). Sie vergrößert den Innenwiderstand einer Röhre um den Summanden $R_{GK}(\mu + 1)$ Beispiele für Trioden und Pentoden als Konstantstromquellen sind die Abb. 2.130a und b.

Der Eisenwasserstoffwiderstand (Stromregelröhre)

In einem Glaskolben mit Wasserstoffüllung ist ein gewendelter Eisendraht aufgehängt. Wird die angelegte Spannung von 0 beginnend erhöht, so steigt anfänglich der Strom durch den Draht proportional mit der Spannung. Ab einer gewissen Spannung, oder gleichbedeutend ab einer gewissen Temperatur, bleibt der Strom trotz weiterer Spannungserhöhung angenähert konstant (Abb. 10.27).

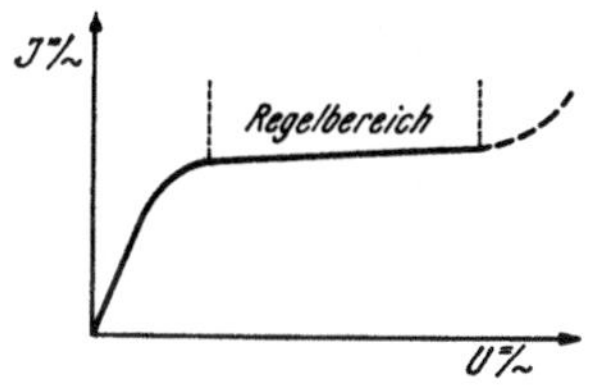

Abb. 10.27. Kennlinie eines Eisenwasserstoffwiderstandes

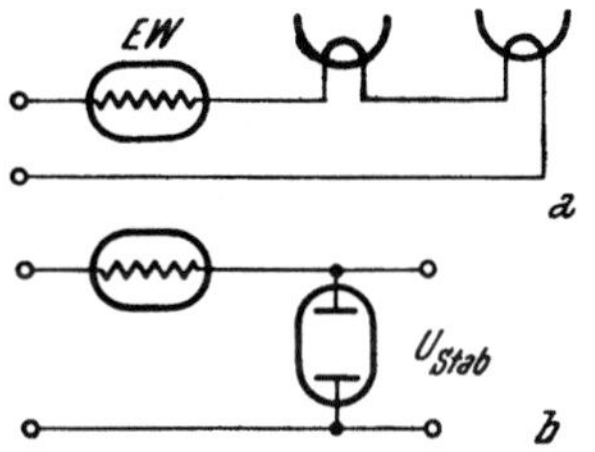

Abb. 10.28. Anwendungsbeispiele von Eisenwasserstoffwiderständen

In diesem Regelbereich ändert sich infolge des hohen Temperaturkoeffizienten des Eisendrahtes und der hohen Wärmeleitfähigkeit der Wasserstoffüllung (Konvektionsstrom) der Widerstand stark bei geringer Stromänderung.

Die Kennlinie des Eisenwasserstoffwiderstandes ist der eines Glimmstabilisators (Abb. 1.68) mit vertauschten U- und I-Achsen ähnlich.

Stromregelröhren werden für konstant zu haltende Ströme von < 100 mA bis zu einigen Ampere gebaut. Sie dienen zum Konstanthalten von Röhrenheizströmen (Abb. 10.28a) oder als Vorwiderstände von Glimmstabilisatoren (Abb. 10.28b), um zwei Beispiele herauszugreifen.

Zum Unterschied von den Röhrenschaltungen arbeitet die Stabilisierung mit Stromregelröhren nicht trägheitslos. In ähnlichem Aufbau wie mit Röhren lassen sich auch Transistoren zur Stromstabilisierung verwenden. Ihr Einsatz erfolgt vorteilhaft bei niedrigen Spannungen und auch hohen Strömen.

Auch mit NTC-Widerständen (Kap. 1.3.5) können Ströme stabilisiert werden.

10.2.3 Elektronische Stabilisierung mit Röhren

Die direkte Stabilisierung von Spannungen und Strömen mit den beschriebenen Mitteln hat schwerwiegende Nachteile: Die direkt stabilisierbare Leistung ist durch die Grenzwerte der stabilisierenden Elemente (z. B. Glimmröhren) auf ziemlich niedrige Werte begrenzt; dabei erreichen Leistungsstabilisatoren ihre höheren Grenzwerte meist nur auf Kosten ihrer Stabilität (z. B. wegen der höheren Eigenerwärmung oder konstruktiver Maßnahmen wie aktivierter Katoden bei Glimmröhren). Der Wirkungsgrad ist schlecht, es muß viel Verlustwärme abgeführt werden. Die stabilisierbaren Strom- oder Spannungswerte sind an die diskreten Nennwerte lieferbarer Bauelemente gebunden, etwa die Brennspannung bei Glimmröhren. Außerdem sind die direkt erreichbaren Stabilisierungsfaktoren und Innenwiderstände für viele Zwecke nicht ausreichend. Deshalb werden elektronische Hilfsschaltungen verwendet, die alle, so verschieden sie auch aussehen mögen, nach demselben Prinzip arbeiten: Abweichungen vom Sollwert einer Spannung oder eines Stromes werden durch Vergleich mit einem Bezugswert ermittelt und steuern automatisch ein Stellglied, das so genau und so schnell als möglich den Istwert wieder auf den Sollwert nachstellt.

Am weitesten verbreitet sind Schaltungen, die einfach zwischen Gleichrichter oder einer anderen Gleichstromquelle und Verbraucher eingeschoben werden. Sie haben den Vorteil, daß sie nicht nur stabilisieren, wie etwa ein vorgeschalteter Magnetkonstanthalter, sondern gleichzeitig sieben und für den Verbraucher einen sehr kleinen Innenwiderstand von Gleichstrom bis zu hohen Frequenzen zeigen.

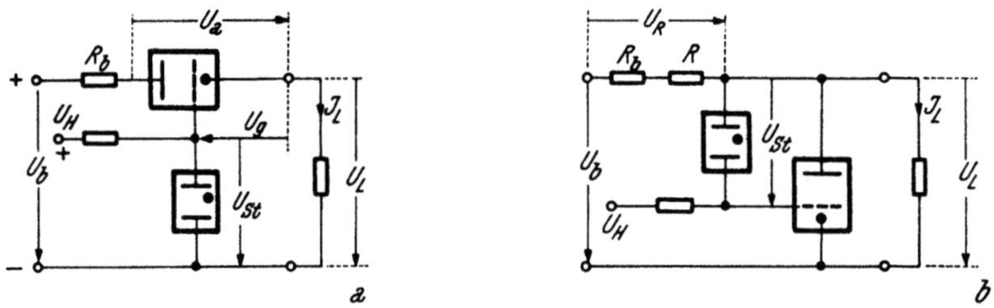

Abb. 10.29. Grundschaltung für elektronische Stabilisierung, a) Serienschaltung, b) Parallelschaltung

Abb. 10.29 zeigt die zwei grundsätzlichen Möglichkeiten der Anordnung des Stellgliedes. Bei Schaltung *a* liegt das Stellglied in Reihe mit dem Verbraucher. Es fließt der gesamte Verbraucherstrom über das Stellglied, an dem entsprechend der Steuerung ein so großer Anteil Ua der Speisespannung abfällt, daß am Verbraucher die gewünschte Spannung U_L konstant bleibt. Bei Schaltung *b* liegt das Stellglied parallel zum Verbraucher und zieht einen so großen zusätzlichen Strom Ia aus der Stromquelle, daß der Spannungsabfall über dem Vorwiderstand R (der wenigstens zum Teil aus dem Innenwiderstand Rb der Stromquelle besteht) so beeinflußt wird, daß wiederum die verlangte Ausgangsspannung konstant bleibt. Von Vorteil ist bei Schaltung *b* die Begrenzung des Kurzschlußstromes durch den Widerstand R auf den Maximalwert $\frac{Ub}{R}$. Nachteilig ist, daß zusätzlicher Gleichstrom verbraucht wird, im Leerlauf der maximale Laststrom vom Stellglied aufgenommen werden muß und die volle Ausgangsspannung am Stellglied liegt. Schaltung *b* wird deshalb seltener und bevorzugt zum Stabilisieren kleiner Leistungen verwendet.

Bei beiden Schaltungen wird der Istwert der Ausgangsspannung U_L mit dem Bezugswert U_{st} dadurch verglichen, daß die Differenz zwischen U_L und U_{st} das Gitter des Stellgliedes steuert. Die Vergleichsspannung U_{st} wird nicht belastet, sie kann deshalb an einer wenig belastbaren Präzisionsglimmröhre abgegriffen werden. Über die Hilfsspannungen U_H wird noch zu sprechen sein, sie sollen zunächst einfach als passend und konstant angenommen werden.

Das Verhältnis der relativen Schwankung der Speisespannung zur relativen Schwankung der Verbraucherspannung bei konstanter Last ist der Stabilisierungsfaktor, der hier zur Unterscheidung von der Steilheit S mit σ bezeichnet wird:

$$\sigma = \frac{\Delta Ub}{Ub} : \frac{\Delta U_L}{U_L} = \frac{U_L}{Ub} \cdot \frac{\Delta Ub}{\Delta U_L} \quad (I_L = \text{konst.}) \qquad (10.32)$$

Der Innenwiderstand ist durch die Größe der Spannungsschwankung am Ausgang bei Belastungsänderung, jedoch konstanter Speisespannung gekennzeichnet·

$$r_i = -\frac{\Delta U_L}{\Delta I_L} \quad (Ub = \text{konst.}) \tag{10.33}$$

Mit den Größen S, μ und Ri für Trioden als Stellglieder ergeben sich die folgenden Überlegungen:
Für die Längsröhre in Abb. 10.29a ist abzulesen

$$\Delta Ug = -\Delta U_L; \qquad \Delta Ua = \Delta Ub - \Delta U_L$$

Bei konstantem Strom $I_L = Ia$ ist nach Definition für μ

$$\Delta Ua = -\mu \cdot \Delta Ug \qquad (Ia = \text{konst.})$$

ΔUa und ΔUg eingesetzt und umgestellt ergibt

$$\frac{\Delta Ub}{\Delta U_L} = 1 + \mu$$

und nach Gl. (10.32) den Stabilisierungsfaktor:

$$\sigma = \frac{U_L}{Ub} \cdot (1 + \mu) \approx \frac{U_L}{Ub} \cdot \mu \tag{10.34}$$

Die Anodenstromschwankungen der Längsröhre sind gleich den Laststromschwankungen, $\Delta Ia = \Delta I_L$.
Für die Röhre gilt:

$$\Delta Ia = S \cdot \left(\Delta Ug + \frac{\Delta Ua}{\mu}\right) \tag{10.35}$$

Aus der Schaltung ist abzulesen, wenn Ub konstant ist:

$$-\Delta Ug = \Delta U_L; \qquad -\Delta Ua = \Delta U_L + Rb \cdot \Delta I_L$$

Rb ist der Innenwiderstand der Speisespannung. Nach Gl. (10.35) ist

$$-\Delta Ia = -\Delta I_L = S \cdot \left(\Delta U_L + \frac{\Delta U_L + Rb\,\Delta I_L}{\mu}\right)$$

Durch Umformen erhält man nach Gl. (10.33)

$$r_i = \frac{\mu}{1+\mu}\left(\frac{1}{S} + \frac{Rb}{\mu}\right) \approx \frac{1}{S} + \frac{Rb}{\mu} \tag{10.36}$$

Bei der Querröhre als Stellglied (Abb. 10.29b) ist

$$\Delta U_L = \Delta Ua = \Delta Ug \tag{10.37}$$

$$\Delta Ub = \Delta Ua + \Delta U_R \tag{10.38}$$

Die Röhre arbeitet wie ein Verstärker mit dem Anodenwiderstand R, in dem Rb bereits enthalten ist:

$$\Delta U_R = \Delta Ug \cdot \mu \cdot \frac{R}{Ri + R} \tag{10.39}$$

Gl. (10.39) und Gl. (10.37) eingesetzt in Gl. (10.38) ergibt

$$\frac{\Delta U_B}{\Delta U_L} = 1 + \mu \cdot \frac{R}{Ri + R}$$

und es wird

$$\sigma = \frac{U_L}{Ub} \cdot \left(1 + \mu \frac{R}{Ri + R}\right) \approx \frac{U_L}{Ub} \cdot \mu \cdot \frac{R}{Ri + R} \tag{10.40}$$

Für die Berechnung des Innenwiderstandes r_i geht man wieder von der Röhrengleichung Gl. (10.35) aus und erhält mit Gl. (10.37) und Gl. (10.38) für $\Delta Ub = 0$

$$\Delta Ia = S \cdot \left(\Delta U_L + \frac{\Delta U_L}{\mu}\right) \tag{10.41}$$

Aus Abb. 10.29 b ist für konstante Ub zu entnehmen:

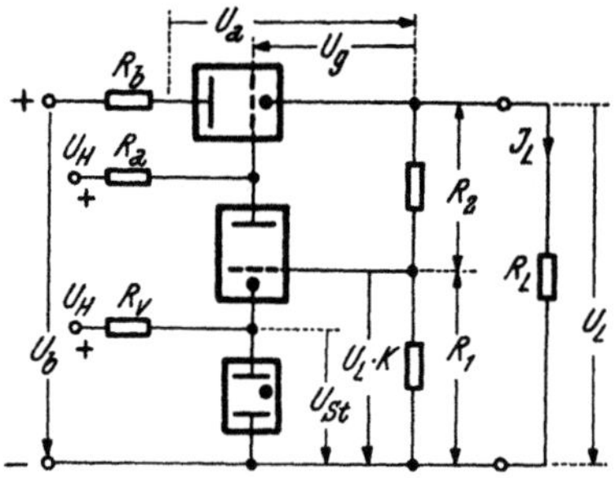

Abb. 10.30. Serienstabilisierschaltung mit Verstärker

$$\Delta U_R = -\Delta U_L = R(\Delta I_L + \Delta Ia)$$

$$\Delta Ia = -\frac{\Delta U_L}{R} - \Delta I_L$$

Damit wird aus Gl. (10.41)

$$-\Delta I_L = S\left(\Delta U_L + \frac{\Delta U_L}{\mu} + \frac{\Delta U_L}{S \cdot R}\right)$$

und nach Gl. (10.33)

$$r_i = \frac{1}{S + \frac{1}{R} + \frac{1}{Ri}} \tag{10.42}$$

Wie ein kurzer Überschlag mit Daten gebräuchlicher Röhren sofort zeigt, sind mit solchen einfachen Anordnungen kaum bessere Ergebnisse als mit direkter Stabilisierung zu erhalten. Deshalb wird meistens die Differenz zwischen Istwert und Bezugswert zuerst verstärkt, bevor sie dem Stellglied zugeführt wird. Abb. 10.30 zeigt eine solche Anordnung mit Serienstellglied und einstufigem Verstärker. Schwankungen der Ausgangsspannung werden über den Spannungsteiler R_1–R_2 dem Gitter einer Verstärkerröhre zugeführt, deren Katode direkt am Stabilisator und damit an der Vergleichsspannung liegt. An der Anode der Verstärkerröhre ist das Gitter der Längsröhre angeschlossen und erhält die verstärkte Schwankung

$$\Delta Ua_{(V)} = -a \cdot V \cdot \Delta U_L \tag{10.43}$$

Darin ist $a = \frac{R_1}{R_1 + R_2}$ das Teilerverhältnis, in dem die Schwankung ΔU_L der Ausgangsspannung U_L abgeschwächt wird, und $-V$ die Verstärkung der Verstärkerröhre. Zwischen Katode und Gitter der Längsröhre wirkt damit die Steuerspannung

$$\Delta Ug = -\Delta U_L - a \cdot V \cdot \Delta U_L \tag{10.44}$$

Mit $\Delta Ua = \Delta Ub - \Delta U_L$ und $\Delta Ug = -\frac{\Delta Ua}{\mu}$ wird

$$\frac{\Delta Ub - \Delta U_L}{\mu} = \Delta U_L + a \cdot V \cdot \Delta U_L$$

$$\frac{\Delta Ub}{\Delta U_L} = 1 + \mu + \mu \cdot a \cdot V$$

Mit Gl. (10.32) erhält man den Stabilisierungsfaktor

$$\sigma = \frac{U_L}{Ub} \cdot (1 + \mu + \mu \cdot a \cdot V) \approx \frac{U_L}{Ub} \cdot \mu \cdot a \cdot V \tag{10.45}$$

Die Anodenstromschwankungen der Längsröhre ΔI sind auch hier identisch mit den Laststromschwankungen ΔI_L, wenn der Querstrom durch $R_1 + R_2$ vernachlässigt oder einfach I_L zugerechnet wird. Mit Gl. (10.44) und $-\Delta Ua = \Delta U_L + Rb \cdot \Delta I_L$ ergibt sich aus Gl. (10.35):

$$-\Delta Ia = -\Delta I_L = S \cdot \left(\Delta U_L + \Delta U_L \cdot a \cdot V + \frac{\Delta I_L \cdot Rb}{\mu} + \frac{\Delta U_L}{\mu}\right)$$

und daraus wiederum nach Gl. (10.33)

$$r_i = -\frac{\Delta U_L}{\Delta I_L} = \frac{\mu}{1 + \mu + \mu \cdot a \cdot V}\left(\frac{1}{S} + \frac{Rb}{\mu}\right)$$

$$r_i \approx \frac{1}{a \cdot V}\left(\frac{1}{S} + \frac{Rb}{\mu}\right) \tag{10.46}$$

Stabilisierungsfaktor und Innenwiderstand sind also annähernd um den Faktor $a \cdot V$ besser als ohne Verstärker.

Bei den Schaltungen nach Abb. 10.29 und Abb. 10.30 wird die Differenz zwischen Soll- und Istwert am Ausgang der Anordnung gebildet und zum Stellglied zurückgeführt. Kennzeichnend für eine solche „Rückwärtsregelung" ist, daß immer, so groß auch eine zusätzliche Verstärkung V gemacht wird, eine kleine restliche Abweichung ΔU_L am Ausgang stehenbleibt, die überhaupt erst den Regelvorgang ermöglicht.

In der Schaltung Abb. 10.31, die die praktische Ausführung einer Stromversorgung mit einer festeingestellten stabilisierten Spannung von 150 V zeigt, ist deshalb eine „Vorwärtsregelung" eingeführt, bei der das Stellglied über R_5 zusätzlich von der Sollwertabweichung am Eingang der Stabilisierschaltung gesteuert wird.

Die am Eingang abgenommene Abweichung ΔUb gelangt über den Spannungsteiler R_4–R_5 zum Fußpunkt von R_1 und steuert zusätzlich die Verstärkerröhre. Mit $R_5 \gg R_4 \ll R_1$ ergibt sich

$$a_2 \approx \frac{R_4}{R_5} \cdot \frac{R_2}{R_1 + R_2} = \frac{R_4}{R_5}(1 - a)$$

und aus Gl. (10.44) wird

$$\Delta Ug = -\Delta U_L - V \cdot (a \cdot \Delta U_L + a_2 \cdot \Delta Ub)$$

Der Stabilisierungsfaktor berechnet sich damit zu

$$\sigma = \frac{U_L}{Ub} \cdot \frac{1 + \mu + \mu \cdot a \cdot V}{1 - \mu \cdot a_2 \cdot V} \approx \frac{\mu - a \cdot V}{1 - \mu \cdot a_2 \cdot V} \tag{10.47}$$

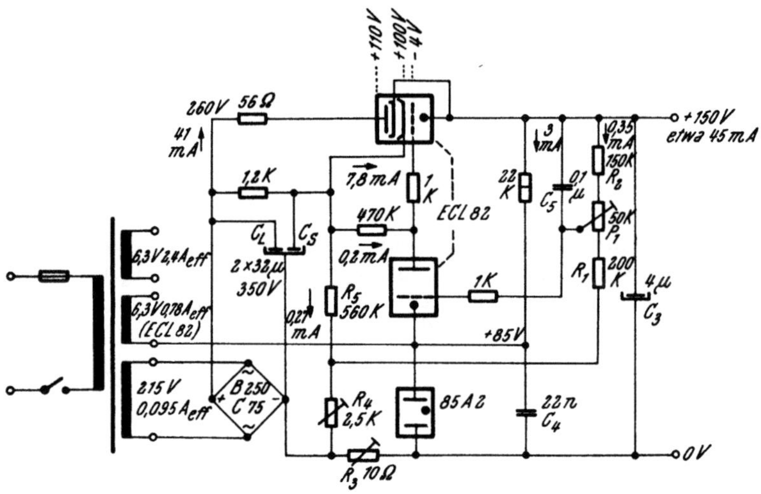

Abb. 10.31. Stabilisierschaltung mit Vorwärtsregelung und Stromrückkopplung

Man erkennt, daß mit Vorwärtsregelung der Stabilisierungsfaktor unendlich groß werden kann, wenn die Bedingung

$$a_2 = \frac{1}{\mu \cdot V} \tag{10.47a}$$

exakt abgeglichen und eingehalten wird. Das würde jedoch konstantes μ und V über den ganzen Regelbereich erfordern. Bei $a_2 > \frac{1}{\mu \cdot V}$ tritt sogar ein negativer Wert für σ auf, d. h. es erfolgt Überregelung, die Ausgangsspannung steigt, wenn die Speisespannung sinkt. Im Interesse konstanter Stabilisierungseigenschaften ist es ratsam, Vorwärtsregelung mit Vorsicht und nur zur Unterstützung einer Rückwärtsregelung anzuwenden. a_2 sollte (in Abb. 10.31 z. B. mit R_4) so eingestellt werden, daß auch bei den größten voraussehbaren Abweichungen von Bauelementen, Röhren und Betriebsbedingungen keine Überregelung eintreten kann.

Analog wie die Vorwärtsregelung auf die Stabilisierung wirkt eine Stromrückkopplung auf den Innenwiderstand. In Abb. 10.31 ist dafür der Widerstand R_3 vorgesehen. Laststromschwankungen erzeugen einen Spannungsabfall $I_L \cdot R_3$, der über den Fußpunkt des Teilers R_2–R_1 der Verstärkerröhre zusätzlich eingespeist wird. Mit $\frac{R_2}{R_1 + R_2} = 1 - a$ wird dann aus Gl. (10.44)

$$Ug = -U_L - V \cdot a \cdot U_L - (1 - a) \cdot I_L \cdot R_3$$

Der Innenwiderstand berechnet sich damit zu

$$r_i = \frac{\mu}{1 + \mu + \mu \cdot a \cdot V} \frac{1}{S} + \frac{Rb}{\mu} - V \cdot (1 - a) \cdot R_3 \tag{10.48}$$

$$\approx \frac{1}{a \cdot V} \cdot \left(\frac{1}{S} + \frac{Rb}{\mu}\right) - \frac{R_2}{R_1} \cdot R_3$$

Er kann bei richtigem Abgleich von R_3 auf Null und auch auf negative Werte (Ausgangsspannung steigt bei steigender Belastung) gebracht werden. Es bestehen aber ähnliche Bedenken hinsichtlich der Konstanz wie bei der Vorwärtsregelung. Besonders sei noch darauf hingewiesen, daß Selbsterregung bei Frequenzen eintritt, für die der negative Innenwiderstand größer als der Scheinwiderstand am Ausgang wird.

Um die Stabilisierungsschaltungen möglichst zu vereinfachen, wird angestrebt, ohne zusätzliche Hilfsspannungen auszukommen. Wie Abb. 10.31 zeigt, ist das möglich. Der Glimmstabilisator erhält hier über den 22-kΩ-Widerstand von der stabilisierten Spannung konstant 3 mA und über das Triodensystem etwa zwischen 0,15 und 0,45 mA schwankend bei den Extremen von Last und Speisespannung. Bei etwa 300 Ω Innenwiderstand der 85 A 2 gibt das eine Schwankung um den Mittelwert von etwa $\pm$ 45 mV = $\pm$ 0,5‰. Damit bleibt die hohe Langzeitkonstanz der Bezugsspannung von besser als $\pm$0,2%, wie sie mit der 85 A 2 und ähnlichen Spannungsreferenzröhren erreichbar ist, sinnvoll ausgenützt. Die Verstärkertriode erhält ihre Anodenspannung von der unstabilisierten Eingangsspannung, um eine genügend hohe Betriebsspannung für den großen Anodenwiderstand und damit einen ausreichenden Anodenstrom für die Verstärkerröhre zu sichern. Dadurch wird allerdings die Stabilisierung etwa um so viel verschlechtert, als die Vernachlässigungen in den Näherungswerten bei Gl. (10.34), Gl.(10.45) und Gl. (10.47) ausmachen (die damit um so berechtigter sind). Dieser Einfluß kann aber durch Vorwärtsregelung verkleinert werden.

An der oberen Frequenzgrenze des Verstärkers nimmt der Innenwiderstand r_i zu. Dagegen schaltet man über den Ausgang einen Kondensator C_3, der bei höheren Frequenzen den kleinen Innenwiderstand aufrechterhält. Die gleiche Funktion hat C_4 für den Stabilisator. C_5 verbessert das Teilerverhältnis für die Brummspannung auf $a = 1$. In der Speisespannung enthaltener Brumm wird nämlich nicht anders als Speisespannungsschwankungen ausstabilisiert und mit C_5 kann deshalb die Brummsiebung erhöht werden. Der Scheinwiderstand von C_5 muß für die Grundwelle der Brummspannung klein gegenüber R_1 sein.

Pentoden als Steuerverstärker ergeben durch höhere Verstärkung bessere Stabilisierung und kleineren Innenwiderstand, außerdem wegen der meist kleineren Restspannung auch einen größeren Aussteuerbereich für U_L. Die Schirmgitterspannung wird häufig über einen Spannungsteiler erzeugt und soll so niedrig eingestellt werden, daß die Röhre gerade noch ohne Gitterstrom bis zur erforderlichen Restanodenspannung durchgesteuert werden kann. Eine Einstellung mit vergleichsweise hoher Schirmgitterspannung und entsprechend hoher Gittervorspannung ergibt geringere Verstärkung und kann zu Inselbildung auf der Katode führen. Gelegentlich wird das Schirmgitter auch für Vorwärtsregelung benützt.

Pentoden als Längsröhren ohne eigene Schirmgitterspannungsquelle bieten nur die Möglichkeit besserer Brummschwächung durch abgestufte Siebung wie in Abb. 10.31. Dabei wird nur der verhältnismäßig geringe Schirmgitterstrom gesiebt, während der Anodenstrom direkt am Ladekondensator abgenommen wird. Der Steuerverstärker wird ebenfalls aus der gesiebten Spannung gespeist.

Um den hohen theoretischen Verstärkungsfaktor der Pentoden bei Längsröhren zur Verbesserung von Stabilität und Innenwiderstand ausnützen zu können, muß eine eigene, auf die Katode bezogene Hilfsspannung wie in Abb. 10.32 vorgesehen werden, deren Stabilität wenigstens gleich oder besser als die der Hauptspeisespannung ist. Weil die Belastung der Hilfsspannung durch das Schirmgitter viel kleiner ist als die Hauptlast, ist diese Bedingung meist ohne weiteres erfüllt, andernfalls kann die Schirmgitterspannung leicht durch eine zusätzliche Glimmröhre stabilisiert werden. Der Aufwand einer getrennten Schirmgitterspeisung ist aber nur bei äußerst hohen Stabilitätsforderungen oder bei größeren stabilisierten Leistungen sinnvoll. Hier ergibt sich vor allem eine Verlustleistungsersparnis (wichtig für die Wahl der Längsröhre) durch die geringere erforderliche Mindestanodenspannung bei hohem Laststrom.

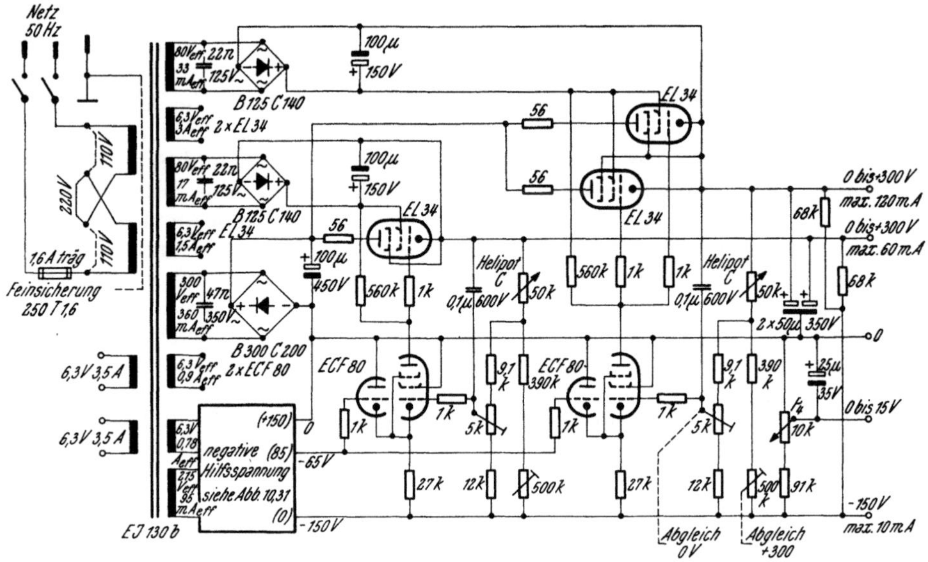

Abb. 10.32. Röhrenstabilisiertes Labornetzgerät

Die erforderliche Gleichspannungskopplung führt zu ähnlichen Problemen wie bei Gleichspannungsverstärkern. Arbeitspunktverschiebungen durch Röhrenstreuung, Alterung u. dgl. sind zwar hier klein gegen die Bezugsspannung, stören deshalb weniger und werden durch die Rückwärtsregelung teilweise ausgeregelt. Dagegen muß die galvanische Verbindung zwischen Ausgangsspannung, Bezugsspannung, Verstärker und Stellglied bei der Wahl der Betriebsbedingungen berücksichtigt werden. Damit ergeben sich die Dimensionierungsbedingungen zwangsläufig aus den geforderten Ausgangswerten und den Kennlinien und Grenzdaten der verwendeten Röhren, vor allem der als Stellglied eingesetzten Leistungsröhre.

Für die Ausgangsspannung bzw. den Spannungsteiler R_1–R_2 gilt folgender Zusammenhang:

$$a = \frac{R_1 + R_2}{R_1} = \frac{U_L}{U_{st} + Ug_{(V)}} \approx \frac{U_L}{U_{st}} \tag{10.49}$$

$Ug_{(V)}$ ist die Grundgittervorspannung der Verstärkerröhre und ist bei der Berechnung fast immer vernachlässigbar gegen U_{st}. Durch Änderung des Teilerverhältnisses kann die Ausgangsspannung variiert werden. Diese Möglichkeit wird besonders bei stabilisierten Stromversorgungsgeräten für Experimentierzwecke dazu benützt, um relativ hochbelastbare Ausgangsspannungen (einige 10 W) mit Hilfe kleiner Potentiometer (einige 1/10 W) stufenlos und in großen Bereichen einzustellen (Abb. 10.32). Auch in Schaltungen für eine festgelegte Ausgangsspannung wird immer ein Potentiometer P vorgesehen, um den gewünschten Wert genau zu justieren. Ausgangspunkt für die Schaltungsbemessung sind der gewünschte Einstellbereich der Ausgangsspannung $U_{L\min}$ bis $U_{L\max}$ und der im Betrieb zu erwartende Laststrombereich $I_{L\min}$ bis $I_{L\max}$. Bei fest eingestellten Stabilisierungsschaltungen fallen die beiden Grenzen mit den verlangten diskreten Werten U_L und I_L zusammen. U_{st} kann in bescheidenen Grenzen durch die Wahl der Glimmröhre und um ganzzahlige Faktoren durch Serienschaltung mehrerer Glimmröhren beeinflußt werden.

Je nach den zu erwartenden Betriebsbedingungen (z. B. vorstabilisierte Netzspannung oder stark schwankendes Netz) sind Grenzen für die Speisespannung $Ub_{\min}$ bis $Ub_{\max}$ bei Vollast $I_{L\max}$ festzulegen, innerhalb derer die Schwankungen ausstabilisiert werden sollen. Dabei gilt für eine zu erwartende Netzschwankung von $\pm\, p\%$ annähernd:

$$Ub_{\max} = Ub_{\min} \cdot \frac{100 + p}{100 - p} = Ub \cdot (100 + p) \tag{10.50}$$

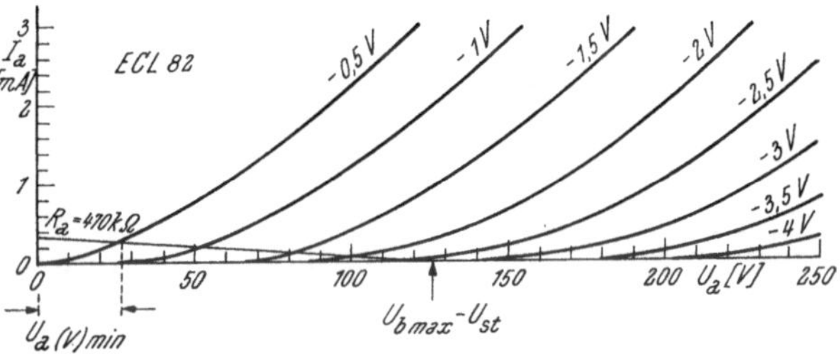

Abb. 10.33. Betriebswerte des Verstärkers im Kennlinienfeld (Triodensystem der ECL 82)

Außerdem ist die bei Mindestlast $I_{L\min}$ und Netzüberspannung auftretende höchste Speisespannung $Ub_{\max}$ (für $I_{L\min}$) für die verwendete Speisegleichrichterschaltung abzuschätzen. Aus dem Kennlinienfeld Abb. 10.33 ist die Mindestanodenspannung $Ua_{(V)\min}$ der Verstärkerröhre zu entnehmen, die beim Anodenwiderstand Ra und der Verstärkerbetriebsspannung $Ub_{\max} - U_{st}$ noch ohne Gitterstrom erreichbar ist.

Aus den Kennlinienfeldern Abb. 10.34 und Abb. 10.35 gehen verschiedene Grenzwerte für die Längsröhre direkt hervor. Die Kennlinie $Ug_{\min}$ liefert in Abhängigkeit vom Höchststrom $I_{L\max}$ einen Mindestwert der Anodenspannung $Ua_{\min}$, bei dem noch kein Gitterstrom auftritt. Die erforderliche Gittersperrspannung $Ug_{\max}$ bei Mindestlast $I_{L\min}$ ist für die Anodenspannung

$$Ua = Ub_{\max} - U_{L\min} \tag{10.51}$$

ebenfalls zu entnehmen. Durch die Grenzlasten der Längsröhre werden folgende Extremwerte bestimmt:

$$Ub_{\max} \leqq U_{L\min} + \frac{Na_{\max}}{I_{L\max}} \tag{10.52}$$

Für $I_L \neq 0$:

$$Ub_{\max} \leqq U_{L\min} + Ua_{\max} \geqq Ub_{\max}(\text{für } I_{L\min}) \quad (10.53)$$

Für $I_L = 0$, also im Leerlauf oder beim Anheizen, mit Ua_0 aus den Röhrendaten:

$$Ub_{\max\,\text{leer}} \leqq U_{L\min} + Ua_0 \quad (10.54)$$

Für Trioden und Pentoden mit Schirmgitterspeisung aus der Hauptspeisespannung, auch bei abgestufter Siebung:

$$Ik_{\max} \leqq I_{L\max} + I_H \quad (10.55)$$

I_H ist die Summe der Hilfsströme für Spannungsteiler und Glimmröhre, soweit sie über die Längsröhre fließen.

Für Pentoden mit getrennter, auf die Katode bezogener Schirmgitterspeisung:

$$Ik_{\max} - Ig_2 \leqq I_{L\max} + I_H \quad (10.56)$$

Folgende Extremwerte müssen eingehalten werden, um die Funktionsfähigkeit der Stabilisierungsschaltung zu sichern. Für $I_{L\max}$ muß sein

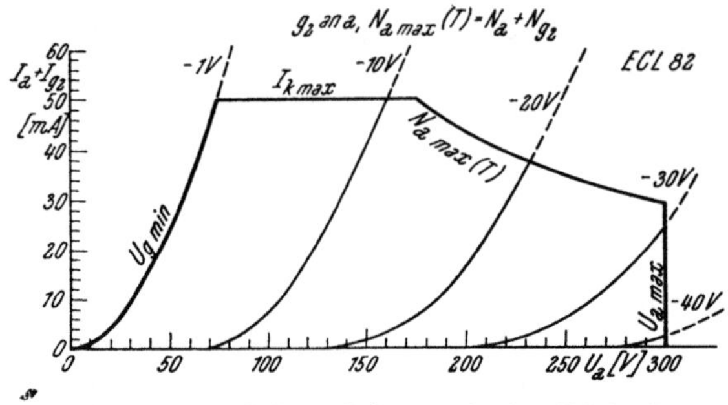

Abb. 10.34. Kennlinien und Grenzwerte einer Triode als Längsröhre (Pentodensystem der ECL 82 als Triode, g_2 an a)

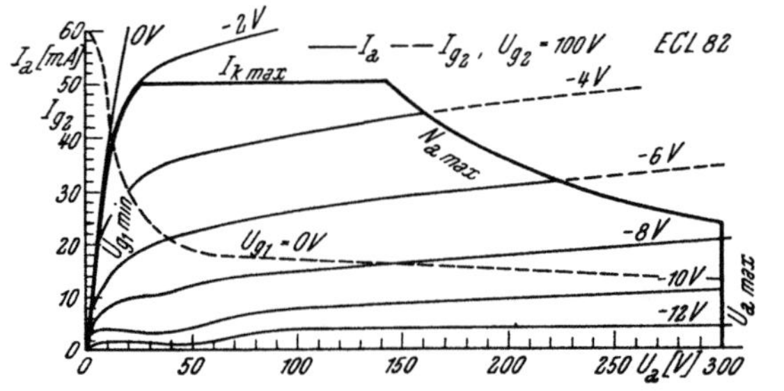

Abb. 10.35. Kennlinien und Grenzwerte einer Pentode als Längsröhre (Pentodensystem der ECL 82)

$$Ub_{\min} \geqq U_{L\max} + Ua_{\min} \quad (10.57)$$

und für $I_{L\min}$

$$U_{L\min} \geqq U_{st} + Ua_{(V)\min} + Ug_{\max} \quad (10.58)$$

Aus dieser letzten Gleichung ergibt sich, daß mit einer Schaltung nach Abb. 10.31 die Ausgangsspannung nicht beliebig klein eingestellt werden kann. Bei Experimentiernetzgeräten, für die eine Einstellbarkeit der Ausgangsspannung bis nahe Null erwünscht ist, verwendet man deshalb eine Hilfsspannung wie in Abb. 10.32, die offensichtlich so groß wie $U_{L\min}$ nach Gl. (10.58) sein muß, um annähernd die Ausgangsspannung Null zu erreichen. Weil bei Experimentiergeräten auch mit verschwindend kleiner Belastung gerechnet werden muß und dabei die Stabilisierungseigenschaften nicht schlechter sein sollen, wird der Ausgang durch einen Widerstand vorbelastet. Damit fließt auch bei Leerlauf ein gewisser Mindeststrom durch die Längsröhre und verhindert, daß diese im flachsten Teil der Kennlinien mit ungenügenden Werten für Steilheit S und Verstärkungsfaktor μ arbeitet.

Für die Verstärkung sind beliebige Varianten von Gleichstromverstärkern möglich, es ist lediglich darauf zu achten, daß die durch die galvanische Kopplung festgelegten Potentialverhältnisse verträglich für den Verstärker sein müssen und Sollwertabweichungen vom Ausgang verstärkt in solcher Polarität zum Stellglied gelangen, daß sie der ursprünglichen Abweichung entgegenwirken.

Bei dem in Abb. 10.32 gezeigten Labornetzgerät wird die Schaltung Abb. 10.31 als negative Hilfsspannung verwendet. Der Sollwertvergleich für zwei unabhängig einstellbare positive Spannungen erfolgt durch je einen unsymmetrischen Differenzverstärker gegen den Bezugsstabilisator der negativen Spannung. Dadurch wird jede Belastung der Bezugsspannung vermieden, die sich beim Verstellen der positiven Spannungen ergeben könnte und gegenseitige Unabhängigkeit auch bei Lastwechseln erreicht. Am Potentiometer P_4 kann für geringe Belastung, etwa für Gitterspannungen, eine einstellbare negative Spannung abgenommen werden.

Wird an einem Serienwiderstand im Laststromkreis eine dem Laststrom proportionale Spannung abgegriffen und gegen eine Bezugsspannung verglichen, so ergibt sich mit der prinzipiell gleichen Anordnung eine Stromstabilisierung. Die Berechnung erfolgt analog zur Spannungsstabilisierung; auf ihre Darstellung soll im vorliegenden Rahmen ebenso verzichtet werden wie auf eine Besprechung der zahlreichen Möglichkeiten der Stabilisierung auch von Wechselspannungen und -strömen etwa durch gesteuerte Gleichrichter oder Transduktoren.

Berechnungsbeispiel nach Abb. 10.31

Gefordert: 150 $V^{=}$, 0 bis 45 mA, < 1 mV_S Brummspannung.

Netz $\pm$ 10%, Stabi 85 A 2.

Geschätzt: $Ua_{\min} \approx 100$ V, $Ik \approx 50$ mA, dafür notwendig $Na \approx 5$ W. Daher ausgewählt ECL 82, Berechnung zeigt, ob tatsächlich möglich.

Aus Kennlinie für Triodenschaltung L-System $Ua_{\min} = 75$ V für 50 mA und -1 V.
Nach Gl. (10.57)

$$Ub_{\min} = 150 + 75 = 225 \text{ V}$$

Nach Gl. (10.50)

$$Ub_{\max} = 225 \cdot \frac{110}{90} = 275 \text{ V}$$

$$Ub = 225 \cdot \frac{100}{90} = 250 \text{ V}$$

Nach Röhrendaten für Betrieb als Triode,

$$Ua < 250 \text{ V}, \; Na + Ng_2 = 8{,}8 \text{ W}, \quad \text{damit}$$

nach Gl. (10.52)

$$Ub_{\max} \leqq 150 + \frac{8{,}8}{0{,}05} = 325 \text{ V}, \quad \text{erfüllt.}$$

Nach Gl. (10.53)

$$Ub_{\max} \leqq 150 + 250 = 400 \text{ V}, \quad \text{erfüllt.}$$

Nach Gl. (10.54)

$$Ub_{\max\,\text{leer}} = 150 + 550 = 700 \text{ V}, \text{ sicher erfüllt. 550 V ist } Ug_{2_0} \text{ aus Röhrendaten.}$$

Nach Gl. (10.55)

$$I_{H\max} \leqq I_{K\max} - I_{L\max} = 5 \text{ mA.}$$

Querstrom durch Stabi + Teiler darf also nicht größer als 5 mA sein.
Aus Kennlinie für C-System mit $Ra = 470$ kΩ und

$$Ub_{(V)} = Ub_{\max} - U_{st} = 275 - 150 = 125 \text{ V}$$

entnommen

$$Ua_{(V)\min} = \text{etwa } 25 \text{ V bei } Ug = -0{,}5 \text{ V}$$

Mit Ua nach Gl. (10.51) ($Ub_{\max}(I_{L\min})$ geschätzt 325 V)

$$Ua = 325 - 150 = 175\ \mathrm{V}$$

aus Kennlinien L-System (Triodenschaltung)

$$Ug_{\max} \approx -20\ \mathrm{V}$$

Nach Gl. (10.58)

$$U_{L\min} \geqq 85 + 25 + 20 = 130\ \mathrm{V},$$

also 150 V sicher einstellbar.
Nach Gl. (10.49)

$$\frac{R_1 + R_2}{R_1} \approx \frac{150}{85}$$

Bei I_{quer} (Teiler) von etwa 0,3 mA: $R_1 + R_2 \approx \frac{150}{0{,}3} \approx 500\ \mathrm{k\Omega}$
Gewählt 220 kΩ + 50 kΩ Pot. + 150 kΩ. In Mittelstellung Pot.:

$$a = \frac{245 + 175}{245} \approx \frac{150}{85}$$

Für I_{quer} (Stabi) etwa 3 mA: $R_V = 22\ \mathrm{k\Omega}$
Für die Vorwärtsregelung (siehe dort) über R_5 wird abgeschätzt mit μ (Längsröhre) ≈ 10 und V (Verstärker) ≈ 50 nach Gl. (10.47a)

$$a_2 < \frac{1}{500}$$

Danach gewählt $R_5 = 560\ \mathrm{k\Omega}$, $R_4 = 2{,}5\ \mathrm{k\Omega}$ Pot., wird experimentell auf beste Stabilisierung eingestellt. Für die Stromrückkopplung wird nach Gl. (10.48) zunächst berechnet mit $S = 7{,}5\ \mathrm{mA/V}$ und Rb geschätzt 0,2 kΩ:

$$\frac{1}{a \cdot V} \cdot \left(\frac{1}{S} + \frac{Rb}{\mu}\right) = \frac{1}{0{,}6 \cdot 50} \cdot \left(\frac{1}{7{,}5} + \frac{0{,}2}{10}\right) \approx 5\ \Omega$$

(Das ist nach Gl. (10.46) auch der Innenwiderstand ohne Stromrückkopplung). Damit r_i nach Gl. (10.48) nicht kleiner als Null wird, muß sein:

$$\frac{R_2}{R_1} \cdot R_3 < \approx 5\ \Omega \quad \text{und} \quad R_3 < \approx 5 \cdot 0{,}7 = 3{,}5\ \Omega$$

Gewählt, weil handelsüblich, kleines Drahtpotentiometer 10 Ω, experimentell auf kleinsten Innenwiderstand für den ganzen Regelbereich (!) eingestellt. Nach Gl. (10.44)ff. Brummschwächung etwa

$$\frac{\Delta Ub}{\Delta U_L} \approx \mu \cdot a \cdot V = 10 \cdot 1 \cdot 50 = 500$$

$$a = 1 \text{ für Brumm wegen } C_5 = 0{,}1\ \mu\mathrm{F} \gg \frac{1}{\omega R_1}$$

Für geforderte $< 1\ \mathrm{mV}_S$ Brummspannung am Ausgang, also höchstens 500 mV_S am Eingang zulässig (Vorwärtsregelung hierfür wirkungslos wegen C_5!). Weil Längsröhre Pentode, muß nur Schirmgitter auf 500 mV_S gesiebt sein. I_k nach Röhrendaten geschätzt aufgeteilt in $Ia = 41\ \mathrm{mA}$ und $Ig_2 = 7{,}8\ \mathrm{mA}$, geforderte Speisespannung daher 250 $\mathrm{V}^=$, 7,8 mA, maximal 500 mV_S Brumm, sowie $\geqq$ etwa 250 $\mathrm{V}^=$, 41 mA, zulässig geschätzt 10 V_S Brummspannung. Berechnung Gleichrichter siehe Kap. 10.1.6.

10.2.4 Transistorstabilisierte Netzgeräte

Zur Stabilisierung niedriger Spannungen unter 100 V eignen sich wegen ihres geringen inneren Spannungsabfalles Transistoren besser als Röhren. Die Schaltungstechnik transistorbestückter Niederspannungsgeräte kann jedoch fast unverändert von den im vorhergehenden Abschnitt behandelten Röhren-Schaltungen übernommen werden, wobei den geänderten Spannungsverhältnissen entsprechend an die Stelle des Glimmröhrenstabilisators als Referenzspannungselement eine Zener-Diode tritt, auf deren Bedeutung als Spannungsnormal bereits in Kap. 1.3.2 hingewiesen wurde.

A. Stabilisierung durch Paralleltransistor

Übersteigt in Abb. 1.96 die auszuregelnde Laststromschwankung den maximal zulässigen Stabilisierungsbereich der Zener-Diode, so verlegt man die Diode in den Basiskreis eines Transistors (Abb. 10.36) und überläßt der Kollektor-Emitterstrecke die Rolle des veränderlichen Gleichstromwiderstandes, der z. B. bei einer Betriebsspannungserhöhung oder Laststromabnahme automatisch kleiner wird und so den Spannungsabfall am Vorwiderstand Rv erhöht.

Die Höhe der Ausgangsspannung stimmt praktisch mit der Zener-Spannung überein, da die Basis-Emitterspannung des Transistors im allgemeinen kleiner als 0,5 V ist. Der zwischen den Ausgangsklemmen A und B wirksame differentielle Widerstand r_i der Stabilisierungsanordnung beträgt näherungsweise

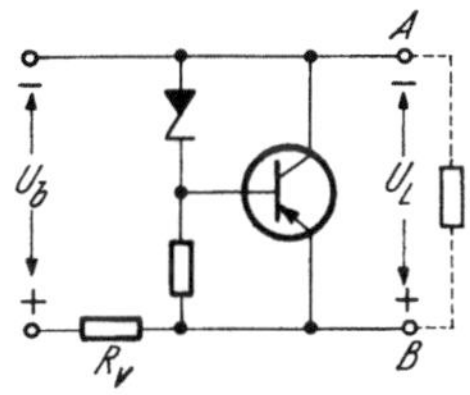

Abb. 10.36. Stabilisierung durch Spannungsteiler Transistor-Rv

$$r_i = \frac{\Delta U_L}{\Delta I_L} = \frac{r_z + 1/\left(\frac{1}{R_v} + \frac{1}{r_e}\right)}{1 + \beta(1 + r_e/R_v)} \tag{10.59}$$

r_z = Zener-Widerstand (differentieller Innenwiderstand der Diode im Durchbruchsgebiet)

r_e = differentieller Widerstand zwischen Basis und Emitter des Transistors in Emitterschaltung

β = Kurzschlußstromverstärkung in Emitterschaltung.

Eingangsspannungsschwankungen werden am Ausgang im Verhältnis

$$\frac{\Delta U_L}{\Delta Ub} = \frac{r_i}{R_v + r_i}$$

abgeschwächt.

B. Stabilisierung durch Längstransistor

Während die Schaltung mit Parallelstabilisierung wegen ihres relativ hohen Stromverbrauches seltener verwendet wird, ist die Anordnung Abb. 10.37 häufiger anzutreffen, in der der Transistor als veränderlicher Gleichstromwiderstand mit dem Lastwiderstand R_L nicht parallel, sondern in Reihe geschaltet ist. Die Differenz zwischen der konstanten Zener-Spannung und der Ausgangsspannung U_L liegt zwischen Basis und Emitter des Transistors, und zwar mit solcher Polarität, daß z. B. bei einer Erhöhung der Eingangsspannung oder bei einer Abnahme des Laststromes der Transistor-Gleichstromwiderstand ansteigt und dadurch der

Zunahme der Ausgangsspannung entgegenwirkt. Der Kondensator C vermeidet bei kurzzeitigen Spitzenbelastungen (Schalterbetrieb, induktiver Lastwiderstand usw.) eine Überlastung des Transistors.

Da zur Vermeidung einer großen Verlustleistung im Transistor die Betriebsspannung Ub nicht unnötig hoch sein soll, andererseits aber zur Erreichung einer konstanten Referenzspannung ein großer Vorwiderstand Rv für die Zener-Diode wünschenswert ist, sieht man im allgemeinen für die Zener-Diode eine eigene Hilfsspannung U_H vor, die über der Betriebsspannung Ub liegt (Abb. 10.37b).

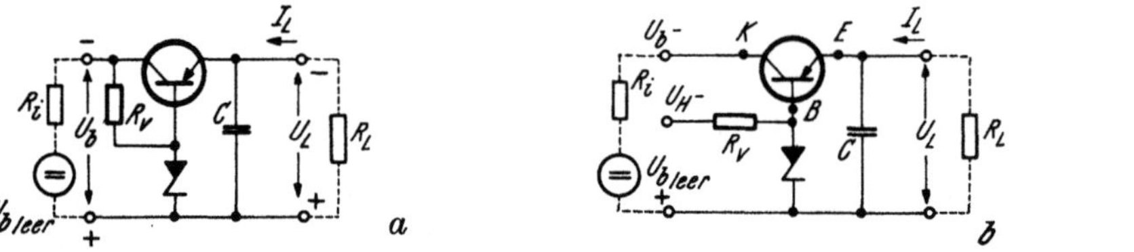

Abb. 10.37. Stabilisierung durch Längstransistor. Ersetzt man die Zener-Diode durch einen Siebkondensator, so wirkt der Transistor als Siebglied und die am Eingang auftretende Brummspannung wird am Ausgang fast völlig unterdrückt

Der differentielle Innenwiderstand der Schaltung läßt sich überschlagsmäßig nach der Faustformel $r_i \approx \frac{0,3}{I_L}$ (I_L = Laststrom) abschätzen.

Dimensionierung: Ausgangspunkte der Dimensionierung sind die gewünschten Werte der (konstantgehaltenen) Ausgangsspannung U_L und des veränderlichen Laststromes I_L.

Betriebsspannung Ub: Zur Vermeidung einer hohen Kollektorverlustleistung wird die Kollektor-Emitter-Spannung des Transistors möglichst klein gewählt; ein Wert von etwa 2 V als Kollektorspannung bei $I_{L\max}$ und $Ub_{\min}$ ist völlig ausreichend:

$$Ub_{\min} = U_L + 2$$

(Für Ub und U_L sind die Beträge in V einzusetzen, ohne Rücksicht auf ihr Vorzeichen.)

Beträgt die Betriebsspannungsschwankung $\pm \Delta Ub$ und die Amplitude der Brummspannung $\hat{U}_{Br}$ (falls Ub durch Gleichrichtung aus dem Netz gewonnen wird), dann ist die Nennbetriebsspannung

$$Ub = U_L + 2 + \Delta Ub + \hat{U}_{Br} \tag{10.60}$$

bzw. die Leerlaufspannung Ub_{leer}, für die die Gleichstromquelle dimensioniert werden muß,

$$Ub_{\text{leer}} = Ub + k \cdot I_{L\max} \cdot Ri$$

Ri = ohmscher Innenwiderstand der Gleichspannungsquelle.
k = 1 bei Batteriebetrieb
k = 3 bei Doppelweggleichrichtung
k = 6 bei Einweggleichrichtung.

Transistor: Der Transistortyp wird nach der maximal auftretenden Kollektorverlustleistung $N_{K\max}$ ausgewählt. Bezeichnet man den Gleichstrominnenwiderstand des Transistors mit R_{Tr}, so gilt der Zusammenhang

$$Ub_{\text{leer}} - U_L = (R_{Tr} + Ri)\, I_L$$

und die im Transistor verbrauchte Leistung beträgt

$$N_K = R_{Tr} I_L^2 = \frac{(Ub_{\text{leer}} - U_L)^2}{R_{Tr} + Ri} \left(1 - \frac{Ri}{Ri + R_{Tr}}\right)$$

N_K erreicht sein Maximum, wenn Ub_{leer} ihren Maximalwert besitzt und wenn $k \cdot Ri = R_{Tr}$, so daß

$$N_{K\max} = \frac{(Ub_{\text{leer}} - U_L)^2}{4k\, Ri} \tag{10.61}$$

Wegen des Zusammenhanges zwischen $N_{K\max}$, Sperrschichttemperatur und Kühlfläche sei auf Kap. 2.7.1 verwiesen.

Zener-Diode: Die Zener-Spannung Uz ist durch U_L festgelegt, da die Basis-Emitter-Spannung des Transistors sehr klein ist: $Uz \approx U_L$. Der Basisstrom I_B, dessen Schwankungen zwischen 0 und $I_{B\max} = I_{L\max}/B$ (B = Großsignalstromverstärkung) ausgeglichen werden müssen, bestimmt die Verlustleistung der Diode. Ist der Basisstrom des Leistungstransistors so hoch, daß die zulässige Verlustleistung üblicher Zener-Dioden überschritten würde, kann nach Abb. 10.38 ein stromverstärkender Emitterfolger eingefügt werden. Bei Ausgangsspannungen über 10 V werden meist zwei oder mehr Zener-Dioden in Serie geschaltet. Wegen der Dimensionierung von Rv und U_H siehe Kap. 1.3.2.

Für die Dimensionierung des Ausgangskondensators C gilt näherungsweise

$$C \approx 100\, I_{L\max} \qquad [\mu\text{F, A}]$$

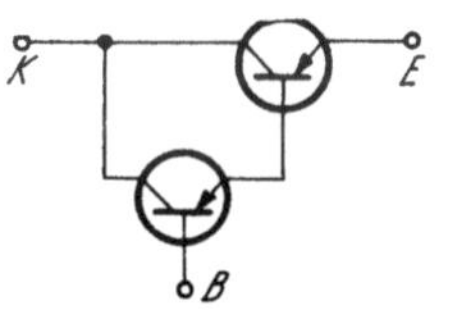

Abb. 10.38. Kaskadenschaltung mehrerer Transistoren

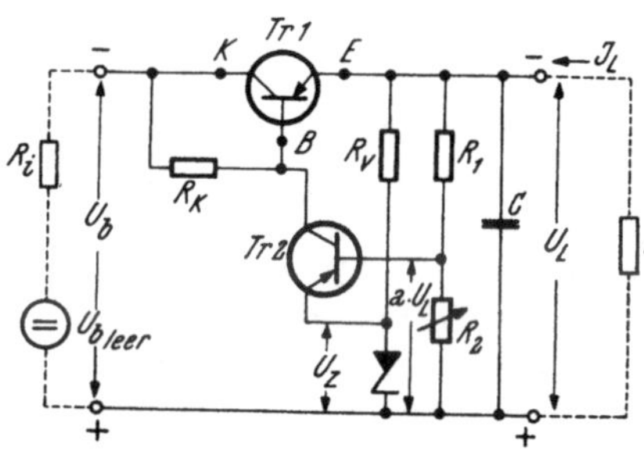

Abb. 10.39. Elektronisch geregeltes Transistor-Netzgerät

C. Transistor-Regelschaltung

Durch Verwendung eines zweiten Transistors erhält man die elektronische Regelschaltung Abb. 10.39, die wegen der Verstärkungswirkung von Tr. 2 gegenüber der Anordnung Abb. 10.37 einen kleineren differentiellen Innenwiderstand sowie den Vorteil einer in weiten Grenzen zwischen $U_{L\min}$ und $U_{L\max}$ einstellbaren Ausgangsspannung besitzt.

Die Wirkungsweise entspricht vollkommen der analogen Röhrenschaltung: Die Ausgangsspannung, d. h. die konstant zu haltende Größe, wird über einen Spannungsteiler $R_1 - R_2$ mit der Normalspannung Uz verglichen. Die Differenz beider Spannungen wird in Tr. 2 um den Faktor V verstärkt und dem Regeltransistor Tr. 1 zugeführt. Steigt z. B. der Betrag der Ausgangsspannung U_L durch Abnahme des Laststromes I_L oder Erhöhung der Betriebsspannung Ub, so steigt der Kollektorstrom von Tr. 2 und verschiebt die Basis von Tr. 1 in positiver Richtung. Der Gleichstromwiderstand von Tr. 1 steigt dadurch und wirkt der angenommenen Erhöhung der Ausgangsspannung entgegen.

Aus Abb. 10.39 läßt sich folgende Beziehung ablesen:

$$Ub_{\text{leer}} = U_L + Ri\, I_L + r_{eB} \cdot I_L + (U_z - a\, U_L) \cdot V \tag{10.62}$$

Ub_{leer} = Leerlaufspannung der Gleichspannungsquelle
Ri = Innenwiderstand der Gleichspannungsquelle
r_{eB} = differentieller Innenwiderstand von Tr. 1 in Basisschaltung
I_L = Laststrom
Uz = Zener-Spannung
$a = \frac{R_2}{R_1 + R_2}$ = Abschwächungsfaktor des Spannungsteilers $R_1 - R_2$
U_L = Ausgangsspannung
V = Spannungsverstärkung von Tr. 2

Daraus folgt für den differentiellen Innenwiderstand der Schaltung

$$r_i = \frac{\Delta U_L}{\Delta I_L} = \frac{1}{a V}(r_{eB} + R_i) \tag{10.63}$$

(Überschlagsmäßig läßt sich der Innenwiderstand nach der Faustformel $r_i \approx 0{,}05/I_{L\max}$ abschätzen).

Wie aus Gl. (10.63) hervorgeht, soll für eine geringe Lastabhängigkeit die Verstärkung von Tr. 2 hoch sein sowie das Teilerverhältnis a möglichst nahe bei 1 liegen, d. h. die Zener-Spannung soll nicht viel niedriger als die kleinste gewünschte Ausgangsspannung $U_{L\min}$ sein.

Dimensionierung:

Betriebsspannung Ub: Für die Größe von Ub gelten die unter B gegebenen Beziehungen. Da die Stromschwankungen des Regelkreises sich direkt auf den Kollektor von Tr. 2 auswirken, ist es zweckmäßig, wie in Abb. 10.37b eine Hilfsspannung U_H vorzusehen, die im Interesse einer hohen Verstärkung von Tr. 2 ziemlich hoch gewählt werden kann ($U_H \approx 2\, U_{L\max}$).

Regeltransistor: Für die Auswahl des Regeltransistors Tr. 1 gilt Gl. (10.61)

$$N_{K\max} = \frac{(Ub_{\max} - U_{L\min})^2}{4 k R_i}$$

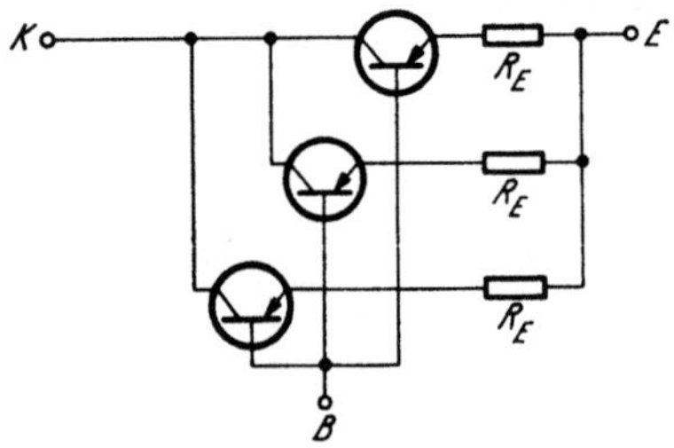

Abb. 10.40. Parallelschaltung mehrerer Längstransistoren

Übersteigt dieser Wert die maximal zulässige Verlustleistung erhältlicher Leistungstransistoren, so können mehrere Transistoren parallel geschaltet werden, wenn durch kleine Emitterwiderstände R_E für eine gleichmäßige Stromaufteilung auf die einzelnen Transistoren Sorge getragen wird: $R_E \approx 0{,}5\, n/I_{L\max}$ (n = Anzahl der Transistoren), siehe Abb. 10.40. Diese Parallelschaltung ist im übrigen auch in der Schaltung Abb. 10.37 anwendbar, doch setzt sie dort wegen der Verkleinerung der wirksamen Steuerspannung den differentiellen Innenwiderstand beträchtlich herauf.

Der Kollektorwiderstand R_K bestimmt sich aus

$$R_K = \frac{U_H - U_{L\max}}{I_{L\max}/B_{Tr_1}}$$

Der maximale Kollektorstrom von Tr. 2 ist dann

$$I_{K_2\max} \approx \frac{U_H - U_{L\min}}{R_K}$$

Der Spannungsteiler $R_1 - R_2$ wird so gewählt, daß sein Querstrom das Zehnfache des maximalen Basisstromes von Tr. 2 beträgt, also

$$R_1 = \frac{U_{L\max} - U_z}{10 I_{K_2\max}/B_{Tr_2}} \qquad R_2 = \frac{U_z}{10 I_{K_2\max}/B_{Tr_2}}$$

Der Dioden-Vorwiderstand Rv liegt zwischen zwei Grenzwerten:

$$\frac{U_{L\max} - U_z}{I_{z\max} - I_{B_1\max}} < Rv < \frac{U_{L\min} - U_z}{0{,}1\, I_{z\max}}$$

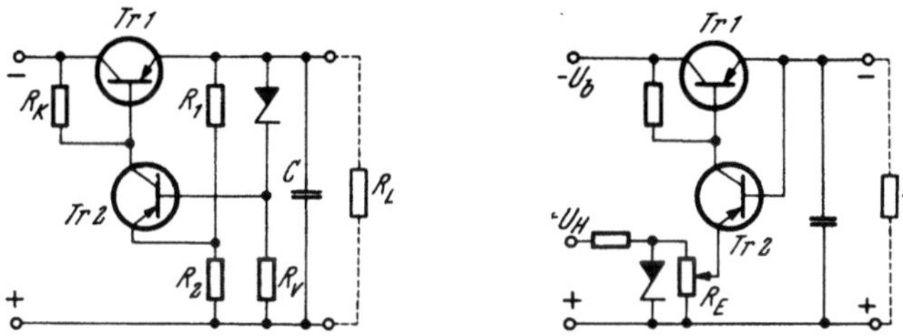

Abb. 10.41. Varianten zur Schaltung Abb. 10.39

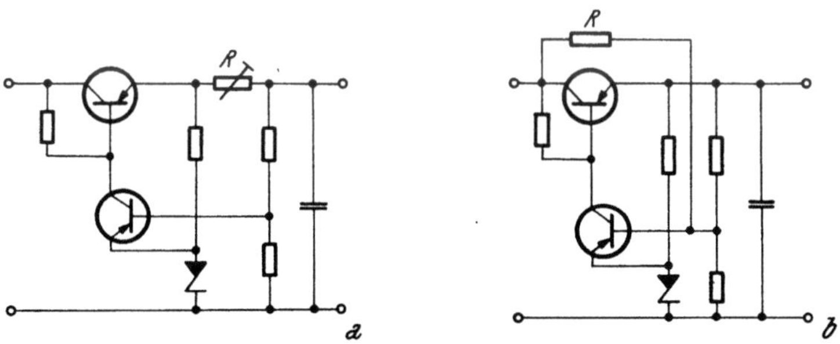

Abb. 10.42. Störgrößenaufschaltung über R

Die erste Bedingung verhindert das Überschreiten des maximal zulässigen Zener-Stromes, die zweite garantiert, daß der Arbeitspunkt der Diode immer im Durchbruchsgebiet $> 0{,}1\, I_{z\max}$ liegt.

Schaltungsvarianten: Abb. 10.41 zeigt zwei Varianten der oben besprochenen Standardschaltung, die ebenfalls auf dem Prinzip des Spannungsvergleiches zwischen Ausgangs- und Referenzspannung beruhen und sich nur durch die Lage der Zener-Diode voneinander unterscheiden.

Wie in den Röhrenschaltungen kann die Konstanz der Ausgangsspannung durch Störgrößenaufschaltung verbessert werden. Abb. 10.42 zeigt dafür zwei Beispiele. Der Widerstand R (Abb. 10.42a), der bei Geräten mit Lastströmen der Größenordnung 1 A kleiner als 1 Ω ist, wird in der Praxis so eingestellt, daß der Innenwiderstand der Schaltung innerhalb des meistbenützten Regelbereiches auf Null reduziert wird. Mit dem Widerstand R (Abb. 10.42b) läßt sich innerhalb eines kleinen Spannungsbereiches eine völlige Unabhängigkeit der Ausgangsspannung von der Betriebsspannung erreichen.

Abb. 10.43 und 10.44 zeigen zwei praktische Ausführungsformen von transistorgeregelten Netzgeräten. Die Schaltung Abb. 10.43 ist für eine konstante Aus-

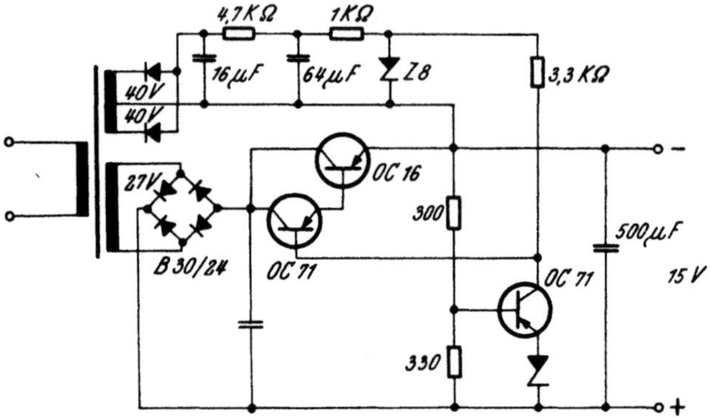

Abb. 10.43. Praktische Ausführung eines Netzgerätes (nach E. Baldinger und W. Czaja). (Beide Zener-Dioden Type Z 8. Vorteilhaft ist die Verwendung eines Ladekondensators von 100 bis 500 μF, eingeschaltet zwischen Kollektor des *OC* 16 und der Plusleitung)

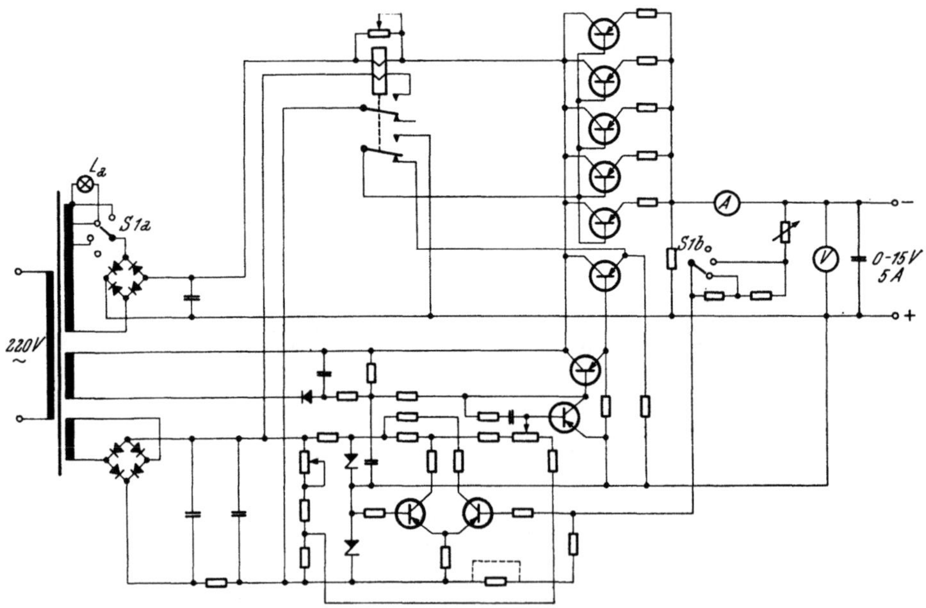

Abb. 10.44. Schaltbild des Transistor-Netzgeräts Philips PE 4803

gangsspannung von 15 V bei einem maximal entnehmbaren Laststrom von 500 mA ausgelegt. Die Hilfsspannung U_H für den Steuertransistor wird aus einem eigenen Gleichrichterteil gewonnen und durch eine Zener-Diode stabilisiert. Der Innenwiderstand beträgt 100 mΩ, die Brummspannung $u_{Br_{ss}} \approx 4$ mV und die Temperaturdrift 1 mV/°C. Abb. 10.44 zeigt die Schaltung eines Netzgerätes mit stetig einstellbarer Ausgangsspannung.

10.3 Primärelemente und Akkumulatoren

Durch das rasche Ansteigen der Verwendung von Halbleiterbauteilen, vor allem Transistoren, gewinnen auch die elektrochemischen Energiespeicher in der Elektronik zunehmend an Bedeutung. Zum Abschluß des Kapitels „Stromversorgung" soll daher ein kurzer Überblick über verschiedene Arten von Batterien, ihre Besonderheiten und ihren Verwendungszweck gegeben werden.

Zu unterscheiden sind:

1. Elektrochemische Energiespeicher mit irreversibler stromerzeugender chemischer Reaktion (Entladung): Primärelemente;
2. Akkumulatoren, Sammler oder Sekundärelemente, bei denen der stromerzeugende Vorgang nach einer „Aufladung" wiederholbar, d. h. die chemische Reaktion reversibel ist.
3. Stromerzeugende Zellen, bei denen nach erfolgter Entladung durch Stromzufuhr keine neuerliche Energiespeicherung möglich ist, die jedoch zum Unterschied von den Primärzellen chemisch leicht regenerierbar sind.

Als Batterie bezeichnet man streng genommen Aggregate aus mehreren zusammengeschalteten Primär- oder Sekundärelementen, etwa eine Taschenlampenbatterie aus 3 Braunsteinelementen oder eine Autobatterie aus 3 oder 6 Bleiakkumulatoren. Im Sprachgebrauch wird aber häufig auch Batterie gleich Primärelement gesetzt.

10.3.1 Primärelemente

Die Grundlage der galvanischen Stromerzeugung beruht auf den Entdeckungen des Physikers Volta (1792 elektrische Polarisation, 1793 Berührungsspannung zweier verschiedener Metalle (Spannungsreihe)). Ein brauchbares galvanisches Element wurde erst von Leclanché durch das Einfügen eines Depolarisators geschaffen, der den an der positiven Elektrode entstehenden Wasserstoff durch Oxydation unwirksam macht. Das Leclanché-Element ist als Stammvater aller Batterien anzusprechen und in geänderter Form als Trockenbatterie oder Braunsteinelement noch heute von großer Bedeutung.

A. Das Braunstein-Element

Es ist am weitesten verbreitet, denn seine Herstellung ist verhältnismäßig einfach, die Rohstoffe sind billig. Die verschiedenen Formen, wie Stabbatterie, Monozelle, Flachbatterien (Taschenlampenbatterien), Kastenbatterien usw. dürften dem Leser bekannt sein.

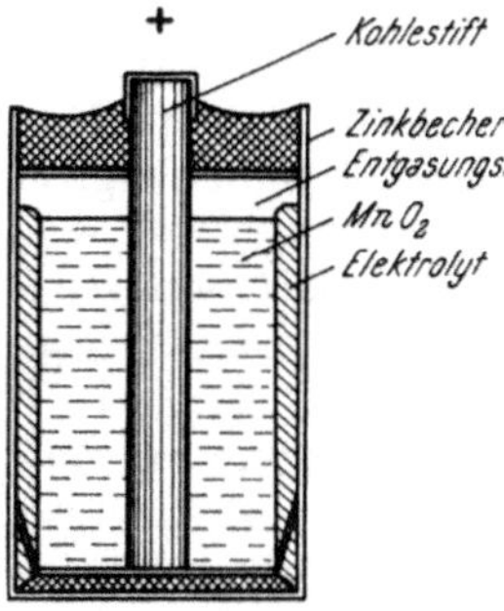

Abb. 10.45. Schnitt durch eine Braunstein-Zelle

Den Aufbau einer Trockenbatterie zeigt die Abb. 10.45. Die positive Elektrode ist ein aus Koks mit Bindemittel gepreßter Kohlestab, die negative ein Zinkbecher. Als Elektrolyt wird ein Gemisch von Salmiak, Zink- und Magnesiumchlorid sowie Sublimaten verwendet. Der Depolarisator besteht aus bestimmten Arten von Braunstein (MnO_2).

Die EMK der Braunsteinbatterie ist 1,58 V, ihre Nennspannung 1,5 V pro Zelle. Bei Stromentnahme sinkt die Spannung infolge des steigenden Innenwiderstandes Ri. Ursachen: eine sich bildende Schicht von Manganhydroxyd isoliert chemisch das MnO_2 und verringert dadurch seine Depolarisationsfähigkeit. Dadurch ist die Lebensdauer der Braunsteinzelle begrenzt (allenfalls auch durch Aufbrauchen des Zinks oder des Elektrolyten).

Die entnehmbare Energie kann durch unterbrochene Entladung, Erholungszeit, bzw. durch geringe Belastung gesteigert werden. Die Abhängigkeit der Entladezeit (bis 1 V Zellenspannung, gestrichelt bis 0,75 V) und der Kapazität von der entnommenen Stromstärke für eine Pertrix-Batterie (Nr. 222) zeigt Abb. 10.46.

Damit elektrische Geräte durch sich zersetzende Zellen nicht beschädigt werden und um eine Erhöhung der Lagerfähigkeit zu erzielen, werden die Zellen mit einem rostfreien Metallbecher luftdicht ummantelt (Leakproof-Zellen).

Der Nachteil der Braunsteinzelle liegt in ihrer mit der Entladungszeit fallenden Kennlinie. Eine Verbesserung in dieser Richtung stellt die Luftsauerstoffzelle dar.

B. Luftsauerstoff-Zelle

Bei ihr fehlt der Braunsteindepolarisator. Die Oxydation von H zu H_2O wird mit dem Sauerstoff der Luft erreicht. Die Zellenspannung bleibt bis knapp zum Ende der Entladefähigkeit (verbrauchtes Zink oder Elektrolyt) angenähert konstant. Der Reaktionsvorgang ist:

$$Zn + 2KOH + 2H_2O \rightarrow K_2(Zn(OH)_4) + 2H^+ + 2e^-$$

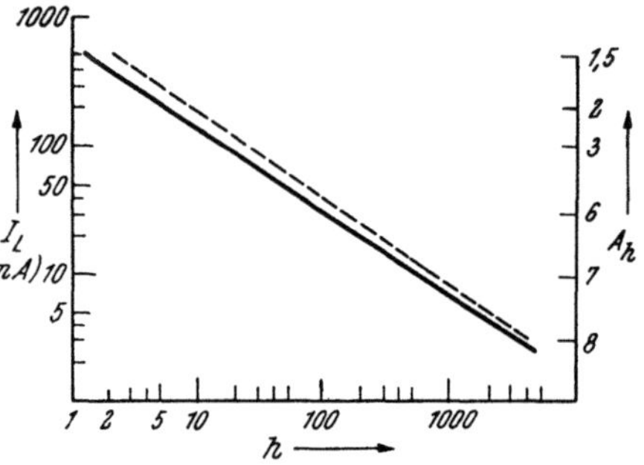

Abb. 10.46. Entladezeit (h) und Kapazität (Ah) in Abhängigkeit vom Entladestrom (Pertrix-Batterie 222)

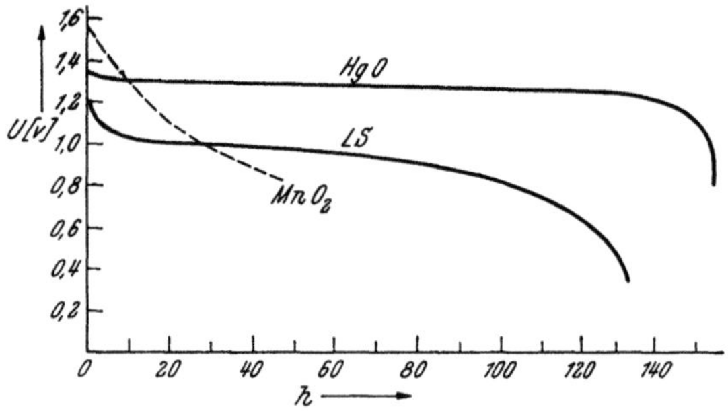

Abb. 10.47. Entladekurve einer Luftsauerstoffbatterie (LS), einer Braunsteinbatterie (MnO_2) und einer Quecksilberzelle (HgO)

Die Entladekurve einer Luftsauerstoff-Zelle zeigt die Abb. 10.47. Verwendet wurde eine Batterie Emce-Super Nr. 445, tägliche Entladung während 8 Stunden über 60 Ω. Zum Vergleich gestrichelt eingezeichnet die Entladekurve einer Braunsteinzelle.

Eine Entladepause bedeutet eine Erholungszeit für die Batterie, verbunden mit einem geringen Spannungsanstieg. Die Kapazität ist im Vergleich zur Braunsteinzelle größer, die Reaktionsgeschwindigkeit hingegen geringer (vergleichsweise niedrigere Stromentnahme).

Bei der Luftsauerstoff-Batterie nach Kordesch-Marko ist die positive Elektrode als poröses Kohlerohr ausgebildet. Dadurch ist ein größerer Luftsauerstoffaustausch möglich. Bei der Entladekurve fehlt der anfängliche Spannungsabfall, der Verlauf ist bis knapp zur Erschöpfung beinahe horizontal. Die Kapazität ist wesentlich größer. Diese Zelle ist auch als Sauerstoff-Stickstoffindikator verwendbar.

C. Die Quecksilberzelle

Diese Zelle zeigt ebenfalls eine sehr konstante Entladekurve (Abb. 10.47). Ihre EMK ist 1,34 V, die Nennspannung 1 bis 1,2 V. Das Elektrodenmaterial ist Zink und Quecksilberoxyd. Als Elektrolyt wird Kalilauge verwendet. Die Batteriekapazität ist bei kleinem Volumen groß, das Gewicht ist vergleichbar gering. Die verhältnismäßig hohen Kosten rechtfertigen jedoch eine Anwendung nur in Spezialgeräten.

Ein interessantes für besondere Aufgaben bestimmtes Primärelement ist die Magnesiumbatterie.

D. Magnesiumbatterie

Im Vergleich zum Braunsteinelement ist das Zink der negativen Elektrode durch Magnesium, der Kohlestab der positiven Elektrode durch eine Silberfolie ersetzt. Depolarisator ist Silberchlorid. Gleich der Quecksilberzelle sind beide Elektroden unter Zwischenlage einer imprägnierten Kunststoff- oder Papierfolie zu einem Wickel aufgerollt. Der Elektrolyt befindet sich in fester Form in der Batterie. Zum Unterschied von den bisher besprochenen Batterien ist die Magnesiumbatterie ein Füllelement, d. h. sie gibt erst dann Strom ab, wenn sie durch Einfüllen von Wasser (auch Meerwasser) aktiviert wird.

Die Zellenspannung ist 1,6 V, die Entladespannung weitestgehend stromunabhängig. Die Kapazität der Zelle beträgt im Durchschnitt 9 Ah. Bemerkenswert ist, daß die Zelle in der Lage ist, kurzzeitig auch sehr hohe Ströme abzugeben. So kann eine Zelle von 65 cm³ Volumen während 1,5 min 100 A liefern. Die Lagerfähigkeit der Zelle ist sehr groß.

10.3.2 Sekundärelemente oder Akkumulatoren

Zum Unterschied von den Primärelementen läßt sich der Akkumulator nach erfolgter Entladung wiederum an einer Gleichstromquelle aufladen (formieren) und für eine neuerliche Entladung bereit machen.

A. Der Blei-Akkumulator

Die Wirkungsweise darf als bekannt vorausgesetzt werden, so daß seine Eigenschaften nur kurz wiederholt seien.

Die beiden Elektroden bestehen aus Blei, als Elektrolyt dient verdünnte Schwefelsäure mit einer Dichte von 1,18 bis 1,28 (bei + 20 °C). Im geladenen Zustand, nach der Formierung:

Positive Elektrode: Bleidioxyd PbO_2 (in großflächige Gitterplatte aus Hartblei eingepreßt)

Negative Elektrode: Blei in schwammiger Form (Kastenplatte).

Chemischer Vorgang:

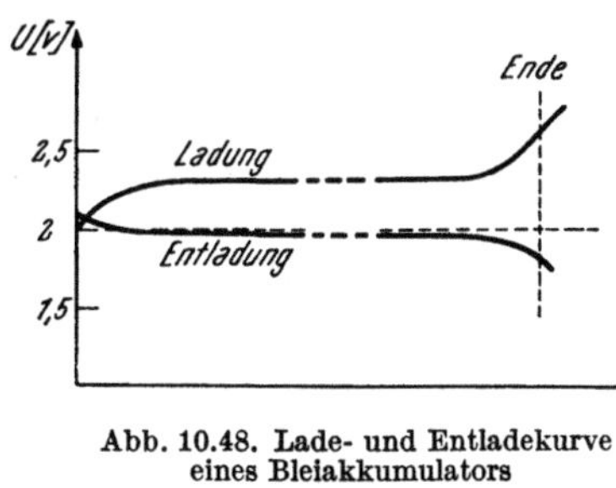

Abb. 10.48. Lade- und Entladekurve eines Bleiakkumulators

$$2\,PbSO_4 + 2\,H_2O \underset{\text{Entladung}}{\overset{\text{Ladung}}{\rightleftharpoons}} PbO_2 + Pb + 2\,H_2SO_4$$

Die Abb. 10.48 zeigt die Lade- und Entladekurve einer Bleizelle. Die Kurven sind in der Mitte unterbrochen, denn die Länge dieses Zeitabschnittes hängt vom Quotienten Strom/Kapazität des Akkumulators ab. Die Kapazität der Zelle ist außer von ihrer Größe auch von der Größe des Entladestromes abhängig, mit steigendem Entladestrom sinkt die Kapazität.

Die Aufladung ist bei einer Zellenspannung von 2,6 V beendet, wobei starke Sauerstoff- und Wasserstoffentwicklung an den Elektroden auftritt. Die Entladung soll nicht weiter als bis 1,8 V vorgenommen werden. Dabei sinkt die Säuredichte.

Bei ununterbrochenem Parallelbetrieb mit einer Ladevorrichtung (Pufferung) beträgt die Zellenspannung $2{,}2 \pm 0{,}1$ V, im Kraftfahrzeug hingegen 1,9 bis 2,4 V.

Kenndaten:

Nennspannung je nach Säuredichte etwa 2 V pro Zelle
Innenwiderstand je nach Kapazität von hundertstel bis wenige tausendstel Ω
Temperaturkoeffizient 0,0003 V/°C
untere Grenztemperatur: — 28 °C für eine Dichte von 1,16 (Beginn des Eisniederschlages an den Platten)
Wirkungsgrad etwa 85%
Ladekapazität etwa 30 Wh/dm³ (Volumen des Akkumulators)
Energiespeicherung 15 bis 20 Wattstunden pro 1 kg Zellengewicht
Lebensdauer durchschnittlich 1000 Auf- und Entladungen
Lebensdauerende zumeist durch Zerfall der Platten.

Der Bleiakkumulator ist ein robuster Energiespeicher, der nur wenig Wartung benötigt. Bei Nichtbenutzung ist in längeren Zeitabständen eine geringe Entladung und nachfolgend eine Aufladung vorzunehmen. Ebenfalls soll der Säurestand kontrolliert und ggf. destilliertes Wasser nachgefüllt werden. Infolge seines geringen Innenwiderstandes ist seine Spannung weitgehend belastungsunabhängig, außerdem kann er kurzzeitig sehr hohe Entladeströme abgeben.

Die von den Herstellerfirmen (z. B. Varta, Sonnenschein) angegebenen Kapazitäten beziehen sich auf eine 20stündige Entladungsdauer zur Ausschöpfung der Kapazität. Entsprechend erfolgt die Aufladung bis zur Gasentwicklung mit einem Strom, der bei gegebener Kapazität gleich dem 20stündigen Entladestrom ist. Bei Gasentwicklung wird der Ladestrom auf die Hälfte herabgesetzt.

B. Der Stahl- oder Edison-Akkumulator

Die gebräuchlichere Bezeichnung Nickel-Eisen- oder Nickel-Cadmium-Sammler deutet auf das verwendete Elektrodenmaterial hin. Im geladenen Zustand besteht die positive Elektrode aus $Ni(OH)_3$, die negative aus feinverteiltem metallischen Fe oder Cd. Als Elektrolyt wird Kalilauge (mit Zusätzen) mit einer Dichte im geladenen Zustand von 1,18 bis 1,20 (bei + 20 °C) verwendet. Die Dichte steigt bei Entladung an. Der chemische Vorgang ist:

$$2\,Ni(OH)_2 + Cd(OH) \underset{\text{Entladung}}{\overset{\text{Ladung}}{\rightleftharpoons}} 2\,Ni(OH)_3 + Cd$$

(Beim Ni-Fe-Sammler tritt an Stelle des Cd das Fe.)
Der Name Stahl-Akkumulator kommt daher, weil die aktive Elektrodenmasse in perforierten Stahltaschen eingepreßt ist und auch das Gefäß aus vernickeltem Stahlblech besteht.

Die Lade- und Entladekurve des Stahlsammlers gleicht in ihrem Verlauf weitgehend der des Bleisammlers (Abb. 10.48). Zum Unterschied von dieser beträgt die Zellen-Nennspannung 1,2 V.

Die Aufladung ist bei einer Zellenspannung von 1,6 V zu beenden. Ab einer Zellenspannung von 1,2 V fällt die Entladekurve rasch, wobei aber ein weiteres Absinken der Spannung sogar bis auf 0 V dem Akkumulator nicht schadet. Die Aufladung erfolgt mit konstantem Strom, der von der Herstellerfirma jeweils angegeben wird. Die Kapazitätsangaben beziehen sich auf eine 10stündige Entladung.

Die durchschnittliche Ladedauer beträgt 7 Stunden. Der Wirkungsgrad beträgt etwa 72%, die durchschnittliche Lebensdauer etwa 3000 Auf- und Entladungen (größte Lebensdauer von allen Sammlern).

Nach ungefähr zwei Jahren soll der Elektrolyt durch eine Neufüllung ersetzt werden. Gelagert werden Ni-Fe-Zellen im entladenen, Ni-Cd-Zellen im geladenen Zustand. Vor Säuren oder Säuredämpfen ist der Stahlakkumulator zu schützen.

Besondere Bedeutung haben die gasdichten Nickel-Cadmiumakkumulatoren in der Elektronik erlangt. Sie sind in den verschiedensten Größen bis herab zu ganz kleinen Knopfzellen erhältlich. Sie werden als aufladbare Energiespeicher in vielen tragbaren Meßgeräten und Verstärkern verwendet. Der vollkommen gasdichte Verschluß der Zelle wurde dadurch ermöglicht, daß der beim Laden an der positiven Elektrode entstehende Sauerstoff durch einen Separator an die negative Elektrode geführt wird, wo ihn der ablaufende chemische Prozeß aufzehrt. Die Bildung von Wasserstoff an der negativen Elektrode wird durch einen Materialüberschuß gegenüber der positiven Elektrode verhindert, denn vor einer Wasserstoffentwicklung ist die Stromaufnahmefähigkeit der positiven Elektrode bereits erschöpft.

Die gasdichten Zellen zeichnen sich durch große Sicherheit gegen Überladung und durch große Lagerfähigkeit aus. Ihre Kapazität pro Volumeinheit ist etwas geringer als die nichtverschlossener Stahlsammler. Die Ladevorschriften (Ladestrom) der Herstellerfirmen sollten möglichst eingehalten werden, wenn eine lange Lebensdauer erwartet wird.

C. Der Silber-Zink-Akkumulator

Dieser Sammler geht auf eine Entwicklung von Prof. André zurück. Er unterscheidet sich von den Blei- und Stahl-Sammlern sowohl in der Art der Elektroden als auch im Aufbau wesentlich. Die Silber- und Zinkelektrode sind dünne, in semipermeable Folien eingewickelte Bänder. Die Folie quillt nach Benetzung mit dem Elektrolyten, einer 40prozentigen Kalilauge, und setzt den Innenaufbau des Akkumulators unter Druck. Trotz der dünnen Elektroden ist dadurch eine hohe mechanische Festigkeit gegeben. Der folienartige Aufbau bringt eine große wirksame Oberfläche und daraus folgend eine große Kapazität pro Volumeneinheit und hohe Belastungsfähigkeit mit sich.

Bei vergleichbarer Leistung beträgt das Volumen des Silber-Zink-Akkumulators nur etwa $^1/_5$ von dem anderer Sammler. Der chemische Vorgang ist:

$$Ag + Zn(OH)_2 \rightleftharpoons AgO + Zn + H_2O$$

Charakteristische Daten:

EMK: 2,1 V, Nennspannung 1,5 V
Entladung bis auf 0 V ohne Schaden möglich
Wirkungsgrad: 90%
Energiespeicherung: 90 Wh/kg bzw. 150 Wh/dm³
Akkumulator-Volumen (vgl. Blei-Akkumulator!)
Untere Betriebstemperaturgrenze: $-50\,°C$
Eine Lade- und Entladekurve zeigt Abb. 10.49.

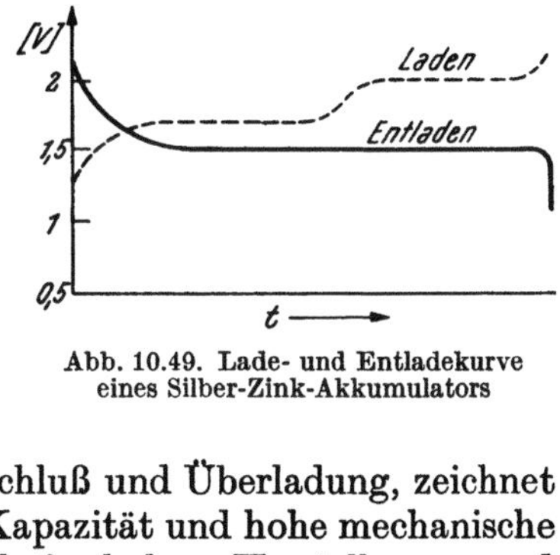

Abb. 10.49. Lade- und Entladekurve eines Silber-Zink-Akkumulators

Der Akkumulator ist unempfindlich gegen Kurzschluß und Überladung, zeichnet sich durch kleines Gewicht und Volumen, große Kapazität und hohe mechanische Beanspruchbarkeit aus. Nachteilig sind die relativ hohen Herstellungs- und Materialkosten.

10.3.3 Die Natrium-Zelle (ein Füllelement)

Eine besondere Stellung unter den elektrochemischen Energiespeichern nimmt die Natriumzelle ein. Sie ist weder einer Batterie, noch einem Akkumulator gleichzusetzen, denn einerseits ist sie regenerierbar, andererseits ist ihr chemischer Prozeß nicht reversibel.

In einem Kunststoffgefäß befindet sich Natronlauge als Elektrolyt. Die negative Elektrode wird durch am Boden des Gefäßes befindliches Quecksilber gebildet, das durch einen Kohlestab kontaktiert ist. Die positive Elektrode besteht aus einem siebartigen Nickel- oder Kupferbehälter, in dem sich kleine Stückchen Kupferoxyd befinden. Die Zelle beginnt dann Strom zu liefern, wenn Natriumamalgam in Tablettenform in die Zelle eingebracht wird. Ist die Zelle erschöpft, so kann sie durch weitere Tablettenzugabe wieder aktiviert werden. Die Strom-

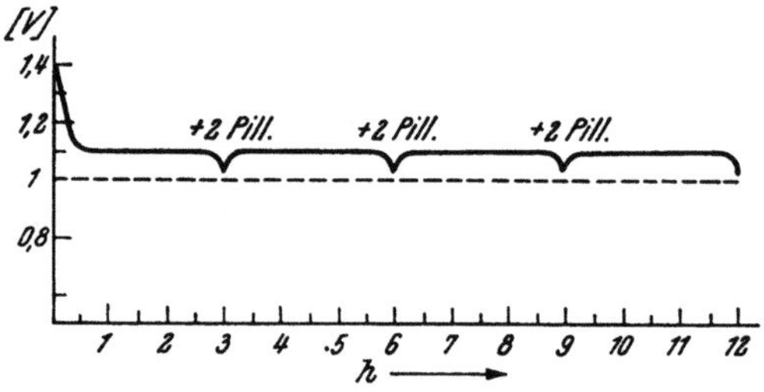

Abb. 10.50. Entladekurve einer Natrium-Zelle

reaktion reduziert CuO zu Cu_2O und weiter zu Cu. Zur Regenerierung der Zelle kann das abfallende Hg vom Zellenboden abgesaugt und zur neuerlichen Amalgamgewinnung benutzt werden. Das Kupfer wird unter Wärmeeinwirkung zu CuO oxydiert.

Der Wirkungsgrad der Zelle ist sehr hoch. Ein Gramm Natrium erzeugt eine elektrische Energie von einer Amperestunde. Die Zellenspannung beträgt 1,1 V. Der Innenwiderstand ist klein, die Entladekennlinie nahezu horizontal. Die Abb. 10.50 zeigt eine Kennlinie, wobei die Zelle jeweils durch Natriumamalgamzuführung neuerlich aktiviert wurde.

Gleich dem Silber-Zink-Sammler und der Hg-Batterie ist die Natriumzelle kurzschlußfest, weitgehend temperaturunempfindlich und wartungsfrei.

10.3.4 Das Normalelement

Diese elektrischen „Spannungs“-Quellen werden fast nur in der physikalischen Meßtechnik, in der Elektronik jedoch kaum verwendet. Ihre Aufgabe ist es, eine hochkonstante EMK zu liefern, die als Vergleichsspannung für Eichzwecke in Kompensatoren herangezogen wird. Eine Strombelastung ist unbedingt zu vermeiden. Die bekannteste Form ist das Weston-Element. Seine EMK beträgt bei +20 °C: 1,01830 V.

11. Anhang

11.1 Ein Laborplatz für elektronische Arbeiten

Um elektronische Arbeiten, sei es Entwicklung oder Überprüfung von Schaltungen, Umbau oder Reparatur vorhandener Geräte, durchführen zu können, ist ein mit entsprechenden Meßgeräten, Werkzeugen und Bauteilen ausgerüsteter Arbeitsplatz notwendig. Den verschiedenen Arbeitsgebieten der Elektronik angepaßt, werden die Arbeitsplätze unterschiedlich eingerichtet sein. So unterscheidet sich z. B. ein Arbeitsplatz für Höchstfrequenztechnik sehr von einem für Aufgaben der Niederfrequenztechnik. Eines ist jedoch fast immer gemeinsam: jedes elektronische Gerät oder Bauteil, an dem gearbeitet werden soll, benötigt

1. eine Betriebsspannungsquelle
2. einen Signalgeber
3. einen Signalempfänger
4. Einrichtungen zur Bauteileprüfung.

Die Betriebsspannungsquelle wird meistens ein elektronisch stabilisiertes Netzgerät sein. Zur Speisung von Röhrenschaltungen soll dieses neben verschiedenen Heizspannungen ein bis zwei von 0 bis etwa 300 V kontinuierlich einstellbare elektronisch stabilisierte positive Gleichspannungen mit einer Belastbarkeit von etwa 100 mA, eine negative belastbare und stabilisierte Spannung von 100 bis 200 V und eine negative nichtbelastbare Spannung, einstellbar von 0 bis etwa 20 V, liefern. Zur Speisung von Transistorschaltungen wird ein elektronisch stabilisiertes Netzgerät mit einer einstellbaren Spannung von 0 bis 15 oder 30 V bei einer Belastbarkeit von mindestens 3 A benötigt. Besonders vorteilhaft bei Arbeiten mit Transistoren ist es, wenn das Netzgerät eine elektronische Sicherung mit einstellbarem Abschaltstrom besitzt. Diese sehr schnell ansprechende Sicherung kann dann z. B. auf 10 mA zum Schutz für kleine Transistoren, 100 mA oder 1 A zum Schutz größerer Transistoren eingestellt werden.

Als Signalgeber werden, abgesehen von Wandlern, meist Sinus-, Rechteck- oder Impulsgeneratoren verwendet. Sehr verbreitet und wohl in jedem Elektroniklabor vorhanden ist der RC-Generator. Sein Frequenzbereich erstreckt sich von etwa 20 Hz bis 200 kHz, bei manchen Typen bis über 1 MHz. Das sinusförmige Ausgangssignal von etwa 10 V kann mit einem geeichten Teiler bis zu wenigen mV abgeschwächt werden. Leider nur selten ist im RC-Generator ein Rechteckformer (z. B. Schmitt-Trigger) eingebaut, um ein Rechtecksignal im gleichen Frequenzbereich zur Verfügung zu haben.

Für die Untersuchung von Schaltungen der Impulstechnik können Nadelimpulse entweder durch Differentiation aus dem Rechtecksignal gewonnen werden, oder es werden spezielle Impulsgeneratoren mit variabler Impulsfolgefrequenz und variablem Impulsabstand verwendet.

Für Arbeiten im Hochfrequenzgebiet stehen LC-Generatoren (Meßsender) oder für das UHF bis EHF-Gebiet Magnetron- oder Klystron-Generatoren zur Verfügung.

Das Gebiet der *Signalempfänger* ist sehr groß und es sollen hier nur die wichtigsten, sozusagen die Standardgeräte, erwähnt werden. Das einfachste und verbreitetste Gerät zur Messung von Gleich- und Wechselspannung und Strom ist das Vielfachinstrument. Es besteht aus einem Zeigergalvanometer mit großer Skala, einem Meßgleichrichter und umschaltbaren Vor- und Nebenwiderständen. In manchen Typen ist ein Meßwandler und ein Überlastungsschutz eingebaut. Der Gleichspannungsmeßbereich erstreckt sich von etwa 50 mV bis 1500 V, der Gleichstrombereich von 50 μA bis etwa 10 A. Im Wechselspannungs- bzw. -strombereich ist das Vielfachinstrument, bedingt durch die Eigenschaften des Gleichrichters, unempfindlicher: kleinster Meßbereich etwa 1 V bzw. 0,3 mA. Der Innenwiderstand ist je nach Type verschieden, von z. B. 330 Ω/V bis zu 100 kΩ/V. Die höchste Meßfrequenz ist etwa 20 kHz.

Wird ein höherer Innenwiderstand, eine größere Empfindlichkeit oder ein größerer Frequenzbereich verlangt, so werden elektronische Voltmeter (Röhren- oder Transistorvoltmeter) verwendet. Dem Vielfachmeßgerät in seinem Spannungsbereich ungefähr entsprechend ist das Universalröhrenvoltmeter. Sein Eingangswiderstand ist je nach Type 1 bis 30 MΩ, die höchste Meßfrequenz je nach Art der Gleichrichtung bei 5 bis 100 MHz. Es ist zum Unterschied von Drehspulinstrumenten fast nicht überlastbar. Sowohl das Vielfachmeßgerät wie das Universalröhrenvoltmeter sind meistens mit Widerstandsmeßbereichen ausgerüstet. Daneben gibt es Verstärkervoltmeter zur Messung kleinster Gleich- oder Wechselspannungen (μV).

Auf keinem Arbeitsplatz sollte ein Elektronenstrahloszillograph fehlen. In erster Linie ist es mit ihm möglich, anschaulich und übersichtlich elektrische Spannungen (also auch Vorgänge, die sich in Spannungen umwandeln lassen) in Abhängigkeit von der Zeit zu beobachten. Es wird dabei die vollständige Form eines Signales und nicht nur seine Amplitude oder Frequenz sichtbar gemacht, was besonders in der Impulstechnik notwendig ist. Die Zeitauflösung geht dabei von Minuten bis Nanosekunden. Außerdem kann man eine Spannung in Abhängigkeit von einer anderen Spannung [$y = f(x)$] darstellen. Damit lassen sich Kennlinien, Magnetisierungskurven usw. aufnehmen.

Der Arbeitsbereich moderner Elektronenstrahloszillographen erstreckt sich von Gleichstrom bis zu Frequenzen um 1000 MHz, bei Spannungen von Mikrovolt bis Kilovolt. Besonders vorteilhaft ist die direkte Eichung der beiden Achsen in Spannungen bzw. Zeiten, die unmittelbare Ablesung und Auswertung gestattet.

Zur Prüfung bzw. *Messung elektronischer Bauteile* ist vor allem eine R–L–C-Brücke notwendig, denn Widerstände, Kondensatoren und Induktivitäten sind die meistverwendeten Bauteile. Ferner soll in jedem Labor ein Transistortester und ein Röhrenprüfgerät vorhanden sein, das zumindest eine Emissionsstrom- und Elektrodenschlußprüfung zuläßt.

Die Abb. 11.1 und 11.2 geben Beispiele für die Einrichtung von Laborplätzen.

Abb. 11.1 von links nach rechts: Wechselspannungs-Millivoltmeter (Levell TM 28), transistorstabilisiertes Netzgerät (Gossen), darüber selektiver Verstärker und Brückenindikator (General Radio 1232 A), Oszillograph (Tektronix 321), RC-Generator (Levell), Schreiber (Nesco). Vordere Reihe: Transistor-Wechselspannungsverstärker (Levell TA 49), Vielfachinstrument (Siemens), Arbeitschassis und R–L–C-Meßbrücke (Metrawatt); alle Meßgeräte sind voll transistorisiert.

Abb. 11.2 von links nach rechts: Transistorstabilisiertes Netzgerät (Philips PE 4803), darüber Wobbelgenerator (Philips GM 2877), Oszillograph (Philips GM 5603), röhrenstabilisiertes Netzgerät, darüber Quarz-Eichfrequenzgenerator, LC-Meßsender (Philips GM 2893), darüber RC-Generator (Philips GM 2317), Stromversorgungsgerät mit Netzkontrolle und Stelltransformator, darüber Universal-Röhrenvoltmeter (Philips GM 6000). Vordere Reihe: Vielfachinstrument (Philips P 81700/01), Arbeitschassis und R–L–C-Meßbrücke (Metrawatt).

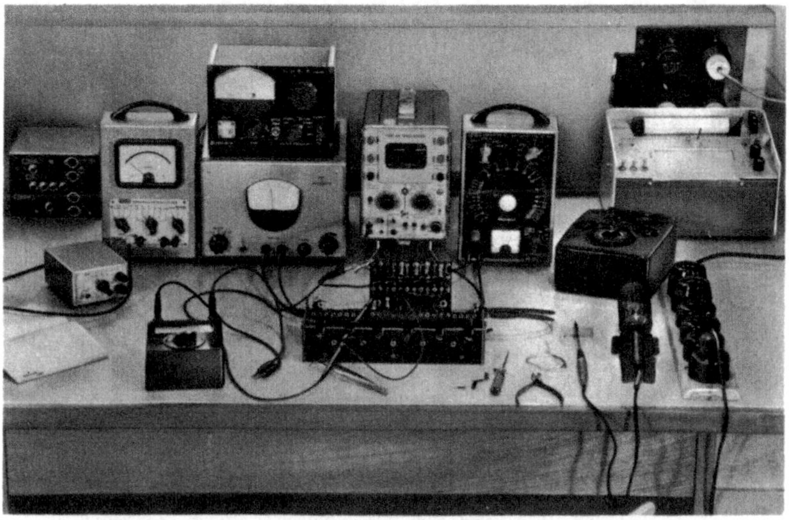

Abb. 11.1. Beispiel eines Arbeitsplatzes mit transistorisierten Meßgeräten

Abb. 11.2. Beispiel eines Arbeitsplatzes mit netzbetriebenen Meßgeräten

Zum Ausprobieren von Schaltungen hat sich ein Arbeitsschassis etwa der in Abb. 11.3 und 11.4 gezeigten Art bewährt. Auf einer standfesten Hartholzplatte ist eine Pertinaxleiste mit 3-mm-Buchsen unter schrägem Winkel montiert. Die Steckbuchsen haben untereinander gleiche Abstände und sind fortlaufend in Sechsergruppen zusammengefaßt. Sie dienen der Stromzuführung und sind in jeweils gleicher Reihenfolge mit den seitlich angebrachten 4-mm-Eingangsbuchsen verbunden. Die auf der Vorderseite angeschraubte, mit breiten Schlitzen versehene

Leiste dient zur Befestigung von Potentiometern, Schaltern usw. Die Masseleitung ist aus einem stärkeren verzinnten Kupferdraht leichtzugänglich ausgeführt und mit einigen Buchsen verbunden. Die Art der Schaltbrettchen geht aus der Abb. 11.3 hervor. Ihre Breite ist so gewählt, daß sie entweder eine oder mehrere Sechsergruppen der Steckbuchsen ausnutzen. Gleichbleibend ist die Zeile mit Steckerstiften, die Anordnung der Lötösen kann variiert werden. Von Vorteil ist, daß man

Abb. 11.3. Beispiel eines Arbeitschassis zum raschen Aufbau elektronischer Schaltungen

Abb. 11.4. Rückansicht des Arbeitschassis mit zwei Steckeinheiten

sich eine Anzahl immer wieder benötigter Schaltungen wie z. B. Verstärker, Katodenfolger, die verschiedenen Multivibratoren usw. als Steckeinheiten aufbewahren kann und sie im Bedarfsfall leicht zu der gerade in Arbeit befindlichen Schaltung dazustecken kann.

Zum Arbeitstisch:

Sehr vorteilhaft ist, unter den Kunststoffbelag der Tischplatte ein 1 mm starkes Eisenblech zu legen, das mit den Masseleitungen aller Meß- und Stromversorgungsgeräte verbunden ist und fallweise geerdet werden kann. Störspannungseinstreuungen auf empfindliche Schaltungsteile werden dadurch wesentlich herabgesetzt und auf abgeschirmte Leitungen kann weitgehend verzichtet werden.

Möglichst ausführliche Unterlagen über Röhren und Halbleiter, die notwendigen Werkzeuge sowie ein gut sortierter Bestand an elektronischen Bauteilen, Kleinmaterial, Schaltdrähten und dergleichen sollten griffbereit untergebracht sein.

11.2 Übertragungseinheiten

Die Übertragungseinheiten Neper und Dezibel sind Meßgrößen für das Verhältnis zweier Spannungen, Ströme oder Leistungen in logarithmischem Maßstab.

Der Vorteil gegenüber dem dekadischen Maßstab besteht darin, daß Produkte addiert und Quotienten subtrahiert werden können. Neper und Dezibel werden vorteilhaft dort angewendet, wo sich Strom-Spannungs- oder Leistungswerte exponentiell ändern, z. B. bei Übertragungsleitungen, Verstärkern usw. Positive Werte bedeuten Verstärkung, negative Werte Abschwächung oder Dämpfung.

A. Das Neper Np (oder N)

gibt das Verhältnis der Amplituden zweier Spannungen oder Ströme an, ausgedrückt im natürlichen Logarithmus:

$$\text{Verhältniszahl } n_{(\mathrm{Np})} = \ln \frac{U_1}{U_2} \text{ oder } \ln \frac{I_1}{I_2} \tag{11.1}$$

In anderer Scheibweise:

$\frac{U_1}{U_2} = e^n$ Neper, z. B. 3 Np entspricht einem 20fachen Spannungs- oder Stromverhältnis (e^3). Das Neper wird aber auch bei Leistungsverhältnissen angewendet. Es ist:

$$n_{(\mathrm{Np})} = \frac{1}{2} \ln \frac{N_1}{N_2} \ldots \frac{N_1}{N_2} = e^{2n}$$

B. Das Bel B und das Dezibel dB

gibt das Verhältnis zweier Leistungen an, ausgedrückt im Briggschen Logarithmus.

$$\text{Verhältniszahl } n_{(\mathrm{B})} = \log \frac{N_1}{N_2} \text{ oder } \frac{N_1}{N_2} = 10^n \text{ Bel} \tag{11.2}$$

In der Praxis wird mit dem Dezibel dB gerechnet, wobei 10dB = 1 B ist, also:

$$n_{(\mathrm{dB})} = 10 \log \frac{N_1}{N_2} \tag{11.3}$$

10 dB = 10fache Leistung, 3 dB doppelte usw., z. B. ist

1 dB das Leistungsverhältnis von $10^{1/10} = \sqrt[10]{10} = 1{,}259$

5 dB das Leistungsverhältnis von $10^{5/10} = 3{,}162$

Das dB bei Spannungs- und Stromverhältnissen:

$$n_{(B)} = 2 \cdot \log \frac{U_1}{U_2} \quad \text{oder} \quad 2 \cdot \log \frac{I_1}{I_2} \quad (\text{aus } N_1/N_2 = (U_1/U_2)^2 \quad \text{bei} \quad R_1 = R_2)$$

und

$$n_{(dB)} = 20 \cdot \log \frac{U_1}{U_2} \quad \text{oder} \quad \frac{U_1}{U_2} = 10^{n/20} \qquad (11.4)$$

z. B. ist 1 dB $= 10^{1/20} =$ 1,122faches Spannungsverhältnis
20 dB $= 10$ „ „

Rechenhilfe

$n_{(dB)}$ + −	N_1/N_2 +	N_1/N_2 −	U_1/U_2 bzw. I_1/I_2 +	U_1/U_2 bzw. I_1/I_2 −
0	1	1	1	1
1	1,26	0,79	1,12	0,89
2	1,6	0,63	1,26	0,79
3	2,0	0,50	1,4	0,71
4	2,5	0,40	1,6	0,63
5	3,2	0,32	1,8	0,56
6	4,0	0,25	2,0	0,50
7	5,0	0,20	2,2	0,45
8	6,3	0,16	2,5	0,40
9	7,9	0,13	2,8	0,35
10	10	0,10	3,2	0,32
20	100	0,01	10	0,1
30	1000	0,001	32	0,03
40	10000	0,0001	100	0,01

Andere dB-Werte können in guter Näherung als Produkte gefunden werden. So entspricht z. B. + 55 dB: einem Spannungsverhältnis von:

$$55 \text{ dB} = 40 + 10 + 5 \text{ dB}$$

$$U_1/U_2 = 100 \cdot 3.2 \cdot 1{,}8 = 576$$

C. Umrechnungen Neper-Bel-Dezibel

$$1 \text{ B} = 10 \text{ dB} = \log N_1/N_2 = 2 \cdot \log I_1/I_2 = 1{,}15 \text{ Np}$$

$$1 \text{ Np} = 8{,}68 \text{ dB}$$

D. Der absolute Pegel

Np und dB bedeuten ursprünglich nur Wertverhältnisse (relative Pegel). Wird das zweite Verhältnisglied im Quotienten $\frac{N_1}{N_2}$, $\frac{U_1}{U_2}$, $\frac{I_1}{I_2}$ durch einen konkreten Zahlenwert ausgedrückt, so wird aus dem relativen ein absoluter Pegel.

Bezugswerte, Nullpegel, für 0 Np bzw. 0 dB:

	Nullpegel		absolut		
	Np, dB	dB USA	1 Np	10 dB	
Spannungsbezugswert	775 mV	1,73 V	2,1	2,45	V
Strombezugswert	1,29 mA	3,46 mA	3,5	4,08	mA
Leistungswert	1 mW	6 mW	7,39	10	mW
an Widerstand von	600 Ω	500 Ω	600		Ω

Beispiel:

Absoluter Pegel von + 15 dB (= 10 + 5) entspricht

$$5{,}6 \cdot 0{,}775 = 4{,}33 \text{ V} \quad \text{bzw.} \quad 32 \cdot 1 = 32 \text{ mW}$$

+ 2 Np (= 2 · 8,68 dB) entspricht $7{,}39 \cdot 0{,}775 = 5{,}72$ V oder

$$7{,}39^2 \cdot 1 = 54{,}61 \text{ mW}$$

Sind in Schaltungen absolute Pegel angegeben, so muß man sich immer vergewissern, welche Bezugswerte dem Pegel zugrunde gelegt wurden, denn es wird in der englischen Literatur oft der deutsche Pegel und in der deutschen der englische verwendet.

Nachstehend ein Dezibel-Neper-Nomogramm:

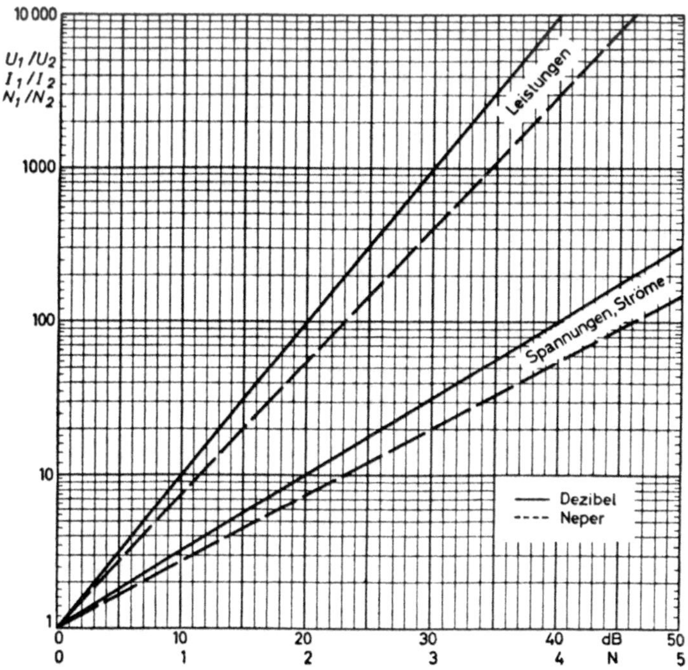

11.3 Europäischer Röhren- und Halbleiterschlüssel[1]

Die Typenbezeichnungen entsprechen den letzten Vereinbarungen (1962) der Herstellerfirmen. Besonders bei den Spezialröhren, Bildröhren und Halbleitern ergeben sich Unterschiede zu den bisher gebräuchlichen Bezeichnungen.

A. Normale Röhren

Die Bezeichnung besteht aus zwei oder mehreren Buchstaben und einer zwei- (ältere) oder dreistelligen Zahl (neue Art). Verstärkerröhren für professionelle Anwendung haben eine vierstellige Zahl.
Der erste Buchstabe kennzeichnet die Art der Heizung (in Spalte 1. der Tabelle bedeutet p = Parallel-, s = Serien-Heizung, aufgelassene Typen in Klammer).
Der zweite und die folgenden Buchstaben kennzeichnen die Konstruktion (Anwendung) der Röhre.

	1.	2.
A	(4 V,p)	Dioden (ausgenommen Gleichrichter)
B	—	Duodioden (ausgenommen Gleichrichter) mit gem. Katode
C	(200 mA s)	Trioden (ausgenommen Leistungstrioden)
D	$\leqq$ 1,4 V p, s	Leistungstrioden
E	6,3 V p, s	Tetroden (ausgenommen Leistungstetroden)
F	(12,6 V)	Pentoden (ausgenommen Leistungspentoden)
G	5 V p	—
H	150 mA s	Hexoden, Heptoden
K	(2 V)	Oktoden
L	—	Leistungs-Tetroden und Pentoden
M	—	Abstimmanzeigeröhren
P	300 mA s	—
Q	—	Ennoden
U	100 mA s	—
X	600 mA s	Gasgefüllte Zweiweggleichrichter
Y	—	Hochvakuum-Einweggleichrichter
Z	—	Hochvakuum-Zweiweggleichrichter

Die Zahl kennzeichnet die Sockelart und bei Pentoden die Kennlinienform der Röhre.

Die erste Ziffer: Sockelart

3 Oktal	6—7 Subminiatur
4 Rimlok	8 Noval
5 Magnoval	9 Miniatur

Ist die zweite Ziffer gerade: gerade Kennlinie
ungerade: Regelkennlinie

B. Spezialröhren für professionelle Anwendungen

Die Bezeichnung besteht aus zwei Buchstaben und einer vierstelligen Zahl.

Der erste Buchstabe:
- X Röhren mit photoempfindlicher Katode
- Y Vakuumröhren für Sender-, Mikrowellen oder industrielle Anlagen
- Z Gasgefüllte Röhren (mit Ausnahme von Photozellen)

[1] Nach *Valvo*-Unterlagen.

Der zweite Buchstabe: (Konstruktion, Anwendung):

A Diode
C Relaisröhre
D Triode (einschließlich Doppeltriode)
G Andere Röhrenarten
H Wanderfeldröhre
J Magnetron
K Klystron
L Tetrode oder Pentode (einschließlich Doppeltetrode oder -pentode)
M Anzeigeröhre oder Zählröhre mit kalter Katode
P Photovervielfacher, Strahlungszählrohr
Q Kameraröhre
T Thyratron
X Ignitron, Bildverstärker- oder Bildwandlerröhre
Y Gleichrichterröhre
Z Spannungsstabilisatorröhre

Die Zahl ist eine laufende Kennzeichnung. Prototypen haben als letzte Ziffer eine Null. Weiterentwicklungen sind durch die Ziffer 1 bis 9 gekennzeichnet.

C. Bildröhren

Der erste Buchstabe kennzeichnet die Röhrengattung

A Fernsehbildröhre
D Oszillographenröhre
E Mehrstrahl-Oszillographenröhre
F Radar-Bildröhre
L Bildspeicherröhre
M Fernsehbildröhre für professionelle Anwendung
P Projektionsröhre
Q Lichtpunkt-Abtaströhre

Die Zahl (Gruppe) vor dem Strich gibt den Schirmdurchmesser (Diagonale) in cm an.
Die Zahl (Gruppe) nach dem Strich ist eine Laufzahl.
Die abschließende Buchstabengruppe kennzeichnet den Leuchtschirm:
Der erste Buchstabe die Leuchtfarbe,
der zweite Buchstabe die Schirmeigenschaften (nach Leuchtdauer).

D. Halbleiterdioden und Transistoren

Die Typenbezeichnung besteht bei den Standardtypen aus zwei Buchstaben und einer dreistelligen Zahl, bei den professionellen Typen aus drei Buchstaben und einer zweistelligen Zahl.

Der erste Buchstabe kennzeichnet das Ausgangsmaterial:

A — Germanium
B — Silizium
R — Halbleitendes Material für photoelektrische Bauelemente.

Der zweite Buchstabe kennzeichnet die Konstruktion (Verwendung)

A Diode
C Niederfrequenz-Transistor
D Niederfrequenz-Leistungstransistor
E Tunneldiode
F Hochfrequenz-Transistor
L Hochfrequenz-Leistungstransistor
P Strahlungsempfindliches Bauelement (z. B. lichtempfindlich)
S Schalttransistor
U Leistungs-Schalttransistor
R Halbleiter-Bauelement mit Durchbruchskennlinie, für Schalt- und Steuerzwecke
T Steuerbarer Gleichrichter (Thyristor)
Y Gleichrichterzelle
Z Zenerdiode, Referenzdiode.

Der dritte Buchstabe kennzeichnet professionelle Typen.

Die Zahlen sind laufende Kennzeichen.

Die vorher weit verbreiteten Bezeichnungen waren für

Dioden OA . . . und eine Zahl,
Transistoren OC . . . und eine Zahl

11.4 Internationale Farbkennzeichnung

A. Widerstände und Kondensatoren

Farbe	Reihenfolge der Ringe oder Punkte				
	1. 1. Ziffer	2. 2. Ziffer	3. Zahl der Nullen	4. Toleranz in %	5.[2] Betriebssp. i. V
schwarz	0	0	0	0,5	—
braun	1	1	1	1	100
rot	2	2	2	2	200
orange	3	3	3		300
gelb	4	4	4		400
grün	5	5	5		500
blau	6	6	6		600
violett	7	7	7		700
grau	8	8	8		800
weiß	9	9	9		900
gold			× 0,01	5	1000
silber			× 0,1	10	2000
ohne Farbe[1]				20	500

[1] Oft dient auch die Farbe des Körpers als erste Farbkennzeichnung.

[2] Nur bei Kondensatoren (Kennzeichnung in Pfeilrichtung).

Wertangabe in Ω bzw. pF

B. Anschlußdrähte (RMA-Farbcode)

Farbe	Spulen	Leitungen	Lautsprecher
blau	Anoden (Vorröhren)	Anode	
braun	Masse-Regelspannung	Schirmgitter	
gelb	Oszillator-Gitter	+ Spannung ungesiebt	Anz. der Feldspule
grau	Eingangsgitter	— Hilfsspannung	Sprechspule (Ende)
grün	Steuergitter	Steuergitter	
orange	Oszillator-Anode		
rot	Anode	+ Spannung gesiebt	
schwarz	Erde (—)	Masse, Erde (—)	Sprechspule (Anfang)
violett		Katode	
weiß	Antenne	Hilfsspannung	
sw/w		0, —	
gr/sw	Anzapfung für Diode		
rosa		Hilfsleitung	

Heizleitungen werden verdrillt gemischtfarbig ausgeführt, desgleichen die Netztransformatorleitungen.

Anschlußdrähte für Niederfrequenztransformatoren:

Primär: Anode blau
Anzapfung braun
Plusspannung rot

Sekundär: Gitter grün
Anzapfung gelb
Masse schwarz

bei Gegentakttransformatoren:

Eingangstransformator: 2. Gitter gelb
Ausgangstransformator: 2. Anode braun

Stempelcode für keramische Kleinkondensatoren

Großbuchstaben = Toleranz

	bei $C \leq 10$ pF ± ... pF	bei $C > 10$ pF ± ... %
B	0,1	
C	0,25	
D	0,5	
F	1,0	1,0
G	2,0	2,0
H		2,5
J		5,0
K		10
M		20
P		+100/— 0
R		+ 30/—20
S		+ 50/—20
Z		+100/—20

Kleinbuchstaben = Nennspannung

	Nennspannung V=
a	50
b	125
c	160
d	250
e	350
f	500
g	700
h	1000
	Nennspannung V~
u	250
v	350
w	500

11.5 Dimensionen

T	Tera	10^{12}							
G	Giga	10^{9}			GΩ			GHz	
M	Mega	10^{6}			MΩ			MHz	
k	Kilo	10^{3}	kV		kΩ			kHz	
h	Hekto	10^{2}							
D	Deka	10							
		1	V	A	Ω	(F)	H	Hz	s
d	Dezi	10^{-1}							
c	Zenti	10^{-2}							
m	Milli	10^{-3}	mV	mA	mΩ		mH		ms
μ	Mikro	10^{-6}	μV	μA		μF	μH		μs
n	Nano	10^{-9}		nA		nF	nH		ns
p	Pico	10^{-12}				pF			
					R	C	L	f	t

11.6 Nomogramm
U–I–R–N
und
R–C–f_{gr}–τ

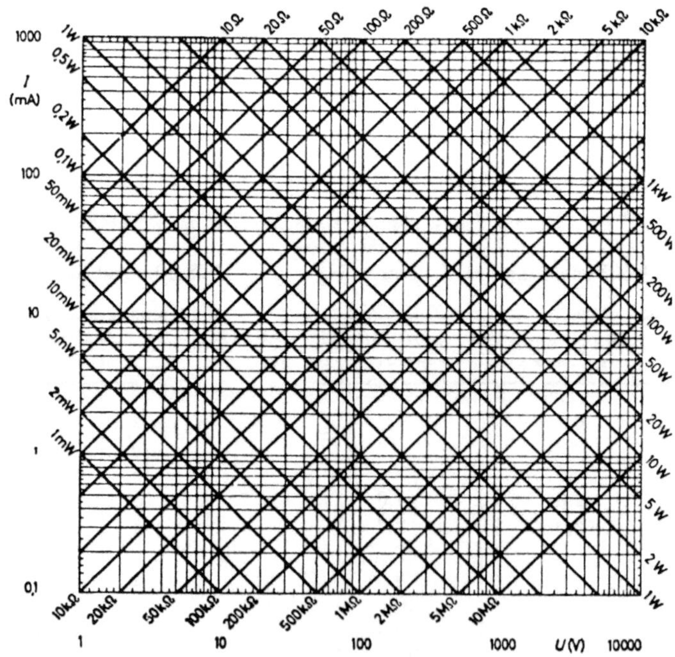

Allgemein: $U = I \cdot R$ $\quad$ [V, A, Ω, W oder V, mA, kΩ, W]
$N = U \cdot I$

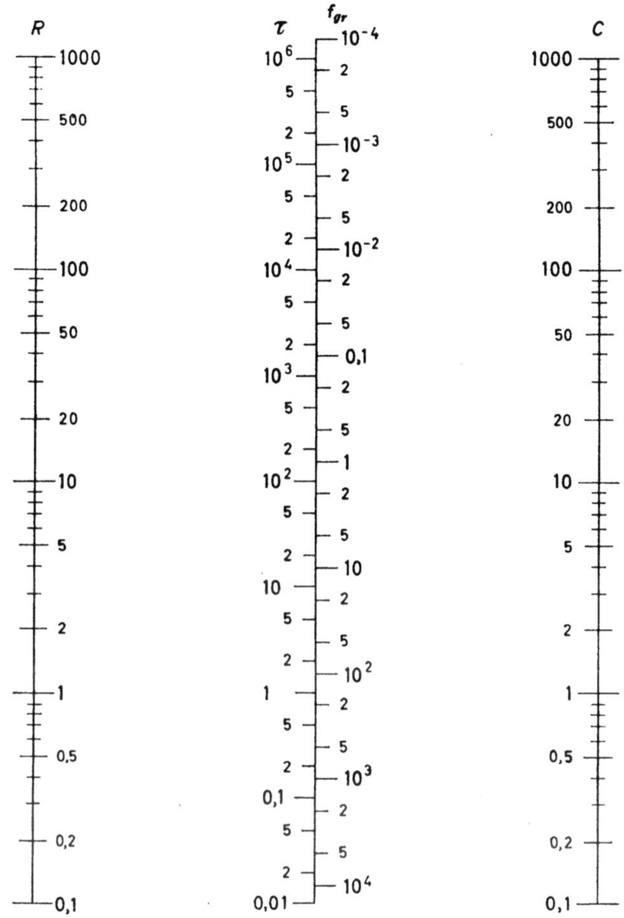

Zugrunde liegt: kΩ μs kHz nF

allgemein: $\tau = R \cdot C$

$$f_{gr} = \frac{1}{2\pi RC} \qquad \begin{bmatrix} \text{s, Hz, } \Omega, \text{ F} \\ \text{s, Hz, M}\Omega, \mu\text{F} \\ \mu\text{s, MHz, M}\Omega, \text{ pF} \end{bmatrix}$$

11.7 Internationale Normreihe

Reihe																										Toleranz
E 6	$\sqrt[6]{10}$	1,0				1,5				2,2				3,3				4,7				6,8				20%
E 12	$\sqrt[12]{10}$	1,0		1,2		1,5		1,8		2,2		2,7		3,3		3,9		4,7		5,6		6,8		8,2		10%
E 24	$\sqrt[24]{10}$	1,0	1,1	1,2	1,3	1,5	1,6	1,8	2,0	2,2	2,4	2,7	3,0	3,3	3,6	3,9	4,3	4,7	5,1	5,6	6,2	6,8	7,5	8,2	9,1	5%

Die Toleranzen überdecken die ganze Dekade jeder Reihe. Am gebräuchlichsten ist die Reihe E 12.

11.8 Der Siebfaktor eines Tiefpaßfilters

(zu Kap. 1.6.1 und 10.1.5)

Siebfaktor $s = Ue/Uo = 1/a$

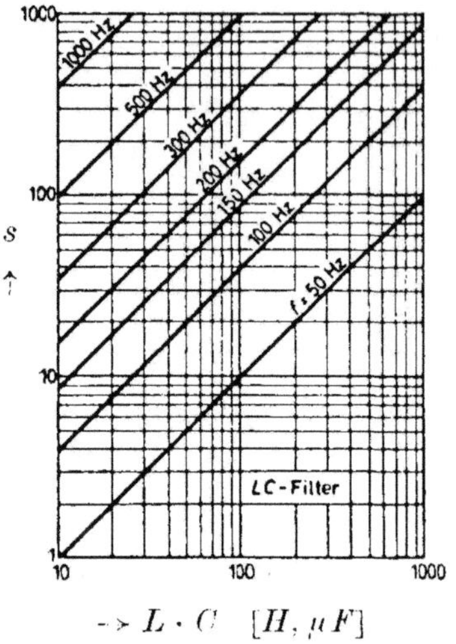

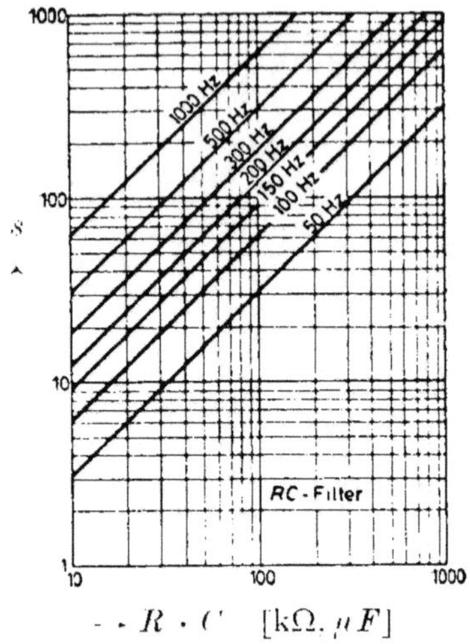

11.9 Die Rauschspannung eines Widerstandes

(zu Kap. 1.7.2). Zugrunde liegt Gl. (1.255)

11.10 Frequenzspektrum

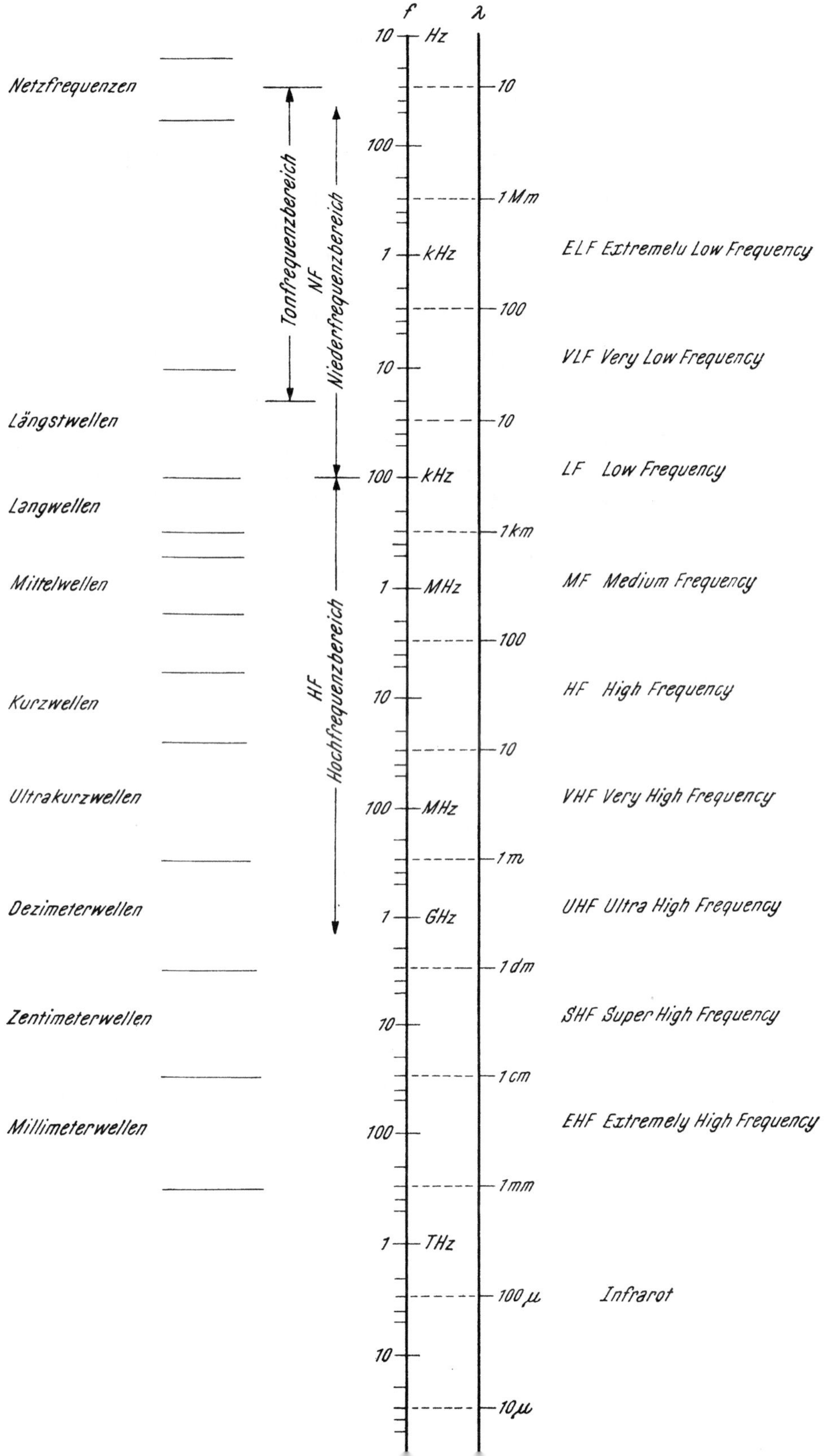

11.11 Nomogramm Frequenz und Wellenlänge

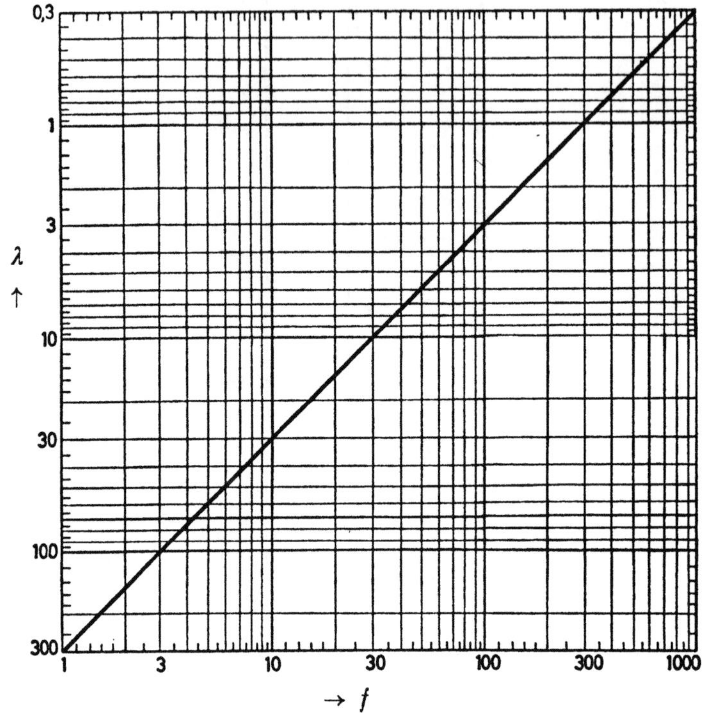

Zugrunde liegt die Gleichung $f \cdot \lambda = c_0$.

c_0 ist die Fortpflanzungsgeschwindigkeit einer elektromagnetischen Welle im Vakuum (∼ Luft), Lichtgeschwindigkeit.

$c_0 \approx 3 \cdot 10^8$ m · s^{-1}. Frequenz f in: Hz, Wellenlänge λ in: 10^3 km
Frequenz f in: kHz, Wellenlänge λ in: km
Frequenz f in: MHz, Wellenlänge λ in: m
Frequenz f in: GHz, Wellenlänge λ in: mm

Praktische Formel: $f = 300000/\lambda$ $\begin{bmatrix}\text{Hz, km}\\ \text{kHz, m}\end{bmatrix}$

In anderen Medien als Luft ändert sich die Fortpflanzungsgeschwindigkeit. Es ist:

$$c = \frac{c_0}{\sqrt{\varepsilon\mu}}$$

ε = Dielektrizitätskonstante des Mediums
μ = Permeabilität des Mediums

Die Wellenlänge in einem beliebigen Medium ist:

$$\lambda = c/f = \frac{c_0}{f\sqrt{\varepsilon\mu}}$$

11.12 Nomogramm
f–C–L–X

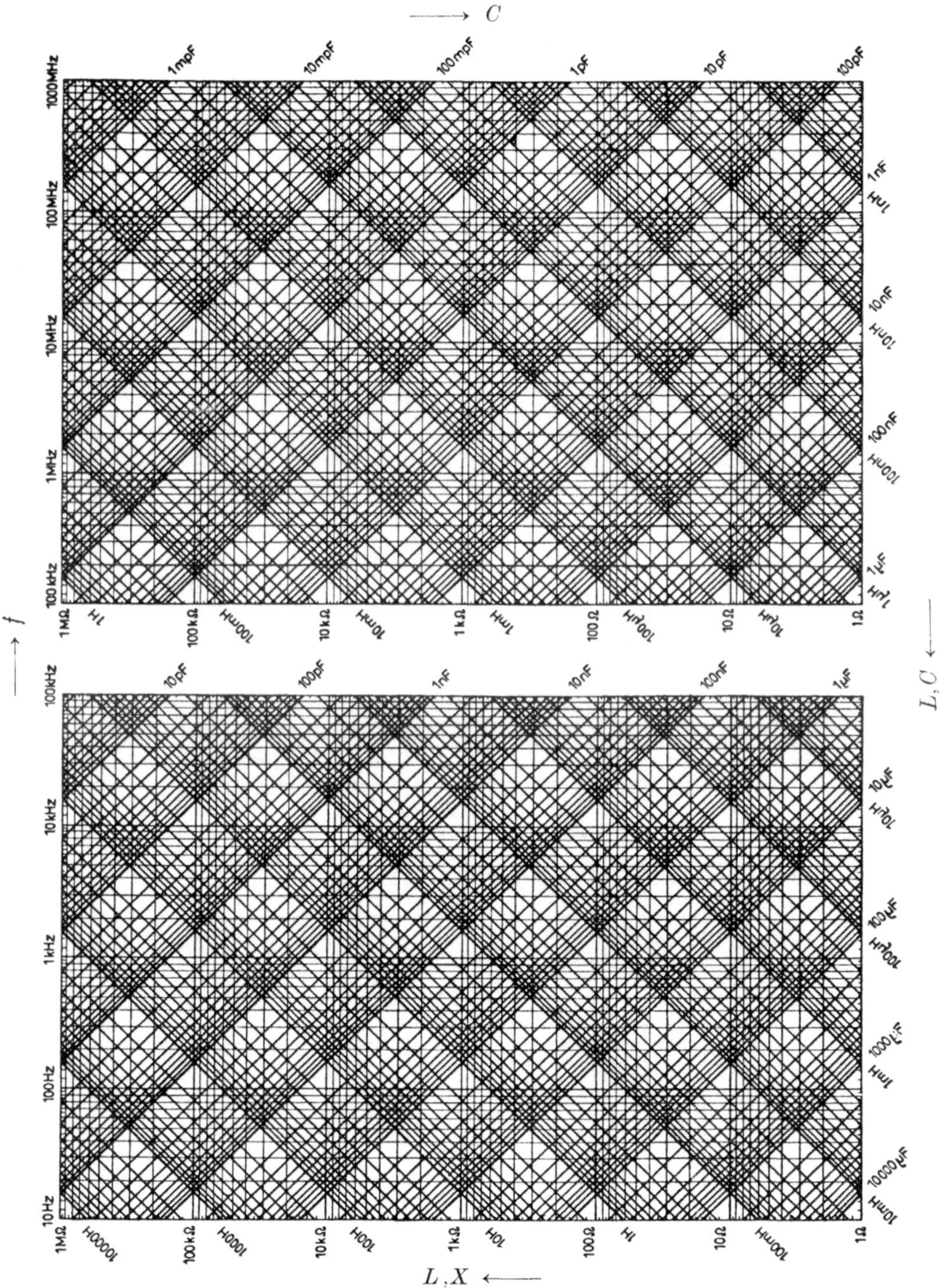

Zugrundeliegende Gleichungen:

$$f \approx \frac{1}{2\pi \cdot \sqrt{LC}}, \ |X_L| = \omega L, \ |X_C| = 1/\omega C, \ \omega = 2\pi f$$

Beispiel: Schwingkreis $L = 1$ mH, $C = 1$ μF

Die Resonanzfrequenz $f \approx 5$ kHz

Der Blindwiderstand von L und C ist bei 5 kHz: $X_L = X_C \approx 30\,\Omega$

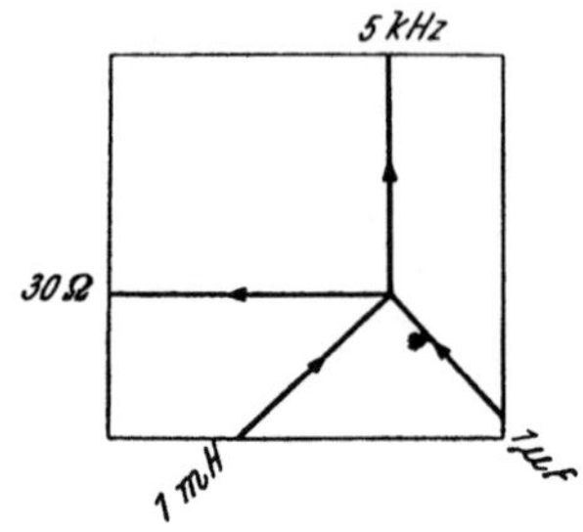

11.13 Der Skineffekt

Hochfrequente Ströme fließen vorwiegend in einer dünnen Oberflächenschicht (Haut) des Leiters. Gegen die Mitte des Leiters nimmt die Stromdichte nach einer e-Funktion ab. Die Abb. 11.5 zeigt die Eindringtiefe als Funktion der Wellenlänge, die Abb. 11.6 die Widerstandserhöhung.

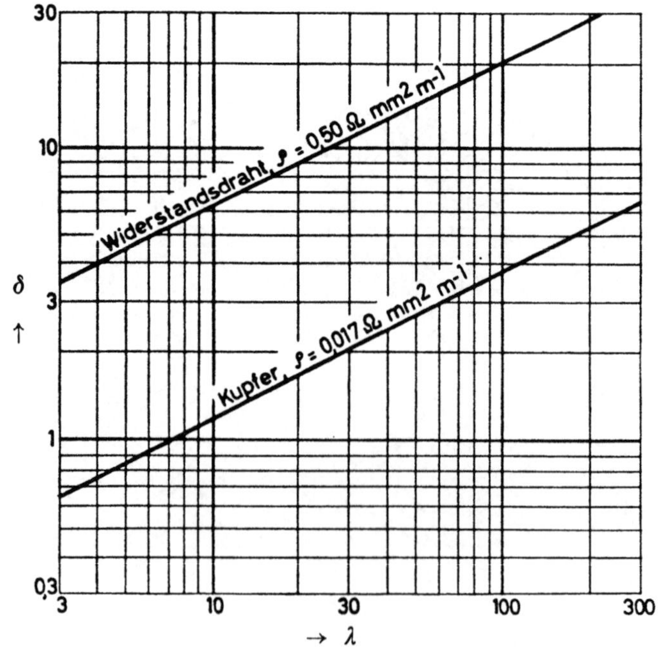

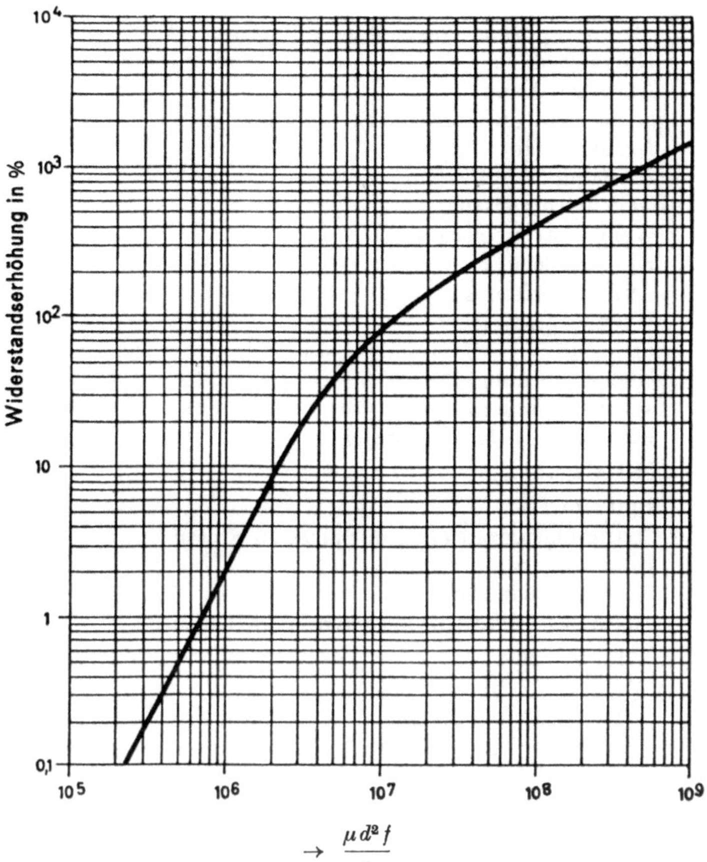

Zugrunde liegt: $\delta = 2{,}9 \cdot \sqrt{\frac{\varrho \cdot \lambda}{\mu}}$

δ = Eindringtiefe in μ (I auf $1/e \cdot 100\%$ abgesunken)
ϱ = spezifischer Widerstand des Leiters in $\Omega \cdot \mathrm{mm}^2 \cdot \mathrm{m}^{-1}$
λ = Wellenlänge in cm
f = Frequenz in Hz
μ = relative Permeabilität des Leiters (allgemein 1)
d = Drahtdurchmesser in mm

11.14 Verzeichnis der wichtigsten Symbole

C	Kapazität
G	$= 1/R$ Wirkleitwert
I	Strom
$I^{=}$	Gleichstrom
$I^{\sim}$	Wechselstrom
I_{eff}	Effektivwert des Stromes
$\bar{I}$	Mittelwert

$\hat{I}$	Spitzenwert
I_{ss}	Stromamplitude von Spitze zu Spitze
I_e	Eingangsstrom
I_o	Ausgangsstrom
ΔI, $\mathrm{d}I$	große bzw. differentielle Stromdifferenz
L	Induktivität
N	Leistung
$N^{=}$	Gleichstromleistung
$N^{\sim}$	Wechselstromleistung
N_e	Eingangsleistung
N_o	Ausgangsleistung
R	Wirkwiderstand
U	Spannung
$U^{=}$	Gleichspannung
$U^{\sim}$	Wechselspannung
U_{eff}	Effektivwert der Spannung
$\bar{U}$	Mittelwert
$\hat{U}$	Spitzenwert
U_{ss}	Spannungsamplitude von Spitze zu Spitze
U_e	Eingangsspannung
U_o	Ausgangsspannung
ΔU, $\mathrm{d}U$	große bzw. differentielle Spannungsdifferenz
V	Verstärkung
W	komplexer Leitwert
X	Blindwiderstand
Y	Blindleitwert
Z	komplexer Widerstand

In der Vierpoltechnik werden für G, I, U, X, Y, Z, W auch die Kleinbuchstaben g, i, u, x, y, z, w benützt.

Die Nomogramme der Kap. 11.2, 6, 8, 9, 11, 12, 13 wurden mit freundlicher Erlaubnis dem Miniwatt-Taschenbuch der Wiener Radiowerke Vertriebsgesellschaft mbH, Wien, entnommen.

Literaturverzeichnis

Abkürzungen für Zeitschriften

ATM	Archiv für technisches Messen. München: Verlag Oldenbourg.
EL	Elektronik. München: Franzis.
ER	Elektronische Rundschau. Berlin: Verlag für Radio-Foto-Kinotechnik.
Es	Electronics. New York: McGraw-Hill.
ETZ	Elektrotechnische Zeitschrift. Berlin: VDE-Verlag.
Fs	Funkschau. München: Franzis.
Ft	Funktechnik. Berlin: Verlag für Radio-Foto-Kinotechnik.
FTZ	Fernmeldetechnische Zeitschrift. Braunschweig: Vieweg-Verlag.
NTZ	Nachrichtentechnische Zeitschrift. Braunschweig: Vieweg-Verlag.
Rs	Radioschau. Wien: Technischer Verlag Erb.
Rt	Radiotechnik. Wien: Technischer Verlag Erb.
WW	Wireless World. London: Iliffe Electrical Publications Ltd.

A

1. AEG: Transistoren in der Industrie. AEG-Handbücher, Bd. 3. 1961.
2. Apel, K.: Elektronische Zählschaltungen. Stuttgart: Franckh'sche Verlagshandlung 1961.
3. Apel, K.: Eine Synthese aus Schmitt-Trigger und Multivibrator. ER 1962, S. 18.
4. Aschmoneit, E.-K.: Einfacher Binärzähler für Addition und Subtraktion. EL 1960, S. 231.
5. Aschmoneit, E.-K.: Vor- und rückwärtszählende Relaisketten. EL 1962, S. 85.
6. Andrich, E., und T. van der Sterre: Aufbau und Eigenschaften von PTC-Widerständen. ER 1963, S. 63.
7. Anna, O.: Elektrische Integrationsverfahren. ER 1958, S. 127.
8. Apel, K.: Eine gasgefüllte Dekadenzählröhre für Zählfrequenzen bis 1 MHz. ER 1960, S. 405.
9. An Wang: Magnetic Delay-Line Storage. Proc. IRE *39* (1951), S. 401.
10. Andreyev: Telecommunications 1960, No. 2, S. 195.

B

1. Benz, F.: Einführung in die Funktechnik, 4. Aufl. Wien: Springer. 1950.
2. Barkhausen, H.: Elektronenröhren, Bd. 1 bis 4. Leipzig: S. Hirzel. 1958.
3. Berger, Hövelmann und Kössler: Eine Schaltung zur elektrischen Integration und Differentiation periodischer Vorgänge. ER 1959, S. 336.
4. Benjamin, R.: Blocking Oscillators. J. Inst. Electr. Engrs. *93* (IIIA) (1946), S. 1159.
5. Bennett, R. G. T., und C. S. L. Keay: Electronic Filtering Circuit. Electronic Engng. *30* (1958), S. 99.
6. Bethke, J.: New Applications for Beam Switching Tubes. Es *29* (4) (1956), S. 122.
7. Brunetti, C.: The Transitron Oscillator. Proc. IRE *27* (1939), Nr. 2, S. 88.
8. Bode, H. W.: Network Analysis and Feedback Amplifier Design. Toronto—New York—London.
9. Budlong, W. A., und B. C. Lutz: An Automatically Synchronized Electronic Switch. Rev. Sci. Instruments *21* (1950), S. 167.

10. Benson, F. A., und A. O. Carter: Phase-Angle Measurements. Electronic Engng. 1950, S. 238.
11. Briggs, B. H.: The Miller Integrator. Electronic Engng. 1948, S. 243, 279, 325, und Funk und Ton (ER) 1948, S. 653.
12. Buck, R.: Ein Treppengenerator zur Linearitätskontrolle von Meßketten. EL 1962, S. 232.
13. Buck, R.: Bemessungsgrundlagen eines Differenzierverstärkers für veränderliche Vorgänge niedriger Frequenz. EL 1960, S. 371.
14. Bandfilter. Rs 1958, S. 363.
15. Bowers, J. L.: Es *20* (1947), S. 131.
16. Benz, W.: Grundlagen für die rechnerische Behandlung von Transistorverstärkern mit Reihen- und Parallelrückkopplung. Telefunken-Ztg. *28* (1955), S. 95.
17. Butler, F.: WW 1963, No. 1.
18. Butler, F.: Transistor-RC-Oscillators and Selective Amplifiers. WW 1962, No. 12.
19. Bernard, J.: Kennzeichnende Größen bei der Spannungsstabilisierung durch Zenerdioden. Radio Mentor 1959, S. 164.
20. Bächle, E.: Eine Transistor-Kippschaltung und ihre Anwendungen. EL 1960, S. 68.
21. Behling, H.: Dimensionierung von Breitbandverstärkern. Frequenz 1951, S. 209 und 246.

C

1. Czech, J.: Oszillographenmeßtechnik. Berlin: Verlag für Radio-Foto-Kinotechnik. 1959.
2. Cubasch, F.: Die dekadische Zählröhre E 1 T. EL 1954, S. 79, 85, und 1955, S. 4, 33, 61.
3. le Can, C. K. Hart und C. de Ruyter: Schalteigenschaften von Dioden und Transistoren. Philips' Technische Bibliothek 1963.
4. Carroll, J. M.: Transistor Circuits and Applications. New York: McGraw-Hill. 1957.
5. Carroll, J. M.: Modern Transistor Circuits. New York: McGraw-Hill. 1959.
6. Carroll, J. M.: Design Manual for Transistor Circuits. New York: McGraw-Hill. 1961.
7. Cantz, N.: Gleichspannungswandler mit Transistoren. Das Elektron 1959, S. 354.
8. Chang Sing: Advantages of Free-Running Cascode Multivibrators. Es *37* (1964), No. 5.

D

1. Dörr, W.: Frigistoren-Thermopaare aus Halbleitermaterial. ER 1961, S. 107, 156.
2. Deketh, E. T. H. J.: Grundlagen der Röhrentechnik, Bd. 1, Niederfrequente Gegenkopplung, S. 113. Deutsche Philips G.m.b.H. 1939.
3. Dillenburger, W.: Über die Linearisierung des Frequenzganges der Verstärkung in Breitbandverstärkern durch Gegenkopplung. Frequenz *5* (1954), Nr. 1, S. 1—5.
4. Darré, A.: Abfragen magnetischer Speicher ohne Informationsverlust. Frequenz *11* (1957), S. 19.
5. Dresser: Es 1958, S. 92.
6. Dosse, J.: Der Transistor. Ein neues Verstärkerelement. München: Oldenbourg. 1959.
7. Dillenburg, W.: Über die Linearisierung des Frequenzganges der Verstärkung in Breitbandverstärkern durch Gegenkopplung. Frequenz 1951.

E

1. Elektro Spezial GmbH.: Taschenbuch für die elektronische Meßtechnik. München: Franzis. 1960.
2. Elmore, W. C., und M. Sands: Electronics. New York: McGraw-Hill. 1949.
3. Ehmert, A.: Über gegengekoppelte Gleichstromverstärker. Z. angew. Phys. *5* (1953), S. 24.
4. Eisele, K. L.: Nomenklatur der Bandfilter und Bandfilterberechnung. ER 1959, S. 169.
5. Elektronik (EL) 1957, S. 357: Eigenschaften und Anwendung einiger neuer Relaisröhren.
6. Ebers, J. J., und J. L. Moll: Large-Signal Behavior of Junction Transistors. Proc. IRE *42* (1954), S. 1761.

F

1. Fleming, L.: Silicon Diode Chopper Stabilizes D-C-Amplifier. Es 1957, 1, S. 178.
2. Fünfer, E., und H. Neuert: Zählrohre und Szintillationszähler. Karlsruhe: Braun. 1959.
3. Flood, J. E.: Cathode-Follower Input Impedance. Wireless Engr. *28* (1951), Nr. 335, S. 231; ER (Funk und Ton) 1952, S. 158.
4. Frommer, I. C.: A-C Null Indicator. Es 1951, S. 136, 138, 140, 160 und 164.
5. Förster, G., und W. Spyra: Betrachtungen zur Stabilität von Oszillatoren. ER 1959, S. 46.
6. Funkschau 1955, Ing. Beilage Nr. 8, S. 57: Das Phantastron — ein vielseitiger Kippgenerator.

G

1. Gruhle, W.: Elektronische Hilfsmittel des Physikers. Berlin—Göttingen—Heidelberg: Springer. 1960.
2. Gitterbasis. WW 1954, S. 214.
3. Garwin, R. L.: A Useful Fast Coincidence Circuit. Rev. Sci. Instruments *21* (1950), S. 569, vgl. *24* (1953), S. 618.
4. Günther, H.: Tafeln zur Umwandlung von Reihenschaltungen komplexer Widerstände in äquivalente Parallelschaltungen. FT 1951, S. 52.
5. Griessen, B., und H. v. d. Zwang: Aufnahme der Wechselstrommagnetisierungskurven mit Hilfe elektronischer Meßgeräte. Industrie-Elektronik 1955, S. 12.
6. Gass, E.: Verwendung und Schaltungstechnik von Differenzverstärkern. EL 1959, S. 349.
7. Götze, W.: Funk und Ton 1952, S. 393.
8. Garner: Radio and Television News 1956, S. 65.
9. Gärtner, W. W.: Transistors. Principles, Design, and Applications. Princeton, N. J.: D. Van Nostrand Company, Inc.
10. Gohm, L.: Neutralisation über breite Frequenzbänder bei Transistorverstärkern. EL 1960, S. 149 und 203.
11. Gelder, E.: Der Mesa-Transistor. EL 1961, S. 47.
12. Gelder, E.: Zerhackerschaltungen mit Transistoren. ETZ 1959, S. 520.

H

1. Haas, G.: Grundlagen und Bauelemente. Elektronische Ziffernrechenmaschinen. Philips' Technische Bibliothek 1961.
2. Hennyey, Z.: Linear Electric Circuits. London: Pergamon Press. 1962.
3. Holle, W.: Die elektrische Integration. ER 1957, S. 335.
4. Hartmann, W., und F. Bernhard: Fotovervielfacher und ihre Anwendung in der Kernphysik. Berlin: Akademie-Verlag. 1957.
5. Henney, K.: Radio Engineering Handbook. New York: McGraw-Hill. 1959.
6. Hahn, R.: Digitale Steuerungstechnik. Stuttgart: Franckh'sche Verlagshandlung. 1961.
7. Hertwig, H.: Sperrschwingerschaltungen für extrem kurze Impulse hoher Folgefrequenz. ER 1959, S. 176.
8. Hille, G. H.: Oszillografen mit zwei Elektronenstrahlen. EL 1959, S. 135.
9. Heydt, G.: Hinweise zum Bau eines Kennlinienfeldschreibers für Elektronenröhren. EL 1960, S. 201.
10. Heiber, E.: Über die Anwendungsmöglichkeiten von Kohle- und Metallschichtwiderständen. EL 1962, S. 146.
11. Hollmann, H. E.: Elektrotechn. *1* (1947), S. 129.
12. Hall, H. P.: Transactions on Circuit Theory. Proc. IRE *Ct-2*, No. 3 (1955), S. 283.
13. Houten, R. v.: A 150 ks/s Counterdecade. Interner Applikations-Laborbericht der N. V. Philips' Gloeilampenfabrieken, Eindhoven 1954.
14. Hunter, L. P.: Handbook of Semiconductor Electronics. New York: McGraw-Hill. 1956.
15. Hurley, R. B.: Junction Transistor, Electronics. New York: J. Wiley. 1960.
16. Hackel, I., und H. Hagemann: Anwendung von Transistoren als Präzisionszerhacker. ER 1963, S. 122.

17. Haft, G.: Arbeitsweise und Aufbau von Analog-Rechenmaschinen. EL 1961, S. 309 und 341.
18. Hagmeister, H.: Zerstörungsfreie Prüfung des Schaltverhaltens von Transistoren. EL 1960, S. 263.
19. Hartel, W.: Anwendung von Hallgeneratoren. Siemens-Zeitschrift 1954, S. 376.
20. Hilberg, W.: Eine in weiten Grenzen einstellbare monostabile Transistorschaltung. EL 1961, S. 75.
21. Hirschmann, W.: Transistor-Eintakt-Zerhacker. Radio-Mentor 1959, H. 7, 8, 9.

I

1. Ivall, T. E.: Electronic Computers. London 1956.
2. Johnson: A Single Valve Audio Oscillator. WW 1948, Nr. 3.
3. Isay, G.: Bull. Schweiz. Elektrotechn. Ver. *40* (1949), S. 509.
4. Joyce, M. V., and K. K. Clarke: Transistor Circuit Analysis. London: Addison-Wesley Publishing Comp.

K

1. Kulp, M.: Elektronenröhren und ihre Schaltungen. Göttingen: Vandenhoeck & Ruprecht. 1958.
2. Kammerloher, J.: Hochfrequenztechnik, Teil I (1957), Teil II (1958), Teil III (1957), Transistoren (1959). Füssen: Wintersche Verlagshandlung.
3. Kretzmann, R.: Handbuch der industriellen Elektronik (1954). Schaltungsbuch der industriellen Elektronik (1955). Berlin: Verlag für Radio-Foto-Kinotechnik.
4. Katodengekoppelter Differenzverstärker (Th). ER 1962, S. 54.
5. Klein und Zaalberg: Schaltung für Differenzverstärker. Philips Techn. Rundschau *22*, Nr. 11, *23*, Nr. 3, S. 59.
6. Kitai, R.: A Phase-sensitive Valve Voltmeter. Electronic & Radio Engineer, 1957, No. 4, S. 124.
7. Kosel, G.: Dimensionierungsfragen bei Multivibratoren. ER 1959, S. 166.
8. Kosmahl, H.: Rauschen und Grenzempfindlichkeit gittergesteuerter Röhren. ER 1955, S. 103–108.
9. Klünner, W.: Begrenzung der Gegenkopplung durch Phasendrehung. EL 1954, S. 11–13.
10. Kessler, G.: Der Gleichspannungsverstärker I. ATM Z 634–8 (1952), S. 163–166; II. ATM Z 634–9 (1952), S. 211–214.
11. Kessel, W.: Halbleiter als Strahlungsdetektoren. ER 1962, S. 197.
12. Kalab, B.: Praktische Dimensionierung von Univibratoren und Untersetzerstufen. ER 1962, S. 24.
13. Kosel, G.: Stabilitätsprobleme bei monostabilen Multivibratorschaltungen. ER 1959, S. 277.
14. Kontaktlose und leistungslose Messung von Drehmoment und Drehzahl. ER 1957, S. 264.
15. Kuhrt, F.: Der Hallgenerator und seine Anwendung in der Meßtechnik. ER 1960, S. 10.
16. Klamm, P.: Relaisröhren und ihre Anwendungen, 1. Teil. EL 1961, S. 3, 7B.
17. Kuhrt, C.: Bandfilter mit elektronisch regelbarer Bandbreite. ER 1958, S. 39.
18. Kesel, G., A. Ottmann und H. N. Toussaint: Germanium-Tunneldioden für das Hochfrequenzgebiet. NTZ 1960, S. 191.
19. Kanter, H.: Temperaturabhängige Widerstände. ATM Z 119 (1955), S. 161.
20. Kislovskiy, A. S.: Es (1962), No. 12, S. 54.
21. Keller, H., und G. Wieczorek: Die Silizium-Vierschicht-Diode und ihre Anwendung als elektronischer Schalter. Frequenz 1961, H. 2, S. 33.

L

1. Lennartz, H., und W. Taeger: Transistor-Schaltungstechnik. Berlin: Verlag für Radio-Foto-Kinotechnik. 1963.
2. Langelüttich, E.: Einführung in die Impulstechnik. Ft 1957, S. 574.
3. Lang, A.: Anwendung von Transduktoren in der Starkstromtechnik. ER 1960, S. 317; EL 1958, S. 358.

4. Laporte, H.: Die Messung von elektrischen Schwingungen aller Art nach Frequenz und Amplitude. Halle: Knapp. 1949.
5. Landee, R. W., D. C. Davis and A. P. Albrecht: Electronic Designers' Handbook. New York: McGraw-Hill. 1957.
6. Lewis, I. A. D., and F. H. Wells: Millimicrosecond Pulse Techniques, 2. Aufl. London: Pergamon Press. 1959.
7. Leroy, E. Younker: A Transistor-Driven Magnetic-Core Memory. IRE-Transactions on Electronic Computers 1957, S. 14.
8. Langsdorff, W., und W. Heberle: Transistoren in Niederfrequenzverstärkern. Frequenz *12* (1958), S. 337.
9. Ladewig, N.: Transistorzerhacker für kleine Gleichspannungen. Z. f. Messen, Steuern, Regeln 1961, S. 209.
10. Lynch, W. A., and I. G. Truxal: Signals and Systems in Electrical Engineering. New York: McGraw-Hill. 1962.
11. Limann, O.: Spannungsabhängige und temperaturabhängige Widerstände. EL 196 1 S. 109.

M

1. Meinke, H., und F. W. Gundlach: Taschenbuch der Hochfrequenztechnik, 2. Aufl. Berlin-Göttingen-Heidelberg: Springer. 1962.
2. Muskowitz and Racker: Pulse Techniques, Sec. 3,5. Englewood Cliffs, N. J.: Prentice Hall Inc. 1951.
3. Mejerowitsch, L. A., und L. G. Selitschenko: Impulstechnik. Berlin: VEB Verlag Technik. 1959.
4. Meyer, Chr.: Die jüngste Entwicklung auf dem Gebiet der Entladungsblitzröhren. Philips Technische Rundschau 1960/61, Nr. 8, S. 289.
5. Millman, J., and H. Taub: Pulse and Digital Circuits. New York: McGraw-Hill.
6. Müller-Lübeck, K.: Der Kathodenverstärker in der elektronischen Meßtechnik. Berlin-Göttingen-Heidelberg: Springer. 1956.
7. Müller, J.: Die Bestimmung des Amplituden- und Phasenganges von linearen Übertragungssystemen mit Hilfe von Rechteckwellen. FTZ 1951, S. 211.
8. Matoré, H. F.: Germanium-Bikristalle und ihre Anwendung in Korngrenzen-Photometern. ER 1961, S. 57, 207.
9. Mayerhofer, W. A.: Die Vierschichtdiode — ein bistabiler Halbleiter-Zweipol. ER 1959, S. 51.
10. Mahnau, H.: Ein transportables Strahlenmeßgerät mit Geiger-Müller-Zählrohren. ER 1960, S. 87.
11. Müller, R., und W. Stetter: Der Stand der Entwicklung und die Wirkungsweise von Mikrowellenröhren III. ER 1958, S. 57, 95.
12. Müller, K.: Selektive HF-Verstärkung mit Tunneldioden. EL 1961, S. 39.
13. Moll, J. L.: Large-Signal Transient Response of Junction Transistors. Proc. IRE *42* (1954), S. 1773.
14. Mackintosh, I. M.: Electrical Characteristics of Silicon pnpn-Triodes. Proc. IRE *46* (1958), S. 1229.

N

1. Neeteson, P. A.: Elektronenröhren in der Impulstechnik. Philips' Technische Bibliothek 1955.
2. Nottebohm, H.: Das Rauschen einer Verstärkerstufe mit Spannungsgegenkopplung. ER 1956, S. 57—62.
3. Nottebohm, H.: Ein elektronischer Zähler mit Kaltkatodenröhren. ER 1958, S. 168.
4. Neeteson, P. A.: Flächentransistoren in der Impulstechnik. Philips' Technische Bibliothek 1960.
5. Nakamura, M.: Rev. Sci. Instruments *28*, 1015 (1957).

O

1. Oppelt, W.: Kleines Handbuch technischer Regelvorgänge. Weinheim/Bergstr.: Verlag Chemie. 1960.

P

1. PFETSCHER, O.: Geiger-Müller-Zählrohre für technische und wissenschaftliche Zwecke. EL 1956, S. 89.
2. PETERS, J.: Einschwingvorgänge, Gegenkopplung, Stabilität. Berlin-Göttingen-Heidelberg: Springer. 1954.
3. PESCHKE, H.: Prüfung und Abstimmung von Sendern. Funktechnische Monatshefte 1960, H. 12, S. 177—181.
4. PRESSMAN, A. I.: Design of Transistorized Circuits for Digital Computers. New York: J. F. Rider Publications. 1960.
5. PHILIPP, E. O.: Die Dimensionierung von bistabilen Multivibratoren mit Flächentransistoren. ER 1962, S. 151.
6. PFAFF, K. G.: Überlegungen zum Erzeugen möglichst zeitproportionaler Ablenkspannungen für Elektronenstrahl-Oszillographen. EL 1962, S. 17.
7. Pulse Generators, Vol. 5, Kap. 12. New York: McGraw-Hill. 1948.
8. Progress in Semiconductors, Vol. 4, S. 127. New York: J. Wiley. 1960.
9. Philips: Industrial Components and Materials „Voltage-dependent Resistors“.
10. Philips: Electronic Applications No. 3, 1960.
11. PIEPLOW, H.: RC-Netzwerke als Selektionsmittel. ATM Z 423-1/2 (1951).

R

1. RICHTER, H.: Impulspraxis, Bd. 1 u. 2 (1961). Stuttgart: Franckh'sche Verlagshandlung.
2. RUSCHE, G., K. WAGNER und F. WEITZSCH: Flächentransistoren. Berlin-Göttingen-Heidelberg: Springer. 1961.
3. RABBEN, H. H.: RC- und LC-Resonanzfilter und ihre Anwendung in selektiven Verstärkern. ER 1957, S. 265, 314.
4. ROTHE, H., und W. KLEEN: Elektronenröhren als Anfangsstufenverstärker. Bücherei der Hochfrequenztechnik, Bd. 3. Leipzig: Akademische Verlagsgesellschaft.
5. Das Rauschen. Nachrichtentechnische Fachberichte, H. 2 (1955), S. 82.
6. ROSS, S. G. F.: Design of Cathode-Coupled Amplifiers. Wireless Engineers 1950, S. 212 bis 215.
7. RUHRMANN, G.: Hochfrequenz-Phasenmessung mit direkter Anzeige. ATM Mai 1950, V 3631, T 52/53.
8. RÖSLER, G.: Dynamische Untersuchungen an Ratiodetektoren. Ft 1957, S. 68.
9. RIDER, J. F., and S. D. USLAN: Encyclopedia on Cathode Ray Oszilloscopes and Their Uses, 2. Aufl. New York: J. F. Rider Publications. 1959.
10. RALL, B.: Anwendung des Flächentransistors in Zählschaltungen. Nachrichtentechn. Fachberatung *5* (1956), S. 50.
11. RINT, C.: Handbuch der Hochfrequenz- und Elektrotechnik, Bd. I—VI. Berlin: Verlag für Radio-Foto-Kinotechnik.
12. REICH, H. J.: Functional Circuits and Oscillators. Princeton, N. J.: D. Van Nostrand Comp. Inc.
13. RÖSLER, H.: Tafel für den Entwurf von Verknüpfungsschaltungen in der digitalen Rechentechnik. EL 1960, S. 229.
14. ROST, R.: Der S-Transistor. EL 1959, S. 241.
15. RATHEISER, L.: Lichtschranke mit Transistorbestückung. EL 1959, S. 103.
16. ROHDE, U., und H. THALER: Die Anwendung von Tunneldioden in der Impulstechnik. EL 1961, S. 33.
17. RACOVIC: Es 1962, No. 49, S. 5.
18. RAINER, M., und DOHNAL: Das Pseudotron. Rt 49/35.
19. ROTHE, H., und W. KLEEN: Hochvakuum-Elektronenröhren I—IV. Frankfurt a. M.: Akademische Verlagsgesellschaft. 1948/1955.
20. RATHEISER, L.: Rundfunkröhren, Eigenschaften und Anwendung. Berlin: Regelien's Verlag. 1949.

S

1. SOBOTKA, H.: Hochfrequenz-Industriegeneratoren für induktive Erwärmung. Philips Technische Bibliothek 1962.
2. SCHLEGEL, H. und A. NOWAK: Impulstechnik. Hannover: Schütz. 1955.
3. SHEA, R. F.: Transistor Circuit Engineering. New York: J. Wiley. 1957.
4. SEELY, S.: Electron-tube Circuits. New York: McGraw-Hill. 1957.
5. STEIMEL, K.: Elektronische Speisegeräte. München: Franzis. 1958.
6. SCHUBERT, J.: Das Brummen indirekt geheizter Verstärkerröhren. In: Elektronenröhren-Physik, 1. Bd. München: Franzis. 1953.
7. SCHARFMAN, H.: Distributed Amplifier Covers 10 to 360 MC. Es 1952, S. 113—115.
8. STROJNIK, A.: Zum Entwurf des netzbetriebenen Elektrokardiographenverstärkers. Frequenz *6* (1952), Nr. 10, S. 305—312.
9. SCHWARZER, F.: Elektro-Encephalographie. ATM V 664-1 Februar 1957, S. 25—28.
10. SCROGGIE, M. G.: Design for a Wobbulator. WW Oktober 1950, S. 369.
11. STÖLLNER, H.: Praktische Impulstechnik. München: Franzis. 1963.
12. SCHURE, A.: Limiters and Clippers. (El. Techn. Ser. No. 160-10.) New York: J. F. Rider Publications. 1955.
13. STRAUSS, L.: Wave Generation and Shaping. New York: McGraw-Hill.
14. SCHARZ, H. D.: Ein frequenzmodulierbarer Oszillator. ER 1962. S. 59.
15. STARKE, L.: Der Quarz in der elektronischen Meßtechnik. EL 1959, Teil I. S. 335, Teil II, S. 379.
16. STARITZ, R. F.: Die Umwandlung elektrischer Meßgrößen in Digitalwerte. EL 1959, S. 265.
17. SCHEINHÜTTE, H. J.: Die Glimmzählröhren und ihre Ansteuerungsmethoden. EL 1961, S. 269.
18. SEIFERT, H. E.: Das Glimm-Thyratron — eine Kaltkatodenröhre für minimale Steuerspannungen. EL 1962, S. 237.
19. SCHURIG, E.: Neue Zähldekaden für digitale Meßgeräte. EL 1962, S. 135.
20. SPARBIER, W.: Langlebensdauerröhren als zuverlässiges Bauelement für Nachrichtentechnik und Industrie. VALVO Berichte *1* (1955), S. 127.
21. SCHARF, I.: Die theoretischen Grundlagen der RC-Generatoren. Rt 1949, S. 35.
22. SULZER, P.: Einbereich-RC-Generator. Es 1959, S. 95, und Fs 1952, S. 351.
23. SULZER, P.: RC-Generator. Es 1950, S. 88.
24. SCHMIDT, W.: ETZ 1952, S. 35.
25. STARKE, L.: Die Messung der Schaltcharakteristik von Halbleitern. EL 1961, S. 45.
26. SKLAR, B.: The Tunnel-Diode — Its Action and Properties. Es, No. 6, 1959, S. 54.
27. STARKE, L.: Die Vierschicht-Diode, ein neues Halbleiterelement. EL 1959, S. 329.
28. SCHÖNINGER, E.: Monostabile Kippschaltungen mit Transistoren. Radio Mentor 1959, S. 444.
29. SHILLING, J. K.: Es *35* (1962), No. 35, S. 52.
30. SPÁNY, V.: Schaltungen zur Differentiation und Integration elektrischer Größen. ER 1961, S. 581.
31. SPÁNY, V.: Sägezahngenerator mit fast unendlicher Linearität. ER 1961, S. 531.
32. SCHENKERMAN, S.: Designing Transistor DC to AC Converters. Es *31* (1958), No. 39, S. 79.
33. SCHILLING, W.: Transduktortechnik. München: Oldenbourg. 1960.
34. STRUTT, M. J. O.: Elektronenröhren. (Lehrbuch der drahtlosen Nachrichtentechnik, Bd. III.) Berlin-Göttingen-Heidelberg: Springer. 1957. — Verstärker und Empfänger, 2. Aufl. (Lehrbücher der drahtlosen Nachrichtentechnik, Bd. IV.) Berlin-Göttingen-Heidelberg: Springer. 1951.

T

1. Telefunken-Laborbuch Bd. 1 (1958), Bd. 2 (1961).
2. Telefunken: Der Transistor, Fachbuch. München: Franzis. 1961.
3. Telefunken: Der Transistor II, Fachbuch. München: Franzis. 1962.
4. THIELE, G.: Berechnungsanleitung für Flip-Flop-Schaltungen. ER 1957, S. 212, 250, 274.

5. TERMAN, F. E.: Square-wave Testing. Radio Engineers' Handbook, S. 968. New York: McGraw-Hill. 1943.
6. TERMAN, F. E.: Radio Engineers' Handbook, Modulation. New York: McGraw-Hill. 1943.
7. THIELE, K.: Bootstrap-Sägezahngeneratoren. ER 1961, S. 145, 213.
8. THIELE, G.: Ein hochempfindlicher Gleichstromtrigger. ER 1961, S. 96.
9. TETZER, K.: Die Herstellung von Germanium-HF-Transistoren. EL 1961, S. 311.

V

1. VILBIG, F.: Lehrbuch der Hochfrequenztechnik, Bd. I, 1960, Bd. II, 1958. Frankfurt: Akademische Verlagsgesellschaft.
2. VOGEL, P. H.: Die Speicherung von Impulsen. EL 1960, S. 49.
3. VÖLZ, H.: Der Phasenschiebergenerator. ER 1956, S. 275, 308.
4. VEITH, P.: Kernspeichermatrizen. EL 1961, S. 325.
5. VILLARD, O. G. JR.: Es *22* (1949), No. 7, S. 77.
6. VLIET, K. M. v.: Noise in Semiconductors and Photoconductors. Proc. IRE *46* (1958), S. 1004.
7. VDE-Buchreihe, Bd. 7, Halbleiter-Bauelemente in der Meßtechnik. Berlin: VDE-Verlag. 1961.

W

1. WEITNER, G.: Elektrische Antriebe elektronisch geregelt. Berlin: Verlag für Radio-Foto-Kinotechnik. 1961.
2. WADE: Gleichstromverstärker mit Schwingkondensator. Nucleonics, April 1955; EL 1955, S. 256.
3. WITTKE, H.: Fehlerfreie elektronische Integration. ER 1957, S. 73.
4. WITTKE, H.: Fehlerfreie elektronische Differentiation. ER 1957, S. 7.
5. WOSCHNI, E.-G.: Aufnahme von Spektren frequenzmodulierter Schwingungen sowie von Besselfunktionen auf dem Braunschen Rohr. Hochfrequenztechnik u. Elektroakustik 1953, H. 2, S. 46.
6. WOSCHNI, E.-G.: Meßanordnung zur Messung des Frequenz- und Phasenhubes sowie der quadratischen Modulationsverzerrungen bei FM- und PM-Sendern auf dem Braunschen Rohr. Nachrichtentechnik 1954, H. 5, S. 200.
7. WOLF, H.: Zur Technik moderner Elektronenstrahloszillographen. ER 1962, S. 68, 72, 108.
8. WAGNER, K.: Die grundlegenden Eigenschaften des Flächentransistors im Impuls- und Schalterbetrieb. VALVO Berichte *5* (1959), H. 3, S. 86.
9. WADE: Schwingkondensator als DC-Wandler. Nucleonics, April 1955; EL 1955, S. 256.
10. WIGAN, E. R.: Electronic Technology, June 1960, S. 223.
11. WEITZSCH, F.: p-n-p-Flächentransistoren-Kompendium. Philips' Technische Informationen für die Industrie. 1959.
12. WOLFENDALE, E.: The Junction Transistor and Its Application. London: Heywood & Comp.
13. WIESNER, R., und F. NISSL: Silizium-Fotoelemente. Siemens-Zeitschrift 1958, S. 128.
14. WIVEG-Wien: Transistor-Schaltungen, 1963.

Z

1. ZAISER, W.: Elektr. Nachr. Techn. *19* (1942), S. 228.
2. ZIEL, A. v. D.: Noise in Junction Transistors. Proc. IRE *46* (1958), S. 1019.
3. ZIEL, A. v. D., and A. G. T. BECKING: Theory of Junction Diode and Junction Transistor Noise. Proc. IRE *46* (1958), S. 589.
4. ZINKE, O.: Widerstände, Kondensatoren, Spulen und ihre Werkstoffe. Berlin-Göttingen-Heidelberg: Springer. 1965.

Namen- und Sachverzeichnis

(R) Röhre, (T) Transistor

Satz: VEB Druckhaus „Maxim Gorki“, Altenburg, DDR
Offsetdruck: Paul Gerin, 1021 Wien

GPSR Compliance

The European Union's (EU) General Product Safety Regulation (GPSR) is a set of rules that requires consumer products to be safe and our obligations to ensure this.

If you have any concerns about our products, you can contact us on ProductSafety@springernature.com

In case Publisher is established outside the EU, the EU authorized representative is:

Springer Nature Customer Service Center GmbH
Europaplatz 3
69115 Heidelberg, Germany

Batch number: 10607330

Printed by Printforce, the Netherlands